Erwin Stein (Hrsg.)

# Nichtlineare Berechnungen im Konstruktiven Ingenieurbau

Berichte zum Schlußkolloquium
des gleichnamigen DFG-Schwerpunktprogramms
am 2./3. März 1989 in Hannover

Springer-Verlag Berlin Heidelberg NewYork
London Paris Tokyo 1989

Prof. Dr.-Ing. Erwin Stein
Institut für Baumechanik und Numerische Mechanik
Universität Hannover
Appelstraße 9A
3000 Hannover

ISBN-13: 978-3-642-95589-1 e-ISBN-13: 978-3-642-95587-7
DOI: 10.1007/978-3-642-95587-7



Softcover reprint of the hardcover 1st edition 1989



Offsetdruck: Color-Druck Dorfi GmbH, Berlin; Bindearbeiten: B. Helm, Berlin
2068/3020-543210 – Gedruckt auf säurefreiem Papier

# Vorwort

Bereits im Jahre 1978 begannen die Vorbereitungen für die Beantragung einer Schwerpunktsförderung durch die Deutsche Forschungsgemeinschaft (DFG) zum Themenbereich "Nichtlineare Berechnungen im konstruktiven Ingenieurbau". Wichtige Kriterien der DFG für die Einrichtung von Forschungsschwerpunkten sind:
Warum jetzt ?; Ist der Leitgedanke anspruchsvoll, realisierbar und erfolgsträchtig ?; Wem nützt es ?.
Die verdienten Kollegen Bornscheuer, Stuttgart und Duddeck, Braunschweig hatten im Jahre 1978 nach einem damals gerade abgeschlossenen DFG-Schwerpunkt über Schalen einen Vorschlag für ein Forschungsprogramm entworfen, in dem verfügbare Theorien, Lösungsmethoden und Rechenprogramme zur Beschreibung des nichtlinearen Tragverhaltens und des Versagens von Tragwerken des konstruktiven Ingenieurbaus für die Praxis aufbereitet und nutzbar gemacht werden sollten. Im Hintergrund standen die Vorbereitungen neuer Normen, z.B. der DIN 18800 für den Stahlbau, und die Harmonisierung europäischer Regelwerke. Übergeordnet sind die Bestrebungen, Bemessungen und Tragsicherheitsnachweise auch komplexer Strukturen von den Versagenszuständen her abzuleiten, um auf diese Weise die Ausnutzung von Material und System und zugleich ein modernes Sicherheitskonzept verwirklichen zu können.

Von mir, als dem Koordinator des vorliegenden DFG–Schwerpunktprogramms, waren unabhängig und parallel Überlegungen der gleichen Art, jedoch mehr in Richtung von Methoden-, Algorithmen- und Programmentwicklungen formuliert und einem Kreis von Kollegen zugeleitet worden. Insbesondere hatte ich die Absicht, nicht nur eine koordinierte Programmentwicklung, sondern darüberhinaus eine Forschungsbibliothek gemeinsamer Computerprogramme mit den erforderlichen Regeln und Schnittstellen zur besseren Effizienz aller Forschungsarbeiten zu verwirklichen.

Nach vielen Beratungen kam dann ein Kompromiß zustande, der wissenschaftliche und praxisorientierte Ziele verband. Es sei auf die arbeitsaufwendigen Beratungen zur Konzeption der späteren DFGBIB hingewiesen, wofür ich allen Kollegen, vornehmlich Herrn Prof. Pralle und seinen Mitarbeitern vom Regionalen Rechenzentrum Niedersachsen (RRZN) in Hannover, namens der Teilnehmer des Schwerpunktes danken möchte.

Der Forschungsschwerpunkt wurde 1981 eingerichtet und nach fünfjähriger Laufzeit um weitere drei Jahre verlängert; er wird im März/April 1989 abgeschlossen sein. Es lohnt kritisch nachzuvollziehen, ob die Konzepte von 1979 im Jahre 1989 mit der erforderlichen Anpassung und Erweiterung noch tragfähig sind. In einer Dekade ändert sich im Bereich der "Computational Mechanics" und der "Praxisgerechten Berechnungsmethoden" sehr viel, weil insbesondere die Entwicklung von Rechnersystemen, Betriebssystemen, Compilern und Basisprogrammen innerhalb dieser Zeit einen Generationswechsel vollzieht.

Dem schnellen Wechsel von Hard- und Software wurde die Programmentwicklung im Rahmen der DFGBIB dadurch gerecht, daß nur FORTRAN als normierte Programmiersprache zugelassen war und auf eine verbindliche Datenverwaltung verzichtet wurde, so daß die DFGBIB eine Sammlung von kompatiblen Programmbausteinen für Grundoperationen, Tangentenmatrizen für finite Elemente, Algorithmen zur Lösung von nichtlinearen Gleichungssystemen usw. darstellt.

In insgesamt fünf Softwarekolloquien des Schwerpunktes wurden von allen Beteiligten Vereinbarungen getroffen, Erfahrungen ausgetauscht und Benchmarks für Platten, Zylinder- und zusammengesetzte Schalen sowie Traglastberechnungen festgelegt, um die Güte der Methoden und Algorithmen testen und bewerten zu können.

Wie man dem Inhaltsverzeichnis entnimmt, wurden Probleme aus fast allen Bereichen des konstruktiven Ingenieurbaus behandelt. Im Hinblick auf die Forderung, für die Praxis verwertbare Ergebnisse und Methoden bereitzustellen, kann man aus meiner Sicht feststellen, daß viele bisher nicht behandelte Zusammenhänge der verschiedenen Versagensmechanismen und -prozesse von Ingenieurkonstruktionen aufgedeckt wurden. Weiterhin wurden für einige Objektklassen leistungsfähige Methoden, Algorithmen und größtenteils verfügbare Programme mit DFGBIB-Regeln entwickelt, die den Einsatz am Arbeitsplatz auf Personal Computern und Workstations (mit UNIX-Betriebssystemen) zulassen.

Wesentlich für Struktur und Einzelvorhaben eines DFG- Schwerpunktprogramms sind die Gutachter, die Projekte und Forscher kritisch und hilfreich begleiten. Es ist allen Beteiligten am Schwerpunkt deshalb ein besonderes Anliegen, den Gutachtern der DFG, den Herren Professoren

- Dr. Ing. Dr. Ing. E.h. F. W. Bornscheuer, Stuttgart
- Dr. Ing. H. Grundmann, München
- Dr. Ing. G. König, Darmstadt
- Dr. Ing. Dr. Ing. E.h. K. Roik, Bochum

fachlich und persönlich für die gewinnbringende und stets faire, hilfsbereite Zusammenarbeit zu danken. Ganz besonders möchte ich das Engagement des Vorsitzenden der Prüfungsgruppe, Herrn Kollegen Bornscheuer, meinem verehrten früheren Professor in Stuttgart, hervorheben.

Mein Dank gilt in erster Linie meinen Kollegen, die mit mir zusammen versuchten, nicht nur an zusammenhängenden Forschungsthemen in verschiedenen Universitäten zu arbeiten, sondern gemeinsame Konzepte und Methoden im Wettstreit der Meinungen zu entwickeln, und die nun auch bereit waren, ihre Forschungsergebnisse in diesem Buch zu veröffentlichen. Ein nicht zu unterschätzender Gewinn der Zusammenarbeit bestand im Bilden einer kritischen Gemeinschaft mit guten persönlichen Beziehungen zwischen Professoren und Mitarbeitern der meisten wissenschaftlichen Hochschulen in der Bundesrepublik Deutschland. Es freut mich sehr, daß die Kollegen mich als Mitglied der Gutachterkommission akzeptierten.

Die Zusammenarbeit wurde insbesondere durch die jährlichen Antragskolloquien und mehrere Status-Seminare gefördert. Weiterhin wurden einige Arbeitsgruppen für verschiedene Tragwerksarten zur Ausarbeitung von Benchmarks und Parameterstudien gebildet und von den Kollegen Krätzig, Ramm und Wunderlich koordiniert. Es ist mir ein besonderes Bedürfnis, meinem Kollegen und Freund Walter Wunderlich für die stets hervorragende Zusammenarbeit bei der Organisation, Betreuung und Weiterentwicklung der DFGBIB herzlich zu danken.

Weiterhin ist dankend zu würdigen, daß die Kollegen Fischer (Leoben), König (Darmstadt), Mang (Wien), Rammerstorfer (Wien), Schlaich (Stuttgart), Schmidt (Essen), Schrefler (Padua), Willam (Karlsruhe), als Gäste mit Vorträgen am

Schlußkolloquium des Schwerpunktes mitgewirkt haben und ihre Ausarbeitungen für dieses Buch zur Verfügung stellten. Durch ihre Vorträge sollten andere Aspekte und kritische Erörterungen zu unseren Forschungsarbeiten sowie Hinweise auf zukünftige Entwicklungen zur Geltung kommen.

Der Deutschen Forschungsgemeinschaft möchte ich im Namen aller Beteiligten für die achtjährige Förderung und damit für das Vertrauen danken, daß sie uns entgegenbrachte.

Herr Dr. Ing. H. Haller von der Geschäftsstelle der DFG begleitete den Schwerpunkt von Anfang an und war stets ein sehr guter Sachwalter aller Vorschriften und Interessen. Wir möchten ihm herzlich danken, weil er uns wirklich förderte und seine Aufgabe zur Sache seiner Persönlichkeit machte.

Herrn Dipl. Ing. K.-H. Lambertz und Herrn Dipl. Math. L. Plank, meinen beiden Mitarbeitern in unserem Projekt und in der DFGBIB, möchte ich für die aktive Mithilfe bei der redaktionellen Bearbeitung des Buches danken.

Schließlich sei dem Springer-Verlag für die Bereitschaft zur Aufnahme des Berichtsbandes in sein Verlagsprogramm, die schnelle Herstellung und das entgegenkommende Eingehen auf viele Wünsche gedankt.

Hannover, im März 1989 Erwin Stein

# Autoren


R. Bergmann, Ruhr-Universität Bochum
O. Bernhardi, RWTH Aachen
A. Brenner, TU Berlin
N. Büchter, Universität Stuttgart
W. Cattes, TU Berlin
H. Cramer, Ruhr-Universität Bochum
R. Damrath, Prof. Dr. Ing., TU Berlin
D. Dinges, GH Kassel
D. Dinkler, TU Braunschweig
H. Duddeck, Prof. Dr. Ing., TU Braunschweig
J. Eberhardsteiner, TU Wien, Österreich
F. D. Fischer, Prof. Dr. Techn., Montanuniversität Leoben, Österreich
H. Friemann, Prof. Dr. Ing., TH Darmstadt
K. Grothe, Universität Kaiserslautern
P. Gussmann, Prof. Dr. Ing., Universität Stuttgart
G. Hanswille, Ruhr-Universität Bochum
R. Harbord, Prof. Dr. Ing., TU Berlin
J. Hillmann, TU Braunschweig
G. Hofstetter, TU Wien, Österreich
M. Keuser, GH Kassel
G. König, Prof. Dr. Ing., TH Darmstadt
W. Kolmar, GH Kassel
S. Kook, RWTH Aachen
W. B. Krätzig, Prof. Dr. Ing., Ruhr-Universität Bochum
B. Kröplin, Prof. Dr. Ing., Universität Stuttgart
J. Kuck, RWTH Aachen
K.-H. Lambertz, Universität Hannover
K. Lichtenthäler, TH Darmstadt
J. Lopetegui, RWTH Aachen
H.A. Mang, Prof. Dr. Techn., TU Wien, Österreich
G. Mehlhorn, Prof. Dr. Ing., GH Kassel
G. Meschke, TU Wien, Österreich
D. Mierau, Universität Hannover
B. T. Nguyen, RWTH Aachen
H. Obrecht, TU München
L. Plank, Universität Hannover
E. Ramm, Prof. Dr. Ing., Universität Stuttgart
W. Ramm, Prof. Dr. Ing., Universität Kaiserslautern
F. G. Rammerstorfer, Prof. Dr. Techn., TU Wien, Österreich

W. Redanz, TU München
F.-K. Röder, GH Kassel
K. Roik, Prof. Dr. Ing., Ruhr-Universität Bochum
D. Rothe, TH Darmstadt
H. Rothert, Prof. Dr. Ing., Universität Hannover
P. Schäfer, TH Darmstadt
R. Schardt, Prof. Dr. Ing., TH Darmstadt
K. Scharf, TU Wien, Österreich
J. Schlaich, Prof. Dr. Ing., Universität Stuttgart
H. Schmidt, Prof. Dr. Ing., GH Essen
Th. Schmidt, TH Darmstadt
H. G. Schultz, Prof. Dr. Ing., RWTH Aachen
J.-U. Schulz, GH Kassel
G. Sedlacek, Prof. Dr. Ing., RWTH Aachen
R. Spangemacher, RWTH Aachen
H. Stegmüller, Universität Stuttgart
E. Stein, Prof. Dr. Ing., Universität Hannover
Ch. Stutzki, RWTH Aachen
B. T. Tan, Universität Kaiserslautern
J. Uhlendahl, Ruhr-Universität Bochum
R. Uhrig, Prof. Dr. Ing., Universität der Bundeswehr, München
W. Wagenhuber, TU Braunschweig
W. Wagner, Universität Hannover
H. Walter, TU Wien, Österreich
U. Wienecke, GH Kassel
K. Willam, Prof. Dr. Ing., Universität Karlsruhe
M. Winter, Ruhr-Universität Bochum
U. Wittek, Prof. Dr. Ing., Universität Kaiserslautern
P. Wriggers, Universität Hannover
W. Wunderlich, Prof. Dr. Ing., TU München
W. Zerna, Prof. Dr. Ing., Ruhr-Universität Bochum
X. Zhang, TH Darmstadt
Y. Zhuang, Ruhr-Universität Bochum

# Inhaltsverzeichnis

## Stahlbeton



## Themenbereich 2: Stabtragwerke



## Themenbereich 3: Weitere Tragwerke

# Grundlagen nichtlinearer Berechnungsverfahren in der Strukturmechanik

E. Stein, W. Wagner und P. Wriggers
*Institut für Baumechanik und numerische Mechanik*
*Universität Hannover*

## 0 Vorbemerkungen

Nichtlineare Aufgabenstellungen treten bei Problemen der Ingenieurpraxis aufgrund neuer Fertigungsmethoden, höherer Ausnutzung der Strukturen und durch die Verwendung neuartiger Materialien immer häufiger auf. Durch die hohe Bandbreite der Anwendungen ist das Gebiet der nichtlinearen Berechnungen sehr umfangreich. So kann dieser Übersichtsartikel auch nur einen Ausschnitt aus diesem Spektrum wiedergeben, wobei jedoch die wesentlichen Aspekte, die in den nachfolgenden Berichten ausführlicher diskutiert werden, angesprochen werden sollen.

Hier sind zunächst die theoretischen Grundlagen zu nennen, die im Hinblick auf eine computergerechte Formulierung entwickelt werden müssen. Ein Überblick hierzu findet sich im Kapitel 1, wobei Materialgesetze für große elastische Deformationen und für elasto–plastische Deformationen unter Annahme kleiner Verzerrungen einbezogen sind. Da in diesem Berichtsband im wesentlichen Ingenieurstrukturen wie Schalentragwerke und Faltwerke den Untersuchungen zugrunde liegen, sind Ansätze für unterschiedliche Theorien der Flächentragwerke im Kapitel 2 enthalten. Diese basieren auf der Voraussetzung kleiner Verzerrungen, jedoch werden große Verschiebungen und Rotationen zugelassen. Kapitel 3 beschäftigt sich dann mit der Finite–Element–Formulierung. Hier werden beispielhaft Elemente für Kontinua und Schalen angegeben. Wichtig ist an dieser Stelle die Angabe von konsistenten Tangentenmatrizen, die innerhalb des Newton–Raphson Verfahrens die quadratische Konvergenz garantieren. Der letzte Abschnitt ist den Lösungsverfahren für große nichtlineare algebraische Gleichungssysteme gewidmet. Dabei ist auch die Berechnung von singulären Punkten von Interesse, für die neuentwickelte Verfahren bereitgestellt werden können.

# 1 Überblick über die nichtlineare Kontinuumsmechanik

In diesem Kapitel wird eine kurze Zusammenfassung der kontinuumsmechanischen Grundlagen der Methode der finiten Elemente gegeben. Da nur die wesentlichen Ideen in kurzer Form wiedergegeben werden können, müssen umfangreiche Ableitungen entfallen. Es wird daher an den entsprechenden Stellen auf die Literatur verwiesen. Der Leser, der eine tiefere Einsicht in die zugehörigen Theorien gewinnen möchte, sollte ein Standardbuch der Kontinuumsmechanik konsultieren.

## 1.1 Kinematik

Die Bewegung eines Körpers $\mathcal{B}$ kann durch die Einführung einer unverformten Konfiguration $B$ – auch Referenzkonfiguration genannt – und einer deformierten Konfiguration $\Phi(B)$ – wie in Bild 1.1 gezeigt – beschrieben werden.

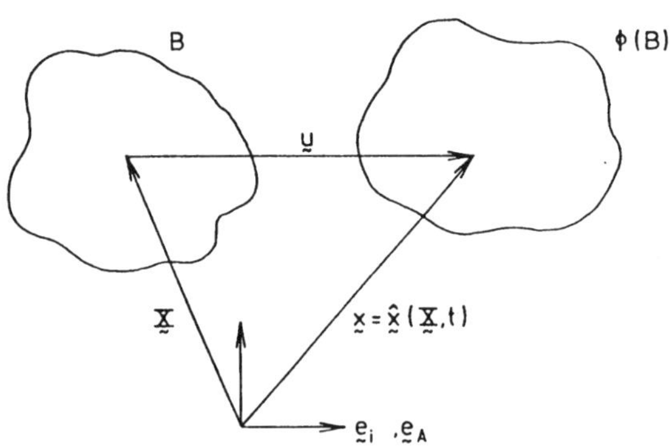


Bild 1.1 Bewegung des Körpers $B$

Ein Punkt $X$ wird in der Referenzkonfiguration durch den Ortsvektor $\mathbf{X} = X_A\, \mathbf{e}_A$ gekennzeichnet. Zur Zeit $t$ ist die vom Partikel $X$ eingenommene Position durch

$$\mathbf{x} = \hat{\mathbf{x}}\,(\mathbf{X}, t\,) = x_i\, \mathbf{e}_i. \tag{1.1}$$

gegeben.

Für den Fall, daß die kartesischen Basisvektoren $\mathbf{e}_A$ und $\mathbf{e}_i$ gleich sind (siehe Bild 1.1), reduziert sich die Tranformation zwischen beiden Koordinatensystemen zum Kroneckersymbol $\mathbf{e}_i \cdot \mathbf{e}_A = \delta_{iA}$. Im weiteren wird der Verschiebungsvektor des Partikels $X$ (siehe Bild 1.1) eingeführt

$$\mathbf{u} = \mathbf{x} - \mathbf{X} = (\,\delta_{iA}\, x_i - X_A\,)\, \mathbf{e}_A. \tag{1.2}$$

Der Deformationsgradient $\mathbf{F}$ wird als Tensor definiert, der den infinitesimalen Vektor $\mathbf{dX}$ in $B$ mit dem Vektor $\mathbf{dx}$ in $\Phi(B)$ verbindet: $\mathbf{dx} = \mathbf{F}\mathbf{dX}$. Damit sind die Komponenten von $\mathbf{F}$ die partiellen Ableitungen $\partial x_i / \partial X_A = x_{i,A}$. Mit (1.1) und (1.2) erhält man

$$\mathbf{F} = F_{iA}\, \mathbf{e}_i \otimes \mathbf{e}_A = Grad\, \mathbf{x} = \mathbf{1} + Grad\, \mathbf{u},$$

$$F_{iA} = x_{i,A} = \delta_{iA}\,(\,\delta_{AB} + u_{A,B}\,). \tag{1.3}$$

Der lückenlose Zusammenhang des Kontinuums wird durch die bijektive Abbildung mit der Bedingung $J = det\ \mathbf{F} \neq 0$ ($J$ Jacobische Funktionaldeterminante) gewährleistet.

Die Gleichungen der Kontinuumsmechanik können mit Bezug auf die verformte oder unverformte Konfiguration des Körpers formuliert werden. Vom theoretischen Standpunkt aus, macht es keinen Unterschied, ob die Gleichungen auf die Momentan- oder Referenzkonfiguration bezogen werden. Man ist bei der Wahl also völlig frei. Jedoch sollte man die Implikationen der physikalischen Modellbildung beachten, so z.B. bei der Platizitätstheorie, und natürlich auch die Auswirkungen der Formulierung auf die numerischen Methoden berücksichtigen, da hier Unterschiede in der Effizienz auftreten können.

Mit dem Deformationsgradienten $\mathbf{F}$ kann der Green-Lagrange'sche Verzerrungstensorr $\mathbf{E}$ eingeführt werden, der durch

$$\begin{aligned} \mathbf{E} &= E_{AB}\mathbf{e}_A \otimes \mathbf{e}_B = \frac{1}{2}\,(\,\mathbf{F}^T\mathbf{F} - \mathbf{1}\,), \\ E_{AB} &= \frac{1}{2}\,(\,F_{iA}\,F_{iB} - \delta_{AB}\,) = \frac{1}{2}\,(\,u_{A,B} + u_{B,A} + u_{C,A}\,u_{C,A} - \delta_{AB}\,) \end{aligned} \tag{1.4}$$

definiert ist und auf die Referenzkonfiguration $B$ bezogen ist. Dieser Verzerrungstensor wird häufig in nichtlinearen Ingenieuranwendungen benutzt. Er ist jedoch nicht das einzig mögliche Verzerrungsmaß. Eine Verallgemeinerung von (1.4) findet sich z.B. bei Ogden [44]

$$\mathbf{E}^\alpha = \frac{1}{\alpha}\,(\,\mathbf{U}^\alpha - \mathbf{1}\,), \quad \alpha \in \mathcal{R}. \tag{1.5}$$

Zur Definition dieses Verzerrungsmaßes wird Gebrauch von der polaren Zerlegung des Deformationsgradienten in einen Rotationstensor $\mathbf{R}$ und die Strecktensoren $\mathbf{U}\,,\mathbf{V}$ gemacht: $\mathbf{F} = \mathbf{R}\,\mathbf{U} = \mathbf{V}\,\mathbf{R}$. Bei der Anwendung von (1.5) ist darauf zu achten, daß der Tensor im allgemeinen Fall nur über die Spektralzerlegung von $\mathbf{U} = \sum_{i=1}^{3} \lambda_i \mathbf{N}_i \otimes \mathbf{N}_i$ berechenbar ist. Die bei dieser Zerlegung auftretenden Eigenwerte $\lambda_i$ werden auch Hauptdehnungen genannt.

Als Spezialfall erhält man mit $\alpha = 2$ den schon in (1.4) angegebenen Green'schen Verzerrungstensor. Weiterhin kann noch der räumliche Almansi'sche Verzerrungstensor

$$\mathbf{e} := \frac{1}{2}\,(\,\mathbf{g} - \mathbf{F}^{-T}\,\mathbf{F}^{-1}\,) = \frac{1}{2}\,(\,\mathbf{g} - \mathbf{b}^{-1}\,), \tag{1.6}$$

eingeführt werden, wobei in (1.6) der linke Strecktensor $\mathbf{b} = \mathbf{F}\,\mathbf{F}^T$Verwendung findet, der auch später bei der Formulierung von Materialgesetzen noch von Bedeutung ist.

Durch Anwendung einer *push forward* Operation, siehe z.B. Marsden, Hughes [38] läßt sich der Almansi'sche in den Green'schen Verzerrrungstensor überführen

$$\mathbf{E} = \mathbf{F}^T\,\mathbf{e}\,\mathbf{F}\,, \tag{1.7}$$

ohne daß der kinematische Gehalt der Aussage geändert wird.

## 1.2 Materialgesetze

Die Materialtheorie beschreibt das makroskopische Verhalten eine Materials. Durch die konstitutiven Gleichungen werden Verzerrungen mit Spannungen verknüpft. Da reale Materialien sich in sehr komplizierter Weise verhalten, sind die experimentellen Ergebnisse durch Materialgleichungen zu approximieren.

### 1.2.1 Elastisches Materialverhalten

In diesem Abschnitt wird rein elastisches Verhalten vorausgesetzt. Die konstitutive Gleichung für den zweiten Piola–Kirchhoff'schen Spannungstensor kann dann aus einem hyperelastischen Potential $\psi$ abgeleitet werden

$$\mathbf{S} = \rho_R \, \frac{\partial \psi(\mathbf{E})}{\partial \mathbf{E}}\,; \qquad S_{AB} = \rho_R \, \frac{\partial \psi(E_{AB})}{\partial E_{AB}}. \tag{1.8}$$

In der Momentankonfiguration läßt sich ein Potential konstruieren, das bei Ableitung nach dem kovarianten Metriktensor $\mathbf{g}$ den Cauchy'schen Spannungstensor liefert

$$\boldsymbol{\sigma} = 2\,\rho\,\frac{\partial \psi}{\partial \mathbf{g}} = \rho\,\frac{\partial \psi}{\partial \mathbf{e}}\,. \tag{1.9}$$

Die Form $(1.9)_1$ wurde zuerst von Doyle, Erickson [19] angegeben, weitere Versionen dieser und verwandter Beziehung finden sich in Simo, Marsden [63].

Im Fall von isotropen Materialverhalten kann die in (1.9) noch sehr allgemein gehaltenen Funktion $\psi$ weiter spezifiziert werden. Dies führt auf eine nur von den Invarianten des linken oder rechten Strecktensors $\mathbf{U}$ bzw. $\mathbf{V}$ abhängige Funktion, z.B. $\psi = \psi\,(\,I_V,\,II_V,\,III_V\,)$. Natürlich läßt sich diese Entwicklung auch für den linken Cauchy–Green Tensor $\mathbf{b} = \mathbf{F}\,\mathbf{F}^T$ durchführen. Es folgt die Darstellung $\psi_R = \psi_R\,(\,I_b,\,II_b,\,III_b\,)$. Anstelle der Invarianten können als Variablen die Hauptdehnungen siehe z.B. Truesdell, Noll [74] eingesetzt werden, so daß mit den Hauptdehnungen $\lambda_i$ von $\mathbf{U}$ bzw. $\mathbf{V}$ das Funktional die Form $\psi(\mathbf{U}) \equiv \psi(\mathbf{V}) = \psi\,(\,\lambda_1,\,\lambda_2,\,\lambda_3\,)$ annimmt. Die Darstellung der Materialfunktion als isotrope Tensorfunktion führt unter Verwendung der Kettenregel und des Cayley–Hamilton'schen Theorems auf die folgende Beziehung zwischen dem Cauchy'schen Spannungstensor und dem linken Cauchy–Green Tensor

$$\boldsymbol{\sigma} = \rho\,[\,(\,\frac{\partial \psi}{\partial J} + \frac{2}{J}\,\frac{\partial \psi}{\partial II_b}\,II_b\,)\,\mathbf{g}^{-1} + \frac{2}{J}\,\frac{\partial \psi}{\partial I_b}\,\mathbf{b} - 2\,J\,\frac{\partial \psi}{\partial II_b}\,)\,\mathbf{b}^{-1}\,]\,. \tag{1.10}$$

Diese Materialgleichung kann auch – bezogen auf die Referenzkonfiguration – durch den 2. Piola–Kirchhoff'schen Spannungstensor in Abhängigkeit des rechten Cauchy–Green Tensors ausgedrückt werden. Materialgesetze der Form (1.10) sind noch sehr komplex. Besonders die versuchstechnische Bestimmung aller Parameter einer Materialfunktion führt auf Schwierigkeiten. Es ist daher in der nichtlinearen Elastizitätstheorie wünschenswert eine Materialfunktion anzugeben, die mit einer geringstmöglichen Anzahl von Parametern die physikalischen Vorgänge hinreichend genau beschreibt. Für Gummi – ein inkompressibles Material – existieren solche Materialfunktionen, die ersten wurden von Mooney [42] und Rivlin [59] angegeben.

Sehr gute Anpassung an Versuchsdaten liefert die verallgemeinerte Materialfunktion, die von Ogden [44] entwickelt wurde und die hier durch Hinzufügen des Terms $g(J)$ auf kompressible Materialien erweitert wurde:

$$W = \sum_{i=0}^{\infty} \mu_i \, I(\alpha_i) + g(J); \quad \text{mit } I(\alpha_i) = \frac{1}{\alpha_i}\,(\lambda_1^{\alpha_i} + \lambda_2^{\alpha_i} + \lambda_3^{\alpha_i})\,. \tag{1.11}$$

Hierin bedeutet die Verwendung von $\alpha_i$, daß dieses Materialgesetz in den Hauptdehnungen des verallgemeinerten Verzerrungsmaßes (1.5) angegeben wurde. Die spezielle Wahl von $I(\alpha_i) = \frac{1}{2}\,(\lambda_1^2 + \lambda_2^2 + \lambda_3^2)$ liefert den Sonderfall eines kompressiblen Neo–Hooke Materials

$$\rho\,\psi(I_b, J) = g(J) + \frac{1}{2}\,\mu\,(I_b - 3)\,. \tag{1.12}$$

Für kompressible Materialien ist zu fordern, daß die Funktion $g(J)$ in (1.11) konvex ist. Ferner müssen die Wachstumsbedingungen

$$\lim_{J \to +\infty} W \to \infty \qquad \text{und} \qquad \lim_{J \to 0} W \to -\infty$$

eingehalten werden. Aus diesen Bedingungen folgen die physikalisch interpretierbaren Aussagen, daß die Spannungen für gegen Null gehendes Volumen gegen $-\infty$ und für gegen $+\infty$ gehendes Volumen gegen $+\infty$ gehen. Diese Wachstumsbedingungen spielen eine hervorragende Rolle in der mathematischen Elastizitätstheorie, z. B. bei Fragen der Existenz und Eindeutigkeit von Lösungen. Der hieran interessierte Leser sei auf die weiterführende Literatur verwiesen, z.B. Marsden, Hughes [38], Ciarlet [13].

Der kompressible Anteil in Gleichung (1.12) kann z.B. folgendermaßen gewählt werden: $g(J) = \frac{\lambda}{2}\,(\ln J)^2 - \mu \ln J$. Damit kann nun das *Neo-Hooke*sche Material erweitert werden was in Simo, Pister [64] vorgeschlagen wurde. Die zugehörige konstitutive Beziehung für den Cauchyschen Spannungstensor erhält man mit dem o.g Ansatz für $g(J)$ mit (1.9) aus (1.12)

$$\sigma = \frac{\lambda}{J} \ln J\, \mathbf{g}^{-1} + \frac{\mu}{J}\,(\mathbf{b} - \mathbf{g}^{-1})\,. \tag{1.13}$$

Die Materialkonstanten $\lambda\,,\mu$ können als Lamé Konstanten gedeutet werden. Gleichung (1.13) erfüllt die Wachstumsbedingungen, jedoch ist der konvexe Bereich durch $J \geq e^{1+\frac{\mu}{\lambda}} \geq e$ beschränkt, siehe Stein, Müller-Hoeppe [69]. Der in Ciarlet [13] vorgeschlagene kompressible Teil $g(J) = c\,J^2 - d \ln J$ mit $c > 0\,, d > 0$ erfüllt hingegen alle drei Bedingungen.

Der Bezug der Gleichung (1.13) auf die Referenzkonfiguration kann geschehen, indem der Cauchy'sche Spannungstensor durch den 2. Piola–Kirchhoff'schen Spannungstensor mittels $\mathbf{S} = J\,\mathbf{F}^{-1}\,\sigma\,\mathbf{F}^{-T}$ ausgedrückt wird. Nach einiger Rechnung, siehe z.B. Wriggers [83] erhält man mit

$$\mathbf{S} = \lambda \ln J\, \mathbf{C}^{-1} + \mu\,(1 - \mathbf{C}^{-1}\,) \tag{1.14}$$

die Transformation auf die Referenzkonfiguration. An dieser Stelle sei darauf hingewiesen, daß diese konstitutive Beziehung für den 2. Piola-Kirchhoff'schen Spannungstensor nichts mit einer linearen Beziehung zwischen $\mathbf{S}$ und $\mathbf{E}$ gemein hat, die vielfach in der Ingenieurliteraur Verwendung findet, siehe folgende Anmerkung. Die Linearisierung der Beziehung (1.14) liefert an der Stelle $\bar{\mathbf{\Phi}} = \mathbf{X}$ das klassische, lineare *Hooke*sche Gesetz.

**Anmerkung:** *Kompressible elastische Materialien werden im größten Teil der Ingenieurliteratur durch die Annahme eines linearen Zusammenhanges zwischen dem 2. Piola–Kirchhoff'schen Spannungstensor und dem Green'schen Verzerrungstensor (St. Venant Material)*

$$\mathbf{S} = \lambda \, tr \mathbf{E} \, \mathbf{1} + 2 \mu \mathbf{E} \tag{1.15}$$

*beschrieben. Dieses Gesetz entspricht der sinngemäßen Übertragung des Hookeschen Gesetzes der infinitesimalen Theorie auf die endliche Elastizitätstheorie (mit den Lamé Konstanten $\lambda$ und $\mu$).*

*Allgemein kann gezeigt werden, daß dieses Gesetz auf Problemstellungen mit zwar großen Rotationen jedoch kleinen Verzerrungen beschränkt ist (siehe z.B. Klee, Stein [26]). Wesentliche Probleme bereitet dieses Materialgesetz im Kompressionsbereich, wo sogar als Grenzfall für eine Zusammendrückung eines Körpers auf das Volumen "0" anstelle von $\lim_{J \to 0} \boldsymbol{\sigma} \to -\infty$ die Spannung $\boldsymbol{\sigma} = \mathbf{0}$ herauskommt. Mit diesen Restriktionen ist das Materialgesetz (1.15) für die Beschreibung endlicher Deformationen nicht geeignet.*

### 1.2.2 Elasto–plastische Materialgesetze

Viele Materialien, die in technischen Anendungen weit verbreitet sind, verhalten sich selbst bei kleinen Deformationen nichtlinear. Eine große Klasse von nichtlinearen Materialien kann unter Annahme von elasto–plastischem Verhalten beschrieben werden. Hierunter fallen Werkstoffe wie Stahl, Aluminium oder auch Beton. Im folgenden werden – basierend auf der Annahme kleiner Verzerrungen – die Gleichungen zur Beschreibung elasto–plastischen Materialverhaltens für den allgemeinen Fall der isotropen und kinematischen Verfestigung zusammengefaßt.

Bei kleinen Verzerrungen kann der elastische und plastische Part der Deformationsgeschindigkeit additiv aufgespalten werden. Für den linearen Verzerrungstensor $\boldsymbol{\epsilon}$ gilt dann

$$\dot{\boldsymbol{\epsilon}} = \dot{\boldsymbol{\epsilon}}^{el} + \dot{\boldsymbol{\epsilon}}^{pl} . \tag{1.16}$$

Da die plastischen Deformationen inkompressibel sind, ist es zweckmäßig hier die deviatorischen Größen einzuführen. Für den linearen Verzerrungstensor erhält man die folgende Aufteilung $\boldsymbol{\epsilon}^D = \boldsymbol{\epsilon} - \frac{1}{3} \, \mathrm{tr} \, \boldsymbol{\epsilon} \, \mathbf{1}$ . Eine analoge Beziehung gilt für die linearen Spannungen

$$\mathrm{s}^D = \boldsymbol{\sigma} - \frac{1}{3} \, \mathrm{tr} \, \boldsymbol{\sigma} \, \mathbf{1} \, .$$

Nun kann die von Mises'sche Fließbedingung für ein plastisches Material mit isotroper und kinematischer Verfestigung angegeben werden. Sie lautet

$$f(\mathrm{s}^D, \boldsymbol{\alpha}^D, \kappa) = \| \mathrm{s}^D - \boldsymbol{\alpha}^D \| - \sqrt{\frac{2}{3}} \, \kappa(e_v) \tag{1.17}$$

mit der Vergleichsdehnung $e_v = \int_0^t \sqrt{\frac{2}{3}}\,\|\dot{\epsilon}^{pl}\| d\tau$ und dem Verfestigungstensor $\alpha$. Es wird weiterhin ein assoziiertes Fließgesetz angenommen, das für viele Metalle Gültigkeit besitzt und mit $\bar{\mathbf{N}} = \frac{(\mathbf{s}^D - \alpha^D)}{\|\mathbf{s}^D - \alpha^D\|}$ auf den folgende Zusammenhang führt

$$\dot{\epsilon}^{pl} = \lambda \frac{\partial f}{\partial(\mathbf{s}^D - \alpha^D)} \equiv \lambda \bar{\mathbf{N}} . \tag{1.18}$$

Für den Verfestigungstensor $\alpha$ kann mit Einführung der kinematischen Verfestigungfunktion $H(e_v)$ die Evolutionsgleichung

$$\dot{\alpha} = \frac{2}{3} H'(e_v)\, \dot{\epsilon}^{pl} \tag{1.19}$$

angegeben werden. Hierin und im weiteren bedeutet die $(..)'$ die Ableitung nach $e_v$. Der kompressible und isochore Teil des elastischen Materialgesetzes folgt aus der Linearisierung von (1.14) und liefert mit dem Kompressionsmodul $K$ und dem Schubmodul $G$

$$\begin{aligned} \dot{p} &= \frac{1}{3} \operatorname{tr} \dot{\sigma} = K \operatorname{tr} \dot{\epsilon}^{el} , \\ \dot{\mathbf{s}} &= 2\, G\, (\dot{\epsilon}^D - \dot{\epsilon}^{pl}) . \end{aligned} \tag{1.20}$$

Aus der Konsistenzbedingung $\dot{f} \equiv 0$ leitet sich dann mit den o.g. Gleichungen das Materialgesetz in Ratenform ab

$$\begin{aligned} \dot{\mathbf{s}} &= 2\, G\, (\mathbf{I} - \lambda\, \bar{\mathbf{N}} \otimes \bar{\mathbf{N}})[\dot{\epsilon}^D] \\ \dot{s}_{ik} &= 2\, G\, (\delta_{iklm} - \lambda\, N_{ik}\, N_{lm}) \dot{\epsilon}^D_{lm} \end{aligned} \tag{1.21}$$

mit $\lambda = \frac{3G}{3G + \kappa' + H'}$ und $\delta_{iklm} = \frac{1}{2}\,(\delta_{ik}\,\delta_{lm} + \delta_{im}\,\delta_{kl})$.

Wenn nun noch der kompressible elastische Anteil $(1.20)_1$ hinzugenommen wird, so folgt das allgemeine Prandt'l Reuß'sche Materialgesetz für ein elasto–plastisches Material

$$\begin{aligned} \dot{\sigma} &= C^{ep}\,[\dot{\epsilon}] \\ \dot{\sigma}_i k &= C^{ep}_{iklm}\, \dot{E}_{lm} , \end{aligned} \tag{1.22}$$

in dem der elasto–plastische Tangententensor durch

$$C^{ep} = K\, 1 \otimes 1 + 2\, G\, (\mathbf{I} - \frac{1}{3} 1 \otimes 1) - 2\, G\, \lambda\, \bar{\mathbf{N}} \otimes \bar{\mathbf{N}}$$

gegeben ist. Diese elasto–plastische Kontinuumstangente, die in vielen Finite–Element–Anwendungen benutzt wird, ist jedoch für die Konstruktion eines effektiven Lösungsalgorithmusses, der auf dem Newton Verfahren beruht, nicht brauchbar, siehe Stein, Gruttmann [21] und Abschnitt 4.4.

## 1.3 Variationsprinzipien

Zur Berechnung von statischen Randwertproblemen der Kontinuumsmechanik ist das gekoppelte System von partiellen Differentialgleichungen — hier in Größen der Referenzkonfiguration formuliert — bestehend aus den kinematischen Beziehungen, dem lokalen Gleichgewicht, dem Materialgesetz und den Randbedingungen zu lösen.

$$\left.\begin{aligned} \mathbf{E} &= \tfrac{1}{2}(\mathbf{F}^T\mathbf{F} - \mathbf{1}) \\ \mathrm{Div}(\mathbf{F}\,\mathbf{S}) + \rho_R\,\hat{\mathbf{b}} &= \mathbf{0} \\ \mathbf{S} &= \rho_R \frac{\partial \psi_R}{\partial \mathbf{E}} \end{aligned}\right\} \quad \text{in } B$$

$$\left.\begin{aligned} \hat{\mathbf{u}} &= \mathbf{u} \\ \hat{\mathbf{t}} &= \mathbf{F}\,\mathbf{S}\,\mathbf{N} \end{aligned}\right\} \quad \begin{aligned} &\text{auf } \partial B_u \\ &\text{auf } \partial B_\sigma \end{aligned}$$

Eine analytische Lösung dieses Systems von Feldgleichungen ist in der nichtlinearen Kontinuumsmechanik nur für wenige einfache Randwertprobleme möglich. Eine näherungsweise Berechnung auf der Basis von Variationsverfahren ( z.B. mittels der FEM ) eröffnet jedoch eine Ausdehnung auf eine breites Aufgabenspektrum. Den Variationsverfahren liegen Arbeits- und Energieprinzipe zugrunde, die in diesem Abschnitt kurz beschrieben werden sollen. Sie können sowohl in der Referenz– als auch in der Momentankonfiguration formuliert werden.

### 1.3.1 Schwache Formulierung des Gleichgewichts in der Referenzkonfiguration

Das Prinzip der virtuellen Verschiebungen ist eine der Impuls– und Drallbilanz äquivalente Formulierung, die in der mathematischen Literatur auch als schwache Form der durch die Impulsbilanz gegebenen Differentialgleichung bezeichnet wird. Da im Prinzip der virtuellen Verschiebungen keine weiteren Annahmen - wie z.B. die Existenz eines Potentials - eingehen, ist dieses Arbeitsprinzip ganz allgemein anwendbar: so z.B. für Probleme mit Reibung, nichtkonservativer Belastung oder elasto-plastischem Materialverhalten. Die Herleitung des Prinzips der virtuellen Verschiebungen beginnt mit dem lokalen Gleichgewicht $\mathrm{Div}\,\mathbf{P} + \rho_R\,\hat{\mathbf{b}} = \mathbf{0}$, die skalar mit einer vektorwertigen Funktion $\boldsymbol{\eta}$ - oft virtuelle Verschiebung oder Testfunktion genannt - multipliziert wird. Die anschließende Integration über das Volumen des betrachteten Körpers liefert

$$\int_B \rho_R\,\hat{\mathbf{b}} \cdot \boldsymbol{\eta}\,dV + \int_B \mathrm{Div}\,\mathbf{P} \cdot \boldsymbol{\eta}\,dV = 0\,.$$

Durch partielle Integration des zweiten Terms mit nachfolgender Anwendung des Divergenztheorems und der Einarbeitung der Randbedingungen erhält man die das Prinzip der virtuellen Verschiebungen beschreibende Gleichung

$$\mathbf{G}(\mathbf{u},\boldsymbol{\eta}) = \int_B \mathbf{P} \cdot \mathrm{Grad}\,\boldsymbol{\eta}\,dV - \int_B \rho_R\,\hat{\mathbf{b}} \cdot \boldsymbol{\eta}\,dV - \int_{\partial B_\sigma} \hat{\mathbf{t}} \cdot \boldsymbol{\eta}\,dA = 0\,. \tag{1.23}$$

Hier ist mit den Verschiebungsranbedingungen auf $\partial B_u$ auch der Funktionenraum für die virtuelle Verschiebung eingeschränkt: $\boldsymbol{\eta} = \mathbf{0}$ auf $\partial B_u$. Unter Beachtung von $\mathbf{P} = \mathbf{F}\,\mathbf{S}$ kann der erste Integrand auch durch das Skalarprodukt des 2. Piola–Kirchhoff'schen Spannungstensors $\mathbf{S}$ und der Variation des Green'schen Verzerrungstensors $D\,\mathbf{E} \cdot \boldsymbol{\eta}$ (1.4) ersetzt werden:

$$\mathbf{P} \cdot \operatorname{Grad} \boldsymbol{\eta} = \mathbf{S} \cdot D\,\mathbf{E} \cdot \boldsymbol{\eta} = \mathbf{S} \cdot \delta \mathbf{E} = \mathbf{S} \cdot \frac{1}{2} (\mathbf{F}^T \operatorname{Grad} \boldsymbol{\eta} + \operatorname{Grad}^T \boldsymbol{\eta}\, \mathbf{F})\,. \tag{1.24}$$

Mit (1.24) kann Gleichung (1.23) umgeschrieben werden

$$G(\mathbf{u}, \boldsymbol{\eta}) = \int_B \mathbf{S} \cdot \delta \mathbf{E}\, dV - \int_B \rho \hat{\mathbf{b}} \cdot \boldsymbol{\eta}\, dV - \int_{\partial B_\sigma} \hat{\mathbf{t}} \cdot \boldsymbol{\eta}\, dA = 0 \tag{1.25}$$

Der erste Term in (1.25) entspricht der virtuellen inneren Arbeit. Die zwei letzten Terme beschreiben die virtuelle Arbeit der äußeren Belastung. Es sei hier noch angemerkt, daß weitere Möglichkeiten bestehen, die innere Arbeit zu definieren. Eine auch bei der Ableitung von Schalentheorien verwendetete Form verknüpft den symmetrischen Teil des Biot'schen Spannungstensor $\mathbf{T}$ mit dem rechten Strecktensor $\mathbf{U}$, siehe z.B. Wriggers [83]

$$\mathbf{P} \cdot \operatorname{Grad} \boldsymbol{\eta} = \mathbf{T} \cdot D\,\mathbf{U} \cdot \boldsymbol{\eta} = \mathbf{T} \cdot \delta \mathbf{U}\,.$$

### 1.3.2 Räumliche schwache Formulierung des Gleichgewichtes

Der Bezug der schwachen Form (1.25) auf die Momentankonfiguration geschieht durch rein geometrische Operationen, siehe z. B. Wriggers [83] und führt auf

$$\mathrm{g}(\mathbf{u}, \boldsymbol{\eta}) = \int_{\Phi(B)} \boldsymbol{\sigma} \cdot \operatorname{grad} \boldsymbol{\eta}\, dv - \int_{\Phi(B)} \rho\, \hat{\mathbf{b}} \cdot \boldsymbol{\eta}\, dv - \int_{\Phi(\partial B_\sigma)} \hat{\mathbf{t}} \cdot \boldsymbol{\eta}\, da = 0\,. \tag{1.26}$$

Da der Cauchy'sche Spannungstensor symmetrisch ist, kann der Gradient von $\boldsymbol{\eta}$ auch durch seinen symmetrischen Anteil ersetzt werden. Nun bedient sich sowohl die Variation als auch die Linearisierung einer räumlichen Größe des Konzeptes der Lie–Ableitung, so daß $\boldsymbol{\sigma} \cdot \operatorname{grad} \boldsymbol{\eta} = \boldsymbol{\sigma} \cdot L_\eta(\mathbf{e}) = \frac{1}{2} \boldsymbol{\sigma} \cdot L_\eta(\mathbf{g})$ gilt, siehe Wriggers [83]. Die dem Cauchy Tensor zugeordnete virtuelle Verzerrungsgröße ist also die Variation — oder Lie–Ableitung — des Almansi'schen Verzerrungstensors $\mathbf{e}$ oder die Variation des räumlichen Metriktensors $\mathbf{g}$.

### 1.3.3 Konstruktion von Funktionalen

Für den Fall, daß sich die Spannungen durch Ableitung aus einem Potential berechnen lassen, ist die Konstruktion eines Funktionales möglich. In dem Abschnitt 1.2 wurden elastische Materialien angegeben, die diese Forderung erfüllen. Damit kann aus der schwachen Formulierung unter Berücksichtigung elastischen Materialverhaltens und konservativer Kräfte ein Funktional $\Pi$ hergeleitet werden, siehe z.B. Vainberg [75]. Für statische Probleme folgt

$$\Pi(\mathbf{u}) = \int_B [\rho_R \psi_R(\mathbf{E}) - \rho_R \hat{\mathbf{b}} \cdot \mathbf{u}]\, dV - \int_{\partial B_\sigma} \hat{\mathbf{t}} \cdot \mathbf{u}\, dA . \tag{1.27}$$

Die Variation dieses Funktionals ist nun äquivalent zu der schwachen Form (1.25), was sich unter Beachtung von (1.8) durch Anwendung der Richtungsableitung zeigen läßt

$$D\,\Pi(\mathbf{u}) \cdot \boldsymbol{\eta} = \frac{d}{d\alpha} \Pi(\mathbf{u} + \alpha \boldsymbol{\eta})\Big|_{\alpha=0} ,$$

diese wird auch erste Variation von $\Pi$ genannt (mathematisch: Gateaux – Ableitung)

$$D\,\Pi(\mathbf{u}) \cdot \boldsymbol{\eta} = \int_B [\rho_R \frac{\partial \psi_R}{\partial \mathbf{E}} \cdot D\,\mathbf{E} \cdot \boldsymbol{\eta} - \rho_R \hat{\mathbf{b}} \cdot \boldsymbol{\eta}]\, dV - \int_{\partial B_\sigma} \hat{\mathbf{t}} \cdot \boldsymbol{\eta}\, dA = G(\mathbf{u}, \boldsymbol{\eta}) . \tag{1.28}$$

Die Konstruktion eines Energiefunktionals ist aus mehreren Gründen von Bedeutung. So ermöglicht ein Funktional z.B. Existenz- und Eindeutigkeitsaussagen oder es erlaubt die Entwicklung von effizienten Algorithmen auf der Basis der Optimierungsverfahren.

### 1.3.4 Linearisierung des Prinzips der virtuellen Verschiebungen

Lösungen von nichtlinearen Randwertproblemen in der Kontinuumsmechanik können im allgemeinen Fall nur mittels Näherungsverfahren bestimmt werden. Da viele dieser Verfahren — wie auch die Finite-Element-Methode — auf der Variationsformulierung der Feldgleichungen beruhen, stellt das Prinzip der virtuellen Verschiebungen (1.24) oder (1.25) eine Basis für numerische Verfahren bereit.

Zur Lösung der entstehenden nichtlinearen Gleichungen ist dann ein iterativer Algorithmus erforderlich. Unter den vielen möglichen Algorithmen - eine Übersicht findet sich in Abschnitt 4 — wird häufig das Newton Verfahren ausgewählt, weil es den Vorteil der quadratischen Konvergenz in der Nähe der Lösung besitzt. Beim Newton Verfahren wird eine verbesserte Lösung durch eine Taylorreihenentwicklung der nichtlinearen Gleichung an der Stelle einer schon gegebenen Näherungslösung erhalten. Diese Taylorreihenentwicklung entspricht der Linearisierung des Prinzips der virtuellen Verschiebungen und kann mit Hilfe der Richtungsableitung berechnet werden. Dabei erfolgt hier eine Beschränkung auf die durch (1.14) beschriebene Materialfunktion.

Die Linearisierung wird zunächst für die auf die Referenzkonfiguration bezogene Fassung des Prinzips der virtuellen Verschiebungen (1.24) angegeben. Sie erfolgt in einem Deformationszustand des Körpers, in dem Gleichgewicht herrscht. Dieser Zustand sei mit $\bar{\mathbf{u}}$ bezeichnet

$$G(\bar{\mathbf{u}};\boldsymbol{\eta};\Delta\mathbf{u}) = G(\bar{\mathbf{u}},\boldsymbol{\eta}) + DG(\bar{\mathbf{u}},\boldsymbol{\eta})\cdot\Delta\mathbf{u}\,. \tag{1.29}$$

$G(\bar{\mathbf{u}},\boldsymbol{\eta})$ entspricht (1.24), wenn anstelle von $\mathbf{u}$ die Deformation $\bar{\mathbf{u}}$ eingesetzt wird. Unter Voraussetzung einer konservativen Belastung ist die zur konsistenten Linearisierung erforderliche Richtungsableitung von $G$ nur auf den 1. Term in (1.24) beschränkt

$$DG(\bar{\mathbf{u}},\boldsymbol{\eta})\cdot\Delta\mathbf{u} = \int_B [D\mathbf{P}(\bar{\mathbf{u}})\cdot\Delta\mathbf{u}]\cdot\operatorname{Grad}\boldsymbol{\eta}\,dV\,.$$

Die Linearisierung des 1. Piola–Kirchhoff'schen Spannungstensors ergibt mit $\mathbf{P} = \mathbf{F}\,\mathbf{S}$

$$DG(\bar{\mathbf{u}},\boldsymbol{\eta})\cdot\Delta\mathbf{u} = \int_B \{\operatorname{Grad}\Delta\mathbf{u}\,\bar{\mathbf{S}} + \bar{\mathbf{F}}\,[D\mathbf{S}(\bar{\mathbf{u}})\cdot\Delta\mathbf{u}]\}\cdot\operatorname{Grad}\boldsymbol{\eta}\,dV\,. \tag{1.30}$$

Für die Linearisierung des 2. Piola–Kirchhoff'schen Spannungstensor kann nun das Materialgesetz (1.14) herangezogen werden. Mit Anwendung der Kettenregel folgt

$$D\mathbf{S}(\bar{\mathbf{u}})\cdot\Delta\mathbf{u} = \frac{\partial\mathbf{S}}{\partial\mathbf{C}}\,[\,D\mathbf{C}(\bar{\mathbf{u}})\cdot\Delta\mathbf{u}\,] = \mathcal{C}_R\,[\bar{\mathbf{F}}^T\operatorname{Grad}\Delta\mathbf{u} + \operatorname{Grad}^T\Delta\mathbf{u}\,\bar{\mathbf{F}}\,]\,,$$

wobei der auf die Referenzkonfiguration $B$ bezogene Elastizitätstensor $\mathcal{C}_R$ durch

$$\mathcal{C}_R = \frac{\partial\mathbf{S}}{\partial\mathbf{C}} = \lambda\,\mathbf{C}^{-1}\otimes\mathbf{C}^{-1} + (\,\mu - \lambda\ln J\,)\mathbb{1}_{C^{-1}} \tag{1.31}$$

gegeben ist. Hierin definiert $\mathbb{1}_{C^{-1}}$ einen Tensor vierter Stufe, der sich aus den Komponenten von $\mathbf{C}^{-1}$ zusammensetzt und mit dem in (1.34) verwendeten Einheitstensor $\boldsymbol{i}_{g^{-1}}$ folgendermaßen zusammenhängt

$$(\mathbb{1}_{C^{-1}})^{IJKL} = (F^I_i)^{-1}\,(F^J_j)^{-1}\,(F^K_k)^{-1}\,(F^L_l)^{-1}\,\frac{1}{2}\,(g^{ij}\,g^{kl} + g^{il}\,g^{jk})\,.$$

Das Einsetzen von (1.31) in (1.30) vervollständigt die Linearisierung

$$DG(\bar{\mathbf{u}},\boldsymbol{\eta})\cdot\Delta\mathbf{u} = \int_B \{\operatorname{Grad}\Delta\mathbf{u}\,\bar{\mathbf{S}} + \bar{\mathbf{F}}\,\mathcal{C}_R\,[\bar{\mathbf{F}}^T\operatorname{Grad}\Delta\mathbf{u} + \operatorname{Grad}^T\Delta\mathbf{u}\,\bar{\mathbf{F}}\,]\}\cdot\operatorname{Grad}\boldsymbol{\eta}\,dV\,. \tag{1.32}$$

Im Sinne des Newton Verfahrens ist die Gleichung (1.29) zu Null zu setzen, so daß der Zuwachs der Deformation $\Delta\mathbf{u}$ aus

$$DG(\bar{\mathbf{u}},\boldsymbol{\eta})\cdot\Delta\mathbf{u} = -G(\bar{\mathbf{u}},\boldsymbol{\eta})$$

bestimmt wird. In der Gleichung (1.32) stellt der erste Term die sogenannte 'geometrische Matrix' oder 'Anfangsspannungsmatrix' dar, während der zweite Term die 'Anfangsdeformationen' enthält.

Die Linearisierung des Prinzips der virtuellen Verschiebungen in der Momentankonfiguration kann direkt unter Anwendung der Lie–Ableitung aus (1.25) gewonnen werden

$$L_u \{g(\bar{\mathbf{u}}, \boldsymbol{\eta})\} = \boldsymbol{\Phi}_* \{ \boldsymbol{\Phi}_\epsilon^* [g(\mathbf{u}, \boldsymbol{\eta})]_\epsilon \} |_{\epsilon=0} .$$

Nach einiger Rechnung, siehe Wriggers [83] ergibt sich die auf die Momentankonfiguration bezogene, linearisierte Form des Prinzips der virtuellen Verschiebungen

$$L_u \{g(\bar{\mathbf{u}}, \boldsymbol{\eta})\} = \int_{\Phi(B)} \{ \overline{\operatorname{grad}} \, \Delta\mathbf{u} \, \bar{\boldsymbol{\sigma}} + \boldsymbol{c} [\frac{1}{2} (\overline{\operatorname{grad}} \, \Delta\mathbf{u} + \overline{\operatorname{grad}}^T \Delta\mathbf{u})] \} \cdot \overline{\operatorname{grad}} \, \boldsymbol{\eta} \, dv . \quad (1.33)$$

wobei der inkrementelle Elastizitätstensor der Momentankonfiguration $\boldsymbol{c}$ aus der Linearisierung von (1.13) folgt

$$\boldsymbol{c} = \frac{\lambda}{J} \mathbf{g}^{-1} \otimes \mathbf{g}^{-1} + \frac{1}{J} (\mu - \lambda \ln J) \boldsymbol{i}_{g^{-1}} , \quad (1.34)$$

mit dem vierstufigen Einheitstensor $\boldsymbol{i}_{g^{-1}}$ bezogen auf die kovarianten Basisvektoren. Der Zusammenhang mit dem inkrementellen Elastizitätstensor der Referenzkonfiguration $\mathcal{C}_R$ (1.32) ist durch

$$\boldsymbol{c}[\mathbf{a}] = \frac{2}{J} \mathbf{F} \, \mathcal{C}_R [\mathbf{F}^T \mathbf{a} \, \mathbf{F}] \, \mathbf{F}^T$$

$$c^{iklm} = \frac{2}{J} F^i_I \, F^k_K \, F^l_L \, F^m_M \, C_R^{IKLM}$$

gegeben, wobei a ein beliebiger Tensor ist (siehe z.B. Truesdell, Noll [74]).

Hiermit sind die für die Anwendung des Newton Verfahrens notwendigen Beziehungen — sowohl für die Referenzkonfiguration als auch für die Momentankonfiguration — zusammengestellt und können als Grundlage für Finite-Element Berechnungen dienen.

# 2 Grundgleichungen der Schalentheorie

In diesem Abschnitt werden wesentliche Aspekte und die Klassifizierung von geometrisch nichtlinearen Schalentheorien diskutiert. Aufgrund der Vielzahl von Schalentheorien sollen jedoch nur ausgewählte mathematische Modelle betrachtet werden, die auch für eine numerische Umsetzung in finite Elemente relevant sind. Dazu werden in Abschnitt 2.1 die kinematischen Grundlagen zusammengestellt. Basierend auf einer Klassifizierung der Schalentheorien in kleine, mäßige und große Rotationen können verschiedene Formulierungen angegeben werden. In 2.2. wird eine Finite–Element gerechte Variationsformulierung für eine schubelastische Schalentheorie mit mäßigen Drehungen diskutiert. Abschnitt 2.3 enthält die Zusammenfassung einer Schalentheorie großer Verschiebungen und Rotationen.

## 2.1 Kinematik der Schalen

Eine Schale ist ein dreidimensionaler Körper $\mathcal{B}$, bei dem eine Abmessung – die Schalendicke $h$ – sehr klein gegenüber dem kleinsten Krümmungsradius $R$ der Schalenmittelfläche ist. Üblicherweise wird die Geometrie der Schale durch die Einführung von konvektiven Koordinaten $\Theta^i = \Theta^\alpha, \xi$ beschrieben. $\xi = 0$ definiert dabei die Schalenmittelfläche. In Bild 2.1 ist der Ausschnitt einer Schale in der Referenz– und Momentankonfiguration dargestellt. In diesem Abschnitt sind die auf die Referenzkonfiguration bezogenen Größen durch einen Querstrich gekennzeichnet.

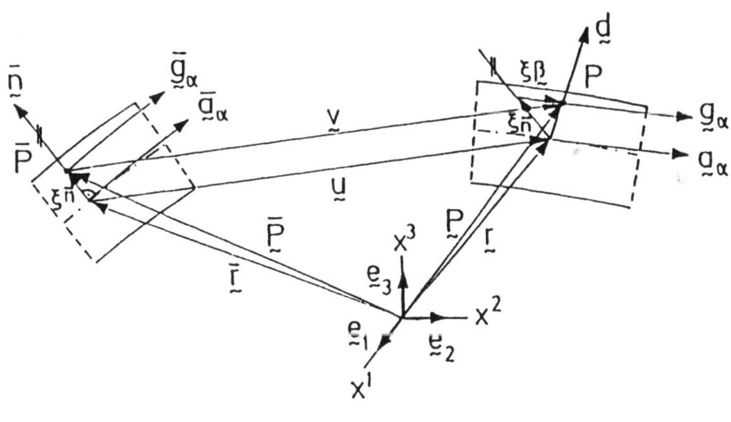

Bild 2.1 Geometrie und Kinematik einer dünnen Schale

Die wesentliche kinematische Annahme in der Schalentheorie führt auf die folgende Darstellung des Ortsvektors zu einem Punkt $P \in \mathcal{B}$ im Schalenraum

$$\mathbf{p} = \mathbf{r} + \xi\,\mathbf{d}, \qquad -\frac{h}{2} \le \xi \le +\frac{h}{2}. \tag{2.1}$$

In (2.1) ist $\mathbf{r}$ der Ortsvektor zur Schalenmittelfläche $\xi = 0$ und $\mathbf{d}$ ein Direktorvektor, der im Rahmen der Reissner–Mindlin Theorie zur Beschreibung der Drehung der

Normalen herangezogen wird. Für den Spezialfall, daß der Direktor $\mathbf{d}$ mit dem Normalenvektor der Schale in der Momentankonfiguration übereinstimmt, führt diese kinematische Beschreibung auf die Kirchhoff–Love'sche Theorie, die Schubdeformationen ausschließt.

Zur Beschreibung der Schalengeometrie in der Referenzkonfiguration $B$ sind die folgenden Größen einzuführen

$$
\begin{array}{lll}
\text{Basisvektoren:} & \bar{\mathbf{a}}_\alpha & = \bar{\mathbf{r}}_{,\alpha}\,, \\
 & \bar{\mathbf{n}} & = \bar{\mathbf{a}}_1 \times \bar{\mathbf{a}}_2 / \|\bar{\mathbf{a}}_1 \times \bar{\mathbf{a}}_2\|\,, \\
\text{Metriktensor:} & \bar{\mathbf{A}} & = \bar{\mathbf{a}}_\alpha \otimes \bar{\mathbf{a}}^\alpha\,, \\
\text{Projektionstensor:} & \bar{\mathbf{P}} & = \bar{\mathbf{n}} \otimes \bar{\mathbf{n}}\,, \\
\text{Krümmungstensor:} & \bar{\mathbf{B}} & = -\bar{\mathbf{n}}_{,\alpha} \otimes \bar{\mathbf{a}}^\alpha\,, \\
\text{Einheitstensor:} & \bar{\mathbf{1}} & = \bar{\mathbf{a}}_\alpha \otimes \bar{\mathbf{a}}^\alpha + \bar{\mathbf{n}} \otimes \bar{\mathbf{n}}\,.
\end{array}
\tag{2.2}
$$

Die zugehörigen Maße in der Momentankonfiguration $\Phi(B)$ werden durch die gleichen Größen jedoch ohne den Querstrich beschrieben, siehe Bild 2.1.

Die Basisvektoren im Schalenraum und die Schalenschifter lauten

$$
\begin{array}{lll}
\text{Basisvektoren in } B\text{:} & \bar{\mathbf{g}}_\alpha & = \bar{\mathbf{p}}_{,\alpha} + \xi \bar{\mathbf{n}}_{,\alpha}\,, \\
 & \bar{\mathbf{g}}_3 & = \bar{\mathbf{n}}\,, \\
\text{Schiftertensor } B\text{:} & \bar{\mathbf{g}}_i & = \bar{\mathbf{Z}}\, \bar{\mathbf{a}}_i; \quad \bar{\mathbf{Z}} = \bar{\mathbf{1}} - \xi \bar{\mathbf{B}}\,. \\
\text{Basisvektoren in } \phi(B)\text{:} & \mathbf{g}_\alpha & = \mathbf{p}_{,\alpha} + \xi \mathbf{d}_{,\alpha}\,, \\
 & \mathbf{g}_3 & = \mathbf{d}\,, \\
\text{Schiftertensor } \phi(B)\text{:} & \mathbf{g}_i & = \mathbf{Z}\, \mathbf{a}_i; \quad \mathbf{Z} = \mathbf{1} - \xi \mathbf{B}\,.
\end{array}
\tag{2.3}
$$

Für die Berechnung der Verzerrungsmaße aus dem dreidimensionalen Green'schen Verzerrungstensor (1.4) wird der in konvektiven Koordinaten definierte Deformationsgradient (1.2) $\mathbf{F} = \mathbf{g}_i \otimes \bar{\mathbf{g}}^i$ multiplikativ in einen Anteil auf der Schalenmittelfläche $\mathbf{G} = \mathbf{F}|_{\xi=0} = \mathbf{a}_i \otimes \bar{\mathbf{a}}^i = \mathbf{a}_\alpha \otimes \bar{\mathbf{a}}^\alpha + \mathbf{d} \otimes \bar{\mathbf{n}}$ und die Schalenschifter zerlegt, siehe Pietraszkiewicz [49]

$$\mathbf{F} = \mathbf{Z}\,\mathbf{G}\,\bar{\mathbf{Z}}^{-1}\,. \tag{2.4}$$

Damit ergibt sich die folgende Zerlegung des Greenschen Verzerrungstensors

$$\mathbf{E} = \bar{\mathbf{Z}}^{T-1}(\mathbf{E}^1 + \xi \mathbf{E}^2 + \xi^2 \mathbf{E}^3)\bar{\mathbf{Z}}^{-1}\,, \tag{2.5}$$

mit den auf der Schalenmittelfläche definierten Tensoren

$$
\begin{aligned}
\mathbf{E}^1 &= \frac{1}{2}(\mathbf{G}^T\mathbf{G} - \bar{\mathbf{1}})\,, \\
\mathbf{E}^2 &= -(\mathbf{G}^T\mathbf{D}\mathbf{G} - \bar{\mathbf{B}})\,, \\
\mathbf{E}^3 &= \frac{1}{2}(\mathbf{G}^T\mathbf{D}^T\mathbf{D}\mathbf{G} - \bar{\mathbf{B}}^T\bar{\mathbf{B}})\,.
\end{aligned}
\tag{2.6}
$$

Hierin wurde der Gradient des Direktors $\mathbf{D} = -\mathbf{d}_{,\alpha} \otimes \mathbf{a}^\alpha$ verwendet.

Um die Verzerrungsmaße in Abhängigkeit von den Verschiebungen darzustellen, werden die folgenden Größen eingeführt

$$
\begin{aligned}
&\text{Verschiebungsvektor:} && \mathbf{v} = \mathbf{u} + \xi\boldsymbol{\beta}\,, \\
&\text{Differenzvektor:} && \boldsymbol{\beta} = \mathbf{d} - \bar{\mathbf{n}}\,, \\
&\text{Verschiebungsgradienten:} && \mathbf{H} = \mathbf{u}_{,\alpha} \otimes \bar{\mathbf{a}}^{\alpha}\,, \\
& && \mathbf{V} = \boldsymbol{\beta}_{,\alpha} \otimes \bar{\mathbf{a}}^{\alpha}\,.
\end{aligned}
\tag{2.7}
$$

Mit diesen Definitionen ergeben sich die nichtlinearen Verzerrungsmaße in Abhängigkeit von $\mathbf{u}$ und $\boldsymbol{\beta}$. Für eine schubelastische Theorie erhält man

$$
\begin{aligned}
\mathbf{E}^1 = \; & \tfrac{1}{2}(\bar{\mathbf{1}}^T\mathbf{H} + \mathbf{H}^T\bar{\mathbf{1}} + \mathbf{H}^T\mathbf{H}) && \text{Membrananteil,} \\
& +(\boldsymbol{\beta} \otimes \bar{\mathbf{n}} + \mathbf{H}^T\bar{\mathbf{P}} + \mathbf{H}^T\boldsymbol{\beta} \otimes \bar{\mathbf{n}}) && \text{Schubanteil,} \\
\mathbf{E}^2 = \; & (-\mathbf{H}^T\bar{\mathbf{B}} + \bar{\mathbf{1}}^T\mathbf{V} + \mathbf{H}^T\mathbf{V}) && \text{Biegeanteil,} \\
& -\bar{\mathbf{B}}^T\boldsymbol{\beta} \otimes \bar{\mathbf{n}} + \mathbf{V}^T\bar{\mathbf{P}} + \mathbf{V}^T(\boldsymbol{\beta} \otimes \bar{\mathbf{n}}) && \text{Biegeschubanteil.}
\end{aligned}
\tag{2.8}
$$

Wenn die Schubverzerrungen durch die Kirchhoff–Love Hypothese unterdrückt werden, folgt

$$
\begin{aligned}
\mathbf{E}^1 &= \tfrac{1}{2}(\bar{\mathbf{1}}^T\mathbf{H} + \mathbf{H}^T\bar{\mathbf{1}} + \mathbf{H}^T\mathbf{H}) && \text{Membrananteil,} \\
\mathbf{E}^2 &= (-\mathbf{H}^T\bar{\mathbf{B}} + \bar{\mathbf{1}}^T\mathbf{V} + \mathbf{H}^T\mathbf{V}) && \text{Biegeanteil.}
\end{aligned}
\tag{2.9}
$$

Die einzige Annahme, die für die Ableitung dieser Verzerrungsmaße benutzt wurde, ist die Bedingung $\|\mathbf{d}\| = 1$, die die Verzerrungen senkrecht zur Schalenmittelfläche unterdrückt.

An dieser Stelle ist es notwendig, einen Drehvektor einzuführen, der die Rotation von $\mathbf{d}$ or $\mathbf{n}$ während der Deformation beschreibt. Je nach Wahl des Drehvektors führt dies auf die verschiedene Schalentheorien, die klassifiziert werden können, was hier jedoch nicht vertieft betrachtet werden soll. Der interessierte Leser findet Ausführungen zu diesem Thema z. B. in den folgenden Arbeiten: Koiter [33], Simmonds, Danielson [61], Reissner [54], Pietraszkiewicz [50] und Başar, Krätzig [4]. Als Beispiele für die Wahl des Drehvektors und der daraus resultierenden Schalengleichungen seien hier die klassische Theorie mäßiger Drehungen, siehe z.B. schon Donnell [18] Marguerre [36], und eine Theorie endlicher Rotationen, siehe Gruttmann, Stein, Wriggers [22] vorgestellt.

## 2.2 Theorie mäßiger Drehungen

Für praktische Schalenberechnungen ist vielfach die Verwendung mäßigter Drehungen ausreichend. In dieser Näherungsstufe einer Schalentheorie wird die Normalkomponente von $\boldsymbol{\beta}$ vernachlässigt, sowie auftretende Winkelfunktionen in dem Drehvektor durch die ersten Glieder ihrer Taylorreihenentwicklung ersetzt. Man gelangt zu den Verzerrungsmaßen

$$
\begin{aligned}
\mathbf{E}^1 &= \mathbf{E}^m + \mathbf{E}^s + \mathbf{E}^{nl}\,, \\
\mathbf{E}^2 &= \mathbf{E}^b\,,
\end{aligned}
\tag{2.10}
$$

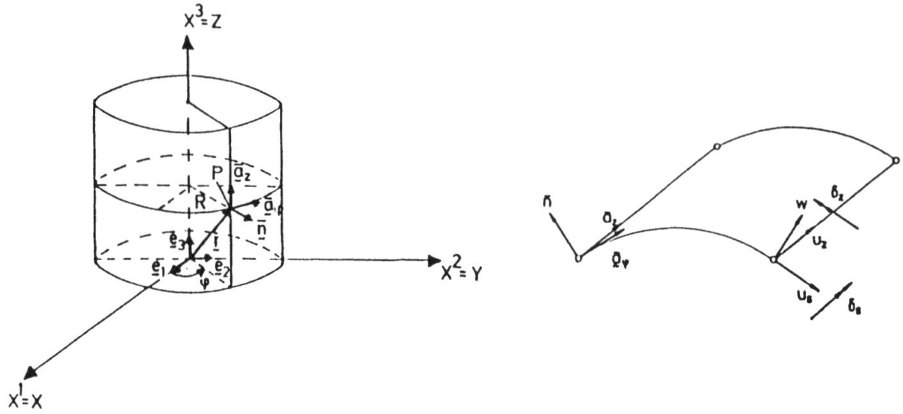


Bild 2.2 Geometrie einer Zylinderschale

die sich in lineare Membran–($m$), Schub–($s$), Biege–($b$) und nichtlineare– ($nl$) Terme aufspalten lassen

$$\begin{aligned} \mathbf{E}^m &= \frac{1}{2}(\bar{\mathbf{1}}^T\mathbf{H} + \mathbf{H}^T\bar{\mathbf{1}}), \\ \mathbf{E}^{nl} &= \frac{1}{2}(\mathbf{H}^T\bar{\mathbf{P}}^T\bar{\mathbf{P}}\mathbf{H}), \\ \mathbf{E}^s &= (\beta \otimes \bar{\mathbf{n}} + \mathbf{H}^T\bar{\mathbf{P}}), \\ \mathbf{E}^b &= -\mathbf{H}^T\bar{\mathbf{B}} + \bar{\mathbf{1}}^T\mathbf{V}. \end{aligned} \tag{2.11}$$

Aus den Gleichungen kann man ersehen, daß im Rahmen dieser Theorie das Verzerrungsmaß $\mathbf{E}^2$ linear wird. Die Näherungen in dem nichtlinearen Verzerrungstensor $\mathbf{E}^1$ lassen sich mit Hilfe des Projektionstensors $\bar{\mathbf{P}}$ erfassen, siehe Stein, Wagner, Wriggers [71]. Dieser bewirkt die Projektion des Verschiebungsgradienten auf seine Normalkomponenten, was die Behandlung großer Membranverzerrungen ausschließt.

Die schubelastische Theorie hat den Vorteil, daß nur erste Ableitungen in den Verzerrungsmaßen (2.11) auftreten, was eine einfache Finite–Element–Formulierung ermöglicht.

Als ein Beispiel für die in (2.11) angegebenen Verzerrungstensoren soll die Auswertung der Gleichungen für die in Bild 2.2 gezeigte Zylindergeometrie in Indexnotation erfolgen

$$\begin{aligned} E^m_{ss} &= \tfrac{1}{R}(u_{s,s} + w) & E^{nl}_{ss} &= \tfrac{1}{2}w_{,s}^2 - \tfrac{1}{R}w_{,s}u_s + \tfrac{1}{2}(\tfrac{u_s}{R})^2 \\ E^m_{zz} &= u_{z,z} & E^{nl}_{zz} &= \tfrac{1}{2}w_{,z}^2 \\ E^m_{sz} &= \tfrac{1}{2}(u_{s,z} + u_{z,s}) & E^{nl}_{sz} &= \tfrac{1}{2}w_{,s}w_{,z} - \tfrac{1}{R}w_{,z}u_s \\ E^b_{ss} &= \beta_{s,s} + \tfrac{1}{R}u_{s,s} + \tfrac{1}{R^2}w & E^s_{s3} &= \tfrac{1}{2}(w_{,s} - \tfrac{1}{R}u_s + \beta_s) \\ E^b_{zz} &= \beta_{z,z} & E^s_{z3} &= \tfrac{1}{2}(w_{,z} + \beta_z) \\ E^b_{sz} &= \tfrac{1}{2}(\beta_{s,z} + \beta_{z,s} + \tfrac{1}{R}u_{s,z}) \end{aligned} \tag{2.12}$$

Die numerische Behandlung basiert auf einer Variationsformulierung im Schalenraum. Ausgehend vom dreidimensionalen Prinzip der virtuellen Verschiebungen (1.28), bezogen auf die Referenzkonfiguration, läßt sich eine entsprechende Formulierung im Schalenraum angeben. Dazu ist der 2. Piola–Kirchhoff'sche Spannungstensor **S** auf einen in der Schalenmittelfläche $M$ wirkenden Spannungstensor ($\tilde{\mathbf{S}}$) zu transformieren. Die Transformationsbeziehung ist durch $\tilde{\mathbf{S}} = \bar{\mathbf{Z}}^{-1}\mathbf{S}\bar{\mathbf{Z}}^{-T}$ mit dem Schiftertensor $\bar{\mathbf{Z}}$ (2.3) gegeben. Das Einsetzen dieser Beziehung in (1.28) unter Beachtung der in der Schalentheorie üblichen Schnittgrößendefinitionen und den Verzerrungsmaßen (2.11) liefert

$$
\begin{aligned}
G(\mathbf{u},\boldsymbol{\beta},\boldsymbol{\eta}_u,\boldsymbol{\eta}_\beta) = & \int_M [\mathbf{N}\cdot(\delta\mathbf{E}^m + \delta\mathbf{E}^{nl}) + \mathbf{M}\cdot\delta\mathbf{E}^b + \mathbf{Q}\cdot\delta\mathbf{E}^s]\,da \\
& - \int_{M_\sigma} (\hat{\mathbf{f}}\cdot\boldsymbol{\eta}_u + \hat{\mathbf{m}}\cdot\boldsymbol{\eta}_\beta)\,da\,.
\end{aligned}
\tag{2.13}
$$

Unter der Annahme eines homogenen, isotropen und elastischen Materials kann ein hyperelastisches Materialgesetz eingeführt werden, das im Fall der schubelastischen Schalentheorie mäßiger Drehungen die folgende konstitutive Beziehung für die Spannungsresultierenden ergibt

$$
\begin{aligned}
\tilde{\mathbf{N}} &= \frac{Ch}{1-\nu^2}\mathcal{H}[\mathbf{E}^m + \mathbf{E}^{nl}] - \frac{Ch^3}{12(1-\nu^2)}\bar{\mathbf{B}}\mathcal{H}[\mathbf{E}^b] = \mathbf{N} - \bar{\mathbf{B}}\mathbf{M}\,,\\
\mathbf{M} &= \frac{Ch^3}{12(1-\nu^2)}\mathcal{H}[\mathbf{E}^b]\,,\\
\mathbf{Q} &= \chi G\mathcal{K}[\mathbf{E}^s]\,.
\end{aligned}
\tag{2.14}
$$

Die konstitutiven Tensoren in (2.14)

$$
\begin{aligned}
\mathcal{H} &= (1-\nu)\,\bar{\mathbf{a}}_\alpha \otimes \bar{\mathbf{a}}_\beta \otimes \bar{\mathbf{a}}^\alpha \otimes \bar{\mathbf{a}}^\beta + \nu\,\bar{\mathbf{a}}^\alpha \otimes \bar{\mathbf{a}}_\alpha \otimes \bar{\mathbf{a}}_\beta \otimes \bar{\mathbf{a}}^\beta\,,\\
\mathcal{K} &= \bar{\mathbf{a}}_\alpha \otimes \bar{\mathbf{n}} \otimes \bar{\mathbf{a}}^\alpha \otimes \bar{\mathbf{n}}\,.
\end{aligned}
$$

sind nicht, wie die in (1.34) gegebenen Tensoren, von der Deformation abhängig. Bei der Ableitung des Materialgesetzes wurde im Rahmen der Theorie mäßiger Drehungen die Determinante des Schiftertensors durch den ersten Term der Taylorreihenentwicklung approximiert.

Die für die numerische Behandlung im Rahmen eines Newton Verfahrens erforderliche Linearisierung der Gleichung (2.13) an der Stelle $(\mathbf{u},\boldsymbol{\beta})$ liefert

$$
\begin{aligned}
DG(\mathbf{u},\boldsymbol{\beta},\boldsymbol{\eta}_u,\boldsymbol{\eta}_\beta)\cdot\{\Delta\mathbf{u},\Delta\boldsymbol{\beta}\} = & \int_M \{\frac{Ch}{1-\nu^2}(\delta\mathbf{E}^m + \delta\mathbf{E}^{nl})\cdot\mathcal{H}[\Delta\mathbf{E}^m + \Delta\mathbf{E}^{nl}] \\
& + \frac{Ch^3}{12(1-\nu^2)}\delta\mathbf{E}^b\cdot\mathcal{H}[\Delta\mathbf{E}^b] + \chi Gh\delta\mathbf{E}^s\cdot\mathcal{K}[\Delta\mathbf{E}^s]\}\,da + \int_M \bar{\mathbf{P}}\delta\mathbf{H}\cdot\hat{\mathbf{N}}\bar{\mathbf{P}}\Delta\mathbf{H}\,da
\end{aligned}
\tag{2.15}
$$

In dieser Gleichung –wie auch in (2.13)– steht der Operator $\delta$ für eine Variation, siehe auch Abschnitt 1.3.1 und der Operator $\Delta$ bezeichnet eine Linearisierung, siehe auch Abschnitt 1.3.4.

## 2.3 Theorie endlicher Drehungen

In diesem Abschnitt soll eine schubelastische Schalentheorie für endliche Drehungen angegeben werden, die auf einem alternativen Ansatz für die Kinematik beruht und zu anderen Verzerrungs- und Spannungsmaßen führt. Eine ausführliche Darstellung dieser Theorie findet sich in Gruttmann [20] und Gruttmann, Stein, Wriggers [22].

Die schon in Abschnitt 2.1 definierte Schale ist in ihrer Referenz- und Momentankonfiguration in Bild 2.3 dargestellt. Abweichend von der üblichen Einführung konvektiver Koordinaten werden hier alle kinematischen Größen auf die kartesische Basis $\mathbf{e}_i$ bezogen.

In der Referenzkonfiguration wird die orthornormale Basis $\mathbf{t}_i$ (i=1,2,3) mit den zugehörigen (nicht-konvektiven) Koordinaten $s_i$ definiert. Der Direktor $\mathbf{t}_3$ steht normal auf der undeformierten Schalenmittelfläche. Damit sind die Basisvektoren $\mathbf{t}_1$ and $\mathbf{t}_2$ tangential zur Referenzfläche.

Die Ableitung der Gleichgewichtsbedingungen und der Verzerrungsmaße erfolgt durch Einführung einer weiteren orthonormalen Basis $\{\mathbf{a}_1, \mathbf{a}_2, \mathbf{d}\}$ in der Momentankonfiguration, die sich durch eine reine Rotation der Basis $\mathbf{t}_i$ ergibt. Da in dieser Theorie Schubdeformationen zugelassen sind, ist $\mathbf{d}$ kein Normalenvektor, so daß auch $\mathbf{a}_1$ and $\mathbf{a}_2$ keine Tangentenvektoren mehr sind. Die für Schalen mit $h/R \ll 1$ gültige Annahme einer Unausdehnbarkeit in Schalendickenrichtung ist automatisch erfüllt, da $\mathbf{d}$ als Einheitsvektor eingeführt wird.

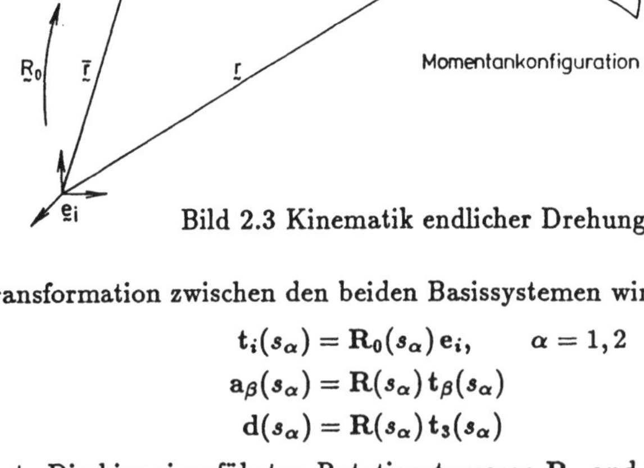


Bild 2.3 Kinematik endlicher Drehungen

Die Transformation zwischen den beiden Basissystemen wird durch

$$\mathbf{t}_i(s_\alpha) = \mathbf{R}_0(s_\alpha)\,\mathbf{e}_i, \qquad \alpha = 1,2 \tag{2.16}$$

$$\mathbf{a}_\beta(s_\alpha) = \mathbf{R}(s_\alpha)\,\mathbf{t}_\beta(s_\alpha)$$

$$\mathbf{d}(s_\alpha) = \mathbf{R}(s_\alpha)\,\mathbf{t}_3(s_\alpha) \tag{2.17}$$

definiert. Die hier eingeführten Rotationstensoren $\mathbf{R}_0$ and $\mathbf{R}$ sind orthogonal. Die Ableitungen der Basisvektoren $\{\mathbf{a}_1, \mathbf{a}_2, \mathbf{d}\}$ nach den Koordinaten $s_\alpha$ liefert

$$\frac{\partial \mathbf{a}_\beta}{\partial s_\alpha} = \mathbf{a}_{\beta,\alpha} = \widehat{\boldsymbol{\Omega}}_\alpha \mathbf{a}_\beta = \widehat{\boldsymbol{\omega}}_\alpha \times \mathbf{a}_\beta\,, \qquad \frac{\partial \mathbf{d}}{\partial s_\alpha} = \mathbf{d}_{,\alpha} = \widehat{\boldsymbol{\Omega}}_\alpha \mathbf{d} = \widehat{\boldsymbol{\omega}}_\alpha \times \mathbf{d}. \tag{2.18}$$

Der schiefsymmetrische Tensor $\widehat{\mathbf{\Omega}}_\alpha$ in (2.18) ist durch

$$\widehat{\mathbf{\Omega}}_\alpha = \mathbf{\Omega}_\alpha + \mathbf{R}\mathbf{\Omega}_{0\alpha}\mathbf{R}^T, \tag{2.19}$$

$$\mathbf{\Omega}_\alpha = \frac{\partial \mathbf{R}}{\partial s_\alpha}\mathbf{R}^T, \tag{2.20}$$

$$\mathbf{\Omega}_{0\alpha} = \frac{\partial \mathbf{R}_0}{\partial s_\alpha}\mathbf{R}_0^T. \tag{2.21}$$

definiert. Dem Tensor $\widehat{\mathbf{\Omega}}_\alpha$ läßt sich der folgende axiale Vektor

$$\widehat{\boldsymbol{\omega}}_\alpha = \boldsymbol{\omega}_\alpha + \mathbf{R}\boldsymbol{\omega}_{0\alpha}. \tag{2.22}$$

zuordnen. Analog zu Gleichung (2.18) kann die Variation der Basisvektoren $\mathbf{a}_i$ angegeben werden

$$\delta\mathbf{a}_\beta = \delta\mathbf{W}\mathbf{a}_\beta = \delta\mathbf{w} \times \mathbf{a}_\beta\,, \quad \delta\mathbf{d} = \delta\mathbf{W}\mathbf{d} = \delta\mathbf{w} \times \mathbf{d}\,, \qquad \delta\mathbf{W} = \delta\mathbf{R}\mathbf{R}^T\,. \tag{2.23}$$

Unter Verwendung des axialen Vektors (2.22) kann der Deformationsgradient $\mathbf{F}$ (1.3) mit der kinematischen Annahme (2.1) $\mathbf{p} = \mathbf{r} + \xi\,\mathbf{d}$ berechnet werden

$$\mathbf{F} = (\mathbf{r}_{,1} + \widehat{\boldsymbol{\omega}}_1 \times \xi\mathbf{d}) \otimes \mathbf{e}_1 + (\mathbf{r}_{,2} + \widehat{\boldsymbol{\omega}}_2 \times \xi\mathbf{d}) \otimes \mathbf{e}_2 + \mathbf{d} \otimes \mathbf{e}_3\,. \tag{2.24}$$

Während in Abschnitt 2.1 der Green'sche Verzerrungstensor (1.4) Basis für die Ableitung der Verzerrungsmaße ist, wird hier das Prinzip der virtuellen Verschiebungen (1.26) verwendet, das zusammen mit den hier getroffenen kinematischen Annahmen zu sehr viel einfacheren Ausdrücken für die Verzerrungsmaße endlicher Rotationen führt. Zu diesem Zweck ist die Variation des Deformationsgradienten zu berechnen, die durch

$$\begin{aligned}\delta\mathbf{F} = {} & (\delta\mathbf{r}_{,1} + \delta\widehat{\boldsymbol{\omega}}_1 \times \xi\mathbf{d} + \widehat{\boldsymbol{\omega}}_1 \times \xi(\delta\mathbf{w} \times \mathbf{d})) \otimes \mathbf{e}_1 \\ & + (\delta\mathbf{r}_{,2} + \delta\widehat{\boldsymbol{\omega}}_2 \times \xi\mathbf{d} + \widehat{\boldsymbol{\omega}}_2 \times \xi(\delta\mathbf{w} \times \mathbf{d})) \otimes \mathbf{e}_2 \\ & + (\delta\mathbf{w} \times \mathbf{d}) \otimes \mathbf{e}_3\,.\,.\end{aligned} \tag{2.25}$$

gegeben ist.

Das Einsetzen der üblichen Schnittgrößendefinition – hier für die 1. Piola–Kirchhoff Spannungen – in (1.26) liefert

$$\begin{aligned}\int_B \mathbf{P} \cdot \delta\mathbf{F}\, d\xi da &= \sum_{\alpha=1}^{2} \int_M [\mathbf{n}_\alpha \cdot (\delta\mathbf{r}_{,\alpha} - \delta\mathbf{w} \times \mathbf{r}_{,\alpha}) + \mathbf{m}_\alpha \cdot \delta\mathbf{w}_{,\alpha}]\, da \\ &= \sum_{\alpha=1}^{2} \int_M [\mathbf{n}_\alpha \cdot \mathbf{R}\,\delta(\mathbf{R}^T\mathbf{r}_{,\alpha}) + \mathbf{m}_\alpha \cdot \mathbf{R}\,\delta(\mathbf{R}^T\boldsymbol{\omega}_\alpha)]\, da\,.\end{aligned} \tag{2.26}$$

Aufgrund der orthogonalen Transformation (2.18) zwischen der mitbewegten und der festen Basis ist der Bezug der Schnittgrößen $\mathbf{n}_\alpha, \mathbf{m}_\alpha$ auf die Referenzkonfiguration einfach durch den Rotationstensor $\mathbf{R}$ gegeben: $\mathbf{n}_\alpha = \mathbf{R}\,\mathbf{N}_\alpha, \mathbf{m}_\alpha = \mathbf{R}\,\mathbf{M}_\alpha$. Damit kann (2.26) in der Referenzkonfiguration formuliert werden

$$\int_B \mathbf{P} \cdot \delta\mathbf{F}\, d\xi da = \sum_{\alpha=1}^{2} \int_{(\Omega)} [\mathbf{N}_\alpha \cdot \mathbf{R}_0^T\delta(\mathbf{R}^T\mathbf{r}_{,\alpha}) + \mathbf{M}_\alpha \cdot \mathbf{R}_0^T\,\delta(\mathbf{R}^T\boldsymbol{\omega}_\alpha)] da\,. \tag{2.27}$$

In Gleichung (2.27) sind die virtuellen Verzerrungsgrößen $\mathbf{R}_0^T\delta(\mathbf{R}^T\mathbf{r}_{,\alpha})$, $\mathbf{R}_0^T\,\delta(\mathbf{R}^T\boldsymbol{\omega}_\alpha)$ den Spannungsresultierenden $\mathbf{N}_{\alpha}\cdot$, $\mathbf{M}_{\alpha}\cdot$ zugeordnet. Durch Integration dieser virtuellen Verzerrungen können hieraus die Verzerrungen für eine schubelastische Schalentheorie gewonnen werden. Sie lauten

$$
\begin{aligned}
\boldsymbol{\varepsilon}_\alpha &= \bar{\varepsilon}_{\alpha i}\,\mathbf{e}_i = \mathbf{R}_0^T\mathbf{R}^T\mathbf{X}_{0,\alpha} - \mathbf{e}_\alpha \\
\boldsymbol{\kappa}_\alpha &= \bar{\kappa}_{\alpha i}\,\mathbf{e}_i = \mathbf{R}_0^T\mathbf{R}^T\boldsymbol{\omega}_\alpha\,.
\end{aligned}
\tag{2.28}
$$

Diese Verzerrungsmaße sind für große Verschiebungen, Rotationen und Verzerrungen gültig, da keine Terme bei ihrer Ableitung vernachlässigt wurden. Ähnliche Verzerrungsmaße wurden auch von Reissner [54] und Libai, Simmonds [34] mitgeteilt.

Für das noch fehlende Materialgesetz kann im Rahmen kleiner Verzerrungen die Formulierung in (2.14) sinngemäß übernommen werden. Diese stellt dann den Zusammenhang zwischen den Spannungsresultierenden $\mathbf{N}_{\alpha}\cdot$, $\mathbf{M}_{\alpha}\cdot$ und den Verzerrungen in (2.28) dar.

# 3 Finite–Element Formulierung für Kontinua und Schalen

In diesem Kapitel wird die Finite–Element–Formulierung für Randwertprobleme der Elastostatik – wie vorher beschrieben – betrachtet. Zu diesem Zweck wird die übliche Finite–Element Diskretisierung

$$B^h = \bigcup_{e=1}^{n_e} \Omega_e$$

mit $n_e$ Elementen eingeführt. Das Volumen oder die Fläche eines Elementes wird dabei mit $\Omega_e$ bezeichnet.

Für zwei– und drei–dimensionale Festkörperprobleme werden vielfach isoparametrische finite Elemente benutzt. Isoparametrische Elemente ermöglichen dank ihrer Transformationseigenschaften eine sehr gute Abbildung beliebiger Geometrien in ein FE–Netz. Weiterhin ist das lokale Koordinatensystem im Einheitsquadrat orthogonal, so daß sich die Metrikkoeffizienten (z.B. im Stofftensor) auf das Kronecker-Delta reduzieren. Das isoparametrische Konzept bedeutet, daß alle Feldgrößen, wie z.B. die Geometrie $\mathbf{X}$ und das Verschiebungsfeld $\mathbf{u}$, durch dieselben Ansatzfunktionen im Element $\Omega_e$ approximiert werden, siehe Bild 3.1

$$\mathbf{x}_e^h = \sum_{I=1}^{n} N_I \mathbf{x}_I \qquad \mathbf{u}_e^h = \sum_{I=1}^{n} N_I \mathbf{v}_I \,. \tag{3.1}$$

Durch die mit $(..)^h$ gekennzeichneten Größen sind hier und im folgenden die Finite–Element–Approximationen definiert.

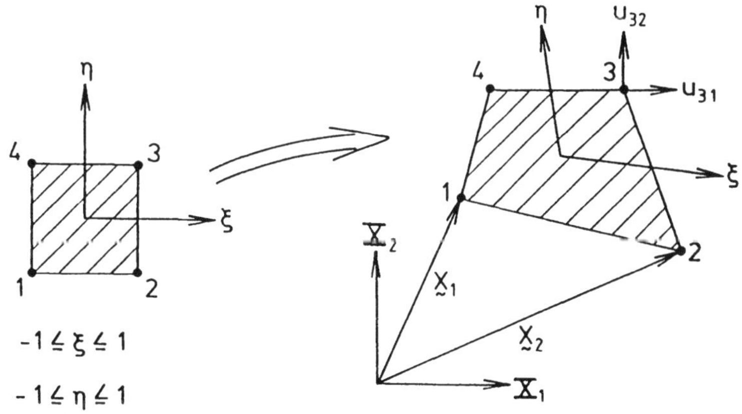


Bild 3.1 Das isoparametrische Konzept für zwei–dimensionale Probleme.

Die Funktionen $N_I$ werden Ansatzfunktionen genannt. Für Kontinuumsprobleme und schubelastische Schalenprobleme ist eine wesentliche Anforderung an die Ansatzfunktionen $N_I$ die $C^o$ – Stetigkeit. Weiterhin sollten die Ansatzfunktionen $N_I$ vollständige Polynome in $x_1$ , $x_2$ und $x_3$ sein.

Für Probleme der Kontinuumsmechanik und für Schalenprobleme sind aufgrund der unterschiedlichen mathematischen Modelle verschiedene Finite–Element–Approximationen zu wählen. Auf die speziellen Formulierungen wird in den nächsten Abschnitten eingegangen.

## 3.1 Finite–Element–Formulierung für Kontinua

Unter den verschiedenen Möglichkeiten Ansatzfunktionen zu konstruieren, die die o.g. Voraussetzungen erfüllen, wird hier exemplarisch, das Konzept der Lagrange'schen Interpolation verfolgt, siehe z.B. Zienkiewicz [87]. Ein Beispiel für die Ansatzfunktionen eines 3–D 8 Knoten Quaderelementes sind die folgenden Funktionen

$$N_I = \frac{1}{2}(1 + \xi_I \xi)\frac{1}{2}(1 + \eta_I \eta)\frac{1}{2}(1 + \phi_I \phi). \tag{3.2}$$

Der letzte Term in (3.2) verschwindet für zwei–dimensionale Anwendungen. Die Ansatzfunktionen sind in dem lokalen Koordinatensystem $\xi$, $\eta$, $\phi$ definiert. Daher ist eine Transformation auf die globalen Koordinaten $x_1$ , $x_2$ , $x_3$ notwendig, siehe Bild 3.1, in denen ja die Theorie formuliert wurde. Da die folgende Formulierung für zwei– oder drei–dimensionale Probleme bis auf das Mitführen der dritten Koordinatenrichtung gleich ist, sollen hier aus Gründen der Übersichtlichkeit nur zweidimensionale Problemstellungen formuliert werden.

In der schwachen Formulierung des Gleichgewichtes (1.5) werden Ableitungen des Verschiebungsfeldes benötigt. Innerhalb des isoparametrischen Konzeptes können diese wie folgt berechnet werden

$$\frac{\partial \mathbf{u}_e^h}{\partial X_A} = \sum_{I=1}^{n} \frac{\partial N_I(\xi, \eta)}{\partial X_A} \mathbf{v}_I . \tag{3.3}$$

Hierin muß, die Kettenregel benutzt werden, um die partiellen Ableitungen von $N_I$ nach $X_A$ zu bestimmen:

$$\left\{ \begin{matrix} N_{I,1} \\ N_{I,2} \end{matrix} \right\} = \frac{1}{det\,\mathbf{J}} \begin{bmatrix} x_{2,\eta} & x_{2,\xi} \\ x_{1,\eta} & x_{1,\xi} \end{bmatrix} \left\{ \begin{matrix} N_{I,\xi} \\ N_{I,\eta} \end{matrix} \right\} \quad \text{mit} \quad \mathbf{J} = \begin{bmatrix} x_{1,\xi} & -x_{2,\xi} \\ -x_{1,\eta} & x_{2,\eta} \end{bmatrix}, \tag{3.4}$$

wobei $\mathbf{J}$ die *Jacobi*–Matrix der Transformation zwischen $d\xi$, $d\eta$ und $dx_1$, $dx_2$ ist.

An dieser Stelle soll die Finite–Element–Formulierung für ein Vier–Knoten Element beispielhaft angegeben werden. Mit den eingeführten Ansätzen (3.2) kann der Green-Lagrange'sche Verzerrungstensor (1.4) innerhalb eines finiten Elementes approximiert werden. Durch die Einführung einer Vektorform für $\mathbf{E} \Longrightarrow \epsilon = \{E_{11}, E_{22}, 2\,E_{12}\}$, erhält man im zwei–dimensionalen Fall

$$\epsilon_e^h = \sum_{I=1}^{4} [\,\mathbf{B}_I^0 + \frac{1}{2}\mathbf{B}_I^L(\mathbf{v}_I)]\,\mathbf{v}_I \tag{3.5}$$

wobei die sogenannten B–Matrizen $\mathbf{B}^0$ und $\mathbf{B}^L$ durch

$$\mathbf{B}_I^0 = \begin{bmatrix} N_{I,1} & 0 \\ 0 & N_{I,2} \\ N_{I,2} & N_{I,1} \end{bmatrix} \; ; \; \mathbf{B}_I^L = \begin{bmatrix} u_{1,1}N_{I,1} & u_{2,1}N_{I,1} \\ u_{1,2}N_{I,2} & u_{2,2}N_{I,2} \\ u_{1,1}N_{I,2} + u_{1,2}N_{I,1} & u_{2,2}N_{I,1} + u_{2,1}N_{I,2} \end{bmatrix} \tag{3.6}$$

definiert sind. Man beachte, daß die den nichtlinearen Anteil in $\mathbf{E}$ beschreibende Matrix $\mathbf{B}_I^L$ für $\mathbf{u} = const$ verschwindet.

Die Approximation der virtuellen Verzerrungen (1.4) führt auf

$$\delta\, \boldsymbol{\epsilon}_e^h = \sum_{I=1}^{4} [\, \mathbf{B}_I^0 + \mathbf{B}_I^L\,(\, \mathbf{v}_I\,)\,]\, \boldsymbol{\eta}_I. \tag{3.7}$$

Das Einsetzen der Gleichungen (3.1) und (3.6) in die kontinuierliche Formulierung des Prinzips der virtuellen Verschiebungen (1.5) liefert, mit Hilfe von Gleichung (3.7), für ein Element $\Omega_e$

$$G_e^h\,(\mathbf{v}, \boldsymbol{\eta}) = \sum_{I=1}^{4} \boldsymbol{\eta}_I^T \{ \int_{\Omega_e} (\, \mathbf{B}_I^0 + \mathbf{B}_I^L\,)^T \mathbf{S}\, d\Omega - \int_{\Omega_e} \mathbf{N}_I^T \rho_R \hat{\mathbf{b}}\, d\Omega - \int_{\partial\Omega_e} \mathbf{N}_I^T \hat{\mathbf{t}}\, d(\partial\Omega) \}. \tag{3.8}$$

Der Zusammenbau aller Elemente zu einem Gesamtsystem — der zu berechnenden Struktur — führt auf ein algebraisches System von Gleichungen. Mit dem Operator $\bigcup$ soll der Einbau von Verschiebungsrand- und Übergangsbedingungen in das globale Gleichungssystem in symbolischer Form bezeichnet werden. Mit dieser Notation wird das sogenannte Residuum $\mathbf{G}$ in seiner globalen Form angegeben

$$\boldsymbol{\eta}^T\, \mathbf{G}\,(\, \mathbf{v}\,) = \bigcup_{e=1}^{n_e} G_e^h\,; \qquad \forall \boldsymbol{\eta}\, \epsilon \mathcal{R}^K\,, \tag{3.9}$$

wobei $K$ die Gesamtanzahl der Freiheitsgrade des globalen Systems ist. Aus Gleichung (3.9) folgt für beliebige virtuelle Verschiebungen $\boldsymbol{\eta}$ die algebraisierte Gleichgewichtsbeziehung ( Residuum ), die nichtlinear in $\mathbf{v}$ ist.

$$\mathbf{G}\,(\mathbf{v}, \lambda) = \mathbf{R}\,(\mathbf{v}) - \lambda\, \mathbf{P} = \mathbf{0}. \tag{3.10}$$

In (3.10) wurden in $\mathbf{P}$ die Lastterme zusammengefaßt und der Lastparameter $\lambda$ eingeführt, der zur sukzessiven Laststeigerung bei nichtlinearen Problemen dient, siehe auch Abschnitt 4.

Die Linearisierung von (3.10) an der Stelle $\bar{\mathbf{v}}$ führt auf die Definition der tangentialen Steifigkeitsmatrix eines finiten Elementes, die mit (3.1), (3.6) und (3.7) in der folgenden Form angegeben werden kann

$$D\, G_e^h\,(\bar{\mathbf{v}}, \boldsymbol{\eta})\, \Delta \mathbf{v}_e = \sum_{I=1}^{4} \sum_{K=1}^{4} \boldsymbol{\eta}_I^T \int_{\Omega_e} [\, (\, \mathbf{B}_I^0 + \bar{\mathbf{B}}_I^l\,)^T\, \bar{\mathbf{C}}\, (\, \mathbf{B}_K^0 + \bar{\mathbf{B}}_K^L\,) + \bar{\mathbf{G}}_{IK}\,]\, d\Omega\, \Delta \mathbf{v}_K. \tag{3.11}$$

Für zwei–dimensionale Probleme ist $\bar{\mathbf{G}}_{IK}$ durch

$$\bar{\mathbf{G}}_{IK} = [\,N_{I,1} \quad N_{I,2}\,] \begin{bmatrix} \bar{S}_{11} & \bar{S}_{12} \\ \bar{S}_{21} & \bar{S}_{22} \end{bmatrix} \begin{Bmatrix} N_{K,1} \\ N_{K,2} \end{Bmatrix} \begin{bmatrix} 1 & 0 \\ 0 & 1 \end{bmatrix}$$

definiert. Die quergestrichenen Größen in (3.11) bedeuten, daß die entsprechende Matrix an der Stelle $\bar{\mathbf{v}}$ auszuwerten ist.

**Anmerkungen:**

- *Es sei hier darauf hingewiesen, daß der Grad der Nichtlinearität von (3.10) vom gewählten Materialgesetz abhängt. Verwendet man das St. Venant'sche Werkstoffgesetz (1.18), so ist (3.10) ein kubisches Polynom in* $\mathbf{v}$*. Dies gilt jedoch nicht mehr, wenn das kompressible Neo–Hooke Material (1.17) benutzt wird.*
- *Für Bemessungsaufgaben sind die in der materiellen Formulierung benutzten 2. Piola–Kirchhoff'schen Spannungen noch in Cauchy Spannungen umzurechnen.*
- *Für eine geometrisch lineare Theorie kleiner Verzerrungen und Verschiebungen fallen die Terme* $G_{IK}$ *und* $\mathbf{B}_I^L, \mathbf{B}_K^L$ *in (3.8) und (3.11) weg, so daß die resultierenden Gleichungen linear in* $\mathbf{v}$ *sind.*

Der Zusammenbau der Elementsteifigkeitsmatrizen (3.11) führt auf die globale tangentiale Steifigkeitsmatrix $\mathbf{K}_T$

$$\boldsymbol{\eta}^T\, \mathbf{K}_T\, \Delta\mathbf{v} = \bigcup_{e=1}^{n_e} D\, G_e^h\, \Delta\mathbf{v}_e . \tag{3.12}$$

In den Gleichungen (3.8) und (3.11) werden die Integrale durch numerische Integration berechnet. Dies geschieht vorteilhaft durch die Gauss–Integration, die bei geringstem Aufwand höchste Genauigkeit liefert: es wird ein Polynom $(2n-1)$–ten Grades durch $n$ Stützstellen exakt integriert.

Schließlich kann die diskretisierte Form der Newton–Raphson Iteration für die Lösung von nichtlinearen Randwertproblemen angegeben werden. Der zugehörige Algorithmus findet sich in Box 4.1 des Abschnitts 4.1.

## 3.2 Finite Elemente für Schalen

Die Formulierung von finiten Schalenelementen ist auch heute noch Gegenstand der Forschung. Bisher sind eine Vielzahl von Elementen entwickelt worden, die in diesem Übersichtsartikel nicht alle aufgeführt werden können. Im Rahmen dieses Beitrags sollen die wesentlichen Konzepte diskutiert und anhand von zwei ausgewählten Beispielen vertieft werden.

### 3.2.1 Übersicht

Grundsätzlich lassen sich zwei generelle Konzepte zur numerischen Behandlung von Schalenproblemen unterscheiden. Einerseits können Elemente auf der Basis von Schalentheorien, wie z.B. in Abschnitt 2 angegeben (*klassisches Konzept*), entwickelt werden, andererseits sind Finite–Element–Formulierungen möglich, die direkt von der dreidimensionalen Theorie ausgehen (*degeneriertes Konzept*).

Innerhalb des klassischen Konzeptes sind wiederum unterschiedliche Vorgehensweisen möglich. Diese hängen z. B. von der Wahl der kinematischen Annahme oder der Wahl des Drehvektors ab. Je nach Art der Einführung des Drehvektors können, wie in Abschnitt 2 angegeben, verschieden große Rotationen beschrieben werden. Die Frage der $C^0$– bzw. $C^1$–Stetigkeit ist mit der Einführung der Kirchhoff–Love'schen Normalenhypothese verbunden. Damit unterscheidet man zwischen schubstarren (Kirchhoff–Love) und schubweichen (Reissner–Mindlin) Schalentheorien. Für numerische Zwecke ist die letztgenannte Theorie von Vorteil, da hier nur die $C^0$–Kontinuität, d.h. die Stetigkeit im Verschiebungsfeld, gefordert wird. Dies erleichtert die Konstruktion der Ansatzfunktionen für die Finite–Element–Formulierung.

Finite Elemente, die auf der Kirchhoff–Love Hypothese basieren, sind z.B. von Argyris [2], Berg [9], Harte [25] und Harte, Eckstein [26] entwickelt worden. Die Reissner–Mindlin Kinematik ist unter anderem von Pica, Wood [48] und Wagner [76] verwendet worden, um flache und zylindrische Schalen mit mäßigen Drehungen zu behandeln. Formulierungen, die auf gemischten Variationsprinzipien aufbauen, wurden z.B. von Recke, Wunderlich [53], Harbord [24], Noor, Peters, Andersen [43] und Wempner, Talaslidis, Huang [80] angegeben.

Im Prinzip könnte man ein Schalentragwerk durch dreidimensionale Kontinuumselemente diskretisieren. Diese Vorgehensweise führt jedoch zu dem sogenannten "Locking"–Phänomen, siehe Zienkiewicz, Taylor, Too [88]. Deshalb wird in letzter Zeit das degenerierte Konzept, welches keine spezielle Schalentheorie benötigt, bevorzugt angewendet. In dieser Formulierung werden die dreidimensionalen Feldgleichungen direkt diskretisiert, wobei die Schalenannahme erst im Diskretisierungsprozeß Verwendung findet. Diese Vorgehensweise wurde von Ahmad, Irons, Zienkiewicz [1] für lineare Schalenprobleme vorgestellt. Eine Formulierung für beliebige Schalenelemente mit großen Drehungen findet sich bei Ramm [51]. Weitere Ansätze sind z.B. in den Arbeiten von Parisch [45], Bathe, Bolourchi [5], Hughes, Liu [28] zu finden.

In den bisher beschriebenen Elementformulierungen wurden die Krümmungen der Schalenmittelfläche berücksichtigt. Es ist jedoch auch möglich, Schalen durch Facettenelemente anzunähern. In diesen Formulierungen sind Membran– und Biegeanteile auf lokaler Ebene entkoppelt. Die Kopplung geschieht dann auf globaler Ebene durch den Zusammenbau. Die zugehörigen Elemente werden häufig für lineare Anwendungen verwendet, siehe z.B. Dhatt [17]. Eine Erweiterung dieser Formulierung auf nichtlineare Probleme mittels einer "updated Lagrange'schen" Vorgehensweise kann z.B. bei Stein, Wagner, Lambertz [70] oder Bergan, Nygård [10] gefunden werden. Verfeinerte Elemente verwenden eine Theorie flacher Schalen auf lokaler Ebene, um Krümmungseffekte zu berücksichtigen, siehe z.B. Stolarski, Belytschko, Carpenter, Kennedy [72], Taylor [73].

Trotz der umfangreichen Entwicklungsarbeit auf dem Gebiet der Finite–Element–Formulierung von Schalenelementen, ist noch kein Element entwickelt worden, das alle Anwendungsbereiche abdeckt.

Während der letzten Jahre wurde gerade für die Behandlung von Schalenproblemen mit großen Verschiebungen und Rotationen die degenerierten Elemente bevorzugt. Durch die Formulierung geometrisch exakter schubelastischer Schalentheorien für große Rotationen und ihre Finite–Element–Approximation, siehe Gruttmann [20], Gruttmann, Stein, Wriggers [22] und Simo, Fox, Rifai [62], sind die auf Schalentheorien basierenden finiten Elemente wieder konkurrenzfähig geworden.

### 3.2.2 Behandlung von "Locking"–Effekten

Da bei den $C^0$–Elementen jeder Art "Locking" auftreten kann, soll auf dieses Phänomen im folgenden genauer eingegangen werden. "Locking" äußert sich dadurch, daß eine ungewollte Versteifung der Struktur eintritt, bei der das Verschiebungs– oder das Rotationsfeld viel zu kleine Werte annehmen. "Locking" entsteht durch Verwendung nichtadäquater Ansatzfunktionen für die jeweilige Kinematik, die zu sogenannten parasitären Spannungen und zusätzlichen inneren Zwängen führen. Bei Schalen unterscheidet man Schub– und Membranversteifung. Im allgemeinen hängt das "Locking" mit der Wahl der Polynomordnung für die Ansatzfunktionen zusammen. Hohe Polynomansätze mindern die Locking Effekte, während eine Elementnetzverfeinerung nur das Membranlocking verringern kann. Beide Prozeduren reduzieren zwar "Locking", verhindern es aber nicht.

Aus diesem Grund wurden spezielle Techniken entwickelt, um dieses Phänomen zu kontrollieren. Aus der Literatur sind verschiedene Ansätze zu diesem Thema bekannt, eine vollständig befriedigende Lösung liegt jedoch noch nicht vor. Im folgenden seien einige Methoden zur Behandlung von "Locking" diskutiert.

Die Methode, die am weitesten verbreitet ist, ist die ursprünglich von Zienkiewicz, Taylor, Too [88] vorgeschlagene reduzierte Integration. Hier werden alle in der Steifigkeitsmatrix auftretenden Terme unterintegriert. Dieses Verfahren ist sehr effizient, hat jedoch den Nachteil, daß neben den Starrkörperzuständen weitere "unechte" Verschiebungszustände auftreten, die Mechanismen darstellen und denen keine Steifigkeit zugeordnet ist. Möglichkeiten diese sogenannten "spurious modes" zu behandeln, werden am Ende dieses Abschnittes beschrieben.

Eine Modifizierung der o.g. reduzierten Integration stellt die selektiv reduzierte Integration dar, bei der nur spezielle Anteile in den auftretenden Matrizen reduziert integriert werden, siehe Zienkiewicz, Taylor, Too [88]. Dieses Vorgehen benötigt ein Aufteilen der Steifigkeitsmatrix in Membran–, Biege– und Schubanteile, so daß diese Methode nicht besonders effizient ist. Ein möglicher Rangabfall der Matrizen und die damit entstehenden "spurious modes" wird jedoch nicht ausgeschlossen.

Reduzierte und selektiv reduzierte Integrationstechniken sind sehr eng mit gemischten Formulierungen verknüpft, siehe Malkus, Hughes [35], und führen zum Teil auf gleiche Elementmatrizen. Eine andere Erklärung der reduzierten Integration kommt aus der Optimierungstheorie. Man kann z.B. den Schubanteil der Steifigkeitsmatrix bei einem dünnen Tragwerk als einen Straf– oder Penalty Term für die Kirchhoff–Love Theorie ansehen, siehe Zienkiewicz, Bauer, Morgan [87].

Spezielle Verzerrungsfelder zur Vermeidung von Lockingeffekten und möglichen Rangabfällen werden in den sogenannten "assumed strain" Methoden konstruiert, siehe z.B. Hughes, Tezduyar [29]. Diese Methoden sind eng mit den $\bar{\mathbf{B}}$–Methoden verwandt, siehe Hughes [27]. Ein auf dieser Vorgehensweise basierendes Schalenelement wurde in Stanley, Park, Hughes [68] vorgestellt.

### 3.2.3 Behandlung von "unechten" Verschiebungszuständen

Zur Kontrolle der bei der Verwendung reduzierter Integrationstechniken auftretenden "spurious modes" werden die Eigenschaften der Steifigkeitmatrix $\mathbf{K}$ untersucht. Diese erhält man aus der Lösung des Eigenwertproblems $(\mathbf{K} - \omega_i \mathbf{I})\varphi_i$. Neben den 'Null-Eigenwerten' $\omega_i^R$ , die zu den Starrkörperverschiebungen gehören, treten zusätzliche 'Null–Eigenwerte' $\omega_i^H$ auf, welche zu unerwünschten internen Mechanismen gehören. Ein einfacher Ansatz zur Kontrolle dieser Mechanismen wurde von Belytschko, Tsay [8] entwickelt, bei dem Stabilisierungsmatrizen für Membran- und Schubanteile konstruiert werden. Dazu werden die sogenannten "hourglass"–Verzerrungen und Spannungen

$$\mathbf{E}^H = \sum_{I=1}^{n} \mathbf{B}_I^H \mathbf{v}_I \,, \qquad \mathbf{S}^H = \sum_{I=1}^{n} \mathbf{C}^H \mathbf{B}_I^H \mathbf{v}_I \,. \tag{3.13}$$

definiert. Die Matrix $\mathbf{B}^H$ resultiert aus den Orthogonalitätsbedingungen

$$\mathbf{E}^H = \sum_{I=1}^{n} \mathbf{B}_I^H \mathbf{v}_I^H \neq 0 \,, \qquad \mathbf{E}^H = \sum_{I=1}^{n} \mathbf{B}_I^H \mathbf{v}_I^R = 0 \,,$$

die für die "hourglass"–Verschiebungen $\mathbf{v}^H$ und Starrkörperbewegungen $\mathbf{v}^R$ gültig sind. Die Matrix $\mathbf{C}^H$ in (3.13) enthält Materialparameter, die den "hourglass"–Verschiebungen Steifigkeiten zuordnen. Sie wird üblicherweise in Diagonalform eingeführt. Die Größe der in $\mathbf{C}^H$ enthaltenen Parameter läßt sich nicht direkt bestimmen. Hinweise zu ihrer Wahl können aus Vergleichen mit gemischten Methoden gewonnen werden, siehe Belytschko, Liu, Engelmann [7]. Die "hourglass"–Verzerrungen führen auf zusätzliche Terme in der schwachen Formulierung (3.8)

$$G_e^h(\mathbf{v}, \boldsymbol{\eta}) = \sum_{I=1}^{n} \boldsymbol{\eta}_I^T \Big( \int_{\Omega_e} (\mathbf{B}_I^0 + \mathbf{B}_I^L)^T \mathbf{S} \, d\Omega + \int_{\Omega_e} (\mathbf{B}^H)^T \mathbf{S}^H \, dv - \mathbf{P}_I \Big) \,. \tag{3.14}$$

Für eine Formulierung im Sinne des Newton–Raphson Verfahrens ist Gleichung (3.14) zu linearisieren. Damit erhält man die zusätzliche Stabilisierungsmatrix für eine Element

$$\mathbf{K}_H = \sum_{I=1}^{n} \sum_{K=1}^{n} \int_{\Omega_e} (\mathbf{B}_I^H)^T \mathbf{C}^H \, \mathbf{B}_K^H \, d\Omega \,. \tag{3.15}$$

In den folgenden zwei Abschnitten werden zwei Schalenelemente angegeben.

### 3.2.4 Ein zylindrisches Schalenelement

Die hier gegebene Finite–Element–Formulierung basiert auf einer Theorie schubelastischer Schalen für mäßige Drehungen, siehe Abschnitt 2.2. Hierbei wird die spezielle Zylindergeometrie verwendet, so daß die Verzerrungsmaße (2.12) zu entnehmen sind, siehe auch Bild 2.2. Da Schubdeformationen zugelassen sind, ist die Erfüllung der $C^0$–Kontinuität bei der Konstruktion der Ansatzfunktionen ausreichend. Damit sind für ein einfaches 4–Knotenelement bilineare Ansatzfunktionen gemäß (3.2) für die Verschiebungen und Verdrehungen ausreichend

$$\mathbf{u} = \sum_{I=1}^{4} N_I \mathbf{v}_I \qquad \mathbf{v}_I = [u_s, u_z, w, \beta_s, \beta_z]^T . \tag{3.16}$$

Mit dem Vektor der Verzerrungen

$$\boldsymbol{\epsilon}_e^h = [E_{ss}^{m+nl}, E_{zz}^{m+nl}, E_{sz}^{m+nl}, E_{ss}^b, E_{zz}^b, E_{sz}^b, E_{s3}^s, E_{z3}^s]^T$$

können die in (3.5) auftretenden Matrizen spezifiziert werden. Mit der Aufteilung in Membran–, Biege– und Schubanteile

$$\mathbf{B}_I^0 = \begin{bmatrix} \mathbf{B}^m \\ \mathbf{B}^b \\ \mathbf{B}^s \end{bmatrix}_I , \qquad \mathbf{B}_I^L = \begin{bmatrix} \mathbf{B}^{nl} \\ 0 \\ 0 \end{bmatrix}_I , \tag{3.17}$$

lauten die entsprechenden Matrizen

$$\mathbf{B}_I^m = \begin{bmatrix} N_{I,s} & 0 & \frac{1}{R} N_I \\ 0 & N_{I,z} & 0 \\ N_{I,z} & N_{I,s} & 0 \end{bmatrix}$$

$$\mathbf{B}_I^{nl} = \begin{bmatrix} \frac{1}{R^2} u_s N_I - \frac{1}{R} w_{,s} N_I & 0 & w_{,s} N_{I,s} - \frac{1}{R} u_s N_{I,s} \\ 0 & 0 & w_{,z} N_{I,z} \\ -\frac{1}{R} w_{,z} N_I & 0 & w_{,s} N_{I,z} + w_{,z} N_{I,s} - \frac{1}{R} u_s N_{I,z} \end{bmatrix}$$

$$\mathbf{B}_I^b = \begin{bmatrix} \frac{1}{R} N_{I,s} & 0 & \frac{1}{R^2} N_I & N_{I,s} & 0 \\ 0 & 0 & 0 & 0 & N_{I,z} \\ \frac{1}{R} N_{I,z} & 0 & 0 & N_{I,z} & N_{I,s} \end{bmatrix}$$

$$\mathbf{B}_I^s = \begin{bmatrix} -\frac{1}{R} N_I & 0 & N_{I,s} & N_I & 0 \\ 0 & 0 & N_{I,z} & 0 & N_I \end{bmatrix} .$$

Setzt man diese Beziehungen in (3.5) ein, so kann bei Verwendung des St. Venant'schen Stoffgesetzes (1.18) die konstitutive Beziehung für die 2. Piola–Kirchhoff'schen Spannungsresultierenden angegeben werden

$$\mathbf{S} = \sum_{I=1}^{4} \mathbf{D}(\mathbf{B}_I^0 + \frac{1}{2}\mathbf{B}_I^L)\mathbf{v}_I \tag{3.18}$$

Hierin ist $\mathbf{D}$ der Stofftensor, der durch

$$\mathbf{D} = \begin{bmatrix} \mathbf{D}^m & \mathbf{0} & \mathbf{0} \\ \mathbf{0} & \mathbf{D}^b & \mathbf{0} \\ \mathbf{0} & \mathbf{0} & D^s \end{bmatrix}$$

ausgedrückt werden kann. Die Teilmatrizen lauten

$$\mathbf{D}^m = \frac{C\,h}{1-\nu^2}\begin{bmatrix} 1 & \nu \\ \nu & 1 \end{bmatrix}, \qquad \mathbf{D}^b = \frac{C\,h^3}{12(1-\nu^2)}\begin{bmatrix} 1 & \nu \\ \nu & 1 \end{bmatrix}, \qquad D^s = \kappa\,G\,h\,.$$

Die bei der Linearisierung des Residuums entstehenden Größen $\bar{\mathbf{G}}_{IK}$ treten nur für die Membrananteile auf, sie werden sinngemäß nach Gleichung (3.11) berechnet, siehe Wagner [76]

$$\bar{\mathbf{G}}_{IK} = \begin{bmatrix} G_{11} & 0 & G_{13} & \\ 0 & 0 & 0 & \mathbf{0} \\ G_{31} & 0 & G_{33} & \\ & \mathbf{0}^T & & \mathbf{0} \end{bmatrix} \tag{3.19}$$

mit

$$\begin{aligned} G_{11} &= \frac{1}{r^2}\,N_I\,S_{ss}\,N_K \\ G_{13} &= -\frac{1}{r}\,N_I\,[\,S_{ss}\,N_{K,s} + S_{sz}\,N_{K,z}\,] \\ G_{31} &= -\frac{1}{r}\,N_K\,[\,S_{ss}\,N_{I,s} + S_{zs}\,N_{I,z}\,] \\ G_{33} &= [\,N_{I,s} \quad N_{I,z}\,]\begin{bmatrix} \bar{S}_{ss} & \bar{S}_{sz} \\ \bar{S}_{zs} & \bar{S}_{zz} \end{bmatrix}\begin{Bmatrix} N_{K,s} \\ N_{K,z} \end{Bmatrix}. \end{aligned}$$

Damit sind alle Größen für die Berechnung der schwachen Form (3.8) und der tangentialen Steifigkeitsmatrix (3.11) bekannt.

### 3.2.5 Ein Schalenelement mit endlichen Drehungen

Als zweites Beispiel einer Finite–Element–Formulierung für Schalen wird, aufbauend auf der in Abschnitt 2.3 angegebenen Theorie, ein Schalenelement mit großen Drehungen skizziert. Für ein isoparametrisches 4–Knotenelement kann die bereits in (3.16) eingeführte Form der Ansatzfunktionen verwendet werden. Der Knotenverschiebungsvektor des Knoten $I$ hat hier das folgende Aussehen $\mathbf{v}_I = [u_1, u_2, u_3, \beta_1, \beta_2]^T$. In diesem Ansatz sind die Verschiebungen $u_i$ auf das globale kartesische Koordinatensystem $\mathbf{e}_i$ bezogen, die Winkel $\beta_\alpha$ repräsentieren Euler–Winkel, die hier zur Beschreibung der großen Drehungen verwendet werden sollen.

Die virtuellen Größen der in (2.28) eingeführten Verzerrungsvektoren $\epsilon_\alpha$ und $\kappa_\alpha$ können mittels des Ansatzes (3.16) approximiert werden. Dies ergibt

$$\begin{aligned} \delta\epsilon_\alpha^h &= \mathbf{R}_0^T\,\mathbf{R}^T\sum_{I=1}^{4}\mathbf{B}_{I\alpha}^{\epsilon}\,\eta_I \\ \delta\kappa_\alpha^h &= \mathbf{R}_0^T\,\mathbf{R}^T\sum_{I=1}^{4}\mathbf{B}_{I\alpha}^{\kappa}\,\eta_I \end{aligned} \tag{3.20}$$

mit

$$\mathbf{B}^{\epsilon}_{I\alpha} = \begin{bmatrix} N_{I,\alpha} & 0 & 0 & r_{2,\alpha}\sin\beta_2\, N_I & r_{3,\alpha}\, N_I \\ 0 & N_{I,\alpha} & 0 & (r_{3,\alpha}\cos\beta_2 - r_{1,\alpha}\sin\beta_2)\, N_I & 0 \\ 0 & 0 & N_{I,\alpha} & -r_{2,\alpha}\cos\beta_2\, N_I & -r_{1,\alpha}\, N_I \end{bmatrix}$$

$$\mathbf{B}^{\kappa}_{I\alpha} = \begin{bmatrix} 0 & 0 & 0 & \cos\beta_2\, N_{I,\alpha} - \sin\beta_2\, \beta_{2,\alpha}\, N_I & 0 \\ 0 & 0 & 0 & 0 & -N_{I,\alpha} \\ 0 & 0 & 0 & \sin\beta_2\, N_{I,\alpha} + \sin\beta_2\, \beta_{2,\alpha}\, N_I & 0 \end{bmatrix} .$$

In diesen Beziehungen sind noch die Drehmatrizen $\mathbf{R}_0^T$ und $\mathbf{R}^T$ einzusetzen. Eine explizite Darstellung erhält man durch Verwendung der Euler–Winkel. Diese Wahl ist nicht zwingend. Die Rotationstensoren in Abschnitt 2.3 könnten auch durch andere Darstellungen endlicher Drehungen repräsentiert werden, siehe z.B. Simo und Vu Quoc [66], Argyris [2]. Mit den Euler–Winkeln $\beta_1$ und $\beta_2$ ist der Rotationstensor $\mathbf{R}$ durch die Multiplikation zweier orthogonaler Matrizen gegeben

$$\mathbf{R}(\beta_1,\beta_2) = \mathbf{R}_2(\beta_2)\mathbf{R}_1(\beta_1) \tag{3.21}$$

mit

$$\mathbf{R}_1(\beta_1) = \begin{pmatrix} 1 & 0 & 0 \\ 0 & cos\beta_1 & -sin\beta_1 \\ 0 & sin\beta_1 & cos\beta_1 \end{pmatrix} \qquad \mathbf{R}_2(\beta_2) = \begin{pmatrix} cos\beta_2 & 0 & -sin\beta_2 \\ 0 & 1 & 0 \\ sin\beta_2 & 0 & cos\beta_2 \end{pmatrix} .$$

Der Rotationstensor $\mathbf{R}_0$, der in (2.16) eingeführt wurde, kann über die Tangentenvektoren an die $\xi$, $\eta$–Koordinaten berechnet werden. Diese sind durch

$$\mathbf{g}_1 = \frac{\partial \bar{\mathbf{r}}}{\partial \xi}, \quad \mathbf{g}_2 = \frac{\partial \bar{\mathbf{r}}}{\partial \eta} \tag{3.22}$$

definiert. Beide Tangentenvektoren sind weder Einheitsvektoren noch stehen sie senkrecht aufeinander. Aus ihnen läßt sich jedoch nach folgender Vorschrift eine orthonormale Basis $\mathbf{t}_i$ (i=1,2,3) konstruieren

$$\mathbf{t}_3 = \frac{\mathbf{g}_1 \times \mathbf{g}_2}{\|\mathbf{g}_1 \times \mathbf{g}_2\|}, \quad \mathbf{t}_1 = \frac{\mathbf{g}_1}{\|\mathbf{g}_1\|}, \quad \mathbf{t}_2 = \mathbf{t}_3 \times \mathbf{t}_1 . \tag{3.23}$$

Die Matrix $\mathbf{R}_0$ enthält nun die Basisvektoren $\mathbf{t}_i$ (i=1,2,3) spaltenweise und ist damit eindeutig durch die Vektoren $\mathbf{t}_i$ bestimmt.

Für die endgültige Formulierung der schwachen Form und der tangentialen Steifigkeitsmatrix werden die in Gleichung (3.20) angegebenen virtuellen 12 Verzerrungskomponenten unter Beachtung von

$$\begin{aligned} \delta\hat{\epsilon}_{11} &= \delta\epsilon_{11} & \delta\hat{\kappa}_{11} &= \delta\kappa_{11} \\ \delta\hat{\epsilon}_{12} &= \delta\epsilon_{12} + \delta\epsilon_{21} & \delta\hat{\kappa}_{12} &= \delta\kappa_{12} + \delta\kappa_{21} \\ \delta\hat{\epsilon}_{22} &= \delta\epsilon_{22} & \delta\hat{\kappa}_{22} &= \delta\kappa_{22} \\ \delta\hat{\epsilon}_{13} &= \delta\epsilon_{13} \\ \delta\hat{\epsilon}_{23} &= \delta\epsilon_{23} \end{aligned} \tag{3.24}$$

auf 8 virtuelle Verzerrungskomponenten reduziert und im Vektor $\delta\hat{\epsilon}_e^h = \mathbf{B}\,\delta\mathbf{v}$ zusammengefaßt. Das Einsetzen dieser Beziehung in (3.8) ergibt die schwache Form für das Schalenelement. Hierbei sind die arbeitskonformen Spannungsresultierenden der Gleichung (2.27) zu verwenden. Die Berechnung der tangentialen Steifigkeitsmatrix erfolgt gemäß Gleichung (3.11). Die umfangreiche Berechnung der Matrix $\bar{\mathbf{G}}_{IK}$ kann Gruttmann [20] entnommen werden.

# 4 Algorithmen zur Behandlung nichtlinearer Probleme der Strukturmechanik

Zur Behandlung nichtlinearer Probleme der Strukturmechanik existiert eine Vielzahl von Algorithmen und Lösungsverfahren. An dieser Stelle können nur einige ausgewählte Algorithmen diskutiert werden. Ausgangspunkt der Untersuchungen ist die Formulierung von Kurvenverfolgungsverfahren, um bei nichtlinearen Problemen sukzessive Lösungen auf einem nichtlinearen Last–Verschiebungspfad zu erhalten. Weitere wesentliche Verfahren sind die Behandlung von Stabilitätsproblemen sowie die Behandlung von Strukturen mit elasto–plastischem Materialverhalten.

## 4.1 Bemerkungen zur Lösung nichtlinearer Gleichungssysteme

Im Rahmen der numerischen Behandlung von Strukturproblemen wird man in der Regel auf nichtlineare Gleichungssysteme geführt. Unter Verwendung der Methode der finiten Elemente erhält man die Gleichung

$$\mathbf{G}(\mathbf{v},\lambda) = \mathbf{R}(\mathbf{v}) - \lambda\mathbf{P} = \mathbf{0} \tag{4.1}$$

An dieser Stelle soll zunächst davon ausgegangen werden, daß keine Instabilitätspunkte auftreten. Damit ist $\mathbf{G}(\mathbf{v},\lambda)$ hinreichend oft in der Umgebung der untersuchten Stelle $\mathbf{v}_i, \lambda_i$ differenzierbar. Die Gleichung (4.1) ist nichtlinear in den Knotenverschiebungen $\mathbf{v}$. Eine wichtige Lösungsmethode ist das sog. Newton–Raphson Verfahren. Hierzu wird zur Berechnung des nächsten Gleichgewichtszustands die Gleichung (4.1) an einem bekannten Punkt $\bar{\mathbf{v}}, \bar{\lambda}$ in einer Taylorreihe entwickelt. Wird nach dem linearen Term abgebrochen und eine konsistente Linearisierung von $\mathbf{G}$ verwendet, siehe Abschnitt 1.3.4 und 3, so läßt sich ein quadratisches Konvergenzverhalten in der Nähe der Gleichgewichtslösung nachweisen. Das Verfahren beruht auf einer Sequenz von Lösungen linearisierter Gleichungssysteme. Der Lösungsalgorithmus ist in Box 4.1 angegeben.

* Setzen der Anfangswerte: $i = 0\,, \quad \mathbf{v}_0 = \mathbf{0}\,.$
* Iterationsschleife
  1.) Verschiebungsinkremente: $\mathbf{K}_T(\mathbf{v}_i)\,\Delta\mathbf{v}_i = -\mathbf{G}(\mathbf{v}_i,\bar{\lambda})$
  2.) Neue Gesamtverschiebung: $\mathbf{v}_{i+1} = \mathbf{v}_i + \Delta\mathbf{v}_i$
  3.) Konvergenzabfrage

$$\|\,\mathbf{G}(\mathbf{v}_{i+1},\bar{\lambda})\,\| \quad \begin{cases} \le \text{TOL} \longrightarrow & \text{STOP} \\ > \text{TOL} \longrightarrow & \text{Setze } i = i+1\,, \text{gehe zu 1.)} \end{cases}$$

BOX 4.1 : Algorithmus für Newton–Verfahren

**Anmerkungen:**

*In dem in Box 4.1 angegebenen Algorithmus wurde jeweils die aktuelle tangentiale Steifigkeitsmatrix* $\mathbf{K}_T$ *verwendet. Bei großen Problemen kann es sinnvoll sein, diese Steifigkeitsmatrix nicht in jedem Schritt oder jeweils nur näherungsweise zu berechnen. Hierzu existieren eine Vielzahl von Verfahren, von denen hier nur einige angedeutet werden sollen.*

*Das modifizierte Newton–Verfahren verwendet z.B. innerhalb eines Lastschrittes jeweils nur die tangentiale Steifigkeitsmatrix der ersten Iteration*

$$\mathbf{K}_{T0}(\mathbf{v}_0)\Delta\mathbf{v}_i = -\mathbf{G}(\mathbf{v}_i) \tag{4.2}$$

*Diese Vorgehensweise ergibt unter Umständen einen erheblichen Rechenzeitvorteil. Andererseits kann sich das Konvergenzverhalten wesentlich verschlechtern, so daß sich höhere Rechenzeiten ja sogar auch Divergenz ergeben kann.*

*Bei konjugierten Gradienten Methoden führt man einen Ansatz der Form*

$$\mathbf{v}_{i+1} = \mathbf{v}_i + \alpha\Delta\mathbf{v}_i \tag{4.3}$$

*mit* $\Delta\mathbf{v}_i = \mathbf{G}(\mathbf{v}_i) + \beta\Delta\mathbf{v}_{i-1}$

*ein.* $\alpha$ *wird dabei unter Verwendung eines Line–Searchs mit dem Kriterium berechnet, daß die potentielle Energie* $\Pi(\mathbf{v}_{i+1})$ *minimisiert wird. Für die Berechnung von* $\beta$ *existieren die Ansätze von Hestenes–Stiefel, Fletcher–Reeves sowie Polak, Ribiere, siehe z.B. Jennings, Malik [30].*

*Quasi–Newton–Methoden werden verwendet, um einen Update der Steifigkeitsmatrix oder deren Inverser so durchzuführen, daß eine Quasi–Newton- oder Sekanten–Gleichung erfüllt wird. Zwei wichtige Quasi–Newton–Update–Formeln sind der 'Rank 1'- update von Davidon [16] und der 'Rank 2'- BFGS-update in der vektorisierten Form von Matthies, Strang [39]*

$$[\mathbf{K}_i]^{-1} = [\mathbf{I} + \mathbf{w}_i\mathbf{v}_i^T][\mathbf{K}_{i-1}]^{-1}[\mathbf{I} + \mathbf{v}_i\mathbf{w}_i^T]\,. \tag{4.4}$$

*Sekant–Newton–Verfahren sind vereinfachende Versionen von Quasi–Newton–Verfahren, speziell dem BFGS–Verfahren, siehe Crisfield [14].*

*Das Verfahren der Dynamischen Relaxation geht davon aus, daß man bei einer entsprechenden Dämpfung die statische Lösung als Lösung eines dynamischen Problems erhalten kann, siehe z.B. Pica, Hinton [47].*

Für nichtlineare (statische) Probleme der Strukturmechanik ist es in der Regel wichtig, den nichtlinearen Zusammenhang zwischen der Belastung – repräsentiert durch den Lastparameter $\lambda$ – und dem Verschiebungszustand – repräsentiert durch eine ausgewählte Verschiebung – nicht nur punktweise , wie oben beschrieben, sondern z.B. für den gesamten interessierenden Lastbereich zu bestimmen. Grundsätzlich kann dabei ein beliebiger, auch nicht eindeutiger, Zusammenhang zwischen Lastparameter und Verschiebungsgröße auftreten. Hierzu verwendet man inkrementell–iterative Lösungsstrategien. Durch Hinzufügen einer geeigneten Nebenbedingung erhält man einen Einfluß auf die Art des Lösungsverfahrens. Generell läßt sich ein erweiterter Satz von Gleichungen wie folgt definieren

$$\tilde{\mathbf{G}}(\mathbf{v},\lambda) = \left\{ \begin{array}{c} \mathbf{G}(\mathbf{v},\lambda) \\ f(\mathbf{v},\lambda) \end{array} \right\} = \mathbf{0}\,, \tag{4.5}$$

wobei $f(\mathbf{v},\lambda)$ eine zu spezifizierende Nebenbedingung ist. Aus diesem allgemeinen Konzept lassen sich später Sonderfälle wie Laststeuerung, Verschiebungssteuerung, Kurvenverfolgungsverfahren usw. als Sonderfälle ableiten. Die Linearisierung des erweiterten Gleichungssystems (4.5) an einem bekannten Punkt $\mathbf{v}_i, \lambda_i$ führt auf

$$\begin{pmatrix} \mathbf{K}_T & -\mathbf{P} \\ \mathbf{f}_v^T & f_\lambda \end{pmatrix}_i \left\{ \begin{array}{c} \Delta\mathbf{v} \\ \Delta\lambda \end{array} \right\}_i = - \left\{ \begin{array}{c} \mathbf{R} - \lambda\mathbf{P} \\ f \end{array} \right\}_i \tag{4.6}$$

mit der symbolischen Darstellung

$$\mathbf{K}_{Ti} = \left.\frac{\partial \mathbf{R}}{\partial \mathbf{v}}\right|_i \; ; \quad \mathbf{f}_{vi}^T = \left.\frac{\partial f}{\partial \mathbf{v}}\right|_i \; ; \quad f_{\lambda i} = \left.\frac{\partial f}{\partial \lambda}\right|_i \, . \tag{4.7}$$

Dieses unsymmetrische Gleichungssystem wird üblicherweise unter Verwendung einer Partitionierungsmethode gelöst. Aus ($4.6_1$) erhält man die beiden Teillösungen

$$\Delta\mathbf{v}_{Pi} = (\mathbf{K}_{Ti})^{-1}\,\mathbf{P}\,, \quad \Delta\mathbf{v}_{Gi} = (\mathbf{K}_{Ti})^{-1}\,\mathbf{G}_i, \tag{4.8}$$

die sich zum Gesamtverschiebungsinkrement

$$\Delta\mathbf{v}_i = \Delta\lambda_i \Delta\mathbf{v}_{Pi} + \Delta\mathbf{v}_{Gi} \tag{4.9}$$

zusammenfassen lassen. Das noch unbekannte Inkrement des Lastparameters erhält man nun aus der 2. Gleichung

$$\Delta\lambda_i = -\frac{f_i + \mathbf{f}_{vi}^T \Delta\mathbf{v}_{Gi}}{f_{\lambda i} + \mathbf{f}_{vi}^T \Delta\mathbf{v}_{Pi}}. \tag{4.10}$$

Methoden dieser Art sind als Kurvenverfolgungsverfahren oder Bogenlängenverfahren bekannt. Es ist eine Vielzahl von Varianten bekannt, die sich im Wesentlichen jeweils durch die Formulierung der Nebenbedingung unterscheiden, siehe z.B. Riks [56], [57], Wempner [79], Keller [31], Menzel, Schwetlick [40], Rheinboldt [55], Crisfield [15], Ramm [52]. Einen Überblick findet man z.B. in der Arbeit von Riks [58]. Wesentlich für die Sicherung des quadratischen Konvergenzverhaltens ist die konsistente Linearisierung der Nebenbedingung, siehe z.B. Wriggers, Wagner [84], Schweizerhof, Wriggers [60]. Ein geeigneter Algorithmus ist in Box 4.2 angegeben.

| | | |
|---|---|---|
| 1.) | berechne Prädiktor | $\mathbf{K}_T \, \Delta \, \mathbf{v}_{P0} = \mathbf{P}$ |
| 2.) | berechne Lastinkrement | $\Delta\lambda_0 = \dfrac{ds}{\sqrt{(\Delta\mathbf{v}_{P0})^T \Delta\mathbf{v}_{P0}}}$ |
| 3.) | Schleife über alle Iterationen $i$ | $\mathbf{K}_T \, \Delta \, \mathbf{v}_{Pi} = \mathbf{P}$ <br> $\mathbf{K}_T \, \Delta \, \mathbf{v}_{Gi} = -\mathbf{G}(\mathbf{v}_i, \lambda_i)$ |
| 4.) | berechne Inkremente | $\Delta\lambda_i = -\dfrac{f_i + \mathbf{f}_{vi}^T \Delta\mathbf{v}_{Gi}}{f_{\lambda i} + \mathbf{f}_{vi}^T \Delta\mathbf{v}_{Pi}}$ <br> $\Delta\mathbf{v}_i = \Delta\lambda_i \Delta\mathbf{v}_{Pi} + \Delta\mathbf{v}_{Gi}$ |
| 5.) | Update | $\lambda_{i+1} = \lambda_i + \Delta\lambda_i \,, \quad \mathbf{v}_{i+1} = \mathbf{v}_i + \Delta\mathbf{v}_i$ |
| 6.) | Abbruchkriterum | if $\lVert\mathbf{G}(\mathbf{v}_{i+1}, \lambda_{i+1})\rVert \leq$ TOL Stop <br> else go to 3 |

BOX 4.2 : Algorithmus für Bogenlängenverfahren

Im folgenden sollen einige ausgewählte Nebenbedingungen tabellarisch angegeben werden.

| Bezeichnung | Bild | Nebenbedingung |
|---|---|---|
| Laststeuerung | 4.1a | $f = \lambda - c$ |
| Verschiebungssteuerung <br> Batoz, Dhatt [6] | 4.1a | $f = v_a - c$ |
| Bogenlängenverfahren <br> Riks [56], Wessels [82] <br> Menzel, Schwetlick [40] | 4.2 | $f = (\mathbf{v}_m - \bar{\mathbf{v}})^T(\mathbf{v} - \mathbf{v}_m) + (\lambda_m - \bar{\lambda})(\lambda - \lambda_m)$ |
| Bogenlängenverfahren <br> Crisfield [15] | 4.3 | $f = \sqrt{(\mathbf{v} - \bar{\mathbf{v}})^T(\mathbf{v} - \bar{\mathbf{v}}) + (\lambda - \bar{\lambda})^2} - ds$ |

BOX 4.3 : Beispiele für Nebenbedingungen

Eine detaillierte Beschreibung der einzelnen Nebenbedingungen findet sich in den jeweils angegebenen Literaturstellen bzw. auch in Wagner, Wriggers [77].

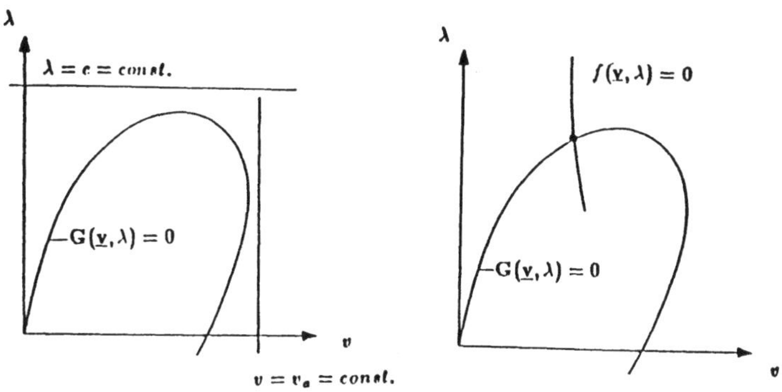


Bild 4.1: Last- und Verschiebungssteuerung

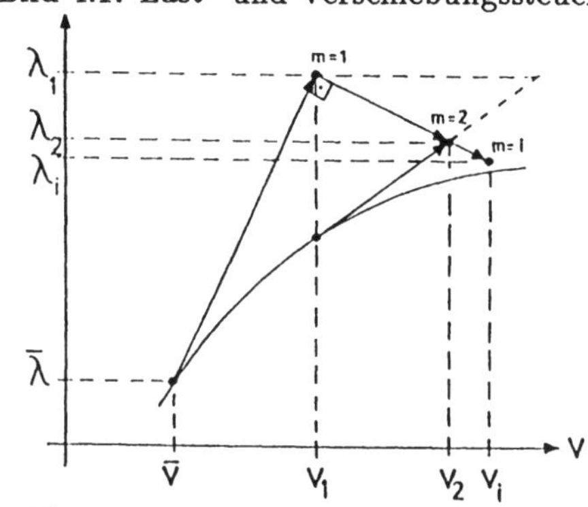


Bild 4.2: Bogenlängenverfahren –Iteration auf einer 'Normalenebene'

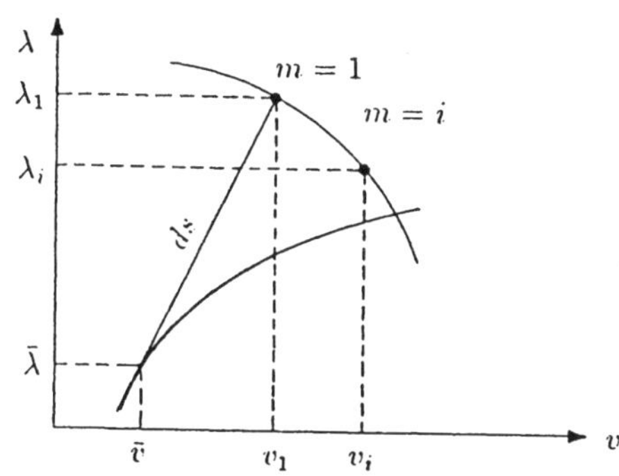


Bild 4.3: Bogenlängenverfahren –Iteration auf einer Kugelfläche

## 4.2 Berechnung von Instabilitätspunkten

### 4.2.1.Einleitung

Die Berechnung von Instabilitätspunkten ist ein wesentlicher Aspekt nichtlinearer Strukturanalysen. Daher ist es wichtig für diese Untersuchungen geeignete und effiziente Verfahren bereit zu stellen.

Ein Kriterium für Instabilitätspunkte ist, daß die 2. Ableitung der potentiellen Energie verschwindet. Eine mechanische Interpretation kann wie folgt angegeben werden, siehe z.B. Pflüger [46]: Zu einem vorhandenen Gleichgewichtszustand $G$ existiert ein benachbarter Gleichgewichtszustand $N$ mit dem gleichen Lastniveau. Ausgehend vom Grundzustand

$$\mathbf{G}^{(G)} = \mathbf{R}^{(G)} - \lambda^{(G)}\mathbf{P} = \mathbf{0} \tag{4.11}$$

erhält man die bekannte Linearisierung zur Berechnung des nächsten Zustandes

$$\mathbf{K}_T^{(G)}\Delta\mathbf{v} = -(\mathbf{R}^{(N)} - \lambda^{(N)}\mathbf{P}). \tag{4.12}$$

Nun soll aber der Nachbarzustand auf dem gleichen Lastniveau liegen wie der Grundzustand, so daß $\lambda^{(N)} = \lambda^{(G)}$ gelten muß. Da aber der Nachbarzustand ebenfalls ein Gleichgewichtszustand sein soll, gilt auch

$$\mathbf{G}^{(N)} = \mathbf{R}^{(N)} - \lambda^{(N)}\mathbf{P} = \mathbf{0}. \tag{4.13}$$

Damit folgt auch $\mathbf{R}^{(N)} = \mathbf{R}^{(G)}$, so daß das homogene Gleichungssystem

$$\mathbf{K}_T^{(G)} \Delta \mathbf{v} = \mathbf{0} \tag{4.14}$$

entsteht. Aus mathematischer Sicht ergibt sich (4.14) zwangsläufig, siehe z.B. Keller [31]. Das homogene Gleichungssystem (4.14) hat nichttriviale Lösungen für $det\mathbf{K}_T = 0$. Diese Forderung läßt sich ebenfalls durch das Eigenwertproblem

$$(\mathbf{K}_T - \omega_j \mathbf{1})\,\varphi_j = \mathbf{0} \tag{4.15}$$

darstellen. $\omega_j$ ist der j-te Eigenwert und $\varphi_j$ der zugehörige Eigenvektor.

### 4.2.2. klassische und lineare Beulanalyse

Eine in der Ingenieurliteratur weit verbreitete Vorgehensweise ist die klassische bzw. lineare Beulanalyse, die Näherungen für den ersten Instabilitätspunkt erlaubt. Bei dieser Methode wird ein allgemeines Eigenwertproblem für den Lastparameter $\lambda$ formuliert. Hierzu werden die Vorbeulverschiebungen in einer Potenzreihe bezüglich des Lastparameters entwickelt

$$\mathbf{v} = \lambda \mathbf{v}^{(1)} + \lambda^2 \mathbf{v}^{(2)} + \lambda^3 \mathbf{v}^{(3)} + \ldots \quad . \tag{4.16}$$

Beschränkt man sich in der Untersuchung auf lineare Terme, so läßt sich ein lineares Eigenwertproblem formulieren. Die Vorgehensweise läßt sich dadurch begründen, daß es sich bei dem Vorbeulzustand in vielen Fällen um einen nicht verformungsintensiven Membranspannungszustand handelt.

Die tangentiale Steifigkeitsmatrix ist nun hinsichtlich ihrer Abhängigkeit von den Verschiebungen aufzuspalten und man erhält

$$\mathbf{K}_T = \mathbf{K}_L + \mathbf{K}_U + \mathbf{K}_\sigma \tag{4.17}$$

mit der linearen Steifigkeitsmatrix $\mathbf{K}_L$, der Anfangsverschiebungsmatrix $\mathbf{K}_U$ und der geometrischen Matrix oder Anfangsspannungsmatrix $\mathbf{K}_\sigma$. Die Beschränkung auf lineare Verschiebungsanteile $\mathbf{v}^{(1)}$ führt zu den 'linearisierten' Steifigkeitsmatrizen

$$\begin{aligned} \hat{\mathbf{K}}_U &= \mathbf{K}_U(\mathbf{v}^{(1)}) \\ \hat{\mathbf{K}}_\sigma &= \mathbf{K}_\sigma(\mathbf{v}^{(1)})\,. \end{aligned} \tag{4.18}$$

Mit dieser Aufteilung der tangentialen Steifigkeitsmatrix $\mathbf{K}_T$ erhält man ein lineares Eigenwertproblem für den Lastparameter

$$[\,\mathbf{K}_L + \lambda(\,\hat{\mathbf{K}}_U + \hat{\mathbf{K}}_\sigma\,)]\phi = \mathbf{0}\,. \tag{4.19}$$

Der Einfluß des Vorbeulzustandes wird unterdrückt, wenn man die Matrix $\hat{\mathbf{K}}_U$ vernachlässigt. Dann erhält man das klassische Eigenwertproblem in der Form

$$[\mathbf{K}_L + \lambda \hat{\mathbf{K}}_\sigma]\boldsymbol{\phi} = \mathbf{0}. \tag{4.20}$$

Das Ergebnis dieser Formulierung ist der kritische Lastfaktor $\lambda_c$. Insgesamt ist damit der folgende Algorithmus anzugeben:

| | | | |
|---|---|---|---|
| * | Löse | $\mathbf{K}_L \mathbf{v} = \mathbf{P}$ | |
| * | Löse | $[\mathbf{K}_L + \lambda_c(\hat{\mathbf{K}}_U(\mathbf{v}) + \hat{\mathbf{K}}_\sigma(\mathbf{v}))]\boldsymbol{\phi} = \mathbf{0}$ | (4.21) |
| * | kritische Werte | $\mathbf{P}_c = \lambda_c \mathbf{P}\,, \qquad \mathbf{v}_c = \lambda_c \mathbf{v}$ | |

Box 4.4: Algorithmus für klassische und lineare Beulanalyse

Mang [37] hat die Schrankeneigenschaft der Lösungen aus klassischer und linearer Beulanalyse bezüglich der nichtlinearen Beullast gezeigt.

Für praktische Probleme liefert dieses Verfahren in der Regel ausreichend genaue Ergebnisse.

### 4.2.3. nichtlineare Stabilitätsuntersuchungen

Im Fall hochgradig nichtlinearer Probleme können die Lösungen der linearen Beulanalyse erheblich von den tatsächlichen Lösung abweichen, so daß eine vollständig geometrisch nichtlineare Berechnung erforderlich ist. Wie in Abschnitt 4.1 beschrieben, werden hier im Rahmen einer inkrementell-iterativen Lösungsstrategie Bogenlängenverfahren eingesetzt. Im Rahmen der Kurvenverfolgung wird das Instabilitätsverhalten der zu untersuchenden Struktur "begleitend" untersucht. Eine sehr einfache Methode ist die Beobachtung der Determinante bzw. der Anzahl der negativen Diagonalelemente der tangentialen Steifigkeitsmatrix $\mathbf{K}_T$. Die Berechnung von $det\mathbf{K}_T$ kann nahezu ohne zusätzlichen Aufwand innerhalb der Dreieckzerlegungsphase von $\mathbf{K}_T = \mathbf{L}^T\mathbf{D}\mathbf{L}$ durchgeführt werden. Hierbei gilt:

$$det\,\mathbf{K}_T = \prod_{i=1}^{ndof} D_{ii}\,. \tag{4.22}$$

| | | |
|---|---|---|
| alle $D_{ii} > 0$ | $\longrightarrow \mathbf{K}_T$ positiv definit | stabiles Gleichgewicht |
| mind. 1 $D_{ii} = 0$ | $\longrightarrow \mathbf{K}_T$ positiv semidefinit | indifferentes Gleichgewicht |
| mind. 1 $D_{ii} < 0$ | $\longrightarrow \mathbf{K}_T$ negativ definit | instabiles Gleichgewicht |

Box 4.5: Beurteilung des Gleichgewichts in Abhängigkeit von den Vorzeichen der Diagonalelemente von $\mathbf{K}_T$

Grundsätzlich werden instabile Pfade durch ein oder mehrere negative Diagonalelemente $Dii$ beschrieben, so daß sich bei geradzahliger Anzahl von negativen Diagonalelementen eine positive Determinante ergibt, obwohl ein instabiler Gleichgewichtszustand vorliegt. Die Vorzeichen der Diagonalelemente von $\mathbf{K}_T$ bestimmen die Art des Gleichgewichtszustands, siehe Box 4.5.

Die Forderung $det\mathbf{K}_T = 0$ läßt sich, auch durch das Eigenwertproblem (4.15) darstellen. Ein anderer häufig verwendeter Ansatz ergibt sich aus der Übertragung der linearen Beulanalyse auf nichtlineare Probleme. In diesem Fall hat man ein Eigenwertproblem des Typs

$$\begin{aligned} [\mathbf{K}_L + \mathbf{K}_U + \lambda_c \mathbf{K}_\sigma]\,\boldsymbol{\phi} = \mathbf{0} \\ [\mathbf{K}_L + \lambda_c(\mathbf{K}_U + \mathbf{K}_\sigma)]\,\boldsymbol{\phi} = \mathbf{0} \end{aligned} \tag{4.23}$$

zu lösen, siehe z.B. Ramm [51], Brendel [11] und Brendel, Ramm [12].

**Anmerkungen:**

*1.)* *Für die Art der Aufteilung der tangentialen Steifigkeitskeitsmatrix* $\mathbf{K}_T$ *bezüglich des Lastfaktors* $\lambda$ *läßt sich keine mathematische Begründung angeben.*

*2.)* *Die Aufteilung der tangentialen Steifigkeitsmatrix in drei Teile ist normalerweise innerhalb der Finite-Element-Formulierung nicht verfügbar und bedeutet einerseits erhöhten Codieraufwand beim Erstellen der jeweiligen Elementroutine sowie andererseits erhöhten Zeitaufwand innerhalb der Berechnung.*

*3.)* *Die Eigenwertprobleme (4.23) sind allgemeine Eigenwertprobleme. Im Gegensatz hierzu handelt es sich in Gl. (4.15) um ein spezielles Eigenwertproblem vor. Dies führt zu einem geringeren Rechenaufwand.*

*4.)* *Die Lösung der Eigenwertprobleme (4.23) ist nur mit besonderen Eigenwertlösungsalgorithmen möglich, da die Matrizen* $\mathbf{K}_U$ *und* $\mathbf{K}_\sigma$ *in der Regel nicht positiv definit sind. Dies ist sofort aus der Tatsache ersichtlich, daß z.B. in der Matrix* $\mathbf{K}_\sigma$ *mit den Normalkräften behaftete Terme auf der Hauptdiagonalen stehen, deren Vorzeichen natürlich beliebig ist.*

Aus diesen Anmerkungen ist der Schluß zu ziehen, daß das Eigenwertproblem (4.15) vorzuziehen ist.

Innerhalb der inkrementell–iterativen Rechnung werden die Instabilitätspunkte nicht genau berechnet, da das jeweilige Eigenwertproblem nur in der Nähe dieser Punkte gelöst wird. Je nach Fragestellung kann diese Strategie jedoch durchaus ausreichend sein. Ist man an einer genaueren Berechnung der Instabilitätspunkte interessiert, so müssen innerhalb der inkrementell-iterativen Berechnung weitere Maßnahmen erfolgen. Eine einfache Methode ist die Anwendung eines Bisektions-Verfahrens zur genaueren Ermittlung des Instabilitätspunktes, siehe z.B. Wagner, Wriggers [77]. Diese Art der Vorgehensweise wird auch im Bereich der mathematischen Literatur propagiert, siehe z.B. Keller [31], wenn es nicht notwendig ist den Instabilitätspunkt exakt zu berechnen. Ein entsprechender Algorithmus setzt voraus, daß innerhalb des Kurvenverfolgungsverfahren die Möglichkeiten der Lastumkehr sowie der Modifikation der Bogenlänge verfügbar sein müssen. Eine weitere Möglichkeit Instabilitätspunkte genauer zu berechnen wird im nächsten Abschnitt diskutiert.

Nach Lösung des Eigenwertproblems kann mit Hilfe des dann ermittelten Eigenvektors ein Kriterium für den Typ des Instabilitätspunktes angegeben werden, siehe z.B. Spence, Jepson [67]

$$\varphi^T \mathbf{P} = \begin{cases} = 0 \ldots \text{ Verzweigungspunkt} \\ \neq 0 \ldots\ldots \text{ Durchschlagpunkt} \end{cases} \tag{4.24}$$

Diese Bedingung ist gültig für Durchschlag- und einfache Verzweigungspunkte. Die Behandlung von Verzweigungsproblemen, speziell die Berechnung von sekundären Ästen, erfordert zusätzliche Überlegungen. Die Anzahl der abzweigenden Äste hängt von der Zahl der Null-Eigenwerte ab. Die zugehörigen Eigenvektoren liefern Hinweise für die Richtung der sekundären Äste. Daher werden diese Eigenvektoren zur Störung der Gleichgewichtslösung im Verzweigungspunkt verwendet

$$\mathbf{v}_j = \bar{\mathbf{v}} + \xi_j \frac{\varphi_j}{\|\varphi_j\|}. \tag{4.25}$$

In (4.25) ist $\mathbf{v}_j$ ein gestörter Verschiebungszustand als Basis für eine anschließende Korrektorrechnung mit Hilfe des Bogenlängenverfahrens auf den sekundären Ast. Der Vektor $\bar{\mathbf{v}}$ enthält den Verschiebungszustand des Verzweigungspunktes. Die Größe des Faktors $\xi$ ist maßgebend für eine erfolgreiche Pfadwechselprozedur. Eine detaillierte Beschreibung findet sich in Wagner, Wriggers [77]. Verfeinerte Strategien können z.B. Riks [58] oder Rheinboldt [55] entnommen werden.

## 4.3 Direkte Berechnung von Instabilitätspunkten

### 4.3.1. Einleitung

Mit den bisher vorgestellten Verfahren können Instabilitätspunkte im Rahmen einer inkrementell-iterativen Berechnung nur näherungsweise berechnet werden. Wenn Instabilitätspunkte genauer berechnet werden sollten, wurde ein Bisektionsverfahren eingesetzt. Das Verfahren führt grundsätzlich zum Ziel, es kann jedoch damit kein quadratisches Konvergenzverhalten erreicht werden. Aus diesem Grund soll nun ein Verfahren entwickelt werden, daß es erlaubt einerseits die Instabilitätspunkte direkt zu berechnen und andererseits dabei ein quadratisches Konvergenzverhalten zu sichern. Grundsätzlich soll dabei eine inkrementell–iterative Lösungsstrategie beibehalten werden. In der Nähe von Instabilitätspunkten wird auf das im Folgenden anzugebende Iterationsverfahren umgeschaltet. Zur Sicherung der quadratischen Konvergenz des Verfahrens muß eine konsistente Linearisierung aller Terme durchgeführt werden.

### 4.3.2. Formulierung eines erweiterten Systems

Bei der Behandlung von Instabilitätsproblemen erweist es sich als sinnvoll mit erweiterten Systemen zu arbeiten. Die vorhandenen Gleichungen werden um Instabilitätsverhalten beschreibende Zusatzinformationen erweitert.

Eine Möglichkeit liegt in der zusätzlichen Betrachtung des zugehörigen Eigenwertproblems $(\mathbf{K}_T - \omega\,\mathbf{1})\,\varphi = \mathbf{0}$. An Durchschlag- bzw. Verzweigungspunkten ist der

Eigenwert $\omega$ der Hesse–Matrix $\mathbf{K}_T$ Null, so daß die Gleichung $\mathbf{K}_T\varphi = \mathbf{0}$ verwendet werden kann. Damit kann das folgende erweiterte System von Gleichungen konstruiert werden

$$\widehat{\mathbf{G}}(\mathbf{v},\lambda,\varphi) = \left\{ \begin{array}{c} \mathbf{G}(\mathbf{v},\lambda) \\ \mathbf{K}_T(\mathbf{v},\lambda)\,\varphi \\ l(\varphi) \end{array} \right\} = \mathbf{0}\,. \tag{4.26}$$

Diese Formulierung ist beschränkt auf Durchschlag- und einfache Verzweigungsprobleme. Die Verwendung solcher erweiterter Systeme ist in der mathematischen Literatur weit verbreitet und auf viele Probleme anwendbar, siehe hierzu der Übersichtsaufsatz von Mittelmann, Weber [41]. Das oben formulierte erweiterte System wurde z.B. von Werner, Spence [81] und Weinitschke [78] für die Berechnung von Durchschlag- und symmetrischen Verzweigungspunkten verwendet. In der mathematischen Literatur werden diese Verfahren jedoch jeweils nur auf Systeme mit wenigen Freiheitsgraden angewendet. In der Arbeit von Wriggers, Wagner, Miehe [85] wird diese Methode erstmals im Rahmen der Finite-Element-Methode unter Verwendung einer konsistenten Linearisierung angewendet.

In Gleichung (4.26) ist $l(\varphi)$ eine Normalisierungsfunktion, die die Singularität von $\mathbf{K}_T$ am Durchschlag- oder Verzweigungspunkt gewährleistet. An dieser Stelle wird der Ausdruck

$$l(\varphi) = \|\,\varphi\,\| - 1 = 0. \tag{4.27}$$

verwendet.

Eine konsistente Linearisierung der Gleichung (4.26) führt auf die Formulierung eines Newton–Verfahrens für den erweiterten Satz von Gleichungen

$$\begin{aligned} \widehat{\mathbf{K}}_{T\,i}\,\Delta\mathbf{w}_{i+1} &= -\widehat{\mathbf{G}}(\mathbf{w}_i) \\ \mathbf{w}_{i+1} &= \mathbf{w}_i + \Delta\mathbf{w}_{i+1} \end{aligned} \tag{4.28}$$

mit

$$\widehat{\mathbf{K}}_{T\,i} = \left.\frac{\partial\widehat{\mathbf{G}}}{\partial\mathbf{w}}\right|_i \quad \text{und} \quad \mathbf{w} = \left\{ \begin{array}{c} \mathbf{v} \\ \lambda \\ \varphi \end{array} \right\}.$$

Zur Beurteilung des Mehraufwands bei Verwendung des erweiterten Satzes von Gleichungen wird Gl. (4.28) genauer betrachtet. Für den allgemeinen Fall mit wegabhängigen Belastungen ergibt sich

$$\left[ \begin{array}{ccc} \mathbf{K}_T & -\mathbf{P} & \mathbf{0} \\ (\mathbf{K}_T\,\varphi)_{,\mathbf{v}} & (\mathbf{K}_T\,\varphi)_{,\lambda} & \mathbf{K}_T \\ 0 & 0 & \frac{\varphi^T}{\|\varphi\|} \end{array} \right] \left\{ \begin{array}{c} \Delta\mathbf{v} \\ \Delta\lambda \\ \Delta\varphi \end{array} \right\} = - \left\{ \begin{array}{c} \mathbf{G}(\mathbf{v},\lambda) \\ \mathbf{K}_T(\mathbf{v},\lambda)\,\varphi \\ \|\,\varphi\,\| - 1 \end{array} \right\} \tag{4.29}$$

mit

$$(\mathbf{K}_T\,\varphi)_{,\mathbf{v}} = \frac{\partial}{\partial\mathbf{v}}(\mathbf{K}_T\,\varphi) \quad \text{und} \quad (\mathbf{K}_T\,\varphi)_{,\lambda} = \frac{\partial}{\partial\lambda}(\mathbf{K}_T\,\varphi)\,.$$

In (4.29) enthält der eingeführte Prozeßvektor $\mathbf{w}$ nun $2n+1$ Unbekannte, die tangentiale Steifigkeitsmatrix $\widehat{\mathbf{K}}_T$ ist unsymmetrisch und es sind Ableitungen der tangentialen Steifigkeitsmatrix $\mathbf{K}_T$ zu bilden. Es zeigt sich, daß alle drei Punkte nur zu einem geringen Mehraufwand führen. Bei genauerer Betrachtung von $\widehat{\mathbf{K}}_T$ zeigt sich, daß Gl. (4.29) mittels einer Partitionierungsmethode effektiv gelöst werden kann. Der Lösungsalgorithmus läßt sich wie folgt für einen Iterationsschritt $i$ angeben.

1. Löse

$$\mathbf{K}_T\,\Delta\mathbf{v}_P = \mathbf{P}\,, \quad \mathbf{K}_T\,\Delta\mathbf{v}_G = -\mathbf{G}\,.$$

2. Berechne in einer Schleife über alle Elemente

$$\begin{aligned} \mathbf{h}_1 &= (\mathbf{K}_T\,\boldsymbol{\varphi})_{,\mathbf{v}}\,\Delta\mathbf{v}_P + (\mathbf{K}_T\,\boldsymbol{\varphi})_{,\lambda}\,, \\ \mathbf{h}_2 &= \mathbf{K}_T\,\boldsymbol{\varphi} + (\mathbf{K}_T\,\boldsymbol{\varphi})_{,\mathbf{v}}\,\Delta\mathbf{v}_G \end{aligned}\;.$$

3. Löse

$$\mathbf{K}_T\,\Delta\boldsymbol{\varphi}_1 = -\mathbf{h}_1\,, \quad \mathbf{K}_T\,\Delta\boldsymbol{\varphi}_2 = -\mathbf{h}_2\,.$$

4. Berechne Inkremente

$$\begin{aligned} \Delta\lambda &= \frac{-\boldsymbol{\varphi}^T\,\Delta\boldsymbol{\varphi}_2 - \|\boldsymbol{\varphi}\|\,l(\boldsymbol{\varphi})}{\boldsymbol{\varphi}^T\,\Delta\boldsymbol{\varphi}_1}\,, \\ \Delta\mathbf{v} &= \Delta\lambda\,\Delta\mathbf{v}_P + \Delta\mathbf{v}_G\,, \quad \Delta\boldsymbol{\varphi} = \Delta\lambda\,\Delta\boldsymbol{\varphi}_1 + \Delta\boldsymbol{\varphi}_2\,. \end{aligned}$$

5. Update für Verschiebungen, Eigenvektor und Lastfaktor

$$\lambda = \lambda + \Delta\lambda\,, \quad \mathbf{v} = \mathbf{v} + \Delta\mathbf{v} \quad \text{und} \quad \boldsymbol{\varphi} = \boldsymbol{\varphi} + \Delta\boldsymbol{\varphi}\,.$$

Box 4.6: Algorithmus zur Berechnung von Instabilitätspunkten

Man erkennt, daß auch jetzt nur die Matrix $\mathbf{K}_T$ zu faktorisieren ist. Diese Operation ist – besonders bei großen Systemen – entscheidend für die Höhe des Rechenaufwands. Im Vergleich zu einem Standard–Newton–Verfahren ergibt sich durch die Verwendung des erweiterten Systems nur ein relativ geringer zusätzlicher Aufwand. Neben der Berechnung der Vektoren $\mathbf{h}_1$ und $\mathbf{h}_2$ muß das Gleichungssystem mit drei weiteren rechten Seiten zur Berechnung der Vektoren $\Delta\mathbf{v}_P$, $\Delta\boldsymbol{\varphi}_1$ und $\Delta\boldsymbol{\varphi}_2$ gelöst werden. Die Unsymmetrie von $\widehat{\mathbf{K}}_T$ geht dabei nicht ein. Die Beurteilung des Mehraufwands zur Berechnung der Ableitung von $\mathbf{K}_T$ erfolgt im nächsten Abschnitt.

### 4.3.3. Berechnung der Richtungsableitung von $\mathbf{K}_T$

Die Formulierung der tangentialen Steifigkeitsmatrix erhält man unter Verwendung von Standard–Linearisierungs-Prozeduren, siehe Abschnitt 3.1,

$$\mathbf{K}_T = \bigcup_{e=1}^{n_e} \int_{\Omega_e} \{\,\mathbf{B}^T(\mathbf{v}_e)\,\mathbf{D}\,\mathbf{B}(\mathbf{v}_e) + \mathbf{G}^T\,\bar{\mathbf{S}}\,\mathbf{G}\,\}\,d\Omega\,. \tag{4.30}$$

Die für die Formulierung erweiterter Systeme notwendige Richtungsableitung von $\mathbf{K}_T$ läß sich unter Verwendung der bekannten $\mathbf{B}$-Matrizen angeben

$$\begin{aligned} \mathbf{h} &= (\mathbf{K}_T\boldsymbol{\varphi})_{,\mathbf{v}} \\ &= \bigcup_{e=1}^{n_e} \int_{\Omega_e} \{\mathbf{B}_{nl}^T(\Delta\mathbf{v}_e)\mathbf{D}\mathbf{B}(\mathbf{v}_e) + \mathbf{B}^T(\mathbf{v}_e)\mathbf{D}\mathbf{B}_{nl}(\Delta\mathbf{v}_e) + \mathbf{G}^T\Delta\bar{\mathbf{S}}\mathbf{G}\}\varphi_e d\Omega. \end{aligned} \tag{4.31}$$

In Gl. (4.31) enthält der Vektor $\Delta\bar{\mathbf{S}}$ inkrementelle Spannungen, die sich aus

$$\Delta\mathbf{S} = \mathbf{D}\,\mathbf{B}(\mathbf{v}_e)\,\Delta\mathbf{v}_e$$

ergeben. Eine detaillierte Ableitung findet sich in Wriggers, Wagner, Miehe [85]. Für die Lösung des erweiterten Systems (4.27) ist es erforderlich, zusätzlich zu der Standard–Vorgehensweise, die beiden rechten Seiten $\mathbf{h}_1$ and $\mathbf{h}_2$ zu berechnen, siehe Box 4.6. Gleichung (4.31) liefert hierfür die Basis. Mit $\Delta\mathbf{v}_e = \Delta\mathbf{v}_{P_e}$ erhält man den ersten Teil von $\mathbf{h}_1$, während $\Delta\mathbf{v}_e = \Delta\mathbf{v}_{G_e}$ für die Berechnung des zweiten Teils von $\mathbf{h}_2$ erforderlich ist. Damit sind alle Voraussetzungen gegeben, um die Vektoren $\mathbf{h}_1$ und $\mathbf{h}_2$ zu berechnen. Da die $\mathbf{B}$-Matrizen bekannt sind, bzw. nur durch geringfügige Modifkationen zu ermitteln sind und da nur auf Elementebene Matrizen zu berechnen sind, entspricht der Aufwand zur Berechnung der Vektoren $\mathbf{h}_1$, $\mathbf{h}_2$ etwa der Berechnung eines Residuums $\mathbf{G}$ und ist damit vergleichsweise gering.

### 4.3.4 Beispiel

Als Beispiel für die direkte Bestimmung von singulären Punkten sei ein räumliches Fachwerksystem betrachtet, das in Bild 4.3 dargestellt ist. Die Berechnung der Durchschlag- und Verzweigungspunkte erfolgt mit dem in BOX 4.6 angegebenen Algorithmus. Das Konvergenzverhalten bei der Berechnung des ersten Durchschlagpunktes findet sich in BOX 4.7, siehe auch Wriggers, Wagner, Miehe [85]. Man erkennt das quadratische Konvergenzverhalten an der Entwicklung der Norm des Residuums $\|\mathbf{G}\|$.

Bild 4.4 zeigt die Anzahl der Iterationen des Bogenlängenverfahrens und die des erweiterten Systems bis hin zum ersten Verzweigungspunkt. Hier zeigt sich, daß ein kombinierter Einsatz von Bogenlängenverfahren und erweiterten Verfahren eine sehr effiziente Nachrechnung von nichtlinearen Lösungspfaden mit direkter Berechnung der singulären Punkte ermöglicht.

| Iterationsnummer | $\|\mathbf{G}\|$ | $\lambda$ |
|---|---|---|
| 1 | $8.93 \cdot 10^{1}$ | 5.898 |
| 2 | $6.47 \cdot 10^{-1}$ | 3.584 |
| 3 | $4.95 \cdot 10^{-3}$ | 3.408 |
| 4 | $3.74 \cdot 10^{-7}$ | 3.407 |
| 5 | $1.66 \cdot 10^{-14}$ | 3.407 |

BOX 4.7 : Konvergenzverhalten bei der Berechnung des Durchschlagpunktes

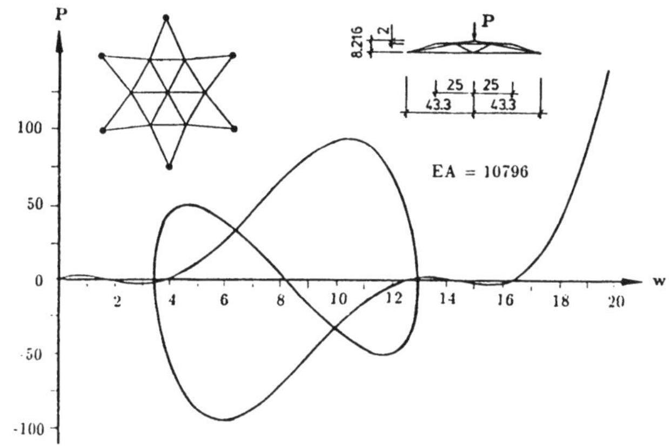


Bild 4.3: Räumliches Fachwerk nach Hangai, Kawamata [23]

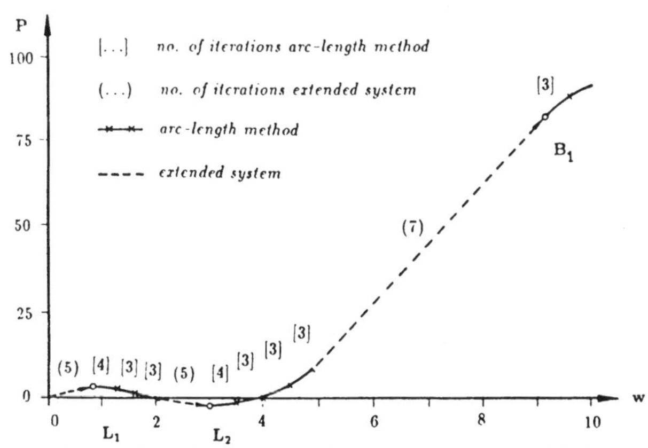


Bild 4.4: Last–Verschiebungs–Diagramm mit Anzahl der Iterationen

## 4.4 Konsistente Tangenten in der Plastizitätstheorie

In diesem Abschnitt sollen numerische Verfahren zur Behandlung elasto–plastischer Deformationen besprochen werden. Man unterscheidet explizite und implizite Verfahren zur Integration der nichtlinearen Materialgesetze. Implizite Verfahren, wie die sogenannte Radial Return Methode, bieten den Vorteil, daß sie große Schrittweiten erlauben. Damit ist die zu wählende Schrittweite nicht mehr vom Integrationsverfahren abhängig, sondern sie ist durch die Physik, d.h. durch die Geschichtsabhängigkeit des Lösungspfades, bestimmt. Findet dieses Integrationsverfahren Anwendung, so stellt der klassische Prandt–Reuss Tensor (1.22) keine konsistente Tangente im Sinne eines Newton–Verfahrens dar. Die entsprechende konsistente Tangentenformulierung ist erst in den letzten Jahren entwickelt worden, siehe Simo, Taylor [65], Gruttmann, Stein [21]. Im folgenden seien die wesentlichen Schritte bei der Ableitung des konsistenten elasto–plastischen Tensors aufgezeigt. An einem Beispiel wird die Effizienz des Verfahrens gezeigt.

### 4.4.1 Radial Return Verfahren

Für die Angabe des impliziten Projektionsverfahrens – der Radial–Return–Methode – wird von der quadratischen Form der Fließbedingung (1.17) ausgegeangen

$$f(\mathbf{s},\boldsymbol{\alpha},e_v) = \frac{3}{2}\,(\mathbf{s}^D - \boldsymbol{\alpha}^D)\cdot(\mathbf{s}^D - \boldsymbol{\alpha}^D) - \kappa(e_v)^2 \leq 0 \tag{4.32}$$

Das Projektionsverfahren wird durch einen elastischen Prädiktorschritt mit anschließendem Korrektorschritt definiert. Zunächst sei der elastische Prädiktorschritt betrachtet

$${}^2\mathbf{s}^{el} = {}^1\mathbf{s} + \mathcal{C}\,[{}^2\mathbf{E} - {}^1\mathbf{E}]\,, \tag{4.33}$$

in dem mit ${}^1(..)$ ein konvergierter Zustand oder Grundzustand und mit dem Index ${}^2(..)$ der zu berechnende Nachbarzustand bezeichnet wird. Der Korrektorschritt ergibt sich durch die Projektion des Spannungspunktes auf die Fließfläche, die aus dem Minimalproblem für den Abstand des Spannungspunktes zur Fließfläche bestimmt werden kann

$$I({}^2\mathbf{s}) = ({}^2\mathbf{s}^{el} - {}^2\mathbf{s})\cdot\mathcal{C}^{-1}[{}^2\mathbf{s}^{el} - {}^2\mathbf{s}] \Longrightarrow \text{Min.}. \tag{4.34}$$

Durch die Einbeziehung der Fließbedingung (4.32) folgt das Sattelpunktsproblem

$$L({}^2\mathbf{s},\lambda) = I({}^2\mathbf{s}) + \lambda\,f({}^2\mathbf{s},{}^2\boldsymbol{\alpha},{}^2e_v) \Longrightarrow \text{Stat.} \tag{4.35}$$

Die Ableitung von (4.35) nach den Spannungen liefert

$$\frac{\partial L({}^2\mathbf{s},\lambda)}{\partial^2\mathbf{s}} = -2\,\mathcal{C}^{-1}[{}^2\mathbf{s}^{el} - {}^2\mathbf{s}] + 3\,\lambda\,\mathbf{D}\,[{}^2\mathbf{s} - {}^2\boldsymbol{\alpha}] = \mathbf{0}. \tag{4.36}$$

Mit der Aufspaltung der Verzerrungen in elastische und plastische Anteile gemäß (1.16) folgt für die plastischen Verzerrungsinkremente

$$\Delta\mathbf{E}^{pl} = \mathcal{C}^{-1}[{}^2\mathbf{s}^{el} - {}^2\mathbf{s}]\,. \tag{4.37}$$

Die Evolutionsgleichung des Pragerschen Verfestigungstensor $\boldsymbol{\alpha}$ (1.19) kann für die numerische Zeitintegration aufgespalten werden

$${}^2\boldsymbol{\alpha}^D = {}^1\boldsymbol{\alpha}^D + \Delta\boldsymbol{\alpha}^D\,, \tag{4.38}$$

wobei $\Delta\boldsymbol{\alpha}^D$ aus der impliziten Integration von (1.18) mit Einsetzen in (1.19) folgt

$$\Delta\boldsymbol{\alpha}^D = \lambda\,H'\,({}^2\mathbf{s}^D - {}^2\boldsymbol{\alpha}^D)\,. \tag{4.39}$$

Mit diesen Beziehungen können aus Gleichung (4.36) die projizierten Spannungen und Verfestigungen bestimmt werden

$$\begin{aligned} {}^2\mathbf{s}^D - {}^2\boldsymbol{\alpha}^D &= \frac{1}{1+\lambda\,H'}\,\mathbf{D}\,\bar{\mathcal{C}}\,[\mathbf{E}] \\ {}^2\mathbf{s} &= {}^1\boldsymbol{\alpha} + \bar{\mathcal{C}}\,[\mathbf{E}] \\ {}^2\boldsymbol{\alpha}^D &= {}^1\boldsymbol{\alpha}\frac{\lambda\,H'}{1+\lambda\,H'}\,\bar{\mathcal{C}}\,[\mathbf{E}] \end{aligned} \tag{4.40}$$

mit

$$\mathbf{E} = \mathcal{C}^{-1}[{}^1\mathbf{s} - {}^1\boldsymbol{\alpha}] + ({}^2\mathbf{E} - {}^1\mathbf{E})$$
$$\mathbf{D} = \mathbf{I} - \frac{1}{3}\mathbf{1} \otimes \mathbf{1}$$
$$\bar{\mathcal{C}} = \mathcal{C}^{-1} + \frac{3\,\lambda}{2\,(1 + \lambda\, H'}\mathbf{D}$$

Das Einsetzen von (1.18) und (4.36) in die in Abschnitt 1.2.2 angegebene Definition der plastischen Vergleichsdehnung $e_v$ liefert das Inkrement der Vergleichsdehnung in Abhängigkeit der eingeführten Rechengrößen $\mathbf{E}$ und $\bar{\mathcal{C}}$

$$\Delta e_v = \frac{\lambda}{1 + \lambda\, H'} \sqrt{\frac{3}{2}\,\bar{\mathcal{C}}\,[\mathbf{E}] \cdot \mathbf{D}\,\bar{\mathcal{C}}\,[\mathbf{E}]}\,. \tag{4.41}$$

### 4.4.2 Konsistente Tangente

Für die Verwendung des Radial–Return–Verfahrens innerhalb des Newton–Raphson–Algorithmus ist eine Tangentenmatrix herzuleiten, die konsistent mit dem impliziten Schema ist. Da die Tangentenmatrix sich durch Ableitung der Spannungen nach den Verzerrungen ergibt, müssen die projizierten Spannungen (4.40) nach $\Delta\mathbf{E}$ abgeleitet werden. Hierbei ist zu beachten, daß $\lambda$ eine Funktion von $\mathbf{E}$ ist. Der konsistente Tangententensor $\mathbf{C}_T$ lautet

$$\begin{aligned} \mathbf{C}_T = \frac{\partial^2 \mathbf{s}(\mathbf{E},\lambda)}{\partial \Delta\mathbf{E}} &= \frac{\partial}{\partial \Delta\mathbf{E}}({}^1\boldsymbol{\alpha} + \bar{\mathcal{C}}(\lambda)\,[\mathbf{E}]) \\ &= \bar{\mathcal{C}}(\lambda)\,[\mathbf{E}] + \frac{\partial^2 \mathbf{s}(\mathbf{E},\lambda)}{\partial\lambda} \otimes \frac{\partial\lambda}{\partial\Delta\mathbf{E}} \end{aligned} \tag{4.42}$$

Da $\lambda(\mathbf{E})$ nicht explizit aus der Fließbedingung gewonnen werden kann, muß die Ableitung nach $\mathbf{E}$ implizit erfolgen. Nach umfangreicher Rechnung, siehe Gruttmann, Stein [21], lautet der konsistente Tangententensor

$$\mathcal{C}_T = K\,\mathbf{1} \otimes \mathbf{1} + 2\,G\,\beta\,(\mathbf{I} - \frac{1}{3}\mathbf{1} \otimes \mathbf{1}) - 2\,G\,\gamma\,\lambda\,\bar{\mathbf{N}} \otimes \bar{\mathbf{N}} \tag{4.43}$$

mit den Faktoren

$$\beta = \frac{\sqrt{\frac{2}{3}}\,(\kappa + \Delta H)}{\|\mathbf{S} - \boldsymbol{\alpha}\|}$$
$$\gamma = \frac{1}{1 + \frac{\kappa' + \bar{H}'}{3\,G}} + \beta - 1$$

und der Änderung der Verfestigung im Inkrement $\Delta H = {}^2H - {}^1H$, sowie einer Sekantensteigung $\bar{H}' = \Delta H / \Delta e_v$.

Der konsistente Tangententensor (4.43) ist bis auf die Faktoren $\beta$ und $\gamma$ von der Kontinuumstangente (1.22) nicht zu unterscheiden. Dies bedeutet, daß der zusätzliche Rechenaufwand sehr gering ist. Jedoch zeigt das folgende Beispiel eine erhebliche Verbesserung der Konvergenz. Die Darstellung der konsistenten Tangente für den Spezialfall des ebenen Spannungszustandes kann Gruttmann, Stein [21] entnommen werden.

### 4.4.3 Beispiel

Es wird eine Scheibe mit Kreisloch aus Aluminium im ebenen Spannungszustand unter Zugbeanspruchung untersucht. Aus Symmetriegründen ist nur ein Viertel der Scheibe zu diskretisieren. Es werden lineare finite Dreieckselemente verwendet. Die Diskretisierung, sowie System und Daten sind Bild 4.5 zu entnehmen.

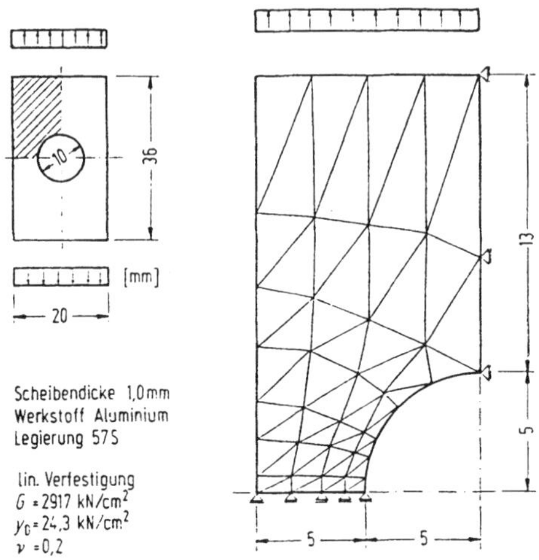


Bild 4.5 Scheibe mit Kreisloch.

In einer geometrisch linearen Berechnung wird die Last in 6 Lastinkrementen aufgebracht. Tabelle 4.8 zeigt einen Vergleich der Gleichgewichtsiterationen je Laststufe von konsistenter und Kontinuumstangente.

| Laststufe | 1 | 2 | 3 | 4 | 5 | 6 |
|---|---|---|---|---|---|---|
| Kontinuumstangente Iterationen | 1 | 4 | 4 | 8 | 9 | > 20 |
| konsistente Tangente Iterationen | 1 | 4 | 3 | 5 | 4 | 7 |

BOX 4.8 : Konvergenzverhalten

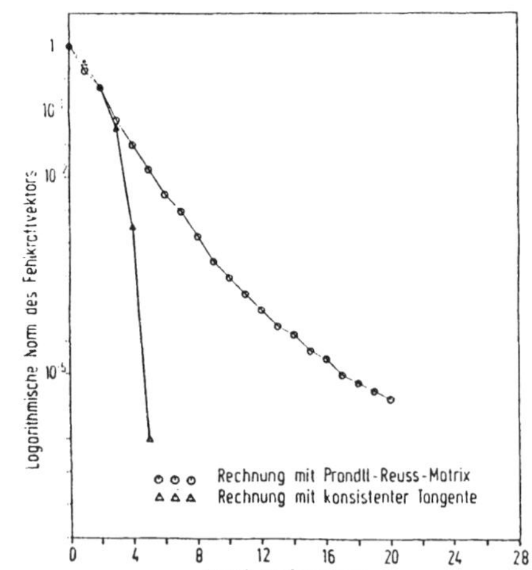


Bild 4.6 Norm des Fehlkraftvektors im Lastinkrement 6

Aus dem Vergleich geht klar hervor, daß die konsistente Tangente ein wesentlich besseres Konvergenzverhalten aufweist und auch dort noch zu Lösungen führt, wo bei einem vorgegebenen Lastinkrement die Kontinuumstangente versagt, siehe Laststufe 6 und Bild 4.6. Damit kann bei der konsistenten Tangente mit größeren Schrittweiten vorgegangen werden. Weiterhin führt die konsistente Formulierung auf effizientere Rechenprozesse, was an der Gesamtzahl der Iterationen in Box 4.8 ablesbar ist.

## 5 Zusammenfassung und Ausblick

Der hier gegebene Überblick orientiert sich nach Inhalt und Darstellung am Stand unserer derzeitigen Forschungsarbeiten, ist jedoch in vielerlei Hinsicht unvollständig. Hier sind insbesondere zeitabhängige und mechanisch–thermisch gekoppelte Deformationsprozesse sowie dynamische Belastungsvorgänge zu nennen. Die vorgenommene Auswahl versucht den nachstehenden Beiträgen gerecht zu werden. Hierzu wurden vorwiegend kritische Systemzustände von Flächen– und Stabtragwerken mit elastischen und inelastischen Deformationen betrachtet, wobei im Hinblick auf die Ingenieurpraxis von kleinen Verzerrungen jedoch großen Verschiebungen und Drehungen ausgegangen wurde.

Ein wichtiges Anliegen war es zu zeigen, daß sich insbesondere bei nichtlinearen Problemen "harte Analysis" lohnt, um "effiziente Numerik", d.h. z. B. schnell konvergierende, robuste Iterationsverfahren, zu ermöglichen. Allein mit "Losrechnen"und ingenieurmäßiger Intuition sind die hier vorgestellten Algorithmen nicht zu gewinnen. Es zeigte sich insbesondere, daß die zu quadratischem Konvergenzverhalten führenden exakten Tangentenmatrizen, z.B. für elasto–plastisch verfestigende Materialien, kaum komplizierter sind als Sekantenmatrizen. Entsprechendes gilt für die Tangentenmatrizen zur Beschreibung der Beul– und Nachbeulzustände z.B. von Schalen.

Als Ausblick für den Grundlagenbereich der "Computational Mechanics" sei auf die Einbeziehung von Schädigungen im Material, gegebenenfalls thermisch gekoppelt, und weiterhin auf die adaptive Netzverfeinerung für nichtlineare Probleme unter Verwendung erweiterter Fehlerindikatoren und der Multigrid–Strategie hingewiesen. Schließlich sind neue Rechnerarchitekturen, insbesondere die Vernetzung vieler Parallelprozessoren in Verbindung mit Gebietszerlegungsmethoden, als wichtig für zukünftige Entwicklungen zu nennen.

## 6 Literaturverzeichnis

1. Ahmad, S.; Irons, B.; Zienkiewicz, O.C.: Analysis of Thick and Thin Shell Structures by Curved Finite Elements. Int. J. Num. Meth. Engng., 2 (1970) 419–451.

2. Argyris, J.H.: An Excursion into Large Rotations. Comp. Meth. Appl. Mech. Engng. 32 (1982) 85–103.

3. Argyris, J. H.; Scharpf, D. W.: The SHEBA Family of Shell Elements for the Matrix Displacement Method. Aeron. J. Royal Aeron. Soc. 72 (1968) 873-883, 73 (1969) 423–426.

4. Başar, Y.; Krätzig, W.B.: Struktur konsistenter Grundgleichungen für das Beul- und Nachbeulverhalten allgemeiner Flächentragwerke. Stahlbau 5 (1977) 138–146.

5. Bathe, K. J.; Bolougchi, S.: A Geometric and Material Nonlinear Plate and Shell Element. Comp. & Struct. 11 (1980) 23–48.

6. Batoz, I.L.; Dhatt, G.: Incremental Displacement Algorithms for Non-linear Problems. Int. J. Num. Meth. Engng. 14 (1979) 1262–1267.

7. Belytschko, T.; Liu, W.K.; Engekmann, B.E.: The Gamma–Elements and Related Developements. In: Hughes, T.J.R.; Hinton, E. (ed.): Finite Element Methods for Plate and Shell Structures, Vol. 1: Element Technology Swansea (UK): Pineridge Press 1986.

8. Belytschko, T.; Tsay, C. S.: A Stabilization Procedure for the Quadrilateral Plate Element with One–Point Quadrature. Int. J. Num. Meth. Engng. 19 (1983) 405–419.

9. Berg, A.: Beiträge zur geometrisch nichtlinearen Theorie und inkrementellen Finite-Element-Berechnung dünner elastischer Schalen. Techn. Rep. F 83/2, Inst. f. Baumechanik, Universität Hannover 1983.

10. Bergan, P. G.; Nygård, M. K.: Nonlinear Shell Analysis Using Free Formulation Finite Elements. In: Bergan, P.; Bathe, K.-J.; Wunderlich, W. (ed.): Finite Element Methods for Nonlinear Problems, Berlin: Springer 1986.

11. Brendel, B: Zur geometrisch nichtlinearen Elastostatik. Bericht Nr. 79-1, Inst. f. Baustatik, Universität Stuttgart 1979.

12. Brendel, B.; Ramm, E.: Nichtlineare Stabilitätsuntersuchungen mit der Methode der finiten Elemente. Ing. Archiv 51 (1982) 337–362.

13. Ciarlet, P.G.: Lectures on Three–dimensional Elasticity, Berlin: Springer 1983.

14. Crisfield, M. A.: A faster modified Newton–Raphson Iteration. Comp. Meth. Appl. Mech. Engng. 20 (1979) 267–278.

15. Crisfield, M. A.: A Fast Incremental/Iterative Solution Procedure that Handles Snap Through. Comp. & Struct. 13 (1981) 55–62.

16. Davidon, W.C.: Variable Metric Method for Minimisation. Argonne Nat. Lab. Report ANL-5990, 1959.

17. Dhatt, G.: An Efficient Triangular Shell Element. AIAA J. 8 (1970) 2100–2102.

18. Donnell, L.H.: A New Theory for the Buckling of Thin Cylinders under Axial Compression and Bending. Trans. ASME 56 (1934) 795–806.

19. Doyle, T.C.; Ericksen, J.L.: Nonlinear Elasticity. In: Advances in Appl. Mech. IV, New York: Academic Press 1956.

20. Gruttmann, F.: Theorie und Numerik schubelastischer Schalen mit endlichen Drehungen unter Verwendung der Biot-Spannungen, Forschungs- und Seminarberichte aus dem Bereich der Mechanik der Universität Hannover, Bericht Nr. F88/1, Hannover 1988.

21. Gruttmann, F.; Stein, E.: Tangentiale Steifigkeitsmatrizen bei Anwendung von Projektionsverfahren in der Elastoplastizitätstheorie. Ing. Archiv 58 (1988) 15–24.

22. Gruttmann, F.; Stein, E.; Wriggers, P.: Theory and Numerics of Thin Elastic Shells with Finite Rotations. Ing. Archiv 58 (1988).

23. Hangai, Y.; Kawamata, S.: Nonlinear Analysis of Space Frames and Snap–Trough Buckling of Reticulated Shell Structures. In: Proc. IASS Pacific Symposium on Tension Structures and Space Frames 1971, Architectural Institute of Japan, Tokyo: 1972 803–816.

24. Harbord, R.: Anwendungsorientierte Dreieckselemente zur Berechnung dünnwandiger Schalentragwerke. Ing. Archiv 48 (1979) 155–171.

25. Harte, R.: Doppelt gekrümmte finite Dreieckelemente für die lineare und geometrisch nichtlineare Berechnung allgemeiner Flächentragwerke, Techn. Rep. 82-10, Inst. Konstr. Ing.bau Ruhr-Universität Bochum 1982.

26. Harte, R.; Eckstein, U.: Derivation of Geometrically Nonlinear Finite Shell Elements via Tensor Notation. Int. J. Num. Meth. Engng. 23 (1986) 367–384.

27. Hughes, T.J.R.: Generalization of Selective Integration Procedures to Anisotropic and Nonlinear Media. Int. J. Num. Meth. Engng. 15 (1980) 1413–1418.

28. Hughes, T.J.R.; Liu, W.K.: Nonlinear Finite Element Analysis of Shells. Comp. Meth. Appl. Mech. Engng. 26 (1981) 331–362, 27 (1981) 167–181.

29. Hughes, T.J.R.; Tezduyar, T.E.: Finite Elements Based upon Mindlin Plate Theory, with Particular Reference to the Four-Node-Bilinear Isoparametric Element. J. Appl. Mech. 48 (1981) 587–596.

30. Jennings, A.; Malik, G.M.: The Solution of Sparse Linear Equations by the Conjugate Gradient Method. Int. J. Num. Meth. Engng. 12 (1978) 141–158.

31. Keller, H.B.: Numerical Solution of Bifurcation and Nonlinear Eigenvalue Problems. In: Rabinowitz, P. (ed.): Application of Bifurcation Theory, New York: Academic Press 1977, 359–384.

32. Klee, K.D.; Stein, E.: Discretizations in Nonlinear Continuum Mechanics and Comparison of some Finite-Element Algorithms. In: Baylac (ed.): Pressure Vessel and Piping Conference, 1982.

33. Koiter, W.T.: On the Nonlinear Theory of Thin Elastic Shells. Proc. Koninl. Ned. Akad. Wetenshap Serie B69 (1966) 1–54.

34. Libai, A.; Simmonds, J.G.: Nonlinear Elastic Shell Theory. Advances in Applied Mechanics 23, Academic Press 1983.

35. Malkus, D.S.; Hughes, T.R.J.: Mixed Finite Element Methods - Reduced and Selective Integration Techniques: a Unification of Concepts. Comp. Meth. Appl. Mech. Engng. 15 (1978) 63–81.

36. Marguerre, K.: Zur Theorie der gekrümmten Platte großer Formänderung. Proc. 5.th Int. Congr. Appl. Mech. Cambridge/ Mass., Wiley 1939, 93–101.

37. Mang, H.: Beuldrücke aus linearen Vorbeulanalysen dünner Schalen mittels der FEM als Schranken entsprechender Beuldrücke aus geometrisch nichtlinearen Vorbeulanalysen. To appear ZAMM 89.

38. Marsden, J.E.; Hughes, T.R.J.: Mathematical Foundations of Elasticity, Englewood Cliffs: Prentice-Hall 1983.

39. Matthies, H.; Strang, G.: The Solution of Nonlinear Finite Element Equations. Int. J. Num. Meth. Engng. 14 (1979) 1613–1626.

40. Menzel, R.; Schwetlick, H.: Zur Lösung parameterabhängiger nichtlinearer Gleichungen mit singulären Jacobi–Matrizen. Numer. Math. 30 (1978) 65–79.

41. Mittelmann, H.-D.; Weber, H.: Numerical Methods for Bifurcation Problems - a Survey and Classification. In: Mittelmann, Weber (ed.): Bifurcation Problems and their Numerical Solution, ISNM 54, (Basel, Boston, Stuttgart: Birkhäuser 1980) 1–45.

42. Mooney, M.: A Theory of Elastic Deformations. J. Appl. Phys. 11 (1940) 582–598.

43. Noor, A.K.; Peters, J.M.; Andersen, C.M.: Mixed Models and Reduction Techniques for Large-Rotation Nonlinear Problems. Comp. Meth. Appl. Mech. Engng. 44 (1984) 67–89.

44. Ogden, R.W.: Large Deformation Isotropic Elasticity on the Correlation of Theory and Experiment for Incompressible Rubberlike Solids, Proc. R. Soc., London, A(326), 1972, 565–584.

45. Parisch, H.: Geometrical Nonlinear Analysis of Shells. Comp. Meth. Appl. Mech. Engng. 14 (1978) 159–178.

46. Pflüger, A.: Stabilitätsprobleme der Elastostatik, Springer 1975.

47. Pica, A.; Hinton, E.: Transient and Pseudo-Transient Analysis of Mindlin Plates: Theory and Applications. Int. J. Num. Meth. Engng. 15 (1980) 189–208.

48. Pica, A.; Wood, R.D.: Postbuckling behaviour of Plates and Shells using a Mindlin Shallow Shell Formulation. Comp. & Struct. 12 (1980) 759–768.

49. Pietraszkiewicz, W.: Introduction to the Non-linear Theory of Shells. Mitt. aus dem Inst. f. Mechanik, Nr. 10, Ruhr-Universität Bochum 1977.

50. Pietraszkiewicz, W.: Finite Rotations and Lagrangean Description in the Non-linear Theory of Shells. Polish Academy of Sciences, Institute of fluid-flow machinery, Warszawa-Poznan: Polish Scientific Publishers 1979.

51. Ramm, E.: Geometrisch nichtlineare Elastostatik und Finite Elemente, Bericht Nr. 76-2, Inst. f. Baustatik Universität Stuttgart 1976.

52. Ramm, E.: Strategies for Tracing the Nonlinear Response Near Limit Points. In: Wunderlich; Stein; Bathe (ed.): Nonlinear Finite Element Analysis in Structural Mechanics, Berlin, Heidelberg, New–York: Springer 1981 63–89.

53. Recke, L.; Wunderlich, W.: Rotations as Primary Unknowns in the Nonlinear Theory of Shells and Corresponding Finite Element Models. In: Pietraszkiewicz (ed): Finite Rotations in Structurals Mechanics, Euromech 197, Berlin: Springer 1985.

54. Reissner, E.: A note on two-dimensional, finite-deformation theories of shells. Int. J. Non-lin. Mech. 17 (1982) 217–221.

55. Rheinboldt, W.C.: Numerical Analysis of Continuation Methods for Nonlinear Structural Problems. Comp. & Struct.13 (1981) 103–113.

56. Riks, E.: The Application of Newtons Method to the Problem of Elastic Stability. J. Appl. Mech. 39 (1972) 1060–1066.

57. Riks, E.: An Incremental Approach to the Solution of Snapping and Buckling Problems. Int. J. Solids & Struct. 15 (1979) 529–551.

58. Riks, E.: Some Computational Aspects of Stability Analysis of Nonlinear Structures. Comp. Meth. Appl. Mech. Engng. 47 (1984) 219–260.

59. Rivlin, R.S.: Torsion of a Rubber Cylinder. J.Appl. Phys. 18 (1947) 444–449.

60. Schweizerhof, K.H.; Wriggers, P.: Consistent Linearization for Path Following Methods in Nonlinear FE Analysis. Comp. Meth. Appl. Mech. Engng. 59 (1986) 261–279.

61. Simmonds, J.G.; Danielson, D.A.: Nonlinear Shell Theory with Finite Rotations and Stress-Function Vectors. J. Appl. Mech. Trans. ASME Serie E 39 (1972) 1085–1090.

62. Simo, J.C.; Fox, D.D.; Rifai, M.S.: On a Stress Resultant Geometrically Exact Shell Model, Part III. To appear Comp. Meth. Appl. Mech. Engng. (1989).

63. Simo, J.C.; Marsden, J.E.: On the Rotated Stress Tensor and the Material Version of the Doyle-Ericksen Formula. Arch. Rat. Mech. Anal. 86 (1984) 213–231.

64. Simo, J.C.; Pister, K.S.: Remarks on Rate Constitutive Equations for Finite Deformation Problems. Comp. Meth. Appl. Mech. Engng. 48 (1985) 201–215.

65. Simo, J.C.; Taylor, R.L.: Consistent Tangent Operators for Rate-independant Elastoplasticity. Comp. Meth. Appl. Mech. Engng. 48 (1985) 101–118.

66. Simo, J.C.; Vu-Quoc, L.: A 3-dimensional Finite Strain Rod Model, Part II: Geometric and Computational Aspects. Comp. Meth. Appl. Mech. Engng. 58 (1986) 79–116.

67. Spence, A.; Jepson A.D.: The Numerical Calculation of Cusps, Bifurcation Points and Isola Formation Points in Two Parameter Problems. In: Küpper; Mittelmann; Weber (ed.): Numerical Methods for Bifurcation Problems, ISNM 70, (Basel, Boston, Stuttgart: Birkhäuser 1984) 502–514.

68. Stanley, G.M.; Park, K.C.; Hughes, T.J.R.: Continuum-Based Resultant Shell Elements. In: Hughes, T.J.R.; Hinton, E. (ed.): Finite Element Methods for Plate and Shell Structures, Vol. 1: Element Technology, Swansea (UK): Pineridge Press 1986.

69. Stein, E.; Müller–Hoeppe, N.: Finite Element-Analysis for Large Elastic Strains. In: Pande, G.; Middleton, J.: Proc. of NUMETA 87, Dordrecht: Nijhoff Publ. 1987

70. Stein, E.; Wagner, W.; Lambertz, K.H.: Geometrically Nonlinear Theory and Incremental Analysis of Thin Shells. In: Axelrad; Emmerling (ed.): Flexible Shells, Theory and Applications, Berlin: Springer 1984.

71. Stein, E.; Wagner, W.; Wriggers, P.: Concepts of Modeling and Discretization of Elastic Shells for Nonlinear Finite Element Analysis. In: Whiteman, J. (ed.): The Mathematics of Finite Elements and Applications VI, Proceedings of MAFELAP 87, London: Academic Press 1988.

72. Stolarski, H.; Belytschko, T.; Carpenter, N.; Kennedy, J.M.: A Simple Triangular Curved Shell Element. Engng. Comp. 1 (1984) 210–218.

73. Taylor, R.L.: Finite Element Analysis of Linear Shell Problems. In: Whiteman, J.R. (ed.): Proceedings of the Mathematics of Finite Elements and Applications VI MAFELAP 1987 Conference, London: Academic Press 1988, 191–205.

74. Truesdell, C.; Noll, W.: The Non-Linear Field Theories of Mechanics. In: Flügge, S. (ed.): Handbuch der Physik, Band III/3, Berlin: Springer 1965.

75. Vainberg, M.M.: Variational Methods for the Study of Nonlinear Operators, San Francisco: Holden Day 1964.

76. Wagner, W.: Zur Formulierung eines Zylinderschalenelementes mit vollständig reduzierter Integration. ZAMM 68 (1988) 430–433.

77. Wagner, W.; Wriggers, P.: A Simple Method for the Calculation of Postcritical Branches. Engineering Computations 5 (1988) 103–109.

78. Weinitschke, H.J.: On the Calculation of Limit and Bifurcation Points in stability Problems of Elastic Shells. Int. J. Solids Struct. 21 (1985) 79–95.

79. Wempner, G.A.: Discrete Approximations Related to Nonlinear Theories of Solids. Int. J. Solids Struct. 7 (1971) 1581–1599.

80. Wempner, G.; Talaslidis, D.; Huang, C.M.: A Simple and Efficient Approximation of Shells via Finite Quadrilateral Elements. Trans. ASME 49 (1982) 115–120.

81. Werner, B.; Spence, A.: The Computation of Symmetry-Breaking Bifurcation Points. SIAM J. Num. Anal. 21 (1984) 388–399.

82. Wessels, M.: Das statische und dynamische Durchschlagproblem der imperfekten flachen Kugelschale bei elastischer rotationssymmetrischer Verformung. Bericht Nr. 23, Inst. f. Statik, Universität Hannover 1977.

83. Wriggers, P.: Konsistente Linearisierungen in der Kontinuumsmechanik und ihre Anwendung auf die Finite–Element–Methode, Forschungs– und Seminarberichte aus dem Bereich der Mechanik der Universität Hannover, Bericht F 88/4, Hannover 1988.

84. Wriggers, P.; Wagner, W.: Kurvenverfolgungsalgorithmen in der Strukturmechanik, GAMM-Seminar Geometrisch/physikalisch nicht–lineare Probleme, In: Forschungs- und Seminarberichte aus dem Bereich der Mechanik der Universität Hannover, S85/3, Hannover 1985.

85. Wriggers, P.; Wagner, W.; Miehe, C.: A Quadratically Convergent Procedure for the Calculation of Stability Points in Finite Element Analysis. Comp. Meth. Appl. Mech. Engng. 70 (1988) 329–347.

86. Zienkiewicz, O.C.: The finite element method, 3rd. Edition, London: McGraw–Hill 1977.

87. Zienkiewicz, O.C.; Bauer, J., Morgan, K.: A Simple and Efficient Element for Axisymmetric Shells. Int. J. Num. Meth. Engng. 11 (1977) 1545–1558.

88. Zienkiewicz, O.C.; Taylor, R.L.; Too, J.M.: Reduced Integration Techniques in General Analysis of Plates and Shells. Int. J. Num. Meth. Engng. 3 (1971) 275–290.

# Flächentragwerke

# Schalenbeulberechnung und Schalenbeulversuche - miteinander oder gegeneinander?

Prof. Dr.-Ing. H. Schmidt, Universität Essen


## KURZFASSUNG

Schalenartige Strukturen üben wegen ihres komplexen Trag- und Beulverhaltens seit Jahrzehnten eine starke Anziehungskraft auf eine Vielzahl hochqualifizierter theoretischer Forscher aus den verschiedenen Bereichen der Angewandten Technischen Mechanik aus. Als Ergebnis dieser Forschungen könnte man heute, so der Eindruck aus einschlägigen Tagungs- und Kolloquiumsbänden (z.B./1/ bis /4/), jedes stabilitätsgefährdete Schalentragwerk mit Hilfe finiter Berechnungsmethoden bei hinreichend großem numerischen Aufwand allein mit Hilfe von Schalenbeulberechnungen entwerfen und bemessen: Man brauchte "lediglich" eine geeignet feine Diskretisierung vorzunehmen, dann Eigenwertanalysen der geometrisch perfekten Schale mit geometrisch nichtlinear und ggfs. auch werkstofflich nichtlinear berechnetem Vorbeulpfad in Kombination mit begleitenden Anfangs-Nachbeulanalysen und membranreduzierten Verzweigungsanalysen durchzuführen, sodann das elastische Nachbeulverhalten rechnerisch sorgfältig zu analysieren und schließlich einige "vollständig nichtlineare" Grenzlastberechnungen der mit realistischen, d.h. fertigungsspezifischen, geometrischen und strukturellen Imperfektionen versehenen Schale unter Berücksichtigung ihres wirklichen nichtelastischen Werkstoffverhaltens zu erstellen.

Schalenartige Bauwerke sind andererseits wegen ihres komplexen Trag- und Beulverhaltens, so die Meinung vieler erfahrener Bauingenieure, ausreichend tragsicher nur unter Zuhilfenahme wirklichkeitsnaher und werkstoffgerechter Schalenbeulversuche zu entwerfen und zu bemessen: Man müsse entweder alle für den entsprechenden Stabilitätsfall bisher durchgeführten Versuche mit einer unteren Hüllkurve bzw. Fraktilkurve abdecken oder - sofern keine Versuche vorliegen - solche in einer für statistische Auswertungen ausreichenden Anzahl durchführen.

Es bedarf keiner Erörterung, daß beide Vorgehensweisen in ihrer puristischen Ausprägung für "normale" Bauwerke als ernstzunehmende Konzepte für den Beulsicherheitsnachweis ausscheiden.Eine mittelständische Behälterbaufirma wird beispielsweise im Rahmen eines Auftrages für eine Papierfabrik-Komponente mit 100 to Stahlkonstruktionsgewicht und 750 TDM Auftragssumme in der Regel weder umfangreiche numerische Studien noch statistisch auswertbare Versuchsreihen für 50 TDM finanzieren können (und wollen). Deshalb müssen Technische Regelwerke für Stahlkonstruktionen einfachere Konzepte und Regeln enthalten, mit denen stabilitätsgefährdete Schalentragwerke sicher und wirtschaftlich bemessen werden können. Bei der Erarbeitung solcher Regeln ist eine Symbiose aus Schalenbeulberechnungen und Schalenbeulversuchen anzustreben, die rhetorische Fragestellung in der Überschrift also eindeutig mit "miteinander" zu beantworten.

In diesem Referat werden Überlegungen dargelegt, wie man, aufbauend auf den experimentell abgesicherten Nachweiskonzepten neuerer Regelwerke für einfache Schalenbeulfälle /5,6/, für allgemeinere Stabilitätsfälle von Rotationsschalen den Beulsicherheitsnachweis auf ganz oder teilweise theoretisch-numerischer Grundlage führen könnte. Dabei werden vier Idealisierungsstufen unterschieden (Bild 1):

A ... Geometrisch perfekte, elastische Schale; Verzweigungsanalyse; Ergebnis: Ideale Beullast $F_{Ki}$ bzw. $(F_{Ki})$ bzw. $F_{Ki,kl}$.

B ... Geometrisch perfekte, elastoplastische Schale; geometrisch und werkstofflich nichtlineare Berechnung mit begleitender Verzweigungsanalyse; Ergebnis: Beullast $F_K$ als Grenzlast ("limit load") oder Verzweigungslast.

C ... Geometrisch imperfekte, elastische Schale; geometrisch nichtlineare Berechnung mit begleitender Verzweigungsanalyse; Ergebnis: Elastische Tragbeullast $F_{u,el}$ als Durchschlagslast oder Verzweigungslast.

D ... Geometrisch imperfekte, elastoplastische Schale; "vollständig" nichtlineare Berechnung mit begleitender Verzweigungsanalyse; Ergebnis: Reale Tragbeullast $F_u$ als Grenzlast oder Verzweigungslast.

Nach Meinung des Referenten kommt am ehesten der Stufe A und (mit Einschränkungen) der Stufe B, beide in Kombination mit empirischen Imperfektionsfaktoren, breitere baupraktische

Bedeutung zu. Ihre Möglichkeiten und Grenzen werden anhand einiger beispielhafter Nachrechnungen von Beulversuchen aus /8/ diskutiert.

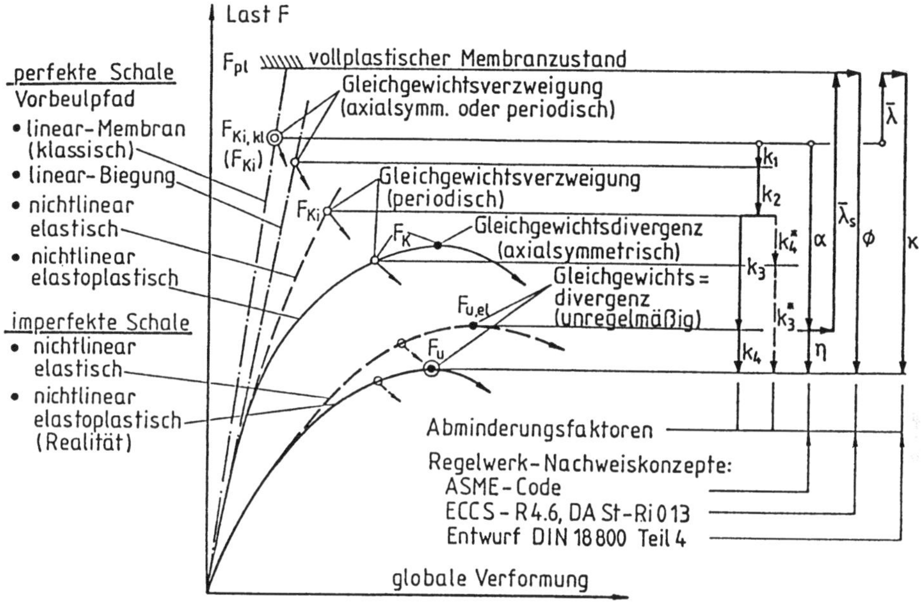


Bild 1. Berechnungsmöglichkeiten und Beulsicherheitsnachweiskonzepte für axialsymmetrisch belastete Rotationsschalen /7/


Literatur

/1/ Ramm, E. (Hrsg.): Buckling of Shells - Proc. State-of-the-Art Coll. Stuttgart 1982. Berlin: Springer 1982.

/2/ Sfintesco, D. (Hrsg.): Stability of Metal Structures. 3 rd Int. Coll. Paris Nov. 1983. Paris: CTICM 1983/1984.

/3/ Dubas, P.; Vandepitte, D. (Hrsg.): Stability of Plate and Shell Structures. Proc. Int. Coll. Gent Apr. 1987 Gent: University and ECCS 1987.

/4/ Wunderlich, W. (Hrsg.): Finite Elemente - Anwendung in der Baupraxis. Berlin: Ernst u. Sohn 1988.

/5/ NABau im DIN (Hrsg.): Entwurf (Okt. 1988) DIN 18800 T.4: Stahlbauten - Stabilitätsfälle - Schalenbeulen. Berlin: Beuth Verlag GmbH 1988.

/6/ ECCS (Hrsg.): European Recomm. f. Shell Constr.- R 4,6: Buckling of Shells, 4 th ed. Brüssel: ECCS-Gen.sekr. 1988.

/7/ Schmidt, H.; Krysik, R.: Beulsicherheitsnachweis für baupraktische stählerne Rotationsschalen mit beliebiger Meridiangeometrie - mit oder ohne Versuche? In: Festschrift Heinz Duddeck, S. 271-288. Braunschw.: TU 1988.

/8/ Stracke, M.; Düsing, H.; Krysik, R.; Schmidt, H.: Belastungs- und Beulversuche an axialsymmetrisch belasteten Rotationsschalen aus Metall im elastisch-plastischen Bereich zur Überprüfung nichtlinearer Rechenprogramme. Forsch.ber. FB Bauwesen Universität Essen, H. 38. Essen: Selbstverlag 1986.

# Fortschritte bei nichtlinearen Schalenberechnungen

E. Ramm, N. Büchter, H. Stegmüller
Institut für Baustatik, Universität Stuttgart

## Zusammenfassung

Das Institut für Baustatik der Universität Stuttgart hat sich im Rahmen des Schwerpunktprogramms mit der Methoden- und Programmentwicklung bei nichtlinearen Berechnungen von Flächentragwerken, vorwiegend Schalenkonstruktionen, befaßt. Der Beitrag beschreibt die Fortschritte, die in den Bereichen der geometrisch und materiell nichtlinearen Formulierung, der Lösungsstrategien und der Element- und Programmentwicklung erreicht wurden. Ferner wird auf die zahlreichen Objektstudien hingewiesen; einige Anwendungen werden exemplarisch dargestellt.

## 1. Entwicklungen

Die ersten Überlegungen zur Einrichtung eines Schwerpunktprogrammes "Nichtlineare Berechnungen im konstruktiven Ingenieurbau" durch die Deutsche Forschungsgemeinschaft sind etwa 10 Jahre alt. In der Periode bis heute hat sich der Bereich der numerischen Simulation in damals nicht vorstellbare Dimensionen entwickelt. Die Fortschritte bei der Methodenentwicklung, über die hier berichtet wird, haben hierzu erheblich beigetragen. Es darf aber nicht übersehen werden, daß erst die rasante Hardwareentwicklung und die zugehörigen Serviceprogramme der numerischen Strukturanalyse zum Durchbruch zu einem allseits akzeptierten Ingenieurwerkzeug verholfen haben.
Das Rechenzentrum der Universität Stuttgart hatte 1981 zwei CYBER-Rechner mit Speichergrenzen, die jetzt ein gut ausgerüsteter Personalcomputer übertrifft. Heute steht mit einer CRAY 2, COMPAREX, CONVEX, mehreren Rechnern sowie den vielen Arbeitplatzrechnern ("work-stations") eine Rechnerleistung zur Verfügung, die die Größenordnung von Strukturanalysen hardwaremäßig kaum noch begrenzt. Waren die Datenträger 1980 noch Lochkarten und umfangreiche Papierausdrücke, gehören heute Bildschirme mit Graphikunterstützung zum Standard eines jeden Ar-

beitsplatzes. Hinzu kommen als Vereinfachungen eine gewisse Vereinheitlichung der Betriebssysteme (UNIX), Hilfsprogramme für die Fehlersuche mit zeilenweiser Programmausführung bei gleichzeitiger Kontrolle des Quellcodes sowie die lokale und globale Vernetzung der Rechner. Das "pre- und postprocessing" hat sich zu einem eigenen Forschungszweig entwickelt, dessen Bedeutung für die Praxis mindestens so groß ist wie die eigentlichen Strukturberechnungen.
Der vorliegende Beitrag beschreibt die Ergebnisse bei nichtlinearen Berechnungen von Flächentragwerken, vorwiegend von Schalensystemen, wie sie durch die Forschungsgruppe am Institut für Baustatik der Universität Stuttgart im Rahmen des Schwerpunktprogrammes erreicht wurden. Sie werden ergänzt durch Parallelarbeiten aus anderen Forschungsvorhaben und in den gegenwärtigen "state-of-the-art" eingeordnet. Hierzu gehören, neben umfangreichen Objektstudien, Entwicklungen bei nichtlinearen Formulierungen, finiten Elementen und Lösungsstrategien sowie des "pre/postprocessing" im Programmbereich. Schwerpunkt bei den Anwendungen bilden Grenzlastberechnungen von Tragwerken unter konzentrierter Beanspruchung aus lokaler Belastung, örtlichem Versagen oder aus stark inhomogenem Systemaufbau, wie er z.B. bei versteiften Schalen vorliegt. Dabei geht es nicht nur darum, Methoden und Rechenwerkzeuge bereitzustellen, sondern auch um Parameterstudien für Normung und Praxis. Da im folgenden Beitrag nur ein Überblick gegeben werden kann, wird auf die ausführlichen Dokumentationen hingewiesen.

## 2. Nichtlineare Formulierungen

### 2.1 Geometrische Nichtlinearität

Die Grundlagen für die inkrementelle Beschreibung großer Verschiebungen wurden in zahlreichen Arbeiten der siebziger Jahre gelegt, siehe z.B. /33/. Als wesentliche Darstellung hat sich die materielle Beschreibung des Bewegungsvorgangs in seinen beiden Fassungen als totale bzw. mitgehende Lagrange-Formulierung herauskristallisiert. In /54/,/48/ wird eine Alternative zur üblichen Aufspaltung der **Tangentensteifigkeitsmatrix K** beschrieben, die eine bessere Interpretation und vor allem effektivere Programmierung gestattet; für die totale Lagrange-Formulierung gilt:

$$\mathbf{K} = \int_V \mathbf{B}^T\ \hat{\mathbf{C}}\ \mathbf{B}\ dV \qquad \text{wobei} \qquad \hat{\mathbf{C}} = \mathbf{F}^T\mathbf{C}\mathbf{F} + \mathbf{S} \tag{2.1}$$

mit der auf die Verschiebungsableitungen (anstelle der Verzerrungen) bezogenen Operatormatrix $\mathbf{B}$, und den Matrizen $\mathbf{F}$, $\mathbf{C}$, $\mathbf{S}$ für den aktuellen Deformationsgradienten, den inkrementellen Stofftensor und die momentanen Kirchhoff Piola 2.Art-Spannungen. Der erste Term enthält den Anfangsverschiebungsanteil $\mathbf{K}_u$, der zweite Term beschreibt wie üblich den Einfluß der Anfangsspannungen bzw. die geometrische Matrix $\mathbf{K}_g^I$. Mit $\mathbf{F}^T\mathbf{C}\mathbf{F}$ wird das Stoffverhalten gewissermaßen in die neue Lage transformiert und läßt sich - ergänzt durch die Vorspannung $\mathbf{S}$ - als

neue Materialmatrix $\hat{\mathbf{C}}$ deuten. Der ganze Steifigkeitsausdruck nimmt damit die von linearen Rechnungen her bekannte Form an und kann im Programm entsprechend verarbeitet werden.
In /48/ wird die **konsistente Linearisierung** des inkrementellen Gleichgewichts auch für die mitgehende Lagrange-Formulierung (Stoffgesetz zwischen den Kirchhoff-Piola-Spannungen 2. Art und Green-Lagrange-Verzerrungen) und die Eulersche Betrachtungsweise (Stoffgesetz zwischen den Cauchy-Spannungen und Euler-Almansi-Verzerrungen) vorgenommen.
Bei der Beschreibung **großer Rotationen** von dünnwandigen Tragwerken fällt ein zusätzlicher Steifigkeitsanteil $\mathbf{K}_g^{II}$ an /9/, der bei dem Platten/Schalenelement /49/ zunächst nicht berücksichtigt, aber später ergänzt wurde /54/,/48/. Sein Fehlen führt zwar zu richtigen Ergebnissen, aber auf Kosten zusätzlicher Iterationen, da im Sinne des Newton-Verfahrens keine konsistente Tangente vorliegt. Dieser Defekt macht sich auch bei der Auswertung des Stabilitätskriteriums det $\mathbf{K} = 0$ bemerkbar, wenn es zu großen Rotationen kommt. Determinantenverlauf und begleitende Eigenwertkurven zeigen kritische Punkte nicht mehr exakt an /54/. Der zusätzliche Steifigkeitsanteil ist dadurch begründet, daß die Winkelveränderungen über trigonometrische Funktionen nichtlinear in die Feldgleichungen für die Geometrie der Platte bzw. Schale abgebildet werden. Anders als beim allgemeinen Kontinuum, bei dem der Deformationsgradient linear von den Knotenkinematen abhängt und somit die zweite Ableitung verschwindet, verbleibt hier ein weiterer Term bei den Rotationen.
Übliche Verschiebungselemente verwenden für endliche Deformationen eine materielle Beschreibung in Green-Lagrange-Verzerrungen, verbunden mit den Kirchhoff-Piola-Spannungen als konjugierte statische Variable. Eine Alternative wird mittlerweile in der Verwendung der Polarzerlegung gesehen /10/, die die "eigentlichen" Deformationen (Strecktensor $\mathbf{U}$) multiplikativ von dem Rotationstensor $\mathbf{R}$ trennt, $\mathbf{F}=\mathbf{RU}$, und als arbeitskonjugiertes Maß den Biot-Spannungstensor $\mathbf{r}$ verwendet, z.B. steht dann für die innere virtuelle Arbeit

$$\int_V \delta\epsilon_{ij}\, s_{ij}\, dV \longrightarrow \int_V \delta U_{ij}\, r_{ij}\, dV \tag{2.2}$$

Erste Vergleiche zeigen, daß beide Formulierungen vom Iterationsverlauf eher gleichwertig sind /39/. Allerdings fordert die Polarzerlegung höheren Programmier- und Rechenaufwand. Ein Vergleich für den allgemeinen räumlichen Fall steht noch aus. Gegebenenfalls kann eine gemischte Formulierung /22/,/27/ hier vorteilhafter sein.
Zum Aufdecken von kritischen Punkten (Verzweigungs- und Durchschlagspunkten) während des Belastungsvorgangs haben sich **begleitende Stabilitätsuntersuchungen** /38/ bewährt (s. Tafel 2.1). Das spezielle Eigenwertproblem $\bar{\lambda}$ wird in /30/ propagiert, sagt aber für einen beliebigen Belastungszustand nichts über den

| Kriterium | Eigenwertuntersuchung | Eigenwert | kritischer Fall |
|---|---|---|---|
| statisch | $(\mathbf{K} - \bar{\lambda}\ \mathbf{I})\ \mathbf{v} = 0$ | ohne Bedeutung | $\bar{\lambda} = 0$ |
| $\mathbf{K}\ \mathbf{v} = 0$ | $(\mathbf{K}_L - \lambda\ \mathbf{K}_{NL})\ \mathbf{v} = 0$ | Lastparameter | $\lambda = 1$ |
| | $(\mathbf{K} - \Delta\lambda\ \Delta\mathbf{K})\ \mathbf{v} = 0$ | Lastparameterzuwachs | $\Delta\lambda = 1$ |
| kinetisch | $(\mathbf{K} - \omega^2\ \mathbf{M})\ \mathbf{v} = 0$ | Eigenfrequenz | $\omega^2 = 0$ |

Tafel 2.1: Begleitende Eigenwertuntersuchungen

"Abstand" zum kritischen Punkt aus. In /17/ werden mittels verschiedener Eigenwertuntersuchungen für den Lastparameter Schrankeneigenschaften festgestellt.

## 2.2 Materielle Nichtlinearität

Die Materialidentifikation ist nach wie vor ein Schwachpunkt der Formulierung. Die theoretische Beschreibung ist zwar weit fortgeschritten, ihre Verifizierung ist es häufig nicht. Die Frage, was ist Stoffverhalten und was Systemverhalten, ist vielfach nicht klar zu beantworten. Auch die Darstellung lokaler und diskontinuierlicher Effekte durch Verschmierungskonzepte in der Kontinuumsmechanik erweist sich gelegentlich als problematisch (Beispiel: Entfestigung, Lokalisierungen).

### 2.2.1 Vorabintegration

Das Stoffverhalten von dünnwandigen Tragwerken in Dickenrichtung kann unterschiedlich idealisiert werden (siehe Bild 2.1). Da das Mehrelementmodell in der

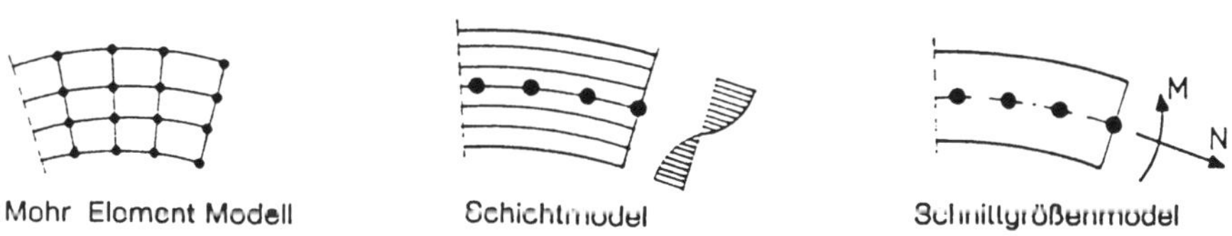


Bild 2.1 Materialmodelle in Dickenrichtung /52/

Regel zu aufwendig ist, und das Integralmodell /7/ nur für wenige Fälle zuverlässig definiert werden kann, hat sich das Schichtenmodell weitgehend durchgesetzt. Die Integration erfolgt mit einem numerischen Integrator, z.B. Simpson /61/,/46/,/48/ oder Gauss bzw. Gauss-Lobatto /5/. Wird die Abhängigkeit des Integranden bei der Steifigkeitsmatrix bzw. dem Vektor der inneren Kräfte von der Dickenkoordinate t explizit vorgenommen, gelingt eine Trennung der Integrationen in Dicken- und Flächenrichtung. Die Integration in Dickenrichtung kann somit vorab erfolgen /66/,

z. B. für die lineare Steifigkeitsmatrix:

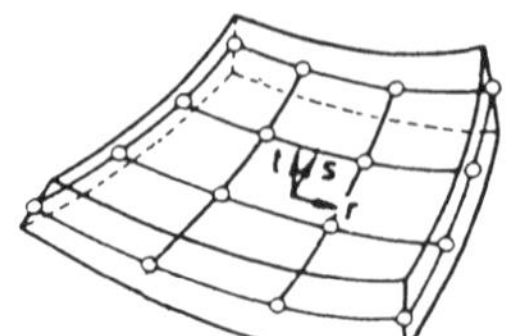


$$\int\int\int \mathbf{B}^T\mathbf{C}\mathbf{B}\ |J|\ drdsdt \xrightarrow[|J| \approx |J_0| = \text{konst.}]{\mathbf{B} = \mathbf{B}_1 + \mathbf{B}_2\ t} \int\int \mathbf{B}_i^T \left(\int t^n\ C(t)\ dt\right) \mathbf{B}_j\ |J_0|\ drds \quad (2.3)$$

Das Vorgehen kommt somit einer Flächentheorie nahe, die von resultierenden Spannungen (Schnittgrößen) und Steifigkeiten (Dehn-, Biegesteifigkeit) ausgeht. Die Auswirkungen der Annahme konstanter Metrik $|J_0|$ wird in /19/ diskutiert. In /68/ wird gezeigt, daß dehnungslose Verschiebungen über die Vorabintegration nur dann fehlerfrei beschrieben werden können, wenn anstelle der Randverschiebungen – wie in /49/ üblich – die Winkel selbst interpoliert werden. In den weitaus meisten Schalenproblemen ist der Membrananteil so gravierend, daß der Versteifungseffekt auch bei Vorabintegration keinen Einfluß hat. Es sei noch darauf hingewiesen, daß das isoparametrische Konzept durch die Annahme konstanter Metrik über die Tragwerksdicke strenggenommen nicht mehr gilt.

### 2.2.2 Elasto-Plastizität

Zu Beginn des Schwerpunktprogrammes lag dem Platten/Schalenelement ein Materialmodell für die klassische Metallplastizität (v. Mises-Fließkriterium mit isotroper Verfestigung, Prandtl-Reuss-Fließregel) zugrunde, welches das Fließen auf der Fließfläche im Sinne eines Euler-Verfahrens durch Subinkrementierung beschreibt /61/. Dabei wurde die Bedingung "Normalspannung in Dickenrichtung gleich Null" zwar im elastischen Fall, aber nicht während des Fließvorgangs eingehalten. Das Verfahren war von der Genauigkeit her nicht kontrollierbar und extrem rechenintensiv mit einem Rechenzeitanteil im Lastinkrement bis zu 40%, wenn große plastische Zonen auftraten.

Die **Integrationsverfahren** zur **elastoplastischen Spannungsberechnung** können in explizite bzw. implizite Verfahren einerseits und Ein- bzw. Mehrschrittverfahren andererseits eingeteilt werden /48/ (siehe Tafel 2.2). In /56/,/48/ wird ein implizites Mehrschrittverfahren für die Berechnung mit degenerierten Schalenelementen entwickelt, welches auf der von Wilkins /31/ vorgeschlagenen und Krieg/ Krieg /16/ untersuchten "**radial return**"-Methode basiert. Für die $J_2$-Fließtheorie gelingt eine weitgehend analytisch aufbereitete und damit höchst effiziente Formulierung, wie sie für den 2D-Fall in /26/ vorgenommen wurde. Die Fehler des einfachen, aber unbeschränkt stabilen Verfahrens bleiben auch bei großen Zeitschritten begrenzt. Von Nagtegaal /20/ wurde 1982 darauf hingewiesen, daß die Verwendung des differentiellen Materialgesetzes nicht zur **konsistenten Materialtangente** führt, wenn mit endlichen Inkrementen gearbeitet wird, siehe /26/ für 2D-Fall. In /56/,/48/ wurde deshalb die vollständige elastoplastische Tangentensteifig-

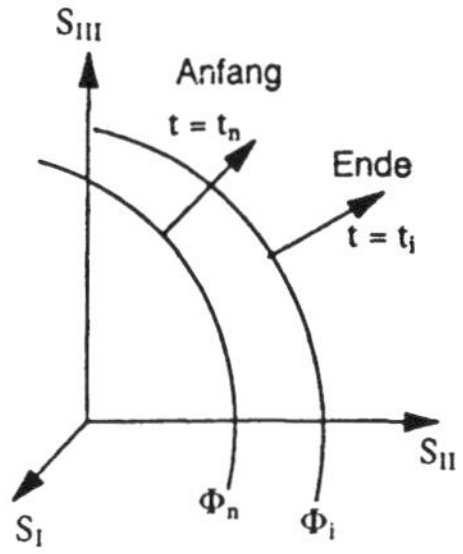


| Fließkriterium am | Einschrittverfahren 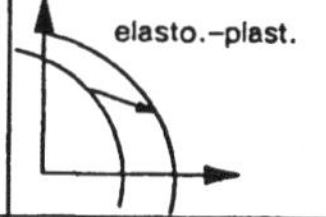 elasto.-plast. | Mehrschrittverfahren 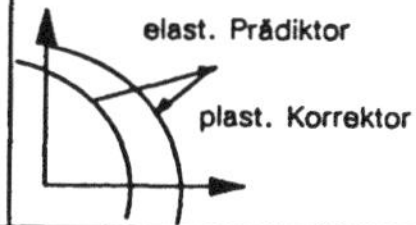 elast. Prädiktor, plast. Korrektor |
|---|---|---|
| Anfang $t = t_n$ : explizit | ○ | ○ |
| Ende $t = t_i$ : implizit | ○ | ● |

Tafel 2.2

keit für den impliziten Algorithmus hergeleitet.

$$\dot{\mathbf{S}} = \left[ \hat{\mathbf{D}} - \frac{\hat{\mathbf{D}}\mathbf{a} \otimes \mathbf{a}^T\hat{\mathbf{D}}}{\hat{A} + \mathbf{a}^T\hat{\mathbf{D}}\mathbf{a}} \right] \dot{\epsilon} \quad \text{mit} \quad \begin{array}{l} \hat{\mathbf{D}} = \mathbf{D}^{-1} + \Delta\lambda\mathbf{P} \\ \hat{A} = \dfrac{\left(\frac{2}{3}\,{}^{i}\bar{S}\right)^2 {}^{i}H}{1 - \frac{2}{3}\,{}^{i}H\; A\; \Delta\,{}^{i}\lambda} \end{array} \qquad (2.4)$$

Hierin ist $\mathbf{D}$ die elastische Stoffmatrix, $\mathbf{a}$ der Fließvektor, $\Delta\,{}^{i}H$ der Verfestigungsparameter, $\Delta\,{}^{i}\lambda$ das aktuelle plastische Multiplikatorinkrement und $\mathbf{P}$ die Transformationsmatrix in der Fließbedingung nach von Mises. $\Delta\,{}^{i}\lambda = 0$ führt auf die differentielle Materialmatrix. Die Bedingung "keine Normalspannung in Dickenrichtung" wird dabei direkt ohne iterativen Umweg erfüllt. Es zeigt sich, daß damit das echte Newton-Iterations-Verfahren den Quasi-Newton-Methoden mindestens ebenbürtig ist /56/,/48/. Eine Kombination beider Methoden bietet sich deshalb an, bei der nach einigen Quasi-Newton-Schritten ein Schritt mit konsistenter Materialtangente eingelegt wird.

### 2.2.3 Stahlbeton

Für Platten/Schalentragwerke wurde in /47/,/46/ ein Stahlbetonmodell für kurzzeitiges Verhalten entwickelt. Das inkrementelle, isotrope, inelastische Stoffgesetz hat die folgenden Eigenschaften: verschmierte Risse, Schichtenmodell mit eindimensional ausgerichteten Stahlschichten, multilineares Stoffgesetz, ebener Spannungszustand für die Betonschicht, 2D-Versagensfläche nach Kupfer/Gerstle, Entfestigung des Betons im Druckbereich, feste Rißrichtung nach Hauptspannungskriterium, Mitwirkung des Betons zwischen den Rissen über "tension stiffening". Das Modell hat noch zahlreiche Schwächen und bedarf erheblicher Erfahrung bei der Anwendung. Als unzureichend erweisen sich die Annahmen: feste Rißrichtung, zweidimensionaler Spannungszustand und der "betonorientierte tension-stiffening" Effekt. Dieser meist willkürlich gesetzte Parameter beeinflußt die Steifigkeit erheblich, hat aber auf die Traglast nur dann einen Einfluß, wenn deutliche geometrische Nichtlinearitäten vorhanden sind /59/. In /57/ wird über den Stand der Technik bei Stabilitäts- und Traglastberechnungen von Stahlbetonschalen berichtet.

### 2.3 Verformungsabhängige Belastung

Im FE-Schrifttum herrscht erhebliche Verwirrung über die Einordung von verformungsabhängigen Belastungen, z.B. Gasdruck oder hydrostatische Belastung. Unzulässige Vereinfachungen bei der Lastdefinition führen häufig zur falschen Aussage, es läge ein nichtkonservatives Problem vor. In /62/,/63/ wird eine **Klassifikation** unterschiedlicher Lastarten vorgenommen, die eine Fallunterscheidung erlaubt; weiterhin werden zugehörige **Laststeifigkeitsmatrizen** entwickelt. Wesentliches Merkmal ist, ob sich das Tragwerk in einem ortsabhängigen, gegebenenfalls ortsfesten Lastfeld bewegt oder das Lastfeld dem Tragwerk angeheftet ist. Letzteres kann vereinfachend für Windbelastungen angenommen werden.

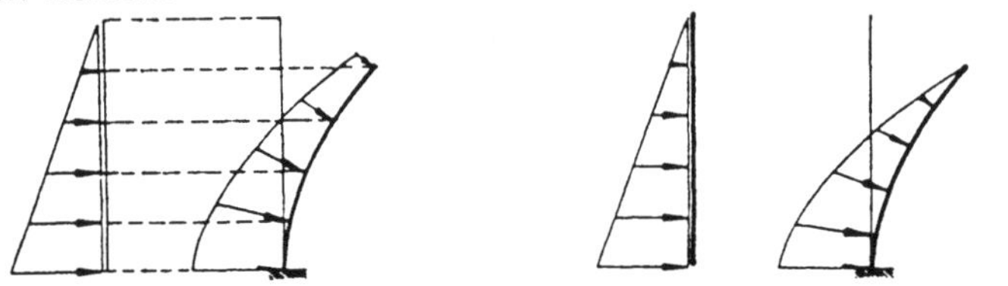


Bild 2.2: Verformungsabhängige Belastung

Wichtig bleibt die Erkenntnis, daß der Einfluß der Verformungsabhängigkeit in den meisten praktischen Fällen von untergeordneter Bedeutung ist /64/,/53/.

### 2.4 Dynamik

In /41/ wurden die Massenmatrizen für das degenerierte Platten/Schalenelement aufgestellt und die gängigen Zeitverlaufsalgorithmen, (Houboldt, Wilson, Newmark, Hilber-$\alpha$, Bossak-$\alpha$) mit dem hochgenauen Pade-Verfahren verglichen. Für zeitabhängige Belastungen, z.B. Druckstoß, werden **Stabilitätsuntersuchungen** von Kugelschalen (Durchschlagen, Verzweigen) durchgeführt. Ferner wird ein direktes Verfahren vorgeschlagen, um mittels begleitender Eigenwertanalysen nach dem **statischen Kriterium** (s. Tafel 2.1) die Ermittlung der kritischen Höhe der zeitabhängigen Belastung erheblich abzukürzen; s.a. /58/,/42/,/43/.

## 3. Elemententwicklungen

### 3.1 Schalenelemente

Dem Institut standen bei Beginn des Forschungsvorhabens die klassischen Elemente mit 4-, 8-, 9-, 12-, 16-Knoten zur Verfügung, die durch direkte Degeneration aus dem Kontinuum entstehen /49/.
Sie berücksichtigen die Querschubverzerrungen und sind damit $C^0$ -kontinuierlich. Die Elementfamilie wurde durch entsprechende lineare, quadratische und kubische Dreieckselemente ergänzt. Ihre Eigenschaften und der Einsatz bei Stabilitäts- und

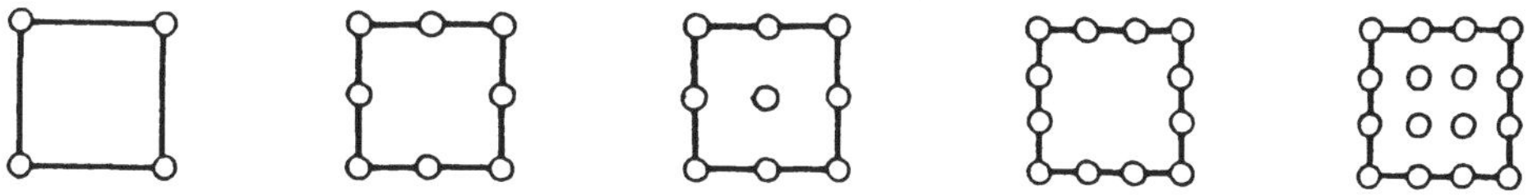

Bild 3.1: Schalenelemente

Traglastuntersuchungen wird in /52/ beschrieben. Die Elemente neigen bekanntlich mehr oder weniger zum **"locking"**. Dieser unerwünschte Versteifungseffekt ist in der Unfähigkeit der Elemente begründet, reine Biegezustände ohne Querschubeinfluß ("shear locking") bzw. ohne Membranwirkung ("membrane locking") abzubilden. Er ist besonders bei Elementen mit niedriger Ordnung ausgeprägt /53/,/28/, bei denen sich die Unverträglichkeit der unabhängigen Ansätze für die Rotationen und Quer- bzw. Tangentialverschiebungen schon für konstante Dehnungszustände auswirkt. Als Beispiel für "shear-locking" sei die Unfähigkeit erwähnt, im Grenzübergang zum dünnen Tragwerk die Kirchhoff-Bedingung "Querschub gleich Null" zu erfüllen. z.B. für die Platte:

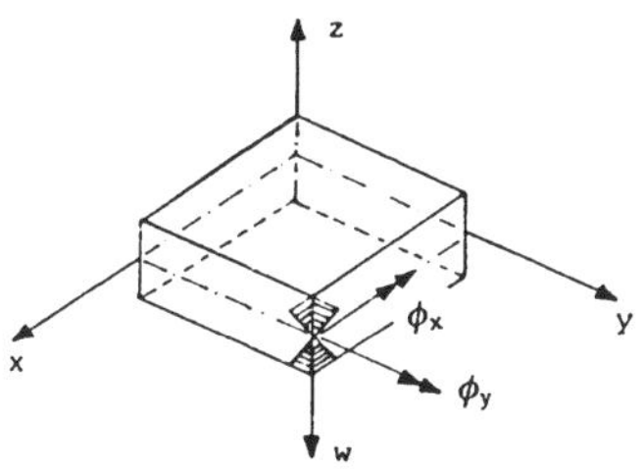


$$\left.\begin{aligned}\gamma_{xz} &= \frac{\partial w}{\partial x} + \phi_y \\ \gamma_{yz} &= \frac{\partial w}{\partial y} + \phi_x\end{aligned}\right\} \xrightarrow[\text{reine Biegung}]{\text{Dicke} \rightarrow 0} \left\{\begin{aligned}\gamma_{xz} &\neq 0 \\ \gamma_{xy} &\neq 0\end{aligned}\right.$$

Bild 3.2: Shear locking

Gleichrangige Ansätze für $\phi_x, \phi_y$ und w können die Bedingung nicht erfüllen. Unabhängig hiervon ist der rein numerisch begründete Effekt zu sehen, daß der Querschubanteil bei zunehmender Schlankheit den eigentlich tragenden Biegeanteil im Rechner mehr und mehr unterdrückt /50/, in /4/ als "machine locking" bezeichnet. Das "membrane locking" kann beseitigt werden, wenn die gekrümmten Schalenelemente zu Facetten verebnet werden /52/. Maßnahmen zur Reduktion bzw. **Vermeidung** des **"locking"** sind:

* **Einsatz höherwertiger Elemente**; beispielsweise sind die Versteifungseffekte beim bikubischen 16-Knotenelement nicht so ausgeprägt /50/.

* **Reduzierte/selektive Integration** /32/,/13/ mit dem Nachteil möglicher Elementkinematiken, die sich unkontrollierbar auf das System übertragen können. Mit entsprechender Erfahrung und linearen Vergleichsrechnungen mit verschiedenen Elementen konnten für nichtlineare Rechnungen dennoch hervorragende Ergebnisse erzielt werden /53/.

* **"Assumed strain"**-Konzepte /14/,/1/. Ausgehend von der reinen Verschiebungsformulierung wird der Verlauf der Querschubverzerrungen über die Wahl

der Integrationspunkte so angepaßt ("manipuliert"), daß weder Versteifungseffekte noch Kinematiken auftreten. Für geometrische Invarianz ist eine lokale Formulierung in den natürlichen Elementkoordinaten erforderlich. Bei den 8- bzw. 9-knotigen Schalenelementen /12/,/15/,/2/ werden neben den Querschubverzerrungen auch die Membrandehnungen von bestimmten Kollokationspunkten aus interpoliert, um das "membrane locking" zu vermeiden.
In /65/ wurde das 4-Knoten-Element im Sinne von /1/ auf das "assumed strain"-Konzept eingestellt. Es zeigten sich auch für verzerrte Elementgeometrien hervorragende Ergebnisse und Konvergenzeigenschaften.

* **Hybride/gemischte Elemente.** Die "assumed strain"-Elemente sind trotz ihrer Verwandtschaft zu den gemischten Elementen variationell unbefriedigend. Abhilfe bieten Elemente, die auf gemischten Variationsprinzipien beruhen, eine optimale Abstimmung zwischen der Anzahl der Freiheitsgrade in Verschiebungs- und Kraftgrößen aufweisen (siehe Babuska-Brezzi-Bedingung /3/) und eine hybride Ablösung der Kraftgrößen auf Elementebene erlauben, um eine Steifigkeitsformulierung zu erhalten /21/,/11/. Hier sind noch erhebliche Entwicklungen zu erwarten.

In der Herleitung des Schalenelementes /49/ wurde als Bezugssystem für alle Tensorkomponenten konsequent ein affines globales **Koordinatensystem** eingesetzt. Die Formulierung ist konzeptionell außerordentlich einfach, erfordert aber zusätzliche Transformationen für das lokal definierte Stoffgesetz und die Einführung von Schnittgrößen. In /48/ wurden diesem Vorgehen Formulierungen in lokalen, krummlinigen bzw. kartesischen Koordinaten gegenübergestellt, wobei die Knotenkinematen, anders als in der Schalentheorie, kartesisch definiert bleiben. Für die Vorabintegration (s. Abschnitt 2.2.1) erweist es sich als notwendig /68/, die Rotationen selbst und nicht die Außenflächenverschiebungen zu interpolieren. Auch hier kommt die Degeneration der Schalenformulierung näher.
Die Platten/Schalenelemente sind für große Rotationen ausgelegt /49/. Die konsistente Linearisierung resultiert in einem zusätzlichen Steifigkeitsanteil $\mathbf{K}_g^{II}$ /54/. In /65/ wird das "assumed strain"-Element um diesen Teil erweitert (s. Bild 3.3).

## 3.2 Steifenelement

Die Modellierung der Steifen von Flächentragwerken mit Platten/Scheibenelementen erweist sich in vielen Fällen als zu aufwendig. In /68/ wird deshalb ein zum Schalenelement kompatibles dreidimensionales gekrümmtes Balkenelement mit Rechteckquerschnitt entwickelt, das ebenfalls auf der Degeneration beruht; (s.a. /44/),(s. Bild 3.4). Der exzentrische Anschluß ist im Ansatz enthalten; damit können auch aus rechteckigen Teilquerschnitten bestehende Profile zusammengesetzt werden. Besondere Aufmerksamkeit wird der realistischen Modellierung der Torsionssteifigkeit gewidmet.

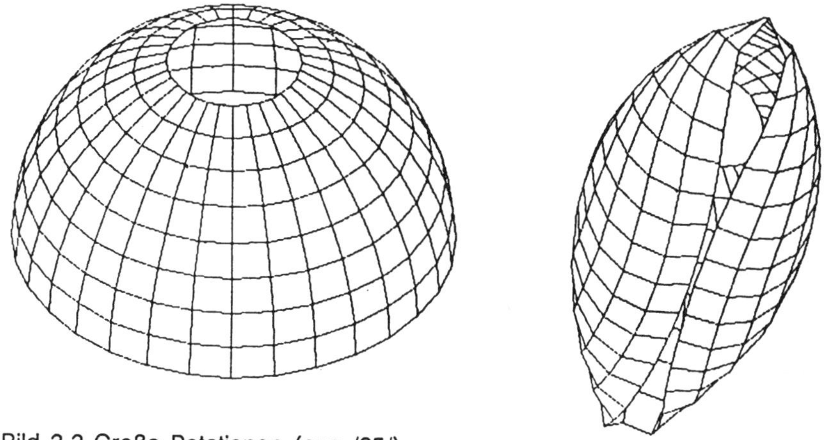

Bild 3.3 Große Rotationen (aus /65/)

Das Steifenelement ist für beliebig große Verschiebungen und elasto-plastisches Stoffverhalten ausgelegt und wird in /68/ bei Grenzlastberechnungen von axialbelasteten, längsversteiften Kreiszylinderschalen eingesetzt.

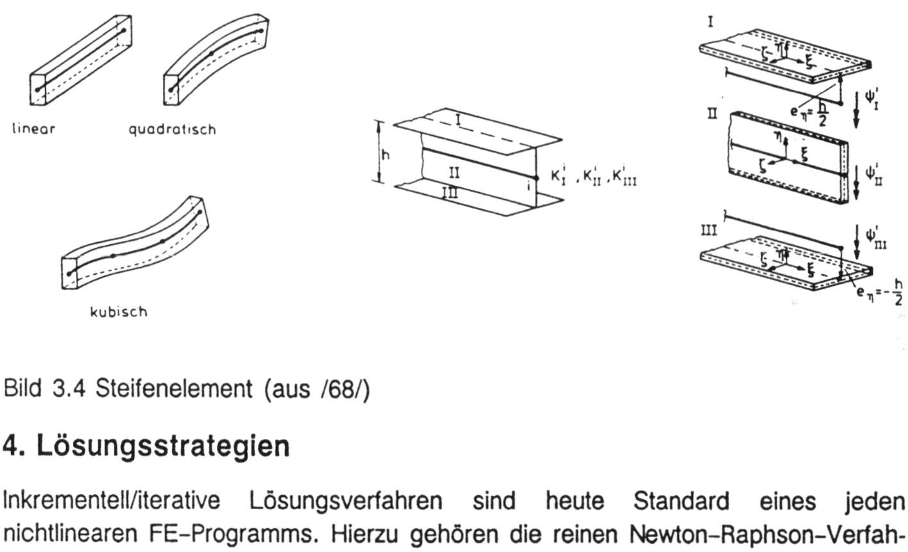


Bild 3.4 Steifenelement (aus /68/)

# 4. Lösungsstrategien

Inkrementell/iterative Lösungsverfahren sind heute Standard eines jeden nichtlinearen FE-Programms. Hierzu gehören die reinen Newton-Raphson-Verfahren (Standard, modifiziert) ebenso wie die Ergänzungen durch Kurvenverfolgungsalgorithmen wie die **Verschiebungskontrolle** oder die **Bogenlängenverfahren** /51/, /6/. Nur durch sie kann das Tragverhalten in überkritische Bereiche hineinverfolgt werden, wobei eine automatische Schrittweitenanpassung häufig mit angeschlossen ist. Es sei darauf hingewiesen, daß die Kontrolle des abfallenden Lastpfades durch die Bogenlänge nicht mehr eindeutig ist, wenn elastische Materialentlastung zugelassen ist. Hier sollte ein physikalisch sinnvoller Kontrollparameter gewählt werden, wie er beispielsweise in einem Versuch auftritt. Die Bogenlängenverfahren sind unterdessen weiter verfeinert worden /24/,/62/,/8/.

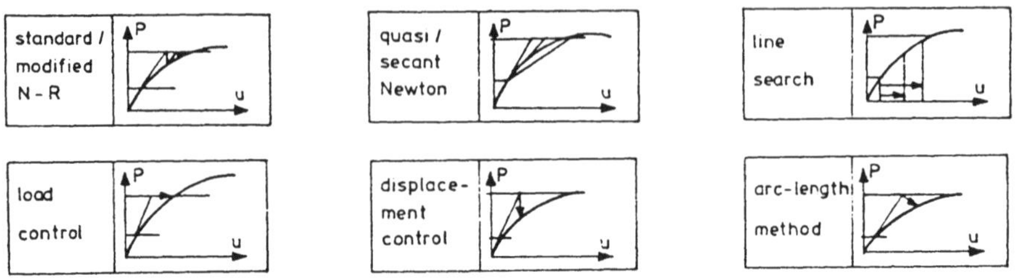


Bild 4.1 Lösungsstrategien (aus /52/)

Die Erweiterung der Lösungsstrategien auf die Familie der **Quasi-Newton-**Methoden, ergänzt durch Line-Search, wird in /53/ vorgenommen. Hierzu gehören die Rang 1-Updates Broyden und Davidon wie die Rang 2-Updates DFP und BFGS. Für die Effizienz ist eine vektororientierte Programmierung wichtig, wie sie in /18/ für den BFGS vorgeschlagen wurde. Als Ergebnis vergleichender Untersuchungen bleibt festzuhalten, daß es nicht **das** Iterationsverfahren gibt, welches für alle Problemkreise optimales Verhalten aufweist. Auch der Line-Search kann sich, muß sich aber nicht positiv auswirken. Es hat sich aber gezeigt, daß das reine Newton-Verfahren unter der Voraussetzung konkurrenzfähig ist, wenn die echte "konsistente" Tangente vorliegt /56/. Die Vielfältigkeit der Iterationsstrategien könnte das typische Anwendungsgebiet für ein Expertensystem sein.

# 5. Programmentwicklung

Komplizierte Schalenberechnungen sind ohne entsprechende Hilfsprogramme, die die Erstellung der Eingabedaten erleichtern, kaum mehr vorstellbar. Genauso verhält es sich mit den Nachlaufprogrammen, die Ergebnisse für Verschiebungen, Spannungen, plastische Zonen, Rißbilder aus einem großen Datenbestand durch graphische Darstellung in eine verständliche und leicht interpretierbare Form bringen. Die Entwicklung der Software zur Erzeugung der Ausgangsdaten sowie zur Auswertung der Ergebnisse ist bereits genauso umfangreich und kompliziert wie die Entwicklung der Rechenprogramme selbst. Diese Tatsache wird bei der Beurteilung des Aufwands, der zur Erstellung eines Programms notwendig ist, oft übersehen. Interaktiv bedienbare Software stellt einen noch größeren Anspruch an die Programmstruktur, als es die nach einem festen Schema ablaufenden Rechenprozesse erfordern.

Am Institut für Baustatik ist in den letzten 3 Jahren ein neues Programmsystem mit dem Namen **CARAT** (Computer Aided Research Analysis Tool) entwickelt worden. Ausgangspunkt war die Tatsache, daß ein modernes Programmsystem eine hochwertige, gleichzeitig aber einfach bedienbare Datenverwaltung enthalten muß. Eingabeinterpreter, interne Debug-Möglichkeiten und eine standardisierte Ausgabe vervollständigen die Verwaltungssoftware. Das Programmsystem ist modular aufgebaut und kann auf grund der Verwaltungssoftware auf komplizierte Parameterlisten weitgehend verzichten. Alle Arbeitsgruppen des Instituts arbeiten inzwischen mit CARAT ohne die üblichen Probleme der Kompatibilität beim Einbau neuer Moduln. In dieses System ist das "pre- und postprocessing" integriert, so daß an beliebigen Stellen im Programm graphische Darstellungen der internen Daten erhalten werden können. Für Aufgaben aus der Strukturoptimierung ist diese Möglichkeit unbedingt notwendig /45/, bei nichtlinearen Rechnungen sehr angenehm, wenn man die Zwischenzustände der Iterationen graphisch verfolgen kann. Gleichzeitig sind die gleichen Moduln auch als eigenständige Programme verfügbar und können über eine definierte Datenschnittstelle auch von anderen Programmsystemen genutzt werden.

## 5.1 Preprocessing

Im Bereich des "preprocessing" ist am Institut für Baustatik im Zusammenhang mit der Strukturoptimierung ein Konzept entworfen worden, um relativ komplizierte Schalentragwerke mit einigen wenigen Kontrollparametern zu beschreiben. Diese Vorgehensweise, für die Formoptimierung zwingend notwendig, eignet sich auch sehr gut für die normale Netzgenerierung. Das Tragwerk wird in einzelne Abschnitte zerlegt, deren Form mit Hilfsmitteln des CAD beschrieben werden kann. Dazu zählen mehrere Arten von Flächenbeschreibungen, z.B. nach Bezier, Lagrange, Ferguson, Coon. Das Besondere an dem entwickelten Modul ist, daß zwischen mehreren unabhängigen Einzelflächen Übergangsbedingungen definiert werden, die eine $C^1$ -kontinuierliche Gesamtfläche ergeben. Ebenso sind Tangentenbedingungen längs einzelner Linien einhaltbar. Die Grundlagen und Möglichkeiten des Moduls sind ausführlich in /34/ beschrieben.

## 5.2 Postprocessing

Programme aus den Jahren um 1980 hatten als Ausgabe meistens nur einen unübersehbaren Zahlenfriedhof; dem Anwender war es überlassen, seine relevanten Daten in passender Form darzustellen. Eine Vielzahl von Auswertungsprogrammen wurde entwickelt, zugeschnitten auf den eigenen Bedarf, meist unter Verwendung der speziellen Software eines Rechnerherstellers. Mit zunehmender Rechnerleistung wurden die Ansprüche an die Darstellung immer größer, so daß der Programmaufwand kontinuierlich zunahm. Standardisierungen wie GKS und PHIGS erlauben es, portable Graphikprogramme zu schreiben. Trotzdem ist der Austausch der Software für das "postprocessing" zwischen verschiedenen Arbeitsgruppen noch unzureichend, da die Verknüpfung der Rechenprogramme und der Auswertungsprogramme nicht nur über externe Dateien funktioniert, sondern auf die programminternen Datenbasen zugegriffen wird. Dies bietet mehr Möglichkeiten der Datendarstellung und ist effektiver. Gemeinsame Datenbasen verschiedener Forschergruppen mehrerer Universitäten werden noch einige Zeit Wunschdenken bleiben. Trotzdem sind große Fortschritte zu erreichen, da die Basissoftware für die Graphikprogramme immer leistungsfähigere Moduln zur Verfügung stellt. Eine Flächendarstellung mit "hidden surface" muß heute nicht mehr selbst programmiert werden; die Basissoftware enthält leistungsfähige Moduln, die zudem den Vorteil haben, zusätzlich vorhandene Hardware, z.B. einen Graphikprozessor, ohne Programmänderung ausnutzen zu können. Die Projektion räumlicher Objekte auf die Bildebene ist ebenfalls Bestandteil der Basissoftware. Der Programmentwickler kann die gewohnte 3-dimensionalen Beschreibung beibehalten. Ein wichtiges Hilfsmittel ist die Farbe. Mit farbigen Flächendarstellungen der Normalkräfte, der Momente oder auch der Fließzonen lassen sich Einblicke in das Tragverhalten einer Konstruktion erzielen, wie es mit keiner anderen Methode möglich ist. Die Verifikation der Eingabedaten wird durch Benutzen verschiedener Farben für Knoten, Elemente, Randbedingungen und Lasten erheblich erleichtert.

### 5.3 DFGBIB

Für die Programmbibliothek wurden die isoparametrischen "degenerierten" 2D- und 3D-Schalenelemente einschließlich der Vorabintegration bereitgestellt.

## 6. Richtlinien

Mit der Verabschiedung der DASt-Richtlinie 0.13 "Beulsicherheitsnachweise für Schalen" 1980 sowie der "European Recommendations for Steel Construction", Section 4.6 - Buckling of Shells" der ECCS 1980/1983 war eine seit langem bestehende Lücke in der Normung geschlossen worden. Parallel zum Schwerpunktprogramm wurde die Weiterentwicklung der DASt-Richtlinie 0.13 zur DIN 18800, Teil 4 betrieben /37/. Hier konnte das sogenannte $\alpha$-freie Bemessungskonzept verwirklicht werden, nach dem der Beulsicherheitsnachweis analog zum Knicksicherheitsnachweis für Stäbe durchgeführt werden kann /35/,/36/.

## 7. Objektstudien

### 7.1 Allgemeines

Die in den letzten Jahren entwickelten nichtlinearen FE-Methoden können den Versagensmechanismus komplizierter Tragwerke wirklichkeitsnah erfassen. Gerade bei Schalenkonstruktionen stößt man schnell an die Grenzen der Aussagefähigkeit linearer Berechnungen. Selbst lineare Stabilitätsanalysen können nur in wenigen Fällen Auskunft über die tatsächlichen Grenzlasten geben. Geometrisch nichtlineare Berechnungen hingegen, insbesonders wenn sie Imperfektionen berücksichtigen, eignen sich hervorragend zur Beschreibung des Tragverhaltens elastisch versagender Schalen. Flächentragwerke, bei denen zusätzlich das Materialversagen Einfluß auf die Traglast hat, verlangen eine geometrisch **und** materiell nichtlineare FE-Rechnung. Zeitabhängige Beanspruchungen wie z. B. Erdbeben oder impulsartige

Belastungen durch Stöße können zudem dynamische Untersuchungen erforderlich machen, um die Sicherheit einer Konstruktion wirklichkeitsnah beurteilen zu können.

## 7.2 Anwendungen

Im Rahmen des DFG-Schwerpunktprogramms wurden Parameterstudien angefertigt, um einfache Bemessungsformeln zu entwickeln und um Schwachstellen von bestehenden Richtlinien aufzudecken. Insbesondere wurden Schalen unter lokalen Beanspruchungen untersucht. Darüber hinaus wurden die Programme erfolgreich zur Berechnung von konkreten Aufgabenstellungen aus der Praxis eingesetzt. Exemplarisch sollen hier einige Anwendungen vorgestellt werden.

### 7.2.1 Traglasten unversteifter Trägerbleche unter konzentrierten Lasten

Zu dieser Problemstellung, der man z. B. im Kranbahnbau begegnet, wurde eine umfangreiche Parameterstudie angefertigt. Variiert wurden die Stegblechhöhe, Stegblechdicke, die Gurtdicke, die Fließspannung, das Biegemoment am Stegblechrand und die Imperfektionsamplitude. Überprüft wurde die Güte der FE-Rechnung durch die Nachrechnung eines Versuches (siehe Bild 7.1). Letztendlich mündete die Studie in einen Vorschlag für folgende Traglastformel:

$$P_{tr} = f\, t_s^{1.2}\, t_g^{0.3}\, \sqrt{\sigma_f} \left(1 - \left(\frac{\sigma_b}{\sigma_f}\right)^2\right)^{0.5} \tag{7.1}$$

Literatur: /67/,/55/

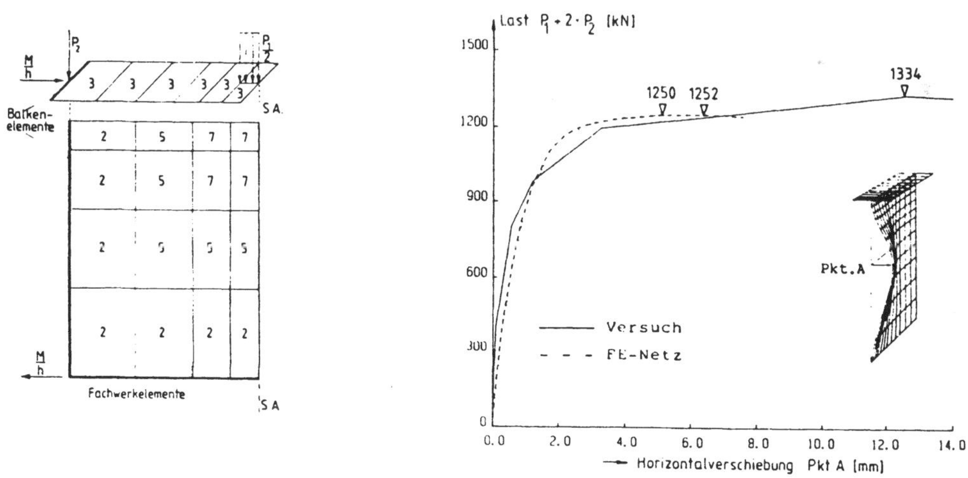


Bild 7.1

### 7.2.2 Kreiszylinder unter lokalen Belastungen

Ziel dieser Studie war die Überprüfung des Ersatzlastbemessungskonzepts der DASt-Richtlinie 013 im Hinblick auf eine zulässige und wirtschaftliche Bemessung lokal beanspruchter Stahl-Zylinder. Die Schlankheit wurde so gewählt, daß eine starke Interaktion zwischen geometrischem und materiellem Versagen zu erwarten war. Der durch das Ersatzlastbemessungskonzept vorgetäuschte, großflächige Membranzustand kann zu stark veränderten Sicherheiten führen.

Einige Ergebnisse der Untersuchung sind in den Diagrammen der Bilder 7.2 bis 7.4 festgehalten. Die Ordinaten geben das Verhältnis der Grenzlast zur klassischen Beullast des Zylinders unter Vollast wieder. Der Parameter auf der Abszisse ist ein Maß für die Breite der lokal angreifenden Last. Zusammenfassend kann gesagt werden, daß das Ersatzlastbemessungskonzept zur Bemessung gut geeignet ist, solange die Lastbreiten nicht zu schmal werden, sonst jedoch weit auf der sicheren Seite liegt. Materialversagen im Einflußbereich der lokalen Lasten kann diesen Effekt nicht wesentlich mindern.

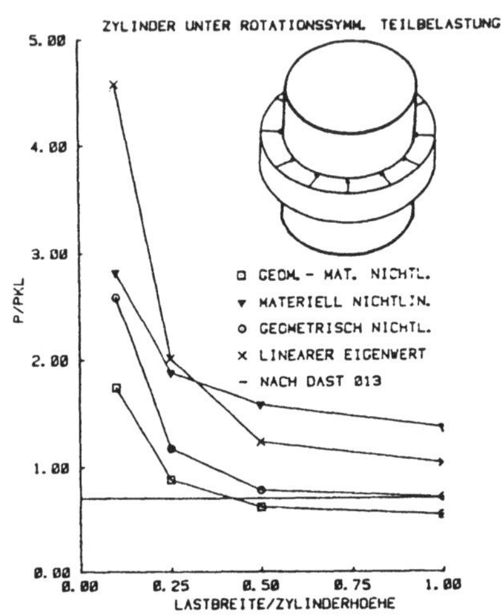


Bild 7.2

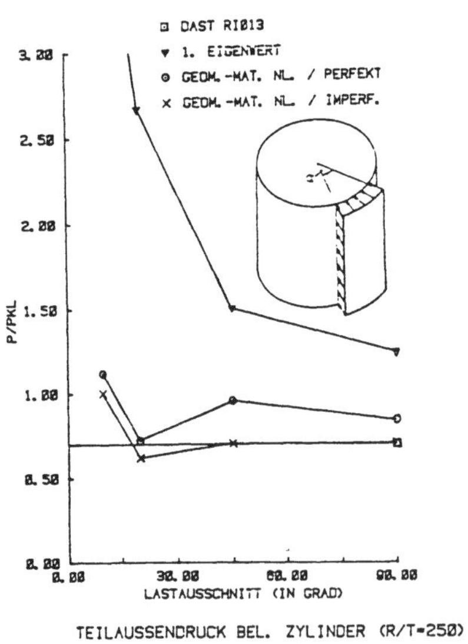


Bild 7.3

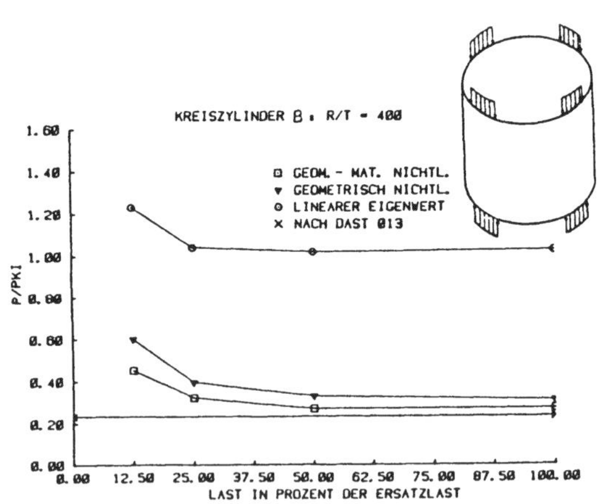


Bild 7.4

### 7.2.3 Längsversteifte Kreiszylinderschale

In vielen Ingenieurbereichen kommen Kreiszylinderschalen zur Anwendung, die unter hoher axialer Druckbeanspruchung stehen (z.B. Offshore-Plattformen). Das Beulproblem der sehr imperfektionsanfälligen Schale kann durch entsprechend hohe Wanddicken oder durch eine diskrete Versteifung vermieden werden. Bei Konstruktionen mit relativ weit auseinanderliegenden Steifen ist das Verschmierungskonzept nicht anwendbar. Aus diesem Grund muß die numerische Simulation Einzelsteifen berücksichtigen, was den Rechaufwand deutlich erhöht.

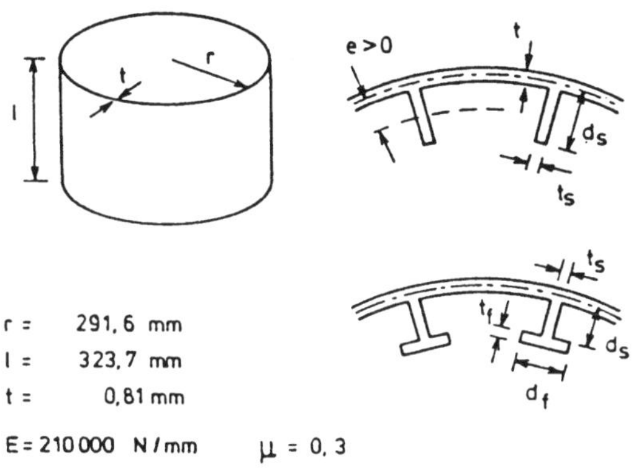


Bild 7.5 Geometrie

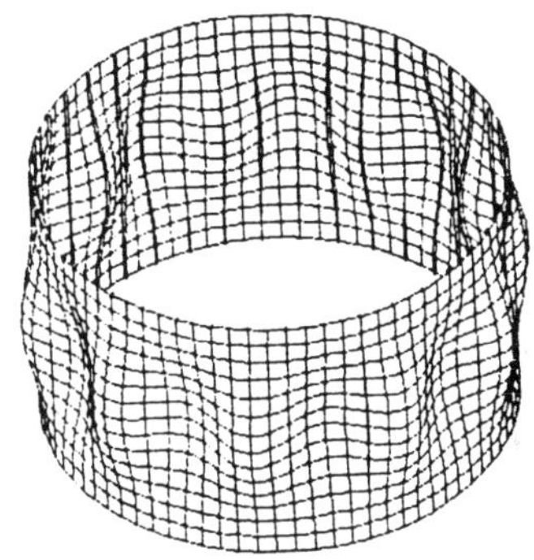

Bild 7.6 globale Beulform

Je nach Anzahl der Steifen unterscheidet man lokales Beulen, d.h. die Schale beult zwischen den Steifen, oder globales Beulen, wenn die Beule mehrere Steifen umfaßt. Lokale Versagenszustände sind ausführlich in /44/ untersucht.
Elastische Beulanalysen geben keine genauen Aufschlüsse über das reale Systemverhalten, da die versteifte Konstruktion erhebliche Spannungsumlagerungen vornehmen kann, was sich erst bei einer vollständig nichtlinearen Traglastberechnung zeigt. Trotzdem decken elastische Anfangsbeulanalysen (s. Bild 7.6) gewisse Effekte auf.
Die Exzentrizität der Steifen, insbesondere ob sie innen oder außen angebracht sind, hat deutlichen Einfluß auf die Grenzlast der perfekten Schale (Bild 7.7). Bei zunehmender Imperfektion verringert sich aber dieser Effekt (Bild 7.8). Die Imperfektion ist in allen Fällen affin zur 1. Beulform angenommen worden.
Auf die Grenzlast der nichtlinearen Berechnungen mit Berücksichtigung des Materialversagens (Plastizieren) hat die Lage der Steifen fast keine Bedeutung. Der stark abfallende Ast nach dem ersten Beulen bei Schalen mit kleiner Imperfektion deutet an, daß auch das ausgesteifte System noch stark imperfektionsanfällig ist. (siehe Bild 7.9, 7.10). Literatur: /68/.

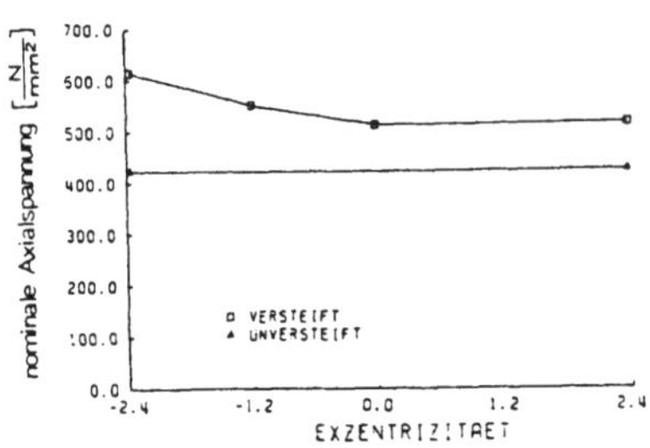


Bild 7.7 Einfluß der Exzentrizität auf das Globalbeulen.

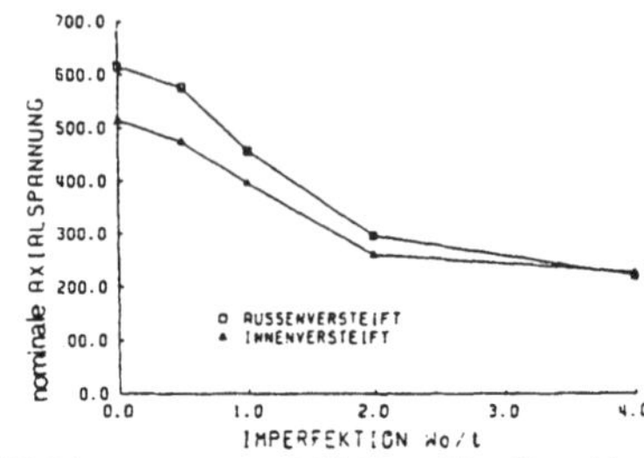


Bild 7.8 Exzentrizitätseinfluß bei imperfekter Geometrie

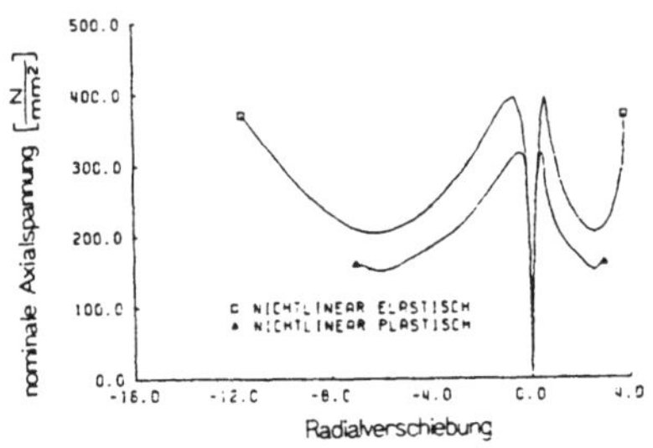


Bild 7.9 Traglastberechnung. Aussensteifen, $w_o = 0.25t$

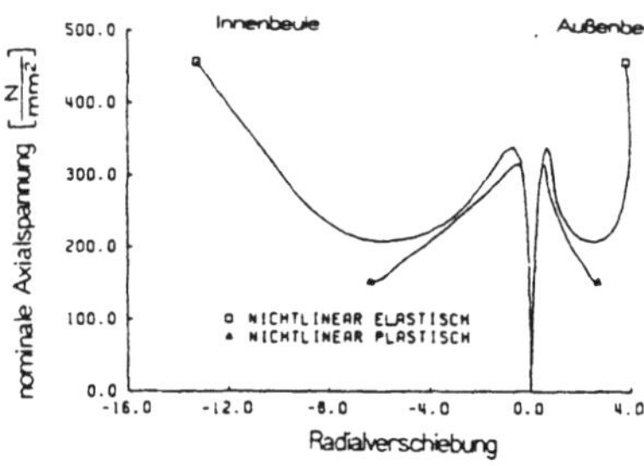


Bild 7.10 Traglastberechnung. Innensteifen, $w_o = 0.25t$

## 7.2.4 Flüssigkeitsgefüllte Kegelschalen

Kegelschalen werden seit vielen Jahren als Wasserbehälter eingesetzt, da bei kleiner Grundfläche ein großes Volumen erreichbar ist. Die Problematik dabei ist, daß die außerhalb der Grundfläche liegenden Behälterteile hohe Membrandruckspannungen in der Kegelschale erzeugen. Sie können am unteren Rand Beulen auslösen, die die gesamte Konstruktion zum Einsturz bringen. Da gleichzeitig hohe Ringzugkräfte wirken, wurde das Beulproblem lange Zeit nicht betrachtet, bis es durch Unglücksfälle in Belgien Gegenstand intensiver Forschung wurde /29/. Die Problematik flüssigkeitsgefüllter Schalen wurde in /66/ ausführlich untersucht. Sie soll hier an einem Beispiel dargestellt werden.

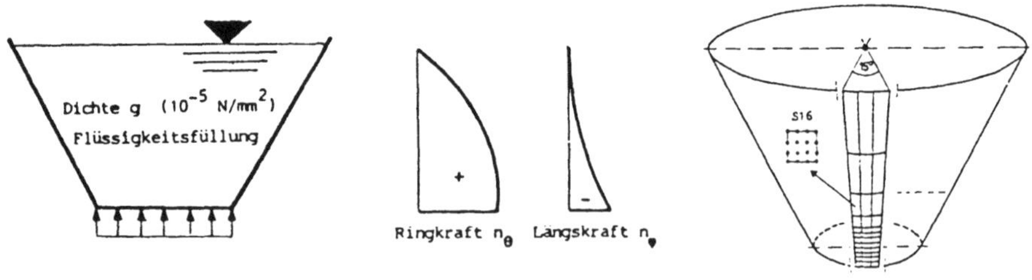


Bild 7.11

Aus den Versuchen in /23/ wurde ein Kegel ausgewählt und in der auf Bild 7.11

dargestellten Weise idealisiert. Am unteren Rand ist eine feine Idealisierung notwendig. Als Lastparameter wurde das spezifische Gewicht der Flüssigkeit verwendet. Aus einer Beulanalyse erhält man zu den niedrigsten Eigenwerten zwei symmetrische und eine unsymmetrische Eigenform (s. Bild 7.12). Erhöht man die

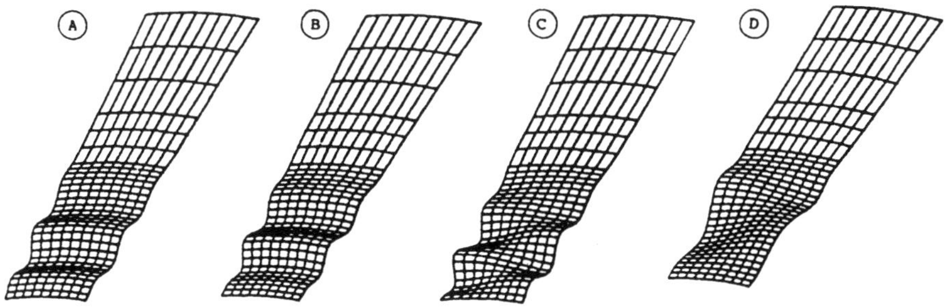


Bild 7.12 Beulformen

Grundlast für die Eigenwertanalyse, dreht sich die Reihenfolge der Eigenwerte um, und das Beulmuster verändert sich (Form D). Diese Eigenformen haben als Imperfektion für die nachfolgende nichtlineare Rechnung gedient. Die symmetrische Imperfektionsform A führt zur niedrigsten Traglast. In einem realen Versuch würde das System hinter dem Verzweigungspunkt a durch starke Zunahme der Verschiebungen versagen (s. Bild 7.13).

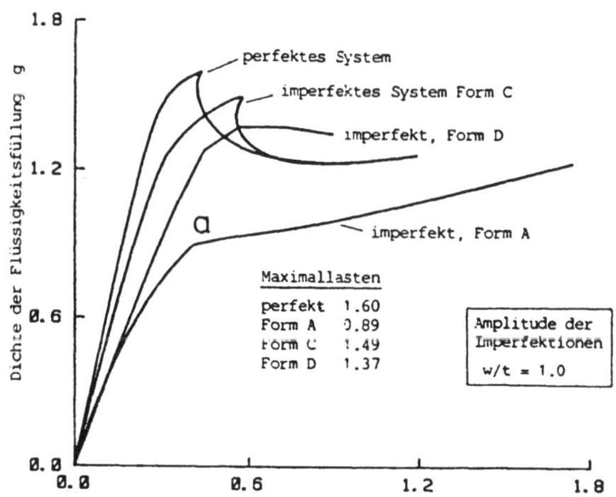


Bild 7.13 Lastverschiebungskurven

Es stellt sich die Frage, wie die Ringzugspannungen das Tragverhalten beeinflussen. In einem Versuch können die Ringzugspannungen nicht weggelassen werden, wohl aber bei der numerischen Simulation. Dies wurde durch eine spezielle

Belastung erreicht, bei der die gleichen Längsdruckspannungen wie bei der Wasserlast erzeugt werden, aber kein Ringzug. Die elastischen Grenzlasten sind gegenüber dem Fall mit Ringzugspannungen bei imperfekten Schalen deutlich geringer (s. Bild 7.14).

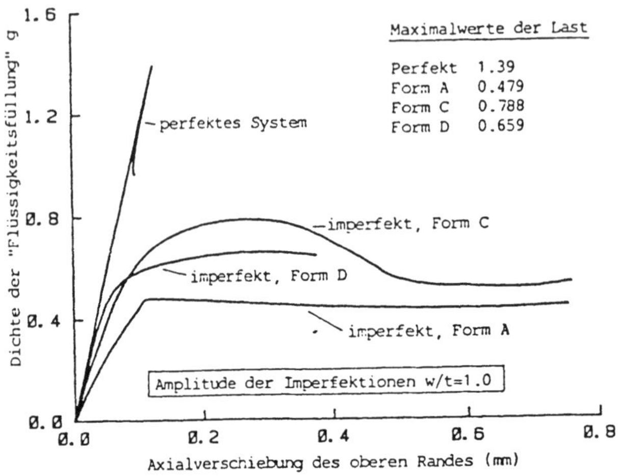


Bild 7.14 Lastverschiebungskurven für Tangentiallast

Reale Konstruktionen weisen eine Kopplung von geometrischer und materieller Nichtlinearität auf. Das Beispiel /66/ stellt einen stählernen Versuchskörper dar, zusammengesetzt aus einem Zylinder, einem Torusteil und einem Kegel. Das System ist nur axial belastet. Die Analyse zeigt, daß nur die kombinierte Nichtlinearität eine realistische Traglast ergibt. Die Versuchslasten /23/ lagen zwischen 19.7 kN und 24.5 kN (s. Bild 7.15).

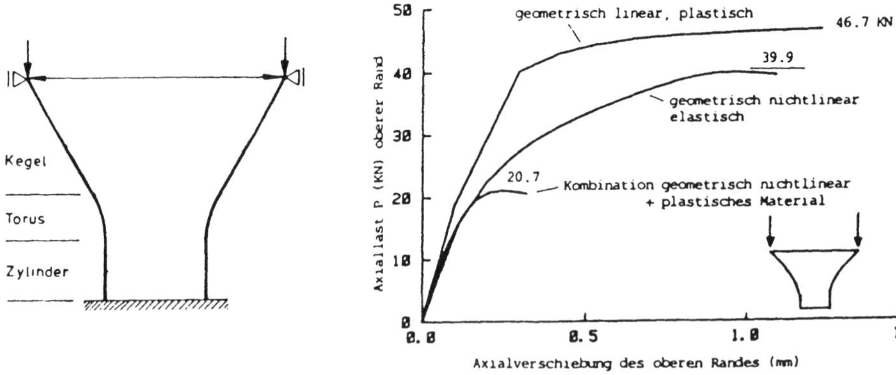


Bild 7.15 Zusammengesetzte Schale

### 7.2.5 Kühlturm in Neckarwestheim

Von den Problemstellungen aus der Praxis sei hier die Rechnung für den Hybridkühler aus Stahlbeton in Neckarwestheim vorgestellt /59/. Um den Standsicherheitsnachweis führen zu können, war der Einsatz der FE-Methode nahezu unumgänglich, denn es zeigte sich, daß

- die bekannten Ergebnisse der hyperbolischen Kühlerschalen auf diese Kegelstumpfschale nicht übertragbar sind,
- die vorliegenden Entwurfsmittel spärlich und ungenügend sind,
- elastische Versuche und Rechnungen nur begrenzte Aussagekraft besitzen /57/.

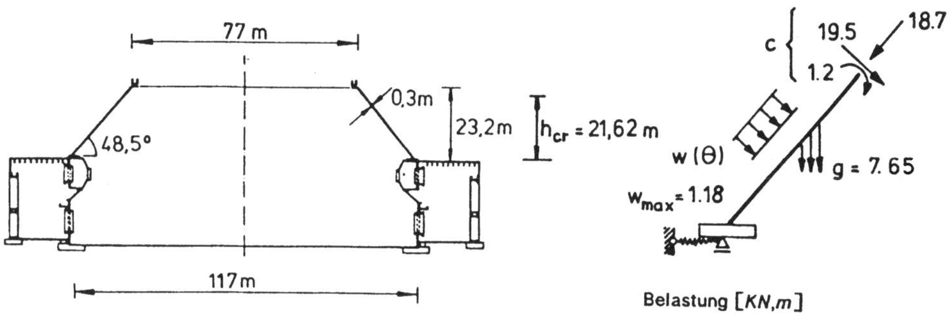


Bild 7.16 Idealisierung des Kühlturms /59/

Diese extrem schlanke Konstruktion war in der Bauphase ohne obere Randversteifung besonders stabilitätsgefährdet. Der sehr weiche untere Kühlturmteil, in der Rechnung durch Federn berücksichtigt (s. Bild 7.16), ist unter unsymmetrischer Belastung verantwortlich für beachtliche dehnungslose Verformungen (Ovalisieren). Eine materiell nichtlineare Analyse mit den Materialwerten aus Bild 7.17 liefert eine Versagenslast von g + 5.7(w + c). Die durch Hinzunahme der geometrischen

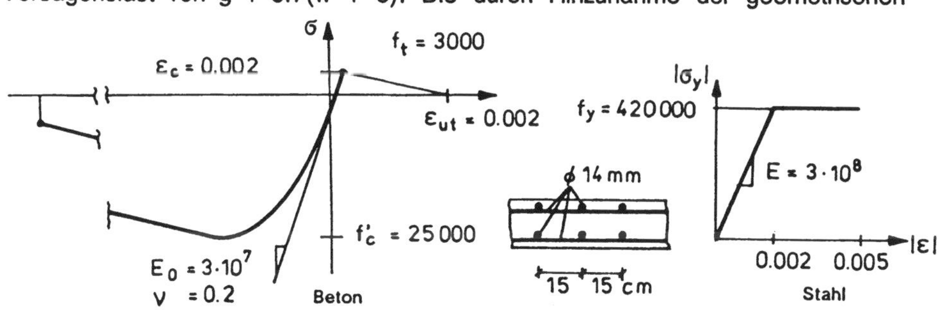


Bild 7.17 Werkstoffdaten des Kühlturms

Nichtlinearität hervorgerufene Abminderung dieses Wertes auf g + 2.7(w + c)

unterstreicht die Bedeutung der endlichen Verformungen (s. Bild 7.18). Eine Verdoppelung der Imperfektionsamplitude von 10 cm auf 20 cm verminderte die Traglast auf g + 1.73(w + c).

Ebenfalls nicht unwesentlich wird die Traglast durch das "tension stiffening" beeinflußt. Verringert man die Grenzdehnung im abfallenden Ast der Spannungs-Dehnungskurve, bei der $\sigma = 0$ erreicht wird, von 0.2% auf 0.02%, sinkt die Traglast von 2.7 auf 2.0 (bei einfacher Imperfektion).

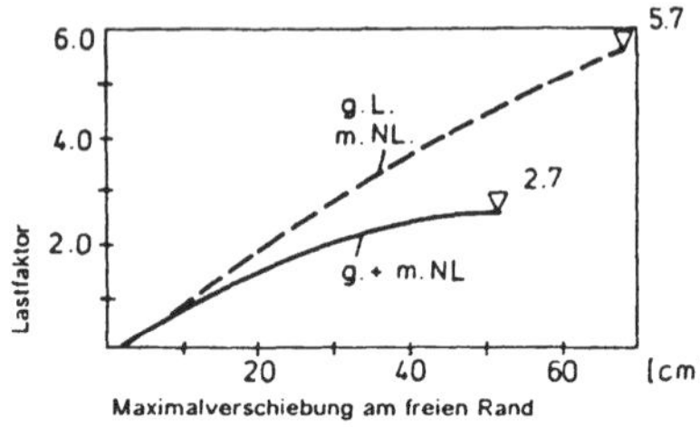

Bild 7.18 Lastverschiebungskurve

### 7.2.6 Stutzenverstärkte Kugelschale

Grenzlasten von dynamisch beanspruchten Konstruktionen können deutlich unter den quasi-statisch ermittelten liegen. Für Kugelschalen hat Burmeister in /41/ umfangreiche dynamische Stabilitätsuntersuchungen durchgeführt.

Unter anderem berechnete er eine stutzenverstärkte Kugelkappe, deren Abmessungen denen des Sicherheitsbehälters eines Druckwasserreaktors entsprechen. Für dieses Beispiel beträgt die dynamisch ermittelte, geometrisch nichtlineare Grenzlast für eine stufenförmige Belastung 84% (s. Bild 7.20) der statischen Versagenslast von 8.14 MN. Unter Berücksichtigung des elasto-plastischen Werkstoffverhaltens ergibt sich eine weitere Reduktion auf 68% (s. Bild 7.21).

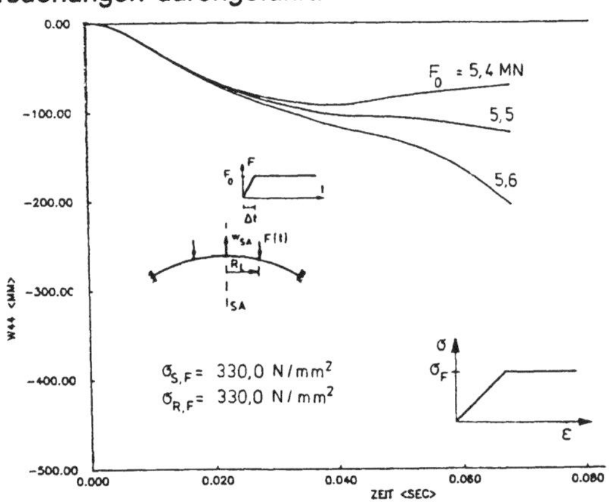

Bild 7.21 Geom.-mat. nichtlineare Analyse

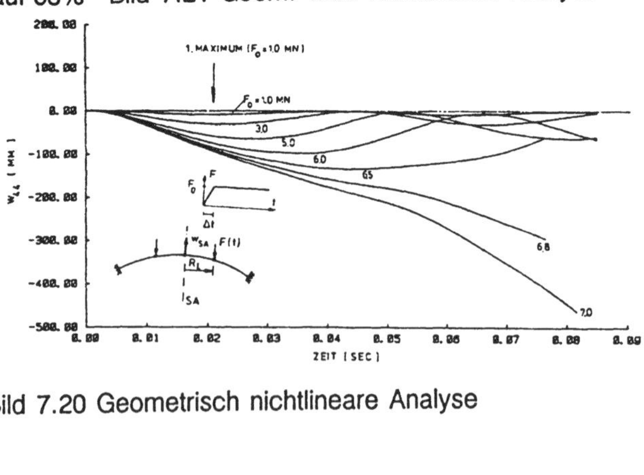


Bild 7.19 Diskretisierung    Bild 7.20 Geometrisch nichtlineare Analyse

## 8. Schlußfolgerungen

Etwa 10 Jahre intensive Forschung haben, unterstützt durch enorme Hardwareentwicklungen, beachtliche Fortschritte bei nichtlinearen Berechnungen von Schalentragwerken gebracht. Beispielsweise sind heute mit erträglichem Aufwand möglich:

* Realistische Beuluntersuchungen unter Berücksichtigung der Imperfektionsempfindlichkeit; die Definition kritischer Imperfektionsformen ist allerdings nach wie vor ungeklärt.

* Die Vorhersage der Versagenslasten von Stahlkonstruktionen unter Berücksichtigung endlicher Deformationen und des Materialversagens.

* Die Eingrenzung der Traglasten von Stahlbetonschalen einschließlich des Instabilitätsverhaltens; die Sensibilität der Modellbildung und Parametervielfalt erfordert jedoch noch erhebliche Erfahrung.

* Die Simulation von Versagensvorgängen bei Flächentragwerken unter zeitabhängigen Belastungen (dynamische Stabilität).

Die gegenwärtige Entwicklung zeigt folgende Tendenzen:

* Verbesserung der Benutzerfreundlichkeit, Wirtschaftlichkeit, Robustheit der Algorithmen und Elemente; Steigerung der Automatisierung, z. B. Netzadaption.

* Entwicklung der Strukturoptimierung sowie wissensbasierter Systeme.

* Erweiterung der Problemkreise wie Langzeitverhalten, neue Materialmodelle, Schadenstheorien u.v.a..

Die Simulation des nichtlinearen Tragverhaltens von Schalen erfordert nach wie vor erhebliche Hintergrundkenntnisse.

## 9. Schlußbemerkungen

Für die großzügige Unterstützung der Forschungsvorhaben des Instituts für Baustatik im Rahmen des Schwerpunktprogramms "Nichtlineare Berechnungen im konstruktiven Ingenieurbau" durch die Deutsche Forschungsgemeinschaft sei hier besonders gedankt. Außer den Autoren haben die Mitarbeiter Dr.-Ing. K. Schweizerhof, Dr. Nielen Stander und Dipl.-Ing. K. Weimar dankenswerterweise mitgewirkt.

# 10. Literaturverzeichnis

## 10.1 Fremde Literatur

/1/ Bathe, K.-J.; Dvorkin, E.N.: A continuum mechanics based four-node shell element for general nonlinear analysis. Eng. Comp., 1, 77-88 (1984).

/2/ Bathe, K.-J.; Dvorkin, E.N.: A formulation of general shell elements - the use of mixed interpolation of tensorial components. Int. J. Num. Meth. Eng., 22, 697-722 (1986).

/3/ Brezzi, F.: On the existence, uniqueness and approximation of saddle-point problems arising from Lagrangian multipliers, Rev. Fr. Automat. Inform. Recherche Operat. Numer. Anal., R2, 129-151 (1974).

/4/ Briassoulis, D.: Machine locking of degenerated thin shell elements. Int. J. Num. Meth. Eng., 26, 1749-1768 (1988).

/5/ Burgoyne, C.J; Crisfield, M.A.: Numerical integration strategy for plates and shells. To be published in Int. J. Num. Meth. Eng. (1989).

/6/ Crisfield, M.A.: A fast incremental/iterative solution procedure that handles snap through. Comp. Struc., 13, 55-62 (1981).

/7/ Eidsheim, O.M.; Larsen, P.K.: A study of some generalized constitutive models for elasto-plastic shells. Europe-US - Workshop: Nonlinear finite element analysis in structural mechanics. Bochum 1980, Springer Verlag (1981).

/8/ Forde, B.W.R.; Stiemer, S.F.: Improved arc length orthogonality methods for nonlinear finite element analysis. Comp. Struct., Vol. 27, 625-630 (1987).

/9/ Frey, F.; Cescotto, S.: Some new aspects of the incremental total Lagrangian description in nonlinear analysis. Int. conf. finite elements in nonlinear mechanics, Vol.1, CO 5.1/5.20, Geilo, Norway (1977).

/10/ Gruttmann, F.: Theorie und Numerik schubelastischer Schalen mit endlichen Drehungen unter Verwendung der Biot-Spannungen. Forschungs- und Seminarberichte aus dem Bereich der Mechanik der Universität Hannover, Bericht-Nr. F88/1 (1988).

/11/ Harbord, R.: Finite Element Workshop. Institut für Baustatik, Universität Stuttgart, März 1988.

/12/ Huang, H.C.; Hinton, E.: A new nine node degenerated shell element with enhanced membrane and shear interpolation. Int. J. Num. Meth. Eng., 22, 73-92 (1986).

/13/ Hughes, T.J.R.; Cowen, M.; Haroun, M.: Reduced and selective integration schemes in the finite element analysis of plates. Nucl. Eng. Des., 46, 203-222 (1978).

/14/ Hughes, T.J.R.; Tezduyar, T.E.: Finite elements based upon Mindlin plate theory with particular reference to the four-node bilinear isoparametric element. ASME, J. Appl. Mech., 46, 587-596 (1981).

/15/ Jang, J.; Pinsky, P.M.: An assumed covariant strain based 9-node shell element. Int. J. for Num. Meth. Eng., 24, 2389-2411 (1987).

/16/ Krieg, R.D.; Krieg, D.B.: Accuracies of numerical solution methods for the elastic-perfectly plastic model. J. Pressure Vessel Technology, ASME, 99, 510-515 (1977).

/17/ Mang, H.: Buckling pressures from linear initial FE stability analysis of thin elastic shells as lower and upper bounds of corresponding pressures.Workshop: Numerical treatment of problems in solid mechanics, Bad Honnef, 1988.

/18/ Mathies, H.; Strang, J.: The solution of nonlinear finite element equiations. Int. J. Num. Meth. Eng., 14, 1613-1626 (1979).

/19/ Milford, R.V.; Schnobrich, W.C.: Degenerated isoparametric finite elements using explicit integration. Int. J. Num. Meth. Eng, 23, 133–154 (1986).

/20/ Nagtegaal, J.C.: On finite element formulations for large elastic–plastic deformations. Comp. Struct., 20 (1–3), 247–257 (1985).

/21/ Pian, T.H.H.: Derivation of element stiffness matrices by assumed stress distributions. AIAAJ, 2, 1333–1336 (1964).

/22/ Recke, L.: Behandlung großer Rotationen elastischer Flächentragwerke auf der Basis einer Theorie schubweicher Schalen und eines gemischten Finite Element Konzepts. Technisch–wissenschaftliche Mitteilungen, Ruhr–Universität Bochum (1986).

/23/ Schulz, U.: Das Stabilitätsverhalten von torusförmigen Schalen. Stahlbau 11, 321–328 (1983).

/24/ Schweizerhof, K.H.; Wriggers, P.: Consistent linearization for path following methods in nonlinear FE analysis. Comput. Meth. Appl. Mech. Eng., 59, 261–279 (1986).

/25/ Simo, J.C.: Consistent tangent operators for rate–independent elastoplasticity. Comp. Meth. Appl. Mec h. Eng., 49, 221–245 (1984).

/26/ Simo, J.C.; Taylor, R.L.: A return mapping algorithm for plane stress elastoplasticity. Int. J. Num. Eng., 22, 649–670 (1986).

/27/ Simo, J.C.; Fox, D.D.; Rifai, M.S.: On a stress resultant geometrically exact shell model. Part III: Computational aspects on the nonlinear theory. Comp. Meth. Appl. Mech. Eng. (1988).

/28/ Stolarski, H.; Belytschko, T.: Shear and membrane locking in curved C0 elements. Comp. Meth. Appl. Mech., 41, 279–293 (1983).

/29/ Vandepitte, D.: Model investigation of the collapse of a steel water tower. Preliminary report of the second international colloquium on stability of steel structures, Liege, 599–607 (1977).

/30/ Wagner, W.; Wriggers, P.: A simple method for the calculation of postcritical branches. Eng. Comp., Vol. 5, 103–109 (1988).

/31/ Wilkins, M.L.: Calculation of elastic–plastic flow. Methods of Computational Physics, 3, Academic Press, New York (1964).

/32/ Zienkiewicz, O.C.; Taylor, R.L.; Too, J.M.: Reduced integration techniques in general analysis of plates and shells. Int. J. Num. Meth. Eng., 3, 275–290 (1971).

## 10.2 Literatur des Instituts für Baustatik, Universität Stuttgart

/33/ Bathe, K.–J.; Ramm, E.; Wilson, E.L.: Finite element formulations for large deformation dynamic analysis. Int. J. Num. Meth. Eng., Vol. 9, 353–386 (1975).

/34/ Bletzinger, K.–U.: Optimale Tragwerke und CAD. Beitrag zum 1. internationalen Symposium des SFB 230. Stuttgart (1988).

/35/ Bornscheuer, B.–F.; Bornscheuer, F.W.: Zur α–freien Bemessung dünnwandiger Schalen. Stahlbau 54, H.4, 112–115 (1985).

/36/ Bornscheuer, F.W.; Bornscheuer, B.–F.: Contribution to simplified handling of the shell buckling concept without α–coefficient. Int. Colloquium on Stability of Plate and Shell Structures. Gent/Belgien (1987).

/37/ Bornscheuer, F. W.: Schalenbeulen: Von der DASt–Richtlinie 013 zur DIN 18 800, Teil 4. Bautechnik 65 H.10 (1988).

/38/ Brendel, B.; Ramm, E.: Nichtlineare Stabilitätsuntersuchungen mit der Methode der finiten Elemente. Ingenieur–Archiv 51, 337–362 (1982)

/39/ Büchter, N.: Ein nichtlineares degeneriertes Balkenelement (2–D) unter Verwendung von Biotspannungen. Interner Bericht des Instituts für Baustatik, Universität Stuttgart (1988).

/40/ Burmeister, A.; Ramm, E.; Bornscheuer, F. W.: Ultimate and buckling loads of pad and nozzle reinforced reactor containments. 8. SMIRT (1985).

/41/ Burmeister, A.: Dynamische Stabilität nach der Methode der finiten Elemente mit Anwendungen auf Kugelschalen. Dissertation. Bericht Nr. 6 des Instituts für Baustatik, Universität Stuttgart (1987).

/42/ Burmeister, A.; Ramm, E.: Dynamic stability analysis of shell structures. International conference on computational engineering science, Atlanta, Georgia, USA, April 10–14, 1988.

/43/ Burmeister, A.; Ramm, E.: Dynamic buckling FE analysis – conventional versus direct approach. Submitted to published in Comp. Meth. Appl. Mech. Eng. (1989).

/44/ Diack, A.: Beitrag zur Stabilität diskret längsversteifter Kreiszylinderschalen unter Axialdruck. Dissertation. Bericht Nr. 3 des Instituts für Baustatik, Universität Stuttgart (1983).

/45/ Kimmich, S.; Ramm, E.: Structural optimization and analysis with program system CARAT. GAMM-Seminar, Universität Siegen (1988).

/46/ Kompfner, T.A.: Ein finites Elementmodell für geometrisch und physikalisch nichtlineare Berechnung von Stahlbetonschalen. Dissertation. Bericht Nr. 3, Institut für Baustatik, Universität Stuttgart (1983).

/47/ Kompfner, T. A.; Ramm, E.: Reinforced concrete shell analysis using an inelastic large deformation finite element formulation. International conference on computer-aided analysis and design of concrete structures, Split (1984).

/48/ Matzenmiller, A.: Ein rationales Lösungskonzept für geometrisch und physikalisch nichtlineare Strukturberechnungen. Dissertation. Bericht Nr. 8, Institut für Baustatik, Universität Stuttgart (1988).

/49/ Ramm, E.: Geometrische nichtlineare Elastostatik und finite Elemente. Habilitation. Bericht Nr. 76-2, Institut für Baustatik, Universität Stuttgart (1976).

/50/ Ramm, E.: A plate/shell element for large deflections and rotations. US – Germany Symp. on "Formulations and computational algorithms in finite element analysis", MIT, MIT-Press (1977).

/51/ Ramm, E.: Strategies for tracing nonlinear response near limit points. Europe-U.S.-Workshop: Nonlinear finite element analysis in structural mechanics. Bochum 1980, Springer Verlag (1980).

/52/ Ramm, E.; Stegmüller, H.: The displacement finite element method in nonlinear buckling analysis of shells. Proceedings of a state-of-the-art colloquium, Springer, Berlin, Heidelberg, New York (1982).

/53/ Ramm, E.; Schweizerhof, K.; Stegmüller, H.: Ultimate load analysis of thin shells under pressure loads. Finite element methods for nonlinear problems, Europe-US Symposium, Trondheim, Norway, 1985. Springer Berlin, Heidelberg (1986).

/54/ Ramm,E.; Matzenmiller, A.: Large deformation shell analyses based on the degeneration concept. State-of-the-Art Texts on 'Finite Element Methods for Plate and Shell Structures', Pineridge Press, Swansea, UK (1986).

/55/ Ramm, E.; Weimar, K.: Traglasten unversteifter Trägerstegbleche unter konzentrierten Lasten. Stahlbau 4, 113 ff. (1986).

/56/ Ramm, E.; Matzenmiller, A.: Computational aspects of elasto-plasticity in shell analysis. International Conference on Computational Plasticity, Barcelona, Spain. Pineridge Press, Swansea, UK (1987).

/57/ Ramm, E.: Ultimate load and stability analysis of reinforced concrete shells. Colloquium: "Computational mechanics of reinforced concrete", Delft (1987).

/58/ Ramm, E.; Burmeister, A: Stability analysis of dynamically loaded structures. NUMETA, Swansea , Martinus Nijhoff Publishers (1987).

/59/ Ramm, E.; Burmeister, A.; Stegmüller, H.: Stabilität und Traglast von kegelförmigen Stahlbetonschalen – ein Beispiel für die Anwendung nichtlinearer FE-Modelle. Finite Elemente – Anwendung in der Baupraxis, Ruhr-Universität Bochum. Ernst & Sohn (1988) .

/60/ Ramm, E.; Stander, N.; Stegmüller, H.: Gegenwärtiger Stand der Methode der Finiten Elemente. Finite Elemente – Anwendung in der Baupraxis, Ruhr-Universität Bochum. Ernst & Sohn (1988) .

/61/ Sättele, J.M.: Ein finites Elementkonzept zur Berechnung von Platten und Schalen bei stofflicher und geometrischer Nichtlinearität. Dissertation. Bericht 80-3 des Instituts für Baustatik, Universität Stuttgart (1980).

/62/ Schweizerhof, K.: Nichtlineare Berechnung von Tragwerken unter verformungsabhängiger Belastung mit finiten Elementen. Dissertation. Bericht 82-3 des Instituts für Baustatik, Universität Stuttgart (1982).

/63/ Schweizerhof, K.; Ramm, E.: Displacement dependent pressure loads in nonlinear finite element analysis. Computers & Structures, Vol. 18, No. 6, 1099-1114 (1984).

/64/ Schweizerhof, K.; Ramm, E.: Follower force effects on stability of shells under hydrostatic loads. ASCE Journal of Engineering Mechanics, Vol. 13, No. 1 (1987).

/65/ Stander, N.; Matzenmiller, A.; Ramm, E.: An assessment of assumed strain methods in finite rotation shell analysis. To be published in Eng. Comp. (1989).

/66/ Stegmüller, H.: Grenzlastberechnungen flüssigkeitsgefüllter Schalen mit "degenerierten" Schalenelementen. Dissertation. Bericht Nr. 5 des Instituts für Baustatik, Universität Stuttgart (1985).

/67/ Weimar, K.; Ramm, E.: Ultimate loads of unstiffened plate girders subjected to concentrated loads. ECCS colloquium on stability of plate and shell structures, Ghent University (1987).

/68/ Weimar, K.: Ein nichtlineares Balkenelement mit Anwendung als Längssteifen axialbelasteter Zylinder. Dissertation. Institut für Baustatik, Universität Stuttgart (1988).

# Verfahren zur Traglastberechnung dünnwandiger Strukturen mit elastoplastischen Deformationen

E. Stein K.-H. Lambertz L. Plank

## 1 Einleitung

Der Tragsicherheitsnachweis für dünnwandige, in der Regel versteifte Stahlblechkonstruktionen wird auch heute noch auf der Grundlage einer Bemessung nach der linearen Elastizitätstheorie unter Einbeziehung von linearisierten Stabilitätsnachweisen für Gesamtsystem, Beulen und Teilfeldbeulen von Blechfeldern und ggfs. Stabknicken von Steifen durchgeführt. Dies gilt für den Brücken-, Hoch- und Anlagenbau.

Andererseits wird zur integrierten Ausnutzung von Material- und Systemreserven fortschreitend die Bemessung durch Absicherung gegen Versagenszustände favorisiert und auch in Normen verankert. Eine im Stahlbau wegen der Wirtschaftlichkeit schon früh ausgenutzte Materialreserve ist die Plastizierungsfähigkeit von Durchlaufpfetten mit idealisierten Fließgelenken über den Innenstützen.

Für kompliziertere Querschnitte und Strukturen sind genäherte Traglastberechnungen — wie für Durchlaufpfetten — nicht möglich. Viele Versuche und leider auch Schadensfälle zeigen, daß die fortschreitende Ausmagerung von Querschnitten und der Wegfall von Steifen an Lasteinleitungen kombinierte Versagensprozesse mit plastischen Deformationen, Spannungsumlagerungen und teilweisem Systemversagen bis zum Gesamtversagen bewirken. Es besteht meist keine Möglichkeit, solche Versagensprozesse in einfache mechanische Modelle und Algorithmen abzubilden.

Deshalb ist es eine Herausforderung, mit den Möglichkeiten der "Computational Mechanics" angemessene theoretische und algorithmische Beschreibungen bereitzustellen, in Programmsysteme umzusetzen und Schritt um Schritt für die Praxis verfügbar zu machen. Gerade im konstruktiven Ingenieurbau muß der Rechenaufwand begrenzt bleiben, weil in der Regel keine Serienprodukte entwickelt werden. Angesichts der kostengünstigen Entwicklung immer leistungsfähigerer Rechner ist es vertretbar, mit robusten und für die adaptive Netzverfeinerung ausgestatteten Programmen — wie das in diesem Beitrag vorgestellte INA–SP — das Versagensverhalten komplizierter Strukturen auch im Einzelfall zu untersuchen. Man hat gegenüber dem teuren 1:1 - Versuch den Vorteil, die Versagensstufen und die Abläufe — auch graphisch — nachvollziehbar zu machen und so mit Hilfe von Parameterstudien bessere Konstruktionen zu ermöglichen.

Selbstverständlich kann die Gültigkeit von Theorie, Diskretisierung und Algorithmen nur durch Versuche an geeigneten Objekten erbracht werden. Im vorliegenden Falle wurde insbesondere der sog. Braunschweiger Träger für diese Überprüfung herangezogen. Wir danken Herrn Prof. Scheer für die Bereitstellung aussagekräftiger und verwertbarer Versuchsergebnisse.

Die vorliegende Arbeit geht von einer Faltwerkstheorie für endlich große Verschiebungen und Drehungen bei exakten Verzerrungsmaßen aus und verwendet zur Integration der Fließregel für verfestigende plastizierende Werkstoffe Projektionsverfahren mit exakten (sog. konsistenten) Tangenten.

# 2 Kinematik und Elementansätze

## 2.1 Schwache Form des Gleichgewichts, Kinematik

Ausgangspunkt für die Formulierung des geometrisch nichtlinearen Problems ist das Prinzip der virtuellen Verschiebungen in Lagrange'scher Darstellung

$$\int_V (\mathbf{P} \cdot Grad\eta - \rho_0 \mathbf{b} \cdot \eta)\, dV = \int_{A_\sigma} \bar{\mathbf{t}}_N \cdot \eta dA_\sigma \tag{1}$$

mit

$\mathbf{P}$– 1. Piola-Kirchhoff'scher Spannungstensor

$Grad\ \eta$– Gradient der virtuellen Verschiebungen bzgl. der Ausgangskonfiguration

$\rho_0\mathbf{b}$– Volumenkräfte, im folgenden vernachlässigt

$\bar{\mathbf{t}}_N$ – Vektor der äußeren Kräfte in Richtung der Normalen

Bezüglich einer durch Starrkörperrotationen $\mathbf{R}^S$ entstandenen Konfiguration können

$Grad^S\eta$– Gradient bzgl. der gedrehten Koordinaten,

$\mathbf{P}^S$– gedrehter Spannungstensor

$\bar{\mathbf{t}}_N^S$– Vektor der äußeren Kräfte in Richtung der gedrehten Normalen

eingeführt werden. Dann lautet das Prinzip der virtuellen Verschiebungen

$$\int_V \left(\mathbf{P}^S \cdot Grad^S\eta - \rho_0 \mathbf{b} \cdot \eta\right) dV = \int_{A_\sigma} \bar{\mathbf{t}}_N^S \cdot \eta dA_\sigma . \tag{2}$$

Durch Darstellung des Ortsvektors der deformierten Konfiguration in Größen der gedrehten Konfiguration (siehe Bild 1)

$$\mathbf{x} = \mathbf{X}_0^S(S_\alpha^S) + \mathbf{u}_0^S(S_\alpha^S) + \xi \mathbf{R}^D(S_\alpha^S)\mathbf{t}_3^S \tag{3}$$

mit

$\mathbf{X}_0^S$– Ortsvektoren der gedrehten Faltwerksmittelfläche

$\mathbf{u}_0^S$– Verschiebungsvektoren

$\mathbf{R}^D$– Relativverdrehungen

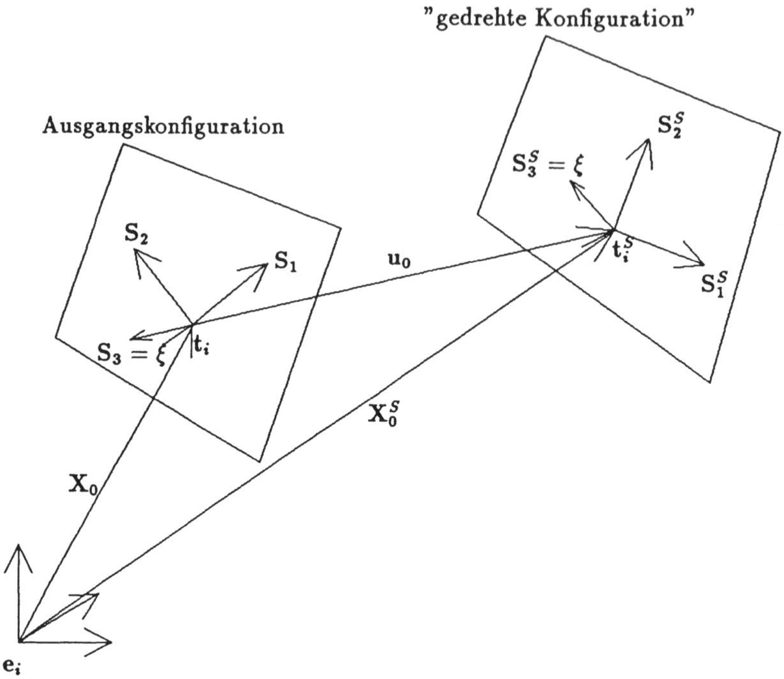


Abbildung 1: Bezugskonfigurationen

$= \mathbf{R}^S\mathbf{R}^T$, wenn $\mathbf{R}$ die Drehung eines im Punkt der Faltwerksmittelfläche definierten Dreibeins beschreibt,

lassen sich über die virtuelle innere Arbeit die Verzerrungsvektoren (vgl. auch Gruttmann [19])

$$\mathbf{\Gamma}_\alpha^S \left(S_\alpha^S\right) = \left(\mathbf{R}^D\right)^T \mathbf{x}_{0,\alpha}^S - \mathbf{t}_\alpha^S \tag{4}$$

und Krümmungsvektoren

$$\mathbf{K}_\alpha^S \left(S_\alpha^S\right) = \left(\mathbf{R}^D\right)^T \boldsymbol{\omega}_\alpha^S \tag{5}$$

ableiten. Darin ist $\boldsymbol{\omega}_\alpha^S$ der axiale Vektor zum schiefsymmetrischen Tensor

$$\boldsymbol{\Omega}_\alpha = \frac{\partial \mathbf{R}^D}{\partial S_\alpha}(\mathbf{R}^D)^T. \tag{6}$$

Mit

$$\mathbf{P}(S_1, S_2, \xi) = \mathbf{T}_i(S_1, S_2, \xi) \otimes \mathbf{t}_i \tag{7}$$

wird der Spannungsvektor der aktuellen Konfiguration bezogen auf die Fläche der Ausgangskonfiguration eingeführt. Damit lassen sich der Normalkraftvektor

$$\mathbf{n}_\alpha := \int_{-\frac{h}{2}}^{\frac{h}{2}} \mathbf{T}_\alpha d\xi \tag{8}$$

und der Momentenvektor

$$\mathbf{m}_\alpha := \int_{-\frac{h}{2}}^{\frac{h}{2}} (\mathbf{x} - \mathbf{x}_0) \times \mathbf{T}_\alpha d\xi \tag{9}$$

als Spannungsresultierende des 1. Piola-Kirchhoff'schen Spannungstensors definieren. Die Resultierenden des gedrehten Spannungstensors ergeben sich zu

$$\mathbf{N}^S_\alpha = (\mathbf{R}^D)^T \mathbf{n}_\alpha \tag{10}$$
$$\mathbf{M}^S_\alpha = (\mathbf{R}^D)^T \mathbf{m}_\alpha . \tag{11}$$

Die schwache Form des Gleichgewichts in Spannungsresultierenden und Verzerrungs- bzw. Krümmungsvektoren ausgedrückt, lautet damit

$$\begin{aligned} G(\phi, \eta) &= \int_A \left\{ \mathbf{N}^S_\alpha \cdot (\mathbf{R}^D)^T (\eta^S_{0,\alpha} - \boldsymbol{\vartheta} \times \mathbf{x}^S_{0,\alpha}) + \mathbf{M}^S_\alpha \cdot (\mathbf{R}^D)^T \boldsymbol{\vartheta}^S_\alpha \right\} dA \\ &\quad - \int_A (\overline{\mathbf{q}}^S \cdot \eta_0 + \overline{\mathbf{m}}^S \cdot \boldsymbol{\vartheta}) dA \overset{!}{=} 0. \end{aligned} \tag{12}$$

Die Lastterme $\overline{\mathbf{q}}^S$ und $\overline{\mathbf{m}}^S$ sind über die Randbedingungen definiert zu

$$\overline{\mathbf{q}}^S := \mathbf{T}^S_3(\tfrac{h}{2}) - \mathbf{T}^S_3(-\tfrac{h}{2}) = \mathbf{R}^S \overline{\mathbf{q}} \tag{13}$$

sowie

$$\overline{\mathbf{m}}^S := \left[ (\mathbf{x} - \mathbf{x}_0) \times \mathbf{T}^S_3 \right]_{-\frac{h}{2}}^{\frac{h}{2}} = \mathbf{R}^S \overline{\mathbf{m}} . \tag{14}$$

## 2.2 Große Rotationen, Drehfreiheitsgrade

Die zu berechnenden Strukturen (Faltwerke) setzen sich im allgemeinen aus mehreren Teilflächen zusammen, die unter beliebigem Winkel zusammenstoßen können. Jeder Teilfläche wird ein kartesisches Koordinatensystem zugeordnet, in welchem die Grundgleichungen formuliert werden. Zum Zusammenbau des Gesamtgleichungssystems für die Finite-Element-Berechnung muß dann eine Koordinatentransformation durchgeführt werden. Knotenverschiebungen und -koordinaten sind Vektoren und damit eindeutig zu transformieren. Die auftretenden Drehfreiheitsgrade jedoch dürfen im allgemeinen nicht wie Vektoren transformiert werden. Daher wird jedem Punkt der Struktur ein kartesisches Dreibein zugeordnet, so daß die Rotation in diesem Punkt durch die zugehörige orthogonale Matrix beschrieben werden kann. Unter der Annahme, daß alle in einem Knoten zusammentreffenden Teilflächen in diesem Punkt die gleiche Verdrehung erfahren, kann für jede dieser Teilflächen die Rotation der Flächennormale und hieraus die Krümmungen in den Teilflächen berechnet werden.

Der Zusammenhang zwischen einer schiefsymmetrischen Matrix, die eine infinitesimale Rotation beschreibt, und einer orthogonalen Matrix zur Darstellung endlicher Drehungen ist durch die exponentielle Abbildung

$$\mathbf{R} = \mathbf{e}^{\Theta} \tag{15}$$

definiert [28]. Die Komponenten des axialen Vektors $\boldsymbol{\vartheta}$ der schiefsymmetrischen Matrix $\boldsymbol{\Theta}$ können als infinitesimale Drehungen um die Koordinatenachsen interpretiert werden [1]. In der FE-Formulierung werden die 3 Komponenten des axialen Vektors $\boldsymbol{\vartheta}$ in jedem Knoten als Drehfreiheitsgrade eingeführt. Die exponentielle Abbildung Gl. 15 kann über die Eulerparameter [17,38,24] (auch Quaternionsparameter genannt, da die Eulerparameter als Einheitsquaternion interpretiert werden können [45]) durchgeführt werden. Die Eulerparameter sind durch

$$q_0 = \cos\frac{1}{2}\|\Delta\boldsymbol{\vartheta}\| \tag{16}$$

$$\mathbf{q}_i = \frac{\Delta\boldsymbol{\vartheta}}{\|\Delta\boldsymbol{\vartheta}\|}\sin\frac{1}{2}\|\Delta\boldsymbol{\vartheta}\| \tag{17}$$

aus den Drehfreiheitsgraden zu berechnen. Daraus folgen die Komponenten der orthogonalen Drehmatrix zu

$$\mathbf{R} = 2\begin{bmatrix} q_0^2 + q_1^2 - \frac{1}{2} & q_1q_2 - q_3q_0 & q_1q_3 + q_2q_0 \\ q_2q_1 + q_3q_0 & q_0^2 + q_2^2 - \frac{1}{2} & q_2q_3 - q_1q_0 \\ q_3q_1 - q_2q_0 & q_3q_2 + q_1q_0 & q_0^2 + q_3^2 - \frac{1}{2} \end{bmatrix} \tag{18}$$

Im Falle kleiner Rotationen sind die Drehungen um die Koordinatenachsen aus den Komponenten des Vektorteils der Quaternion Gl. 17 durch

$$\theta_i = 2q_i \qquad i = 1,2,3 \tag{19}$$

zu berechnen.

## 2.3 Matrizendarstellung, FE-Formulierung

Für die FE-Formulierung wird der Vektor der Knotenfreiheitsgrade zu

$$\delta\mathbf{v}_k = \{\delta v_{1k}, \delta v_{2k}, \delta v_{3k}, \vartheta_{1k}, \vartheta_{2k}, \vartheta_{3k}\} \tag{20}$$

eingeführt. Aus der Variation der Verzerrungsmaße Gl. 4 ergibt sich die $\mathbf{B}$ - Matrix zu

$$\begin{bmatrix} \delta E_{11}^S \\ \delta E_{22}^S \\ \delta E_{12}^S \\ \delta E_{13}^S \\ \delta E_{23}^S \\ \delta K_{11}^S \\ \delta K_{22}^S \\ \delta K_{12}^S \end{bmatrix} = \sum_k \begin{bmatrix} N_{k,1} & 0 & 0 & 0 & -x_{03,1}N_k & x_{02,1}N_k \\ 0 & N_{k,2} & 0 & x_{03,2}N_k & 0 & -x_{01,2}N_k \\ N_{k,2} & N_{k,1} & 0 & x_{03,1}N_k & -x_{03,2}N_k & x_{02,2}N_k - x_{01,1}N_k \\ 0 & 0 & N_{k,1} & -x_{02,1}N_k & x_{01,1}N_k & 0 \\ 0 & 0 & N_{k,2} & -x_{02,2}N_k & x_{01,2}N_k & 0 \\ 0 & 0 & 0 & 0 & N_{k,1} & 0 \\ 0 & 0 & 0 & -N_{k,2} & 0 & 0 \\ 0 & 0 & 0 & N_{k,1} & N_{k,2} & 0 \end{bmatrix} \delta\mathbf{v}_k \tag{21}$$

In der Gl. 21 sind die Krümmungen analog zu den Komponenten des Momentenvektors so umbenannt worden, daß sie wie die zugehörigen Spannungen indiziert sind (siehe auch [19]). Gleichzeitig wurde Symmetrie des gedrehten Spannungstensors $\mathbf{P}^S$ bei Vernachlässigung der Relativverdrehung angenommen, so daß sich die Schubspannungen und zugehörigen Momente zusammenfassen lassen. Die Spannungsresultierenden definieren entsprechend dem Verzerrungsvektor in Gl. 21 den Schnittkraftvektor

$$\mathrm{S}^S := \left\{N_{11}^S, N_{22}^S, N_{12}^S, N_{13}^S, N_{23}^S, M_{11}^S, M_{22}^S, M_{12}^S\right\} \tag{22}$$

Damit kann mit

$$\mathbf{P} := \left\{\overline{\mathbf{q}}^S, \overline{\mathbf{m}}^S\right\} \tag{23}$$

die schwache Form des Gleichgewichts in Matrizenschreibweise angegeben werden:

$$G(\mathbf{v}) = \int_A \mathbf{B}^T(\mathbf{v})\mathbf{S}^S(\mathbf{v})dA - \mathbf{P} \stackrel{!}{=} \mathbf{0} \tag{24}$$

## 2.4 Linearisierung, tangentiale Steifigkeitsmatrix

Um zu einer im Sinne des Newton–Verfahrens konsistenten Tangenten–Matrix zu gelangen, muß die schwache Form des Gleichgewichts in Gl. 24 linearisiert werden [22].

Dazu muß die Gl. 12 auf die Ausgangskonfiguration transformiert und in dieser Darstellung linearisiert werden. Die anschließende Transformation der linearisierten Gleichungen auf die gedrehte Konfiguration führt auf

$$\begin{aligned} DG \cdot \Delta\phi^S \;=\; & \int_A \Big\{ \hat{\mathbf{N}}^S_\alpha \cdot (\eta^S_{0,\alpha} - \vartheta \times \mathbf{x}^S_{0,\alpha}) - \hat{\mathbf{N}}^S_\alpha \cdot (\vartheta \times \Delta\mathbf{u}^S_{0,\alpha}) \\ & + \mathbf{C}^N(\Delta\mathbf{u}^S_{0,\alpha} - \Delta\psi \times \mathbf{x}^S_{0,\alpha}) \cdot (\eta^S_{0,\alpha} - \vartheta \times \mathbf{x}^S_{0,\alpha}) \\ & + \hat{\mathbf{M}}^S_\alpha \cdot \vartheta^S_\alpha + \mathbf{C}^M \Delta\psi^S_\alpha \cdot \vartheta^S_\alpha \Big\} \, dA, \end{aligned} \tag{25}$$

worin

$\Delta\phi^S = \{\Delta\mathbf{u}_0, \Delta\psi\}$ – Zuwächse der Knotenverschiebungen und Verdrehungen,

$\eta = \{\eta_0, \vartheta\}$ – Variationen der Knotenverschiebungen und Verdrehungen

sind. $\hat{\mathbf{M}}^S_\alpha$ und $\hat{\mathbf{N}}^S_\alpha$ sind die Schnittgrößen des Iterationspunktes, an dem die Linearisierung durchgeführt wurde.

Mit Hilfe der Operatormatrizen

$$\Sigma^S_\alpha := \begin{bmatrix} \frac{d}{dS^S_\alpha}\mathbf{1} & [\mathbf{x}^S_{0,\alpha}\times] \\ 0 & \frac{d}{dS^S_\alpha}\mathbf{1} \end{bmatrix} \tag{26}$$

$$\Psi^T_\alpha := \begin{bmatrix} \frac{d}{dS^S_\alpha}\mathbf{1} & 0 & 0 \\ 0 & \frac{d}{dS^S_\alpha}\mathbf{1} & \mathbf{1} \end{bmatrix} \tag{27}$$

$$\mathbf{B}_\alpha := \begin{bmatrix} 0 & 0 & [-\hat{\mathbf{n}}_\alpha\times] \\ 0 & 0 & [-\hat{\mathbf{m}}_\alpha\times] \\ [\hat{\mathbf{n}}_\alpha\times] & 0 & \hat{\mathbf{n}}_\alpha \otimes \mathbf{x}^S_{0,\alpha} - (\hat{\mathbf{n}}_\alpha \cdot \mathbf{x}^S_{0,\alpha})\mathbf{1} \end{bmatrix} \tag{28}$$

läßt sich die tangentiale Steifigkeitsmatrix zu

$$\mathbf{K}_T = \int_A \left\{\eta \cdot (\Sigma^S_\alpha)^T \mathbf{C} \Sigma^S_\alpha \Delta\phi^S\right\} dA + \int_A \left\{\eta \cdot \Psi^T_\alpha \mathbf{B}_\alpha \Psi_\alpha \Delta\phi^S\right\} dA \tag{29}$$

angeben. Der zweite Term von Gl. 29 stellt die sog. geometrische oder Anfangsspannungsmatrix dar. Dabei sei darauf hingewiesen, daß das Stoffgesetz bei Annahme kleiner Verzerrungen nicht von der Bezugskonfiguration abhängt.

Die in Gl. 21 auftretenden Ableitungen der Mittelfläche nach den mitgedrehten Koordinaten werden bei isoparametrischer Interpolation für 3 – Knoten – Elemente und bei zusätzlicher Vernachlässigung der Element – Verwindung auch bei 4 – Knoten

– Elementen zu 0 bzw. 1, so daß aus der Darstellung der Variation der Verzerrungen die B–Matrizen für bekannte, lineare Elemente abgeleitet werden können. So kann z.B. direkt das 4 – Knoten Mindlin–Element von Bathe/Dvorkin [7,6] mit einem assumed-strain–Ansatz für die Schubverzerrungen übernommen werden. Durch Anwendung der "discrete–Kirchhoff–theory", d.h. Erfüllung der Kirchhoff–Love–Hypothese in einigen Punkten, lassen sich aus Gl. 21 die B–Matrizen für die DKT–Elemente [10,8,44,11] ableiten.

Die Verwendung der daraus folgenden Steifigkeitsmatrizen sowie der Update der Bezugskonfiguration ("gedrehte" Konfiguration) führt auf eine vollständig nichtlineare Formulierung des Problems. Wird dieser Update nicht durchgeführt, so erhält man das bekannte Updated–Lagrange–Verfahren [9] mit linearen Schritten in sehr kleinen Inkrementen.

Da jedoch bei der Traglastberechnung plastische Defomationen eine wesentliche Rolle spielen, und diese ebenfalls sehr kleine Inkremente wegen der Ratenformulierung des Fließgesetzes erfordern, ist das Updated–Lagrange–Verfahren bei der Mehrzahl der untersuchten Strukturen durchaus konkurrenzfähig.

# 3 Materialgesetze

## 3.1 Allgemeines

Für die Traglastberechnung der Struktur wird ein elastisch–zähplastischer Werkstoff mit isotroper Verfestigung zugrunde gelegt.

Zur Formulierung des elasto–plastischen Stoffgesetzes wird die räumliche Verzerrungsgeschwindigkeit in einen elastischen und einen plastischen Anteil aufgespalten:

$$\dot{\varepsilon} = \dot{\varepsilon}^{el} + \dot{\varepsilon}^{pl}. \tag{30}$$

Diese Aufspaltung basiert auf einer multiplikativen Zerlegung des materiellen Deformationsgradienten nach Lee [27] in einen elastischen und einen plastischen Anteil

$$\mathbf{F} = \mathbf{F}^{el}\mathbf{F}^{pl}. \tag{31}$$

Von Lee [27] wird eine inkompatible, bis auf Starrkörperdrehungen festgelegte plastische Zwischenkonfiguration eingeführt. Bei Annahme kleiner elastischer Verzerrungen kann diese Zwischenkonfiguration durch die Momentankonfiguration approximiert werden.

Im folgenden sollen die verwendeten Spannungs– und Verzerrungsgrößen auf diese durch Starrkörperrotation angenäherte Momentankonfiguration bezogen sein. Das elastische Materialgesetz läßt sich als

$$\tau = \mathbf{C}\varepsilon \tag{32}$$

schreiben.

## 3.2 Fließbedingung

Da der hydrostatische Spannungszustand bei metallischen Werkstoffen keinen Einfluß auf die plastischen Verzerrungen hat, kann die Fließbedingung in deviatorischen Größen dargestellt werden.

Dazu muß zunächst der Spannungstensor in den deviatorischen und den Kugeltensoranteil zerlegt werden.

$$\tau^K = \frac{1}{3}(\tau \cdot \mathbf{1})\mathbf{1} \tag{33}$$

$$\tau^D = \tau - \frac{1}{3}(\tau \cdot \mathbf{1})\mathbf{1}, \tag{34}$$

wobei $\tau^D$ den deviatorischen Anteil des Spannungstensors und $\tau^K$ den zugehörigen Kugeltensor bezeichnen.

Die v. Mises'sche Fließbedingung lautet damit

$$F(\tau, e_v) = \tau^D \cdot \tau^D - \frac{2}{3}\overline{\sigma}^2(e_v) \leq 0. \tag{35}$$

$\overline{\sigma}(e_v)$ stellt die Fließgrenze dar, die aus dem einaxialen Zugversuch ermittelt werden kann. Sie ist eine Funktion der plastischen Vergleichsverzerrungen

$$e_v = \sqrt{\frac{2}{3}\varepsilon^{pl} \cdot \varepsilon^{pl}}. \tag{36}$$

Die Fließbedingung Gl. 35 erfüllt ebenfalls die Forderung nach Konvexität, was Voraussetzung für die Anwendung der im folgenden beschriebenen Verfahren ist.

## 3.3 Fließgesetz

Bei der Formulierung des Fließgesetzes wird Koaxialität der Hauptachsen des Spannungstensors und der plastischen Verzerrungsgeschwindigkeit (assoziierte Fließregel) angenommen, so daß

$$\dot{\varepsilon}^{pl} = \dot{\lambda}\tau \tag{37}$$

folgt.

Der Fließparameter $\dot{\lambda}$ beschreibt die Beziehung zwischen Spannungsdeviator und plastischer Verzerrungsgeschwindigkeit, sagt jedoch nichts über den Betrag von $\varepsilon^{pl}$ aus.

Die Verwendung des elastischen Stoffgesetzes Gl. 32 in der Form $\dot{\varepsilon} = \mathbf{C}^{-1}\dot{\tau}$ ergibt den Prandtl–Reuss–Tensor

$$\mathbf{P} = \mathbf{C} - \frac{\mathbf{C}\tau^D \otimes \mathbf{C}\tau^D}{\frac{4k^2\xi}{3} + \tau^D \cdot \mathbf{C}\tau^D} \tag{38}$$

mit $\xi = \frac{\partial \overline{\sigma}}{\partial e_v}$ und $k = \frac{\overline{\sigma}}{\sqrt{3}}$, so daß

$$\dot{\tau} = \mathbf{P}\dot{\varepsilon} \tag{39}$$

gilt.

Die Anwendung auf geometrisch nichtlineare Probleme erfolgt allgemein durch Bezug auf die Momentankonfiguration und Ersetzen der Zeitableitungen durch objektive Zeitableitungen.

Bei Annahme kleiner Verzerrungen kann die Lie–Ableitung der Spannungen transformiert werden wie der Spannungstensor selbst, so daß bei kleinen Relativverdrehungen

$$\dot{\tau} \approx \dot{\mathbf{P}}^S \tag{40}$$

gilt.

## 3.4 Integration des Fließgesetzes, Projektionsverfahren

Um die plastischen Verzerrungen zu berechnen, muß Gl. 37 bzw. für den Spannungszuwachs Gl. 39 in geeigneter Weise über den betrachteten Zeitraum (=Lastinkrement) integriert werden. Dazu wird eine implizite Integration der Fließregel mittels Projektionsverfahren verwendet. Zur Herleitung dieses Verfahrens wird zunächst das Fließgesetz in eine Variationsformulierung überführt. Es gilt

$$\begin{aligned} \dot{\boldsymbol{\varepsilon}} \cdot (\bar{\boldsymbol{\tau}} - \boldsymbol{\tau}) - \frac{d\overline{\sigma}}{de_v}\dot{e}_v(\bar{e}_v - e_v) &\leq 0 \\ \forall \bar{\boldsymbol{\tau}}, \bar{e}_v \text{ mit } F(\bar{\boldsymbol{\tau}}, \bar{e}_v) &\leq 0, \end{aligned} \tag{41}$$

worin die mit ($\bar{\ }$) gekennzeichneten Größen einen beliebigen Vergleichszustand kennzeichnen, der jedoch die Fließbedingung erfüllen muß.

Mit Einführung der sogenannten "Versuchs-Spannung" (trial-stress)

$$\boldsymbol{\tau}^T = \boldsymbol{\tau}^n + \mathbf{C}\Delta\boldsymbol{\varepsilon}, \tag{42}$$

wobei das elastische Stoffgesetz Gl. 32 eingesetzt und der Übergang von Geschwindigkeiten auf endliche Inkremente durchgeführt wurde, kann das Inkrement der plastischen Verzerrungen dargestellt werden als

$$\begin{aligned} \Delta\boldsymbol{\varepsilon}^{pl} &= \Delta\boldsymbol{\varepsilon} - \Delta\boldsymbol{\varepsilon}^{el} \\ &= \mathbf{C}^{-1}(\boldsymbol{\tau}^T - \boldsymbol{\tau}). \end{aligned} \tag{43}$$

Hierin repräsentiert $\boldsymbol{\tau}$ den gesuchten Spannungszustand, der die Fließbedingung erfüllen soll. Setzt man Gl. 43 in Gl. 41 ein, so ergibt sich die Variationsungleichung

$$\begin{aligned} (\boldsymbol{\tau}^T - \boldsymbol{\tau}) \cdot \mathbf{C}^{-1}(\bar{\boldsymbol{\tau}} - \boldsymbol{\tau}) &\leq 0 \\ \forall \bar{\boldsymbol{\tau}}, \bar{e}_v \text{ mit } F(\bar{\boldsymbol{\tau}}, \bar{e}_v) &\leq 0. \end{aligned} \tag{44}$$

Diese Gleichung kann interpretiert werden als Projektion von $\boldsymbol{\tau}^T$ auf den Spannungspunkt $\boldsymbol{\tau}$ der Fließfläche (siehe Bild 2) bezüglich des inneren Produkts

$$< \mathbf{x}, \mathbf{y} >= \mathbf{x} \cdot (\mathbf{C}^{-1} y), \tag{45}$$

d.h. der Abstand

$$< \boldsymbol{\tau}^T - \boldsymbol{\tau}, \boldsymbol{\tau}^T - \boldsymbol{\tau} > \tag{46}$$

ist minimal.

Die Anwendung der "radial-return" Methode auf den ebenen Spannungszustand erfordert einige Modifikationen [30]. Um zu gewährleisten, daß der gesuchte Spannungszustand $\boldsymbol{\tau}$ die Forderungen des ebenen Spannungszustands erfüllt, muß die Projektion bzw. Abstandsminimierung bezüglich der durch den Elastizitätstensor des ebenen Spannungszustands induzierten Norm durchgeführt werden.

Dies bedeutet, daß Gl. 45 zu

$$< \mathbf{x}, \mathbf{y} >_{ESZ}= \mathbf{x} \cdot (\mathbf{C}_{ESZ}^{-1} \mathbf{y}) \tag{47}$$

wird. Dann ist der gesuchte Zustand $\tau$ durch die Lösung des Minimalproblems

$$\mathcal{J}(\boldsymbol{\tau}) := (\boldsymbol{\tau}^T - \boldsymbol{\tau}) \cdot \mathbf{C}_{ESZ}^{-1}(\boldsymbol{\tau}^T - \boldsymbol{\tau}) \rightarrow \text{ Min} \tag{48}$$

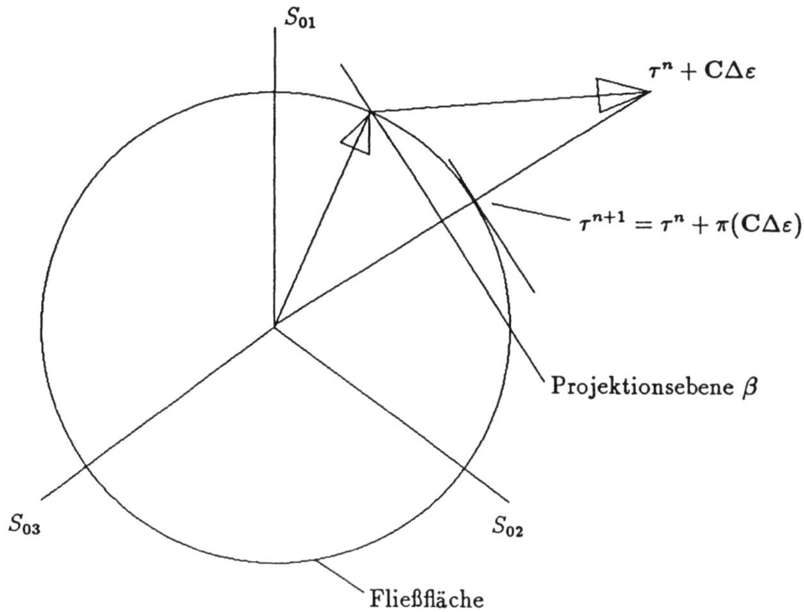


Abbildung 2: Projektion

unter der Nebenbedingung

$$F(\boldsymbol{\tau}, e_v) \leq 0 \tag{49}$$

gegeben.

Mit Gl. 49 wird aus Gl. 48 ein Sattelpunktsproblem der Form

$$\mathcal{J}^*(\boldsymbol{\tau}, \lambda) = \mathcal{J}(\boldsymbol{\tau}) + \lambda F(\boldsymbol{\tau}, e_v) \rightarrow \text{ stat.} \tag{50}$$

d.h. es muß ein stationärer Wert gefunden werden.

Nach Bildung der Gateaux–Ableitung erhält man die algebraischen Gleichungen

$$\frac{\partial \mathcal{J}^*}{\partial \boldsymbol{\tau}} = -2\mathbf{C}_{ESZ}^{-1}(\boldsymbol{\tau}^T - \boldsymbol{\tau}) + 3\lambda \boldsymbol{\tau}^D \stackrel{!}{=} 0, \tag{51}$$

die in Matrizendarstellung auf

$$\begin{bmatrix} \tau_{11} \\ \tau_{22} \end{bmatrix} = \frac{2}{D} \begin{bmatrix} \frac{2}{E} - 2\lambda & \frac{2\nu}{E} - \lambda \\ \frac{2\nu}{E} - \lambda & \frac{2}{E} - 2\lambda \end{bmatrix} \begin{bmatrix} \varepsilon_{11} \\ \varepsilon_{22} \end{bmatrix} \tag{52}$$

sowie

$$\tau_{12} = \frac{E}{2(1+\nu) - 3\lambda E} \varepsilon_{12} \tag{53}$$

führen. Darin ist $E$ der E–Modul und $\nu$ die Querkontraktionszahl des Werkstoffes, sowie

$$D = (\frac{2}{E} - 2\lambda)^2 - (\frac{2\nu}{E} - \lambda)^2, \tag{54}$$

Die zweite Bedingung folgt aus der Ableitung des Funktionals Gl. 51 nach dem Lagrange-Parameter $\lambda$ und führt auf

$$\frac{\partial \mathcal{J}^*}{\partial \lambda} = F(\tau, \lambda) \stackrel{!}{=} 0. \tag{55}$$

Mit diesen Gleichungen läßt sich $\lambda$ als Lösung der folgenden Gl. 4. Grades angeben

$$\begin{aligned} &\left[\frac{2(1-\nu)}{E} + \lambda\right]^2 (\varepsilon_{11}^2 + \varepsilon_{22}^2 - \varepsilon_{11}\varepsilon_{22} + 3\varepsilon_{12}^2) \\ &+ \left[\frac{2}{E} + 2\lambda\right] (\frac{2\nu}{E} + \lambda)(\varepsilon_{11} + \varepsilon_{22})^2 - \frac{D^2}{4}\overline{\sigma}^2(e_v) \stackrel{!}{=} 0, \end{aligned} \tag{56}$$

die numerisch mit dem Sekantenverfahren gelöst werden kann. Der gesuchte Spannungszustand ergibt sich schließlich aus Gl. 52 und 53, wenn $\lambda$ aus Gl. 56 eingesetzt wird.

## 3.5 Konsistenter Tangententensor

Bei der Berechnung von Spannungen unter Berücksichtigung inelastischen Materialverhaltens besteht ein nichtlinearer Zusammenhang zwischen Verzerrungen und Spannungen. Sollen die im Rahmen der Finite-Element-Methode (mit Verschiebungsansätzen) entstehenden nichtlinearen Gleichungssysteme mit Newton-Raphson-Verfahren gelöst werden, müssen tangentiale Steifigkeitsmatrizen ermittelt werden. Dazu muß der Fehlkraftvektor $G$ (Residuum) des Funktionals Gl. 12 linearisiert werden.

Bezüglich des Werkstoffverhaltens führt diese auf den tangentialen Stofftensor $\mathbf{C}_T$, der durch Ableitung der Spannungen nach den Verzerrungen definiert ist [20,37]

$$\mathbf{C}_T = \overline{\mathbf{C}} - \frac{\overline{\mathbf{C}}\tau^D \otimes \overline{\mathbf{C}}\tau^D}{\frac{4}{9}\overline{\sigma}^2\overline{\xi} + \tau^D \cdot \overline{\mathbf{C}}\tau^D}. \tag{57}$$

Darin ist

$$\overline{\mathbf{C}} = (\dot{\mathbf{C}}^{-1} + \frac{3}{2}\lambda \mathbf{D})^{-1} \tag{58}$$

mit

$$\mathbf{D} = \mathbf{I} - \frac{1}{3}\mathbf{1} \otimes \mathbf{1}, \tag{59}$$

wobei $\lambda$ aus Gl. 56 ermittelt wird.

Für Spannungspunkte, die exakt auf der Fließfläche liegen, ist $\lambda = 0$, und damit geht der tangentiale Stofftensor in den Prandtl-Reuss-Tensor Gl. 37 über.

## 3.6 Anwendung auf Flächentragwerke

Da bei der Berechnung von Flächentragwerken mit Spannungsresultierenden bzw. Schnittgrößen gearbeitet wird, muß noch die Beziehung zwischen den Spannungstensoren für den ebenen Spannungszustand und den Schnittgrößen hergestellt werden.

Dazu bieten sich grundsätzlich zwei Verfahren an. Die erste Möglichkeit besteht darin, die Fließbedingung direkt in den Schnittgrößen zu formulieren. Solche Fließbedingungen wurden in [23,14,16,25] verwendet. Eine vergleichende Darstellung der unterschiedlichen Ansätze wurde in [32] durchgeführt. Das grundlegende Problem bei der Verwendung solcher integrierter Fließbedingungen ist die Erfassung des Einflusses der plastischen Verzerrungen auf die Fließbedingung, d.h. die Beschreibung der Fließbedingung zwischen dem Beginn des inelastischen Verhaltens und dem vollen Durchplastizieren des Querschnitts. Wie in [32] festgestellt, können bei Anwendung einer geeigneten integrierten Fließbedingung Ergebnisse erzielt werden, die gut mit den Ergebnissen der im folgenden beschriebenen Schichtpunktmodelle übereinstimmen.

Die zweite Möglichkeit besteht in der Verwendung sogenannter Schichtpunktmodelle [29,26]. Dabei wird das Flächentragwerk in Dickenrichtung (definiert durch den aktuellen Normalenvektor $\mathbf{t}_3$) in eine gerade Anzahl von Schichten gleicher Dicke unterteilt. Jede Schicht wird von sog. Schichtpunkten begrenzt, so daß sich eine ungerade Anzahl von Schichtpunkten ergibt (siehe Bild 3).

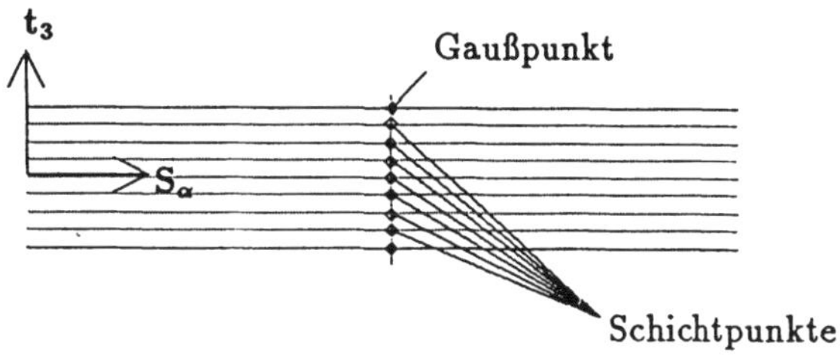


Abbildung 3: Schichtpunktmodell

Die Verzerrungen in den Schichtpunkten können nun mit der Annahme eines linearen Verlaufs über die Dicke aus den Verzerrungen der Mittelfläche $\varepsilon$ und den Krümmungen $\kappa$ berechnet werden. Es gilt im Schichtpunkt i

$$\varepsilon^i = \varepsilon + z^i \kappa, \tag{60}$$

worin $z^i$ die Koordinate des Schichtpunktes in Dickenrichtung darstellt. Mittels der Elastitzitätsmatrix des ebenen Spannungszustands können die Prediktorspannungen in jedem Schichtpunkt entsprechend Gl. 42 berechnet werden und bei Verletzung der Fließbedingung auf die Fließfläche projiziert werden. In diesem Fall wird zusätzlich der konsistente Tangententensor Gl. 57 bestimmt. Die Integration über die Dicke erfolgt komponentenweise mit numerischen Verfahren (z.B. Simpsonverfahren), so daß gilt

$$n_{\alpha\beta} = H \sum_{i=1}^{NSP} w^i \tau_{\alpha\beta} \tag{61}$$

$$m_{\alpha\beta} = H \sum_{i=1}^{NSP} w^i z^i \tau_{\alpha\beta}, \tag{62}$$

worin $w^i$ die Wichtungsfaktoren für die Integrationspunkte abhängig vom Integrationsverfahren sind und H die Plattendicke darstellt. In entsprechender Weise werden die tangentialen Stoffmatrizen für den Membrananteil, den Koppelanteil und den Biegeanteil komponentenweise über die Dicke integriert

$$C_M^{kl} = H \sum_{i=1}^{NSP} w^i C_T^{i(kl)} \tag{63}$$

$$C_{MB}^{kl} = H \sum_{i=1}^{NSP} w^i z^i C_T^{i(kl)} \quad (64)$$

$$C_B^{kl} = H \sum_{i=1}^{NSP} w^i (z^i)^2 C_T^{i(kl)} \quad (65)$$

Mit wachsender Zahl der Schichten und Schichtpunkte (NSP) kann bei diesem Modell die Genauigkeit der Ergebnisse gesteigert werden. In der Regel genügen jedoch 7 Schichtpunkte, um befriedigende Ergebnisse zu erhalten ([29]). Bei der Erhöhung der Zahl der Schichtpunkte ist zu beachten, daß damit auch die Zahl der abzuspeichernden Daten stark anwächst.

# 4 Adaptive Netzverfeinerung

## 4.1 A-priori Fehlerabschätzung

Wir gehen zunächst von der abstrakten Formulierung einer linearen elliptischen Randwertaufgabe aus. Dazu sei:
$\Omega \subset R^2$ ein Gebiet mit

$$\partial\Omega = \partial\Omega_u \cup \partial\Omega_\sigma, meas(\partial\Omega_u) \neq 0 \quad (66)$$

$$H_m(\Omega) := \{v \in \mathcal{L}_2(\Omega) : \forall \mid \alpha \mid \leq m \; \exists \partial^\alpha u \; mit \; \partial^\alpha u \in \mathcal{L}_2(\Omega)\} \quad (67)$$

$$H := \{v \in H_m(\Omega) : v = 0 \; in \; \partial\Omega_u\} \quad (68)$$

$a(.,.)$ eine symmetrische, stetige, positiv definite Bilinearform auf $H \times H$ und $f(.)$ eine stetige Linearform auf $H$.
Gesucht sei $u \in H$ mit

$$a(u, v) = f(v) \; \forall v \in H. \quad (69)$$

Das zugehörige Differentialgleichungssystem lautet:

$$Lu = f \; in \; \Omega, \quad (70)$$

wobei $u \in H_{2m}(\Omega)$ die entsprechenden Randbedingungen erfüllt und $f \in \mathcal{L}_2(\Omega)$ gilt. Für die weitere Darstellung werden noch folgende Normen benötigt:

$$\|v\|_m := \left( \sum_{|\alpha| \leq m} \|\partial^\alpha v\|_{\mathcal{L}_2(\Omega)} \right)^{1/2} \quad (71)$$

und die Energienorm

$$\|v\|_E := (a(v, v))^{1/2} \quad (72)$$

Zur näherungsweisen Lösung von (69) wird ein Ansatzraum $\Psi^{(h)}$ eingeführt. Dabei ist $h$ ein Diskretisierungsparameter, beispielsweise der Durchmesser des größten Elements. In der Regel betrachtet man quasiuniforme Elementnetze, d. h. Netze, für die das Verhältnis des Durchmessers des größten Elementes zu dem des kleinsten Elementes beschränkt bleibt. Die Näherungslösung $u^{(h)}$ wird dargestellt als

$$u^{(h)} = \sum_k u_k^{(h)} \psi_k^{(h)}, \; \psi_k^{(h)} \in \Psi^{(h)}, \quad (73)$$

der Approximationsfehler $e^{(h)}$ ist durch

$$e^{(h)} = u^{(h)} - u \tag{74}$$

definiert. Unter der Voraussetzung quasiuniformer Netze erhält man im besten Fall eine Abschätzung der Form

$$\|e^{(h)}\|_k \leq ch^{(l-k)} \quad (k \leq m), \tag{75}$$

wobei $l$ die Konvergenzordnung des Verfahrens und $c$ eine Konstante ist. In diese Abschätzung gehen sowohl die Ansatzordnung als auch die Glattheit der gesuchten Lösung ein.

Abschätzungen der Form (75) sind für die theoretische Untersuchung von FE-Methoden wichtig, können jedoch für eine a-posteriori Fehlerabschätzung nicht verwendet werden, da die Konstante nicht ausreichend genau abgeschätzt werden kann. Wenn die Lösung Singularitäten in höheren Ableitungen besitzt, erreicht man die für glatte Lösungen mögliche Konvergenzordnung des Verfahrens nicht. Solche Singularitäten können z. B. durch Ecken des Gebiets (insbesondere einspringende Ecken) oder durch Unstetigkeiten in den aufgebrachten Lasten oder in den Materialeigenschaften verursacht werden. Bessere Konvergenz kann man in diesem Fall erreichen, indem man an den singulären Punkten der gesuchten Lösung adaptiv verfeinerte FE-Netze verwendet (siehe [35,34]).

## 4.2 A-posteriori Fehlerabschätzung

In dieser Arbeit folgen wir dem von Babuška und Rheinboldt angegebenen Verfahren (siehe [3,4]). Um zu lokalen Aussagen zu gelangen, betrachten wir zunächst zu einem beliebigen Knoten $K_i$ die Menge $P_i$ der angrenzenden Elemente und bezeichnen mit $\Psi_i^{(h)} \subset \Psi^{(h)}$ die Menge der Ansatzfunktionen, die außerhalb $P_i$ identisch verschwinden. (Der Index $(h)$ wird im folgenden weggelassen.) Es sei nun $\mathcal{P}_i(e)$ die orthogonale Projektion (in der Energienorm) von $e$ auf $\Psi_i$. Mit Hilfe dieser Definitionen kann man eine Abschätzung für die Norm des Gesamtfehlers ( *Fehlerestimator*)

$$c_1 \sum_i \|\mathcal{P}_i(e)\|_E^2 \leq \|e\|_E^2 \leq c_2 \sum_i \|\mathcal{P}_i(e)\|_E^2 \tag{76}$$

([3]) mit von der Netzweite unabhängigen Konstanten $c_1$ und $c_2$ als Summe lokaler Größen ( = *Fehlerindikatoren*) angeben.

Für die praktische Anwendung von (76) benötigt man eine Abschätzung für $\|\mathcal{P}_i(e)\|_E$. Definitiongemäß gilt:

$$\|\mathcal{P}_i(e)\|_E = \sup_{v \in \Psi_i} \frac{a(e,v)}{\|v\|_E}. \tag{77}$$

Man kann nun $a(e,v)$ unter Verwendungen von Integralsätzen umformen, wobei man die in $P_i$ liegenden Elementränder $\partial\Omega_k \cap P_i$ getrennt betrachten muß. Für einige Randwertprobleme 2. Ordnung (Laplace-Gleichung, Scheiben-Gleichung ([2]), Reissner-Mindlin-Plattengleichung ([31])) gilt:

$$\|\mathcal{P}_i(e)\|_E \approx h_i^2 \int_{P_i} (Lu - f)^T (Lu - f) dx + h_i \int_{\partial\Omega_k \cap P_i} J(\sigma)^T J(\sigma) ds, \tag{78}$$

wobei $J(\sigma)$ die Sprünge der Spannungen (Schnittgrößen) über die Elementränder bezeichnet.

### 4.3 Software-Aspekte

Um eine Netzadaption sinnvoll durchführen zu können, benötigt man zunächst eine diskretisierungsunabhängige Beschreibung der Bauteilgeometrie. Eine solche Beschreibung wurde für das Programmsystem INA-SP entwickelt; für den Einsatz in der Praxis wäre hier eine CAD-Schnittstelle interessant. Die Verfeinerung ist so organisiert, daß Elementseiten entweder halbiert werden oder unverändert bleiben. Je nach Kriterium können alle oder auch nur eine oder zwei Seiten eines Elements vefeinert werden (siehe Bild 4). Auf diese Weise wird sichergestellt, daß nur zulässige Elementnetze (ohne irreguläre Knoten) erzeugt werden und daß sich die Form der Elemente (möglicherweise mit Ausnahme der temporären Elemente) nicht verschlechtert.

Abbildung 4: Netzanpassung mit temporären Elementen

## 5 Aufbau und Lösung der Systemgleichungen

In der Finiten–Element–Methode werden in der Regel Varianten des Gauß'schen Eliminationsverfahrens zur Lösung der linearen Gleichungssysteme eingesetzt. Der Rechenaufwand für das Zerlegungsverfahren wächst in der Regel (d.h. mit Ausnahme einfacher Balkenstrukturen) nichtlinear mit der Zahl der Unbekannten, was zur Folge hat, daß ab einer gewissen Größe des Systems die Gesamtrechenzeit hauptsächlich durch den Aufwand für die Gleichungslösung bestimmt wird.

Aus diesem Grund wurden Mehrgitterverfahren zur Lösung der Systemgleichungen untersucht, da die Rechenzeit für Mehrgitterverfahren im Idealfall nur linear mit der Zahl der Unbekannten wächst ([21]). Ausgangspunkt dieser Verfahren ist die Beobachtung, daß einige klassische Iterationsverfahren (z.B. Jacobi-Iteration, Gauss-Seidel-Iteration) zwar langsam konvergieren, aber glättend wirken: die zu den großen Eigenwerten der Matrix gehörenden kurzwelligen Fehleranteile werden sehr schnell abgebaut, während die langwelligen Anteile nahezu konstant bleiben und für die insgesamt schlechte Konvergenz der Verfahren verantwortlich sind. Im Mehrgitterverfahren werden daher auf den feinen Netzen jeweils nur wenige Glättungsschritte durchgeführt und das verbleibende Residuum dann auf das nächstgröbere Gitter transferiert, wo die Residuumsgleichung entweder exakt oder wiederum durch Mehrgitterschritte näherungsweise gelöst wird. Auf diese Weise kann jeder Anteil des Fehlers auf dem am besten geeigneten Netz reduziert werden. Dieses Verfahren wurde für Scheibenprobleme bereits erfolgreich eingesetzt: in den Testrechnugen wurde das Mehrgitterverfahren bei ungefähr 1000 bis 2000 Unbekannten konkurrenzfähig mit einem Zerlegungsverfahren. Für die Plattengleichung wurden allerdings bisher nur vergleichsweise schlechte Mehrgitterkonvergenzraten erreicht, was auf die wesentlich komplizierteren FE-Ansätze zurückzuführen ist.

Für die Lösung nichtlinearer Probleme in der FEM ist das Newton-Verfahren die Standardmethode. Wegen des hohen Rechenaufwandes dieses Verfahrens wurde der Einsatz von Quasi-Newton-Methoden ([15]) mit verschiedenen Aufdatierungsstrategien und Schrittweitenalgorithmen untersucht ([46]). Es konnten besonders bei großdimensionalen Problemen Rechenzeitvorteile erzielt werden. Weitere algorithmische Verbesserungen sind durch die Anwendung von Mehrgitterstrategien (Mehrgitter-Newton-Verfahren, nested iteration) möglich.

# 6 Beispiele

## 6.1 Scheibe mit Riß

Es handelt sich um eine Rechteckscheibe mit einem Riß in der Mitte, durch den der ansonsten homogene Spannungszustand gestört wird. Aus Symmetriegründen wird nur ein Viertel des Systems gerechnet (siehe Bild 5).

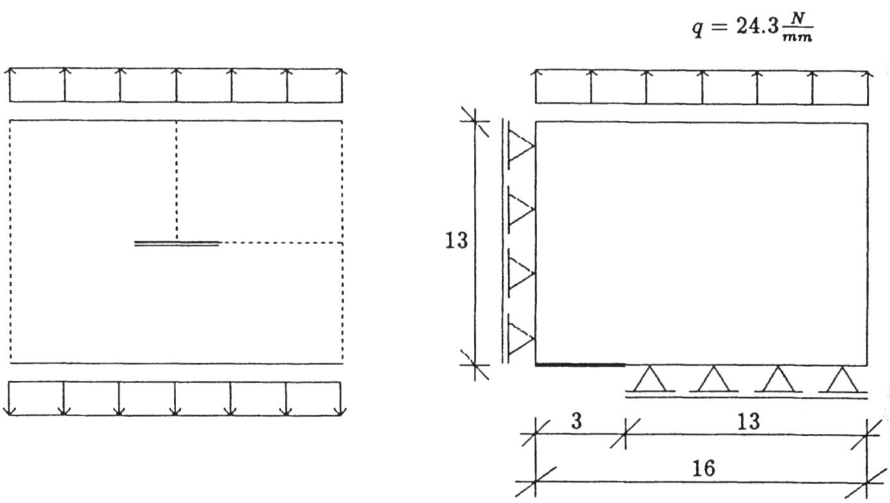


Abbildung 5: Scheibe mit Riß

Ausgehend von einem (manuell erzeugten) Startnetz mit 9 Elementen werden nach a-posteriori Kriterien bei jedem Verfeinerungsschritt ca. 10 Prozent der Elemente verfeinert. (Durch die "Ausstrahlung" der lokalen Verfeinerung erhöht sich die Zahl der verfeinerten Elemente.)

## 6.2 BTV – Braunschweiger Traglastversuch

Wie schon ausführlich an anderer Stelle berichtet wurde [40,39,43], sind Versuche des Instituts für Stahlbau der Technischen Universität Braunschweig [36] mit dem Programmsystem INA–SP nachgerechnet worden.

Dabei handelte es sich um Versuche an schlanken Blechträgern, die mit Einzellasten (Lasteinleitung ohne Steifen) bis in den Nachtraglastbereich beansprucht und

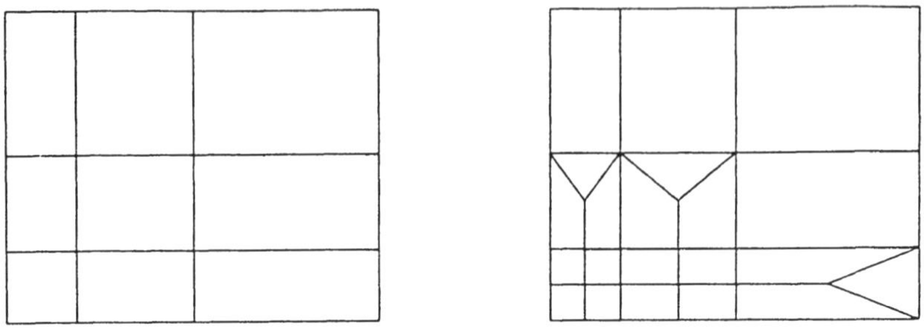

Startnetz 1. Verfeinerung

Abbildung 6: Erste Verfeinerungsstufen

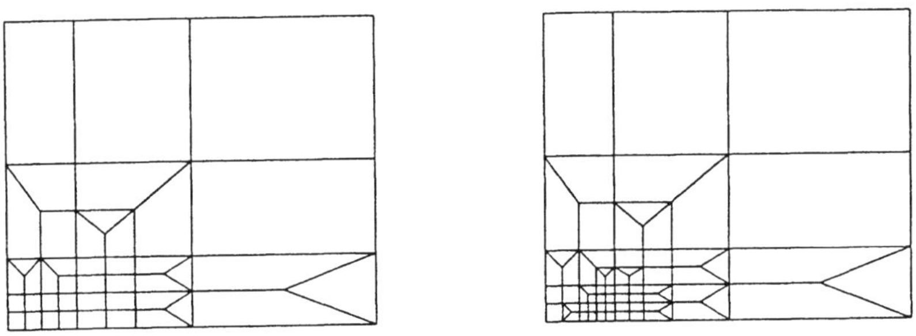

2. Verfeinerung 3. Verfeinerung

Abbildung 7: Weitere Verfeinerungsstufen

dabei elastisch-plastisch deformiert wurden. Die experimentellen Traglasten konnten bei den zwei untersuchten Trägern (Stegblech $\frac{b}{t} = 193.2$ bzw. $\frac{b}{t} = 108.8$) mit Abweichungen von weniger als 5% sehr genau nachgerechnet werden.

Vergleiche mit einfachen Ingenieurformeln [13,12,40,18], deren Gültigkeitsbereiche jedoch noch durch weitere Parameterstudien bestimmt werden müssen, ergaben ebenfalls eine erstaunlich gute Abschätzung der Traglast mit sehr einfachen Mitteln.

Weiterhin wurden einige Parameterstudien zur Untersuchung des Versagensverhaltens bei sehr unterschiedlichen Stegblechdicken durchgeführt [39,42,41,33].

Diese ergaben für eine Stegblechstärke von 4.14 mm das in Bild 8 (links) dargestellte Tragverhalten mit einer ausgeprägten Fließzone im Steg unter der Einzellast, während sich bei einem Stegblech von 15 mm im Obergurt ein Dreigelenkmechanismus einstellt (vgl. auch [13,12,33]), der schließlich zum Versagen der Struktur führt. Das Tragverhalten dazu ist in Bild 8 (rechts) skizziert.

Zur Abschätzung des Einflußes von Steifen unter der Lasteinleitung wurden die in Bild 8 dargestellten Träger mit einer Steife der Dicke $t = 10mm$ unter der Einzellast berechnet. Dabei ergab sich für den Träger mit dünnem Stegblech eine Erhöhung der Traglast auf $920kN$, also um den Faktor $3,7$. Beim gedrungenen Träger betrug dieser Faktor nur $1,63$ (Traglast mit Steife: $2200kN$). Eine weitere Verstärkung der Steife

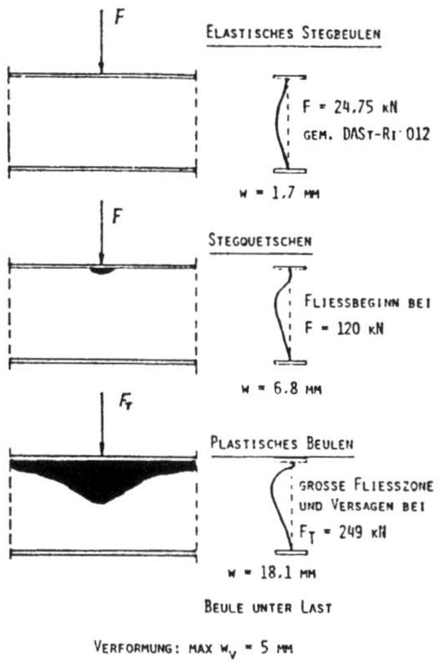


Stegblech t=4.14 mm

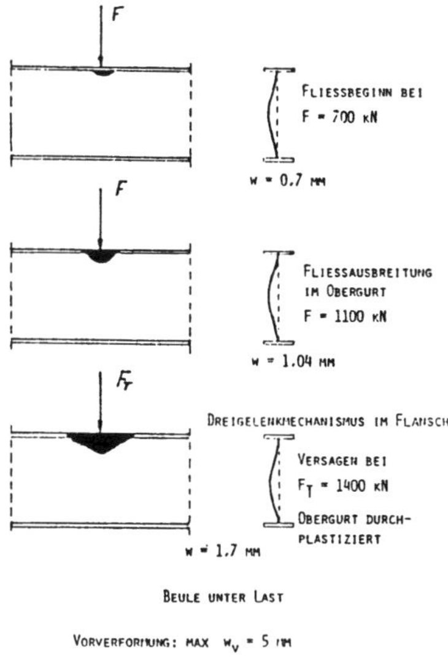


Stegblech t=15 mm

Abbildung 8: Beulverhalten bei unterschiedlichen Stegdicken

auf $t = 20mm$ ergab keine weitere Erhöhung der Traglast.

## 6.3 Träger mit kreisförmiger Öffnung im Steg

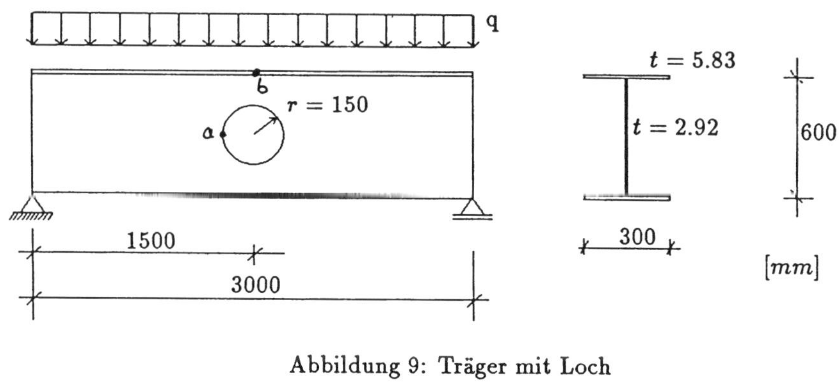


Abbildung 9: Träger mit Loch

Aus den "Europäischen Empfehlungen zur Berechnung und Konstruktion von steifenlosen Skeletttragwerken und dünnwandigen Vollwandträgern" wurde der in Bild 9 dargestellte Träger mit kreisförmiger Öffnung im Steg zur Traglastuntersuchung ausgewählt.

Vergleiche mit den dort angegebenen Ergebnissen sind jedoch nicht möglich, da genauere Angaben über das statische System und die Belastung des Trägers fehlen

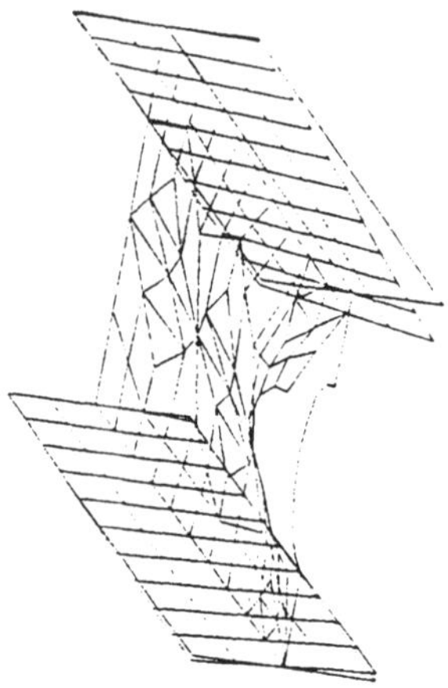

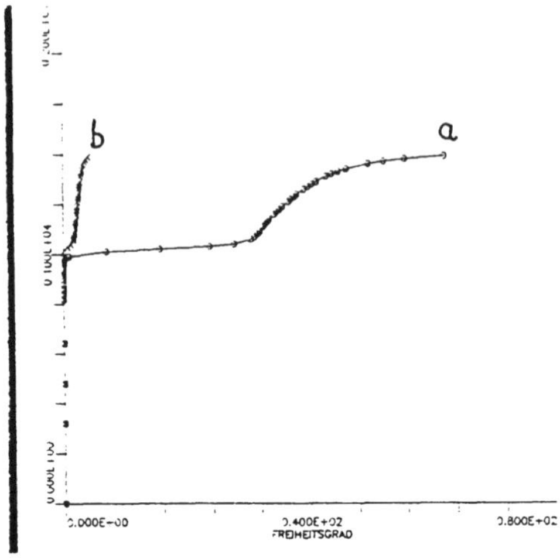


Diskretisierung und deformierte Struktur im Traglastzustand

Querverschiebungen des Stegblechs

Abbildung 10:

(es wurden nur die Schnittgrößen im Öffnungsbereich angegeben). Wie aus Bild 10 hervorgeht, wurde unter Ausnutzung der Symmetrieeigenschaften nur das halbe System diskretisiert. Das Finite-Element-Netz wurde im Öffnungsbereich adaptiv an die Geometrie des Kreisbogens angepaßt. Als Belastung wurde eine Gleichlast $q = 8.0 \frac{N}{mm}$ gewählt.

In Bild 10 (links) ist der verformte Träger im Traglastzustand dargestellt. Das Last–Verschiebungs–Diagramm in Bild 10 (rechts) gibt den Verlauf der Verschiebung der Punkte im Kreisviertelspunkt (Punkt a in Bild 9) und am oberen Stegrand (Punkt b) aus der Stegblechebene heraus an. Bis zu einer Laststeigerung um den Faktor 10 verhält sich der Träger linear, d.h. es entsteht keine Ausbeulung im Steg. Bei weiterer Laststeigerung entzieht sich der Steg im Öffnungsbereich der Beanspruchung, und durch Umlagerungen und eintretende plastische Deformationen wird schließlich der Traglastzustand bei einem Lastfaktor 14 erreicht.

## 6.4 Untersuchung des Tragverhaltens von Rahmenecken

Zur Untersuchung des Tragverhaltens von Rahmenecken wurde als Beispiel die in Bild 11 dargestellte Konstruktion aus einer vorliegenden statischen Berechnung einer Stahlhalle ausgewählt.

In der FE-Berechnung wurde unter Ausnutzung der Symmetrie nur eine Rahmenhälfte untersucht (vgl. Bild 12), wobei die unsymmetrischen Windlasten nicht berücksichtigt wurden. Die Bemessungslast betrug $9.82 \frac{kN}{m}$. Um ein eventuelles Kippen der Rahmenecke erfassen zu können, wurde die Streckenlast mit einer geringen Exzentrizität aufgebracht.

Die Traglast, in der nichtlinearen Berechnung durch Nicht-Konvergenz bei der iterativen Lösung der Gleichungssysteme gekennzeichnet, wurde bei dem 2.4–fachen der Bemessungslast erreicht. Aus den Last–Verschiebungs–Diagrammen in den Bildern

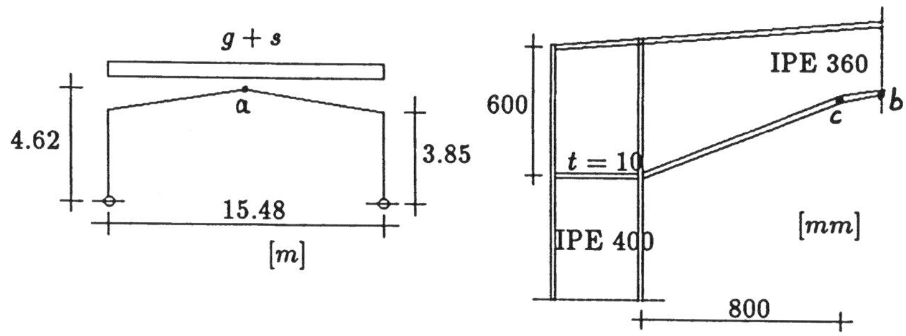


Abbildung 11: Rahmenecke

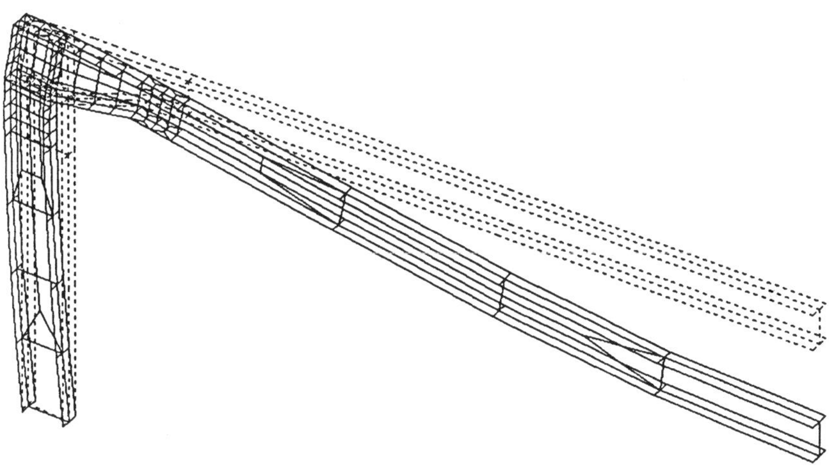

Abbildung 12: Diskretisierung und deformierte Struktur (überhöht dargestellt)

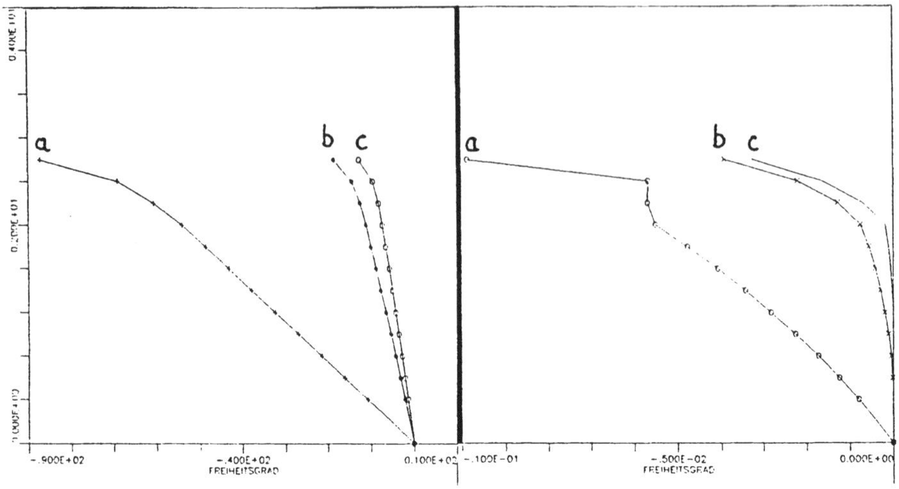


Verschiebungen in Richtung der Streckenlast

Verschiebungen aus der Rahmenebene heraus

Abbildung 13: Last–Verschiebungs–Diagramme

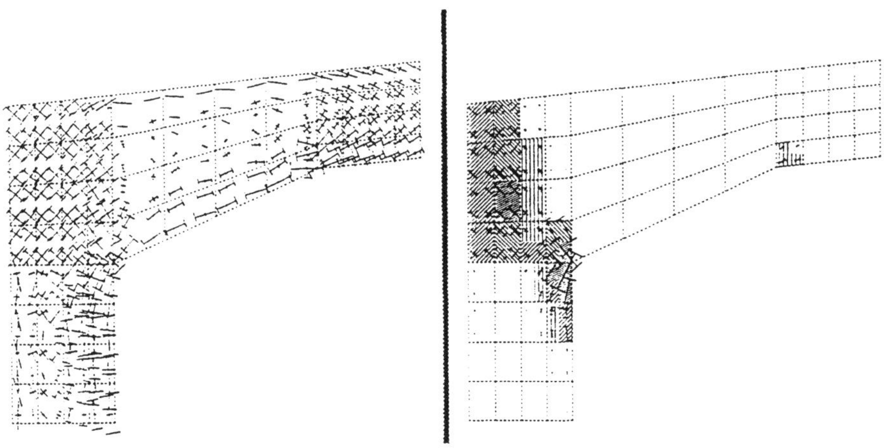

Hauptnormalkräfte in der Rahmenecke

plastische Zonen und zugehörige plastische Hauptnormalkräfte

Abbildung 14:

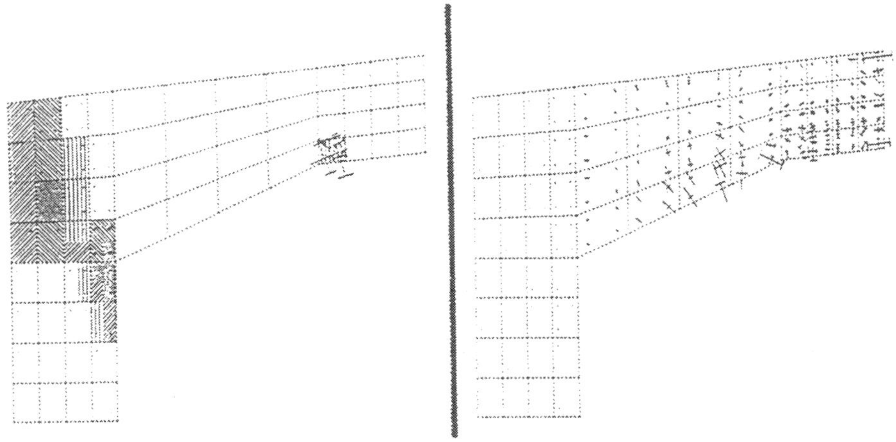

plastische Zonen und zugehörige plastische Hauptmomente — Hauptmomente in der Rahmenecke

Abbildung 15:

13 ist ersichtlich, daß das Versagen durch erhebliche Verschiebungszuwächse bei dem Lastfaktor 2.4 angedeutet wird.

In diesen Diagrammen sind die Verschiebungen aus der Rahmenebene heraus (Bild 13 (rechts)) bzw. in Richtung der Streckenlast (Bild 13 (links)) in den Punkten a,b und c (vgl. Bild 11) dargestellt.

Die Durchbiegung im Firstpunkt des Rahmens ergab sich im Traglastzustand zu 8.8 cm, was $\frac{l}{176}$ entspricht, also deutlich über den zulässigen $\frac{l}{300}$ liegt.

Daß der Traglastzustand durch ausgedehnte plastische Zonen erreicht wird, geht aus den Bildern 14 (rechts), 15 (links) hervor. Dort sind die Hauptnormalkräfte (Bild 14 (links)) bzw. die den plastischen Verzerrungen zugeordneten fiktiven plastischen Hauptnormalkräfte (Bild 14 (rechts)) sowie entsprechend die Hauptmomente (Bild 15) in der Rahmenecke dargestellt.

# 7 DFGBIB

Im Rahmen der Forschungsarbeiten zu diesem Projekt wurde das modulare FE–Programmpaket INA–SP (INelastic Analysis of Shells and Plates) entwickelt. Teile dieses Programmsystems wurden speziell für die DFGBIB — die gemeinsame Unterprogrammbibliothek des DFG–Schwerpunktes (siehe auch den Beitrag zur DFGBIB in diesem Buch) — aufbereitet und somit allgemein zugänglich gemacht. Im einzelnen wurden folgende Unterprogrammpakete bereitgestellt:

Elemente:

**EL.DKT** Dreiecks–Faltwerkselement, Plattenanteil nach discrete Kirchhoff theory ([10])

**EL.DKQ** Vierecks–Faltwerkselement, Plattenanteil nach discrete Kirchhoff theory ([11])

**EL.DS4** Vierecks–Faltwerkselement,
Plattenanteil nach Mindlin-Reissner-Plattentheorie unter Verwendung des von Bathe/Dvorkin [5,7] angegebenen 'Assumed-Strain'-Elementes

Algorithmen:

**GE.SC** Lösung linearer Gleichungssysteme mit positiv definiter, in Profiltechnik gespeicherter Matrix

**GE.NO** Lösung nichtlinearer Gleichungssysteme mit Quasi-Newton-Verfahren (verschiedene Aufdatierungsstrategegien und Schrittweitenalgorithmen) (siehe [15])

Materialgesetze:

**MA.SP** für Faltwerkselemente und elasto-plastisches Materialgesetz: Spannungsprojektion, konsistente Tangenten und Integration der Schnittgrößen

Datenverwaltung:

**DV.ST2** Speicherverwaltung für den unbenannten COMMON-Block

# 8 Zusammenfassung und Ausblick

Es wurden FE–Methoden mit gekoppelten Nichtlinearitäten und quadratischer Konvergenz für dünnwandige, faltwerkartige Strukturen aus Stahl erforscht und das Programmsystem INA–SP im Rahmen der DFGBIB entwickelt und bereitgestellt.

In Anwendungen auf praxisnahe Strukturen wurden Systeme aufgegriffen, die entweder in 1:1 – Versuchen experimentell untersucht wurden oder im Schrifttum aufgrund anderer Untersuchungen vorlagen.
Hierbei ergab sich, daß mit Workstations der 4 Mips–Klasse und gegebenenfalls auch der Heranziehung von Großrechnern Ingenieurstrukturen auf die vorliegende Weise sehr nah am wirklichen Verhalten und mit vertretbarem Aufwand berechnet werden können. Es zeigte sich, daß die bisher üblichen Bemessungsverfahren (z.B. bei der Rahmenecke) aus der Sicht der vorliegenden vollständigen Traglastberechung gute Näherungen darstellen.
Der Wunsch nach möglichst einfachen Berechnungsverfahren und "von–Hand–Formeln" wurde vielfältig durchdacht und z.B. in Überschlagsformeln für unversteifte, hochwandige Träger zusammengefaßt, die in [40] veröffentlicht wurden.
Die Frage, ob vereinfachte Modelle und Systeme eine genügend genaue Näherung erbringen, kann nur jeweils in einer sehr eingeschränkten Objektklasse entschieden werden. Es sei jedoch besonders hervorgehoben, daß das Verfolgen von Versagensprozessen, wie sie mit unserer Vorgehensweise möglich sind, über das jeweilige Ergebnis hinaus einen sehr hilfreichen Einblick in die Versagensmechanismen zulässt, wie er in Versuchen nur sehr eingeschränkt verfügbar ist. Damit sind durch Parameterstudien eingeschränkte Optimierungen für die weitere Entwicklung wirtschaftlicher und sicherer Konstruktionen sinnvoll.
Für die zukünftige Entwicklung sind aus unserer Sicht zwei Linien wichtig:

1. Die weitere Verbesserung der Berechnungsmethoden und Programme selbst, insbesondere im Hinblick auf die Einrichtung von Methodenbanken, die mit CAD–Systemen integriert sind. Hierbei erscheint uns die Fehleranalysis und Adaptivität in Verbindung mit Mehrgitterverfahren zur Erzielung gesicherter Ergebnisse unverzichtbar.

2. Die zweite Entwicklungslinie sollte sich der Umsetzung von Normen und Richtlinien in Programme widmen. Von hier aus sollte eine Brücke zur ersten Entwicklungslinie geschlagen werden.

An den vorliegenden Forschungsarbeiten sind im Laufe der letzten 8 Jahre auch die Herren Prof. Dr. Ing. Paulun, Dr. Ing. Krog und Dipl. Math. Zimmermann beteiligt gewesen, wofür wir ihnen herzlich danken. Weiterhin sind wir vielen wissenschaftlichen Hilfskräften, die mit großem Engagement an den Programmierarbeiten und Auswertungen mitgearbeitet haben, zu Dank verpflichtet. Hierbei möchten wir besonders die Herren F. Gadiel, A. Reisch und O. Köller erwähnen.

# Literatur

[1] J. H. Argyris. An excursion into large rotations. *Computer Methods in Applied Mechanics and Engineering*, 32:85–155, 1982.

[2] I. Babuška and A. Miller. *A-posteriori Error Estimates and Adaptive Techniques for the Finite Element Method.* Technical Report BN 968, University of Maryland, Inst. for Phys. Sc. and Techn., 1981.

[3] I. Babuška and W. C. Rheinboldt. Error estimates for adaptive finite element computations. *SIAM Journal on Numerical Analysis*, 15:736–755, 1978.

[4] I. Babuška and W. C. Rheinboldt. Reliable error estimation and mesh adaptation for the finite element method. In J. T. Oden, editor, *Computational Methods in Nonlinear Mechanics*, North-Holland Publishing Company, 1978.

[5] K. J. Bathe and E. Dvorkin. A continuum mechanics based four-node shell element for general nonlinear analysis. *Engineering Computations*, 1:77–88, 1985.

[6] K. J. Bathe and E. Dvorkin. A formulation of general shell elements - the use of mixed interpolation of tensorial components. *International Journal for Numerical Methods in Engineering*, 22:697–722, 1986.

[7] K. J. Bathe and E. Dvorkin. Short communication: a four node plate bending element based on Mindlin/Reissner plate theory and a mixed interpolation. *International Journal for Numerical Methods in Engineering*, 21:367–383, 1985.

[8] K. J. Bathe and L. W. Ho. A simple and effective element for analysis of general shell structures. *Computers and Structures*, 13:673–681, 1981.

[9] K. J. Bathe, E. Ramm and E. L. Wilson. Finite element formulation for large deformation analysis. *International Journal for Numerical Methods in Engineering*, 9:353–386, 1975.

[10] J. L. Batoz, K. J. Bathe and L. W. Ho. A study of three-node triangular plate bending elements. *International Journal for Numerical Methods in Engineering*, 15:1771–1812, 1980.

[11] J. L. Batoz and M. B. Tahar. Evaluation of a new quadrilateral thin plate bending element. *International Journal for Numerical Methods in Engineering*, 18:1655–1677, 1982.

[12] A. Bergfelt. *Girder Web Stiffening for Patch Loading.* Technical Report S 83:1, Chalmers University of Technology, Göteborg, 1983.

[13] A. Bergfelt. *Patch Loading on a Slender Web.* Technical Report S 79:1, Chalmers University of Technology, Göteborg, 1979.

[14] M. A. Crisfield. *On an Approximate Yield Criterion for Thin Steel Shells.* Technical Report Report 658, TRRL Laboratory, Crowthorne, Berkshire, 1974.

[15] J. E. Dennis and J. J. Moré. Quasi-Newton methods, motivation and theory. *SIAM Review*, 19:46–89, 1977.

[16] O. M. Eidsheim and P. K. Larsen. A study of some generalized constitutive models for elasto-plastic shells. In W. Wunderlich, E. Stein and K. J. Bathe, editors, *Nonlinear finite element analysis in structural mechanics*, Springer-Verlag, 1981.

[17] L. Euler. *Ob affectiones prorsos singulares memorabile.* Opera Omnia, Ser. 1, VI, S. 309, 1770.

[18] Europäische Konvention für Stahlbau (EKS). *Steifenlose Skeletttragwerke und dünnwandige Vollwandträger.* W. Ernst & Sohn, 1977.

[19] F. Gruttmann. *Theorie und Numerik schubelastischer Schalen mit endlichen Drehungen unter Verwendung der Biot-Spannungen.* Technical Report F 88/1, Forschungs- und Seminarberichte aus dem Bereich der Mechanik der Universität Hannover, 1988.

[20] F. Gruttmann und E. Stein. Tangentiale Steifigkeitsmatrizen bei Anwendung von Projektionsverfahren in der Elastoplastizitätstheorie. *Ingenieur-Archiv*, 58:15–24, 1988.

[21] W. Hackbusch. *Multigrid-Methods and Applications.* Springer-Verlag, 1985.

[22] T. J. R. Hughes and K. S. Pister. Consistent linearization in mechanics of solids and structures. *Computers and Structures*, 8:391–397, 1978.

[23] A. A. Ilyushin. Some problems in the theory of plastic deformation. *transl. from Prikl. Math. Mech*, 7:245–272, 1943.

[24] T. R. Kane, P. W. Likins and D. A. Levinson. *Spacecraft Dynamics.* MacGraw-Hill, New York, 1983.

[25] B. H. Kroeplin and H. Duddeck. Simplified calulation models applied to post-buckling analysis of thin plates. In W. Wunderlich, E. Stein and K. J. Bathe, editors, *Nonlinear finite element analysis in structural mechanics*, Springer-Verlag, 1981.

[26] M. Krog. *Geometrisch nichtlineare FE-Berechnung von Faltwerken mit plastisch/viskoplastischem Deformationsverhalten.* Technical Report F 83/4, Forschungs- und Seminarberichte aus dem Bereich der Mechanik der Universität Hannover, 1983.

[27] E. H. Lee. Elastic-plastic deformation at finite strains. *Journal for Applied Mechanics*, 91:1–6, 1969.

[28] S. Lie und F. Engel. *Theorie der Transformationsgruppen.* 3 Vols., Teubner, Leipzig, 1888.

[29] J. Paulun. *Elastoplastische Plattenbiegung bei kleinen Verzerrungen und großen Drehungen.* Technical Report F 83/3, Forschungs- und Seminarberichte aus dem Bereich der Mechanik der Universität Hannover, 1983.

[30] L. Plank und E. Stein. *Projektionsverfahren zur iterativen Berechnung elastoplastischer Deformationen.* Technical Report S 85/3, Forschungs- und Seminarberichte aus dem Bereich der Mechanik der Universität Hannover, 1985.

[31] E. Rank. *A-posteriori Fehlerabschätzung und adaptive Netzverfeinerung für Finite-Element- und Randintegralelement-Methoden.* Technical Report, Institut für Bauingenieurwesen, Technische Universität München, 1986.

[32] A. Reisch. *Untersuchung von integrierten Fließbedingungen für dünnwandige Strukturen, Entwicklung von Algorithmen und Einbau in ein FE-Programmsystem.* Technical Report , Diplomarbeit am Institut für Baumechanik und Numerische Mechanik der Universität Hannover, 1987.

[33] T. M. Roberts and K. C. Rockey. A mechanism solution for predicting the collapse loads of slender plate girders when subjected to in-plane patch loading. *Proc. Instn. Civ. Eng.*, Part 2:155–175, 1979.

[34] A. H. Schatz and L. B. Wahlbin. Maximum norm estimates in the finite element method on plane polygonal domains. part 2, refinements. *Mathematics of Computation*, 33:465–492, 1978.

[35] A. H. Schatz and L. B. Wahlbin. Maximum norm estimates in the finite element method on plane polygonal domains. part i. *Mathematics of Computation*, 32:73–109, 1978.

[36] J. Scheer. *Dehnungsmessungen an Versuchsträgern zum Vergleich für theoretische nichtlineare Berechnungen.* Technical Report 6092, Institut für Stahlbau, TU Braunschweig, 1983.

[37] J. C. Simo and R. L. Taylor. A return mapping algorithm for plane stress elastoplasticity. *International Journal for Numerical Methods in Engineering*, 22:649–670, 1986.

[38] J. C. Simo and L. Vu-Quoc. Three dimensional finite strain rod model. part ii: computational aspects. *Computer Methods in Applied Mechanics and Engineering*, 58:79–116, 1986.

[39] E. Stein, K.-H. Lambertz und L. Plank. *Benchmark-BTV - Braunschweiger Traglastversuch*. Technical Report , unveröffentlicht, 1986.

[40] E. Stein, K.-H. Lambertz und L. Plank. Traglastberechnungen dünnwandiger strukturen bei großen elastoplastischen deformationen. *Der Stahlbau*, 54:1ff, 1985.

[41] E. Stein, K.H. Lambertz und L. Plank. *Traglastuntersuchungen zusammengesetzter ebener Flächentragwerke*. Technical Report DFG-Ste 238/7-4, Zwischenbericht zum DFG-Forschungsvorhaben DFG-Ste 238/7-4, 1984.

[42] E. Stein, K.H. Lambertz und L. Plank. *Traglastuntersuchungen zusammengesetzter ebener Flächentragwerke*. Technical Report DFG-Ste 238/7-3, Zwischenbericht zum DFG-Forschungsvorhaben DFG-Ste 238/7-3, 1983.

[43] E. Stein, K.-H. Lambertz and L. Plank. Ultimate load analysis of folded plate structures with large elastoplastic deformations - theoretical comparisons of different fe-algorithms. In J. Middleton and G. N. Pande, editors, *NUMETA 85 - Swansea*, A. A. Balkema, 1985.

[44] E. Stein, W. Wagner and K.-H. Lambertz. Geometrically nonlinear theory and incremental analysis of thin shells, theory and applications. In E.L. Axelrad and F.A. Emmerling, editors, *Flexible Shells, Theory and Applications*, Springer-Verlag, 1984.

[45] B. L. van der Waerden. *Algebra, 4. Auflage*. Springer-Verlag, 1959.

[46] P. Wiedemeyer. *Zur Vorkonditionierung von Problemen groaer Dimension in der nichtlinearen Optimierung*. Master's thesis, Universität Hannover, 1985.

# Rotationsschalen

# Physikalisch und geometrisch nichtlineare Kollapsanalyse von Naturzugkühltürmen

Wilfried B. Krätzig* und Yiqun Zhuang**

## 1 Vorbemerkungen

Das deutsche Sicherheitskonzept für Naturzugkühltürme [1] schreibt folgende Bemessungsschritte vor:

- Bemessung nach DIN 1045.17 für Eigengewicht, Wind und abgeminderten Zwang;
- Bemessung für 1.0-faches Eigengewicht und 1.75-fachen Wind ohne Berücksichtigung von Zwang bei 1.0-facher Sicherheit gegen die Streckgrenze des Stahls;
- Nachweis einer mindestens 5.0-fachen Beulsicherheit für 1.0-faches Eigengewicht und 1.0-fachen Wind gemäß DIN 1045.24.3.

Im vorliegenden Beitrag soll die Frage geklärt werden, welche Kollaps-Szenarien durch dieses Sicherheitskonzept hinreichend genau abgedeckt werden. Hierzu wird ein regelgemäß dimensionierter Naturzugkühlturm im Rahmen einer geomerisch nichtlinearen Kollapsanalyse verschiedenen Lastkombinationen G,W unterworfen und die Berechnung bis zum Versagen ausgeführt. Die Stahlbetonschale wird dabei durch ein Mehrschichtenmodell abgebildet, wobei der Stahl als bi-axial elasto-plastisch beschrieben wird und die Betonkomponente durch ein elasto-plastisches Mikrorißmodell vertreten ist.

---

* o. Prof. Dr.-Ing., ** Dipl.-Ing.,
beide: Ruhr Universität Bochum, Fakultät für Bauingenieurwesen, Institut für Statik und Dynamik

# 2 Theoretische Grundlagen

## 2.1 Verwendete Schalentheorie

Beton ist ein sprödes, rißfähiges Material. Unstetige Deformationen können hierdurch bei Stahlbetonschalen sowohl über die Schalenfläche als auch über die Schalendicke auftreten, sobald Risse entstehen. Die Schalennormalen der Mittelfläche können verzerrt werden, wodurch das ursprünglich zweidimensionale Schalenproblem in ein dreidimensionales umgewandelt würde. Eine genaue Behandlung derartiger Kontinua mit finiten Versetzungen erscheint mit den heute verfügbaren Rechenanlagen nicht zu bewältigen, insbesondere nicht für Probleme von der Größe eines Naturzugkühlturmes.

Im Rahmen der vorliegenden Arbeit werden deshalb die Risse vereinfachend als im Beton verschmiert idealisiert. Abschnittsweise entstehende Risse werden somit in ihrer Umgebung als gleichmäßig verteilt angesehen, wodurch das Tragwerk weiterhin als klassisches Kontinuum behandelt werden darf. Grundlage dieser Arbeit bildet daher die Normalentheorie der Schalenmechanik [2], dabei wird der Werkstofftensor zur Berechnung der Stahlbetonschalen modellgerecht modifiziert.

## 2.2 Mechanische Größen im Schalenraum

Zur Beschreibung der Kühlerschale als Mehrschichtenkontinuum wird eine Referenzfläche $\Theta^3 = 0$ im Schalenraum verwendet, die gemäß Bild 1 an einer beliebigen Stelle innerhalb der Schalendicke $h$ liegen kann. Auf dieser Referenzfläche werden hinsichtlich der dortigen Vektorbasis $\mathbf{a}_i$, $\mathbf{a}^i$ folgende Tensorvariablen definiert:

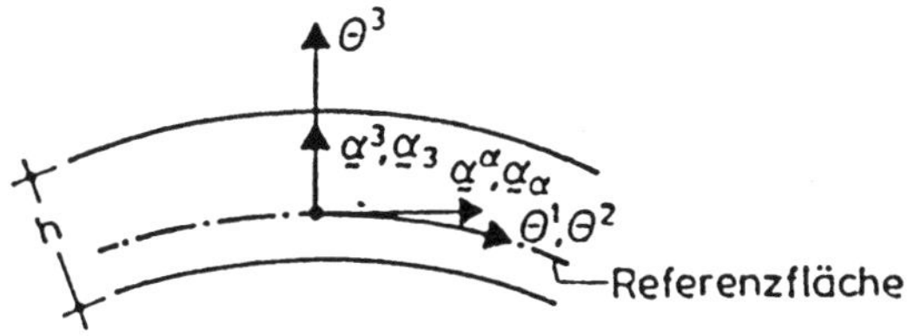


Bild 1: Referenzfläche im Schalenraum

| | | |
|---|---|---|
| $u_\alpha$, $u_3$ | : | Komponenten des Verschiebungsvektors, |
| $w_\alpha$, $w_3$ | : | Komponenten des Differenzvektors, |
| $\alpha_{\alpha\beta}$, $\beta_{\alpha\beta}$ | : | 1. und 2. Verzerrungstensor, |
| $\Delta\alpha_{\alpha\beta}$, $\Delta\beta_{\alpha\beta}$ | : | Zuwachse von $\alpha_{\alpha\beta}$ bzw. $\beta_{\alpha\beta}$ , |
| $\tilde{n}^{\alpha\beta}$, $\tilde{m}^{\alpha\beta}$ | : | Dehnungskraft- bzw. Momententensor, beide symmetrisch, |
| $\Delta\tilde{n}^{\alpha\beta}$, $\Delta\tilde{m}^{\alpha\beta}$ | : | Zuwachse von $\tilde{n}^{\alpha\beta}$ bzw. $\tilde{m}^{\alpha\beta}$ , |
| $p^\alpha$, $p^3$ | : | äußerer Flächenlastvektor . |

Im beliebigen Abstand $\Theta^3$ von der Referenzfläche werden die folgenden mechanischen Größen definiert:

| | | |
|---|---|---|
| $\gamma_{\alpha\beta}$ | : | GREENscher Verzerrungstensor, |
| $\Delta\gamma_{\alpha\beta}$ | : | Zuwachs von $\gamma_{\alpha\beta}$ , |
| $\tau^{\alpha\beta}$ | : | PIOLA-KIRCHHOFFscher Spannungstensor 2. Art, |
| $\Delta\tau^{\alpha\beta}$ | : | Zuwachs von $\tau^{\alpha\beta}$ , |
| $C^{\alpha\beta\lambda\mu}$ | : | Werkstofftensor. |

Unter Verwendung der Normalenhypothese und des inkrementellen Werkstoffgesetzes gelten folgende Verknüpfungen:

$$\tilde{n}^{\alpha\beta} = \int_h \tau^{\alpha\beta}\, d\Theta^3 , \qquad \tilde{m}^{\alpha\beta} = \int_h \tau^{\alpha\beta}\Theta^3 d\Theta^3 , \qquad (2.1)$$

$$\gamma_{\alpha\beta} = \alpha_{\alpha\beta} + \Theta^3 \beta_{\alpha\beta} , \quad \Delta\gamma_{\alpha\beta} = \Delta\alpha_{\alpha\beta} + \Theta^3 \Delta\beta_{\alpha\beta} , \qquad (2.2)$$

$$\Delta\tau^{\alpha\beta} = C^{\alpha\beta\lambda\mu}\, \Delta\gamma_{\lambda\mu} , \qquad (2.3)$$

$$\Delta\tilde{n}^{\alpha\beta} = \int_h \Delta\tau^{\alpha\beta}\, d\Theta^3 , \quad \Delta\tilde{m}^{\alpha\beta} = \int_h \Delta\tau^{\alpha\beta}\Theta^3 d\Theta^3 , \qquad (2.4)$$

$$\overset{1}{E}{}^{\alpha\beta\lambda\mu} = \int_h C^{\alpha\beta\lambda\mu}\, d\Theta^3 \;, \qquad \overset{2}{E}{}^{\alpha\beta\lambda\mu} = \int_h C^{\alpha\beta\lambda\mu}\, \Theta^3\, d\Theta^3 \;,$$

$$\overset{3}{E}{}^{\alpha\beta\lambda\mu} = \int_h C^{\alpha\beta\lambda\mu}\, (d\Theta^3)^2\, d\Theta^3 \;. \tag{2.5}$$

Durch Substitution von (2.3) in (2.4) sowie unter Beachtung von (2.2) entstehen:

$$\Delta\tilde{n}^{\alpha\beta} = \overset{1}{E}{}^{\alpha\beta\lambda\mu}\, \Delta\alpha_{\lambda\mu} + \overset{2}{E}{}^{\alpha\beta\lambda\mu}\, \Delta\beta_{\lambda\mu} \;, \tag{2.6}$$

$$\Delta\tilde{m}^{\alpha\beta} = \overset{2}{E}{}^{\alpha\beta\lambda\mu}\, \Delta\alpha_{\lambda\mu} + \overset{3}{E}{}^{\alpha\beta\lambda\mu}\, \Delta\beta_{\lambda\mu} \;. \tag{2.7}$$

Wegen der beliebigen Lage der Referenzfläche $\Theta^3 = 0$ sind hierin die Zuwachse der Dehnungskräfte und der Momente jeweils mit den Zuwachsen des 1. bzw. 2. Verzerrungstensors gekoppelt.

Die nichtlinearen kinematischen Beziehungen werden den Arbeiten [2, 3] entnommen. Es sei noch herausgestellt, daß sich die Komponenten $u_\alpha$, $u_3$, $w_\alpha$, $w_3$ sowie $p^\alpha$, $p^3$ auf die Basis des unverformten Ausgangszustandes beziehen.

## 2.3 Inkrementelles Prinzip der virtuellen Verschiebung für physikalisch nichtlineare Probleme

Als Grundlage des Rechenalgorithmus wird die inkrementelle Formulierung des Variationsprinzips der virtuellen Verschiebungen Verwendung finden. Zur Herleitung werden die aktuellen mechanischen Größen in den Grundzustand und einen inkrementellen Zuwachs zerlegt:

$$u_\alpha = \bar{u}_\alpha + \overset{+}{u}_\alpha \;, \qquad u_3 = \bar{u}_3 + \overset{+}{u}_3 \;, \tag{2.8}$$

$$w_\alpha = \bar{w}_\alpha + \overset{+}{w}_\alpha \;, \qquad w_3 = \bar{w}_3 + \overset{+}{w}_3 \;, \tag{2.9}$$

$$\alpha_{\alpha\beta} = \bar{\alpha}_{\alpha\beta} + \Delta\alpha_{\alpha\beta} \;, \qquad \beta_{\alpha\beta} = \bar{\beta}_{\alpha\beta} + \Delta\beta_{\alpha\beta} \;, \tag{2.10}$$

$$\gamma_{\alpha\beta} = \bar{\gamma}_{\alpha\beta} + \Delta\gamma_{\alpha\beta} = (\bar{\alpha}_{\alpha\beta} + \theta^3 \bar{\beta}_{\alpha\beta}) + (\Delta\alpha_{\alpha\beta} + \theta^3 \Delta\beta_{\alpha\beta}) , \tag{2.11}$$

$$\tau^{\alpha\beta} = \bar{\tau}^{\alpha\beta} + \Delta\tau^{\alpha\beta} . \tag{2.12}$$

Die virtuelle innere bzw. äußere Arbeit läßt sich nun folgendermaßen formulieren:

$$\begin{aligned} -\delta A_i &= \iiint_V \tau^{\alpha\beta}\delta\gamma_{\alpha\beta} dV = \iiint_V (\bar{\tau}^{\alpha\beta}+\Delta\tau^{\alpha\beta})\ \delta\Delta\gamma_{\alpha\beta} dV \\ &= \iint_F \{\bar{n}^{\alpha\beta}\delta\Delta\alpha_{\alpha\beta} + \bar{m}^{\alpha\beta}\delta\Delta\beta_{\alpha\beta}\}\ dF \\ &+ \iint_F \{\overset{1}{E}{}^{\alpha\beta\lambda\mu}\Delta\alpha_{\lambda\mu}\delta\Delta\alpha_{\alpha\beta} + \overset{2}{E}{}^{\alpha\beta\lambda\mu}(\Delta\beta_{\lambda\mu}\delta\Delta\alpha_{\alpha\beta}+\Delta\alpha_{\lambda\mu}\delta\Delta\beta_{\alpha\beta}) \\ &\qquad + \overset{3}{E}{}^{\alpha\beta\lambda\mu}\Delta\beta_{\lambda\mu}\delta\Delta\beta_{\alpha\beta}\}\ dF , \end{aligned} \tag{2.13}$$

$$\delta A_a = \iint_F \{P^\alpha\delta\overset{+}{u}_\alpha+P^3\delta\overset{+}{u}_3\}dF + \oint_C \{n^\alpha\delta\overset{+}{u}_\alpha+n^3\delta\overset{+}{u}_3+m_t^\alpha\delta\overset{+}{w}_\alpha\}\ ds . \tag{2.14}$$

Beide Funktionale stehen unter der Restriktion der kinematischen Beziehungen und der Weggrößenrandbedingungen einer Schalentheorie mäßig großer Rotationen [4].

Nunmehr zerlegen wir die Zuwächse der beiden Verzerrungstensoren in ihre linearen ($^+$) sowie quadratischen ($^{++}$) Verschiebungsanteile

$$\Delta\alpha_{\alpha\beta} = \overset{+}{\alpha}_{\alpha\beta} + \overset{++}{\alpha}_{\alpha\beta} , \qquad \Delta\beta_{\alpha\beta} = \overset{+}{\beta}_{\alpha\beta} + \overset{++}{\beta}_{\alpha\beta} . \tag{2.15}$$

Durch Substitution von (2.13, 2.14) und (2.15) in

$$\delta A_i + \delta A_a = 0 \tag{2.16}$$

sowie Voraussetzung eines im Gleichgewicht befindlichen Grundzustandes entsteht sodann das gesuchte inkrementelle Prinzip [5]. Durch eine Standard-Weggrößendiskretisierung überführen wir dieses Prinzip in die tangentiale Steifigkeitsbeziehung

$$\underbrace{(K_{ge} + K_{phy})}_{K_T} \cdot \overset{+}{V} = \lambda\, P_a - P_i \qquad (2.17)$$

durch folgende Abkürzungen:

$$\delta\overset{+}{V}{}^T \cdot K_{phy} \cdot \overset{+}{V} = \iint_F \{ \overset{1}{E}{}^{\alpha\beta\lambda\mu} \overset{+}{\alpha}_{\lambda\mu} \delta\overset{+}{\alpha}_{\alpha\beta} + \overset{2}{E}{}^{\alpha\beta\lambda\mu} (\overset{+}{\beta}_{\lambda\mu} \delta\overset{+}{\alpha}_{\alpha\beta} + \overset{+}{\alpha}_{\lambda\mu} \delta\overset{+}{\beta}_{\alpha\beta})$$
$$+ \overset{3}{E}{}^{\alpha\beta\lambda\mu} \overset{+}{\beta}_{\lambda\mu} \delta\overset{+}{\beta}_{\alpha\beta} \}\, dF\,, \qquad (2.18)$$

$$\delta\overset{+}{V}{}^T \cdot K_{ge} \cdot \overset{+}{V} = \iint_F \{ \bar{n}^{\alpha\beta}\, \delta\overset{++}{\alpha}_{\alpha\beta} + \bar{m}^{\alpha\beta}\, \delta\overset{++}{\beta}_{\alpha\beta} \}\, dF\,, \qquad (2.19)$$

$$\delta\overset{+}{V}{}^T \cdot P_i = \iint_F \{ \bar{n}^{\alpha\beta}\, \delta\overset{+}{\alpha}_{\alpha\beta} + \bar{m}^{\alpha\beta}\, \delta\overset{+}{\beta}_{\alpha\beta} \}\, dF\,, \qquad (2.20)$$

$$\delta\overset{+}{V}{}^T \cdot P_a = \delta A_a\,. \qquad (2.21)$$

Folgende Abkürzungen werden in (2.17) verwendet:

$V$ : globaler Knotenverschiebungsvektor,

$P_a$ : globaler Knotenlastvektor,

$P_i$ : Vektor der globalen inneren Knotenkraftgrößen,

$K_{ge}$ : geometrisch nichtlineare Steifigkeitsmatrix,

$K_{phy}$ : physikalisch nichtlineare Steifigkeitsmatrix.

(2.17) bildet den Ausgangspunkt einer inkrementell-iterativen Ermittlung des Last-Verformungspfades [6, 7]. Ihr wesentlicher Unterschied zu einem physikalischen linearen Problem besteht in der Steifigkeitsmatrix $K_{phy}$ . Bei einer linear elastischen Aufgabe ist sie als elastische Steifigkeitsmatrix konstant und symmetrisch, während sie für physikalisch nichtlineare Werkstoffe i.a. ein Funktional der Verzerrungen und Spannungen bildet. Auch muß sie nicht unbedingt symmetrisch sein.

## 2.4 Werkstoffmodelle der Stahlbetonschale

### 2.4.1 Materialmodell für Beton

Zur Beschreibung des nichtlinearen Materialverhaltens des Betons, insbesondere im Druck-Druck-Bereich, findet das elastisch-plastische Mikroriß-Modell (Abkürzung EPMM) nach BAŽANT [8] Verwendung. Dieses Modell betrachtet den Beton makroskopisch als isotropes Material. Es zerlegt jeden Spannungszuwachs bei der inkrementellen Laststeigerung gemäß Bild 2 in folgende drei Bestandteile:

den elastischen Spannungszuwachs,

den plastischen Spannungszuwachs,

den Spannungsabfall infolge der Mikrorisse.

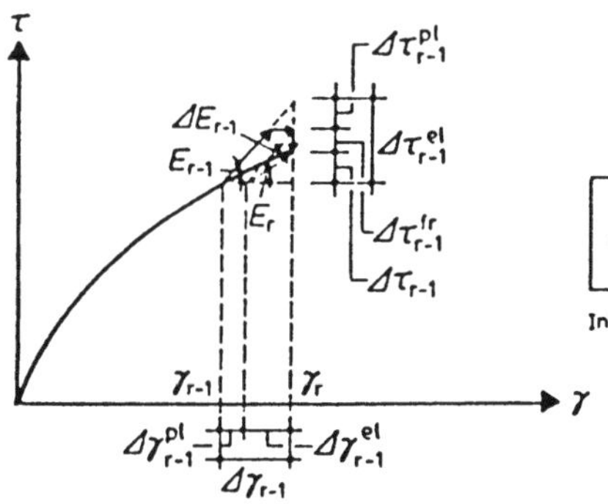


$$\Delta\tau_{r-1} = \Delta\tau^{el}_{r-1} - \Delta\tau^{pl}_{r-1} - \Delta\tau^{fr}_{r-1} \qquad (2.22)$$

Inkrementeller Spannungszustand

Bild 2: Inkrementelle Spannungs-Verzerrungsbeziehung für gedrückten Beton

Die Plastizierung wird nach diesem Modell dem Spannungszustand zugeordnet, die Mikrorißbildung dem Verzerrungszustand. Eine Fließfläche vom DRUCKER-PRAGER-Typ wird zur Beschreibung der Plastizierung im Spannungsraum eingeführt und dual hierzu eine Rißfläche zur Beschreibung der Mikrorißbildung im Verzerrungsraum. Diese beiden Flächen schließen die elastischen bzw. die ungerissenen Zustände des Betons ein. Unter Verwendung der Fließbedingung und der Rißbedingung sowie des erweiterten Stabilitätskriteriums von DRUCKER bzw. ILIUSHIN werden getrennte Ausdrücke für den plastischen Spannungsabfall und für den Spannungsabfall infolge der Mikrorisse wie folgt hergeleitet:

$$\Delta\tau^{ij}_{pl} = \frac{(\frac{G}{\tau} s^{ij}+K\cdot\beta\cdot a^{ij})\ (\frac{G}{\tau} s^{km}+K\cdot\beta'\cdot a^{km})}{G + h + K\cdot\beta\cdot\beta'}\ \Delta\gamma_{km}\ , \tag{2.23}$$

$$\Delta\tau^{ij}_{fr} = \Phi \cdot (\frac{e^{ij}}{2\gamma} + \frac{\alpha}{3}\, a^{ij})\ (\frac{e^{km}}{2\gamma} + \frac{\alpha'}{3}\, a^{km})\ \Delta\gamma_{km}\ . \tag{2.24}$$

Hierin wurden folgende Abkürzungen verwendet:

$a^{ij}$ : Metriktensor der Schale,

$s^{ij}$, $s_{ij}$ : kontravarianter bzw. kovarianter Spannungsdeviator,

$e^{ij}$, $e_{ij}$ : kontravarianter bzw. kovarianter Verzerrungsdeviator,

$\tau = (\frac{1}{2} s^{ij} s_{ij})^{\frac{1}{2}}$ ,

$\gamma = (\frac{1}{2} e^{ij} e_{ij})^{\frac{1}{2}}$ ,

G, (K): Gleitmodul, (Kompressionsmodul) des Bodens,

β', (α') : interner (volumetrischer Bruch-) Reibungskoeffizient,

β, (α) : plastischer (Bruch-) Dilatationsfaktor,

h, (Φ) : Verfestigungs-(Bruch-) Modul.

Die Materialkonstanten G, K, h, β', β, Φ, α', α werden durch Ansatzfunktionen mit den Spannungen, Verzerrungen sowie der Betondruckfestigkeit verknüpft, wobei deren Koeffizienten durch Anpassung an Versuchsergebnisse bestimmt wurden. Hiermit läßt sich der Werkstofftensor $C^{ijkm}$ durch Vergleich des inkrementellen Stoffgesetzes

$$\Delta\tau^{ij} = C^{ijkm}\ \Delta\gamma_{km} \tag{2.25}$$

mit Gl. (2.22) folgendermaßen ausdrücken:

$$C^{ijkm} = C^{ijkm}_{el} - C^{ijkm}_{pl} - C^{ijkm}_{fr}\ , \tag{2.26}$$

wobei elastische (el), plastische (pl) sowie Mikroriß-(fr) Werkstofftensoren auftreten:

$$C_{el}^{ijkm} = G\,(a^{ik}a^{jm} + a^{im}a^{jk}) + (K - \frac{2}{3}\,G)\; a^{ij}\; a^{km} \quad , \qquad (2.27)$$

$$C_{pl}^{ijkm} = \frac{1}{G+h+K\cdot\beta\cdot\beta'}\,(\frac{G}{\tau}S^{ij}+K\cdot\beta\cdot a^{ij})(\frac{G}{\tau}S^{km}+K\cdot\beta'\cdot a^{km}), \qquad (2.28)$$

$$C_{fr}^{ijkm} = \Phi \cdot (\frac{e^{ij}}{2\gamma} + \frac{\alpha}{3}\,a^{ij})\;(\frac{e^{km}}{2\gamma} + \frac{\alpha'}{3}\,a^{km}) \;. \qquad (2.29)$$

Der nichtlineare Werkstofftensor $\{C^{ijkm}\}$ ist (2.28, 2.29) zufolge vom aktuellen Spannungs- bzw. Verzerrungszustand und von der Belastungsgeschichte sowie einer Reihe von Materialkonstanten abhängig. Er muß bei jeder Verzerrungs- bzw. Spannungsänderung neu berechnet werden.

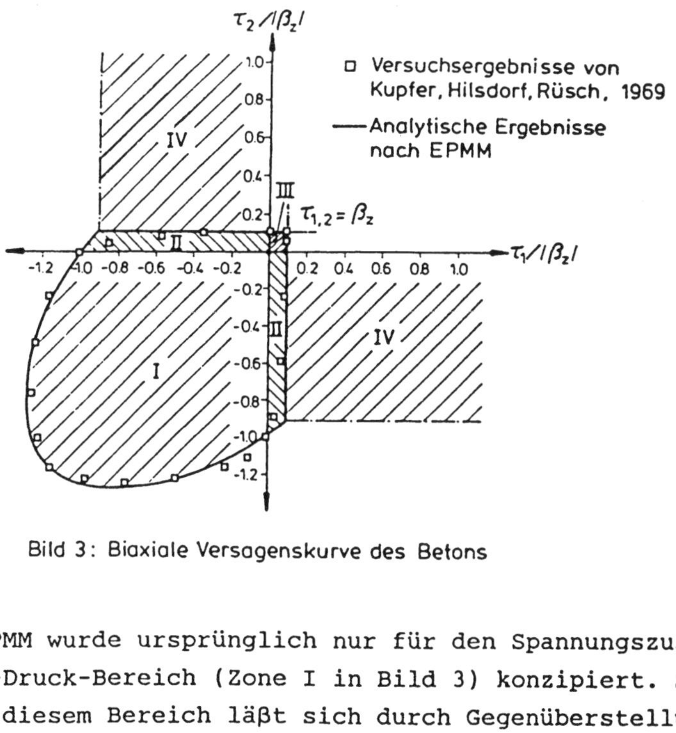


Bild 3: Biaxiale Versagenskurve des Betons

Das EPMM wurde ursprünglich nur für den Spannungszustand im Druck-Druck-Bereich (Zone I in Bild 3) konzipiert. Seine Güte in diesem Bereich läßt sich durch Gegenüberstellung mit den Versuchsergebnissen von KUPFER-HILSDORF-RÜSCH UND HOGNESTOD-HANSON-MCHENRY sowie SINHA-GERSTLE-TULIN (Bild 3, 4)

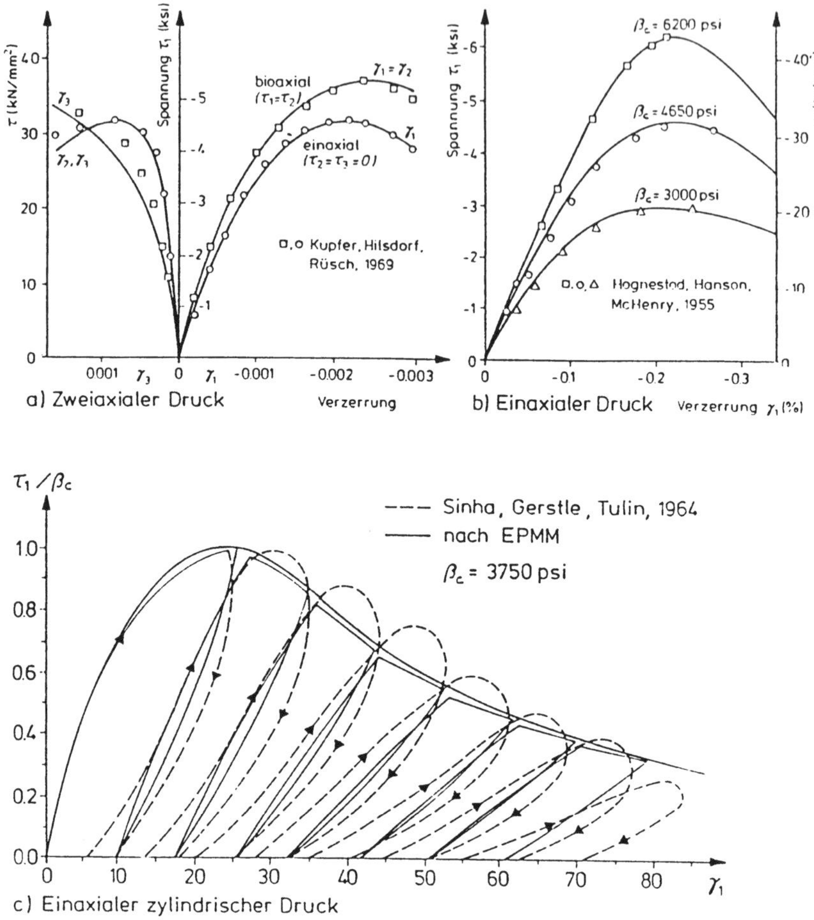


Bild 4: Gegenüberstellung der analytischen Ergebnisse nach EPMM mit den Versuchsergebnissen

zeigen. Im Rahmen dieser Arbeit wird das erwähnte Modell auf empirischem Weg vom Druck-Druck-Bereich in den Druck-Zug-Bereich (Zone II in Bild 3) und den Zug-Zug-Bereich (Zone III in Bild 3) erweitert. Diese Erweiterung erscheint gerechtfertigt, da Plastizierung und Mikrorißbildung für Zug und Druck-Zug genauso auftreten wie für Druck, solange der Beton nicht reißt. Fließfläche und Rißfläche werden daher im Spannungs- bzw. Verzerrungsraum bis zu den Zonen II und III in Bild 3 extrapoliert, wobei bis auf die hydrostatische Pressung die gleiche Fließbedingung und die gleiche Rißbedingung Verwendung finden. Für positiv hydrostatische Pressung besitzt die innere Reibung sehr geringen Einfluß auf die Plastizierung und wird unterdrückt. Diese empirische Erweiterung des EPMM in den Druck-Zug- bzw. Zug-Zug-Bereich hat sich im Berechnungsverlauf als zufriedenstellend erwiesen. In Bild 3 ist die gewählte Versagenskurve nach dem EPMM im Druck-Druck-Bereich und im Druck-Zug-Bereich dargestellt, die zusammen mit den Kurven $\tau_{I,II} = \beta_z$ eine geschlossene Versagenskurve in der Hauptspannungsebene bildet.

Bei der Rißentstehung in einer vorgegebenen Richtung in Zone IV in Bild 3 wird der Werkstofftensor nach dem EPMM unter einem idealisierten, einaxialen Spannungszustand

$$\bar{\tau}^{11} = \bar{\tau}^{12} = \bar{\tau}^{21} = 0 \quad , \quad \Delta\tau^{11} = \Delta\tau^{12} = \Delta\tau^{21} = 0 \qquad (2.30)$$

für gerissenen Beton ausgewertet. Die in Wirklichkeit stets vorhandenen Schubspannungen an den Rißufern werden unterdrückt, da ihre Mitnahme oft numerische Schwierigkeiten hervorruft. Die Komponenten des Verzerrungszuwachses sind in diesem Fall natürlich nicht mehr unabhängig. Mit den drei Bedingungen

$$C^{11\alpha\beta}\,\Delta\gamma_{\alpha\beta} = 0, \; C^{12\alpha\beta}\,\Delta\gamma_{\alpha\beta} = 0, \; C^{21\alpha\beta}\,\Delta\gamma_{\alpha\beta} = 0 \qquad (2.31)$$

können $\Delta\gamma_{11}, \Delta\gamma_{12}, \Delta\gamma_{21}$ durch $\Delta\gamma_{22}$ ausgedrückt werden, woraus der Werkstofftensor dieses Spannungs- bzw. Verzerrungszustandes bestimmt werden kann.

Für die Verwendung des EPMM zur Berechnung der vorliegenden Stahlbetonschalen waren folgende Gründe maßgebend:

- im Vergleich zu anderen Betonmodellen erscheint es physikalisch hervorragend fundiert [8, 9], da es den Einfluß der Mikrorisse erfaßt und einen Ausdruck für die Betonentfestigung aufweist;
- es verwendet eine inkrementelle lineare Formulierung im Verzerrungszuwachs, wodurch eine merkbare Verringerung des numerischen Aufwandes erreicht wird;

- die Materialeigenschaften des Betons nach diesem Modell sind tensoriell formuliert und damit auf mathematisch eindeutige Weise für beliebig gekrümmte Schalenräume in die sich durch Rißbildung ständig wechselnden Hauptachsenrichtungen transformierbar.

### 2.4.2 Rißverhalten von Beton

Zur Bestimmung der Rißentstehung wird ein Hauptzugspannungs-Rißbruchkriterium in folgender Weise verwendet:

Bei Überschreiten der Betonzugfestigkeit entsteht ein Riß senkrecht zur Hauptspannung. Die Komponenten des Werkstofftensors in dieser Hauptspannungsrichtung werden gestrichen. Eine Rest-Schubsteifigkeit infolge Reibung an den Rißufern bleibt jedoch erhalten. An Stellen eines offenen Erstrisses kann sich noch ein zweiter Riß ausbilden, der gegenüber dem ersten um 90° gedreht ist. Bei zwei geöffneten Rissen wird der Werkstofftensor bis auf die Schubkomponenten $C^{1212}$, $C^{1221}$, $C^{2112}$, $C^{2121}$ zu Null gesetzt.

### 2.4.3 Materialmodell für Stahl

Für den Bewehrungsstahl wird ein elasto-plastisches Werkstoffgesetz mit Verfestigungsverhalten gemäß Bild 5 verwendet.

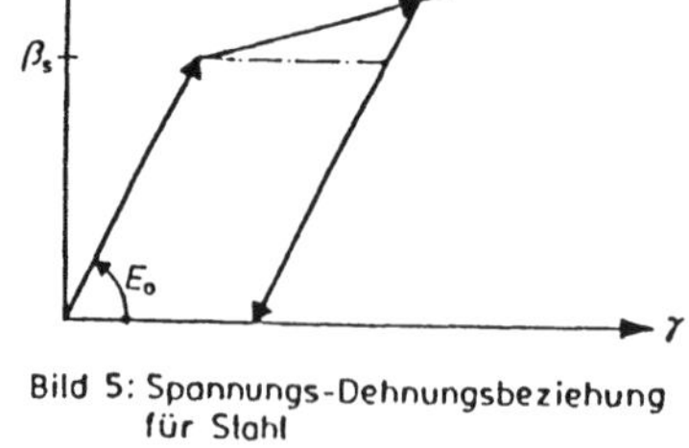


Bild 5: Spannungs-Dehnungsbeziehung für Stahl

Die Stahleinlagen werden als "verschmierte Stahlschichten" mit nur einachsigen Stoffeigenschaften idealisiert.

## 2.5 Schalenschichtenmodell

Das nichtlineare Verhalten des Verbundwerkstoffes Stahlbeton wird durch ein Schalenschichtenmodell modelliert. In diesem wird die Schale in mehrere dünne Membranschichten unterteilt, deren einzelne Werkstofftensoren sodann getrennt berechnet und in den Beziehungen (2.5) durch numerische Integration über die Schalendicke zu Eigenschaften der Gesamtschale vereinigt werden.

# 3 Numerische Ergebnisse

## 3.1 Beschreibung des Kühlturms und der Belastung

Den folgenden Untersuchungen wurde der auf Bild 6 dargestellte Kühlturm zugrundegelegt. Seine Mittelfläche wird durch die allgemeine Hyperbelgleichung

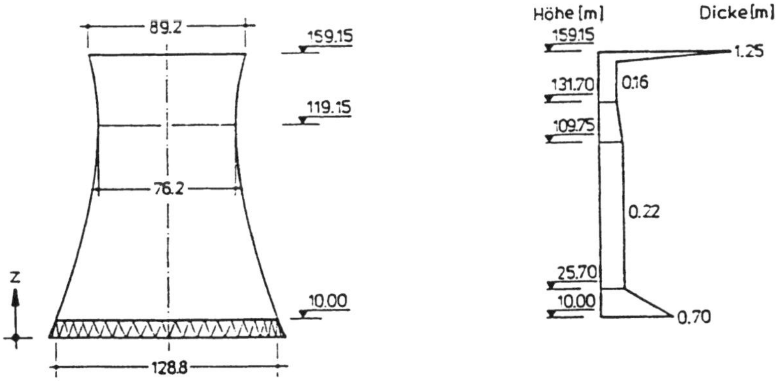


Bild 6: a) Kühlerschale [m] b) Verlauf der Schalendicke

$$r = r_0 + \frac{a}{b}\sqrt{b^2 + (Z_T - Z)^2} \quad (3.1)$$

mit $r_0 = 29.563$ m, $a = 8.537$ m, $b = 27.589$ m, $Z_T = 119.15$ m festgelegt. Dabei wird der obere Schalenrand durch $Z = 159.15$ m, der untere Schalenrand durch $Z = 10.0$ m begrenzt. Einen Überblick über den Wanddickenverlauf zeigt Bild 6 im rechten Teil. Am oberen bzw. unteren Schalenrand besitzt der Kühlturm jeweils ein Randglied; das untere Stützenfachwerk wird als Membranlagerung idealisiert. Die Materialeigenschaften des verwendeten Betons und der Bewehrung enthält Tafel 1.

| Beton | | | |
|---|---|---|---|
| $E_c$ | E-Modul | $3.3 \cdot 10^7$ | kN/m² |
| $\nu_c$ | Querdehnungszahl | 0.18 | - |
| $\gamma$ | Wichte | 25.00 | kN/m³ |
| $\beta_c$ | zylindr. Druckfestigkeit | 33894.00 | kN/m² |
| $\beta_z$ | Zugfestigkeit | 3390.00 | kN/m² |
| **Stahl** | | | |
| $E_o$ | E-Modul | $2.1 \cdot 10^8$ | kN/m² |
| $E_t$ | Tangentenmodul | $2.1 \cdot 10^2$ | kN/m² |
| $\beta_s$ | Streckgrenze | $5.0 \cdot 10^5$ | kN/m² |
| $\beta_u$ | Bruchdehnung | 0.2 | - |

Tafel 1: Materialdaten von Beton und Stahl

Als Wichte des Betons wurde $\gamma = 25$ kN/m³ gemäß DIN 1045 gewählt. Der auf die Kühlerschale einwirkende Wind wurde gemäß BTR [1] als quasi-statisch wirkend durch

$$W(Z,\Theta) = C_p(\Theta) \cdot q_E(Z) \quad (3.2)$$

angesetzt, wobei $C_p(\Theta)$ die Druckverteilung K 1.0 nach BTR in der Umfangsrichtung und $q_E(Z)$ die Höhenverteilung des Entwurfsstaudrucks

$$q_E(Z) = 0.9 \cdot \left(\frac{Z}{10}\right)^{0.22} \quad (3.3)$$

darstellen.

Die erforderliche Bewehrung der Schale wurde gemäß BTR für die Lastkombination

$$n_G + n_W \leq \frac{a_S \cdot \beta_S}{1.75} \quad \text{und} \quad n_G + 1.75 \cdot n_W \leq a_S \cdot \beta_S \quad (3.4)$$

ermittelt, wobei eine Mindestbewehrung von 0.15% der erforderlichen Schalendicke je Laibung als untere Schranke eingehalten wurde.

## 3.2 Kollapsanalyse

Für die Berechnung des Kühlturms wurde das Schalenelement NACS48 [7] in der Diskretisierung gemäß Bild 7 verwendet: in halber Umfangsrichtung wurden 8, in Meridianrichtung 12 Elemente gewählt. Zur Ergebnisverifikation wurden einige Lastpfade darüber hinaus aus einer Analyse mit 74 Ring-Elementen [10] gewonnen. Über die Schalendicke wurde jedes Element in 8 Schichten unterteilt. Zur Lösung des nichtlinearen Gleichungssystems (2.17) wurde das Newton-Raphson-Verfahren gewählt.

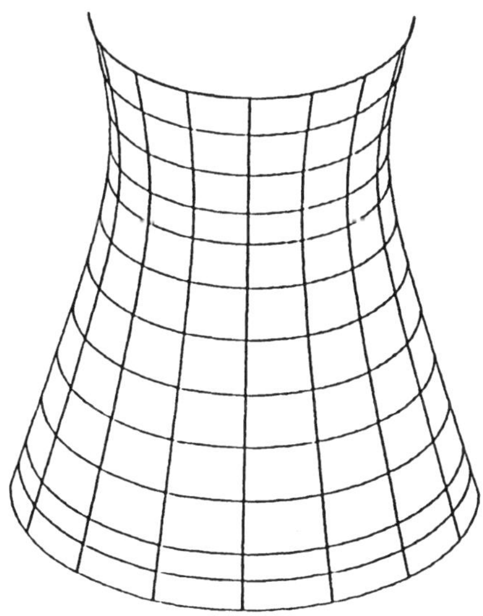

Bild 7: Diskretisierung des Kühlturms

### 3.2.1 Lastfallkombinationen nach Euro-Code

Die Kollapsanalyse wurde zunächst für den Grenzzustand

$$P_1 = 1.3\ G + 1.5\ W \qquad (3.5)$$

nach der Vorschrift des CEB [11] durchgeführt. Die Gesamtlast $P_1$ wurde, mit einem Lastfaktor $\lambda$ versehen, bis zum Versagen des Kühlturms gesteigert.

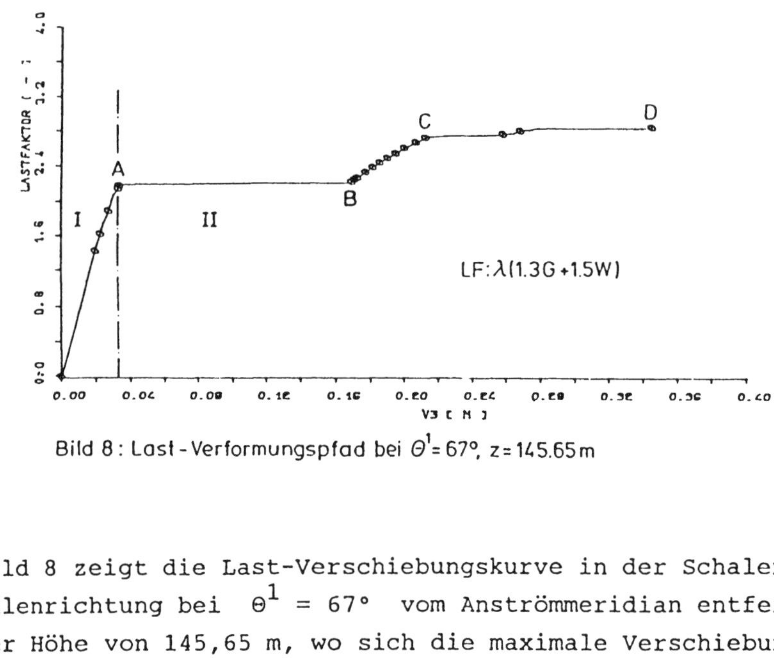


Bild 8: Last-Verformungspfad bei $\Theta^1 = 67°$, z = 145.65 m

Bild 8 zeigt die Last-Verschiebungskurve in der Schalennormalenrichtung bei $\Theta^1 = 67°$ vom Anströmmeridian entfernt in der Höhe von 145,65 m, wo sich die maximale Verschiebung des Kühlturms unter der angegebenen Lastfallkombination ausbildet. Der Last-Verschiebungspfad auf Bild 8 wurde in 2 Bereiche aufgeteilt. Im Bereich I wurde das Lastinkrement von $\Delta\lambda = 1.0$ bis 0.1 sukzessiv kleiner werdend aufgebracht. Im Bereich II dagegen wurde mit einem konstanten feinen Lastinkrement $\Delta\lambda = 0.02$ gerechnet, um die erwarteten großen Verschiebungen infolge der Rißbildung numerisch kontrollieren zu können. Zwischen Punkt B und Punkt C wäre auch ein gröberes Lastinkrement ausreichend gewesen, jedoch wurde aus Gründen einer einfachen Genauigkeitssteuerung des Rechenprozesses vom Punkt A bis zum Punkt D gleichbleibend das kleinere Lastinkrement gewählt.

Im Bereich I in Bild 8 ist der Kühlturm wegen der Mitwirkung der Betonzugfestigkeit, die gemäß Tafel 1 einem Zehntel der Betondruckfestigkeit entspricht, noch ungerissen. Kurz vor dem Erreichen des Punktes A entstehen die ersten Risse senkrecht zur Breitenkreisrichtung am oberen Schalenrand. Zwischen den Punkten A und B (Riß-Plateau) verbreitern sich die Risse und überdecken den Bereich bis zur Taille. Dadurch erst entstehen die großen Verformungen des Kühlturms. Vom Punkt B bis zum Punkt C (Verfestigungsbereich) erfolgt die Übernahme der Ringzugkräfte durch die Bewehrung im gerissenen Schalenteil, erkennbar durch einen flachen Anstieg der Kurve BC und die damit verbundene geringere Steifigkeit. Im Punkt C beginnt die Bewehrung des Kühlturms zu plastizieren. Orthogonale Sekundärrisse bilden sich in vielen Bereichen wegen der

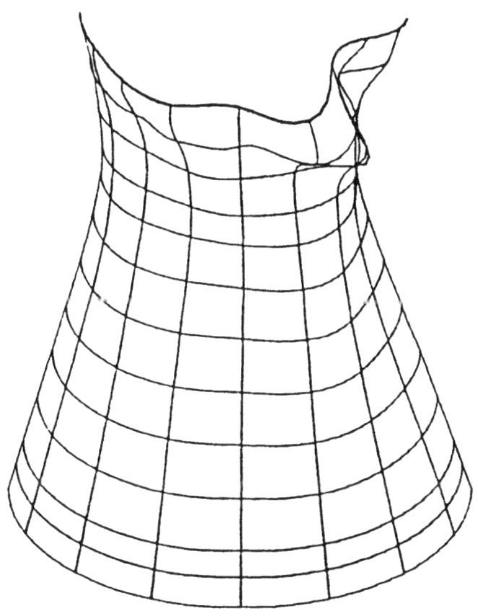

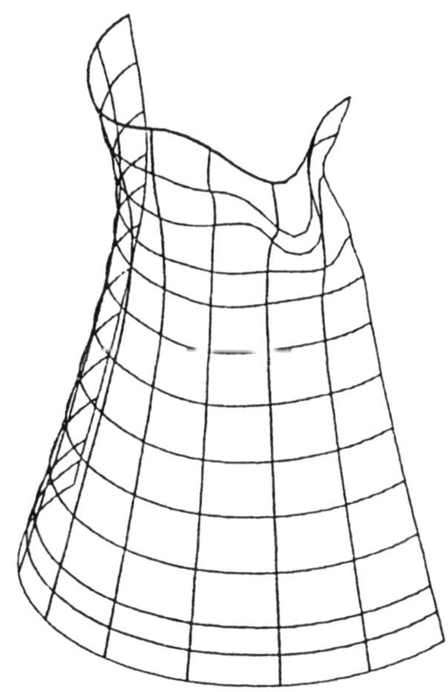

a) Lastfallkombination nach CEB    b) Lastfallkombination nach BTR

Bild 9: Verformungsfiguren des Kühlturms kurz vor dem Versagen stark unterschiedlichen Verformungen zwischen dem primär gerissenen und dem ungerissenen Schalenteil aus (Bild 10). Rißbildung und Plastizierung schreiten bei der weiteren Laststeigerung fort. Bis zum Punkt D entstehen einige große örtliche Beulen im oberen Teil des Kühlturms (Bild 9a) Schließlich reißt der Beton dort über die Schalendicke durch: damit beginnt eine Phase völliger Plastizierung in einzelnen Schnitten und das Tragwerk wird instabil.

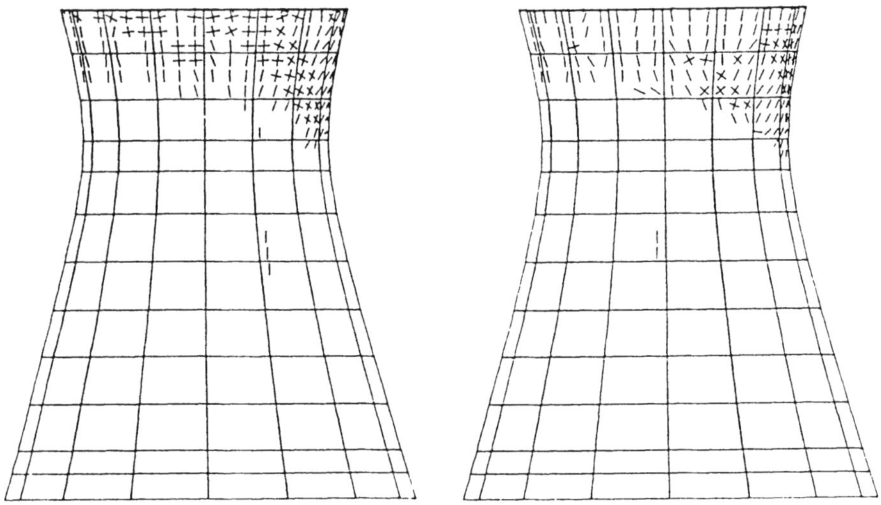

a) Außenseite b) Innenseite

Bild 10: Rißbilder bei $\lambda = 2.85$ für die Lastfallkombination nach CEB

### 3.2.2 Lastfallkombination nach BTR

Eine Vergleichsberechnung wurde sodann für den Grenzzustand

$$P_2 = G + 1.75\ W \qquad (3.6)$$

nach BTR [1] durchgeführt. Das Ergebnis wird dem aus der Lastfallkombination nach CEB in Bild 11 gegenübergestellt. Das Riß-Plateau tritt hier ungefähr beim gleichen Lastfaktor

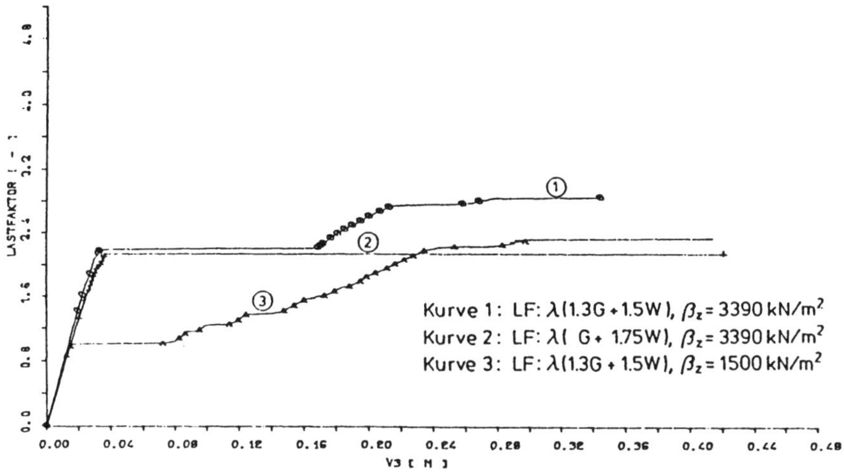


Bild 11: Last-Verformungspfade bei $\Theta^1 = 67°$, z = 145.65 m

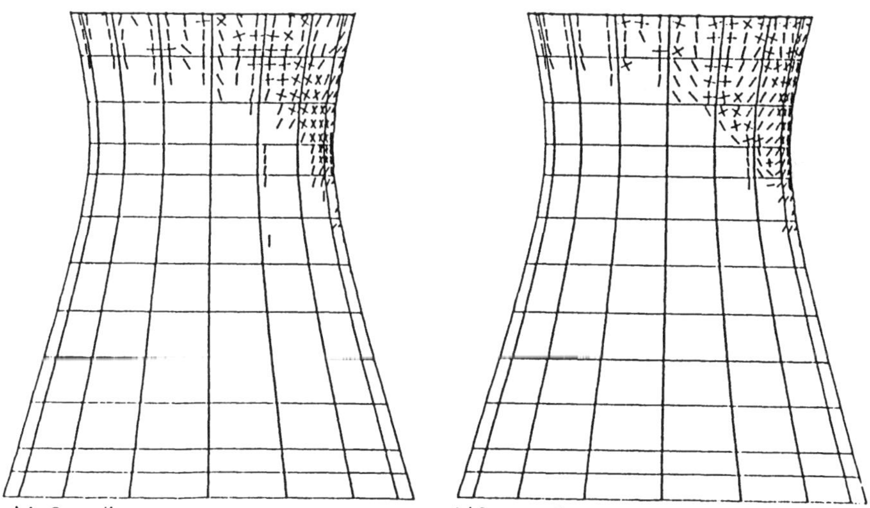

a) Außenseite b) Innenseite

Bild 12: Rißbilder bei $\lambda = 2.17$ für die Lastkombination nach BTR wie im letzten Fall auf. Allerdings verschwindet der Verfestigungsbereich völlig, da bei dieser Lastfallkombination der Wind einen größeren Beitrag zur Gesamtlast $P_2$ leistet. Infolge dessen werden größere Teile des Luv-Bereiches Meridianzugkräften ausgesetzt. Bei Erreichen eines Lastniveaus $\lambda = 2.17$ reißt der Beton des Kühlturms schlagartig nicht nur in der Umgebung des oberen Schalenrandes, sondern auch weit unterhalb der Taille auf (Bild 12). Die vom Beton freigewordenen Zugkräfte sind jedoch im Teilbereich so groß, daß sie von der dort vorhandenen Bewehrung nicht aufgenommen werden können. Damit beginnt eine dramatische Plastizierungsphase der Ringbewehrung bis zum Kollaps des Kühlturms.

## 3.3 Schlußfolgerung

Aus den erhaltenen Ergebnissen lassen sich folgende Schlußfolgerungen ziehen:

- Die in den Vorschriften CEB und BTR vorgeschriebenen Grenzzustände liegen offensichtlich erheblich auf der konservativen Seite. Der Versagensfaktor $\lambda$ für die beiden Grenzzustände liegt erheblich über 2, wobei der Grenzzustand nach BTR schärfer formuliert erscheint.
- Der Grund für den hohen Versagensfaktor der Grenzzustände besteht in der numerischen Berücksichtigung
  a) der Kraftumlagerung bei der Rißentstehung und
  b) in der Höhe der Betonzugfestigkeit $\beta_Z$ .
- Insbesondere besitzt offenbar die Betonzugfestigkeit einen beträchtlichen Einfluß: Die Betonzugfestigkeit führt zu höheren Versagensfaktoren, allerdings um den Preis eines Versagens ohne Vorankündigung, solange die Bewehrung nicht entsprechend verstärkt wird. Eine niedrigere Betonzugfestigkeit reduziert dagegen die Versagenslast des Kühlturms. Als Beispiel hierfür zeigen wir in Bild 11 einen Last-Verformungspfad, der mit einer Betonzugfestigkeit von $\beta_Z = 1500$ kN/m² für die Lastfallkombination nach CEB berechnet wurde.

**LITERATUR**

[ 1] VGB-Richtlinie: Bautechnik bei Kühltürmen. VGB-Kraftwerkstechnik GmbH, Essen 1980

[ 2] Basar, Y. und Krätzig, W.B.: Mechanik der Flächentragwerke. Friedr. Vieweg & Sohn, Braunschweig/Wiesbaden 1985

[ 3] Basar, Y.: Zur Struktur konsistenter inkrementeller Theorien für geometrisch nichtlineare Flächentragwerke und deren Operatordarstellung. Ingenieur-Archiv 56 (1986) 209-220

[ 4] Harte, R. und Krätzig, W.B.: Tensor-orientierte Formulierung nichtlinearer, finiter Schalenelemente. Ingenieur-Archiv 56 (1986) 114-129

[ 5] Krätzig, W.B.: Eine einheitliche numerische Stabilitätstheorie in der Statik und Dynamik der Tragwerke. Festschrift Heinz Duddeck. Springer-Verlag Berlin/Heidelberg 1988

[ 6] Oden, J.T.: Finite Elements of Nonlinear Continua. McGraw-Hill, New York/Düsseldorf 1972

[ 7] Eckstein, U.: Nichtlineare Steifigkeitsberechnung elastischer Schalentragwerke. Technisch-wissenschaftliche Mitteilungen der IKIB, Nr. 82-3, Ruhr-Universität Bochum 1983

[ 8] Bazant, Z.P., M. ASCE and Sang-Sik Kim: Plastic-Fracturing Theory For Concrete. I. Engng. Mechanics Div., Proc. Am. Soc. of Civil Engrs. 105, 407-428 (June 1979)

[ 9] Bazant, Z.P.: Work Inequalities for Plastic Fracturing Materials. Int. J. Solids Structures Vol. 16 pp 873-901

[10] Eckstein, U.; Krätzig, W.B. und Wittek, U.: Finite-Element-Berechnungen zur Grenztragfähigkeit der Rotationsschalen. Tech. wiss. mittlg. d. IKIB, Nr. 80-4, Ruhr-Universität Bochum 1980

[11] Comite Euro-International du Beton: Internationales System einheitlicher technischer Baubestimmungen. Band II, Mustervorschrift für Tragwerke aus Stahlbeton und Spannbeton (3. Entwurf, Übersetzung der franz. Originalfassung) Dez. 1976

# Der kritische Tragzustand von Kühlturmschalen unter Berücksichtigung geometrisch und physikalisch nichtlinearer Verhaltensweisen infolge der Windbelastung

W. Zerna

M. Winter

## 1. Einleitung

Für die neue Generation der Kernkraftwerke mit 1300 MWe Leistung wird z.B. ein Kühlturm mit einer Höhe von über 165 m und einem Basisdurchmesser von etwa 150 m benötigt. Damit bildet die Schale eines Kühlturms derzeit das größte Schalentragwerk aus Stahlbeton überhaupt. Deshalb erfordert die Erfassung der Trag- und Standsicherheit dieser außergewöhnlichen Konstruktion bauwerkspezifische Forschungen.

Die strukturbedingten statischen Hauptprobleme der Kühlturmschale aus Stahlbeton können in drei Gruppen zusammengefaßt werden:

- die Festlegung des in der Berechnung zu berücksichtigenden Windeinflusses als statische Ersatzlast,
- die Ermittlung des Verformungs- und Spannungszustandes infolge aller Belastungen und Zwängungen, und schließlich
- die Ermittlung des Sicherheitsabstandes zum Verlust der Standsicherheit und der Tragfähigkeit.

Die Ermittlung der Verformungen und der Schnittkräfte infolge der Belastung weist heute Dank der Fortschritte in der Schalentheorie und der zahlreichen entwickelten numerischen Rechenmethoden keine Probleme auf. Dagegen ist die Ermittlung der Standfestigkeit bzw. Stabilitätsgrenze und der Tragfähigkeitsgrenze der Kühlturmschalen aus Stahlbeton noch weitgehend unerforscht. Hierbei bildet die Annahme eines wirklichkeitsnahen Stoffgesetzes für den Stahlbeton und dessen Berücksichtigung in der Berechnung das Hauptproblem.

Experimentelle Beuluntersuchungen für Kühlturmschalen sind bis jetzt an Modellen aus Kunststoff durchgeführt worden. Aus versuchstechnischen Gründen sind Kühlturmmodelle aus Stahlbeton nicht sinnvoll.

Insofern sind theoretische und numerische Untersuchungen zur Unterstützung der an elastischen Modellen ermittelten Ergebnisse unerläßlich. Die Ermittlung der Beulsicherheit und des Sicherheitsabstandes zum Verlust der Tragfähigkeit erfordert ein wirklichkeitsnahes Erfassen der physikalischen Nichtlinearität des Stahlbetons bei den numerischen Untersuchungen.

Nach der in Deutschland derzeit gültigen Praxis erfolgt die Bemessung der Kühlturmschalen aus Stahlbeton in zwei Stufen. Zuerst wird die Wanddicke in verschiedenen Höhenlagen der Kühlturmschale festgelegt. Dabei gelten zwei Kriterien. Einmal muß eine Mindestwanddicke eingehalten werden. Die Empfehlungen der Internationalen Vereinigung für Schalen und räumliche Tragwerke (I.A.S.S.) geben die Formel

$$t_{min} = \frac{\sqrt[3]{R^2 \cdot H}}{400} \qquad (1)$$

für die Mindestwanddicke an. In dieser Formel ist R der Radius des Breitenkreises und H die Höhe der Kühlturmschale. Darüberhinaus wird empfohlen, daß die Wanddicke nicht weniger als 0,14 m bzw. 0,10 m betragen soll, wenn die Bewehrung aus zwei Lagen bzw. einer Lage besteht.

Die im folgenden angegebenen Beulformeln bilden das zweite Kriterium bei der Festlegung der Schalenwanddicke unter Berücksichtigung der zweiaxialen Beanspruchung der Schale unter Eigengewichtsbelastung und der Windbeanspruchung:

$$0.80\,\gamma_B\left(\frac{\sigma_{11}}{\sigma_{110}}+\frac{\sigma_{22}}{\sigma_{220}}\right)+0.20\,\gamma_B^2\left[\left(\frac{\sigma_{11}}{\sigma_{110}}\right)^2+\left(\frac{\sigma_{22}}{\sigma_{220}}\right)^2\right]=1 \qquad (2)$$

$$\sigma_{110}=\frac{0.985\,E}{\sqrt[4]{(1-\nu^2)^3}}\cdot\left(\frac{t}{R_T}\right)^{4/3}\cdot k_{G11} \qquad (3)$$

$$\sigma_{220}=\frac{0.612\,E}{\sqrt[4]{(1-\nu^2)^3}}\left(\frac{t}{R_T}\right)^{4/3}\cdot k_{G22} \qquad (4)$$

Die Interaktionsgleichung (2) gibt den Einfluß des Verhältnisses der tatsächlich wirkenden lokalen Spannungen in Ringrichtung $\sigma_{11}$ und Meridianrichtung $\sigma_{22}$ an. $\sigma_{110}$ bzw. $\sigma_{220}$ sind die Beulspannungen der Kühlturmschale, wenn eine einaxiale Beanspruchung in Ring- bzw. Meridianrichtung vorliegt. In Gleichungen (3) und (4) sind $E$ und $\nu$ der Elastizitätsmodul und die Querkontraktionszahl des Stahlbetons. $t$ ist die zu bestimmende lokale Schalendicke und $R_T$ ist der Radius der Kühlturmschale in der Taille. Die weiteren geometrischen Daten der Kühlturmschale, wie die Form der Meridiankurve, die Taillierung $R_T/R_B$ und die Gedrungenheit $R_T/Z_T$ werden durch die Koeffizienten $k_{G11}$ für die Ringrichtung und $k_{G22}$ für die Meridianrichtung erfaßt. $R_B$ bzw. $Z_T$ sind der Radius am unteren Schalenrand bzw. die Höhe der Taille vom unteren Schalenrand.

Nach den deutschen VGB-Richtlinien für die Berechnung von Kühlturmschalen werden die Beanspruchungen infolge Eigengewicht und Windlast beim Nachweis der Beulsicherheit mit gleichen Lastfaktoren erhöht. Dieser Lastfaktor beträgt mindestens 5,0. Beim Nachweis der Grenztragfähigkeit als Folge des Fließens der Bewehrung wird dagegen lediglich die durch Windlast verursachte Beanspruchung mit dem Faktor 1,75 erhöht, wodurch für den Einzelturm eine operative Versagenswahrscheinlichkeit von $P_f = 5\cdot 10^{-4}$ erreicht werden kann. Für die Ermittlung der Schalenbewehrung werden drei Nachweise durchgeführt. Einmal darf die Bewehrungsmenge nicht kleiner sein als die Mindestbewehrung, die in Meridian- und Ringrichtung je 0,3% vom Schalenquerschnitt beträgt. Zweitens muß ein Nachweis unter Gebrauchslast durchgeführt werden. Hierfür werden folgende ungünstige Lastkombinationen berücksichtigt:

Eigengewicht + Wind + Temperatur
und Eigengewicht + 1/3 Wind + Temperatur + Erdbebenwirkung

Die Ermittlung der Bewehrung erfolgt gemäß DIN 1045 Abschnitt 17 unter Einhaltung eines Sicherheitsabstandes von 1,75 gegen das Fließen der Bewehrung. Schließlich ist sie, wie bereits vorangehend erwähnt, für

Eigengewicht + 1,75 Wind

zu ermitteln, wobei der Bemessung die Streckgrenze $\beta_s$ der Bewehrung zugrunde gelegt wird. Die Ermittlung der Schnittkräfte erfolgt nach der Theorie der linear-elastischen Schalen, d.h. ohne Berücksichtigung der Rißbildung im Beton und anderer Nichtlinearitäten des Verbundbaustoffes Stahlbeton.

Nach den vorangehenden Ausführungen ergeben sich folgende grundlegende Fragen:

- In der Beulbemessung wird die Sicherheit gegen mindestens 5fache der Eigengewichts- plus Windbelastung gefordert. Wenn es jedoch um die Bemessung gegen Materialversagen geht, wird dagegen, wenn man von Temperaturzwängungen und Erdbebenbeanspruchung absieht, lediglich eine Sicherheit in Höhe von 1,75 für die Beanspruchung infolge Eigengewicht + Wind bzw. allein für die Windbeanspruchung mit 1fachem Eigengewicht verlangt. Die größere Bewehrungsmenge ergibt sich meistens aus der zuletzt genannten Forderung. Da die Beulbemessung die Schalendicke und damit die Eigengewichtsbelastung liefert, ist die Bemessung der Bewehrung von der Beulbemessung nicht unabhängig. Nun stellt sich die Frage, ob die Sicherheitsbeiwerte $\gamma_B = 5{,}0$ gegen das Beulen und $\gamma = 1{,}75$ gegen das Fließen der Bewehrung miteinander in Einklang stehen. Wie weit darf der

Beulsicherheitsbeiwert reduziert werden, so daß am Ende für beide Versagensarten etwa der gleiche Sicherheitsabstand vorliegt.
- Wie beeinflußt das Reißen bzw. das nichtlineare Verformungsverhalten des Betons unter Zug- bzw. Druckbeanspruchung die Grenztragfähigkeit der Kühlturmschale?
- Inwieweit kann die Grenztragfähigkeit der Kühlturmschale durch die Bewehrungsmenge kontrolliert werden?
- Welchen Einfluß hat die geometrische Nichtlinearität auf die Grenztragfähigkeit?

Die Beantwortung dieser Fragen bildet die Problemstellung der vorliegenden Studie. Es versteht sich, daß die Abhandlung dieser Fragen nur unter Anwendung einer numerischen Untersuchungsmethode möglich ist. Im folgenden wird die angewandte Rechenmethode kurz erläutert.

## 2. Rechenverfahren

### 2.1 Beschreibung des angewandten Finiten Elements

Bei den durchgeführten Untersuchungen wurde ein räumlich gekrümmtes, degeneriertes, isoparametrisches Viereckelement angewandt. Dieses "Semiloof-Element" hat 32 Freiheitsgrade, wie im Bild 1 dargestellt worden ist. Da die Spannungen an den innerhalb des Elements liegenden vier Integrationspunkten getrennt ermittelt werden, kann in jedem Integrationspunkt das der dortigen Beanspruchung entsprechende Stoffgesetz eingesetzt werden.

Als Grundlage für das der Aufgabenstellung angepaßte Rechenprogramm diente das in /2/ abgedruckte und erläuterte Programm. Dieses Programm wurde in folgenden Hinsichten erweitert:
- Die Elementdicke kann nun in jedem Knotenpunkt anders gewählt werden.
- Da der Lastvektor an jedem Integrationspunkt bestimmt wird, können in jedem dieser Punkte unterschiedliche Be-

lastungen eingesetzt werden, die auf den dazugehörigen Flächenanteil des Elements wirken.

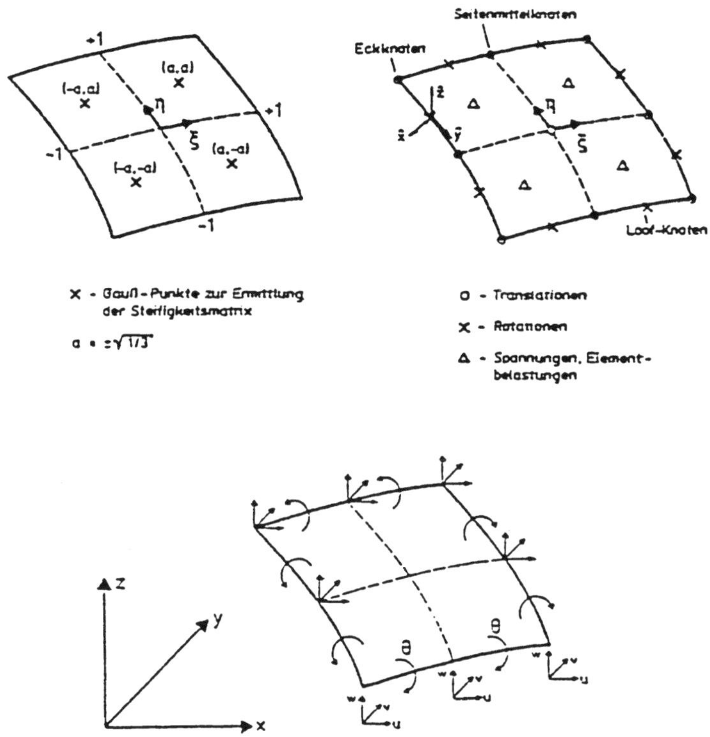


Bild 1: Das angewandte Finite-Schalenelement

Um das Verformungsverhalten von Stahlbeton möglichst genau zu erfassen, wird ein bereits erprobtes Schichtenmodell angewandt /4,5/. Bei diesem, ursprünglich von Hand, Pecknold und Schnobrich /1/ entwickelten Modell können in jeder Schicht des Schalenquerschnitts die von dem Verzerrungszustand abhängigen Stoffkennwerte eingesetzt werden, und zwar unter Berücksichtigung der zweiaxialen Beanspruchung. Der Verzerrungszustand einer beliebigen Schalenschicht ist mit dem Verzerrungszustand einer Bezugsschicht unter der Voraussetzung der Kirchoff-Love-Hypothese, d.h. der ebenbleibenden Querschnitte, gekoppelt, und zwar proportional mit dem Abstand zur Bezugsschicht. Die Bewehrung in Ring- und Meridianrichtung wird zu einer einzigen Schicht zusammengefaßt. Der ungleichen Bewehrungsmenge in beiden Richtungen wird durch die Annahme einer hinsichtlich des E-Moduls orthotrop anisotropen Schicht Rechnung getragen:

$$E_{YS} = E_{XS} \frac{\mu_y}{\mu_x} \qquad (5)$$

Bei der vorliegenden Untersuchung wurde das Schalenelement in 11 Schichten unterteilt. Bild 2 zeigt dieses Element.

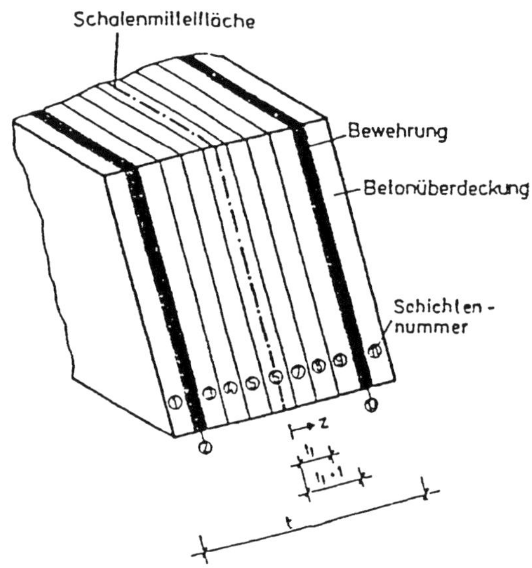


Bild 2: Geschichtetes Stahlbeton-Schalenelement

In lokalen $\xi$-$\eta$-Koordinaten ergibt sich die Elementsteifigkeitsmatrix mit Hilfe der Jacobi-Matrix $\underline{J}$ und der $\underline{B}$-Matrix zu

$$\underline{K} = \int_{-1}^{1}\int_{-1}^{1} \det J \left\{ \underline{B}^T \begin{bmatrix} \sum_j (t_{j+1} - t_j)\, \underline{E}_j & -\frac{1}{2}\sum_j (t_{j+1}^2 - t_j^2)\, \underline{E}_j \\ -\frac{1}{2}\sum (t_{j+1}^2 - t_j^2)\, \underline{E}_j & \frac{1}{3}\sum (t_{j+1}^3 - t_j^3)\, \underline{E}_j \end{bmatrix} B \right\} d\xi\, d\eta \qquad (6)$$

wobei die B-Matrix die Verzerrungs- und Verschiebungsvektoren verbindet:

$$\{\varepsilon\} = [B]\{u\} \tag{7}$$

Das Eigengewicht jedes Elements wird in den Gauß-Punkten konzentriert. Diese liegen im Abstand $\xi, \eta = \pm\sqrt{1/3}$ vom Mittelpunkt eines Elements gemäß Bild 1. Somit ergibt sich die Eigengewichtsbelastung

$$\underline{P}_g = \int_{-1}^{1}\int_{-1}^{1} \det \underline{J}\, t(\xi,\eta)\, \underline{B}^T g \, d\xi \, d\eta \tag{8}$$

Hierbei ist $g$ der Rechenwert 25 kN/m³ für den Stahlbeton. Analog ergibt sich die Windbelastung

$$\underline{P}_w = \int_{-1}^{1}\int_{-1}^{1} \det \underline{J}\, \underline{B}^T p(\xi,\eta)\, d\xi \, d\eta \tag{9}$$

## 2.2 Das Lösungsverfahren

Das Gleichungssystem des Gleichgewichts in der Matrizenschreibweise ist:

$$\underline{K}(\underline{u})\underline{u} + \underline{P} = \underline{F}(\underline{u}) + \underline{P} = \underline{0} \tag{10}$$

Wegen des nichtlinearen Materialverhaltens und der Nichtlinearität infolge Veränderung der Geometrie des Systems durch groß vorausgesetzte Verformungen, d.h. der geometrischen Nichtlinearität, ist die Steifigkeitsmatrix $\underline{K}$ vom Verschiebungszustand abhängig. Deshalb ist die Ermittlung des endgültigen Gleichgewichts nur durch inkrementelle Erhöhung der Belastung möglich. Bei der vorliegenden Untersuchung wurden zehn gleich große Lastinkremente gewählt. Bei den Gleichgewichtsbedingungen für das n-te Inkrement wird die Steifigkeitsmatrix des vorangehenden Inkrements zugrunde gelegt:

$$\underline{K}(\underline{u}^{n-1})\underline{u}^n + \underline{P} = \underline{R} \neq \underline{0} \tag{11}$$

Nun gilt es, die iterative Berechnung so lange durchzuführen, bis die Residualkräfte $\underline{R}$ unterhalb einer für das Problem festgelegten Schranke bleiben. Im vorliegenden Fall beträgt diese Schranke 3,5 % oder höchstens 20 Iterationen. Um die Schnelligkeit bzw. die Konvergenz des Rechenverfahrens zu verbessern, wird innerhalb jedes gewählten Lastinkrements die tangentielle Anfangssteifigkeit beibehalten. Bei der nächsten Lastinkrementierung wird jedoch die für den Verformungszustand maßgebende Tangentensteifigkeitmatrix

$$K_T(u) = \frac{d\underline{F}(u)}{d\underline{u}} \tag{12}$$

eingesetzt. Bild 3 veranschaulicht diese beiden, nach Newton-Raphson benannten Verfahren. Die auf den verformten Zustand bezogene Cauchy-Spannungen und die dazugehörigen Dehnungen können im Falle von Stahlbetonschalen, näherungsweise, ohne geometrische Transformation für jedes Inkrement addiert werden.

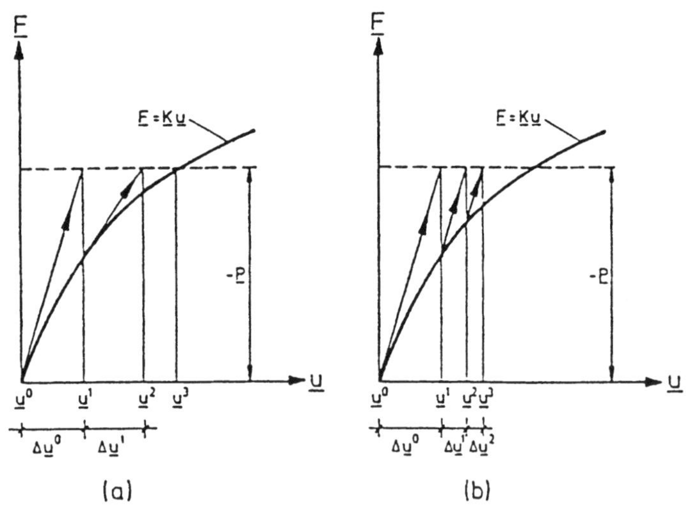


Bild 3: NEWTON-RAPHSON-Verfahren
a) normal b) modifiziert

Die inkrementell ermittelten Werte müssen allerdings auf den verformten Zustand bezogen werden, eine Bedingung, die die Anwendung der "Updated-Lagrange" Formulierung erforderlich macht. Die Rechtfertigung für diese Näherung liegt in der Tatsache, daß die Bruchdehnungen des Stahlbetons relativ klein sind.

Die geometrische Nichtlinearität wird dadurch erfaßt, daß die quadratischen Glieder des Verzerrungstensors mitberücksichtigt werden. Dann ergeben sich die auf den verformten Zustand bezogenen und deshalb mit ( ' ) versehenden aktuellen inkrementellen Komponenten des Verzerrungstensors:

$$\tilde{\varepsilon}'_{kl} = \varepsilon'_{kl} + \eta'_{kl} = \frac{\partial U'_k}{\partial X'_l} + \frac{1}{2} \cdot \frac{\partial U'_i}{\partial X'_k} \cdot \frac{\partial U'_i}{\partial X'_l} \qquad (13)$$

In Matrizenschreibweise

$$\underline{\tilde{\varepsilon}}' = \underline{\varepsilon}' + \underline{\eta}' \qquad (14)$$

als Summe der linearen $\underline{\varepsilon}'$ und der quadratischen $\underline{\eta}'$ Verzerrungsanteile. Analog dazu kann die Elementsteifigkeitsmatrix aus einem linearen bzw. elastischen Anteil $\underline{K}_E$ und einem nichtlinearem bzw. geometrischen Anteil zusammengesetzt werden:

$$\underline{K} = \underline{K}_E + \underline{K}_G \qquad (15)$$

## 2.3 Stoffgesetze

In den Bildern 4 und 5 sind die in der Berechnung berücksichtigten Stoffgesetze für den Beton und für die Bewehrung dargestellt. Diese Stoffgesetze wurden bei den bisherigen Beuluntersuchungen an Schalentragwerken mit Erfolg eingesetzt /4/. Das im Bild 4 dargestellte Stoffgesetz für den Beton gibt das Verformungsverhalten unter zweiaxialer Beanspruchung für jegliche Spannungsverhältnisse bis zur Bruchgrenze wieder, die in der Abbildung als äußerste Kurve gestrichelt dargestellt worden ist. Wie aus dem Bild ersichtlich, beträgt die Zugfestigkeit des Betons etwa 10 % der einaxialen Prismendruckfestigkeit. Sie wird bei einer Zug-Bruchdehnung von etwa 0,1 o/oo erreicht. Mit Erreichen der Zugfestigkeit in einer Schicht wird vorausgesetzt, daß die auf diese Schicht entfallende Zugkraft zu Null wird. D.h. die Mitwirkung des Betons zwischen den Rissen, "Tension Stiffening", wird vernachlässigt. Deshalb wird in den gerissenen Schichten der Elastizitätsmodul zu Null gesetzt. Nach dem Reißen des Betons wird die Zugkraft somit den im Querschnitt noch wirksamen restlichen Schichten zugewiesen.

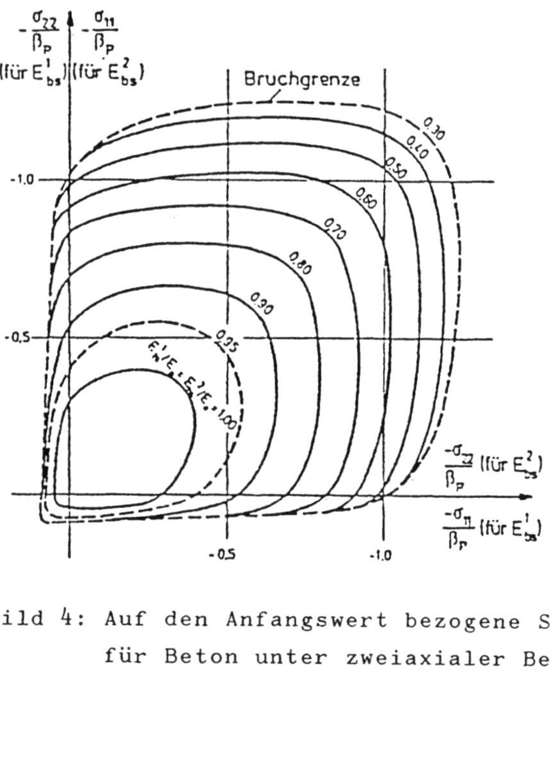


Bild 4: Auf den Anfangswert bezogene Sekantenmodoli für Beton unter zweiaxialer Beanspruchung

Für den Stahl wurde das im Bild 5 wiedergegebene bilineare Stoffgesetz zugrunde gelegt. Auch dieses wurde bereits bei den früheren Untersuchungen erprobt /4/. Die Bruchdehnung des Stahls wird, wie in DIN 1045, Tabelle 6, für BSt 420/500 RU und RK angegeben, auf 10 % beschränkt.

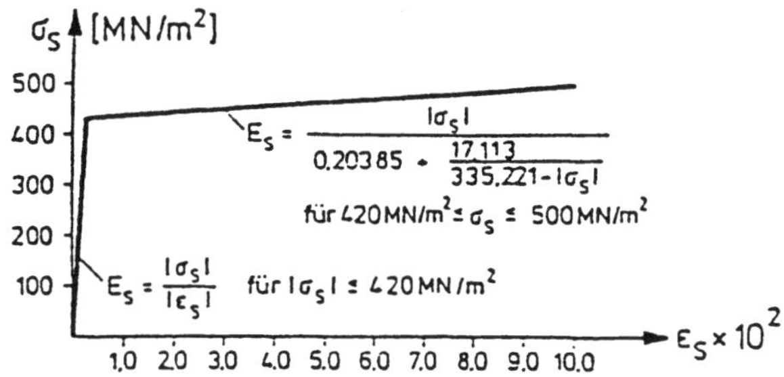


Bild 5: Stoffgesetz für Bewehrungsstahl

Die wirklichkeitsnahe Modellierung des Verbunds zwischen Beton und Bewehrung ist für die Erfassung der lokalen Einflüsse, wie der Rißbildung, Rißbreite und Rißabstände, Kräfteumlagerungen zwischen Beton und Stahl, von großer Bedeutung. Bei der vorliegenden Aufgabenstellung steht die Ermittlung der Grenztragfähigkeit im Vordergrund und nicht die der Rißbildung. Insofern wird in der vorliegenden Studie ein starrer Verbund zwischen dem Beton und der Bewehrung vorausgesetzt. Die Risse werden innerhalb des zu dem betreffenden Integrationspunkt gehörenden Elementteils als verschmiert betrachtet, so daß es zu keinen breiten diskreten Rissen kommen kann. Wegen des großen Umfangs der durchzuführenden Parameterstudien mußten diese Vereinfachungen getroffen werden. Der Einfluß verschiedener Stoffgesetze und der "Tension Stiffening" auf die Grenztragfähigkeit bildet die Problemstellung einem unmittelbar darauf folgenden Forschungsvorhaben /7/.

## 3. Grenztragfähigkeitsuntersuchungen

### 3.1 Die untersuchten Kühlturmschalen

Die Parameterstudien wurden an zwei Schalengeometrien durchgeführt. Die erste im Bild 6 dargestellte Geometrie entspricht der derzeitigen Praxis im Kühlturmbau. Die zweite im Bild 6 dargestellte Geometrie entspricht dem Trend, in Zukunft Kühltürme mit größerem Durchmesser zu bauen. Bei der Ermittlung der Schalendicke wurden für beide Geometrien Mindestbeulsicherheiten zwischen 2,1 und 5,0 gewählt.

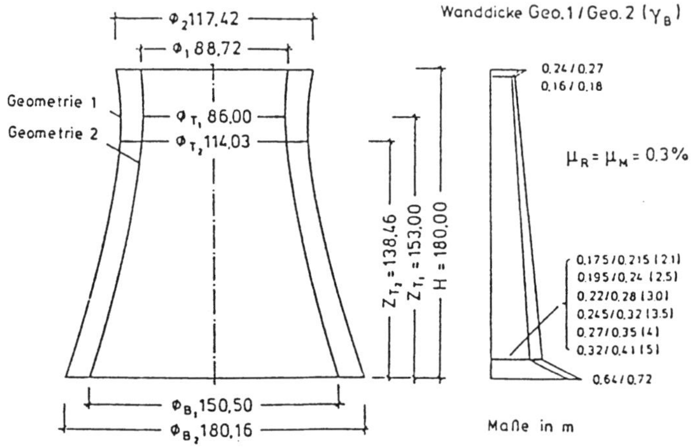


Bild 6 : Die gegen Zugversagen untersuchten Kühlturmschalen

Das gewählte Element ist in seinem Schichtaufbau in Bild 2 dargestellt. Für die Verteilung des Windstaudrucks über die Kühlturmhöhe $q_0(z)$ werden die in DIN 1055, Teil 4, Tabelle 1, angegebenen Werte, also die sogenannte Treppenkurve, zugrunde gelegt. Die Verteilung über den Umfang wird durch eine Fourier-Reihe mit 16 Gliedern beschrieben:

$$C_P(\Theta) = \sum_{n=0}^{15} a_n \cos(\kappa\Theta) \qquad (16)$$

Demnach ergibt sich die Windbelastung zu

$$w(z,\Theta) = C_P(\Theta)\, q_0(z) \qquad (17)$$

Die Koeffizienten $a_n$ sind in Tabelle 1 angegeben:

Tabelle 1: Fourier-Koeffizienten für die Windverteilung in Umfangrichtung

| $n$ | $a_n$ | $n$ | $a_n$ |
|---|---|---|---|
| 0 | - 0,343713 | 8 | 0,034974 |
| 1 | 0,400263 | 9 | -0,008519 |
| 2 | 0,511463 | 10 | -0,026542 |
| 3 | 0,415019 | 11 | 0,000100 |
| 4 | 0,138878 | 12 | 0,016654 |
| 5 | -0,069041 | 13 | 0,001171 |
| 6 | -0,073098 | 14 | -0,012251 |
| 7 | 0,013602 | 15 | -0,003194 |

## 3.2 Einfluß des gewählten Beulsicherheitsfaktors auf die Größe des Traglastfaktors

Wegen der Vernachlässigung des Tension-Stiffening Effekts findet, nach der Entstehung des ersten durchgehenden Risses in der Schalenwand, nur eine sehr geringe Kräfteumlagerung statt. Deshalb unterscheiden sich die Rißlast und die Traglast kaum voneinander. Dieser Sachverhalt ist zu erkennen aus den Lastfakor-Verformungskurven, die in Bild 7 für einen kritischen Schalenquerschnitt, der sich auf der Luvmeridian befindet, dargestellt worden sind. Die Verformungen nehmen bis zur Rißlast mit zunehmendem Lastfaktor fast linear zu. Dann verlaufen sie ungefähr waagerecht bis zum Erreichen der Bruchverformung. Die Grenztragfähigkeitsgrenzen beider Schalengeometrien sind in Tabelle 2 zusammengestellt und im Bild 8 als Kurven angegeben:

Tabelle 2: Abhängigkeit zwischen dem Beullastfaktor $\gamma_B$ und Traglastfaktor

| $\gamma_B$ | Geometrie 1 | Geometrie 2 |
|---|---|---|
| 5 | 2,392 | 3,330 |
| 4 | 2,144 | 3,008 |
| 3,5 | 2,020 | 2,850 |
| 3 | 1,898 | 2,636 |
| 2,5 | 1,768 | 2,414 |
| 2,1 | 1,665 | 2,274 |

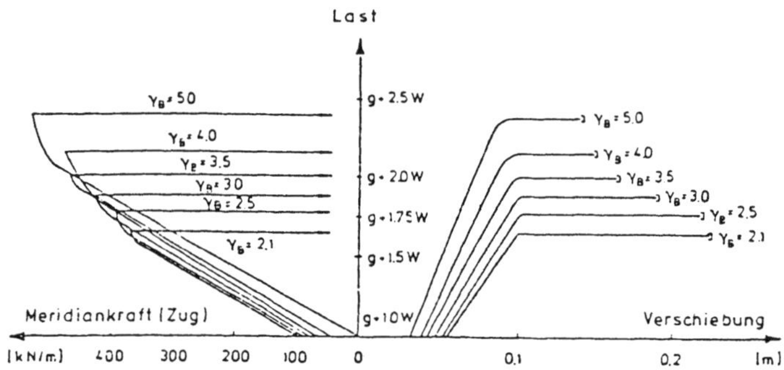


Bild 7: Die Abhängigkeit zwischen der Höhe des Windlastfaktors und dem Tragverhalten der Kühlturmgeometrie 1

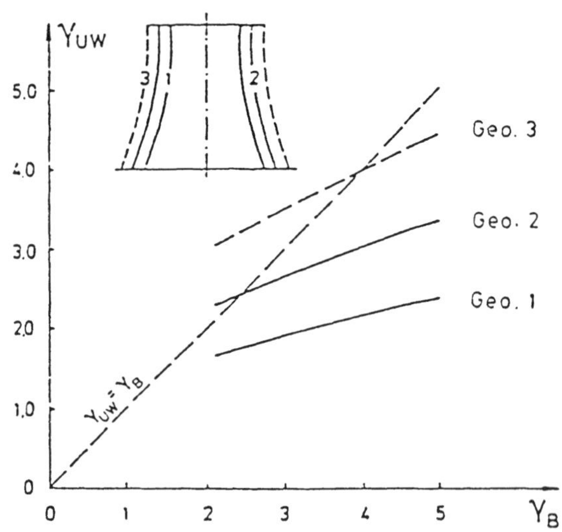


Bild 8: Abhängigkeit zwischen dem Beulsicherheitsfaktor und dem Windlastfaktor, der zum Zugversagen führt.

Während im Falle der Geometrie 1 der Traglastfaktor immer kleiner ist als der Beulsicherheitsfaktor und deshalb das Versagen der Schale durch Beulen ausgeschlossen ist, kann das Gleiche für Geometrie 2 nicht gesagt werden. So ist z.B. für die Bemessung der Schale mit $\gamma_B$ = 2,1 der Traglastfaktor 2,274 und somit größer. Die Verformungen entlang des Luvmeridians sind in Bild 9 beispielhaft für Geometrie 1 dargestellt.

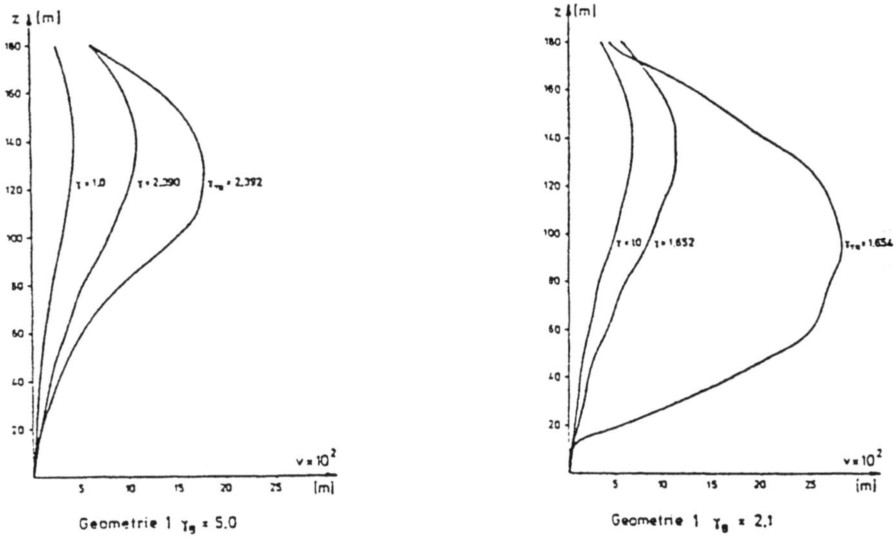


Bild 9: Radialverformung des Luvmeridians für die Bemessung mit Beulsicherheiten 5,0 und 2,1

Das Versagen aller untersuchten Kühlturmschalen beginnt mit einem Riß senkrecht zum Luvmeridian im mittleren Drittel der Schale. Wegen der überwiegenden Membrantragwirkung mit ihren über den ganzen Querschnitt herrschenden Zugspannungen reißt der Beton gleichzeitig über die ganze Schalendicke. Da die vorhandene 0,3%ige Meridianbewehrung nicht in der Lage ist, die zum Entstehen des Risses führende Kraft voll aufzunehmen, führt das Reißen des Betons auch zum Reißen der Bewehrung in Meridianrichtung. Dies hat zur Folge, daß auch die Meridiankräfte im gerissenen Bereich abrupt abfallen. Dieser Sachverhalt ist auf der rechten Seite von

Bild 7 zu erkennen. Oberhalb des Risses bauen sich relativ große Biegemomente in Umfangsrichtung auf. Der Verlauf dieser Biegemomente entlang der Kühlturmhöhe am Luvmeridian ist für die Beulsicherheitsfaktoren $\gamma_B = 5,0$ und $\gamma_B = 2,1$ und für Geometrie 1 in Bild 10 dargestellt. Bis kurz vor Erreichen der Grenztragfähigkeit sind die Momente so gering, daß in der Schale vorwiegend ein Membranspannungszustand herrscht. Bis zum Reißen des Betons wird in der Kühlturmschale weder die Streckgrenze der Bewehrung noch die Druckfestigkeit des Betons erreicht. Die primäre Ursache des Versagens ist also das Versagen des Betons unter Membranzugkräften.

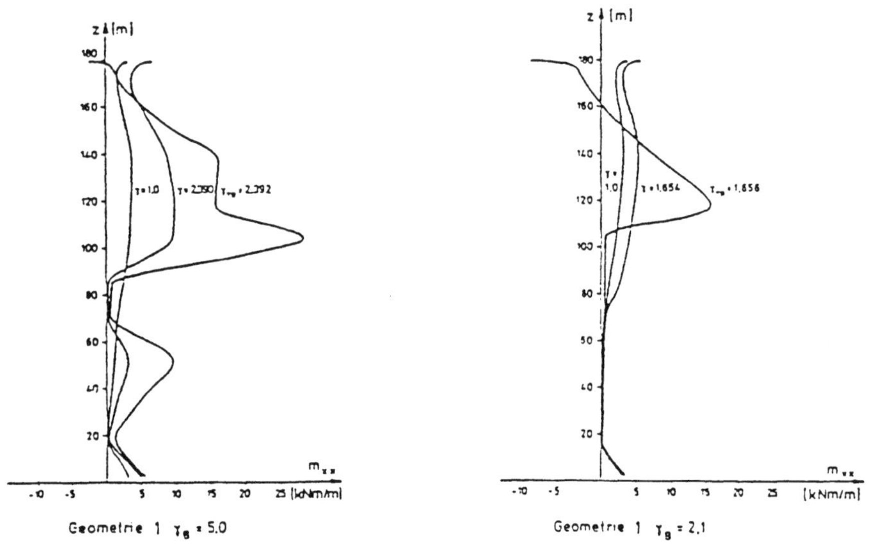


Bild 10: Ringmomente entlang des Luvmeridians für die Bemessung mit Beulsicherheiten 5,0 und 2,1

## 3.3 Einfluß der Bewehrungsmenge auf die Traglast

Bei der Kühlturmschale mit der Geometrie 1, die für eine Beulsicherheit von $\gamma_B = 5,0$ bemessen wurde und 0,3 % Bewehrung enthielt, wurde der Bewehrungspozentsatz um ± 0,3 % variiert. Die Traglast veränderte sich dadurch lediglich um ± 1 %. Daraus kann gefolgert werden, daß die Traglast von Kühlturmschalen mittels der im Kühlturmbau üblichen Bewehrungsmengen nicht zu beeinflussen ist. Der Bewehrungsgehalt müßte, wenn die durch das Reißen des Betons freiwerdende Zugkraft voll übernommen werden soll, mindestens betragen:

$$\mu \geqq \frac{E_b \varepsilon_{bz}}{\beta_s - (E_s - E_b)\, \varepsilon_{bz}} \tag{18}$$

Diese Menge ist etwa 3 mal so groß, wie die derzeit für Kühlturmschalen übliche Mindestbewehrung und kann aus wirtschaftlichen Gründen nicht befürwortet werden.

## 4. Schlußfolgerungen

### 4.1 Die Beulsicherheit

Die Ermittlung der Schalenwanddicke unter Berücksichtigung eines ausreichenden Sicherheitsabstandes ist der erste und grundlegende Schritt bei der Bemessung einer Kühlturmschale. Mit Rücksicht auf die in der Beulbemessung nach den Gleichungen 2 bis 4 enthaltenen Unsicherheiten, die aus der begrenzten Anzahl der zur Verfügung stehenden Versuchsergebnisse und den Abweichungen zwischen der Geometrie des ausgeführten Bauwerks und der Versuchsmodelle herrühren, sollte die einzuhaltende Mindestbeulsicherheit für Kühlturmschalen mit kleinen Formabweichungen, deren Amplitude kleiner ist als die Hälfte der Schalenwanddicke $\gamma_B \geqq 2{,}8$ betragen. Bei der Ermittlung der Beulsicherheit muß das nichtlineare Verformungsverhalten des Betons mit steigender Druckbeanspruchung berücksichtigt werden. Hierfür ist die spannungsabhängige Tangentensteifigkeit in der Beulberechnung einzusetzen /4,6/.

### 4.2 Nachweis gegen Materialversagen

Zweiter Schritt ist der Nachweis der Grenztragfähigkeit der nach dem Beulkriterium bemessenen, in ihrer Form relativ perfekten Kühlturmschale. Hierbei sind zwei Fälle zu berücksichtigen.

Einmal könnte der Beton unter Druckbeanspruchung brechen. Da die Beullast immer kleiner ist als die Bruchlast, kann dieser Fall nicht auftreten. Der zweite Fall ist das Versagen der Schale infolge von Zugkräften, das den Gegenstand der vorliegenden Untersuchungen bildet. Da die Kühlturmschale aus wirtschaftlichen Gründen so schwach bewehrt wird, daß die durch das Reißen des Betons frei werdenden Zugkräfte von der Bewehrung nicht aufgenommen werden können und sollen, erfolgt das Versagen der Kühlturmschale plötzlich, also ohne Vorwarnung. Deshalb muß der Sicherheitsfaktor gegen das Reißen des Betons, wie im Falle des Druckversagens, 2,10 betragen.

Sind in der Schale über den Querschnitt durchgehende Risse vorhanden, kann der Beton in so einem Querschnitt von Anfang an keine Zugkräfte aufnehmen. Solche durchgehende Risse können als Folge von Zwängungen infolge Temperatur oder Schwinden vorhanden sein. In solchen Querschnitten ist die ganze Zugkraft von der Bewehrung aufzunehmen. Da es sich beim Versagen der Bewehrung in diesem Falle um einen duktilen Vorgang mit Vorwarnung handelt, kann der Sicherheitsabstand zur Streckgrenze der Bewehrungsstäbe auf 1,75 reduziert werden. Dieser Nachweis liefert praktisch die erforderliche Bewehrungsmenge.

## 4.3 Empfehlungen für die Bemessung

1. Die Ermittlung der Wanddicke und der Bewehrungsmenge einer Kühlturmschale erfolgt unter der Annahme, daß die der Berechnung zugrunde gelegte grometrische Form während der Herstellung innerhalb der üblichen, die Membrantragweise der Schale nur unwesentlich beeinträchtigenden Tolerenzen, wie diese durch die einschlägigen Empfehlungen angegeben werden /8, 9/, eingehalten wird. Demnach ist die Schalendicke so groß zu wählen, daß der Membranspannungszustand der Schale unter Berücksichtigung dieser Herstellungstoleranzen nur soweit gestört

wird, daß in der gedrückten Richtung keine gerissenen Querschnitte entstehen /3/.

2. Es ist ein Stabilitätsnachweis unter Berücksichtigung des Plastifizierungsgrades des Betons und des davon abhängigen Tangentenmoduls durchzuführen. Für den kleinsten örtlichen Beulsicherheitsfaktor infolge Eigengewicht und Windbelastung gilt: $\gamma_{BT} > 2{,}80$.
3. Die ermittelten Wanddicken sollten dahingehend überprüft werden, ob unter einfachem Eigengewicht zusammen mit 2,1 facher Windbelastung der Beton reißt. Die Berechnung der Schnittkräfte darf dabei nach der Elastizitätstheorie und mit Hilfe des Superpositionsgesetzes erfolgen. An Stellen, an denen die Zugfestigkeit des Betons überschritten wird, ist die Schalendicke entsprechend zu vergrößern.
4. Unter einfachem Eigengewicht zusammen mit 1,75 facher Windbelastung darf die Streckgrenze der Bewehrung nicht überschritten werden, wenn die nach der Elastizitätstheorie und dem Superpositionsgesetz zu ermittelnden Membranzugkräfte voll der Bewehrung zugewiesen werden. Dieser Nachweis liefert die erforderliche Bewehrungsmenge, nachdem die Schalendicke gemäß der vorangehenden Nachweise ermittelt worden ist.
5. Bei einer Kühlturmschale, die unvernachlässigbare Imperfektionen aufweist, sei es in Form von Formabweichungen, die die zulässigen Grenzen überschreiten, oder von materialbedingten Imperfektionen, kann die Ermittlung der Grenztragfähigkeit unter Berücksichtigung der geometrischen und physikalischen Nichtlinearitäten für die Bemessung maßgebend sein /3/. Da es sich dabei in den meisten Fällen um lokale Imperfektionen handelt, kommt der Ermittlung der Grenztragfähigkeit unter Berücksichtigung lokaler Verhältnisse besondere Bedeutung zu. In solchen Fällen ist zu erwarten, daß das zu berücksichtigende Stoffgesetz für den unter Zugbeanspruchung stehenden Stahlbeton das Tragverhalten mehr als bei der perfekten Kühlturmschale beeinflußt.

## 5. Schrifttum

/1/ Hand, F.R., Pecknold, D.A. and Schnobrich, W.C.: "A Layered Finite Element Nonlinear Analysis of Reinforced Concrete Plates and Shells", Technical Report 72-2011, University of Illinois, Urbana 1972.

/2/ Irons, B.M. and Ahmad, S.: "Techniques of Finite Elements", Jon Wiley & Sons, London, 1980.

/3/ Mungan I.: "Über den Nachweis und die Größe der Knick- und Beulsicherheit im Stahlbetonbau" Beton- und Stahlbetonbau 79 (1984), Heft 1, S. 1-7.

/4/ Zerna, W., Mungan, I. and Steffen, W.: "Bestimmung der Beulsicherheit von Schalen aus Stahlbeton unter Berücksichtigung der physikalisch nichtlinearen Materialeigenschaften", Schriftenreihe des Deutschen Ausschusses für Stahlbeton, Heft 315, Berlin: Verlag Wilhelm Ernst & Sohn, 1980.

/5/ Zerna, W., Mungan, I. und Schmidt, G.: "Der Spannungs- und Verformungszustand von Stahlbetonschalentragwerken mittlerer Wanddicke unter allgemeinen Temperaturgradienten", Technisch-wissenschaftliche Mitteilungen des Instituts für Konstruktiven Ingenieurbau der Ruhr-Universität Bochum, Nr.. 81-9, 1981.

/6/ Zerna, W., Mungan, I. and Steffen, W.. "Wind-Buckling Approach for RC Cooling Towers", Journal of Engineerring Mechanics, ASCE, Vol. 109, No 3, June, 1983, pp. 83 - 848.

/7/ Zerna, W., Mungan, I. und Scheler, G.-G.: "Systematische Untersuchungen über den Einfluß verschiedener Stoffgesetze auf das Tragverhalten von Schalentragwerken bis zur Tragfähigkeitsgrenze", Forschungsbericht 1985.

/8/ IASS-Working Group No. 3: "Recommendations for the Design of Hyperbolic or other Similarly Shaped Cooling Towers", Madrid, 1979.

/9/ VGB-Bautechnische Richtlinien: "Bautechnik bei Kühltürmen Teil 2 für den bautechnischen Entwurf, die Berechnung, die Konstruktion und die Ausführung von Kühltürmen", VGB-Kraftwerkstechnik GmbH, Essen 1979

/10/ Winter, M.: "Das Grenztragverhalten von Kühlturmschalen aus Stahlbeton", Dissertation Ruhr-Universität Bochum, 1984

# Elastic Plastic Stability Analysis of Earthquake Loaded Tanks

***Scharf, K.*, *Rammerstorfer, F.G.***
Institute of Light Weight Structures, Technical University of Vienna, Vienna, Austria
***Fischer, F.D.***
Institute of Mechanics, University for Mining and Metallurgy, Leoben, Austria

## 1. SUMMARY

An engineering approach is presented for the earthquake resistant design of cylindrical liquid storage tanks based on the calculation of the maximum dynamic pressure distributions caused by horizontal and vertical earthquake excitation and stability considerations with respect to buckling of the tank wall. Three different possibilities for superposing the dynamic pressure components due to the horizontal and the vertical earthquake components on the static pressure and the different modes of wall instabilities are discussed. The results show that the dynamic pressure component caused by vertical excitation must not be neglected especially for tall tanks. The behaviour of unanchored tanks is investigated, using a finite element shell-spring model. The influence of the increased axial membrane force on different kinds of tank wall instabilities is shown. An essential aim of this project has been the development of simple formulas and diagrams for engineers dealing with the construction of liquid storage tanks made of steel. These formulas have been derived from numerous nonlinear computational analyses.

## 2. INTRODUCTION

Tanks damaged by earthquakes show different modes of buckling of the tank wall: diamond shaped buckles near the base, a bulge near the base or at a change of the wall thickness ('elephant footing') and, rather rarely, buckles near the top (*Manos and Clough [1] , Natsiavas and Babcock [2]*). In addition to these modes of quasi-static buckling dynamic instabilities may appear (*Chiba et al.[3]* ) which can be investigated by numerical methods as shown in (*Rammerstorfer and Auli [4]* ).

In this context the vertical component of the earthquake excitation in combination with the well studied effects caused by the horizontal component plays an important role. Furthermore, the nonlinearities due to plasticity and large deformations as well as the deformability of the foundation and the nonlinear effects of unanchored tanks must not be ignored.

The engineering approach is based on parametric studies performed for 14 typical steel tanks used to store light oil products and having different height vs. radius ratios.

## 3. ANCHORED TANKS

### 3.1 The Response Spectrum Method

If response spectra for the vertical and horizontal direction are available, the loads due to horizontal and vertical excitation can be calculated using the response spectrum method. For this purpose the natural frequencies of the coupled interaction vibrations, mode participation factors and the corresponding damping values must be known.

In order to estimate the maximum dynamically activated pressure distribution in fluid-structure interaction problems using the response spectrum method, acceleration spectra are needed. Commonly the pseudo acceleration is used, which is calculated by multiplication of the relative displacement response with the square of the circular frequency (see *Fig. 3.1* ), a procedure which is correct as long as small damping is assumed.

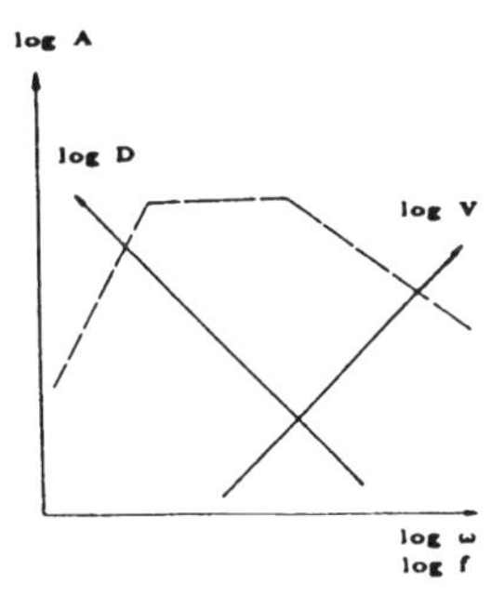


$$V = \omega D$$
$$A = \omega^2 D$$

D ........ maximum displacement response

V ........ pseudo spectral velocity

A ........ pseudo spectral acceleration

ω ........ natural circular frequncy

f ........ natural frequency

*Fig. 3.1 Pseudo Response Spectra*

This can be shown by consideration of Duhamel's integral (see *Fig. 3.2*).

$$\ddot{d}_R + 2\xi\omega\dot{d}_R + \omega^2 d_R = -a(t) \qquad \dot{\ } := d/dt$$

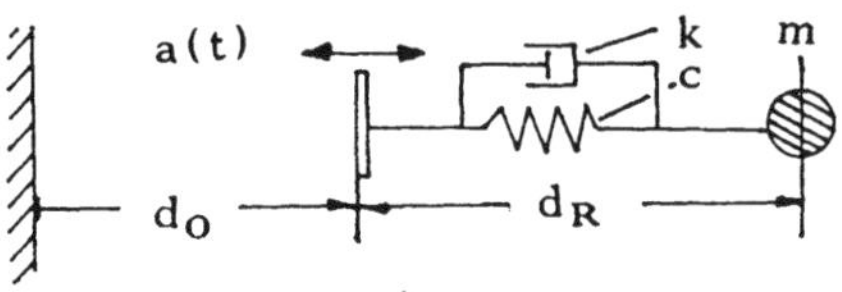


$$a(t) := \ddot{d}_O \quad \omega^2 := c/m \quad 2\xi\omega := k/m$$

$$d_R(t) = -\frac{1}{\omega'} \int_0^t a(\tau)\, e^{-\xi\omega(t-\tau)} \sin[\omega'(t-\tau)]\,d\tau \qquad \omega' = \omega\sqrt{1-\xi^2}$$

$$v_R(t) = -\frac{1}{\omega'} \int_0^t a(\tau)\, e^{-\xi\omega(t-\tau)} \cos[\omega'(t-\tau)]\,d\tau - \xi\omega d_R(t)$$

$$a_R(t) = -\omega^2 d_R(t) - 2\xi\omega v_R(t)$$

*Fig. 3.2 Duhamel's Integral*

*Fig. 3.2* shows the actual relativ displacement $d_R(t)$, the relative velocity $v_R(t)$ and the absolute acceleration $a_R(t)$ time histories for a simple linear oscillator, representing a typical tank model with a natural frequency of 0.5 cps and a damping $\xi = 0.02$, as calculated by direct time integration for an excitation by the Friuli 1976 earthquake. This earthquake acceleration time history was taken from *Fritze and Grossmayer [5]*.

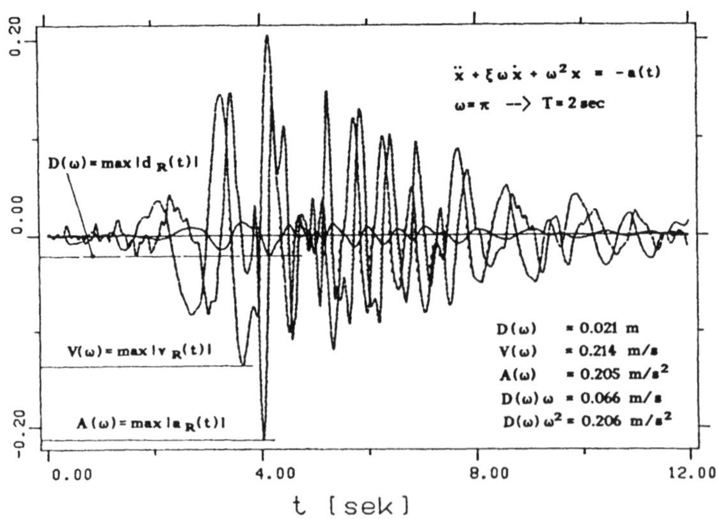


*Fig. 3.3 Response of a Linear One Degree of Freedom Oscillator*

This special case shows that the maximum actual absolute acceleration response is very close to the pseudo-acceleration $D(\omega)\,\omega^2$. Due to this fact the pseudo-acceleration spectrum can be used for estimating the maximum dynamic pressures of earthquake excites tanks. On the other hand there is a big difference between the value of the pseudo-velocity $D(\omega)\,\omega$ and the maximum actual relative velocity response, but the velocity response is not needed for the calculation of dynamic loads.

## 3.2 Horizontal Excitation

*Fischer and Rammerstorfer* describe in *[8]* a fundamental concept of an iterative procedure for calculating the maximum dynamic pressure resulting from the common vibration of the elastic shell and the liquid. Based on this concept a numerical algorithm has been developed using the 'added mass concept'. Starting with an assumed vibration mode ${}^1f(\xi = x/H)$, circumferential wave number $n=1$, a first approximation $(i=1)$ of the dynamic pressure amplitude $P_D(\xi)$ normalized to a horizontal excitation of 1g can be calculated from the solution of the potential equation:

$$ {}^iP_D(\xi) = 2R\rho_L g \sum_j \frac{I_1(\lambda_j)}{\lambda_j\, I_1'(\lambda_j)} \left[ \int_0^1 {}^if(\xi) \cos\left(\frac{j\pi\xi}{2}\right) d\xi \right] \cos\left(\frac{j\pi\xi}{2}\right) $$

$$ \xi = x/H \qquad \lambda_j = \frac{j\pi}{2\alpha} \qquad \alpha = H/R \qquad I_1' = \frac{dI_1}{d\lambda_j} \qquad (3.1) $$

H ........ Tankheight
$\rho_L$ ....... Mass Density of the Liquid
R ......... Tankradius
g ........ Gravitational Acceleration
x .......... Axial Coordinate
$I_1$ ....... modified Bessel Function of First Kind and Order 1

Following the added mass concept an effective mass density $\rho^*(\xi)$ of the tank wall at the axial coordinate $\xi$ with the tank wall thickness $t(\xi)$ can be calculated:

$$ {}^{i}\rho^*(\xi) = {}^{i}P_D(\xi) \ / \ [2g \ t(\xi) \ {}^{i}f(\xi)] \tag{3.2} $$

For this modified shell the natural frequencies and mode shapes can be computed by numerical methods. This mode shape $f(\xi)$ can now be used as ${}^{i+1}f(\xi)$ in the i+1 $^{th}$ iteration. In order to assure convergence of the iteration underrelaxation is necessary. The singularity of $\rho^*(\xi)$ at $\xi=0$ has been treated by a procedure based on the Rayleigh quotient. Initial as well as converged solutions are shown in *Fig. 3.4* for a typical tank of the petro-chemical industry. The discontinuities in $\rho^*(\xi)$ result from the sudden changes of the thickness of the tank wall.

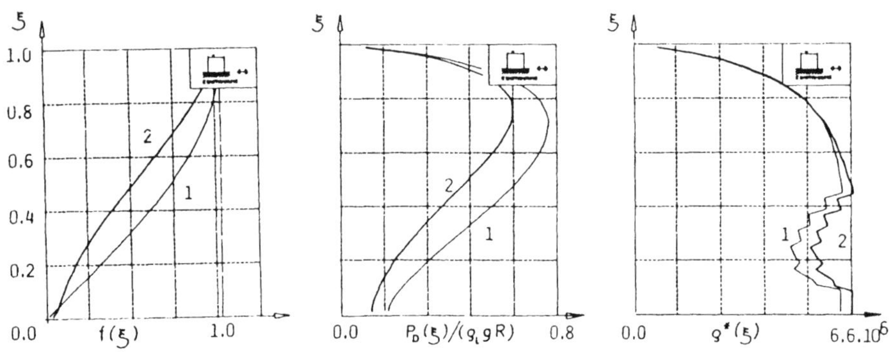


*Fig. 3.4* *Mode Shape, Dynamic Pressure Amplitude, Effective Mass Density*
*1....... First Guess, 2....... Converged Solution*
*Tankgeometry: R = 8 m, H = 32 m, t = 6 to 10.7 mm*

From parametric studies as described by *Rammerstorfer et al.* in *[9]* the diagrams shown in *Fig. 3.5* are obtained by integration of the calculated pressure distributions. These diagrams are used in the engineering approach. $M_{SL}$ and $M_D$ are the effective masses with respect to sloshing and to the common vibration of the shell and the fluid (interaction vibration), respectively. $M_B$ is the effective mass with respect to rigid tank motion under the assumtion of a rigid ground. The influence of a deformable soil on the dynamic behaviour of a horizontally activated tank will be treated in a future paper and will be of some concern as already shown by *Natsiavas [10]* and *Fischer et al. [11]*.

Multiplication of the effective masses with the corresponding maximum accelerations $A_{SL}$, $A_D$ and $A_B$, which are the products of the spectral acceleration and the corresponding mode participation factor $\Gamma$, leads to the maximum resultant horizontal earthquake loads. Regarding $A_{SL}$, $A_D$ and $A_B$ see *Fig. 3.5*. $A_H$ is the maximum horizontal free field acceleration. Multiplication with the related heights $H_{SL}$, $H_D$ and $H_B$ gives the individual contributions to the resultant overturning moment from which the maximum axial compressive membrane force used for buckling analysis can be obtained ( see *[8]* ).

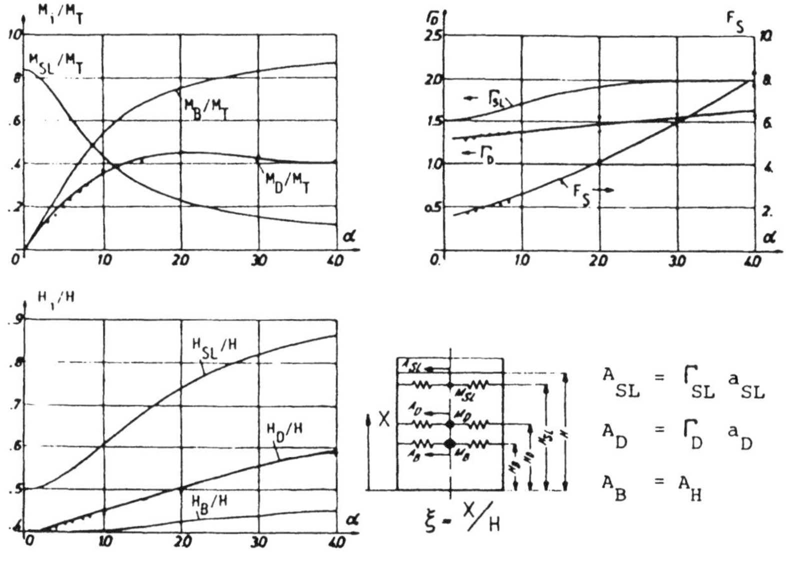


*Fig. 3.5 Relevant Parameters for the Calculation of the Tank Wall Overturning Moment vs. $\alpha = H/R$*

In addition to the design response spectra the calculation of the relevant accelerations requires the knowledge of the natural frequencies for sloshing and interaction vibrations as well as the relevant mode participation factors $\Gamma_{SL}$ and $\Gamma_D$. The fundamental sloshing frequency $f_{SL}$ is given by

$$f_{SL} = \sqrt{1.84\ g\ \tanh(1.84\ \alpha)/R}\ /\ (2\pi) \qquad [\text{cps}], \qquad (3.3)$$

where g is the gravitational acceleration. The fundamental natural frequency for the interaction vibration $f_D$ of the elastic tank wall and the liquid content can be approximated by

$$f_D = \sqrt{E t_{1/3} / (\rho_L H)} \; / \; (2 F_S(\alpha) R) \qquad [\text{cps}] \qquad (3.4)$$

$t_{1/3} = t(\xi = 1/3) \quad \xi = x/H \qquad t$........ thickness of the tank wall

with $F_S(\alpha)$ taken from *Fig. 3.5*. The mode participation factors $\Gamma_{SL}$ and $\Gamma_D$ can be obtained from the same diagram. Typical damping values are 0% for sloshing and 2% for the interaction vibration. A SRSS superposition as proposed in *[9]* should be applied for calculating the maximum resultant tank wall overturning moment:

$$MM = \sqrt{(M_{SL} A_{SL} H_{SL})^2 + (M_B A_B H_B)^2 + (M_D A_D H_D)^2} \qquad (3.5)$$

### 3.3 Vertical Excitation

Results of parametric studies based on the theory outlined by *Luft* in *[12]* or *Fischer and Seeber* in *[13]* allow the conclusion that the vertical earthquake excitation can, with the exception of the damping behaviour, be approximated by a mathematical model which does not take into account the deformability of the foundation. This means that the maximum pressure due to vertical excitation can be calculated by the following formula derived from the relations given for rigidly based tanks in *[13]*.

$$P_V(\xi) = \sqrt{P_{BV}^{\,2} + P_{DV}^{\,2}} \qquad (3.6)$$

with

$$P_{BV} = H \rho_L (1-\xi) A_V \qquad P_{DV} = 0.815\, \beta\, H \rho_L \cos(\pi \xi / 2)\, a_{DV}$$

$P_{BV}$ results from the vertical excitation of the rigid tank and $P_{DV}$ is the contribution due to the deformability of the elastic tank wall. $\beta$ is a correction factor *(see Eq. 3.8)* with respect to the boundary conditions. $A_V$ is the maximum vertical acceleration and $a_{DV}$ is the spectral acceleration taken from the response spectrum for the vertical earthquake component at the fundamental natural frequency for axisymmetric interaction vibrations which can be estimated by

$$f_{DV} = \sqrt{2 E I_1(\lambda_1) t_{1/3} \ / \ [\pi \rho_L H (1-\mu^2) I_0(\lambda_1)]} \ / \ (4R) \quad [cps]$$

$$\lambda_1 = \pi / (2\alpha) \tag{3.7}$$

E ...Young's modulus, $\rho_L$...mass density (liquid), $\mu$...Poisson's ratio

$I_0$..... modified Bessel function of first kind and order 0

$I_1$...... modified Bessel function of first kind and order 1

and with a damping ratio $\zeta$ strongly dependent on the shear wave velocities $v_s$ of the soil and different radius-to-thickness ratios of the tank wall as shown in *[13]*.

The contribution $P_{DV}$ in *Eq.(3.6 )* is estimated according to *[12]*, where the clamping condition of the tank wall at the bottom is neglected. Taking into account the correct boundary conditions a procedure described in *[9]* leads to more accurate results with the correction factor $\beta$:

$$0.0 < \alpha \leq 0.8: \quad \beta = 1.0$$
$$0.8 < \alpha \leq 4.0: \quad \beta = 1.078 + 0.274 \ln(\alpha) \tag{3.8}$$

A more sophisticated approach to the full coupling between liquid-shell-foundation-soil in which rocking vibration is included is presented in *[11]*.

## 3.4 Combined Action of the Horizontal and the Vertical Earthquake Components:

*Fig. 3.6* shows three different possibilities of superposition of the contributions of the static pressure $P_{stat}$, the pressure due to the horizontal earthquake component $P_H$ and the pressure due to the vertical earthquake component $P_V$, which are most critical with respect to the individual buckling modes.

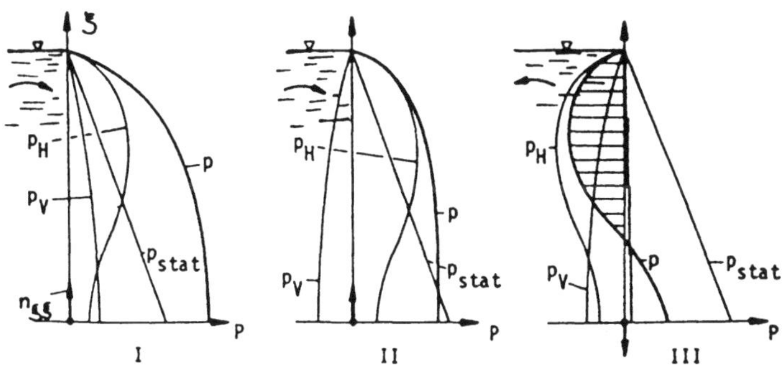


*Fig. 3.6 Schematic Presentation of Different Possible Superpositions of the Maximum Pressure Contributions*

Results of a direct time integration are shown in *Fig. 3.7* in terms of the time histories of the individual contributions to the dynamically activated pressures $p_V$ and $p_H$ at the tank bottom edge in the position $\varphi = 0$. Furthermore, the results of the application of the response spectrum method as outlined in this paper for horizontal as well as vertical excitation are indicated in this figure. In addition to the observation that the response spectrum method gives good estimates for the maximum pressures, one can make the following conclusions:

- The simultaneous appearence of the maximum or minimum pressure due to horizontal and due to vertical excitation is possible.
- Hence, a simple SRSS superposition of the response due to horizontal and vertical excitation would underestimate the risk of damage.

Further results and considerations relevant to the problem of two-dimensional horizontal earthquake excitation are given in *[6]* and *[7]*.

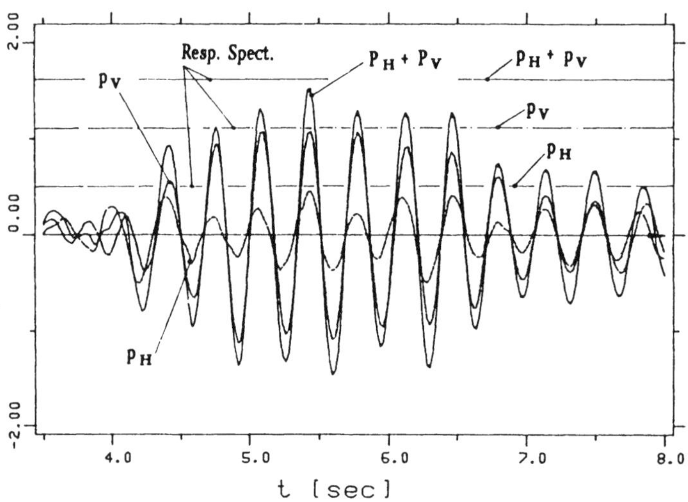


*Fig. 3.7 Maximum Pressure at the Tank Bottom Due to North-South and Vertical Excitation (Steel Tank H=24m, R=12m, Friuli 1976 Earthquake)*

<u>Different Possibilities of Superposition of the pressure contributions:</u>

<u>Case I</u> ($p = p_{stat} + p_H + p_V$) causes the highest circumferential tensile stresses and leads, especially in the case of broad tanks, to plastic buckling as described by *Dorninger et al.* in *[14]*. This plastic collapse problem ('elephant footing') can be analyzed, for example by the finite element method using an axisymmetric model, taking into account geometrical and material nonlinearities.

*Fig. 3.8* shows the results obtained for a tank with a radius of 20 m and a height of 20 m, assuming an earthquake characterized by the response spectra of the Friuli 1976 earthquake. The bulge foramtion typical for 'elephant footing' has been computed as the consequence of the plastification caused by high circumferential tensile stresses, due to the static pressure and the dynamic activated pressures caused by horizontal and vertical excitation, in combination with the axial compression force due to the overturning moment, caused by the horizontal earthquake excitation.

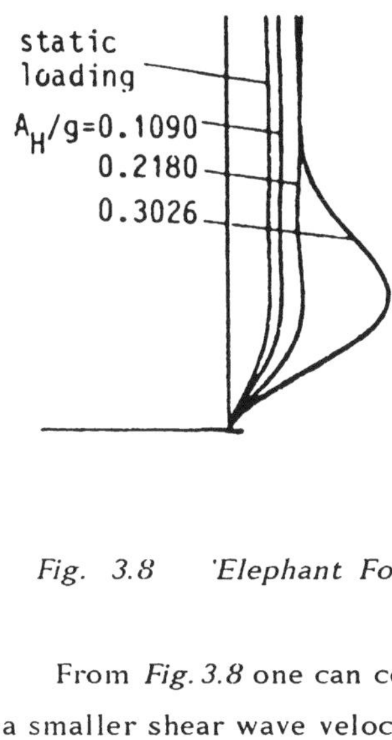


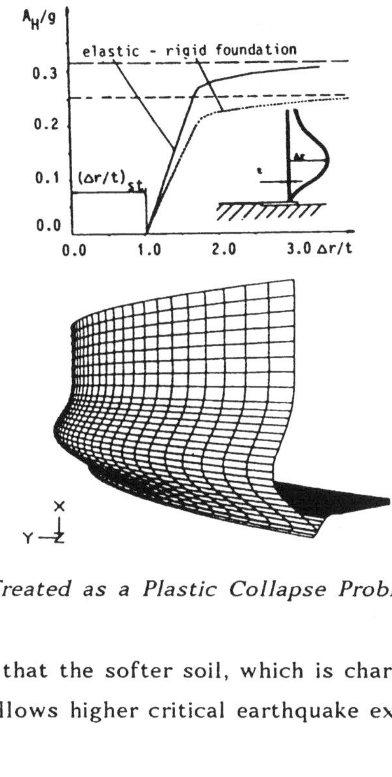


*Fig. 3.8 'Elephant Footing' Treated as a Plastic Collapse Problem*

From *Fig. 3.8* one can conclude that the softer soil, which is characterized by a smaller shear wave velocity $v_s$ allows higher critical earthquake excitations than the stiffer soil (higher $v_s$).

Case II ($p = p_{stat} + p_H - p_V$) is most critical with respect to 'shell crippling', i.e. the elastic buckling due to axial compression forces. The stabilizing effect of the internal pressure is reduced by subtracting the dynamic pressure caused by the vertical earthquake component. This mode of buckling can be treated in analogy to axially loaded cylinders as outlined in *[8]*. Numerous investigations for an estimation of a critical axial compression force $n_x^{crit}$ showed a good agreement between the results of finite element analyses based on perfect geometry and the well known relation for the theoretical critical axial compression force of perfect thin cylindrical shells ($n_x^{crit} = 0.605\,Et^2 / R$). This means that the elastic buckling analysis can be performed analytically if the membrane stresses are known. More informations on the finite element models are given in chapter 4.

Case III ($p = p_{stat} - p_H - p_V$) may lead to regions of low pressure mainly near the top of the tank where the wall is rather thin, and buckling due to external pressure (see *[2]*) as well as cavitation may occur.

Currently (see *[6]*) real tanks have been investigated with regard to tank wall instability under the assumption $A_V/A_H = 0.5$, the excitations being based on the 1976 Friuli earthquake. *Fig. 3.9* taken from *[6]* shows the critical earthquake intensity measured by $A_{H,crit}/g$ for different modes of instability. It can be seen that, for the assumptions described above, elastic-plastic buckling ('elephant footing') is a potential mode of failure for all tanks. In *Fig. 8* a curve depicting results obtained by the use of an empirical relationship for critical axial loads of pressurized cylinders *(Rotter and Seide [15])* is added. The relationship of *Rotter & Seide* has been obtained from the results of numerous numerical examinations and it has the following form:

$$n_x^{crit} = 0.605 \frac{E\,t^2}{R} \left(1 - \left[\frac{p\,R}{t\,\sigma_y}\right]^2\right)\left(1 - \frac{1}{1.12 + s^{1.15}}\right)\left(\frac{\sigma_y/250 + s}{1 + s}\right) \quad (3.9)$$

with $s = R/(400t)$ $n_x^{crit}$...... critical axial membrane force $\sigma_y$...... yield stress (N/mm2) p ....... internal pressure

*Fig. 3.9* shows, that for an engineering approach *Eq. 3.9* gives a useful estimate for elastic-plastic buckling. It should be noted that all parameters to be used in *Eq. 3.9* must be evaluated at $\xi = 0$ and - to be on the save side - the first tank wall thickness step should be checked, too.

The axial membrane force at $\xi=0$ can be computed from the wall overturning moment, *Eq. 3.5*. The dimensionless fluid pressure due to $A_K = 1g$ (K=SL, B, D) at a tank's bottom rim ($\xi = 0$) can be calculated using the diagrams shown in *Fig. 3.10* together with the relations shown above. The pressures $p_{stat}$, $p_{SL}$, $p_B$, $p_D$, $p_{BV}$ and $p_{DV}$ must be superposed as follows:

$$p\ (\xi = 0) = \left[ p_{stat} \pm \sqrt{p_{SL}^2 + p_B^2 + p_D^2} \pm \sqrt{p_{BV}^2 + p_{DV}^2} \right. \quad (3.10)$$

$$p_K\ (\xi = 0) = \bar{P}_K\, \rho_L\, g\, R\, A_K/g \qquad K = SL, B, D \quad (\bar{P}_K \text{ see } \textit{Fig. 3.9})$$

$$\left.\begin{array}{l} p_{DV}(\xi = 0) \\ p_{BV}(\xi = 0) \end{array}\right\} \text{ see } \textit{Eq. 3.6}$$

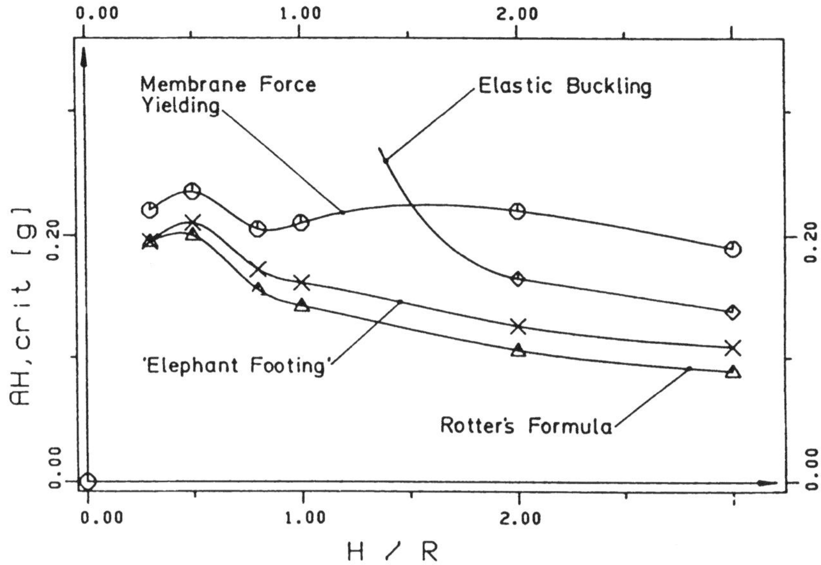


*Fig. 3.9* *Critical Horizontal Free Field Acceleration of Anchored Tanks for Different Modes of Tank Wall Instability*

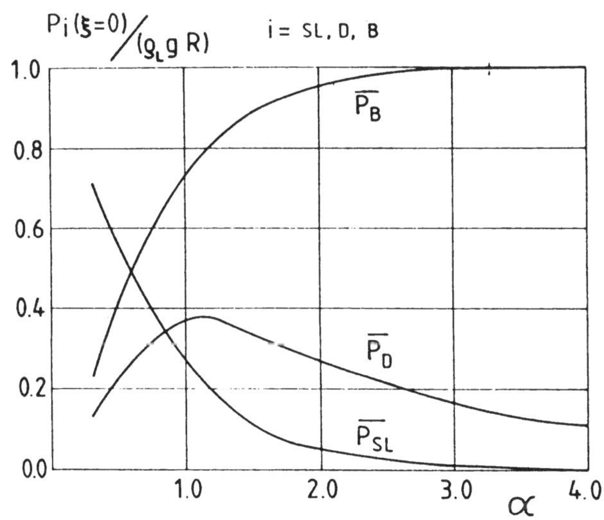


*Fig. 3.10* *Contributions to the Maximum Dynamically Activated Pressure Due to $A_K = 1g$ $(K=SL,B,D)$ for $\xi=0$*

## 4. UNANCHORED TANKS

The dynamic behaviour of unanchored tanks is rather different from that of anchored tanks. Partial uplift of the bottom of the tank wall is possible, caused by the overturning moment. This leads to increased maximum axial compressive membrane forces in the tank wall and tank wall instabilities may occur at lower overturning moments. To study this phenomenon many analytical models have been developed (e.g. *Wozniak and Mitchell [16]* or *Auli et al. [17]* ). Numerical investigations, described below, show that these models do not provide fully satisfactory procedures.

To calculate the increase of the axial membrane force a finite element shell-spring model was used *(see [ 6]* and *[17])*. The spring characteristics (axial force vs. uplift height) were calculated using an axisymmetric finite element model, taking into account material and geometrical nonlinearities. The deformations of the wall-bottom-edge for one specific tank can be seen in *Fig. 4.1.* Two plastic hinges already occur at low uplifting heights. Analytical models don't consider this phenomenon in combination with the influence of the thick boundary bottom sheet sufficiently accurate. The calculated relation of the axial lift-off force V and the lift-off height w is used for the shell-spring model *(Fig. 4.1)* .

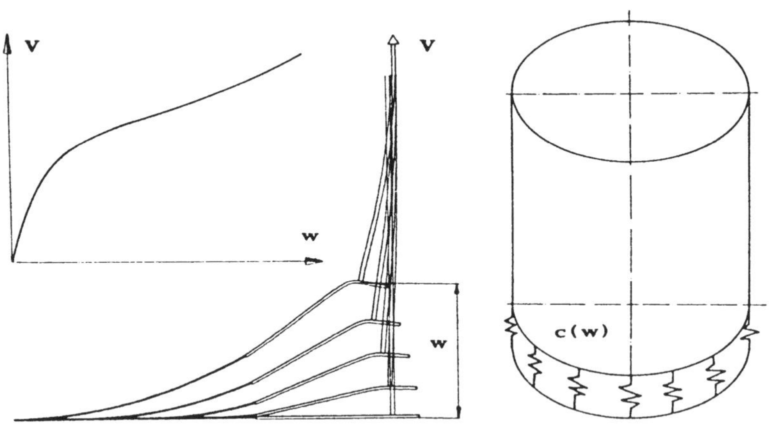


*Fig. 4.1 Shell - Spring - Model*

The results show that the axial membrane force distribution in the tank wall is strongly dependent on the roof stiffness and the load factor. *Fig. 4.2* demonstrates the results at $\xi=0$ for a tank, with a low and a high top stiffness (roof or edge ring), respectively, at different earthquake intensities.

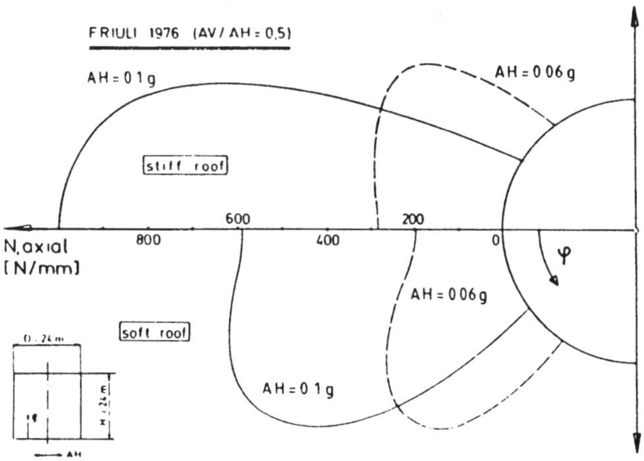


*Fig. 4.2* *Compressive Axial Membrane Force at $\xi=0$ ($H=24\,m, R=12\,m$)*

In order to estimate maximum free field accelerations of specific earthquakes, which are critical with respect to elastic buckling the computation of the axial membrane force distribution varying quantitatively and qualitatively with increasing overturning moments is necessary.

Geometrically nonlinear finite element computations in combination with accompanying eigenvalue stability analyses allow the simultaneous calculation of both, the varying membrane stress situation and the stability limit.

*Fig. 4.3* shows the first buckling mode of a tank in the case the appearance of the maximum axial membrane force around the axis of symmetry (Compare *Fig. 4.2* - stiff roof).

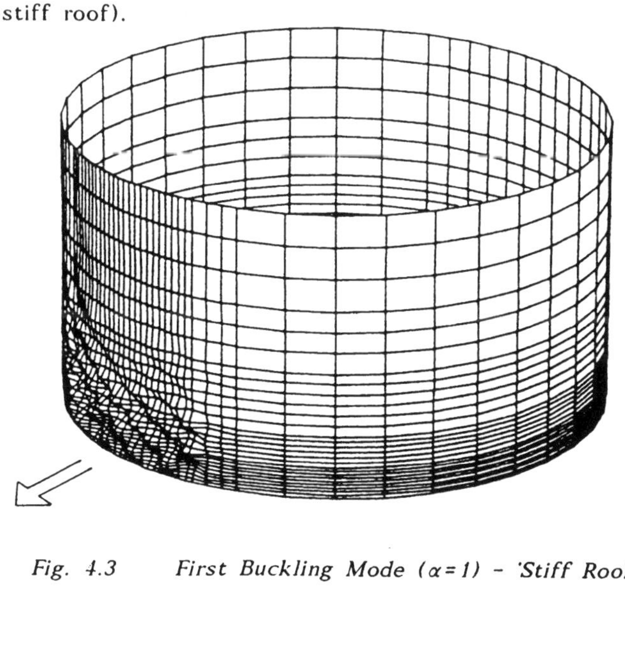

*Fig. 4.3* *First Buckling Mode ($\alpha=1$) - 'Stiff Roof'*

If the roof stiffness is rather low, the maxima of the compressive axial membrane force distribution appears besides the axis of symmetry (Compare *Fig. 4.2* - soft roof). This fact leads to a buckling mode which is typically as shown in *Fig. 4.4*.

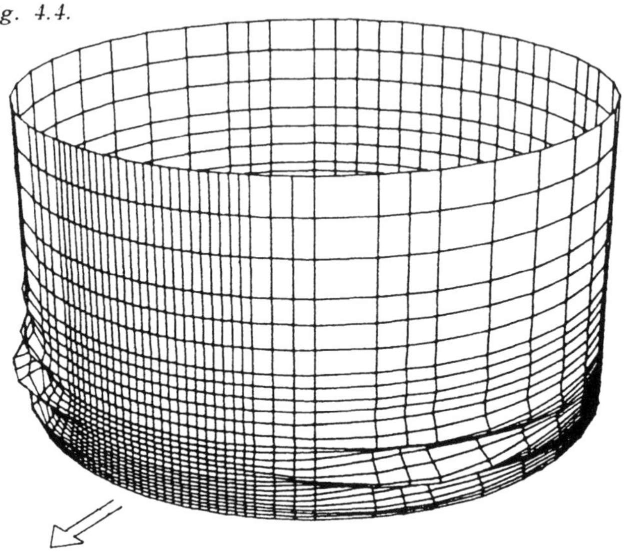

*Fig. 4.4 First Buckling Mode ($\alpha = 1$) - 'Soft Roof'*

The results of numerous of such nonlinear finite element computations justify the application of the analytical formula for the calculation of the theoretical stability limit based on the maximum axial membrane force. Of course, a proper knock-down factor has to be applied, in order to take into account the imperfection sensitivity of the tank wall. The stabilizing effect of the internal pressure (due to smoothing of the imperfections) should be considered when determing this knock-down factor.

In *Fig. 4.5* the results of a parametric study (taken from *[6]* ) are drawn. It can be seen that the increase of the axial membrane force due to the uplift of the bottom edge must not be neglected, especially in the case of tanks with a great height to radius ratio $\alpha$. This figure can be used as design chart for uplifting tanks.

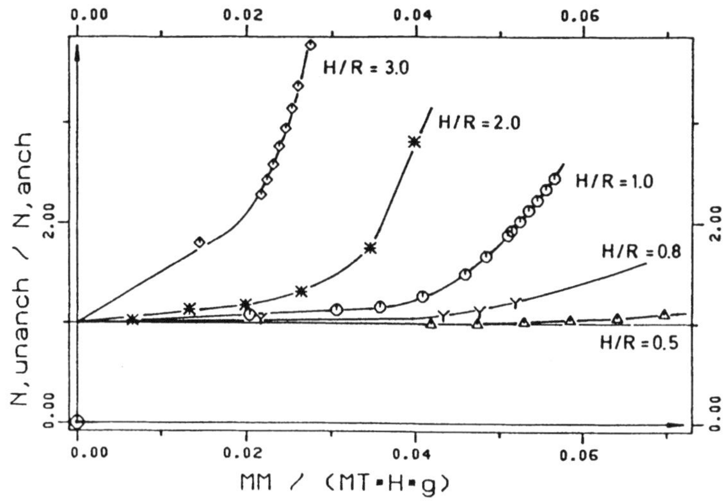


*Fig. 4.5 Max. Compressive Axial Membrane Force of Unanchored Tanks Related to Anchored Tanks vs. Dimensionless Overturning Moment (with $M_T = \rho_L \pi R^2 H$)*

The influence of the increased axial membrane force on different kinds of tank wall instabilities is shown in *Fig 4.6*. The decrease of the critical horizontal free field acceleration is remarkable, especially in the case of tanks with great height to radius ratios.

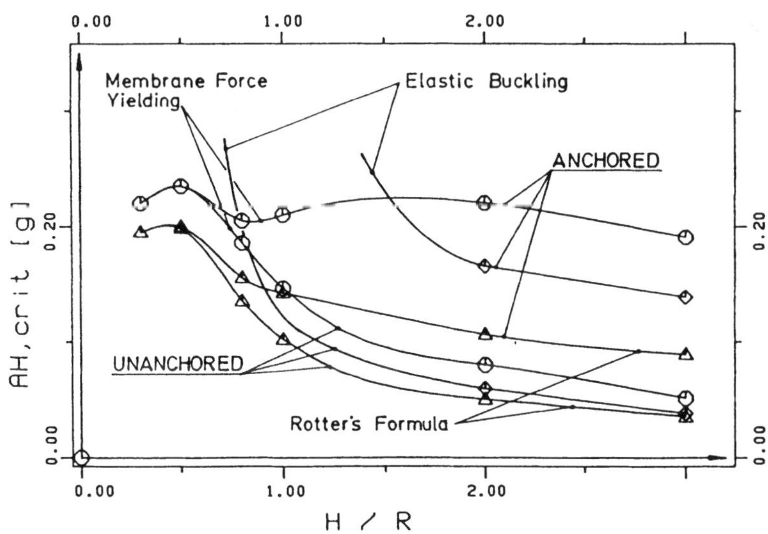


*Fig. 4.6 Critical Horizontal Free Field Acceleration for Different Modes of Tank Wall Instabilities - Comparison Anchored-Unanchored Tanks*

For these investigations the pressure distributions calculated for anchored tanks were used for the unanchored tanks. In the case of an unanchored tank a strong rocking motion with respect to the nonlinear uplift motion can be observed. This is the reason why an iterative procedure is necessary, showing a dependence of the natural frequencies of the tank on the uplift height. Furthermore, the mode shapes change and an additional pressure component caused by bottom lift-off occurs.

The pressure due to the bottom lift-off is negligible *(see [6])* for typical tanks of the petrochemical industry. This can be verified using an analytical relation for the dynamic pressure and the deformations of the bottom plate, obtained from quasi-static finite-elemente analyses.

*Scharf* outlines in *[6]* a procedure for estimating the dynamic pressure loads of unanchored tanks, in which the response spectrum method in a modified form is used and the decrease of the natural frequencies due to uplift is taken into account.

## 5. ACKNOWLEDGEMENTS

The financial support of the 'Oesterreichischer Fonds zur Foerderung der wissenschaftlichen Forschung' (FWF) under project number FWF-S30/04 is gratefully acknowledged.

## 6. REFERENCES

[1] MANOS, G.C., CLOUGH, R.W., *'Tank Damage During the May 1983 Caolinga Earthquake'*, Journal of Earthquake Engineering and Structural Dynamics, Vol.13, pp 449-466, 1985

[2] NATSIAVAS, S., BABCOCK, C.D., *'Buckling at the Top of a Fluid-Filled Tank During Base Excitation,* Transactions of the ASME, Vol.109, pp 374-380, 1987

[3] CHIBA, M., TANI, J., YAMAKI N., *'Dynamic Stability of Liquid Filled Cylindrical Shells Under Vertical Excitation'*, Part I & II, Earthquake Engineering and Structural Dynamics, Vol.15, pp 23-51, 1987

[4] RAMMERSTORFER, F.G., AULI, W., *'Computation of the Stability of Dynamically Loaded Non-Linear Structures'*, Numerical Methods for Non-Linear Problems, Vol. 3, pp 615-637, Swansea, Pineridge Press, 1986

[5] FRITZE, R., GROSSMAYER, R., *'Antwortspektren der Friauler Beben 1976'*, OGE-Bericht 3, Technische Universität Wien, 1981

[6] SCHARF, K., *'Contributions to the Problem of Earthquake Excited Tanks'*, Doctoral Thesis, Institute of Light Weight Structures, Technical University of Vienna, 1989 (current project)

[7] RAMMERSTORFER, F.G., SCHARF, K., FISCHER, F.D., *'On Problems in the Use of Earthquake Response Spectrum Methods for Fluid-Structure-Soil Interaction'*, Proceedings of the Pressure Vessel and Piping PVP Conference, Hawaii, 1989 (to be published)

[8] FISCHER, F.D., RAMMERSTORFER, F.G., *'The Stability of Liquid-Filled Cylindrical Shells Under Dynamic Loading,* E.Ramm (ed.), Buckling of Shells, pp 569-597, 1982

[9] RAMMERSTORFER, F.G., SCHARF, K., FISCHER, F.D., SEEBER, R., *'Collapse of Earthquake Excited Tanks'*, Res Mechanica, 1988 (in press)

[10] NATSIAVAS, S., *'An Analytical Model for Unanchored Fluid-Filled Tanks Under Base Excitation'*, Journal of Applied Mechanics, Paper #7593, 1988

[11] FISCHER, F.D., SEEBER, R., RAMMERSTORFER, F.G., *'Analysis of a Three-Dimensional Tank-Liquid-Soil Interaction Problem*, PVP, (ASME), 1988 (in press)

[12] LUFT, R.W., *'Vertical Accelerations in Prestressed Concrete Tanks'*, Journal of Structural Engineering, ASCE 110, pp 706-714, 1984

[13] FISCHER, F.D., SEEBER, R., *'Dynamic Analysis of Vertically Excited Liquid Storage Tanks Considering Liquid-Soil-Interaction'*, Earthquake Engineering and Structural Dynamics, Vol.16, pp 329-342, 1988

[14] DORNINGER, K., FISCHER, F.D., RAMMERSTORFER, F.G., SEEBER, R., *'Progress in the Analysis of Earthquake Loaded Tanks'*, Proceedings of the 8$^{th}$ ECEE, pp 73-80, 1986

[15] ROTTER, J.M., SEIDE, P., *'On the Design of Unstiffened Shells Subjected to a Axial Load and Internal Pressure,* Proceedings of the ECCS Colloquium on Stability of Plate and Shell Structures, Ghent University, 1987

[16] WOZNIAK, R.S., MITCHELL, W.W., *'Basis of Seismic Design Provisions for Welded Steel Oil Storage Tanks'*, Proceedings of the Session of Advances in Storage Tank Design, API Refining Dept., pp 485-493, 1978

[17] AULI, W., FISCHER, F.D., RAMMERSTORFER, F.G., *'Uplifting of Earthquake-Loaded Liquid-Filled Tanks'*, Proceedings of the Pressure Vessels and Piping Conference (PVP), Vol.98-7, pp 71-85, 1985

# Tragfähigkeit zusammengesetzter Rotationsschalen im nichtlinearen Bereich

W. Wunderlich, H. Obrecht *

## 1. Einleitung

An den Entwurf von einfachen oder zusammengesetzten Rotationsschalen aus metallischen Werkstoffen, wie sie in vielen Bereichen des konstruktiven Ingenieurbaus, des Reaktor-, Behälter-, Chemieanlagenbaus, der Offshoretechnik, etc. Verwendung finden, werden zunehmend höhere Anforderungen gestellt. Größere Abmessungen, geringere relative Wandstärken, hohe - oft instationäre - Belastungen und nicht selten hohe Temperaturen führen dazu, daß immer häufiger das Beulversagen zu einem entscheidenden Entwurfskriterium wird. Der im linearen Bereich übliche Spannungsnachweis reicht dann nicht mehr aus, um die Gebrauchssicherheit solcher Schalenkonstruktionen zu gewährleisten. Vielmehr muß dazu deren nichtlineares Trag- und Beulverhalten detailliert bekannt sein.

Die verschiedenen Regelwerke (z.B. [1-7]) werden diesen gestiegenen Anforderungen an die moderne Entwurfspraxis allerdings nicht immer gerecht. Zum einen werden dort verschiedene wichtige Konstruktionstypen, wie zum Beispiel Behälterböden und andere aus mehreren Segmenten zusammengesetzte Schalen, bislang noch gar nicht oder nicht vollständig genug behandelt. Zum anderen erfassen etliche Bestimmungen die tatsächlichen Verhältnisse nur unzureichend, und auch deren Gültigkeits- und Zuverlässigkeitsbereiche sind oft nicht ohne weiteres erkennbar. Eine wichtige Ursache dafür liegt darin, daß viele gebräuchliche Bemessungsregeln für Schalentragwerke auf einfache Standardgeometrien mit idealisierten Randbedingungen beschränkt sind und daß Ihnen nicht selten stark vereinfachte linearisierte - oder sogar lineare - mechanische Modelle zugrunde liegen. Nichtlineare Einflüsse dagegen, zum Beispiel infolge von großen Verschiebungen, nichtlinearem Materialverhalten, Imperfektionen, etc., werden zumeist nur über pauschale Abminderungsfaktoren berücksichtigt. Bei deren Festlegung stützt man sich soweit wie möglich auf Versuchsergebnisse, jedoch sind diese - von Ausnahmefällen abgesehen - gewöhnlich nicht sehr zahlreich und für die im Einzelfall relevanten Parameterbereiche auch nicht immer hinreichend repräsentativ. Um solche Unsicherheiten auszugleichen und um den praktischen Gültigkeitsbereich der Richt-

* o.Prof. Dr.-Ing. W. Wunderlich, Dr. H. Obrecht, Lehrstuhl für Statik, Technische Universität München

linien möglichst weit zu fassen, wird gewöhnlich die Einhaltung gewisser Abmessungsverhältnisse vorgeschrieben und nicht selten verlangt, daß die Ränder und die Segmentübergänge ausgesteift werden. Leider gibt es gerade in diesem Punkt beträchtliche Diskrepanzen zwischen den einzelnen Vorschriften, wobei es, je nach den Abmessungsverhältnissen, sowohl zu unwirtschaftichen Überdimensionierungen als auch zu unsicheren Unterdimensionierungen kommen kann.

Auch reichen die Richtlinien selten aus, um die Gesamttragsicherheit von komplexen zusammengesetzten Schalen hinreichend genau zu beurteilen. Hier sind durchaus Fehleinschätzungen möglich, insbesondere dann, wenn kurzwellige (lokale) und langwellige (globale) Beulformen annähernd gleichzeitig auftreten und sich gegenseitig stark beeinflussen. In solchen Fällen wird die bei dünnwandigen Schalen normalerweise ohnehin vorhandene starke Imperfektionsempfindlichkeit gewöhnlich noch ausgeprägter. Aber auch wenn keine Interaktion zwischen verschiedenen Beulformen auftritt, insbesondere im physikalisch nichtlinearen Bereich, können Imperfektionen die Tragfähigkeit eines Schalentragwerks soweit reduzieren, daß sie niedriger liegt als die in den Richtlinien durch pauschale Abminderungs- oder Sicherheitsfaktoren festgelegten zulässigen Belastungen.

Schalenkonstruktionen können also nur dann zugleich wirtschaftlich und sicher ausgelegt werden, wenn ihre Trageigenschaften und ihre Traglasten möglichst genau bekannt sind. Dies wiederum setzt detaillierte Untersuchungen voraus, zumal ein Teil der relevanten Systemparameter das Tragverhalten positiv beeinflussen, während sich andere ausgesprochen negativ auswirken und weil - wie häufig bei nichtlinearen Prozessen - auch kleine Parametervariationen zu beträchtlichen Änderungen im Tragverhalten und in der Tragfähigkeit führen können. Aus diesem Grund ist es auch nicht ohne weiteres möglich, aus Einzelergebnissen verallgemeinernde Schlußfolgerungen zu ziehen.

Ein Ziel der im Rahmen des DFG-Schwerpunkts 'Nichtlineare Berechnungen im Konstruktiven Ingenieurbau' durchgeführten Untersuchungen war es deshalb, das geometrisch und physikalisch nichtlineare Tragverhalten von Kreiszylinderschalen mit torikonischen Abschlüssen systematisch zu untersuchen und die dazu erforderlichen theoretischen und numerischen Verfahren auf praktische Einsatzmöglichkeiten hin weiterzuentwickeln. Darüber hinaus sollten die numerischen Ergebnisse dazu dienen, mechanisch fundierte und zugleich praxisnahe Entwurfs- und Bemessungshilfen herzuleiten. Letzteres ist deshalb möglich, weil es häufig auch bei ausgeprägt nichtlinearem Verhalten eine Reihe von dimensionslosen Größen gibt, zwischen denen ein vergleichsweise einfacher funktionaler Zusammenhang besteht. Man kommt dadurch zu Bemessungsregeln, mit denen man einfach und übersichtlich die Tragfähigkeit einer Konstruktion bzw. die Zulässigkeit eines Entwurfs abschätzen kann. Da sie nicht auf weitreichenden mechanischen Vereinfachungen beruhen, lassen sich damit auch Extrapolationen und Verallgemeinerungen sehr viel zuverlässiger vornehmen als dies bei den gängigen Richtlinien der Fall ist. Bemessungsregeln, die aus umfangreichen numerischen Berechnungen gewonnen wurden, stellen deshalb auch eine theoretisch fundierte Wissensbasis und eine verläßliche Grundlage für moderne Konstruktions-Expertensysteme dar.

## 2. Numerisches Lösungsverfahren

Die in diesem Beitrag und in [8-19] vorgestellten numerischen Untersuchungen zum nichtlinearen Trag- und Beulverhalten von Rotationsschalen im elastisch-plastischen und/oder Kriechbereich beruhen auf einer speziellen, in einer erweiterten Version des Rotationsschalenprogramms ROT-B realisierten Methodik. Wie in [8-17] und weiter unten ausgeführt, geht es von einer für große Verschiebungen und mäßig große Rotationen gültigen Theorie dünnwandiger Schalen aus und berücksichtigt neben elastischen auch plastische und Kriechdehnungen sowie nichtrotationssymmetrisch verteilte Belastungen und Anfangsimperfektionen. Von üblichen zweidimensionalen Schalenprogrammen unterscheidet sich ROT-B vor allem dadurch, daß die zugrunde liegende Formulierung auf die Rotationsgeometrie zugeschnitten ist und daß eine Diskretisierung lediglich entlang der Meridiankoordinate durchgeführt wird. Dadurch kommt man - ähnlich wie im rotationssymmetrischen Fall - zu Ringelementen. Nichtaxialsymmetrische Einflüsse werden dagegen in Umfangsrichtung durch Fourierreihen beschrieben, wobei jeder Fourierkomponente ein Ringelement zugeordnet ist.

Eine weitere Besonderheit besteht darin, daß zur Ermittlung der Steifigkeitsmatrizen der einzelnen Ringelemente nicht, wie sonst üblich, Ansätze über die Meridianverteilung der Verschiebungsgrößen gemacht werden, sondern daß das zugrundeliegende Fundamentalsystem der Differentialgleichungen asymptotisch genau über ein endliches Meridianintervall integriert wird. Die darin auftretenden geometrisch und physikalisch nichtlinearen Terme, die zu Kopplungen zwischen den einzelnen Fourierharmonischen führen, werden dabei zu Pseudolasten zusammengefaßt und auf halbdiskrete Weise behandelt. Dazu werden zunächst die einzelnen Komponenten der jeweiligen diskretisierten Pseudolastvektoren an einer bestimmten Zahl von gleichmäßig über den Schalenumfang und die Schalendicke verteilten Punkten zahlenmäßig bestimmt und anschließend wieder in Fourierreihen entwickelt. Durch diesen Vorgang entkoppeln sich sowohl auf Element- als auch auf Systemebene die diskreten Beziehungen bezüglich der einzelnen Fourierkomponenten. Die dabei notwendigen Rechenoperationen betreffen lediglich die Pseudolastvektoren, während die Steifigkeitsmatrizen unberührt bleiben, da sie mit denen der entsprechenden linearen Theorie übereinstimmen und nur von der Elementgeometrie und der gewählten Diskretisierung, nicht jedoch von der Belastungsgeschichte abhängen. Aus diesem Grund muß auch die Gesamtsteifigkeitsmatrix, die aufgrund der Entkopplung der Fourierharmonischen eine blockdiagonale Struktur mit sehr kleiner Bandbreite hat, nur einmal dreieckszerlegt werden. Dadurch reduziert sich nicht nur der Speicherplatzbedarf, sondern auch der gesamte Rechenaufwand ganz erheblich, was besonders bei komplexen Geometrien und systematischen Parameteruntersuchungen von wesentlicher Bedeutung ist.

Ein weiterer großer Vorteil der gewählten Formulierung besteht darin, daß bei der Behandlung nichtaxialsymmetrischer Probleme keinerlei restriktive Annahmen hinsichtlich der Umfangsverteilung der Zustandsgrößen getroffen werden müssen, wie dies bei Verwendung von zweidimensionalen Elementen aus Gründen der Rechenzeitersparnis oft geschieht. Insbesondere ist es nicht erforderlich, die Zahl der Freiheitsgrade in Umfangsrichtung dadurch klein zu halten, daß man sich auf die Untersuchung von Schalensektoren beschränkt und an den parallel zu den Meridianlinien verlaufenden Rändern fiktive Randbedingungen vorgibt. Solche Vereinfachungen sind bei linearem Verhalten durchaus zweckmäßig. Im nichtlinearen Bereich dagegen, wo die charakteristischen Wellenlängen der Zustandsgrößen stark von der Art und Höhe der Belastung abhängen, können reduzierte diskrete Modelle zu ungenauen Ergebnissen führen. Dies gilt zum Beispiel für Behälterböden, bei denen je nach den Abmessungen und der Belastung die Zahl der Umfangsbeulwellen um mehr als das Zehnfache schwanken kann. Bei der hier verwendeten Formulierung hängt dagegen die Genauigkeit, mit der die Umfangsverteilung der Zustandsgrößen dargestellt wird – und aufgrund der starken geometrischen Kopplung auch die der Meridianverteilung – allein von der vom Benutzer frei wählbaren Zahl der Fourierharmonischen ab. Um diese Genauigkeit zu steigern, muß lediglich die Zahl der Fourierkomponenten erhöht werden, während bei zweidimensionalen Elementen eine Änderung der Umfangsdiskretisierung vorgenommen werden muß, was in der Regel eine Neugenerierung des gesamten Netzes erfordert und damit auch die Dimension der lastabhängigen und gewöhnlich stark besetzten tangentialen Systemsteifigkeitsmatrix verändert. Der Modellierungs- und Diskretisierungsaufwand ist also bei der hier verwendeten Vorgehensweise erheblich geringer. Es können deshalb ohne weiteres große Schalen mit komplexer Geometrie in ihrer

Gesamtheit diskretisiert werden, und auch umfangreiche Parameteruntersuchungen lassen sich mit vertretbarem Aufwand durchführen.

Einzelheiten der mechanischen und numerischen Formulierung sind ausführlich in [9,10,12,13,15,16] erläutert, und detaillierte Ergebnisse zum geometrisch nichtlinearen und elastisch-plastischen Tragverhalten von einzelnen sowie von zusammengesetzten Kegel-, Kugel-, Torus- und Zylinderschalen und insbesondere von Behältern mit torikonischen und torisphärischen Abschlüssen sind in [8–17] wiedergegeben. Speziell zu letzteren wurden ausgedehnte Parameteruntersuchungen durchgeführt und daraus, wie unten und in [14–17] beschrieben, mechanisch fundierte und zugleich praxisnahe Bemessungshilfen abgeleitet. Darüber hinaus wurde in [13] ein spezieller, auf das verwendete iterative Lösungsverfahren zugeschnittener nichtlinearer Kontaktalgorithmus vorgestellt, der es erlaubt, das teilweise Abheben vertikal stehender, horizontal belasteter Rotationsschalen von der Unterlage zu erfassen.

## 2.1 Lösungsverfahren für gekoppelte elastisch-plastische und Kriechdehnungen

Die im Rahmen des Schwerpunkts durchgeführten Untersuchungen zum Kriechtragverhalten von Rotationsschalen wurden in [17–19] näher beschrieben. Sie stellen insofern einen wichtigen Teil der Arbeiten dar, als sich aus der Zeitabhängigkeit der Kriechverformungen einige wesentliche konzeptionelle und methodische Unterschiede zum zeitunabhängigen elastisch-plastischen Verhalten ergeben. Da sie auch das numerische Lösungsverfahren beeinflussen, sollen in diesem Abschnitt noch einmal dessen wesentliche Aspekte zusammengefaßt werden.

Wie zum Beispiel in [19] näher erläutert, wurden den Kriechberechnungen Stoffgesetze zugrundegelegt, die auf der im konstruktiven Ingenieurbau häufig getroffenen Annahme beruhen, daß sich sowohl die Gesamtdehnungen als auch die Gesamtdehnungsraten additiv aus reversiblen elastischen und irreversiblen plastischen sowie Kriechanteilen zusammensetzen. Im einachsialen Fall läßt sich dies für die Raten (das heißt für die infinitesimalen Änderungen) durch

$$\dot{\epsilon} = \dot{\epsilon}_e + \dot{\epsilon}_p + \dot{\epsilon}_c = \dot{\sigma}/E_t + \dot{\epsilon}_c \qquad (1)$$

ausdrücken, wobei $\dot{\sigma}$ die Spannungsrate, $E_t$ den momentanen Wert des lastabhängigen, anhand von zeitunabhängigen einachsialen Zug-/Druckversuchen ermittelten Tangentenmoduls und $\dot{\epsilon}_c$ die Kriechdehnungsrate darstellt. Bei der Beschreibung des Kriechverhaltens wurde angenommen, daß isotherme Bedingungen herrschen und daß das einachsiale zeitabhängige Verhalten metallischer Werkstoffe durch eine Beziehung der Form

$$\dot{\epsilon}_c = k_p \, h(\sigma,\epsilon_c)^{p-1} \, \sigma^m + k_s \, \sigma^n \qquad (2)$$

beschrieben werden kann (siehe z.B. [19,20–22]), wobei die Parameter $k_p$ und $k_s$ sowie die Exponenten m, n und p von der Temperatur abhängen. Der zweite Summand in (2) entspricht dem bekannten Potenzgesetz von Norton/Bailey und beschreibt den sekundären Kriechbereich, in dem unter der Voraussetzung gleichbleibender Spannung die Kriechdehnungsrate konstant bleibt. Der erste Term dagegen beschreibt den primären Kriechbereich, in dem auch bei konstant gehaltener Spannung die Dehnungsrate mit zunehmender Kriechdehnung abnimmt. Ursache dafür ist die Dehnungsverfestigung, die hier durch die Verfestigungsfunktion $h(\sigma,\epsilon_c)$ beschrieben wird, und die von der Spannung $\sigma$ sowie der insgesamt akkumulierten Kriechdehnung $\epsilon_c$ – das heißt vom Integral der Kriechdehnungsrate $\dot{\epsilon}_c$ über die gesamte Belastungszeit – abhängt. Auf die numerische Ermittlung von $h(\sigma,\epsilon_c)$ aus experimentellen und analytischen Kriechdehnungs–Zeitverläufen wird zum Beispiel in [19,20–23] näher eingegangen.

Bei der Verallgemeinerung von (2) auf dreidimensionale Spannungs- und Dehnungszustände wurde – ähnlich wie im Fall der elastisch-plastischen Stoffgleichungen – Isotropie, Volumenkonstanz sowie Koaxialität des Kriechdehnungsraten und des Spannungsdeviators vorausgesetzt. Man erhält dann anstelle von (1) die Beziehung

$$\dot{\epsilon}_{ij} = M_{ijkl}\,(E_t)\dot{\sigma}_{kl} + \phi^c(J_2,\,\bar{\epsilon}_c)\,S_{ij}, \qquad (3)$$

wobei $M_{ijkl}(E_t)$ den Tensor der momentanen Tangentenmoduln und $\phi^c(J_2,\,\bar{\epsilon}_c)$ eine aus (2) abgeleitete nichtlineare skalare Kriechfunktion darstellt, die von den zweiten Invarianten sowohl des Spannungsdeviators $S_{ij}$ als auch der insgesamt akkumulierten Kriechdehnungen $\epsilon^c_{ij}$ abhängt. Wie man sieht, ist der Kriechterm in (3) lediglich eine Funktion der momentanen Spannungs- und Dehnungsgrößen, nicht jedoch der entsprechenden Raten. Er kann also zu jedem Zeitpunkt als bekannt vorausgesetzt und – ähnlich wie Temperaturdehnungen – als sogenannte Anfangsdehnungen behandelt werden, aus denen sich nach entsprechenden Transformationen auch Anfangsspannungen und Pseudolasten herleiten lassen. Was die Ratengleichungen betrifft, so unterscheiden sich Kriechprobleme also formal

- außer durch die explizite Zeitabhängigkeit - nur wenig von zeitunabhängigen elastisch-plastischen Problemen. Die Reduktion von (3) auf den bei Schalen vorausgesetzten ebenen Spannungszustand und die Berücksichtigung der Kriechterme in den konstitutiven Beziehungen der zugrundeliegenden nichtlinearen Schalengleichungen verläuft deshalb ähnlich wie bei plastischen und Temperaturdehnungen (siehe zum Beispiel [19]).

Wie bereits erwähnt und in [8-19] näher dargestellt, geht das numerische Lösungsverfahren von einem Satz partieller Schalendifferentialgleichungen aus, die nur erste Ableitungen bezüglich der Meridian- und der Umfangskoordinate enthalten. Durch Teilelimination lassen sie sich in eine Form bringen, die nur noch die Zustandsgrößen enthält, die auch in dem Integral über den Rand eines Breitenkreises enthalten sind. Der Verlauf aller System- und Zustandsgrößen in Umfangsrichtung wird dann durch Fourierreihen approximiert, wobei die linear elastischen Terme abgespalten und die übrigen, aus geometrisch und physikalisch nichtlinearen Einflüssen stammenden Anteile als Pseudoflächenlasten behandelt werden. Bricht man die Fourierreihen nach N+1 Gliedern ab, so erhält man für die Raten der Zustandsgrößen N+1 implizite, entkoppelte, lineare gewöhnliche Differentialgleichungen erster Ordnung bezüglich der Meridiankoordinate. Diese lassen sich mit Hilfe eines asymptotisch genauen Verfahrens numerisch über ein endliches Meridianintervall integrieren, wobei man aus den jeweiligen homogenen Anteilen zunächst entsprechende Übertragungsmatrizen und daraus dann durch elementare Eliminationen die linearen Steifigkeitsmatrizen $\overset{(n)}{k}_L$ (n = 0,1,...,N) der den einzelnen Fourierharmonischen zugeordneten Ringelemente erhält. Die zugehörigen Vektoren der Verschiebungsraten $\dot{v}^{(n)}$ enthalten die jeweiligen Fourierharmonischen der Raten der Tangential- und Normalverschiebungen sowie des Meridiandrehwinkels an den beiden Knotenkreisen eines Elements. Aus den inhomogenen Anteilen der Differentialgleichungen - also aus den tatsächlichen und den Pseudooberflächenlasten - erhält man dagegen die den jeweiligen Fourierindizes zugeordneten Knotenlastvektoren der äußeren Lasten $\dot{\lambda}\overset{(n)}{p}$ (wobei $\overset{(n)}{p}$ Einheitsvektoren bezeichnen, die die Verteilung der Belastung über die Schalenmittelfläche angeben und $\dot{\lambda}$ die Rate eines skalaren Lastfaktors darstellt) sowie der Pseudolasten $\overset{(n)}{p}_T\,[E_t\,,\ \mathring{V}^{(k)},\ \dot{v}^{(m)}]$ und $\overset{(n)}{p}_c\,[\mathring{V}^{(k)}]$ (n, k, m = 0,1,...,N). Dabei deuten die Symbole in den eckigen Klammern an, daß zum Beispiel der 'Tangentenvektor' $\overset{(n)}{p}_T$, der aus den geometrisch nichtlinearen und den plastischen Dehnungsraten herrührt, von der momentanen Verteilung der lastabhängigen Tangentenmoduln $E_t$, den N+1 (bekannten) momentanen Gesamtverschiebungsvektoren $\mathring{V}^{(k)}$ und von den N+1 (noch unbekannten) Vektoren der Verschiebungsraten $\dot{v}^{(m)}$abhängt. Wichtig ist hierbei, daß $\overset{(n)}{p}_T$ quadratisch von $\overset{\circ}{V}^{(k)}$ und – infolge der Linearität der Ratengleichungen – linear von $\dot{v}^{(m)}$ abhängt.

Überlagert man die einzelnen Elementmatrizen und -vektoren auf die übliche Weise, so erhält man für die Gesamtschale N+1 entkoppelte, lineare algebraische Systemgleichungen der Form

$$K_{L(n)}\,\dot{v}_{(n)} = \dot{\lambda}\,\bar{P}_{(n)} + p_{T(n)}\,[E_t\,,\overset{\circ}{V}_{(k)},\dot{v}_{(m)}] + p_{c\,(n)}[\overset{\circ}{V}_{(k)}]. \qquad (4)$$

Um deutlich zu machen, daß sich die Vektoren in (4) nicht auf die Element–, sondern auf die Systemebene beziehen, wurden unten– statt obenstehende Fourierindizes benutzt. So bezeichnet zum Beispiel $\dot{v}_{(n)}$ die n–te Fourierharmonische des globalen Vektors der Raten der Knotenverschiebungsfreiheitsgrade, $K_{L(n)}$ die zugehörige lineare Gesamtsteifigkeitsmatrix, etc..

Zur Vereinfachung der Schreibweise lassen sich die durch (4) beschriebenen N+1 Gleichungen auch in einer einzigen Matrizengleichung zusammenfassen, indem man zum Beispiel die Verschiebungsvektoren $\dot{v}^T = [\dot{v}^T_{(0)}\;\; \dot{v}^T_{(1)} \ldots \dot{v}^T_{(N)}]$ und $\overset{\circ}{V}^T = [\overset{\circ}{V}^T_{(0)}\overset{\circ}{V}^T_{(1)}\ldots \overset{\circ}{V}^T_{(N)}]$, die Lastvektoren $\bar{P}^T = [\bar{P}^T_{(0)}\bar{P}^T_{(1)}\ldots \bar{P}^T_{(N)}]$, $p^T_T\,[E_t\,,\overset{\circ}{V},\dot{v}] = [p^T_{T(0)}\;p^T_{T(1)}\ldots p^T_{T(N)}\,]$ und $p^T_c\;[\overset{\circ}{V}] = [p^T_{c(0)}\;p^T_{c(1)}\ldots p^T_{c(N)}]$ sowie eine entsprechende blockdiagonale lineare Steifigkeitsmatrix $K_L$ definiert. Anstatt (4) erhält man dann die analoge Form

$$K_L\dot{v} = \dot{\lambda}\bar{P} + p_T[E_t\,,\overset{\circ}{V},\dot{v}] + p_c[\overset{\circ}{V}], \qquad (5)$$

wobei zwischen $K_L$, dem 'tangentialen' Pseudolastvektor $p_T\;[E_t\,,\overset{\circ}{V},\dot{v}]$ und der bekannten tangentialen Steifigkeitsmatrix $K_T\,[E_t\,,\overset{\circ}{V}]$ die Beziehung

$$K_T\,[E_t\,,\overset{\circ}{V}]\;\dot{v} = K_L\dot{v} - p_T[E_t\,,\overset{\circ}{V},\dot{v}] \qquad (6)$$

besteht, an der man deutlich sieht, daß (5) ein implizites System linearer algebraischer Gleichungen für die Raten der Knotenverschiebungsgrößen darstellt.

Multipliziert man (5) formal mit der Inversen der linearen Steifigkeitsmatrix $K_L$, so erhält man

$$\dot{v} = K_L^{-1}\,(\dot{\lambda}\bar{P} + p_T[E_t\,,\overset{\circ}{V},\dot{v}] + p_c[\overset{\circ}{V}]). \qquad (7)$$

Anders als im linear-elastischen Fall stellt (7) jedoch nicht unmittelbar die Lösung von (5) dar, da $\mathbf{p}_T$ von der gesuchten Verschiebungsrate $\dot{\mathbf{v}}$ abhängt. Zur Lösung von (5) wird deshalb ein in [12-16] näher beschriebenes, aus der Methode der vorkonditionierten konjugierten Richtungen abgeleitetes Vektoriterationsverfahren verwendet. Dabei wird der gesuchte Vektor $\dot{\mathbf{v}}$ durch eine Linearkombination geeigneter orthonormaler Basisvektoren $\mathring{\mathbf{u}}_p$ (p = 1,2,...,q) ausgedrückt. Allgemein sollte die Wahl dieser Vektoren aus Effizienzgründen so getroffen werden, daß eine möglichst kleine Zahl ausreicht, um die gesuchte Lösung mit hinreichender Genauigkeit zu approximieren. Die gesuchte Verschiebungsrate $\dot{\mathbf{v}}$ läßt sich dann durch die Beziehung

$$\dot{\mathbf{v}} = \mathring{\mathbf{U}}\,\dot{\alpha} \tag{8}$$

ausdrücken, wobei $\mathring{\mathbf{U}} = [\mathring{\mathbf{u}}_1\ \mathring{\mathbf{u}}_2\ \ldots\ \mathring{\mathbf{u}}_q]$ eine aus den q Basisvektoren bestehende Matrix bezeichnet und der Vektor $\dot{\alpha}$ die zugehörigen q Gewichtungsfaktoren enthält. In (8) - wie auch in den früheren Gleichungen - wurde das Symbol $(\mathring{\ })$ benutzt, um anzudeuten, daß die entsprechenden Größen allein durch den jeweiligen momentanen Spannungs- und Verschiebungszustand bestimmt sind.

Um die Basisvektoren in (8) möglichst einfach generieren zu können, werden sie rekursiv aus (7) bestimmt, wobei als Startvektor die linear elastische Lösung (mit $\mathbf{p}_T\,[E_t,\mathring{\mathbf{V}},\dot{\mathbf{v}}] = \mathbf{p}_c[\mathring{\mathbf{V}}] = 0$ in (7) ) beziehungsweise die Verschiebungsrate $\dot{\mathbf{v}}$ aus einem früheren Inkrement- oder Iterationsschritt verwendet wird. Die Orthonormierung erfolgt dann bezüglich der tangentialen Steifigkeitsmatrix $\mathbf{K}_T\,[E_t,\mathring{\mathbf{V}}]$ mit Hilfe von (6), was den Vorteil hat, daß sich der Vektor $\dot{\alpha}$ sehr einfach aus der Beziehung

$$\dot{\alpha} = \mathring{\mathbf{U}}^T\,(\dot{\lambda}\,\bar{\mathrm{P}} + \mathbf{p}_c[\mathring{\mathbf{V}}]) \tag{9}$$

bestimmen läßt. Aus (7) und (9) kann man auch sehr einfach ablesen, daß die 'Vorkonditionierungsmatrix' $\mathbf{K}_L$ im Verlauf der gesamten Berechnung nur einmal dreieckszerlegt werden muß und daß ansonsten nur Matrizenmultiplikationen und -additionen durchzuführen sind. Gleichung (9) zeigt außerdem erneut, daß die Kriechterme lediglich als (bekannte) Zusatzlasten in Erscheinung treten.

Wird im Verlauf der Belastungsgeschichte ein kritischer Gleichgewichtszustand erreicht, an dem eine Verzweigung des primären Gleichgewichtspfades auftritt, dann erfüllt der zugehörige Eigenvektor $\overset{e}{\mathbf{v}}$ die folgende homogene Beziehung (siehe auch Gleichung (6))

$$K_L \overset{e}{v} = p_T [\overset{c}{E}_t, \overset{c}{V}(\overset{c}{\lambda}), \overset{e}{v}], \tag{10}$$

wobei $\overset{c}{E}_t$ andeuten soll, daß die Tangentenmoduln aus den im kritischen Zustand herrschenden Spannungen unter der Voraussetzung ermittelt werden, daß an keiner Stelle elastische Entlastungen auftreten. Der Vektor $\overset{c}{V}(\overset{c}{\lambda})$ dagegen, bezeichnet den Gesamtverschiebungsvektor im kritischen Zustand und $\overset{c}{\lambda}(\overset{c}{t})$ den zugehörigen kritischen Wert des Lastparameters, der seinerseits von der kritischen Zeit $\overset{c}{t}$ abhängt.

Hier liegt nun, da die Zeit als primäre Kontrollvariable nur implizit auftritt, kein gewöhnliches Eigenwertproblem vor. Deshalb wurde, um sowohl die Eigenform $\overset{e}{v}$ als auch die kritische Zeit $\overset{c}{t}$ und den kritischen Lastfaktor $\overset{c}{\lambda}$ bestimmen zu können, in jedem Inkrement ein aus (10) abgeleitetes linearisiertes Eigenwertproblem gelöst [9,10,19]. Auf diese Weise kann man die exakte Lösung von (10) schrittweise annähern.

Die Lösung der linearen Ratengleichung (5) hat nun die Eigenschaft, daß sie nur in einer infinitesimalen Umgebung des jeweiligen Verschiebungs- und Spannungszustands gilt. Endliche Verschiebungsinkremente **v** dagegen müssen nicht (5), sondern eine erweiterte Sekantenbeziehung erfüllen, die sich formal durch

$$K_L v = \lambda \bar{P} + p_T [E_t, \overset{o}{V}, v] + p_c[\overset{o}{V}] + p_{TS} [E_t, e_t, \overset{o}{V}, v] + p_{CS}[\overset{o}{V}, v] \tag{11}$$

ausdrücken läßt. Dies sind nichtlineare algebraische Gleichungen für **v**, die sich von den linearen Ratengleichungen (5) vor allem dadurch unterscheiden, daß der 'Sekantenzuwachsvektor' $p_{TS}$ sowohl kubisch von **v** als auch von der endlichen Änderung des Tangentenmoduls $e_t$ abhängt. Der entsprechende Zuwachs $p_{CS}$ des Kriechvektors trägt dagegen der Tatsache Rechnung, daß die Kriechdehnungsgeschwindigkeiten innerhalb eines endlichen Zeitinkrements nicht konstant sind, sondern daß sie sich infolge der auftretenden Spannungsumlagerungen ändern. Deshalb lassen sich die kubischen Gleichungen (11) auch nicht ohne weiteres durch eine Newton-Raphson Iteration und einen Ansatz der Form (8) lösen. Stattdessen wurde das in [19] beschriebene Iterationsverfahren vom Prädiktor-Korrektor-Typ verwendet, das sicherstellt, daß auch die während eines Zeitinkrements auftretenden Veränderungen der Materialeigenschaften berücksichtigt werden und daß am Ende jedes Inkrements alle maßgebenden Beziehungen erfüllt sind. Einzelheiten werden in [19] beschrieben, wo auch auf einige andere in diesem Zusammenhang wichtige Fragen, wie zum Beispiel auf die Stabilität des Zeitintegrationsalgorithmus und auf die Wahl der Zeitschrittweiten, eingegangen wird.

## 3. Tragfähigkeit von Behälterböden

Neben den methodischen Arbeiten wurden im Rahmen des Schwerpunkts auch eingehende numerische Untersuchungen zum elastisch-plastischen und Kriechtragverhalten von Kreiszylinderschalen mit torikonischen Abschlüssen unter Außen- und Innendruckbelastung durchgeführt (siehe Abbildung 1 und [14–17]). Sie gelten für relativ große Bereiche der geometrischen Parameter und der Fließspannung $\sigma_F$, wobei diese so gewählt wurden, daß sie sowohl häufig vorkommende Abmessungsverhältnisse als auch die üb- lichen Baustahlsorten umfassen. Außerdem wurde allen Berechnungen der Elastizitätsmodul E und die Querdehnungszahl $\nu$ von Stahl zugrunde gelegt, was jedoch keine Einschränkung bedeutet, da die meisten Ergebnisse dimensionslos dargestellt sind und sich deshalb ohne weiteres auch auf andere Werkstoffe, wie etwa Aluminiumlegierungen, übertragen lassen.

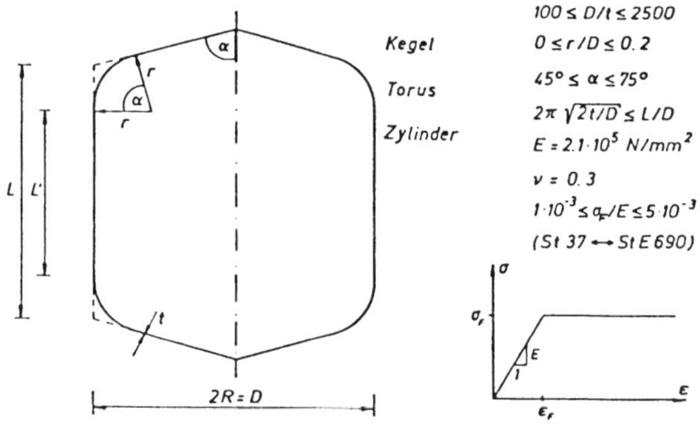


**Abb. 1: Torikonische Behälterböden**

Die zeitunabhängigen plastischen Dehnungen wurden mit Hilfe der $J_2$-Fließtheorie (Prandtl-Reuss Gesetz) beschrieben, wobei in der Regel vorausgesetzt wurde, daß das Material sich elastisch-idealplastisch verhält. Verfestigendes Materialverhalten wurde dagegen nicht systematisch, sondern nur zu Vergleichszwecken berücksichtigt. Diese Annahme trifft zwar bei höherwertigen Stählen nicht zu. Sie ist jedoch konservativ, da eine Verfestigung des Materials immer auch zu einer Steigerung der Tragfähigkeit führt. Außerdem vermeidet man so, daß das zum Teil sehr unterschiedliche Verfestigungsverhalten der einzelnen Materialien detailliert beschrieben und zusätzliche Parameter berücksichtigt werden müssen. Die Beschreibung der zeitabhängigen Kriechdehnungen schließlich, erfolgte mit Hilfe der auf den ebenen Spannungszustand reduzierten Beziehung (3), wobei – wie bereits erwähnt – die Verfestigungsfunktion $h(\sigma,\epsilon_c)$ aus bekannten Kriechdehnungs-Zeitverläufen bestimmt wurde.

Die auf dieser Grundlage durchgeführten Berechnungen sollten einmal zu einem besseren Verständnis des Tragverhaltens torikonischer Böden beitragen, andererseits aber auch für die praktische Anwendung nutzbar gemacht werden. Deshalb wurden aus den umfangreichen numerischen Ergebnissen praktische Bemessungsformeln und -diagramme abgeleitet, mit denen sich die Tragfähigkeit der untersuchten Schalenkonfiguration einfach und realitätsnah abschätzen läßt [14–17].

### 3.1 Definition von kritischen Gleichgewichtszuständen

Da bei den hier untersuchten Tragwerken - anders als zum Beispiel bei einfachen Stäben - ganz unterschiedliche kritische Zustände auftreten können, sollen diese noch einmal kurz beschrieben werden (siehe auch [14,19,27]).

Bei zeitunabhängigen Problemen ist gewöhnlich die aufgebrachte Last die primäre Kontrollvariable, so daß ein kritischer Gleichgewichtszustand durch einen entsprechenden kritischen Wert des Lastparameters $\lambda$ gekennzeichnet ist. Ein charakteristischer Zustand dieser Art, ein Verzweigungspunkt (siehe Abbildung 2), tritt zum Beispiel dann auf, wenn auf dem primären Gleichgewichtspfad einer perfekten Konstruktion, die Ratengleichungen (5) keine eindeutigen Lösungen mehr besitzen. Die entsprechende tangentiale Steifigkeitsmatrix $\mathbf{K}_T[\mathring{\dot{E}}_t, \mathring{V}(\mathring{\lambda})]$ (siehe (6)) ist dann singulär und das implizite Eigenwertproblem (10) besitzt mindestens eine nicht-axialsymmetrische Lösung für $\overset{e}{v}$. Die zugehörige Beul- oder Verzweigungslast wird, je nachdem ob sie im elastischen oder im plastischen Bereich auftritt, mit $p_{ki}^{el}$ oder $p_{ki}^{pl}$ bezeichnet. In den hier untersuchten Fällen führten die durch die Eigenformen angeregten sekundären Gleichgewichtspfade durchweg zu einem Lastabfall (zum Beispiel Pfade 2 und 3 in Abbildung 2), so daß die entsprechenden kritischen Gleichgewichtszustände instabil waren. Die beim Erreichen von $p_{ki}$ auftretenden

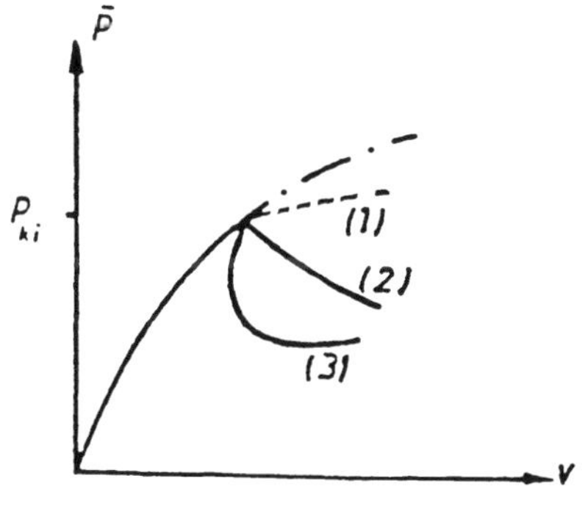


Abb. 2: Verzweigungspunkt

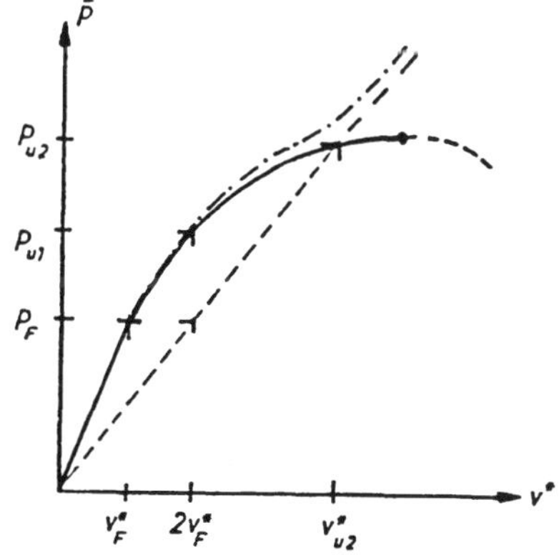


Abb. 3: Grenzlasten

nichtaxialsymmetrischen Beulmuster leiten deshalb einen dynamischen Prozess ein, der entweder zum Versagen der Konstruktion oder aber zu einer starken Einschränkung ihrer Gebrauchsfähigkeit führt.

Bei hinreichend dünnen und flachen Schalen werden jedoch Verzweigungspunkte nicht immer erreicht. Vielmehr bleibt die Axialsymmetrie der Zustandsgrößen erhalten, bis auf dem Last-Verschiebungspfad ein Maximum auftritt und die Konstruktion dynamisch 'durchschlägt'. In einem solchen Lastmaximum, das die größte statische Tragfähigkeit der betreffenden Konfiguration kennzeichnet, ist die tangentiale Steifigkeitsmatrix $K_T[\overset{c}{\acute{E}}_t,\overset{c}{V}]$ wiederum singulär und die Last-Verschiebungskurve hat eine horizontale Tangente. Die entsprechende Traglast $p_{max}$ ist deshalb sowohl numerisch als auch experimentell vergleichsweise einfach zu bestimmen.

Die Amplituden der beim Erreichen von $p_{max}$ auftretenden axialsymmetrischen Verschiebungen sind in der Regel deutlich größer als diejenigen bei Verzweigungspunkten. Dies ist besonders dann der Fall, wenn die aufgebrachte Last größer ist als die Fließlast $p_F$, die als erreicht gilt, wenn die Vergleichsspannung an der höchstbeanspruchten Stelle der Schalenmittelfläche die Fließgrenze $\sigma_F$ überschreitet. Um das Auftreten großer Verschiebungen - die im Gegensatz zu Verzweigungspunkten und Lastmaxima nicht eindeutig zu definieren sind - auszuschließen, sind in der Literatur (siehe z.B. [14,24-26]) verschiedene Definitionen von sogenannten 'Grenzlasten' eingeführt worden, die den Zweck haben, die äußeren Belastungen nach oben hin so zu begrenzen, daß die Gesamtverformungen der Schale bestimmte Werte nicht überschreiten. Eine dieser Grenzlasten, die hier mit $p_{u1}$ bezeichnet wird, entspricht derjenigen Last, bei der eine für das Tragverhalten charakteristische Verschiebung, oder Verschiebungsnorm, das Doppelte des Wertes erreicht, den sie annimmt, wenn bei der Fließlast $p_F$ die ersten plastischen Dehnungen in der Schalenmittelfläche auftreten (siehe Abbildung 3). Alternativ gilt die Grenzlast $p_{u2}$ als erreicht, wenn die Gesamtsekantensteifigkeit der Schale bezogen auf diese Verschiebung nur noch halb so groß ist wie bei Erreichen von $p_F$. Da bei außendruckbelasteten Schalen $p_{u2}$ immer größer ist als $p_{u1}$ und sie deshalb näher an der tatsächlichen Versagenslast den Konstruktion liegt, wurde sie hier als maßgebende Grenzlast betrachtet und der Einfachheit halber mit $p_u$ bezeichnet.

Zunehmende Verschiebungen führen allerdings nicht immer zu einer kontinuierlichen Abnahme der Systemsteifigkeit. Vielmehr können die geometrisch nichtlinearen Terme auch zu Systemversteifungen führen, die die Steifigkeitsabnahmen infolge plastischer Dehnungen kompensieren oder sogar überwiegen, wie das zum Beispiel bei Behälterböden unter Innendruckbelastung der Fall ist. Die Sekantensteifigkeit nimmt dann selbst nach Überschreiten der Fließlast $p_F$ nicht mehr weiter ab, so daß auch die oben definierte Grenzlast $p_{u2}$ nicht mehr existiert (siehe die schematische Darstellung in Abbildung 3). In solchen Fällen wird $p_{u1}$ als maßgebende Grenzlast angesehen und ebenfalls mit $p_u$ bezeichnet.

Bei Kriechproblemen sind alle Zustandsgrößen zeitabhängig, so daß nicht die aufgebrachte Last, sondern die Zeit den primären Kontrollparameter darstellt. Die obigen Definitionen von kritischen Gleichgewichtszuständen können deshalb nicht ohne weiteres übernommen werden. Zur Veranschaulichung der bei Schalentragwerken im Kriechbereich auftretenden Phänomene sind in Abbildung 4 zwei typische Zeitverläufe einer für das Tragverhalten signifikanten Verschiebungsgröße aufgetragen. Bei beiden nehmen in den Anfangsbereichen die Verschiebungsraten zunächst ab, was sowohl auf primäre Kriechdehnungen als auch auf anfängliche Spannungsumlagerungen zurückzuführen ist. Sie können deshalb auch dann auftreten, wenn in (2,3) nur sekundäre Kriechanteile berücksichtigt sind. Dieser primäre Bereich klingt jedoch in den meisten Fällen rasch ab und man hat dann - ähnlich wie beim einachsialen Versuch - eine mehr oder weniger ausgeprägte sekundäre Kriechphase. In beiden Fällen bleibt die anfängliche Rotationssymmetrie erhalten sofern keine unsymmetrischen Anfangsimperfektionen oder Lasten vorhanden sind. Lediglich in meridionaler Richtung finden dann Spannungs- und Verschiebungsumlagerungen statt. Erst später, in der tertiären Phase, beschleunigt sich dann der Verschiebungszuwachs, bis zu einer kritischen Zeit $t_{cr}^{ax}$ ein axialsymmetrischer 'Kriechkollaps' stattfindet.

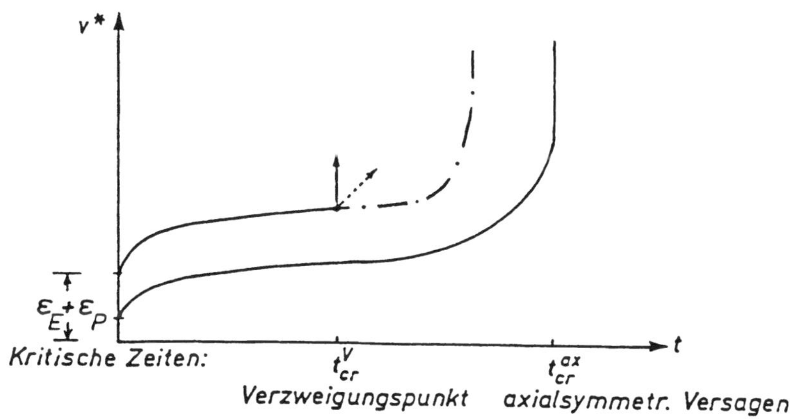


**Abb. 4: Kriechtragverhalten**

Globale und lokale Druckspannungen können aber auch so schnell anwachsen, daß bereits zu einem früheren Zeitpunkt - zum Beispiel bei $t_{cr}^{V}$ in Abbildung 4 - ein kritischer Gleichgewichtszustand erreicht wird und eine Verzweigung in einen nichtaxialsymmetrischen Spannungs- und Verschiebungszustand eintritt. In solchen Kriechverzweigungspunkten hat - wie im zeitunabhängigen Fall - das implizite Eigenwertproblem (10) nichttriviale Lösungen für die Beulform $\overset{e}{v}$. Ob an solchen Punkten ein dynamischer Prozess ausgelöst wird, der zum Versagen der Konstruktion führt, oder ob lediglich die anfänglich infinitesimalen Amplituden der Eigenform stetig anwachsen, hängt - wie bei zeitunabhängigen Problemen - davon ab, ob die durch die Beulform hervorgerufenen Änderungen der Gesamtsteifigkeit so negativ sind, daß sie die kurz vor dem Erreichen der kritischen Zeit $t_{cr}^{V}$ vorhandene tangentiale Systemsteifigkeit 'aufzehren' oder nicht. Solche Fragen, die das Nachbeulverhalten einer Schale in der unmittelbaren Umgebung eines Kriechverzweigungspunktes betreffen, wurden für den Fall, daß plastische Dehnungen vernachlässigbar sind, in [27] behandelt. Sie waren jedoch nicht Gegenstand der hier durchgeführten Untersuchungen, so daß vereinfachend angenommen wurde, daß die Tragfähigkeit der betreffenden Konfiguration mit dem Erreichen eines Verzweigungspunkts erschöpft ist.

### 3.2 Elastisch-plastisches Tragverhalten von torikonischen Behälterböden unter Außendruck

Bei außendruckbelasteten Zylinderschalen mit torikonischen Abschlüssen ist die Verzweigungslast $p_{ki}$ in der Regel deutlich kleiner als die übrigen oben beschriebenen kritischen Lasten. Lediglich für relativ dicke Schalen ($R/h < 125$) mit vergleichsweise flachen Kegeln und niedrigen Fließspannungen $\sigma_F$ ergab die Grenzlast $p_u$ niedrigere Werte. In diesen Fällen war auch der Abstand zur Fließlast $p_F$ relativ gering, was darauf hindeutet, daß solche Schalen nur noch geringfügige Tragreserven besitzen, sobald an den maximal beanspruchten Querschnitten die plastischen Zonen über die Schalenmittelfläche hinaus angewachsen sind [14].

Die an einem Verzweigungspunkt auftretenden Beulformen fallen, je nach Wahl der geometrischen und der Materialparameter in zwei Hauptkategorien. Sie sind in Abbildung 5 für den Fall eines Kegelbodens ohne Torusübergangselement schematisch dargestellt. Wenn der zylindrische Teil ausreichend lang und/oder der Kegel hinreichend steil ist, treten die Maximalamplituden der Eigenformen hauptsächlich im Zylinder auf, während der Kegel selbst kaum beteiligt ist (Abbildung 5a). Dagegen ist bei hinreichend flachen Kegeln und/oder hinreichend kurzen Zylindern die Beulform in erster Linie auf den Kegel beschränkt, während der Zylinder weitgehend unbeeinflußt bleibt. Je nach den Abmessungsverhältnissen und den Materialeigenschaften treten dabei zwischen 3 und 12 Beulwellen über den Schalenumfang

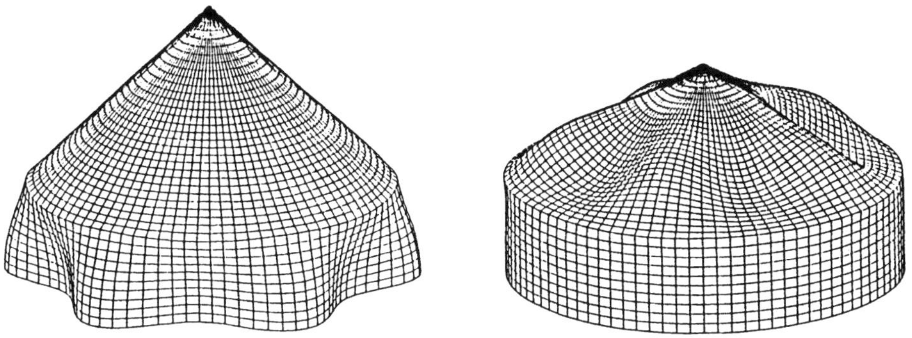

a) b)

Abb. 5: Typische Beulformen

auf [14], wobei deren Zahl in der Regel mit dem D/h–Verhältnis und dem Kegelwinkel $\alpha$ anwächst.

Die Tatsache, daß sich bei reinen Kegelböden die in Abbildung 5 gezeigten Beulformen verhältnismäßig wenig beeinflussen, gilt im elastischen Bereich auch für die jeweiligen Verzweigungslasten. Zu berücksichtigen ist jedoch, daß letztere in den Bereichen, in denen die Tragfähigkeit des Kegels entscheidend ist, stark von den geometrisch nichtlinearen Termen abhängen, und zwar um so stärker, je dicker und flacher der Kegel ausgeführt wird. Diese Einflüsse dürfen deshalb nicht vernachlässigt werden, zumal numerische Berechnungen ergeben haben, daß in Einzelfällen die unter der Annahme eines linearen Vorbeulzustands ermittelten Ver-

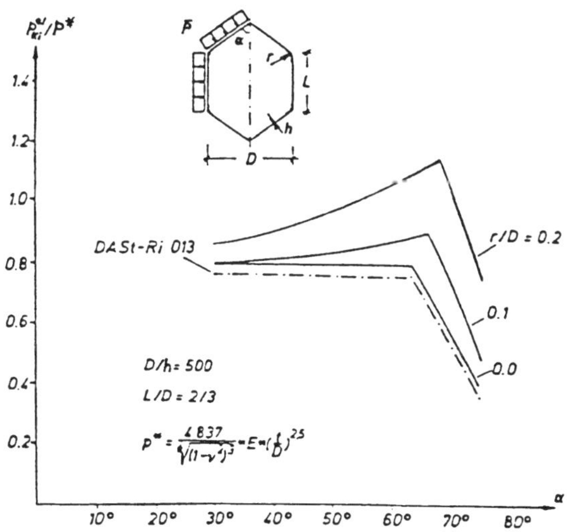


Abb. 6: Elastische Verzweigungsdrücke $p_{ki}^{el}$

zweigungslasten bis zu dreimal so groß sein können wie die Verzweigungslasten, bei deren Ermittlung alle geometrisch nichtlinearen Einflüsse berücksichtigt wurden [14].

Typische Ergebnisse von Verzweigungsberechnungen sind in Abbildung 6 dargestellt, wo für ein Verhältnis von Zylinderdurchmesser zu Schalendicke (D/h) von 500 und ein Verhältnis von Zylinderlänge zu -durchmesser (L/D) von 2/3 die Abhängigkeit des elastischen Verzweigungsdrucks $p_{ki}^{el}$ vom Kegelwinkel $\alpha$ und vom Torusradius r aufgetragen ist. Die Beuldrücke sind dabei auf den Vergleichswert $p^*$ bezogen, der dem Verzweigungsdruck eines gelenkig gelagerten Zylinders mit einem L/D-Verhältnis von 0,5 entspricht [2].

Wie man sieht, bestehen die Kurven in Abbildung 6 aus zwei Ästen, die sich auch mechanisch deuten und analytisch getrennt beschreiben lassen [14], da sie das über weite Bereiche voneinander unabhängige Tragverhalten von Zylinder und Kegel wiederspiegeln. Betrachtet man zum Beispiel die niedrigste der durchgezogenen Linien - die für Zylinder mit Kegelböden ohne Torusübergang (r = 0) gilt - so gibt der linke, annähernd parallel zur Abszisse verlaufende Abschnitt diejenigen vom Kegelwinkel $\alpha$ unabhängigen Verzweigungsdrücke wieder, bei denen die Schale mit der in Abbildung 5a dargestellten Eigenform beult. Umgekehrt hängen die auf dem rechten, abfallenden Ast liegenden Beuldrücke, bei denen sich die Eigenform von Abbildung 5b einstellt, kaum von der Zylinderlänge L ab.

Ordnet man am Übergang zwischen Zylinder und Kegel Torussegmente an, so ändern sich die prinzipiellen Trageigenschaften nur wenig. Wie Abbildung 6 zeigt, führt der glattere Übergang jedoch dazu, daß mit wachsendem Torusradius r auch die Beuldrücke deutlich zunehmen, wobei der relative Zuwachs bei flacheren Kegeln am ausgeprägtesten ist. Dieser Effekt ist in den Richtlinien bislang noch nicht genügend berücksichtigt. So lassen sich zum Beispiel mit Hilfe der DAST-Richtlinie 013 [2] die elastischen Beuldrücke eines Zylinders mit reinem Kegelboden recht gut abschätzen (strichpunktierte Linie in Abbildung 6). Der positive Einfluß des Torussegments auf die Verzweigungsdrücke wird dagegen nicht erfaßt. Mit [2] kommt man also bei flachen Kegeln und größeren Torusradien zu unnötig konservativen Abschätzungen der Verzweigungsdrücke.

Wenn in einigen Bereichen die Fließspannung $\sigma_F$ überschritten wird, bevor die elastische Verzeigungslast $p_{ki}^{el}$ erreicht ist, entstehen in der Schale plastische Zonen mit reduzierter Materialsteifigkeit. Deshalb sind die elastisch-plastischen Verzweigungslasten $p_{ki}^{pl}$ immer kleiner als die entsprechenden Werte von $p_{ki}^{el}$, wobei die Differenz sehr stark von der Wahl der Parameter abhängt (siehe z.B. [14,15]).

Bei torikonischen Böden unter Außendruck treten plastische Verzerrungen zuerst an der Innenseite des Torus auf und breiten sich dann über die Schalendicke und entlang des Meridians aus. Im allgemeinen bleibt deren Ausdehnung aber klein im Vergleich zu den übrigen Schalenabmessungen (siehe z.B. [9,19] und Abbildung 15), so daß bisweilen - analog zur Fließgelenktheorie bei Stäben - vom Entstehen eines 'plastischen Gelenks' im Torusbereich gesprochen wird. Eine solche Charakterisierung erscheint plausibel, ist jedoch nicht sehr hilfreich, da sie nicht berücksichtigt, daß durch die Schalenkrümmung sowie durch die geometrisch nichtlinearen Terme und das Stoffgesetz (3) starke Kopplungen zwischen der Meridian - und Umfangsrichtung bestehen. Diese führen bei einer Steigerung der äußeren Lasten und entsprechenden Änderungen in den Materialsteifigkeiten zu Spannungsumlagerungen, die durch einfache Analogien nicht zu beschreiben sind.

Die größten Abweichungen zwischen den elastischen und den elastisch-plastischen Beullasten treten bei dickeren Schalen mit Kegelböden ohne Torusübergang auf. Dort kann der Unterschied zwischen $p_{ki}^{pl}$ und $p_{ki}^{el}$ bis zu 100 Prozent betragen [14,15]. Die wichtigste Ursache dafür sind die im Übergangsbereich zwischen Zylinder und Kegel auftretenden hohen Biegespannungen mit rasch wechselndem Vorzeichen, die lokal zu hohen Spannungen, plastischen Dehnungen und entsprechend reduzierten Materialsteifigkeiten führen. Auch diese tragfähigkeitsmindernden Einflüsse werden in [2] nicht hinreichend berücksichtigt, da dort zur Abgrenzung des elastischen vom plastischen Bereich eine abgeminderte Beulspannung herangezogen wird, mit der sich jedoch der an der Schnittstelle zwischen Zylinder und Kegel herrschende Spannungs- und Verschiebungszustand nicht adäquat erfassen läßt. Gewöhnlich wird auch nicht hinreichend berücksichtigt, daß der Kegel von der Plastizierung erheblich stärker beeinflußt wird als der Zylinder. Dies hat unter anderem zur Folge, daß im plastischen Bereich auch bei längeren Zylindern das Tragverhalten des Kegels für die Gesamttragfähigkeit ausschlaggebend wird.

Auch im elastisch-plastischen Materialbereich führen größere Torusradien zu einer deutlichen Verbesserung des Tragverhaltens, da infolge des glatteren Übergangs das Auftreten plastischer Dehnungen verzögert und dadurch die jeweiligen Fließlasten $p_F$ größer werden. Andererseits wachsen dann auch, sobald $p_F$ erreicht ist, die plastischen Zonen deutlich schneller an, so daß die anschließend noch verbleibenden Tragreserven geringer sind.

Wie Abbildung 7 für einen Kegelboden ohne Torusübergang zeigt, führen plastische Dehnungen auch zu einer qualitativen Veränderung des Beulformen. Im Vergleich zum elastischen Fall verschieben sich zum Beispiel die Maximalamplituden im Kegel nach unten und auch der Zylinder ist stärker beteiligt. Man hat also nicht mehr, wie zum Beispiel in Abbildung 5, zwei deutlich voneinander getrennte Beulformen, sondern eine stärkere gegenseitige Beeinflussung. Auch hier zeigt sich wieder, daß nichtlineare Einflüsse durchweg dazu führen, daß Faktoren, die im linearen Fall weitgehend, oder vollständig, entkoppelt sind, zusammenwirken und deshalb auch nicht mehr getrennt behandelt werden können. Deshalb lassen sich auch - wie bereits erwähnt - im nichtlinearen Bereich nicht ohne weiteres Verallgemeinerungen von linearen oder linearisierten Ergebnissen vornehmen.

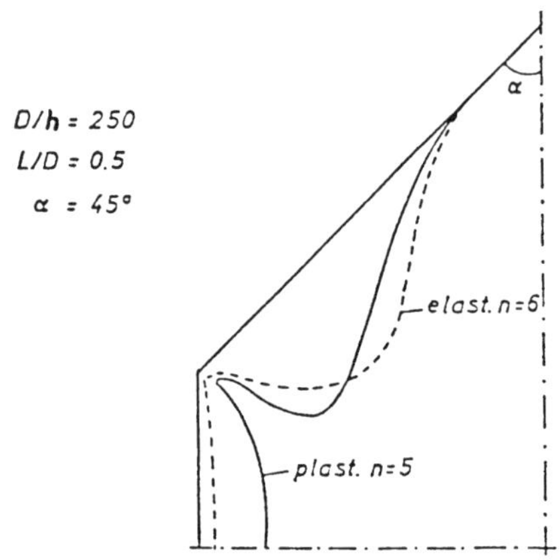


**Abb. 7: Typische elastisch-plastische Beulformen**

Schließlich soll noch erwähnt werden, daß mit zunehmender Plastizierung die Zahl der in Umfangsrichtung auftretenden Beulwellen abnimmt. Im Grenzfall geht sie gegen Null, so daß dann axialsymmetrisches plastisches Versagen auftritt bevor die kleinste plastische Verzweigungslast $p_{ki}^{pl}$ erreicht ist. Dieser Fall war bei den untersuchten Schalenkonfigurationen relativ selten, und auch die im Durchschlagspunkt auftretenden Verschiebungen waren in der Regel so groß, daß für die Abschätzung der Tragfähigkeit die oben definierte Grenzlast $p_u$ ausschlaggebend wurde.

### 3.2.1 Imperfektionsempfindlichkeit

Bei der Bestimmung der angegebenen Verzweigungs- und Grenzlasten wurde angenommen, daß die jeweiligen Schalen perfekt sind und keine Abweichungen von der idealen Zylinder-, Kegel- und Torusgeometrie aufweisen. Nur unter dieser Voraussetzung können sie als realistische Näherungswerte für die Beullasten angesehen werden. Beim Vorhandensein von geometrischen Anfangsimperfektionen liegen die tatsächlichen Traglasten jedoch in der Regel deutlich niedriger. Um diese Abminderungen genauer abschätzen zu können, wurde anhand einiger ausgewählter Parameterkombinationen untersucht, inwieweit Imperfektionen die Tragfähigkeit von torikonischen Schalen beeinflussen können. Dabei wurde vereinfachend angenommen, daß die anfänglichen Formabweichungen affin zu den jeweiligen nichtaxialsymmetrischen Beulformen $\overset{e}{v}$ verlaufen. Diese entsprechen in den meisten Fällen nicht den tatsächlichen Imperfektionen, jedoch gibt es über deren Verteilung derzeit keine ausreichenden quantitativen Informationen. Andererseits hat sich in den untersuchten Fällen auch herausgestellt, daß die charakteristischen Wellenlängen der Eigenformen die gleichen Größenordnungen haben wie die in [2] vorgeschlagenen 'zulässigen Imperfektionen'. Darüber hinaus haben die numerischen Berechnungen ergeben, daß bei genügend kleinen Amplituden die beulformaffinen Imperfektionen tatsächlich zu den jeweils niedrigsten Maximallasten $p_{max}$ führen. Dabei zeigte sich auch, daß Imperfektionen sich sehr viel negativer auf das Tragverhalten des Kegels auswirken als auf das des Zylinders.

Erwähnt werden sollte auch, daß die DAST-Richtlinie 013 [2] sowohl für den außendruckbelasteten Kreiszylinder als auch für den Kegel einen Abminderungsfaktor von $\rho = p_{max}/p_{ki} = 0{,}7$ angibt, sofern die Amplituden der Imperfektionen den Wert von $t_i = \delta\, h = 0{,}04\ (Rh)^{0{,}5}$ nicht überschreiten. Die numerischen Berechnungen haben jedoch ergeben, daß Imperfektionen in dieser Größenordnung auch zu ungünstigeren Abminderungsfaktoren führen können und daß deshalb besonders bei dünnen Schalen und kurzen Zylindern der Wert $\rho = 0{,}7$ als zu hoch angesehen werden muß [14].

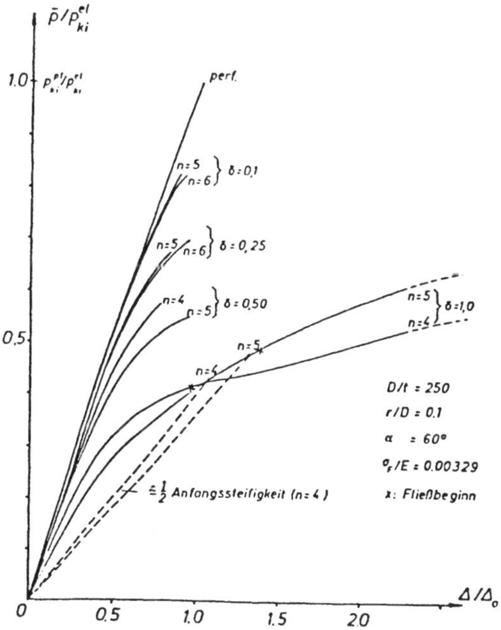


**Abb. 8: Tragverhalten imperfekter torikonischer Böden**

In Abbildung 8 ist dargestellt, wie das Tragverhalten einer mäßig dicken torikonischen Schale (D/h = 250) von der Maximalamplitude und der Umfangswellenzahl n einer in Meridianrichtung beulformaffinen Anfangsimperfektion abhängt. In dem betrachteten Fall hat die Eigenform der perfekten Schale die Wellenzahl n=6. Diese liefert aber nur für sehr kleine Imperfektionsamplituden (weniger als 10% der Schalendicke) kleinere Maximallasten als analoge Imperfektionsformen mit den Werten n=4 und n=5 (siehe Abbildung 8 und [14]). Wenn dagegen die Imperfektionsamplitude die Größe der Schalendicke erreicht ($\delta$=1,0), weisen die entsprechenden Last-Verschiebungskurven in Abbildung 8 kein Lastmaximum mehr auf. Vielmehr wachsen dann die charakteristischen Verschiebungen (in Abbildung 8 wurde dafür die Energienorm gewählt [14]) bei zunehmender Belastung stetig an, wobei für n=4 eine deutliche Systemversteifung auftritt, obwohl die Fließlast $p_F$ bereits überschritten ist. Ähnliche Last-Verschiebungskurven, die teilweise sogar ausgeprägte Lastplateaus aufweisen und danach stark ansteigen – was auf beträchtliche Spannungsumlagerungen in den höheren Fourierharmonischen hindeutet – traten bei entsprechend großen Amplituden auch für andere Parameterkombinationen auf [14].

In Abbildung 9 ist die Abhängigkeit der elastischen und der elastisch-plastischen Maximallasten $p_{max}$ – jeweils bezogen auf $p_{ki}^{el}$ beziehungsweise $p_{ki}^{pl}$ – von der dimensionslosen Imperfektionsamplitude $\delta$ dargestellt. Dabei wurde, abweichend von Abbildung 8, ein elastisch-idealplastisches Material mit einer Fließspannung

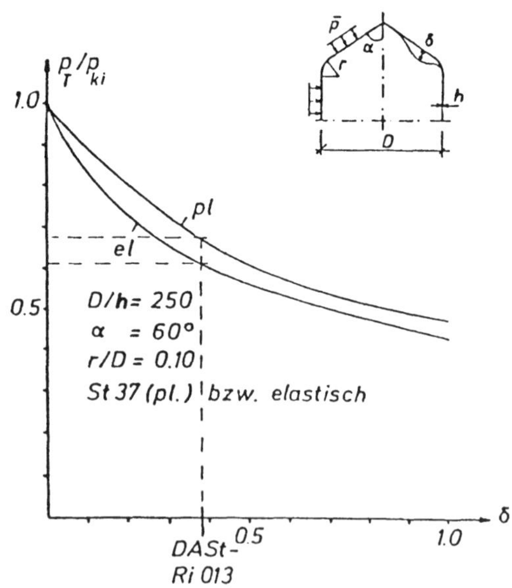


**Abb. 9: Imperfektionsempfindlichkeit**

von $\sigma_F$ = 0,00114 E (St 37) zugrundegelegt. Wie man sieht, sind die Abminderungen bezogen auf die jeweilige Verzweigungslast $p_{ki}$ größer, wenn die Schale bis zum Erreichen der Maximallast elastisch bleibt. Andererseits ist auch der Bezugswert $p_{ki}^{pl}$ um etwa 30% kleiner als der entsprechende elastische Wert $p_{ki}^{el}$ . Unabhängig davon macht Abbildung 9 aber vor allem deutlich, daß die Tragfähigkeit von torikonischen Böden auch durch Imperfektionen, die deutlich kleiner sind als die Schalendicke, erheblich reduziert wird. Legt man die in der DAST-Richtlinie 013 [2] vorgeschlagenen 'zulässigen Vorbeultiefen' zugrunde, so ergeben sich aus Abbildung 9 Abminderungsfaktoren von $\rho$=0,68 im elastisch-plastischen und $\rho$=0,62 im elastischen Bereich, während in [2] generell der höhere, nichtkonservative Wert $\rho$ = 0,7 angegeben ist. Für dünnere Schalen muß mit noch ungünstigeren Abminderungsfaktoren gerechnet werden [14], wobei dort auch noch die Wahrscheinlichkeit, daß Herstellungsimperfektionen der entsprechenden Größenordnung auftreten, größer ist. Die numerischen Berechnungen zeigen auch, daß der Kegelwinkel $\alpha$ nur einen relativ geringen Einfluß auf die Imperfektionsempfindlichkeit von torikonischen Böden hat. Dagegen nimmt diese mit wachsendem Torusradius r zu, weshalb die durch das eingefügte Torussegment bewirkte Tragfähigkeitssteigerung der perfekten Schale durch den Einfluß von Imperfektionen teilweise wieder verlorengeht.

Abschließend sollte noch einmal betont werden, daß alle hier und in den zitierten Literaturstellen angegebenen kritischen Lasten theoretische und noch keine zulässigen Werte darstellen, da bei ihrer Ermittlung keine Sicherheitsbeiwerte berücksichtigt wurden.

### 3.3 Tragverhalten im Kriechbereich

In diesem Abschnitt sollen einige numerische Ergebnisse zum Einfluß von zeitabhängigen Kriechdehnungen auf das Tragverhalten von torikonischen Behälterböden vorgestellt werden (siehe auch [17,19]). Dabei wurden die geometrischen Parameter so gewählt, daß im zeitunabhängigen elastischen Bereich beim Erreichen der Verzweigungslast $p_{ki}^{el}$ beide in Abbildung 5 dargestellten Beulformen gleichzeitig auftreten. Der entsprechende Verzweigungspunkt würde also in dem zu Abbildung 6 analogen Diagramm an der Schnittstelle eines ansteigenden und eines abfallenden Kurvenastes liegen.

Vernachlässigt man der Einfachheit halber in (2,3) die primären Kriechanteile und zunächst auch die plastischen Dehnungen sowie die Anfangsimperfektionen, so erhält man für die Kriechparameter $k_s$ = 0,835 $10^{-8}\,(\mathrm{kp/mm}^2)^{-n}$/hr, n = 4,75, p = 1,0 und verschiedene Werte der dimensionslosen Last $\lambda = \bar{p}/p_{ki}^{el}$ die in Abbildung 10 dargestellten Zeitverläufe der jeweiligen Maximalverschiebung $w_{max}$. Dabei gibt der Bezugswert $t_0$ an, wieviel Zeit ein einachsialer Zugstab unter konstanter Vergleichsspannung $\bar{\sigma}$ benötigt, bis die gesamte Kriechdehnung den gleichen Wert erreicht wie die Dehnung einer gleichartig belasteten elastischen Probe. Wie Abbildung 10 zeigt, nehmen unter dem konstanten äußeren Druck $\bar{p} = \lambda\, p_{ki}^{el}$ bei der perfekten Schale die Verschiebungen solange zu, bis entweder für $\lambda < 0{,}3$ axialsymmetrisches Versagen oder – wie im Zusammenhang mit Abbildung 4 beschrieben – für $\lambda > 0{,}3$ ein Verzweigungspunkt mit einer entsprechenden nichtaxialsymmetrischen Beulform auftritt. Letztere war in allen untersuchten Fällen der Eigenform in Abbildung 5b ähnlich, was bedeutet, daß das Tragverhalten der Gesamtschale in erster Linie durch das Verhalten des Kegels bestimmt war.

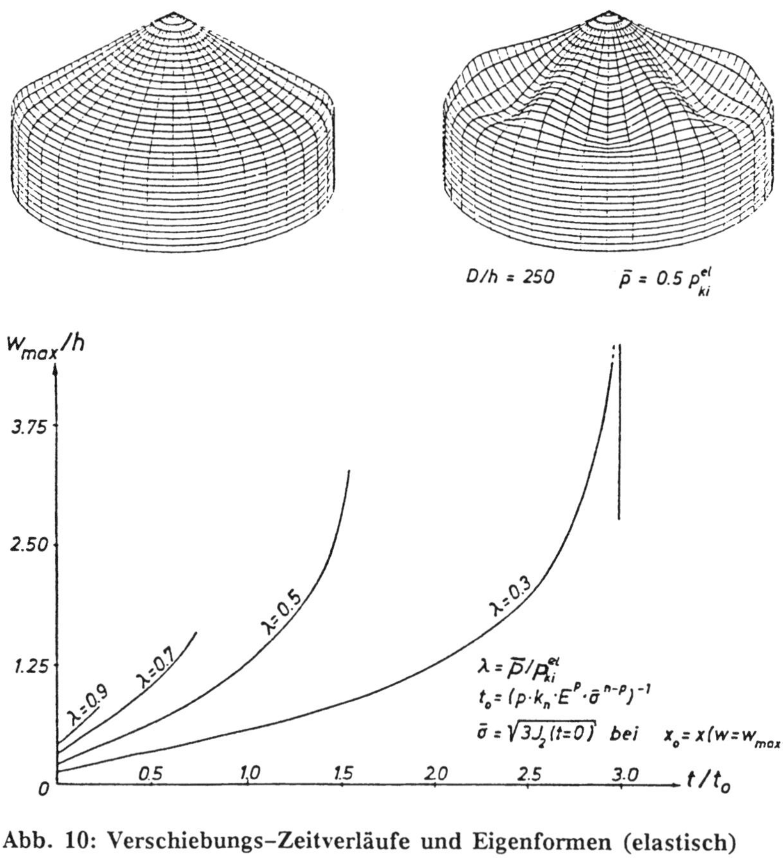


**Abb. 10: Verschiebungs-Zeitverläufe und Eigenformen (elastisch)**

In Abbildung 11 sind noch einmal die kritischen Zeiten aus Abbildung 10 in Abhängigkeit des Lastfaktors $\lambda$ aufgetragen. Sie zeigt deutlich, wie schnell die kritischen Zeiten mit steigendem $\lambda$ abnehmen.

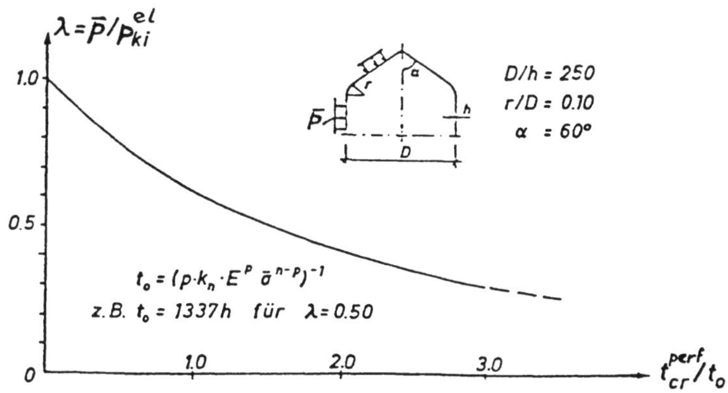


**Abb. 11: Kritische Zeiten in Abhängigkeit des Außendrucks**

Berücksichtigt man, wie zuvor, Anfangsimperfektionen, die zu den jeweiligen zeitunabhängigen elastischen Beulformen affin verlaufen, so erhält man Verschiebungs-Zeitverläufe, die denen in Abbildung 10 ähnlich sind, mit dem Unterschied, daß nun keine axialsymmetrischen Verschiebungszustände mehr vorliegen und auch keine Verzweigungspunkte mehr auftreten. Vielmehr sind nun alle kritischen Zeitpunkte dadurch gekennzeichnet, daß die Verschiebungen sich der Vertikalen annähern. Die entsprechenden Werte von $t_{cr}$, bezogen auf die entsprechenden Werte der perfekten Schale $t_{cr}^{perf}$ sind in Abbildung 12 in Abhängigkeit der jeweiligen dimensionslosen Imperfektionsamplitude δ aufgetragen. Wie man daran und an Abbildung 9 sieht, ist die Abhängigkeit der primären Kontrollvariablen - der Last beziehungsweise der Zeit - von der Größe der Imperfektion qualitativ ähnlich. In beiden Fällen können auch relativ kleine Imperfektionen zu einer deutlichen Verschlechterung der Tragfähigkeit führen, jedoch ist deren Einfluß im zeitabhängigen Bereich sehr viel ausgeprägter als im zeitunabhängigen.

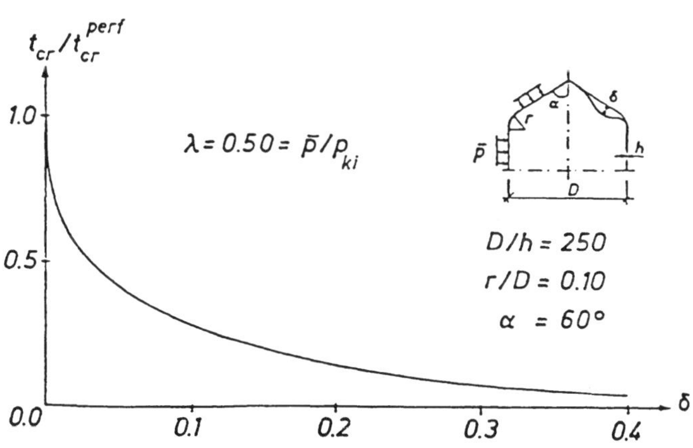


**Abb. 12: Imperfektionsempfindlichkeit**

Berücksichtigt man zusätzlich elastisch-idealplastisches Verhalten, vernachlässigt aber nach wie vor die primären Kriechanteile in (2,3), so erhält man für eine perfekte Schale und die Materialparameter $E = 19000\ N/mm^2$, $\sigma_F = 16\ kN/cm^2$, $k_s = 3{,}55\ 10^{-15} (N/mm^2)^{-n}\ /hr$, $n = 6{,}5$ und $p = 1{,}0$ die in Abbildung 13 dargestellten Verschiebungs-Zeitverläufe. Für die betreffende Ausgangskonfiguration beträgt die elastische Verzweigungslast $p_{ki}^{el} = 0{,}104\ N/mm^2$, während im plastischen Bereich die entsprechende kritische Last $p_{ki}^{pl}$ nur den Wert $0{,}057\ N/mm^2$ erreicht. In beiden Fällen entspricht die Eigenform der in Abbildung 5b, wobei im elastischen Bereich die Zahl der Beulwellen 6 und im plastischen Bereich nur 4 beträgt. Betrachtet man ein Lastniveau von $\bar{\lambda} = \bar{p}\ /p_{ki}^{pl} = 1{,}8\ \bar{p}/\ p_{ki}^{el} = 0{,}9$ und vernachlässigt zunächst, wie zuvor, die plastischen Dehnungsanteile, so erhält man den in Abbildung 13 gestrichelt dargestellten Verlauf. Die durchgezogene Linie stellt dagegen die zeitliche Zunahme der elastisch-plastischen Maximalverschiebungen dar. Man sieht deutlich, daß - abgesehen von den etwas größeren Anfangswerten - die plastischen Verzerrungen über weite Bereiche keinen nennenswerten Einfluß auf die Maximalverschiebungen haben. Abweichungen ergeben sich erst, wenn $t/t_0$ über den Wert 1,5 hinaus anwächst. Dann allerdings nehmen im plastischen Bereich die Verschiebungen rapide zu und es kommt sehr schnell zu einer Verzweigung, wohingegen bei einer Schale, bei der die plastischen Dehnungen vernachlässigt werden, die axialsymmetrischen Verschiebungen noch geraume Zeit weiter anwachsen und es erst bei etwa $t/t_0 = 2{,}35$ im bereits annähernd vertikalen Teil der Kurve zu einer Verzweigung kommt.

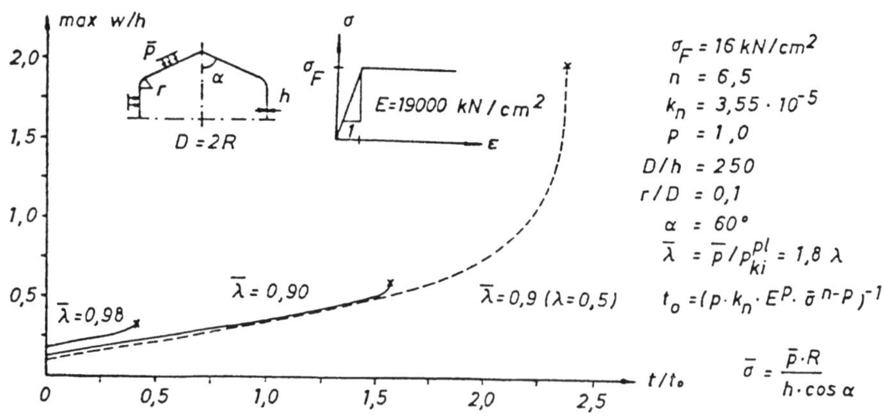


**Abb. 13: Verschiebungs-Zeitverläufe (elastisch-plastisch)**

In Abbildung 14 ist ein Vergleich zwischen der im elastischen und elastisch-plastischen Bereich auftretenden Meridianverteilung der Ringkräfte und der Meridianmomente sowie ihrer zeitlichen Änderungen aufgetragen. Abbildung 14a zeigt, daß bei dem Behälter, bei dem plastische Dehnungen vernachlässigt wurden, die Ringkraft zu Beginn des Kriechprozesses etwa in der Torusmitte ein Maximum aufweist, daß sich aber mit der Zeit infolge der Kriecheinflüsse ein annähernd konstanter Verlauf einstellt. Gleichzeitig nehmen die Meridianmomente in den Übergangsbereichen zum Torus deutlich zu. Im Fall elastisch–idealplastischen Verhaltens

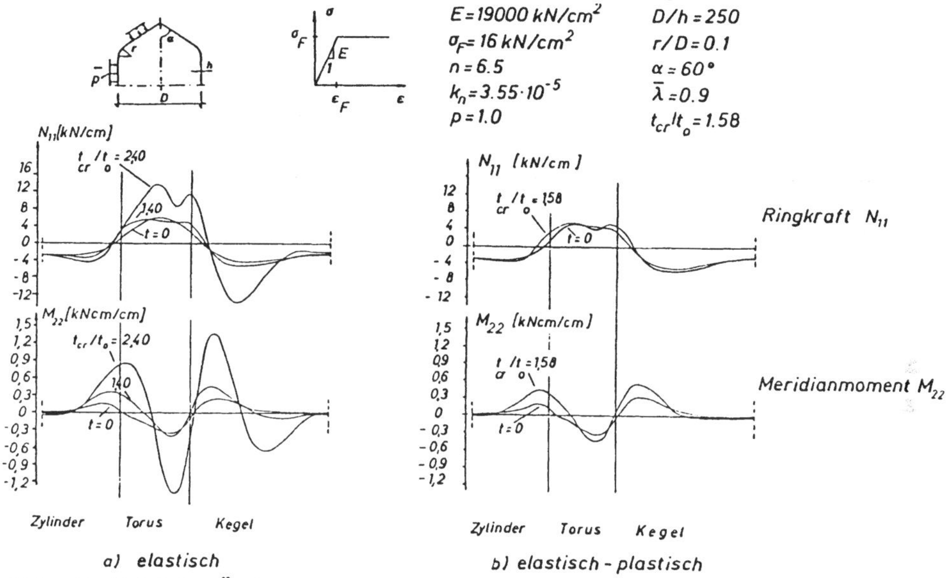


**Abb. 14: Zeitliche Änderungen der Schnittgrößen**

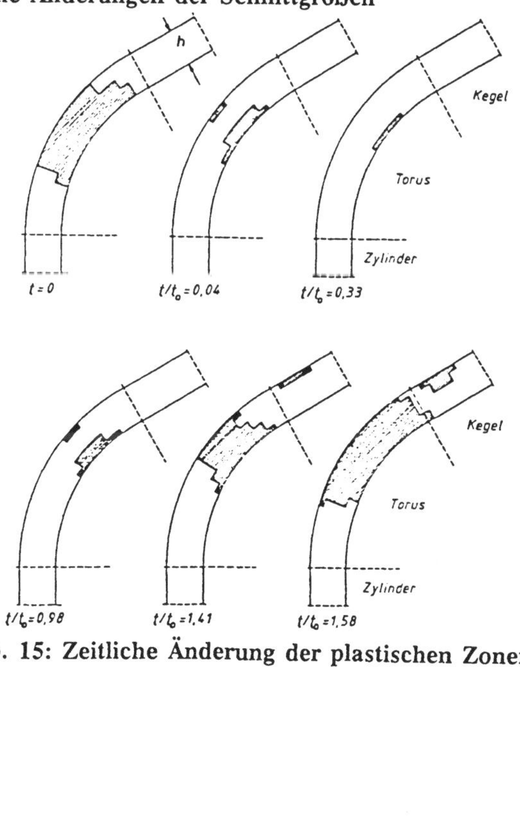


**Abb. 15: Zeitliche Änderung der plastischen Zonen**

(Abbildung 14b) ist dagegen im Torus bereits zu Beginn eine recht gleichmäßige Ringkraftverteilung vorhanden. Diese verändert sich auch im weiteren Kriechverlauf nicht wesentlich. Lediglich die Meridianmomente verschieben sich auf ähnliche Weise wie im Fall ohne plastische Dehnungen.

Dennoch, obwohl es im stationären Kriechbereich große Ähnlichkeiten im zeitlichen Verlauf der Maximalverschiebungen, der Ringkräfte und der Meridianmomente gibt, führen die plastischen Dehnungen zu entscheidenden Veränderungen in den Materialsteifigkeiten und damit im Gesamttragverhalten. Dies zeigt Abbildung 15, wo die zeitliche Änderung der plastischen Zonen dargestellt ist. Wie man sieht, treten infolge der anwachsenden Kriechdehnungen beträchtliche Materialentlastungen und -wiederbelastungen auf. Dies und die Zeitverlaufskurven in Abbildung 13 zeigen, daß die plastischen Verzerrungen trotz der stellenweise geringen Unterschiede zwischen den jeweiligen 'elastischen' und 'elastisch-plastischen' Kurvenverläufen (Abbildungen 13 und 14) erhebliche, und insgesamt ungünstige, Auswirkungen auf die von den Kriechdehnungen ausgelösten Spannungsumlagerungen und die entsprechenden Steifigkeitsverhältnisse haben.

**Literatur**

[1] Nuclear Power Plant Components. ASME Boiler and Pressure Vessel Code, Section II, ASME, New York (1977).

[2] Beulsicherheitsnachweise für Schalen. DAST-Richtlinie 013, Dt. Ausschuß für Stahlbau, Köln (1979).

[3] Code Francais de Construction des Appareils a Pression Non-Soumis a l'Action de la Flamme (CODAP) (1980).

[4] Specifications for unfired fusion welded pressure vessels (BS 5500). British Standards Institution (1981).

[5] Rules for the design, construction and inspection of offshore structures. Det Norske Veritas, Hovik (1982).

[6] European Recommendations for Steel Construction: Buckling of Shells, Third Edition. European Convention for Constructional Steelwork, Brussels (1984).

[7] AD-Merkblätter B0 - B10. VdTÜV, Essen, Beuth Verlag, Berlin (1988).

[8] Wunderlich, W: Zur nichtlinearen Berechnung von Rotationsschalen. Wiss. Zeitschr. d. Hochsch. f. Arch. u. Bauwes. Weimar, Bd. 28 (1982) 221–225.

[9] Rensch, H.J.: Elastoplastisches Beulen und Imperfektionsempfindlichkeit torisphärischer Schalen. Techn.-Wiss. Mitt. 82–13, Inst. f. Konst. Ing.-Bau, Ruhr-Universität Bochum (1982).

[10] Wunderlich, W.; Rensch, H.J.; Obrecht, H.: Analysis of elastic-plastic buckling and imperfection-sensitivity of shells of revolution. In: Ramm, E. (ed.): Buckling of Shells. Springer Verlag, Berlin (1982) 137–174.

[11] Obrecht, H.; Schnabel, F.; Wunderlich, W.: Elastoplastisches Tragverhalten von Rotationsschalen. Wiss. Zeitschr. d. Hochsch. f. Arch. u. Bauwes. Weimar, Bd. 30, H.6 (1984) 443–447.

[12] Wunderlich, W.; Cramer, H.; Obrecht, H.: Application of ring-elements in the nonlinear analysis of shells of revolution under nonaxisymmetric loading. Comp. Meth. Appl. Mech. Eng., vol. 5 (1985) 259-275.

[13] Wunderlich, W.; Cramer, H.; Redanz, W.: Nonlinear analysis of shells of revolution including contact conditions. In: Bergan, P.G.; Bathe, K.J.; Wunderlich, W. (eds.): Finite Element Methods for Nonlinear Problems. Proc. Europe-U.S. Symp., Trondheim, Aug. (1985), Springer Verlag, Berlin (1986) 697-717.

[14] Wunderlich, W.; Schnabel, F.; Obrecht, H.: Tragfähigkeit zusammengesetzter Rotationsschalen im geometrisch und physikalisch nichtlinearen Bereich. Techn.-Wiss. Mitt. 86-3, Inst. f. Konst. Ing.-Bau, Ruhr-Universität Bochum, Mai (1986).

[15] Wunderlich, W.; Obrecht, H.; Schnabel, F.: Nonlinear behavior of externally pressurized toriconical shells - Analysis and design criteria. In: Dubas, P.; Vandepitte, D. (eds.): Stability of Plate and Shell Structures. Proc. Int. ECCS Coll., Ghent, April 6-8 (1987), European Convention for Constructional Steelwork (ECCS), Brussels (1987) 373-384.

[16] Wunderlich, W.; Obrecht, H.; Schnabel, F.: Tragverhalten von Behälterböden und Kugelschalen - Die Finite-Element-Methode als Werkzeug zur Aufstellung von Entwurfshilfen. In: Wunderlich, W.; Stein, E.: Finite Elemente - Anwendungen in der Baupraxis. Ernst & Sohn, Berlin (1988) 155-166.

[17] Wunderlich, W.; Cramer, H.; Schnabel, F.; Obrecht, H.: Tragfähigkeit zusammengesetzter Rotationsschalen im geometrisch und physikalisch nichtlinearen Bereich. 1.-6. Arbeitsbericht zum DFG-Vorhaben Wu 67/18 (1981-1987).

[18] Obrecht, H.; Schnabel, F.; Wunderlich, W.: Elastic-plastic creep buckling of circular cylindrical shells under axial compression. Z. angew. Math. Mech., Bd. 67, H.4 (1987) T118-120.

[19] Schnabel, F.: Einfluß zeitabhängigen elastisch-plastischen Materialverhaltens auf die Tragfähigkeit von Rotationsschalen. Techn. -Wiss. Mitt. 87-5, Inst. f. Konst. Ing.-Bau, Ruhr-Universität Bochum, Dez. (1987).

[20] Kraus, H.: Creep Analysis. J. Wiley & Sons, New York (1980).

[21] Backhaus, G.: Deformationsgesetze. Akademie Verlag, Berlin (1983).

[22] Penny, R.K.; Marriott, D.L.: Design for Creep. McGraw-Hill, London (1971).

[23] Odqvist, F.K.G.: Mathematical Theory of Creep and Creep Rupture. Oxford University Press, London (1974).

[24] Radhamohan, S.K.; Galletly, G.D.: Plastic collapse of internally pressurised torispherical shells. Trans. ASME, vol. 101, J. Press. Vess. Tech. (1979) 311-320.

[25] Klapp, E.: Apparate- und Anlagentechnik. Springer Verlag, Berlin (1980).

[26] Schwaigerer, S.: Festigkeitsberechnung im Dampfkessel-, Behälter- und Rohrleitungsbau, 3. Auflage. Springer Verlag, Berlin (1978).

[27] Obrecht, H.: Creep buckling and postbuckling of circular cylindrical shells under axial compression. Int. J. Solids Structures, vol. 18 (1977) 337-355.

# Grenzlasten von dünnwandigen Metallschalen

Rudolf Harbord und Albrecht Brenner*)

## 1 Einleitung

Dünnwandige Schalen aus metallischem Werkstoff sind in allen Bereichen der Technik anzutreffen. Beispiele sind drucktragende Wandungen in Silos, Behälter und Apparate oder Leichtbauteile in Fahr-, Flug- und Raumfahrzeugen. Steigende Anforderungen an die Funktionsfähigkeit erfordern sichere und wirtschaftliche Berechnungsmethoden, um die Tragfähigkeit sowohl im Gebrauchs- als auch im Störfall beurteilen zu können.

Traglasten sind Lasten, bei denen Konstruktionen im Real- oder Modellversuch versagen. Grenzlasten sind dagegen theoretisch ermittelte Lasten, die in Abhängigkeit vom Entwicklungsstand des Berechnungsmodells angeben, wie Konstruktionen rechnerisch versagen. Nur wenn alle maßgeblichen Einflußparameter Eingang in das Berechnungsmodell finden, ist zu erwarten, daß Trag- und Grenzlasten übereinstimmen.

Es wird eine FE-Methode vorgestellt, um Grenzlasten von dünnwandigen Metallschalen zu ermitteln. In Abschnitt 2 und 3 werden die nichtlinearen Berechnungstheorien und in Abschnitt 4 und 5 die verwendeten Schalenelemente diskutiert und in Abschnitt 6 Anwendungsbeispiele untersucht.

## 2 Geometrisch nichtlineare Berechnungstheorie

Es müssen die Grundgleichungen der geometrisch nichtlinearen Schalenbiegetheorie gelöst und dabei ggf. das inelastische Werkstoffverhalten erfaßt werden, um Grenzlasten von dünnwandigen Metallschalen auf rechnerischem Wege zu ermitteln. Aus

*)Prof.Dr.-Ing. R.Harbord, Fachgebiet Statik der Baukonstruktionen, Technische Universität Berlin
Dr.-Ing. A. Brenner, Balcke-Dürr AG, Ratingen

der Vielzahl bekannter Berechnungstheorien kommt hier die vereinfachte Theorie mäßig großer Rotationen in total Lagrange'scher Darstellung zur Anwendung [1]. Sie beschreibt den nichtlinearen Dehnungstensor in exakter Form, die Verkrümmungs- und Schubverzerrungstensoren dagegen nur mit linearen Anteilen, eine Annahme, die sich für die praktische Anwendung bewährt hat. Die Grundgleichungen bilden damit einen Satz von statischen und geometrischen Gleichungen, die als Differentialgleichungen die nichtlinearen Gleichgewichts- und Verträglichkeitsbedingungen von Schalen in eindeutiger Weise ausdrücken. Die Integration erfolgt im Rahmen der FE-Methode in indirekter Form mit Hilfe virtueller Arbeitsgleichungen, die durch Inkrementbildung der Einwirkungs- und Zustandsgrößen linearisiert und durch Elementansätze algebraisiert werden.

Die schwache Form der statischen Gleichungen wird mit dem Prinzip der virtuellen Weggrößen (PdW) gebildet und die schwache Form der geometrischen Gleichungen mit dem komplementären Prinzip der virtuellen Kräfte (PdK). In symbolischer Matrizenschreibweise lauten die Arbeitsgleichungen:

$$\text{PdW:} \quad \int_A \delta\Delta\varepsilon_k \cdot (\Delta\sigma \qquad )\,dA = \int_A \delta\Delta\mathbf{v}\cdot\mathbf{p}_u\,dA, \tag{2.1}$$

$$\text{PdK:} \quad \int_A \delta\Delta\sigma \cdot (\Delta\varepsilon_k - \Delta\varepsilon_w)\,dA = \int_A \delta\Delta\sigma\cdot\varepsilon_u\,dA. \tag{2.2}$$

Alle Größen von Gl. 2.1 und 2.2 sind auf die unverformte Schalenmittelfläche A bezogen. Ziel der nichtlinearen Berechnung ist es, die Fehlkräfte $\mathbf{p}_u$ und die Fehlverzerrungen $\varepsilon_u$ in jedem Inkrementschritt mit dem Newton-Raphson Verfahren gegen Null zu iterieren, um die Weg- und Kraftgrößen

$$\Delta\mathbf{v} = (\Delta\mathbf{u},\ \Delta\boldsymbol{\varphi}), \tag{2.3}$$

und

$$\Delta\sigma = (\Delta\mathbf{n},\ \Delta\mathbf{m},\ \Delta\mathbf{q}). \tag{2.4}$$

zu ermitteln. In $\Delta\mathbf{u}$ sind die Komponenten des Verschiebungs- und in $\Delta\boldsymbol{\varphi}$ die Komponenten des Normalendrehvektors enthalten, die in Richtung der Basis der unverformten Ausgangskonfiguration zeigen. Die Komponenten der Membrankräfte $\Delta\mathbf{n}$, der Momente $\Delta\mathbf{m}$ und der Querkräfte $\Delta\mathbf{q}$ sind als resultierende

Schrittgrößen des zweiten Piola-Kirchhoff'schen Spannungstensors definiert. Die Dehnungs-, Verkrümmungs- und Schubverzerrungskomponenten

$$\Delta\varepsilon_k = \mathbf{D}(\mathbf{V})\Delta\mathbf{v} \tag{2.5}$$

des arbeitskonformen Green'schen Verzerrungstensors sind durch die kinematische Beschreibung (Index k) der Schalenmittelfläche bekannt. Formal können sie aus der linearen Verknüpfung des Weggrößeninkrements Gl. 2.3 mit dem geometriespezifischen Differentialoperator **D** entwickelt werden, der wiederum vom aktuellen Gesamtverformungszustand **V** abhängt. Die elastischen Verzerrungskomponenten

$$\Delta\varepsilon_w = \mathbf{E}^{-1}\Delta\sigma \tag{2.6}$$

des Werkstoffs (Index w), die mit den kinematischen Verzerrungskomponenten Gl. 2.5 verträglich sein müssen, ergeben sich durch Multiplikation des Kraftgrößeninkrements Gl. 2.4 mit der Inversen des Elastizitätstensors **E**, der allein von den elastischen Werkstoffkonstanten abhängt. Auf eine explizite Darstellung der Tensoren **D** und **E** wird hier verzichtet und auf [1] verwiesen.

Das Variationszeichen $\delta$ kennzeichnet virtuelle Größen. Sie werden im Rahmen der FE-Methode üblicherweise als Änderung der wirklichen Größen eingeführt. Die Elementansätze sind daher nicht frei wählbar, sondern müssen spezielle statische und geometrische Bedingungen auf den Rändern der Schalenelemente erfüllen. Für Elemente, die z.B. unmittelbar auf Gl.2.1 und 2.2 beruhen, bedeutet das, daß Weggrößenansätze die $C^0$- und Kraftgrößenansätze die $C^{-1}$-Konformitätsbedingung erfüllen müssen.

## 3 Inelastische Berechnungstheorie

Inelastische Berechnungstheorien für Metallwerkstoffe beruhen i.a. auf der experimentell bestätigten von Mises-Hypothese, die davon ausgeht, daß Vergleichs- und Kontinuumsgrößen allein über die zweite Invariante des deviatorischen Spannungstensors korrespondieren. Auf dieser Grundlage wird für den technisch wichtigen Sonderfall des ebenen Spannungszustands, also unter Vernachlässigung der querkraftbedingten Schubspannungen ein Schichtenmodell entwickelt, das die Dehnungs- und Spannungsgrößen im Schalenquerschnitt punktweise erfaßt. Die formelmäßige Ausarbeitung beruht auf drei phänomenologische Bestimmungsgleichungen. Erforderlich sind eine Fließbedingung, eine dazu assoziierte Fließregel, auch Fließpotential genannt und spezielle Evolutionsgleichungen in Form von Verfestigungs- und Erholungsgesetzen.

Mit Hilfe der Fließbedingung

$$f = S_v - \bar{S} = 0, \quad S_v = \sqrt{\frac{3}{2}\,\tilde{S}\cdot\tilde{S}} \tag{3.1}$$

wird im Fall der Plastizität kontrolliert, ob die Vergleichsspannung $S_v$ eines Schichtpunktes die Fließgrenze des Werkstoffs $\bar{S}$ erreicht hat und inelastische Dehnungen auftreten. Plastische Dehnungen sind i.a. als zeitunabhängig anzusehen, da sie aus Änderungen der äußeren Einwirkung resultieren. Dagegen ist das Auftreten von Kriechdehnungen weder an eine Fließbedingung noch an Änderungen der äußeren Einwirkungen gebunden. Sie ergeben sich allein aus der Entwicklung der inealstischen Dehnungsgeschwindigkeiten im Zeitbereich. In diesem Fall dient die Fließbedingung zur Überprüfung, ob die Vergleichsspannung eine zur rechnerischen Berücksichtigung von Kriechdehnungen definierte Aktivierungsspannung erreicht oder überschreitet.

Die Fließregel erfaßt die richtungs- und betragsmäßige Entwicklung der inelastischen Dehnungsinkremente

$$\Delta\varepsilon_i = P\Delta\varepsilon_v, \tag{3.2}$$

die bei Metallwerkstoffen mit inkompressiblem Verhalten allein von den deviatorischen Anteilen $\tilde{S}$ der Kontinuumsspannungen $\mathbf{S}$ abhängen. Im Rahmen der von Mises-Theorie ist die Dehnungsrichtung durch den Gradienten der Fließbedingung

$$P = \frac{3}{2S_v}\,\tilde{S} \tag{3.3}$$

definiert, der sich im Spannungsraum normal zum Fließkörper einstellt. Wird der Spannungsgradient auf den Wert der Vergleichsspannung normiert, ist der Dehnungsbetrag unmittelbar durch das inelastische Vergleichsdehnungsinkrement $\Delta\varepsilon_V$ bekannt.

Die Evolutionsgleichung für plastische Vorgänge beschreibt einen isotrop verfestigenden Werkstoff.

$$\bar{S} = \bar{S}\ (\varepsilon_V, \ldots) \tag{3.4}$$

Mit dem Vergleichsdehnungsinkrement wird ein Vergleichsspannungsinkrement $\Delta S_V$ berechnet, das im Inkrementschritt linear vom Verfestigungsparameter H abhängt.

$$\Delta S_V = H\Delta\varepsilon_V, \quad H = H\ (\varepsilon_V, \ldots). \tag{3.5}$$

Die Erweiterung auf anisotrop verfestigende Werkstoffe, auf die hier nicht näher eingegangen wird, ist in Form eines kinematischen Verfestigungsmodells mit Hilfe innerer Gegenspannungen möglich [2].

Im Gegensatz zur Evolutionsgleichung für plastisches Werkstoffverhalten, die eine Einschränkung des freien Spannungsraums darstellt, schränkt die Evolutionsgleichung für Kriechvorgänge den zulässigen Dehnungsraum der inelastischen Dehnungsinkremente ein.

$$\dot{\bar{\varepsilon}} = \dot{\bar{\varepsilon}}(S_V(t), T, \ldots) \tag{3.6}$$

Die inelastische Vergleichsdehnungsgeschwindigkeit wird am Ende eines betrachteten Inkrementschrittes als Funktion des Vergleichsspannungsinkrements und des Erholungsparameters H* ausgedrückt und die Zeitintegration nach der Euler-Rückwärtsregel unter der Voraussetzung einer im Zeitschritt $\Delta t$ linear veränderlichen Dehnungsgeschwindigkeit ausgeführt.

$$\Delta\varepsilon_V = (\dot{\bar{\varepsilon}} + H^*\Delta S_V)\Delta t, \quad H^* = H^*\ (S_V, \ldots). \tag{3.7}$$

In der Literatur bekannte Evolutionsgleichungen sind z.B. das Nortongesetz oder speziell für Hochtemperaturprobleme die Ansätze von Chaboche, vgl. [2].

Die Formulierung einer Nebenbedingung, um Plastizität und Kriechen im Berechnungsmodell zu erfassen, beruht auf dem Postulat von der Gleichheit der inkrementellen Dissipationsarbeiten des Kontinuums- und des Vergleichszustandes.

$$\int_V \Delta\varepsilon_i \cdot \Delta\tilde{\mathbf{S}}\, dV = \int_V \Delta\varepsilon_v \Delta S_v dV > 0. \tag{3.8}$$

Sie ist aus thermodynamischen Gründen zwingend erforderlich, wobei jeder Anteil stets größer als Null sein muß [3]. Durch die Bildung der virtuellen Form von Gl. 3.8 ist es nun möglich, die phänomenologischen Bestimmungsgleichungen zu einer Arbeitsgleichung zusammenzufassen und damit ebenfalls indirekt zu integrieren, wobei die virtuellen Größen wiederum Änderungen der wirklichen Größen darstellen. Dazu werden die Fließregel Gl. 3.2 und die inkrementellen Formen Gl. 3.5 und 3.7 der Evolutionsgleichungen 3.4 und 3.6 in den Ausdruck für die Dissipationsarbeit Gl. 3.8 eingesetzt und die Variation nach den unabhängigen Variablen unter Beachtung von inelastischen Restriktionen durchgeführt.

Bei plastischem Werkstoffverhalten verschwindet infolge der Beschränkung des Spannungsraums das virtuelle Vergleichsspannungsinkrement, so daß als unabhängige Variable das plastische Vergleichsdehnungsinkrement verbleibt.

$$S_v = \bar{S} \longrightarrow (\Delta\varepsilon_v, \delta\Delta\varepsilon_v) > 0. \tag{3.9}$$

Bei Kriechvorgängen ist dagegen der Dehnungsraum eingeschränkt, während die Spannungsentwicklung keiner Restriktion unterliegt. Daher verbleibt als unabhängige Variable das Vergleichsspannungsinkrement.

$$\dot{\varepsilon} = \dot{\bar{\varepsilon}} \longrightarrow (\Delta S_v, \delta\Delta S_v) > 0. \tag{3.10}$$

Es kann jedoch durch das inelastische Vergleichsdehnungsinkrement ausgedrückt und Plastizität und Kriechen mit derselben physikalischen Schichtpunktvariablen beschrieben werden.

Die inelastische Nebenbedingung (NB) ist damit als schwache Form der phänomenologischen Gleichungen bekannt. In Doppelschreibweise für Plastizität und Kriechen lautet der Arbeitsausdruck:

$$\text{NB:} \qquad \delta\int_V \Delta\varepsilon_v \left( \mathbf{P}\cdot\Delta\tilde{\mathbf{S}} - \frac{1}{2}\,\frac{H}{H^*\Delta t}\Delta\varepsilon_v + \frac{(S_v - \bar{S})}{H^*/(\dot{\bar{\varepsilon}} - \Delta\varepsilon_v/\Delta t)} \right) \underset{\text{Kriechen}}{\overset{\text{Plastizität}}{dV}} = 0. \tag{3.11}$$

Die Verfestigungs- und Erholungsterme in Gl. 3.11 sind gemäß ihrer Zähler- und Nennerstellung getrennt auszuwerten und additiv zu überlagern, um das Wechselspiel zwischen Verfestigung durch plastisches Fließen und Kriecherholung durch thermische Aktivierung zu erfassen.

Im Fall der Plastizität muß die Differenz zwischen Vergleichs- und Fließspannung als Fehlspannung zusätzlich berücksichtigt werden, um Abweichungen von der Fließgrenze im Rahmen einer konsistenten Tangenteniteration auszugleichen. Beim Kriechen muß dagegen die Differenz zwischen den Vergleichsdehnungsgeschwindigkeiten aus der Evolutionsgleichung und dem Vergleichsdehnungsinkrement der Berechnung als Korrekturterm eingeführt werden, um die Fehlzeit zwischen Vorgabe und wirklich aufnehmbaren Zeitinkrement auszugleichen.

Die linear im Querschnitt verteilten kinematischen Verzerrungen Gl. 2.5 sind als Summe der nichtlinear verteilten elastischen und inelastischen Werkstoffverzerrungen Gl. 2.6 und 3.2 bekannt. Die äquivalenten Dehnungen und Verkrümmungen der Restkräfte und Restmomente, die bei gemischten Elementformulierungen unmittelbar vorliegen, sind also zunächst von ihren inelastischen Anteilen zu trennen, um die kinematischen Dehnungen und Verkrümmungen zu erhalten. Die punktuelle Verringerung um den schichtpunktspezifischen inelastischen Anteil ergibt dann die elastischen Restdehnungen am Schichtpunkt, woraus durch Multiplikation mit dem Elastizitätstensor die Schichtpunktspannungen folgen.

$$\begin{aligned} \Delta S = \; & \frac{1}{h} \left( \Delta \mathbf{n} + \int_h \mathbf{E}:\mathbf{P}\Delta\varepsilon_v \quad d\Theta^3 \right) + \\ & \frac{12\Theta^3}{h^3} \left( \Delta \mathbf{m} + \int_h \mathbf{E}:\mathbf{P}\Delta\varepsilon_v \Theta^3 \, d\Theta^3 \right) - \\ & \left( \qquad \mathbf{E}:\mathbf{P}\Delta\varepsilon_v \qquad \right). \end{aligned} \tag{3.12}$$

Nach der Querschnittsintegration mit Hilfe der Simpsonregel und der Umrechnung von Gl. 3.12 in deviatorische Spannungsanteile ist die Dissipationsarbeit Gl. 3.11 als Funktion der Restkräfte und Restmomente sowie der unabhängigen Schichtpunktvariablen bekannt und damit voll in die geometrisch nichtlineare Schalentheorie eingebunden.

Die Erweiterung der Elementformulierung um inelastisches Werkstoffverhalten erfolgt auf einfache Weise dadurch, daß die elastischen Arbeitsbeträge Gl. 2.1 und 2.2 um den Betrag der Dissipationsarbeit Gl. 3.11 vermindert werden. Die Anpassung der Arbeitsbilanz an den inelastischen Zustand läßt sich anschaulich als Ränderung der elastischen Elementmatrix deuten. Für jeden Schichtpunkt mit unabhängiger Variablen ist eine zusätzliche Zeile und Spalte erforderlich. Im Verlauf der inkrementellen Einwirkungs- bzw. Zeitsteigerung gewährleistet die Zeilengleichung als Nebenbedingung die Einhaltung der Fließ- bzw. Aktivierungsspannung. Sie kann daher als Konsistenzbedingung gedeutet werden. Die Spaltengleichung der Dissipationsarbeit, die sich nach Gl. 2.2 aus dem Prinzip der virtuellen Kräfte ergibt, ergänzt die elastischen Verzerrungen Gl. 2.6 additiv um einen inelastischen Anteil, der mit Gl. 3.2 übereinstimmt.

## 4 Schalenelemente

Die Approximationsgüte der geometrischen Schalengleichung 2.2 - ggf. mit Einschluß der inelastischen Nebenbedingung Gl. 3.11 - ist ein wesentlicher Maßstab zur Festlegung von optimalen Elementansätzen, da die verträgliche Verknüpfung von kinematischen und werkstoffbedingten Verzerrungen die lokale Verteilung der Elementsteifigkeiten entscheidend beeinflußt. Die elastischen und inelastischen Verzerrungen Gl. 2.6 und 3.2, die durch das Einprägen von Spannungen in ein finites Schalenelement entstehen, müssen bereichsweise mit den kinematischen Verzerrungen Gl. 2.5 übereinstimmen, die vom aktuellen Verformungszustand des Schalenelements abhängen. Werden z.B. auf der einen oder anderen Seite durch unzulässige Ansätze zuviel oder zuwenig Verzerrungsanteile "produziert", kann die Anpassung lediglich im stark verfälschten integralen Mittel erfolgen. Bei einem Zuviel an

Kraftgrößenansätze entstehen i.a. Elemente mit übersteifem und bei einem Zuwenig an Weggrößenansätzen Elemente mit kinematischem Verhalten. Die Schichtpunktfreiwerte verhalten sich als Freiwerte einer Nebenbedingung neutral, so daß sie das Wechselspiel zwischen den Weg- und Kraftgrößenfreiwerten nicht beeinflussen. Es ist lediglich darauf zu achten, daß ihre Ansatzqualität nicht zu stark von der Ansatzqualität der Kraftgrößen abweicht.

Erste Hinweise, um 'locking' oder 'zero energy modes' zu vermeiden, gibt daher das Abzählkriterium, das festlegt, daß die Differenz zwischen der Anzahl der Weg- und Kraftgrößenfreiwerte mit der Anzahl der sechs räumlichen Starrkörperbewegungen zusammenfallen muß. Es ist zwar nur ein notwendiges Kriterium, für die praktische Elemententwicklung aber sehr nützlich und mit Hilfe der Eigenwertanalyse der Elementmatrix sehr einfach überprüfbar [4] . Mathematisch notwendig und hinreichend ist dagegen die BB-Bedingung [5] . Sie gilt im strengen Sinne nur für die Systemmatrix und ist daher schwer überprüfbar, so daß der Nachweis i.a. nur in abgeschwächter Form auf Elementebene erfolgt.

Bei klassischen Weggrößenelementen wird die Gleichheit zwischen kinematischen und werkstoffbedingten Verzerrungen zwangsweise erfüllt. Die Verteilung der Elementsteifigkeiten hängt allein von der Qualität der Weggrößenansätze ab, so daß Gl. 2.2 entfällt. Bei gemischten und gemischt-hybriden Elementen wird die Gleichheit dagegen mit unabhängigen Ansätzen für die Weg-, Kraft- und Schichtpunktgrößen approximiert was bei gemischten Elementen direkt auf Systemebene und bei gemischt-hybriden Elementen durch Vorabelimination der Kraftgrößen- und Schichtpunktfreiwerte auf Elementebene geschieht.

Das in (Bild 4.1a) dargestellte, neu entwickelte Schalenelement ist vom gemischten bzw. gemischt-hybriden Typ und beruht unmittelbar auf den Arbeitsgleichungen 2.1, 2.2 und 3.11. Der Elementansatz repräsentiert einen konstanten Ver-

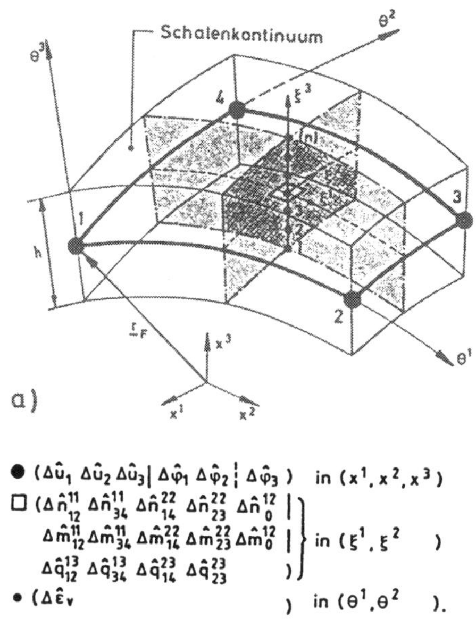


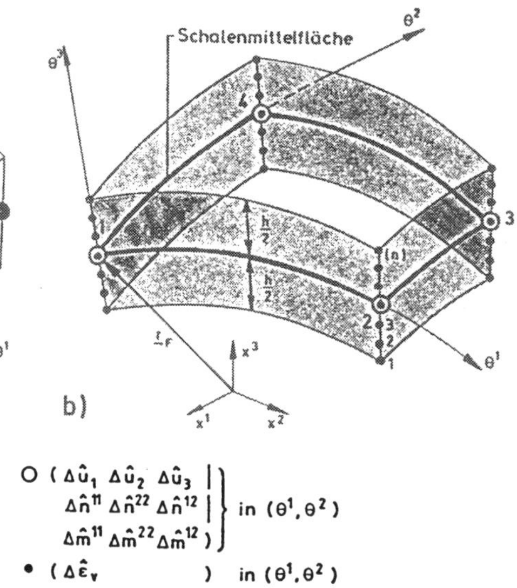


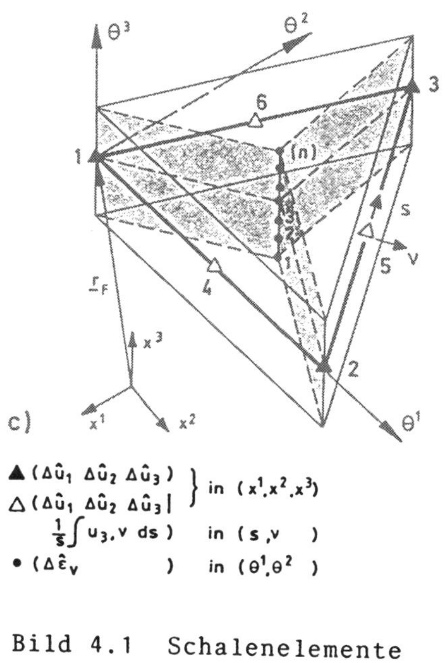


a) Gekrümmtes Element RMSE 34 oder RHSE 20 in gemischter oder gemischt-hybrider Formulierung mit einer vereinfachten Reissner-Mindlin Kinematik mäßig großer Rotationen. Bei der gemischt-hybriden Variante werden die Kraft-, Momenten- und Schichtpunktfreiwerte vorab auf Elementebene abgelöst.

b) Gekrümmtes Element KMSE 36 in gemischter Formulierung mit einer vereinfachten Kirchhoff Kinematik mäßig großer Rotationen.

c) Ebenes Element KDSE 21 in Weggrößen-Formulierung mit einer Kirchhoff Kinematik endlich großer Rotationen auf der Grundlage einer mitdrehenden Referenzfläche als Momentankonfiguration. Die Schichtpunktfreiwerte werden vorab auf Elementebene abgelöst.

Bild 4.1 Schalenelemente

zerrungszustand. Er ist in unterschiedlichen Koordinatensystemen definiert, die durch Tensortransformationen intern verknüpft sind und erfüllt das Abzählkriterium. Die Eigenwertanalyse der gemischten Elementmatrix enthält ohne Gl. 3.11 sechs Nulleigenwerte mit den dazugehörigen sechs starren Bewegungsformen sowie 14 positive und 14 negative Eigenwerte, die betragsgleich sind, so daß die Steifigkeits- und Nachgiebigkeitseigenschaften gleichwertig approximiert werden, was eine elementweise Ablösung der Kraftgrößenfreiwerte ohne Genauigkeitsverlust erlaubt. Gl. 3.11 wird für n = 3 bis 9 Schichtpunkte in der Elementmitte ausgewertet und die zugehörigen Freiwerte bei der hybriden Variante ebenfalls abgelöst. Die elastischen und inelastischen Verzerrungsanteile sind damit konsistent approximiert. Das Element passiert den 'patch-test', ist frei von 'locking'-Effekten und zeichnet sich durch ein besonders robustes Verhalten aus.

Das in (Bild 4.1b) dargestellte Schalenelement ist vom gemischten Typ und beruht auf einer Kirchhoff-Modifikation der Arbeitsgleichungen 2.1 und 2.2, enthält also keine Verdrehungs- und Querkraftfreiwerte [6] . Es ist in den Elementknoten um Gl. 3.11 erweitert worden und durchaus zur Anwendung auf Forschungsprobleme geeignet, auch wenn es den 'patch-test' nicht passiert und die Kraftgrößenlösung zum Oszillieren neigt, was eine nachträgliche Glättung der Ergebnisse erforderlich macht [7].

Das in (Bild 4.1c) dargestellte Schalenelement ist ein ebenes Weggrößenelement [8]. Es beruht auf einer Kirchhoff-Modifikation der Arbeitsgleichung 2.1, woraus zusätzlich alle geometriebehafteten Terme entfallen. Das Element zeichnet sich durch eine konsistente Approximation der Scheiben- und Plattenanteile aus und kann als höheres 'Morley-Element' interpretiert werden, für das ein mathematischer Konvergenzbeweis vorliegt. Als Verdrehungsfreiwerte treten nur lokale Kantenwinkel auf, die das räumliche Transformationsverhalten der Elementkonfiguration nicht beeinflussen. Die Abspaltung der Starrkörperbewegungen durch die Einführung einer mitdrehenden Referenzfläche kann daher in einfacher Weise allein durch Verschiebungstransformationen erfolgen. Die lineare Elementformulierung schließt also bereits die Theorie endlicher Rotationen ein, wenn die Knotenkoordinaten im Iterationsprozeß laufend mit den Verschiebungszuwächsen aufgefrischt werden. Gl. 3.11 wird in der Elementmitte ausgewertet und die Schichtpunktfreiwerte hybrid abgelöst.

## 5 'Benchmark'-Beispiele

Vielfach verwendete Berechnungssysteme, um 'benchmarks' für Schalenelemente durchzuführen, sind z.B.

- die zylindrische Rohrschale mit dehnstarren und biegeweichen Aussteifungen an den Rohrenden und
- die Halbkugelschale mit abgeschnittener Polkappe und freiem Äquatorrand,

auf die jeweils diametrale Einzellastgruppen einwirken. Sie wurden im Rahmen der Elemententwicklung Abschnitt 4 ausführlich untersucht. Teilergebnisse für die Halbkugel sind in den (Bildern 5.1 bis 5.3) dargestellt.

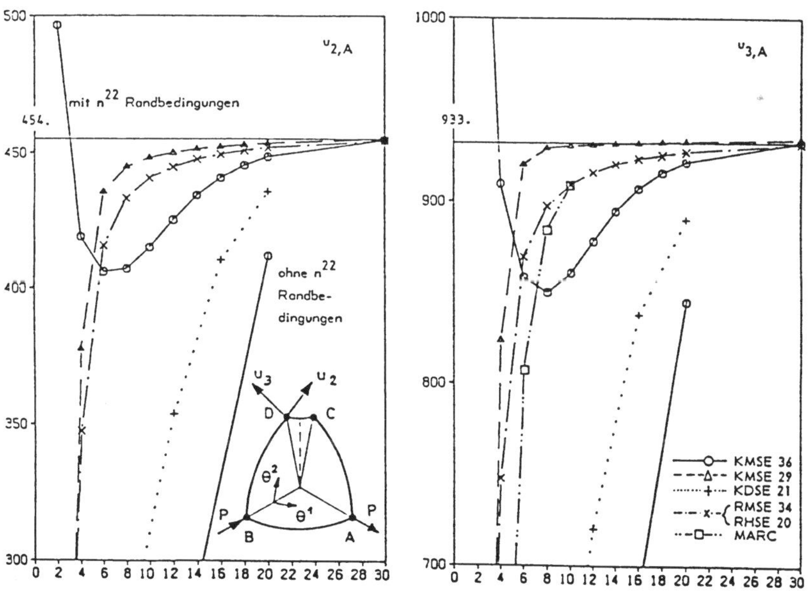


Bild 5.1 Konvergenzkurven der Meridian- und Normalverschiebung

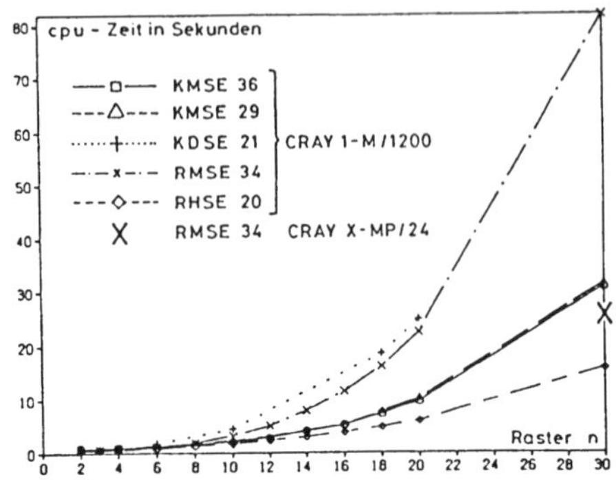


Bild 5.2 Benötigte CPU-Zeit

Die Berechnung erfolgt unter Ausnutzung der Viertelsymmetrie für die Rasterteilungen 2, +2, 20 und 30 in Ring- und Meridianrichtung mit insgesamt sechs Elementvarianten. Das R/h-Verhältnis beträgt 250, liegt also im mittleren Bereich der Dünnwandigkeitsskala. Da Randaussteifungen fehlen, stellt sich ein dehnungsloser Verbiegungszustand ein, der nur in den Bereichen der Lasteinleitung Störungen aufweist.

In (Bild 5.1) sind die Konvergenzkurven der Meridian- und Normalverschiebung dargestellt. Fast alle Elementlösungen erreichen die analytischen Vergleichswerte. Nur das ebene KDSE21-Element (Bild 4.1c) konvergiert langsamer, da sich bei doppelt gekrümmten Schalen der Geometriefehler stärker auswirkt. Die benötigte CPU-Zeit auf CRAY-Rechnern ist in (Bild 5.2) dargestellt. Es zeigt sich, daß das gemischt-hybride RHSE20-Element (Bild 4.1a) von allen Varianten mit Abstand die geringste Rechenzeit benötigt.

Lösungen der Meridianlängskräfte sind in (Bild 5.3) dargestellt. Der Defekt der KMSE36-Lösung ist bekannt und in einfacher Weise durch eine heuristisch begründbare Glättungsmaßnahme zu beheben. Die KDSE21-Lösung erfaßt den dehnungslosen Verbiegungszustand erst mit zunehmender Elementzahl, da sich wiederum der Geometriefehler bemerkbar macht. Die RMSE34- und RHSE20-Lösungen korrespondieren dagegen von vornherein mit dem dehnungslosen Verbiegungszustand, da sie auf einer 'locking'-freien Elementformulierung beruhen.

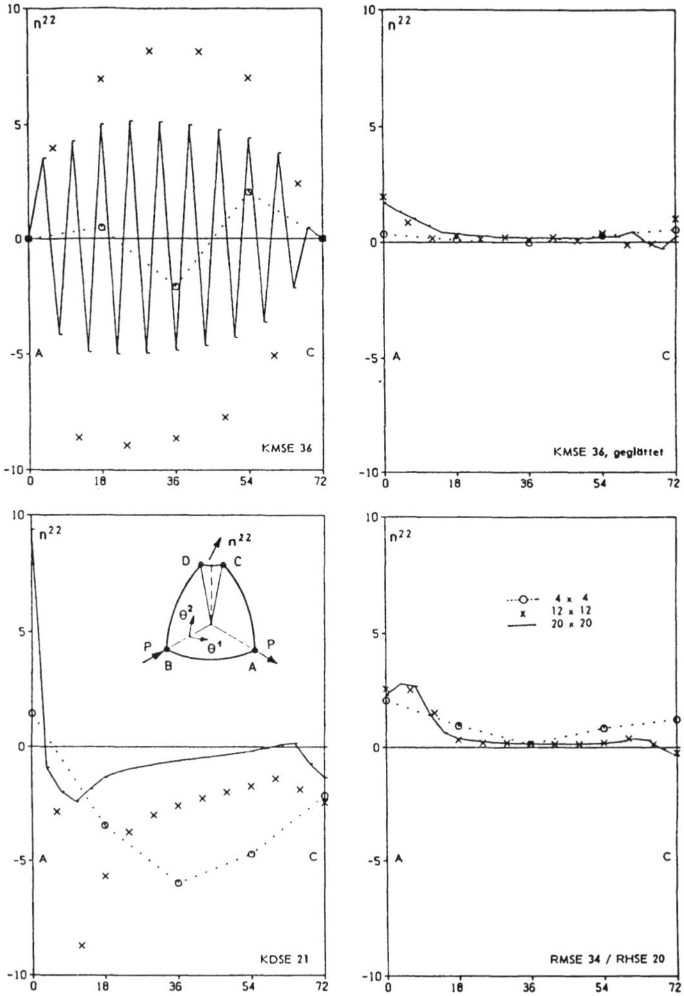


Bild 5.3 Längskräfte entlang des Bogens AC

6 Anwendungs-Beispiele

Es wurden eine Vielzahl von geometrisch und physikalisch nichtlinearen FE-Berechnungen durchgeführt, um die Grenzlasten von dünnwandigen Schalen aus metallischem Werkstoff zu ermitteln. Anhand von drei ausgewählten Beispielen werden die erzielten Ergebnisse diskutiert und mit experimentell ermittelten Traglasten verglichen. Die Einzeluntersuchungen beschäftigen sich mit

- dem plastischen Beulverhalten eines Rohrkrümmers,

- dem Kriechbeulverhalten des heißen Sammlers eines Helium-Wärmetauschers im Hochtemperaturbereich und
- dem nichtlinearen Spannungsverhalten eines torisphärischen Modellbehälters.

Als Elementvarianten kommen sowohl das gemischte Standardelement KMSE36 als auch das gemischt-hybride RHSE20-Element zur Anwendung. Die Berechnungen zu dem ersten und zweiten Beispiel beruhen auf dem KMSE36-Element. Das dritte Beispiel wird dagegen mit dem neu entwickelten RHSE20-Element untersucht, um das Elementverhalten im nichtlinearen Tragbereich zu überprüfen.

## 6.1 Rohrkrümmer

Statische Berechnungssysteme von Rohrleistungskonstruktionen setzen sich in der Regel aus geraden und gekrümmten, dehn- und biegesteifen Stabelementen zusammen. Die globale Tragwirkung der Konstruktion wird dabei durch die räumliche Anordnung der Stabelemente erfaßt. Voraussetzung dieser Idealisierung ist die Annahme vom Ebenbleiben der Querschnitte. Sie ist für die geraden Rohrbereiche i.a. erfüllt.

In den Rohrkrümmern kann es dagegen zu erheblichen Abweichungen von der ursprünglichen Querschnittsform kommen, so daß sich die Ausgangssteifigkeiten der Rohrquerschnitte erheblich verringern. Zur rechnerischen Ermittlung des lokalen Steifigkeitsverlustes ist die Anwendung der Schalenbiegetheorie erforderlich. Für den linear-elastischen Fall sind bereits seit längerem entsprechende Abminderungsfaktoren bekannt [9]. Dagegen fehlt es vor allem an Untersuchungen im geometrisch und physikalisch nichtlinearen Tragbereich, um nichtlineare Abminderungsfaktoren angeben zu können.

Mit den Arbeiten [10] und [11] liegen erste Ergebnisse zum nichtlinearen Tragverhalten von Rohrkrümmern vor, die sowohl auf experimentellen als auch auf rechnerischen Untersuchungen beruhen. Sie sollen durch unabhängige Vergleichsberechnungen überprüft und ergänzt werden.

Das Versuchsmodell des Rohrkrümmers ist in (Bild 6.1) dargestellt. Es besteht aus einer Zylinderschale als Lasteinleitungsrohr für das zu übertragende Biegemoment, einer Torusschale als eigentlichem Rohrkrümmer und einer weiteren, am Ende festeingespannter Zylinderschale als Lastabtragungsrohr. Die Werkstoffdaten sind (Bild 6.2) und die Elementierung (Bild 6.3) zu entnehmen. Aus Symmetriegründen reicht es aus,

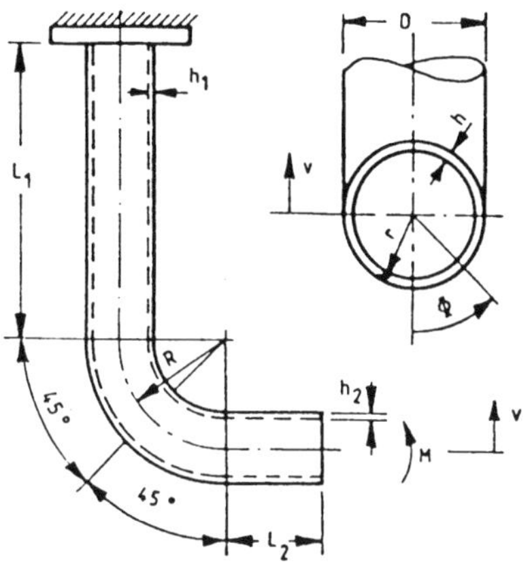


$h_1$ = 0,374 "
$L_1$ = 72,68 "
r = 7,810 "
h = 0,4235 "
$h_2$ = 0,371 "
$L_2$ = 24,0 "
D = 16,043 "
R = 24,0 "

Bild 6.1 Versuchsmodell Rohrkrümmer

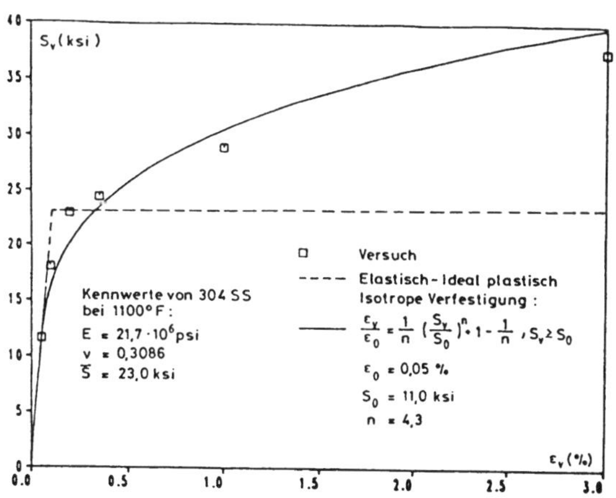


Bild 6.2 Plastisches Werkstoffverhalten

das halbe System zu elementieren. Die erste Elementierung (I) besteht aus einem sehr feinen Raster mit insgesamt 900 KMSE36-Elementen. Sie ist vor allem als Kontrollelementierung gedacht, um die zweite Elementierung (II) zu überprüfen, die auf einem groben Raster beruht und nur aus 133 KMSE35-Elementen besteht. Sie stimmt mit dem Raster aus [10] für das MARC4-Element überein, einem 4-Knoten Weggrößen-Schalenelement mit nichtlinearer Kirchhoff-Kinematik und kubischer Approximation der Verschiebungsgrößen, so daß sich pro Kno-

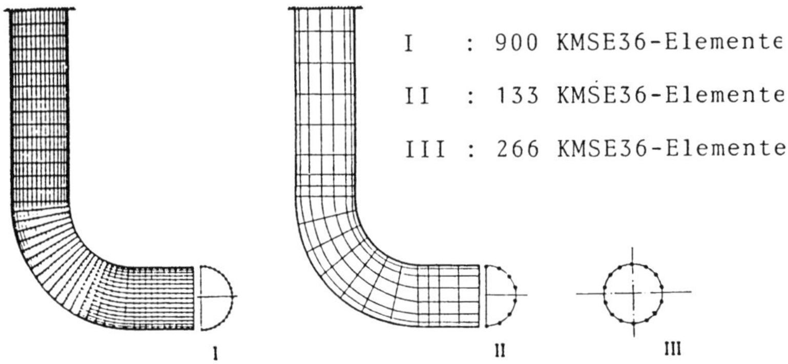


Bild 6.3 Elementierung

ten 12, für das Element also 48 Freiwerte ergeben. Im kinematischen Lösungsverhalten ist es dem gemischten KMSE36-Schalenelement vergleichbar. Im inelastischen Lösungsverhalten unterscheiden sich die Elemente insofern, daß die Schichtpunktvariablen beim KMSE36-Element als Freiwerte direkt auf Systemebene, beim MARC4-Element dagegen über eine elasto-plastische Steifigkeitsmatrix erfaßt werden, so daß das KMSE36-Element eine höhere Approximationsgüte aufweist. Beide Berechnungen beruhen auf jeweils sieben Schichtpunkten. Die dritte Elementierung (III) besteht wiederum aus dem groben Raster, erfaßt aber das Gesamtsystem, um ggf. falsche Symmetriebedingungen bei der Berechnung der Beulformen zu vermeiden.

In (Bild 6.4) sind die Ergebnisse in Form von globalen Last-Verschiebungskurven ausgewertet. (Bild 6.4a) zeigt den Vergleich mit MARC- und Versuchsergebnissen aus [10], die ledig-

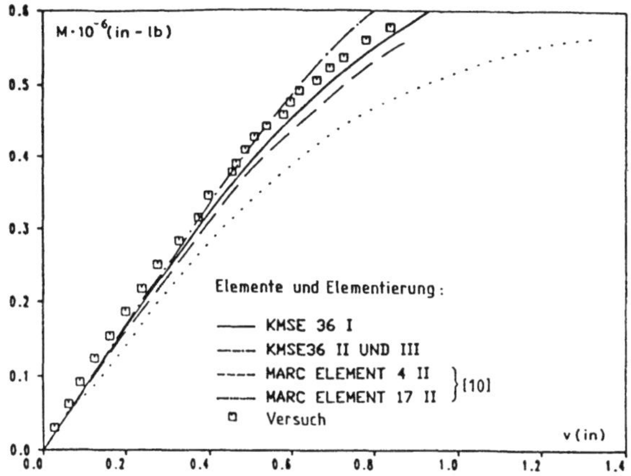


a) Vergleich unterschiedlicher Lösungen im Vorbeulbereich

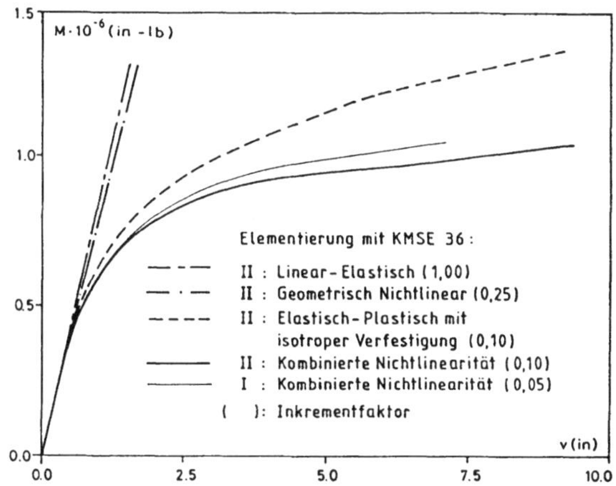


b) Einfluß unterschiedlicher Nichtlinearitäten im Nachbeulbereich

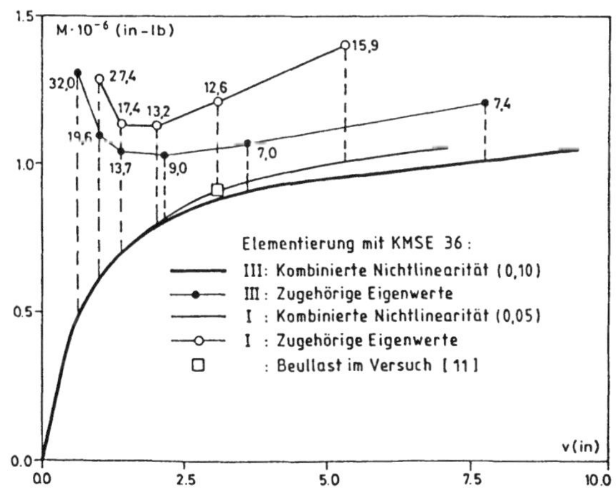


c) Begleitende Eigenwertanalyse zur Kontrolle des Beulverhaltens

Bild 6.4 Last-Verschiebungskurven

lich für den Vorbeulbereich vorliegen. Die Lösungen stimmen sehr gut überein. Der Einfluß von Elementierung und Inkrementfaktor ist gering. Erst im Nachbeulbereich (Bild 6.4b) ergeben sich größere Abweichungen, wobei eine zu grobe Teilung von Raster und Last dazu führt, mit dem FE-Modell das Steifigkeitsverhalten des Rohrkrümmers zu unterschätzen. Interessant ist auch der Einfluß der unterschiedlichen Nichtlinearitäten. Elastisches Beulen kann erst bei sehr großen Biegemomenten auftreten. Dagegen fällt das plastische Grenzmoment bereits deutlich geringer aus. Bei der kombinierten Wirkung kommt es dann noch einmal zu einer überproportionalen Abnahme des Grenzmoments.

Nach [11] ist der Versagenszustand im Versuch als derjenige Zustand definiert, bei dem der Querschnitt weiter ovalisiert, ohne daß gleichzeitig das Biegemoment anwächst. Der Momentenwert der Beul- oder Traglast ist in (Bild 6.4c) eingetragen. Er liegt voll auf der Lastverschiebungskurve der feinen Elementierung (I) und wird zusätzlich durch die begleitende Eigenwertanalyse herausgehoben, da die Eigenwertkurve hier ihren minimalen Wert aufweist. Die Vergleichsberechnung mit der vollständigen Elementierung (III) ergibt, daß bei perfekter Geometrie keine unsymmetrischen Eigenformen auftreten.

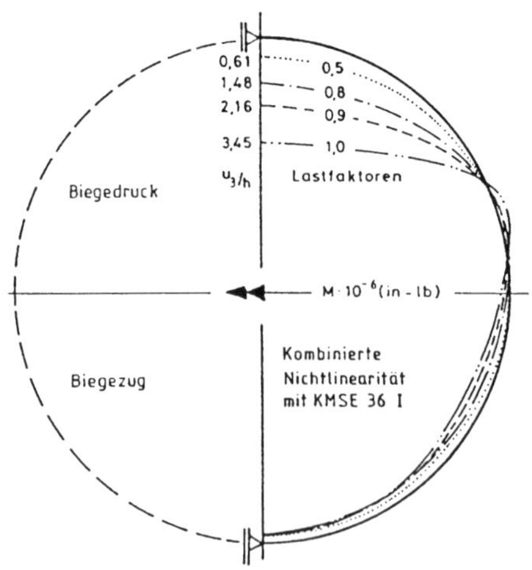


Bild 6.5 Ovalisierung in Rohrkrümmermitte

Die Lastverschiebungs- und Eigenwertkurve schneiden sich nicht, so daß kein Durchschlags- oder Verzweigungspunkt vorliegt. Die Last-Verschiebungskurve steigt, wenn auch schwach, weiter an. Die Verformungsreserven des Systems sind also noch nicht vollständig erschöpft. Die praktische Festlegung des Grenzmoments muß daher über eine Begrenzung der Querschnittsovalisierung (Bild 6.5) erfolgen. Der in [11] angegebene Versuchswert befindet sich z.B. innerhalb der Grenzen $u_3/h = 2.16$ und $u_3/h = 3.45$, die für die Biegemomente $0{,}9 \cdot 10^6$(in-lib) und $1{,}0 \cdot 10^6$(in-lib) gelten. Wie ein Blick auf (Bild 6.6) zeigt, korrespondiert der Versuchswert auch mit der Ausbreitung der plastischen Zonen, die zum Zeitpunkt des Versagens das ganze System erfaßt haben.

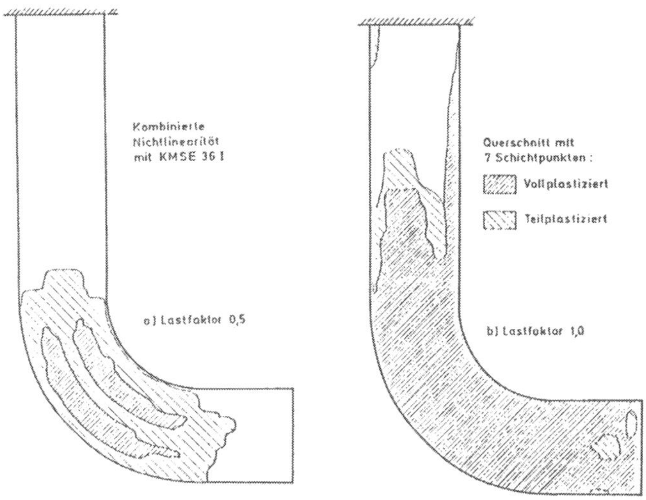


Bild 6.6 Ausbreitung der plastischen Zonen

6.2 Heißer Sammler

Der heiße Sammler gehört zu den kritischen Bauteilen eines Helium-Helium Zwischenwärmetauschers, der dazu dient, Prozeßwärme aus dem Primärkreislauf von Hochtemperaturreaktoren auszukoppeln. Das Temperaturniveau liegt bei rund 1223 K, so daß schon kleinste Veränderungen im Spannungszustand zum Kriechen führen. Der Störfall "Rohrleistungsbruch im Sekundärkreislauf" ist in diesem Zusammenhang von besonderer Bedeutung, da es dabei zu einer Außendruckbelastung des heißen

Sammlers kommt, die zum Beulversagen führen kann. Zur Untersuchung des Kriechbeulverhaltens waren daher Bauteilversuche im Maßstab 1 : 1 erforderlich, die durch umfangreiche FE-Simulationen begleitet wurden [12] , vgl. auch [7] .

Hier soll die FE-Berechnung des Kriechbeulversuchs bis zum Versagen vorgestellt werden, die den Abschluß eines umfangreichen Versuchsprogramms bildete. Ein 90°-Ausschnitt des Versuchsmodells, die Elementierung mit 351 KMSE36-Elementen und die wichtigsten Werkstoffdaten sind in (Bild 6.7) dargestellt. Die inelastische Problemformulierung umfaßt Plastizität und Kriechen, die sich gegenseitig stark beeinflussen. Die Verfestigungsrate von Inconel 617 nimmt bei hohen Temperaturen stark ab, so daß es ausreicht, einen elastisch-ideal plastischen Werkstoffansatz zu verwenden. Die Kriecherholungsrate wird hinreichend genau mit einem Ansatz vom Norton-

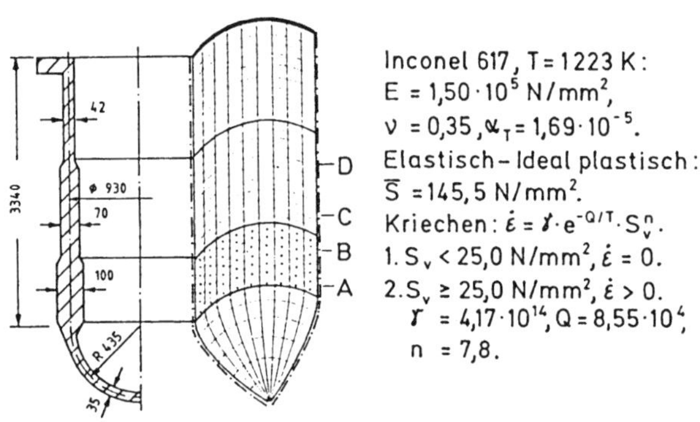


Bild 6.7 Versuchsmodell heißer Sammler

Typ erfaßt. Der Ausgangszustand ist durch die Spannungs- und Verformungsgrößen der Vorgeschichte definiert, die das Versuchsmodell bereits durchlaufen hat. Dazu gehören u.a. das Einprägen von Imperfektionen durch Kaltovalisierung und die zahlreichen Anheiz-, Belastungs-, Halte- und Abkühlphasen der Vorversuche, die rechnerisch alle nachvollzogen wurden, vgl. [12]. Die Kriechbeulberechnung beginnt mit dem Aufheizen von 293 K auf 1223 K im Verlauf von 70 h. Danach wird ein Außendruck von 4,3 $N/mm^2$ aus dem Störfall "Rohrleitungsbruch im

Sekundärkreislauf" aufgebracht und die Berechnung in Zeitinkrementen von durchschnittlich 25 bis 30 h fortgesetzt bis die starke Zunahme der Ovalisierung den rechnerischen Versagenszustand anzeigt.

In (Bild 6.8) sind der Ausgangszustand zum Zeitpunkt t = 0, einige Zwischenzustände und der Versagenszustand zum Zeitpunkt t = 1410 h dargestellt. Die Überprüfung erfolgt wiederum mit Hilfe der begleitenden Eigenwertanalyse. Die Variation des Zeitschritts in der Eigenwertgleichung ergibt, daß der erste Eigenwert zwischen $\Delta t$ = 5 h und $\Delta t$ = 50 h

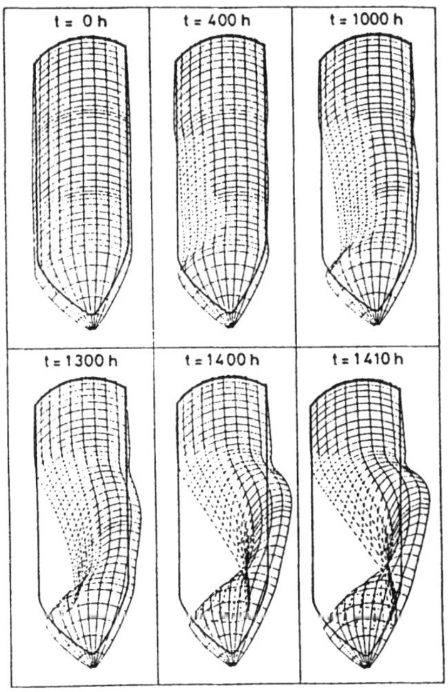


Begleitende Eigenwertanalyse t = 1410 h:

1. $\lambda_1$(t = 1410 h + $\Delta t$ = 5 h) = + 2,60
2. $\lambda_1$(t = 1410 h + $\Delta t$ = 50 h) = − 0,67

Bild 6.8 Kriechbeulzustände

das Vorzeichen wechselt, rechnerisches Beulversagen also zwischen t = 1415 und 1460 h eintritt. Die Eigenform des ersten Eigenwerts stimmt mit der Versagensform überein. Die

Berechnung ist also auf dem richtigen Lösungspfad erfolgt, ohne daß vorher Durchschlags- oder Verzweigungspunkte auftreten. Der Versuch wurde nach 594 h abgebrochen. Die Ovalisierungsmaße aus Versuch und Rechnung, ausgedrückt in (%) sind in (Bild 6.9) vergleichend gegenübergestellt. In Anbetracht des komplexen Gesamtvorganges ist die Übereinstimmung als "sehr gut" zu bezeichnen.

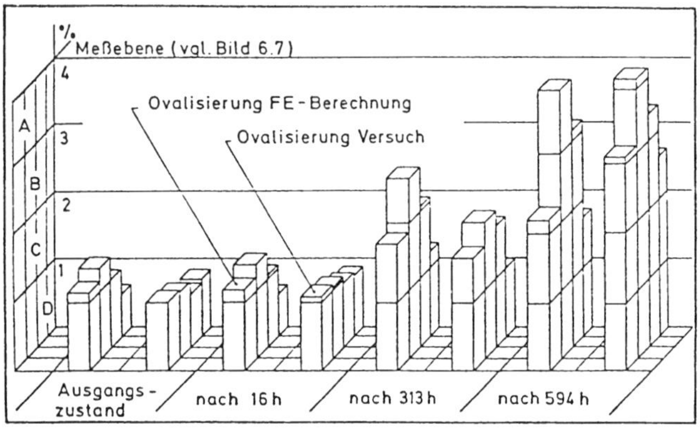


Bild 6.9 Ovalisierung aus Versuch und Berechnung

## 6.3 Torisphärischer Boden

Mit dem Forschungsbericht [13] liegt erstmals experimentelles Datenmaterial in nahezu widerspruchsfreier Form vor. Es ist hervorragend geeignet, um nichtlineare FE-Schalenprogramme dahingehend zu überprüfen, wie zuverlässig sie auf Benutzeranforderungen reagieren und welche Anwendungsmöglichkeiten sie bieten. Hier werden erste Ergebnisse vorgestellt, die bei der Untersuchung des torisphärischen Bodens unter Innendruck ermittelt wurden, der zur Versuchsreihe mit der Fragestellung "Nichtlineares Spannungs- und Verformungsverhalten" gehört.

Das Versuchsmodell des torisphärischen Bodens ist in (Bild 6.10) dargestellt. Es setzt sich aus einer Kugelkalotte, einem Übergangstorus und einer Zylinderzarge zusammen, die am unteren Ende fest in der Versuchsvorrichtung eingespannt ist. Da sowohl die Geometrie als auch die Belastung rotationssymmetrisch ist und laut Aufgabenstellung ein reines Spannungsproblem vorliegt, reicht es aus, die Ringrichtung mit nur einer Elementreihe zu elementieren. In Meridianrichtung sind in der Kugelkalotte 20, im Torus 40 und im Zylinder 20 RHSE20-Elemente angeordnet.

Die Kennlinien des verwendeten Werkstoffs St37-2 weisen nur eine geringe Verfestigung auf, die praktisch ohne Einfluß auf die Ergebnisse bleibt. Die örtlich stark veränderliche Fließspannung zur Festlegung des Fließbeginns ist dagegen ein wichtiger Einflußparameter, um das elastisch-plastische Werkstoffverhalten wirklichkeitsnah zu beschreiben. Zur Auswahl stehen drei Varianten, die in (Tabelle 6.1) zusammengestellt sind.

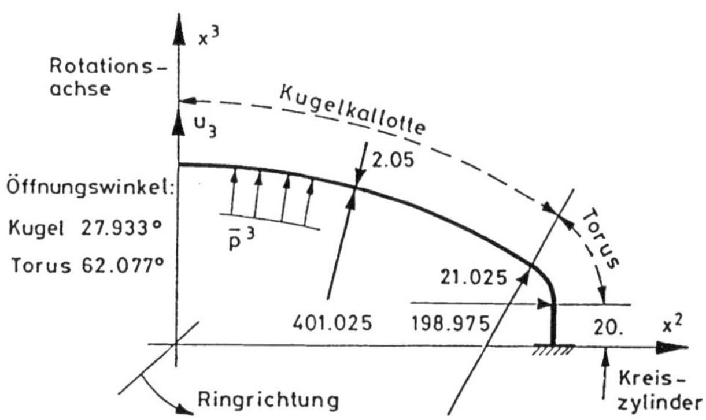


Bild 6.10 Versuchsmodell torisphärischer Boden

Tabelle 6.1 Fließspannungen

| Ort | Fließspannung ($N/mm^2$) | | |
|---|---|---|---|
| $x^2$(Bild 6.10) | Variante I | Variante II | Variante III |
| 0 | 280. | 280. | 317. |
| 62.5 | 240. | ↓ | 302. |
| 92.5 | 205. | ↓ | 278. |
| 125. | 205. | ↓ | 249. |
| 165. | 205. | ↓ | 243. |
| 200. | 400. | 280. | 418. |

Variante I folgt einer Empfehlung aus [13] , Variante II ist als Abschätzung zur günstigen Seite hin zu werten und Variante III beschreibt die dynamische, also eine obere Streckgrenze, die praktisch mit der statischen Streckgrenze zusammenfällt, da die Abweichung nur rund 6 % beträgt. Die Streuung beim Elastizitätsmodul ist ebenfalls sehr groß. Zur Berechnung wird in [13] ein Mittelwert von $E = 180\ 000\ N/mm^2$ vorgeschlagen. Daher wurde zusätzlich der Normwert von $E = 210\ 000\ N/mm^2$ in die Berechnung eingeführt. Die Querdehnzahl beträgt $\nu = 0{,}3$.

In (Bild 6.11) sind die Ergebnisse in Form von globalen Last-Verschiebungskurven ausgewertet. In (Bild 6.11a) ist wiederum der Einfluß der unterschiedlichen Nichtlinearitäten im FE-Modell dargestellt. Wie schon beim Rohrkrümmer zeigt sich auch hier, daß nur durch die kombinierte Anwendung der geometrischen und physikalischen Nichtlinearität das wirkliche Tragverhalten zutreffend beschrieben werden kann.

Mit den Berechnungsvorschlägen aus [13] ist der Verlauf der Versuchskurve zwar qualitativ aber noch nicht quantitativ erfaßt. Da bereits die Anfangsneigungen der Kurven auseinanderfallen, bietet es sich an, anstelle des Vorschlags den Normwert des Elastizitätsmoduls zu verwenden. Wie (Bild 6.11b) zeigt, führt diese Maßnahme zu einer wesentlich genaueren Approximation der Anfangsneigung. Um eine Anpassung im gesamten Kurvenverlauf zu erreichen, bietet sich als weitere Möglichkeit die Variation der Fließgrenze an. Wie (Bild 6.11c) zeigt, führt die dritte Variante aus (Tabelle 6.1) zur vollen Deckung mit der Versuchskurve, während die zweite Variante sich erwartungsgemäß noch weiter von der Versuchskurve entfernt.

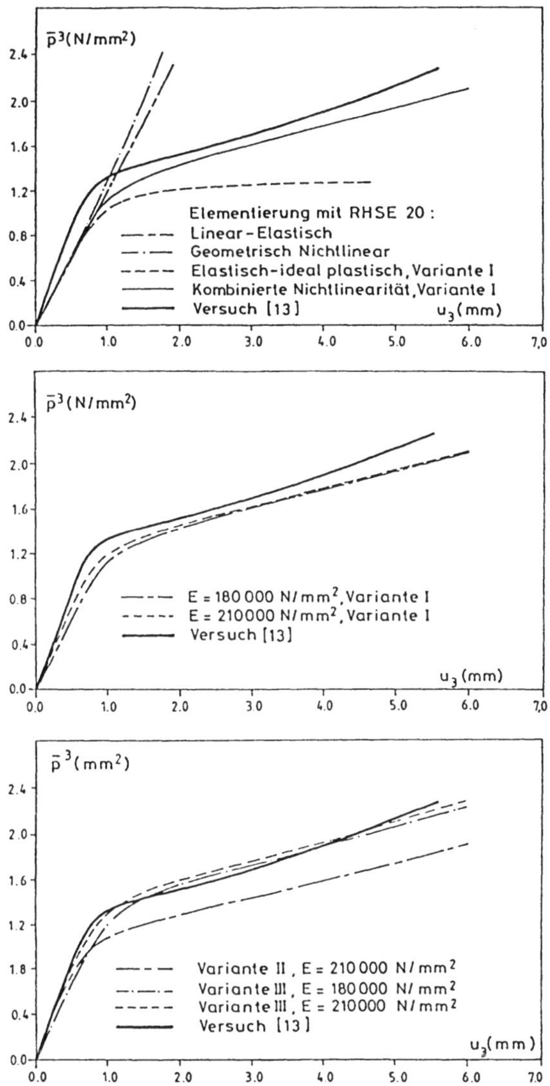


a) Einfluß unterschiedlicher Nichtlinearitäten

b) Einfluß unterschiedlicher Elastizitätsmoduls

c) Einfluß unterschiedlicher Fließgrenzen

Bild 6.11 Last-Verschiebungskurven

## 7 Zusammenfassung

Im Rahmen des DFG-Schwerpunktes "Nichtlineare Berechnungen im konstruktiven Ingenieurbau" wurden unter dem Kennwort "Plastisches Behälterbeulen" methodische und rechnerische FE-Forschungsarbeiten durchgeführt, um Grenzlasten von dünnwandigen Metallschalen zu ermitteln. Es zeigt sich, daß bei vollständiger Formulierung des Berechnungsmodells und sorgfältiger Aufnahme der Datenbasis experimentell ermittelte Traglasten und numerisch ermittelte Grenzlasten übereinstimmen.

Das gemischte KMSE36-Element, mit dem ein Großteil der Berechnungen durchgeführt wurde und das elementunabhängige modular aufgebaute FE-Basisprogramm FEMAP sind bereits in die DFGBiB übernommen worden. Die neu- bzw. weiterentwickelten RHSE20- und KDSE21-Schalenelemente befinden sich noch in der Erprobungsphase. Eine spätere Übernahme in die DFGBiB ist vorgesehen.

Literaturverzeichnis

1. Başar, Y.: Struktur konsistenter geometrisch nichtlinearer Schalentheorien aus variationstheoretischer Sicht. In: Stein, E.(Hrsg.): Geometrisch und physikalisch nichtlineare Probleme, Bericht Nr. 585/3, Hannover: Universität. 1985

2. Chaboche, J.L.; Rousselier, G.: On the Plastic und Viscoplastic Constitutive Equations. J. Pressure Vessel 105 (1983) 153-164.

3. Stickforth, J.: Kontinuumsmechanik der Metallwerkstoffe. Vorlesungsskript TU Braunschweig 1985

4. Harbord, R.: Schalenelemente in gemischt-hybrider Darstellung. In: Wunderlich, W. (Hrsg.): Gemischte Finite Elemente, Bochum: Ruhr-Universität 1985

5. Oden, J.T.; Carey, G.F.: Finite Elements IV, Englewood Cliffs: Prentice-Hall 1983

6. Harbord, R.: Berechnung von Schalen mit endlichen Verschiebungen, - Gemischte finite Elemente -. Diss. TU Braunschweig 1973

7. Brenner, A.: Gemischte Elementmethode zur Kriechbeuluntersuchung von Hochtemperaturbehältern. Diss. TU Berlin 1988

8. Harbord, R.: Anwendungsorientierte Dreieckselemente zur Berechnung dünnwandiger Schalentragwerke. Ing.Arch. 48 (1979) 155-171.

9. v. Kármán, Th.: Über die Formänderung dünnwandiger Rohre. Z. deutsch. Ing. 55 (1911) 1889-1896.

10. Sobel, L.H.; Newman, S.Z.: Simplified, Detailed, and Isochronous Analysis and Test Results for the In-Plane Elastic-Plastic and Creep Behavior of an Elbow. J. Pressure Vessel 108 (1986) 297-304.

11. Griffin, D.S.; et.al.: Validation of Inelastic Analysis by Full-Scale Component Testing. J. Pressure Vessel 109 (1987) 43-49.

12. Harbord, R.; Brenner, A.: Nichtlineare Berechnung von schalenartigen Metallkomponenten im Hochtemperaturbereich. Bericht SB 6, Statik der Baukonstruktionen, Berlin: Technische Universität 1985

13. Stracke, M.; et al.: Belastungs- und Beulversuche an axialsymmetrisch belasteten Rotationsschalen aus Metall im elastisch-plastischen Bereich zur Überprüfung nichtlinearer Rechenprogramme. Bericht 38, Bauingenieurwesen, Essen: Universität-Gesamthochschule 1986

# Berechnung des nichtlinearen Tragverhaltens dünner Schalen im Vor- und Nachbeulbereich


Antragsteller :

Prof. Dr.-Ing. Dr.-Ing.E.h. H.Duddeck — Braunschweig

Prof. Dr.-Ing. B.Kröplin — Stuttgart

Mitarbeiter :

Dr.-Ing.habil. D.Dinkler

Dr.-Ing. J.Hillmann

Dipl.-Ing. W.Wagenhuber


## 1. Einführung und Zielsetzung

Dünne Schalentragwerke sind beulgefährdet. Sie können unter anwachsenden Belastungen Beanspruchungszustände erreichen, bei denen sich das Tragverhalten infolge von endlichen Verformungen schlagartig ändert, siehe Bild 1. Tragwerke, die solche kritische Beanspruchungszustände noch nicht erreicht haben, befinden sich im Vorbeulbereich. Bei kritischer Belastung geht die Schale mit instationärem Prozess in den Nachbeulbereich über. Dieser Vorgang wird durch Imperfektionen in Geometrie und Belastung der idealen Schale beeinflußt.

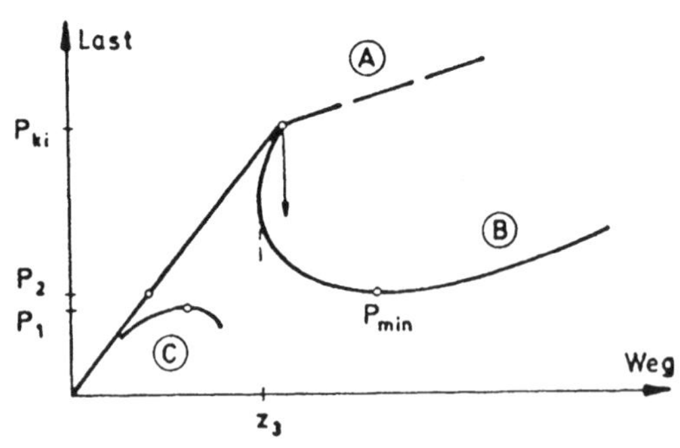


Bild 1 : Grenzlasten bei beulgefährdeten Tragwerken

Die zulässigen Belastungen beulgefährdeter Tragwerke werden bei Voraussetzung von elastischem Material von der Nachbeultragfähigkeit bestimmt:
Bei "gutmütigem" Beulverhalten, z.B. bei gedrückten Platten (Kurve A) ist eine Laststeigerung über $P_{ki}$ hinaus möglich. Die Grenze der Gebrauchsfähigkeit ist mit $P_{ki}$ gegeben. Für "bösartiges" Beulverhalten, z.B. bei gedrückten Zylinderschalen (Kurve B), ist $P_{Min}$ eine untere Schranke der Tragfähigkeit. Die Gebrauchsfähigkeit ist bereits auf Belastungen kleiner $P_2$ bzw. auf Zwängungen kleiner $z_3$ begrenzt, wenn die Durchbiegungen zu groß werden. Erreichen die Beanspruchungen im Tragwerk mit Einschluß des plastischen Verhaltens einen oberen Grenzwert, so ist die Grenztragfähigkeit mit $P_1$ (Kurve C) gegeben.
Die in den Vorschriften gewählten Grenztragfähigkeiten sind in der Regel nach Auswertung umfangreicher Versuchsreihen festgelegt, ohne den Einfluß der Imperfektionen in Geometrie und Belastung und die Auswirkungen der Nichtlinearitäten im Tragverhalten und im Material genauer zu differenzieren.
Ziel dieses Forschungsvorhabens ist die Untersuchung des Tragverhaltens dünner Schalen unter Einschluß geometrischer und physikalischer Nichtlinearitäten. Der Einfluß von Imperfektionen unterschiedlicher Form und Größe auf das Tragvermögen im Vor- und Nachbeulbereich wird exemplarisch an axial belasteten Zylinder- und Kegelschalen untersucht. Für die Berechnung des Nachbeul-Tragverhaltens wird das unbeschränkt stabile modifizierte Newton-Verfahren nach /1,2/ verwendet, da die bekannten Iterationsalgorithmen auch bei Wegsteuerung nur einen endlichen Konvergenzradius besitzen.
Für die Suche des für eine Bemessung wichtigen Nachbeulminimums wird eine Störungsrechnung vorgestellt, mit der es möglich ist, die Gleichgewichtspfade unterschiedlicher Beulformen beliebig oft zu wechseln (branch-switching).
Die Verallgemeinerung der Störungsrechnung liefert ein Bemessungskonzept, das auf der Basis eines Energiemaßes eine mögliche Alternative zu den bekannten Nachweisen für -fache Belastungen darstellt. Auch können übergeordnete Sicherheitskriterien definiert werden, die Imperfektionen und Eigenspannungen erfassen.

## 2. Berechnungsverfahren

Den numerischen Untersuchen der Schalentragwerke wird die lineare Schalentheorie nach Naghdi zugrunde gelegt. Die geometrischen Nichtlinearitäten werden bis zu einer Größe "mäßiger Verdrehungen" (moderate rotations) berücksichtigt. Für die Beschreibung der physikalischen Nichtlinearität (Plastizität) wird das Modell von Eggers/Kröplin /4/ verwendet. Die Diskretisierung der Tragwerke erfolgt mit Finiten Elementen in einer gemischten Weg- und Kraftgrößenformulierung.

$$\pi = \int_F \Big[ \big(n^{\alpha\beta} - m^{\varrho\beta} \cdot b^{\alpha}_{\beta}\big) \cdot \alpha_{\alpha\beta} + m^{\alpha\beta}\big|_{\alpha} \big(b^{\varrho}_{\beta} \cdot u_{\varrho} + u_{3,\beta}\big) - \frac{1}{2}\Big(\frac{1}{D} \cdot n^{\alpha\beta} \cdot F_{\alpha\beta\varrho\lambda} \cdot n^{\varrho\lambda} + \frac{1}{B} \cdot m^{\alpha\beta} \cdot F_{\alpha\beta\varrho\lambda} \cdot m^{\varrho\lambda}\Big)\Big] dF + \int_{F_w} \bar{\varphi}_{\beta}\, m^{\beta}\, dS - \int_{F_K} \bar{n}^{j} \cdot u_j\, dS = 0 \qquad (1)$$

Die Zustandsgrößen der Schalenmittelfläche sind mit linearen Ansatzfunktionen approximiert. Für die mit der Schalenkrümmung behafteten Arbeitsterme wird eine reduzierte Integration durchgeführt, um unerwünschte Oszillationen in der Näherungslösung zu vermeiden /5/. Die Finite Übersetzung des Potentials (1) lautet in Matrizenschreibweise:

$$\pi = \frac{1}{2} z^t A^L z + \frac{1}{6} z^t A^N_{(z)} z - z^t p \qquad (2)$$

| | | |
|---|---|---|
| $z$ | : | $\lfloor u_{\alpha}\; u^3\; n^{\alpha\beta}\; m^{\alpha\beta} \rfloor$ |
| $p$ | : | Vektor der Einwirkungen |
| $A^L$ | : | Lineare Systemmatrix |
| $A^N(z)$ | : | geometrisch nichtlineare Systemmatrix |

Für die numerischen Untersuchungen wird die inkrementelle Form des Potentials benötigt. Mit

$$\Delta\pi = \pi_1 - \pi_0 = \overset{0}{\cancel{\delta\pi_0}} + \frac{1}{2}\delta^2\pi_0 + \frac{1}{6}\delta^3\pi_0 \qquad (3)$$

folgt $$\Delta\pi = \frac{1}{2}\Delta z^t A_{(z)} \Delta z + \frac{1}{6}\Delta z^t A^N_{(\Delta z)} \Delta z - \Delta z^t \Delta p \qquad (4)$$

| | | |
|---|---|---|
| $A(z)$ | : | Tangentenmatrix im Grundzustand |
| $\Delta z$ | : | Inkrement von z ( mit $\delta z \rightarrow \Delta z$ ) |

## 2.1 Modifiziertes Newton-Verfahren (quasi-viskos)

Für die Nullstellensuche bei nichtlinearen Problemstellungen besitzt das Newton-Verfahren eine quadratische Konvergenz, wenn man innerhalb des Konvergenzradius der Lösung mit der Iteration beginnt. Der Konvergenzbereich ist auf Zwischenlösungen (der Iteration) beschränkt, bei denen sich das Vorzeichen der tangentialen Steifigkeitsmatrix (Jacobi-Matrix) nicht ändert. Der Übergang von statisch stabilen in statisch instabile Lösungsbereiche ist jedoch mit einem Vorzeichenwechsel verbunden, so daß das Newton-Verfahren divergiert. Formal ist der Iterationsprozess als zeitabhängiger Prozess deutbar. Durch Hinzufügen einer künstlichen Dämpfung ist es möglich, das Vorzeichen der Jacobi-Matrix konstant zu halten und damit die Iteration zu stabilisieren /1/. Eine einfache Steuerung für die Berechnung der Dämpfungskräfte ist möglich, wenn die künstliche Viskosität an die Ungleichgewichtkräfte angepaßt wird. Dies stellt außerdem sicher, daß die Dämpfung am Ende der Iteration verschwindet und das ursprüngliche Tragwerk im Gleichgewicht ist.

In der gewählten Matrizenschreibweise sind die Grundgleichungen im Sinne des PvA erfüllt, wenn

$$A_{(\frac{1}{2}z)}\, z - p = 0 \qquad (5)$$

$A(\frac{1}{2}z)$ : Sekante

gilt. Für die inkrementelle Berechnung folgt

$$A_{(z_0 + \frac{1}{2}\Delta z)}\, \Delta z - \Delta p = 0 \qquad (6)$$

$A(z_0+\frac{1}{2}\Delta z)$: Sekante für das Inkrement

und für das klassische Newton-Verfahren

$$\begin{aligned} A_{(z_0 + \Delta z_{i-1})}\, \Delta\Delta z_i + \Delta p^u_{i-1} &= 0 \\ \Delta p^u_{i-1} &= A^N_{(\frac{1}{2}\Delta\Delta z_{i-1})}\, \Delta\Delta z_{i-1} \end{aligned} \qquad (7)$$

$A(z_0+\Delta z_{i-1})$: Tangente für den Iterationsschritt i

$\Delta p^u_{i-1}$ : Ungleichgewicht des letzten Iterationsschrittes.

Die künstliche Dämpfung muß sicherstellen, daß die Ungleichgewichtslast von System und Dämpfer getragen werden kann.

$$\left[A_{(z_0+\Delta z_{i-1})} + D^*\right] \Delta\Delta z_i + \Delta p^u_{i-1} = 0 \qquad (8)$$

Dies ist erfüllt, wenn

$$D^* \Delta\Delta z_i = -\Delta p^u_{i-1} \qquad (9)$$

gilt. Gl. (9) Komponentenweise nach $D^*$ aufgelöst, liefert die Diagonalmatrix

$$D^*_{kk} = \left| \frac{-\Delta p^u_{i-1,k}}{\Delta\Delta z_{i,k}} \right| \qquad (10)$$

Das Betragzeichen wird eingeführt, um sicherzustellen, daß die Tangente positiv definit bleibt und ein einsinniger Iterationsprozess gegen die stabile Gleichgewichtslage vollzogen wird. Der iterative Zuwuchs $\Delta\Delta Z_i$ ist bei der Berechnung von $D^*$ noch unbekannt, kann aber bei stetigen Änderungen mit den bekannten Vektoren $\Delta\Delta Z_{i-1}$ oder $\Delta Z_{i-1}$ abgeschätzt werden. Damit die Ungleichgewichtslast nicht vollständig von dem Dämpfer getragen wird, sondern ein Teil an das System abgegeben wird, erhält die endgültige Dämpfungsmatrix die Form

$$D^*_{kk} = 0{,}8 \left| \frac{-\Delta p^u_{i-1,k}}{\Delta\Delta z_{i-1,k}} \right| \qquad (11)$$

Der Faktor 0,8 beschleunigt die Konvergenz, kann aber auch modifiziert werden, wenn z.B. eine konstante Schrittweite in der Iteration erwünscht ist /2/.

## 2.2 Störungsrechnung

Der Übergang aus dem Vorbeul- in den Nachbeulbereich und die Berechnung des Nachbeultragverhaltens ist mit den bekannten Iterationsverfahren - dies sind das Newton-, das modifizierte Newtonverfahren sowie die Quasi-Newtonverfahren - nicht möglich, wenn über statisch instabile Bereiche hinweg gerechnet werden muß (Nullstellensuche über Extremwerte). Zwangsbedingungen, wie sie bei den Bogenlängenverfahren eingesetzt werden, ermöglichen zwar in Kombination mit einer Anfangsnachbeulanalyse im Verzweigungspunkt den Übergang aus

dem Vorbeulbereich in den Nachbeulbereich, jedoch nur für den am Instabilitätspunkt gewählten Gleichgewichtspfad. Dieser ist in der Regel nicht derjenige, der zum Nachbeulminimum führt, so daß für die Berechnung des Minimums zusätzlich "branch-switching"-Verfahren benötigt werden. Auch führt ein Wechsel von Beulformen an einer beliebigen Stelle des Gleichgewichtspfades in der Regel nicht zu einem Verzweigungs- sondern zu einem Durchschlagproblem, so daß die Anfangsnachbeulanalyse hierfür nicht eingesetzt werden kann.
Für die Suche endlich benachbarter Gleichgewichtspfade wurde daher eine Störungsrechnung neu entwickelt, die den Wechsel von einem Gleichgewichtspfad zu einem benachbarten ermöglicht /3,5,11/. Es waren die folgenden Aufgaben zu lösen:

* Die Form des Zustandsvektors des benachbarten Lösungsastes ist möglichst gut abzuschätzen.
* Die Entfernung zur benachbarten Gleichgewichtslage ist von der Amplitude her festzulegen. Als benachbarte Gleichgewichtslage wird der Beanspruchungszustand definiert, der bei konstant bleibenden äußeren Einwirkungen mit einem Minimum an Formänderungsenergie erreichbar ist.
* Es ist ein Algorithmus zur Berechnung der benachbarten Lösung zu entwickeln.

Eine Näherung für die Form benachbarter Gleichgewichtslagen ist mit dem Eigenvektor des Eigenwertproblems (12) gegeben

$$\left[A_{(z)} + \lambda_T A^N_{(z)}\right] \cdot \Phi = 0 \tag{12}$$

$A(z)$ : tangentiale Steifigkeit im Ausgangszustand z
$A^N(z)$ : nichtlinearer Anteil der Tangentensteifigkeit
$\lambda_T$ : Eigenwert für die Tangente (krit. Faktor für z)
Die Amplitude $\lambda^*$ von $\Phi$ , die in die Nähe kritischer Beanspruchungszustände führt, ist mit einem zweiten Eigenwertproblem berechenbar

$$\left[A_{(z)} + \lambda^*_T A^N_{(\Phi)}\right] \cdot \Phi^* = 0 \tag{13}$$

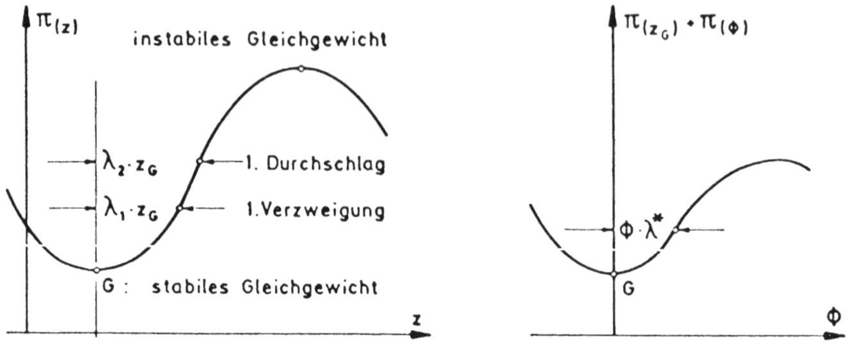


Bild 2 : Mechanische Bedeutung der Eigenwerte

Bild 2 erlaubt eine mechanische Deutung des Eigenwertproblems. Der stabile Ausgangszustand G ist mit einem örtlichen Minimum der potentiellen Energie gegeben. Instabile Gleichgewichtslagen sind als Maxima und Durchschlag- bzw. Verzweigungslasten als Wendepunkte gekennzeichnet.
Mit Gl.(12) werden kritische Beanspruchungszustände, dies können Verzweigungs- oder Durchschlagspunkte sein, in Richtung von z untersucht, also für eine Vergrößerung der Belastung p des Ausgangszustandes. Mit Gl.(13) werden die kritischen Zustandsvektoren in Richtung von $\Phi$ festgelegt.
Die kritischen Zustände sind keine benachbarten Gleichgewichtslagen, da sie zu einem Lastniveau gehören, das mit

$$P_{ki(z+\lambda z)} = \left[A^L + (1+\lambda)\,A^N_{(\frac{1}{2}z)}\right](1+\lambda)\,z \tag{14}$$

bzw.

$$P_{ki(z+\lambda_T^*\Phi)} = \left[A^L + A^N_{(\frac{1}{2}(z+\lambda_T^*\Phi))}\right](z+\lambda_T^*\Phi) \tag{15}$$

berechenbar ist und für das die 2.Variation der potentiellen Energie verschwindet. Benachbarte Gleichgewichtslagen im Sinne einer Mehrdeutigkeit bei gegebener Belastung p sind ohne zusätzliche Belastung möglich. Sie müssen daher die Bedingung für das Verschwinden der Sekante

$$\left[A_{(z)} + \lambda_S^* A^N_{(\frac{1}{2}z_s)}\right]\cdot\Phi^* = 0 \tag{16}$$

$z_s$ : entweder z oder $\Phi$

erfüllen, siehe Bild 3 und /8/. Der gesuchte Eigenwert $\lambda_S^*$ für die benachbarte Gleichgewichtslage unterscheidet sich damit lediglich um den Faktor 2 von $\lambda_T^*$:

$$\lambda_S^* = 2 \cdot \lambda_T^* \tag{17}$$

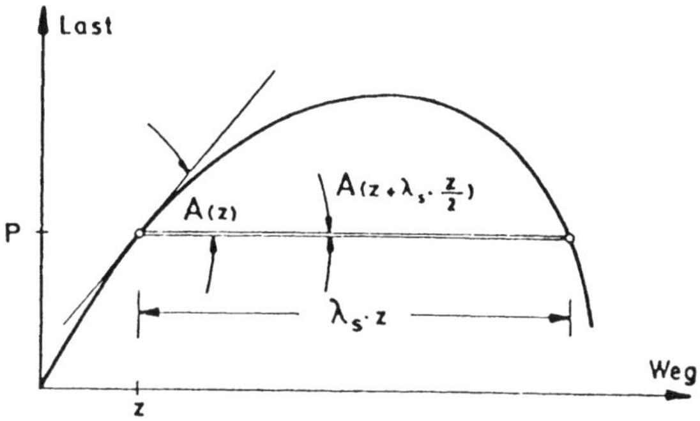


Bild 3 : Nichttriviale Gleichgewichtslagen

Für die Berechnung der benachbarten Gleichgewichtslagen bieten sich folgende Vorgehensweisen an:

* Es wird eine inkrementelle Berechnung mit dem Belastungsvektor nach Gl.(14,15) in Verbindung mit einem Bogenlängenverfahren durchgeführt, bis die Zusatzbelastung wieder verschwunden ist.
* Es wird eine Zwangsbedingung formuliert, mit der die Näherung für den Zustandsvektor der benachbarten Gleichgewichtslage in das System eingeprägt wird. In einem zweiten Schritt wird die Zwangsbedingung beseitigt, so daß das Gleichgewicht am ursprünglichen System aniteriert wird.

In der ersten Formulierung ist eine inkrementelle Berechnung erforderlich, da die Bogenlänge zur gesuchten Lösung unbekannt ist. Der zweite Weg ist vorzuziehen, da hierbei nur ein inkrementeller Schritt notwendig ist.
In Matrizenschreibweise gilt:

$$\left[\begin{array}{c|c} A_{(z)} & A^N_{(\frac{1}{2}z)}\, z_S \\ \hline z_S^t\, A^N_{(\frac{1}{2}z)} & \end{array}\right] \left[\begin{array}{c} \Delta z \\ \hline \Gamma \end{array}\right] = \left[\begin{array}{c} \Delta p^u \\ \hline z_S\, A^N_{(\frac{1}{2}z)}\, z_S\, \lambda_S^* \end{array}\right] \tag{18}$$

Die Zwangsbedingung stellt sicher, daß $\Delta Z$ mindestens den Anteil $Z_S \lambda^*_S$ enthält. Die rechte Seite der Zusatzgleichung kann auf die Größe $\lambda^*_S$ normiert werden. Wegen der Nichtlinearität ist auch die Ungleichgewichtslast $\Delta p^U$ zu beachten. Die Iteration zum endgültigen Zustand erfolgt danach vom neuen Zustand $z+\Delta z$ aus.

## 2.3 Verallgemeinerung der Störungsrechnung

Der Nachteil der oben erläuterten Störungsrechnung ist, daß zur Berechnung des benachbarten Gleichgewichtszustands mehrere Eigenwertanalysen und Gleichgewichtsiterationen erforderlich sind. Eine Verallgemeinerung der Störungsrechnung ist möglich, wenn in der Bedingung für das Verschwinden der Sekantensteifigkeit die Nichtlinearitäten beachtet werden. Die inkrementelle Formulierung des Gleichgewichts ist mit Gl.(6) gegeben. Verschwindet die inkrementelle Belastung $\Delta p$, so kann der Zustandsvektor die triviale Lösung $\Delta z = 0$ annehmen, oder die nichttriviale Lösung anderer Gleichgewichtslagen. Die Berechnung der nichttrivialen Lösung ist möglich, wenn Gl.(6) als Eigenwertproblem gedeutet wird.

$$\left[ A_{(z)} + \lambda^*_S A^N_{(\frac{1}{2}\Delta z)} \right] \Delta z = \Delta p \rightarrow 0 \tag{19}$$

Dies ist ein nichtlineares Eigenwertproblem, bei dem der Eigenvektor quadratisch erscheint ! Die iterative Berechnung des Eigenvektors $\Delta z$ gelingt, wenn Gl.(19) um eine Zwangsbedingung erweitert wird.

$$\left[ \begin{array}{c|c} A_{(z)} & A^N_{(\frac{1}{2}\Delta z_{i-1})} \Delta z_{i-1} \\ \hline \Delta z^t_{i-1} A^N_{(\frac{1}{2}\Delta z_{i-1})} & \end{array} \right] \left[ \begin{array}{c} \Delta z_i \\ \hline \lambda^*_{Si} \end{array} \right] = \left[ \begin{array}{c} 0 \\ \hline 1.0 \end{array} \right] \tag{20}$$

Die rechte Seite der Zwangsbedingung bewirkt, daß $\Delta z$ eine endliche Größe annimmt und nicht gegen die triviale Lösung konvergiert. Im Vergleich mit Gl.(6) ist zu erkennen, daß der ausiterierte Zustandsvektor $\Delta z_i$ die Form der benachbarten Gleichgewichtlage enthält. Die Amplitude ist mit $\lambda^*_S$ gegeben. Bei mehreren möglichen Gleichgewichtslagen wird diejenige aniteriert, die mit einem Minimum an Formänderungsenergie erreichbar ist. In der Anwendung ist zu beachten, daß die Iterationsvorschrift (20) nur konvergiert, wenn eine Mehrdeutigkeit auch tatsächlich vorhanden ist. Bild 4 deutet die Grenzen des Iterationsprozesses an. Schwierigkeiten in der Konvergenz können auftreten, wenn mehrere Gleichgewichtslagen dicht benachbart sind. Eine spezielle Wahl des Startvektors, z.B. mit den Eigenvektoren des Ausgangszustands, bewirkt eine schnellere Konvergenz, allerdings nur in der gewählten Richtung.

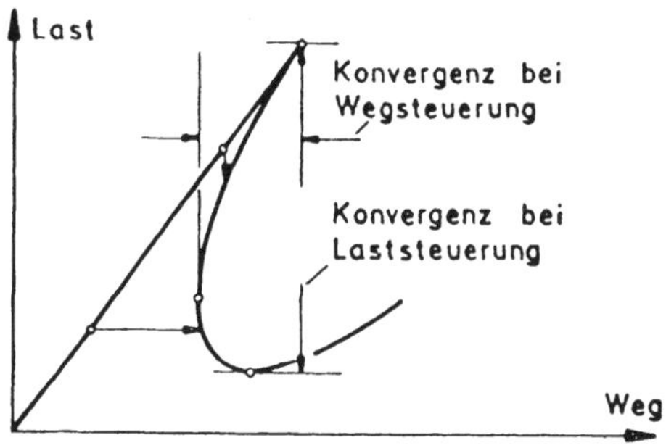


Bild 4 : Konvergenzbereich der Eigenwertiteration

## 2.4 Physikalische Deutung der Eigenwertformulierung

Aus der Literatur, z.B. /5,6/ sind eine Reihe möglicher Formulierungen für das Eigenwertproblem als begleitende Maßnahme einer nichtlinearen Stabilitätsanalyse angegeben. In der Regel werden mit der Formulierung (12) kritische Zustände mit verschwindener Tangententialsteifigkeit abgeschätzt.
Die angegebenen Erläuterungen verdeutlichen, daß die Eigenwertformulierung im Prinzip eine Gleichgewichtsbedingung mit verschwindender Lastseite ist und für die Berechnung nichttrivialer Gleichgewichtslagen verwendet werden kann. Dies ist auch eine Erklärung dafür, daß die übliche Eigenwertiteration nicht immer konvergiert, vgl. Kapitel 2.3.
In der gewählten Formulierung der geometrischen Nichtlinearität sind quadratische Terme in den Grundgleichungen vorhanden, so daß die Zustände mit verschwindender Sekantensteifigkeit wegen Gl.(17) auch gleichzeitig Zustände mit verschwindender Tangente anzeigen, vgl. Bild 5.

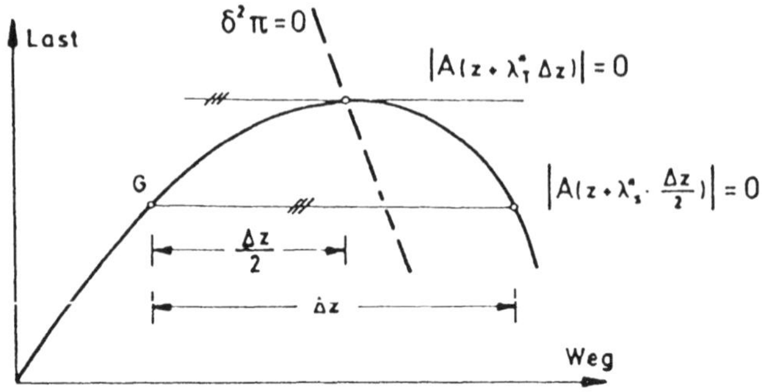


Bild 5 : Grenzzustände für Sekante und Tangente

## 2.5 Bemessungskonzept

Die kritischen Beanspruchungszustände für eine Bemessung bei statischen Einwirkungen sind mit dem Verschwinden der Tangentensteifigkeit der Systemmatrix gegeben

$$\delta^2 \pi = 0 \longrightarrow z_G + \Delta z_{krit} \qquad (21)$$

Bei gegebenem Beanspruchungszustand $p_G, z_G$ im Vorbeulbereich, kann diese Bedingung für Zusatzbelastungen erreicht werden, die die jeweils möglichen Beulformen anregen. Wegen der Vielfalt der möglichen Versagenszustände erscheint es sinnvoll, eine skalare Größe für die Sicherheit bei unterschiedlichen Zusatzbelastungen, im weiteren Störungen, zu definieren. Die Formänderungsenergie, die in das Tragwerk einzuprägen ist, um diese kritischen Zustände zu erreichen, ist ein solches Maß /7/. Analog zu Gl.(4) folgt die Störenergie aus:

$$\pi_S = \frac{1}{2} z_S^t A_{(z_G)} z_S + \frac{1}{6} z_S^t A^N_{(z_S)} z_S \qquad (22)$$

wenn $z_S$ einen möglichen kritischen Beanspruchungszustand darstellt. Eine untere Schranke und damit eine ungünstigste Störenergie ist mit $z_S \leftarrow \frac{\Delta z}{2}$ nach Gl.(20) berechenbar, da die Minimalforderung an die Störenergie bezüglich der möglichen Zustandsvektoren auf Gl.(19) führt.

Bei gegebenen Störungen $p_S$, im Sonderfall ist dies die Grundbelastung, kann der zugehörige Zustandsvektor $z_S$ mit einer inkrementellen Berechnung ermittelt werden. Im Vergleich der berechneten Energie $\Pi_S(z_S)$ mit der ungünstigsten Störenergie $\Pi_S(\frac{\Delta z}{2})$ ist der Energiequotient

$$\gamma = \frac{\pi_{S(\frac{\Delta z}{2})} - \pi_{S(z_S)}}{\pi_{S(\frac{\Delta z}{2})}} \tag{23}$$

ein Maß für die Sicherheit des Tragwerks gegen das Erreichen kritischer Beanspruchungszustände.

## 2.6 Imperfektionsenergie

Ein wesentlicher Einflußparameter für die Tragfähigkeit von Schalentragwerken sind die Imperfektionen. In der Berechnung tauchen sie in der tangentialen Steifigkeitsmatrix auf. Der Einfluß der Imperfektionen $z_O$ auf die kritische Störenergie ist mit einem zweiparametrigen Eigenwertproblem berechenbar:

$$\left[ A_{(z)} + \lambda_S^* A^N_{(\frac{1}{2}\Delta z)} + \lambda^*_{Imp} A_{(z_{Imp})} \right] \cdot \Delta z = 0 . \tag{24}$$

Für jeweils feste Werte $\lambda^*_{Imp}$ bei gegebener Verteilung $z_O$ kann der kritische Zustandsvektor $\frac{1}{2}\Delta z \lambda^*_S$ analog zu Gl.(20) berechnet werden. Der imperfektionsbedingte Verlust an möglicher Störenergie folgt jeweils zu

$$\Delta\pi_{Imp} = \pi_{S(\frac{\Delta z}{2},0)} - \pi_{S(\frac{\Delta z}{2},\lambda^*_{Imp}\cdot z_{Imp})} . \tag{25}$$

Vorteilhaft ist, daß auf diese Weise geometrisch und physikalische Imperfektionen unterschiedlicher Form und Größe miteinander vergleichbar sind. Andere mogliche Definitionen einer Imperfektionsenergie sind /11/ zu entnehmen. Der Vergleich von Gl.(19) mit Gl.(24) zeigt darüber hinaus, daß mit $\Delta z$ die ungünstigste Imperfektionsform gegeben ist.

# 3. Numerische Untersuchungen

In der Literatur /5,11/ sind umfangreiche Parameterstudien an dünnwandigen Schalentragwerken angegeben. Hier wird das Beulverhalten exemplarisch an gedrückten Kreiszylinder und Kegelschalen erläutert. Die Variation der Parameter Schlankheit R/t, Öffnungswinkel $\chi$ und geometrische Imperfektion

verdeutlicht die Ursachen für das relativ geringe Tragvermögen der Tragwerke in experimentellen Untersuchungen.
Die Berechnung der in 2.5 und 2.6 definierten "Störenergie" und "Imperfektionsenergie" zeigt für ausgewählte Zylinderschalen, daß diese Energiemaße eine zuverlässige Beurteilung der Imperfektion bzw. Störempfindlichkeit zulassen.

## 3.1 Grenzlasten gedrungener Kreiszylinderschalen

Die Berechnung der Grenzlasten mit Berücksichtigung von plastischem Materialverhalten z.B. mit /4/ ist bei gedrungenen Schalen erforderlich, da die Fließgrenze des Materials bei Beanspruchungen weit unterhalb der elastischen Beullasten erreicht wird, siehe Bild 1, Kurve C. Für bezogene Schlankheiten $\bar{\lambda}_S < 2{,}0$ und einer Fließspannung von $\sigma_F = 240$ N/mm$^2$ liegen die rechnerischen Grenzlasten an der oberen Grenze der experimentell ermittelten Tragspannungen, Bild 6. Die Ursachen für die Unterschiede sind in der Annahme von rotationssymmetrischen Schweißnahtimperfektionen zu sehen, da diese die im Übergangsbereich zwischen plastischem Beulen und elastischem Beulen möglichen nichtrotationssymmetrischen Beulen nicht anregen. Die Auswirkungen unterschiedlicher geometrischer Imperfektionen auf die Grenzlasten in diesem Schlankheitsbereich werden nicht weiter untersucht, da numerische Verfahren zur Berechnung der Grenzlasten schlanker elastisch beulender Schalen zu entwickeln waren.

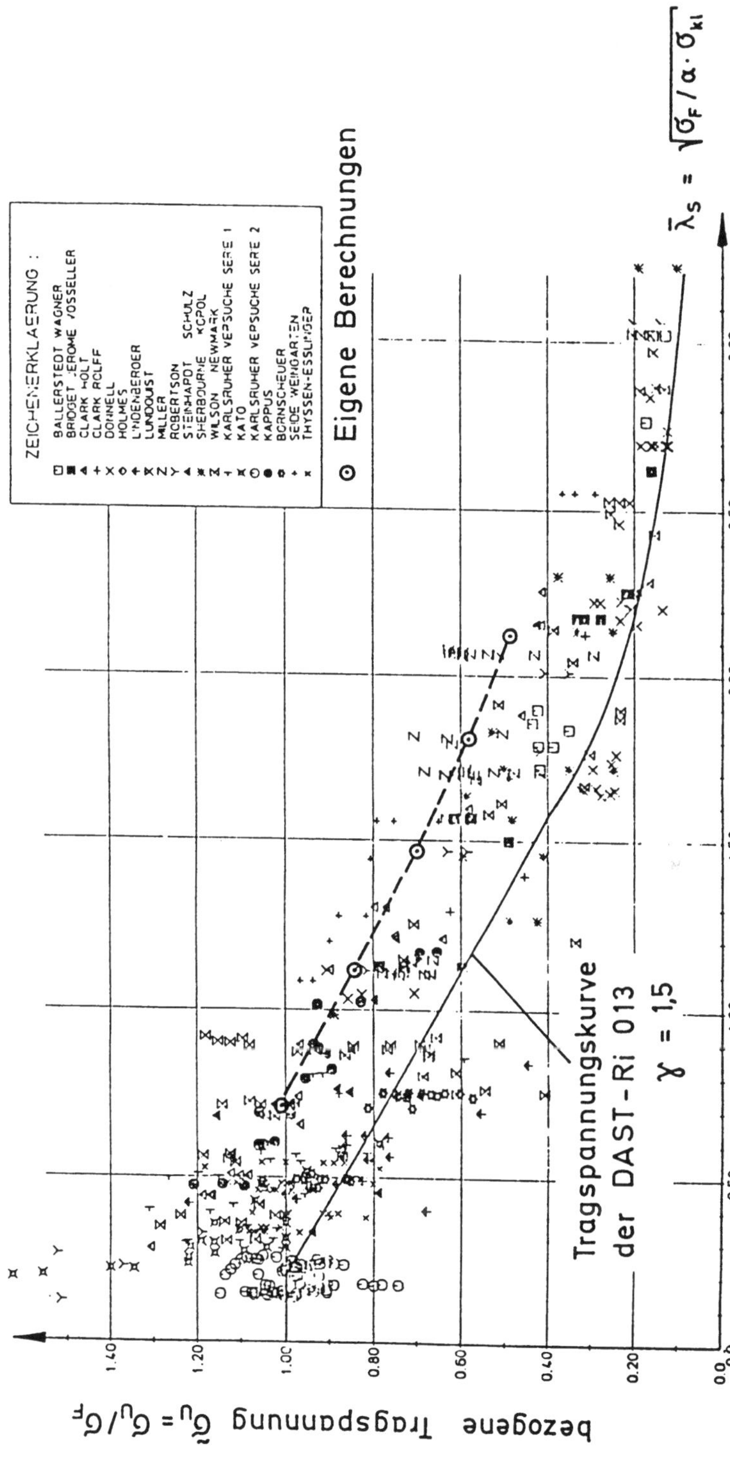
ZEICHENERKLAERUNG :
BALLERSTEDT WAGNER
BRIDGET JEROME VOSSELLER
CLARK HOLT
CLARK ROLFF
DONNELL
HOLMES
LINDENBERGER
LUNDQUIST
MILLER
ROBERTSON
STEINHARDT SCHULZ
SHERBOURNE KOROL
WILSON NEWMARK
KARLSRUHER VERSUCHE SERIE 1
KATO
KARLSRUHER VERSUCHE SERIE 2
KAPPUS
BORNSCHEUER
SEIDE WEINGARTEN
THYSSEN-ESSLINGER
⊙ Eigene Berechnungen
Tragspannungskurve
der DAST-Ri 013
γ = 1,5
0.0
0.50
1.00
1.50
2.00
2.50
3.00
0.20
0.40
0.60
0.80
1.00
1.20
1.40
$\bar{\lambda}_S = \sqrt{\sigma_F / \alpha \cdot \sigma_{kl}}$
bezogene Tragspannung $\tilde{\sigma}_u = \sigma_u / \sigma_F$

3.2 Das Tragverhalten elastisch beulender Zylinderschalen

Die Verifikation der numerischen Ergebnisse wird im Vergleich mit den Experimenten nach /9/ vollzogen. Die gewählte Zylinderschale mittlerer Schlankheit R/t = 526 ist aus Mylar-Folie gefertigt, so daß auch bei großen Verformungen keine plastischen Verzerrungen zu erwarten sind.

Im Experiment erreichen die mittleren Spannungen auf dem gedrückten Rand im Vorbeulbereich ein Niveau, das in der Nähe des niedrigsten Verzweigungspunktes liegt. Damit kann man auf eine nahezu perfekte Schale schließen. In der Berechnung kann die angesetzte perfekte Schale nicht ohne zusätzliche Maßnahmen in den Nachbeulbereich durchschlagen. Hier ist der Einsatz der Störungsrechnung nach Kapitel 2.2 möglich.

Im Vergleich der berechneten und der experimentell ermittelten Gleichgewichtspfade im Nachbeulbereich zeigt sich eine gute Übereinstimmung im Spannungsniveau und in der Beulform, so daß der angesetzte Berechnungsausschnitt von 30$^{o}$ für eine Parameterstudie ausreichend erscheint, Bild 7. Konvergenzuntersuchungen bezüglich der Diskretisierung deuten an, daß die Elementzahl zur Verringerung des Diskretisierungsfehlers mit zunehmender Schlankheit der Schale ansteigen muß /5/.

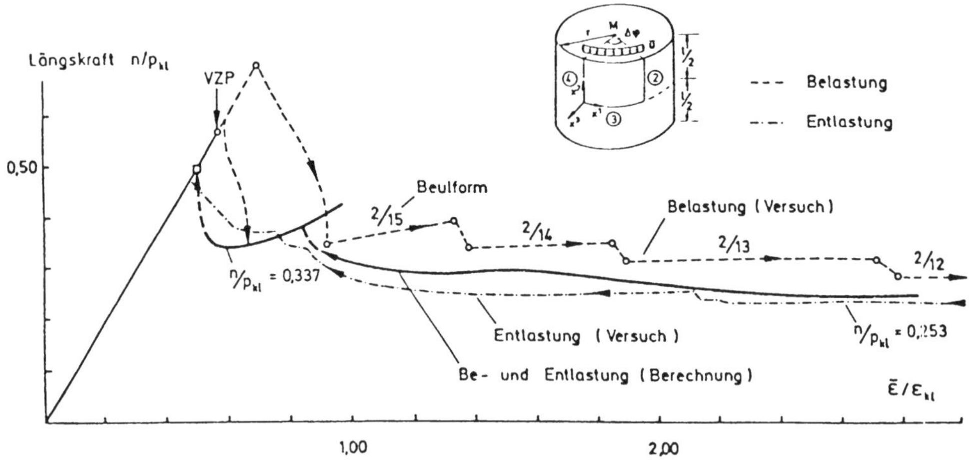


Bild 7 : Vergleich von Experiment und Berechnung /5/

Die Sensitivitätsstudie zum Einfluß geometrischer Imperfektionen auf die Grenzlasten und das Tragverhalten elastisch beulender Zylinderschalen umfaßt die Schlankheiten

R/t = 100, 500, 1000. Der Einfluß örtlicher und großflächiger Imperfektionen wird exemplarisch an der gedrungenen Schale mit R/t = 100 erläutert. Das Nachbeulverhalten und die Nachbeulminima werden mit der Störungsrechnung nach Kapitel 2.2 und Gl.(18) berechnet. Diese und weitere Ergebnisse sind in /5/ ausführlich dokumentiert.

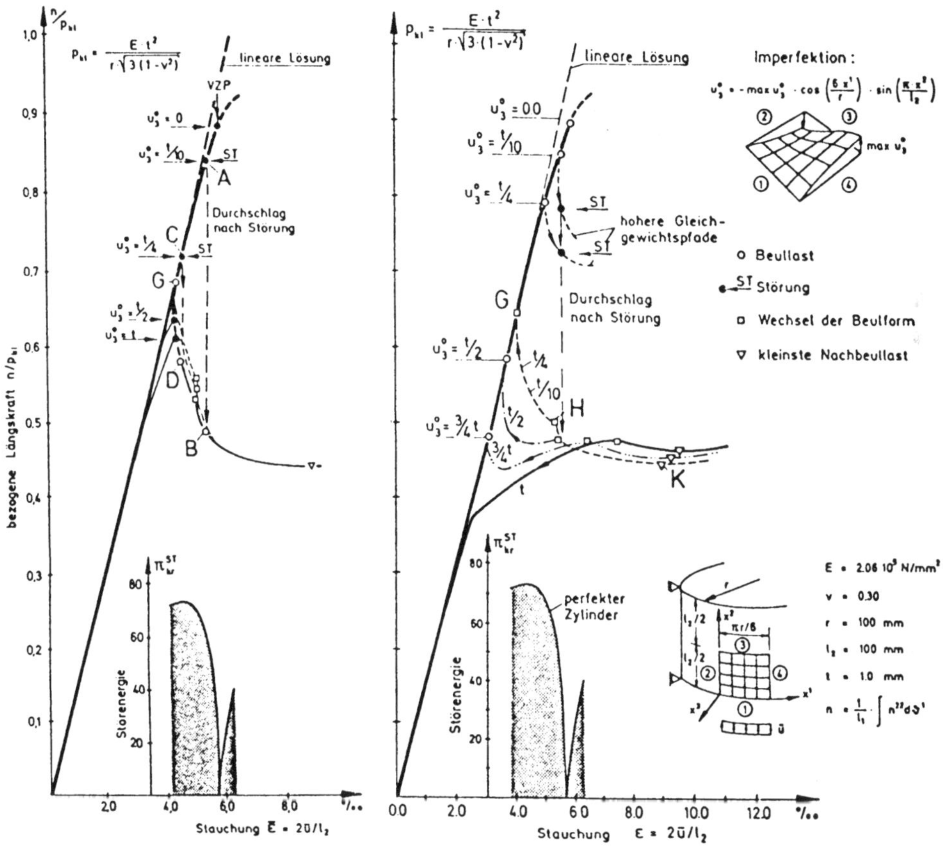


Bild 8: örtliche Imperfektion, Bild 9: flächige Imperfektion

Die Berechnung der gedrungenen Kreiszylinderschale nach Bild 8,9 erfolgt mit inkrementeller Steigerung der Randverschiebung u. Die Untersuchungen zeigen, daß örtliche Imperfektionen der Größe t das Tragvermögen der Schale bereits um ca. 0,3 $p_{kl}$ herabsetzen können. Realitätsnähere großflächige Imperfektionen der gleichen Amplitude reduzieren die Grenzlast auf das Niveau des Nachbeulminimums mit ca. 0,5 $p_{kl}$. Diese für eine Bemessung wichtige untere Tragfähigkeitsgrenze än-

dert sich für unterschiedliche Imperfektionsannahmen nur unwesentlich, da die Größe der Imperfektionen gegenüber den Biegeverformungen im Nachbeulbereich vernachlässigbar ist.
Die Anwendung der Störungsrechnung auf die perfekte Zylinderschale zeigt, daß das im Versuch beobachtete Kaskadenbeulen auch rechnerisch nachvollzogen werden kann, zumindest sind die möglichen Gleichgewichtspfade im Nachbeulbereich berechenbar. Für den Wechsel von einer Gleichgewichtslage im Vorbeulbereich zum Nachbeulminimum ist das Verfahren u.U. mehrmals anzuwenden.
Eine Übersicht auf die berechneten elastischen Beullasten und Nachbeullasten gibt das Bild 10. Zum Vergleich sind experimentell ermittelte Beullasten und die Beulspannungen nach DASt-Ri 013 angegeben. Die berechneten Nachbeulminima stellen eine untere Schranke für alle experimentell gefundenen Beullasten dar und sichern damit auch die Grenzkurve der Richtlinie ab. Eine obere Schranke der Tragfähigkeit ist mit dem niedrigsten Verzweigungspunkt des perfekten Tragwerks gegeben. Im Experiment werden diese Spannungen nur bei gedrungenen Schalen erreicht, bei großen Schlankheiten ist ein Abfall der maximalen Beullasten zu beobachten, der aber mit Hilfe der Störenergie nach Gl.(22,23) erklärt werden kann, siehe Kapitel 3.3.

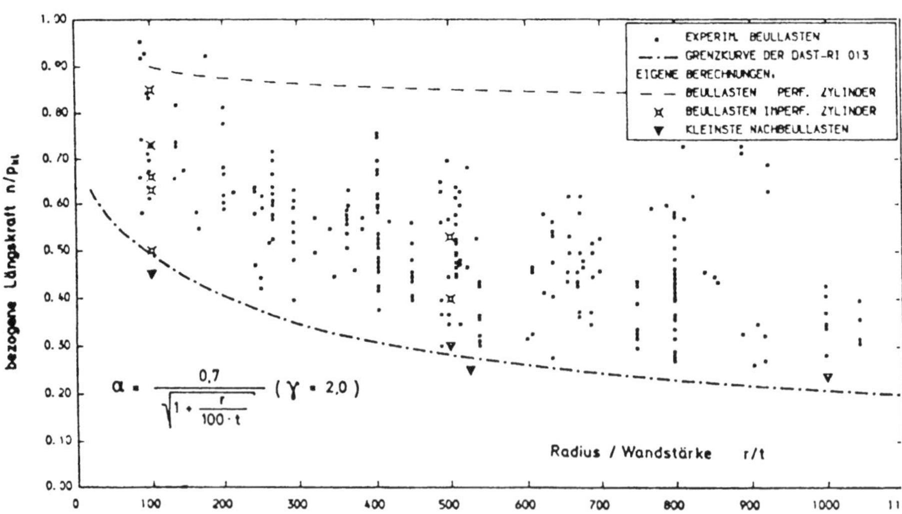


Bild 10 : Elastische Grenzlasten von Kreiszylinderschalen

### 3.3 Störenergie bei Kreiszylinderschalen

In den oben aufgeführten Untersuchungen ist die Störungsrechnung nach Kapitel 2.2 zur Suche des Nachbeulminimums verwendet worden. Mit der Verallgemeinerung nach Kapitel 2.3 ist die direkte Suche benachbarter Gleichgewichtslagen im Nachbeulbereich möglich. Die Störenergie nach Gl.(22) gibt dabei die Empfindlichkeit der Schale gegenüber ungünstigste Störungen an. Für die Berechnung der ungünstigsten Störung wird die gedrungene Schale mit R/t = 100 nach Kapitel 3.2 für verschiedene Zylinderausschnitte untersucht.
Die Diskretisierung mit $30^{o}$ im Umfangsrichtung und der Symmetrieausnutzung in Längsrichtung liefert bei Stauchung immer symmetrische Gleichgewichtsformen. Bei vollständiger Diskretisierung in Längsrichtung folgt eine unsymmetrische Beulform in Längsrichtung und bei zusätzlicher, vollständiger Diskretisierung in Umfangsrichtung ist auch die Beulform in Umfangsrichtung unsymmetrisch.
Bei eingeprägten Randlasten sind die kritischen Störformen bei Teildiskretisierung ähnlich. Bei vollständiger Diskretisierung in Umfangsrichtung ist eine stark unsymmetrische Beulform in dieser Richtung vorhanden, da auf dem oberen Rand die Längsverschiebungen frei bleiben, Bild 11. Im weiteren wird die Schale für $30^{o}$ in Umfangsrichtung und vollständiger Diskretisierung in Längsrichtung untersucht, um den numerischen Aufwand zu begrenzen.
Bei Steigerung der vorgegebenen Randlasten wird der Vorbeulbereich bis zum niedrigsten Verzweigungspunkt berechnet. Begleitend werden mit Gl.(20) mehrere nichttriviale Gleichgewichtslagen im Nachbeulbereich ermittelt. Die Kontrolle, ob diese neuen Gleichgewichtslagen stabil oder instabil sind, kann mit Hilfe einer Eigenwertanalyse nach Gl.(12) im neuen Zustand erfolgen. Die den jeweiligen nichttrivialen Gleichgewichtslagen zugeordneten Störenergien deuten an, daß die Iteration nur dann konvergiert, wenn im Nachbeulbereich auch tatsächlich eine benachbarte Gleichgewichtslage vorhanden ist, siehe Bild 11. Analog hierzu ist die Störenergie auch bei eingeprägten Randverschiebungen berechenbar.

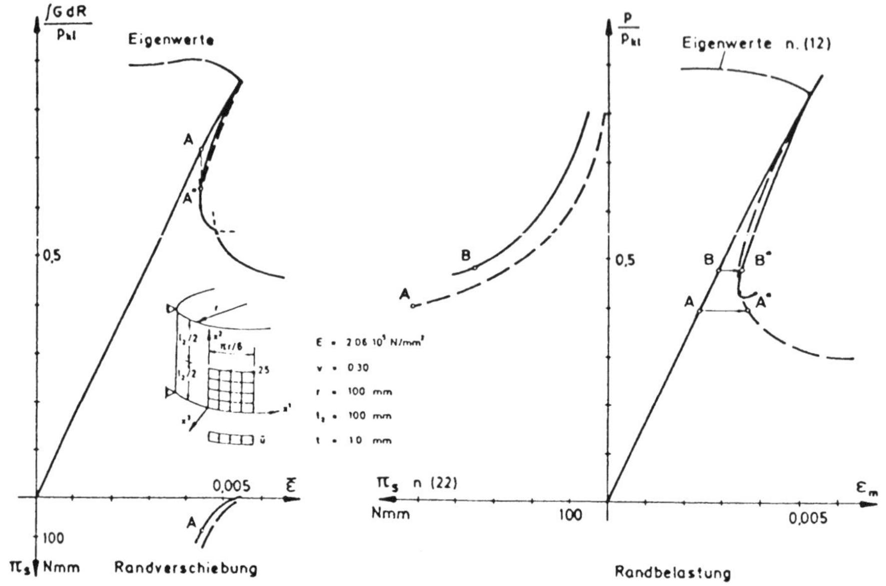


Bild 11 : Ungünstigste Störenergien im Vorbeulbereich

Die Variation der Geometrie der untersuchten Tragwerke zeigt, daß die zum Beulen erforderliche Störenergie mit zunehmender Schlankheit der Kreiszylinderschale stark abnimmt. Der besseren Darstellung wegen sind die berechneten Störenergien in Bild 12 auf die potentielle Energie im jeweils 1. Verzweigungspunkt der perfekten Schale normiert. Die verschiedenen Kurven deuten unterschiedliche Lastniveaus im Vorbeulbereich an.

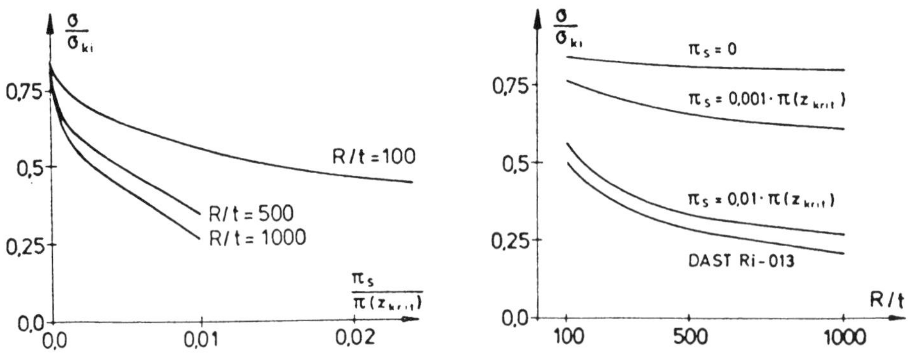


Bild 12 : Ungünstigste Störenergie bei Variation von R/t

Die Ergebnisse für Schalen mit unterschiedlichem R/t verdeutlichen, daß bei gleicher bezogener Störenergie die für schlanke Schalen erreichten und auf die ideale Beullast bezogenen Spannungen erheblich geringer sind, als für gedrungene Schalen. Dies bestätigt die experimentellen Tragspannungen in Bild 10, wenn man die konstante Störenergie als Maß für die im Experiment ungewollt eingebrachten Abweichungen in Geometrie und Belastung gemäß Gl.(25) deutet.

### 3.4 Zum Tragverhalten axial gestauchter Kegelschalen

Die Untersuchungen haben zunächst zum Ziel, das Berechnungsmodell auch für Kegelschalen mit Hilfe von Experimenten zu verifizieren. Die Nachrechnung zweier axial gestauchter Kegelschalen aus /10/ für $\chi = 30^{\circ}$ und $\chi = 60^{\circ}$ zeigt eine gute Übereinstimmung in den Beulspannungen und im Nachbeultragverhalten, Bild 13.

Für die Berechnung sind relativ kleine örtliche Imperfektionen von t/4 angesetzt, so daß die Beulspannungen hoch sind. Die begleitende Eigenwertanalyse nach Gl.(12) deutet im Vergleich mit dem Experiment an, daß der Übergang in den Nachbeulbereich wesentlich von der 1. Eigenform beeinflußt wird. Die gewählte Imperfektion regt die 1. Eigenform an, so daß das Tragwerk bei Erreichen des 1. Eigenwertes versagt. Der Durchschlag in den Nachbeulbereich wird mit dem verwendeten "Quasi viskosen" Iterationsverfahren stabil ausiteriert und liegt bei beiden Schalen mit den Beulspannungen und den Beulformen sehr nahe an den experimentellen Ergebnissen.

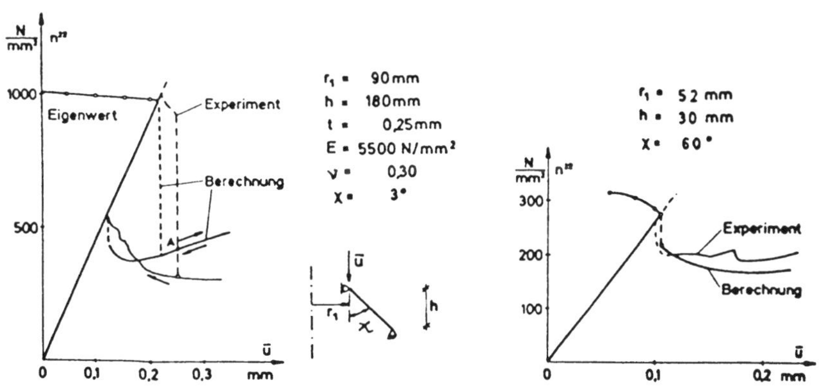


Bild 13 : Vergleich von Experiment und Berechnung

Aufbauend auf diesen Ergebnissen wurde der Einfluß der Kegelneigung auf die elastischen Grenzspannungen genauer untersucht. Die Abhängigkeit der maximal ertragbaren Vorbeulspannungen und der Nachbeulminima von der Neigung der Kegelmantelflächen ist in Bild 14 dargestellt.

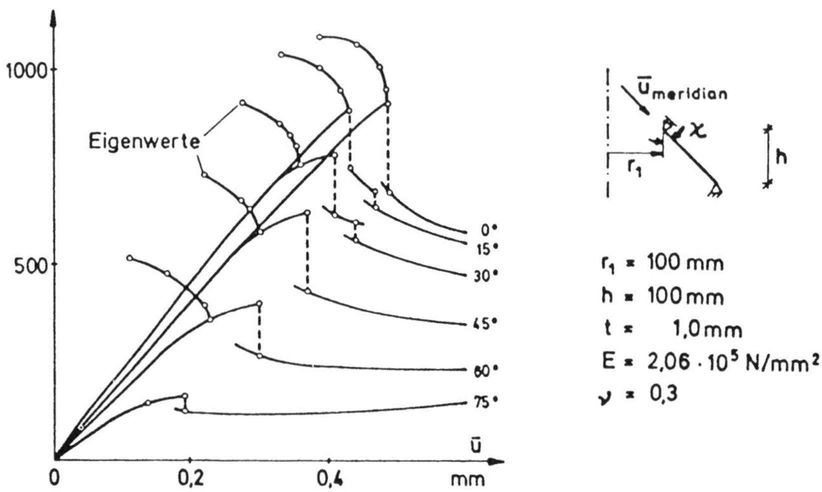


Bild 14 : Nachbeulminima für verschiedene $\chi$

Die Imperfektionen sind mit einer Amplitude t im oberen Drittel lokal angesetzt. Abweichend von Bild 13 ist hier die Stauchung in Richtung der Meridiane erfolgt. In dem untersuchten Parameterbereich hat dies nur geringe Auswirkungen auf die Beulspannungen und die Beulform /11/.
Auffällig ist, daß die begleitende Eigenwertanalyse nicht immer den Durchschlag in den Nachbeulbereich anzeigt. Dies liegt daran, daß die gewählten Imperfektionen bei den flacheren Kegelschalen einen erheblich geringeren Einfluß auf die Beullast haben als bei den steilen Schalen, und dort die kritische Eigenform nicht anregen.
Der Vergleich der numerisch ermittelten Beulspannungen mit den elastischen Grenzspannungen der Ri 013 zeigt, ähnlich wie bei Kreiszylinderschalen, daß die auf experimentellen Untersuchungen aufbauende Beulkurve der Richtlinie mit den Nachbeulminima relativ gut übereinstimmt und somit eine untere Schranke für das Tragvermögen darstellt, Bild 15.

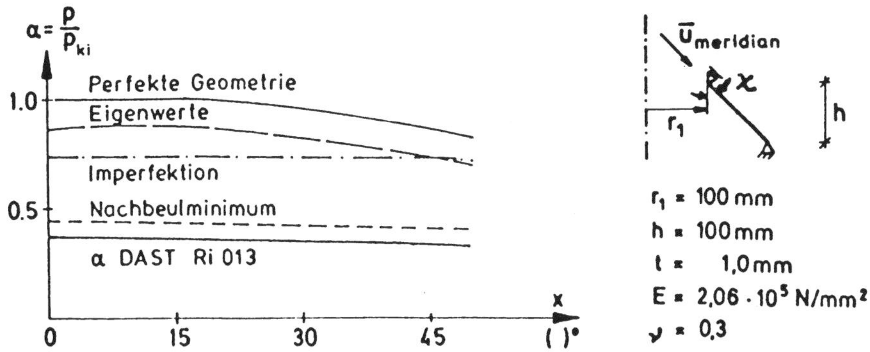


Bild 15 : Vergleich der elastischen Grenzspannungen

## 3.5 Zusammengesetzte Schalen (Zylinder-Kegel)

In der Realität sind die oben angesetzten idealen Auflagerbedingungen nicht vorhanden. Häufig sind die untersuchten Rotationsschalen aufeinandergesetzt, so daß mit dem Verschweißen der Schalenränder eine gegenseitige Beeinflussung des Tragverhaltens vorhanden ist. Exemplarisch werden die Auswirkungen einer solchen Kopplung an der zusammengesetzten Schale nach Bild 16 erläutert.

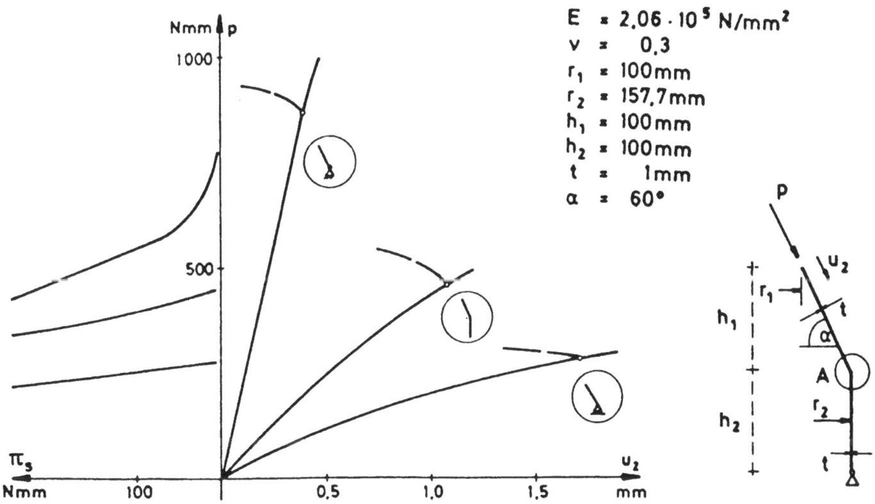


Bild 16 : Einfluß der Randbedingungen der Kegelschale

Infolge der Belastung des oberen Kegelrandes wird die Gesamtstruktur gestaucht. Die unterste elastische Grenzlast der perfekten Schale kann mit einer begleitenden Eigenwertanalyse berechnet werden. Der Vergleich der kritischen Beanspruchung für Kegelschalen mit unterschiedlichen Lagerbedingungen zeigt, daß die elastische Lagerung die Tragfähigkeit gegenüber einem horizontal verschieblichem Auflager um 60% erhöht, aber die elastische Grenzlast nicht einmal die Hälfte der Schale mit fester Lagerung erreicht. Die Berechnung der Störenergie nach Kapitel 2.3 zeigt aber auch, daß die Empfindlichkeit der Schale mit fester Lagerung bei hoher Belastung sehr groß ist, so daß die hohe Tragfähigkeit der perfekten Schale nicht ausgenutzt werden kann.

## 4. Zusammenfassung der geleisteten Arbeiten

Arbeitsbereich: Berechnungsverfahren, Störenergie

1. Aufarbeiten bekannter Berechnungsverfahren für dünne Schalen mit elastisch-plastischem Beulverhalten (Bogenlängenverfahren,Integrales Fließgesetz) /3,4/.
2. Modifikation des Newton-Verfahrens zur Stabilisierung der Iteration in statisch instabilen Bereichen /1,2/.
3. Entwicklung einer Störungsrechnung zur Berechnung endlich benachbarter Lösungspfade /3,5/ und die Verallgemeinerung zur direkten Berechnung benachbarter Gleichgewichtlagen.
4. Bemessungsvorschläge, die auf dem Konzept der Störenergie beruhen /7,11/, Störenergie als Maß für die Empfindlichkeit des Tragwerks gegen Imperfektionen.
5. Störungsrechnung für dynamisches Beulen /7,8/.

Arbeitsbereich: Parameterstudien an dünnen Schalen.

6. Plastische Grenzlasten gedrungener Zylinderschalen /5/.
7. Imperfektionsstudien an elastischen Zylinderschalen /5/.
8. Tragverhalten und Grenzlasten für Kegelschalen /11/.
9. Grenzlasten für zusammengesetzte Schalen /11/.

Arbeitsbereich: DFG - BIB

10. Dokumentation des verwendeten Schalenelementes
11. Benchmark : Zylinderschale, schiefe Platte, Brückenträger
12. Dokumentation des Bandbreitenoptimierers nach Bremer/12/.

Literaturverzeichnis

1. Kröplin,B. : Quasi viskose Dämpfung - Ein Konzept zur Berechnung von nichtlinearen Stabilitätsproblemen, Bericht Nr. 82-37 aus dem Institut für Statik (1982) Herausgeber: Prof. Dr.-Ing. H.Duddeck

2a. Kröplin,B.; Dinkler,D. : Quasi Viskose Nachbeulberechnung bei axial gestauchten Platten und Zylinderschalen. Ing. Arch. 51 (1982) 415-420

2b. Kröplin,B.; Dinkler,D. : A creep type strategy used for tracing the load path in elastoplastic post buckling analysis. Comp. Meth. Appl. Mech. Engng. 32 (1982) 365-367

3. Kröplin,B.; Dinkler,D.; Hillmann,J. : An energy perturbation applied to nonlinear structural analysis. Comp. meth. Appl. Mech. Engng. 52 (1985) 885-897

4. Eggers,H.; Kröplin,B. : Yielding of Plates with Hardening and Large Deformations. International Journal for Numerical Methods in Engineering 12 (1978) 737-750

5. Hillmann,J. : Grenzlasten und Tragverhalten axial gestauchtr Kreiszylinderschalen im Vor- und Nachbeulbereich, Bericht Nr. 85-45 aus dem Institut für Statik, Braunschweig(1985) Herausgeber: Prof. Dr.-Ing. H. Duddeck

6. Brendel,B.: Geometrisch nichtlineare Elasto-Stabilität. Bericht Nr. 79-1 aus dem Institut für Baustatik der Universität Stuttgart (1979)

7. Dinkler,D. : Stabilität elastischer Tragwerke mit nichtlinearem Verformungsverhalten bei instationären Einwirkungen. Ing.-Archiv (1989) Berlin

8. Dinkler,D. : Stabilität dünner Flächentragwerke bei zeitabhängigen Einwirkungen, Bericht Nr. 88-52 aus dem Institut für Statik (1988) Herausgeber: Prof. Dr.-Ing. H.Duddeck

9. Esslinger,M.; Geier,B. : Unterlagen zum Versuch 'Zyl-15-B',13.01.1971, Institut für Flugzeugbau (1971) Braunschweig

10. Esslinger,M.; Geier,B. : Buckling and Postbuckling Behaviour of Conical Shells Subjected to Axisymmetric Loading and of Zylinders Subjected to Bending, in: Theory of Shells, W.T. Koiter and G.K. Mikhailov, Eds. (1980)

11. Zwischenberichte zum DFG-Forschungsvorhaben Du 25/28 (1981-1988)

12. Bremer,C. : Algorithmen zum effizienteren Einsatz der Finite-Element-Methode. Bericht Nr. 86-48 aus dem Institut für Statik (1986) Herausgeber: Prof. Dr.-Ing. H. Duddeck

# Durchschlaglasten von Rotationsschalen

H. Rothert und D. Mierau

*Es gibt wenig Menschen, die sich mit dem Nächstvergangenen zu beschäftigen wissen. Entweder das Gegenwärtige hält uns mit Gewalt an sich, oder wir verlieren uns in die Vergangenheit und suchen das völlig Verlorene, wie es nur möglich sein will, wieder hervorzurufen und herzustellen.*

Johann Wolfgang von Goethe, 1809,
Wahlverwandschaften, 2. Teil, 8. Kapitel

Summary

The stability behaviour of thin-walled truncated conical shells is being investigated with particular attention to the influence of geometrical imperfections. The geometrically nonlinear formulation of the problem is based upon the theory for moderate rotations and the approximation of DONNELL-MARGUERRE for shallow shells. A set of consistent equations for the nonlinear analysis is derived by the application of energy criteria. The algorithms proposed allow the computation of the complete response of elastic structures including the exact determination of limit and bifurcation points. The main purpose of this paper is the derivation of a consistent approach to predict the buckling behaviour of conical shells.

Zusammenfassung

Das Stabilitätsverhalten dünnwandiger Kegelstumpfschalen wird insbesondere im Hinblick auf den Einfluß geometrischer Imperfektionen untersucht. Die geometrisch nichtlineare Formulierung des Problems erfolgt auf der Grundlage der Theorie mäßig großer Drehungen und der DONNELL-MARGUERREschen Näherung flacher Schalen. Es werden konsistente Gleichungen zur nichtlinearen Berechnung hergeleitet, wobei Energiekriterien verwendet werden. Die entwickelten Algorithmen gestatten die Berechnung des geometrisch nichtlinearen Last-Verschiebungs-Verhaltens einschließlich der exakten Ermittlung der Durchschlag- und Verzweigungspunkte. Darauf aufbauend, werden Vorschläge zur Gestaltung eines Beulsicherheitsnachweises für Kegelschalen entwickelt.

## 1 Einleitung

Stabilitätsuntersuchungen an Schalen stellen eines der wesentlichen Forschungsgebiete des Instituts für Statik seit seiner Gründung durch den Amtsvorgänger des erstgenannten Autors, Herrn em. o. Prof. Dr.-Ing. Dr.-Ing. E.h. A. Pflüger, im Jahre 1951 dar. Aufbauend auf grundlegende Arbeiten auf diesem Gebiet, wurden im letzten Dezennium eine Reihe aufeinander aufbauender Dissertationen erstellt (vgl. [7, 15, 31]), die im vorliegenden Forschungsvorhaben maßgeblich durch den wissenschaftlichen Beitrag des zweitgenannten Autors zu einem gewissen Abschluß gebracht werden konnten.

Die Deutsche Forschungsgemeinschaft bewilligte dem erstgenannten Autor dieses Aufsatzes in der Zeit von April 1983 bis März 1987 Sachbeihilfen, damit im DFG-Schwerpunktprogramm "Nichtlineare Berechnungen im konstruktiven Ingenieurbau" der Themenbereich "Durchschlaglasten von Rotationsschalen" bearbeitet werden konnte.

Im Methodischen ist der vorliegende Beitrag analytisch-numerisch orientiert und nimmt somit eine Sonderstellung in diesem DFG-Schwerpunkt ein, der überwiegend durch die Methode der finiten Elemente (FEM) bestimmt wird. In durchgeführten Vergleichsberechnungen konnten die jeweiligen Vor- und Nachteile der beiden grundlegend verschiedenen Vorgehensweisen aufgezeigt werden.

## 2 Aufgabenstellung des Forschungsvorhabens

Ein wichtiger Punkt für die Beurteilung der Tragfähigkeit von Schalentragwerken ist der Stabilitätsnachweis (s. ESSLINGER [9]). Da aufgrund unvermeidlicher Imperfektionen die theoretisch erreichbaren Beullasten in der Praxis nicht bestätigt werden, sind die Kenntnis von Last-Verschiebungs-Kurven und insbesondere ihrer Durchschlagpunkte erforderlich. Derartige Berechnungen können im Einzelfall für die konstruktive Gestaltung realer Tragwerke unwirtschaftlich sein.

Bemessungshilfen findet man für einfache Rotationsschalen in der DASt-Richtlinie 013 [5], als deren Weiterentwicklung im Oktober 1988 der Norm-Entwurf DIN 18800, Teil 4 als Gelbdruck veröffentlicht worden ist. In der

Richtlinie [5] werden Formeln für die Durchführung der Beulnachweise angegeben. Diese Formeln stützen sich im wesentlichen auf die Auswertung von Versuchsergebnissen; theoretisch ermittelte Ergebnisse nichtlinearer Berechnungen werden für die Bemessung in der Baupraxis nicht empfohlen (s. Abschnitt 1.1 der Richtlinie [5]).

Hauptziel des Forschungsvorhabens war deshalb die im Schwerpunktprogramm geforderte "Entwicklung möglichst einfacher Ingenieurformeln und ihre numerische Erprobung zur näherungsweisen Erfassung nichtlinearer Effekte". Unter diesem Aspekt wurden für unversteifte, nicht abgestufte Kreiszylinder- und Kegelstumpfschalen für die tatsächlichen Versagenslasten einfach zu handhabende Bemessungsformeln entwickelt, die im Berechnungskonzept der DASt-Richtlinie 013 [5] verwendet werden könnten. Als äußere Einwirkungen wurden rotationssymmetrische Belastungen wie Axiallast, Außendruck und Flüssigkeitsfüllung erfaßt. Geometrische Imperfektionen wurden bei der Formelentwicklung berücksichtigt. Der Einfluß der Imperfektionsverteilung und der Einfluß der Imperfektionsamplitude, bei welcher der Übergang vom Durchschlag- zum Spannungsproblem erfolgt, wurden untersucht. Dieser Übergangsbereich hat für die Aufstellung von Bemessungsformeln eine besondere Bedeutung. Die Kenntnis der Versagenslast allein genügt nicht für den sicheren Entwurf einer Konstruktion. Aus der Art und Weise, wie die Traglast erreicht wird, d.h., ob infolge Durchschlagens oder durch Spannungsüberschreitungen, sind die erforderlichen Sicherheitsbeiwerte für die Konstruktion festzulegen.

Im Rahmen dieses Forschungsvorhabens wurden für Rotationsschalen die "wirklichen" Traglasten durch nichtlineare Berechnungen in Abhängigkeit von verschiedenen Imperfektionseinflüssen bestimmt.

## 3 Wahl eines effektiven Berechnungsverfahrens

Nichtlineare Berechnungen von Rotationsschalen sind i.allg. nicht geschlossen analytisch durchführbar; man ist für die Lösung auf Näherungsverfahren angewiesen. Dabei können im wesentlichen folgende Verfahren verwendet werden:

a) Methode der finiten Elemente
Die Diskretisierung der Schalen erfolgt durch eine geeignete An-

zahl strukturgleicher finiter Elemente. Oft wird nur ein Segment der Schale untersucht, um die Anzahl der benötigten Elemente nicht zu groß werden zu lassen. An den Schalensegmenträndern müssen zutreffende Randbedingungen formuliert werden, um das schalentypische Tragverhalten erfassen zu können. Bei nichtlinearen Berechnungen entstehen dabei Versteifungseffekte, die die Güte des Ergebnisses beeinträchtigen können.

Für rotationssymmetrische Schalen können Ringelemente verwendet werden, so daß die Diskretisierung nur in einer Richtung nötig ist.

b) Analytisches Näherungsverfahren
Es werden Ansatzfunktionen gewählt, die für die gesamte Schale gültig sind. Durch weitgehende analytische Vorarbeiten können die Traglasten von Schalen mit relativ geringem numerischem Aufwand berechnet werden. Das Verfahren ist nur bei Schalen mit einfacher Geometrie und eindeutigen Randbedingungen anwendbar. Für jede neue Schalengeometrie (z.B. Zylinder, Kegel, Kugel) muß die analytische Vorarbeit - zumindest teilweise - neu durchgeführt werden.

Für die Durchführung des Forschungsvorhabens wurde das analytische Näherungsverfahren gewählt. Wegen der zu untersuchenden einfachen, aber in der Praxis am häufigsten verwendeten Schalenstrukturen von Kegelstumpf- und Kreiszylinderschalen sowie der eindeutigen, für einen Schalenrand jeweils einheitlichen Randbedingungen wurden Vorteile bezüglich des statischen Modells (Untersuchung an der kompletten Schale) und des numerischen Aufwands vermutet. Die Bearbeitung des Forschungsprojekts hat dies, zumindest teilweise, bestätigt.

Berechnungen mit Hilfe des analytische Näherungsverfahren sind somit für Parameterstudien gut geeignet. Wegen der großen Anzahl berechneter Schalen war die Bereitstellung von "Ingenieurformeln" möglich, so daß das im Schwerpunktthema gestellte Ziel ereicht wurde.

# 4 Geometrisch nichtlineare Schalentheorien

## 4.1 Einführende Bemerkungen

Das Stabilitätsverhalten der Kegelschale wurde von PFLÜGER [18] im Jahre 1937 mit Hilfe eines analytischen Näherungsverfahrens untersucht. Er gibt die Verzweigungslasten von Kegelschalen unter vertikaler Auflast und unter Außendruck an, wobei er konstitutive Gleichungen entwickelt, deren Genauigkeitsgrad denen der bekannten FLÜGGEschen Gleichungen für die Kreiszylinderschale entsprechen. Andere Autoren verwenden zur Berechnung der Verzweigungslasten der Kegelschale die vereinfachten konstitutiven Gleichungen der "Technischen Schalenbiegetheorie".

Viele Arbeiten befassen sich nur mit der Ermittlung der kritischen Lasten im Verzweigungspunkt perfekter Kegelstumpfschalen; sie behandeln lediglich das linearisierte Problem. Die ermittelten kritischen Lasten liegen meist weit über den aus Versuchen bekannten Durchschlaglasten. Um weitere Erkenntnisse zu erhalten, ist daher die Untersuchung des Nachbeulverhaltens der Strukturen erforderlich. Für die Kegelschale wurden die Grundgleichungen zur Beschreibung des Anfangsnachbeulbereichs bereits von SEIDE [27] formuliert. Die von ihm angegebenen nichtlinearen Differentialgleichungen (DONNELLsche Gleichungen) werden auch von SCHNELL im zweiten Teil von [25] benutzt, um mit dem RITZschen Verfahren die Minima der Nachbeulkurven von perfekten Kegelschalen zu berechnen. Jedoch weiß man aus der Kenntnis des Nachbeulmechanismus, daß die Nachbeulminima der perfekten Struktur unwirtschaftliche Bemessungslasten liefern (vgl. hierzu WITTEK [34] Bild 8.1 und Abschnitt 8.3.2). Die tatsächlichen Versagenslasten liegen zwar unter den Verzweigungslasten, aber sie liegen doch noch über den Nachbeulminima. Deshalb wird in [34] als wünschenswerte Bezugsgröße die Durchschlaglast einer nichtlinearen "imperfekten" Berechnung genannt, bei der, lange bevor die kritische Last erreicht wird, aufgrund geometrischer Imperfektionen Beulen einspringen oder die vorhandenen Imperfektionen so weit vergrößert werden, daß die Struktur wegen zu großer Verformungen unbrauchbar wird.

In dem vorgestellten Forschungsprojekt wurden Lösungswege erarbeitet, die die Berechnung der maßgebenden Durchschlaglasten unter der Annahme von Imperfektionsmustern mit gleichmäßig über die Struktur verteilten Vorbeulen gestatten. Es wurde untersucht, wie sich die bereits im spannungslosen Zustand vorhandenen geometrischen Imperfektionen bei Belastung der Schale vergrößern, bis schließlich der Durchschlagvorgang einsetzt. PFLÜGER [20] gibt an, daß sich beim Durchschlagen das Imperfektionsmuster nicht ändert; es ist also auch der stabile Endzustand mit seiner Beulzahl bekannt. Zunnächst mußten deshalb die für eine vorgegebene maximale Imperfektionsamplitude ungünstigsten Imperfektionsmuster bestimmt werden.

Für alle Untersuchungen wurde linear elastisches Werkstoffverhalten vorausgesetzt. Ferner wurden nur homogene, isotrope und unversteifte Kegelstumpfschalen behandelt. Geometrische Imperfektionen in Form einzelner Vorbeulen an beliebiger Stelle der Struktur wurden nicht untersucht; sie können in sinnvoller Weise auch nur mit Hilfe statistischer und wahrscheinlichkeitstheoretischer Methoden betrachtet werden (es sei denn, es liegen Konstruktions- oder Montagefehler vor).

## 4.2 Kinematische Beziehungen

Versuche an axial gedrückten Kegelschalen zeigen, daß nach Erreichen der Durchschlaglast im ausgebeulten Zustand sehr große Verschiebungen auftreten. Den Berechnungen dieses ausgebeulten Zustands muß selbstverständlich eine Schalentheorie zugrunde liegen, die entsprechend große Verschiebungen berücksichtigt. PIETRASZKIEWICZ [22] leitet eine Flächenträgertheorie mit Genauigkeitsabschätzungen für die Näherungsstufen kleiner, mäßiger, großer und endlicher Drehungen ab. Für die Berechnung der Durchschlaglasten, d.h. für die Ermittlung des Beginns des Durchschlagvorgangs, der, für sich betrachtet, kinetischer Natur ist und mit statischen Methoden nicht ausreichend beschrieben werden kann, genügt indes die Untersuchung des Anfangsnachbeulbereichs. Da man hierbei von kleinen bis maximal mäßig großen Verdrehungen ausgehen kann, wurden für die folgenden Untersuchungen die DONNELL-MARGUERREsche Näherung flacher Schalen als einfachste nichtlineare Schalentheorie und die Theorie mäßig großer Drehungen verwendet.

Im Vorgriff auf die Berechnungsergebnisse sei hier bereits festgestellt, daß für den Lastfall Axiallast die DONNELL-MARGUERREsche Näherung flacher Schalen eine den durchgeführten Untersuchungen angemessene Näherungsstufe darstellt. In [34] wird gezeigt, daß bei großer Beulwellenzahl ihr Gültigkeitsbereich bei Verschiebungen und Imperfektionsamplituden oberhalb der Größenordnung der Wandstärke eingeschränkt werden muß. Die nach den Vorschriften zum Beulsicherheitsnachweis von Schalen [5] maximal zulässigen Imperfektionsamplituden liegen für baupraktisch vorkommende Abmessungen gerade in diesem Gültigkeitsbereich. Die Berechnungsergebnisse zeigen schließlich, daß unter der Annahme der maximal zulässigen Imperfektionsamplituden nach [5] der Durchschlagvorgang unter Axialbelastung bei Maximalverschiebungen beginnt, die kleiner als die Wandstärke oder in der Größenordnung der Wandstärke sind.

Da die DONNELL-MARGUERREsche Näherung flacher Schalen und die Theorie mäßig großer Drehungen eine Vielzahl nichtlinearer Schalenberechnungen zugrunde liegen und bereits mehrfach abgeleitet wurden, wird hier auf eine erneute ausführliche Ableitung verzichtet und stattdessen auf einige Literaturstellen verwiesen.

Die wesentlichen Bezeichnungen einer Kegelstumpfschale sind im Bild 1 zusammengestellt.

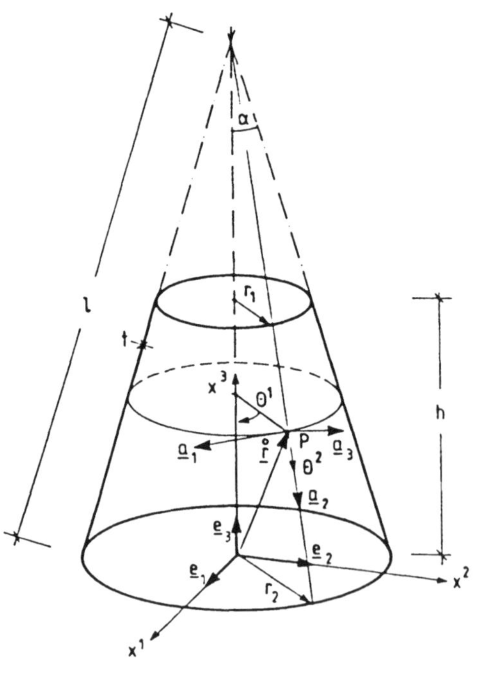


Bild 1 Geometrie der Kegelschale mit raumfestem($\underline{e}_i$) und konvektivem ($\Theta^i$) Koordinatensystem und die Basisvektoren $\underline{a}_i$ am Punkt P

HARTE [11], WESSELS [33] und WITTEK [34] beschreiben ausführlich den Übergang von einer geometrisch nichtlinearen Theorie der Flächentragwerke, die sich konsequent auf Nichtlinearitäten zweiter Ordnung in den Verzerrungs- bzw. Verschiebungsgrößen beschränkt, zu den oben angeführten Näherungsstufen. In einem Aufsatz von BASAR/KRÄTZIG [2] sind die Grundgleichungen für das Beul- und Nachbeulverhalten übersichtlich für allgemeine Flächentragwerke in einem Schema von Operatorenmatrizen dargestellt. STUMPF leitet in [30] ausführlich die Stabilitätsgleichungen in der Theorie mäßig großer Drehungen her. Im folgenden werden die für die weitere Berechnung wichtigen Beziehungen deshalb nur kurz wiedergegeben. Die differentialgeometrische Beschreibung der Schale entspricht dabei der Darstellungsweise von BASAR [1] und BASAR/KRÄTZIG [3].

Ausgangspunkt für die Beschreibung des Verzerrungszustands ist der GREENsche Verzerrungstensor in der Formulierung für ein Flächentragwerk ([10]), wobei wegen der Annahme der KIRCHHOFF-LOVE-Hypothese und der "Dünne"-Hypothese einige Komponenten wegfallen. Der GREENsche Verzerrungstensor setzt sich additiv aus zwei Komponenten zusammen; bei der DONNELL-MARGUERREschen Näherung flacher Schalen ergeben sich folgende Beziehungen für den ersten bzw. zweiten Verzerrungstensor:

$$\alpha_{(\alpha\beta)} = \frac{1}{2}\left[u_\alpha|_\beta + u_\beta|_\alpha - 2u_3 b_{(\alpha\beta)} + u_3|_\alpha\, u_3|_\beta\right] \quad ,$$
$$w_{\alpha\beta} = -u_3|_{\alpha\beta} \quad .$$

Bei der Theorie mäßig großer Drehungen haben die beiden Komponenten des Verzerrungstensors die Form

$$\alpha_{(\alpha\beta)} = \frac{1}{2}\left[\varphi_{\alpha\beta} + \varphi_{\beta\alpha} + \varphi_{\lambda\alpha}\varphi_{\rho\beta}a^{\lambda\rho} + \varphi_{3\alpha}\varphi_{3\beta}\right] \quad ,$$
$$w_{(\alpha\beta)} = -\frac{1}{2}\left[\varphi_{3\alpha}|_\beta + \varphi_{3\beta}|_\alpha + \varphi_{\lambda\alpha}b^\lambda_\beta + \varphi_{\lambda\beta}b^\lambda_\alpha - \varphi_{3\lambda}\left(\varphi^{\lambda}_{.\alpha}|_\beta + \varphi^{\lambda}_{.\beta}|_\alpha + b_{\alpha\beta}\varphi_{3.}^{\ \lambda} - \varphi_{3\alpha}b^\lambda_\beta - \varphi_{3\beta}b^\lambda_\alpha\right)\right] \quad ,$$

mit $\underline{u}_i$ : Verschiebungsvektor,

$b_{ik}$ : Krümmungstensor

und den Deformationsgradienten

$$\varphi^{\alpha}_{.\beta} = u^\alpha|_\beta - u^3 b^\alpha_\beta \quad , \qquad \varphi_{\alpha\beta} = u_\alpha|_\beta - u_3 b_{\alpha\beta} \quad ,$$
$$\varphi^{3}_{.\alpha} = u^3_{.\alpha} + u^\lambda b_{\alpha\lambda} \quad , \qquad \varphi_{3\alpha} = \varphi^3_{.\alpha} \quad .$$

## 4.3 Äußere Einwirkungen

Als äußere Einwirkungen wurden in diesem Forschungsvorhaben die Lastfälle Axiallast, Manteldruck, Außendruck und Flüssigkeitsfüllung untersucht. Bei den drei letztgenannten Lastfällen kann die Verformungsabhängigkeit in den Berechnungen berücksichtigt werden; die verformte Schalenstruktur ist dann der Bezugszustand. Der Lastfall Flüssigkeitsfüllung wirkt auf das Tragverhalten der Kegelschale stabilisierend wegen der Ringzugkräfte; die Verformungsabhängigkeit der Belastung wird deshalb nicht berücksichtigt. Die Annahme der Richtungstreue liegt für diesen Lastfall auf des "sicheren" Seite.

Ergeben sich aufgrund der äußeren Einwirkungen nur kleine Verschiebungen im Anfangsnachbeulbereich, so können auch verformungsabhängige Belastungen als richtungstreu betrachtet (vgl. [13]) und auf die Ausgangskonfiguration bezogen werden.

## 4.4 Konstitutive Beziehungen

Die konstitutiven Beziehungen werden für linear elastische und isotrope Werkstoffe aufgestellt. Wegen der Annahme der KIRCHHOFF-LOVE-Hypothese können nur der symmetrisierte Normalkrafttensor und der symmetrische Momententensor formuliert werden, während der Querkrafttensor nicht angegeben werden kann. Es gilt

$$\tilde{n}^{(\alpha\beta)} = DH^{\alpha\beta\lambda\mu}\alpha_{(\lambda\mu)} \ ,$$
$$m^{(\alpha\beta)} = BH^{\alpha\beta\lambda\mu}w_{(\lambda\mu)} \ ,$$

mit dem Elastizitätstensor für eine zweidimensionale Struktur

$$H^{\alpha\beta\lambda\mu} = \frac{1-\nu}{2}\left(a^{\alpha\lambda}a^{\beta\mu} + a^{\alpha\mu}a^{\beta\lambda} + \frac{2\nu}{1-\nu}a^{\alpha\beta}a^{\lambda\mu}\right) \ ,$$

der Dehnsteifigkeit

$$D = \frac{Eh}{1-\nu^2}$$

und der Biegesteifigkeit

$$B = \frac{Eh^3}{12(1-\nu^2)} \ .$$

## 4.5 Lösungsverfahren bei den Stabilitätsuntersuchungen

Nachdem die kinematischen und die konstitutiven Beziehungen formuliert sind, wird die Energiemethode als Lösungsverfahren bei den Stabilitätsuntersuchungen verwendet. Die Potentiale der inneren und äußeren Kräfte haben folgende Form

$$\Pi_i = \frac{1}{2} \int_{\overset{\circ}{F}} \left( DH^{\alpha\beta\rho\gamma} \alpha_{(\alpha\beta)} \alpha_{(\rho\gamma)} + BH^{\alpha\beta\rho\gamma} w_{(\alpha\beta)} w_{(\rho\gamma)} \right) d\overset{\circ}{F} \ ,$$

$$\Pi_a = - \int_{\overset{\circ}{F}} \left( \overset{\circ}{p}{}^{\alpha} v_{\alpha} + \overset{\circ}{p}_3 \, v_3 \right) d\overset{\circ}{F} - \int_{\overset{\circ}{C}_t} \left( \tilde{n}^{\circ}_t v_t + \tilde{n}^{\circ}_n v_n + \tilde{n}^{\circ}_3 v_3 + m^{\circ}_t w_t \right) d\overset{\circ}{s} \ .$$

Für das Gesamtpotential gilt

$$\Pi = \Pi_i + \Pi_a = \text{stat} \ .$$

Die Anwendung des Prinzips vom stationären Wert der potentiellen Energie bedeutet, daß die erste Variation der gesamten potentiellen Energie des Systems im Gleichgewichtsfall zu Null werden muß. In der Variationsrechnung wird deshalb gefordert, daß die erste Variation des Funktionals des Potentials die EULERschen Differentialgleichungen erfüllt. Man erhält ein System partieller Differentialgleichungen, das allerdings im vorliegenden Fall nicht streng lösbar ist. Ein Lösungsverfahren, das auf dem GALERKINschen Verfahren beruht, wird im Abschnitt 5 beschrieben.

In dem Forschungsvorhaben wurde als zweites Lösungsverfahren das RITZ-Verfahren gewählt. Dieses Verfahren baut auf dem Prinzip vom stationären Wert der potentiellen Energie auf; es werden Ansatzfunktionen für die Verschiebungen in den tangentialen und der Normalenrichtung eingeführt und in das Funktional des Gesamtpotentials eingesetzt. Die Freiwerte der Ansatzfunktionen werden bestimmt, indem die Differentialgleichungen näherungsweise im Mittel erfüllt werden, die Randbedingungen aber exakt. Dieses Verfahren wird im Abschnitt 6 beschrieben.

In diesem Aufsatz wird wegen der erforderlichen Kürze auf eine ausführliche Formelableitung verzichtet; im Abschlußbericht des Forschungsvorhabens werden die maßgeblichen Gleichungen ausführlich dargestellt.

## 5 Lösung von zwei Differentialgleichungen für die Spannungsfunktion und die Normalverschiebungsfunktion

Bei Beschränkung auf eine geometrisch nichtlineare Theorie vom Typ der DONNELL-MARGUERREschen Näherung flacher Schalen lassen sich für die Kegelstumpfschale die drei EULERschen Differentialgleichungen durch Einführung einer Spannungsfunktion zu zwei Differentialgleichungen zusammenfassen, wie ENDER in [7] zeigt. Die Spannungsfunktion befriedigt dabei die tangentialen Kräftegleichgewichtsbedingungen. Es verbleiben somit die Verträglichkeitsbedingung und die Gleichgewichtsbedingung in Normalenrichtung; sie stellen ein gekoppeltes, partielles Differentialgleichungssystem dar. In der Literatur werden diese Gleichungen oft als DONNELLsche Gleichungen bezeichnet.

Eine analytische Lösung dieser nichtlinearen gekoppelten Differentialgleichungen ist nicht bekannt. Deshalb soll hier eine angenäherte Lösung durch Kombination der Methode der schrittweisen Näherung mit dem Verfahren von GALERKIN ermittelt werden. Da der verwendeten Ansatzfunktion große Bedeutung zukommt, soll die Willkür ihrer Wahl eingeschränkt werden. Entsprechend der erstmals diesen Weg über das Nachbeulverfahren der Kreiszylinderschale weisenden Arbeit von PFLÜGER [19], wird die Lösung der linearen Beultheorie nach der Methode der schrittweisen Näherung verbessert. Daraus ergibt sich eine verbesserte Ansatzfunktion für die Beulfläche. Diese Ansatzfunktion beschreibt die Verschiebungen im Vorbeulbereich wie auch die Verschiebungen des ausgebeulten Zustands. Sie enthält deshalb Terme, die sich aus den Verschiebungen des Membranzustands ergeben und solche, mit denen das Beulen beschrieben werden kann. Dies sind Terme, die Kreisfunktionen und Exponentialfunktionen enthalten. Für die im Forschungsvorhaben durchgeführten Berechnungen waren acht Terme erforderlich.

Setzt man diesen verbesserten Ansatz in die Verträglichkeitsbedingung ein, so läßt sich diese exakt lösen. Mit dieser exakten Lösung für die

Spannungsfunktion und dem verbesserten Ansatz für die Beulfläche wird die Gleichgewichtsbedingung in Normalenrichtung mit dem GALERKINschen Verfahren gelöst, wobei als Gewichtsfunktion die oben beschriebene, achtparametrige Ansatzfunktion für die Beulfläche gewählt wurde.

Es ergibt sich ein nichtlineares Gleichungssystem für die bis zum dritten Grade nichtlinear vorkommenden Ansatzparameter $A_i$. Eine strenge Lösung des nichtlinearen Gleichungssystems ist nicht möglich. Deshalb wird das NEWTONsche Verfahren angewendet. Da es bei Erreichen der Durchschlaglast infolge der Singularität der Funktionalmatrix versagt, wurde im Forschungsvorhaben als Lösungsverfahren, das auch nach Überschreiten der horizontalen Tangente eine Lösung des Gleichungssystems findet, das Verfahren von RIKS-WEMPNER-WESSELS ([2, 17, 33]) implementiert. Die Rechenzeiten konnten dadurch erheblich reduziert werden.

Die Berechnungen an der perfekten Struktur gestatten eine Deutung des Beulvorgangs bei Annahme einer Störung des idealen Zustands. Über die Art dieser den Durchschlagvorgang auslösenden Störungen müssen einige Annahmen getroffen werden, die ihre rechnerische Erfassung ermöglichen. Die Geometrie der Struktur soll aufgrund geometrischer Imperfektionen von der idealen Konfiguration abweichen. Dabei werden wie üblich die Imperfektionen gleichmäßig über den Kegel verteilt angenommen. Mit einem solchen Imperfektionsmuster sind durch Veränderung der Freiwerte für die Beulfigur beliebig viele Variationsmöglichkeiten gegeben, die es gestatten, verschiedenartig verteilte Imperfektionen zu erfassen. Eine weitere Annahme betrifft die maximale Imperfektionsamplitude. Hierfür kann beispielsweise auf die Vorschriften zum Beulsicherheitsnachweis für Schalen DASt-Ri 013 [5] zurückgegriffen werden. Dort wird verlangt, daß die Vorbeultiefe $w_{v\,max}$, die man durch Anlegen einer Meßlatte an die Schale erhält, den Wert von 1% der Meßlänge nicht überschreiten darf. Als Meßlänge wird

$$l_m = 4\,(rt)^{1/2}$$

angegeben. Dies stimmt mit der von PFLÜGER für die Kreiszylinderschale ermittelten Beulenlänge überein. Für die Imperfektionsamplitude folgt dann

$$w_{v\,max} = 0{,}04\,(rt)^{1/2} \quad .$$

Diese für übliche Abmessungen sinnvoll erscheinende Beschränkung wurde auch hier zu Grunde gelegt. Für die durchgeführten Berechnungen wurde also ein gleichmäßiges Imperfektionsmuster vorausgesetzt, wobei für r der mittlere Radius $r_m$ eingesetzt wird. Eine Berechnung mit anderen Annahmen bezüglich der Imperfektionsamplituden ist natürlich möglich.

## 6 Lösung des Stabilitätsproblems mit Hilfe einer direkten Methode der Variationsrechnung

Die Durchschlaglasten von Kegelstumpfschalen bei den Lastfällen Außendruck und Flüssigkeitsfüllung bedingen, sofern Imperfektionsamplituden gemäß DASt-Ri 013 angesetzt werden, maximale Normalverschiebungen der Schalenmittelfläche, die teilweise erheblich über den Gültigkeitsgrenzen der DONNELL-MARGUERREschen Näherung flacher Schalen liegen. Es wurde deshalb die Theorie mäßig großer Drehungen verwendet, bei der für die berechneten Last-Verschiebungs-Kurven die Gültigkeitsgrenzen nicht erreicht wurden. Für diese Theorie war die bis dahin angewendete Vorgehensweise ungeeignet, da die Differentialgleichung für die Spannungsfunktion nicht formuliert werden konnte.

Das Funktional der gesamten potentiellen Energie (s. Abschnitt 4.5) wurde zur Aufstellung von Näherungslösungen benutzt. Als Näherungsverfahren wurde das RITZsche Verfahren gewählt. Es gehört zu den kontinuierlichen Verfahren und baut auf dem Prinzip vom stationären Wert der Energie auf; die Existenz des Potentials der äußeren Kräfte ist erforderlich. Bei den untersuchten Schalen konnte dieses Potential wegen der gewählten Randbedingungen und der oben angegebenen Belastungen in allen untersuchten Fällen formuliert werden. Beim RITZschen Verfahren werden das Variationsproblem direkt und die EULERschen Differentialgleichungen demzufolge indirekt gelöst ([29]).

Bei kontinuierlichen Näherungsverfahren wählt man Ansätze, die für das gesamte Tragwerk gültig sind. Für die untersuchten Kegelstumpfschalen wurden Ansatzfunktionen für die Tangential- und Normalverschiebungen benutzt, die Terme enthalten, mit denen die Verschiebungen der Schale im Vorbeulbereich ebenso wie die Verschiebungen des Nachbeulbereichs beschrieben werden konnten ([4, 9, 24]). Jeder einzelne Term der Ansatzfunktionen muß beim RITZschen Verfahren für sich die wesentlichen Rand-

bedingungen erfüllen. Die Ansatzfunktionen stimmen mit den im Abschnitt 5 beschriebenen überein. Mit Verschiebungsansätzen dieses Aufbaus können gleichmäßige wie auch lokale Beuleffekte dargestellt werden, wie sie zum Beispiel bei der flüssigkeitsgefüllten Kegelstumpfschale entstehen.
Da die Forderung beim RITZschen Verfahren, daß die Ansatzfunktionen die wesentlichen Randbedingungen erfüllen müssen ([14, 21, 23]), die Vielfalt möglicher sinnvoller Ansatzfunktionen stark einschränkt, wurden neben dem klassischen RITZschen Verfahren auch verallgemeinerte Energieprinzipe verwendet, bei denen die Randbedingungen nicht durch die Ansätze erfüllt sein müssen. Die zu erfüllenden Randbedingungen, mit LAGRANGE-Faktoren multipliziert, werden mit in den Extremalausdruck aufgenommen. Die Lösungsansätze können dann nebenbedingungsfrei sein, die Variationsaufgabe wird jedoch beträchtlich umfangreicher. Im Forschungsvorhaben wurde als nebenbedingungsfreies Extremalprinzip das von HU-WASHIZU [12, 32] verwendet:

$$\begin{aligned}\Pi^{\star} &= \Pi_i + \Pi_a \\ &\quad - \int_{\dot{F}} \left[\tilde{n}^{(\alpha\beta)} \left(\alpha_{(\alpha\beta)} - \overline{\alpha}_{(\alpha\beta)}\right) + m^{(\alpha\beta)} \left(w_{(\alpha\beta)} - \overline{w}_{(\alpha\beta)}\right)\right] d\mathring{F} \\ &\quad - \int_{C_v} \left[\underline{\tilde{n}} \left(\underline{v} - \underline{\overline{v}}\right) + \underline{m_t} \left(\underline{w_t} - \underline{\overline{w}_t}\right)\right] ds = \text{stat} \ .\end{aligned}$$

Das Potential wird um die zu erfüllenden Randbedingungen erweitert, wobei diese mit den zugehörigen Schnittkrafttensoren als LAGRANGE-Faktoren multipliziert werden. Variiert werden hier die Verschiebungsansätze und die LAGRANGE-Faktoren.

Bei der Auswertung ergaben sich nichtlineare Gleichungssysteme, die mit Hilfe inkrementell-iterativer Verfahren gelöst wurden. Im Forschungsvorhaben wurden eine Kombination aus modifiziertem NEWTON-RAPHSON-Verfahren und dem Bogenlängenverfahren nach RIKS-WEMPNER-WESSELS benutzt.

Da auch in diesem Programm alle Integrale analytisch gelöst werden und das nichtlineare Gleichungssystem relativ klein ist, ergeben sich ebenfalls kurze Rechenzeiten.

Neben der Theorie mäßig großer Drehungen wurde die DONNELL-MARGUERREsche Näherung flacher Schalen verwendet. Beide Näherungsstufen können bei der numerischen Berechnung wahlweise eingesetzt werden. Es zeigte sich, daß die Verwendung der Theorie mäßig großer Drehungen allerdings nur in wenigen Fällen erforderlich ist und einen erheblichen Anstieg der Rechenzeit bedingt.

## 7 Berechnungsergebnisse

Für die praktische Berechnung wurden zunächst die Kegelgeometrie durch den Winkel $\alpha$, das Höhen/Radius-Verhältnis $h/r_1$ und das Radius/Wanddicken-Verhältnis $r_1/t$ nach Bild 1 vorgegeben. Die Randbedingungen wurden entsprechend den in der DASt-Ri 013 [5] vorgegebenen gewählt. Die Querkontraktionszahl wurde in den Berechnungen mit 0,3 angenommen. Die Verzweigungslasten wurden als kritische Lasten nach der linearen Theorie berechnet. Sie dienten als Bezugsgrößen für die Nachbeullasten. Für die behandelten Lastfälle konnte das Vorbeulmuster, mit dem sich die kleinste Durchschlaglast ergibt, durch eine Voruntersuchung nach der Theorie II. Ordnung bestimmt werden, die Rechenzeiten waren entsprechend kurz. Im Lastfall Flüssigkeitsfüllung wurden durch diese Voruntersuchungen nur der Bereich festgelegt, in dem das ungünstigste Vorbeulmuster liegt.

In Bild 2 ist die Last-Verschiebungs-Kurve einer axial belasteten Kegelstumpfschale dargestellt.

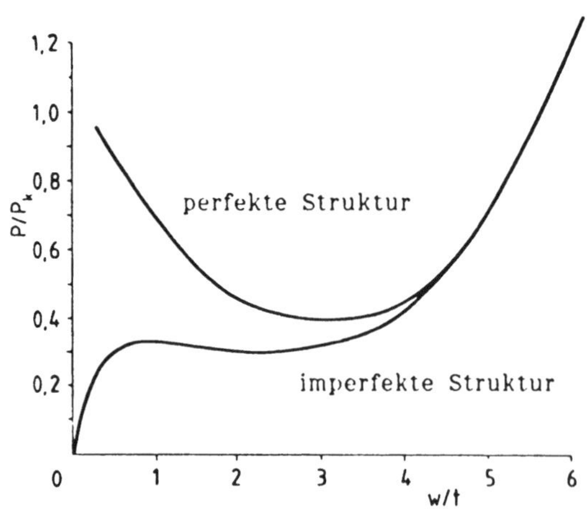


Bild 2 Last-Verschiebungs-Kurven eines axialbelasteten Kegels für die perfekte und die imperfekte Struktur
Kegelgeometrie: $\alpha$ = 60°, $h/r_1$ = 0,625, $r_1/t$ = 200,0

Bei diesem Lastfall ist die Abminderung der Durchschlaglast gegenüber der kritischen Last besonders groß.

Als Größe w ist die maximale Beulamplitude abzüglich der nicht zum eigentlichen Beulvorgang gehörenden Membranverformungen aufgetragen. Diese Beulamplitude wurde auf die Wanddicke t bezogen.

Umfangreiche Parameterstudien von ENDER [7] führten zu einem Bemessungsvorschlag für axial belastete Kegelstumpfschalen. Dieser Vorschlag wurde dem Bemessungskonzept von [5] angeglichen und in [8] veröffentlicht.

Für den Lastfall Außendruck wurde der in der DASt-Ri 013 angegebene, auf völlig anderer Grundlage ermittelte Abminderungsfaktor $\alpha$ = 0,7 für mittellange Schalen bestätigt. Bei kurzen Schalen ergab sich aufgrund der durchgeführten Parameterstudien ein Abminderungsfaktor $\alpha$ = 0,6. Hierüber wurde anläßlich eines Statusseminars der Deutschen Forschungsgemeinschaft berichtet. Bild 3 zeigt die Last-Verschiebungs-Kurven einer durch Außendruck belasteten Kegelstumpfschale.

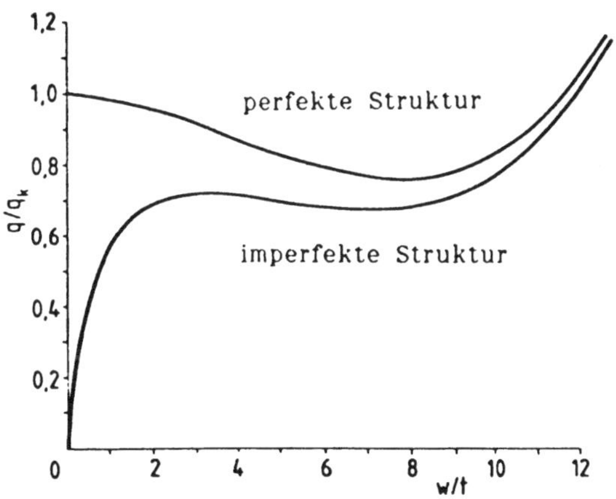


Bild 3 Last-Verschiebungs-Kurven eines außendruckbelasteten Kegels für die perfekte und die imperfekte Struktur
Kegelgeometrie: $\alpha$ = 30°, $h/r_1$ = 2,00 , $r_1/t$ = 500,0

Zur Überprüfung der eigenen Berechnungen wurde eine Vergleichsberechnung am Institut für Konstruktiven Ingenieurbau, Lehrstuhl III (KRÄTZIG), Ruhr-Universität Bochum durchgeführt. Für den Vergleich wurde folgende Schalengeometrie gewählt:

$\alpha = 0{,}5°$ (Bochum: $\alpha = 0°$),

$h/r_1 = 2$ ,

$r_1/t = 300$ ,

$w_{v\,max} = 0{,}04\ (rt)^{½}$ .

Die Imperfektionsmuster waren bei beiden Berechnungen gleichmäßig verteilt, die Beulmuster und kritischen Lasten stimmten überein, die Durchschlaglasten und Last-Verschiebungs-Kurven unterschieden sich kaum. Zusätzlich wurden am Institut des erstgenannten Autors Last-Verschiebungs-Kurven bis zum Durchschlagpunkt mit dem Programmsystem ADINA nachgerechnet. Auch hier wurden gute Übereinstimmungen erzielt.

Bei flüssigkeitsgefüllten Kegelstumpfschalen treten Beulen in einem kurzwelligen Muster ausgeprägt am unteren Rand auf, wie auch STEGMÜLLER in [28] zeigt, während der übrige Mantelbereich kaum verformt wird. In Bild 4 sind die Last-Verschiebungs-Kurven einer flüssigkeitsgefüllten Kegelstumpfschale dargestellt. Der Abminderungsfaktor ergibt sich für dieses Beispiel zu $\alpha = 0{,}7$.

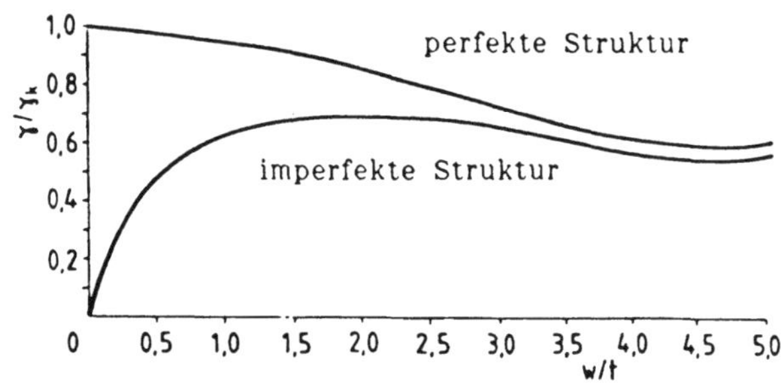


Bild 4 Last-Verschiebungs-Kurven eines flüssigkeitsgefüllten Kegels für die perfekte und die imperfekte Struktur
Kegelgeometrie: $\alpha = 30°$, $h/r_1 = 2{,}00$ , $r_1/t = 100{,}0$

## 8 Schlußbemerkungen

Im Forschungsvorhaben "Durchschlaglasten von Rotationsschalen" wurden leicht handhabbare "Ingenieurformeln" zur Berechnung der Abminderungsfaktoren für die in der Praxis häufig verwendeten axial belasteten und außendruckbelasteten Kegelstumpfschalen ermittelt. Diese Abminderungsfaktoren sind im Rahmen der DASt-Ri 013 verwendbar. Für Schalen mit kombinierter Belastung und mit Flüssigkeitsfüllung wurden umfangreiche Parameterstudien durchgeführt.

Das im Abschnitt 6 beschriebene Verfahren wurde um den Lastfall "ungleichmäßig verteilte Randlasten" erweitert. Zusätzlich wurde begonnen, dieses Programm für die Berechnung von Schalen aus anisotropen Materialien zu erweitern. Wesentliche Änderungen sind erforderlich, um Stabilitätsberechnungen bei Berücksichtigung elasto-plastischen Materialverhaltens durchzuführen; auch in dieser Richtung wurden Untersuchungen auf der Basis der hier beschriebenen Methode begonnen.

## 9 Literatur

[ 1] Basar, Y.: Eine Schalentheorie endlicher Verformungen und ihre Anwendung zur Herleitung der Stabilitätstheorie. ZAMM 52 (1972) 197-211

[ 2] Basar, Y., Krätzig, W.B.: Struktur konsistenter Grundgleichungen für das Beul- und Nachbeulverhalten allgemeiner Flächentragwerke. Der Stahlbau 46 (1977) 138-146

[ 3] Basar, Y., Krätzig, W.B.: Mechanik der Flächentragwerke, Braunschweig: Vieweg Verlag 1985

[ 4] Cortrie, R.: Vergleich von zwei Ansatzfunktionen bei Beuluntersuchungen von dünnwandigen Kegelschalen nach einer linearen Schalentheorie, Diplomarbeit D270, Institut für Statik, Universität Hannover, 1984 (unveröffentlicht)

[ 5] Deutscher Ausschuß für Stahlbau (DASt): Richtlinie 013: Beulsicherheitsnachweise für Schalen. Köln: Stahlbau-Verlag, Juli 1980

[ 6] Dickel, T., Rothert, H.: Zur numerischen Behandlung von Randwertproblemen einer geometrisch nichtlinearen Flächentragwerkstheorie. Ingenieur-Archiv 50 (1981) 253-270

[ 7] Ender, R.: Das Stabilitätsverhalten der axial gedrückten Kegelstumpfschale. Dissertation, Mitteilung Nr. 27, Institut für Statik, Universität Hannover, 1981

[ 8] Ender, R.: Beulsicherheitsnachweis für axial belastete Kegelschalen. Der Stahlbau 52 (1983) 29 u. 30

[ 9] Eßlinger, M.: Eine Erklärung des Beulmechanismus von dünnwandigen Kreiszylinderschalen. Der Stahlbau 36 (1967) 366-371

[10] Green, A.E., Zerna, W.: Theoretical Elasticity, Second Edition, Oxford: Claredon Press 1968

[11] Harte, R.: Doppelt gekrümmte Finite Dreieckelemente für die li-

neare und geometrisch nichtlineare Berechnung allgemeiner Flächentragwerke. Technisch-wissenschaftliche Mitteilungen des Instituts für Konstruktiven Ingenieurbau Nr.82-10, Ruhr-Universität Bochum 1982

[12] Hu, H.-C.: On Some Variational Principles in the Theory of Elasticity and the Theory of Plasticity. Scientia Sinica 4 (1955) 33 ff.

[13] Koiter, W.T.: General Equations of Elastic Stability for Thin Shells. Proc. Symp. Theory of Shells, Houston (1967) 187-228

[14] Leipholz, H.: Über die Befreiung der Ansatzfunktionen des Ritzschen und Galerkinschen Verfahrens von den Randbedingungen. Ingenieur-Archiv 36 (1967) 251-261

[15] Menzel, A.: Untersuchung der Beulempfindlichkeit des Halbkugelbehälters mit beliebiger Flüssigkeitsfüllung. Dissertation, Mitteilung Nr. 31, Institut für Statik, Universität Hannover, 1986

[16] Onken, P.: Beuluntersuchungen von dünnwandigen Kegelstumpfschalen im Rahmen einer linearen Schalentheorie. Diplomarbeit D267, Institut für Statik, Universität Hannover, 1984 (unveröffentlicht)

[17] Otten, H.: Vergleich von Lösungsmethoden für nichtlineare Gleichungssysteme am Beispiel des Stabilitätsproblems der Kegelstumpfschale. Diplomarbeit D271, Institut für Statik, Universität Hannover, 1985 (unveröffentlicht)

[18] Pflüger, A.: Stabilität dünner Kegelschalen. Ingenieur-Archiv 8 (1937) 151 ff.

[19] Pflüger, A.: Zur axial gedrückten Kreiszylinderschale. Abhandlungen der Braunschweigischen Wissenschaftlichen Gesellschaft, Band XIV, 1962

[20] Pflüger, A.: Zur praktischen Berechnung der Kreiszylinderschale unter Manteldruck. Der Stahlbau 8 (1966) 249-252

[21] Pflüger, A.: Stabilitätsprobleme der Elastostatik, 3. Auflage, Berlin, Heidelberg, New York: Springer Verlag 1975

[22] Pietraszkiewicz, W.: Introduktion to the Non-Linear Theory of Shells. Mitteilungen aus dem Institut für Mechanik, Nr. 10, Ruhr-Universität Bochum, 1977

[23] Pols, S.: Stabilitätsuntersuchungen von Kegelstumpfschalen nach dem Verfahren von RITZ mit mehrparametrigen Ansatzfunktionen. Diplomarbeit D272, Institut für Statik, Universität Hannover, 1985 (unveröffentlicht)

[24] Scharmann, R.: Stabilitätsuntersuchungen von Kegelstumpfschalen nach dem Verfahren von RITZ. Diplomarbeit D268, Institut für Statik, Universität Hannover, 1984 (unveröffentlicht)

[25] Schnell, W.: Die dünnwandige Kegelschale unter Axial- und Innendruck. Z. Flugwiss. 10 (1962) 154 ff. u. 314 ff.

[26] Schroeder, F.-H.: Die Stabilitätsgleichungen der technischen Schalentheorie. Z. Flugwiss. 20 (1972) 429-448

[27] Seide, P.: A Donnell Type Theory for Asymmetrical Bending and Buckling of Thin Conical Shells. Journal of Applied Mechanics 24 (1957) 547-552

[28] Stegmüller, H.: Grenzlastberechnungen flüssigkeitsgefüllter Schalen mit "degenerierten" Schalenelementen. Bericht Nr. 5 (1985), Institut für Baustatik der Universität Stuttgart, 1985

[29] Stein, E.: Beiträge zu den direkten Variationsverfahren in der Elastostatik der Balken und Flächentragwerke. Dissertation, TH Stuttgart, 1965

[30] Stumpf, H.: On the Linear and Nonlinear Stability Analysis in the Theory of Thin Elastic Shells. Ingenieur-Archiv 51 (1981) 195-213

[31] Veenker, M.: Die Stabilität des teilweise gefüllten Halbkugelbehälters. Dissertation, Mitteilung Nr. 26, Institut für Statik, Universität Hannover, 1981

[32] Washizu, K.: Technical Report No. 25-18, Aeroelastic and Structures Research Laboratary, Massach.Inst. Techn., Cambridge/Mass. 1955

[33] Wessels, M.: Das statische und dynamische Durchschlagproblem der imperfekten flachen Kugelschale bei elastischer rotationssymmetrischer Verformung. Dissertation, Mitteilung Nr. 23, Institut für Statik, TU Hannover, 1977

[34] Wittek, U.: Beitrag zum Tragverhalten der Strukturen bei endlichen Verformungen unter besonderer Beachtung des Nachbeulmechanismus dünner Flächentragwerke. Mitteilung Nr. 80-1, Institut für Konstruktiven Ingenieurbau, Ruhr-Unversität Bochum, 1980

# Abschätzungskonzepte zur Schalenbeulung

*Prof. Dr.-Ing. U. Wittek, Dipl.-Ing. K. Grote*
*Lehrstuhl für Baustatik, Universität Kaiserslautern*

## 1 Einleitung

Der Stand der numerischen Berechnungsverfahren bietet heute die Möglichkeit, das Tragverhalten von stabilititätsgefährdeten Schalen sehr genau zu erfassen. Mit den vorliegenden nichtlinearen Elementen und Algorithmen können Verzweigungspunkte gefunden und der Nachbeulbereich bis zum Minimum und darüber hinaus nachgefahren werden. Allerdings bedeutet die vollständige nichtlineare Tragwerksanalyse mit der FE-Methode immer noch einen sehr hohen Rechen- und Zeitaufwand. Berücksichtigt man, daß gerade der Stabilitätsnachweis bei auf Druck beanspruchten Schalentragwerken ein wesentliches Entwurfskriterium ist, entsteht der Wunsch, die FE-Methode bereits im Entwurfsstadium oder innerhalb eines Optimierungsalgorithmus einzusetzen. Dieses Ziel kann aber nur dann wirtschaftlich sinnvoll erreicht werden, wenn die aufwendige nichtlineare Stabilitätsrechnung durch einfache, zeitsparende Abschätzungskonzepte ersetzt werden kann.

Das *Konzept der reduzierten Membranbeulung* /12/ und die *Anfangsnachbeultheorie* /9/ sind zwei Konzepte, die mit der Frage des Stabilitätsverhaltens im Nachbeulbereich eng verbunden sind. Durch Anwendung dieser Verfahren innerhalb eines FE-Programms läßt sich das Stabilitätsverhalten von Schalentragwerken mit beträchtlich verringertem Aufwand in sehr guter Näherung abschätzen.

Der Aufwand kann noch weiter reduziert werden, wenn zusätzlich auf der Lastseite eine Vereinfachung eingeführt wird. Für einen bestimmten Schalentyp, einen Naturzugkühlturm, wurde der in Umfangsrichtung nichtrotationssymmetrisch verteilte Winddruck innerhalb der Lastkombination Eigengewicht und Wind derart ersetzt, daß die Stabiltitätsrechnung mit einem rotationssymmetrischen Ersatzwind die gleiche kritische Last liefert wie eine vollständig geometrisch nichtlineare Berechnung. Durch die Rückführung des Problems auf rotationssymmetrische Lasten ist nunmehr auch die Verwendung von Ringelementen möglich, was eine weitere enorme Reduzierung des Zeit- und Rechenaufwandes bedeutet.

Unter den genannten Voraussetzungen kann nun die FE-Stabilitätsanalyse ökonomisch bereits im Entwurfsstadium eingesetzt werden. Am Beispiel der Wanddickenoptimierung einer Kühlturmschale wird gezeigt, wie die Entwurfsaufgabe unter Verwendung theoretisch-numerischer Analysen auf der Basis der FE-Methode sinnvoll durchgeführt werden kann.

## 2 Abschätzungskonzepte des Stabilitätsverhaltens

### 2.1 Konzept der richtungsorientiert reduzierten Membranbeulung

Die Theorie der reduzierten Membranbeulung /3,12,13/ ist ein Abschätzungskonzept, mit dem durch eine linearisierte Verzweigungsberechnung auf das Nachbeulminimum perfekter Strukturen geschlossen werden kann. Die Abschätzung dieser unteren Grenzlast wird mechanisch und beultheoretisch durch die Trennung der am Beulprozeß beteiligten Wirkungsmechnismen der linearen Membranenergie, der linearen Biegeenergie und der nichtlinearen Membranenergie begründet. Durch eine Betrachtung der aus der Anfangsnachbeultheorie nach KOITER /9/ folgenden Nachbeulparameter $\lambda_1$ und $\lambda_2$ wird deutlich, daß die linearen Membraneffekte im Indifferenzpunkt über das Nachbeulverhalten entscheiden und den Lastabfall bis zum Nachbeulminimum beschreiben. Diese Erkenntnis führte zur Reduktion der linearen Membrananteile und somit zum *reduzierten Eigenwertproblem*

$$[\ \underline{K}_{er} + \lambda_{rk} \underline{K}_g\ ]\ \overset{+}{\underline{v}} = \underline{0}\,. \tag{2.1}$$

Da jedoch im Sinne des Konzepts der reduzierten Membranbeulung das Eigenwertproblem (2.1) nur mit der vollständigen Lösung $\overset{+}{\underline{v}}$ zu verwenden ist, führt die Lösung des reduzierten Eigenwertproblems auf mathematische Schwierigkeiten. Wie in /3/ gezeigt wird, lassen sich diese Schwierigkeiten jedoch leicht vermeiden, wenn zunächst das vollständige Eigenwertproblem mit dem kritischen Lastfaktor $\lambda_k$ und der Beulform $\overset{+}{\underline{v}}$ gelöst wird. Der reduzierte kritsche Lastfaktor $\lambda_{rk}$ wird nun durch eine Potentialberechnung für den Indifferenzzustand ermittelt. Dabei verhalten sich die Stabilitätslastanteile zueinander wie die beim Beulprozeß beteiligten Energieanteile:

$$\frac{\lambda_B}{\lambda_K} = \frac{\Pi_B^L[\dot{\underline{v}}]}{\Pi_{ges}^L[\dot{\underline{v}}]} \quad ; \qquad \frac{\lambda_M}{\lambda_K} = \frac{\Pi_M^L[\dot{\underline{v}}]}{\Pi_{ges}^L[\dot{\underline{v}}]} \; , \tag{2.2}$$

mit $\Pi_B^L$ - inkrementelle lineare Biegeenergie

$\Pi_M^L$ - inkrementelle lineare Membranenergie

$\Pi_{ges}^L$ - gesamte inkrementelle lineare Energie

$\lambda_B$ - Anteil der Indifferenzlast aus Aktivierung der inkrementellen linearen Biegeenergie

$\lambda_M$ - Anteil der Indifferenzlast aus Aktivierung der inkrementellen linearen Membranenergie.

Die Bedeutung der einzelnen Stabilitätslastanteile ist in Bild 2.1 zu erkennen. Im ungünstigsten Fall wird der "scheinbar" stabilitätslaststeigernde Einfluß der *linearen Membraneffekte* $\lambda_M$ im überkritischen Bereich vollständig durch die nichtlinearen Membrananteile aufgezehrt. Im Nachbeulminimum wirkt nur noch der Stabilitätslastanteil $\lambda_B$ der linearen Biegeeffekte stabilisierend. Die Ab-

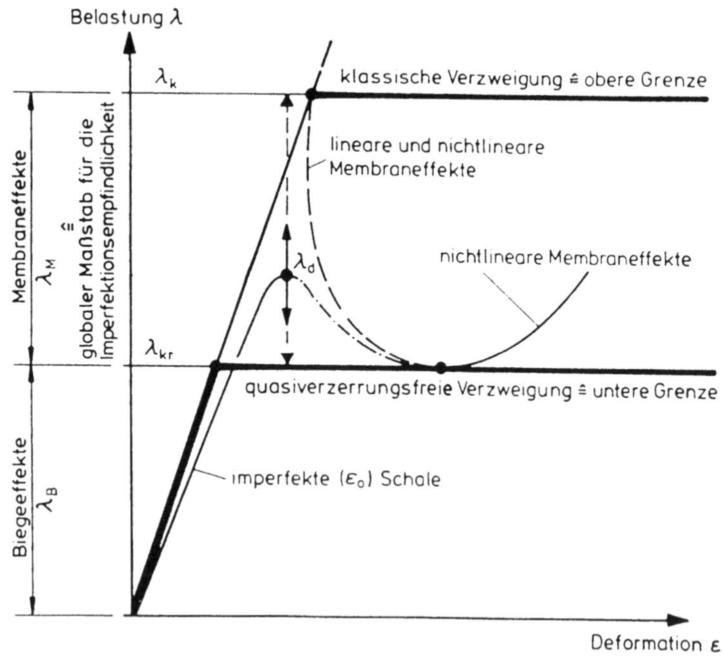


Bild 2.1: Konzept der reduzierten Membranbeulung /12/

schätzung des Konzepts der *globalen* reduzierten Membranbeulung bezüglich der unteren Grenzlast lautet somit:

$$\lambda_u \approx \lambda_B . \tag{2.3}$$

Die Anwendung des Konzepts der reduzierten Membranbeulung setzt einen linearen Vorbeulbereich voraus. Diese Voraussetzung ist bei vielen in der Praxis vorkommenden Strukturen und Belastungen exakt oder in guter Näherung erfüllt. Die Gültigkeit der Theorie hängt weiter wesentlich vom Verhalten im Nachbeulbereich ab. Bei Tragwerken, deren Tragverhalten durch eine sprunghafte Änderung des Beulmusters im Nachbeulbereich, das sogenannte "Kaskadenbeulen" (z.B. KZS unter Axialdruck), charakterisiert ist, führt das Konzept der reduzierten Membranbeulung naturgemäß zu einer falschen Abschätzung.

Läßt man die vorher genannten Fälle außer Betracht, führt die Anwendung des Konzepts der reduzierten Membranbeulung in vielen Fällen zu einer sehr guten Abschätzung des Nachbeulminimums perfekter Strukturen. Anwendungsbeispiele aus der Vergangenheit und Gegenwart beweisen die Effizienz dieses Konzepts, das mit der Abschätzung immer konservativ, d.h. auf der sicheren Seite liegt. So kann beispielsweise das Nachbeulminimum bei Rotationsschalen mit $K \geq 0$ (KZS, Ellipsoid) für den Lastfall Außendruck sehr gut erfaßt werden. Jedoch liefert die globale Membranreduktion bei Schalen mit $K<0$ (Hyperboloid) unter dem gleichen Lastfall eine deutlich unter dem tatsächlichen Nachbeulminimum liegende untere Grenzlast. Analytisch-mechanische Betrachtungen der Stabilitätsgleichungen in /12/ führten zu der Erkenntnis, daß zur Angabe eng liegender Beulschranken eine in Richtung der Hauptkrümmungen der Schale gesplittete Membranreduktion notwendig ist.

Um eine weitere Klassifizierung bezüglich stabilisierender und labilisierender Membraneffekte zu erhalten, wird das Konzept der globalen Membranreduktion in eine *richtungsorientierte Membranreduktion* auf FE-Basis spezifiziert.

Eine richtungsabhängige Aufspaltung der linearen Membranenergie in Richtung der Hauptkrümmungslinien $\theta^1$ und $\theta^2$ erlaubt korrespondierend eine Unterteilung des aus den Membraneffekten resultierenden Stabilitätslastanteils:

$$\lambda_M = \lambda_M^{11} + 2\lambda_M^{12} + \lambda_M^{22} \quad . \tag{2.4}$$

Mit dieser Aufspaltung besteht nun die Möglichkeit, bei Kenntnis ihres beullaststeigernden bzw. -mindernden Einflusses bestimmte Anteile zu reduzieren oder sie dem stabilisierenden Lastanteil $\lambda_B$ zuzuschlagen und somit eine eng liegende untere Grenzlast zu berechnen. Die Stabilitätslastanteile werden analog zu den Gleichungen (2.2) durch das Verhältnis der am Beulprozeß beteiligten Energieanteile ermittelt. Dazu ist eine richtungsorientierte Aufspaltung des linear elastischen Potentials erforderlich.

Das gesamte inkrementelle Potential im indifferenten Beulzustand lautet:

$$\Pi^L_{ges} = \frac{1}{2} \iint_F ( \overset{+}{n}{}^{(\alpha\beta)} \overset{+}{\alpha}_{(\alpha\beta)} + \overset{+}{m}{}^{(\alpha\beta)} \overset{+}{\omega}_{(\alpha\beta)} ) \, dF \quad . \qquad (2.5)$$

Vorteilhaft erweist sich in diesem Fall bei der Herleitung der Potentialaufspaltung die Schreibweise der Schalengleichungen in tensorieller Form. Die Zerlegung in *richtungsabhängige Membranenergieanteile* sowie in den Biegeenergieanteil liefert:

$$\Pi^L_{ges} = \Pi^L_B + \Pi^{L11}_M + 2\,\Pi^{L12}_M + \Pi^{L22}_M \qquad (2.6a)$$

$$\Pi^{L\alpha\beta}_M = \frac{1}{2} \iint_F \overset{+}{n}{}^{(\alpha\beta)} \overset{+}{\alpha}_{(\alpha\beta)} \, dF \qquad (2.6b)$$

$$\Pi^L_B = \frac{1}{2} \iint_F \overset{+}{m}{}^{(\alpha\beta)} \overset{+}{\omega}_{(\alpha\beta)} \, dF \qquad (2.6c)$$

mit $\Pi^{L11}_M$ -, $\Pi^{L12}_M$ -, $\Pi^{L22}_M$ - lineare inkrementelle Membranenergie infolge der richtungsorientierten Membrananteile

$\Pi^L_B$ - lineare inkrementelle Biegenergie

$\overset{+}{\alpha}_{(\alpha\beta)}$ - 1. Verzerrungstensor im Indifferenzpunkt

$\overset{+}{\omega}_{(\alpha\beta)}$ - 2. Verzerrungstensor im Indifferenzpunkt

$\overset{+}{n}{}^{(\alpha\beta)}$ - Normalkrafttensor im Indifferenzpunkt

$\overset{+}{m}{}^{(\alpha\beta)}$ - Biegemomententensor im Indifferenzpunkt

Die Aufspaltung der Potentialanteile ist sowohl in dem FEMAS-Standardprogramm RTRGW2 /4,6/ für konische und doppelt gekrümmte Ringelemente als auch in dem FEMAS-Standardprogramm STRGW3 /5/ für die beliebig gekrümmten Schalenelemente der Elementfamilie NACS /2,7/ implementiert.

Mit der Kenntnis der einzelnen Potentialanteile lassen sich nun analog zu (2.2) die *Anteile der Stabilitätslast* angeben:

$$\lambda_B = \frac{\Pi_B^L[\dot{\underline{v}}]}{\Pi_{ges}^L[\dot{\underline{v}}]}\,\lambda_K\,; \qquad \lambda_M^{\alpha\beta} = \frac{\Pi_M^{L\alpha\beta}[\dot{\underline{v}}]}{\Pi_{ges}^L[\dot{\underline{v}}]}\,\lambda_K\,. \tag{2.7}$$

Die Abschätzung der unteren Grenzlast, im folgenden mit $\lambda_B^*$ bezeichnet, geschieht durch die Summe aller stabilisierend wirkenden Stabilitätslastanteile, die neben dem reinen Biegeanteil auch Membrananteile enthalten kann:

$$\lambda_u \approx \lambda_B^* = \lambda_B + \lambda_M^{\alpha\beta}(\text{stabil})\,. \tag{2.8}$$

Entsprechend bilden die labilisierend wirkenden Membranstabilitätslastanteile weiterhin einen Maßstab für die Imperfektionsempfindlichkeit perfekter Strukturen:

$$\lambda_M^* = \lambda_M^{\alpha\beta}(\text{labil})\,. \tag{2.9}$$

Zur Beantwortung der Frage, welche Membranstabilitätslastanteile auch im Nachbeulbereich stabilisierend wirken, wird eine analoge richtungsorientierte Membranreduktion innerhalb der Anfangsnachbeultheorie nach KOITER /1,9/ erforderlich.

## 2.2 Richtungsorientierte Anfangsnachbeulanalyse

KOITER /9/ legte in seiner Arbeit bereits 1945 ein für beliebige elastische Strukturen gültiges Instabilitätskonzept vor, das asymptotisch exakt die Beschreibung im Anfangsstadium des Nachbeulbereichs erlaubt. Die aufgestellte Anfangsnachbeulthoerie wurde erst viel später u.a. von BUDIANSKY/HUTCHINSON /1/ aufgegriffen und überarbeitet. Das Verfahren geht davon aus, daß sich einschließlich der kritischen Last alle Zustandsgrößen um dem Indifferenzpunkt in eine Reihe entwickeln lassen:

$$\underline{u} = \bar{\underline{u}}(\lambda_K) + \varepsilon\,\dot{\underline{u}} + \varepsilon^2\ddot{\underline{u}} + \ldots.. \tag{2.10}$$

$$\frac{\lambda}{\lambda_K} = 1 + \varepsilon\,\lambda_1 + \varepsilon^2\lambda_2 + \ldots..\,. \tag{2.11}$$

In der Reihenentwicklung der Verformung $\underline{u}$ bezeichnet $\underline{\bar{u}}$ die zum Lastniveau $\lambda_k$ gehörende Grundzustandsverformung, $\underline{\overset{+}{u}}$ die normierte Eigenform im Indifferenzpunkt und $\underline{\overset{++}{u}}$ die höhere Beulform zweiter Ordnung, die sich unter Einhaltung bestimmter Orthogonalitätsbedingungen ermitteln läßt. Der Parameter $\varepsilon$ ist der variable Wert der Beulamplitude. Aus der Betrachtung der Reihenentwicklung wird deutlich, daß die Parameter $\lambda_1$ und $\lambda_2$ die Neigung bzw. Krümmung der Lastverformungsbeziehung im Indifferenzpunkt repräsentieren. Durch Einsetzen der Reihenansätze in das Funktional für das elastische Potential und Forderung von Gleichgewicht erhielt KOITER /9/ eine asymptotisch exakte Beziehung zwischen dem Lastparameter und der Nachbeuldeformation und somit auch die gesuchten Nachbeulparameter $\lambda_1$ und $\lambda_2$. Die exakte Gültigkeit dieser asymptotischen Beziehung erstreckt sich nur auf die unmittelbare Nachbarschaft des Verzweigungspunktes der idealen Struktur, jedoch erlaubt die Betrachtung der potentiellen Energie in diesem Bereich, wichtige Aussagen über die Art des Gleichgewichts (stabil oder labil) zu treffen.

Grundsätzlich führt das Anfangsnachbeulverhalten zu drei charakteristischen Instabilitätserscheinungen:

$\lambda_1 \lessgtr 0$ : asymmetrisches Verzeigungsverhalten mit zu- oder abnehmender Tragfähigkeit im Anfangsnachbeulbereich je nach Vorzeichen der Beulamplitude $\varepsilon$,

$\lambda_1 = 0,\ \lambda_2 > 0$: symmetrisches Verzweigungsverhalten mit zunehmender Tragfähigkeit im Anfangsnachbeulbereich,

$\lambda_1 = 0,\ \lambda_2 < 0$: symmetrisches Verzweigungsverhalten mit abnehmender Tragfähigkeit im Anfangsnachbeulbereich.

Die Terme für die Nachbeulparameter $\lambda_1$ und $\lambda_2$ lassen sich unter der Annahme eines linearen Vorbeulbereichs wie folgt anschreiben:

$$\lambda_1 = -\frac{3}{2}\,\frac{\iint_F [\,\overset{+}{n}{}^{(\alpha\beta)}\,\overset{+}{u}_{3|\alpha}\,\overset{+}{u}_{3|\beta}\,]\,dF}{\iint_F [\,\overset{+}{n}{}^{(\alpha\beta)}\,\overset{+}{\alpha}_{(\alpha\beta)} + \overset{+}{m}{}^{(\alpha\beta)}\,\overset{+}{\omega}_{(\alpha\beta)}\,]\,dF} \tag{2.12}$$

$$\lambda_2 = -\,\frac{\iint_F [\,2\,\overset{+}{n}{}^{(\alpha\beta)}\,\overset{++}{u}_{3|\alpha}\,\overset{+}{u}_{3|\beta} + \overset{++}{n}{}^{(\alpha\beta)}\,\overset{+}{u}_{3|\alpha}\,\overset{+}{u}_{3|\beta}\,]\,dF}{\iint_F [\,\overset{+}{n}{}^{(\alpha\beta)}\,\overset{+}{\alpha}_{(\alpha\beta)} + \overset{+}{m}{}^{(\alpha\beta)}\,\overset{+}{\omega}_{(\alpha\beta)}\,]\,dF} \tag{2.13}$$

mit $$\bar{n}^{(\alpha\beta)} = \frac{D}{2} H^{\alpha\beta\rho\lambda} ( \bar{u}_{\rho|\lambda} + \bar{u}_{\lambda|\rho} - 2 b_{\rho\lambda} \bar{u}_3 ) \qquad (2.14)$$

$$\overset{+}{n}{}^{(\alpha\beta)} = \frac{D}{2} H^{\alpha\beta\rho\lambda} ( \overset{+}{u}_{\rho|\lambda} + \overset{+}{u}_{\lambda|\rho} - 2 b_{\rho\lambda} \overset{+}{u}_3 ) \qquad (2.15)$$

$$\overset{++}{n}{}^{(\alpha\beta)} = \frac{D}{2} H^{\alpha\beta\rho\lambda} ( \overset{++}{u}_{\rho|\lambda} + \overset{++}{u}_{\lambda|\rho} - 2 b_{\rho\lambda} \overset{++}{u}_3 + \overset{+}{u}_{3|\rho} \overset{+}{u}_{3|\lambda} ) . \qquad (2.16)$$

Wie bereits zu Beginn dieses Aufsatzes angedeutet, gewinnt man aus der Betrachtung der Nachbeulparameter die Erkenntnis /12/, daß die lineare Membranenergie allein verantwortlich für die Art des charakteristischen Nachbeulverhaltens ist. Im folgenden wird eine zum Konzept der richtungsorientierten reduzierten Membranbeulung korresspondierende *richtungsorientierte Betrachtung der Nachbeulparameter* vorgenommen, um eine Aussage über die Art des Beitrags bestimmter Energieanteile zum Nachbeulverhalten (stabil/labil) zu erhalten.

Der *asymmetrische* Nachbeulparameter $\lambda_1$ repräsentiert, wie bereits erwähnt, abhängig vom Vorzeichen der Beulamplitude $\varepsilon$, die Steigung bzw. den Abfall der räumlichen Lastverformungskurve im Nachbeulbereich. Aus Gleichung (2.12) ist zu erkennen, daß der Parameter $\lambda_1$ das Verhältnis der gemischten inkrementellen Membranenergie aus linearen Membranspannungen $\overset{+}{n}{}^{(\alpha\beta)}$ mit nichtlinearen Membranverzerrungen $\overset{+}{\alpha}_{(\alpha\beta)}$ der Beulform $\underline{\overset{+}{u}}$ zur linearen Membran- und Biegeenergie der gleichen Beulform darstellt. Da der Nennerterm immer positiv definit bleibt, wird das asymmetrische Nachbeulverhalten einzig durch das Vorzeichen des Zählers bestimmt. Ein postiver bzw. negativer Zähler zeigt somit ein stabiles bzw. instabiles Nachbeulverhalten an. Eine richtungsorientierte Aufspaltung des Nachbeulparameters $\lambda_1$ liefert nun eine Aussage über die stabilisierende bzw. labiliserende Wirkung der korrespondierenden Membrananteile des Konzepts der richtungsorientierten reduzierten Membranbeulung.
Ein *postiver* Anteil des Nachbeulparameters $\lambda_1$ signalisiert den *stabilisierenden* Anteil am Nachbeulverhalten, während umgekehrt ein negativer Anteil zu einem labilisierenden Einfluß führt.

Die *richtungsabhängige* Zerlegung von $\lambda_1$ gefolgt in folgender Weise:

$$\lambda_1 = \lambda_1^{11} + 2\lambda_1^{12} + \lambda_1^{22} \qquad (2.17a)$$

$$\lambda_1^{\alpha\beta} = -\frac{3}{2} \frac{\iint_F [\, \overset{+}{n}^{(\alpha\beta)} \overset{+}{u}_{3|\alpha} \overset{+}{u}_{3|\beta} \,] \, dF}{\iint_F [\, \overset{+}{n}^{(\rho\lambda)} \overset{+}{\alpha}_{(\rho\lambda)} + \overset{+}{m}^{(\rho\lambda)} \overset{+}{\omega}_{(\rho\lambda)} \,] \, dF} \,. \tag{2.17b}$$

Zu erwähnen ist noch, daß im Falle eines asymmetrischen Nachbeulverhaltens der Nachbeulparameter $\lambda_1$ derart dominant ist /8,12/, daß die Lastverformungsbeziehung ohne weitere Berücksichtigung von $\lambda_2$ eine ausreichende Näherung darstellt.

Ein *symmetrisches* Nachbeulverhalten liegt vor, wenn der asymmetrische Nachbeulparameter $\lambda_1$ verschwindet. Typische durch ein symmetrisches Verzweigungsverhalten charakterisierte Tragwerke sind u. a. stabilitätsgefährdete Rotationsschalen. Aufgrund des großen Einsatzgebietes von Rotationsschalen ist also häufig der Nachbeulparameter $\lambda_2$ zu bestimmen, dessen Bestimmung aber leider mit erhöhtem numerischen Aufwand verbunden ist. Wie aus den Gleichungen (2.13) bzw. (2.16) zu erkennen, ist dazu die Kenntnis des Beulzustandes $\overset{++}{\underline{u}}$ erforderlich.
Die Bestimmungsgleichung für die Beulform zweiter Ordnung stellt eine inhomogene Differentialgleichung dar, dessen homogene Lösung die Beulform $\overset{+}{\underline{u}}$ repräsentiert. Durch eine zu findende partikuläre Lösung wird die Beulform $\overset{++}{\underline{u}}$ als allgemeine Lösung des Differentialgleichungssystems unter Einhaltung bestimmter Orthogonalitätsbedingungen bestimmt. JÜRCKE /8/ hat in seiner Arbeit den Weg zur Bestimmung der Beulform 2. Ordnung aufgezeigt und auch numerisch realisiert. In diesem Aufsatz wird auf eine mathematische Beschreibung der Herleitung der Beulform zweiter Ordnung verzichtet und auf /8/ verwiesen.

Die Krümmung der Lastverformungskurve im Anfangsnachbeulbereich wird durch den symmetrischen Nachbeulparameter $\lambda_2$ beschrieben. Der Nenner ist wie beim Nachbeulparameter $\lambda_1$ die immer postive lineare Membran- und Biegeenergie im Indifferenzpunkt. Über das Stabilitätsverhalten entscheidet wiederum das Vorzeichen des Zählers, der sich aus mehreren Energieanteilen zusammensetzt. Der erste Zählerterm stellt eine Energie aus linearen Membranspannungen $\overset{+}{n}^{(\alpha\beta)}$ der Beulform $\overset{+}{\underline{u}}$ mit nichtlinearen Verzerrungen $\overset{++}{u}_{3|\alpha}\, \overset{+}{u}_{3|\beta}$ der Beulformen $\overset{+}{\underline{u}}$ und $\overset{++}{\underline{u}}$ dar. Der zweite Zählerterm läßt sich in zwei Anteile unterteilen: einen Anteil, bestehend aus der Energie der linearen Membranspannungen $\overset{++}{n}^{(\alpha\beta)}$ der Beulform zweiter Ordnung $\overset{++}{\underline{u}}$ mit nichtlinearen Verzerrungen $\overset{+}{u}_{3|\alpha}\, \overset{+}{u}_{3|\beta}$ der Beulform $\overset{+}{\underline{u}}$, sowie einen Anteil, bestehend aus der rein nichtlinearen Membranenergie der Beulform $\overset{+}{\underline{u}}$. Letzterer Anteil ist immer positiv, so daß das Vorzeichen des Nachbeulparameters $\lambda_2$ im wesentlichen durch die anderen Energieanteile bestimmt wird.

Die *richtungsorientierte* Aufspaltung des Nachbeulparameters $\lambda_2$ liefert:

$$\lambda_2 = \lambda_2^{11} + 2\lambda_2^{12} + \lambda_2^{22} \tag{2.18a}$$

$$\lambda_2^{\alpha\beta} = - \frac{\iint_F \left[ 2\,\overset{+}{n}^{(\alpha\beta)}\, \overset{++}{u}_{3|\alpha}\, \overset{+}{u}_{3|\beta} + \overset{++}{n}^{(\alpha\beta)}\, \overset{+}{u}_{3|\alpha}\, \overset{+}{u}_{3|\beta} \right] dF}{\iint_F \left[ \overset{+}{n}^{(\rho\lambda)}\, \overset{+}{\alpha}_{(\rho\lambda)} + \overset{+}{m}^{(\rho\lambda)}\, \overset{+}{\omega}_{(\rho\lambda)} \right] dF} \,. \tag{2.18b}$$

Die vollständige *richtungsorientierte Nachbeulanalyse* mit Aufspaltung der Nachbeulparameter $\lambda_1$ und $\lambda_2$ ist in dem FEMAS-Standardprogramm STRGW3 /5/ für die beliebig gekrümmten Schalenelemente der Elementfamilie NACS /2,7/ implementiert.

## 2.3 Kombination des Konzepts der richtungsorientiert reduzierten Membranbeulung mit richtungsorientierter Anfangsnachbeultheorie

Wie gesehen, befassen sich beide Theorien mit dem Stabilitätsverhalten im überkritischen Bereich. Während die Anfangsnachbeulanalyse Aussagen über die unmittelbare Nachbarschaft des Indifferenz-

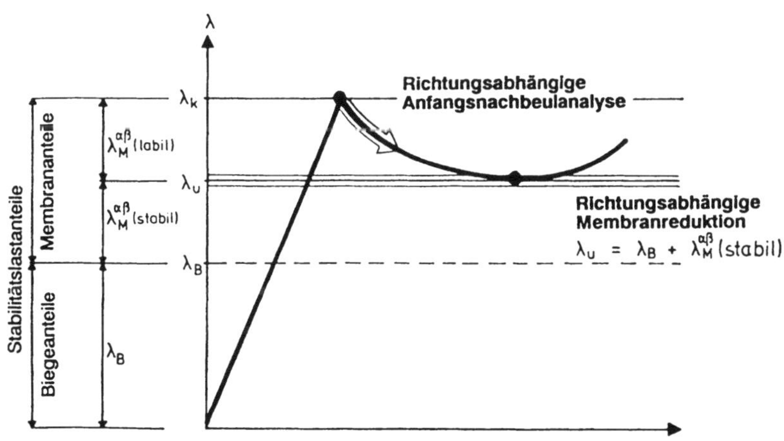


Bild 2.2: Konzept der richtungsorientiert reduzierten Membranbeulung mit richtungsorientierter Anfangsnachbeultheorie

punktes macht, bietet das Konzept der reduzierten Membranbeulung die Möglichkeit, eine untere Grenzlast als Nachbeulminimum abzuschätzen. Diese sich auf verschiedene Bereiche des Beulverhaltens erstreckenden Informationen sind in hervorragender Weise geeignet, sich gegenseitig zu ergänzen (Bild 2.2).

Zunächst werden mit Hilfe des *Konzepts der richtungsorientiert reduzierten Membranbeulung* die Beträge der einzelnen Stabilitätslastanteile $\lambda_M^{\alpha\beta}$ berechnet. Mit der anschließend durchgeführten *richtungsorientierten Anfangsnachbeulanalyse* wird entschieden, welcher der *Membranstabilitätslastanteile* $\lambda_M^{\alpha\beta}$ einen stabilisierenden und welcher einen labilisierenden Einfluß auf das Stabilitätsverhalten der Schale besitzt:

$$\lambda_M^{\alpha\beta} = \begin{cases} \text{stabil, wenn } \lambda_1^{\alpha\beta} \text{ bzw. } \lambda_2^{\alpha\beta} > 0 \\ \\ \text{labil, wenn } \lambda_1^{\alpha\beta} \text{ bzw. } \lambda_2^{\alpha\beta} < 0 \,. \end{cases} \tag{2.19}$$

Durch die Kombination beider Konzepte gelingt eine sehr gute Abschätzung des Schalenbeulverhaltens. Mit einem gegenüber einer komplett geometrisch nichtlinearen Berechnung erheblich geringerem Zeit- und Rechenaufwand kann das Tragverhalten im überkritischen Bereich beurteilt werden.

## 2.4 Anwendungsbeispiele

An verschiedenen Beispielen soll die Anwendung der Kombination von richtungsorientierter Membranreduktion und richtungsorientierter Anfangsnachbeulanalyse gezeigt werden. In den Bildern 2.3 bis 2.6 sind jeweils die richtungsabhängigen Stabilitätslastanteile $\lambda_M^{\alpha\beta}$ Membranreduktion und die richtungsabhängigen Nachbeulparameterteile $\lambda_2^{\alpha\beta}$ bezogen auf die kritische Last $\lambda_K$ angegeben. Zusammen mit dem immer stabilen Anteil $\lambda_B$ bilden die Membranstabilitätslastanteile $\lambda_M^{\alpha\beta}$, deren korrespondierender Nachbeulparameteranteil $\lambda_2^{\alpha\beta}$ ein positives Vorzeichen besitzt, eine untere Grenze für die Stabilitätslast. Bei Betrachtung der Beispiele wird der Unterschied zur globalen Membranreduktion deutlich. Einzelne Membrananteile $\lambda_M^{\alpha\beta}$ können sowohl einen stabilen als auch einen labilen Einfluß auf das Nachbeulverhalten haben.

Für die Ellipsoidschale unter Manteldruck (K>0) ergab die richtungsorientierte Anfangsnachbeultheorie, daß alle Membranstabilitätslastanteile $\lambda_M = \lambda_M^{11} + 2\ \lambda_M^{12} + \lambda_M^{22}$ labilsierend sind und somit nur der Biegeanteil $\lambda_B$ stabilisierend wirkt. Die untere Grenzlast ergibt sich damit zu $\lambda_B^* = \lambda_B = 0.495$ (Bild 2.3). Die gleichen Stabilitätsphänomene zeigen sich auch bei der hier nicht dargestellten Kreiszylinderschale unter Manteldruck. Im Gegensatz dazu verhält sich beim axialgedrückten Hyperboloiden (K<0) der Membrananteil $\lambda_M^{22}$ in Meridianrichtung stabilisierend, was zu einer unteren Beulgrenzlast von $\lambda_B^* = \lambda_B + \lambda_M^{22} = 0.831$ führt (Bild 2.4). Bei der gleichen Schale unter dem Lastfall Manteldruck besitzen alle Membranstabilitätslastanteile $\lambda_M^{\alpha\beta}$ einen stabilisierenden Einfluß, sodaß die untere Grenzlast $\lambda_B^* = \lambda_B + \lambda_M^{11} + 2\ \lambda_M^{12} + \lambda_M^{22} = 1.000$ lautet (Bild 2.5). In diesem Falle ist das "Nachbeulminimum" mit der Verzweigungslast identisch, d. h. das Stabilitätsverhalten im überkritischen Bereich führt zu keinem Lastabfall.

Die komplett geometrisch nichtlineare Berechnung, dargestellt in einer Last-/Verformungskurve eines markanten Freiheitsgrades (Radialverformung $v_3$ in Schalenmitte), bestätigt in allen Fällen die gute Abschätzung des Schalenbeulverhaltens als untere Stabilitätslast, welche als Maßstab für die Imperfektionsempfindlichkeit einer Struktur hergezogen werden kann.

Jedoch nicht nur bei einfachen Belastungen, sondern auch bei komplizierteren Laststellungen, wie etwa bei einer Kühlturmschale unter Eigengewicht, Innensog und nichtrotationssymmetrischer Winddruckverteilung, gelingt eine gute Aussage über das Beulverhalten der Struktur, wie Bild 2.6 verdeutlich. Die Belastung entspricht sinngemäß derjenigen aus Bild 3.1. Die richtungsorientierte Nachbeulanalyse weist nur einen kleinen Anteil in Ringrichtung als labilsierend aus, so daß im überkritischen Bereich nur mit einem sehr geringen Abfall der Traglast zu rechnen ist ($\lambda_B^* = \lambda_B = 0.993 \approx 1.0$). Durch die nichtlineare Berechnung, durchgeführt in /7/, wird auch hier in sehr guter Näherung das Ergebnis des vereinfachten Stabilitätsnachweises bestätigt, obwohl die Annahme eines linearen Vorbeulbereiches nicht exakt erfüllt ist.

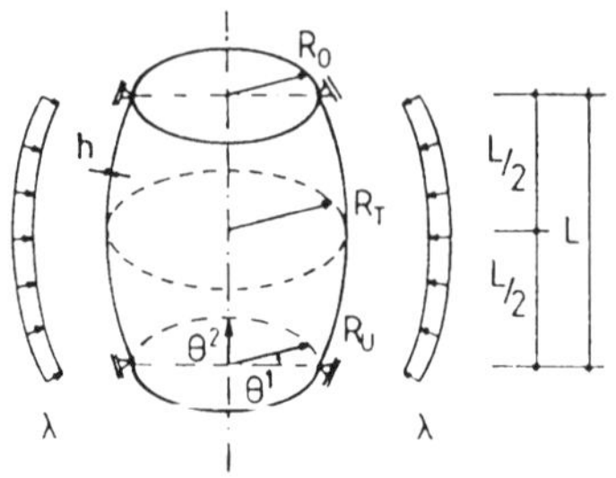


$R_T$ = 45,00 m
$R_O = R_U$ = 35,00 m
L = 100,00 m
h = 0,125 m

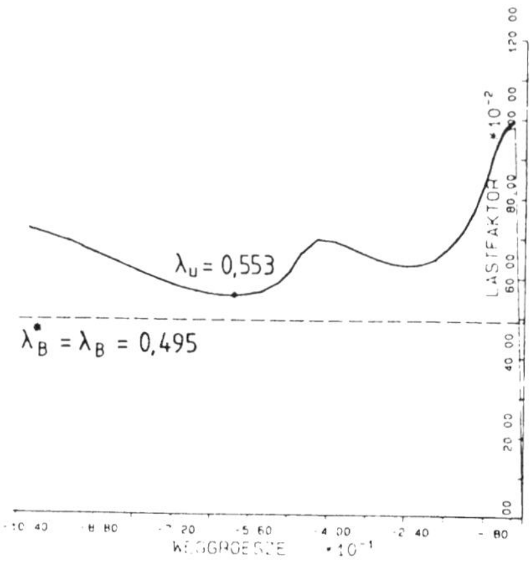


**KOMBINATION MEMBRANREDUKTION UND ANFANGSNACHBEULANALYSE**

lineare Verzweigungsberechnung $\lambda_k = 47{,}92$ n = 20

| | **Membranreduktion** $\lambda^{\alpha\beta}/\lambda_k$ | **Nachbeulanalyse** $\lambda_2^{\alpha\beta}/\lambda_k\ [10^{-5}]$ |
|---|---|---|
| **Membran-anteile** | $\lambda_M^{11} = 0{,}000$<br>$\lambda_M^{12} = 0{,}009$<br>$\lambda_M^{22} = 0{,}495$ | $\lambda_2^{11} = -0{,}700$ labil<br>$\lambda_2^{12} = -1{,}872$ labil<br>$\lambda_2^{22} = -1{,}885$ labil |
| **Biege-anteile** | $\lambda_B = 0{,}495$ | |
| **Nachbeul-verhalten** | $\lambda_B^* = 0{,}495$ | $\lambda_2 = -4{,}457$ |

Bild 2.3: Ellipsoidschale unter Manteldruck

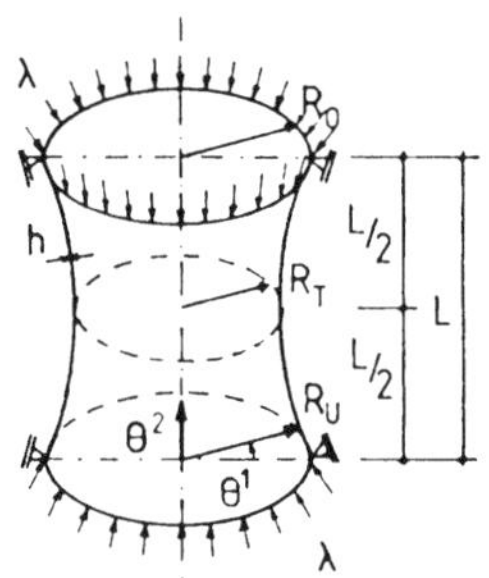


$R_T$ = 34,00 m
$R_O = R_U$ = 46,00 m
L = 100,00 m
h = 0,125 m

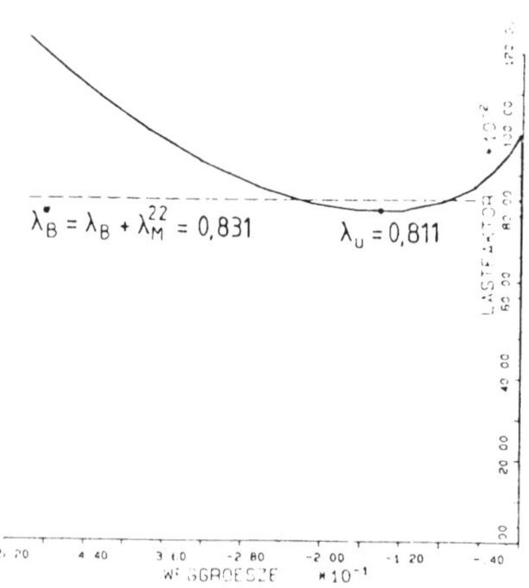


**KOMBINATION MEMBRANREDUKTION UND ANFANGSNACHBEULANALYSE**

lineare Verzweigungsberechnung $\lambda_k = 465{,}0$ n = 6

| | **Membranreduktion** $\lambda^{\alpha\beta}/\lambda_k$ | **Nachbeulanalyse** $\lambda_2^{\alpha\beta}/\lambda_k\ [10^{-4}]$ |
|---|---|---|
| **Membran-anteile** | $\lambda_M^{11} = 0{,}035$<br>$\lambda_M^{12} = 0{,}134$<br>$\lambda_M^{22} = 0{,}198$ ▪ | $\lambda_2^{11} = -5{,}41$ labil<br>$\lambda_2^{12} = -1{,}30$ labil<br>$\lambda_2^{22} = 2{,}96$ stabil |
| **Biege-anteile** | $\lambda_B = 0{,}633$ ▪ | |
| **Nachbeul-verhalten** | $\lambda_B^* = 0{,}831$ | $\lambda_2 = -3{,}75$ |

Bild 2.4: Hyperboloidschale unter Axiallast

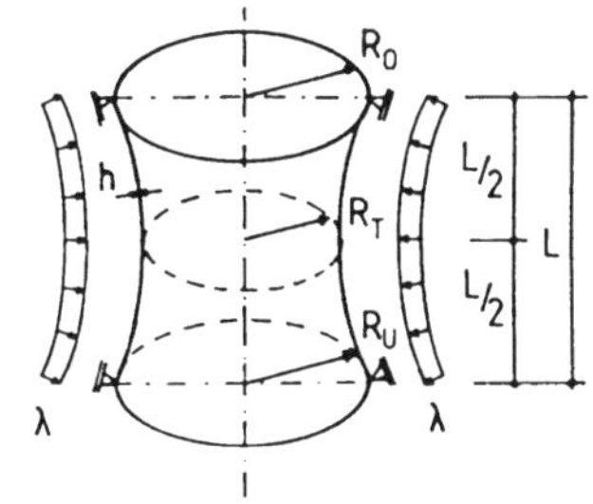


$R_T$ = 34,00 m
$R_0 = R_U$ = 46,00 m
L = 100,00 m
h = 0,125 m

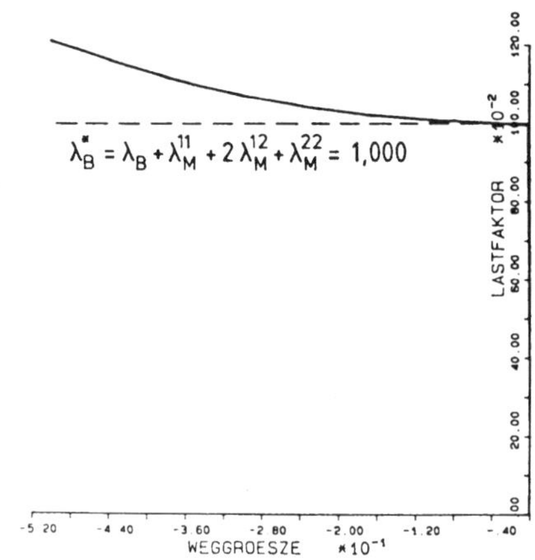


**KOMBINATION MEMBRANREDUKTION UND ANFANGSNACHBEULANALYSE**

lineare Verzweigungsberechnung $\lambda_k$ = 9,71 n = 7

| | Membranreduktion $\lambda^{\alpha\beta}/\lambda_k$ | Nachbeulanalyse $\lambda_2^{\alpha\beta}/\lambda_k\,[10^{-4}]$ |
|---|---|---|
| Membran-anteile | $\lambda_M^{11}$ = 0,021 ▪<br>$\lambda_M^{12}$ = 0,087 ▪<br>$\lambda_M^{22}$ = 0,165 ▪ | $\lambda_2^{11}$ = 2,73 stabil<br>$\lambda_2^{12}$ = 0,17 stabil<br>$\lambda_2^{22}$ = 1,34 stabil |
| Biege-anteile | $\lambda_B$ = 0,727 ▪ | |
| Nachbeul-verhalten | $\lambda_B^*$ = 1,000 | $\lambda_2$ = 4,24 |

Bild 2.5: Hyperboloidschale unter Manteldruck

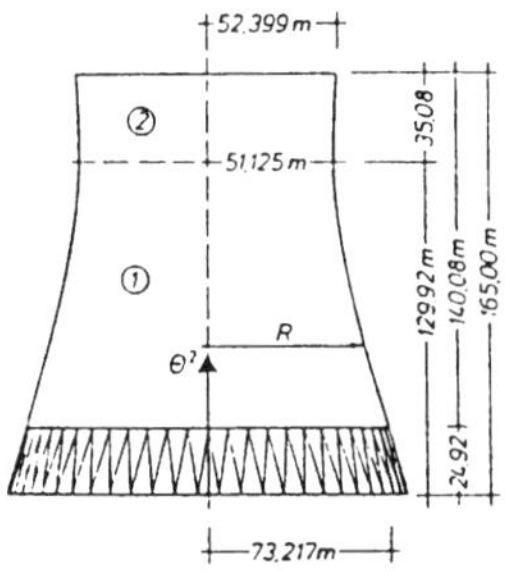


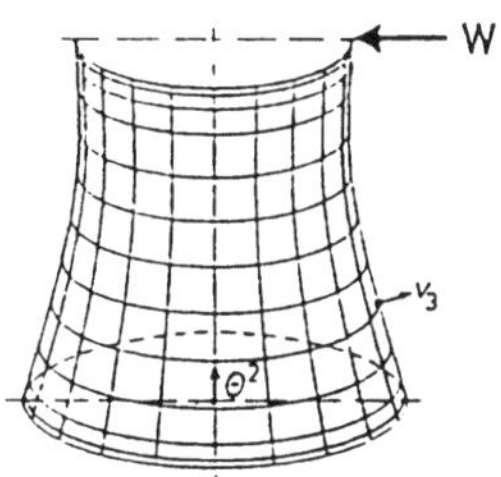


**KOMBINATION MEMBRANREDUKTION UND ANFANGSNACHBEULANALYSE**

lineare Verzweigungsberechnung $\lambda_k$ = 7,59

| | Membranreduktion $\lambda^{\alpha\beta}/\lambda_k$ | Nachbeulanalyse $\lambda_2^{\alpha\beta}/\lambda_k\,[10^{-6}]$ |
|---|---|---|
| Membran-anteile | $\lambda_M^{11}$ = 0,036 ▪<br>$\lambda_M^{12}$ = 0,070<br>$\lambda_M^{22}$ = 0,267 ▪ | $\lambda_2^{11}$ = 1,517 stabil<br>$\lambda_2^{12}$ = -0,581 labil<br>$\lambda_2^{22}$ = 0,329 stabil |
| Biege-anteile | $\lambda_B$ = 0,627 ▪ | |
| Nachbeul-verhalten | $\lambda_B^*$ = 0,993 | $\lambda_2$ = 1,266 |

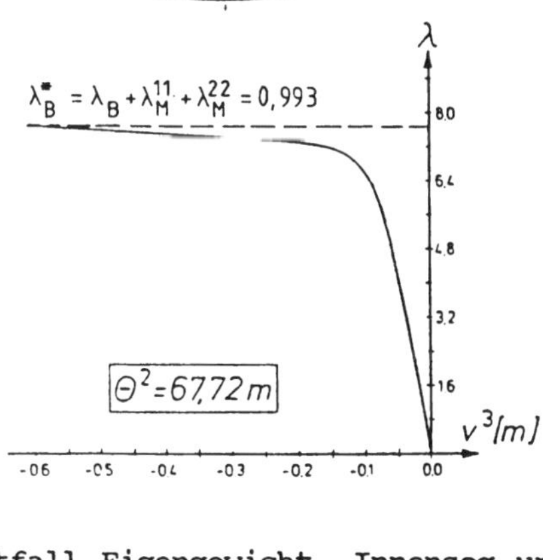


Bild 2.6: Kühlturmschale unter Lastfall Eigengewicht, Innensog und Winddruck

# 3 Abschätzungskonzepte der Belastung

## 3.1 Begründung und Ziele

Für das große Anwendungsgebiet der Rotationsschalen ist es ein ökonomisches Ziel, innerhalb der Stabilitätsrechnung nichtrotationssymmetrische Lasten durch rotationssymmetrische Lasten derart zu ersetzen, daß mit der Ersatzlast das Stabilitätsverhalten möglichst genau abgeschätzt werden kann. Gelingt dies durch eine rotationssymmetrische Ersatzlast, so können nun statt Drei- oder Viereckschalenelementen die sich durch sehr günstige Rechenzeiten auszeichnenden finiten Schalenringelemente mit harmonischem Verformungsansatz in Umfangsrichtung verwendet werden. Dies bedeutet, daß das an sich zweidimensionale Schalenbeulproblem auf ein eindimensionales Eigenwertproblem zurückgeführt werden kann.

Die Wahl einer entsprechenden Ersatzlast ist neben der Art der zu ersetzenden Last und deren Anteil an den Gesamtlasten auch von der Geometrie des Tragwerks abhängig. Eine geeignete Ersatzlast kann also nur tragwerk- und lastspezifisch angegeben werden. Für die windbelastete Kreiszylinderschale ist beispielsweise in /10/ eine Ersatzlast angegeben; nach DIN 18800, Teil 4 kann, wirtschaftlich sehr ungünstig, mit dem Maximalwert der nichtrotationssymmetrischen Belastung rotationssymmetrisch der Beulnachweis geführt werden.

Für einen bestimmten Schalentyp, der Kühlturmschale als Hyperboloidschale, wurde für die nichtrotationssymmetrische Winddruckverteilung mit Hilfe einer Parameterstudie ein *Ersatzbeulwind* ermittelt.

## 3.2 Ersatzbeulwindkonzept für Naturzugkühlturmschale

### 3.2.1 Geometrisch nichtlineare und lineare Stabilität

Naturzugkühltürme aus Stahlbeton haben im wesentlichen ihr Eigengewicht und die Beanspruchung durch Wind stand- und gebrauchssicher abzutragen. Während das Eigengewicht g eine rotationssymmetrische Belastung darstellt, läßt sich die Windlast in zwei unterschiedliche Komponenten zerlegen: einen rotationssymmetrischen Innensog s und eine über den Umfang nichtrotationssymmetrische Druck/Sogverteilung w, deren Größe von der Rauhigkeit der Schalenoberfläche und vom Standort des Kühlturms abhängt /11/. Die Beanspruchung entlang des Schalenmeridians verläuft für s konstant, für w exponential und für g folgt sie dem Verlauf der Wanddickenverteilung längs der Schalenhöhe (Bild 3.1).

Damit sind Kühlerschalen extrem beulgefährdete dünne Flächentragwerke. Die einen möglichen Beulvorgang initiierenden Beanspruchungen sind über Höhe und Umfang unterschiedlich verteilt. Es wechseln Schalenbereiche, die hauptsächlich durch Ringdruckkräfte stabilitätsgefährdet sind, mit anderen, in denen überwiegend Meridiandruckkräfte instabilitätsauslösend wirken. Die meisten Bereiche sind jedoch durch ein Zusammenwirken der Druckkräfte beider Richtungen der Beulgefahr ausgesetzt.

Infolge der nichtsymmetrischen Windbelastung ist für die Stabilitätsanalyse mit nichtrotationssymmetrischem Winddruck die Hälfte der Kühlturmschale zu diskretisieren; in dem Beispiel auf Bild 3.2 erfolgte dies durch 120 doppelt gekrümmte Viereckelemente NACS 48 mit bikubischen Polynomansätzen für die Verschiebungen und 12 Freiheitsgraden je Knoten /2,7/.

Die nichtlineare Last-Verformungskurve des Bildes 3.2, ermittelt mit dem Programmsystem FEMAS /5/, stellt den Lastfaktor $\lambda$ in Abhängigkeit der Schalendurchbiegung $v_3$ in der Taille an der Stelle des maximalen Windstaudruckes dar und liefert ein Stabilitätsversagen bei einem kritschen Lastfaktor von $\lambda_k^{NL} = 7.12$.

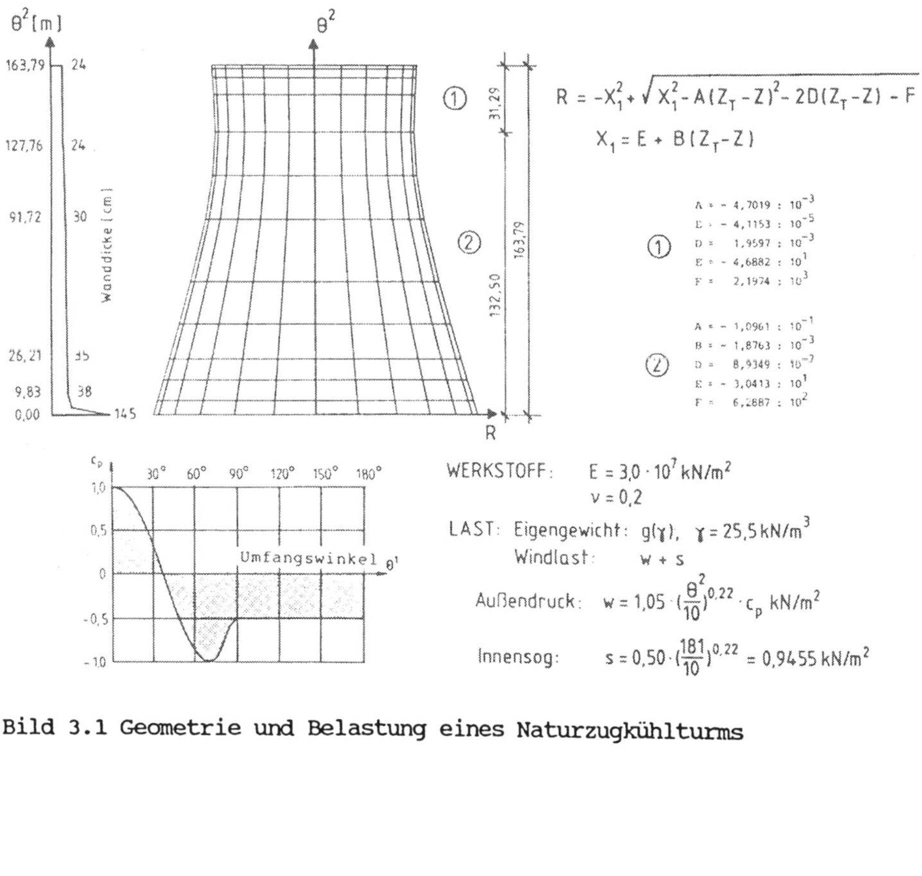


Bild 3.1 Geometrie und Belastung eines Naturzugkühlturms

Der geringe geometrisch nichtlineare Einfluß im Vorbeulbereich läßt eine Vereinfachungsmöglichkeit in der Stabilitätsanalyse erwarten. Streicht man sämtliche nichtlinearen Untermatrizen und vernachlässigt darüber hinaus den Einfluß der Verformungen auf die Stabilität, so degeneriert das eigentlich nichtlineare Eigenwertproblem zu

$$[\ \underline{K}_e + \lambda\,\underline{K}_g\ ]\ \overset{+}{\underline{v}} = \underline{0} \longrightarrow \lambda_k^L\ ,\ \overset{+}{\underline{v}}\ . \qquad (3.1)$$

Das lineare Eigenwertproblem (3.1) kennzeichnet die sogenannte "klassische" oder Euler-Stabilität mit der linearisierten Verzweigungslast $\lambda_k^L$ und der Beulfigur $\overset{+}{\underline{v}}$.

Ein Vergleich der linearen Beullasten $\lambda_k^L$, ebenfalls in Bild 3.2 eingetragen, mit den nichtlinearen Beullasten $\lambda_k^{NL}$ zeigt nur geringfügige Abweichungen, so daß die linearisierte Verzweigungsberechnung gerechtfertigt erscheint.

### 3.2.2 Linearisierte Stabilitätsberechnung für rotationssymmetrische Ersatzwindbelastung

Will man den Stabilitätsnachweis nach (3.1) heranziehen, um mit ihm für eine geforderte Beulsicherheit $\nu_B$ den notwendigen Wanddickenverlauf der Kühlerschale zu bestimmen, ist die Stabilitätsbe-

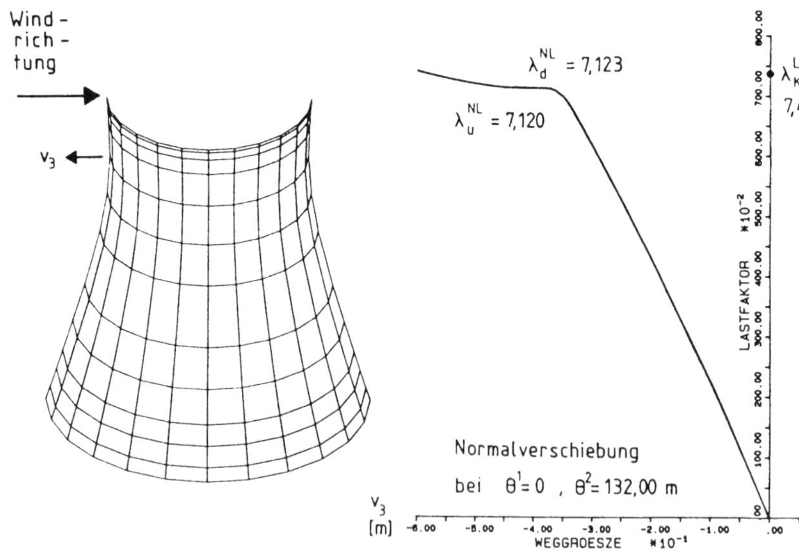


Bild 3.2 Nichtlineare und lineare Stabilitätsanalyse

rechnung mit veränderten Wanddicken so oft zu wiederholen, bis gilt:

$$\lambda_k^L \geq \nu_B \; . \tag{3.2}$$

Dieses Vorhaben ist aus ökonomischen Gründen praktisch für eine Entwurfsbearbeitung ausgeschlossen.

Soll dennoch durch eine iterative FE-Stabilitätsanalyse der erforderliche Wanddickenverlauf gefunden werden, so ist der numerische Aufwand weiter zu reduzieren. Dies gelingt, indem innerhalb der Lastfallkombination g + s + w der nichtrotationssymmetrische Windlastanteil w durch einen rotationssymmetrischen Ersatzbeulwind $w_o$ substituiert wird.

Die Vorgehensweise zur Ermittlung des Ersatzbeulwindes ist in den wesentlichen Schritten in Bild 3.2 wiedergegeben. Die nichtrotationssymmetrische Windbelastung w nach /11/ entspricht dem höhenabhängigen Entwurfsstaudruck $q_E(z)$ multipliziert mit dem vom Umfangswinkel $\theta^1$ abhängenden Druckkoeffizierten $c_p(\theta^1)$. Diese Windlast

$$w = c_p \cdot q_E(z) \tag{3.3}$$

soll durch die rotationssymmetrische Ersatzwindlast

$$w_0 = \alpha \cdot q_E(z) \tag{3.4}$$

ersetzt werden. Die Bestimmung des $\alpha$-Faktors geschieht in der Weise, daß die Stabilitätsberechnung unter Verwendung von Ringelementen mit variierten $\alpha$-Werten so oft wiederholt wird, bis der kritische Lastfaktor $\lambda_k$ infolge der unsymmetrischen Belastung durch g + s + w erreicht wird:

$$\lambda_k^L(g+s+w) = \lambda_k^L(g+s+w_0) \longrightarrow \alpha \; . \tag{3.5}$$

Selbstverständlich unterscheiden sich in beiden Fällen die Beulfiguren; der entscheidende kritische Lastfaktor $\lambda_k$, gleichbedeutend mit der Beulsicherheit $\nu_B$, ist jedoch der gleiche. Der Faktor $\alpha$, $0 \leq \alpha \leq 1$, repräsentiert anschaulich den beulmechanisch äquivalenten Anteil des Windstaudruckes am Stabilitätsverhalten der Kühlturmschale unter der Lastfallkombination g + s + w.

Vergleicht man den Rechenzeitaufwand einer vollständig nichtlinearen Berechnung mit dem einer linearisierten Verzweigungsberechnung unter nichtrotationssymmetrischer Belastung und dieser unter rotationssymmetrischer Ersatzbelastung, so verhalten sich die CPU-Zeiten wie 1800 : 90 : 1 ! In diesem Verhältnis wird exemplarisch die Bedeutung beider Abschätzungskonzepte sichtbar.

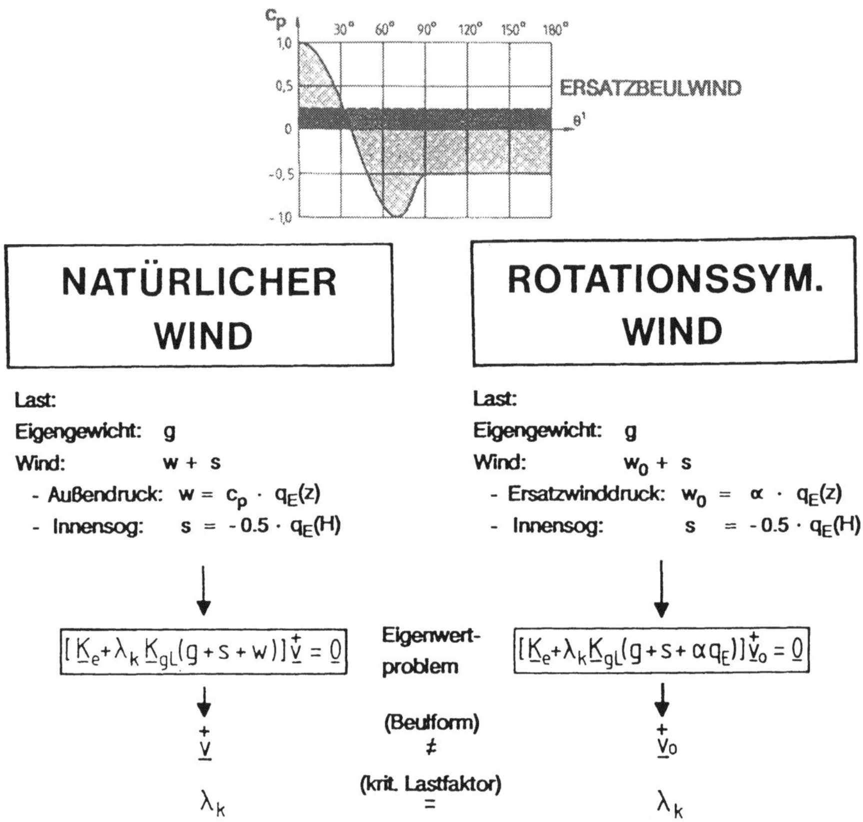


Bild 3.3 Ersatzwindkonzept zur elastischen Stabilitätsrechnung für Kühlturmschalen

### 3.2.3 Parameterstudie an ausgeführten Kühltürmen

Zur Verallgemeinerung für beliebige Kühlturmgeometrien werden in /14/ fünf ausgeführte Kühltürme (Bild 3.4) sowie hieraus abgeleitet eine Vielzahl weiterer, mit leicht veränderten Geometrieverhältnissen, analysiert. Danach kann der $\alpha$-Faktor in Abhängigkeit der geometrischen Hauptparameter

$R_T$ Radius in der Taille,

$R_u$ Radius am unteren Schalenrand,

$Z_T$ Höhe der Taille und

H Gesamthöhe des Kühlturms

beschrieben werden. Dieser funktionale Zusammenhang ist in Bild 3.5 dargestellt.

| Standort | Kendal CT/RSA | Lethabo/RSA | Lizenz/UdSSR | Tihange/Belg. | Ibbenbüren/D. |
|---|---|---|---|---|---|
| | H=165,02m | H=173,75m | H=181,00m | H=166,50m | H=125,00m |
| 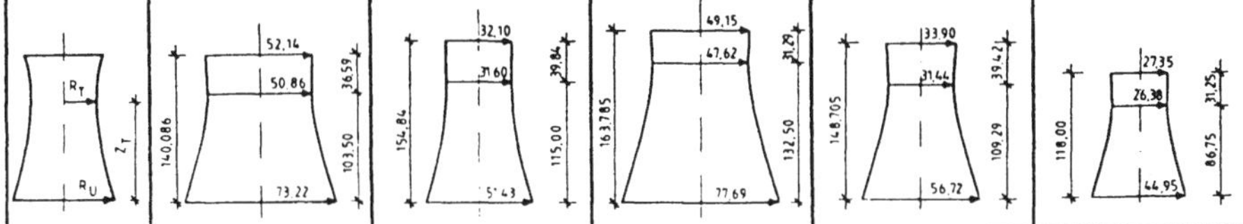 | | | | | |
| $R_T/Z_T$ | 0,491 | 0,275 | 0,359 | 0,288 | 0,304 |
| $R_T/R_U$ | 0,695 | 0,614 | 0,613 | 0,554 | 0,587 |
| $\lambda^L_{k,g+s+w}$ | 7,91 | 10,89 | 7,45 | 7,58 | 10,051 |
| α (n) | 0,06 (7) | 0,26 (6) | 0,08 (7) | 0,14 (6) | 0,10 (6) |

Bild 3.4: Parameterstudie zur Ermittlung des Ersatzwindfaktors α an ausgeführten Kühltürmen

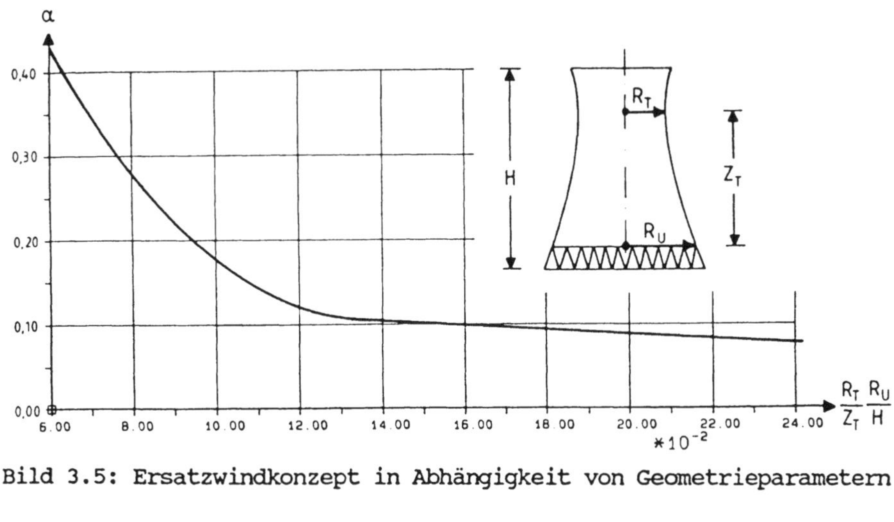


Bild 3.5: Ersatzwindkonzept in Abhängigkeit von Geometrieparametern

# 4 Praxisorientierte Anwendung der Abschätzungskonzepte

## 4.1 Vereinfachter Stabilitätsnachweis

Die durchgeführten Abschätzungskonzepte zur Schalenbeulung mit wesentlichen Vereinfachungen auf

der Algorithmusebene (linearisierte Berechnung),

der Elementebene (Schalenringelemente) und
der Lastebene (rotationsymmetrische Ersatzlast)

reduzieren das komplexe elastische Stabilitätsverhalten der Rotationsschalen auf das einfachste numerische Modell. Damit sind die Voraussetzungen geschaffen, die FE-Stabilitätsanalyse mit wirtschaftlich vertretbaren Mitteln auf eine große Klasse von Schalenbeulproblemen anwenden zu können. Hierzu gehören insbesondere viele Schalenprobleme, deren experimentelle Beuluntersuchung aufwendig bzw. in den Regelwerken (z.B. DIN 18800, Teil 4) nicht allgemein dargestellt ist.

Die Effizienz der durchgeführten Vereinfachungen erlaubt es ferner, eine auf der FE-Methode basierende Stabilitätsanalyse bereits beim Entwurfsprozeß zur Festlegung der notwendigen Wanddickenverläufe druckbeanspruchter Rotationsschalen heranzuziehen.

## 4.2 Optimierter Wanddickenverlauf von Rotationsschalen

Unter Verwendung des Ersatzwindkonzeptes wird der FE-Stabilitätsnachweis in einem Optimierungsalgorithmus zur iterativen Wanddikkenermittlung für Kühlturmschalen eingesetzt. Hierbei wird von einer Mindestdicke der Schale $d_{min}$, z.B. nach /11/ festgelegt, und von einer aus konstruktiven Gesichtspunkten begründeten Wanddicke am unteren Schalenrand $d_u$ ausgegangen. Nach Diskretisierung der Schale in n Ringelemente startet der erste Stabilitätslauf mit konstanter Mindestwanddicke über die gesamte Schalenhöhe. Der Iterationsprozeß beginnt, indem am untersten Schalenringelement die Wanddicke von $d_u$ auf $d_{min}$ linear verzogen wird. Im nächsten Iterationsschritt wird der Verzug um einen vorgebbaren Faktor verkleinert, so daß erst das zweite Ringelement die Mindestwanddicke aufweist. Der Iterationsprozeß endet, wenn das i-te Ringelement mit der Mindestwanddicke $d_{min}$ die geforderte Beulsicherheit $\nu_B$ liefert.

Bild 4.1 zeigt einen derart optimierten Wanddickenverlauf einer Kühlturmschale mit einer globalen Beulsicherheit $\nu_B = 5$. Zum Vergleich wurde der Kühlturm mit dem Beulkriterium nach /11,16/ dimensioniert. Dieses, überwiegend aus experimentellen Beobachtungen an Hyperboloiden mit Kreismeridianen unter konstanter Randaxiallast und konstantem Seitendruck gewonnene Stabilitätskriterium beschreibt das Beulverhalten mit Hilfe eines Interaktionsdiagramms für die zulässigen biaxialen Druckspannungen im Sinne eines lokalen Stablitätsnachweises.

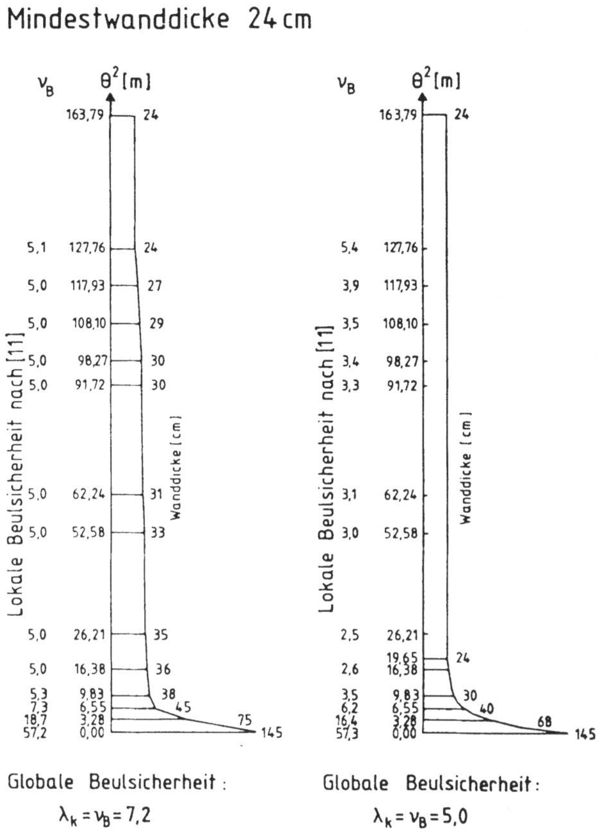


Bild 4.1: Vergleich des Wanddickenverlaufs nach lokalen und globalen Beulsicherheitskriterien

## 5 Schlußbemerkungen

In diesem Aufsatz wurde gezeigt, daß das nichtlineare Stabilitätsverhalten von Schalentragwerken unter Verwendung der Konzepte der richtungsorientierten reduzierten Membranbeulung und der richtungsorientierten Anfangsnachbeulanalyse in sehr guter Näherung abgeschätzt werden kann. Die dabei geltende Voraussetzung eines linearen Vorbeulbereiches ist für viele in der Praxis vorkommende Tragwerke erfüllt. Es steht somit eine wirtschaftliche Alternative zur exakten, komplett geometrisch nichtlinearen, jedoch sehr aufwendigen Stabilitätsanalyse zur Verfügung. Durch eine geeignete Abschätzung des Lasteinflusses kann eine weitere Vereinfachung erreicht werden.

# 6 Literatur

/ 1/ **Budiansky, B./ Hutchinson, J.W.:** Buckling of Circular Cylindrical Shells under Axial Compression, van der Neut Anniversary vol., Delft, 239-360, 1972

/ 2/ **Eckstein, U.:** Nichtlineare Stabilitätsberechnung elastischer Schalentragwerke, Technisch-wissenschaftliche Mitteilungen, Institut für konstruktiven Ingenieurbau, Ruhr-Universität Bochum, Nr. 83-3, 1983

/ 3/ **Eckstein, U./ Krätzig, W.B./ Wittek, U.:** Finite-Element-Berechnungen zur Grenztragfähigkeit der Rotationsschalen, Technisch-wissenschaftliche Mitteilungen, Institut für konstruktiven Ingenieurbau, Ruhr-Universität Bochum, Nr. 80-4, 1980

/ 4/ **Grote, K./ Wittek. U.:** Doppelt gekrümmtes Schalenringelement, Dokumentation zur DFG-BIB, Teil II, Bausteinbibliothek, 1988

/ 5/ **Grote, K./ Wittek, U.:** Handbuch zu dem Strukturprogramm FEMAS-STRGW3, Interner Arbeitsbericht des Lehrstuhls für Baustatik, Universität Kaiserslautern, 1988

/ 6/ **Grote, K./ Meiswinkel, R./ Wittek, U.:** Handbuch zu dem Strukturprogramm FEMAS-RTRGW2, Interner Arbeitsbericht des Lehrstuhls für Baustatik, Universität Kaiserslautern, 1988

/ 7/ **Harte. R.:** Doppelt gekrümmte finite Dreieckslelemente für die lineare und geometrisch nichtlineare Berechnung allgemeiner Flächentragwerke, Technisch-wissenschaftliche Mitteilungen, Institut für konstruktiven Ingenieurbau, Ruhr-Universität Bochum, Nr. 82-10, 1982

/ 8/ **Jürcke, R.:** Zur Stabiltät und Imperfektionsempfindlichkeit elastischer Schalentragwerke - Finite Element Formulierung der Anfangs-Nachbeul-Theorie, Technisch-wissenschaftliche Mitteilungen, Institut für konstruktiven Ingenieurbau, Ruhr-Universität Bochum, Nr. 85-5, 1985

/ 9/ **Koiter, W.T.:** On the Stability of Elastic Equilibrium, University of Delft, Diss. (1945), NASA TT F-10, 1967

/10/ **Resinger, F./ Greiner, R.:** Buckling of Wind Loaded Cylindrical Shells - Application to Unstiffened and Ring-stiffened Tanks. In: Buckling of Shells, Proceedings of a State-of-the-Art-Colloquim, Universität Stuttgart 1982, Springer 1982

/11/ **VGB Technische Vereinigung der Großkraftwerksbetreiber e.V.:** Bautechnik bei Kühltürmen, VGB-Richtlinien Teil 2 Bautechnische Richtlinien -BTR-, VGB-Kraftwerkstechnik GmbH, Essen, 1980

/12/ **Wittek, U.:** Beitrag zum Tragverhalten der Strukturen bei endlichen Verformungen unter besonderer Beachtung des Nachbeulmechanismus dünner Flächentragwerke, Technisch-wissenschaftliche Mitteilungen, Institut für konstruktiven Ingenieurbau, Ruhr-Universität Bochum, Nr. 80-1, 1980

/13/ **Wittek, U.:** The Concept of Reduced-Membrane-Buckling Determining Bounds of Buckling Loads and Imperfection-Sensivity of Shells. IN: Stability in the Mechanics of Continua, 2nd Symposium, Nümbrecht 1981, Springer 1982

/14/ **Wittek, U./ Grote, K.:** Substitute Wind Concept for Elastic Stability of Cooling Tower Shells, IN: Proceedings of ASCE Structures Congress 1987, Orlando, Florida, 1987

/15/ **Wittek, U./ Grote, K.:** Nichtlineare Stabilitätsanalyse von Naturzugkühltürmen aus Stahlbeton im Vergleich zur gängigen Entwurfspraxis, IN: 20. Forschungskolloqium des DAfStb, Kassel, 1988

/16/ **Zerna, W./ Basar, Y./ Mungan, I./ Tiemann, M.:** Beuluntersuchungen an hyperbolischen Rotationsschalen, Forschungsbericht des Landes Nordrhein-Westfalen Nr. 2439, Opladen, Westdeutscher Verlag 1974

# Stahlbeton

# Traglastanalyse von (a) schlaff bewehrten, dickwandigen Konstruktionselementen und (b) vorgespannten, dünnwandigen Schalen aus Beton

J. EBERHARDSTEINER, G. HOFSTETTER, H.A. MANG, G. MESCHKE, H. WALTER

Institut für Festigkeitslehre, Technische Universität Wien, Wien, Österreich

**Zusammenfassung**

In der vorliegenden Arbeit wird zunächst ein Überblick über wesentliche Aktivitäten des Institutes für Festigkeitslehre der Technischen Universität Wien auf dem Gebiet des konstitutiven Modellierens triaxial beanspruchten Betons zum Zwecke der Durchführung von Traglastanalysen schlaff bewehrter, dickwandiger Konstruktionselemente mittels der FEM gegeben. Daran schließt sich eine numerische Studie, in der über die Nachrechnung (a) eines Druckversuches an einem Probekörper bei triaxialer, nichtproportionaler und nichtmonotoner Lastaufbringung und (b) einer experimentellen Traglastermittlung einer bewehrten Konsole mit Hilfe der FEM berichtet wird. Im zweiten Teil der Arbeit wird auf die Aktivitäten des Institutes auf dem Sektor von Traglastanalysen dünnwandiger Schalen aus Spannbeton mittels der FEM unter besonderer Berücksichtigung von Langzeitdeformationen eingegangen. Im Anschluß an eine kurze Zusammenfassung der wichtigsten theoretischen Grundlagen derartiger Untersuchungen - dabei handelt es sich um die Berücksichtigung der Vorspannung sowie um die zeitliche Diskretisierung - werden ausgewählte Ergebnisse aus Nachrechnungen von in der Literatur beschriebenen Versuchen an einem Modell eines Reaktorsicherheitsbehälters präsentiert. Dabei wird der Berücksichtigung des zeitlichen Ablaufes der Versuche besonderes Augenmerk geschenkt.

## 1. Einleitung

Vor rund 10 Jahren nahm die Beschäftigung des Institutes für Festigkeitslehre der Technischen Universität Wien mit Traglastanalysen von Stahlbetonkonstruktionen mittels der Finite Elemente Methode (FEM) ihren Anfang. Sie erstreckte sich zunächst auf gekrümmte Flächentragwerke und deren ebene Sonderfälle. Die entsprechende Computersoftware wurde zum größten Teil von Floegl [1] entwickelt.

Vor etwa 5 Jahren wurde mit der Ausweitung dieser Aktivitäten auf vorgespannte Flächentragwerke begonnen. Dabei wurde zwei Aspekten besonderes Augenmerk geschenkt: (a) der Ermittlung der von den Spanngliedern auf den Beton ausgeübten Kräfte und deren Änderungen im Zuge von Traglastberechnungen mittels der FEM und (b) der Berücksichtigung von Langzeitdeformationen infolge von Schwinden, Kriechen und Nacherhärtung des Betons sowie der Relaxation des Spannstahls. Die den erstgenannten Aspekt be-

treffende Softwareentwicklung wurde von Hofstetter [2], die sich auf den zweitgenannten Aspekt beziehende Programmentwicklung von Walter [3] vorgenommen.
Ebenfalls vor rund 5 Jahren wurde ein Forschungsprojekt in Angriff genommen, dessen Zielsetzung die Synthese von triaxialem konstitutivem Modellieren von Beton und der Durchführung von Traglastanalysen schlaff bewehrter, dickwandiger Konstruktionselemente mit verschiedenen Werkstoffmodellen ist. Die einschlägigen Softwareentwicklungen wurden, was nichtlinear-elastische konstitutive Modelle anbelangt, von Eberhardsteiner [4], und was elasto-plastische Werkstoffmodelle betrifft, von Meschke [5] vorgenommen.
Den Entwicklungen von Computersoftware ging in jedem Falle die Auseinandersetzung mit problemspezifischen mechanischen Fragestellungen voran. Davon seien auszugsweise erwähnt: (a) die durch Gleitverbund bewirkte Kraftübertragung von der Bewehrung auf den umgebenden Beton zwischen benachbarten Rissen (Tension Stiffening Effekt) und (b) der nichtlokale Charakter des Kriteriums zur Feststellung des Reißens von Beton. Die theoretischen Arbeiten zur Erstellung geeigneter mechanischer Modelle für die Lösung der beiden genannten Probleme wurden von Mang [6,7], im ersten Falle unterstützt von Floegl [6] und im zweiten von Walter [7], geleistet. Die EDV-gerechte numerische Realisierung wurde von Floegl [6] bzw. Eberhardsteiner [7] bewerkstelligt.
Der vorliegende Aufsatz gibt einen Überblick über die im Titel angeführten beiden Teilaspekte eines weitgespannten Forschungsgebietes, dessen Bezeichnung etwa lauten könnte: "Kontinuumsmechanisch begründete, nichtlineare Berechnungen von Stahl- und Spannbetonkonstruktionen mittels der FEM."

## 2. Traglastanalysen von schlaff bewehrten, dickwandigen Konstruktionselementen

### 2.1 Mechanisches Verhalten des Werkstoffes Beton: Allgemeines

Traglastanalysen von Stahlbetonkonstruktionen mit Hilfe der FEM erfordern eine möglichst wirklichkeitsnahe Simulation des in der Regel räumlichen Verzerrungszustandes sowie des Versagensmechanismus von Beton. Dies umfaßt das mit der Ausbreitung einzelner Rißflächen verbundene spröde Verhalten von Beton bei Zugbeanspruchung sowie die mit steigender Druckbeanspruchung zunehmende Duktilität des Materials. Der Versagensmechanismus ist dabei durch lokale Zerstörungszonen in Form von Scherflächen, die durch die Verzahnung der Zuschlagskörner und durch lokales Zerstauchen des Zementsteins den weiteren Entfestigungsprozess des Materials bestimmen, gekennzeichnet. Einer Vielzahl von Werkstoffmodellen unterschiedlicher mechanischer Konzeption steht ein relativ bescheidener Wissensstand über den Einfluß der einzelnen physikalischen Phänomene auf das Strukturverhalten gegenüber. Aufbauend auf einer detaillierten Untersuchung [4,5] wird in diesem Kapitel anhand von Traglastberechnungen einer gedrungenen Konsole eine vergleichende Wertung von vier Stoffgesetzen auf der Basis der nichtlinearen Elastizitätstheorie bzw. der Plastizitätstheorie bei gleichartiger Erfassung des Entfestigungsverhaltens nach dem Reißen durchgeführt. Der komplexe Mechanismus des Scherversagens wird im Rahmen einer kontinuumsmechanischen Betrachtung als Stoffeigenschaft mit mehr oder weniger starker Spannungsrelaxation formuliert. Bei großer Druckbeanspruchung wird im Versagensfall vollständiger Festigkeits- und Steifigkeitsverlust im betreffenden Integrationsbereich angenommen.

## 2.2 Dreiaxiales konstitutives Modellieren

Im **mehraxialen Zugbereich** bzw. im durch Zugversagen charakterisierten **Zug-Druckbereich** des Spannungsraums wird angenommen, daß bis zum Erreichen einer festzulegenden Maximalspannung $f_t$ ein linearer Zusammenhang zwischen Spannungen und Dehnungen besteht (Bild 2.1). Bei dieser Maximalspannung handelt es sich entweder um die einaxiale Zugfestigkeit $f_{tu}$ oder um einen mittels einer Bruchfläche ermittelten Spannungswert $f_t = \kappa f_{tu}$, $0 \leq \kappa \leq 1$. Die numerische Modellierung von Rissen bzw. von deren Ausbreitung erfolgt mit dem im Rahmen der Kontinuumsmechanik üblichen Konzept verschmierter Risse. Bezüglich der Rißrichtung wird angenommen, daß sie sich nach dem Entstehen eines Risses nicht mehr ändert. Das in verschiebungsgesteuerten Zugversuchen beobachtete Nachbruchverhalten von Beton wird im Zuge dieser Arbeit mit Hilfe eines linearen Softening-Modells beschrieben, wobei die Neigung des abfallenden Astes der Spannungs-Dehnungsbeziehung durch den Softeningmodul $E_{Soft}$ festgelegt ist (Bild 2.1).

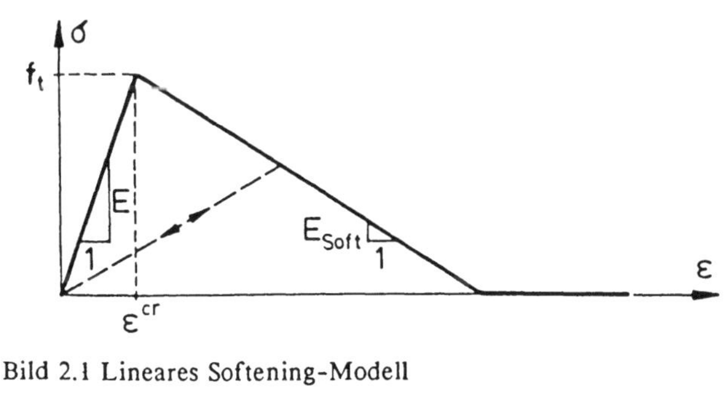


Bild 2.1 Lineares Softening-Modell

Physikalisch bedeutet diese Art der Berücksichtigung des Nachbruchverhaltens, daß auch nach dem Öffnen eines Risses die Übertragung von Zugspannungen in beschränktem Ausmaß möglich ist. Um der verminderten Schubübertragungsfähigkeit im Bereich eines Risses Rechnung zu tragen, wird in der konstitutiven Beziehung der Schubmodul G mit einem Beiwert $\beta$ (shear retention factor), $0 < \beta < 1$, multipliziert.

Zur Erfassung des Betonverhaltens im **dreiaxialen Druckbereich bzw. im gemischten Zug-Druckbereich** mit Druckversagen stehen eine Reihe von konstitutiven Modellen zur Verfügung [4,5]. Im folgenden werden die wichtigsten Merkmale von vier auf unterschiedlichen mechanischen Konzepten beruhenden Werkstoffgesetzen zusammengefaßt.

Beim *nichtlinear-elastischen Modell von Elwi und Murray* [8] handelt es sich um eine inkrementell orthotrope Formulierung

$$\begin{Bmatrix} d\epsilon_1 \\ d\epsilon_2 \\ d\epsilon_3 \end{Bmatrix} = \begin{bmatrix} 1/E_1 & -\sqrt{(\nu_1\nu_2)/(E_1E_2)} & -\sqrt{(\nu_1\nu_3)/(E_1E_3)} \\ & 1/E_2 & -\sqrt{(\nu_2\nu_3)/(E_2E_3)} \\ \text{symm.} & & 1/E_3 \end{bmatrix} \begin{Bmatrix} d\sigma_1 \\ d\sigma_2 \\ d\sigma_3 \end{Bmatrix} \qquad (2.1)$$

mit $\nu_i = f(\epsilon_{iu}, \epsilon_{ic})$ als den Querdehnungszahlen und den aus einer äquivalent einaxialen Spannungs-Dehnungsbeziehung gewonnenen Elastizitätsmoduln $E_i = d\sigma_i/d\epsilon_{iu} = f(\epsilon_{iu}, \epsilon_{ic}, \sigma_{ic}, \epsilon_{if}, \sigma_{if})$. Die Bedeutung dieser Größen geht aus Bild 2.2 hervor. Erwähnenswert sind die Interaktionen zwischen volumetrischen und deviatorischen Anteilen des Verzerrungs- bzw. Spannungszustandes, die durch ein von Stankowski und Gerstle [9] vorgeschlagenes, auf Hauptspannungen beruhendes Be- und Entlastungskriterium hervorgerufen werden [4].

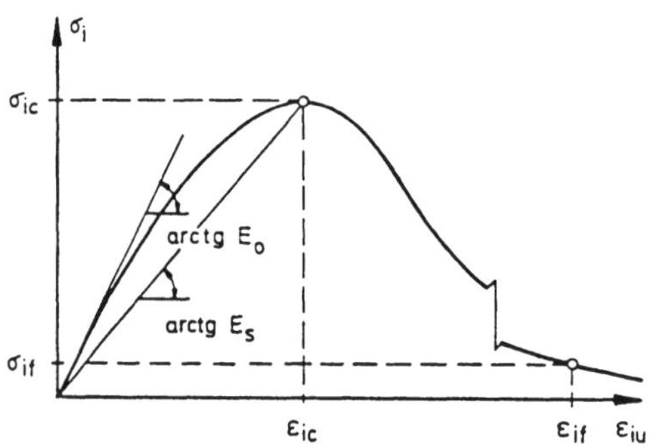


Bild 2.2 Äquivalent einaxiale $\sigma$-$\epsilon$-Beziehung

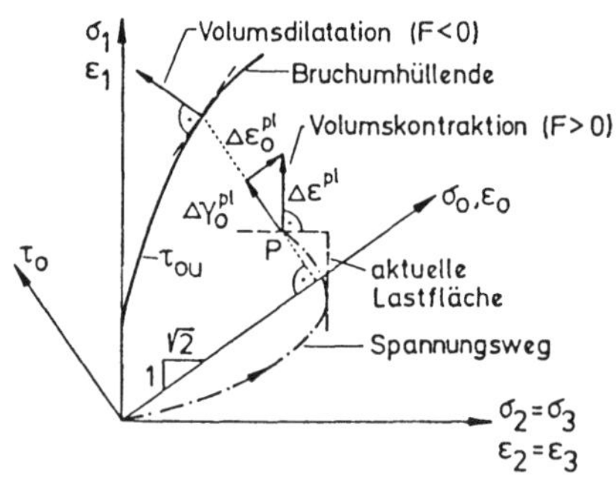


Bild 2.3 Erfassung von Volumsdilatation

Das *hypoelastische Werkstoffgesetz von Stankowski und Gerstle* [9] lautet:

$$\Delta\epsilon_o = \Delta\sigma_o/(3K_T) + \Delta\tau_o/H_T \quad \text{und} \quad \Delta\gamma_o = \Delta\sigma_o/Y_T^{\bullet} + \Delta\tau_o/(2G_T) \,. \qquad (2.2)$$

Während der Kompressionsmodul $K_T = f(\sigma_o)$ und der Schubmodul $G_T = f(\sigma_o, \tau_o)$, wobei $\sigma_o$ bzw. $\tau_o$ die Oktaedernormalspannung bzw. -schubspannung ist, aus Versuchen ermittelt werden, beruht die Bestimmung der Koppelmoduln $H_T$ und $Y_T$ auf den in Bild 2.3 dargestellten, für reine Schubbeanspruchung geltenden Beziehungen

$$\begin{aligned} \Delta\epsilon_o &= \Delta\epsilon_o^{el} + \Delta\epsilon_o^{pl} = 0 + \Delta\epsilon_o^{pl} = \Delta\tau_o/H_T \ , \\ \Delta\gamma_o &= \Delta\gamma_o^{el} + \Delta\gamma_o^{pl} = \Delta\tau_o/(2G^{el}) + \Delta\gamma_o^{pl} = \Delta\tau_o/(2G_T) \end{aligned} \tag{2.3}$$

sowie auf dem für den betrachteten Spannungspunkt P geltenden Zusammenhang $\Delta\epsilon_o^{pl}/\Delta\gamma_o^{pl} = F/\sqrt{2}$ mit $1 \geq F \geq (d\tau_{ou}/d\sigma_o)^{-1}$. Damit erlaubt dieses Betonmodell eine wirklichkeitsnahe Beschreibung von Volumsdilatation. Im Rahmen von FE-Analysen wird bei beiden nichtlinear-elastischen Betonmodellen bei Erreichen der Bruchumhüllenden im Druckbereich (Zerstauchen) eine vollständige Spannungsrelaxation angenommen und die Steifigkeitsmatrix zu Null gesetzt.

Das *Betonmodell von Glemberg* [10] beschreibt auf der Grundlage der klassischen Plastizitätstheorie und unter Verwendung der Normalenregel das Vorbruchverhalten mit Hilfe expandierender, geschlossener Belastungsflächen und den Nachbruchbereich mittels der im Zuge fortschreitender Entfestigung schrumpfenden Versagensfläche. Ausgehend von einer den elastischen Bereich umschließenden Fließfläche steuert ein von akkumulierten plastischen Oktaederverzerrungen sowie dem deviatorischen Abstand des aktuellen Spannungspunktes von der Bruchfläche abhängiges Verfestigungsgesetz das Materialverhalten solange bis die Versagensfläche erreicht wird (Bild 2.4). Der Einfluß der Invarianten des plastischen Anteils des Verzerrungstensors sowie die im Bereich geringen allseitigen Druckes schmale Zone plastischen Fließens bewirken eine mit wachsendem Zugspannungsanteil abnehmende Nichtlinearität des Spannungs-Dehnungsdiagrammes. Der Übergang von Kontraktion zu Dilatation, der die knapp vor der Entfestigung im Zuge von Schubversagen beginnende instabile Rißausbreitung begleitet, wird im Modell mit dem Beginn des Nachbruchbereiches gleichgesetzt.

Das *hypoplastische Modell von Meschke* [5] ist durch die Abhängigkeit der Zuwächse des plastischen Anteils der Verzerrungen, $d\boldsymbol{\epsilon}^p$, von der Richtung der Spannungszuwächse $d\boldsymbol{\sigma}$ charakterisiert. Der Gradient der zum aktuellen Spannungspunkt degenerierten Belastungsflächen wird durch den Gradienten $\mathbf{n}$ der im Bereich großer Druckbeanspruchung abgeschlossenen Grenzfläche $F(\boldsymbol{\sigma})$ im Bildpunkt $\boldsymbol{\sigma}_b$ ersetzt (Bild 2.5). Die Raten des plastischen Anteils der Verzerrungen sind unter Verwendung einer nichtassoziierten Fließregel zu

$$d\boldsymbol{\epsilon}^p = (1/H^p)\langle L\rangle\boldsymbol{\rho} \tag{2.4}$$

gegeben, wobei $H^p = H^p(\boldsymbol{\sigma}, d\sigma, \tau_o/\tau_{ou}, \epsilon^p)$ ist, $L = d\boldsymbol{\sigma}^T\cdot\mathbf{n}$ die Belastungsfunktion darstellt, $\langle\ \rangle$ den Macauley-Operator symbolisiert, $\epsilon^p = \int(d\boldsymbol{\epsilon}^{pT}\cdot d\boldsymbol{\epsilon}^p)^{\frac{1}{2}}$ die akkumulierten effektiven plastischen Verzerrungen repräsentiert und $\boldsymbol{\rho} = d\boldsymbol{\epsilon}^p/|d\boldsymbol{\epsilon}^{pT}\cdot d\boldsymbol{\epsilon}^p|$ ist. Die Richtung von $d\boldsymbol{\epsilon}^p$, repräsentiert durch $\boldsymbol{\rho}$, wird aufgrund aktueller Versuchsergebnisse [9] vorgegeben: In

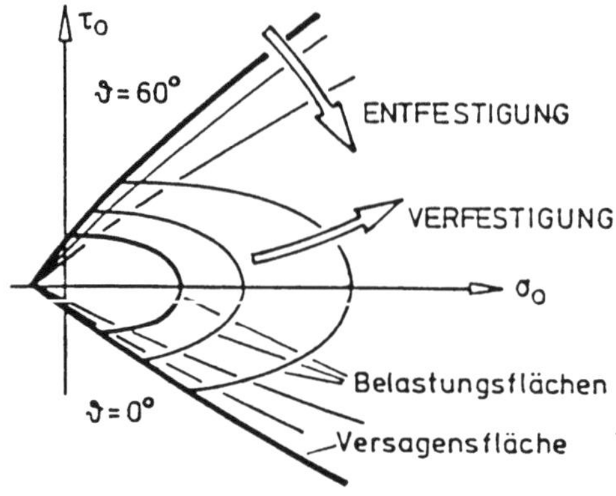


Bild 2.4 Ver-und Entfestigung bei Glemberg

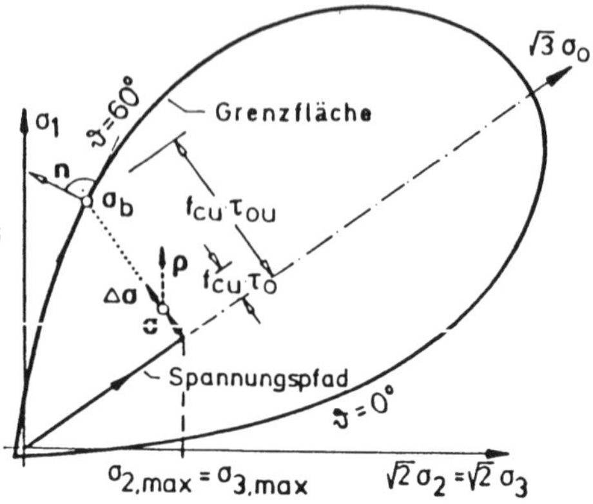


Bild 2.5 Grenzfläche von Meschke

bruchfernen Spannungsbereichen hängt die Richtung von $\boldsymbol{\rho}$ von den Richtungen jener Hauptspannungskomponenten ab, die ihre im Laufe der Belastungsgeschichte erreichten Größtwerte überschritten haben. Mit zunehmender Annäherung an die Bruchfläche dreht sich $\boldsymbol{\rho}$ in die Richtung des Gradienten $\mathbf{n}$. Der plastische Modul $H^p$ ist durch den Ansatz

$$H^p = H^p_o(\sigma_o, \tau_o/\tau_{ou}) + H_s \tag{2.5}$$

festgelegt, wobei durch den Modul $H^p_o$ das duktile Materialverhalten und durch $H_s$ als untere Schranke für $H^p$ (die Materialstabilität im Druckerschen Sinne gewährleistend) das spröde Verhalten im Dilatationsvorbruchbereich berücksichtigt wird.

Das *Nachbruchverhalten* wird bei beiden elasto-plastischen Modellen gleichartig formuliert: Nach Erreichen der Versagensfläche wird, abhängig von der Größe des Zerstauchungskoeffizienten

$$\alpha(\sigma_{ij}) = -I_1/(2\sqrt{3}\sqrt{J_2}\cos\vartheta) \qquad \text{mit} \quad \cos 3\vartheta = 3\sqrt{3}J_3/(2J_2^{3/2}) , \tag{2.6}$$

entweder allmähliche Stoffentfestigung oder vollständiger Festigkeits- und Steifigkeitsverlust simuliert. Mit $\alpha < 1$ steuert ein Entfestigungsgesetz nach Glemberg [10] den Scherversagensmechanismus:

$$f^s(\sigma^F_o, \epsilon^{p,F}_{i,max}, \epsilon^p_{i,max}) = \exp\{[\epsilon^p_{i,max} - \epsilon^{p,F}_{i,max}]/[c(1+(\sigma^F_o/f_{cu})^2)]\} , \tag{2.7}$$

wobei $\sigma^F_o$ die Oktaederspannung und $\epsilon^{p,F}_{i,max}$ die maximale plastische (Zug)-Verzerrungskomponente beim Erreichen der Bruchfläche, $\epsilon^p_{i,max}$ die aktuelle maximale Komponente der plastischen Verzerrungen und c einen Materialparameter angibt. Mit abnehmendem allseitigen Druck $\sigma^F_o$ und wachsender Dilatation wird mit Gl. (2.7) im Einklang mit Versuchsergebnissen eine rascher zunehmende Entfestigung modelliert. Bei $\alpha \geq 1$ wird lokales Zerstauchen des Materials angenommen; die vorhandenen Spannungen sowie die Steifigkeit werden gleich Null gesetzt.

## 2.3 Finite Elemente Berechnungen

Zunächst soll das Modellverhalten durch Nachrechnung eines Druckversuches an einem **Probekörper** [9] mit dreiaxialer, nichtproportionaler Lastaufbringung, gekennzeichnet durch alternierende hydrostatische und deviatorische Lastzuwächse und abschließender deviatorischer Entlastung, gezeigt werden (Bild 2.6). Mittels beider nichtlinear-elastischer Betonmodelle kann das im Versuch beobachtete Verhalten gut nachvollzogen werden. Das Modell von Glemberg zeigt die für elasto-plastische Formulierungen typischen Steifigkeitssprünge beim Wechsel der Belastungsrichtung. Weiters wird das Ausmaß der Stauchung entlang der hydrostatischen Belastungsabschnitte sowie entlang des deviatorischen Entlastungsastes stark unterschätzt. Das Grenzflächenmodell von Meschke liefert, insgesamt gesehen, gute Übereinstimmung mit den Versuchsergebnissen.

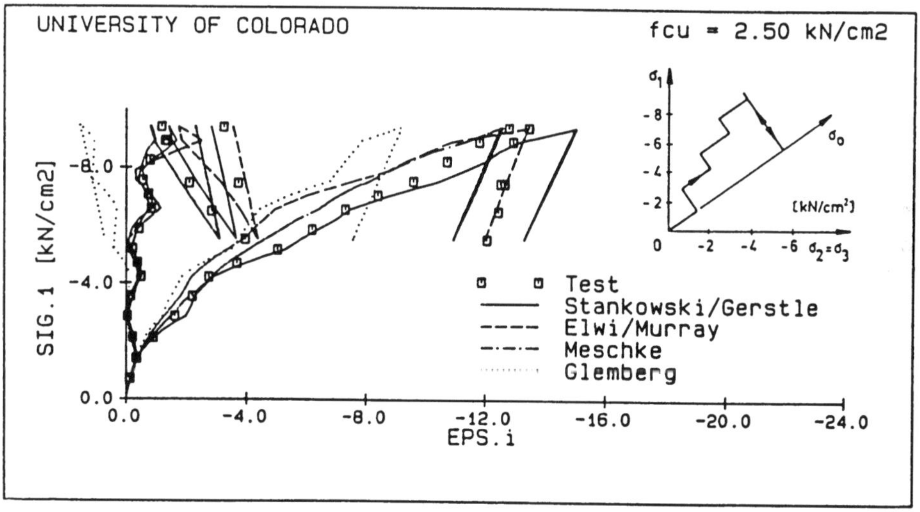


Bild 2.6 Nachrechnung eines Druckversuches an einem Probekörper [9]

Durch Vergleich von Ergebnissen eines von Mehmel und Freitag durchgeführten Versuches an einer **Konsole** [11] mit Resultaten aus einer Traglastanalyse mittels der FEM sollen sowohl der Einfluß unterschiedlicher konstitutiver Betonmodelle im mehraxialen Druckbereich als auch die Bedeutung des Nachbruchverhaltens von Beton untersucht werden. Bild 2.7(a) enthält das den Untersuchungen zugrundegelegte FE-Modell einer Hälfte der

Konsole sowie deren Abmessungen. Die Brauchbarkeit der verwendeten, bezüglich der Rechenzeit ökonomischen, dreidimensionalen 8-Knoten-Elemente wurde im Zuge einer Vorstudie festgestellt. Die in Bild 2.7(b) dargestellte Bewehrung der Konsole wurde mittels 2-knotiger Stabelemente modelliert, wobei für den Bewehrungsstahl linear elastisches - ideal plastisches Materialverhalten angenommen wurde. Die erforderlichen Materialparameter wurden wie folgt gewählt:

| | | | |
|---|---|---|---|
| *Beton:* | | | |
| Elastizitätsmodul | $E=2187\ kN/cm^2$ | einaxiale Zugfestigkeit | $f_{tu}=0{,}23\ kN/cm^2$ |
| Querdehnungszahl | $\nu=0{,}20$ | Softening-Modul | $E_{Soft}=250\ kN/cm^2$ |
| einaxiale Druckfestigkeit | $f_{cu}=2{,}26\ kN/cm^2$ | shear retention factor | $\beta=0{,}20$ |
| *Stahl:* | | | |
| Elastizitätsmodul | $E=20600\ kN/cm^2$ | Fließspannung | $\sigma_y=43\ kN/cm^2$ |

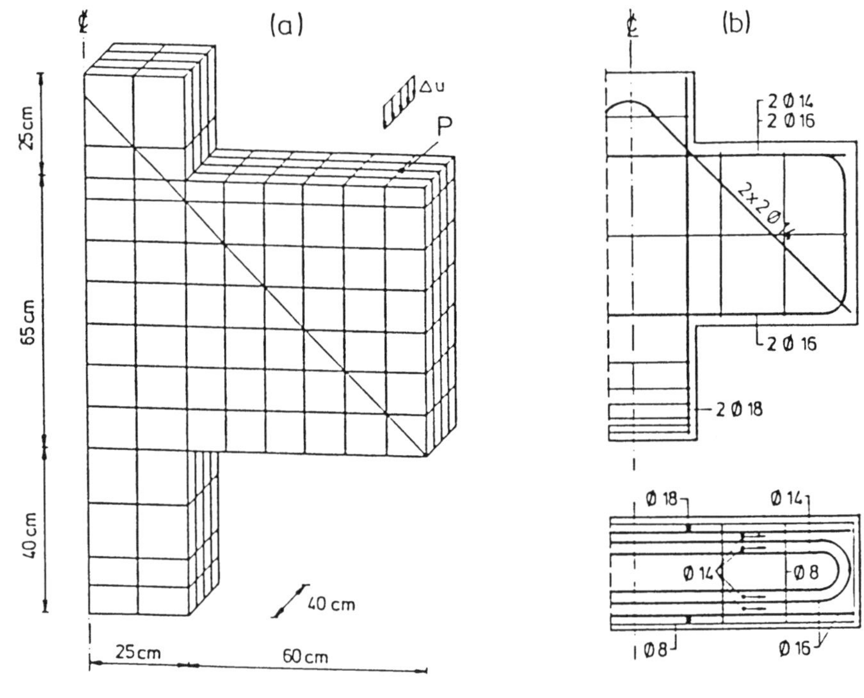


Bild 2.7 Konsole, a) FE Modell, b) Bewehrung

Allen im folgenden beschriebenen Ergebnissen liegen verschiebungsgesteuerte Berechnungen zugrunde. Die Last-Verschiebungsdiagramme beziehen sich auf den Lastangriffspunkt P (Bild 2.7). Die in Abbildung 2.8 enthaltenen Ergebnisse für unterschiedliche Softening-Moduln wurden unter der Annahme eines im Druckbereich unbegrenzt geltenden linear-elastischen Betongesetzes erhalten. Nichtlinearitäten im P-u-Diagramm treten also nur zufolge von Reißen des Betons und von Fließen der Bewehrung auf. Die Art der

Berücksichtigung des Nachbruchverhaltens stellt eine Art der Steuerung der Strukturentfestigung dar. Eine Ausweitung des Nachbruchbereiches (Reduktion des Softening-Moduls) verursacht eine Versteifung der Konsole. Bemerkenswert ist die mit einem merklichen Steifigkeitsverlust verbundene Abnahme des Softening-Einflusses kurz vor Erreichen der im Versuch festgestellten Kollapslast von 933 kN. Daraus kann geschlossen werden, daß die Tragfähigkeit des Betons erschöpft ist, und daß die zusätzliche Belastung nur mehr vom Bewehrungsgerüst aufgenommen wird.

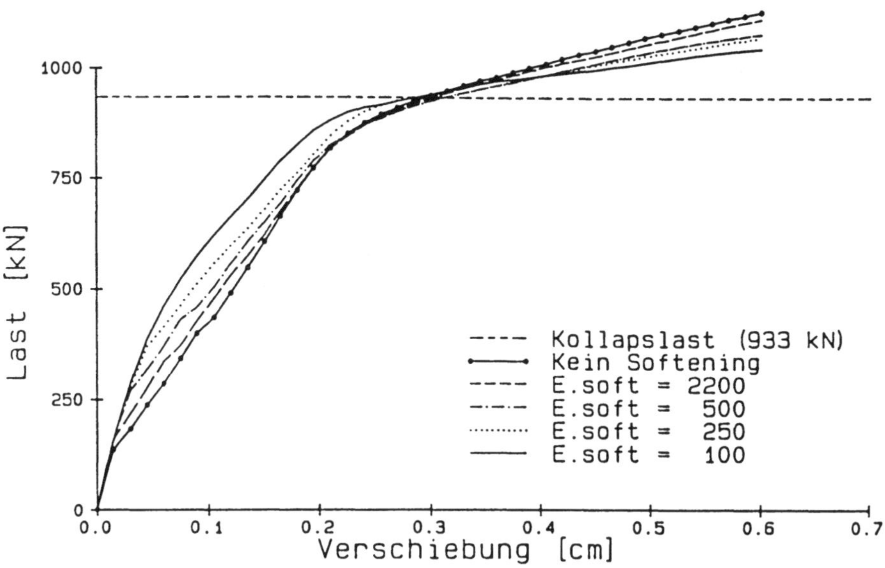


Bild 2.8 Einfluß von $E_{Soft}$ auf den P-u-Zusammenhang (linear-elastisches Modell)

Bild 2.9 zeigt einen Vergleich der Rechenergebnisse auf der Basis des Glemberg-Modells ($\alpha = 2$) unter Verwendung sowohl des erwähnten variablen Rißkriteriums mit $\kappa = 0.5$ als auch unter Zugrundelegung einer konstanten Zugfestigkeit. Die Rechnung mit $f_{tu}$ = konst. führt auf eine unrealistisch hohe Duktilität des Betons im Zugbereich. Dadurch wird die Rißausbreitung weitgehend verhindert. Nach dem Entstehen der ersten Risse an der Konsolenoberseite bleibt die Rißentwicklung im Zuge der Belastungssteigerung einigermaßen stationär. Dementsprechend ist der Übergang zum Zustand II kaum ausgeprägt. Der nichtlineare Last-Verschiebungsverlauf ist vorwiegend der Plastizierung der Betondruckstrebe zuzuschreiben. Der Kollaps der Konsole tritt schließlich bei im Vergleich zur Rechnung mit $\kappa = 0{,}5$ wesentlich geringeren Verformungen durch progressive Vergrößerung der Entfestigungs- und Zerstauchungszonen und begleitende Plastizierung der Hauptzugbewehrung ein. Demgegenüber ist das Tragverhalten gemäß der Rechnung mit variabler Zugfestigkeit durch sehr rasche Rißausbreitung nach dem ersten Anriß gekenn-

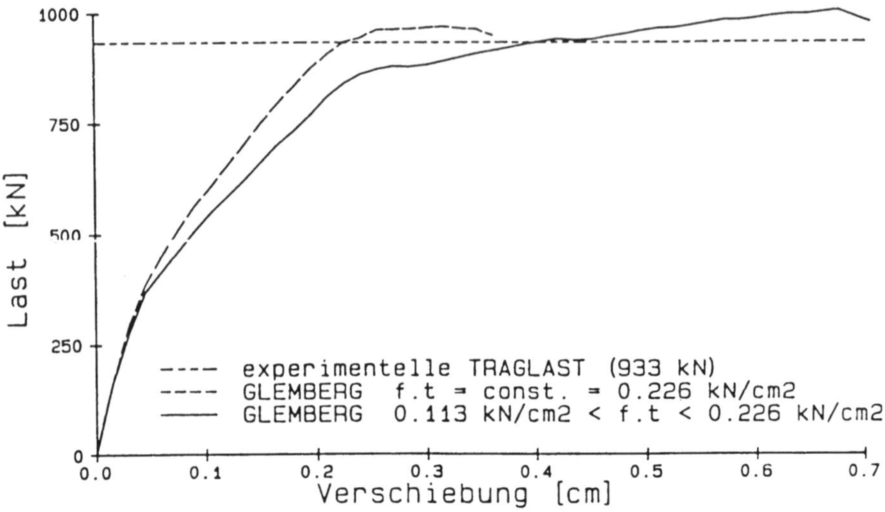


Bild 2.9 Einfluß der variablen Zugfestigkeit (Modell von Glemberg)

zeichnet. Bild 2.10(a) zeigt das Rißbild der Konsole bei u = 0,6 mm am Beginn des erwähnten progressiven Rißausbreitungsprozesses. An der unteren einspringenden Ecke beginnt der Beton im Vorbruchbereich zu plastizieren. Das weitere Tragverhalten wird vorwiegend durch den raschen Spannungsanstieg in der Zugbewehrung, die bereits bei u = 1,8 mm erstmals die Fließgrenze erreicht, bestimmt. Bild 2.10(b) zeigt einen Zustand bei einer Stempeleindrückung von u = 6,0 mm, der durch eine weitgehend abgeschlossenene Rißentwicklung und durch ausgeprägte Plastizierung der Hauptbewehrung gekennzeichnet ist. An der Konsolenoberseite haben sich als Folge von Querzugspannungen Spaltrisse in der Tragebene geöffnet; die Druckzone an der unteren einspringenden Ecke ist bereits zerstaucht. Trotzdem hat die vorliegende Struktur bei verschiebungskontrollierter Rechnung aufgrund des hohen Bewehrungsgehaltes noch Tragreserven bis zur vollständigen Plastizierung der Stahlbewehrung. Bild 2.11 bringt den Einfluß der unterschiedlichen Modellierung des Betonverhaltens im mehraxialen Druckbereich zum Ausdruck. Wesentliche Merkmale sind einerseits das von Beginn an duktilere Formänderungsverhalten beider nichtlinear-elastischer Betongesetze und andererseits die weitgehende Übereinstimmung der mittels eines linear-elastischen Betonmodells bzw. mittels elasto-plastischer Betonmodelle erhaltenen Ergebnisse bis etwa 85 % der Bruchlast. Erst ab einer Belastung von etwa 780 kN kommt es in der Konsole zu einer markanten Ausbreitung plastischer Zonen.

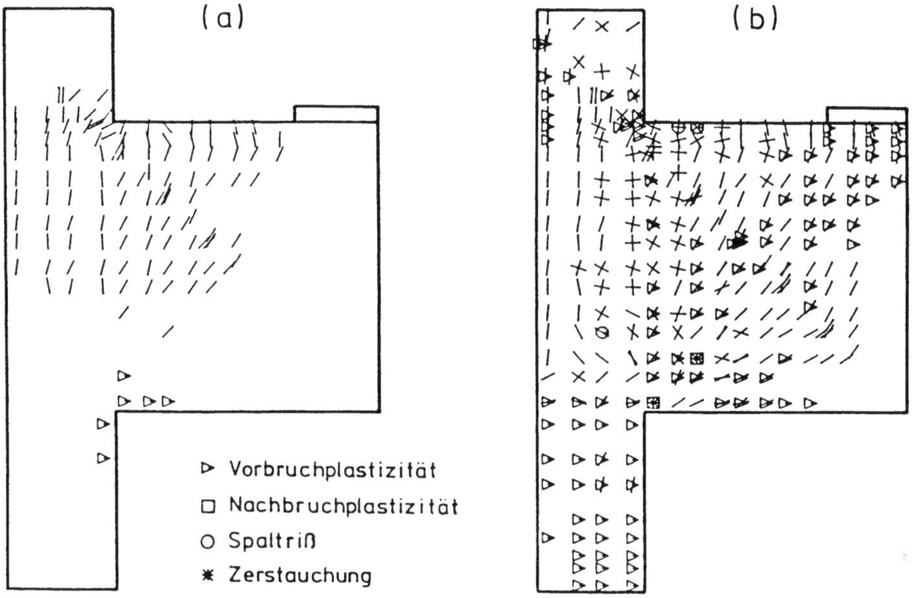


Bild 2.10 Rißbilder für zwei Belastungsstadien, a) u = 0,6 mm, b) u = 6,0 mm

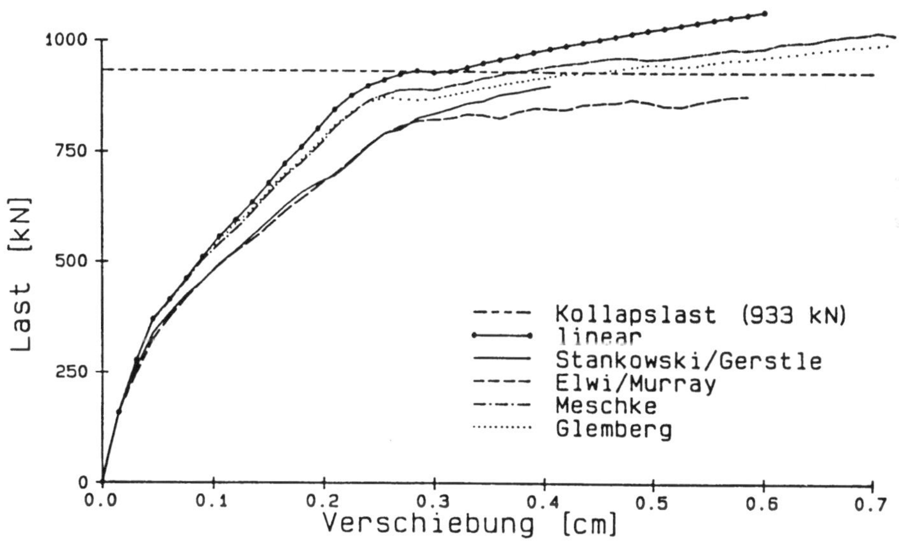


Bild 2.11 Einfluß unterschiedlicher Betonmodelle

## 3. Traglastanalysen von vorgespannten, dünnwandigen Schalen

### 3.1 Theoretische Grundlagen

In dem von Floegl [1] für Stahlbeton weiterentwickelten und von Hofstetter [2] und Walter [3] für Spannbeton erweiterten Computerprogramm FESIA erfolgt die örtliche Diskretisierung eines Flächentragwerkes mit Hilfe dreieckförmiger Finiter Elemente mit Verschiebungsansätzen. Es handelt sich dabei um Elemente zur Berechnung dünner, schubstarrer Schalen - Platten und Scheiben werden als Sonderfälle von Schalen behandelt - mit 30 Freiheitsgraden; mittels je eines Lagrangeschen Multiplikators pro Elementsrand wird $C^1$-Kontinuität längs der Elementsberandungen im starken Sinne erzwungen. Eine ausführliche Beschreibung des verwendeten Schalenelementes ist in [1] enthalten. Die Verwendung krummliniger Koordinaten $\alpha^1$ und $\alpha^2$ ermöglicht die exakte Beschreibung analytisch gegebener Schalenmittelflächen. Den Berechnungen liegt eine geometrisch nichtlineare Schalentheorie von Koiter [12] zugrunde. Sie erlaubt die Berücksichtigung von Verschiebungen von der Größenordnung der Schalendicke. Dies hat sich bei allen bisher durchgeführten Traglastanalysen von Schalen aus Stahl- bzw. Spannbeton ausnahmslos als ausreichend erwiesen.

Zur Berücksichtigung nichtlinearen Materialverhaltens werden die einzelnen Finiten Elemente gedanklich in dünne Schichten zerlegt. In jeder dieser Schichten wird ein ebener Spannungszustand angenommen.

Die Beschreibung des Verlaufs von Spanngliedern zwischen den beiden Oberflächen von Schalen mit allgemeiner Krümmung erfolgt analytisch. Je nachdem, ob ein Spannglied in der Mittelfläche eines Flächentragwerkes oder exzentrisch zu dieser verläuft - letzteres ist für den ebenen Sonderfall der Platte bedeutungsvoll -, kann seine Achse als Flächen- oder Raumkurve analytisch dargestellt werden. Allgemein gilt in diesem Zusammenhang:

$$\mathbf{x} = \mathbf{x}(t) = \mathbf{x}^{(0)}(t) + \alpha^3(t)\mathbf{a}_3(t), \tag{3.1}$$

wobei Bild 3.1 die Bedeutung der verwendeten Symbole illustriert; x(t) stellt die Spanngliedkurve dar, wobei t den Kurvenparameter bezeichnet. $\mathbf{x}^{(0)}(t) = \mathbf{x}^{(0)}(\alpha^1(t), \alpha^2(t))$ ist die Parameterform einer in der Schalenmittelfläche $\mathbf{x}^{(0)}(\alpha^1,\alpha^2)$ gelegenen Flächenkurve, die als Raumkurve beschrieben wird. Bei zur Schalenmittelfläche exzentrischer Spanngliedführung wird ihr der Vektor

$$\alpha^3(t)\mathbf{a}_3(t), \quad |\alpha^3(t)| < h(t)/2 \tag{3.2}$$

überlagert, dessen Betrag den Abstand der Spanngliedachse von der Mittelfläche der

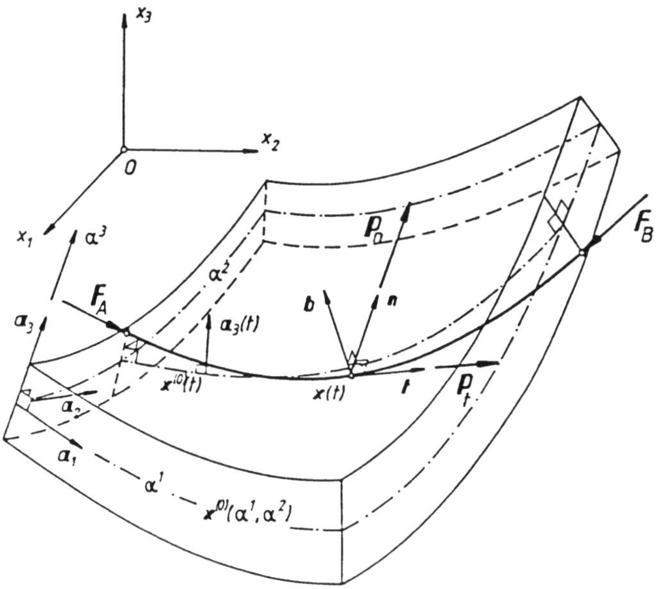


Bild 3.1 Exzentrisch zur Mittelfläche verlaufendes Spannglied in einer dünnen Schale

Schale in Richtung des Normalenvektors $\mathbf{a}_3$ der Fläche festlegt und daher stets kleiner als die Hälfte der Dicke h(t) der Schale sein muß.

Das Konzept zur Berücksichtigung der Vorspannung von gekrümmten Flächentragwerken unter Einschluß der ebenen Sonderfälle beruht auf dem Schnittprinzip der Mechanik. Dabei werden die Spannglieder gedanklich aus dem Tragwerk herausgelöst und die von ihnen auf den Beton ausgeübten Kräfte - sie stellen Gleichgewichtssysteme dar - in arbeitsäquivalente Knotenkräfte im Sinne der FEM umgerechnet.

Zur nichtlinearen Berechnung von Flächentragwerken aus Spannbeton ist der Verlauf der Spannkräfte in den einzelnen Spanngliedern infolge Vorspannens, beeinflußt durch Reibung zwischen dem Spannstahl und dem Hüllrohr, durch den Ankerschlupf sowie durch Überspannen und Nachlassen, zu bestimmen. Darüber hinaus sind auch die durch Verformungen nach dem Vorspannen des Tragwerks bewirkten Änderungen der Spannkräfte zu ermitteln.

Zur räumlichen Diskretisierung tritt bei Langzeitberechnungen die zeitliche Diskretisierung hinzu. Zufolge des zeitabhängigen Materialgesetzes des Betons und der Relaxation des Spannstahls ändert sich der Spannungszustand im allgemeinen auch bei konstanter äußerer Belastung mit der Zeit. Im Bild 3.2 ist dieser Sachverhalt beispielhaft dargestellt: Zu zwei Zeitpunkten, $t_1$ und $t_4 = t_5$, wird eine Belastung aufgebracht; zum ersten Zeitpunkt in drei Teilschritten, zum zweiten in zwei Inkrementen. Das resultierende Spannungs-Zeit-Diagramm enthält zwei Spannungssprünge (jeweils zum Zeitpunkt der Lastaufbringung), danach ändern sich die Spannungen kontinuierlich, wobei die Spannungsverläufe nicht notwendigerweise einen abschnittsweise monoton fallenden Verlauf, wie in Bild 3.2 beispielhaft dargestellt, aufweisen müssen. Diese kontinuierliche Änderung wird in der FE Diskretisierung durch die im Bild 3.2 strichliert eingetragenen Spannungssprünge ersetzt. Die Ermittlung des Spannungs- und Verformungszustandes erfolgt jeweils zu bestimmten Zeitpunkten $t_i$, die vom Benutzer vorgegeben werden. Bei der Ermittlung von Größen, die von den Spannungen und deren Einwirkungsdauer abhängen, wird angenommen, daß die Spannungssprünge im Inneren der einzelnen Zeitintervalle $[t_i, t_{i+1}]$ erfolgen, und zwar jeweils zum Zeitpunkt $t_{i+0,5} = \sqrt{t_i \, t_{i+1}}$. Die Zeitpunkte, zu denen Belastungsänderungen eintreten, werden als Zeitintervalle mit der Länge Null gedeutet. Es ist für den Rechenablauf unwesentlich, ob ein Spannungs- bzw. Verzerrungsinkrement von einer Belastungsänderung oder von einer zeitlichen Änderung der Materialeigenschaften herrührt. Zur Reduktion des am Ende eines Inkrements auftretenden Ungleichgewichts wird das Newton-Raphson Verfahren verwendet.

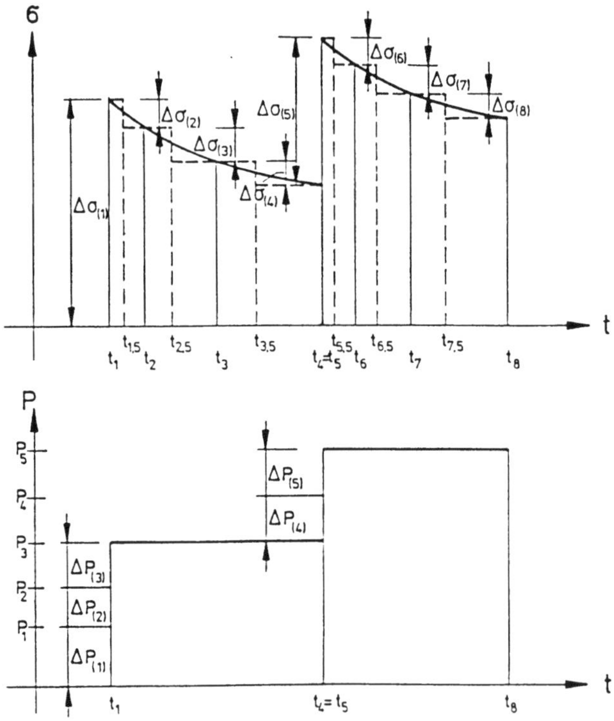


Bild 3.2 Zeitliche Diskretisierung

Zur Beschreibung des zeitabhängigen Materialverhaltens von Beton ist es zweckmäßig, die Verzerrungen zu einem bestimmten Zeitpunkt t in ursachenbezogene Anteile aufzuspalten:

$$\epsilon(t) = \epsilon^{E}(t) + \epsilon^{P}(t) + \epsilon^{C}(t) + \epsilon^{S}(t) + \epsilon^{T}(t) . \quad (3.3)$$

In Gl. (3.3) bezeichnet $\epsilon^{E}(t)$ die elastischen Verzerrungen, $\epsilon^{P}(t)$ die plastischen Verzerrungen, $\epsilon^{C}(t)$ die Kriechverzerrungen, $\epsilon^{S}(t)$ die Schwindverzerrungen und $\epsilon^{T}(t)$ die Temperaturverzerrungen.

Die Summe $\epsilon^{I} = \epsilon^{E} + \epsilon^{P}$ stellt den Kurzzeitanteil der Verzerrungen dar; er ist ebenso wie die Kriechverzerrungen $\epsilon^{C}$ spannungsabhängig. Als spannungsunabhängig werden hingegen die zu $\epsilon^{0}(t) = \epsilon^{S}(t) + \epsilon^{T}(t)$ zusammengefaßten Schwind- und Temperaturverzerrungen angesehen. Versuchsbeobachtungen haben gezeigt, daß für konstante Spannungen $\sigma$, die nicht größer als 30 % der Prismenfestigkeit $\beta_P$ sind, der Zusammenhang

$$\epsilon^{\sigma}(t) = \epsilon^{I}(t) + \epsilon^{C}(t) = \sigma\, J(t,t_0) \quad (3.4)$$

gilt. In Gl. (3.4) ist $J(t,t_0)$ die Nachgiebigkeitsfunktion; die Parameter t und $t_0$ bezeichnen den aktuellen Zeitpunkt bzw. den Zeitpunkt des Aufbringens der Spannung $\sigma$. Im Bereich bis 0,3 $\beta_P$ kann das Materialverhalten von Beton unter Kurzzeitbeanspruchung als linear elastisch angesehen werden; es ist dann eine Aufspaltung von $\sigma\, J(t, t_0)$ möglich:

$$\epsilon^{\sigma} = \sigma\, J(t,t_0) = \sigma/E_B(t_0) + \sigma\, C(t,t_0) = \epsilon^{I}(t_0) + \epsilon^{C}(t,t_0). \quad (3.5)$$

$E_B(t_0)$ bezeichnet den Elastizitätsmodul des Betons zum Zeitpunkt der Lastaufbringung, $t_0$; $C(t,t_0)$ ist die sogenannte Kriechnachgiebigkeitsfunktion. Sie beschreibt die Verzerrungszunahme unter einer vom Zeitpunkt $t_0$ bis zum Zeitpunkt t wirkenden, konstanten Last.

Da das Materialgesetz zur Beschreibung des Kurzzeitverhaltens von Beton nichtlinear ist, muß Gl. (3.5) verallgemeinert werden:

$$\epsilon^{\sigma}(t) = \epsilon^{E}(t_0) + \epsilon^{P}(\sigma(t_0)) + \epsilon^{C}(t,t_0) = \sigma/E_B(t_0) + \epsilon^{P}(\sigma(t_0)) + \sigma\, C(t,t_0). \quad (3.6)$$

Der Langzeitanteil der Verzerrungen wird als der Spannung proportional angesehen.

### 3.2 Finite Elemente Berechnung des Modells eines Reaktorsicherheitsbehälters

Als einer der Tests zum Nachweis der praktischen Anwendbarkeit und Leistungsfähigkeit des zur Berücksichtigung des Langzeitverhaltens von Spannbetonkonstruktionen erweiterten Computerprogrammes FESIA diente die Nachrechnung eines von Rizkalla, Simmonds und McGregor [13] durchgeführten Versuchs an einem Modell eines Reaktorsicherheitsbehälters.

Bild 3.3 zeigt zwei Schnitte durch das Modell im Maßstab 1:14. Es besteht aus einem kreiszylindrischen Teil, der sowohl horizontal als auch vertikal vorgespannt ist und oben in einen Versteifungsring mündet. Den oberen Teil des Modells bildet eine netzartig vorgespannte Kugelkalotte. Im zylindrischen Teil sind vier vertikale Lisenen zur Verankerung der horizontalen Spannglieder vorgesehen. Das Modell wurde durch hydrostatischen Innendruck belastet. Bezüglich Werkstoffkennwerte und Details der schlaffen Armierung und der vorgespannten Bewehrung sei auf [2,3,13] verwiesen.

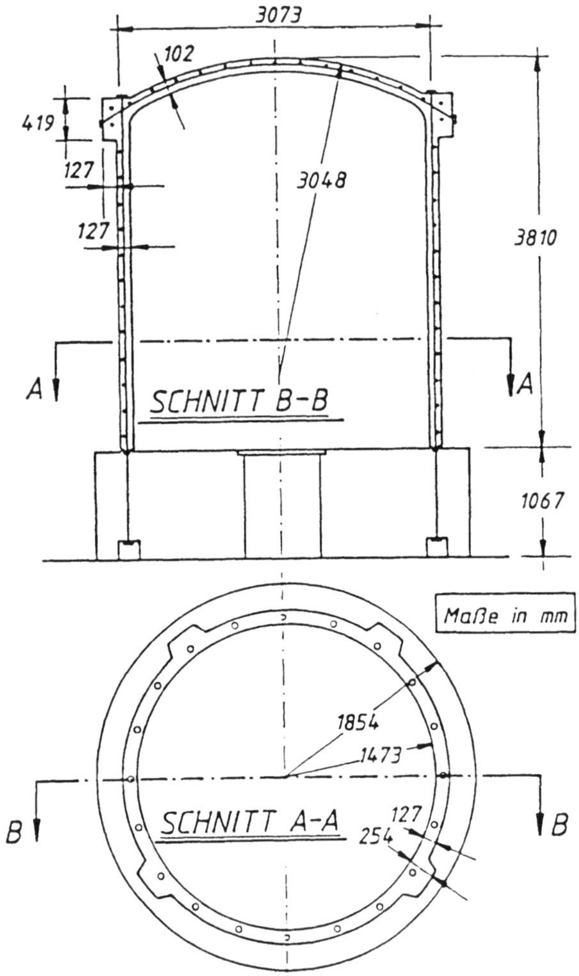


Bild 3.3 Schnitte durch das Modell eines Reaktorsicherheitsbehälters

Bei der Versuchsnachrechnung wurde besonderes Augenmerk auf die Berücksichtigung des zeitlichen Ablaufs des Experiments gelegt. Im Sinne einer Idealisierung wurde allerdings das Eigengewicht als ab dem Zeitpunkt des Ausschalens der Kuppel (Betonalter der

Kuppel t = 7d) wirkend angenommen, weiters wurde der sich über vier Tage erstreckende Prozeß des Vorspannens für die Rechnung zu einem einzigen Zeitpunkt zusammengefaßt (t = 22d). Von den in der Folge durchgeführten Belastungen wurden nur die zwei größten berücksichtigt; bei den vernachlässigten Testbelastungen überschritt der Innendruck nie den Wert von einem Viertel der Traglast.

Beim ersten nachgerechneten Experiment, Versuch F zum Zeitpunkt t = 80d [13], wurde die Belastung bis zu einem Innendruck von 0,55 MPa gesteigert. Nach einer (angenommenen) Belastungsdauer von 6 Stunden wurde der Druck wieder abgesenkt. Zum Zeitpunkt t = 101d wurde der Versuch G durchgeführt [13], bei dem der Behälter bei einem Druck von 1,1 MPa durch Reißen eines Spannglieds versagte.

In Bild 3.4 sind die Verschiebungsverläufe von Versuch und Rechnung für den Pol der Kuppel des Behälters einander gegenübergestellt. Wie dem Bild zu entnehmen ist, stimmen sie bei Belastung recht gut überein; bei Entlastung wird das Verformungsverhalten zumindest qualitativ richtig erfaßt. Die rechnerische Versagenslast liegt ca. 20% unter dem Versuchswert.

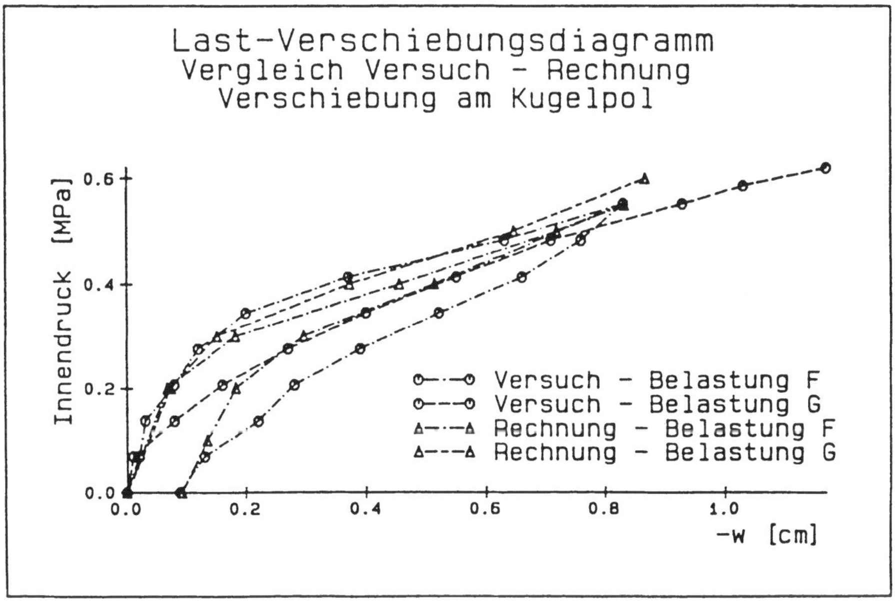


Bild 3.4 Gegenüberstellung von Last-Verschiebungsdiagrammen aus Versuch und Rechnung für den Pol der Kugelkalotte

Bild 3.5 illustriert die laut Rechnung erhaltene Rißbildung an der Außenwand. Deutlich sind unter Eigengewichtsbelastung (EG) Schwindrisse in Bereichen mit ausgeprägter schlaffer Bewehrung zu sehen, die sich nach Aufbringen der Vorspannung (VS) teilweise wieder schließen. Bild 3.6 zeigt das unverformte FE Netz und die Verformungen des Behälters sofort nach dem Vorspannen sowie nach 58-tägigem Kriechen unmittelbar vor Beginn des Versuchs F. Die Auswirkungen der Variation einiger Parameter sind Bild 3.7 zu entnehmen. Deutlich wirken sich unterschiedliche

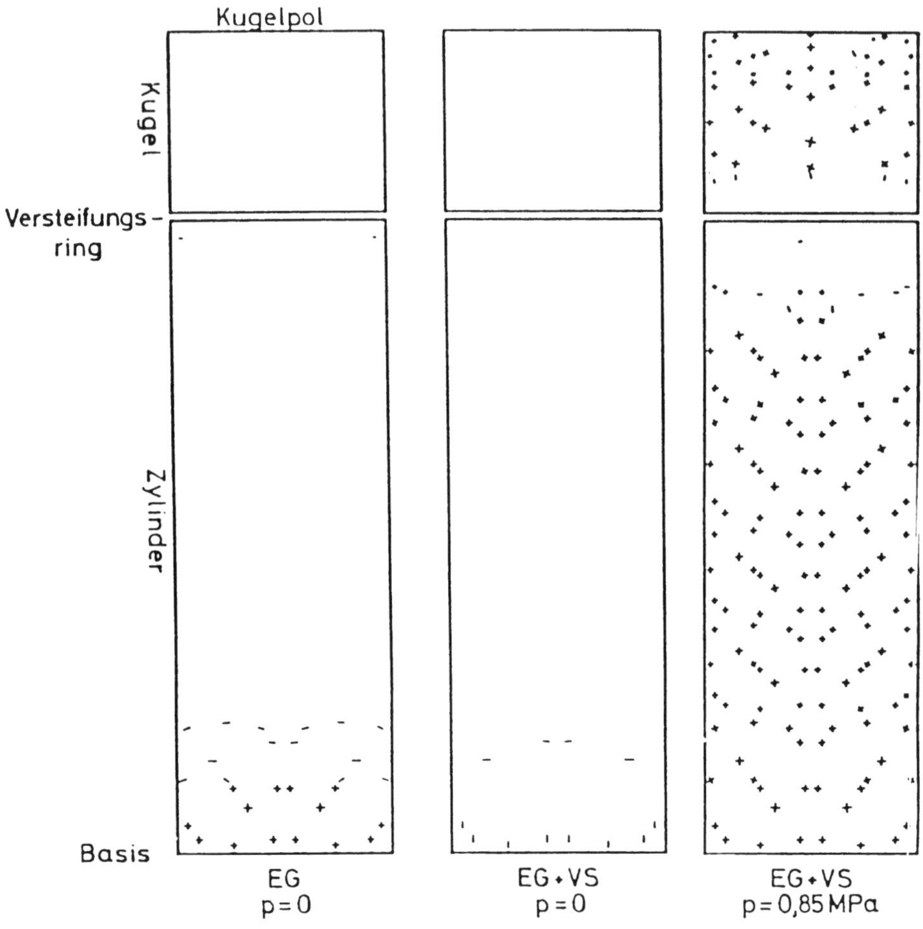


Bild 3.5 Rißbildung an der Außenwand unter Eigengewicht, Eigengewicht + Vorspannung und Eigengewicht + Vorspannung + Innendruck (p = 0,85 MPa)

Annahmen über die Luftfeuchtigkeit in der Umgebung des Bauwerkes auf dessen Verformungsverhalten aus. Die Traglast wird allerdings durch die Wahl der Umgebungsfeuchte kaum beeinflußt, da für das endgültige Versagen im gegenständlichen Fall in erster Linie das Erreichen des Tragvermögens der schlaffen und vorgespannten Bewehrung und nicht das Ausmaß der Langzeitverformungen des Betons maßgebend ist.

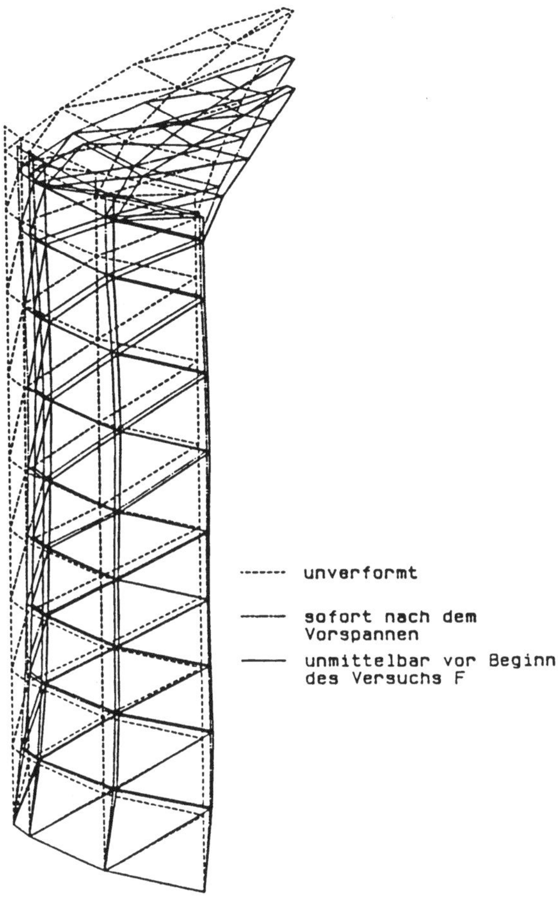


Bild 3.6 Unverformtes FE Netz; Verformungen infolge von Eigengewicht und Vorspannung (300-fach überhöht)

## 4. Schluß

Das in der Einleitung definierte Forschungsgebiet "Kontinuumsmechanisch begründete, nichtlineare Berechnungen von Stahl- und Spannbetonkonstruktionen mittels der FEM", auf dem sich das Institut für Festigkeitslehre der Technischen Universität Wien seit ungefähr 10 Jahren unter anderem betätigt, ist dadurch gekennzeichnet, daß das Wissen um Details der mechanischen Phänomene, die bei Traglastberechnungen von Stahl- und Spannbetonkonstruktionen auftreten, beträchtlich geringer als die Möglichkeiten der modernen EDV zur Durchführung derartiger Analysen ist. Dieser Sachverhalt ist, vom Standpunkt des in der Praxis tätigen Bauingenieurs gesehen, einerseits zwar nicht sehr erfreulich, andererseits aber auch nicht unbedingt bedenklich, weil es bei vielen, wichtigen, einschlägigen Aufgabenstellungen auf die erwähnten Details nicht so sehr ankommt.

Generell kann die Feststellung getroffen werden, daß der Grad der Komplexität der ma-

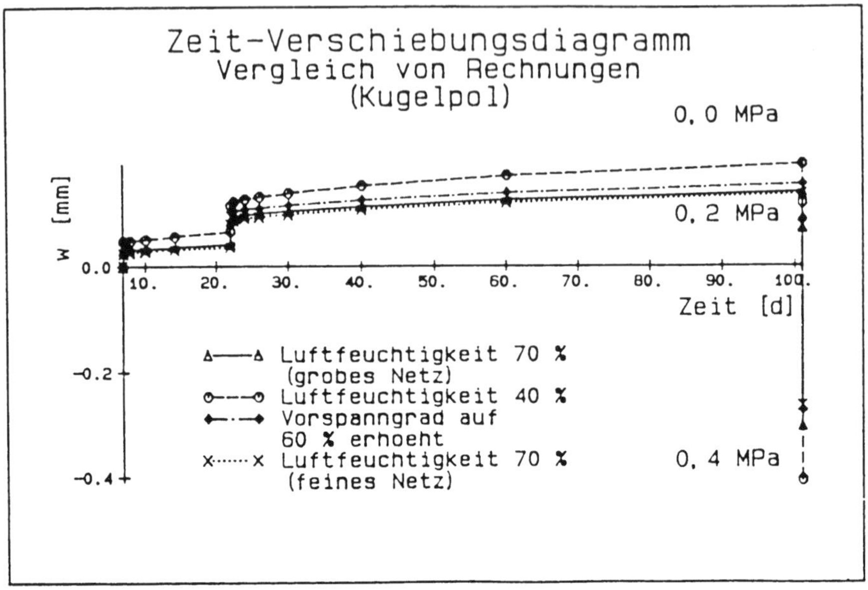


Bild 3.7 Zeit-Verschiebungsdiagramme für den Pol der Kugelkalotte (Parametervariation)

thematischen Beschreibung des mechanischen Verhaltens von Beton im Vorbruchbereich zumeist keinen allzu großen Einfluß auf die Güte der Voraussage der Traglast ausübt. Andererseits spielt die Berücksichtigung der Entfestigung von Beton im Nachbruchbereich eine wesentliche Rolle, was die Qualität derartiger Prognosen betrifft, wobei es weniger auf den Grad der Komplexität des mechanischen Modells zur Berücksichtigung dieses Effekts als auf seine Berücksichtigung überhaupt ankommt.

Wesentlich für eine dem Bauwesen nützliche Weiterentwicklung des genannten Forschungsgebietes ist die Vermeidung von Einseitigkeiten in der Forschung, worunter die ausschließliche Beschäftigung einerseits mit der Weiterentwicklung von Werkstoffmodellen und andererseits mit kontinuumsmechanisch manchmal wenig fundierten numerischen Berechnungen zu verstehen ist. Eine im Hinblick auf den Endzweck sinnvolle Synthese dieser beiden Stoßrichtungen der einschlägigen Forschung ist eine der Zielsetzungen der Forschungsaktivitäten des Institutes für Festigkeitslehre der Technischen Universität Wien.

**Danksagung**

Für die finanzielle Unterstützung von Forschungsprojekten, über deren Ergebnisse in der vorliegenden Arbeit berichtet worden ist, sind die Verfasser dem Fonds zur Förderung der wissenschaftlichen Forschung der Republik Österreich sowie dem Jubiläumsfonds der Österreichischen Nationalbank zu aufrichtigem Dank verpflichtet.

**Literatur**

1. Floegl,H.: Traglastermittlung dünner Stahlbetonschalen mittels der Methode der Finiten Elemente unter Berücksichtigung wirklichkeitsnahen Werkstoffverhaltens sowie geometrischer Nichtlinearität. Dissertation, Technische Universität Wien, Wien, Österreich, 1981.
2. Hofstetter,G.: Physikalisch und geometrisch nichtlineare Traglastanalysen von Spannbetonscheiben, -platten, und -schalen mittels der Methode der Finiten Elemente. Dissertation, Technische Universität Wien, Wien, Österreich, 1987.
3. Walter,H.: Finite Elemente Berechnungen von Flächentragwerken aus Stahl- und Spannbeton unter Berücksichtigung von Langzeitverformungen und Zustand II. Dissertation, Technische Universität Wien, Wien, Österreich, 1988.
4. Eberhardsteiner,J.: Synthese aus konstitutivem Modellieren von Beton mittels dreiaxialer, nichtlinear-elastischer Werkstoffgesetze und Finite-Elemente-Analysen dickwandiger Stahlbetonkonstruktionen, Dissertation, Technische Universität Wien, Wien, 1989.
5. Meschke,G.: Synthese aus konstitutivem Modellieren von Beton mittels dreiaxialer, elasto-plastischer Werkstoffgesetze und Finite-Elemente-Analysen dickwandiger Stahlbetonkonstruktionen, Dissertation, Technische Universität Wien, Wien, 1989.
6. Floegl,H.; Mang,H.A.: On Tension Stiffening in Cracked Reinforced Concrete Slabs and Shells Considering Geometric and Physical Nonlinearity. Ingenieur-Archiv 51 (1981), S.215-242.
7. Mang,H.A.; Eberhardsteiner,J.; Walter,H.: Development and Application of a Gradient-Dependent Fracture Criterion for Finite-Element Analysis of RC Surface Structures. Proceedings of the Europe-US Symposium on Finite Element Methods for Nonlinear Problems, Trondheim, Norwegen, 12.-15. August 1985, Springer-Verlag, Berlin-Heidelberg-New York-Tokyo, S.603-621, 1985.
8. Elwi,A.A.; Murray,D.W.: A 3D Hypoelastic Concrete Constitutive Relationship. Journal of the Engineering Mechanics Division, ASCE, Vol.105, EM4, 1979, S.623-641.
9. Stankowski,T.; Gerstle,K.: Simple Formulation of Concrete Behavior under Multiaxial Load Histories. Journal of American Concrete Institute, Vol.82, Nr.2, 1985, S.213-221.
10. Glemberg,R.: Dynamic Analysis of Concrete Structures. Department of Structural Mechanics, Publ. 84-1, Chalmers University of Technology, 1984.
11. Mehmel,A.; Freitag,W.: Tragfähigkeitsversuche an Stahlbetonkonsolen. Der Bauingenieur 42,1967,S.362-369.
12. Koiter,W.T.: General Equations of Elastic Stability for Thin Shells, Proceedings of the Symposium on the Theory of Shells to Honor Lloyd Hamilton Donnell, University of Houston, Houston, USA, 1967.
13. McGregor,J.G.; Simmonds,S.H.; Rizkalla,S.H.: Test of a Prestressed Concrete Secondary Containment Structure. Structural Engineering Report No.85, Department of Civil Engineering, University of Alberta, Edmonton, Alberta, Canada, 1980.

# Stoffgesetze und numerische Ansätze für Versagensvorgänge in Beton

Kaspar Willam
Institut für Mechanik, Universität Karlsruhe
12. Dezember 1988 *

**Zusammenfassung**

Der vorliegende Beitrag behandelt dringende Fragen bei der Formulierung mehraxialer Stoffgesetze für die numerische Versagensvorhersage von Beton.

Bei der Entwicklung von Stoffgesetzen stehen eine Reihe von Problemstellungen im Raum, die sowohl mit "Entfestigung" bzw. "Schädigung" im Zug- und Druckbereich als auch mit dem Thema "Normalität" bzw. "Dilatanz" zu tun haben. Zur Beschreibung des "abfallenden" Astes gehört auch eine charakteristische Länge, die das Ausmaß der Versagenszone in *"lokalen"* Stoffansätzen der Elastoplastizität bzw. Schädigungsmechanik definiert.

Die numerische Umsetzung wirft Fragen auf zur räumlichen und zeitlichen Beschreibung der Lokalisierung von Versagensvorgängen, die in stationären finiten Element Netzen nur unscharf erfaßt werden. Dazu gehört die Entwicklung von quantitativen Indikatoren zur Anpassung der Elementierung bzw. zur lokalen Absenkung der numerischen Integrationsansätze in der Versagenszone.

## 1 Dreiaxiale Stoffgesetze

Das dreiaxiale Betonverhalten weist eine Reihe von Eigenheiten auf, die den üblichen Rahmen von Werkstoffgesetzen sprengen. Unter Beschränkung auf geschwindigkeitsunempfindliches Kurzzeitverhalten gehört Beton in die Gruppe der Partikel-Verbundwerkstoffe, die neben innerer Reibung auch Kohäsion aufweisen. Äußere Kennzeichen sind die markante Abhängigkeit der Steifigkeit, Festigkeit und Zähigkeit vom Belastungspfad. Ein Beispiel ist der Übergang von ausgesprochen sprödem Verhalten im Zugbereich zu auffallend duktilem Verhalten bei anwachsendem Umschlingungsdruck. Auf Grund der starken Wegabhängigkeit ist das Verformungsverhalten nicht nur eine Funktion der äußeren Zustandsgrößen wie Spannung und Verzerrungen, sondern ein Funktional der Prozeßvariablen, die die Veränderungen des inneren Verbundgefüges bzw. der Materialstruktur beschreiben.

*Beitrag zum Schlußkolloqium des DFG-Schwerpunktes: "Nichtlineare Berechnungen im Konstruktiven Ingenieurbau", 2. und 3. März 1989, Hannover.

Die dreiaxiale Darstellung dieser Vorgänge wird dadurch erschwert, daß der Nachversagensbereich, dh. der abfallende Ast keine *"echten"* Materialgröße ist, siehe [1]. Globale Versuchsbeobachtungen an Werkstoffproben zeigen Entfestigung wenn zufällig verteilte Mikrodefekte aktiviert werden und zusammenwachsen zu einem makroskopischen Versagensvorgang. Bei direkter Zugbeanspruchung entstehen lokalisierte Sprödbrüche die mit anwachsendem Umschlingungsdruck zu verteilten Scherbrüchen führen [2]. Entfestigung ist somit das Resultat der Homogenisierung von lokalen Trenn- und Schervorgängen, die bei dreiaxialer Beanspruchung nur schwer zu trennen und zu identifizieren sind. Aus diesem Grund ist das Nachversagensverhalten weitgehend ungeklärt und ein Thema aktueller Forschungsarbeiten [3].

Beschränkung auf den ansteigenden Ast vermeidet zwar die Schwierigkeiten der Homogenisierung, die Stoff-Formulierung wird aber durch den Verlust der *"Normalität"* ebenfalls problematisch, da die innere Reibung des Verbundwerkstoffes nichtsymmetrische Stoffgesetze liefert, die zur vorzeitigen Verzweigung der Antwort führen können. Unglücklicherweise kann dieses Eigenleben im Laborversuch nur selten festgehalten werden, da die Randbedingungen der Versuchsanordnung mögliche Verzweigungen stark verfälschen oder gar nicht zulassen.

## 1.1 Beobachtungen am direkten Zugversuch

Im direkten Zugversuch zeigt Beton spröden Trennbruch in Form eines Zugrisses mit lokalisierter Rißaufweitung. Bei hinreichend steifer Versuchsanordnung ermöglichen verformungsgesteuerte Versuche ein stabiles Nachversagensverhalten mit einem Entfestigungsast der reproduzierbar ist. Dies bedeutet, daß auch nach Überschreiten der Zugfestigkeit eine Restfestigkeit erhalten bleibt, die bei zyklischer Beanspuchung voll erreicht werden kann und durch innere Verzahnung im Partikel-Verbundgefüge entsteht. Die Versuchsergebnisse von B. Hurlbut [4] in Bild 1 verdeutlichen die Problematik des abfallenden Astes wenn globale Last-Verformungsmessungen z.B. in Form von "nomineller"Zugspannung und Probenverlängerung dargestellt werden, siehe [5]. Im Entlastungsbereich ist das Absinken der Zugfestigkeit gleichzeitig mit Schädigung und somit Degradation der elastischen Steifigkeit verbunden. Ähnliche Beobachtungen wurden auch an gekerbten Proben in [6] und [7] festgestellt.

In diesem Zusammenhang ist es hilfreich sich die statistischen Festigkeitsmodelle der Reihenschaltung und der Parallelschaltung vor Augen zu halten. Die Reihenanordnung entspricht dem Festigkeitskonzept des schwächsten Gliedes einer Kette. Auf Kontinuumsebene führt diese Vorstellung zur additiven Superposition von elastischen und inelastischen Bruchvorgängen analog zum Vorgehen in der Elastoplastizität. Dabei bleibt offen, ob die elastische Steifigkeit während des Bruchvorganges konstant bleibt, oder ob sie mit dem Absinken der Festigkeit verknüpft wird. Im letzteren Fall spricht man von elasto-plastischer Koppelung, da sich die elastischen Eigenschaften mit dem plastischen Vorgang verändern. Die Parallelanordnung entspricht dem statistischen Festigkeitsmodell eines hochgradig hyperstatischen Systems mit innerer Redundanz. Auf Kontinuumsebene resultiert das zunehmende Absinken der elastischen Eigenschaften in einem Abfall der Festigkeit, das im Rahmen der kontinuierlichen Schädigungsmechanik z.B. mit Hilfe von inneren Zustandsgrößen beschrieben wird.

Das zentrale Problem der Entfestigung ist mit der Fragestellung der Lokalisierung beim Trennbruch verbunden. In anderen Worten, wie kann die globale Axialkraft und Verlängerung der Probe in lokale Punktgrößen umgesetzt werden? Dies ist Aufgabe der Homogenisierung die den inhomogenen bzw. lokalisierten Entfestigungsvorgang durch ungleichmäßige Verteilung der Spannungen und Verzerrungen im Sinne der Kontinuumsmechanik beschreibt. Ziel ist Identifikation von *"echten"* Materialkennwerten, die auf andere Randwertprobleme übertragen werden können. In diesem Zusammenhang sei daran erinnert, daß die Theorie der *"einfachen"* Stoffe auf dem Axiom der *"lokalen Wirkung"* basiert, d.h. die Ortsfunktion des Spannungstensors ist lediglich ein Funktional des örtlichen Verzerrungstensors und lokaler Deskriptoren des inneren Gefügezustands. Sie hängt aber nicht von Zustandsgrößen in der Umgebung ab. Im Gegensatz dazu berücksichtigen nicht-lokale Stoffgesetze auch die Vorgänge in der Nachbarschaft z.B. unter Zuhilfenahme der Verzerrungsgradienten oder höheren Ableitungen, siehe [8] und [9]. Diese nicht-lokale Wekstoffbeschreibung führt letztlich zu einer Verallgemeinerung der lokalen Kontinuumstheorie wie z.B. der Cosserat-Theorie für Granulate [10]. Im Gegensatz zur Ausbildung von Scherfugen ist es fraglich ob Momentenspannungen und Rotationen eine geeignete Darstellung der Entfestigung bei Zugbruch bzw. Verlust der Kohäsion liefern.

In einer ingenieurgerechten Betrachtung geht es bei der Interpretation des Zugversuchs zunächst um die Abgrenzung des Teilbereichs der Probe in dem der lokalisierte Trennbruch stattfindet, siehe [11]. Dies entspricht der Einbettung von bruchmechanischen Kennwerten in den Rahmen der lokalen Werkstoffgesetze. Im einfachsten Fall führt dies zur Umsetzung der Bruchzähigkeit in den abfallenden Ast der Spannungs-Dehnungsbeziehung über eine charakteristische Länge, die die Bruchenergiefreisetzungsrate $G_f$ pro Flächeneinheit durch eine äquivalente Enegiedichte pro Volumeneinheit ausdrückt.

$$\int G_f dA = \int tr(\sigma \dot{\epsilon}_f) dV \tag{1}$$

Bei Trennbruch ist die Bruchenergie $dG_f = d\sigma du_f$, wo $du_f$ die Rißaufweitung in Mode I bezeichnet und $dA$ die Rißfläche im einaxialen Zugversuch. Dies führt zur Fragestellung inwieweit die Rißöffnungsverschiebung $u_f$ durch eine äquivalente Bruchdehnung $\epsilon_f$ ausgedrückt werden kann? Mit Hilfe der obigen Energieäquivalenz gilt für das elementare Volumenelement $du_f = h\ d\epsilon_f$ wobei $h$ die charakteristische Länge des *"Bruchmechanischen Verbundmodells"* definiert, das in [5] zur Beschreibung des abfallenden Astes entwickelt wurde und in jüngster Zeit auf nicht-lokale Schädigungsmodelle angewendet wurde [12].

Eine andere Frage ist das Problem der Richtungsabhängigkeit bzw. Anisotropie bei der *verschmierten* Rißbetrachtung. Mit anderen Worten: verursacht der Abfall von Festigkeit und Steifigkeit eine bleibende Veränderung der materiellen Stoffeigenschaften z.B. in Richtung der größten Hauptzugspannung oder können derartige Versagensvorgänge verheilen wenn sich die Hauptrichtungen ändern? Man spricht in diesem Zusammenhang von fester bzw. mitdrehender Rißstrategie je nach Permanenz des Rißgedächtnisses, siehe z.B. [13]. Leider sind direkte Versuche an reinen Betonproben mit drehenden Hauptrichtungen nicht verfügbar, da eine steife Versuchsanordnung und extrem schnelle Servosteuerung erforderlich sind um das Nachversagensverhalten zu stabilisieren. In diesem Zusammenhang sind neuere Versuche von Collins et al. [14] an bewehrten Betonproben von Interesse, die das Konzept der mitdrehenden Zugrisse untermauern und für eine isotrope Fassung des Schädigungsmodells ohne bleibendes Rißgedächtnis sprechen.

## 1.2 Beobachtungen an Dreiaxialen Kompressionsversuchen

In dreiaxialen Kompressionsversuchen ist der Zuwachs an Festigkeit mit einem entsprechenden Zuwachs der Zähigkeit bei zunehmendem Umschlingungsdruck verbunden. Der abfallende Ast, der im einaxialen Druckversuch auf Null absinkt, geht mit anwachsendem Umschlingungsdruck in entsprechende Restfestigkeit über, die mit der Wirkung der inneren Reibung ansteigt. Bild 2 zeigt das unterschiedliche Verformungsverhalten von zylindrischen Proben, die axial in den Nachversagensbereich beansprucht wurden [15]. Die Versuchsergebnisse von S. Smith zeigen einen starken Festigkeitsanstieg und deutlichen Anstieg der Bruchzähigkeit bei anwachsendem Umschlingungsdruck . Der abfallende Ast verringert sich zunehmend und verschwindet völlig bei hinreichend hohem Umschlingungsdruck am sogenannten Übergangspunkt $TP$ für spröd-duktiles Verhalten, siehe [16]. Die partiellen Entlastungsäste zeigen hierbei geringe Veränderungen der Steifigkeit und somit weitgehende Entkoppelung der elastischen Eigenschaften vom plastischen Vorgang. Man kann daraus schließen, daß der Entfestigungsbereich durch den Übergangspunkt $TP$ begrenzt wird und daß der abfallende Ast auf den Bereich des niederen Umschlingungsdruckes beschränkt bleibt. Die Querverformungen der zylindrischen Proben zeigen das erhebliche Ausmaß der inelastischen Dilatanz bzw. Volumenaufweitung, die mit zunehmendem Umschlingungsdruck rasch absinkt.

## 1.3 Beobachtungen zur inelastischen Dilatanz

Das Volumenverhalten wird maßgeblich durch die inelastische Dilatanz geprägt. Die Versuchergebnisse in Bild 3 zeigen die Größe und Richtung der plastischen Formänderungen, die in vektorieller Form auf den Spannungspfaden der dreiaxialen Kompressionsversuchen aufgetragen sind [17]. Die Darstellung in der $J_2 - I_1$ Ebene liefert ein deutliches Bild der Richtungsänderung der plastischen Verformungsinkremente die mit zunehmender Deviation vom Hydrostat (Abszisse) von Verdichtung zu Volumenaufweitung in der Nähe der Grenzfläche umschwenken. Mit zunehmendem Umschlingungsdruck sinkt die inelastische Dilatanz jedoch ab und zeigt ein weitgehend volumentreues Verhalten bei Erreichen der Grenzfestigkeit. Die Versuchsergebnisse machen deutlich, daß die plastischen Belastungsflächen zunächst eine geschlossene Kappe im hydrostatischen Druckbereich bilden, an die sich eine konische Fläche anschließt deren Spitze im Zugbereich des Hydrostats liegt. Unabhängig von der Identifikation konkreter Belastungsflächen zeigen Versuchsergebnisse, daß die Richtung der plastischen Formänderung im Grenzbereich nicht orthogonal zur Grenzfläche steht. Dieser Verlust von *"Normalität"* ist ein Merkmal von Werkstoffen mit innerer Reibung der z.B. im Rahmen nicht-assoziierter Fließregeln zu nicht-symmetrischen Werkstoffgesetzen führen. Abgesehen von rechentechnischen Schwierigkeiten haben nicht-symmetrische Operatoren unangenehme Eigenschaften die vor allem Grenzlastbetrachtungen erschweren.

Als Beispiel betrachten wir das elasto-plastische Stoffmodell

$$\dot{\boldsymbol{\sigma}} = \mathbf{E}_{ep}\dot{\boldsymbol{\epsilon}} \tag{2}$$

wo der plastische Anteil $\mathbf{E}_p$ des Stofftensors

$$\mathbf{E}_{ep} = \mathbf{E} - \mathbf{E}_p \tag{3}$$

bei nicht-assoziierter Fließbedingung unsymmetrisch wird, da

$$\mathbf{E}_p = \frac{\mathbf{Em} \otimes \mathbf{nE}}{E_p + tr(\mathbf{nEm})} \tag{4}$$

Mit $\mathbf{m} = \partial Q/\partial \boldsymbol{\sigma}$ und $\mathbf{n} = \partial F/\partial \boldsymbol{\sigma}$ liefert das Kreuzprodukt $\mathbf{m} \otimes \mathbf{n}$ einen unsymmetrischen Tensor von Rang eins, der den elastischen Stofftensor $\mathbf{E}$ nach Gl.3 abmindert. Mit zunehmendem Verlust von "Normalität" sinkt das Skalarprodukt im Nenner des Plastizitätstensors $\mathbf{E}_p$ auf den Wert Null ab wenn $\mathbf{nE}^{1/2} \perp \mathbf{E}^{1/2}\mathbf{m}$. Für ideal plastisches Verhalten mit $E_p = 0$ führt der Grenzwert $tr(\mathbf{nEm}) = 0$ zu einer starken Singularität von $\mathbf{E}_p$ wenn der Gradient der Fließbedingung $F(\boldsymbol{\sigma}, \mathbf{q}) = \mathbf{0}$ normal steht auf den Gradienten des plastischen Potentials $Q(\boldsymbol{\sigma}, \mathbf{q}) = \mathbf{0}$ in Bezug auf $\mathbf{E}$. Mit anderen Worten, nicht-assoziierte Fließregeln haben eine ähnliche Wirkung wie Entfestigung mit negativen Werten des plastischen Moduls $E_p < 0$. Dies bedeutet, daß auch verfestigende Werkstoffgesetze singulär werden können, dh. $det(\mathbf{E}_{ep}) = 0$ obwohl $E_p > 0$.

Diese Erkenntnis wurde von Rudnicki und Rice [18] dazu verwendet die vorzeitige Lokalisierung des nicht-assoziierten Drucker-Prager Modells zu untersuchen. Die entsprechende Verzweigungsanalyse basiert auf dem Verlust der positiv- definiten Eigenschaft des akustischen Tensors, der durch Kontraktion des Stofftensors mit dem Normalenvektor N der Wellenausbreitung folgendermaßen definiert ist:

$$\mathbf{Q}_{ep} = \mathbf{N}\mathbf{E}_{ep}\mathbf{N} \tag{5}$$

Die Eigenwerte von $\mathbf{Q}_{ep}$ liefern ein Maß der Wellengeschwindigkeiten $c_i$,

$$\mathbf{Q}_{ep}\mathbf{M} = \rho c^2 \mathbf{M} \tag{6}$$

wobei die Eigenvektoren M die Richtung der Polarisierung bestimmen [19]. Aus der Definition des akustischen Tensors erkennen wir, daß bei symmetrischen Eigenschaften Lokalisierung, dh. Nullwerte in der Wellengeschwindigkeit nur dann auftreten können wenn der Stofftensor singulär wird. Die Schwierigkeit liegt darin, daß bei nicht-symmetrischen Eigenschaften diese Einbettung nicht mehr gegeben ist. Dies bedeutet, daß Verzweigung vorzeitig vor Erreichen der Grenzfestigkeit im Stoffgesetz auftreten kann, dh. $det\mathbf{Q}_{ep} = 0$ obwohl $det\mathbf{E}_{ep} > 0$.

Im Zusammenhang mit nicht-symmetrischen Stoff-Formulierungen wollen wir festhalten, daß das übliche Stabilitätskriterium der positiven Formänderungsenergie $d^2W$ auf Grund der quadratischen Form lediglich den symmetrischen Anteil von $\mathbf{E}_{ep}$ aktiviert.

$$2d^2W_p = tr(\dot{\sigma}\dot{\epsilon}) = tr(\dot{\epsilon}\mathbf{E}_{ep}\dot{\epsilon}) = tr(\dot{\epsilon}\mathbf{E}_{ep}^{sym}\dot{\epsilon}) \quad (7)$$

Das Eigenspektrum des symmetrisierten Stofftensors $\mathbf{E}_{ep}^{sym}$ schließt das Spektrum des nicht-symmetrischen Operators $\mathbf{E}_{ep}$ ein (Bromwich-Theorem) und liefert somit eine untere bzw. obere Schranke. Das obige Ausschließungsfunktional für Stabilität ist somit eine hinreichende Bedingung und deshalb lediglich eine untere Schranke für Versagen. Kurz, die inkrementelle Energienorm liefert einen Indikator, der das Versagen bei nicht-symmetrischen Stoffgesetzen vorzeitig ankündigt.

Zur Fragestellung der vorzeitigen Instabilität von nicht-assozziierten Fließgesetzen wurden lastgesteuerte Dreiaxialversuche von S. Smith [15] durchgeführt, deren Ergebnisse in den Bildern 4 und 5 wiedergegeben sind. Dabei ging es um die experimentelle Verifikation der theoretischen Argumentation von Sandler und Rubin [20], daß Instabilität eintritt wenn der Belastungspfad in den konischen Zwischenbereich eindringt, der von der plastischen Belastungsfläche und Potentialfläche aufgespannt wird. Wegen Verlust der *"Normalität"* sollte in diesem Fall die inkrementelle plastische Energienorm negativ werden, dh. $d^2W_p = \int \dot{\sigma}\dot{\epsilon}dV < 0$. Im Versuch wurde diese Behauptung auch verifiziert, siehe Bild 5. Andererseits war im Versuch keine Instabilität zu erkennen trotz Laststeuerung nahe der Grenzfläche der dreiaxialen Festigkeit. Diese Beobachtung zeigt, daß das Ausschließungsfunktional lediglich eine hinreichende Bedingung liefert, die mit dem endgültigen Versagen des Versuchskörpers wenig zu tun hat.

### 1.4 Dreiaxiale Betonmodelle

Keines der traditionellen Stoffgesetze eignet sich zur einheitlichen Beschreibung des vielfältigen Antwortspektrums von Beton. Daher enthalten die meisten neueren Stoffmodelle mehrere Bestandteile, wie z.B. elasto-plastische Bruchformulierungen, die das unterschiedliche Betonverhalten in Zug- und Druckbereich zu erfassen. Als Beispiele sind hier lediglich dreiaxiale Formulierungen aufgeführt die in den letzten fünf Jahren in der englischen bzw. amerikanischen Literatur erschienen sind und auf Vorstellungen der nichtlinearen Elastizität, Plastizität, Bruchmechanik, kontinuierliche Schädigungstheorie und endochrone Zeittheorie zurückgreifen: [21], [22], [23], [24], [25], [26], [27], [28], [29], [30] and [31]. Die Vielfalt der Veröffentlichungen ist ein Zeichen dafür, daß die Entwicklung von umfassenden Stoffmodellen sehr aktuell ist und daß zur Zeit keine Formulierung das vielfältige Antwortspektrum überzeugend wiedergibt.

## 2 Numerische Versagensvorhersage

Die Frage der Lokalisierung von Deformationen bei Versagensvorgängen ist eines der dringlichen Probleme in der Festkörper- und speziell in der Versagensmechanik. Die numerische Simulation in der Plastomechanik ist problematisch, da Unstetigkeiten der Geschwindigkeitsgradienten in einem raumfesten Netz dargestellt und scharfe Grenzschichten (z.B. in Form von Scherfugen) *"verschmiert"* werden. In der Bruchmechanik geht man von diskreten Unstetigkeiten aus, deren Wachstum über Bruchenergiefreisetzungsraten in einem körperfesten System gesteuert werden. Dieser Zwiespalt zwischen verteilten und diskreten Schadensvorgängen hat in jüngster Vergangenheit zu einer intensiven Diskussion darüber geführt, welche Prozeßgrößen die Lokalisierung von verteilten Schädigungsvorgängen richtig erfassen.

Die numerische Berechnung wird bei dieser Fragestellung durch den Verlust der starken Elliptizität erschwert, da die maßgebenden Differentialgleichungen bereichsweise umschlagen. Im *"schwachen"* Sinne bedeutet dies progressive Ausbreitung von lokalisierten Versagensvorgängen bei Bewegungen, die kritische Eigenkonfigurationen mobilisieren. Aus numerischer Sicht erfordert dies ein Abfragen von irreversiblen Ungleichgewichtsvorgängen nach möglichen Verzweigungspfaden, solange Veränderungen der Topologie und Geometrie das stabile Tragverhalten nicht gefährden.

Abgesehen von den frühen Ansätzen zur Wellenausbreitung von Hadamard, Thomas und Hill sind in neuerer Zeit vor allem die Beiträge von Rudnicki und Rice [18], Needleman und Tvergaard [32], Ortiz, Leroy und Needleman [33] zu beachten, die Fragen der räumlichen Lokalisierung aufgearbeitet und in numerische Rechenverfahren umgesetzt haben. Das Thema der *"nicht-lokalen"* Deskriptoren ist in jüngster Vergangenheit von Schreyer und Chen [8], Belytschko [9], Bazant [12] und Pramono [31] erörtert worden und im Rahmen der Cosserat-Theorie von Mühlhaus und Vardoulakis [10] auf die Ausbildung von Scherfugen in Granulaten eingesetzt worden.

Die Dringlichkeit von lokalisiertem gegenüber verteiltem Versagen wird durch eine Reihe von internationalen Kolloquien verdeutlicht, die in der jüngsten Vergangenheit veranstaltet wurden [34], [35].

## 2.1 Lokalisierung

Die Frage der Lokalisierung von Versagensvorgängen ist ein zentrales Thema in der numerischen Mechanik. Die herkömmlichen Rechenverfahren der infinitesimalen Plastizität beschreiben plastische Fließvorgänge in einem raumfesten Netz, das die Ausbildung von Scherfugen bzw. Diskontinuitäten nur unscharf erfaßt. Die starke Abhängigkeit der Ergebnisse von der Netzteilung ist das Resultat der Verschmierung. Man spricht vom Verlust der *"Objektivität"*, die sich bei entfestigenden Werkstoffen besonders stark auswirkt [3]. Die Bilder 6 und 7 verdeutlichen die starke Netzabhängigkeit der Ergebnisse für den Fall der $J_2$-Plastizität mit Entfestigung [36]. Ausrichtung der Netzteilung entlang der Lokalisierungsrichtung, die bei diesem einfachen Beispiel des ebenen Verzerrungszustandes entlang der Diagonalen unter $\pm 45$ *deg.* orientiert ist, ergibt eine deutliche Verbesserung, d.h. eine weitaus bessere Übereinstimmung im Nachversagensbereich, vor allem wenn eine *"charakteristische Länge"* eingeführt wird (Bild 7 rechts oben).

In der Vergangenheit wurde diese starke Netzabhängigkeit der numerischen Traglasten vornehmlich dem Blockieren von Verschiebungselementen bei volumentreuen plastischen Verformungen zugeschrieben [37]. Jüngere Arbeiten zeigen, daß die Lokalisierungsbedingung die eigentliche Ursache für die numerischen Unschärfe ist, und daß die entsprechenden Unstetigkeiten der Verschiebungsgradienten in der räumlichen Diskretisierung erfaßt werden müssen. Bild 8 verdeutlicht, daß Lokalisierung lediglich im Fließbereich $BCDEF$ möglich ist und daß die Richtung der Lokalisierung variiert bei $J_2$-Plastizität im ebenen Spannungszustand. Singularitäten des akustischen Tensors, dh. $det\ \mathbf{Q}_{ep} = det\ \mathbf{N}\mathbf{E}_{ep}\mathbf{N} = 0$, entsprechen einem Nullwert der Wellengeschwindigkeit $c_i = 0$, die mit einer bestimmten Normalenrichtung **N** verbunden ist.

Eigenwertuntersuchungen auf Elementebene ergeben für den Fall der reinen Scherung eine bemerkenswerte Abhängigkeit von den Randbedingungen. Bild 9 zeigt, daß alle Elemente einen Rangabfall aufweisen, daß aber voll-integrierte Viereckselemente blockieren ( *"Locking"*) wenn die Lokalisierung quer durch den Elementbereich verläuft [38]. Dagegen erfaßt die Ausrichtung von Dreieckselementen die Lokalisierung der Scherfuge analog zur Anti-Blockierung von Viereckselementen mit reduzierter Integration. Bild 10 zeigt die Ausbildung einer scharfen Scherfuge bei lokal reduzierten Viereckselementen für den Fall der ebenen Verzerrung [39]. Dabei ist die nichtlineare Umsetzung der inkrementellen Konsistenzbedingung von größter Bedeutung für den Erfolg von entfestigenden plastischen Berechnungen mit nicht-assoziierter Fließregel [40].

Diese Hinweise machen deutlich, daß der derzeitige Stand der Rechenverfahren erweitert werden muß, um unstetige Versagensvorgänge zuverlässig zu erfassen.

# 3 Schlußfolgerungen

Voraussetzung für den erfolgreichen Einsatz von numerischen Rechenverfahren sind in sich geschlossene Stoffgesetze mit gesicherten Antworten auf *"jede"* denkbare Fragestellung. Dies gilt insbesonderes für Beanspruchungen im Versagensbereich. Die Vielfalt der offenen Themen weist darauf hin, daß Beton zwar ein traditionsreiches Baumaterial ist, daß aber noch viele Bereiche der mechanischen Werkstoffeigenschaften weitgehend ungeklärt sind.

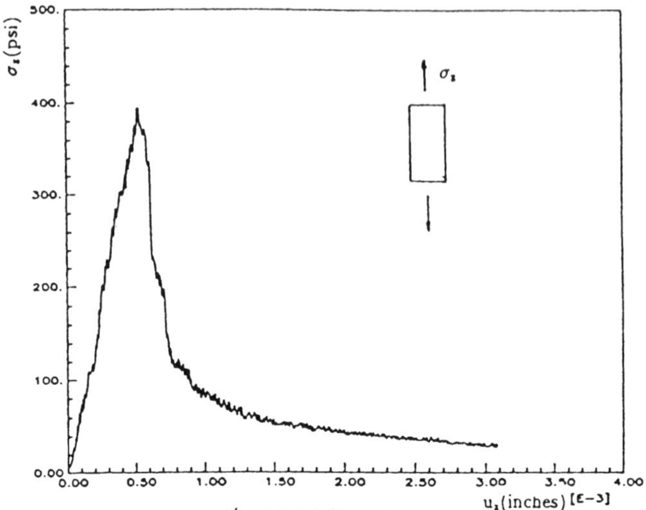


$f_c' = 3.2$ ksi Concrete

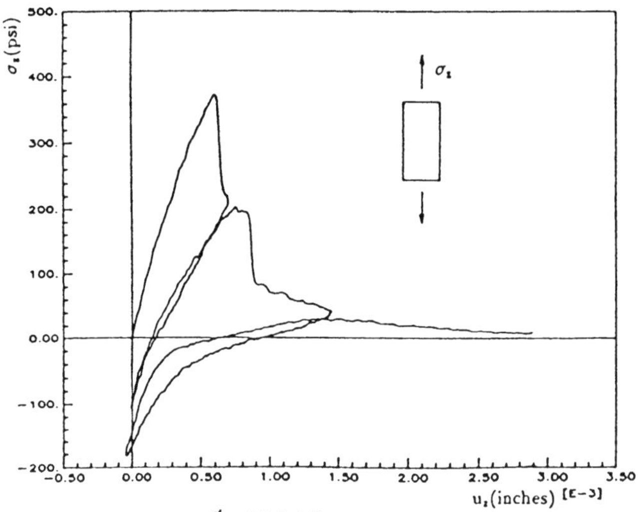


$f_c' = 3.2$ ksi Concrete

Fig. 1 Direkte Zugversuche, B. Hurlbut

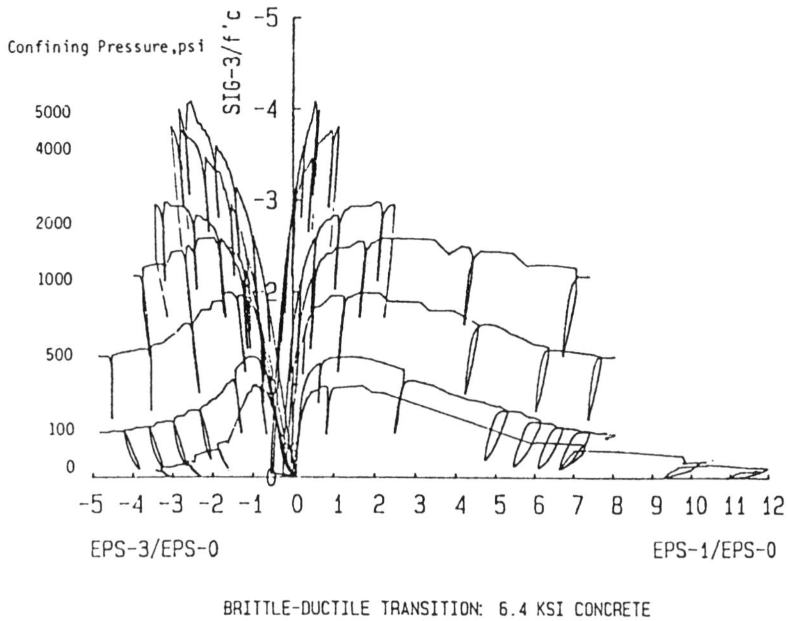


Fig. 2 Dreiaxiale Kompressionsversuche, S. Smith

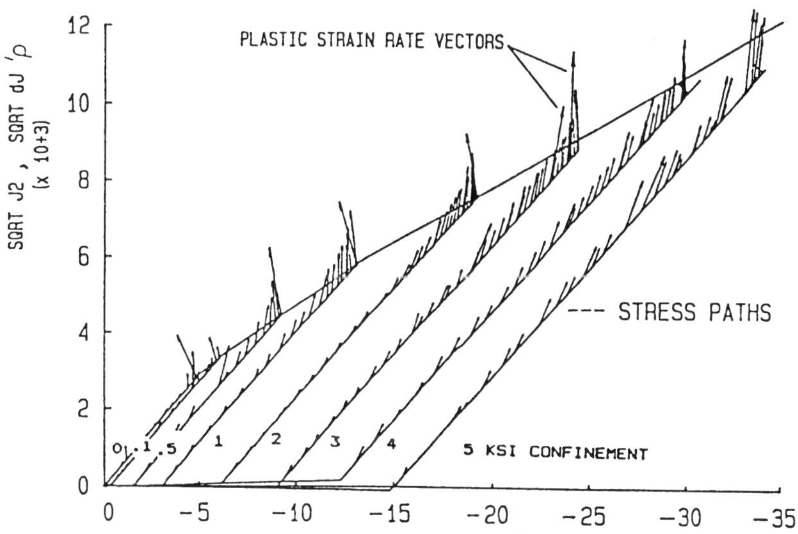


Fig. 3 Dreiaxialer Spannungspfad und Richtung der plastischen Formänderungsinkremente

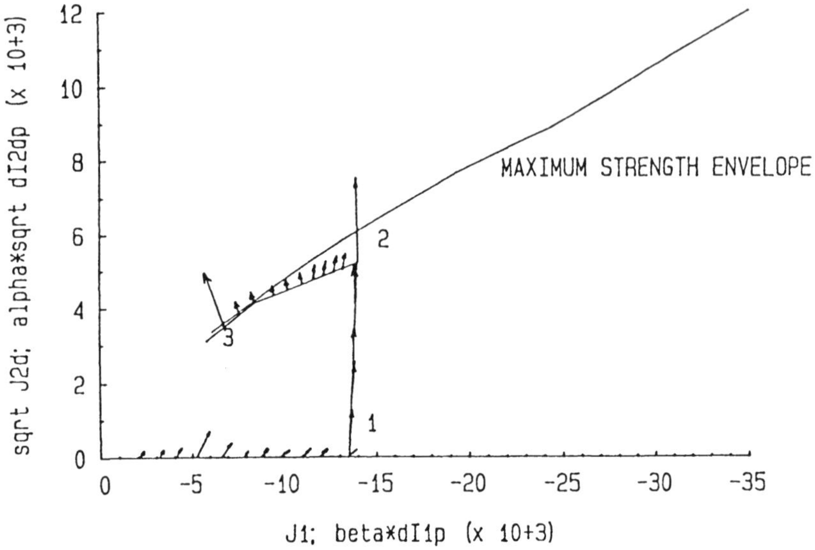


Fig. 4 Stabilitätsexperiment: Spannungspfad und plastische Formänderungsinkremente

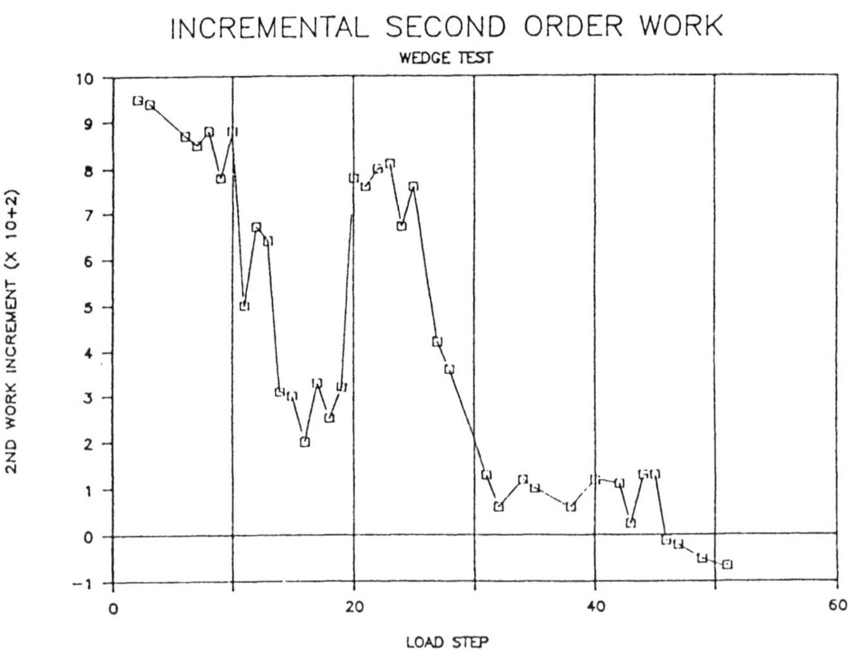


Fig. 5 Stabilitätsexperiment: Inkrement der plastischen Arbeitsanteile

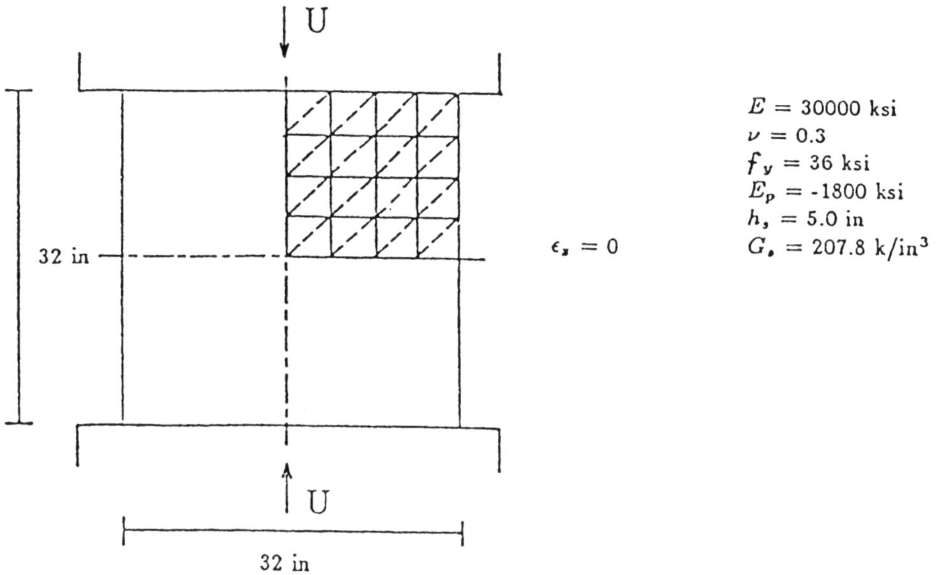


Fig. 6 Entfestigende $J_2$-Berechnung eines quadratischen Körpers

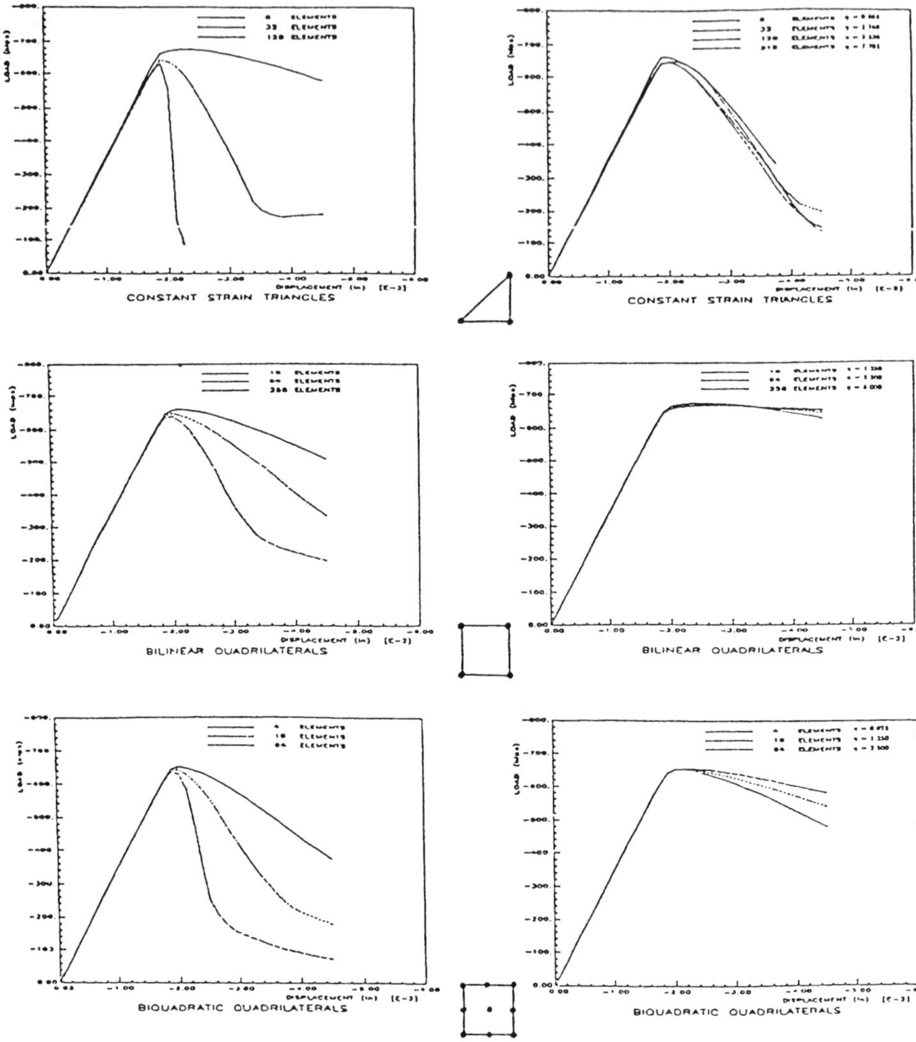


Unmodified Failure Predictions

Modified Failure Predictions

Fig. 7 Netzabhängigkeit der plastischen Rechenergebnisse

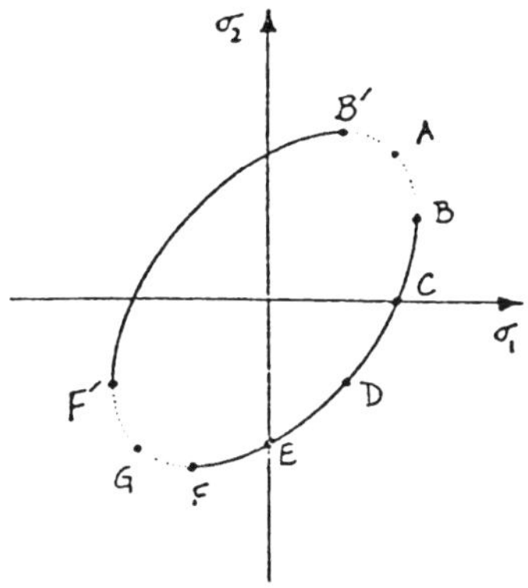


Fig. 8 a Lokalisierungsbereich der $J_2$-Plastizität bei ebenem Spannungszustand

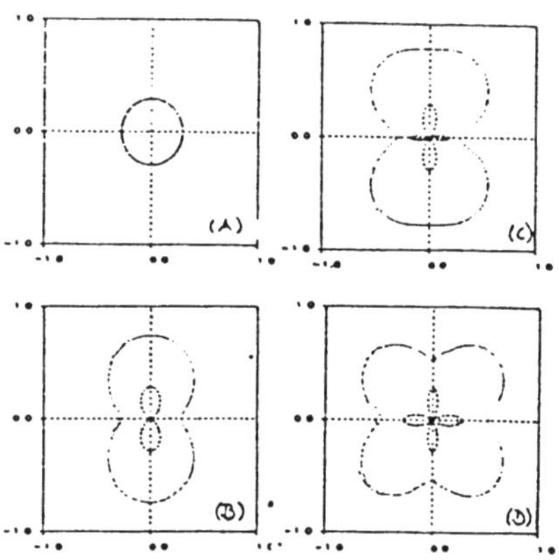


Fig. 8 b Richtungsabhängigkeit der Wellengeschwindigkeiten

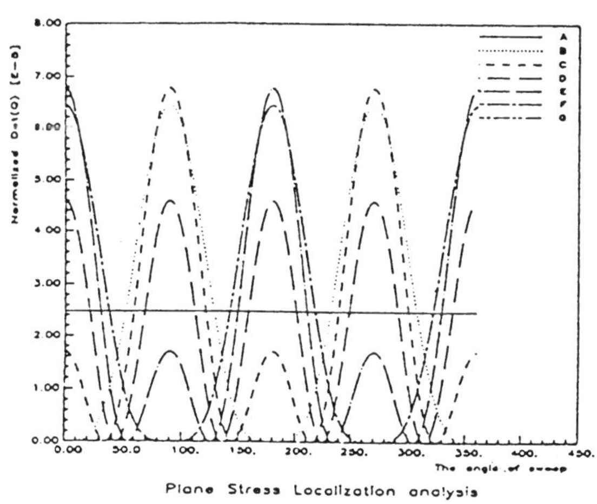


Fig. 8 c Variation des Lokalisierungstensors

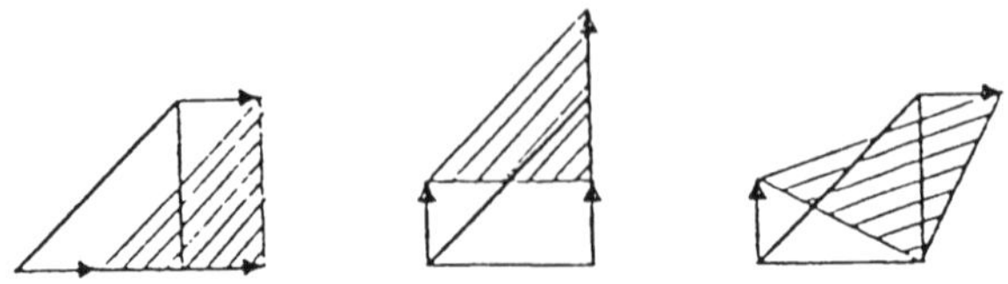

$$E = \begin{bmatrix} (\lambda + 2\mu) & (\lambda + 2\mu) & 0 \\ (\lambda + 2\mu) & (\lambda + 2\mu) & 0 \\ 0 & 0 & \mu \end{bmatrix}$$

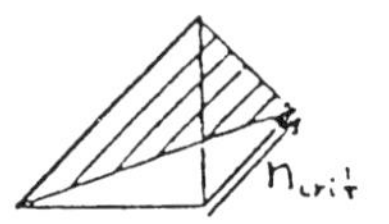


Fig. 9 a Kritische Eigenkonfigurationen des TRIM 3-Elements bei reinem Schub

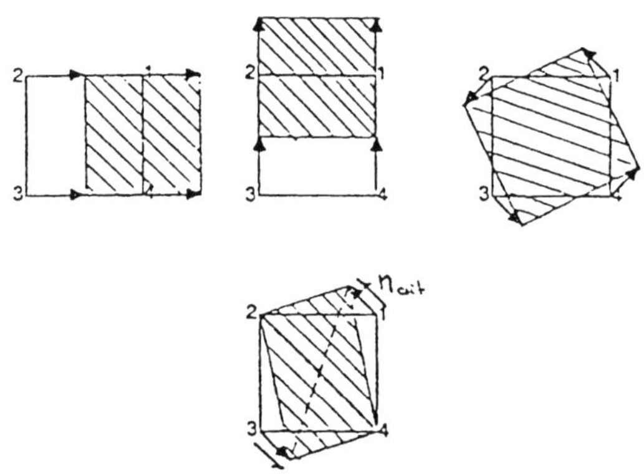


Fig. 9 b Kritische Eigenkonfigurationen des QUAM4-Elements bei voller Integration

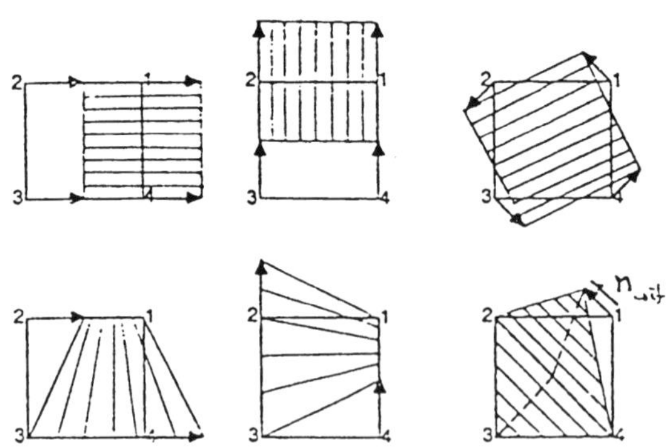


Fig. 9 c Kritische Eigenkonfigurationen des QUAM4-Elements bei reduzierter Integration

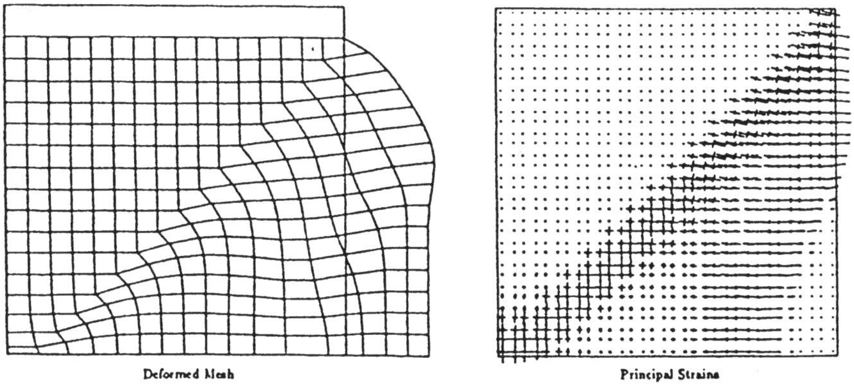


Fig. 10 a Lokalisierung der Scherfuge bei reduzierter Integration

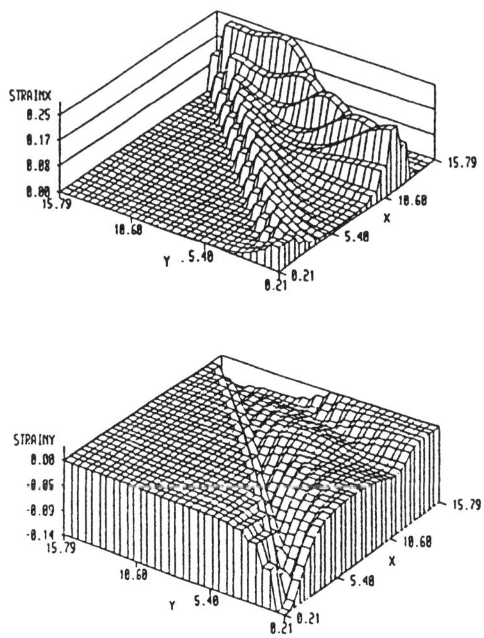


Fig. 10 b Verteilung der lokalisierten Verzerrungen im quadratischen Körper

# Literatur


[1] Hegemier, G. A. and Read, H. E. (1985). "On deformation and Failure of Brittle Solids, Some Outstanding Issues," *Mechanics of Materials*, Vol. 4, pp. 215–259.

[2] von Mier, J.G.M. (1984). "Strain-Softening of Concrete under Multiaxial Loading Conditions", Ph-D. Dissertation, De Technische Hogeschool Eindhoven, Netherlands.

[3] Bažant, Z. P.(1986). "Mechanics of Distributed Cracking," *Appl. Mech. Rev.*, Vol. 39, No. 5, pp. 675–705.

[4] Hurlbut, B. J. (1985). "Experimental and Computational Investigation of Strain-Softening in Concrete," M.S. Thesis, CEAE Department, University of Colorado, Boulder.

[5] Willam, K., Hurlbut, B., and Sture, S. (1986). " Experimental and Constitutive Aspects of Concrete Failure", *Spec. Publ. Finite Element Analysis of Concrete Structures*, ASCE Spec. Publ., NY., pp. 226–254.

[6] Gopalaratnam, V. S. and Shah, S. P. (1984). "Softening Response of Concrete in Direct Tension," Technological Institute Report, Dept. of Civil Engineering, Northwestern University, Evanston.

[7] Reinhardt, H. W. (1984). "Fracture Mechanics of an Elastic Softening Materials Like Concrete," *Heron*, Vol. 29, No. 2, pp. 42.

[8] Schreyer, H.L. and Chen, Z.(1984). "The Effect of Localization on the Softening Behavior of Structural Members", ASME-WAM'84 Symposium on *Constitutive Equations: Macro and Computational Aspects*, Willam, K. (ed.), ASME, New York, pp. 193–203.

[9] Belytschko, T. and Lasry, D.(1988). "Localization Limiters and Numerical Strategies for Strain-Softening Material", France-US Workshop on *Strain Localization and Size Effect due to Cracking and Damage*, Mazars, J. and Bazant, Z. (eds.), Cachan.

[10] Mühlhaus, H.B. and Vardoulakis, I.(1987). "The Thickness of Shearbands in Granular Materials", *Géotechnique*, Vol. 37.

[11] Bazant, Z.P., and Oh, B.K. (1983). "Crack Band Theory for Fracture of Concrete", *Materials and Structures*, Rilem, Vol. 16, pp. 155–177.

[12] Pijaudier-Cabot, G. and Bazant, Z. (1988). "Local and Nonlocal Models for Strain-Softening and their Comparison Based on Dynamic Analysis", France-US Workshop on *Strain Localization and Size Effect due to Cracking and Damage*, Mazars, J. and Bazant, Z. (eds.), Cachan.

[13] Willam, K., Pramono, E., Sture,S. (1988). "Fundamental Issues of Smeared Crack Models", *Proc. Intl. Conf. on Fracture of Concrete and Rock*, Houston Texas, 1987, Eds.: S. Swartz and S. Shah, Springer, New York.

[14] Vecchio, F., and Collins, M.P. (1983). "The Response of Reinforced Concrete to In-Plane and Normal Stress", *Dept. of Civil Engng.*, Publ. No. 82–03, University of Toronto.

[15] Smith, S. S. (1987). "On Fundamental Aspects of Concrete Behavior", M. S. Thesis, CEAE Department, University of Colorado, Boulder.

[16] Horii, H., and Nemat Nasser, S. (1986). "Brittle Failure in Compression: Splitting, Faulting and Brittle-Ductile Transition", *Phil. Trans. Royal Soc.*, London, Vol. 319, No. 1549, pp. 337–374.

[17] Smith, S.S., Willam, K., Gerstle, K., Sture, S. (1988). "Concrete over the Top — or: Is there Life after Peak?", *Journal of ACI*, accepted for publication.

[18] Rudnicki, J.W. and Rice, J.R.(1975). "Conditions for the Localization of Deformation in Pressure-Sensitive Dilatant Materials", *Journal for Mechanics and Physics of Solids*, Vol.23, pp. 371–394.

[19] Willam, K., Sobh, N. and Sture, S.(1987)."Elastic-Plastic Tangent Operators: Localization Studies on the Constitutive and Finite Element Levels", ASME-WAM'87 Symposium on *Advances in Inelastic Analysis*, Nakazawa, S., Willam, K. and Rebelo, N. (eds.), ASME Vol.88, New York. pp. 107–127.

[20] Sandler, I. S. and Rubin, D. (1984). "The Consequences of Non-Associated Plasticity in Dynamic Problems", *Proc. Intl. Conf. on Constit. Laws for Engng. Matls.*, Tucson, Arizona, Eds.: C. Desai, E. Krempl, Kiussis and Kundu, Vol. 1, Elsevier, New York.

[21] Chen, E. S. and Buyukozturk, O. (1985). "Constitutive Model for Concrete in Cyclic Compression," *Journal of Engineering Mechanics*, ASCE, Vol. 111, No. 6, pp. 797–814.

[22] Han, D. J. and Chen W. F. (1985). "A Nonuniform Hardening Plasticity Model for Concrete Materials," *Proc. Inelastic Deformation and Failure Modes*, S. Nemat-Nasser ed., pp. 238–308.

[23] Klisinski, M. (1985). "Degradation and Plastic Deformation of Concrete," IFTR Report No. 38, Polish Academy of Sciences, Warsaw, pp. 198.

[24] Levine, H. G. (1982). "A Two Surface Plastic and Microcracking Model for Plain Concrete," *ASME Symposium Volume 82 — 73178*, L. Schwer ed., New York, pp. 27–48.

[25] Ortiz, M. (1984). "A Constitutive Theory for the Inelastic Behavior of Concrete," *Mechanics of Materials*, Vol. 4, pp. 67–93.

[26] Shafer, G. S. and Ottosen, N. S. (1985). "An Invariant-Based Constitutive Model," Structural Research Series No. 8506, CEAE Department, University of Colorado.

[27] Stankowski, T. and Gerstle, K. H. (1985). "Simple Formulation of Concrete Behavior under Multiaxial Load Histories," *Journal of ACI*, Vol. 82, pp. 213–221.

[28] Valanis, K. C. and Read, H. E. (1984). "An Endochronic Plasticity Theory for Concrete," S-Cube Topical Report, La Jolla, pp. 93.

[29] Yang, B. L., Dafalias, Y. F., and Herrmann, L. R. (1985). "A Bounding Surface Plasticity Model for Concrete," *Journal of Engineering Mechanics*, ASCE, Vol 111, No. 3, pp. 359–380.

[30] Schreyer, H. L. and Babcock, S. M. (1985). "A Third Invariant Plasticity Theory for Low-Strength Concrete," *Journal of Engineering Mechanics*, ASCE, Vol. 111, No. 4, pp. 545–558.

[31] Pramono, E., and Willam, K. (1988). "Fracture Energy-Based Plasticity Formulation of Plain Concrete", *Journal of Engineering Mechanics*, accepted for publication.

[32] Needleman, A. and Tvergaard, V.(1983). "On the Finite Element Analysis of Localized Plastic Deformation", in *Finite Elements — Special Problems in Solid Mechanics* Oden, J.T. and Carey, G.F. (eds.), Vol.5, pp. 94–157.

[33] Ortiz, M., Leroy, Y. and Needleman, A.(1987). "A Finite Element Method for Localized Failure Analysis", *Comp. Meth. Appl. Mech. Eng.*, Vol. 61, pp. 189–224.

[34] ASME-WAM'87 Symposium (1987), Boston *"Advances in Inelastic Analysis"*, Nakazawa,S., Willam, K. and Rebelo, N. (eds.), ASME Vol. 88, New York.

[35] France-US Workshop (1988), Cachan *"Strain Localization and Size Effect due to Cracking and Damage"*, Mazars, J. and Bazant, Z. (eds.), Cachan.

[36] Willam, K. and Montgomery, K.(1987). "Fracture Energy-Based Softening Plasticity Model for Shear Failure", Proc. Conf. on *Interaction of Non -Nuclear Munitions and Structures*, Vol. II, Mannheim, pp. 679–691.

[37] Nagtegaal, J.C., Parks, D.M. and Rice, J.R.(1974). "On Numerically Accurate Finite Element Solutions in the Fully Plastic Range", *Computer Methods in Applied Mechanics and Engineering*, Vol. 4, pp. 153–177.

[38] Sobh, N.A.(1987). "Bifurcation Analysis of Tangential Material Operators," Ph.D. Dissertation, CEAE Department, University of Colorado, Boulder.

[39] Pramono, E. (1988). "Numerical Simulation of Distributed and Localized Failure in Concrete," Ph.D. Dissertation, CEAE Department, University of Colorado, Boulder.

[40] Pramono, E. and Willam, K.(1988). "Implicit Integration of Composite Yield Surfaces with Corners", submitted for publ. in *Engng Comp.*.

betonscheiben, in denen quasi konstante Spannungszustände herrschen, vorherzusagen. Die Belastungen der Scheiben A bis C erfolgten jeweils durch monotone, in den verschiedenen Richtungen proportionale Steigerungen der Belastungen. Bei der Scheibe D erfolgte dagegen die Laststeigerung in den verschiedenen Richtungen nicht gleichzeitig proportional.

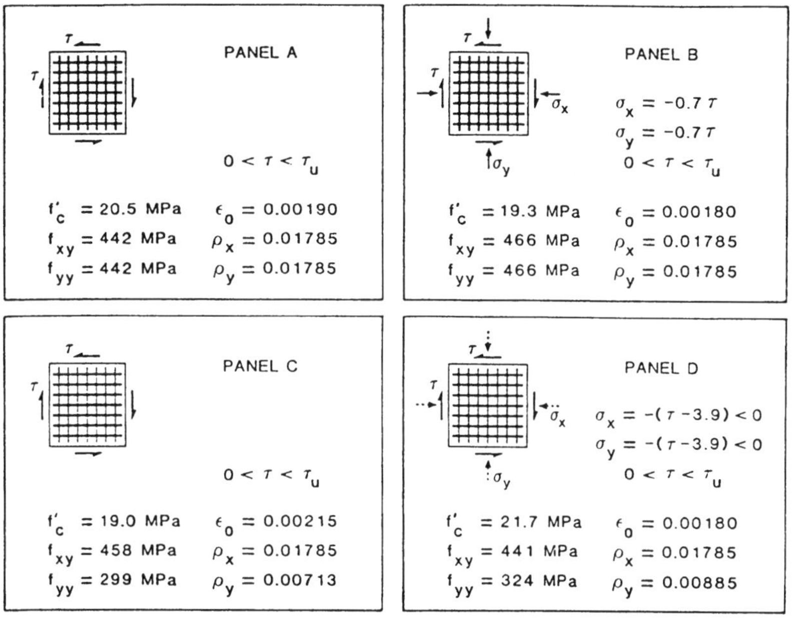


Bild 1 Materialfestigkeiten, Bewehrungsverhältnisse $\rho_x$ u. $\rho_y$ und Belastungsfolge (Bild aus [4])

Im Bild 2 sind die vorhergesagten Bruchlasten [4] im Vergleich zusammenfassend dargestellt. Man sieht deutlich, daß die Vorhersagen sehr unterschiedlich waren, was besonders für die Scheibe D mit in den verschiedenen Richtungen nichtproportionaler Laststeigerung gilt.

Auch die Vorhersage des Spannungs-Verzerrungsverhaltens ergab sehr unterschiedliche Ergebnisse. Die von den verschiedenen Wissenschaftlern vorhergesagten Ergebnisse sind, exemplarisch für die Schubspannungs-Gleitungs- Beziehungen, zusammen mit den in den Versuchen ermittelten im Bild 3 angegeben. Auch hier fällt besonders auf, daß die Vorhersagen bei der Scheibe D besonders divergieren.

# Nichtlineare FE-Modellierung zur Berechnung von Stahlbetonkonstruktionen

Gerhard Mehlhorn, Detlev Dinges, Manfred Keuser und Wolfgang Kolmar

## 1. Einleitung

Vor etwas mehr als 20 Jahren erschien als Meilenstein für die Anwendung der Methode der finiten Elemente (Finite Element Method: FEM) zur Berechnung von Stahlbetonkonstruktionen der Beitrag von NGO/SCORDELIS [1], in dem über die Berechnung eines gerissenen Stahlbetonbalkens berichtet wurde. Bei der Berechnung wurde für den Beton ein linear-elastisches Werkstoffmodell mit beschränkter Zugfestigkeit verwendet und der Rißverlauf vorgegeben.

Inzwischen ist eine Vielzahl von Veröffentlichungen erschienen, in denen das Problem der Modellierung von Stahlbetonstrukturen behandelt wird. Dabei werden verschiedene Wege beschritten, die insbesondere Unterschiede bei der Erfassung des Werkstoffverhaltens des Stahlbetons aufweisen. Hierzu zählen vor allem die unterschiedlichen Formulierungen zur Berücksichtigung der Rissebildungen im Beton und des Verbundverhaltens zwischen Beton und Bewehrung. Auch hinsichtlich der Wahl der Elemente und der numerischen Behandlung wurden unterschiedliche Wege beschritten. Schließlich wurden auch bei der Beschreibung des Spannungs-Verzerrungsverhaltens des Betons im Druckbereich verschiedene Formulierungen gewählt.

Wie schwierig es ist, z.B. das Werkstoffverhaltens des Stahlbetons realistisch zu erfassen, wurde deutlich, als Collins 1981 in Delft anläßlich des IVBH-Colloquiums - ADVANCED MECHANICS OF REINFORCED CONCRETE zu einem Wettbewerb aufrief [2], das Spannungs-Verzerrungsverhalten und die Bruchlasten für die vier verschiedenen, im Bild 1 dargestellten einfachen Stahl-

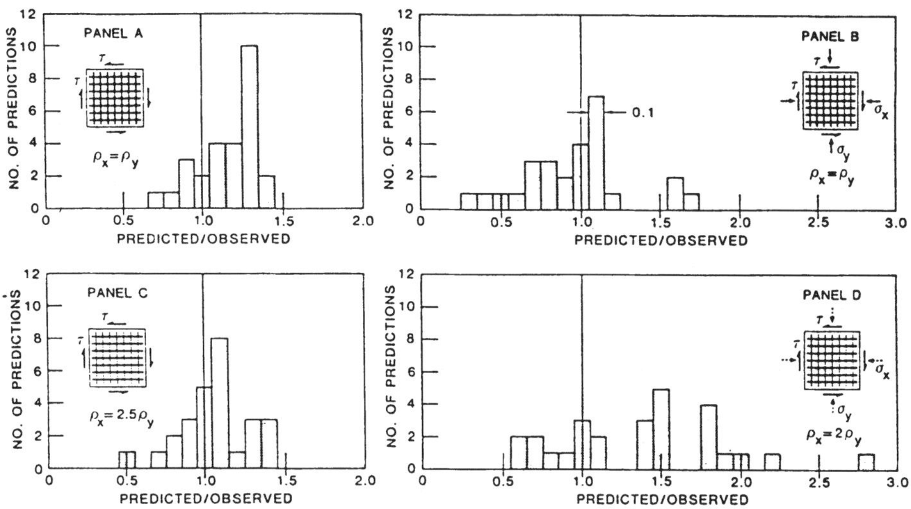


Bild 2 Vorausberechnete, auf die experimentell ermittelten bezogenen Bruchlasten (Bild aus [4])

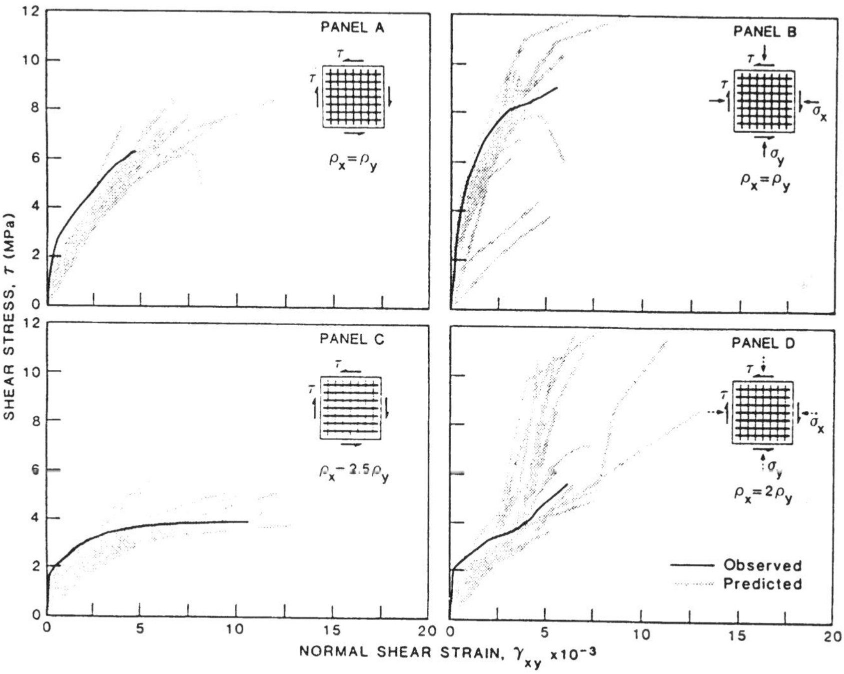


Bild 3 Vorausberechnete und experimentell ermittelte Schubspannungs-Gleitungsbeziehungen (Bild aus [4])

Es sei hier aber besonders darauf hingewiesen, daß die am COLLINS-WETTBEWERB zutage getretenen Unsicherheiten bei der realistischen Beschreibung des Werkstoffverhaltens des Stahlbetons nur sehr wenig mit dem Problem der Anwendung der FEM zur Berechnung von Stahlbetonstrukturen zu tuen haben. In den zu berechnenden Elementarscheiben herrschte nämlich ein quasi konstanter Beanspruchungszustand, den man genau so gut auch ohne die Methode der finiten Elemente ermitteln konnte. Es wurde vielmehr deutlich, daß unsere Kenntnisse zum realistischen Werkstoffverhalten des Stahlbetons als relativ bescheiden einzustufen sind. Deshalb ist es von besonderer Bedeutung, daß man die Beschreibung des Werkstoffverhaltens des Stahlbetons mit einbezieht, wenn man die geeigneten Elementsteifigkeitsmatrizen zur Berechnung von Stahlbetonkonstruktionen vergleichend untersucht. FE-Rechenprogramme, die zur Berechnung von Stahlbetonstrukturen entwickelt werden, sollten deshalb modular so aufgebaut werden, daß die Werkstoffbeschreibungen in Unterprogrammen erfaßt werden. Die entsprechenden Unterprogramme können dann leicht, orientiert am verbesserten Kenntnisstand zum Werkstoffverhalten, ausgetauscht werden.

## 2. Materialmodelle für Beton

Die in der Literatur bekannten Betonwerkstoffmodelle lassen sich nach Chen [5] in eine der folgenden Theorien einordnen:

- Nichtlineare Elastizitätstheorie
- Plastizitätstheorie
- Endochronictheorie

Zum Vergleich verschiedener Modelle wurden in [6], [7] ein

- isotropes
- orthotropes
- elastisch-plastisches

Betonmodell formuliert. Nachfolgend werden die wichtigsten Ansätze der genannten Betonmodelle für den Druckbereich dargestellt. Die Beschreibung des Betons im Zugbereich ist jeweils identisch.

In umfangreichen Vergleichsrechnungen wurde festgestellt, daß für monoton steigende Belastungen die Modelle etwa gleiche Ergebnisse ergeben. Für nichtproportionale Belastungen sowie Ent- und Wiederbelastungen sollte dem Plastizitätsmodell der Vorzug gegeben werden. Kompliziertere Betonmodelle werden zur Berechnung von Stahlbetonflächentragwerken als nicht erforderlich angesehen. Wie die Modellierung zur Berechnung von Stahlbetonkonstruktionen im 3d Bereich erfolgen müßte, ist nicht Gegenstand der Untersuchungen.

Isotropes Betonmodell für zweiaxiale Druckbelastung

Der Sekanten-Kompressionsmodul $K_s$ und der Sekanten-Gleitmodul $G_s$ werden von Cedolin et al. [8] nach Auswertung zahlreicher Versuche als Funktion zweier Invarianten angegeben:

$$\begin{aligned} K_s &= K_s\,(\varepsilon_{oct}) \\ G_s &= G_s\,(\gamma_{oct}) \end{aligned} \tag{1}$$

mit

$$\begin{aligned} \varepsilon_{oct} &= \frac{1}{3}\, I_1 \\ \gamma_{oct} &= 2\sqrt{\frac{2}{3}\, I'_2} \end{aligned} \tag{2}$$

$I_1$ und $I'_2$ sind Invarianten des Verzerrungs- (deviator) tensors [5]:

$$\begin{aligned} I_1 &= \varepsilon_x + \varepsilon_y \\ I'_2 &= \frac{1}{3}\,(\varepsilon_x^2 + \varepsilon_y^2 - \varepsilon_x\,\varepsilon_y) + \frac{1}{4}\,\gamma_{xy} \end{aligned} \tag{3}$$

Die $\sigma$-$\varepsilon$-Beziehungen lauten:

$$\begin{aligned} \sigma_{oct} &= 3\, K_s\, \varepsilon_{oct} \\ \tau_{oct} &= G_s\, \gamma_{oct} \end{aligned} \tag{4}$$

Durch Differentiation gelangt man zu den inkrementellen Beziehungen

$$\begin{aligned} d\sigma_{oct} &= 3\, K_T\, d\varepsilon_{oct} \\ d\tau_{oct} &= G_T\, d\gamma_{oct} \end{aligned} \tag{5}$$

mit den Tangentenmoduln

$$\begin{aligned} K_T &= K_S + \frac{dK_s}{d\varepsilon_{oct}}\, \varepsilon_{oct} \\ G_T &= G_S + \frac{dG_s}{d\gamma_{oct}}\, \gamma_{oct} \end{aligned} \tag{6}$$

Für den isotropen Werkstoff erhält man für die inkrementellen σ-ε-Beziehungen des ebenen Spannungszustandes:

$$\begin{bmatrix} \dot{\sigma}_x \\ \dot{\sigma}_y \\ \dot{\tau}_{xy} \end{bmatrix} = \frac{E_T}{1-\nu_T^2} \begin{bmatrix} 1 & \nu_T & 0 \\ & 1 & 0 \\ \text{sym} & & \frac{1-\nu_T}{2} \end{bmatrix} \cdot \begin{bmatrix} \dot{\varepsilon}_x \\ \dot{\varepsilon}_y \\ \dot{\gamma}_{xy} \end{bmatrix} \tag{7}$$

mit

$$E_T = \frac{9K_T G_T}{3K_T + G_T} \qquad \nu_T = \frac{3K_T - 2G_T}{2(3K_T + G_T)} \tag{8}$$

<u>Orthotropes Betonmodell für zweiaxiale Druckbelastung</u>

Die inkrementellen σ-ε-Beziehungen bezogen auf die Richtung der Orthotropie (Hauptspannungszustand) lauten:

$$\begin{bmatrix} d\sigma_1 \\ d\sigma_2 \\ d\sigma_{12} \end{bmatrix} = \begin{bmatrix} \lambda \frac{E_{T_1}}{E_{T_2}} & \lambda\nu_1 & 0 \\ & \lambda & 0 \\ & \text{sym} & \frac{E_{T_1} E_{T_2}}{E_{T_1} + E_{T_2} + 2E_{T_2}\nu_1} \end{bmatrix} \cdot \begin{bmatrix} d\varepsilon_1 \\ d\varepsilon_2 \\ d\gamma_{12} \end{bmatrix} \tag{9}$$

mit

$$\lambda = E_{T_1} / \left(\frac{E_{T_1}}{E_{T_2}} - \nu_1^2\right); \qquad \nu_1 E_{T_2} = \nu_2 E_{T_1} \tag{10}$$

Das orthotrope Betonmodell basiert auf zwei Tangenten-E-Moduln $E_{T_j}$ die jeweils aus einem einaxialen Vergleichszustand gewonnen werden. Für den linear elastischen Fall gilt:

$$\sigma_j = \frac{E_o \varepsilon_j}{1-\nu_o \alpha_j}; \quad \alpha_1 = \frac{\sigma_2}{\sigma_1} \qquad \alpha_2 = \frac{\sigma_1}{\sigma_2} \tag{11}$$

Liu et al. [9] setzen für die Vergleichskurven an:

$$\sigma_j = \frac{E_o \, \varepsilon_j}{(1-\nu_o \alpha_j)\left[1 + \left(\frac{1}{1-\nu_o \alpha_j} \cdot \frac{E_o}{E_{sj}} - 2\right) \cdot \left(\frac{\varepsilon_j}{\varepsilon_{cj}}\right) + \left(\frac{\varepsilon_j}{\varepsilon_{cj}}\right)^2\right]} \tag{12}$$

mit

$$E_{sj} = \frac{f'_{cj}}{\varepsilon_{cj}}$$

Für $\alpha_j = 1$ ergibt sich der Sonderfall der von Saenz [10] angegebenen Beziehung für Beton unter einaxialer Druckbelastung. Durch Differentiation der Gl. (12) folgt

$$\tilde{E}_{T_j} = \frac{d\sigma_j}{d\varepsilon_j} = \frac{E_{T_j}}{1-\nu_o \alpha_j} \tag{13}$$

Elastisch-plastisches Betonmodell für zweiaxiale Druckbelastung

Zur Beschreibung des Materialverhaltens von metallischen Werkstoffen wird die Plastizitätstheorie seit langem mit Erfolg angewendet. Zwischen den Arbeitslinien von Beton unter Druckbelastung und Stahl ist eine qualitative Übereinstimmung festzustellen. Die in der Plastizitätstheorie erforderlichen Formulierungen einer Fließbedingung, einer Verfestigungsfunktion sowie eines Fließgesetzes wurden deshalb auf Beton übertragen.

Als Ausgangspunkt zur Beschreibung der Fließbedingung, die den Übergang vom elastischen zum elastisch-plastischen Bereich des Spannungsraums angibt, dient im ebenen Fall die zweidimensionale Festigkeitskurve des Betons unter Druckbelastung. Eine Approximation der Festigkeitskurve erfolgt z.B. durch Ansätze nach von Mises oder Drucker-Prager:

$$f_M = \tilde{\beta} \sqrt{J_2'}$$

$$f_{DP} = \alpha J_1 + \beta \sqrt{J_2'} \qquad (14)$$

Die numerische Auswertung der Konstanten erfolgt z.B. mit Hilfe der von Kupfer [11] angegebenen Versuchsergebnisse.

Durch die Annahme einer isotropen Verfestigung kann die Festigkeitskurve sehr einfach affin verkleinert und somit die Fließgrenze definiert werden.

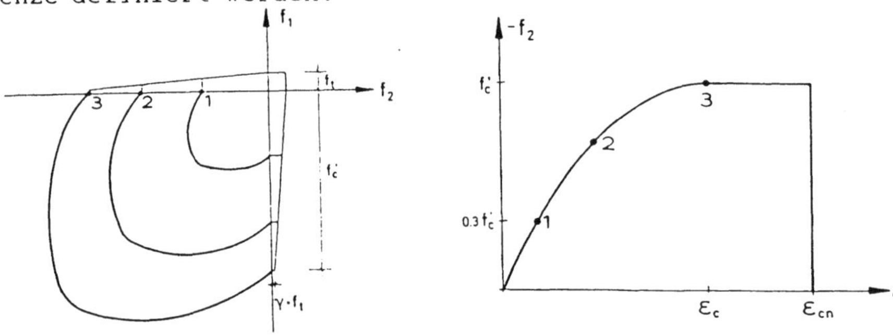


Bild 4 Fließgrenze und Festigkeit für den einaxialen und zweiaxialen Fall im Druck(-Druck)-Bereich

Es wird weiterhin ein assoziiertes Fließgesetz angenommen, d.h. die plastischen Verzerrungsinkremente sind senkrecht zur Verfestigungsfläche. Die Inkremente der plastischen Verzerrung des einaxialen Vergleichszustands $d\bar{\varepsilon}^P$ ergeben sich aus dem Vergleich zum mehraxialen Zustand [12]

$$dw^P = \underline{\sigma}^T d\underline{\varepsilon}^P = \bar{\sigma} d\bar{\varepsilon}^P \qquad (15)$$

wobei $dw^P$ die inkrementelle Dissipationsarbeit ist. Bezüglich der inkrementellen σ-ε-Beziehungen des elastisch-plastischen Betonmodells sowie deren Herleitung wird auf [6] verwiesen.

Betonmodell in den ungerissenen Druck-Zug bzw. Zug-Zug Bereichen

Die Festigkeitskurven für den ungerissenen Beton in den Druck-Zug bzw. Zug-Zug Bereichen sind im Bild 4 dargestellt. Für den Zug-Zug Bereich wird keine gegenseitige Beeinflussung der Spannungen $\sigma_1$ und $\sigma_2$ angenommen. Im Zug-Druck Bereich kann dagegen die Zugfestigkeit linear mit zunehmender Druckspannung in der Querrichtung abfallend angenommen werden. Für den Wert $\gamma$ wird empfohlen, $\gamma = 0,2$ zu setzen.

Betonmodell für den gerissenen Beton

Nach Überschreiten der Zugfestigkeit des Betons ist der Beton gerissen. Es läge der Schluß nahe, daß dafür die einaxiale Druckfestigkeit des Betons anzusetzen wäre. Vecchio/Collins [3] haben jedoch gezeigt, daß eine Abminderung der Druckfestigkeit des in einer Richtung gerissenen Betons eintritt. Aus ihren Versuchen leiten sie die für den in einer Richtung 1 gerissenen Beton gültige reduzierte Druckfestigkeit $f'_{c2}$ die Beziehung

$$f'_{c2} = \frac{1}{0,85+0,27\cdot\left|\frac{\varepsilon_1}{\varepsilon_2}\right|}\cdot f'_c \qquad (16)$$

ab. Der Einflußparameter ist das Verhältnis der Hauptdehnungen $\varepsilon_1$ und $\varepsilon_2$. Ein weiteres Öffnen des Risses, verbunden mit der Zunahme der Hauptdehnung $\varepsilon_1$, normal zur Rißrichtung, reduziert die Druckfestigkeit des Betons immer mehr.

Schlaich/Schäfer [12] haben in ebenfalls durchgeführten Versuchen diese stark ausgeprägte Abminderung der Betondruckfestigkeit nicht gefunden. Aus den Stuttgarter Versuchen ergibt sich im Vergleich zur einaxialen Betondruckfestigkeit eine Abminderung auf etwa 80%. Auch in Kassel durchgeführte Versuche [13] bestätigten die wesentlich geringere Abminderung der Betondruckfestigkeit des gerissenen Betons um höchstens 20%. Es wird deshalb empfohlen, für zweiaxial beanspruchten, gerissenen Stahlbeton die Abminderung der Betondruckfestigkeit auf 80% zu begrenzen.

## 3. Schubübertragung im gerissenen Stahlbeton

Das Schubtragverhalten, das sich in ungerissenem Zustand recht einfach durch den Schubmodul des Betons im Zustand I behandeln läßt, kann beim Übergang zum Zustand II nicht mehr so einfach beurteilt werden. Infolge der Rauhigkeit der Rißufer sowie der Verdübelungswirkung und der Dehnsteifigkeit der den Riß kreuzenden Bewehrung können auch nach der Rißbildung noch Kräfte sowohl parallel als auch senkrecht zum Riß übertragen werden. Die einzelnen an der Schubübertragung in ungerissenem und gerissenem Stahlbeton beteiligten Mechanismen sind im Bild 5 dargestellt.

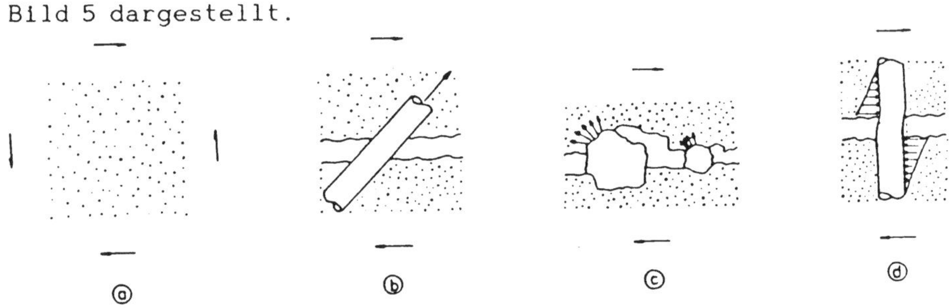

Bild 5 Mechanismen zur Schubübertragung im Beton

Zur Erfassung der Rißbildung bei nichtlinearen FE-Berechnungen von Stahlbetontragwerken sind zwei Verfahren üblich, die diskrete und die verschmierte Rißbildung. Beim erstgenannten Verfahren werden die Risse durch Trennung der Elemente, in denen die Betonzugfestigkeit überschritten wird, simuliert, während bei der verschmierten Rißbildung die Risse innerhalb der Elemente entstehen. Das Materialverhalten des gerissenen Betons wird bei der verschmierten Rißbildung durch ein anisotropes Werkstoffmodell beschrieben. Infolge der relativ einfachen Handhabung dieses Verfahrens ist es besonders bei der Berechnung von Stahlbetontragwerken, bei denen nur das globale Tragverhalten von Interesse ist, inzwischen weit verbreitet, während die diskrete Rißbildung ausschließlich bei Detailuntersuchungen verwendet werden sollte.

Da der Beton nach der Rißbildung noch in der Lage ist, Schubspannungen zu übertragen, jedoch nicht mehr die volle Schubsteifigkeit des Zustandes I erreicht wird, wird in der Literatur der Schubmodul des ungerissenen Betons im nunmehr anisotropen Werkstoffmodell des gerissenen Betons

$$\begin{bmatrix} \Delta\sigma_1 \\ \Delta\sigma_2 \\ \Delta\tau_{12} \end{bmatrix} = \begin{bmatrix} 0 & 0 & 0 \\ 0 & E_2 & 0 \\ 0 & 0 & \alpha \cdot G_b \end{bmatrix} \begin{bmatrix} \Delta\varepsilon_1 \\ \Delta\varepsilon_2 \\ \Delta\gamma_{12} \end{bmatrix} \quad (17)$$

oft mehr oder weniger intuitiv mit einem konstanten Abminderungsfaktor $\alpha$ multipliziert, dessen Größe sich zwischen $\alpha = 0{,}05$ und $\alpha < 1$ bewegt. In wenigen Veröffentlichungen wird die Schubsteifigkeit mit wachsender Rißweite über lineare oder hyperbolische Abminderungsfunktionen formuliert, was dem tatsächlichen Tragverhalten zumindest qualitativ eher entsprechen dürfte.

Walraven [14] führte sehr umfangreiche Untersuchungen zur Schubübertragung an diskreten bewehrten und unbewehrten Rissen durch. Er beschreibt die in einem bewehrten Riß wirkenden Kräfte über das im Bild 6 dargestellte Krafteck. Die Schubkraft T steht im Gleichgewicht mit der Verdübelungskraft $F_d$ der den Riß kreuzenden Bewehrung, der vertikalen Kraftkomponente $F_{iv}$ aus "Aggregate Interlock Typ I", welche aus der Verzahnungswirkung der beiden Rißufer resultiert, und dem vertikalen Anteil der Kraft S aus "Aggregate Interlock Typ II", womit die Schubkraftübertragung aufgrund lokaler Zerstörungen des Betons rund um die Bewehrungsstäbe beschrieben wird.

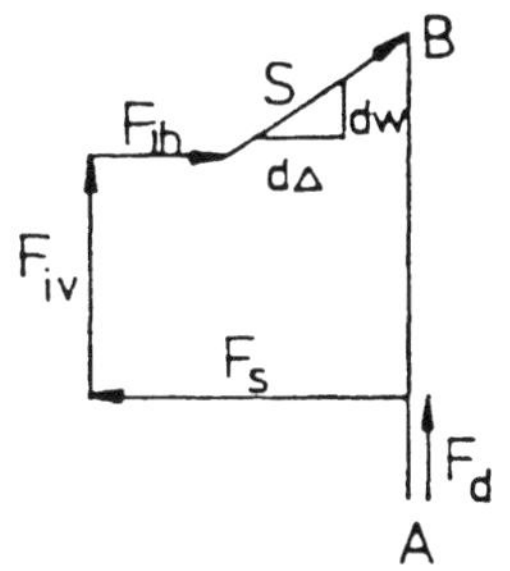


Bild 6 Krafteck für bewehrten Riß, nach [14]

Senkrecht zum Riß existiert ein Kräftegleichgewicht zwischen der Kraft in der den Riß kreuzenden Bewehrung $F_s$ und den horizontalen Komponenten aus "Aggregate Interlock Typ I und II". Alle diese Kräfte können in Abhängigkeit von der Rißweite w, der Parallelverschiebung der beiden Rißufer $\Delta$, der Betonfestigkeit $f'_c$, dem Stabdurchmesser $\Phi$ und dem Bewehrungsgrad $\mu$ bestimmt werden. Diese Abhängigkeiten sind in [14] und [15] im Detail beschrieben. Für eine gegebene Rißweite w und eine bekannte Rißschubspannung $\tau_r$ lassen sich schließlich die Parallelverschiebung der beiden Rißufer Δ und die Normalspannung senkrecht zum Riß $\sigma_r$ bestimmen.

Die Schubverformung eines in einer Richtung gerissenen Stahlbetonelementes setzt sich aus der gegenseitigen Parallelverschiebung der Rißufer $\Delta_m$ der in einem mittleren Abstand $a_m$ auftretenden Risse und aus der Schubverformung des ungerissenen Betons zwischen den Rissen zusammen (Bild 7).

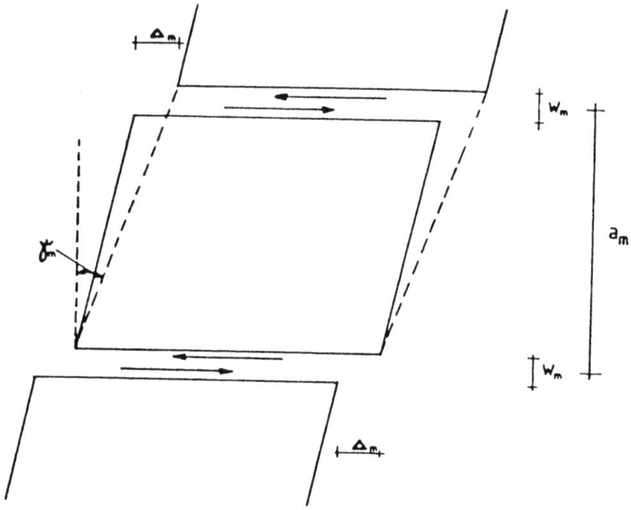


Bild 7 Schubverformung eines in einer Richtung gerissenen Stahlbetonelementes

Für eine gegebene Schubspannung $\tau_r$ läßt sich dann der Reduktionsfaktor α zur Bestimmung der Schubsteifigkeit im Zustand II über die folgende Gleichung bestimmen,

$$\alpha = \frac{\tau_r/G_b}{\Delta_m/a_m+\tau_r/G_b} \tag{18}$$

wobei $\Delta_m$ eine Funktion der wirkenden Schubspannung $\tau_r$ und $G_b$ der Schubmodul des ungerissenen Betons ist.

Auf der Basis dieser Überlegungen wurde eine Parameterstudie durchgeführt, in deren Rahmen die für die Schubübertragung in gerissenem Beton wesentlichsten Parameter, wie Betongüte, Bewehrungsgrad und Stabdurchmesser variiert werden. Wie die Variation der einzelnen Parameter im Bild 8 zeigt, wird der die Reduzierung der Schubsteifigkeit im Zustand II bestimmende Faktor $\alpha$ durch die Betonfestigkeit und den Stabdurchmesser nur innerhalb enger Grenzen verändert, während der Einfluß des Bewehrungsgrades von größerer Bedeutung ist.

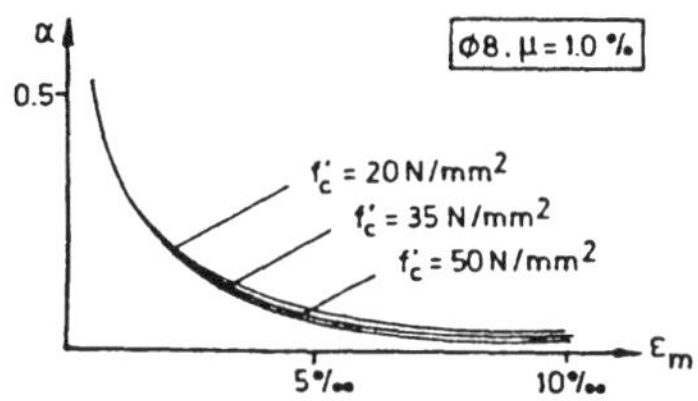


Bild 8a Variation der Betonfestigkeit $f'_c$

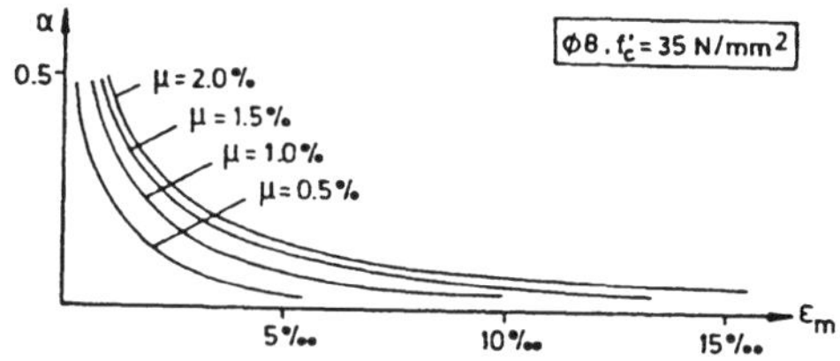


Bild 8b Variation des Bewehrungsgrades $\mu$

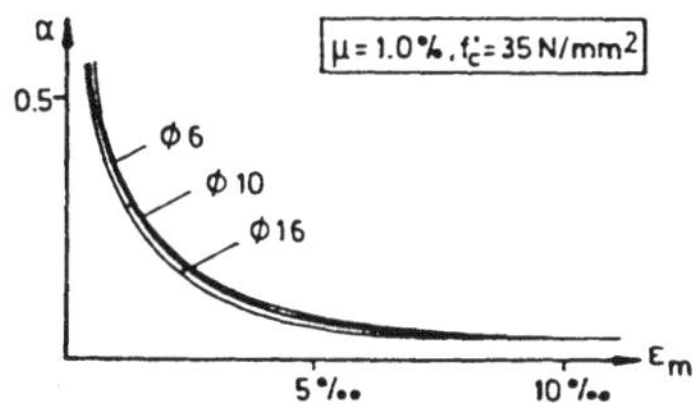


Bild 8c Variation des Stabdurchmessers $\Phi$

Da sich mit den aus der Literatur bekannten Ansätzen keine zufriedenstellende Übereinstimmung mit den Ergebnissen der Parameterstudie ergab, wurde versucht, diese durch eine geeignetere Formulierung zu beschreiben, die den Einfluß des Bewehrungsgrades berücksichtigt. Vergleichsrechnungen mit verschiedenen in Frage kommenden Funktionen zeigten, daß diese Abhängigkeit sich mit der folgenden logarithmischen Formulierung am besten beschreiben läßt:

$$\alpha = -\frac{\ln(\varepsilon_m/c_1)}{c_2} \qquad (19)$$

mit

$$c_1 = 7{,}0 + 5{,}0\,\frac{\mu-0{,}005}{0{,}015}$$

$$c_2 = 10{,}0 - 2{,}5\,\frac{\mu-0{,}005}{0{,}015}$$

$\mu \leq 0{,}02$ und $\varepsilon_m$ in ‰

Hinsichtlich des Verhaltens von Beton im Druck-Zug Bereich zeigten Vergleichsrechnungen an den von Vecchio/Collins [3] in Toronto untersuchten Stahlbetonscheiben, daß die bisher üblicherweise zugrunde gelegten Werkstofformulierungen nach Kupfer/Gerstle oder Link das Verhalten in diesem Bereich nur unzureichend beschreiben, was in der Regel zu überhöhten Bruchlasten führt. Deshalb wurde das Betonmodell im Druck-Zug Bereich entsprechend der Gleichung (17) modifiziert.

Die in der Tabelle 1 angegebenen Ergebnisse eines Vergleichs der Versuchsergebnisse mit den durchgeführten nichtlinearen FE-Berechnungen, denen das Betonmodell nach Gleichung (17) und die Abminderung der Schubsteifigkeit nach Gleichung (19) zugrunde lagen, zeigen durchweg zufriedenstellende Übereinstimmung.

Das im Abschnitt 4.2 beschriebene isoparametrische Kontaktelement zur Modellierung des Verbunds zwischen Beton und Bewehrung wurde auch mit Erfolg zur Kraftübertragung über diskrete Risse verwendet [7], [15]. Darauf wird hier nicht näher eingegangen.

## 4. Modellierung des Verbundes zwischen Beton und Bewehrung

### 4.1 Verbundverhalten

Bei Stahl- und Spannbeton handelt es sich um Verbundwerkstoffe, deren volumenmäßig dominierender Bestandteil der Beton ist, in dem die Bewehrung als linienförmige Elemente angeordnet wird. Mit Verbund wird die Kraftübertragung zwischen diesen beiden Komponenten bezeichnet. Bedingt durch ihre Stabform

Tabelle 1 Untersuchte Scheiben aus [3] - Vergleich Versuch mit FE-Berechnung

| | Hauptbewehrung | | Querbewehrung | | Beton | | Versuch | Rechnung | Versagensart |
|---|---|---|---|---|---|---|---|---|---|
| Panel | $\mu_1$ | $\beta_{sl}$ [MN/m²] | $\mu_t$ | $\beta_{st}$ [MN/m²] | $\varepsilon_o$ [$10^{-3}$] | $\beta_c$ [MN/m²] | $\tau_u$ [MN/m²] | $\tau_u$ [MN/m²] | |
| PV 13 | 0,01785 | 248 | - | - | 2,70 | 18,2 | 2,01 | 1,94 | Schubversagen im Riß |
| PV 18 | 0,01785 | 431 | 0,00315 | 412 | 2,20 | 19,5 | 3,04 | 3,21 | Schubversagen im Riß |
| PV 12 | 0,01785 | 469 | 0,00446 | 269 | 2,50 | 16,0 | 3,13 | 2,81 | Schubversagen im Riß |
| PV 19 | 0,01785 | 458 | 0,00713 | 299 | 2,15 | 19,0 | 3,95 | 4,02 | Schubversagen im Riß |
| PV 20 | 0,01785 | 460 | 0,00885 | 297 | 1,80 | 19,6 | 4,26 | 4,23 | Schubversagen im Riß |
| PV 10 | 0,01785 | 276 | 0,00999 | 276 | 2,70 | 14,5 | 3,97 | 4,05 | Stahlfließen |
| PV 26 | 0,01785 | 456 | 0,01009 | 463 | 1,85 | 21,3 | 5,41 | 5,13 | Betonversagen auf Druck |
| PV 21 | 0,01785 | 458 | 0,01296 | 302 | 1,80 | 19,5 | 5,03 | 5,10 | Betonversagen auf Druck |
| PV 11 | 0,01785 | 235 | 0,01306 | 235 | 2,60 | 15,6 | 3,56 | 3,70 | Stahlfließen |
| PV 22 | 0,01785 | 458 | 0,01524 | 420 | 2,00 | 19,6 | 6,07 | 5,53 | Betonversagen auf Druck |
| PV 1 | 0,01785 | 483 | 0,01680 | 483 | 2,20 | 34,5 | 8,02 | 8,61 | Verankerungsbruch im Versuch<br>Betonversagen in Rechnung |

überträgt die Bewehrung primär Normalkräfte, und so überwiegt auch beim Verbund die Kraftübertragung in Längsrichtung der Bewehrung, auch wenn es sich stets um räumliche Spannungszustände handelt. Von Bedeutung ist der Verbund primär im Bereich von Unstetigkeitsstellen, wie z.B. in Rißnähe, vergl. Bild 9, bei Endverankerungen oder Übergreifungsstößen.

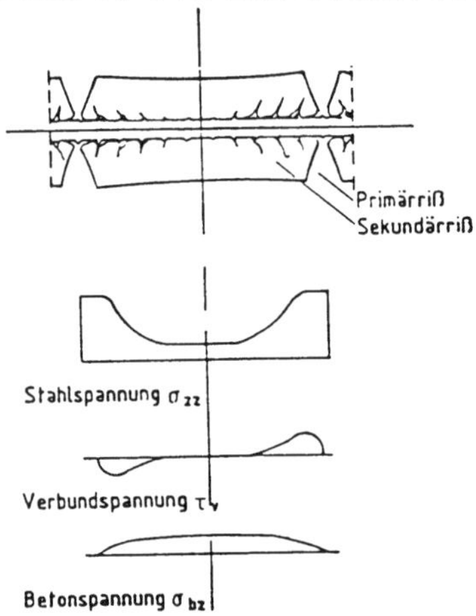


Bild 9 Spannungen in gerissenem Stahlbeton

Bei der wirklichkeitsnahen Erfassung des Tragverhaltens bewehrter Betonbauteile darf die Verbundwirkung nicht vernachlässigt werden. Die experimentelle und theoretische Erforschung des Verbunds reicht daher bis in die Anfänge der wissenschaftlichen Untersuchung des Stahlbetons zurück. Neben anderen ist insbesonders die Arbeit von Rehm [16] Grundlage für den heutigen Kenntnisstand.

Ein Studium der Literatur zeigt, daß eine Vielzahl von Beschreibungen des Verbundverhaltens veröffentlicht wurde, die zumeist auf experimentell gewonnenen Erkenntnissen basieren. Während seitens der Werkstoffkunde umfangreiche Erkenntnisse vorliegen, ist bei deren Umsetzung in Finite-Elemente-Modelle noch ein erheblicher Nachholbedarf festzustellen. Ein wesentliches Problem liegt darin, daß es "Das Verbundgesetz", d.h. eine allgemein anwendbare, dem Hooke'schen Gesetz für einen elastischen Werkstoff vergleichbare Beziehung nicht gibt und der Versuch einer Herleitung wenig sinnvoll erscheint. Die Ursache hierfür resultiert daraus, daß es sich beim Verbund um örtliche

Lasteinleitungsprobleme handelt, die auch das Gesamttragverhalten beeinflussen können. Daher muß in einem adäquaten "Verbundgesetz" sowohl das zu untersuchende Problem als auch die Zielsetzung der Berechnung berücksichtig werden. So hat z.B. bei der Nachrechnung eines Ausziehversuchs das Verbundmodell eine völlig andere Bedeutung als bei der Berechnung der Verformungen einer Stahlbetonbrücke. Während im ersten Fall das Verbundmodell erheblichen Einfluß auf den örtlichen Beanspruchungszustand hat und so die Qualität der Ergebnisse stark beeinflußt, ist beim zweiten Beispiel lediglich der Einfluß auf die globalen Steifigkeiten von Interesse. Zudem erfordert die völlig unterschiedliche Elementeinteilung auch entsprechend verschiedene Verbundformulierungen.

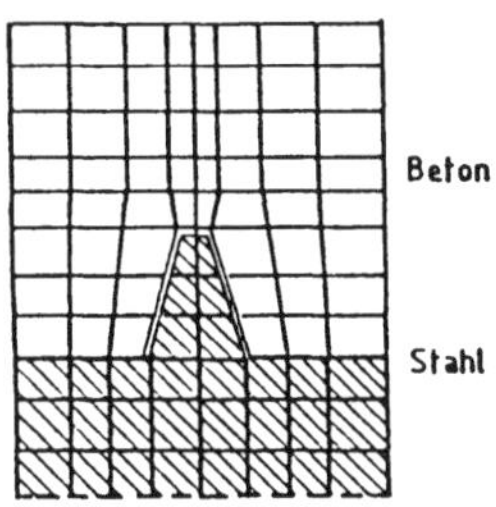


Stufe 1 - Rippe eines Bewehrungsstabes

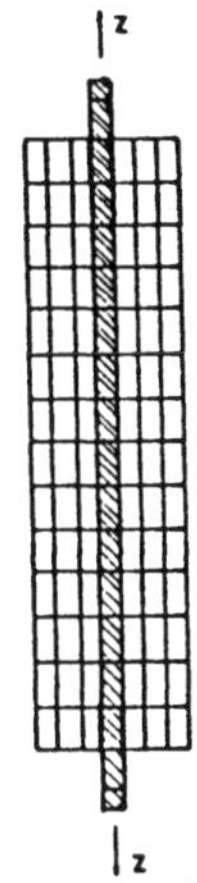


Stufe 2 Dehnkörper mit Bewehrungsstab

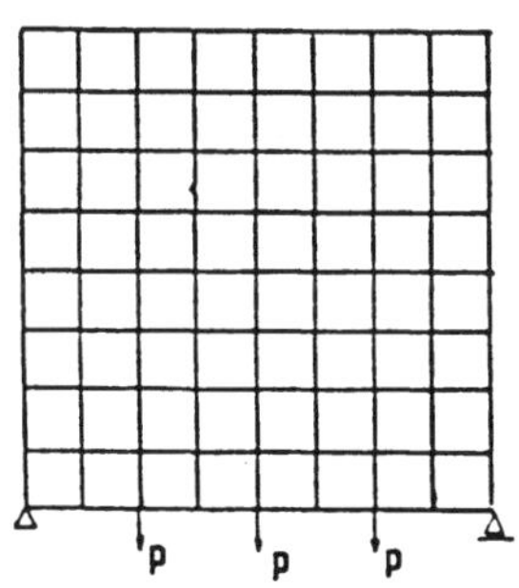


Stufe 3 - Stahlbetonscheibe

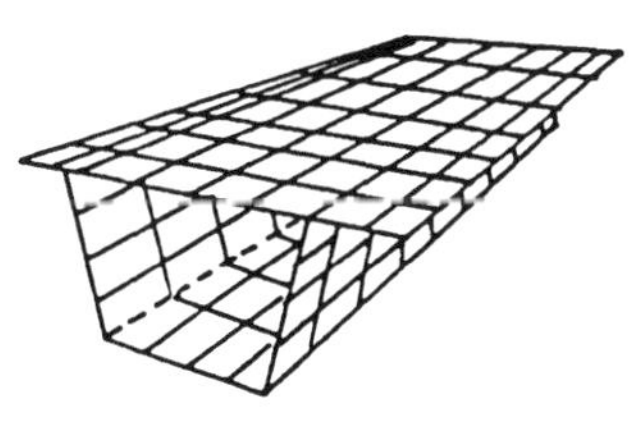

Stufe 4 - Kastenträger

Bild 10 Beispiele für unterschiedliche Stufen der Diskretisierung

Deshalb wurde ein Konzept für vier unterschiedliche Diskretisierungsstufen (Bild 10) entwickelt.Da es sich beim Verbund um die Bezeichnung für das komplexe Tragverhalten in der Kontaktfläche zwischen Beton und Bewehrung handelt, ist der für die Zuordnung maßgebende Parameter die Abbildung der Bewehrungsoberfläche. Je genauer diese im Elementnetz abgebildet wird, desto einfacher wird das Verbundmodell. Bei einer groberen Diskretisierung wird die näherungsweise Erfassung von Einflüssen auf den Verbund im Verbundmodell erforderlich. Bei der rechnerischen Abbildung dieser vier Diskretisierungsstufen ist eine Beschränkung auf das Wesentliche erforderlich, um mit möglichst einfachen Ansätzen eine möglichst große Genauigkeit zu erreichen.

Verbundbeziehung Stufe 1

Die Bewehrung wird durch ebene oder räumliche Elemente so detailliert abgebildet, daß auch die Oberflächengeometrie (Profilierung) im Elementnetz erfaßt wird. Die Verbundbeziehung beinhaltet lediglich die Kontaktwirkung an der Bewehrungsoberfläche. Tangential hierzu wird dabei Haftreibung und nach Erreichen der Haftfestigkeit Gleitreibung angesetzt. In Normalenrichtung werden Zug- und Druckspannungen übertragen, nach dem Erreichen der Zugfestigkeit ist beim Schließen der Fuge nur Druckübertragung möglich. Alle übrigen Phänomene wie Mikrorißbildung, Abstützung der Druckstreben an den Rippen etc. werden durch das Elementnetz bzw. in den Materialgesetzen von Beton und Bewehrung erfaßt.

Verbundbeziehung Stufe 2

Die Bewehrung wird durch räumliche oder ebene Elemente ohne Berücksichtigung der Oberflächengeometrie abgebildet. Für die Normalenrichtung entspricht das Modell dem der Stufe 1, während in Längsrichtung der Bewehrung eine nichtlineare Verbundspannungs-Schlupf-Beziehung verwendet wird, in der die wesentlichen Einflüsse auf den Verbund wie Profilierung, Querdruck etc. berücksichtigt werden. Da diese als gleichmäßig über die idealisierte Bewehrungsoberfläche verteilt angesetzt werden, sind auch die so ermittelten Verbundspannungen mittlere Werte. Der Verlauf innerhalb eines Elements hängt lediglich vom Elementansatz ab. Lokale Spannungn, wie z.B. die Pressung unter einer Rippe, können mit diesem Modell nicht berechnet werden. Aufbauend auf den Versuchsergebnissen von Dörr [17] wird folgende Grundgleichung verwendet, vergl. Bild 11.

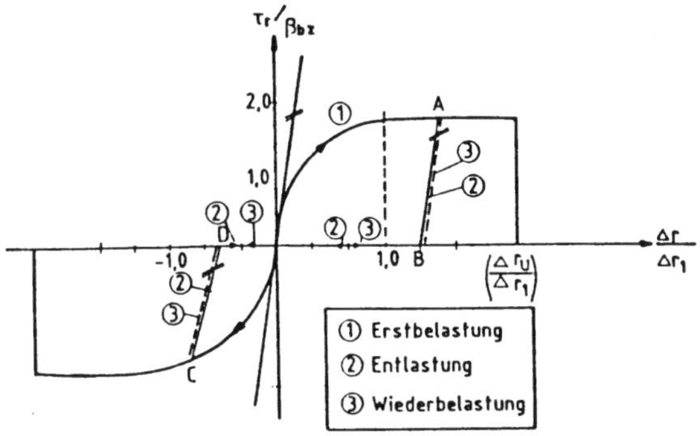


Bild 11 Verbundspannungs-Schlupf-Beziehung

$$\frac{\tau_v}{\beta_{bz}} = \begin{cases} 5(\Delta_r/\Delta_{r1})-4{,}55\ (\Delta_r/\Delta_{r1})^2 + 1{,}4\ (\Delta_r/\Delta_{r1})^3 & \Delta_r < \Delta_{r1} \\ 1{,}85 & \Delta_r \geq \Delta_{r1} \end{cases} \qquad (20)$$

Diese normierte Grundgleichung wird zur Berücksichtigung wesentlicher Einflüsse mit Faktoren $\alpha_1$ multipliziert. $\alpha_1$ dient der Beschreibung der Betonqualität an der Bewehrungsoberfläche, $\alpha_2$ zur Berücksichtigung der Ausbildung der Bewehrungsoberfläche. Diese beiden Faktoren sind konstante Eingangswerte für die Berechnung. Sie werden in [7] und [18] auf der Grundlage der Arbeiten von Martin und Noakowski [19], [20] ermittelt. Die Faktoren $\alpha_3$ für den Querdruckeinfluß und $\alpha_4$ für den Grad der Schädigung des Betons an der Bewehrungsoberfläche sind beanspruchungsabhängig und ändern sich daher im Verlauf der Berechnung. Exemplarisch werden die angesetzten Beziehungen für $\alpha_2$ und $\alpha_3$ in den Bildern 12 und 13 dargestellt.

Die Beziehung für $\alpha_2$ wurde auf der Basis einer Auswertung der Arbeit von Martin [19] aufgestellt. Sie ist auf einem Rippenstahl $d_s$=16mm nach DIN 488 mit $f_R$ = 0,065 normiert. Da auch ein nichtprofilierter Stahl eine Oberflächenrauhigkeit aufweist, ergibt sich auch hierfür ein Wert. Der Querdruckfaktor $\alpha_3$ basiert auf den von Dörr [17] für radialsymmetrischen und von Eligehausen et al. [21] für einaxialen Querdruck veröffentlichten Ergebnissen.

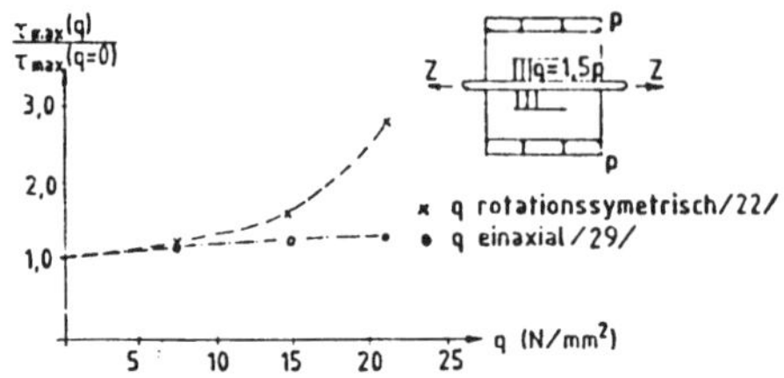


$$x \quad \alpha_3 = 1{,}0 + 0{,}06 \cdot q + \frac{f_R}{0{,}065}(-0{,}052q^2 + 0{,}000275q^3) \qquad (4)$$

$$o \quad \alpha_3 = 1{,}0 + 0{,}06 \cdot q + \frac{f_R}{0{,}065}(-0{,}06q + 0{,}06\sqrt{q}) \qquad (5)$$

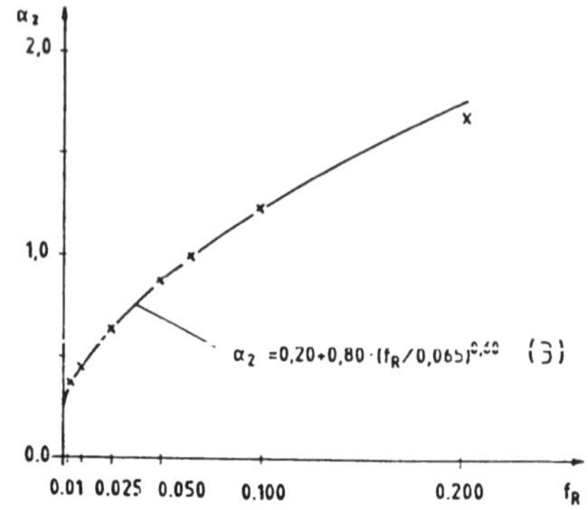


Bild 12 Einfluß der bezogenen Rippenfläche $f_R$

Bild 13 Einfluß des Querdrucks

## Verbundbeziehung Stufe 3

Die Bewehrung wird durch Stabelemente abgebildet, die lediglich eine Dehnsteifigkeit und Freiheitsgrade in Längsrichtung aufweisen. Die Normalenrichtung wird also nicht im Elementnetz abgebildet. Für die Stablängsrichtung wird eine vereinfachte Variante der Stufe 2 mit bilinearer Verbundspannungs-Schlupf-Beziehung verwendet, bei der die Einflüsse aus der Normalenrichtung berücksichtigt werden.

## Verbundbeziehung Stufe 4

Netzbewehrung wird durch Scheiben-, konzentrierte Bewehrung durch Stabelemente abgebildet. Die Elementlängen sind größer als der mittlere Rißabstand, so daß eine direkte Verbunderfassung ausscheidet. Statt dessen wird die Verbundwirkung indirekt bei der Mitwirkung des Betons auf Zug zwischen den Rissen, dem sogenannten "tension stiffening effect", berücksichtigt. In dieser Stufe kann keine direkte Aussage über Verbundspannungen, Rißabstände etc. als Ergebnis einer FE-Berechnung erzielt werden. Es wird lediglich der Einfluß des Verbunds auf die Steifigkeiten berücksichtigt. Indirekt können dann aber Rißabstände und -weiten aus dem Verzerrungszustand näherungsweise bestimmt werden.

## 4.2 Isoparametrische Kontaktelemente

Für die Berechnung bewehrter Betonbauteile wurden isoparametrisch formulierte Kontaktelemente entwickelt und in das FE-Programm ADINA implementiert. Das wesentliche Merkmal dieser Elementfamilie [22] besteht in der Beschreibung von Geometrie und Verschiebungsfeld mit den gleichen Formfunktionen. Eindimensionale Kontaktelemente (Bild 14) dienen zur Verbindung zweier ebener oder räumlicher Elemente entlang einer Kante, zweidimensionale stellen eine flächige Verbindung her. Die Elemente haben Doppelknoten mit identischen Koordinaten im unverformten System. Bei Belastung treten Relativverschiebungen zwischen den durch Kontaktelemente verbundenen Elementen auf. Den Zusammenhang zwischen den Relativverschiebungen und den zugehörigen Spannungen beschreibt die aus der Verbundbeziehung hergeleitete Materialmatrix. Durch Nebenbedingungen oder durch hohe Steifigkeiten kann das Überlappen der Elemente verhindert werden. Die Materialmatrizen sind dank der modularen Programmstruktur als einzelne Bausteine konzipiert, so daß die Elemente auch für andere Kontaktprobleme verwendet werden konnten, z.B. GFK-Faser/Epoxidharz oder Metall/Epoxidharz.

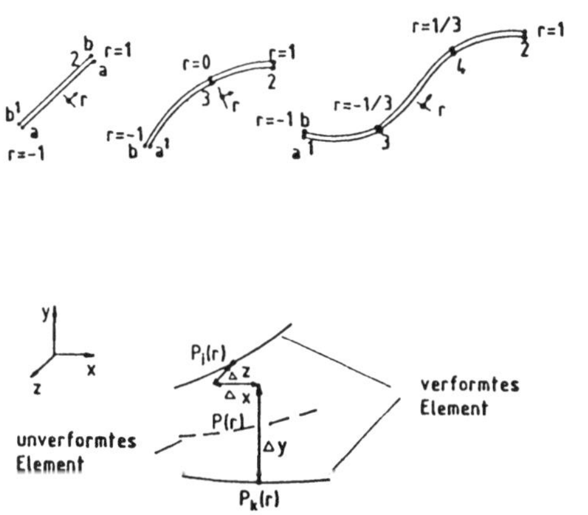


Bild 14 Eindimensionale Kontaktelemente und Relativverschiebungen

## 5. Elementwahl bei nichtlinearen Finite-Elemente-Berechnungen von Stahlbetontragwerken

Neben der wirklichkeitsnahen Beschreibung des Werkstoffes ist in nichtlinearen FE-Berechnungen von Stahlbetontragwerken auch noch die Wahl von geeigneten finiten Elementen von herausragender Bedeutung. Zur Idealisierung eines Stahlbetontragwerks mit finiten Elementen steht dem Benutzer heute eine Vielzahl von Elementtypen zur Verfügung. Eine Auswahl aus den für Scheibenprobleme in Frage kommenden finiten Elementen wird im Bild 15 gegeben.

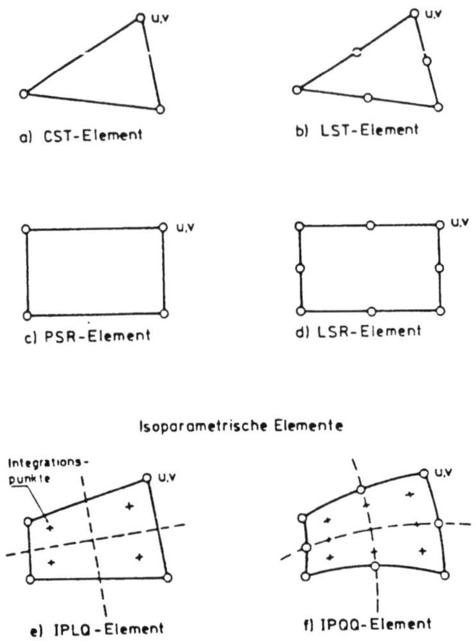


Bild 15 Einige Elemente zur Lösung von Scheibenproblemen

Neben dem einfachen, dreieckigen Simplex- oder CST-Element (Constant Strain Triangle) mit linearem Verschiebungsansatz (Bild 15a) ist im Bild 15b das ebenfalls dreieckige LST-Element (Linear Strain Triangle) mit quadratischem Polynomansatz für die Verschiebungen zu finden, welches wegen des innerhalb des Elementes linear veränderlichen Verzerrungs- und Spannungszustandes die auftretenden Verzerrungen und Spannungen wesentlich besser approximiert als das CST-Element, das lediglich über die Elementfläche konstante Werte liefert.

Ferner werden im Bild 15c und 15d noch die rechteckigen PSR- (Plain Stress Rectangle) und LSR-Elemente (Linear Stress Rectangle) gezeigt, deren Verschiebungsansatz gegenüber den entsprechenden Dreieckselementen aufgrund der größeren Knotenanzahl noch zusätzliche gemischte Terme enthält.

Mit der Gruppe der isoparametrischen Elemente (Bilder 15e und 15f) existieren Elemente, die den eben beschriebenen Rechteckelementen ähnlich sind, sich von diesen aber durch die numerische Integration bei der Ermittlung der Koeffizienten der Elementsteifigkeitsmatrix unterscheiden. Mit diesen Elementen ist es möglich, an den einzelnen Integrationspunkten verschiedene, dem jeweiligen Beanspruchungszustand angepaßte Steifigkeitskoeffizienten im Materialmodell zu verwenden und auch beliebig berandete Tragwerke abzubilden.

Schnobrich/Graham [23] führen vergleichende Untersuchungen an gleichwertigen Dreiecks- und Viereckselementen mit linear elastischem Werkstoffverhalten durch und zeigen, daß sowohl die einfachen, dreieckigen CST-Elemente als auch die einfachen rechteckigen PSR-Elemente im Vergleich zur exakten Lösung zuviel Formänderungsenergie verbrauchen und sich daher im Bereich hoher Spannungsgradienten zu steif verhalten. Im Vergleich zur genauen Lösung benötigen die CST-Elemente die 4,5-fache und das PSR-Element die 1,5-fache Formänderungsenergie bei Biegebeanspruchung. Bei Verwendung rechteckiger Elemente wird die Lösung daher schneller gegen den mechanisch exakten Wert konvergieren. Dies ist darauf zurückzuführen, daß das zusätzliche gemischte Glied im Verschiebungsansatz die Darstellung eines innerhalb des Elementes linear veränderlichen Verzerrungszustandes erlaubt, der aber im Fall der reinen Biegung nicht schubverzerrungsfrei ist.

Bei der Auswahl von geeigneten finiten Elemente für pyhsikalisch nichtlineare FE-Untersuchungen von Stahlbetontragwerken stellt sich die Frage, ob die für den elastischen Bereich genannten Kriterien auch auf nichtlineare Berechnungen übertragbar sind. Da eine nichtlineare Berechnung im Prinzip aus einer Vielzahl von innerhalb des jeweiligen Lastinkrements linear elastischen Berechnungen mit anschließender Gleichgewichtsiteration, oft auch mit Aufstellung einer neuen Tangentensteifigkeitsmatrix am Beginn eines neuen Lastschrittes, besteht, muß ein für nichtlineare Untersuchungen geeignetes finites Element zunächst einmal die Anforderungen erfüllen, die für linear elastische Berechnungen gelten.

Die Überlegenheit viereckiger Elemente gegenüber gleichwertigen Dreieckselementen nach der Rißbildung, die ja oft den wesentlichsten Beitrag zum nichtlinearen Verhalten des Werkstoffes

Stahlbeton liefert, wird im Bild 16 anhand eines Energievergleiches an einem in einer Richtung gerissenen Stahlbetonelement aufgezeigt, das durch ein PSR-Element beziehungsweise durch zwei CST-Elemente idealisiert wurde. Die an einem einzelnen Stahlbetonelement hinsichtlich der Elementwahl gemachten Beobachtungen konnten bei der Nachrechnung von Stahlbetonversuchsscheiben in [15] bestätigt werden.

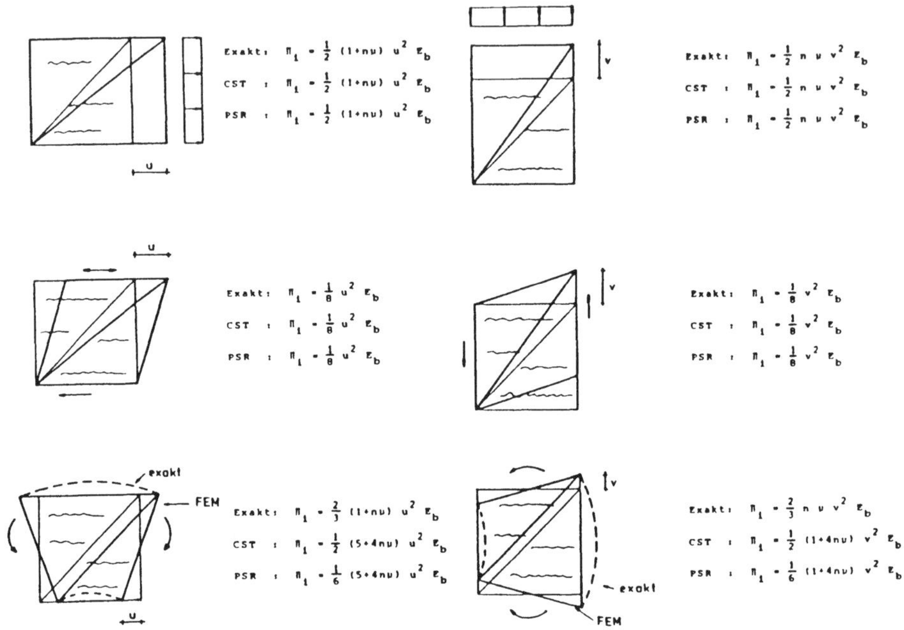


Bild 16 Vergleich der Formänderungsenergie gerissener Stahlbetonelemente

Zur Demonstration der Überlegenheit der isoparametrischen Scheibenelemente mit quadratischem Verschiebungsansatz (Bild 15f) soll noch eine Energiebetrachtung an einem Teilgebiet einer Stahlbetonscheibe, deren untere Hälfte gerissen ist, durchgeführt werden. Zur Idealisierung des Scheibenausschnittes wurden folgende Elemente beziehungsweise Elementnetze untersucht:

- vier PSR-Elemente, wobei die unteren beiden Elemente gerissen sind (Bild 17a)
- isoparametrisches Scheibenelement mit linearen Formfunktionen, dessen untere Integrationspunkte sich im Zustand II befinden (Bild 17b)
- isoparametrisches Scheibenelement mit quadratischen Formfunktionen; die Integrationspunkte in der unteren Elementhälfte besitzen nur noch die Steifigkeit des gerissenen Stahlbeton (Bild 17c)

(a)

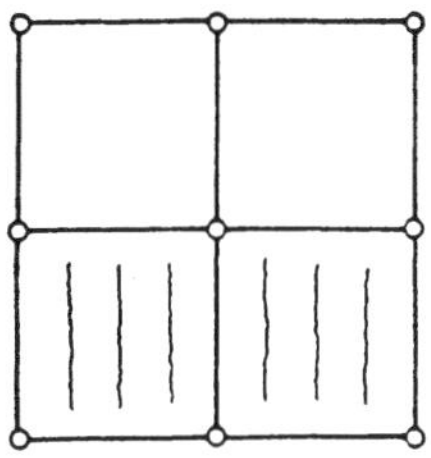

$\pi_i = (0{,}396 + 0{,}667\, n\mu)\, E_b u^2$

(b)

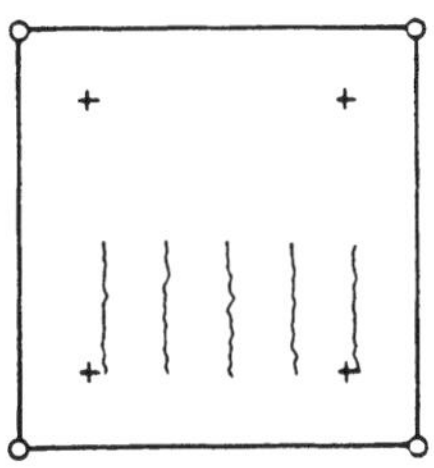

$\pi_i = (0{,}583 + 0{,}667\, n\mu)\, E_b u^2$

(c)

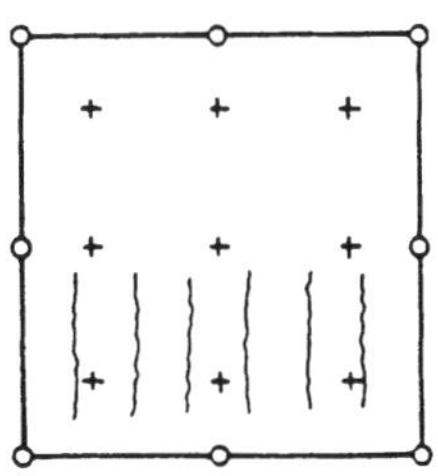

$\pi_i = (0{,}333 + 0{,}667\, n\mu)\, E_b u^2$

Exakt: $\pi_i = (0{,}333 + 0{,}667\, n\mu)\, E_b u^2$

Bild 17 Energieverbrauch verschiedener Elemente bei Biegebeanspruchung

Alle diese Elementnetze wurden einem reinen Biegespannungszustand unterworfen und die zugehörige potentielle Energie ermittelt. Die Ergebnisse zeigen, daß das lineare, isoparametrische Element mit solch unterschiedlichem Materialverhalten innerhalb des Elements überfordert ist und daher im Vergleich zur exakten Lösung fast die doppelte Formänderungsenergie benötigt. Die Idealisierung mit vier einfachen PSR-Elementen benötigt in etwa die 1,2-fache Energie, während das quadratische, isoparametrische Element den tatsächlichen Energieverbrauch exakt approximiert, obwohl die Anzahl der Freiheitsgrade mit 16 etwas geringer ist als bei der Darstellung des Scheibenausschnittes mit vier PSR-Elementen und 18 Freiheitsgraden. Grund für dieses bessere Abschneiden ist die Tatsache, daß dieses Element die Verformungsfigur einer qudratischen Parabel exakt approximiert, während bei der Abbildung mit vier linearen Elementen diese durch zwei Geraden angenähert wird.

Für viele nichtlineare Berechnungen von Scheibenproblemen im Stahl- und Spannbetonbau scheint daher das IPQQ-Element das ideale zu sein, da erstens der tatsächliche Energieverbrauch am besten wiedergegeben wird, da dieses Element zweitens bessere Aussagen über den Verlauf der Schubspannungen liefert als solche mit niedrigen Verschiebungsansätzen und da drittens auch im Hinblick auf den bei nichtlinearen Berechnungen immens vergrößerten Rechenzeitbedarf wirtschaftlichere Rechenzeiten möglich sind.

## 6. Berechnung von Stahlbetonplatten und -schalen

Zur Berechnung von Stahlbetonplatten und -schalen werden seit 1972 geschichtete Elemente verwendet [24] bis [29], wie im Bild 18 dargestellt. Die physikalische Beschreibung erfolgt dabei unter Berücksichtigung der folgenden Annahmen:

- Spannungen und Verzerrungen des Betons sind unter Druckbelastung über nichtlinere Beziehungen miteinander verknüpft.
- Im Zugbereich des Querschnitts wird die Rißbildung des Betons berücksichtigt.
- Der Beton ist im gerissenen Zustand im Zugbereich an der Lastabtragung beteiligt (Tension-Stiffening-Effekt).
- Die Schubübertragung im gerissenen Zustand wird abgemindert.
- Für den Bewehrungsstahl wird ein elastisch-idealplastisches Materialverhalten angesetzt.

- Die Möglichkeit der Entlastung - hervorgerufen durch örtliche Spannungsumlagerungen infolge von Materialversagen - wird berücksichtigt.

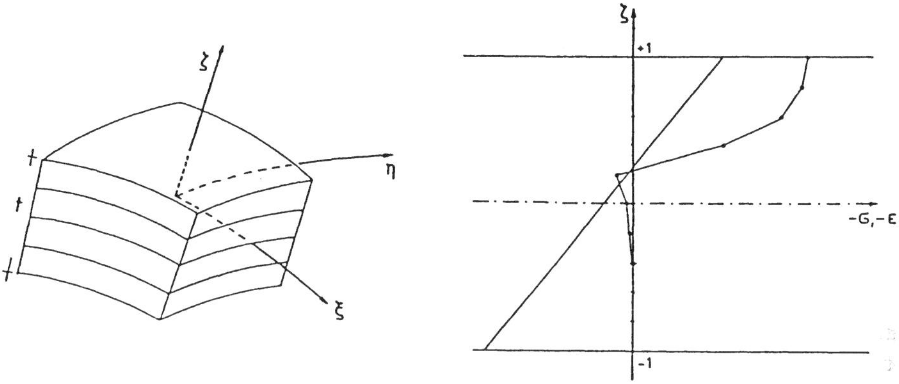


Bild 18 Schichtenmodell und qualitativer Verlauf von Spannung und Verzerrung über die Schalendicke

Die Schale wird in Dickenrichtung in ca. 6-10 Schichten unterteilt, wobei in jeder Schicht ein konstanter Spannungszustand angenommen wird. Für die Ermittlung der Elementsteifigkeitsmatrix ist hierzu in der vorgenannten Literatur folgende Form zu finden:

$$\underline{K} = \int_V \underline{\hat{B}}^T \underline{\hat{D}}\ \underline{\hat{B}}\ dV$$
$$\approx \sum_{NG} \sum_{NT} WG\ WT\ (\underline{\hat{B}}^T_{(\zeta)}\ \underline{\hat{D}}_{(\zeta)}\ \underline{\hat{B}}_{(\zeta)}\ \det \underline{\hat{J}} \qquad (21)$$

Es ist

NG, NT = Anzahl der Integrationspunkte über die Schalenmittelfläche und -dicke

WG, WT = Integrationsgewichte über die Schalenmittelfläche und -dicke

Der Ansatz

$$\hat{\underline{\sigma}} = \hat{\underline{D}}\,\hat{\underline{\gamma}} = \hat{\underline{D}}\,(\underline{\alpha} + \zeta\,\underline{\beta}) \tag{25}$$

sowie weitere Umformungen führen zu dem Ergebnis [6], [7]:

$$\begin{aligned} \underline{K} &= \int_V \underline{B}^T\,\underline{D}\,\underline{B}\,dV \\ &\approx \sum_{NG} WG\,\underline{B}^T\,(\sum_{NT} WT\,\underline{D}_{(\zeta)})\underline{B}\,\det\,\underline{J} \end{aligned} \tag{26}$$

Das Dreifachprodukt $\underline{B}^T\ \underline{D}\ \underline{B}$ muß nach der Aufsummierung der Werkstoffmatrix über die Querschnittsschichten nur einmal ausgeführt werden (Vorabintegration). Mit dem gewählten Ansatz ergeben sich für die als schwach gekrümmt vorausgesetzte Schale große Rechenzeiteinsparungen bei der Aufstellung der Elementsteifigkeitsmatrix. Eine ähnliche Vorgehensweise ist für die geometrisch nichtlinearen Fall möglich [6].

## 7. Bausteine zur DFGBIB

### 7.1 Allgemeine Bemerkungen

Als Bestandteil des DFG-Forschungsschwerpunkts NICHTLINEARE BERECHNUNGEN IM KONSTRUKTIVEN INGENIEURBAU wurden die wichtigsten in den einzelnen Einzelforschungsvorhaben entwickelten Unterprogramme als Bausteine in die DFGBIB [30], [31] eingebracht.

Im Forschungsprogramm ELEMENTSTEIFIGKEITSMATRIZEN FÜR STAHLBETONKONSTRUKTIONEN wurden der DFGBIB die unter 7.2 bis 7.5 aufgeführten Unterprogramme zugeführt.

### 7.2 Geschichtete, dreieckige und rechteckige Scheiben- und Plattenelemente

In der DFGBIB stehen mit der im Bild 19 angegebenen Reihenfolge der Eck- und Seitenmittenknoten die Elementsteifigkeitsmatrizen für geschichtete Scheiben- und Plattenelemente für die in den Abschnitten 7.2.1 und 7.2.2 angegebenen Dreiecks- und die in den Abschnitten 7.2.3 und 7.2.4 angegebenen Rechteckelemente zur Verfügung.

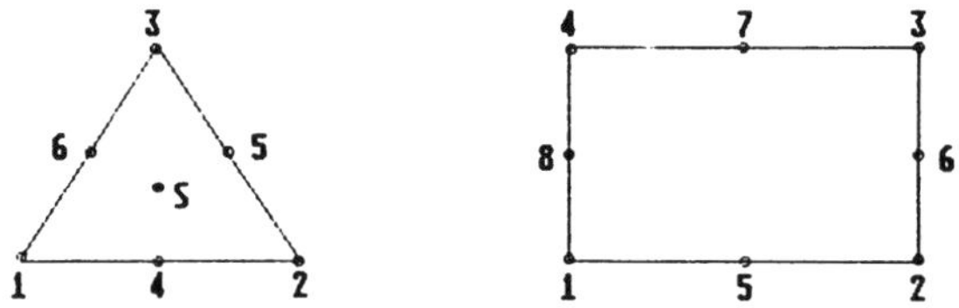


Bild 19 Dreieckige und rechteckige Scheiben- und Plattenelemente mit Numerierung der Eck- und Seitenmittenknoten

### 7.2.1 Geschichtete, dreieckige Scheibenelemente

a) CST Element

b) LST Element

c)
$$w = \alpha_1 + \alpha_2 x + \alpha_3 y + \alpha_4 x^2 + \alpha_5 xy + \alpha_6 y^2 + \alpha_7 x^3 + \alpha_8 x^2 y + \alpha_9 xy^2 + \alpha_{10} y^3 + \alpha_{11} x^4 + \alpha_{12} x^3 y + \alpha_{13} x^2 y^2 + \alpha_{14} xy^3 + \alpha_{15} y^4$$

$$\underline{d} = \Big\{ w_1 \ \frac{\partial w_1}{\partial x} \ \frac{\partial w_1}{\partial y} \quad w_2 \ \frac{\partial w_2}{\partial x} \ \frac{\partial w_2}{\partial y} \quad w_3 \ \frac{\partial w_3}{\partial x} \ \frac{\partial w_3}{\partial y} \quad w_4 \ \frac{\partial w_4}{\partial n} \quad w_5 \ \frac{\partial w_5}{\partial n} \quad w_6 \ \frac{\partial w_6}{\partial n} \Big\}$$

d)
$$w = \alpha_1 + \alpha_2 x + \alpha_3 y + \alpha_4 x^2 + \alpha_5 xy + \alpha_6 y^2 + \alpha_7 x^3 + \alpha_8 x^2 y + \alpha_9 xy^2 + \alpha_{10} y^3 + \alpha_{11} x^4 + \alpha_{12} x^3 y + \alpha_{13} x^2 y^2 + \alpha_{14} xy^3 + \alpha_{15} y^4 + \alpha_{16} x^5 + \alpha_{17} x^4 y + \alpha_{18} x^3 y^2 + \alpha_{19} x^2 y^3 + \alpha_{20} xy^4 + \alpha_{21} y^5$$

### 7.2.2 Geschichtete, dreieckige Plattenelemente

a) Vollständiger quadratischer Polynomansatz für die Durchbiegungen w mit

$$\underline{d} = \Big\{ w_1 \ w_2 \ w_3 \ \frac{\partial w_4}{\partial n} \ \frac{\partial w_5}{\partial n} \ \frac{\partial w_6}{\partial n} \Big\}$$

b) Vollständiger Polynomansatz dritten Grades für die Durchbiegungen w mit

$$\underline{d} = \left\{ w_1 \ \frac{\partial w_1}{\partial x} \ \frac{\partial w_1}{\partial y} \quad w_2 \ \frac{\partial w_2}{\partial x} \ \frac{\partial w_2}{\partial y} \right.$$
$$\left. w_3 \ \frac{\partial w_3}{\partial x} \ \frac{\partial w_3}{\partial y} \quad w_S \right\}$$

c) Vollständiger Polynomansatz vierten Grades für die Durchbiegungen w mit

$$\underline{d} = \left\{ w_1 \ \frac{\partial w_1}{\partial x} \ \frac{\partial w_1}{\partial y} \quad w_2 \ \frac{\partial w_2}{\partial x} \ \frac{\partial w_2}{\partial y} \quad w_3 \ \frac{\partial w_3}{\partial x} \ \frac{\partial w_3}{\delta y} \right.$$
$$\left. w_4 \ \frac{\partial w_4}{\partial n} \quad w_5 \ \frac{\partial w_5}{\partial n} \quad w_6 \ \frac{\partial w_6}{\partial n} \right\}$$

d) Vollständiger Polynomansatz fünften Grades für die Durchbiegungen w mit

$$\underline{d} = \left\{ w_1 \ \frac{\partial w_1}{\partial x} \ \frac{\partial w_1}{\partial y} \ \frac{\partial^2 w_1}{\partial x^2} \ \frac{\partial^2 w_1}{\partial x \partial y} \ \frac{\partial^2 w_1}{\partial y^2} \right.$$
$$w_2 \ \frac{\partial w_2}{\partial x} \ \frac{\partial w_2}{\partial y} \ \frac{\partial^2 w_2}{\partial x^2} \ \frac{\partial^2 w_2}{\partial x \partial y} \ \frac{\partial^2 w_2}{\partial y^2}$$
$$w_3 \ \frac{\partial w_3}{\partial x} \ \frac{\partial w_3}{\partial y} \ \frac{\partial^2 w_3}{\partial x^2} \ \frac{\partial^2 w_3}{\partial x \partial y} \ \frac{\partial^2 w_3}{\partial y^2} \ \ldots$$
$$\left. \frac{\partial w_4}{\partial n} \ \frac{\partial w_5}{\partial n} \ \frac{\partial w_6}{\partial n} \right\}$$

### 7.2.3 Geschichtete, rechteckige Scheibenelemente

a) PSR-Element

b) Unvollständige Polynome dritter Ordnung für die Verschiebungen u und v (es fehlen die Glieder mit $x^3$ und $y^3$) mit

$$\underline{d} = \left\{ u_1 \ u_2 \ u_3 \ u_4 \ u_5 \ u_6 \ u_7 \ u_8 \right.$$
$$\left. v_1 \ v_2 \ v_3 \ v_4 \ v_5 \ v_6 \ v_7 \ v_8 \right\}$$

7.2.4 Geschichtete, rechteckige Plattenelemente

a) Unvollständiges Polynom vierten Grades (es fehlen die Glieder mit $x^4$, $x^2y^2$ und $y^4$) mit

$$\underline{d} = \left\{ w_1 \ \frac{\partial w_1}{\partial x} \ \frac{\partial w_1}{\partial y} \ w_2 \ \frac{\partial w_2}{\partial x} \ \frac{\partial w_2}{\partial y} \ w_3 \ \frac{\partial w_3}{\partial x} \ \frac{\partial w_3}{\partial y} \ w_4 \ \frac{\partial w_4}{\partial x} \ \frac{\partial w_4}{\partial y} \right\}$$

b) $w = \alpha_1 + \alpha_2 x + \alpha_3 y + \alpha_4 x^2 + \alpha_5 xy + \alpha_6 y^2 + \alpha_7 x^3 + \alpha_8 x^2 y + \alpha_9 xy^2 + \alpha_{10} y^3 + \alpha_{11} x^3 y + \alpha_{12} x^2 y^2 + \alpha_{13} xy^3 + \alpha_{14} x^3 y^2 + \alpha_{15} x^2 y^3 + \alpha_{16} x^3 y^3$

mit

$$\underline{d} = \left\{ w_1 \ \frac{\partial w_1}{\partial x} \ \frac{\partial w_1}{\partial y} \ \frac{\partial^2 w_1}{\partial x \partial y} \ w_2 \ \frac{\partial w_2}{\partial x} \ \frac{\partial w_2}{\partial y} \ \frac{\partial^2 w_2}{\partial x \partial y} \ w_3 \ \frac{\partial w_3}{\partial x} \ \frac{\partial w_3}{\partial y} \ \frac{\partial^2 w_3}{\partial x \partial y} \ w_4 \ \frac{\partial w_4}{\partial x} \ \frac{\partial w_4}{\partial y} \ \frac{\partial^2 w_4}{\partial x \partial y} \right\}$$

7.3 Kontaktelemente

In die DFGBIB wurden die Elementsteifigkeitsmatrizen der im Abschnitt 4.2 erläuterten Kontaktelemente als Verbundelemente eingebracht.

7.4 Geschichtete Schalenelemente mit Vorabintegration

Im Abschnitt 6 wurde die sehr effiziente Vorabintegration von der Werkstoffmatrix über die Schalendicke kurz für physikalische Nichtlinearitäten beschrieben. In die DFGBIB ist diese Vorabintegration sowohl für physikalische als auch für geometrische Nichtlinearitäten, kombiniert mit dem degenerierten Schalenelement, eingebracht worden.

7.5 Betonmodelle

In die DFGBIB wurden die im Abschnitt 2 erläuterten Werkstoffmatrizen für den linear elastischen und gerissenen Zustand des Betons als isotropes und orthotropes Modell und das elastisch-plastische Betonmodell als Bausteine eingebracht.

LITERATUR

[1] Ngo, D.; Scordelis, A.C.: Finite Element Analysis of Reinforced Concrete Beams. Journal of the ACI, Vol. 64 (1967), S.

[2] IABSE Colloquium Delft 1981: Advanced Mechanics of Reinforced Concrete, Final Report, Delft University Press, S. 499.

[3] Vecchio, F.; Collins, M.P.: The Response of Reinforced Concrete to In-Plane Shear and Normal Stresses. Department of Civil Engineering, University of Toronto, Publication No. 82-03, 1983.

[4] Collins, M.P.; Vecchio, F.; Mehlhorn, G.: An International Competition to Predict the Response of Concrete Panels. Festschrift zum 60. Geburtstag von Professor Bruno Thürlimann. ETH, Zürich, 1983, S. 471.

[5] Chen, W.F.: Plasticity in Reinforced Concrete. McGraw Hill, New York, 1981.

[6] Dinges, D.: Vergleichende Untersuchungen von Stahlbetonflächentragwerken unter Berücksichtigung physikalischer und geometrischer Nichtlinearitäten. Dissertation, TH Darmstadt, 1987.

[7] Mehlhorn, G.; Dinges, D.; Keuser, M.; Kolmar, W.: Untersuchung verschiedener Elementsteifigkeitsmatrizen auf ihre Eignung zur Berechnung von Stahlbetonkonstruktionen. 1. Zwischenbericht Darmstadt 1981, 2. Zw.Ber. Darmstadt 1982, 3. Zw.Ber. Kassel/Darmstadt 1983, Abschlußbericht Teile 1 und 2, Kassel, 1988.

[8] Cedolin, L.; Crutzen, Y.; Dei Poli, S.: Triaxial Stress-Strain Relationship for Concrete. Journal Eng. Mech. Div., ASCE, Vol. 103, No. EM3, 1977.

[9] Liu, T.C.Y.; Nilson, A.H.; Slate, F.O.: Biaxial Stress-Strain Relations for Concrete. Journal of Structural Division, ASCE, Vol. 98, No. ST5, 1972.

[10] Saenz, L.P.: Diskussionsbeitrag: Equation for the Stress-Strain Curve of Concrete. Journal of the ACI, Vol. 61 (1964), No. 9.

[11] Kupfer, H.: Das Verhalten des Betons unter mehrachsiger Kurzzeitbelastung unter besonderer Berücksichtigung der zweiachsigen Beanspruchung. Deutscher Ausschuß für Stahlbeton, Heft 229, 1973.

[12] Schlaich, J.; Schäfer, K.: Zur Druck-Querzug-Festigkeit des Stahlbetons. Beton- und Stahlbetonbau (1983), S. 73.

[13] Kollegger, J.; Mehlhorn, G.: Biaxiale Zug-Druckversuche an Stahlbetonscheiben. Forschungsbericht Nr. 6 aus dem Fachgebiet Massivbau der Gesamthochschule Kassel, 1988.
[14] Walraven, J.C.: Aggregate Interlock - A theoretical and experimental analysis. Dissertation, TH Delft, 1980.
[15] Kolmar, W.: Beschreibung der Kraftübertragung über Risse in nichtlinearen Finite-Elemente-Berechnungen von Stahlbetontragwerken. Dissertation, TH Darmstadt, 1985.
[16] Rehm, G.: Über die Grundlagen des Verbundes zwischen Stahl und Beton. DAfStb Heft 218, Berlin, 1961.
[17] Dörr, K.: Ein Beitrag zur Berechnung von Stahlbetonscheiben unter besonderer Berücksichtigung des Verbundverhaltens. Dissertation, TH Darmstadt, 1978.
[18] Keuser, M.: Verbundmodelle für nichtlineare Finite-Element-Berechnungen von Stahlbetonkonstruktionen. Dissertation, TH Darmstadt, VDI-Verlag Düsseldorf, 1985.
[19] Martin, H.: Zusammenhang zwischen Oberflächenbeschaffenheit, Verbund und Sprengwirkung von Bewehrungsstählen unter Kurzzeitlast. DAfStb Heft 228, Berlin, 1973.
[20] Martin, H.; Noakowski, P.: Verbundverhalten von Betonstählen - Untersuchung auf der Grundlage von Ausziehversuchen. DAfStb Heft 319, Berlin, 1981.
[21] Eligehausen, R.; Popov, E.; Bertero, U.: Local Bond Stress-Slip Relationship of Deformed Bars Under Generalized Exitations. Rep. No. UCB/EERC - 82/83, Earthquake Engineering Center, University of California, Berkeley, 1983.
[22] Bathe, K.J.: Finite Element Procedures in Engineering Analysis. Prentice Hall Inc., Englewood Cliffs, New Jersey, 1982.
[23] Schnobrich, W.C.; Graham, J.: The Finite-Element-Method. Structural Engineering Handbook, 2nd edition (ed.: Gaylord, E.H.und Gaylord, C.N.), McGraw-Hill Book Company, 1979, S. 1-96 bis 1-114.
[24] Hand, F.R.; Pecknold, D.A.; Schnobrich, W.C.: A layered finite element analysis of reinforced concrete plates and shells. Technical report 72-2011, University of Illinois, Urbana, 1972.
[25] Link, J.; Mehlhorn, G.; Schäfer, H.: Berechnung von dünnen Stahlbetonplatten bei Berücksichtigung eines wirklichkeitsnahen Werkstoffverhaltens. Heft Nr. 1 der Forschungsberichte aus dem Institut für Massivbau der Technischen Hochschule Darmstadt, 1972.

[26] Kristjansson, R.: Physikalisch und geometrisch nichtlineare Berechnung von Stahlbetonplatten. Dissertation, TH Darmstadt, 1977.

[27] Sättele, J.M.: Ein finites Elementkonzept zur Berechnung von Platten und Schalen bei stofflicher und geometrischer Nichtlinearität. Institut für Bautechnik, Universität Stuttgart, 1980.

[28] Chan, E.: Nonlinear Geometric, Material and Time Dependent Analysis of Reinforced Concrete Shells with Edge Beams. Dept. of Civil Engineering, University of California, Berkeley, 1982.

[29] Kompfner, T.A.: Ein finites Elementkonzept für die geometrisch und physikalisch nichtlineare Berechnung von Stahlbetonschalen. Dissertation, Universität Stuttgart, 1983.

[30] Stein, E.; Plank, L., Lambertz, K.H.: DFGBIB - Programmbibliothek des DFG-Schwerpunktes - Teil 1 (in diesem Tagungsband)

[31] Wunderlich, W.; Cramer, H.: DFGBIB - Programmbibliothek des DFG-Schwerpunktes - Teil 2 (in diesem Tagungsband)

# Kippstabilität von Stahlbeton- und Spannbetonträgern

Gerhard Mehlhorn, Jens-Uwe Schulz, Friedrich-Karl Röder und Ulrich Wienecke

## 1. Einführung

Durch die Verwendung hochfester Baustoffe und industrialisierter Vorfertigung werden nicht vorgespannte und vorgespannte Stahlbetonträger zunehmend schlanker ausgebildet. Dadurch gewinnt das Stabilitätsverhalten vorwiegend auf Biegung beanspruchter Träger auch im Massivbau immer mehr an Bedeutung. Die mechanische Formulierung führt zu einem sowohl geometrisch als auch physikalisch nichtlinearen Randwertproblem.

Im ersten Teil dieser Arbeit werden zwei das Kippproblem beschreibende Differentialgleichungssysteme unterschiedlicher Approximationsstufe verglichen. Anschließend wird ein einfaches Verfahren zur näherungsweisen Ermittlung des Torsionsträgheitsmoments für allgemeine Querschnitte angegeben. Im letzten Teil werden Ergebnisse einer numerischen Analyse der Kippstabilität eines nicht vorgespannten und vorgespannten Trägers mitgeteilt. Hierbei wird insbesondere auf den Einfluß der realistischen Materialformulierung und des Langzeitverhaltens des Betons eingegangen.

## 2. Vergleich unterschiedlicher Differentialgleichungssysteme

Wienecke [6] leitete unter Anwendung der Vektoranalysis in Anlehnung an Heinen [7] ein sehr allgemeines Differentialgleichungssystem zur Stabilitätsuntersuchung von geraden, schubweichen Stäben unter Berücksichtigung der Wölbkrafttorsion konsequent nach Theorie II. Ordnung her. Das allgemeine Differentialgleichungssystem beinhaltet 14 nichtlineare, zum Teil gekoppelte Differentialgleichungen erster Ordnung. Als die 14 unbekannten Funktionen wurden die aus der Stabtheorie bekannten mechanischen Größen, sieben Kraftgrößen und die dazu konjugierten Deformationen gewählt.

Die notwendigen Linearisierungen wurden konsequent auf Terme höher als zweiter Ordnung beschränkt; Produkte zweier unbekannter Schnitt- und/oder Verformungsgrößen wurden nicht zwangsweise durch Größen nach Theorie II. Ordnung ersetzt. Die Formänderungen wurden als klein angenommen, d.h. es gilt $\sin \alpha \approx \alpha$ bzw. $\cos \alpha \approx 1 - \alpha^2/2$. Der unverformte Ausgangszustand ist eigenspannungsfrei. Zur Erfassung von geometrischen Systemimperfektionen wurden Verformungsfunktionen als Belastungsglieder in der Form von Weggrößen eingeführt, die dem unbelasteten Ausgangszustand eigenspannungsfrei eingeprägt sind. Ferner wurden nur konservative Systeme betrachtet. Die Querschnittsdeformation wurde vernachlässigt, und die Wölbkrafttorsionseinflüsse dem ebenen Querschnitt superponiert.

Für die Untersuchung der Kippstabilität von schlanken Stahlbeton- und Spannbetonträgern ist die Schubdeformation von geringer Bedeutung. Eine realistische, physikalisch nichtlineare, der Schubdeformation zugeordnete Werkstofformulierung zu berücksichtigen, würde sich als sehr aufwendig gestalten. Der Einfluß der Schubdeformation wurde deshalb für die numerischen Untersuchungen ebenso wie der Wölbkrafttorsionseinfluß vernachlässigt, da die im Massivbau üblichen Querschnitte im allgemeinen relativ dickwandig sind. Es sei allerdings darauf hingewiesen, daß es durchaus möglich ist, daß bei einer Wölbbehinderung der Querschnitt an den Ecken vorzeitig aufreißt [2].

Die Vernachlässigung der Wölbkraft reduziert das Differentialgleichungssystem um zwei Differentialgleichungen. Das verbleibende System von 12 Differentialgleichungen erster Ordnung ist in der Tafel 1 angegeben. Der Zustandsvektor $\underline{y}$ setzt sich zusammen aus den Verschiebungen $u_A$, $v_A$, $w_A$, die auf einen allgemeinen Querschnittsreferenzpunkt A bezogen sind, den Verdrehungen $\Phi_x$, $\Phi_y$, $\Phi_z$, den Querkräften $Q_x$, $Q_y$, der Normalkraft $N_z$, den Biegemomenten $M_x$, $M_y$ und dem Torsionsmoment $M_z$. Ferner bedeuten: $q_x$, $q_y$, $q_z$ Streckenlasten, $m_x$, $m_y$, $m_z$ Streckenmomente, der Index o kennzeichnet die Vorverformungsgrößen, $x_M$ und $y_M$ die Schubmittelpunktskoordinaten und $x_{qx}$, $x_{qy}$, $x_{qz}$ die Hebelarme der angreifenden Lasten bezogen auf den Referenzpunkt A. Die Größen $e_{ij}$ sind die Koeffizienten der Inversen der Querschnittssteifigkeitsmatrix $\underline{EA}$:

$$\underline{EA} = \int_A \underline{EA}\, dA, \quad \underline{EA} = E \begin{bmatrix} 1 & y & x \\ y & y^2 & yx \\ x & xy & x^2 \end{bmatrix}$$

und $GI_D$ die Torsionssteifigkeit.

Das Differentialgleichungssystem nach Tafel 1 ist noch immer sehr allgemein und komplex. Um die entscheidenden Koeffizienten für das Kippproblem herauszuarbeiten, wurde das von Röder [4] ingenieurmäßig hergeleitete und wesentlich einfachere Differentialgleichungssystem zum Vergleich herangezogen. Das Differentialgleichungssystem nach Röder ist in der Tafel 2 angegeben. Es ist anzumerken, daß hier der Schubmittelpunkt als Querschnittsreferenzpunkt gewählt ist und die Vorverformungen näherungsweise als Kraftgrößenbelastungsglieder eingehen.

Der Einfluß der beiden Differentialgleichungssysteme auf das Kippverhalten wurde an Beispielen numerisch untersucht. Hierbei wurden die physikalischen Nichtlinearitäten des Betons und Stahls nicht berücksichtigt, um die Ergebnisse nicht durch die unterschiedlichen Werkstofformulierungen zu verzerren und die geometrischen Einflüsse nur für sich allein beurteilen zu können.

Die unterschiedliche Berücksichtigung der geometrischen Imperfektionen (Bei Wienecke direkte Berücksichtigung als Weggrößenbelastungsglieder bzw. bei Röder als Zusatzkräfte) führte nur zu einem sehr geringen Einfluß auf die Ergebnisse. Die zusätzlichen Koeffizienten im Dgl-System nach Tafel 1 infolge der Berücksichtigung höherer Ordnung und gemischter Glieder wirken sich erst merklich bei großen Vorverformungen aus; für die im Massivbau üblichen Größen der Imperfektionen können sie vernachlässigt werden.

Der Einfluß der Querkräfte auf die Verschiebung in Stablängsrichtung w infolge der nur im ersten Dgl-System enthaltenen Ausdrücke $e_{11}\Phi_y Q_x$ und $-e_{11}\Phi_x Q_y$ ist evident. Für realistische, physikalisch nichtlineare Kippuntersuchungen im Massivbau sind sie allerdings nur bei einer horizontalen Verschiebungsbehinderung - z.B. infolge zweier fester Endauflager relevant, da durch die hierdurch zusätzlich induzierten Normalspannungen der Querschnitt früher reißen kann.

Die anderen zusätzlichen Terme des ersten Dgl-Systems wirken sich bei Kippstabilitätsuntersuchungen wenig auf die Versagenslast (ca. 5 % Abweichung) aus. Bei den Verformungen zeigt sich, daß das zweite Dgl-System sich oberhalb von 70 - 80 % der Versagenslast etwas "weicher" verhält als das erste.

| | | | | | | | | | | | | | | | | |
|---|---|---|---|---|---|---|---|---|---|---|---|---|---|---|---|---|
| $u_A'$ | | | | | | $1+w'_{oA}$ | $\frac{1}{2}\Phi_x$ | | | $e_{11}\Phi_y$ | $e_{21}\Phi_y$ | $-e_{31}\Phi_y$ | | | $u_A$ | |
| $v_A'$ | | | | | $-1-w'_{oA}$ | | $\frac{1}{2}\Phi_y$ | | | $-e_{11}\Phi_x$ | $-e_{21}\Phi_x$ | $e_{31}\Phi_x$ | | | $v_A$ | |
| $w_A'$ | | | | | $-\frac{1}{2}\Phi_x$ | $-\frac{1}{2}\Phi_y$ | | $e_{11}\Phi_y + e_{21}\Phi_y y_M + e_{31}\Phi_x y_M$ | $-e_{11}\Phi_x - e_{21}\Phi_y x_M - e_{31}\Phi_x x_M$ | $e_{11}$ | $e_{21} + e_{31}\Phi_z$ | $-e_{31} + e_{21}\Phi_z$ | $-e_{21}\Phi_y - e_{31}\Phi_x$ | | $w_A$ | |
| $\Phi_x'$ | | | | | | $\frac{1}{2}\Phi'_{oz}$ | $-\frac{1}{2}\Phi'_{oy}$ | $e_{12}\Phi_y + e_{22}\Phi_y y_M + e_{32}\Phi_x y_M$ | $-e_{12}\Phi_x - e_{22}\Phi_y x_M - e_{33}\Phi_x x_M$ | $e_{12} + \frac{1}{2}e_{13}\Phi_z$ | $e_{22} + e_{32}\Phi_z + \frac{1}{2}e_{23}\Phi_z$ | $-e_{32} + e_{22}\Phi_z - \frac{1}{2}e_{33}\Phi_z$ | $-e_{22}\Phi_y - e_{32}\Phi_x + \frac{1}{2}\Phi_y/GI_D$ | | $\Phi_x$ | |
| $\Phi_y'$ | | | | | $-\frac{1}{2}\Phi'_{oz}$ | | $\frac{1}{2}\Phi'_{ox}$ | $-e_{13}\Phi_y - e_{23}\Phi_y y_M - e_{33}\Phi_x y_M$ | $e_{13}\Phi_x + e_{23}\Phi_y x_M + e_{33}\Phi_x x_M$ | $-e_{13} + \frac{1}{2}e_{12}\Phi_z$ | $-e_{23} + \frac{1}{2}e_{22}\Phi_z - e_{33}\Phi_z$ | $e_{33} - e_{23}\Phi_z - \frac{1}{2}e_{32}\Phi_z$ | $e_{23}\Phi_y + e_{33}\Phi_x - \frac{1}{2}\Phi_x/GI_D$ | | $\Phi_y$ | |
| $\Phi_z'$ | | | | | $\frac{1}{2}\Phi'_{oy}$ | $-\frac{1}{2}\Phi'_{ox}$ | | | | $-\frac{1}{2}e_{12}\Phi_y - \frac{1}{2}e_{13}\Phi_x - \Phi_x x_M/GI_D - \Phi_y y_M/GI_D$ | $-\frac{1}{2}e_{22}\Phi_y - \frac{1}{2}e_{23}\Phi_x + \Phi_y/GI_D$ | $\frac{1}{2}e_{32}\Phi_y + \frac{1}{2}e_{33}\Phi_x - \Phi_x/GI_D$ | $1/GI_D$ | | $\Phi_z$ | + |
| $Q_x'$ | = | | | | | | | | | | | | | · | $Q_x$ | |
| $Q_y'$ | | | | | | | | | | | | | | | $Q_y$ | |
| $N_z'$ | | | | | | | | | | | | | | | $N_z$ | |
| $M_x'$ | | | | | $y_{qy}q_y - y_M q_y$ | $-x_{qy}q_y + x_M q_y$ | $-x_{qz}' q_z$ | | $1 + w_A' - x_M\Phi_y' - x_M'\Phi_y + y_M\Phi_x' + y_M'\Phi_x$ | $-v_A'$ | | | | | $M_x$ | |
| $M_y'$ | | | | | $-y_{qx}q_x + y_M q_x$ | $x_{qx}q_x - x_M q_x$ | $-y_{qz}' q_z$ | $1 - w_A' + x_M\Phi_y' + x_M'\Phi_y - y_M\Phi_x' - y_M'\Phi_x$ | | $u_A'$ | | | | | $M_y$ | |
| $M_z'$ | | | | | | | $(x_{qx}-x_M)q_x + (y_{qy}-y_M)q_y$ | $v_A' + x_M\Phi_z' + x_M'\Phi_z$ | $-u_A' + y_M\Phi_z' + y_M'\Phi_z$ | | | | | | $M_z$ | |

Tafel 1: Nichtlineares Differentialgleichungssystem nach Wienecke [6]

| | | | | | | | | | | | | | | | |
|---|---|---|---|---|---|---|---|---|---|---|---|---|---|---|---|
| | $-w'_{oA}$ | $-\frac{1}{2}\varphi_{ox}$ | | | | | | | | | | | $\varphi_{ox}$ | | |
| $w'_{oA}$ | | $-\frac{1}{2}\varphi_{oy}$ | | | | | | | | | | | $\varphi_{oy}$ | | |
| $\frac{1}{2}\varphi_{ox}$ | $\frac{1}{2}\varphi_{oy}$ | | | | | | | | | | | | $\varphi_{oz}$ | | $w'_{oA}$ |
| | | | 1 | $\frac{1}{2}\varphi_{oz}$ | $-\frac{1}{2}\varphi_{oy}$ | | | | | | | | $\varphi'_{ox}$ | | |
| | | | $-\frac{1}{2}\varphi_{oz}$ | 1 | $\frac{1}{2}\varphi_{ox}$ | | | | | | | | $\varphi'_{oy}$ | | |
| | | | $\frac{1}{2}\varphi_{oy}$ | $-\frac{1}{2}\varphi_{ox}$ | 1 | | | | | | | · | $\varphi'_{oz}$ | + | |
| | | | | | | -1 | | | | | | | $q_x$ | | |
| | | | | | | | -1 | | | | | | $q_y$ | | |
| | | | | | | | | -1 | | | | | $q_z$ | | |
| | | | | | | | | $-y_{qz}$ | -1 | | | | $m_x$ | | |
| | | | | | | | | $x_{qz}$ | | -1 | | | $m_y$ | | |
| | | | | | | $(y_{qx}-y_M)$ | $-(x_{qy}-x_M)$ | | | | -1 | | $m_z$ | | |

Fortsetzung zu Tafel 1

$$
\begin{bmatrix} u' \\ v' \\ w' \\ \Phi_x' \\ \Phi_y' \\ \Phi_z' \\ Q_x' \\ Q_y' \\ N_z' \\ M_x' \\ M_y' \\ M_z' \end{bmatrix}
=
\begin{bmatrix}
 & & & & 1 & & & & & & & \\
 & & & -1 & & & & & & & & \\
 & & & & & & & & & & & \\
 & & & & & & & & & e_{22} & e_{22}\Phi_z & \\
 & & & & & & & & & -e_{33}\Phi_z & e_{33} & \\
 & & & & & & & & & \Phi_y/GI_D & -\Phi_x/GI_D & 1/GI_D \\
 & & & & & & & & & & & \\
 & & & & & & & & & & & \\
 & & & & & & & & & & & \\
 & & & & & & & 1 & \Phi_x + x_M\Phi_z' & & & \\
 & & & & & & -1 & & \Phi_y + y_M\Phi_z' & & & \\
 & & & & & S & v' & -u' & & & &
\end{bmatrix}
\cdot
\begin{bmatrix} u \\ v \\ w \\ \Phi_x \\ \Phi_y \\ \Phi_z \\ Q_x \\ Q_y \\ N_z \\ M_x \\ M_y \\ M_z \end{bmatrix}
+
\begin{bmatrix} \\ \\ \\ \\ \\ \\ -q_x \\ -q_y \\ \\ \\ \\ m_T \end{bmatrix}
$$

$$S = q_y(y_{qy} - y_M) + q_x(x_{qx} - x_M) \qquad m_T = q_x(y_{qx} - y_M) - q_y(x_{qy} - x_M)$$

Tafel 2: Nichtlineares Differentialgleichungssystem nach Röder [4]

Für Kippstabilitätsuntersuchungen von Stahlbeton- und Spannbetonträgern erscheint das wesentlich einfachere zweite Dgl-System vollkommen ausreichend.

## 3. Ermittlung der St. Venantschen Torsionssteifigkeit

Sowohl bei den einfachen Näherungsverfahren [1, 3] als auch bei den genaueren wirklichkeitsnahen Berechnungsverfahren nach Theorie II. Ordnung [6, 4] zur Untersuchung der Kippstabilität von Stahlbeton- und Spannbetonträgern geht die St. Venantsche Torsionssteifigkeit und somit das Torsionsträgheitsmoment explizit ein. Die Ermittlung der Torsionskennwerte setzt ein weitgehend allgemeingültiges Rechenverfahren voraus, da auch völlig unsymmetrische Querschnittsformen besonders nach der Rißbildung bei der Behandlung der wirksamen Restquerschnitte auftreten können, die bei den Verfahren nach Theorie II. Ordnung zu analysieren sind. Theoretisch läßt sich dieses Problem darauf zurückführen, daß entweder die Wölbfunktion $\omega(x,y)$ oder die Torsionsspannungsfunktion $T(x,y)$ bestimmt werden muß. Hierzu sind Differentialgleichungen der Potentialtheorie, im ersten Fall die Laplace'sche ($\Delta\omega=0$), im zweiten die Poisson'sche ($\Delta T=-2$) für ein gegebenes Randwertproblem zu lösen. Als numerische Lösungsverfahren stehen für einfache Querschnittsformen (Rechteck, Dreieck) Reihenentwicklungen, für beliebige Querschnittsformen das Differenzenverfahren, die Finite-Element-Methode und die Integralverfahren zur Verfügung.

Da es sich bei den im Massivbau üblichen Querschnitten im allgemeinen nicht um dünnwandige Querschnitte handelt, wird der Einfluß der Wölbsteifigkeit zunächst vernachlässigt. Ebenfalls sollen Hohlquerschnitte ausgeschlossen sein.

St. Venant gab bereits folgende Näherung des Torsionsträgheitsmomentes für konvexeckige Querschnitte an:

$$I_D = \frac{A^4}{4 \cdot \pi^2 \cdot I_{ps}} \qquad (1)$$

mit

A : Querschnittsfläche

$I_{ps}$: Polares Trägheitsmoment, bezogen auf den geometrischen Schwerpunkt.

Für Kreis- und beliebige Ellipsenquerschnitte ist Gl. (1) exakt. Will man die Näherung (1) auch auf Querschnitte mit einspringenden Ecken oder auf beliebig polygonal berandete Querschnitte erweitern, so liegt der Gedanke nahe, eine Korrekturfunktion $f = f(A, I_{ps}, U)$ zu bestimmen, deren Argumente - wie Gl. (1) - invariant bei Drehung des Koordinatensystems sein müssen. Neben der Querschnittsfläche A sowie dem polaren Trägheitsmoment $I_{ps}$ erfüllt auch der Querschnittsumfang U diese Bedingung. In allgemeiner Form lautet somit die erweiterte Näherung:

$$\bar{\bar{I}}_D = \frac{A^4}{4 \cdot \pi^2 \cdot I_{ps}} \cdot f \, . \tag{2}$$

Die Bestimmung des funktionalen Zusammenhangs $f = f(A, I_{ps}, U)$ wird dadurch wesentlich erleichtert, wenn es gelingt, die drei charakteristischen Größen A, $I_{ps}$ und U zu einem Formbeiwert zusammenzufassen. Vergleicht man den tatsächlichen Querschnitt mit einem Ellipsenersatzquerschnitt, so bestehen prinzipiell drei Möglichkeiten, einen Formbeiwert abzuleiten:

1. $$f_A = \frac{A^*}{A} \tag{3a}$$

2. $$f_I = \frac{I^*_{ps}}{I_{ps}} \tag{3b}$$

3. $$f_U = \frac{U^*}{U} \tag{3c}$$

Hierbei bedeuten

$A^*$ : Fläche eines polarträgheits- und umfangsgleichen Ellipsenersatzquerschnitts,

$I^*_{ps}$: Polares Trägheitsmoment eines flächen- und umfangsgleichen Ellipsenersatzquerschnitts,

U : tatsächlicher Umfang,

$U^*$ : Umfang eines polarträgheits- und flächengleichen Ellipsenersatzquerschnitts.

Die Abweichung dieser Formbeiwerte von 1 stellt ein Maß dafür dar, inwieweit die charakteristischen Größen A, $I_{ps}$ und U des tatsächlichen Querschnittes von denen des Ellipsenersatzquerschnittes abweichen.

Aufgrund umfangreicher Untersuchungen [9] konnte festgestellt werden, daß vorzugsweise der Formbeiwert $f_U$ dazu geeignet ist, als Argument der Korrekturfunktion zu dienen:

$$f = f\,(f_U). \tag{4}$$

Der Umfang U* der Ersatzellipsen ergibt sich zu:

$$U* = 4 \cdot a* \cdot E\,(\varepsilon, \tfrac{\pi}{2}) \tag{5}$$

$$= 2 \cdot \pi \cdot a* \cdot \left[1-(\tfrac{1}{2})^2 \cdot \varepsilon^2 - (\tfrac{1\cdot 3}{2\cdot 4})^2 \cdot \tfrac{\varepsilon^4}{3} - (\tfrac{1\cdot 3\cdot 5}{2\cdot 4\cdot 6}) \cdot \tfrac{\varepsilon^6}{5} - ..\right]$$

mit

$$\varepsilon = \sqrt{1-(\tfrac{b*}{a*})^2} \leq 1, \; (b* < a*), \tag{6}$$

wobei $E\,(\varepsilon, \frac{\pi}{2})$ das vollständige elliptische Integral zweiter Ordnung ist, die Größen a* und b* sind die Ersatzellipsenhalbmesser, die sich infolge Ersatz des gegebenen Querschnittes durch eine flächen- und polarträgheitsgleiche Ellipse ergeben:

$$a* = \sqrt{\frac{1}{A\cdot\pi}\,(2 \cdot I_{ps} \cdot \pi + \sqrt{4 \cdot \pi^2 \cdot I_{ps}{}^2 - A^4})}\,, \tag{7a}$$

$$b* = \sqrt{\frac{1}{A\cdot\pi}\,(\,2 \cdot I_{ps} \cdot \pi - \sqrt{4 \cdot \pi^2 \cdot I_{ps}{}^2 - A^4})}\,. \tag{7b}$$

Von allen möglichen Querschnittswerten ergibt sich für das unendlich lange schmale Rechteck ein oberer Grenzwert des Formbeiwerts $f_U$. Mit ($d/b \rightarrow \infty$)folgt aus Gl. (7a) für diesen Fall der größere Ersatzhalbmesser zu:

$$a* = d \quad \sqrt{\frac{1}{3}} \quad . \tag{8}$$

Nach Einsetzen von Gl. (8) in Gl. (5) sowie unter Beachtung von $E\,(\varepsilon = 1, \frac{\pi}{2}) = 1$ ergibt sich

$$U* = 4 \cdot \frac{d}{\sqrt{3}}\,, \tag{9}$$

d.h. der obere Grenzwert von $f_U$ nach (3c) lautet:

$$\max f_U = 4 \cdot \frac{d}{\sqrt{3}} \cdot \frac{1}{2\cdot d} = \frac{2}{\sqrt{3}} = 1{,}1547. \tag{10}$$

Dieser Querschnitt ist dadurch gekennzeichnet, daß bei theoretisch gegen unendlich wachsender Fläche, Umfang sowie polarem Trägheitsmoment letzteres auf eine Achse konzentriert ist.

Betrachtet man einen Querschnitt, bei dem die charakteristischen Größen A, $I_{ps}$, U ebenfalls theoretisch gegen unendlich anwachsen, die polare Trägheit jedoch über 360° gleichmäßig verteilt ist, z.B. ein aus schmalen Rechtecken zusammengesetzter n-armiger Sternquerschnitt, so folgt der untere Grenzwert zu

$$\min f_U = 0. \tag{11}$$

Zwischen den mit (10) und (11) festgestellten Grenzwerten müssen die Formbeiwerte aller anderen denkbaren Querschnitte liegen.

Im Rahmen einer Parameterstudie [9] wurde der Formbeiwert $f_U$ nach Gl. (3c) mit Hilfe von Gl. (5) für 348 Querschnitte verschiedenster Typen und Abmessungsvarianten ermittelt. Für die gleichen Beispiele wurde parallel der "exakte" Wert des Torsionsträgheitsmoments $I_D^e$ bestimmt. Zum Teil konnte auf die in der Fachliteratur behandelten Fälle zurückgegriffen werden. Der größte Teil der Ergebnisse wurde jedoch mit Hilfe des von Sauer [8] entwickelten Rechenprogramms erzeugt, das auf der Basis des Integralgleichungsverfahrens sehr genaue Werte liefert.

Bildet man das Verhältnis von "exaktem" zu genähertem (Gl. (1)) Torsionsträgheitsmoment $f = I_D^e/\bar{I}_D$, so steht eine große Anzahl von Zielfunktionswerten $f_i = f(f_{U_i})$ zur Verfügung, die es erlauben, mit Hife einer Regressionsanalyse auf die Korrekturfunktion zu schließen.

Regressionsanalysen ergaben drei Korrekturfunktionen, die in Abhängigkeit von der Anzahl der Querschnittseckpunkte abgegrenzt und in Tafel 3 zusammengestellt sind.

Tafel 3: Korrekturfunktionen in Abhängigkeit der Anzahl der Eckpunkte

| Anzahl der Eckpunkte | Korrekturfunktion | Gleichung |
|---|---|---|
| 3 | $f = 32,5607 - 77,7563\, f_U + 47,7917 \cdot f_U^2$ | (12a) |
| 4 | $f = 26,8691 + 27,3456\, f_U - 53,2425 \cdot \sqrt{f_U}$ | (12b) |
| >4 | $f = 1,0982 \cdot f_U^{2,3013}$ | (12c) |

Gl. (12a) gilt somit für beliebige Dreiecks-, Gl. (12b) für beliebige Vierecks- und Gl. (12c) für beliebige Querschnitte mit mehr als vier Eckpunkten. Die Streuung der Zielfunktionswerte um die entsprechende Regressionsfunktion bleibt auf ein Spektrum von ungefähr ± 15 % beschränkt. Die mit Hilfe von Gl.

(2) erhaltene Näherung für das Torsionsträgheitsmoment kann somit höchstens mit einem Fehler von ca. ± 15 % behaftet sein. Im Verhältnis zur Allgemeingültigkeit der Näherung ist der mögliche Fehler für die Berechnung der in der Baupraxis interessierenden Probleme vertretbar.

Bei den numerischen Untersuchungen stellte sich heraus, daß bei der Berechnung des Umfangs der Ersatzellipse nach Gl. (5) eine hohe Anzahl von Reihengliedern berücksichtigt werden mußte, insbesondere bei großer numerischer Exzentrizität $\varepsilon$, was sich nachteilig auf die Rechenzeit auswirkte. Im Hinblick auf die Verwendung von Kleinrechnern (PC), bei denen sich die Rechenzeiten um ein vielfaches erhöhen, wurden vier verschiedene Näherungslösungen für die Ellipsenersatzumfangsberechnung numerisch verglichen:

$$U* \approx \frac{\pi}{2} (a* + b*) + \sqrt{2 (a*^2 + b*^2)} , \tag{13}$$

$$U* \approx \pi (1,5 (a* + b*) - \sqrt{a* b*}) , \tag{14}$$

$$U* \approx \pi \left(a* + b* + \frac{\sqrt{2(a*^2+b*^2)}}{4} - 0,5 \sqrt{a* b*}\right) , \tag{15}$$

$$U* \approx \pi (a* + b*) \frac{64-3\lambda^4}{64-16\lambda^2} \quad \text{mit } \lambda = \frac{a*-b*}{a*+b*} . \tag{16}$$

Die größten prozentualen Fehler sind in der Tafel 4 angegeben.

Tafel 4: Prozentuale Fehler für verschiedene Ellipsenumfangsnäherungen

| a* | b* | $\varepsilon$ | Gl. (13) | Gl. (14) | Gl. (15) | Gl. (16) |
|---|---|---|---|---|---|---|
| 138,66 | 9,19 | 0,998 | -3,2 | 4,6 | 0,7 | 0,04 |

Unter Berücksichtigung der Fehlerfortpflanzung in den Gleichungen (3c) und (12a-c) kann Gl. (16) zur näherungsweisen Bestimmung von U* empfohlen werden.

## 4. Anwendungsbeispiele

Zur wirklichkeitsnahen Erfassung der Materialeigenschaften des nicht vorgespannten oder vorgespannten Verbundbaustoffes Stahlbeton werden bereits in [2] und [4] ein nichtlinearer Verlauf der Spannungs-Dehnungs-Beziehungen des Betons und des

Stahls und die Rißbildung im Beton berücksichtigt. Diese Eigenschaften werden in [6] durch die rechnerische Berücksichtigung einer Mitwirkung des Betons zwischen den Rissen auf Zug ("Tension Stiffening Effect", im folgenden abgekürzt TSE) und einer zeitabhängigen Verformungsfähigkeit des Betons (Kriechen und Schwinden) ergänzt. Besonders der Einfluß dieser beiden letztgenannten Einflüsse soll anhand eines Stahlbeton- und eines Spannbetonträgers dargestellt werden.

Zur Lösung diente das Dgl-System nach Tafel 1. Für die Langzeitanalysen wurde das Dgl-System von 12 auf 24 Gleichungen erweitert, so daß deren Lösung sowohl den Zustandsvektor zum Zeitpunkt $t = t_0$ als auch zum Zeitpunkt $t = \tau$ lieferte. Das resultierende Randwertproblem mit dem nichtlinearen Dgl-System wurde mit dem Schießverfahren numerisch integriert. Als Anfangswertlöser diente ein Runge-Kutta-Verfahren. Nähere Einzelheiten über die Werkstoffformulierungen und Steifigkeitsermittlung sind in [6] angegeben.

Für beide Beispiele werden sowohl für die rechnerische Kurzzeittraglast ($t = 0$) als auch für die rechnerische Bruchlast unter Berücksichtigung des Kriechens und Schwindens von Beton ($t \rightarrow \infty$) die folgenden vier unterschiedlichen Werkstoffannahmen getroffen:

1. reiner Beton als unter Druck- und Zugbeanspruchung unbeschränkt linear elastischer Werkstoff,

2. wie 1. mit zusätzlicher Berücksichtigung der Bewehrung, die sich ebenfalls unbegrenzt linear elastisch verhält,

3. Bewehrung und Beton als nichtlinear elastischer Verbundwerkstoff unter Berücksichtigung des Zustandes II im Beton jedoch <u>ohne</u> TSE,

4. wie 3. <u>mit</u> TSE.

Bei den Analysen mit nichtlinearem Materialverhalten wird zwischen zwei prinzipiell unterschiedlichen Versagensursachen unterschieden:

1. Materialversagen,
2. Stabilitätsversagen.

Das Materialversagen ist in den Bildern mit einer offenen rechten eckigen Klammer (]) dargestellt. Beim Stabilitätsversagen wurde die Rechnung bei Erreichen einer Horizontalverschiebung von 1/50 abgebrochen und die zugehörige Last als Versagenslast definiert.

Es wird zunächst ein Stahlbetonbinder aus [5, Bild 11] untersucht. System-, Last- und Materialannahmen sind Bild 1 zu entnehmen. Als Imperfektion wird eine parabelförmige, horizontale Vorverformung mit einem Stich in Feldmitte von $u_o = 5$ cm $\hat{=}$ L/500 angenommen.

Als Langzeitkenngrößen werden eine Kriechzahl $\varphi_\infty = 2{,}5$, ein Endschwindmaß $\varepsilon_{s\infty} = -30 \cdot 10^{-5}$ und ein Relaxationsfaktor nach Trost $\rho \doteq 0{,}8$ zugrunde gelegt.

Eine Darstellung der berechneten Last-Verformungs-Kurven zeigen die Bilder 1-3, aus denen auch die jeweilige Traglast abgelesen werden kann.

Der zahlenmäßige Vergleich der Traglasten zum Zeitpunkt t=0 mit denen zum Zeitpunkt $t \to \infty$ wird in Tafel 5 vorgenommen.

Tafel 5: Ergebnisse für Stahlbetonbinder Bild 1

| Werkstoff-annahme: | Traglast zum Zeitpunkt: t = 0<br>$q_{yU}^K$ [kN/m] | $t \to \infty$<br>$q_{yU}^D$ [kN/m] | $q_{yU}^K / q_{yU}^D$ |
|---|---|---|---|
| 1 | 32,1 | 10,0 | 3,21 |
| 2 | 40,7 | 19,2 | 2,12 |
| 3 | 17,9 | 10,3 | 1,74 |
| 4 | 27,1 | 14,0 | 1,94 |

Die vorstehend erzielten Ergebnisse lassen sich mit denjenigen nach [5] lediglich im Fall der Kurzzeittraglast unter der Werkstoffannahme 3. vergleichen. Die Auswertung der dort mitgeteilten Kippkurve liefert für das hier behandelte Beispiel

$$q_{yU}^K \approx 19{,}7 \text{ [kN/m]}$$

also eine ca. 10 % größere Traglast.

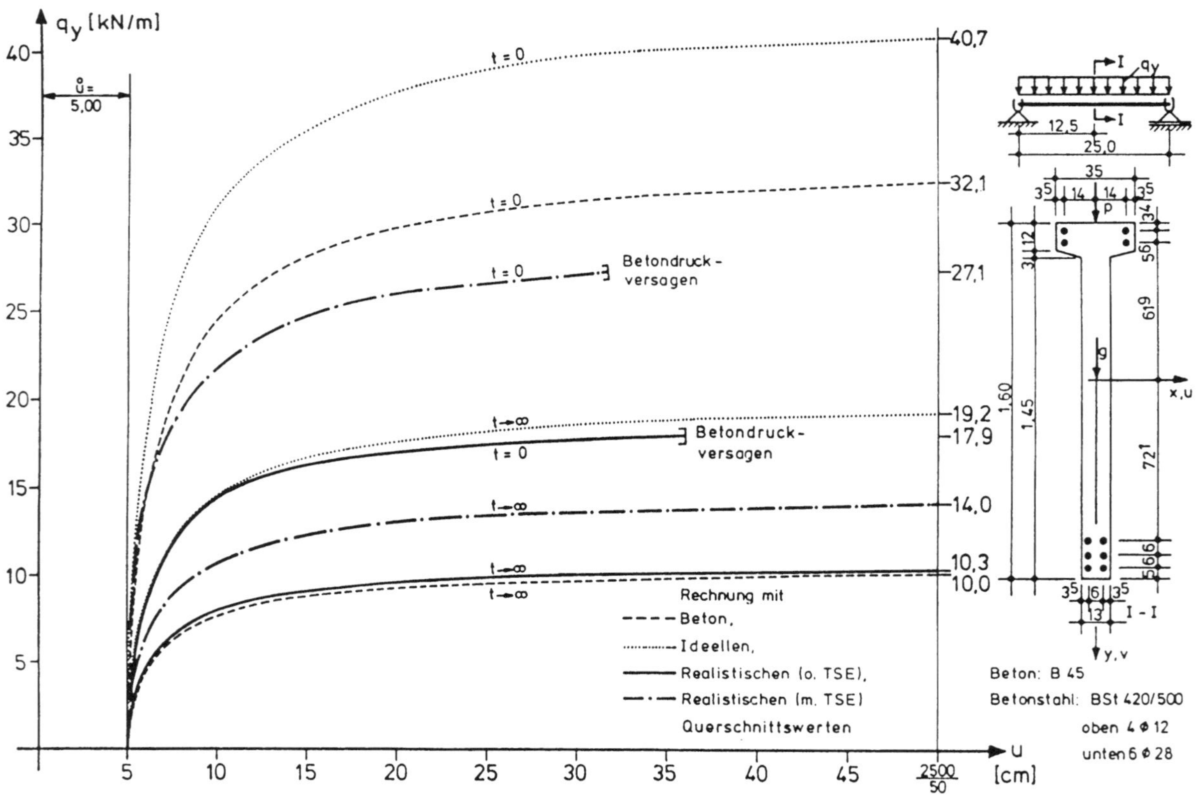


Bild 1 Last-(Horizontal-)Verformungs-Kurven eines Stahlbetonbinders

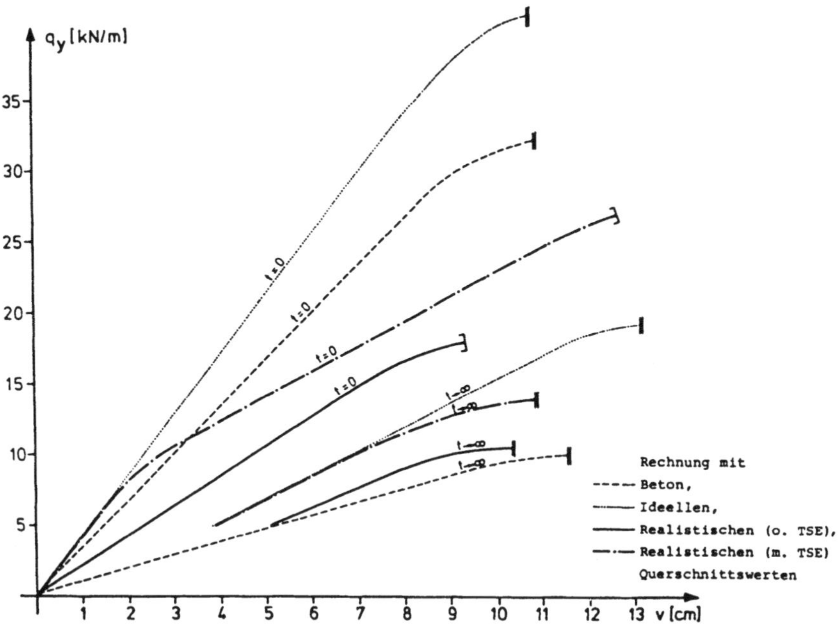


Bild 2 Last-(Vertikal-)verformungs-Kurven eines Stahlbeton-binders

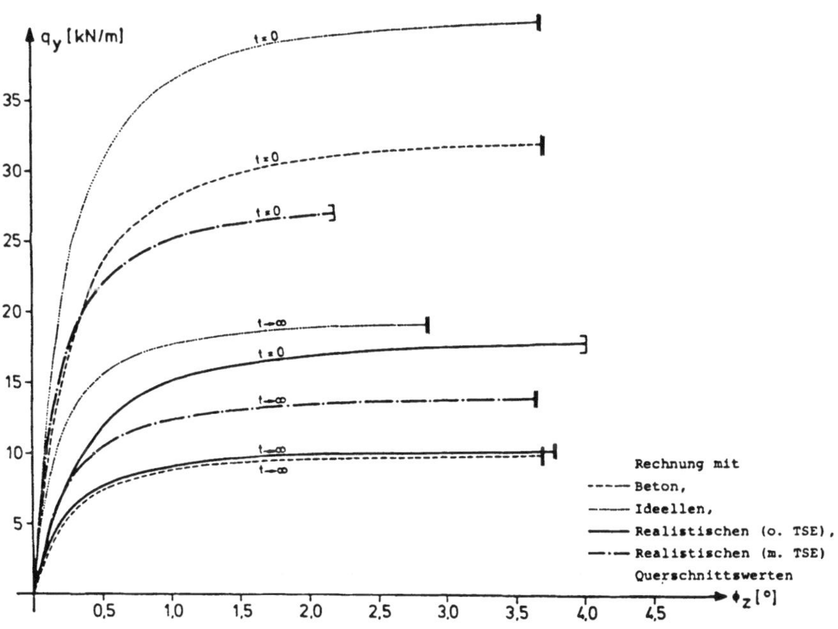


Bild 3 Last-Verdrehungs-Kurven eines Stahlbetonbinders

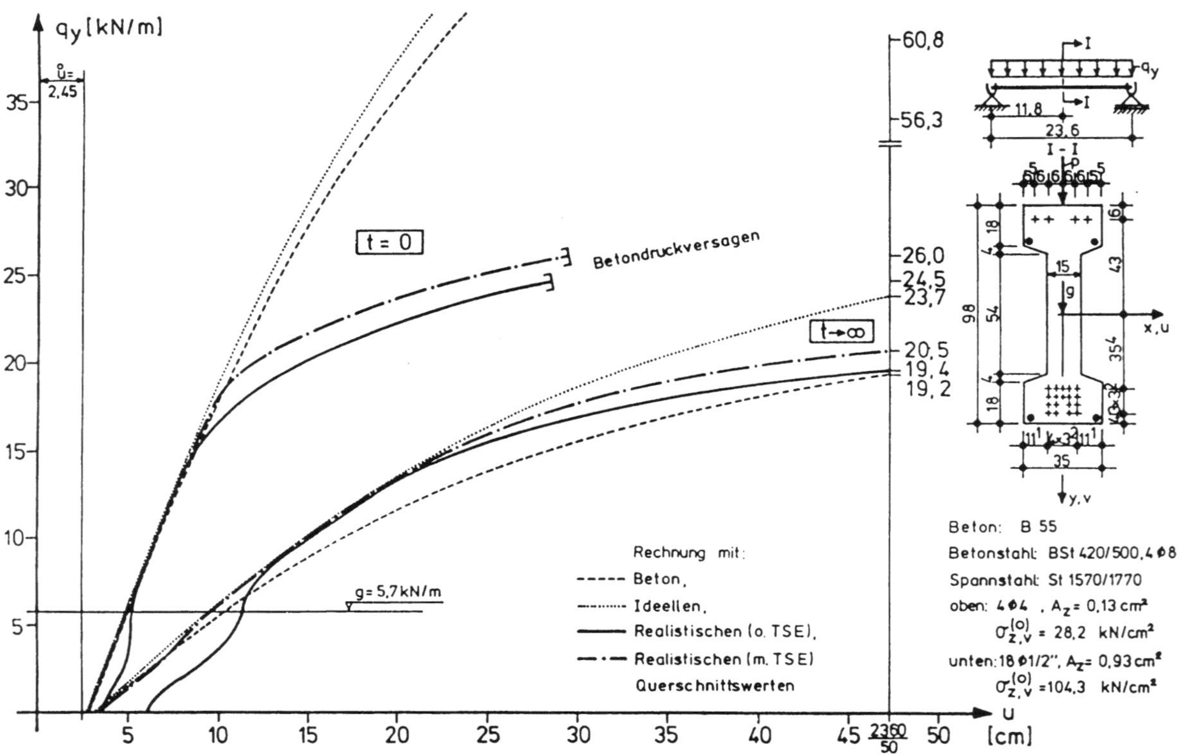


Bild 4 Last-(Horizontal-)verformungs-Kurven eines Spannbetonbinders

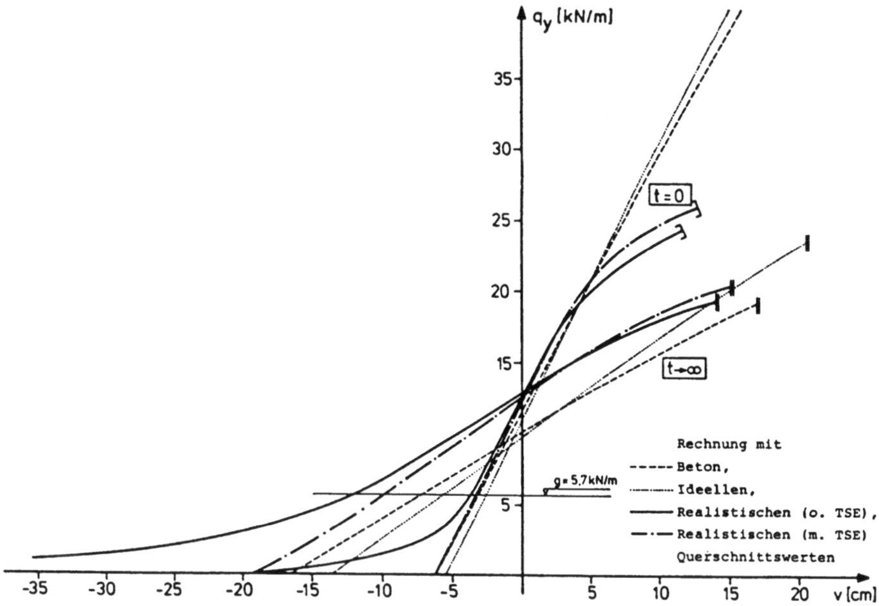


Bild 5 Last-(Vertikal-)verformungs-Kurven eines Spannbetonbinders

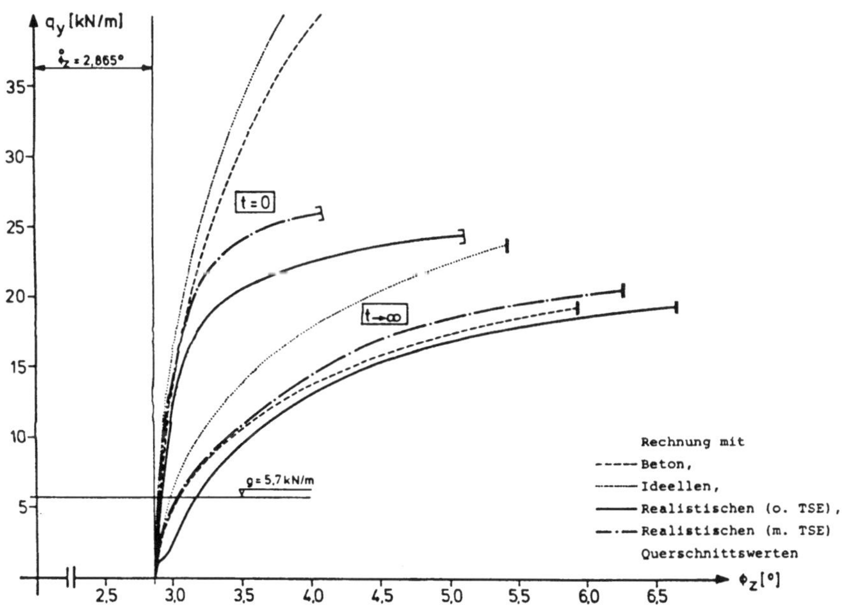


Bild 6 Last-Verdrehungs-Kurven eines Spannbetonbinders

Als zweites Beispiel wird ein Spannbetonträger behandelt, wie er bereits in [4] hinsichtlich seines Kurzzeitragverhaltens untersucht wurde. Die Vorgaben bezüglich System, Querschnitt und Material sind im Bild 4 dargestellt. Abweichend von [4] wird als Imperfektion für beide Auflager eine einsinnige Vorverdrehung von $\Phi_{oz}$ = 0,05 [rad] angenommen, d.h. der gesamte Träger befindet sich in einer um dieses Maß geringfügig vorverdrehten Lage.

Die Langzeitkennwerte werden mit $\varphi_{\infty}$ = 2,05; $\varepsilon_{s\infty} = -28{,}3 \cdot 10^{-5}$ und $\rho$ = 0,8 angesetzt. Die Ergebnisse der Berechnung sind in den Bildern 4-6 zusammengestellt.

Den zahlenmäßigen Vergleich der Ergebnisse zeigt Tafel 6.

Da sich die Imperfektionsvorgabe im hier vorgelegten Beispiel von derjenigen im entsprechenden Beispiel nach [2] unterscheidet - es stimmen lediglich die Maximalordinaten der Horizontalverformung an Trägeroberkante in Feldmitte überein -, ist ein Vergleich der Ergebnisse nur bedingt möglicht. Erwartungsgemäß ergibt sich in [4] mit $q_{yU}^{K}$ = 28,4 [kN/m] eine ca. 16 % größere vergleichbare Kurzzeittraglast.

Tafel 6: Ergebnisse für Stahlbetonbinder Bild 4

| Werkstoff-annahme: | Traglast zum Zeitpunkt: t = 0 | t -> $\infty$ | |
|---|---|---|---|
| | $q_{yU}^{K}$ [kN/m] | $q_{yU}^{D}$ [kN/m] | $q_{yU}^{K}/q_{yU}^{D}$ |
| 1 | 56,3 | 19,2 | 2,93 |
| 2 | 60,8 | 23,7 | 2,57 |
| 3 | 24,5 | 19,4 | 1,26 |
| 4 | 26,0 | 20,5 | 1,27 |

Ungeachtet der absoluten Beträge der unter den jeweiligen Bedingungen rechnerisch festgestellten Traglast wird bei beiden Beispielen ein grundsätzlich analoges Last-Verformungsverhalten deutlich. Der wesentliche Unterschied zwischen dem vorgespannten und dem nicht vorgespannten Stahlbetonträger besteht darin, daß beim vorgespannten Stahlbetonträger der Einfluß des "Tension Stiffening Effekts" auf die rechnerische Traglast von wesentlich geringerer Bedeutung ist. Während sich beim nicht vorgespannten Stahlbetonträger, abhängig vom jeweils betrachteten Zeitpunkt, eine um 35 bis 50 % höhere Traglast einstellt, weist der vorgespannte Stahlbetonträger lediglich eine ca. 5 % höhere Traglast auf. Ohne Zweifel ist für diese Tatsache die Vorspannung verantwortlich, da der Übergang wesentlicher Trägerabschnitte vom Zustand I nach II durch den Eigenspannungszustand stark verzögert wird. Der Einfluß der Vorspannung auf die Traglast überwiegt hier eindeutig gegenüber der Berücksichtigung des "Tension Stiffening Effekts".

Bei den Langzeitanalysen für den Zeitpunkt $t \rightarrow \infty$ liefert hingegen bei beiden Trägern die Annahme des ideal elastischen reinen Betonwerkstoffs erwartungsgemäß die jeweils niedrigste Traglast, die allerdings nur um 3 % geringer ist als die bei Annahme eines realistischen Werkstoffverhaltens ohne Berücksichtigung des "Tension Stiffening Effekts". Beim reinen Betonquerschnitt besteht im Gegensatz zum Verbundquerschnitt kein innerer Zwang, so daß der günstige Einfluß der Relaxationsfähigkeit des Betons unberücksichtigt bleibt. Spannungsumlagerungen von kriechfähigem Beton auf den nichtkriechfähigen Stahl sind allerdings nur bis zum Fließen der Bewehrung möglich. Die Annahme realistischen Werkstoffverhaltens führt deshalb bei Langzeitbeanspruchungen zu einem relativ günstigeren Tragverhalten (die Versagenslast ist höher), als dies bei kurzzeitiger Lasteinwirkung der Fall ist. Die Kriechbruchlasten liegen zwischen dem $(\frac{1}{1+\rho\cdot\varphi})$- und $(\frac{1}{1+\varphi})$ -fachen Wert der Kurzzeitversagenslast.

Die Unterschiede der hier dargelegten Ergebnisse zu denen von Röder [4, 5] resultieren vorwiegend aus den verschiedenen Berechnungsverfahren der maßgebenden Steifigkeiten (vor allem der Torsionssteifigkeit) und den unterschiedlichen Lösungsalgorithmen des nichtlinearen Randwertproblems. Der Einfluß der unterschiedlichen Differentialgleichungssysteme (Röder verwendet die in Tafel 2 angegebene linearisierte Form des Differentialgleichungssystems) ist hier von geringerer Bedeutung.

Weitere Vergleiche, insbesondere auch mit einfacheren Näherungsverfahren, sind in [10] angegeben.

LITERATUR

[1] Deneke, O.; Holz, K.; Litzner, H.-W.: Übersicht über praktische Verfahren zum Nachweis der Kippsicherheit schlanker Stahlbeton- und Spannbetonträger. Beton- und Stahlbetonbau 80 (1985), Heft 9, S. 238-243, Heft 10, S. 274-280, Heft 11, S. 299-304.

[2] Mehlhorn, G.: Ein Beitrag zum Kipp-Problem bei Stahlbeton- und Spannbetonträgern. Dissertation D17, TH Darmstadt, 1970.

[3] Mehlhorn, G.: Näherungsverfahren zur Abschätzung der Kippstabilität vorgespannter Träger. Beton- und Stahlbeton 1974, H. 1, S. 7-12.

[4] Röder, F.-K.: Berechnung von Stahlbeton- und Spannbetonträgern nach Theorie II. Ordnung. Dissertation D17, TH Darmstadt, 1982.

[5] Röder, F.-K.; Mehlhorn, G.: Kippstabilität ausgewählter Spannbeton- und Stahlbetonträger. Abschlußbericht des vom Hauptverband der Deutschen Bauindustrie geförderten Forschungsvorhabens. Darmstadt, 1981.

[6] Wienecke, U.: Zur wirklichkeitsnahen Berechnung von Stahlbeton- und Spannbetonstäben nach einer konsequenten Theorie II. Ordnung unter allgemeiner Belastung. Dissertation D17, TH Darmstadt, 1985.

[7] Heinen, A.: Stabilität gerader Stäbe auf der Grundlage einer erweiterten Cosserat-Kinematik unter Berücksichtigung der Verformungen des Grundzustandes. Bericht-Nr. F79/1 des Fachbereiches Bautechnik der Gesamthochschule Wuppertal, Wuppertal, 1979.

[8] Sauer, E.: Schub und Torsion bei elastischen prismatischen Balken. Dissertation D17, TH Darmstadt, 1979, abgedruckt in: Mitteilungen aus dem Institut für Massivbau der TH Darmstadt, Heft 29, Verlag von Wilhelm Ernst & Sohn, Berlin-München, 1980.

[9] Sterner, D.: Berechnung des St. Venantschen Torsionsträgheitsmoments nach einer verbesserten Näherungslösung. Unveröffentlichte Diplomarbeit aus dem Fachgebiet Massivbau, TH Darmstadt, 1984.

[10] Mehlhorn, G.; Schulz, J.-U.; Röder, F.-K.; Wienecke, U.: Vergleichende Untersuchungen zur Kippstabilität von nicht vorgespannten und vorgespannten Stahlbetonträgern. Forschungsbericht Nr. 10 aus dem Fachgebiet Massivbau der Gesamthochschule Kassel, 1989.

# Stabtragwerke

# Nichtlineare Berechnung von Stabwerken aus Stahl

G. Sedlacek; J. Lopetegui; R. Spangemacher; Ch. Stutzki

RWTH Aachen Lehrstuhl für Stahlbau

## 1. Einleitung:

Die Notwendigkeit nichtlineare Berechnungen im Stahlbau durchzuführen steigt in dem Maße, in dem neue Lösungen und Konstruktionsweisen angestrebt werden. Gerade für genaue Parameterstudien in der Normenentwicklung, bei denen der Einfluß einzelner Parameter auf den Traglastzustand untersucht wird, und für Optimierungen einzelner Komponenten werden nichtlineare Berechnungen durchgeführt.

Wenn man Konstruktionen und Lasten im Stahlbau unter möglichst wirklichkeitsgetreuen Bedingungen abbildet ergeben sich folgerichtig nichtlineare Berechnungen mit den Teilbereichen

1. physikalische Nichtlinearität (z.B. Material)
2. geometrische Nichtlinearität (z.B. Imperfektionen)
3. nichtlineare Rand- und Übergangsbedingungen (z.B.Kennlinien von Bauelementen)
4. nichtkonservative Belastungssysteme

In diesem Beitrag werden zunächst verschiedene Elementtypen behandelt, die zur Lösung derartiger Probleme eingesetzt werden. Im nächsten Abschnitt wird die Lösungsstrategie dargestellt. Sie besteht darin die Steifigkeitsmatrix nur näherungsweise aufzustellen und das Gleichgewicht am verformten System festzustellen. Sind die Reaktionskräfte ungleich den angreifenden Kräften so ergeben sich Fehlerkräfte mit deren Hilfe man die Verformungen verbessern kann und schließlich zu einer genauen Lösung kommt, ohne die Steifigkeitsmatrix neu aufzustellen. Schließlich wird an einem Beispiel aus der Normung ein Anwendungsbeispiel gegeben.

Im Rahmen der allgemein zugänglichen Programmbibliothek DFG-BIB wurden verschiedene Software Beiträge erstellt und der DFG-BIB zur Verfügung gestellt. Diese Routinen dienen einerseits zur Bestimmung der Fehlerkräfte bei der Berechnung von räumlichen Stabwerken unter Berücksichtigung der Wölbkrafttorsion, andererseits zur Beschleunigung der Konvergenz im iterativen Prozess.

Die Routinen der 1. Gruppe beinhalten die Aufstellung der Stabsteifigkeitsmatrizen nach Theorie 1. Ordnung, die Berechnung der Transformationsmatrizen für die verformte Lage, die Integration der Spannungen über die einzelnen Lamellen zu Knotenschnittkräften unter Berücksichtigung der Plastizität, die Bestimmung der Schnittkräfte bei dem im Abschnitt 2.5 behandelten Fachwerkelement mit Schlupf, die Berechnung des Lastvektors unter Berücksichtigung der Verformungseinflüsse und der Exzentrizitäten, und andere Hilfsroutinen.

Die Programme der 2. Gruppe beinhalten die im Abschnitt 3 behandelte Lösungsstrategie, sowohl für Last- wie auch für Verformungssteuerung. Diese Routinen bilden für sich eine Einheit mit nur wenigen Übergabeparametern, so daß sie auch in andere Programme zur Berechnung nichtlinearer Probleme eingebaut werden können

# 2. Elemente

## 2.1 Stabelement für große Verformungen, nichtlinear elastisches Werkstoffgesetz /1,2/

### 2.1.1 Einleitung

Das im folgenden beschriebene Stabelement eignet sich für die Berechnung von Stabsystemen, bei denen einzelne Stäbe beliebig große, räumliche Rotationen durchlaufen.Jedoch müssen die Verzerrungen des einzelnen Stabelementes klein bleiben. Die Gesamtdeformation wird in zwei Anteile aufgespalten:

- eine Starrkörperbewegung mit beliebig großen Verdrehungen, aber mit gerader, unverdrillter Stabachse,
- eine elastische Deformation (Verzerrung),relativ zur Starrkörperbewegung.

Diese elastische Deformation soll so klein sein, daß die Schnittkraft-Verformungs-Beziehungen, relativ zur starr bewegten Achse, mit linearen Ansätzen (Theorie 1. Ordnung) ausreichend genau formulierbar sind.

Das Problem der großen Rotationen liegt dann nur noch in der genauen Transformation des stabeigenen Starrkörpersystems in das globale, raumfeste Koordinatensystem - und umgekehrt. In der Ebene ist dieses Problem einfach zu lösen, da das stabeigene Starrkörpersystem immer die Verbindungsgerade zwischen den beiden Stabendpunkten ist. Im Raum ist die x-Achse des Starrkörpersystems auch immer die Verbindungsgerade zwischen den beiden Stabendknoten, aber zusätzlich müssen noch die Richtungen der y- und z-Achsen des Starrkörpersystems bestimmt werden, die aus den Knotenrotationen der Stabendknoten abgeleitet werden.

Zur Beschreibung des Stabverhaltens werden drei Koordinatensysteme benötigt (Bild 2.1.1):

| | | |
|---|---|---|
| - | das globale Koordinatensystem | x y z |
| - | das stabeigene Koordinatensystem (= Starrkörpersystem) des unverformten Stabes | $x_o, y_o, z_o$ |
| - | das stabeigene Starrkörpersystem in der verformten Lage | $x_n, y_n, z_n$ |

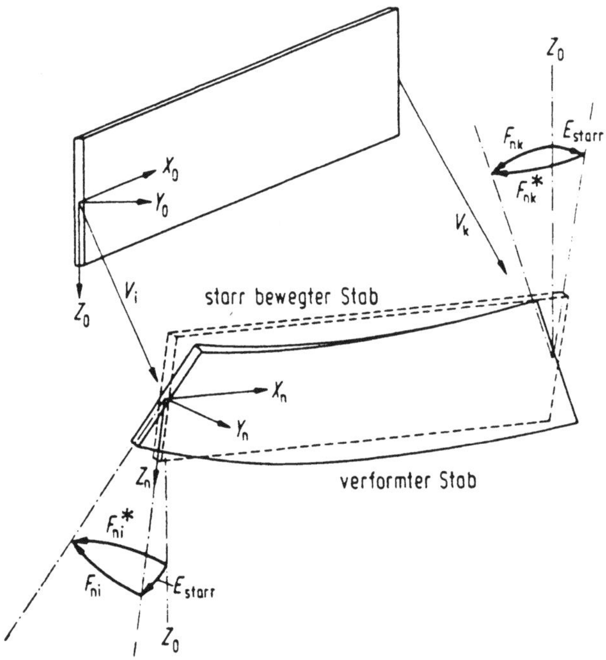


Bild 2.1.1: Starr verformte Lage und relativ dazu elastisch verformte Lage. $F_{ni}$, $F_{nk}$ = gesamte Knotenrotation; $F^*_{ni}$, $F^*_{nk}$ = relative Stabenverdrehung, $E_{starr}$ = starre Stabendrotation.

## 2.1.2 Steifigkeitsmatrix

Die Steifigkeitsmatrix wird zunächst im lokalen (stabeigenen) Koordinatensystem nach der linearen Stabtheorie aufgestellt. /2/. Sie liefert den aus vielfältiger Literatur bekannten Zusammenhang zwischen dem Vektor der Stabendverformungen {v} und dem Vektor der Stabendschnittkräfte {S}:

$$\{S\} = [A] \cdot \{v\}$$

Der Zusammenhang zwischen dem stabeigenen Koordinatensystem $(x_o, y_o, z_o)$ bzw. $(x_n, y_n, z_n)$ wird durch eine Transformationsmatrix $[T_o]$ bzw. $[T_n]$ nach Abschnitt 2.1.3 hergestellt.

### 2.1.3 Beschreibung großer räumlicher Rotationen

Große räumliche Rotationen dürfen nicht vektoriell "addiert" oder "subtrahiert" werden. Außerdem muß man die Reihenfolge beachten. Hier werden räumliche Rotationen durch Drehvektoren dargestellt. In Bild 2.1.2 wird die starre Drehung eines Körpers im Raum mit Hilfe des Drehvektors {A} beschrieben. Der Betrag von {A} ist der Tangens des Rotationswinkels $\alpha$.

Wird ein Körper zwei Drehungen unterworfen, die nacheinander ausgeführt werden, Bild 2.1.3, und die durch die Drehvektoren {A} und {B} repräsentiert werden, lautet der resultierende Drehvektor:

$$C = \frac{A + B - A \cdot B}{1 - A \cdot B} \qquad \text{(Gl. 2.1.1)}$$

Dafür wird die abkürzende Schreibweise $(\{A\},\{B\}) \Rightarrow \{C\}$ eingeführt.

Die Reihenfolge der Rotationen muß unbedingt beachtet werden, denn es ist $(A,B) \neq (B,A)$ für allgemeine räumliche Drehungen. Der Zusammenhang zwischen dem Drehvektor {A} und der Transformationsmatrix [T] ist gegeben durch Gl.2.1.2:

$$[T] = \begin{bmatrix} T_{11} & T_{12} & T_{13} \\ T_{21} & T_{22} & T_{23} \\ T_{31} & T_{32} & T_{33} \end{bmatrix} = \frac{1}{1+A^2} \begin{bmatrix} 1+2A_x^2-A^2 & 2(A_xA_y+A_z) & 2(A_xA_z-A_y) \\ 2(A_xA_y-A_z) & 1+2A_y^2-A^2 & 2(A_yA_z+A_x) \\ 2(A_xA_z+A_y) & 2(A_yA_z-A_x) & 1+2A_z^2-A^2 \end{bmatrix}$$

mit $A^2 = A_x^2 + A_y^2 + A_z^2$

(Gl. 2.1.2)

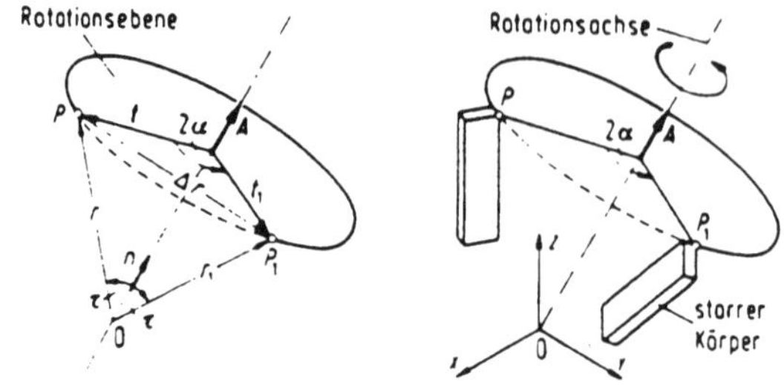


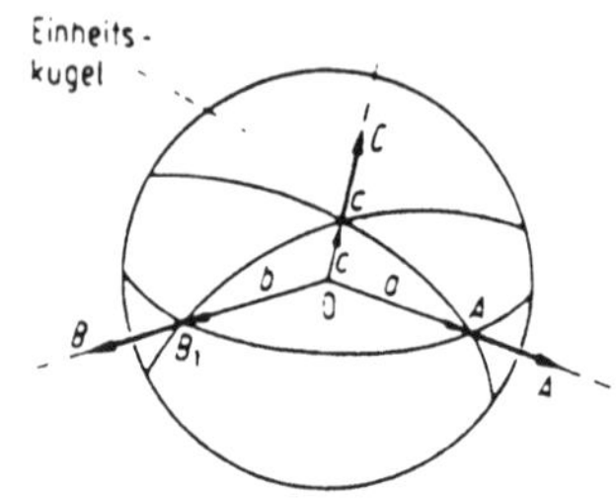


Bild 2.1.2: Beschreibung der starren Drehung eines Körpers im Raum durch einen Drehvektor

Bild 2.1.3: Resultierende Drehung (Drehvektor C) infolge der Drehungen A und - darauffolgend - B

## 2.1.4 Beschreibung des stabeigenen Koordinatensystems

In der Ausgangslage beschreibt ein Drehvektor $\{D_0\}$ die Drehung des globalen Koordinatensystems in das stabeigene System.

Die verformte Stabachse $x_n$ wird durch die verformten Knoten an den Enden definiert. Die Lage und die Rotation eines Knotens im verformten Zustand nach n Iterationsschritten wird zum einen durch die Addition von Ursprungskoordinaten und aufsummierten Verschiebungsinkrementen bestimmt, zweitens durch "aufsummierte" Verdrehungsinkremente, wobei die Teilverdrehungen nach Gl. 2.1.1 zu einem resultierenden Drehvektor für jeden Knoten überlagert werden. Infolge der Knotenrotationen und Verschiebungen wird die Stabachse zu einer räumlich gekrümmten Linie, wobei die Richtungen der Hauptträgheitsachsen zwischen den Enden sich ändern können (Bild 2.1.4).

Die Achsen $y_n$ und $z_n$ des stabeigenen Starrkörpersystems sollen so gelegt werden, daß sie den Mittelwert der elastischen Stabverdrillung beschreiben. Das heißt, in einem lokalen Stabsystem, das diese Bedingung erfüllt, sind die relativen

Drillwinkel (um $x_n$) am Stabanfang und am Stabende vom Betrag her gleich, aber von unterschiedlichem Vorzeichen.

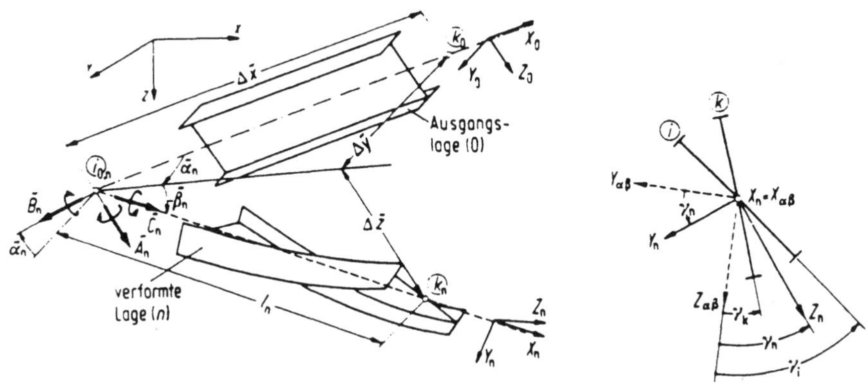


Bild 2.1.4: Drehvektoren zur Beschreibung der verformten Stablage und Mittelwertbildung der Verdrillung zur Beschreibung der Hauptachsenlage des starr verformten Stabes.

In mehreren Schritten werden nun die relativen elastischen Stabend-Drehwinkel bestimmt. Sie lassen sich aus der Differenz von Gesamtrotation der Knoten und starrer Stabrotation berechnen. Die Subtraktion von Drehvektoren wird auch mit Gl. 2.1.1 durchgeführt.

Der Dehnungszustand im Innern des Stabelementes kann nun, da die Relativ-Verdrehungen an den Stabenden klein sind, nach der linearen Stabtheorie berechnet werden.

Nach Gl.2.1.2 wird die Transformationsmatrix für die verformte Stablage aufgestellt. Mit dieser Transformationsmatrix werden die Schnittkräfte an den Stabenden wieder in das globale Koordinatensystem zurücktransformiert.

Außerdem dienen diese Transformationsmatrizen dazu, die Stabsteifigkeitsmatrix in der verformten Lage aufzustellen.

### 2.1.5 Konzept der nichtlinearen Elastizität

Im Gegensatz zu dem Konzept der Plastizität wird hierbei beim Rückgang der Dehnung auf Null der gleiche Spannungs-Dehnungs-Pfad durchlaufen wie bei zunehmender Dehnung. Daher ist diese Methode streng nur dann zulässig, wenn keine Entlastungen stattfinden. Bei der Traglastberechnung von Stahlrahmen sind die Entlastungseffekte aber gering, so daß zur Bestimmung der Traglasten mit monotoner Laststeigerung der Ansatz der nichtlinearen Elastizität ausreicht. Daher wird hier dieses Konzept benutzt, das mit einem Minimum an Rechen- und Speicheraufwand programmierbar ist. Die Spannungen können direkt aus den Dehnungen bestimmt werden. Die Integration der Schnittkräfte wird über den Querschnitt getrennt nach elastischen und plastizierten Gebieten durchgeführt, in Stablängsrichtung wird das Simpson-Verfahren benutzt.

## 2.2 Stabelement mit Profilverformungen und elastisch-plastischem Materialgesetz /7,8/

### 2.2.1 Allgemeines

Für die rechnerische Simulation des Momenten-Rotationsverhaltens von dünnwandigen Profilen im Bereich von Fließgelenken ist es wichtig, die Effekte des lokalen Beulens und der Plastizität zu berücksichtigen.

Zu diesem Zweck werden die üblichen Verformungsansätze für Stabelemente (axiale Dehnung, Biegung um y und z und Torsion) um zusätzliche Profilverformungen erweitert.

Im Laufe der Entwicklung des hier beschriebenen Elementes hat sich außerdem herausgestellt, daß eine Erweiterung im Sinne der Faltwerkstheorie sehr zutreffend Profilverformungen beschreiben kann, solange alle Querschnittsteile elastisch bleiben. Sogar die idealen Beullasten ausgesteifter Platten mit einachsigen Spannungen werden gut getroffen. Bei vorherrschender Plastizierung, wie sie im Bereich von Fließgelenken auftritt, und mit anschließendem Ausbeulen, bei dem elastische Entlastungen im Beulbereich auftreten, ist aber eine erweiterte Stabtheorie alleine nicht ausreichend. Es wurde schließlich, um die auftretenden Effekte zu modellieren, ein Rechteck-Element mit vier Knoten gewählt, das nichtlineare Dehnungsansätze für Plattenbiegung und lineare Ansätze für Scheibenverformungen enthält. Ein Stabelement wird aus mehreren solcher Plattenelemente zusammengesetzt (Bild 2.2.1). Statt zwei Knoten hat solch ein "Stabelement" zunächst einmal viel mehr Knoten, entsprechend der Aufteilung in Rechteckelemente.

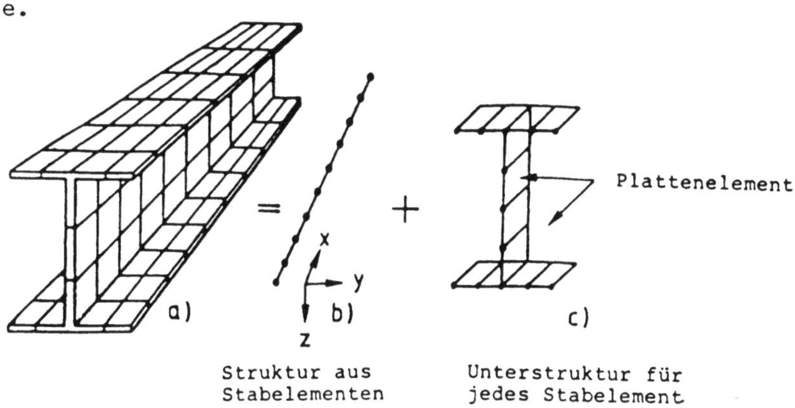


Bild 2.2.1: Das Modell für den I-Träger besteht aus Stabelementen, jedes Stabelement besteht aus einer Unterstruktur von Platten-/Scheibenelementen.

Diese Anordnung von Rechteckelementen wird als "Substruktur" aufgefaßt und zu einem Stabelement mit nur zwei Knoten kondensiert. Diese beiden Stabendknoten haben aber jeweils nicht nur sechs Freiheitsgrade wie gewöhnliche Stabelemente, sondern man kann ihnen noch zusätzliche Freiheitsgrade zuordnen, welche die Profilverformungen beschreiben sollen.

Zu diesem Zweck wurden Einheitsvektoren für die Verformungen der Knoten in einer Querschnittsebene aufgestellt. Die üblichen Querschnittsbewegungen der Balkenbiegung lassen sich durch solche Vektoren einfach beschreiben, aber auch komplizierte Profilverformungen . Die Freiheitsgrade an den beiden Stabendknoten stellen dann Faktoren für die Einheitsvektoren dar.

## 2.2.2 Verformungsansätze und Steifigkeitsmatrix

In einem vorbereitenden Schritt wird die Querschnittsfigur des Profils als Stabwerk betrachtet, dessen erste Grundschwingungen berechnet werden.

Die zugehörigen Schwingungsformen, repräsentiert durch die Eigenvektoren $\{q_i\}$ , ergeben brauchbare Beschreibungen möglicher Profilverformungen (Bild 2.2.2a). Auch für die üblichen Balkenverformungen (= Durchbiegungen und Torsion) werden Vektoren benutzt, wobei die Vektorelemente die Verschiebungen v und w und die Verdrehung $\varphi_x$ jedes einzelnen Unterstrukturknotens in einer Querschnittsebene beschreiben (Bild 2.2.2a und b).

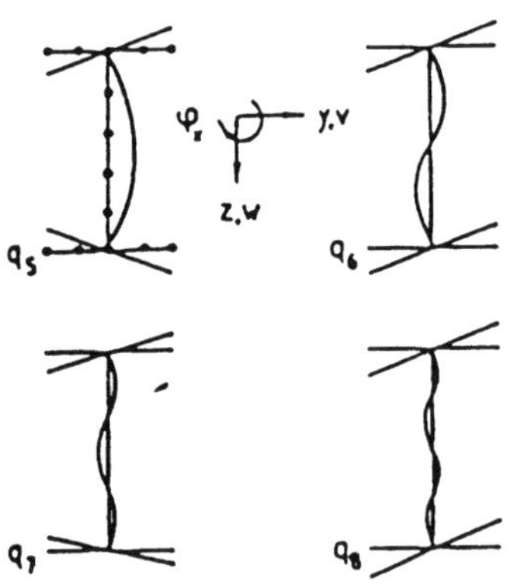


Bild 2.2.2a: Indem der Querschnitt als ebener Rahmen betrachtet wird, können mögliche Profilverformungen durch eine Eigenwertberechnung des mit Einheitsmasse belegten Rahmensystems bestimmt werden. Die Eigenvektoren $\{q_i\}$ beschreiben die Form der Profilverformung.

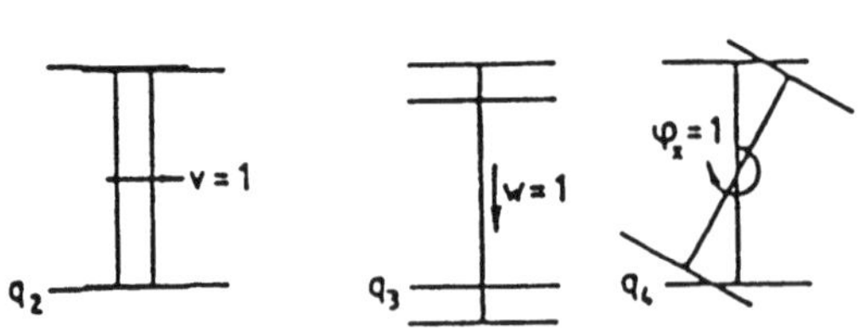


Bild 2.2.2b: Bewegung des Querschnitts bei Biegung und Torsion.

Die Bedingungen zur Bestimmung der Verschiebungen in Längsrichtung (x-Richtung), zugehörig zu den Querverschiebungen in der y-z-Ebene, sind die Bernoulli- und die Kirchhoff-Hypothese, die fordern, daß keine Schubverformung im Balken- bzw. Plattenquerschnitt auftritt. Diese Annahmen führen zu einer Verknüpfung zwischen Quer- und Längsverschiebung.

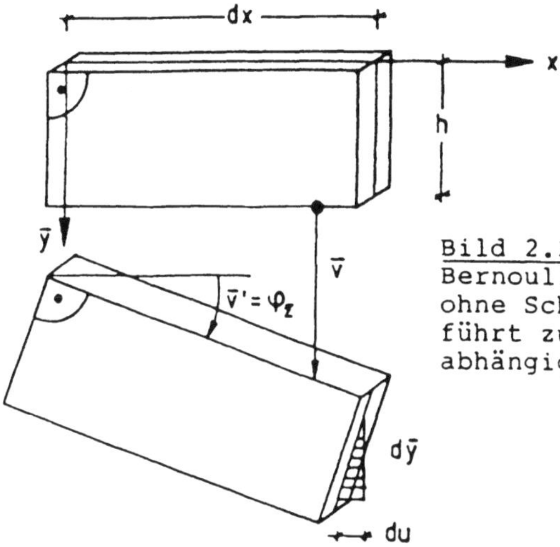


Bild 2.2.3a:
Bernoulli Hypothese: Biegung ohne Schubverformung $\gamma_{xy}=0$ führt zu Längsverschiebungen, abhängig von der Querverschiebung:

$$du = \bar{v}'\, d\bar{y}$$

$$u = \sum \int_0^h \bar{v}'\, d\bar{y}$$

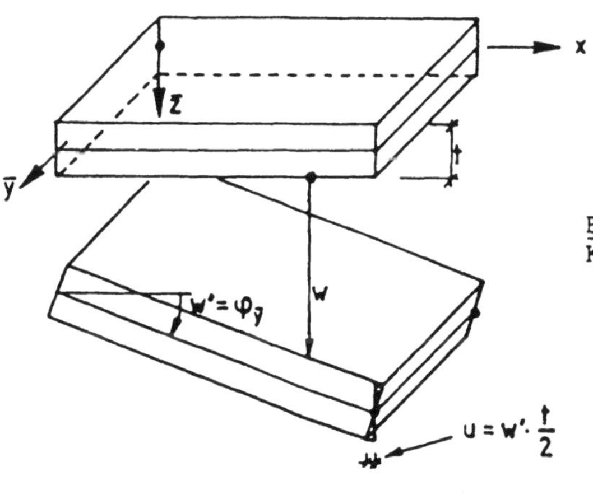


Bild 2.2.3b:
Kirchhoff-Hypothese $\gamma_{xy}=0$

Bild 2.2.3 : Ableitung der Längsverschiebung

Zu jedem Vektor $\{q_i\}$, der eine Querbewegung in der Querschnittsebene beschreibt, gehört ein Vektor $\{\omega_i\}$, der die zugehörige Bewegung aus der Querschnittsebene heraus beschreibt. Diese Vektoren werden zu Spalten von Matrizen $\{\Psi\}$ und $\{\Omega\}$ zusammengefaßt (Bild 2.2.4a). Beispiele für die Inhalte der Vektoren sind im (Bild 2.2.4b) gegeben.

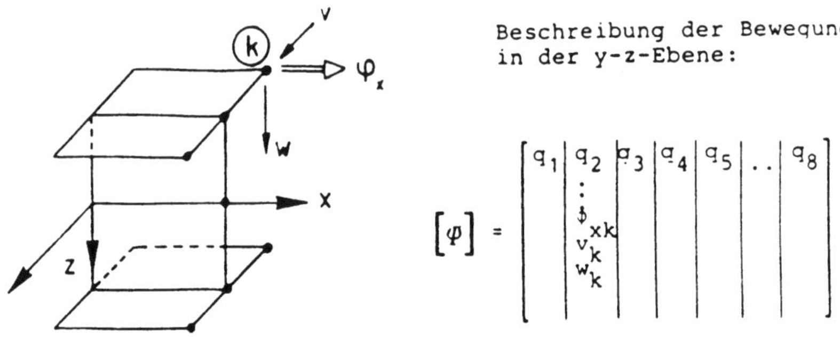


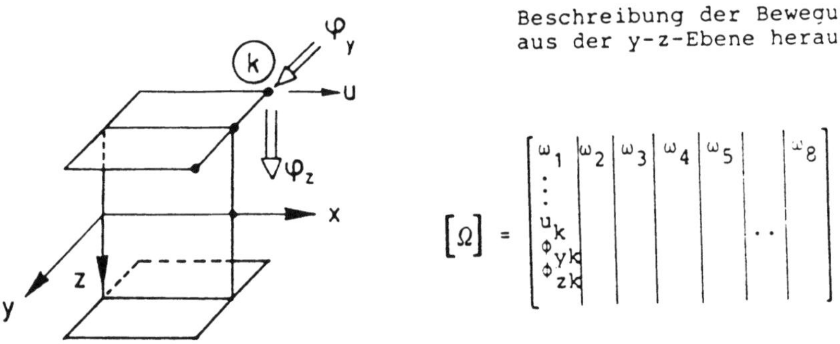


Bild 2.2.4a: Definition der Matrizen $\{\Psi\}$ und $\{\Omega\}$, mit denen die Bewegungen des Querschnitts in und aus der y-z Ebene beschrieben.

$q_1$ : Nullvektor

$\omega_1$ : (1,0,0, 1,0,0 ... ) : Einheitsverschiebung infolge Längskraft

$q_2$ : (0,1,0, 0,1,0 ... ) : Einheitsverschiebung in y-Richtung

$\omega_2$ : ($y_1$,0,1, $y_k$,0,1 ... ) : y-Koordinaten (Verwölbungen) der Querschnittsknoten

Bild 2.2.4b: Beispiele für die Beschreibung der Bewegungen der Querschnittsknoten.

Die Vektoren $\{q_i\}$ und $\{\omega_i\}$ stellen Einheitsverformungen für eine beliebige Querschnittsebene im Stabelement dar. Um die tatsächlichen Verformungen $\{q\}$ und $\{\omega\}$ zu erhalten, muß jeder Vektor mit einer Funktion $f_i(x)$ multipliziert werden, anschließend ergibt die Summe über i die tatsächliche Verformung an einem Knoten der Substruktur (Bild 2.2.5).

Die Gesamtverformung für die Unterstrukturknoten eines Querschnitts werden in einem Vektor $\{v_{CROSS}\}$ zusammengefaßt, die Faktoren $f_i(x)$, $f_i'(x)$ an den Stellen $x = 0$ und $x = 1$ sind die Freiheitsgrade an den Stabendknoten des kondensierten Stabelementes und sind im Vektor $\{v_{BEAM}\}$ zusammengefaßt. Die Vektoren $\{v_{BEAM}\}$ und $\{v_{CROSS}\}$ für die Stellen $x = 0$ und $x = 1$ sind durch die Matrizen $[\Psi]$ und $[\Omega]$ verknüpft. Der Vektor $\{v_{BEAM}\}$ stellt den üblichen, bekannten Vektor der Stabendverformungen dar, erweitert um zusätzliche Freiheitsgrade für die Profilverformung.

Die Unterstrukturknoten im Querschnitt am Stabanfang und Stabende sind gleichzeitig die Elementknoten für die Rechteckelemente. Jedes Rechteckelement erhält ein eigenes lokales Koordinatensystem

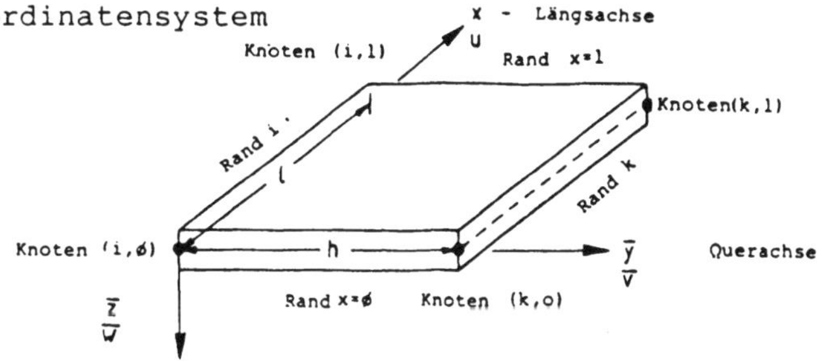


Bild 2.2.6: Die lokalen Verformungen an den vier Eckpunkten jedes Plattenelementes hängen mit dem Verformungsvektor des Gesamtquerschnitts über die Inzidenz- und Transformationsmatrix $[T_m]$ zusammen.

Für die Plattendurchbiegung sind lokal in jedem Element ein kubisches Polynom sowohl in x als auch in y-Richtung angesetzt. Für die Scheibenverformung wird in x-Richtung ein kubisches Polynom angesetzt, das in y-Richtung linear veränderlich ist. Die Dehnung in y-Richtung interessiert bei diesem Element nicht.

Für die Steifigkeitsmatrix werden nur lineare Verformungs-Dehnungs-Beziehungen eingesetzt ( = linearer Anteil von $\epsilon_{xx}$ in Bild 2.2.7).

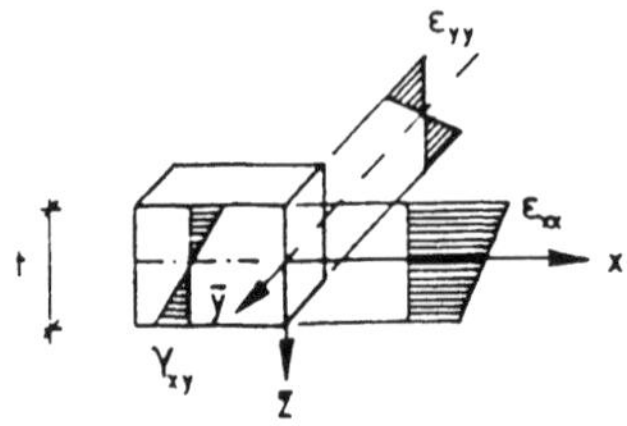


$$\varepsilon_{yy} = z \cdot \ddot{w}$$

$$\varepsilon_{xx} = \underbrace{z \cdot w'' + u'}_{\text{linearer}} + \underbrace{\frac{1}{2}(v'^2 + w'^2)}_{\text{geom. nichtlinearer Anteil}}$$

$$\gamma_{xy} = \underbrace{\dot{u} + v'}_{\text{geschlossen}} - \underbrace{2 \cdot z\, \dot{w}'}_{\text{offen}}$$

Querschnitte St.-Venant - Torsion

Bild 2.2.7: Definition der Dehnungen

Die Steifigkeitsmatrizen werden für die einzelnen Plattenelemente aufgestellt und entsprechend ihrer Anordnung zu einer Matrix der Substruktur zusammengesetzt. Diese zusammengesetzte Matrix wird mit Hilfe der Matrizen $[\Psi]$ und $[\Omega]$ zu der Stabsteifigkeitsmatrix kondensiert. Diese Matrix ist, was die Normalkraft-, Biege- und Torsionsanteile betrifft, identisch mit der Steifigkeitsmatrix nach Theorie 1. Ordnung für herkömmliche Stabelemente.

## 2.2.3 Berücksichtigung der Nichtlinearität

Die geometrische Nichtlinearität wird durch die vollständige Berücksichtigung von Gl. 2.3.1 in Bild 2.2.7 eingeführt. Da im Rahmen der Kondensation sowieso keine Scheibenspannungen in y-Richtung und auch keine Schubverzerrungen erfaßt werden, reicht es, den nichtlinearen Anteil nur in $\epsilon_{xx}$ zu berücksichtigen. Diese Anteile werden nur bei der Bestimmung der Reaktionskräfte berücksichtigt. Auf nichtlineare Anteile der Steifigkeitsmatrizen kann verzichtet werden,da ein leistungsfähiges Iterationsverfahren zur Verfügung steht, bei dem nur mit Fehlerkräften und Verformungen iteriert wird.

Die physikalische Nichtlinearität wird auch nur bei Bestimmung der Reaktionskräfte berücksichtigt. Es wird hier die inkrementelle Formulierung nach /10/ benutzt, die besonders für inkrementelle Weggrößenverfahren geeignet ist.

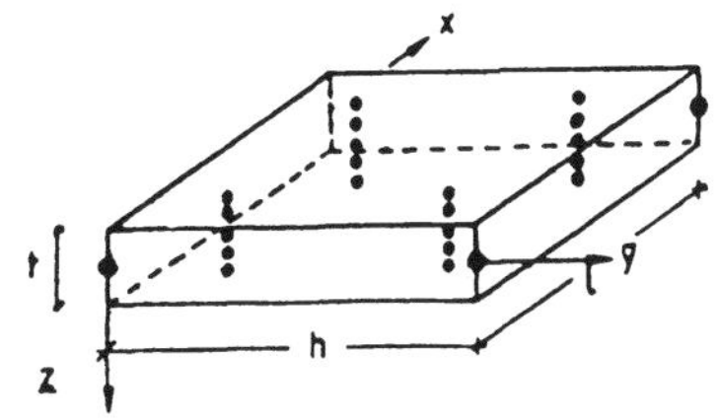


Bild 2.2.8: Lage der Integrationspunkte

Dehnungen und Spannungen werden in den in Bild 2.2.8 gezeigten Gauss-Punkten gerechnet und zu Eck-Kräften und -Momenten integriert. Anschließend findet eine Kondensation zu Stabendschnittkräften mit Hilfe der Matrizen $[\psi]$ und $[\Omega]$ statt.

## 2.3 Gitterstabelement / 5,13 /

Die Gitterstabelemente können vorteilhaft für die Ermittlung der Traglast von Hallenrahmen eingesetzt werden. Dabei kann man voutenförmig ausgebildete Stützen und Riegel, räumliche Imperfektionen, elastisch-plastisches Werkstoffverhalten nach der Fließzonentheorie, Profilverformungen, Wirkung von Abstützungen und Federungen durch angeschlossene Pfetten o.ä., die Ausbildungsform der Rahmenecken, und die Steifenanordnung, berücksichtigen.

Die Rahmenträger werden durch modifizierte Hrennikoff-elemente /12/ abgebildet. Die Hrennikoffelemente sind Fachwerkelemente zur Diskretisierung von Scheiben, die gute Ergebnisse bei reiner Dehnung und bei Schubdeformation liefern, die aber die Biegedehnung nicht korrekt abbilden. Darüberhinaus sind die Elemente nur im elastischen Bereich definiert.

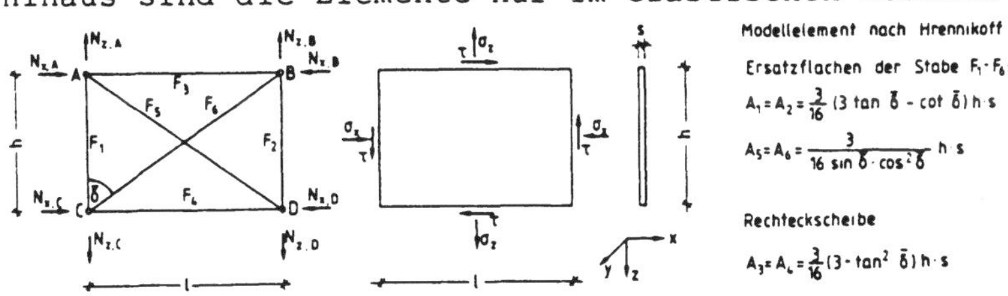


Bild 2.3.1: Modellelement nach Hrennikoff /12/, Vergleich von Fachwerk und Scheibenelement

Um die Biegeverformung abzubilden und gleichzeitig das ideal-elastisch-idealplastische Materialverhalten zu berücksichtigen, werden zunächst die Stäbe $F_3$ und $F_4$ in der Elementmitte zusammengefaßt. Dadurch kann das Modell nur reine Normalkräfte in x-Richtung aufnehmen und reagiert ohne Zwang auf die Winkeldrehung $\varphi_y$ ( $F_3$ und $F_4$ sind biegeschlaff ). Die Biegesteifigkeit des Steges wird durch Hinzunahme des biegesteifen Stabes $F_{st}$ mit dem Trägheitsmoment und der Querschnittsfläche des Steges berücksichtigt. Die Querschnittsflächen der Stäbe $F_3$, $F_4$ und $F_{st}$ werden zu dem Stab $F_{kom}$ kombiniert (Bild2.3.2).

Die Stäbe $F_1$ und $F_2$ sind biegestarr und leisten nur Formänderungsarbeit aus ihrer Normalkraftbeanspruchung in z- Richtung. Die Flansche $F_{Fl}$ des Profils werden in den Punkten A-B und C-D zusätzlich biegesteif angeschlossen. Dadurch wird das Scheibenmodell auch in Querrichtung erweitert (Bild 2.2.3).

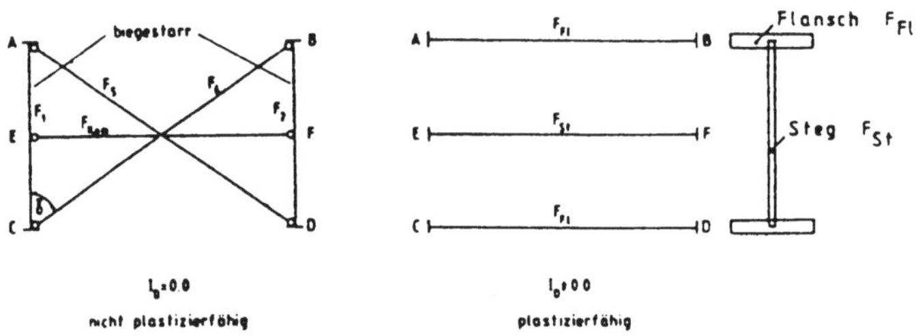


Bild 2.3.2: Modellelement des I-Profils ohne Profilverformung des Steges

Die Stäbe $F_1$, $F_2$, $F_5$, $F_6$ und $F_{kom}$ sind torsionsweich ($I_d$=0). Torsionssteifigkeit besitzen nur die Lamellen $F_{Fl}$ und $F_{St}$. Die Verwölbung $\varphi_\omega$ des Profils wird durch die unterschiedliche Verformungsmöglichkeit des oberen und unteren Flansches in den Punkten A, C sowie B, D erfaßt.

Die Überschreitung der Fließdehnung $\epsilon_{pl}$ wird nur bei den Lamellen $F_{Fl}$ und $F_{St}$ kontrolliert und die Integration der Spannungen nach /2/ vorgenommen. Das beschriebene Modell verhält sich wie ein Stabelement ohne Profilverformung des Steges, berücksichtigt aber die Verwölbung und die Plastizierung.

Zur Berücksichtigung der Profilverformung werden die Stäbe $F_1$ und $F_2$ in den Anschlußpunkten A,C und B,D gelenkig angeschlossen, und zwischen diesen Punkten werden zusätzliche Stäbe $F_{Bi}$ eingefügt, mit dem Trägheitsmoment $I_z = l \cdot s^3 / 24$ (Bild 2.3.3).

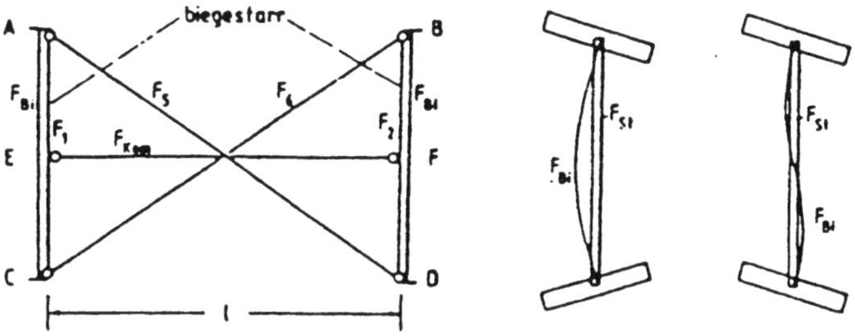


Bild 2.3.3: Modellelement mit Profilverformung des Steges

Voutenförmige Trägerabschnitte lassen sich durch Elemente mit angepaßter Lage der Eckpunkte berücksichtigen. Hierbei werden die Ersatzquerschnittsflächen $A_1$ bis $A_6$ für ein Element mit konstanter mittlerer Trägerhöhe ermittelt. Haben die Eckpunkte die richtige Lage, dann wird bei einem Trägerabschnitt mit veränderlicher Trägerhöhe im Modell das Verhalten des Steges im Mittel richtig abgebildet, das des Flansches aber genau. Für Rahmenecken werden die im Bild 2.3.1 beschriebenen Hrennikoff-elemente als Schubelemente verwandt, mit einer Netzdichte von mindestens 4 Elementen pro Ecke. Flansche und Steifen werden als zusätzliche Elemente vorgesehen (Bild 2.3.4).

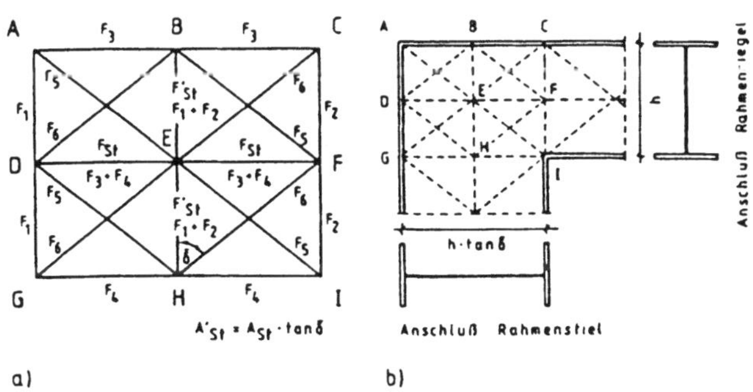


Bild 2.3.4: Rahmenecke a) Detail Stegblech
b) Gesamtübersicht Rahmenecke

Die Diskretisierung eines Hallenrahmens mit Hilfe der beschriebenen Elemente führt zu einer Modellkonstruktion, die für Verformungen in der Rahmenebene ein Fachwerk mit biegesteifen Gurten, für Verformungen aus der Rahmenebene einen Trägerrost aus biegesteifen Stäben mit dazwischen liegenden gelenkig angeschlossenen Diagonalen darstellt.

Zur Stabilitätsuntersuchungen wird das Verfahren zur Ermittlung der idealen Kipplasten nach /4/ benutzt. Als Grenzfall für die Stabilität wird das indifferente Gleichgewicht betrachtet, d.h. für eine konstant gehaltene äußere Belastung sind mindestens zwei benachbarte Gleichgewichtslagen gleichzeitig möglich.

## 2.4 Seilelement

Lange schwere Seile von abgespannten Masten können nicht mehr durch ein einfaches, gerades Stabelement idealisiert werden. Daher ist das Stabwerksprogramm PLANT um ein besonderes Seilelement erweitert worden. Das Seil mit den Beziehungen zwischen den Verschiebungen und den Kräften an den Seilenden geht in die Systemberechnung als Steifigkeitsmatrix und als Vektor der Seilendkräfte ein. Das Seil selbst wird nach der im folgenden beschriebenen Methode berechnet.

Das Einzelseil wird in mehrere (i.A. ca. 50) gerade Seilstücke aufgeteilt, die nur Zugkräfte aufnehmen können. Die Belastung auf das Seil (Eigengewicht, Eis, Wind) wird in die Zwischenpunkte eingeleitet. Für jedes der kleinen Seilstücke wird ein lineares Spannungs-Dehnungsverhalten angenommen. Außerdem kann jedes Seilstück nur eine Normalkraft aufnehmen, jedoch keine Querkräfte oder Momente.

Der Seilverlauf ist bei Berechnungsbeginn noch nicht bekannt. Da jedoch die Schnittgrößen vom Seilverlauf abhängen, erfolgt die Lösung iterativ.

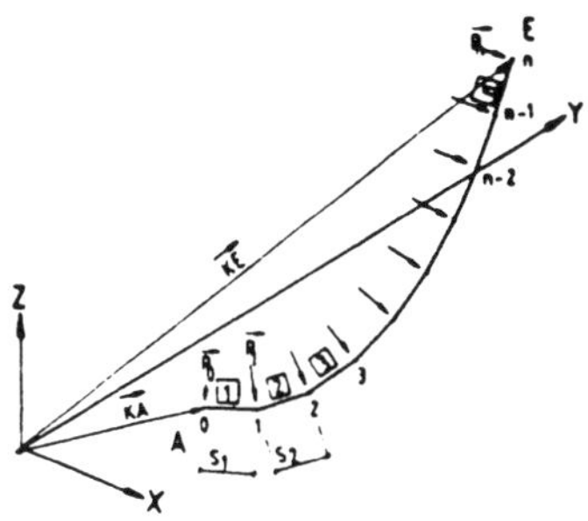


Bild 2.4.1:

Beginnend am Seilanfang A wird mit Schätzwerten für die Richtung des ersten Seilstückchens und mit geschätzten Auflagerkräften der Pkt. 1 (Bild 2.4.1) berechnet. Aus der Gleichgewichtsbedingung zwischen der am Pkt. 1 angreifenden Kraft und der Seilkraft im Seilstück S1 erhält man die Richtung von S2, usw. (Bild (2.4.2).

Für das Seilelement i gilt: Den Schnittkraftvektor $\{R_i\}$ erhält man rekursiv über das Kräftegleichgewicht am Anfangspunkt von Element i: $\{R_i\} = \{R_{i-1}\} + \{P_i\}$. Der so mit der Anfangsschätzung berechnete Seilverlauf ergibt eine erste Schätzung für das Seilende E, das zunächst vom gegebenen Endpunkt abweichen wird. Mit Hilfe des Newton Verfahrens gewinnt man aus dem Fehlervektor $\{FE\}$ (Bild 2.4.3) durch Differentiation nach den Anfangswerten eine bessere Schätzung der Werte am Seilanfang.

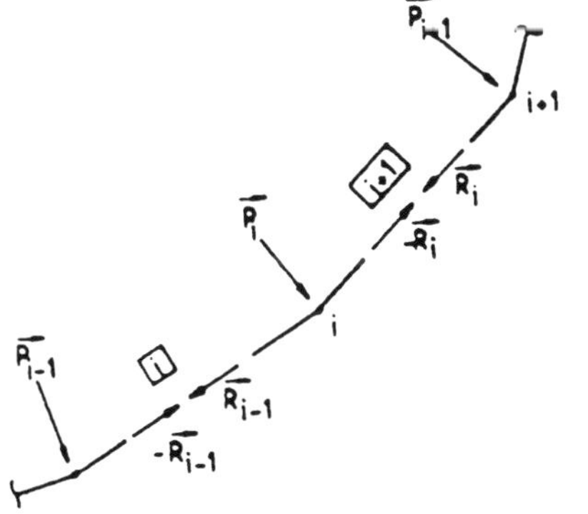


Bild 2.4.2: rekursive Schnittgrößenermittlung

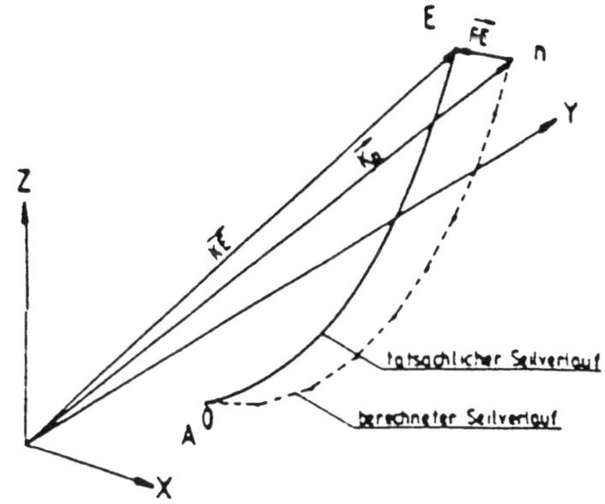


Bild 2.4.3: geschätzte Seilkennlinie

Die Methode konvergiert rasch bei Seilen mit mäßigem Durchhang, wird allerdings bei zu großer Ausgangslänge des Seils im Verhältnis zum Knotenabstand (etwa ab Faktor 2) problematisch. Diese innere Iteration am Seilelement wird in jedem Berechnungsschritt des Gesamtsystems durchgeführt.

## 2.5 Fachwerkelement mit Schlupf /3,6/

Die Nachrechnung ungleichmäßiger Setzungen der Fundamente von Hochspannungsmasten würde auf Kräfte in einigen Fachwerkstäben führen, die viel höher als die Knicklasten dieser Stäbe sind. Trotzdem ist bisher kein Versagen in diesem Bereich beobachtet worden, auch wenn Setzungen auftreten. Das liegt daran, daß in den Schraubenanschlüssen kleine Bewegungen möglich sind (Schlupf), die nach Überwindung der Reibung zu große Kräfte ausgleichen und umverteilen.

Um den Einfluß der Anschlüsse auf die Kräfteverteilung genauer zu untersuchen, wurde ein Fachwerkelement mit Schlupf in das allgemeine Stabwerksprogramm aufgenommen. Der Fachwerkstab verhält sich linear, bis eine gewisse Reibungskraft erreicht ist, rutscht dann um ein Maß $\Delta S$, bis die Schraube an der Lochleibung anliegt und verhält sich danach weiterhin linear (Bild 2.5.1). Dieses einfache Element leistet gute Dienste bei der Untersuchung von geschraubten Gittermasten. Allerdings muß man sich darüber im klaren sein, daß die Reibungskräfte, durch unkontrolliert angezogene Schrauben, und die Schlupfwege stark streuen und eine Berechnung mit diesem Element nur eine Tendenz für die Kräfteverteilung aufzeigen kann.

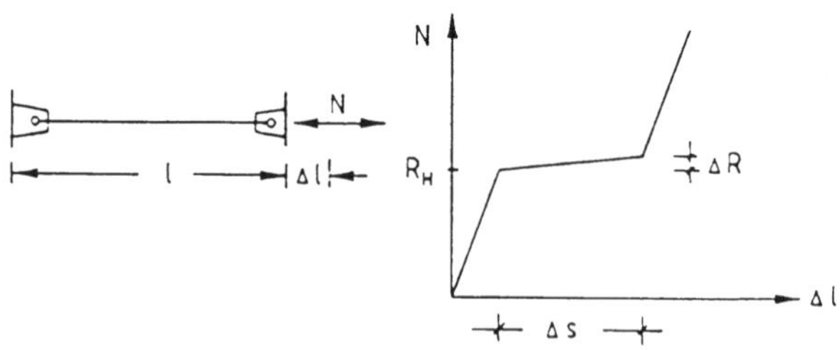


Bild 2.5.1: Stabmodell mit Schraubenschlupf am Anschluß

## 2.6 Nachgiebige Anschlüsse bei Stahlrahmen /3,6/

Für die genaue Modellierung von nachgiebigen Riegel-Stützen-Anschlüssen wurden Anschlußelemente entwickelt, die aus mehreren Stabelementen bestehen und Mechanismen bilden, deren Eigenschaften sich durch vorgegebene Momenten-Rotations-Kurven steuern lassen. Zwei - normalerweise vernachlässigte- Einflüsse sollen durch solche Elemente berücksichtigt werden:

- Die räumliche Breite und Höhe des Anschlusses
- Das nachgiebige, nichtlineare Momenten-Rotationsverhalten.

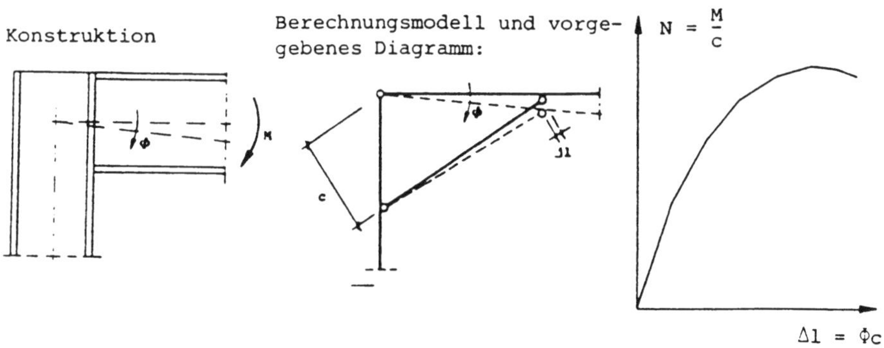


Bild 2.6.1: Stabmodell für einen Stützen-Riegel Anschluß

Bild 2.6.1 zeigt das einfache Modell, das aus zwei Stäben mit sehr großer Steifigkeit besteht, die im mittleren Gelenkpunkt miteinander verbunden sind, und einen Steuerstab, dessen Spannungs-Dehnungsverhalten von einer vorgegebenen Kurve Bild 2.5.1c gesteuert wird. Die Normalkraft sei N, die Stabverlängerung des Kontrollstabes sei $\Delta l$, dann ist das übertragene Moment und der dazugehörige Verformungswinkel:

$$M = N \cdot c$$

$$\Phi = \Delta l / c \quad ,$$

mit c = senkrechter Abstand zwischen dem mittleren Gelenk und dem Kontrollstab.

Dieses Modell einer Rahmenecke verhält sich entsprechend der vorgegebenen M-O-Kurve, die aufgrund von Meßwerten oder theoretischen Überlegungen aufgestellt wurde. Die Ursachen der Anschlußnachgiebigkeit, die Höhe des maximalen Momentes etc. müssen getrennt davon und vorab bestimmt werden. Das hier vorgestellte Modell bringt lediglich das Phänomen des Anschlußverhaltens in ein allgemeines Stabwerksprogramm ein.

Für Innenstützen kann dies Modell durch einen zweiten Steuerstab, der die Schubverformung im Stützensteg abbildet, verfeinert werden.

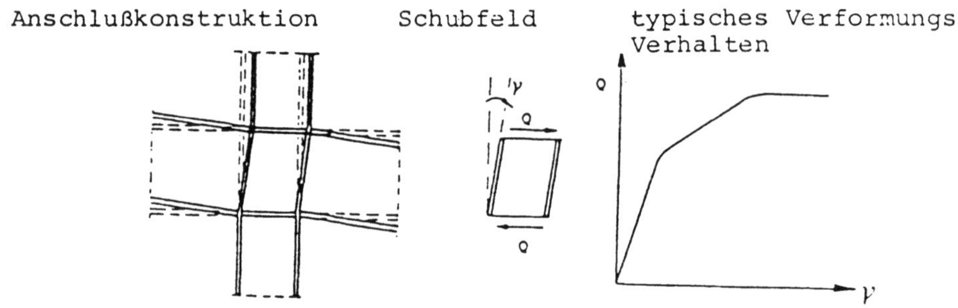


Bild 2.6.2: Knotenverformung infolge Schub

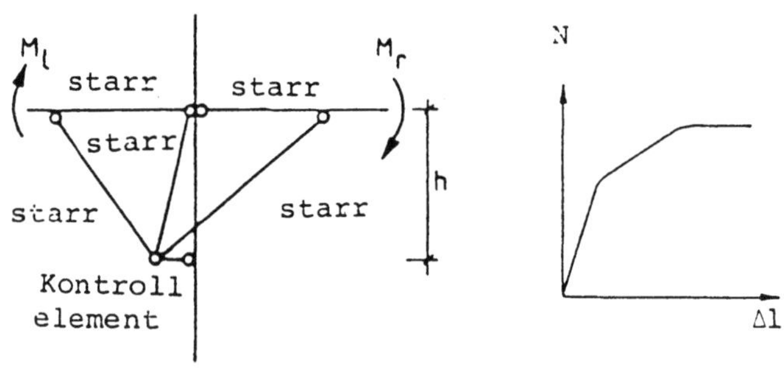


Bild 2.6.3: Stabmodell für Schubverbindung

Nur das Differenzmoment $\Delta M = M_{links} - M_{rechts}$, wird durch den Kontrollstab in Bild 2.6.2 in die Stütze geleitet. Grund der Verformung ist die Querkraft in der Stütze, die Schub im Steg erzeugt. Der Zusammenhang zwischen dem N-Δl-Verhalten des Steuerstabes und dem M-$\gamma$-Verhalten des Steg-"fensters" ist:

$$\Delta M = h \quad N$$

$$\gamma = \Delta l \;/h$$

Die Modelle für symmetrische und für antimetrische Momentenbeanspruchung kann man auch kombinieren, (Bild 2.6.4), mit zwei Kontrollstäben für die Einleitung der Momente und einem Steuerstab für die Schubverformung aus Differenzmomenten.

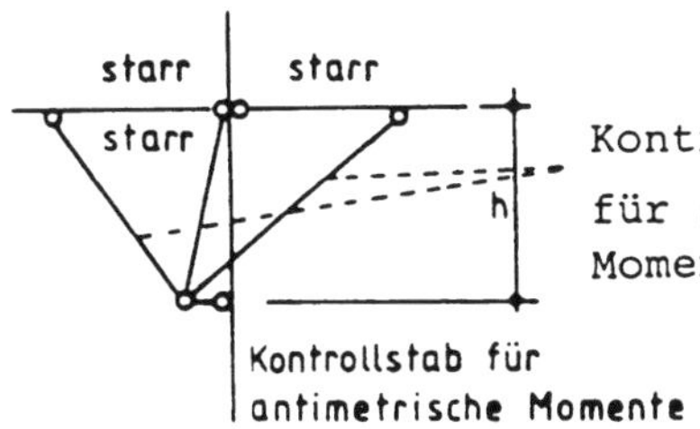


Bild 2.6.4: Modell für symmetrische und antimetrische Momente

## 2.7 Kupplungen von Pontonbrücken /6/

Pontonbrücken bestehen aus schwimmenden, quasi starren Stahlkästen, die schnell und einfach durch robuste Kupplungen miteinander verbunden werden können. Um eine einfache Montage auch bei Wellengang zu gewährleisten, haben die Kupplungen relativ große Spiele. Im Gegensatz zur Einfachheit der Konstruktion ist die statische Berechnung kompliziert, weil das Verformungsverhalten der Kupplungen das Gesamtverhalten der Brücke bei einer Fahrzeugüberfahrt beeinflußt. Das Anschlußverhalten wird in Bild 2.7.1 gezeigt.

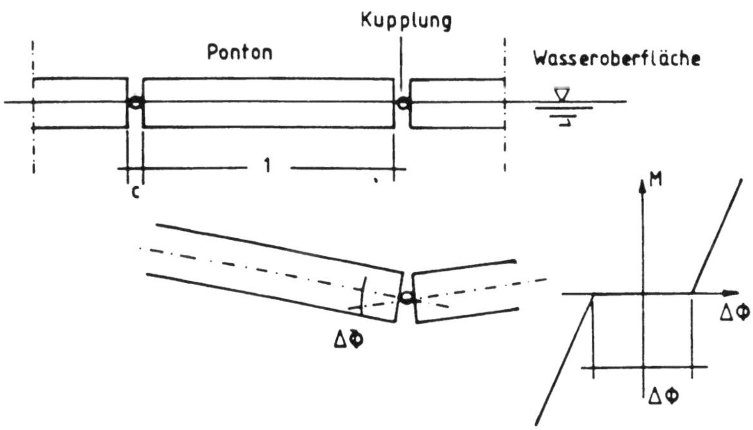


Bild 2.7.1 : Kupplung von Pontons

Das Momenten-Rotationsverhalten ist bilinear: Für kleine Relativverdrehungen der Pontonenden verhält die Kupplung sich wie ein Gelenk, nach dem Anliegen von Ober- bzw. Unterkanten der Pontons ist die Verbindung quasi starr. Bild 2.7.2 zeigt ein einfaches Modell, mit dem dies Verhalten modelliert wird.

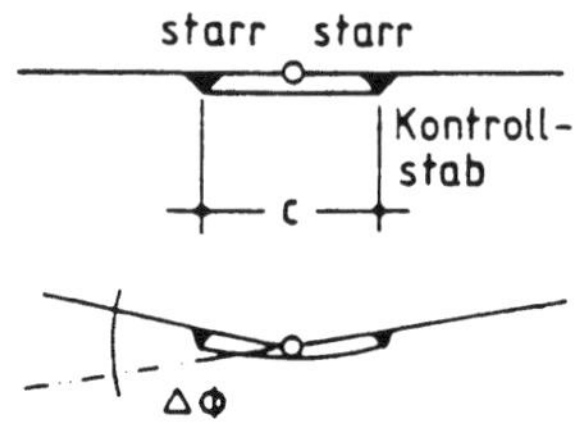


Bild 2.7.2 :

Mechanisches Modell der Kupplung

Die Querkraft wird durch zwei starre, durch ein Gelenk verbundene Stäbe übertragen. Das Moment wird durch einen Kontrollstab übertragen, dessen Momenten-Rotationsverhalten $M$-$\Delta\Phi$ mit einem Diagramm Bild 2.7.1b gesteuert wird.

Die Gleichgewichtsiteration ist bei Stabwerken mit diesem Kupplungselement schwierig, besonders bei kleinen Belastungen, weil jede Vorausschätzung der Verformung zu völlig falschen Ergebnissen führen kann, wenn die extrapolierte Lage aus einer Situation mit Gelenken zu einer Situation mit starren Kupplungen führt. So, wie die unbelastete Pontonbrücke bei leichten Wellenbewegungen klappert, kann auch die Gleichgewichtsiteration oszillieren.Wie bei allen anderen beschriebenen Elementen mit nichtlinearen Effekten (Plastizität,große Verformungen, Seile etc.) wird auch hier mit Anfangssteifigkeitsmatrix gerechnet. Speziell für Fälle mit großen,abrupten Steifigkeitssprüngen wurden hier zwei ineinandergeschachtelte Iterationszyklen für die Gleichgewichtsiteration geschaffen. Die innere Iteration strebt Gleichgewicht an, unter Beibehaltung der Kupplungszustände starr bzw. gelenkig. Nach Konvergenz werden die Kupplungen überprüft und ihr Zustand aktualisiert, wobei sich - falls sich gegenüber den vorherigen Annahmen etwas geändert hat - eine weitere, innere Iteration anschließt. Dies Verfahren konvergiert sicher, auch bei großen Spielen zwischen den einzelnen Pontons.

# 3. Lösungsstrategie /4,11/

## 3.1 Allgemeines

Um eine schnellere Konvergenz der Gleichgewichtsiteration zu erreichen, wird die Belastung inkrementell gesteigert, und innerhalb der Iterationszyklen wird das Verfahren der Orthogonalisierten Lastverformungszustände /4,11/ angesetzt.

Ein Lastverformungszustand (LVZ) eines Tragwerkes besteht aus einem Lastvektor P und einem Verformungsvektor v, die durch die Bedingung verknüpft sind, daß das Tragwerk in der verformten Lage v unter der Belastung P im Gleichgewicht ist.

## 3.2 Laststeuerung

Der benutzte Algorithmus besteht aus folgenden Schritten:

1) Mit den in der unverformten Ausgangslage vorhandenen Fehlerkräften $F_1$ und mit einer näherungsweise richtigen Steifigkeitsmatrix $K_0$ wird ein Verformungsinkrement $v_1$ berechnet. (Ausgangslage kann aber auch eine beliebige, bisher erreichte Lage $v_0$ sein. $F_1$ ist dann die noch vorhandene Fehlerkraft und im weiteren Verlauf des Algorithmus müssen die Fehlerkräfte immer in der verformten Lage $v=v_0 + \Delta v$ bestimmt werden, wobei $\Delta v$ die jeweiligen Zusatzverformungen sind.)

2) In der verformten Lage $v = v_1$ werden die Fehlerkräfte $F_{11}$ bestimmt. Damit kennt man den LVZ: $(F_1 - F_{11}) <-> v_1$ . Das heißt, mit den äußeren Kräften $(F_1 - F_{11})$ und in der verformten Lage $v_1$ ist das Tragwerk im Gleichgewicht.

3) Zur besseren Aufnahme der Kraft $F_1$ und zum Abbau der Fehlerkraft $F_{11}$ wird der LVZ mit dem skalaren Faktor $x_1$ linear variiert. Die in der Lage $v = x_1 v_1$ vorhandene Fehlerkraft, unter der Annahme der Linearität, ist:

$$F_2 = F_1 - x_1(F_1 - F_{11})$$

Der Faktor $x_1$ ergibt sich aus der Bedingung, daß die Fehlerkraft $F_2$ in $v_1$ keine Arbeit leistet.

4) Die Verformung $v_1$ wird mit $x_1$ multipliziert, und mit $F_2$ und $K_0$ wird ein Verformungsinkrement $v_2$ berechnet. Die verformte Linie ist nun

$$\begin{aligned} v &= x_1 v_1 + v_2 \\ &= x_1 v_1 + v_1 - x_1 v_1 + \overline{v}_2 \\ &= v_1 + \overline{v}_2 \end{aligned}$$

$$\text{mit } \overline{v}_2 = k_0^{-1} \cdot x_{11}\ F_{11}.$$

Das Verformungsinkrement $v_2$ in diesem Schritt macht also die frühere Variation von $v_1$ auf $x_1 v_1$ wieder rückgängig, und neu ist das Verformungsinkrement $\overline{v}_2$, das mit dem Lastvektor $x_1 F_{11}$ und $K_0$ gerechnet wird. Der Algorithmus liefert also Verbesserungsfaktoren für die Fehlerkräfte unter Annahme der Linearität, aber ohne direkte Änderung der Verformungen.

5) In der Lage $v = x_1 v_1 + v_2$ werden die Fehlerkräfte $F_{22}$ berechnet. Der neue LVZ ist: $\left(F_2 - F_{22}\right) \leftrightarrow v_2$

6) Der neue LVZ wird von allen früheren in der Form gereinigt, daß seine Lastseite in allen früheren Verformungen keine Arbeit leistet:

$$\left( F_2 - F_{22} - z_1 (F_1 - F_{11}) \right) v_1 = 0\ ; \qquad z_1 = \frac{(F_2 - F_{22}) v_1}{(F_1 - F_{11}) v_1}$$

Der gereinigte (orthogonalisierte) LVZ ist dann:

$$\begin{aligned} F_2^* &= F_2 - F_{22} - z_1 (F_1 - F_{11}) \\ v_2^* &= v_2 - z_1 v_1 \end{aligned}$$

7) Zur Aufnahme der Fehlerkraft $F_2$ wird der gereinigte LVZ variiert, mit der Bedingung $F_3 \cdot v_2^* = 0$

$$\begin{aligned} \dot{F}_3 &= F_2 - x_2 F_2^* \\ &= F_2 - x_2 F_2 - x_2 z_1 F_1 + x_2 F_{22} - x_2 z_1 F_{11} \end{aligned}$$

8) Mit $F_3$ wird ein neues Verformungsinkrement $v_3$ berechnet. Die Gesamtverformung ist:

$$\begin{aligned} v &= x_1 v_1 + x_2 v_2^* + v_3 \\ &= x_1 v_1 + x_2 v_2 - x_2 z_1 v_1 + v_3 \end{aligned}$$

Es gilt aber: $v_3 = v_2 - x_2 v_2 - x_2 z_1 v_1 + \overline{v}_3$

$\overline{v}_3$ ist das echte Verformungsinkrement in diesem Schritt und wird mit der Steifigkeitsmatrix $K_0$ und mit dem Lastvektor $\overline{F}_3 = x_2(F_{22} - z_1F_{11})$ gerechnet.
Die Gesamtverformung ist:

$$v = v_1 + \overline{v}_2 + \overline{v}_3$$

oder

$$v = x_1v_1 + x_2v_2^* + v_3$$

9) Nun werden die Fehlerkräfte $F_{33}$ gerechnet, der neue LVZ ist $(F_3 - F_{33})$ <-> $V_3$. Es folgt Orthogonalisierung von den Zuständen 1 und 2, Aufnahme von $F_3$ usw. Der Algorithmus kann bei Divergenz unterbrochen werden, oder wenn eine Genauigkeitsschranke erreicht wird. Im Falle von Divergenz kann man entweder mit den letzten gesicherten Fehlerkräften und Verformungen neu anfangen oder aber eine kleinere Schrittweite wählen.

## 3.3 Verformungssteuerung

Die Verformungssteuerung ist im Bereich der Traglast wichtig, wo die Tangente an die Lastverformungskurve horizontal verläuft und wo sehr kleine Lastinkremente noch relativ große Verformungsinkremente verursachen können. Außerdem noch im überkritischen Bereich, wo die Laststeuerung im allgemeinen versagt.

Bei der Verformungssteuerung wird die Amplitude der Verformungslinie näherungsweise kostant gehalten, indem man die Länge des Verformungsvektors festhält. Mit Hilfe von Fehlerkräften wird nur die Form so lange verbessert, bis sich der Lastfaktor nicht mehr ändert und die Fehlerkräfte abgebaut werden.

Beim inkrementellen Vorgehen hat es sich als günstig erwiesen, als Inkrement die Verformungsdifferenz der letzten zwei konvergierten Lagen zu berechnen und zur Gesamtverformung hinzu zu addieren. Dies entspricht einer Extrapolation des Verformungsverhaltens im letzten Schritt.

In der neuen verformten Lage $v_1$ werden die Reaktionskräfte $R_1$ bestimmt. Der Lastfaktor wird so berechnet, daß die vorhandenen Fehlerkräfte ( $R_1 - \lambda F$) im letzten Verformungsinkrement keine Arbeit leisten:

$$( R_1 - \lambda F ) v_1 = 0 \quad -> \lambda = \frac{R_1 \cdot v_1}{F \cdot v_1}$$

Mit der Fehlerkraft $F_2 = R_1 - \lambda F$ wird ein neues Inkrement $v_2$ berechnet, und die Verformung $v_1 + v_2$ so normiert, daß die Vektoren $a(v_1 + v_2)$ und $v_1$ gleich Länge haben: $|v_1| = a|v_1 + v_2|$

Das Verformungsinkrement ist $\dot{v}_2 = a ( v_1 + v_2 ) - v_1$. In der verformten Lage $v = v_1 + \dot{v}_2$ werden die Reaktionskräfte $R_2$ berechnet.

Der LVZ ist: $(R_1 - R_2) <-> \dot{v}_2$

Die Iteration verläuft wie im Falle der Laststeuerung nur mit dem Zusatzschritt, daß die neuen Verformungsinkremente jedesmal auf die vorgegebene Länge normiert werden. Die Berechnung eines Lastverformungspfades besteht aus einer jeweiligen Gleichgewichtsiteration mit konstant gehaltener Länge des Verformungsvektors,und - nach Erreichen der Gleichgewichtslage - der Inkrementierung dieser Länge um ein Maß, das vom Konvergenzverhalten abhängig gemacht wird.

## 4. Grundlagenuntersuchungen für die europäische Normung

In dem neuen europäischen Normenwerk für den Stahlbau, Eurocode 3, wird für die Bemessung die Berechnung sowohl nach elastischer wie auch nach plastischer Theorie zugelassen. Das neue Bemessungskonzept (Bild 4.1) nach Grenzzuständen soll zu wirtschaftlicheren Konstruktionen führen ohne die Sicherheit der Bauwerke zu reduzieren. Um zu enscheiden, welche Querschnitte für eine elastische oder plastische Berechnung geeignet sind werden die Querschnitte in Klassen eingeteilt.

Die Einteilung ergibt sich aus einfachen Drei-Punkt Biegeversuchen in denen der characteristische Momentenverdrehungsverlauf (Bild 4.2) bestimmt wird. Die Größe der erreichten Tragfähigkeit einerseits und die Größe der erreichten Rotationskapazität des Querschnitts andererseits ergeben die Zuordnung des Querschnitts zu einer Klasse (Bild 4.3).

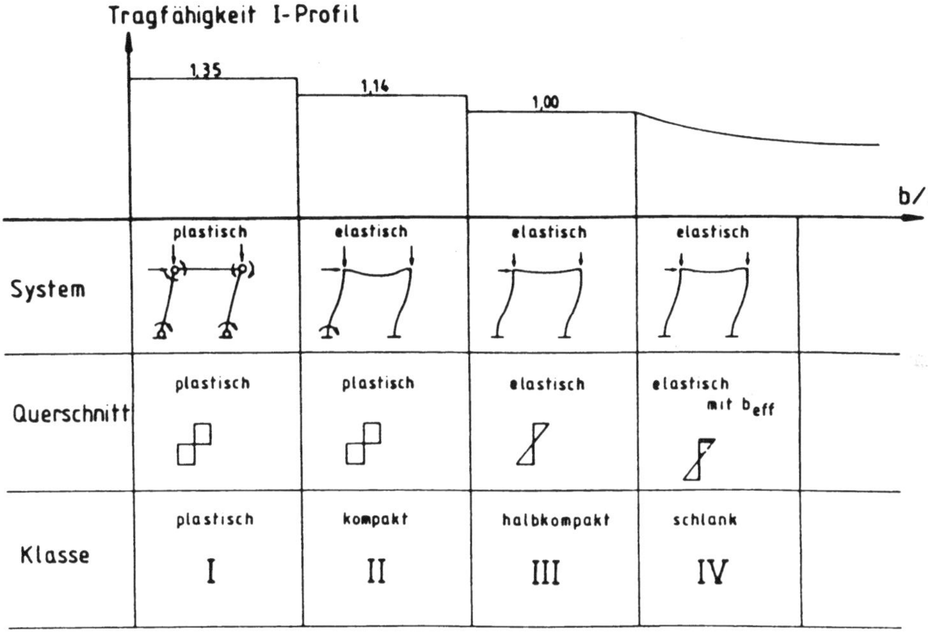


Bild 4.1: Querschnittstragfähigkeit und Systemverhalten

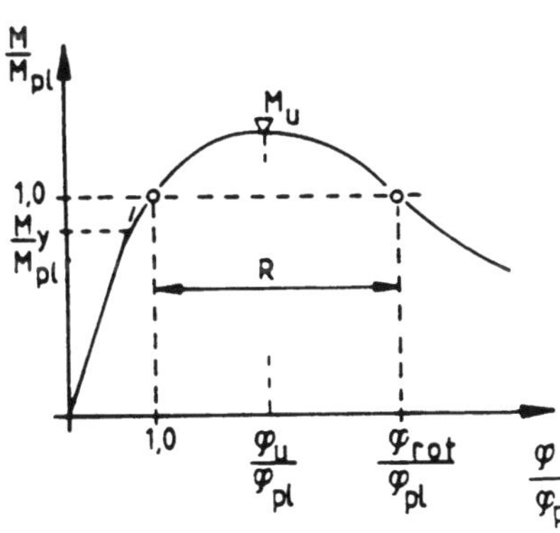


Bild 4.2: Definition der Rotationskapazität.

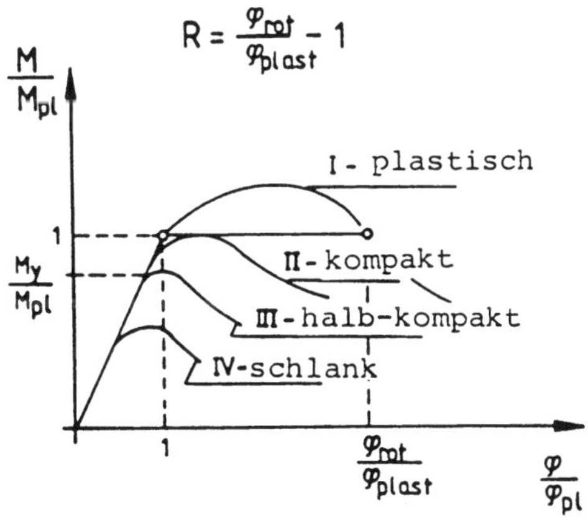


Bild 4.3: Einteilung in Querschnittsklassen.

Bisher ergaben sich die Grenzwerte für die Querschnitte ausschließlich aus Versuchsdurchführungen. Die Versuche haben jedoch nur einen schmalen gerade auf die Fragestellung des Projektes abgestimmten Einsatzbereich der Querschnitte abgedeckt. Daher wurde damit begonnen durch numerische Simulationsrechnungen eine systematische Untersuchung aller für die Klassenzugehörigkeit relevanten Parameter durchzuführen.
Numerische Berechnungen haben den Vorteil, daß sie immer unter denselben Bedingungen ablaufen, unabhängig von der Versuchsanstalt sind und beliebig oft mit Variation nur eines oder mehrerer Parameter wiederholbar sind. Simulationsergebnisse für zwei Versuchsanordnungen sind in den Bildern 4.4a und 4.4b zu sehen. Die Ergebnisse zeigen die Brauchbarkeit des rechnerischen Verfahrens und die Möglichkeit auch im überkritischen Bereich zu einer guten Übereinstimmung mit den Versuchsergebnissen zu gelangen.

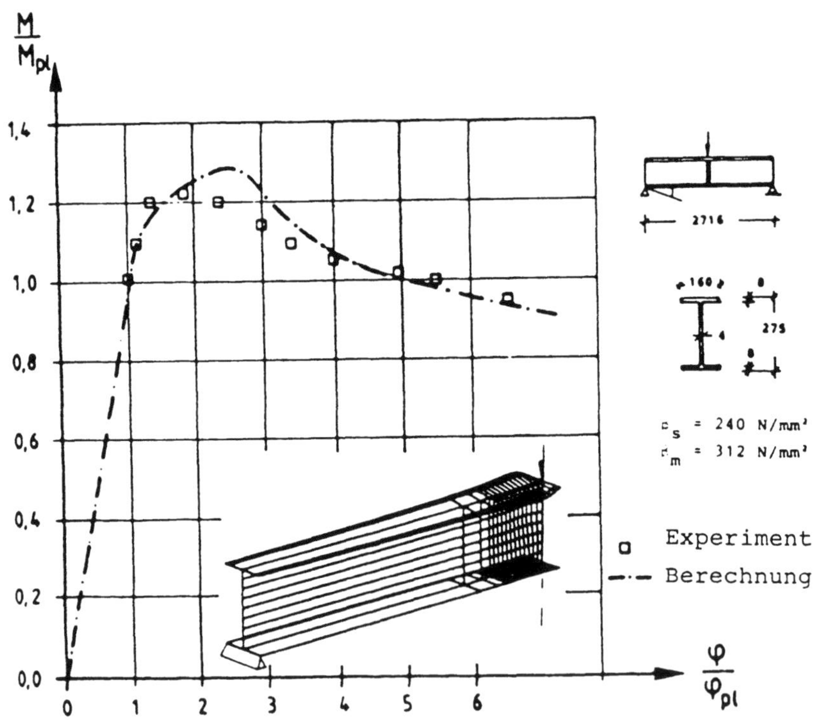


Bild 4.4a: Biegeträger mit Einzellast /14/

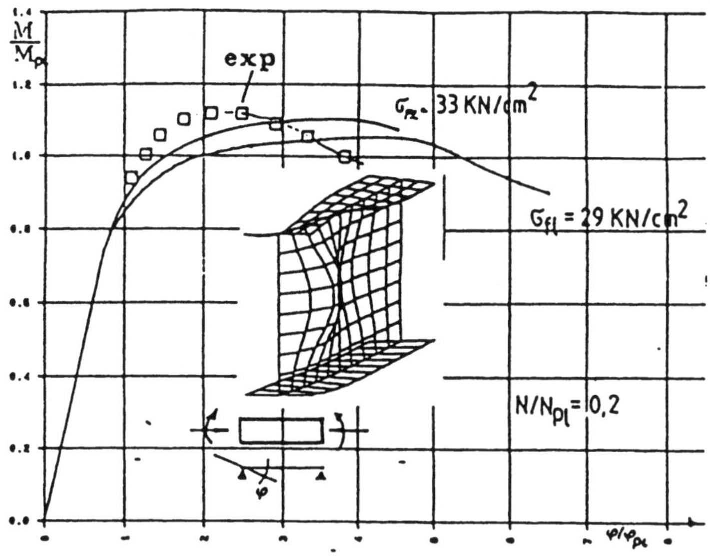


Bild 4.4b: Reine Biegung mit Normalkraft /15/

Nachdem für die verschiedenen Profile die vorhandene Rotationskapazität bekannt ist, muß nun die für eine Konstruktion erforderliche Rotationsanforderung ermittelt werden, um über den Einsatz des einen oder anderen Profils zu entscheiden. Die Anforderung ergibt sich aus der Berechnung einer Konstruktion z.B. mit einem Stabwerksprogramm nach der Fließgelenktheorie. Dabei wird der maximale Verdrehwinkel $\varphi_{max}$ an einem Fließgelenk abgegriffen, der sich bei Bildung einer kinematischen Kette ergibt. Bei statisch unbestimmte Syteme wird dabei die Definition der Rotationsanforderung auf das in Ersatzeinfeldträger zerlegte statische System angewendet (Bild 4.5a und b). Hieraus ergibt sich $R_{erf} = \frac{\varphi_{rot}}{\varphi_{plast}} - 1$ .

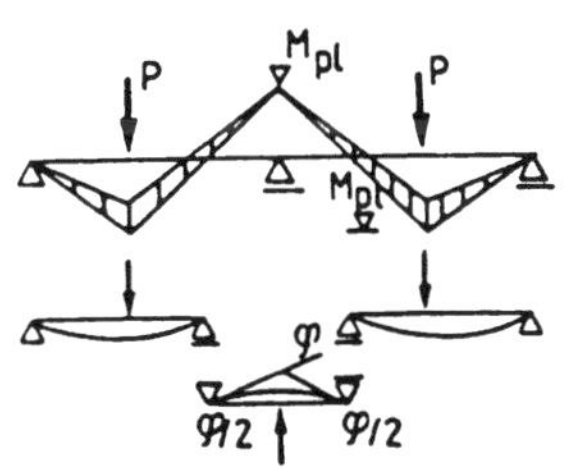

Bild 4.5a: Ermittlung der Rotationsanforderung am Durchlaufträger

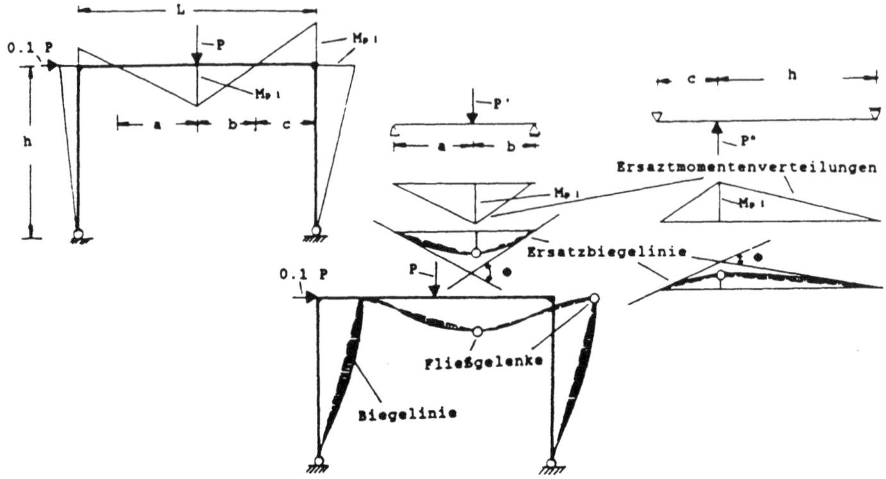


Bild 4.5b: Ermittlung der Rotationsanforderung am Zweigelenk Rahmen

Die für eine Konstruktion erforderliche Rotationskapazität ist abhängig von den Systemabmessungen, der auf das System einwirkenden Belastung, den verwendeten Profilen und der Festigkeit. Beispiele wie sich Änderungen in der Konstruktion auf die Rotationsanforderung auswirken zeigen die Bilder 4.6a+b

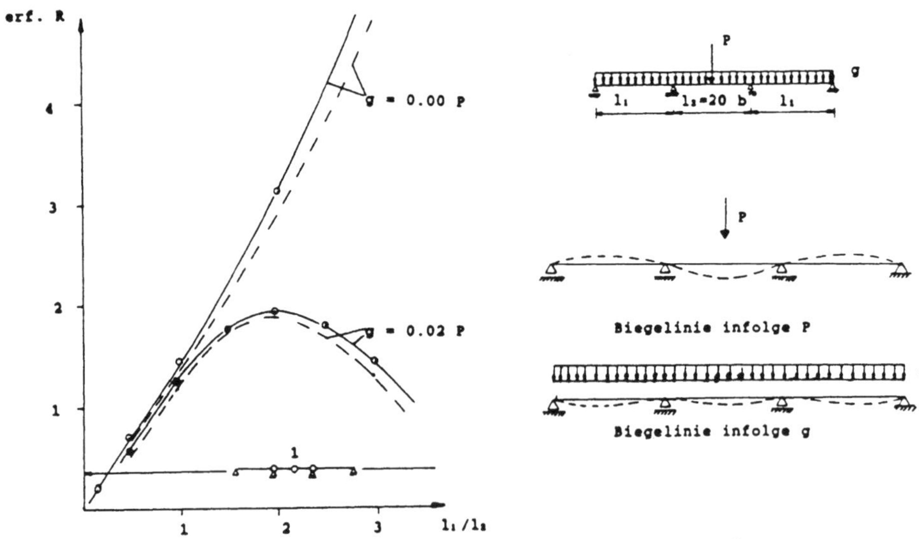


Bild 4.6a: Rotationsanforderung eines 3-Feldträgers mit Einzellast und Gleichlast

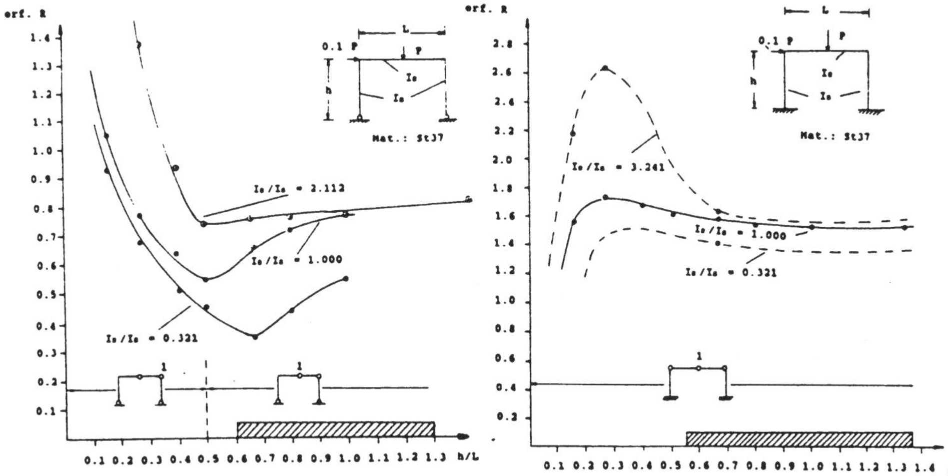

Bild 4.6b Rotationsanforderung von Rahmen bei Variation der Steifigkeit und der Systemabmessungen.

## 5. Beispiele:

### Beispiel 1:

Berechnung eines Hallenrahmens mit dem Gitterstabelement nach Abschnitt 2.3 mit unterschiedlichen Stielträgerhöhen.

Es lassen sich Systemoptimierungen derart durchführen, daß für verschiedene Versagensmechanismen gezielt Maßnahmen z.B. Halten eines Punktes, Anordnen von Stegsteifen usw. ergriffen werden können.

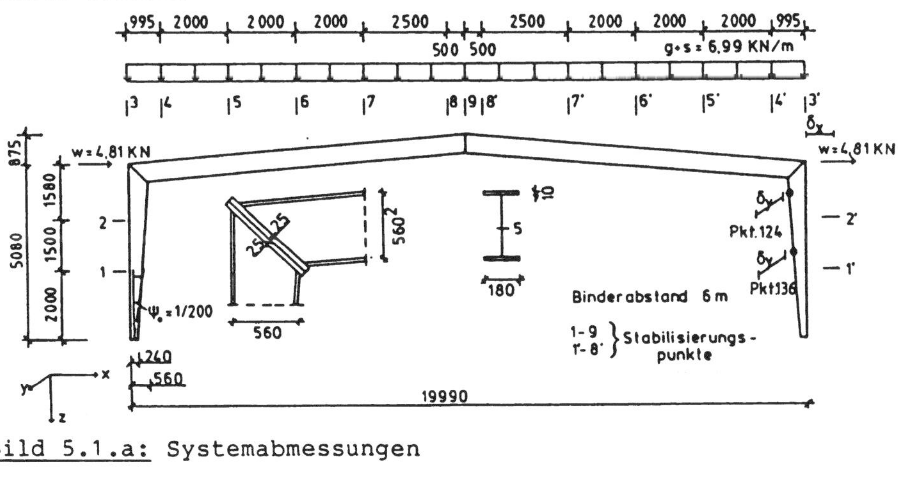


Bild 5.1.a: Systemabmessungen

Fall a) symmetrische Imperfektion von $v_0$ = 1/500
Drehfedersteifigkeit der Pfetten $c\vartheta$ = 500 KNm/rad

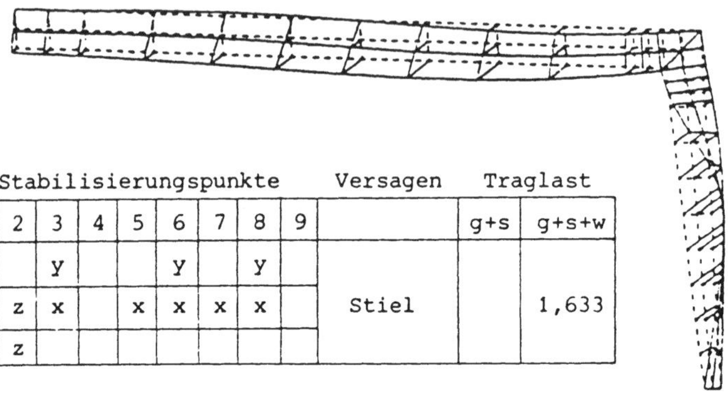

| | Stabilisierungspunkte | | | | | | | | | Versagen | Traglast | |
|---|---|---|---|---|---|---|---|---|---|---|---|---|
| | 1 | 2 | 3 | 4 | 5 | 6 | 7 | 8 | 9 | | g+s | g+s+w |
| gehalten | | | y | | | y | | y | | | | |
| gefedert | | z | x | | x | x | x | x | | Stiel | | 1,633 |
| versteift | | z | | | | | | | | | | |

Bild 5.1.b: Verformungsfigur System 1

Fall b) antimetrische Imperfektion $v_o$ = 1/500
Drehfedersteifigkeit $c\vartheta$ =500 KNm/rad

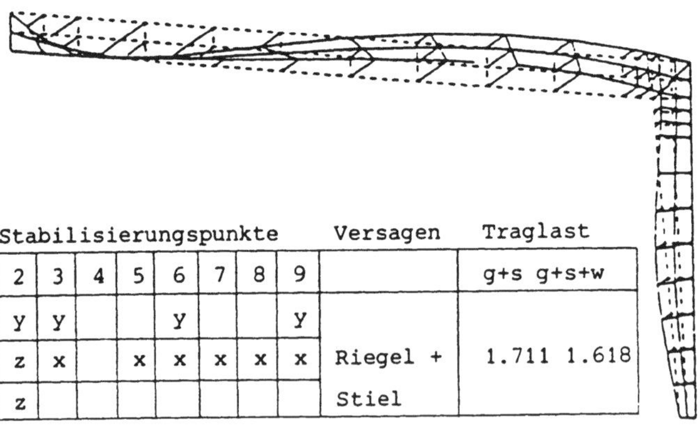

| | Stabilisierungspunkte | | | | | | | | | Versagen | Traglast | |
|---|---|---|---|---|---|---|---|---|---|---|---|---|
| | 1 | 2 | 3 | 4 | 5 | 6 | 7 | 8 | 9 | | g+s | g+s+w |
| gehalten | y | y | y | | | y | | | y | | | |
| gefedert | | z | x | | x | x | x | x | x | Riegel + | 1.711 | 1.618 |
| versteift | | z | | | | | | | | Stiel | | |

Bild 5.1.c: Verformungsfigur System 2

Beispiel 2:

Berechnung der Stabkräfte für einen Hochspannungsgittermast infolge Absenkung eines Fundamentfußes mit Berücksichtigung von Reibung und Schlupf in den Anschlüssen nach Abschn. 2.5.

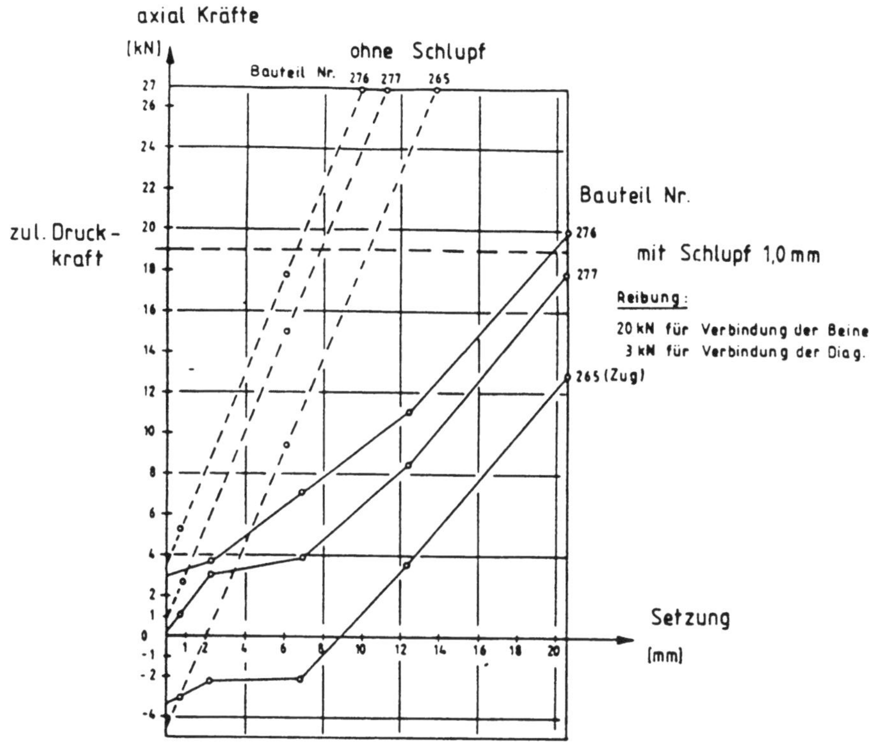


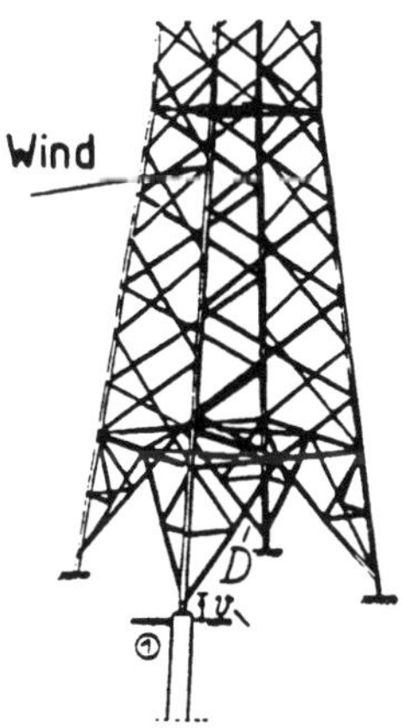


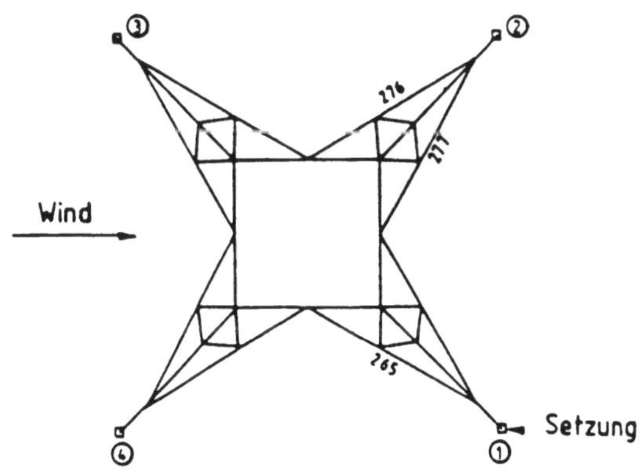

Beispiel 3:

Vergleich verschiedener Traglastzustände eines verschieblichen Rahmens mit unterschiedlich steifen Anschlüssen.

a) System

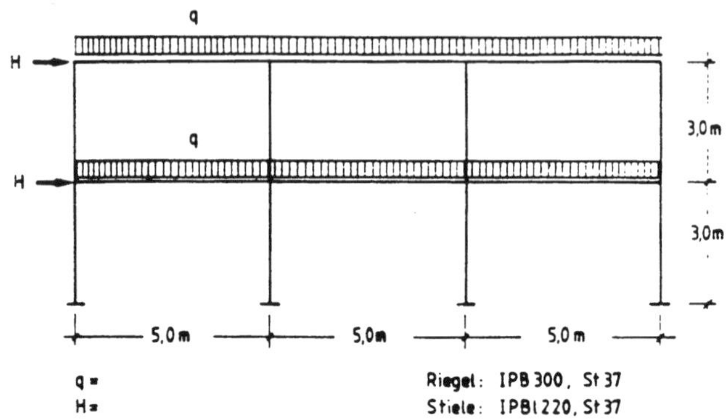


b) Knotenmodelle

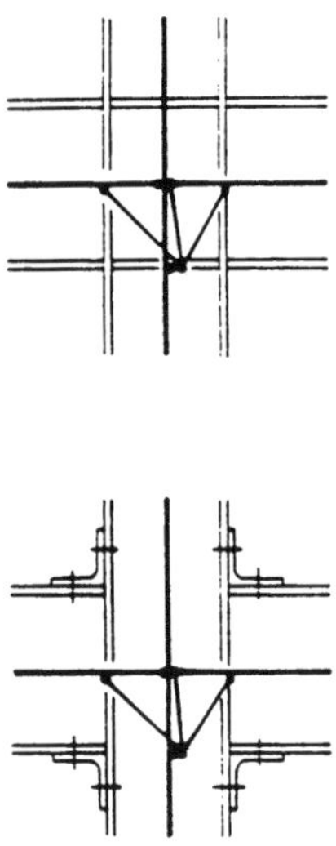

c) Traglastkurven

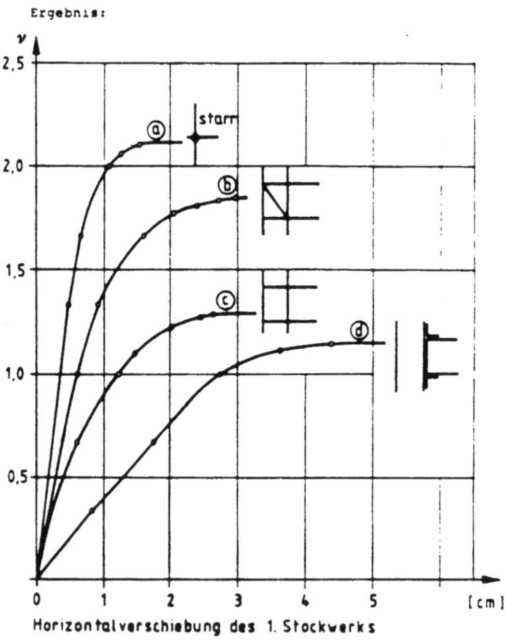


## 6. Literaturverzeichnis:

/ 1/ G. Sedlacek; J. Lopetegui; Ch. Stutzki; A. Saleh;: Ein computerorientiertes Verfahren zur statischen Berechnung räumlicher Stabwerke unter Berücksichtigung nichtlinearer Effekte. Der Bauing.60 (1985) 297-305.

/ 2/ A. Saleh; Traglastberechnung von räumlichen Stabwerken mit großen Verformungen; Dissertation RWTH Aachen 1982.

/ 3/ Ch. Stutzki; Traglastberechnung räumlicher Stabwerke unter Berücksichtigung Verformbarer Anschlüsse; Dissertation RWTH Aachen 1982.

/ 4/ J. Lopetegui; Verfahren der orthogonalisierten Last-Verformungszustände zur Lösung nichtlinearer Probleme der Stabstatik; Dissertation RWTH Aachen 1983.

/ 5/ H. Stoverink; Beitrag zur Ermitttlung des Gesamtstabilität von Hallenrahmen unter Berücksichtigung von Voute.. und Steifen; Dissertation RWTH Aachen 1985.

/ 6/ Ch. Stutzki; J. Lopetegui; G. Sedlacek;: Conections in Steel Structures; Seite 171 ff. Semi-rigid connections in frames, trusses and grids.

/ 7/ G.Sedlacek; R. Spangemacher; Ch. Stutzki;: Rechnerische Bestimmung der Trag- und Rotationsfähigkeit von dünnwandigen Stahlquerschnitten bei beliebigen Querschnittsausbildungen und Werkstoffgesetzen.
Der Metallbau im Konstruktiven-Ingenieurbau, Festschrift Rolf Baehre, Karlsruhe Febr. 1988.

/ 8/ Ch. Stutzki; G. Sedlacek;: A numerical method for determination of the moment-capacity of thin walled members; Proceedings of the second international conference on numerical methods in engineering: theory and applications Swansea, 6-10 July 1987.

/ 9/ J. Lopetegui; G.Sedlacek; Zur Lösung von Gleichungssystemen der Baumechanik mittels Last-Verformungszuständen. Der Bauing. 61 (1986) 259-266.

/10/ Hinton,E.;Owen,D.R.J.: Finite Element Software for plates and shells. Pineridge press, Swansea, U.K. 1984

/11/ J. Lopetegui; G. Sedlacek;: Some applications of load-deformation states; Proceedings of the second international conference on numerical methods in engineering: theory and applications Swansea, 6-10 July 1987.

/12/ Hrennikoff A.; A solution of problems of elasticity of the framework method; Journal of Applied Mechanics Vol.8 (1941) pp. A 169-A175.

/13/ G. Sedlacek, H. Stoverink;: Zum Biegedrillknicknachweis von Hallen mit voutenförmig ausgebildeten Stützen und Riegeln; Der Stahlbau (55) Heft 8 Seite 225-232.

/14/ Kuhlmann,U; Rotationskapazität von I-Profilen unter Berücksichtigung des plastischen Beulens; Dissertation Ruhr- Unvi. Bochum 1986.

/15/ Perlynn,M.J.; Kulak,G.L.: Web Slenderniss Limits for compact Beam-columns. Struct. Eng. Report No. 50, Univ. of Alberta, Edmonton, Canada 1974.

# Entwicklung eines Verfahrens zur Ermittlung der Bauwerksantwort räumlicher Stahlbauten auf Erdbeben

G. Sedlacek; S. Kook; J. Kuck; J. Lopetegui; B. T. Nguyen

## 1. Problemstellung

Die in /1/ dargestellten Methoden zur Berechnung von Stabwerken aus Stahl unter statisch aufgebrachten Belastungen erlauben die vollständige Ermittlung der Last-Verformungs-Kurve eines Tragwerks auch im überkritischen Bereich wie bei einem last- oder verformungsgesteuerten Versuch.

Dieses Vorgehen wird nun auch auf dynamische Berechnungen ausgedehnt, um damit ein Simulationsverfahren zur Bestimmung der Bauwerksantwort, z.B. unter Erdbebenbelastung, zur Verfügung zu haben. Mit diesem Simulationsverfahren werden vereinfachte, ingenieurmäßige Bemessungsmodelle, z.B. das Antwortspektrumverfahren, überprüft und die Sicherheitselemente für diese Methoden derart bestimmt, daß die Verfahren sichere und wirtschaftliche Ergebnisse liefern.

## 2. Grundsätzliches Vorgehen bei der Erweiterung für die dynamische Belastung

### 2.1 Zeitschrittverfahren

Die Erweiterung auf dynamische Belastung erfolgt in der Weise, daß die für die statische Belastung entwickelten Verfahren mit Hilfe der Newmarkschen Gleichungen in kleinen Zeitschritten angewendet werden.

Die Grundgleichung für die dynamische Berechnung nach dem Zeitschrittverfahren für den Zeitschritt $t+\Delta t$ lautet:

$$M \cdot \ddot{V}_{t+\Delta t} + C \cdot \dot{V}_{t+\Delta t} + K \cdot V_{t+\Delta t} = Q_{t+\Delta t} \qquad (2.1)$$

mit $M$ = Massenmatrix
$C$ = Dämpfungsmatrix
$K$ = Steifigkeitsmatrix
$\ddot{V}_{t+\Delta t}$ = Vektor der globalen Knotenbeschleunigungen
$\dot{V}_{t+\Delta t}$ = Vektor der globalen Knotengeschwindigkeiten
$V_{t+\Delta t}$ = Vektor der globalen Knotenverformungen
$Q_{t+\Delta t}$ = Vektor der Massenkräfte = $M \cdot \ddot{V}_{Erregung}$

Nach der Integrationsmethode von Newmark wird diese Gleichung auf ein statisches Ersatzproblem zurückgeführt.

$$\hat{K} \cdot V_{t+\Delta t} = \hat{Q}_{t+\Delta t} \qquad (2.2)$$

Die Ermittlung der effektiven Steifigkeitsmatrix $\hat{K}$ und des effektiven Lastvektors $\hat{Q}_{t+\Delta t}$ erfolgt nach Newmark, z.B. gemäß /2/. Die effektive Steifigkeitsmatrix besteht aus der Summe der Systemsteifigkeitsmatrix $K$ und einer Matrix $K_{dyn}$, die die dynamischen Anteile des Problems enthält und eine Funktion der Massen- und Dämpfungsmatrizen ist.

Bei den hier zugrundegelegten nichtlinearen Problemen ist die Steifigkeitsmatrix $K$ des Systems nur näherungsweise bekannt. Ihre genaue Kenntnis ist aber nicht erforderlich, da die Gleichung (2.2) nur zur Generierung von Verformungsvektoren für die iterative Gleichgewichtsbestimmung verwendet wird und die Gleichgewichtsüberprüfung direkt an den jeweiligen Knoten, z.B. durch Integration der Spannungsverteilungen (Abs. 2.2.1), Anwendung der Knickstabbeziehung (Abs. 2.2.2) oder Anwendung experimentell überprüfter Last-Verformungskurven für verformbare Anschlüsse (Abs. 2.2.3) erfolgt.

Die iterative Vorgehensweise ist wie folgt:

Mit der Steifigkeitsmatrix $\hat{K}$ werden Verformungsinkremente für gegebene Lastinkremente ermittelt.

$$\hat{K} \cdot \Delta V = \Delta Q$$

$$\text{mit} \quad \Delta V = V_{t+\Delta t} - V_t$$
$$\Delta Q = \hat{Q}_{t+\Delta t} - Q_t$$

In der verformten Lage $V_t + \Delta V$ werden die Reaktionskräfte berechnet. Sie bestehen aus einem dynamischen Anteil

$$-R_{dyn} = K_{dyn} \cdot V_{t+\Delta t}$$

und einem statischen Anteil $-R_{st}$ aus den inneren Kräften, der am verformten System berechnet wird.

Sind die Reaktionskräfte mit dem Lastvektor $\hat{Q}_{t+\Delta t}$ nicht im Gleichgewicht, dann ergeben sich Fehlerkräfte, die iterativ abgebaut werden müssen. Die Fehlerkräfte betragen für einen Iterationsschritt i:

$$F_{ii} = R_{dyn} + R_{st} + \hat{Q}_{t+\Delta t}$$

Die Iteration erfolgt nach dem Verfahren der orthogonalisierten Last-Verformungszustände (LVZ) /3,4/.

Ein LVZ am wirklichen System ist durch die Differenz der Fehlerkräfte vor und nach einem Verformungsinkrement und dem Verformungsinkrement selbst gegeben.

Ein möglicher 1. LVZ ist:

$$F_1 - F_{11} \leftrightarrow \Delta V_1 \qquad \text{mit} \qquad F_1 = \Delta Q$$

Die Fehlerkräfte F, die zweifach indiziert sind, werden am verformten System gerechnet, die einfach indizierten bezeichnen eine rechnerische Fehlerkraft, z.B. nach Variation eines LVZ.

Die einzelnen Schritte sind:

1) Aufnahme der Fehlerkraft durch lineare Variation des letzten orthogonalisierten LVZ

2) Berechnung der rechnerischen Fehlerkraft F in der variierten Lage, unter Annahme der Linearität
3) Berechnung eines Verformungsinkrementes mit $\hat{K}$ und mit den rechnerischen Fehlerkräften aus 2)
4) Bestimmung der wirklichen Reaktions- und Fehlerkräfte in der neuen verformten Lage. Damit gewinnt man einen zusätzlichen LVZ.
5) Orthogonalisierung des neuen LVZ durch Reinigung von Komponenten in Richtung aller früheren Zustände.

Mit den in Punkt 5) gefundenen orthogonalisierten LVZ und mit der Fehlerkraft aus 3) fängt ein neuer Zyklus bei 1) an. Diese fünf Schritte werden so lange wiederholt, bis die Fehlerkräfte unter Punkt 4) unter einer vorgegebenen Genauigkeitsschranke liegen.

## 2.2 Werkstoffgesetze

### 2.2.1 Elastoplastisches, ebenes Element Theorie II. Ordnung

Für die Werkstoffe wird eine stabile $\sigma$-$\varepsilon$ Hysterese verwendet, die für jede einzelne Faser des Querschnitts angesetzt werden darf, wenn die Bedingungen in Bezug auf Low-Cycle-Fatigue eingehalten sind.

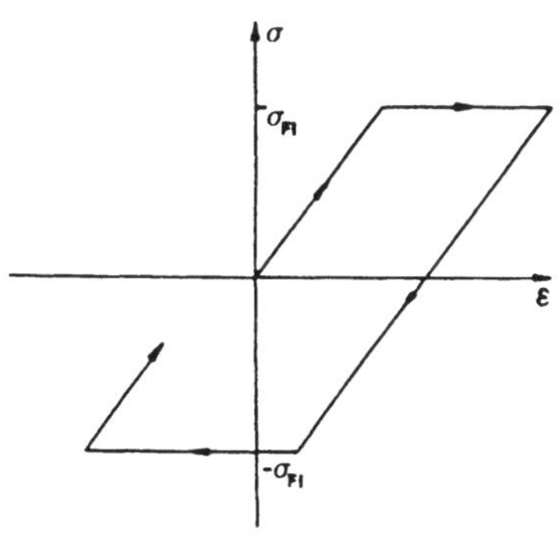


Bild 2.1: $\sigma$-$\varepsilon$-Diagramm

Für das verwendete Element gilt:

- Das Profil ist aus dünnwandigen, plattenartigen "Lamellen" zusammengesetzt, die Spannungen werden genügend genau durch die Spannungen in ihrer jeweiligen Mittelebene beschrieben. Bei dickwandigen Profilen können als Modell mehrere Lamellen übereinander gelegt werden.
- Ebenbleiben des Querschnitts bei Biegung, d.h. Vernachlässigung der Schubverformungen
- Ideal elastisch-plastisches Spannungs-Dehnungsgesetz
- Bei Entlastung rein elastisches Verhalten
- Plastizierung wird nur in Längsrichtung betrachtet, wie bei Stäben üblich, d.h. Plastizierung infolge Längsdehnung in der gedachten Längsfaser.

Es wurde ein Verfahren zur Integration der Spannungen zu Schnittgrößen entwickelt, das mit der geringstmöglichen Zahl von Integrationspunkten für die Spannungen im Querschnitt beginnt und bei komplizierter werdender Belastungsgeschichte zusätzliche Punkte auf den Eckpunkten des Spannungspolygons (Bild 2.2) einsetzt und eventuell auch wieder löscht. Damit ist erstens eine exakte Integration der Spannungen möglich und zweitens ist an jedem Querschnitt nur das benötigte Mini-

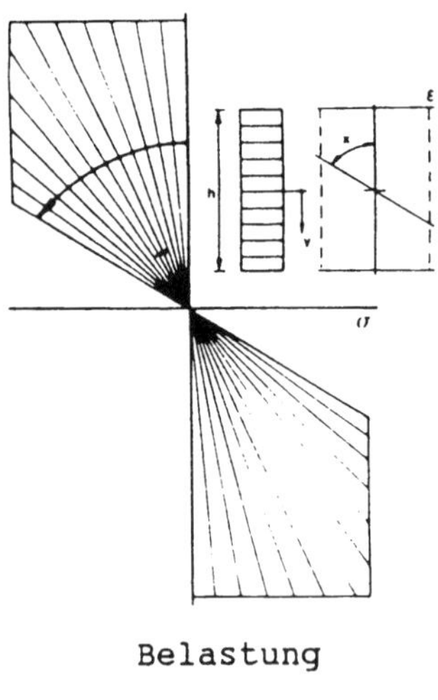

Belastung

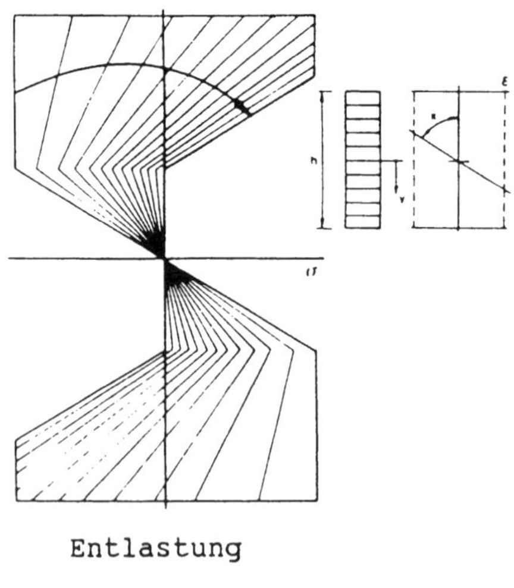

Entlastung

Bild 2.2: Beispiel für Spannungsverlauf bei Be- und Entlastung /5/

mum an Integrationspunkten vorhanden. Für jeden dieser Punkte wird die Belastungsgeschichte in Form von plastischen Dehnungen gespeichert, die z.B. für die Low-Cycle-Fatigue Überprüfung erforderlich ist.

Für einen Berechnungsschritt sind die Verformungen am Anfang und Ende eines Stabes nach dem Weggrößenverfahren ermittelt und bekannt. Damit ergibt sich aus der Lage der Lamelle im Querschnitt die Dehnung in der Mittelebene der Lamelle am Anfangs- und Endpunkt.

Für die Lamelle wird die E- fache Dehnung als ideelle Spannung bezeichnet. Als Einfluß der Belastungsgeschichte für einen Punkt wird die plastische Dehnungsakkumulation definiert. Bekannt ist am Anfang eines Schrittes:

$$\begin{aligned}\sigma_{id} &= E\cdot\varepsilon\\ &= E\cdot\varepsilon_{el} + E\cdot\varepsilon_{pl}\\ &= \beta_S + BG\end{aligned}$$

mit $\sigma_{id}$: ideelle Spannung
BG: $E\cdot\varepsilon_{pl}$
mit $\varepsilon_{pl}$: plastische Dehnung zum Zeitpunkt t der Belastungsgeschichte
$\beta_s$: Fließspannung

Dann ist die angenommene wirkliche Spannung

$$\sigma = \sigma_{id} - BG$$

Ist $|\sigma| > \beta_s$, dann muß eine neue Belastungsgeschichte gerechnet werden.

für $\sigma > \beta_s$ gilt: $BG = E\cdot\varepsilon - \beta_s$
für $\sigma < -\beta_s$ gilt: $BG = E\cdot\varepsilon + \beta_s$

Die wirkliche Spannnung $\sigma_w$ ist dann:

$$\sigma_w = \sigma_{id} - BG$$

Durch die Anwendung dieses Verfahrens ergeben sich stabile

Momentenkrümmungshysteresen (Bild 2.3).

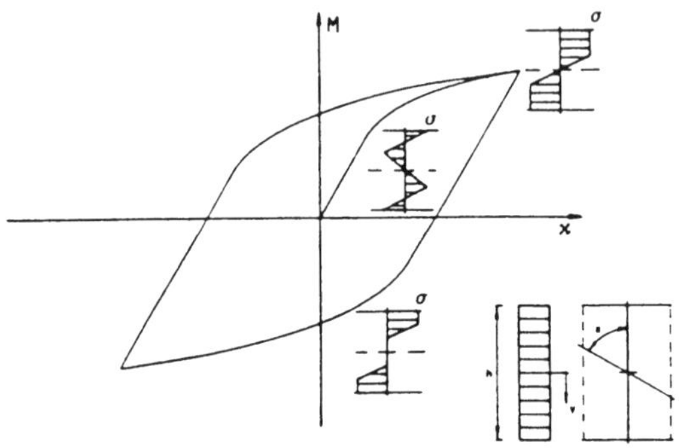


Bild 2.3: Stabile Momentenkrümmungshysterese

Für die Rechtfertigung der Gültigkeit dieses Ansatzes wurde nach Abschluß der Zeitverlaufsberechnung der Dehnungszeitverlauf im Hinblick auf Low-Cycle-Fatigue überprüft.

Dafür wird nachfolgend ein Beispiel für einen einstöckigen Rahmen aus der Arbeit von Koo /6/ angegeben.

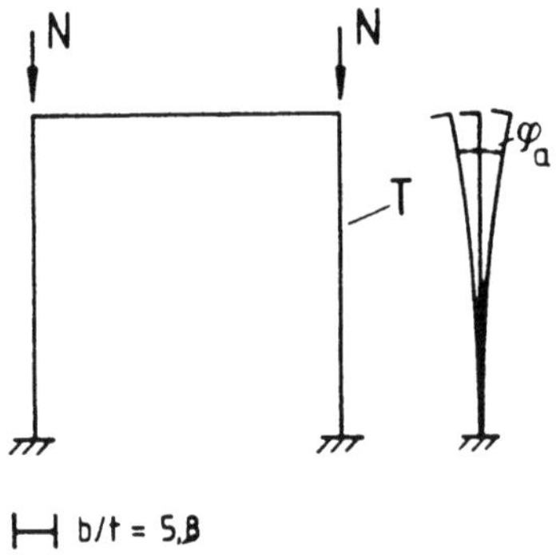


Bild 2.4: System

$b / t = 5.8$
mit b: halbe Flanschbreite
t: Flanschdicke

$\varphi_a$: Biegewinkel umgerechnet aus der Horizontalverschiebung

$N / N_{pl} = 0.008 \div 0.5$
mit $N_{pl}$: plastische Normalkraft $= A \cdot \sigma_{fl}$

$T = 0.2 \div 1.5$ sec
= Eigenschwingdauer, 1. Mode

Ein Rahmen nach Bild 2.4 wird mit verschiedenen künstlichen Akzellerogrammen belastet, die sich in der Dauer ihrer Starkbebenphase ($4 \div 28$ sec) unterscheiden. Als Rechenergebnis der Simulation wird der Biegewinkel $\varphi_a$ in Tabelle 2.1 angegeben.

Yamada /7/ hat für verschiedene Stützen die Grenztragfähigkeit unter zyklischer, statischer und dynamischer Last experimentell untersucht. Die Ergebnisse von 2 Versuchen ($N / N_{pl} = 0.33$) mit ähnlichen Abmessungen ($b / t = 7$ & $10$) wie im obigen Beispiel sind in Bild 2.5 zusammen mit den Ergebnissen aus den Simulationen dargestellt. Dabei werden die maximalen Verschiebungswinkel $\varphi_a$ über der Anzahl der Zyklen aufgetragen.

Die Tendenz der Kurven ist für Versuch und Rechnung gleich, wobei jedoch die Linien für die gerechneten Beispiele unterhalb der Versuchslinien liegen. Dieses konservative Ergebnis zeigt, daß der gewählte Ansatz für das oben beschriebene Element gerechtfertigt ist.

| T[sec] | $N/N_{Pl}$ | | 4 sec | 7 sec | 14 sec | 28 sec |
|---|---|---|---|---|---|---|
| 0,2 | 0,008 | Nq<br>$\varphi_a$ | 1 5<br>10,5 | 29<br>11,3 | 36<br>15,5 | 33,5<br>12,8 |
| 0,4 | 0,034 | Nq<br>$\varphi_a$ | 6<br>12,6 | 14<br>18 | 30<br>22,8 | 65<br>18,6 |
| 0,6 | 0,08 | Nq<br>$\varphi_a$ | 6<br>19,3 | 10<br>22,5 | 18<br>21,3 | 43<br>21,5 |
| 1,0 | 0,222 | Nq<br>$\varphi_a$ | 1,5<br>3,0 | 6,0<br>21,9 | 12<br>19,3 | 22,5<br>17,0 |
| 1,5 | 0,5 | Nq<br>$\varphi_a$ | 3,0<br>40 | 4,2<br>22,4 | 9,5<br>16 | 9,2<br>16 |

Tabelle 2.1: Rechenergebnisse aus Simulation

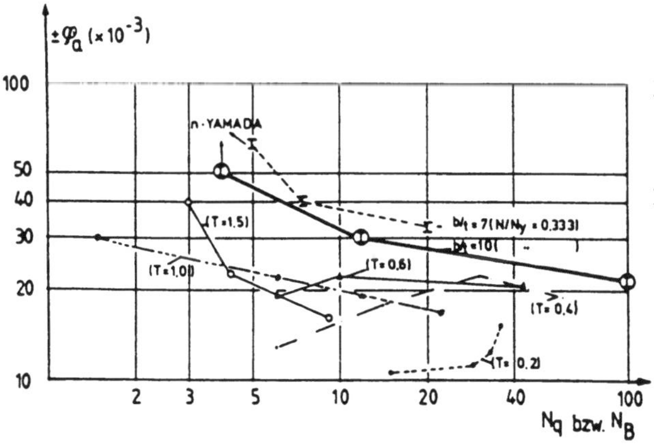


$N_B$: Lastspielzahl bis zum Bruch im Versuch

$N_q$: Lastspielzahl für die gerechneten Beispiele

$\varphi_a$: Biegewinkel (für die gerechneten Beispiele aus der Horizontalverschiebung umgerechnet)

Bild 2.5: Gegenüberstellung der Grenzzustände aus Versuch und Simulation

## 2.2.2 Knickstabelement für zyklisches Verhalten

Besondere Aufmerksamkeit galt schlanken Fachwerkstäben, die Druck- und Zugbelastung aufnehmen können, wobei plastische Gelenke entstehen können. Für die Stabgeometrie wird die folgende Modellannahme /8,9/ getroffen (Bild 2.6), die zu der in Bild 2.7 dargestellten Last-Verformungs-Charakteristik führt, die mit Versuchsergebnissen z.B. aus /10/ sehr gute Übereinstimmung zeigt.

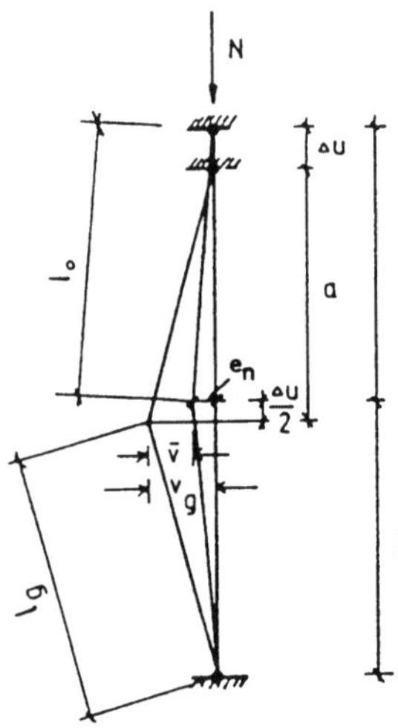


Bild 2.6: Lineares, geometrisches Modell für den Stab

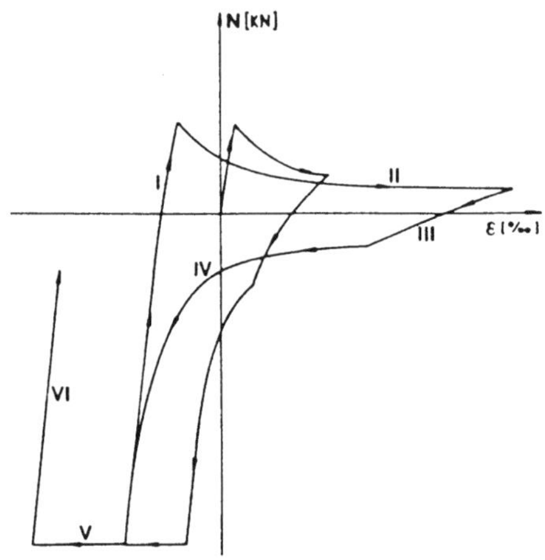


Bild 2.7: Last-Verformungs-Charakteristik für zyklische Belastung

Im Folgenden werden die Berechnungsansätze nach Koo und Mayer /6,11/ für die Bereiche I ÷ VI (Bild 2.7) dieser Last-Verformungs-Charakteristik angegeben.

### 2.2.2.1 Verhalten im Bereich I (Druck und Biegung, elastisch)

In diesem Bereich wird der Stab elastisch auf Druck und Biegung belastet.

Für den Stab wird zu Beginn jedes Zyklus n eine Imperfektion $e_n$ in Stabmitte angenommen.

$$e_n = 2 \cdot l \;/\; m$$

mit m: Imperfektion, z.B. nach EC 3 /12/

Aus dieser Ausmitte ergibt sich ein Moment; die daraus resultierende vergrößerte Ausmitte $v_g$ wird über die Differentialgleichung für die elastische Biegelinie bestimmt.

$$v_g = \frac{e_n \cdot P_{ki}}{P_{ki} - N} \tag{2.3}$$

mit $P_{ki}$: Eulersche Knicklast

Mit den Beziehungen aus Bild 2.7 ergibt sich eine zweite Gleichung für $V_g$:

$$v_g = l \cdot \sqrt{\left(1 - \frac{N}{E \cdot A}\right)^2 - \left(1 - \bar{\varepsilon} + \varepsilon_{anf}\right)^2} \tag{2.4}$$

mit $\bar{\varepsilon} = \frac{\Delta u}{2 \cdot l}$

Zur Erfüllung der Übergangsbedingungen ($N=0$; $Vg=e_n$) wird $\varepsilon_{anf}$ zu Beginn jedes Zyklus n unter Berücksichtigung der plastischen Dehnung $\varepsilon_{pl}$ (siehe Abschn. 2.2.2.6) des vorhergehenden Zyklus n-1 neu bestimmt:

$$\varepsilon_{anf} = -1 + \sqrt{1 - \left(\frac{e_n}{l}\right)^2} + \varepsilon_{pl}$$

Aus Gl. (2.3) und Gl. (2.4) ergibt sich eine Bestimmungsgleichung für N:

$$N = P_{ki} \cdot \left(1 - \frac{e_n}{l \cdot \sqrt{\left(1 - \frac{N}{E\,A}\right)^2 - \left(1 - \bar{\varepsilon} + \varepsilon_{anf}\right)^2}}\right) \tag{2.5}$$

### 2.2.2.2 Verhalten im Bereich II (Druck und Biegung, plastisch)

In diesem Bereich wird der Stab plastisch auf Druck und Biegung belastet.

Die Interaktion zwischen Normalkraft und Biegemoment wird dabei näherungsweise mit der im EC3 /12/ angegebenen Interaktionsformel berücksichtigt:

$$\frac{N}{æ \cdot N_{pl}} + \frac{ß \cdot M}{M_{pl}} = 1 - \Delta n$$

mit

$n = 0.25 \cdot æ^2 \cdot \bar{\lambda}^2$ = Korrekturfaktor

$ß = 1.0$ = Momentenverlaufsfaktor

æ = Knickbeiwert

$$= \frac{1 + \alpha \cdot (\bar{\lambda} - 0.2) + \bar{\lambda}^2}{2\bar{\lambda}^2} - \frac{1}{2\bar{\lambda}^2}\sqrt{(1 + \alpha \cdot (\bar{\lambda} - 0.2) + \bar{\lambda}^2)^2 - 4\bar{\lambda}^2}$$

= Beiwert je nach Knickspannungslinie

$\bar{\lambda}$ = Vergleichsschlankheit

$$= \sqrt{\frac{N_{pl}}{P_{ki}}} = \sqrt{\frac{\sigma_{fl}}{\sigma_{ki}}}$$

Daraus ergibt sich eine Bestimmungsgleichung für N:

$$N = \frac{N_{pl} \cdot M_{pl} \cdot æ \cdot (1 - 0.25 \cdot æ^2 \cdot \bar{\lambda}^2)}{M_{pl} + N_{pl} \cdot æ \cdot l \cdot \sqrt{(1 - \frac{N}{E \cdot A})^2 - (1 - \bar{\varepsilon} + \varepsilon_{anf})^2}} \qquad (2.6)$$

### 2.2.2.3 Verhalten im Bereich III (Druck oder Zug und Biegung, elastisch)

In diesem Bereich wird der Stab elastisch unter Druck oder Zug und Biegung entlastet. Es gelten dieselben Beziehungen

wie in Bereich I (Abschn. 2.2.2.1).
Durch die großen Stabverformungen in Bereich II ist aber ein plastisches Gelenk entstanden. Daraus ergibt sich eine neue, plastische Ausmitte $e_n$. Zur Bestimmung dieser neuen Ausmitte werden die Gleichungen (2.3) und (2.4) verwendet.

$$e_n = l \cdot \left(1 - \frac{N}{P_{ki}}\right) \cdot \sqrt{\left(1 - \frac{N}{E \cdot A}\right)^2 - \left(1 - \bar{\varepsilon} + \varepsilon_{anf}\right)^2} \qquad (2.7)$$

Die Normalkraft N wird nach Gl. (2.5) bestimmt.

### 2.2.2.4 Verhalten im Bereich IV (Zug und Biegung, plastisch)

In diesem Bereich wird der Stab plastisch auf Zug und Biegung belastet, es bildet sich ein Fließgelenk in Stabmitte, und folgende Interaktion wird näherungsweise der Berechnung zugrunde gelegt:

$$\frac{N}{N_{pl}} + \frac{M}{M_{pl}} = -1$$

Daraus ergibt sich eine Bestimmungsgleichung für N:

$$N = \frac{-N_{pl} \cdot M_{pl}}{M_{pl} + N_{pl} \cdot l \cdot \sqrt{\left(1 - \frac{N}{E \cdot A}\right)^2 - \left(1 - \bar{\varepsilon} + \varepsilon_{Anf}\right)^2}} \qquad (2.8)$$

Wird aus diesem Bereich entlastet, so gilt Bereich III, wobei wegen der Ausbildung des plastischen Gelenkes nach Gleichung (2.7) eine neue plastische Ausmitte $e_n$ zu bestimmen ist.

### 2.2.2.5 Verhalten im Bereich V (Zug, plastisch)

In diesem Bereich wird der Stab plastisch auf Zug belastet, und die Zugbelastung entspricht der plastischen Normalkraft.

$$N = - N_{pl} \tag{2.9}$$

Der Stab ist also theoretisch gerade gezogen worden und es existiert keine Ausmitte $e_n$ mehr.

### 2.2.2.6 Verhalten im Bereich VI (Zug, elastisch)

In diesem Bereich wird der Stab elastisch unter Zug entlastet.

Im Bereich V wurde der Stab plastisch gedehnt. Diese plastische Dehnung $\varepsilon_{pl}$ wird zu Beginn dieses Bereichs bestimmt.

$$\varepsilon_{pl} = \bar{\varepsilon} + \frac{N_{pl}}{E \cdot A} \tag{2.10}$$

Weil in diesem Bereich keine plastische Ausmitte $e_n$ angesetzt wird (siehe 2.2.2.5), also auch kein Moment vorhanden ist, gilt folgende lineare Beziehung für N:

$$N = ( \bar{\varepsilon} - \varepsilon_{pl} ) \cdot E \cdot A \tag{2.11}$$

### 2.2.2.7 Vergleichsrechnungen zu Versuchen aus /10/

Die Vergleiche wurden an folgenden Systemen durchgeführt:

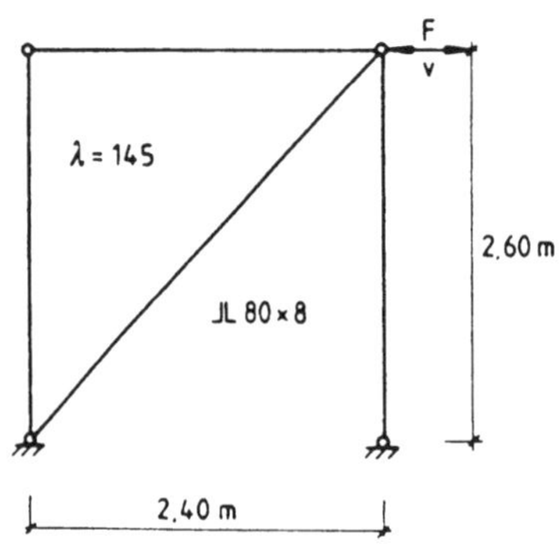


Bild 2.8: System 1

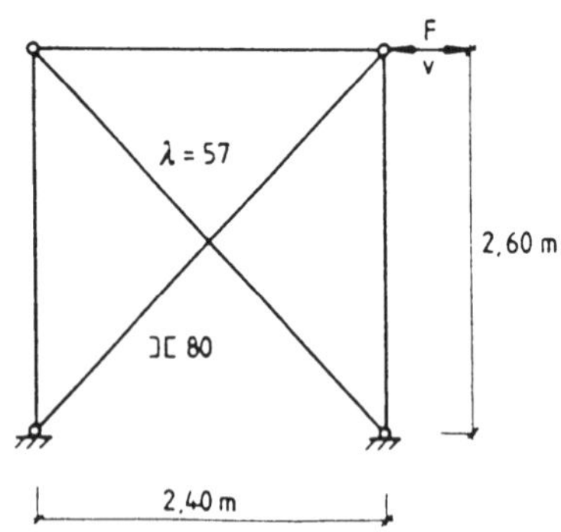


Bild 2.9: System 2

Versuchsablauf:

Es wird eine alternierende Verformung v aufgebracht und die zugehörige Horizontalkraft F gemessen. Von Zyklus zu Zyklus werden die Auslenkungen gesteigert.

Ergebnisse:

Vergleich für System 1:

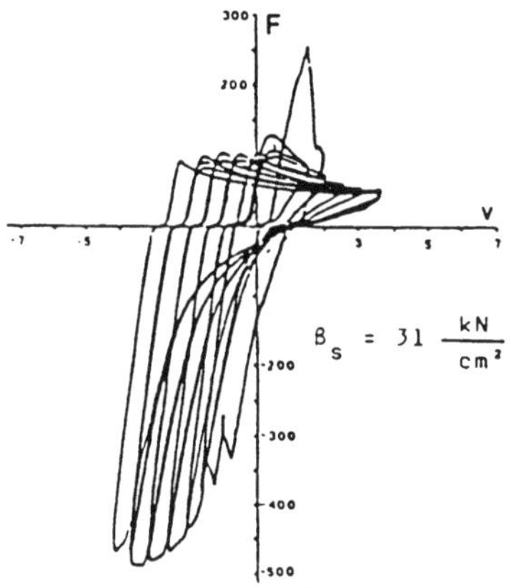


Bild 2.10: Versuch

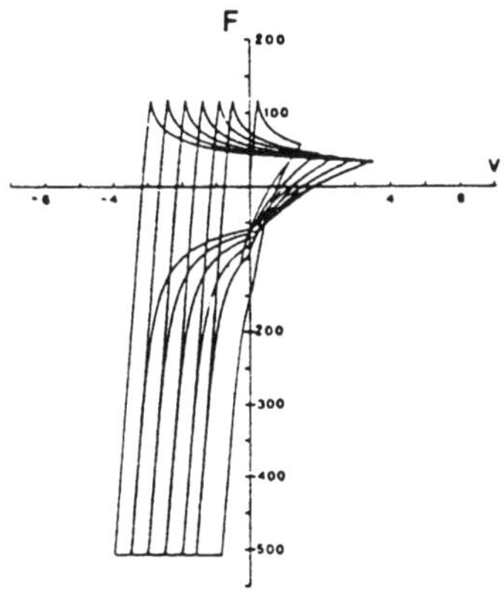


Bild 2.11: Berechnung

Vergleich für System 2:

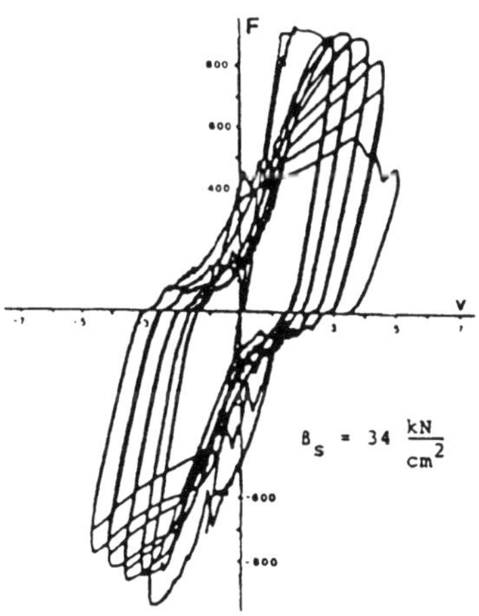


Bild 2.12: Versuch

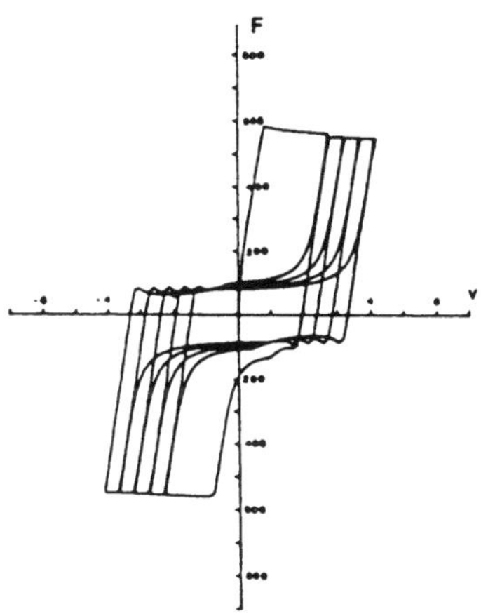


Bild 2.13: Berechnung

Die Ergebnisse des Vergleichs zwischen Versuch und Simulation zeigen gute Übereinstimmung in ihrem Last-Verformungsverhalten.

### 2.2.3 Verformbare Anschlüsse

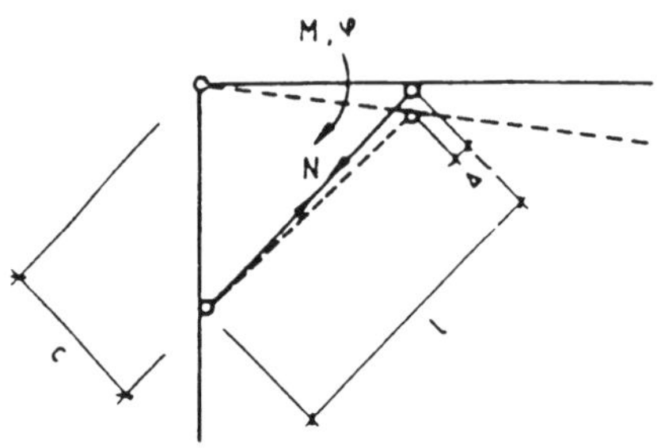


Bild 2.14: Berechnungsmodell für verformbare Anschlüsse

In dem Modell von Stutzki /13,14/ wird der Anschluß, z.B eine biegeweiche Rahmenecke, durch eine kleine Fachwerkkonstruktion ersetzt, indem in der Rahmenecke Stütze und Riegel mit einem Gelenk verbunden werden, und zusätzlich ein Fachwerkstab eingesetzt wird (Bild 2.14).

Die Biegesteifigkeit der Rahmenecke wird durch die Fläche und das Materialgesetz dieses Fachwerkstabes gesteuert.

Der Rotationswinkel  und das Biegemoment M können in die Kraft-Dehnungscharakteristik des Fachwerkstabes umgerechnet werden:

$M = N \cdot c$

$\varphi = \Delta l / c$

Durch geeignete Wahl eines nichtlinearen Materialgesetzes ist es möglich, näherungsweise die nichtlineare M-$\varphi$-Charakteristik vorgegebener Kurven (z.B. aus Versuchen) zu beschreiben.

## 3. Beispiele für Simulationsergebnisse

Die dargestellte Vorgehensweise gestattet die Untersuchung beliebiger räumlicher Stabwerke unter natürlichen oder künstlichen Beschleunigungsverläufen.

Die Grenzzustände werden entweder durch Stabilitätsversagen der Struktur (übermäßige Seitenverformung) oder durch Low-Cycle-Fatigue genau bestimmt.

### 3.1. Rahmen mit Kreuzverband

Für das System (Bild 3.1) mit zwei in den Rahmenecken konzentrierten Massen beträgt die Eigenschwingzeit 0.2 sec.

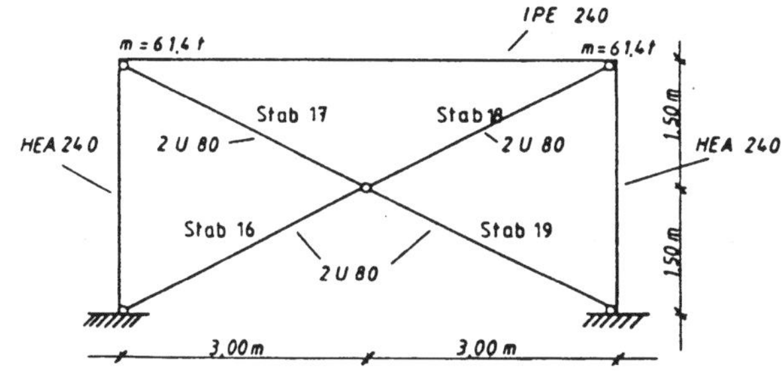


Bild 3.1: System

Das System wird durch folgendes künstliche Akzellerogramm (Bild 3.2), das mit Hilfe des Programms Simqke /16/ erzeugt wird, angeregt. Die maximale Bodenbeschleunigung beträgt 0.35 g und die Erdbebendauer 4 sec.

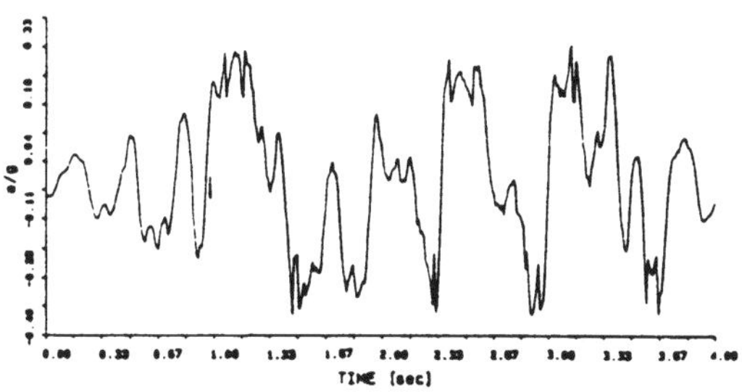

Bild 3.2: Künstliches Akzellerogramm, t=4 sec

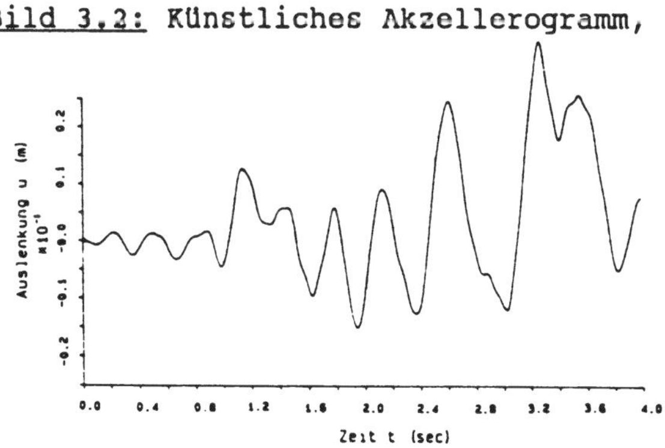


Bild 3.3: Verformungskurve für die obere Rahmenecke

Für die dynamische Berechnung werden die Diagonalen durch das in Kap 2.2.2 beschriebene Stabelement abgebildet.

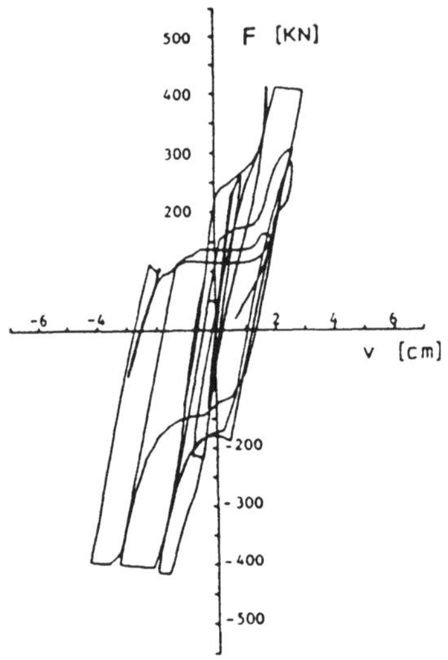


Bild 3.5: Last-Verformungskurve für die Rahmenecke

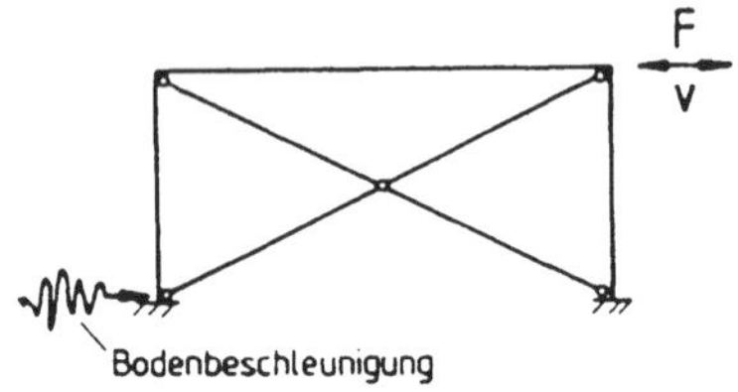


Bild 3.4: System unter Erdbebenbelastung

Bild 3.3 zeigt die Verformungskurve über der Zeit, Bild 3.5 die Last-Verformungshysterese, jeweils für die obere Rahmenecke (Bild 3.4). Der Amplitudenfaktor für die maximale Bodenbeschleunigung beträgt hierbei 0.8.

## 3.2 Fachwerkkuppel

Die Geometrie der Fachwerkkuppel entspricht der eines Ikosaeders, der durch zwölf Eckpunkte, welche alle auf einer umhüllenden Kugel liegen, gekennzeichnet ist. Dieser Ikosaeder wird 2-fach unterteilt und es ergibt sich eine Gesamtzahl von 71 Knoten und 230 Stäben (Bild 3.6).

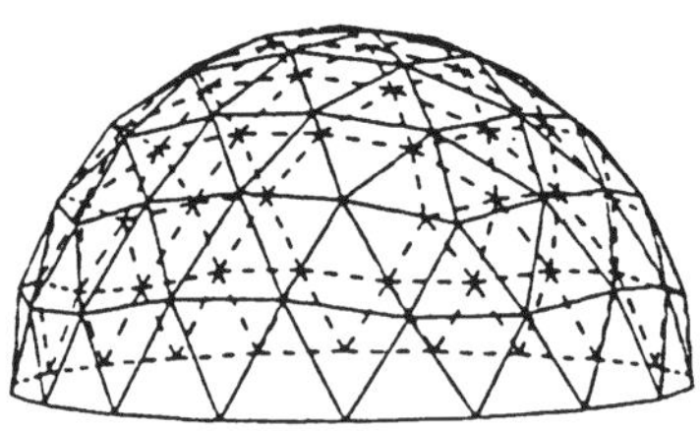

Bild 3.6: Fachwerkkuppel

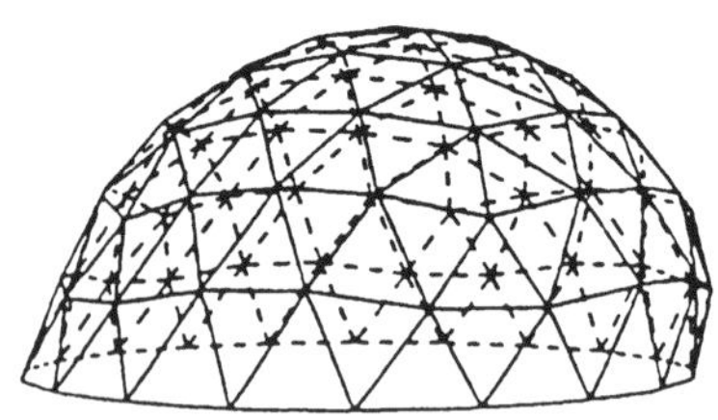

Bild 3.7: Verformung der Kuppel bei t=5.6 sec

Die Stäbe werden durch das in 2.2.2 beschriebene Knickstabelement abgebildet. Das System, dessen Eigenschwingzeit T=0.25 sec beträgt, wird durch das in Bild 3.8 dargestellte Akzellerogramm belastet.
In Bild 3.7 ist die Verformung der Kuppel zur Zeit t=5.6 sec dargestellt.

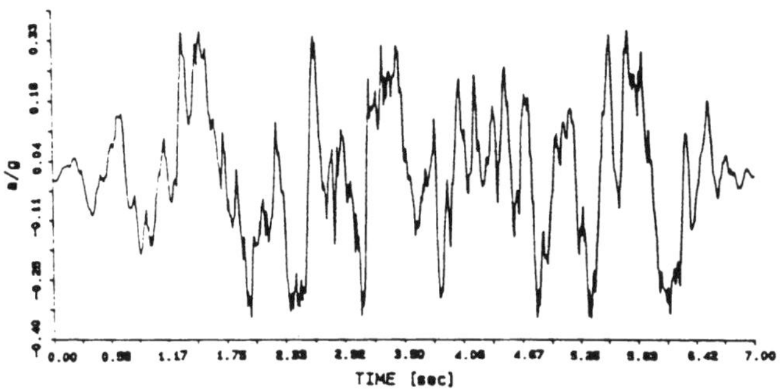


Bild 3.8: Künstliches Akzellerogramm, t=7 sec

## 3.3 System mit verformbaren Anschlüssen

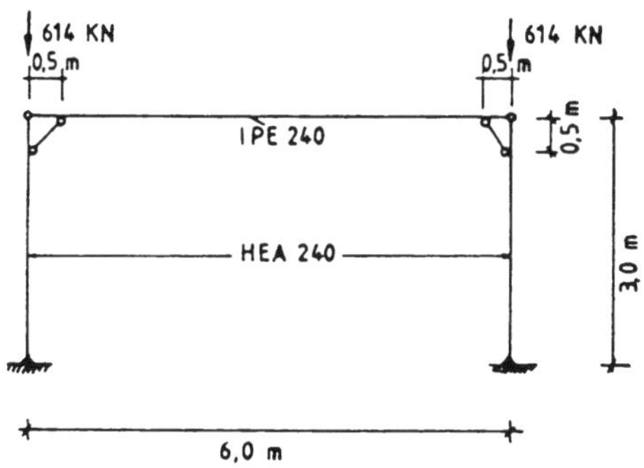


Bild 3.9: System und Belastung

Die Gewichtskräfte des Systems (Bild 3.9) sind so gewählt, daß sie das 0.33-fache der plastischen Normalkraft des Stützenquerschnitts ausmachen. Die Fläche der Fachwerkstäbe ist je 100 $cm^2$.
Das System wird durch das in Bild 3.8 dargestellte Akzellerogramm belastet.

### Materialgesetz für die Fachwerkstäbe:

Die Versuchsergebnisse aus /16/ sind für die gewählten Profile unter zyklischer Beanspruchung in Bild 3.10 dargestellt. Dieses Diagramm wird so idealisiert, daß es dem zyklischen Verhalten eines elastisch-plastisch linear verfestigten Werkstoffs entspricht (Bild 3.11). Mit der gewählten Fläche der Fachwerkstäbe kann nun eine Spannungs-Dehnungslinie ermittelt werden (Bild 3.12).

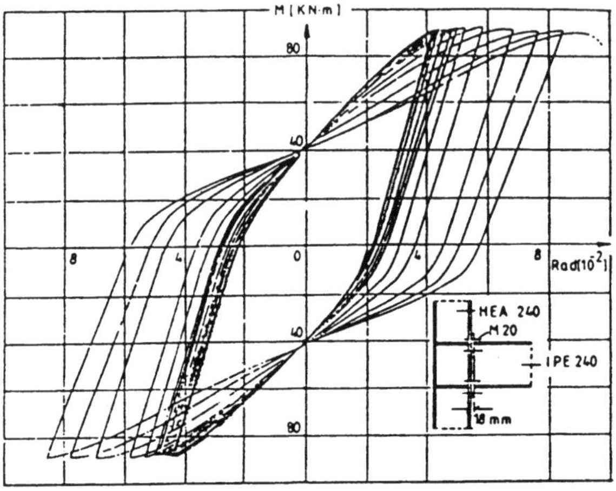


Bild 3.10: Versuchsergebnis unter zyklischer Belastung

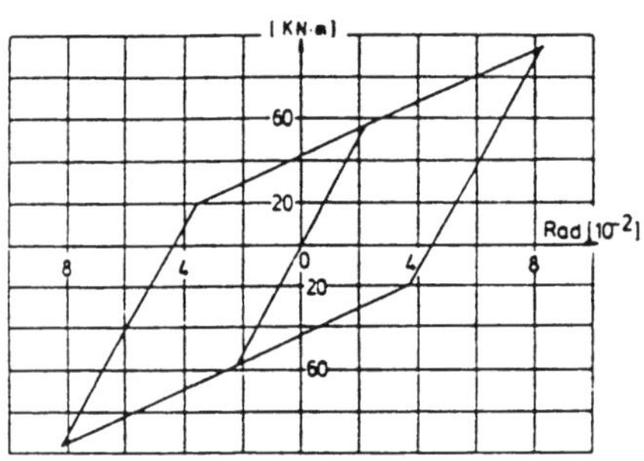


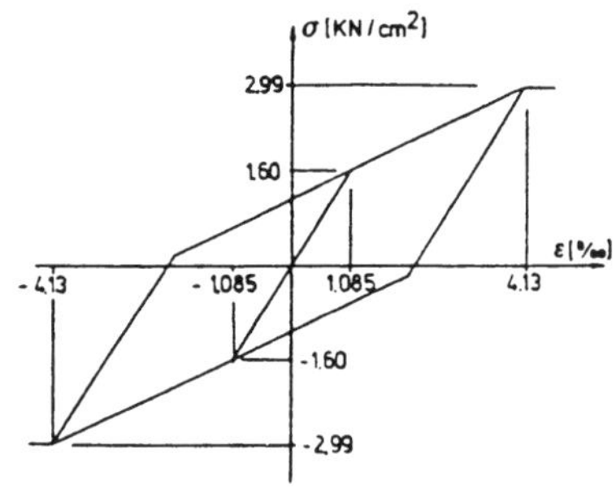


Bild 3.11: Idealisierte Versuchsergebnisse

Bild 3.12: Gerechnetes Materialgesetz

## Berechnungsergebnisse:

Die Ergebnisse werden verglichen mit einem System, dessen Anschlüsse starr ausgeführt werden. Die Eigenschwingzeiten betragen:

System mit biegeweichen Verbindungen T = 1.067 sec.

System mit starren Verbindungen T = 0.882 sec.

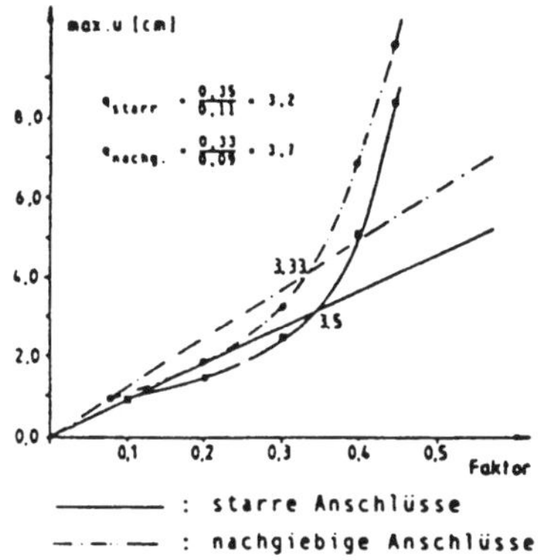


Bild 3.13: Berechnungsergebnisse

In Bild 3.13 sind für beide Systeme die maximalen Verformungen einer Rahmenecke für verschiedene Amplitudenfaktoren F dargestellt. Am unterschiedlichen Kurvenverlauf erkennt man, daß die verformbaren Anschlüsse das System zwar weicher machen, daß sie aber auch eine zusätzliche Dämpfung erzeugen.

## 4. Bestimmung von Verhaltensfaktoren q für die Normung

Im EC 8 /17/ ist das Antwortspektrumverfahren mit Verhaltensfaktoren q zum Nachweis eines Bauwerks unter Erdbebenbelastung zugelassen. Die Verhaltensfaktoren q erfassen dabei die Energiedissipation infolge hysteretischen Bauwerkverhaltens, und mit ihnen dürfen im Antwortspektrumverfahren die Erdbebenbeschleunigungen reduziert werden. Das Ziel der Arbeiten für den EC 8 ist die Bestimmung der Verhaltensfaktoren q für typische Konstruktionen.

Dazu wurden einerseits die Bauwerksreaktionen mit Hilfe der Simulationsprogramme und mit Hilfe von künstlichen Beschleunigungsverläufen, die die im EC 8 vorgegebenen Antwortspektren gerade füllen, ermittelt, andererseits die Bauwerksreaktionen nach der Antwortspektrummethode berechnet und beide Ergebnisse miteinander verglichen.

Die q-Faktoren werden derart bestimmt, daß beide Verfahren die gleichen Verformungsergebnisse im Grenzzustand liefern.

Um zu konvergierenden Werten zu kommen, müssen die Untersuchungen mit mindestens 5 verschiedenen Beschleunigungszeitverläufen, die mit Hilfe des Programms Simqke /15/ aus dem gefordertem Antwortspektrum z.B. aus /17/ ermittelt werden, durchgeführt werden (Bild 4.1).

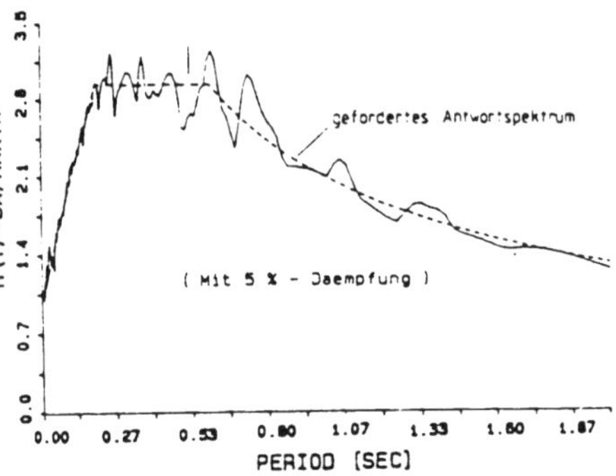


Bild 4.1 Antwortspektrum, ermittelt aus künstlichem Akzellerogramm

## 4.1 Methode zur Bestimmung von q-Faktoren

Die Ermittlung des q-Faktors nach Ballio /18,19/ läuft wie folgt ab:

1) Bestimmung des elastischen Grenzpunktes:
Die maximale Verschiebung eines Bezugspunktes und die Spannungsverteilung im System werden durch eine linear-elastische Berechnung nach dem Zeitschrittverfahren mit einem beliebigen Amplitudenfaktor F für die maximale Bodenbeschleunigung bestimmt. Damit wird ein Amplitudenfaktor $F_{fl}$ so bestimmt, daß an der am höchsten belasteten Stelle (kritische Stelle) während des Zeitverlaufs gerade die Fließspannung erreicht wird. Die zugehörende Verschiebung sei $\delta_{fl}$.
Durch den Faktor $F_{fl}$ und die Verschiebung $\delta_{fl}$ ist der elastische Grenzpunkt (Punkt A in Bild 4.2) bestimmt.

2) Bestimmung der elasto-plastischen Kurve:
Es werden eine Folge von Zeitverlaufsberechnungen durchgeführt, wobei für jede neue Berechnung der Amplitudenfaktor F gesteigert wird. Nichtlineare Effekte auf das Gleichgewicht, wie z.B. große Verschiebungen, große Ro-

tationen bei kleinen Verzerrungen und nicht-lineares Materialverhalten unter zyklischer Belastung, werden berücksichtigt.

Jede dieser Berechnungen liefert ein Wertepaar F-$\delta$ für die elastisch-plastische Kurve (Bild 4.2). Diese Kurve hat folgende Charakteristik:

- Zu Beginn der Plastizierung nimmt die Verschiebung $\delta$ mit wachsendem Amplitudenfaktor F nur unterlinear zu. Dies liegt an dem dämpfenden Einfluß der Energiedissipation infolge Plastizierung.
- Bei größer werdendem Amplitudenfaktor nimmt die Plastizierung weiter zu, bis sich plastische Gelenke ausbilden; die Steifigkeit des Systems nimmt bei der Ausbildung einer kinematischen Kette stark ab. In diesem Bereich wachsen die Verformungen bei nur geringen Erhöhungen von F schnell an und die elastisch- plastische Kurve schneidet die elastische Linie ( Punkt B in Bild 4.2). Der Punkt B hat die Koordinaten $F_q$ und $\delta_q$.

3) Der gesuchte Verhaltensfaktor q wird mit folgender Formel berechnet:

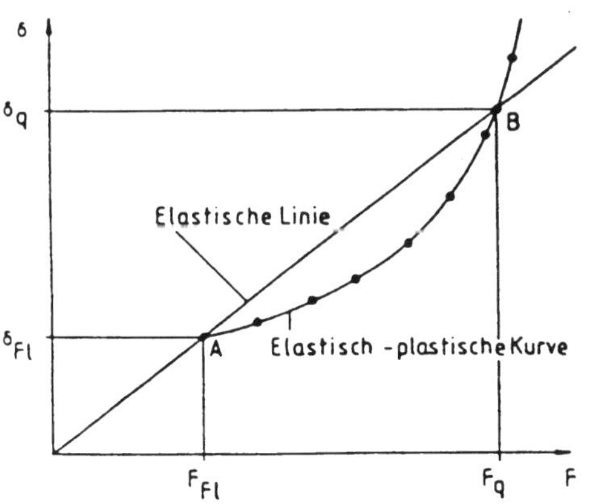


$$q = F_q/F_{fl} \quad \text{bzw.} \quad q = \delta_q/\delta_{fl}$$

Wie die graphische Darstellung des Verfahrens zeigt, wird der Zahlenwert des q-Faktors als Reduktionsfaktor für die Belastung und als Multiplikationsfaktor für Verformungen festgelegt.

<u>Bild 4.2:</u> Bestimmung des q-Faktors

Gegenüber dem vorhergenannten Grenzzustand des Stabilitätsversagens liegt der q-Faktor auf der sicheren Seite. In Bezug auf Low-Cycle-Fatigue muß ausreichende Sicherheit durch die Auswertung des Dehnungszeitverlaufs festgestellt werden.

## 4.2 Anwendung im Antwortspektrumverfahren

Es wird aus dem normierten elastischen Antwortspektrum $\beta_e(T)$ das Bemessungsspektrum $\beta(T)$ bestimmt:

$$\beta(T) = \beta_e(T) / q$$

Daraus ergeben sich durch Modalanalyse die statischen Ersatzlasten. Mit diesen Lasten werden die Schnittgrößen und Verformungen $\delta_i$ am elastischen System bestimmt. Die wirklichen Verformungen $\delta_{i,max}$ ergeben sich dann zu:

$$\delta_{i,max} = q \cdot \delta_i$$

## 4.3 Beispiele für q-Faktoren

In den Tabellen 4.1 und 4.2 sind nach obiger Methode ermittelte q-Faktoren für Systeme verschiedener Länge der Starkbebenphase t und die Periodendauer T der 1. Mode dargestellt. Bei den untersuchten Systemen handelt es sich entweder um einhüftige Mehrstockwerksrahmen, oder mehrhüftige Einstockwerksrahmen (Bild 4.3). In gleicher Weise werden Rahmen mit Kreuzverbänden variiert (Bild 4.4).

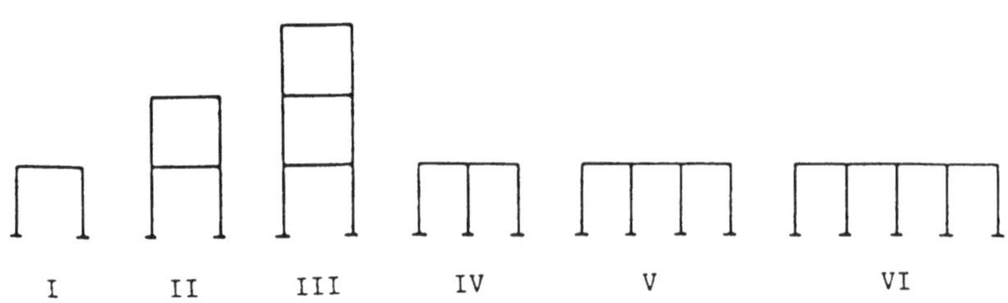


Bild 4.3: Untersuchte Rahmentragwerke

Die Ergebnisse für die untersuchten Rahmentragwerke ohne Kreuzverbände sind in Tabelle 4.1 aufgetragen.

| System | I | | | II | | | III | | IV | V | VI |
|---|---|---|---|---|---|---|---|---|---|---|---|
| t [sec] / T[sec] | 4 | 7 | 14 | 4 | 7 | 14 | 4 | 7 | 4 | 4 | 4 |
| 1.5 | 8.0 | 4.0 | 3.5 | 7.0 | 6.0 | 5.0 | 7.9 | 6.0 | - | - | - |
| 1.0 | 5.5 | 3.5 | 3.5 | 4.5 | 3.5 | 3.5 | 5.8 | 2.4 | - | - | - |
| 0.6 | - | 2.5 | - | - | 3.5 | - | 2.4 | 2.3 | 2.5 | 2.6 | 2.7 |
| 0.4 | - | 2.0 | - | - | 2.5 | - | 2.4 | 1.0 | - | - | - |
| 0.2 | - | 1.5 | - | - | 2.0 | - | - | - | - | - | - |

Tabelle 4.1: q-Faktoren für Rahmentragwerke

Es zeigt sich eine relative Unempfindlichkeit der q-Faktoren von der Länge der Starkbebenphase und der Eigenschwingzeit, die üblicherweise um T=1 liegt. Die Systemtopologie hat auch wenig Einfluß auf die q-Faktoren.

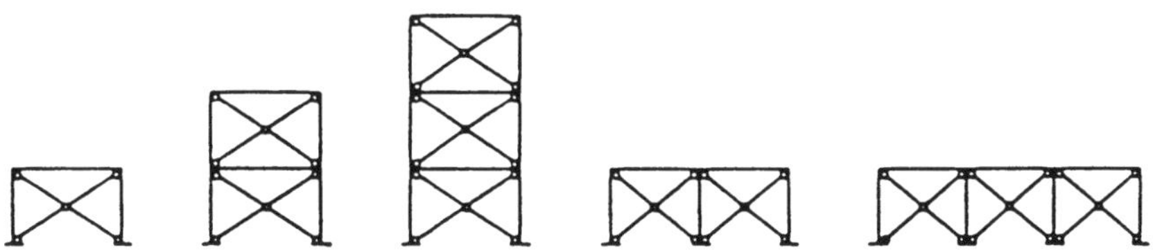

I II III IV V

Bild 4.4: Untersuchte Rahmentragwerke mit Kreuzverbänden

Die Ergebnisse der untersuchten Rahmentragwerke mit Kreuzverbänden sind in Tabelle 4.2 aufgetragen. Der Verlauf der $\delta$-F-Kurve ist bei diesen Strukturen wesentlich flacher als bei Rahmenstrukturen ohne Verbände, so daß die q-Werte dort weniger die Grenze zu instabilem Verhalten, als die Abweichung von der gewählten Verformungsbeziehung darstellt. Deshalb dürfen die q-Werte für Rahmen mit Verbänden größer als in Tabelle 4.2 angenommen werden, wenn durch die q-Werte die Absicherung gegen Stabilitätsverlust erfolgen soll.

| System | I | II | III | | IV | V |
|---|---|---|---|---|---|---|
| t [sec] / T [sec] | 7 | 7 | 4 | 4 | 4 | 4 |
| 0.2 | 1.5 | 2.0 | - | - | 1.0 | 1.0 |
| 0.3 | - | - | 1.6 | 1.8 | - | - |

Tabelle 4.2: q-Faktoren für Fachwerkstrukturen

## 5. Literaturverzeichnis

/1/ Sedlacek, G.; Lopetegui, J.; Spangemacher R.; Stutzki, CH.: Nichtlineare Berechnungen von Stabwerken aus Stahl. Nichtlineare Berechnungen im konstruktiven Ingenieurbau, Springer-Verlag Berlin Heidelberg New York Tokyo, 1989

/2/ Bathe K.J.: Finite-Elemente-Methoden, Springer-Verlag Berlin Heidelberg New York Tokyo, 1986

/3/ Sedlacek G.; Lopetegui J.: Stutzki Ch.; Saleh A.: Ein computerorientiertes Verfahren zur statischen Berechnung räumlicher Stabwerke unter Berücksichtigung nichtlinearer Effekte. Der Bauing.60 (1985) 297-305.

/4/ Lopetegui J.: Verfahren der orthogonalisierten Last-Verformungszustände zur Lösung nichtlinearer Probleme der Stabstatik. Heft 3 der Schriftenreihe des Lehrstuhls für Stahlbau der RWTH Aachen, Dissertation 1983

/5/ Wiedeck H. N.: Beitrag zur Ermittlung der Bauwerksantworten von Stahlbauten auf dynamische Erregungen bei Annahme elastisch-plastischen Materialverhaltens. Heft 1 der Schriftenreihe des Lehrstuhls für Stahlbau der RWTH Aachen, Dissertation 1982

/6/ Koo, M.S.: Untersuchung zum Einfluß der Bebendauer, Strukturausbildung und des Verhaltens von Verbindungen auf die Sicherheit von Stahlbauten bei Erdbebenbeanspruchungen. Heft 14 der Schriftenreihe des Lehrstuhls für Stahlbau der RWTH Aachen, Dissertation 1987

/7/ Yamada,M.: Ermüdungsbruchkriterien von verschiedenartigen Verbundstützen insbesondere ausbetonierten Stahlkastenstützen. Faculty of Engineering, Kobe University, Kobe Japan, (Manuskript 1985)

/8/ Ballio, G.; Perotti, F.: A finite element describing axially loaded members subjected to cyclic loads, Proc. of the Euromech. Colloqium 174 on Inelastic Structures under Variable Loads, Palermo, Italy 1983

/9/ Sanpaolesi, L. / Biolzi, L. / Tacchi, R.: On the behaviour of steel x-braced frames under seismic load. Universita di Pisa - Italy, 1984

/10/ Ballio, G.; Perotti, F.: Indagine sperimontale e simulazione numerica di controventi soggetti a cicli alterni di carico, C.T.A Collegio dei technici dell acciacio, X Convegno, 10. 1985

/11/ Mayer, R.: Diplomarbeit Lehrstuhl Stahlbau RWTH Aachen 1988

/12/ EUROCODE 3: Gemeinsame Regeln für Stahlbauten. Komission der Europäischen Gemeinschaften, 1983

/13/ Stutzki, Ch.: Traglastberechnung räumlicher Stabwerke unter Berücksichtigung verformbarer Anschlüsse. Heft 2 der Schriftenreihe des Lehrstuhls für Stahlbau der RWTH Aachen, Dissertation 1982

/14/ Stutzki Ch.; Lopetegui J; Sedlacek G.: Connections in Steel Structures; Seite 171 Semi-rigid connections in frames, trusses and grids.

/15/ Dario A. Gasparini; Erik H Vanmarcke: Simulated Earthquake Motions Compatible with Prescribed Response Spectra, Report of M.I.T., 1976

/16/ Indagina sperimentale sulla resistenza e duttilita di collegamenti strutturadi. Institute of constrution theory of the University of Pisa. Monografia 5

/17/ EUROCODE 8: Structures in seismic regions -design. Commission of the European Communities, 1988

/18/ Ballio, G.; Perotti, F.; Rampazzo, L.; Setti, P.: Determinazione del coefficiente di struttura per costruzioni metalliche soggette a carichi assiali. 2. Convegno nazionale l'ingegneria sismica in Italia, Rapallo 1984

/19/ Nensel, R.: Beitrag zur Bemessung von Stahlkonstruktionen unter Erdbebenbelastungen bei Berücksichtigung der Duktilität. Heft 7 der Schriftenreihe des Lehrstuhls für Stahlbau der RWTH Aachen, Dissertation 1986

# Biegedrillknick- und Traglasten von Trägern und Rahmen mit I-förmigen Querschnitten nach dem Fachwerkträgermodell

H.Friemann, K.Lichtenthäler und P.Schäfer

## 1. Einleitung

Die Entwicklung im Stahlbau, einerseits auf der Seite der Vorschriften DIN 18800, andererseits bei den Konstruktionen selbst, macht vermehrt den Nachweis der ausreichenden Sicherheit gegen räumliches Stabilitätsversagen erforderlich. Für die Berechnung der Biegedrillknicklasten von geraden Trägern kann auf eine Vielzahl von Veröffentlichungen zurückgegriffen werden. Für einfache Fälle wurden fertige Formeln und Nomogramme entwickelt, aber auch für komplizierter belastete und gelagerte Träger liegen inzwischen leistungsfähige Lösungsverfahren und Computerprogramme [1-2] vor. Daher dürfte es keine Schwierigkeiten mehr bereiten, für gerade Träger alle erforderlichen Biegedrillknicknachweise zu erbringen.

Rahmen dagegen werfen noch eine Reihe von Problemen auf. Der Versuch, den räumlichen Stabilitätsnachweis von Rahmen zu erbringen, indem man einzelne Stäbe herausschneidet und getrennt auf Biegedrillknicken untersucht, scheitert normalerweise am Problem der Randlagerungen, die für den herausgeschnittenen Stab anzusetzen sind [1]. Die wenigen Arbeiten, die bisher zur Berechnung der räumlichen Verzweigungs- und Traglasten von Rahmen veröffentlicht wurden [3-4], konnten die Probleme der praktischen Stabilitätsnachweise noch nicht befriedigend lösen.

In diese Lücke will das hier entwickelte 'Lösungsverfahren vorstoßen. Es ermöglicht die näherungsweise Berechnung der Biegedrillknick- und Traglasten von Trägern und Rahmen unter Einbeziehung der Querschnittsverformung.

## 2. Berechnungsverfahren

### 2.1 Allgemeines

Das hier angewandte Lösungsverfahren ist ein Näherungsverfahren und geht auf eine frühere Arbeit von Klöppel/Friemann/Reuschling [5] zurück. Es behandelt ausschließlich unverzweigte Stabzüge, gerade oder geknickte Träger, einstöckige und einfeldrige Rahmen u.a. Eine vergleichbare Lösung wurde auch in [6] entwickelt.

Das Berechnungsverfahren selbst wird hier nur in stark gekürzter Form beschrieben, soweit dies zum Verständnis der Ergebnisse erforderlich ist. Einzelheiten dazu, vor allem auch alle Formeln und Ableitungen, sind in [7-8] nachzulesen. Für die praktische Anwendung des Verfahrens ist es jedoch unbedingt erforderlich, den Grundgedanken der Lösung und alle damit verbundenen Näherungen und Annahmen zu kennen, um damit auch seine Grenzen einschätzen zu können.

### 2.2 Voraussetzungen des Systems

Das Lösungsverfahren wurde ganz speziell auf ebene, unverzweigte Stabtragwerke mit einfach- oder doppeltsymmetrischen I-Profilen zugeschnitten, um deren Verzweigungs- und Traglasten rechtwinklig zur Tragwerksebene zu berechnen. Die Gurte der Träger können beliebig verlaufen, so daß auch konische Stäbe oder Träger mit Vouten berücksichtigt werden können. Ein Wechsel der Querschnittsform ist ebenfalls zulässig, allerdings muß dann an der Übergangsstelle gewährleistet sein, z.B. durch einen Kopfplattenstoß, daß alle Schnittgrößen einschließlich der Torsionsschnittgrößen übertragen werden können.

Während in der früheren Arbeit [5] das zweigurtige Fachwerk noch den eigentlichen Ausgangspunkt des Näherungsverfahrens bildete, ist mit dieser Arbeit die Berechnung der räumlichen Traglasten von Fachwerken nicht mehr möglich. Durch die Einbeziehung des Plastizierens können die zwei Tragwerksarten nicht mehr wie bei der Ermittlung der Verzweigungslasten in eine gemeinsame Lösung einbezogen werden. Aus Zeitgründen mußte der Kreis der lösbaren Aufgaben enger gezogen werden.

## 2.3 Trennung der Beanspruchungsebenen

Das ebene Stabtragwerk kann in seiner Ebene und senkrecht dazu belastet und dementsprechend auch in beiden "Ebenen" stabilitätsgefährdet sein, wobei sich die Stabilitätsfälle gegenseitig beeinflussen. Hier wird jedoch vorausgesetzt, daß das Stabilitätsversagen senkrecht zur Tragwerksebene maßgebend ist. Dadurch wird es möglich, die Untersuchung der Gesamtbeanspruchung in einen "ebenen" und einen "räumlichen" Berechnungsteil aufzuspalten, siehe Bild 2.1.

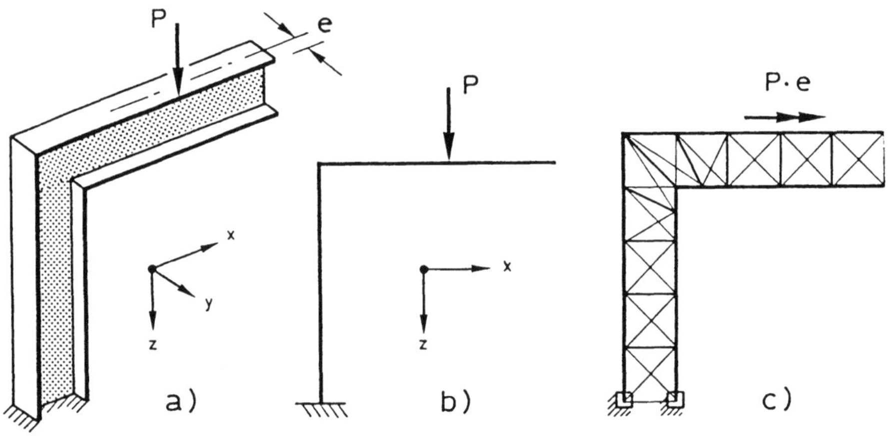


Bild 2.1. Ebenes Tragwerk; Aufspaltung der Belastung in einen b) ebenen und c) räumlichen Lastfall

Beide Berechnungsteile werden jedoch zweifach miteinander verkoppelt. Einmal werden die in der Tragwerksebene vorhandenen Lasten und Schnittgrößen als Eingangswerte in den räumlichen Berechnungsteil übernommen, außerdem wirkt sich das Plastizieren auf beide Berechnungsteile gleichermaßen aus.

## 2.4 Der elastische "ebene" Berechnungsteil

Der ebene Stabzug wird in Hauptstäbe $i$ mit den Hauptknoten $k$ eingeteilt, siehe Bild 2.2. Jeder Hauptstab muß gerade sein und einen konstanten Querschnitt aufweisen. Träger mit veränderlicher Querschnittshöhe sind daher in mehrere Hauptstäbe mit jeweils konstanten Querschnittswerten einzuteilen.

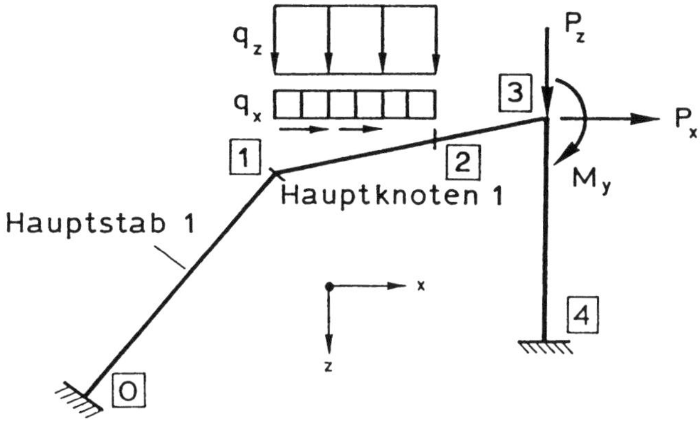


Bild 2.2 Einteilung des ebenen Stabzuges in Hauptstäbe i und Hauptknoten k.

Die Berechnung des ebenen Stabzuges wird nach dem Weggrößenverfahren II. Ordnung [9] durchgeführt. Dabei werden die Stablängenänderungen berücksichtigt, so daß die Systemmatrix für die unbekannten Weggrößen $\varphi_{y,k}$ / $u_k$ / $w_k$ als Bandmatrix geschrieben werden kann. An allen Hauptknoten des Stabzuges können beliebige Lagerungsbedingungen vorgegeben werden. Als Ergebnis dieser Berechnung erhält man die Schnittgrößen N, $M_y$ und $Q_z$ an jeder Stelle des Stabzuges.

## 2.5 Der elastische "räumliche" Berechnungsteil

Für den räumlichen Berechnungsteil werden die einfach- oder doppeltsymmetrischen I-Träger durch das Modell eines Fachwerkträgers (FWT) ersetzt, siehe Bild 2.3. Die Flansche der I-Träger werden den Gurten des FWT gleichgesetzt, die Stege werden durch Streben, Diagonalstäbe und zusätzliche starre Pendelstäbe in Stegmitte abgebildet. Letztere sind jedoch von untergeordneter Bedeutung und dienen nur dazu, den Steganteil der Axialkräfte N aufzunehmen.

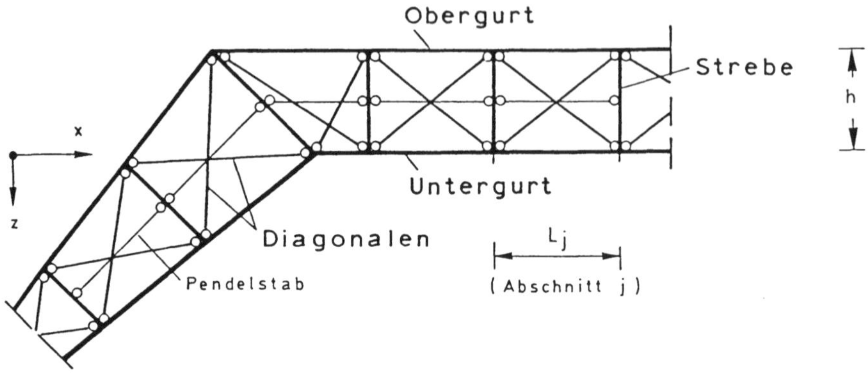


Bild 2.3. Aufteilung eines I-Trägers in die Stäbe des FWT-Modells

Jeder Hauptstab $i$ ist streng nach dem in Bild 2.3 gezeigten Schema einzuteilen. Die Bereiche zwischen zwei Streben werden als Abschnitte des FWT bezeichnet. Die Anzahl der Abschnitte pro Hauptstab ist nicht festgelegt, jedoch sollte man möglichst quadratische Felder ($L_j \simeq h$) für den FWT wählen.

Nur die Gurte und Streben des FWT gelten für den räumlichen Berechnungteil als biege- und torsionssteif an den Knoten angeschlossen. Die Streben $S_j$ ersetzen den Steg. Ihre Biegesteifigkeit errechnet sich aus der Querbiegesteifigkeit der Stegplatte [7]. Die Diagonalen werden normalerweise als dehnstarre Pendelstäbe vorgegeben. Sie können jedoch ebenfalls biegesteif angesetzt werden, wenn z.B. in einer Rahmenecke eine solche Einteilung des FWT gemäß Bild 2.3 gewählt wurde, daß eine Steife des Vollwandträgers zur Diagonalen des FWT wird. Auf diese Weise können Steifen oder Kopfplatten über die Biege- und Torsionssteifigkeit von Streben (oder Diagonalen) in die Berechnung des FWT rechtwinklig zu seiner Ebene einbezogen werden. Der FWT entspricht somit einem trägerrostartigen Stabtragwerk. Er wurde aber nur auf Grund seiner äußeren Ähnlichkeit mit einem Fachwerk als "Fachwerkträger" bezeichnet, seine Tragwirkung ist eine andere.

Die Schnittgrößen in der Tragwerksebene werden in Stabkräfte des FWT umgerechnet [7,8] und gehen so als Vorwerte in die räumliche Berechnung nach Theorie II. Ordnung ein. In gleicher Weise wird auch der unmittelbare Einfluß von Lasten in der Ebene auf das Biegedrillknicken berücksichtigt. Die Berechnung wird ebenfalls mit dem Weggrößenverfahren durchgeführt. Unbekannte Weggrößen sind die Verdrehungen $\varphi_{x,k}$ und $\varphi_{z,k}$ sowie die Verschiebungen $v_k$ aller Knoten.

Für den räumlichen Berechnungsteil sind zwei Zielrichtungen vorgesehen : zum einen die Berechnung der idealen Biegedrillknicklast, zum anderen die Berechnung der räumlichen Traglast infolge von Lasten oder Vorverformungen rechtwinklig zur Tragwerksebene.

## 2.6 Berücksichtigung plastischer Zonen

### 2.6.1 Spannungsermittlung

Das Plastizieren ist die 2. Klammer zwischen beiden Berechnungsteilen. Um den Beginn des Plastizierens festzustellen, werden die Spannungen in den Gurten aus allen Schnittgrößen, siehe Bild 2.4, ermittelt :

$$\sigma_o = -\frac{N}{A} - \frac{M_y}{I_y} \cdot |z_o| - \frac{M_{z,o}}{I_{z,o}} \cdot y \qquad (1)$$

$$\sigma_u = -\frac{N}{A} - \frac{M_y}{I_y} \cdot |z_u| - \frac{M_{z,u}}{I_{z,u}} \cdot y \qquad (2)$$

Der Einfluß der Querkraftschubspannungen wird vernachlässigt. St.Venant'sche Torsionsschubspannungen werden dagegen in den Gurten mitgenommen. Für den Fließbeginn in den Gurten wird somit die Vergleichsspannung $\sigma_v$ nach HUBER-MISES-HENCKY maßgebend, wobei ein bilineares Werkstoffgesetz ohne Verfestigungseinfluß vorausgesetzt wird. Sobald $\sigma_v$ die Fließgrenze erreicht, fällt der entsprechende Querschnittsbereich zur Aufnahme weiterer Beanspruchungen in beiden Berechnungsteilen aus. Die genaue Eingrenzung der plastizierten Bereiche kann nur iterativ erfolgen, wobei im ebenen und räumlichen Berechnungsteil unterschiedliche Verfahren gewählt werden.

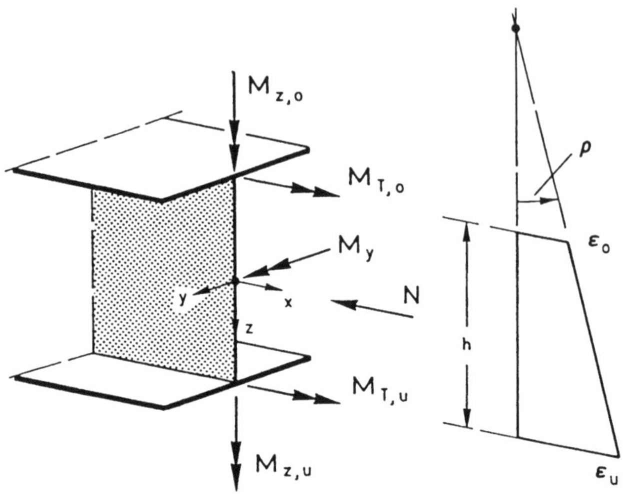


Bild 2.4. Schnittgrößen aus dem ebenen und räumlichen Berechnungsteil und die zugehörigen mittleren Dehnungen

**2.6.2 Plastizieren in der Tragwerksebene**

Traglastberechnungen in der Tragwerksebene sind nicht das Ziel dieser Arbeit. Der Einfluß des Plastizierens in der Tragwerksebene wird nur insoweit berücksichtigt, wie er zu Umlagerungen der Schnittgrößen im Vollwandträger führt, so daß sich die Stabkräfte des FWT als Eingangsgrößen zur räumlichen Traglastberechnung ändern. Bei der Anwendung dieses Näherungsverfahrens ist daher dann Vorsicht geboten, wenn primär ein ebenes Traglastproblem vorliegt, bei dem die Lasten rechtwinklig zur Tragwerksebene nur den Charakter von Störlasten haben und bei dem auch das Biegedrillknicken von untergeordneter Bedeutung ist.

Unter dieser Voraussetzung, daß die räumliche Traglast maßgebend ist, kann in der Tragwerksebene das Verfahren von KORKUT [10] mit effektiven Biegesteifigkeiten genutzt werden. Aus den resultierenden Dehnungen in den Flanschmitten des Vollwandträgers, siehe Bild 2.4, kann über den Krümmungsradius $\rho$ die effektive Biegesteifigkeit ermittelt werden :

$$E \cdot I_{y,eff} = - \frac{M_y}{\rho} = - M_y \cdot \frac{h}{\varepsilon_u - \varepsilon_o} \qquad (3)$$

Bei einem voll durchplastizierten Querschnitt ist $E \cdot I_{eff}$ nicht mehr definiert, so daß für Gl.(3) keine Konvergenz mehr zu erwarten ist. Plastische Gelenke in der Tragwerksebene sind daher auszuschließen, womit die obige Einschränkung, daß bei den hier untersuchten Systemen die Traglast rechtwinklig zur Tragwerksebene maßgebend sein sollte, zu begründen ist.

Aus der Querschnittsiteration erhält man an allen Abschnittsgrenzen des FWT die verbleibenden effektiven Biegesteifigkeiten. Zur Berechnung der neuen Grundformeln für den Hauptstab i ist daher ein veränderlicher Verlauf der Trägheitsmomente zu berücksichtigen, siehe Bild 2.5.

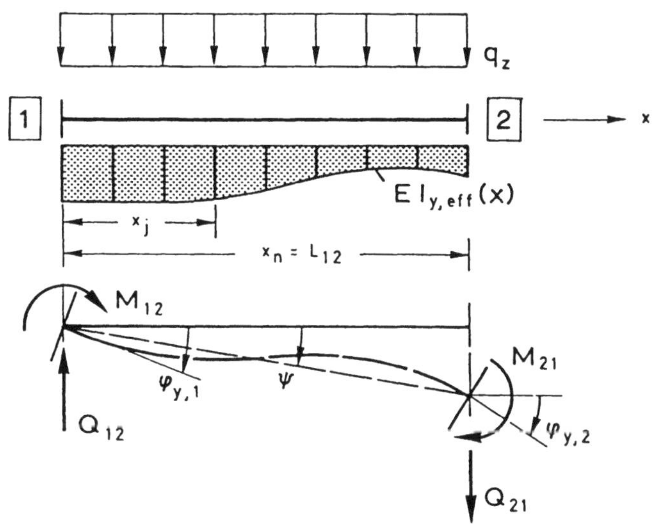


Bild 2.5. Veränderliche Biegesteifigkeiten in einem teilplastizierten Hauptstab

Die Grundformeln werden nach dem Kraftgrößenverfahren ermittelt, die dabei auftretenden Integrale werden numerisch integriert. Bezugsgröße ist die Biegesteifigkeit des ursprünglichen Querschnitts :

$$M_1 = \frac{E \cdot I_y}{L_{12}} \cdot [\, \alpha_1 \cdot \varphi_{y,1} + \beta \cdot \varphi_{y,2} - (\alpha_1 + \beta) \cdot \psi_{12} \,] + M_1^o \qquad (4)$$

$$M_2 = \frac{E \cdot I_y}{L_{12}} \cdot [\, \beta \cdot \varphi_{y,1} + \alpha_2 \cdot \varphi_{y,2} - (\alpha_2 + \beta) \cdot \psi_{12} \,] + M_2^o \qquad (5)$$

Der Einfluß der Theorie II. Ordnung auf diese Grundformeln wird über Korrekturfaktoren nur näherungsweise erfaßt : Es wird angenommen, daß der steifigkeitsmindernde Einfluß der Normalkraft N unabhängig vom Plastizieren ist. Die Korrekturfaktoren können dann dem bekannten Verhältnis der Koeffizienten $\alpha$ (bzw. $\beta$) nach Theorie I. und II. Ordnung für den elastischen Stab gleichgesetzt werden.

### 2.6.3 Plastizieren rechtwinklig zur Tragwerksebene

Wegen der angedeuteten Konvergenzschwierigkeiten bei der Vorgehensweise mit effektiven Biegesteifigkeiten wird hier ein anderer Weg gewählt. Dabei wird nochmals zwischen Streben und Gurten unterschieden.

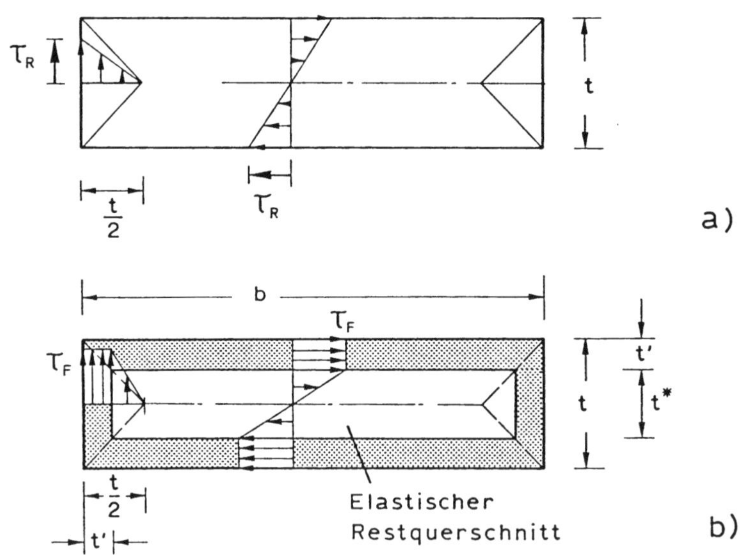


Bild 2.6. Verlauf der St.Venant'schen Torsionsschubspannungen im a) elastischen und b) teilplastizierten Rechteckquerschnitt

Das Plastizieren von Streben (und evtl. auch von Diagonalen) ist für die Traglast rechtwinklig zur Tragwerksebene von geringerer Bedeutung. Es kann daher in diesen Stäben durch die Vorgabe von Fließgelenken an den Stabenden ausreichend genau erfaßt werden.

In den rechteckigen Gurten wird das Plastizieren unter Berücksichtigung der St.Venant'schen Schubspannungen $\tau_I$, deren Verteilung im elastischen Bereich Bild 2.6a zeigt, genauer einbezogen. Die maximalen Schubspannungen treten an den Außenrändern auf und sind an den Längs- und Querrändern etwa gleich groß. Aus der Fließbedingung läßt sich eine abgeminderte Normalspannung $\sigma_T$ angeben, unter der Fließen in Abhängigkeit von $\tau_I$ eintritt :

$$\sigma_T = \sqrt{\beta_S^2 - 3 \cdot \tau_I^2} \tag{5}$$

Auf der Profilmittellinie ist $\sigma_T = \beta_S$. Zum Rand hin kann $\sigma_T$ auf Null abfallen, wenn allein infolge Torsion Fließen am Querschnittsrand auftritt. In diesem Fall verbleibt ein elastischer Restquerschnitt der Dicke $t^*$, siehe Bild 2.6b. Der plastische Anteil von $M_T$ wird von einem "Außenring" der Dicke $t'$ aufgenommen. Zur Aufnahme der Gurtkraft $N_o$ und des Biegemomentes $M_{z,o}$ im Obergurt (und entsprechend im Untergurt) verbleibt der elastische Restquerschnitt nach Bild 2.6b mit über die Dicke $t^*$ veränderlicher Fließgrenze $\sigma_T$. Hieraus wird jedoch ein konstanter Mittelwert errechnet.

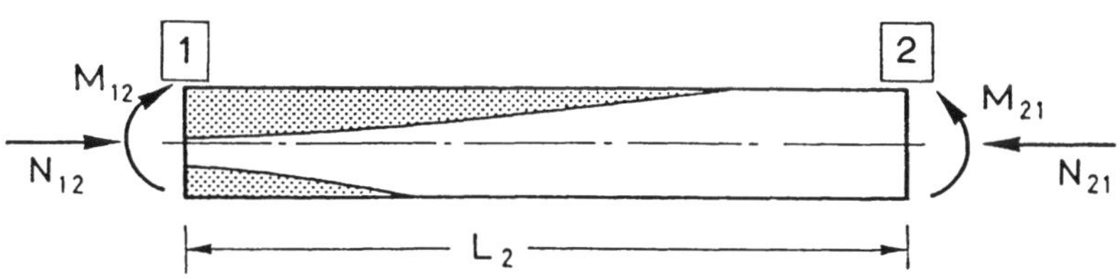


Bild 2.7. Teilplastizierter Gurtstab des FWT

Fließen infolge $N_o+M_{z,o}$ wird bei gleichbleibender Dicke $t^*$ durch eine Verminderung der Breite $b$ auf $b^*$ berücksichtigt, so daß im teilplastizierten Obergurt z.B. eine elastische Restbiegesteifigkeit der Größe $E \cdot I_r = E \cdot b^{*3} \cdot t^*/12$ verbleibt. Auch diese Größe kann über die Gurtlänge in jedem Abschnitt des FWT veränderlich sein, siehe Bild 2.7.

Zur Herleitung der Grundformeln für teilplastizierte Gurte hat sich der folgende Weg als günstigste Lösung erwiesen : Aus den Momenten und Normalkräften an den Enden 1 und 2 eines Gurtstabes werden mit Hilfe einer Interaktionsbeziehung für teilplastizierte Rechteckquerschnitte zwei Ersatzmomente $m_1^*$ und $m_2^*$ ermittelt, die im Stab die gleiche Steifigkeitsminderung bewirken wie die vorgegebenen Schnittgrößen. Der genaue Verlauf dieser Ersatzmomente über die Stablänge wird linear angenähert. Dadurch gelingt es, die reduzierte Biegesteifigkeit $E \cdot I_r(x)$ in Abhängigkeit von diesen Ersatzmomenten so zu schreiben, daß eine geschlossene Lösung der Diffgl. $(E \cdot I_r(x) \cdot v'')'' = 0$ nach Theorie I. Ordnung möglich ist [7]. Die Grundformeln für den teilplastizierten Gurtstab haben die gleiche Form wie die Gln.(3) und (4), wobei der Einfluß der Theorie II. Ordnung wiederum über Korrekturfaktoren gemäß Kap.2.6.2 berücksichtigt wird.

Die genaue Ermittlung der plastischen Zonen im räumlichen Berechnungsteil bildet den inneren Zyklus der Querschnittsiteration. Im äußeren Zyklus ist eine eventuelle Umlagerung der Schnittgrößen in der Tragwerksebene zu erfassen.

## 3. Iteration der Grenzlasten

### 3.1 Ideale Biegedrillknicklast

In diesem Programmteil werden die Lasten in der Tragwerksebene solange gesteigert, bis Biegedrillknicken eintritt, wobei ein rein elastisches Werkstoffverhalten vorausgesetzt wird. Ein Teil der Belastung (z.B. das Eigengewicht) kann auch von der Laststeigerung ausgenommen werden. Eigenwert und Eigenvektor liefern auch dann, wenn die räumliche Traglast eines Trägers oder Rahmens berechnet werden soll, ein wichtiges Hilfsmittel zur Beurteilung seines Tragverhaltens.

### 3.2 Traglast

Sobald Lasten oder Vorverformungen senkrecht zur Tragwerksebene vorgegeben sind, kann die Traglast ermittelt werden. Im 1. Schritt wird die elastische Grenzlast berechnet. Anschließend wird die Belastung weiter gesteigert, wobei auf jeder weiteren Laststufe die Querschnitts- und Steifigkeitsiterationen solange durchgeführt werden müssen, bis im Rahmen einer vorgegebenen Genauigkeit Konvergenz eintritt. Als Konvergenzkriterium wird die Verschiebung eines Bezugsknotens rechtwinklig zur Tragwerksebene gewählt. Konvergiert diese Verschiebung und wird auch der 1. Eigenwert der neuen Steifigkeitsmatrix des teilplastizierten Gesamtsystems nicht überschritten, so ist die zugehörige Laststufe stabil. Die Belastung kann weiter gesteigert werden. Bei Divergenz wird der Lastzuwachs von der letzten stabilen Laststufe aus verringert, bis eine neue stabile Laststufe gefunden ist. Diese Iteration läuft im Lösungsprogramm automatisch ab und führt meist nach wenigen Laststufen auf die Traglast.

## 4. Zahlenbeispiele

### 4.1 Einführung

Die in [7-8] angegebenen Beispiele sollen hier nicht wiederholt werden. Es werden zwei neue Beispiele aufgegriffen, von denen insbesondere das erste für den Stabilitätsnachweis von Hallenrahmen aufschlußreich sein dürfte. Zugleich sollen damit die Anwendungsmöglichkeiten dieses Näherungsverfahrens auf die Stabilitätsnachweise der Praxis verdeutlicht werden.

### 4.2 Hallenrahmen mit großer Spannweite

#### 4.2.1 System

Bild 4.1 zeigt den Rahmen mit seinen Abmessungen und Belastungen. Die Gurtabmessungen der Stütze 0-1 und des Riegels 1-3 betragen 30x3 cm, im Mittelbereich 3-6 dagegen 22x2 cm. Die Steghöhe (jeweils senkrecht zur Schwerachse gemessen) nimmt in der Stütze 0-1 von 40 cm auf 130 cm zu und geht im Riegel 1-3 von 130 cm wieder auf 60 cm zurück, die Stegdicke in beiden Stäben beträgt 1,50 cm. Im Mittelbereich 3-6 sind die Stegabmessungen mit 60x1,0 cm konstant.

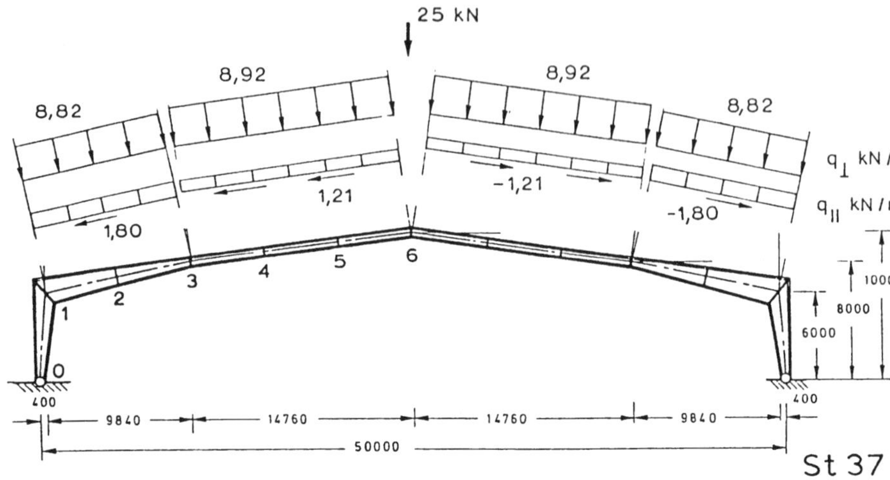


Bild 4.1. System und Belastung des Hallenbinders

### 4.2.2 Biegedrillknicken bei unterschiedlichen seitlichen Halterungen der Gurte

Normalerweise werden Hallenrahmen dieser Art am Obergurt des Riegels durch die Dachpfetten gegen seitliche Verschiebungen gehalten. Der Untergurt dagegen ist in seinem Druckbereich seitlich nicht gehalten und löst das Biegedrillknicken aus.

Zunächst wird untersucht, wie groß die Sicherheit $\eta_{Ki}$ der in Bild 4.1 vorgegebenen Lasten gegen Biegedrillknicken ist und welchen Einfluß zusätzliche seitliche Halterungen am Untergurt des Riegels haben, siehe Tabelle 4.1. Zur Interpretation der Ergebnisse ist die Knickbiegelinie nach Bild 4.2 erforderlich. Sie zeigt, daß bei diesem Rahmen fast ausschließlich der Untergurt des Riegels über seine ganze Länge seitlich ausweicht. Die maximalen Verschiebungen treten nahe am Momenten-Nullpunkt auf ! Ein Biegedrillknicknachweis für den Riegel 1-3 in Form eines gabelgelagerten Einfeldträgers würde daher auf der unsicheren Seite liegen. Die Verschiebungen in der Rahmenecke sind gering, so daß eine zusätzliche Halterung des Untergurtes in der Ecke 1 die Verzweigungsgrenze kaum anheben (Zeile 2 in Tabelle 4.1) kann.

Tabelle 4.1. Biegedrillknicklasten bei unterschiedlichen seitlichen Halterungen (Lastfaktoren $\eta_{Ki}$)

| Zeile | Seitliche Halterungen (symmetrisch zur Achse 6) am Obergurt in den Knoten | am Untergurt in den Knoten | $\eta_{Ki}$ |
|---|---|---|---|
| 1 | 1 2 3 4 5 6 | | 1,3465 |
| 2 | 1 2 3 4 5 6 | 1 | 1,4362 |
| 3 | 1 2 3 4 5 6 | 3 | 2,4008 |
| 4 | 1 2 3 4 5 6 | 6 | 1,4531 |
| 5 | 1 2 3 4 5 6 | 2 3 | 3,1423 |
| 6 | 1 2 3 4 5 6 | 2 3 4 | 3,1893 |
| 7 | 1 2 3 4 5 | | 1,3163 |
| 8 | 1 2 4 5 6 | 3 | 2,0358 |

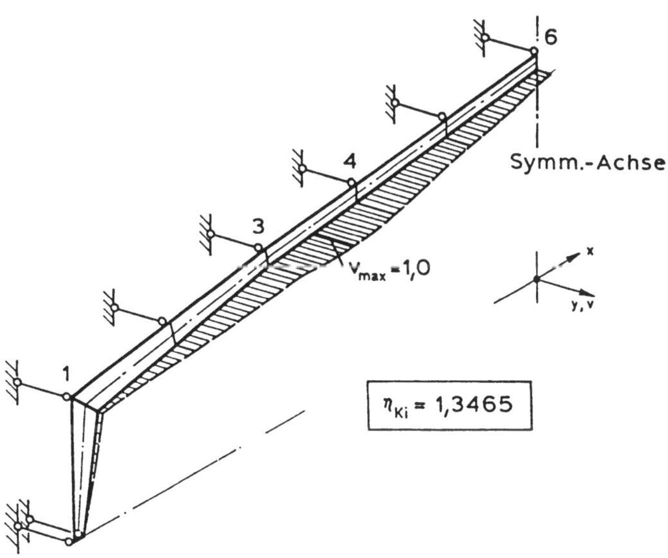


Bild 4.2. Knickbiegelinie zum Rahmen nach Bild 4.1

Den größten Einfluß auf die Biegedrillknicklast hat eine seitliche Halterung am Untergurt im Knoten 3 oder 4 (Zeile 3 in Tabelle 4.1). Durch eine Halterung im Punkt 3 wird die Maximalordinate der Knickbiegelinie nahezu auf Null zurückgedrückt. In diesem Fall ergibt sich eine zweiwellige Verschiebung des Untergurtes im Bereich 1-6, die Knickfigur bleibt aber insgesamt symmetrisch. Durch weitere Halterungen am Untergurt läßt sich die Biegedrillknicklast weiter anheben (Zeilen 5 und 6 in Tabelle 4.1), die Knickbiegelinien werden antimetrisch über den Gesamtrahmen. In allen Fällen bleiben die Verschiebungen in der Stütze um den Faktor 10 oder mehr kleiner als die Riegelverschiebungen.

### 4.2.3 Biegedrillknicklasten bei unterschiedlichen Gurtbreiten

In einer zweiten Variationsreihe werden die Gurtbreiten verändert, um die Biege- und Torsionssteifigkeiten der Gurte zu erhöhen, siehe Tabelle 4.2. Die seitlichen Lagerungen entsprechen Zeile 1 in Tabelle 4.1.

Tabelle 4.2. Biegedrillknicklasten bei unterschiedlichen Gurtbreiten (Lastfaktor $\eta_{Ki}$ )

| Zeile | Abmessungen der Gurte (cm) | | | | | | $\eta_{Ki}$ |
|---|---|---|---|---|---|---|---|
| | Stab 0-1 | | Stab 1-3 | | Stab 3-6 | | |
| | Oberg. (Zug) | Unterg. (Druck) | Oberg. (Zug) | Unterg. (Druck) | Oberg. (Druck) | Unterg. (Zug) | |
| 1 | 30x3 | 30x3 | 30x3 | 30x3 | 22x2 | 22x2 | 1,3465 |
| 2 | 30x3 | 30x3 | 30x3 | 33x3 | 22x2 | 22x2 | 1,6281 |
| 3 | 30x3 | 30x3 | 30x3 | 35x3 | 22x2 | 22x2 | 1,9057 |
| 4 | 30x3 | 30x3 | 35x3 | 30x3 | 22x2 | 22x2 | 1,3192 |
| 5 | 30x3 | 30x3 | 35x3 | 35x3 | 22x2 | 22x2 | 1,4968 |
| 6 | 30x3 | 30x3 | 30x3 | 30x3.5 | 22x2 | 22x2 | 1,9275 |
| 7 | 30x3 | 30x3 | 30x3 | 30x3 | 26x2 | 22x2 | 1,7832 |
| 8 | 30x3 | 30x3 | 30x3 | 30x3 | 22x2 | 26x2 | 1,3798 |
| 9 | 30x3 | 30x3 | 30x3 | 30x3 | 26x2 | 26x2 | 1,5510 |
| 10 | 30x3 | 35x3 | 30x3 | 30x3 | 22x2 | 22x2 | 1,3444 |

Am stärksten lassen sich die Biegedrillknicklasten erhöhen, wenn der jeweilige Druckgurt im Riegelbereich verstärkt wird. Dagegen kann eine Verstärkung des Zuggurtes die Biegedrillknicklast sogar vermindern. Eine Gurtverbreiterung in der Stütze hat bei diesem Rahmen so gut wie keinen Einfluß, im Gegenteil überwiegen in der Knickfigur die Riegelverschiebungen noch stärker.

#### 4.2.4 Traglasten

Traglastberechnungen von Rahmen anstelle von Stabilitätsnachweisen sind in EDIN 18800 noch nicht geregelt. Vor allem fehlen die Angaben über Form und Größe der Vorverformungen, die senkrecht zur Tragwerksebene anzusetzen sind. Der nachfolgend gewählte Ansatz ist daher nicht als maßgebend anzusehen. Das Beispiel kann nur die grundsätzliche Möglichkeit des Traglastnachweises aufzeigen.

Hier wird speziell der Fall herausgegriffen, bei dem im Untergurtknoten 3 eine zusätzliche seitliche Halterung vorhanden ist. Entsprechend der Knickbiegelinie für diesen Lagerungsfall wird eine Vorverformung gewählt, bei der die Untergurtknoten 1 und 6 jeweils um das gleiche Maß aus der Tragwerksebene heraus verschoben werden, allerdings mit entgegengesetztem Vorzeichen. Zwischen diesen Knoten verlaufen die Verschiebungen der Untergurte 0-1,1-3 und 3-6 linear.

Tabelle 4.3. Traglastfaktoren für den im Untergurtknoten 3 zusätzlich gehaltenen Rahmen

| Zeile | Vorverformungen $v_1^* = -v_6^*$ | $\eta_{Ki}$ | $\eta_{el}$ | $\eta_{Tr}$ |
|---|---|---|---|---|
| 1 | 2,5 cm | | 1,476 | 1,681 |
| 2 | 5,0 cm | 2,4008 | 1,119 | 1,544 |
| 3 | 7,5 cm | | 0,972 | 1,428 |

### 4.3 Gekrümmter Hallenbinder

#### 4.3.1 System

In [11] wurde ein Schadensfall untersucht, der an gekrümmten Bindern von Unterstellhallen eingetreten war. Die Untersuchung wurde theoretisch nach der Energiemethode und auch versuchsmäßig an Modellen durchgeführt. Bild 4.3 zeigt den Modellträger, der in Form und Größe mit dem Originalbinder zwar nicht übereinstimmte, an dem sich aber dennoch die eigentliche Schadensursache aufzeigen ließ.

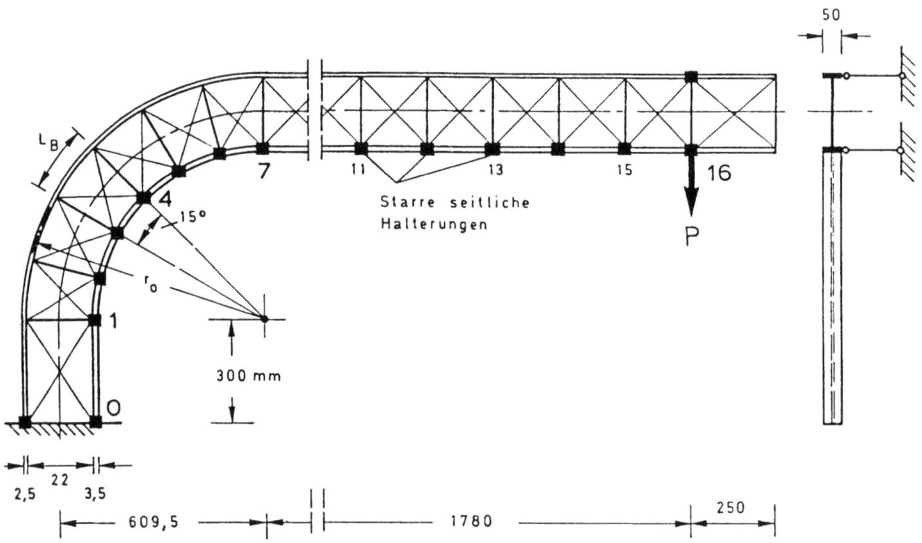


Bild 4.3. System des gekrümmten Hallenbinders

#### 4.3.2 Biegedrillknicken

Die Ergebnisse für die Biegedrillknicklasten wurden bereits in [5] mit Hilfe des FWT nachgerechnet, so daß dieser Teil der Gegenüberstellung hier sehr kurz behandelt werden kann. Kennzeichnend für den Biegedrillknickvorgang ist das starke seitliche Ausweichen des Obergurtes als Zuggurt im Bereich des Bogens, siehe Bild 4.4a, während der Untergurt als Druckgurt über seine ganze Länge gegen seitliches Verschieben gehalten ist. Auffallend ist die starke Querschnittsverformung im Bereich des Bogens, siehe Bild 4.4b, wobei auch hierfür fast identische Ergebnisse wie in [11] erhalten wurden.

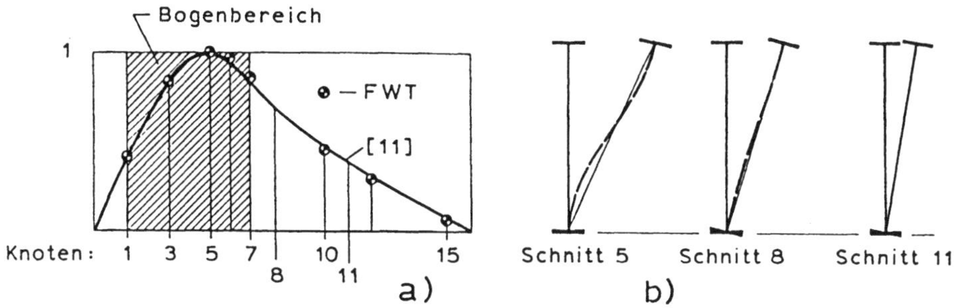


Bild 4.4 a) Seitenverschiebung des Obergurtes;
b) Querschnittsverformungen.

Aus den Axialkräften in den Gurten ergeben sich Umlenkkräfte, die als Druckkräfte in die Streben eingehen und die für die Instabilität des Binders maßgebend sind. In [11] wurde näherungsweise für den gesamten Bereich des Bogens ein konstantes mittleres Moment angesetzt, aus dem die Radialkräfte im Steg zu $q_r = M/(h \cdot r_o)$ berechnet wurden, wobei für $r_o$ der Außenradius des Bogens eingesetzt wurde. Übernimmt man diese Radialkräfte in das FWT-Modell, so errechnen sich im Bogenbereich die Strebenkräfte zu $S_B = q_r \cdot L_B = 2{,}2 \cdot P$ und man erhält eine kritische Laststufe von $P_{Ki} = 1{,}04$ kN gegenüber 1,01 kN in [11]. Werden die Momentenverteilung und auch die Strebenkräfte genauer ermittelt, so fällt die Verzweigungslast auf $P_{Ki} = 0{,}886$ kN ab.

### 4.3.3 Traglast des unausgesteiften Modells

Zur Berechnung der Traglast wurde eine über seine Länge zweiwellige seitliche Vorverformung des Obergurtes vorgegeben. Die Maximalordinaten in den Knoten 4 und 13 betrugen $\pm 4$ mm. Das FWT-Modell lieferte hierfür mit denselben Strebenkräften von $S_B = 2{,}2 \cdot P$ eine Traglast von $P_{Tr} = 0{,}948$ kN. Bild 4.5 zeigt die Lastverformungskurve für den Obergurtknoten 4 im Vergleich zu [11]. Plastizieren trat erst kurz unterhalb der Verzweigungsgrenze in einer Strebe im Bogenbereich auf. Dadurch fiel die Steifigkeit des elastischen Restsystems unter die kritische Größe ab.

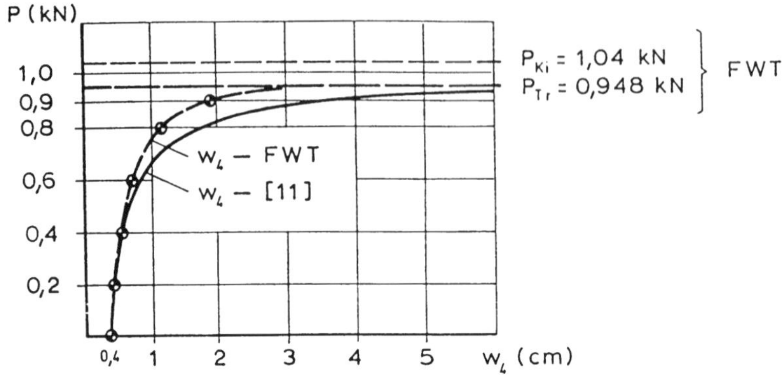


Bild 4.5. Lastverformungskurve des Obergurtknotens 4

**4.3.4. Traglast des ausgesteiften Systems**

In einem weiteren Modellversuch [11] wurde durch 7 große Radialsteifen im Bogenbereich (Schnitte 1-7 nach Bild 4.3) die Querschnittsverformung verhindert. Die Verzweigungslast stieg auf $P_{Ki} = 12{,}9$ kN an. Mit derselben zweiwelligen Vorverformung mit den Maximalordinaten von $\pm 4$ mm ergab sich die rechnerische elastische Grenzlast zu $P_{el} = 3{,}73$ kN. Das erste Fließen stellte sich am Knoten 7 des Untergurtes ein. Die Quermomente im Steg wirken in der Art von "Krempelmomenten" auf den gekrümmten Untergurt und werden dort über Biegemomente weitergeleitet, die am Übergang zwischen Bogen und Gerade ein Maximum annehmen.

Die rechnerische Traglast lag bei $P_{Tr} = 4{,}20$ kN im Vergleich zur Versuchslast von 3,70 kN. Diese Ergebnisse sind aber nur bedingt miteinander vergleichbar, da die im Versuchsträger vorhandenen Vorverformungen unbekannt waren.

Die rechnerische Traglast wurde durch Fließen im Obergurt $O_1$ an der Einspannstelle begrenzt. Im Untergurt $U_1$ lag wegen der größeren Blechdicke die Druckspannung noch unter der Fließgrenze, sie begrenzte aber im Versuch die Traglast durch örtliches Ausbeulen dieses Gurtes.

1) Friemann, H.: Der Computereinsatz in der Lehre am Beispiel des Biegedrillknickens. In : Festschrift W.Uhlmann, TH Darmstadt Schriftenreihe Wissenschaft und Technik Band 40, 1988.

2) Schroeter, H.: Berechnung idealer Kipplasten von Trägern linear veränderlicher Höhe mit Hilfe Hermite'scher Polynome. Mitt. Institut für Bauingenieurwes. TU München, H.5-1, 1980.

3) Ackerman, T.: Traglastberechnung räumlicher Rahmen aus Stahl- oder Leichtmetallprofilen mit dünnwandigem, offenem Querschnitt. Schriftenreihe H.5, TH Karlsruhe 1981.

4) Osterrieder, P.: Traglastberechnung von räumlichen Stabtragwerken bei großen Verformungen mit finiten Elementen. Diss. Uni. Stuttgart 1983.

5) Klöppel, K.; Friemann, H.; Reuschling, D.: Beitrag zur Berechnung der Stabilität beliebig gelagerter zweigurtiger Fachwerkträger oder Vollwandträger mit Querschnittsverformung gegen Ausweichen aus der Tragwerksebene. Veröfftl. Inst. Statik und Stahlbau TH Darmstadt, H.8, 1969.

6) Stoverink, H.: Beitrag zur Ermittlung der Gesamtstabilität von Hallenrahmen unter Berücksichtigung von Vouten und Steifen. Diss. TH Aachen 1985.

7) Lichtenthäler, K.: Die Traglastberechnung ebener, räumlich beanspruchter Rahmentragwerke mit Hilfe eines Fachwerkträgermodells. Diss. TH Darmstadt 1987

8) Friemann, H.; Lichtenthäler, K.; Schäfer, P.: Biegedrillknicklasten und Traglasten von ebenen Stabtragwerken mit I förmigen Querschnitten. Stahlbau 57(1988) 229-236.

9) Friemann, H.: Das Weggrößenverfahren zur Berechnung ebener Stabtragwerke nach der Elastizitätstheorie II.Ordnung. Veröfftl. Institut für Stahlbau und Werkstoffmech. TH Darmstadt (in Vorber.).

10) Korkut, Ü.: Traglastuntersuchungen ebener Rahmen aus Stahl unter Berücksichtigung teilplastizierter Zonen. Diss. Uni. Karlsruhe 1978.

11) Klöppel, K; Möll, R.: Die Instabilität des Zuggurtes gekrümmter I-Träger unter Berücksichtigung der Querschnittsverformung. Der Stahlbau 36(1967) 129-139.

# Die Anwendungen der verallgemeinerten technischen Biegetheorie im nichtlinearen Beulbereich

Schardt, R. und Zhang, X.

## 1 Einführung

Im Rahmen des Schwerpunktprogramms "Nichtlineare Berechnung im Konstruktiven Ingenieurbau" wurden im Institut für Statik der Technischen Hochschule Darmstadt überwiegend Probleme aus dem Gebiet der dünnwandigen Stahlkonstruktionen bearbeitet. Werkstoffverursachte Nichtlinearitäten spielen hierbei eine untergeordnete Rolle. Die Betonung lag auf der Erfassung des geometrisch nichtlinearen aber elastischen Verhaltens nach Überschreiten des Verzweigungspunktes. Nur wenn ebene Teile ohne Randsteifen oder Randlagerung beteiligt waren, wurde eine zusätzliche Untersuchung mit einem Flißlinien-Model herangezogen.

Die Verallgemeinerte Technische Biegetheorie (VTB) beschreibt das Verhalten von dünnwandigen prismatischen Tragwerken mit gewöhnlichen Differentialgleichungen 4. Ordnung [1]. Die Koeffizienten haben die gleiche Bedeutung, wie sie von der Biegung und der Wölbkrafttorsion her bekannt sind. In der Theorie I. Ordnung können die Differentialgleichungen in den meisten Anwendungen als entkoppelt betrachtet werden. Sie sind vom Typ

$$E\,^kC\,^kV'''' - G\,^kD\,^kV'' + \,^kB\,^kV = \,^kq \tag{1.1}$$

Längung, Biegung und Wölbkrafttorsion werden bei ungelagerten Querschnitten durch die ersten vier dieses Satzes von Differentialgleichungen ($k = 1,2,3,4$) dargestellt. Die weiteren ($k \geq 5$) beschreiben die Profilverformungen.

Verallgemeinerte Begriffe hierin sind:

1. Die Verformungsresultante $^kV$ (Amplitude der modalen Ansatzfunktionen)
2. Die Modalformen $^k\delta(s)$ mit den Komponenten $^kf(s)$ rechtwinklig zur Profilmittellinie (Bild 1)
3. Die Wölbfunktion $^ku$ aus $^kV' = 1$
4. Die verallgemeinerten Widerstände mit den Definitionen:

$$^kC = \int_A {^ku^2}\,\mathrm{d}A + \frac{1}{K}\int_s {^kf^2}\,\mathrm{d}s \qquad \text{(Wölbwiderstand)} \tag{1.2}$$

$$ {}^kD = \frac{1}{3}\int {}^k\dot{f}^2 \cdot t^3\,\mathrm{d}s + \frac{2\mu K}{G}\int_s {}^kf\,{}^k\ddot{f}\,\mathrm{d}s \qquad \text{(Drillwiderstand)} \qquad (1.3) $$

$$ {}^kB = K\int_s {}^k\ddot{f}^2\,\mathrm{d}s \qquad \text{(Querbiegewiderstand)} \qquad (1.4) $$

mit $K = \frac{E\pi^2}{12(1-\mu^2}$ (Plattenmodul)

5. Die Spannungsresultante (Schnittgröße)

$$ {}^kW = -E\,{}^kC\,{}^kV'' \qquad (1.5) $$

6. Die verallgemeinerte Last ${}^kq$

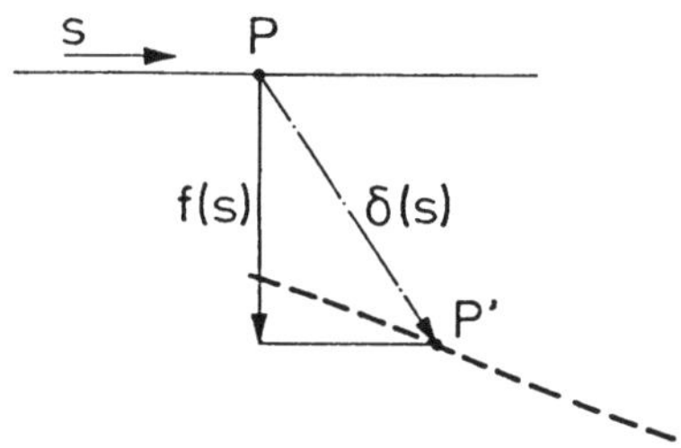


**Bild 1** Verschiebungskomponenten im Querschnitt

Starre oder elastische Lagerungen des Querschnitts werden in die Funktionen ${}^k\delta$ und die Querschnittswerte eingearbeitet. Zur Lösung können die Verfahren, die vom Balken auf elastischer Bettung her bekannt sind, angewendet werden. Ein besonders vorteilhaftes Differenzen–Verfahren steht für allgemeine Lagerungs- und Lastfälle zur Verfügung [1].

In der Theorie II. Ordnung erzeugen die Membrananteile der Längsspannungen $\sigma_x$ und der Schubspannungen $\tau_{xs}$ sowie die Lasten ${}^kq$ Umlenkspannungen, die das System (1.1) merklich verkoppeln. Die Umlenkwirkung läßt sich einheitlich durch die $\kappa_\sigma$–, $\kappa_\tau$ und $\kappa_q$–Werte [2],[3],[4] ausdrücken

$$ {}^{ijk}\kappa_\sigma = \frac{1}{{}^iC}\int_A {}^iu \cdot {}^j\delta \cdot {}^k\delta\,\mathrm{d}A \qquad (1.6) $$

$$ {}^{ijk}\kappa_\tau = \frac{1}{{}^iC}\int_s {}^iT(s) \cdot {}^j\delta \cdot {}^k\dot{\delta}\,\mathrm{d}s \qquad (1.7) $$

$$ {}^{jk}\kappa_q = \int_s {}^j\delta \cdot {}^k\dot{\delta} \cdot q_s \,\mathrm{d}s \tag{1.8} $$

Hierin bedeuten

$$ T(s) = \text{modaler Schubfluß im Querschnitt} $$
$$ q_s = \text{Lastanteile in } s\text{–Richtung} $$

Die Differentialgleichungen (1.1) werden um die unterstrichenen Ausdrücke II. Ordnung erweitert, wobei wir uns im Hinblick auf das spezielle Anwendungsbeispiel schon auf die Umlenkwirkung der Längsspannungen ($\kappa_\sigma$–Werte) beschränkt haben.

$$ E^kV'''' - G^kD^kV'' + {}^kB^kV + \underline{\sum_{i=1}^{n+1}\sum_{j=1}^{n+1} {}^iW \cdot {}^{ij}k_\kappa \cdot {}^jV''} = {}^kq \tag{1.9} $$

Soweit die Schnittgrößen ${}^iW$ bekannt sind und ${}^kq$ Null ist, handelt es sich um ein linearisiertes Verzweigungsproblem. Die Verformungen bei der Verzweigungslast bleiben unbestimmt. Drückt man die Schnittgrößen dagegen durch das Elastizitätsgesetz (1.5) aus, so kann nach der Verzweigung eine bestimmte Last–Verformungs–Kurve erhalten werden. Dies ist die erste Stufe des nichtlinearen Verhaltens, vergleichbar mit der Berücksichtigung von Normalkraftänderungen beim Knickvorgang eines Rahmens.

Weitere Ausdrücke treten hinzu, wenn man die nichtlineare geometrische Beziehung für die Längsdehnung

$$ \begin{aligned} \varepsilon_x^M &= u' + \frac{1}{2}\delta'^2 \\ &= \sum_{k=1}^{n+1}\left({}^ku\,{}^kV'' + \frac{1}{2}\sum_{j=1}^{n+1} {}^j\delta\,{}^k\delta\,{}^jV'\,{}^kV'\right) \end{aligned} \tag{1.10} $$

berücksichtigt, womit eine Spannungsumlagerung im Querschnitt verbunden ist. Die Umlenkwirkung des veränderten Spannungsbildes im Querschnitt wird durch die Ausdrücke [3]

$$ {}^{hijk}\nu = \int_A {}^h\delta\,{}^i\delta\,{}^j\delta\,{}^k\delta \,\mathrm{d}A \tag{1.11} $$

in der Differentialgleichung erfaßt:

$$ E^kC^kV'''' - G^kD^kV'' + {}^kB^kV + \sum_{i=1}^{n+1}\sum_{j=1}^{n+1} {}^iW \cdot {}^{ij}k_\kappa \cdot {}^jV'' + \frac{1}{2}\sum_{h=1}^{n+1}\sum_{i=1}^{n+1}\sum_{j=1}^{n+1} {}^{hijk}\nu \cdot {}^kV' \cdot {}^iV' \cdot {}^jV'' = 0 \tag{1.12} $$

An den beiden Summen in (1.12) ist leicht zu erkennen, daß mit zunehmender Anzahl von Modalformen der Aufwand an Querschnittswerten stark ansteigt. In diesem Fall empfiehlt es sich, die $\kappa$-Werte nicht mehr auf die Schnittgrößen sondern auf das Gesamtspannungsbild anzuwenden, wie es in [4] und [5] durchgeführt wird. Es ist dann die Differentialgleichung

$$E\,{}^3C\,{}^3V'''' - G\,{}^3D\,{}^3V'' + {}^3B\,{}^3V + \int_A \sigma(s) w^2(s)\,\mathrm{d}A \cdot ({}^3V'' + {}^3V_0'') = 0 \tag{1.13}$$

zu lösen, wobei mit der Bedingung (1.10) das Spannungs- und Verschiebungsbild zu iterieren sind.

Kommt man mit ein oder zwei Modalformen aus und können diese durch einfache Funktionen gut angenähert werden, so lassen sich einige Sonderälle mit der aufgezeigten Systematik auch im nichtlinearen Bereich leicht lösen. Einer davon, die dreiseitig gelagerte und elastisch eingespannte Platte mit Normalkraft- und Biegebelastung, soll im folgenden Anwendungsbeispiel behandelt werden.

# 2 Anwendung auf die dreiseitig gelagerte elastisch eingespannte Platte im nichtlinearen Beulbereich

## 2.1 Die erforderlichen Querschnittswerte

Der Querschnitt (Bild 2) hat im Sinne der VTB mindestens drei Freiheitsgrade: die beiden Wölbordinateen $u_1$ und $u_2$ sowie die Verschiebung $w_2$. Die drei Modalformen sind die konstante Wölbfunktion ${}^1u$ (Längung), die antimetrische Wölbfunktion ${}^2u$ (Biegung um die $z$-Achse) und die mit Querbiegung verbundene Verdrehung um den Lagerpunkt ${}^3w(s)$.

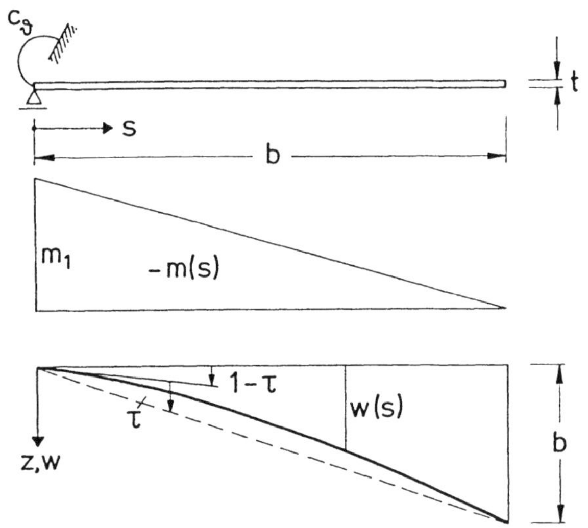


**Bild 2** Querschnitt mit Bezeichnungen

Zu den beiden ersten gehören die Schnittgrößen ${}^1W = N$ und ${}^2W = M_z$. An der Beulform beteiligt sich nur die dritte Modalform ${}^3V$, die beiden ersten beschreiben die Belastung. Nach Bedarf kann die Anzahl der Modalformen durch beliebig eingeführte Zwischenknoten erhöht werden. Für eine Abschätzung der Brauchbarkeit des verwendeten einfachen ansatzes wird dies später getan.

Die elastische Einspannung mit der Drehbettungskonstanten $c_\vartheta$ soll die Verbindung mit anderen ebenen Teilen eines Gesamtquerschnitts abbilden. Sie erzeugt ein Querbiegemoment, das zum freien Rand hin linear abfallend angenommen wird (Bild 3).

Die Größe der Drehbettung beeinflußt, wie sich zeigen wird, wesentlich die Länge $l$ der natürlichen Beulwellen. Mit der Annahme periodischer Beulwellen in Längsrichtung beschränkt sich die Untersuchung auf ein Beulfeld mit der Halbwellenlänge $l$.

Für die Beulform und die Vorverformung werden die eingliedrigen Produktansätze

$$w(x,s) = V_m \cdot \sin\frac{\pi x}{l} \cdot w(s) \tag{2.1}$$

$$w_0(x,s) = V_{m0} \cdot \sin\frac{\pi x}{l} \cdot w(s) \tag{2.2}$$

gewählt. Die Sehnenverdrehung wird auf 1 normiert, so daß $w(b) = 1$ ist. In $s$-Richtung wird ein linearer Verlauf für das Querbiegemoment$m_s$ angenommen (Bild 2). Die zugehörige Biegelinie hat bei $s = 0$ den Sehnentangentenwinkel von

$$\tau = \frac{m_1 \cdot b}{3K}$$

Für das Federmoment gilt

$$(1-\tau)c_\vartheta = m_1$$

Daraus errechnet sich

$$\tau = \frac{1}{1+\frac{3K}{c_\vartheta b}} = \gamma \tag{2.3}$$

$$m_1 = \frac{3K}{b}\gamma \tag{2.4}$$

$$^3\delta(s) = w(s) = b[\frac{1}{2}\Phi_1 + \frac{1}{2}\Phi_2 - \frac{\gamma}{4}(3\Phi_3 + \Phi_4)] \tag{2.5}$$

mit

$$\gamma = \frac{1}{1 - \frac{Et^3}{4(1-\mu^2)b\cdot c_\vartheta}} \tag{2.6}$$

und den Einheitsfunktionen

$$\begin{aligned} \Phi_1 &= 1 \\ \Phi_2 &= 2\eta - 1 \\ \Phi_3 &= \eta(1-\eta) \\ \Phi_4 &= \eta[1-(3-2\eta)] \end{aligned} \tag{2.7}$$

mit der dimensionslosen Abszisse $\eta = \frac{s}{b}$. Die Einheitsfunktionen (2.7) können auch zur Beschreibung der modalen Verwölbung für $k = 1,2$ verwendet werden:

$$^1u = 1 = \Phi_1 \tag{2.8}$$

$$^{2}u = s - \frac{b}{2} = \frac{b}{2} \cdot \Phi_2 \tag{2.9}$$

Die Produkte der Einheitsfunktionen $\Phi$ und ihrer Ableitungen können vorab über den Bereich $s = 0$ bis $s = b$ integriert und damit die Querschnittswerte leicht errechnet werden.

Für die Querschnittswerte werden die Integrale folgender Produktfunktionen gebraucht

$$I_1 = [\Phi_1, \Phi_2] \cdot [\Phi_1, \Phi_2, \Phi_3, \Phi_4] \cdot [\Phi_1, \Phi_2, \Phi_3, \Phi_4]$$
$$I_2 = [\Phi_1, \Phi_2, \Phi_3] \cdot [\Phi_1, \Phi_2 \Phi_3, \Phi_4] \cdot [\dot{\Phi}_2, \dot{\Phi}_3, \dot{\Phi}_4] \, .$$

Die Integralwerte sind in den Tabellen 1 bis 3 angegeben.

**Tabelle 1** Integralwerte für $\Phi_1 \cdot [\Phi] \cdot [\Phi, \dot{\Phi}]$

| | $\Phi_1$ | $\Phi_2$ | $\Phi_3$ | $\Phi_4$ | $\dot{\Phi}_2$ | $\dot{\Phi}_3$ | $\dot{\Phi}_4$ |
|---|---|---|---|---|---|---|---|
| $\Phi_1$ | 1 | 0 | $\frac{1}{6}$ | 0 | 2 | 0 | 0 |
| $\Phi_2$ | 0 | $\frac{1}{3}$ | 0 | $-\frac{1}{30}$ | 0 | $-\frac{1}{3}$ | 0 |
| $\Phi_3$ | $\frac{1}{6}$ | 0 | $\frac{1}{30}$ | 0 | $\frac{1}{3}$ | 0 | $-30$ |
| $\Phi_4$ | 0 | $-\frac{1}{30}$ | 0 | $\frac{1}{210}$ | 0 | $\frac{1}{30}$ | 0 |

**Tabelle 2** Integralwerte für $\Phi_2 \cdot [\Phi] \cdot [\Phi, \dot{\Phi}]$

| | $\Phi_1$ | $\Phi_2$ | $\Phi_3$ | $\Phi_4$ | $\dot{\Phi}_2$ | $\dot{\Phi}_3$ | $\dot{\Phi}_4$ |
|---|---|---|---|---|---|---|---|
| $\Phi_1$ | 0 | $\frac{1}{3}$ | 0 | $-\frac{1}{30}$ | 0 | $-\frac{1}{3}$ | 0 |
| $\Phi_2$ | $\frac{1}{3}$ | 0 | $\frac{1}{30}$ | 0 | $\frac{2}{3}$ | 0 | $\frac{2}{15}$ |
| $\Phi_3$ | 0 | $\frac{1}{30}$ | 0 | $-\frac{1}{210}$ | 0 | $-\frac{1}{30}$ | 0 |
| $\Phi_4$ | $-\frac{1}{30}$ | 0 | $-\frac{1}{210}$ | 0 | $\frac{1}{15}$ | 0 | $-\frac{1}{210}$ |

**Tabelle 3** Integralwerte für $\Phi_3 \cdot [\Phi] \cdot [\Phi, \dot{\Phi}]$

| | $\Phi_1$ | $\Phi_2$ | $\Phi_3$ | $\Phi_4$ | $\dot{\Phi}_2$ | $\dot{\Phi}_3$ | $\dot{\Phi}_4$ |
|---|---|---|---|---|---|---|---|
| $\Phi_1$ | $\frac{1}{6}$ | 0 | $\frac{1}{30}$ | 0 | $\frac{1}{3}$ | 0 | $-\frac{1}{30}$ |
| $\Phi_2$ | 0 | $\frac{1}{30}$ | 0 | $-\frac{1}{210}$ | 0 | $-\frac{1}{30}$ | 0 |
| $\Phi_3$ | $\frac{1}{30}$ | 0 | $\frac{1}{140}$ | 0 | $\frac{1}{15}$ | 0 | $-\frac{1}{105}$ |
| $\Phi_4$ | 0 | $-\frac{1}{210}$ | 0 | $\frac{1}{1260}$ | 0 | $\frac{1}{210}$ | 0 |

Im Bild 3 sind die vereinfachten Verläufe von $^{3}m(s)$ und $^{3}w(s)$ mit derjenigen verglichen, die sich bei Einführung von drei Zwischenknoten ergäben.

Mit diesem Ansatz für die Verformung erhält man die Querschnittswerte in Abhängigkeit von der bezogenen Federsteifigkeit $\gamma$

$$^{1}C = A = bt \tag{2.10}$$

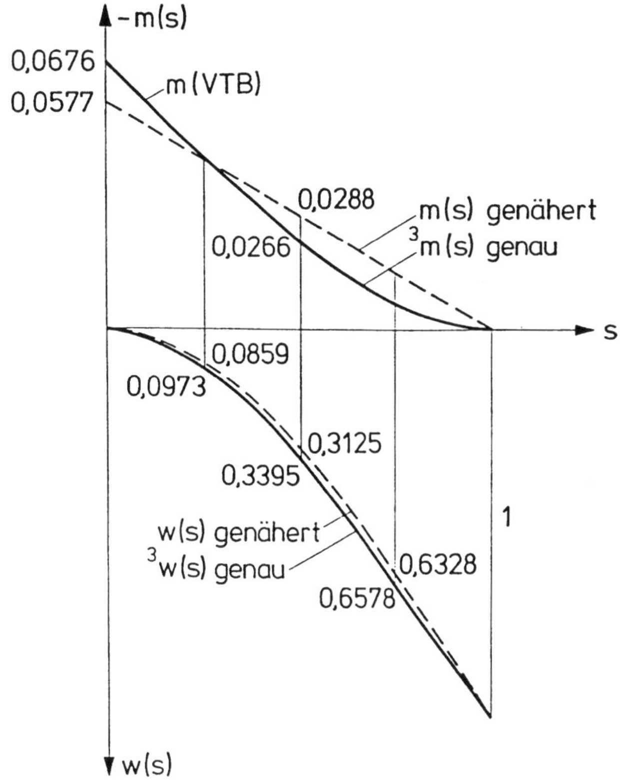


Bild 3 Vergleich der genäherten mit der genauen Modalform zu $^3V$

$$^2C = I = \frac{b^3 t}{12} \tag{2.11}$$

$$^3C = K \int_A {}^3w(s)^2 \,\mathrm{d}A$$

$$= \frac{b^3 t^3}{36(1-\mu^2)}\left(1 - \frac{7}{20}\gamma + \frac{2}{35}\gamma^2\right) \tag{2.12}$$

$$^3D = \frac{bt^3}{3}\left(1 + \frac{1}{5}\gamma^2\right) \tag{2.13}$$

$$^3B = \frac{1}{K}\int_s {}^3m(s)^2 \,\mathrm{d}s + c_\vartheta(1-\tau)$$

$$= \frac{Et^3}{4(1-\mu^2)b}\gamma \tag{2.14}$$

$$^{133}\kappa_\sigma = -\frac{b^3}{3}(1 - \frac{7}{20}\gamma + \frac{2}{35}\gamma^2) \tag{2.15}$$

$$^{233}\kappa_\sigma = -b(1 - \frac{1}{10}\gamma - \frac{3}{280}\gamma^2) \tag{2.16}$$

Damit kann die Differentialgleichung für $k = 3$ zunächst für das Verzweigungsproblem besetzt werden.

$$E^3C^3V'''' - G^3D^3V'' + {}^3B^3V + (N \cdot {}^{133}\kappa_\sigma + M \cdot {}^{233}\kappa_\sigma)^3V'' = 0 \tag{2.17}$$

Der Querschnittswert $^{3333}\nu$ gemäß Definition (1.11) wird in Abhängigkeit von $\gamma$ numerisch integriert. Das Ergebnis läßt sich genügend genau durch die einfache Funktion

$$^{3333}\nu = (0,2 - 0,067\gamma) \cdot b^5 \cdot t \tag{2.18}$$

ausdrücken.

## 2.2 Die Lösung der Differentialgleichung

### 2.2.3 Die Verzweigungslasten

Mit dem in (2.1) und (2.2) gewählten Ansätzen erhält man aus der Differentialgleichung(2.17) die Lösung für die Verzweigungslasten $N_{cr}$ und $M_{cr}$ mit der Hilfsgröße

$$P^* = \frac{E^3C\pi^2}{l^2} + G^3D + {}^3B\frac{l^2}{\pi^2} \tag{2.19}$$

$$^1W_{cr} = N_{cr} = \frac{1}{^{133}\kappa_\sigma} \cdot P^* \tag{2.20}$$

$$^2W_{cr} = M_{cr} = \frac{1}{^{233}\kappa_\sigma} \cdot P^* \tag{2.21}$$

Das Minimum des Beulwertes liegt bei dem "natürlichen", von $\gamma$ abhängigen Seitenverhältnis $\alpha_{min}$, das durch differenzieren von $P^*$ nach $\alpha$ gefunden wird. Es unterscheidet nicht zwischen den Beulwerten $k_1$ für Normalkraft und $k_2$ für das Biegemoment, weil in der behandelten Näherung beide die gleiche Beulform haben.

$$\frac{\partial P^*}{\partial \alpha} = -2\frac{E}{Kb^3} \cdot {}^3C \cdot \frac{1}{\alpha^3} + 2\frac{3\gamma}{\pi^4} \cdot \alpha = 0$$

$$\alpha_{min} = \left(\frac{E}{Kb^3} \cdot {}^3C \cdot \frac{\pi^4}{3\gamma}\right)^{\frac{1}{4}} \tag{2.22}$$

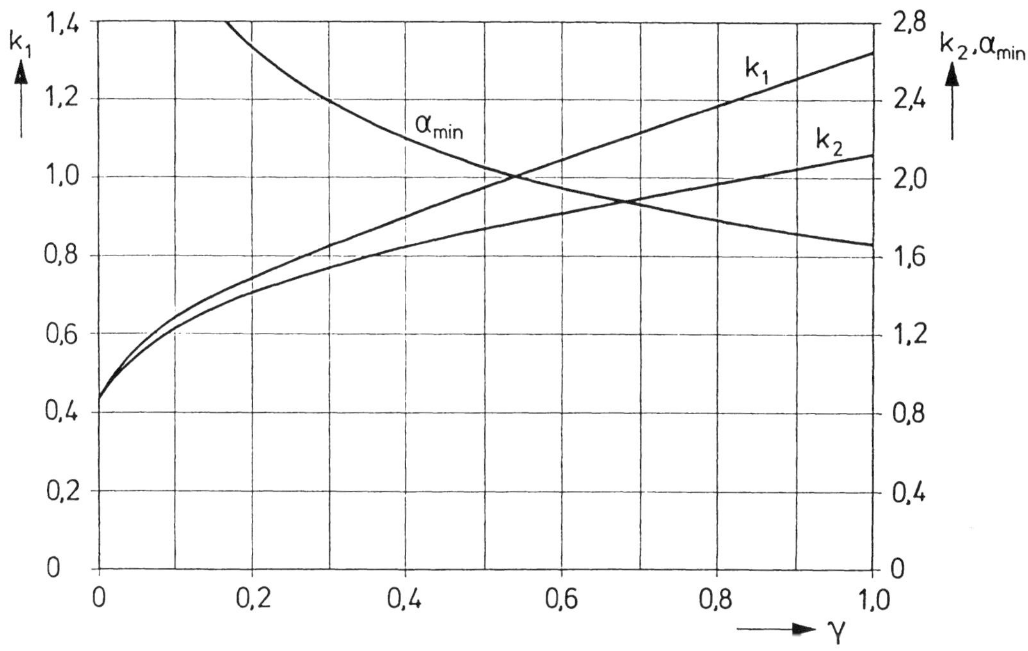


Bild 4 Beulwerte für $N$- und $M$-Belastung sowie natürliches Seitenverhältnis $\alpha_{min}$

Im Grenzfall $\gamma = 0$ (ohne elastische Einspannung) liegt das Minimum bei $\alpha = \infty$ und liefert den bekannten Wert $k_1 = 0,426$. Der Beulwert $k_1$ für die einseitig eingespannte Platte unter konstanter Längsspannung beträgt $k_1 = 1,325$ bei einem natürlichen Seitenverhältnis von $\alpha = 1,66$.

Wegen des identischen Verformungsansatzes für beide Beulwerte besteht lineare Interaktion zwischen den Schnittgrößen, so daß auch für beliebige Lastkombinationen, ausgedrückt durch das Verhältnis $\psi = \frac{\sigma_2}{\sigma_1}$, der Beulwert bekannt ist.

Im Bild 4 sind die Beulwerte $k_1$ und $k_2$ sowie das natürliche Seitenverhältnis $\alpha_{min}$ in Abhängigkeit von $\gamma$ dargestellt.

## 2.3 Der überkritische Bereich

Beim Verzweigungsproblem ist die Lastkombination fest vorgegeben. Im nachkritischen Bereich muß entschieden werden, ob mit der Spannungsumlagerung das Schnittgrößenverhältnis (Lage der resultierenden Längslast) oder das Verformungsverhältnis (Lage der Dehnungsnullinie) erhalten bleibensoll. Die beiden Grenzfälle, die wir "statisch bestimmte" (constant stress) und "geometrisch bestimmte" Lasteinleitung (constant strain) nennen, schließen die praktisch vorkommenden Fälle ein. Bei der dreiseitig gelagerten Platte ist der Unterschied erheblich größer als bei der vierseitig gelagerten, so daß er im folgenden gesondert betrachtet wird.

### 2.3.1 Geometrisch bestimmte Lasteinleitung

Im geometrisch bestimmten Falle bleibt das Verhältnis der Randlängsverschiebungen erhalten. Zweckmäßigerweise geht man von Form der Differentialgleichung gemäß (1.13) aus. Mit der Abkürzung

$$\varphi = \frac{V_m}{V_{m0}} \tag{2.23}$$

und dem Ausdruck für die Spannung

$$\begin{aligned} \sigma(s) &= \sigma_{d,n}\Phi_1 + \sigma_{d,m}\Phi_2 - \frac{E}{2l}(2\varphi+1)w^2(s)\int_0^l [V'(x)]^2\,\mathrm{d}x \\ &= \sigma_{d,n}\Phi_1 + \sigma_{d,m}\Phi_2 + \sigma_w(s) \end{aligned} \tag{2.24}$$

$$\sigma_w(s) = -\frac{\pi^2 E}{4}(2\varphi+1)w^2(s)\left(\frac{V_m}{l}\right)^2 \tag{2.25}$$

erhält man

$$P^\star + (2\varphi+1)(\varphi+1)\frac{\pi^2 E}{4}\,{}^{3333}v\left(\frac{V_m}{l}\right)^2 = (\varphi+1)(\sigma_{d,n}\,{}^1C\,{}^{133}\kappa_\sigma + \sigma_{d,m}\frac{2^2C}{b}\,{}^{133}\kappa_\sigma) \tag{2.26}$$

Am gelagerten Rand ergibt sich

$$\sigma_{d,n} = \frac{P^* + (2\varphi+1)(\varphi+1)\frac{\pi^2 E}{4}\,3333_\nu \left(\frac{V_m}{l}\right)^2}{(\varphi+1)\left({}^1C\,{}^{133}\kappa_\sigma + \frac{\sigma_{d,m}}{\sigma_{d,n}}\frac{2\,{}^2C}{b}\,{}^{133}\kappa_\sigma\right)} \tag{2.27}$$

$$N_{geo} = \sigma_{d,n}\,{}^1C - \frac{\pi^2 E}{4}(2\varphi+1)\left(\frac{V_m}{l}\right)^2\,{}^{133}\kappa_\sigma\,{}^1C \tag{2.28}$$

Im Bild 5 sind die auf die ideale Beulspannung $\sigma_{cr}$ bezogenen Spannungen in Abhängigkeit von der auf die Dicke $t$ bezogenen Verschiebung $V_m + V_{m0}$ aufgetragen.

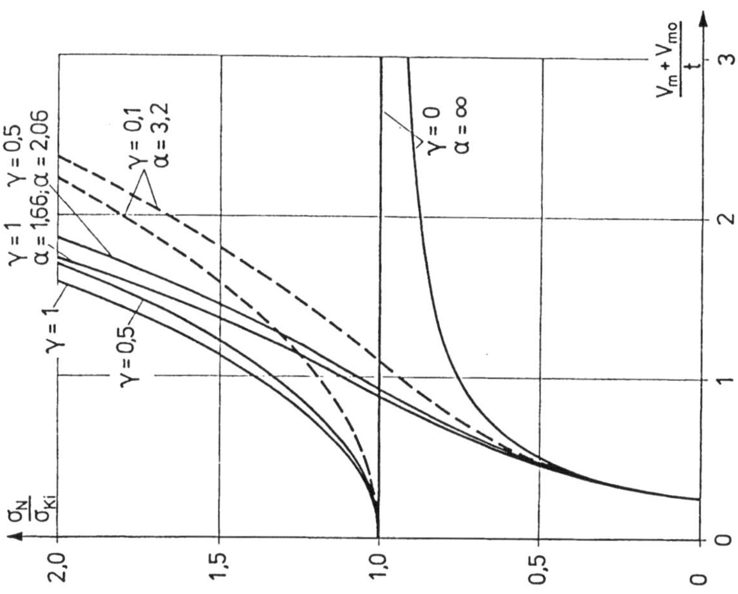


Bild 5 Spannungs-Verschiebungs-Verlauf für geometrisch bestimmte Lasteinleitung und Normalkraftbelastung

### 2.3.2 Statisch bestimmte Lasteinleitung

Im Falle statisch bestimmter Lasteinleitung wird die Spannung gemäß Bild 6 in folgende Komponenten aufgeteilt

$$\sigma(s) = \sigma_n + \sigma_m(s) + \Delta\sigma_n + \Delta\sigma_m(s) + \sigma_w(s) \tag{2.29}$$

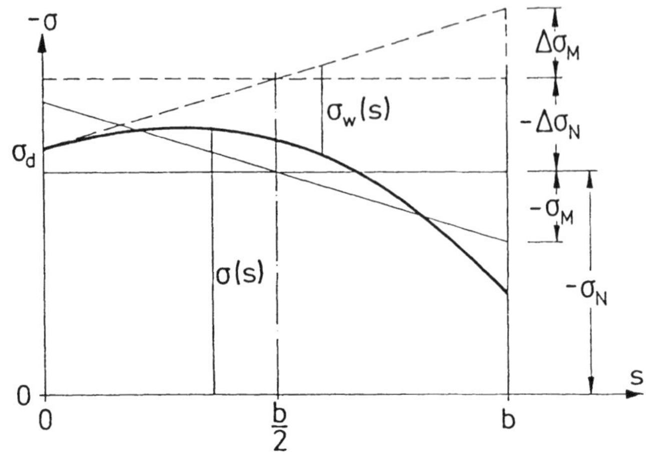


Bild 6 Spannungsanteile nach der Umlagerung

$$\Delta N = -\int_A {}^1\tilde{u}\sigma_w(s)\,\mathrm{d}A = \frac{\pi^2 E}{4}(2\varphi+1)\left(\frac{V_m}{l}\right)^2 {}^{133}\kappa_\sigma {}^1C \tag{2.30}$$

$$\Delta M = -\int_A {}^2\tilde{u}\sigma_w(s)\,\mathrm{d}A = \frac{\pi^2 E}{4}(2\varphi+1)\left(\frac{V_m}{l}\right)^2 {}^{233}\kappa_\sigma {}^2C \tag{2.31}$$

$$\Delta\sigma_n = \frac{\Delta N\,{}^1\tilde{u}}{{}^1C} \tag{2.32}$$

$$\Delta\sigma_m = \frac{\Delta M\,{}^2\tilde{u}}{{}^2C} \tag{2.33}$$

$$\sigma_n = \frac{N\,{}^1\tilde{u}}{{}^1C} \tag{2.34}$$

$$\sigma_m = \frac{M\,{}^2\tilde{u}}{{}^2C} \tag{2.35}$$

$$\int_A \sigma_(s) n w^2(s)\,\mathrm{d}A = \int_A [\sigma_n + \sigma_m(s) + \Delta\sigma_n + \Delta\sigma_m(s) + \sigma_w(s)] w^2(s)]\,\mathrm{d}A \tag{2.36}$$

$$\int_A \sigma_n w^2(s)\,\mathrm{d}A = N \cdot {}^{133}\kappa_\sigma \tag{2.37}$$

$$\int_A \sigma_m w^2(s)\,\mathrm{d}A = M \cdot {}^{233}\kappa_\sigma \tag{2.38}$$

$$\int_A \Delta\sigma_n w^2(s)\,\mathrm{d}A = \frac{\pi^2 E}{4}(2\varphi+1)\left(\frac{V_m}{l}\right)^2 {}^{1}C\,{}^{133}\kappa_\sigma^2 \tag{2.39}$$

$$\int_A \Delta\sigma_m w^2(s)\,\mathrm{d}A = \frac{\pi^2 E}{4}(2\varphi+1)\left(\frac{V_m}{l}\right)^2 {}^{2}C\,{}^{233}\kappa_\sigma^2 \tag{2.40}$$

$$\int_A \sigma_w(s) w^2(s)\,\mathrm{d}A = -\frac{\pi^2 E}{4}(2\varphi+1)\left(\frac{V_m}{l}\right)^2 {}^{3333}\nu_\sigma \tag{2.41}$$

Aus der Differentialgleichung (1.13) ergibt sich die Gleichgewichtsbedingung zu

$$P^\star+(2\varphi+1)(\varphi+1)\frac{\pi^2 E}{4}\left(\frac{V_m}{l}\right)^2\left({}^{3333}\nu-{}^{1}C\,{}^{133}\kappa_\sigma^2-{}^{2}C\,{}^{233}\kappa_\sigma^2\right) = (\varphi+1)(N\,{}^{133}\kappa_\sigma+M\,{}^{133}\kappa_\sigma) \tag{2.42}$$

$$e = \frac{M}{N} \tag{2.43}$$

$$N_{sta} = \frac{P^\star + (2\varphi+1)(\varphi+1)\frac{\pi^2 E}{4}\left(\frac{V_m}{l}\right)^2\left({}^{3333}\nu - {}^{1}C\,{}^{133}\kappa_\sigma^2 - {}^{2}C\,{}^{233}\kappa_\sigma^2\right)}{(\varphi+1)({}^{133}\kappa_\sigma + e\,{}^{133}\kappa_\sigma)} \tag{2.44}$$

Im Bild 7 sind die auf die ideale Beulspannung $\sigma_{cr}$ bezogenen Spannungen in Abhängigkeit von der auf die Dicke $t$ bezogenen Verschiebung $V_m + V_{m0}$ aufgetragen.

### 2.3.3 Traglastkriterien

Das Traglastkriterium der vierseitig gelagerten Platte kann einheitlich durch das Erreichen der Streckgrenze durch die Membranlängsspannung an einem der beiden Längsränder definiert werden. Leider ist dies bei der dreiseitig gelagerten Platte nicht so einfach. Eindeutig ist das vorgenannte Kriterium nur anwendbar auf den Fall geometrisch bestimmter Lasteinleitung mit $u_2 \leq u_1$. Im übrigen liegt das Spannungsmaximum nicht am Rand, sondern an Stellen, an denen schon merkliche Plattenbiegemomente auftreten, so daß volle plastische Membranwirkung nicht mehr gegeben ist.

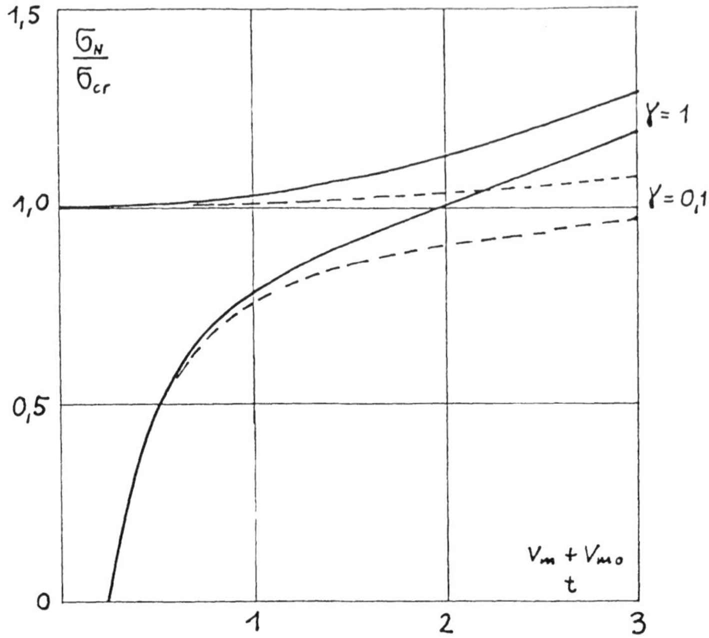


Bild 7 Spannungs-Verschiebungs-Verlauf für statisch bestimmte Lasteinleitung und Normalkraftbelastung

Eine Eingrenzung "von oben" liefert das Fließlinienmodell nach Murray [7], das allerdings noch für beliebige Lage $e$ der Lastresultierenden $P$ erweitert werden mußte.

Der Grundgedanke des Modells ist die volle plastische Ausnutzung jeder Faser durch Plattenmoment $m_x(s)$ und Membrankraft $n_x(s)$. Das Moment wird durch die Faserspannung und die Auslenkung der Fließlinie an der jeweiligen Stelle $s$ festgelegt. Es bleibt dann eine Membrankraft aufzunehmen, die höchstens gleich $\sigma_F \cdot t$, im allgemeinen aber

$$n_x(s) = \sigma_F \cdot t(\sqrt{1 + (\frac{\Delta(s)}{t})^2} - \frac{\Delta(s)}{t})$$

ist.

Durch diese Vorschrift ist die Spannungsverteilung bei vorgegebener Endauslenkung $\Delta$ und damit auch die Lage der Resultierenden Längskraft $P$ festgelegt. Dieser Nachteil des Murray-Modells wird beseitigt durch die Einführung einer Membranzugzone der Breite $b_1$ zwischen dem gelagertem Längsrand und der Spitze des Faltmechanismus (Bild 9). Dadurch wird ein Zusatzmoment in der Plattenebene möglich, das die Bedingungen für die Außermittigkeit der Last erfüllen hilft.

Nach Murrey ergibt sich

$$P_d = \frac{\sigma_f t(b - b_1)}{2}\left[\sqrt{\xi^2 + 1} - \xi + \frac{1}{\xi}\ln(\sqrt{\xi^2 + 1} + \xi)\right] \tag{2.45}$$

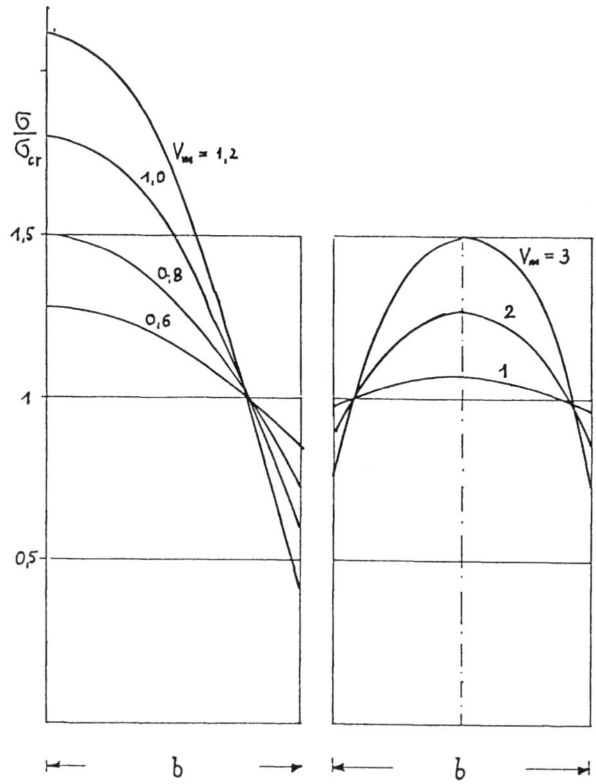


Bild 8 Vergleich der Spannungsverteilung bei geometrisch und statisch bestimmter Lasteinleitung

$$\xi = \frac{2\Delta}{(1+\sec^2\beta)t} \tag{2.46}$$

$$P_z = -\sigma_f t b_1 \tag{2.47}$$

Aus der Gleichgewichtsbedingung $\sum X = 0$ in Längsrichtung

$$P = P_d + P_z$$

ergibt sich

$$P = \sigma_f t \left[\left(\frac{A}{2}+1\right)(b-b_1) - b\right]$$

mit der Abkürzung (2.48)

$$A = \sqrt{\xi^2+1} - \xi + \frac{1}{\xi}\ln(\sqrt{\xi^2+1}+\xi)$$

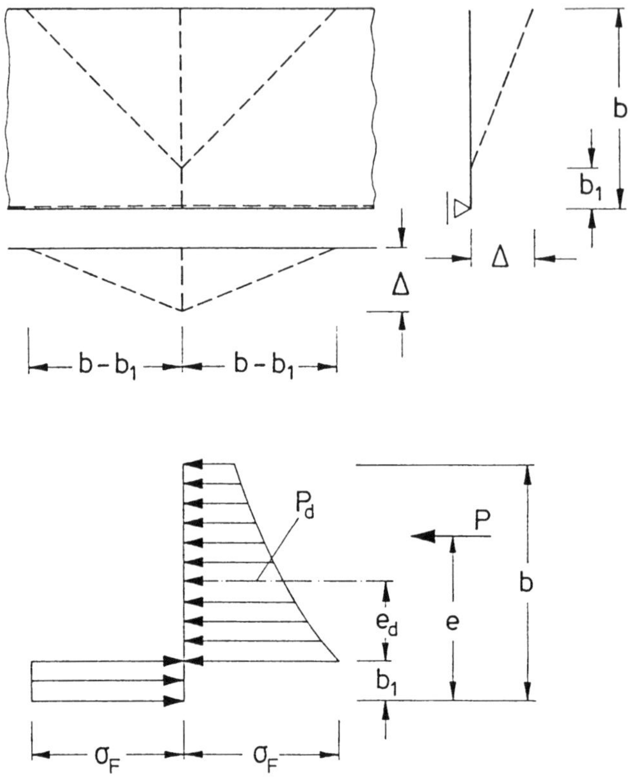


Bild 9 Bezeichnungen und Spannungsbild für das erweiterte Fließlinienmodell

Aus dem Momentgleichgewicht um den Punkt "0" erhalten wir

$$P \cdot e = M_{0,d} + M_{0,z} \tag{2.49}$$

$$\begin{aligned} M_{0,d} = & \frac{\sigma_f t (b - b_1)^2}{3\xi^2} \left[ (\xi^2 + 1)^{3/2} - 1 - \xi^3 \right] + \\ & \frac{\sigma_f t (b - b_1) b_1}{2} \left[ \sqrt{\xi^2 + 1} - \xi + \frac{1}{\xi} \ln(\sqrt{\xi^2 + 1} + \xi) \right] \end{aligned} \tag{2.50}$$

$$M_{0,z} = - \frac{\sigma_f t b_1^2}{2} \tag{2.51}$$

ist die Höhe der Zugspannungszone $b_1$ zu lösen. Ist $b_1$ bekannt, kann die plastisch aufnehmbare Normalkraft $P$ mit Gl. (2.48) berechnet werden.

Für jede Außermittigkeit $e$ erhält man eine abfallende Kurve (Bild 10) $P$ über $\bar{\Delta} = \frac{\Delta}{t}$.

Die gegenseitige Verdrehung der belasteten Ränder beträgt

$$\psi = \frac{\Delta^2}{2(b-b_1)^2 \operatorname{tg}\beta}$$

Dieser Wert wird gebraucht, wenn der Mechanismus für die Knickberechnung eines Stabes eingesetzt wird. In unserem Falle ist er ohne Bedeutung.

Die Traglast erhält man als Schnittpunkt der nichtlinearen elastischen Kurven (Bilder 7 und 8). mit der kinematischen des Fließmechanismus, indem man $V_m$ mit $\Delta$ gleich setzt.

Die vollständigen Herleitungen und ausführliche Auswertungen sind im Forschungsbericht [8] enthalten.

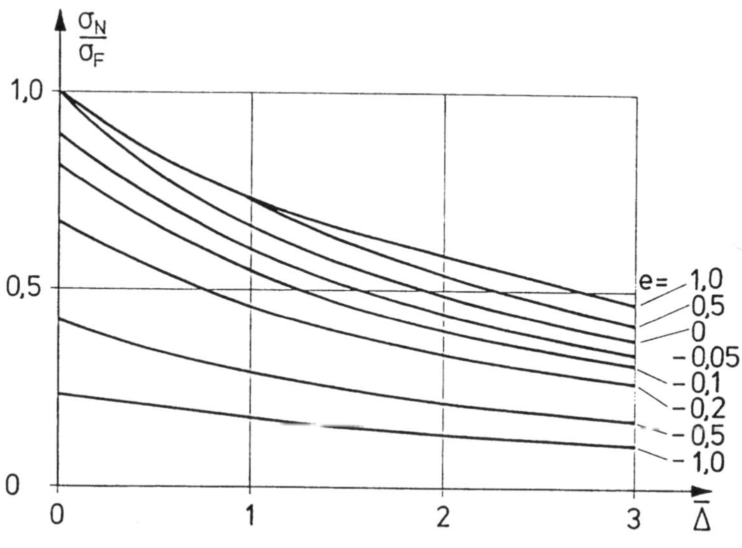


**Bild 10** Traglastkurven nach dem Fließlinienmodell für verschiedene Außermittigkeiten $e$

## Schrifttum

[1] Schardt, R.: Die Verallgemeinerte Technische Biegetheorie. Band I (lineare Theorie), Springer-Verlag, Berlin Heidelberg New York, 1989

[2] Berechnungsgrundlagen für dünnwandige Bauteile. in "Stahlbau Handbuch", Band 1, Seite 715–738 Köln 1982

[3] Miosga, G.: Vorwiegend längsbeanspruchte dünnwandige prismatische Stäbe und Platten mit endlichen elastischen Verformungen. Diss. D17 1976

[4] Zhang, X.: Ein Beitrag zur Traglastuntersuchung dünnwandiger, durch Beulen gefährdeter Stäbe mit U-Profil. Diss. D17 1988

[5] Schardt, R., Issmer, H. und Mörschardt, S.: Gesamtstabilität dünnwandiger Stäbe. Bericht Nr. 5 des Instituts für Statik der TH Darmstadt 1987

[6] Schardt, R., Hanf, M. und Schardt, C.: Maßnahmen zur besseren Ausnutzung und zur Steigerung der Tragfähigkeit von Kaltprofilen. Bericht Nr. 7 des Instituts für Statik der TH Darmstadt 1987

[7] Murray, N.W. und Khoo, P.S.: Some basic plastic mechanisms in the local buckling of thinwalled steel structures. "Int. J. Mech. Sc.", Vol. 23, No. 12, 1981

[8] Schardt, R., Issmer, H., Mark, H.J. und Zhang, X.: Bericht Nr. 8 des Instituts für Statik der TH Darmstadt 1989

# Ein geometrisch nichtlineares Steifenelement mit lokalem Stegbeulen

H.-G. SCHULTZ und O. BERNHARDI

## 1 Zusammenfassung

Die vorliegende Arbeit behandelt ein finites Balkenelement, welches zur Analyse exzentrisch versteifter Strukturen eingesetzt werden kann. Das lokale Steifenbeulen wird näherungsweise berücksichtigt, indem geeignete Formfunktionen eingeführt werden; hierbei wird die Kompatibilität zwischen aneinanderstoßenden Balkenelementen gewahrt. Die Formulierung des Elementes schließt große Verschiebungen und Rotationen mit ein; die Rotationsfreiheitsgrade werden hierbei mit Hilfe polarer Koordinaten beschrieben.

## 2 Einführung

Die schiffbaulichen Strukturanalysen machen die effiziente Berechnung von Beullasten versteifter Schalenstrukturen erforderlich. Dies läßt die Einführung eines Balkenelementes notwendig erscheinen, welches unmittelbar und ohne Zuhilfenahme von zusätzlichen Koppelgleichungen an Schalenelemente angebunden werden kann. Darüber hinaus sollte mit diesem Element eine Modellierung des lokalen Steifenbeulens dünnwandiger Aussteifungen zumindestens näherungsweise möglich sein. Obwohl in der Literatur eine Vielzahl finiter Balkenelemente dokumentiert ist, ist ein Element, welches die genannten Forderungen erfüllt, noch nicht vollständig entwickelt.

BATHE und BOLOURCHI geben in [4] ein degeneriertes Balkenelement an, welches eine rechteckige Querschnittsform hat und zentrisch ist, d.h., die Knoten des Elementes liegen auf der Mittenachse des Balkens. Das Element beschreibt große Verdrehungen und Verschiebungen bei kleinen Dehnungen auf der Basis der totalen LAGRANGE'schen Formulierung. FERGUSON und CLARK schlagen in [12] ein exzentrisches Balkenelement vor, dessen Knoten nicht mehr notwendigerweise auf der Balkenmittenachse liegen. Das in der Dissertation [10] von DIACK vorgestellte exzentrische degenerierte Balkenelement hat die Besonderheit, daß die rotatorischen Freiheitsgrade mit Hilfe polarer Koordinaten beschrieben werden.

BRADFORD und TRAHAIR modellieren in [9] das lokale Stegbeulen, indem für die Plattendeformation des Steges ein Polynom dritten Grades eingeführt wird. Die Einführung "lokaler" Verformungsmodi für das Stegbeulen erinnert an das Vorgehen im Falle der "Pipe"-Elemente, die zur Idealisierung vor Rohrleitungen und Rohrkrümmern mit einer Ovalisierung des Rohrquerschnittes verwendet werden. Das Pipeelement des ABAQUS - Programmsystemes [16] und das Element von BATHE und ALMEIDA in [2] und [3] verwenden Sinus - und Cosinus - Funktionsansätze zur Modellierung der Ovalisierung; die zur Ovalisierung gehörenden Dehnungen werden dann den Dehnungen der Balkenbewegungen überlagert.

Im vorliegenden Aufsatz wird eine Formulierung für ein Balkenelement mit einem rechtwinkligen Querschnitt besprochen, welches als exzentrisches Steifenelement verwendet werden kann. Das lokale Steifenbeulen des Steges wird mit Hife geeigneter Formfunktionen berücksichtigt. Das Balkenelement ist kompatibel zum Schalenelement [14], da für eine Knotenlinie dieselben Lagrange'schen Formfunktionen verwendet werden. Für die Beschreibung der rotatorischen Freiwerte werden polare Koordinaten verwendet; dies geschieht ebenfalls aus Gründen der Kompatibilität zum Schalenelement in [14].

Es wird das Konzept eines degenerierten finiten Balkenelementes, ähnlich wie in [4], verfolgt. Die Steifigkeitsmatrix wird mit Hilfe geeignet gewählter Gauß-Punkte numerisch integriert. Um die Balkenbewegungen zu beschreiben, wird die totale LAGRANGE' sche Beschreibung verwendet; es wird also mit den KIRCHHOFF-PIOLA-II-Spannungen und den GREEN-LAGRANGE' schen Dehnungen operiert. Mit der Wahl dieser Formulierung beschränkt man sich auf die Berechnung von Problemen mit kleinen Dehnungen; es können aber große Verdrehungen und Verschiebungen zugelassen werden.

## 3 Geometrie

Die undeformierte Geometrie des Elementes wird wie folgt beschrieben:

$$^0x_i = \sum_k h^k(r)\ ^0x_i^k + \sum_k h^k(r)\left(\frac{a}{2}s+e_a\right)\ ^0v_{si}^k + \sum_k h^k(r)\left(\frac{b}{2}t+e_b\right)\ ^0v_{ti}^k \qquad (1)$$

Der erste Summand interpoliert die Knotenlinie; mit den beiden weiteren Summenausdrücken wird das Balkenvolumen aufgespannt. Die lokalen Integrationsvariablen (r,s,t) bleiben im Bereich von -1 ... +1. Die Schwerpunkte der Querschnittflächen sind gegenüber der Knotenmittenlinie verschoben, so wie dies durch die Exzentrizitäten $e_a$ und $e_b$ festgelegt wird. Die Knoten des Balkenelementes können also bei entsprechender Wahl der Exzentrizitäten außerhalb des Balkenvolumens liegen; deshalb kann das Balkenelement im Falle der Anwendung als exzentrische Steife unmittelbar an die Schalenknoten angekoppelt werden, ohne daß eine Verwendung von Koppelgleichungen erforderlich wird.

| | |
|---|---|
| $^0x_i$ | sind die Raumkoordinaten (x,y,z) eines beliebigen Punktes des undeformierten Elementes; |
| $^0x_k^i$ | sind die Raumkoordinaten des k-ten Knotens im undeformierten Zustand "0"; |
| $h^k(r)$ | sind die Interpolationsfunktionen; |

$^{0}v^{k}_{is}$, $^{0}v^{k}_{it}$ Normalenvektoren am Knoten k des undeformierten Zustandes "0";

a,b sind die Maße des Balkenquerschnittes;

$e_a$ and $e_b$ sind die Exzentrizitäten in der s-, t- Richtung.

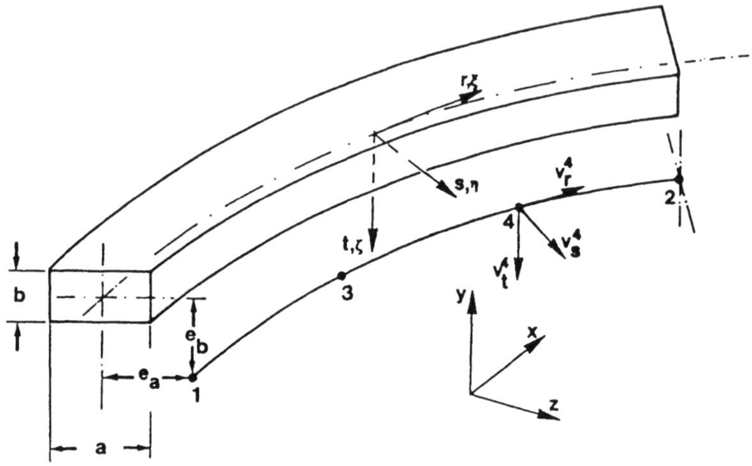


Bild 1. Geometrie im undeformierten Zustand.

## 4 Verschiebungsinterpolation

Es wird im Folgenden zwischen "globalen" und "lokalen" Formfunktionen unterschieden. Die ersteren beschreiben die eigentliche Balkenbewegung und schließen die (im allgemeinen großen) Starrkörperbewegungen des Elementes mit ein. Die letzteren beschreiben Verschiebungen, die durch das Plattenbeulen eines dünnwandigen Querschnittes oder auch durch die Längsverschiebung aus Querschittverwölbung herrühren.

Es wird angenommen, daß die "lokalen" Verschiebungen klein bleiben und insbesondere keine Starrkörperverschiebungen beinhalten. Weiterhin werden die den "lokalen" Verformungen korrespondierenden Formfunktionen relativ zu einem sich mit dem Balkenelement mitbewegenden Koordinatensystem formuliert, derartig, daß für einen "lokalen" Deformationsmodus nur ein Freiwert gebraucht wird. Das mitbewegte Koordinatensystem wird dann zweckmäßigerweise mit Hilfe des Tangentenvektors $\mathbf{v}_r$ sowie der Normalvektoren $\mathbf{v}_s$ und $\mathbf{v}_t$ definiert.

## 5 "Globale" Formfunktionen

Zur Beschreibung des deformierten "globalen" Verformungszustandes "1" werden dieselben Ansatzfunktionen wie für die Beschreibung der unverformten Geometrie verwendet:

$$ {}^1x_{g_i} = \sum_k h^k(r)\,{}^1x_i^k + \sum_k h^k(r)\left(\frac{a}{2}s+e_a\right){}^1v_{si}^k + \sum_k h^k(r)\left(\frac{b}{2}\,t+e_b\right){}^1v_{ti}^k \tag{2} $$

Ohne zusätzliche "lokale" Formfunktionen erzwingt diese Gleichung, daß die Querschnittflächen eben bleiben. Die Schubverformung wird bereits näherungsweise berücksichtigt, denn eine Änderung des Winkels zwischen den beiden Normalenvektoren und der Balkenmittenlinie ist zugelassen.

## 6 Torsion

Im Falle einer Torsionsbelastung verwölben sich die Querschnitte, sodaß eine zusätzliche Verschiebung in Richtung der Balkenlängsachse, hier also in der r - Richtung, vorliegt. Zur näherungsweisen Lösung dieses Problems wird, ähnlich wie in der Arbeit von BATHE und CHAUDHARY [5], eine Linearkombination

$$ \xi_T = \alpha_1\, f_1(s,t) + \alpha_2\, f_2(s,t) \tag{3} $$

eingeführt. Die beiden "lokalen" Formfunktionen $f_{1,2}(s,t)$ wurden in modifizierter Form aus [5] übernommen und sind:

$$ f_1(s,t) = st \quad \text{und} \quad f_2 = s^3t - t^3s \tag{4} $$

$f_1$ beschreibt die Torsionsverwölbung für etwa quadratische Querschnitte; in diesem Falle wird durch die Einführung von $f_1$ insbesondere eine wesentlich genauere Spannungsberechnung durch das Balkenelement ermöglicht. Die Funktion $f_2$ approximiert die Verwölbung für Balken mit rechtwinkligen dünnwandigen Querschnitten.

In [5] wurden die Wölbfunktionen als konstant über der Balkenlänge angenommen, was im Falle einer nicht konstanten Verdrillung des Elementes zu Fehlern führen kann. In der vorliegenden Arbeit wurde deshalb eine variable Verwölbung zugelassen:

$$^{1}\xi_{T} = \sum_{k} {}^{1}\alpha_{1}^{k}\, h^{k}(r)\, f_{1}^{k}(s,t) + \sum_{k} {}^{1}\alpha_{2}^{k}\, h^{k}(r)\, f_{2}^{k}(s,t) \qquad (5)$$

7 "Lokales" Plattenbeulen

Zunächst wird ein Verschiebungsansatz für die Plattenmittenebene an einem Knotenquerschnitt eingeführt. Hierzu werden Parabeln zweiter und dritter Ordnung als Formfunktion verwendet.

$$^{1}u_{\eta mp} = {}^{1}\alpha_{3}(t+T)^{2} + {}^{1}\alpha_{4}(t+T)^{3} \qquad (6)$$

Hierbei ist $u_{\eta mp}$ die Durchbiegung der "Platten"mittenebene an einem Knotenquerschnitt; $\alpha_3$ und $\alpha_4$ sind Freiwerte, die zu den "lokalen" Formfunktionen gehören. "Lokale" konstante und lineare Formfunktionen dürfen hier nicht eingeführt werden, da diese Verschiebungsmodi bereits in den "globalen" Verschiebungsansätzen enthalten sind.

Der Benutzer des Elements muß den Wert T zusammen mit den anderen Querschittgrößen angeben. Mit Hilfe von T wird das Ausbeulen an einem beliebigen Ort t zu Null vorgeschrieben; wird das Element beispielsweise als Steife verwendet, so wird T zweckmäßigerweise zu +-1 vorgeschrieben, sodaß keine "lokale" Verschiebung an der Verbindungslinie Steife-Schale auftreten kann.

Die Verschiebungsannahmen in der (r,t)-Ebene eines Balkenquerschnittes ähneln denen der KIRCHHOFF'schen Plattentheorie; man bekommt dann für kleine "lokale" Verformungen

$$^{1}u_{\zeta p} = -\frac{a}{b}\left({}^{1}\alpha_{3}\, 2(t+T) + {}^{1}\alpha_{4}\, 3(t+T)^{2}\right) s \qquad (7)$$

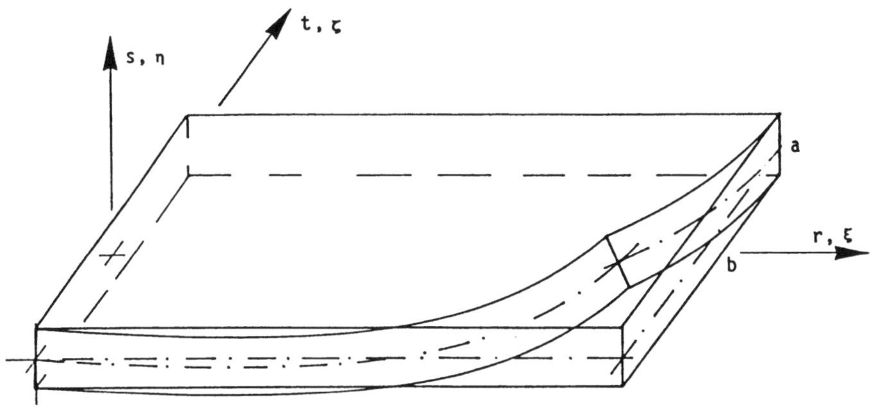


Bild 2. Lokales Plattenbeulen.

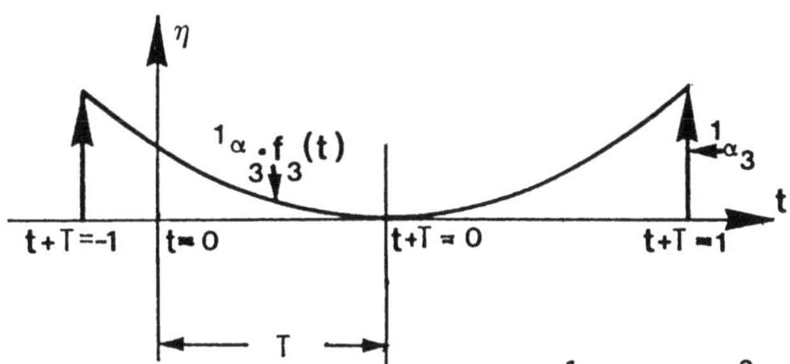


Bild 3. Quadratischer Beulmodus $^{1}\alpha_3\ (t+T)^2$.

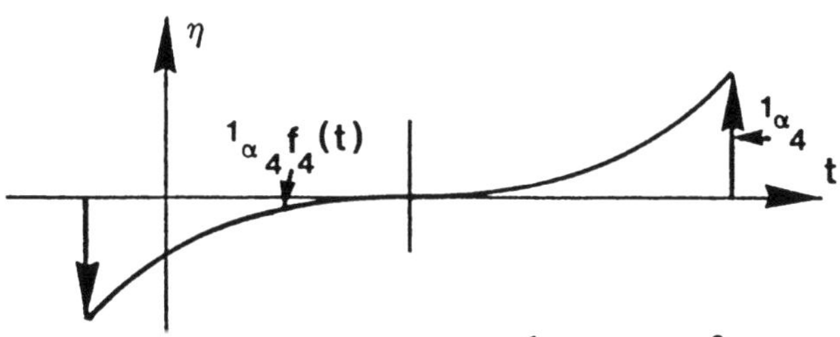


Bild 4. Kubischer Beulmodus $^{1}\alpha_4\ (t+T)^3$.

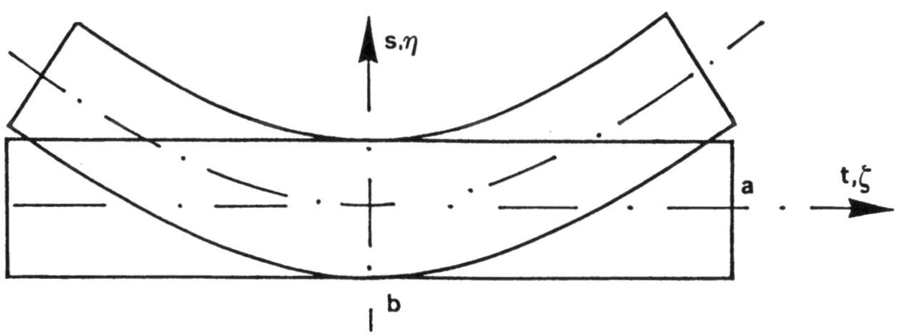


Bild 5. Quadratischer Beulmodus eines Querschnittes.

Interpoliert über der Balkenlänge ergibt sich

$$^{1}u_{\eta p}(r,s,t) = \sum_k h^k \; {}^{1}\alpha_3^k \, (t+T)^2 + \sum_k h^k \; {}^{1}\alpha_4^k \, (t+T)^3$$

und (8)

$$^{1}u_{\zeta p}(r,s,t) = \sum_k h^k \; {}^{1}\alpha_3^k \, (t+T) \, 2\frac{a}{b}s - \sum_k h^k \; {}^{1}\alpha_4^k (t+T)^2 \, 3\frac{a}{b}s \qquad (9)$$

Es verbleibt die Formulierung geeigneter Formfunktionen für die Verschiebung eines Materialpunktes in der Längsrichtung aufgrund des "lokalen" Ausbeulens. Würde man genauso vorgehen wie im Falle der Verschiebungen in einem Balkenquerschnitt, also unter Verwendung der KIRCHHOFF'schen Plattentheorie, dann würde sich für die Längsverschiebung die Gleichung

$$^{1}u_{\xi p}(r,s,t) = \sum_k h^k_{,r} \, {}^{1}\alpha_3^k \, (t+T)^2 \, \frac{1}{D} \, \frac{a}{2}s + \sum_k h^k_{,r} \, {}^{1}\alpha_4^k \, (t+T)^3 \, \frac{1}{D} \, \frac{a}{2}s \qquad (10)$$

mit $D=\xi_{,r}$

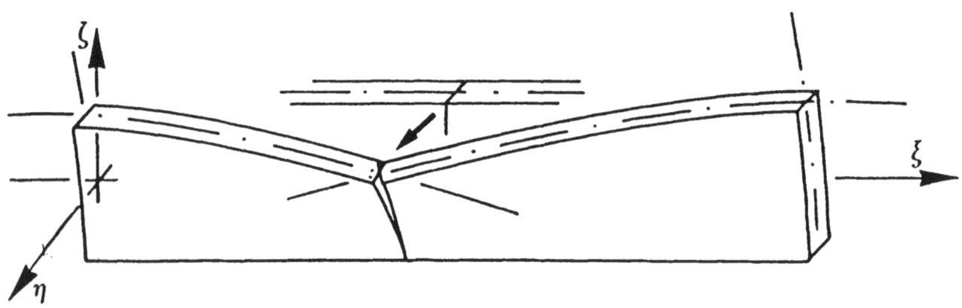


Bild 6. Inkompatibilitäten zwischen zwei Balkenelementen.

ergeben. Ganz offensichtlich hat diese Gleichung den Nachteil, daß zwischen zwei benachbarten Balkenelementen Inkompatibilitäten in den "lokalen" Plattenbeulverschiebungen auftreten würden, etwa wie sie im Bild 6 skizziert sind. Deshalb wird anstelle der Gleichung 10 die Gleichung

$$^{1}u_{\xi p}(r,s,t) = \sum_k h^k(r) \; {}^{1}\alpha_5^k \, (t+T)^2 \, \frac{a}{2}s + \sum_k h^k(r) \; {}^{1}\alpha_6^k \, (t+T)^3 \, \frac{a}{2}s \qquad (11)$$

zur Interpolation der Längsverschiebungen verwendet. Mit dieser Gleichung werden zwei weitere Freiwerte und Formfunktionen eingeführt, nämlich

$$\alpha_5^k \text{ und } (t+T)^2 \ \tfrac{a}{2}s \quad \text{sowie } \alpha_6^k \text{ und } (t+T)^3 \ \tfrac{a}{2}s \ . \qquad (12)$$

Die Normalitätsbedingung wird also für die Längsverschiebungen aufgegeben; die Gleichung 10 erfüllt nunmehr lediglich den Zweck, einen Hinweis darauf zu geben, wie man die Formfunktionen für die Längsverschiebungen der "lokalen" Beulmodi zweckmäßig aufbaut. Für die Verschiebungsverteilung innerhalb eines Balkenquerschnittes gilt die Normalitätsbedingung weiterhin.

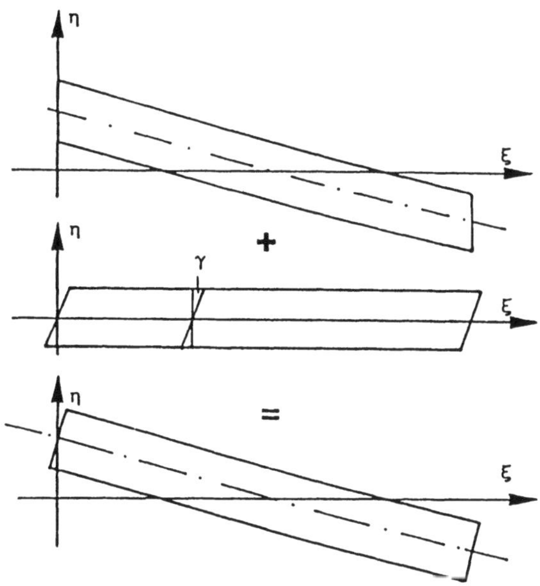


Bild 7. Überlagerung der lokalen Verformungen in einem Längsschnitt.

Die Formulierung erinnert an das Vorgehen im Falle der bekannten degenerierten Schalenelemente: Die geometrische Lage der Normalen und diejenige der Schalenmittenfläche sind voneinander unabhängig; die Verkoppelung ihrer Bewegungen wird lediglich durch das Materialgesetz erzwungen (Bild 7).

## 8 "Lokale" Deformationen und große Rotationen

Es wurde bereits erwähnt, daß die "lokalen" Balkendeformationen zweckmäßgerweise bezüglich eines sich mit dem Balken mitbewegenden Koordinatensystems definiert werden. Dieses mitgehende Koordinatensystem erfährt im Allgemeinen große Verdrehungen, die durch die Rotationen der Normalenvektoren charakterisiert sind; eine geometrisch strenge Formulierung der Überlagerung der "globalen" Balkenbewegungen und der "lokalen" Deformationen ist dann

$$
\begin{aligned}
{}^1u_i = & \sum_k h^k(r)\, {}^1u_i^k && \text{Verschiebungen der Knotenlinie} \\
& + \sum_k h^k(r)\, (\tfrac{a}{2}s+e_a)\, ({}^1v_{si}^k - {}^0v_{si}^k) && \text{Verdrehung der Normalen } \mathbf{v}_s \\
& + \ldots && \text{Verdrehung der Normalen } \mathbf{v}_t \\
& + \sum_k h^k(r) f_1^k(s,t) ({}^1\alpha_1^k\, {}^1v_{si}^k - {}^0\alpha_1^k\, {}^0v_{si}^k) && \text{erste "lokale" Formfunktion} \\
& + \ldots && \text{zweite "lokale" Formfunktion} \\
& + \ldots
\end{aligned}
\qquad (13)
$$

## 9 Vereinfachte Dehnungsgleichungen

Die Gleichung 13 zeigt, wie die Verschiebungskomponenten mit Hilfe einer Addition der "globalen" Balkenbewegungen und der auf das globale Koordinatensystem transformierten "lokalen" Verschiebungen durchgeführt werden kann:

$$ {}^1\mathbf{x} = {}^1\mathbf{x}_g + {}^1\xi \cdot {}^1\mathbf{R}^T \qquad (14) $$

Es ergibt sich die Frage, unter welchen Voraussetzungen man eine entsprechende Überlagerung korrespondierender Dehnungen vornehmen kann:

$$ {}^1\boldsymbol{\varepsilon} = {}^1\boldsymbol{\varepsilon}_g + {}^1\boldsymbol{\varepsilon}_1 \qquad (15) $$

Offensichtlich ist der Schritt von Gleichung 14 zu Gleichung 15 in der Regel inkorrekt, da der GREEN-LAGRANGE'sche Dehnungsoperator nichtlinear in den Verschiebungen ist.

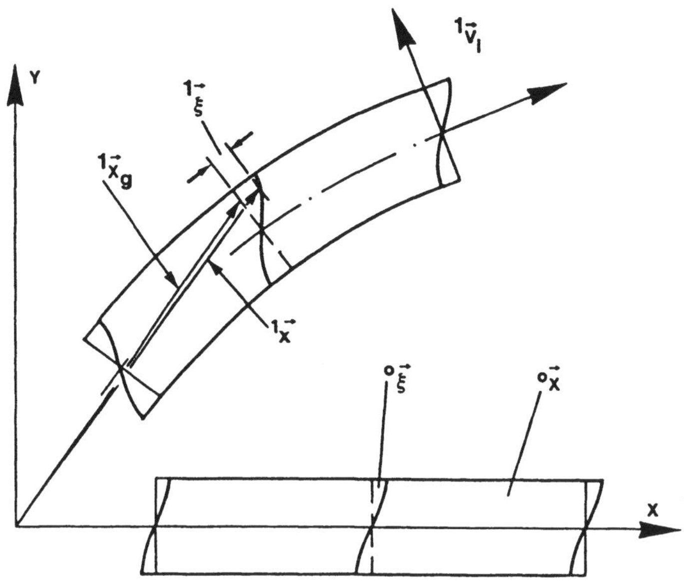


Bild 8. Überlagerung "globaler" und "lokaler" Bewegungen.

Das Bild 8 verdeutlicht die Superposition von einer "globalen" Balkenbewegung und einem "lokalen" Verformungsmodus; zur Vereinfachung ist ein zweidimensionales Problem gezeigt, wobei der Verschiebungsmodus die kubische Parabel einer Schubdeformation ist. Weiterhin wird, ebenfalls zur Vereinfachung der Darstellung angenommen, daß das "Material-"Koordinatensystem des Balkens im undeformierten Zustand mit den globalen (x,y,z)-Koordinaten zusammenfällt. Im Folgenden soll davon ausgegangen werden, daß keine "lokalen" Imperfektionen vorhanden sind und deshalb die "lokalen" Verschiebungen im undeformierten Zustand verschwinden.

Der zu den Verschiebungen aus Gleichung 14 gehörende Verschiebungsgradient ergibt sich zu

$$ {}^1\mathbf{X} = \frac{\partial\, {}^1\mathbf{x}_{gl}}{\partial\, {}^o\mathbf{x}} + \frac{\partial\, {}^1\xi}{\partial\, {}^o\mathbf{x}} . {}^1\mathbf{R}^T + {}^1\xi \frac{\partial\, {}^1\mathbf{R}^T}{\partial\, {}^o\mathbf{x}} \tag{16} $$

Der erste Summand auf der rechten Seite ist der Verschiebungsgradient ${}^{1}\mathbf{X}_g$ der "globalen" Balkenbewegungen; der zweite ist die Ableitung der "lokalen" Verschiebungen nach den globalen (x,y,z)-Koordinaten. Der dritte Ausdruck schließlich ist das Produkt der Änderung der Rotation des Balkenelementes über dessen Länge, beispielsweise wenn Biegung vorliegt, und der "lokalen" Verschiebung und beschreibt deshalb eine Interaktion zwischen der "globalen" und der "lokalen" Deformation. Um zu einer vereinfachten Formulierung für die Dehnungen zu gelangen, wird dieser Ausdruck vernachlässigt:

$$ {}^{1}\mathbf{X} = \frac{\partial\, {}^{1}\mathbf{x}_{gl}}{\partial\, {}^{o}\mathbf{x}} + \frac{\partial\, {}^{1}\xi}{\partial\, {}^{o}\mathbf{x}} \cdot {}^{1}\mathbf{R}^{T} = {}^{1}\mathbf{X}_g + {}^{1}\mathbf{X}_l \cdot {}^{1}\mathbf{R}^{T} \qquad (17) $$

Aus diesem vereinfachten Ausdruck für den Operator der Verschiebungsableitungen bekommt man den folgenden GREEN-LAGRANGE' schen Dehnungsausdruck

$$ 2\varepsilon = {}^{1}\mathbf{X}_g \cdot {}^{1}\mathbf{X}_g^{T} + {}^{1}\mathbf{X}_g \cdot {}^{1}\mathbf{R} \cdot {}^{1}\mathbf{X}_l^{T} + {}^{1}\mathbf{X}_l \cdot {}^{1}\mathbf{R}^{T} \cdot {}^{1}\mathbf{X}_g^{T} + {}^{1}\mathbf{X}_l \cdot {}^{1}\mathbf{R} \cdot {}^{1}\mathbf{R}^{T} \cdot {}^{1}\mathbf{X}_l^{T} - \mathbf{I} \qquad (18) $$

und daraus mit $\quad {}^{1}\mathbf{X}_g \cdot {}^{1}\mathbf{R} \approx {}^{1}\mathbf{R}^{T} \cdot {}^{1}\mathbf{R} = \mathbf{I} \qquad (19)$

$$ 2\, {}^{1}\varepsilon = {}^{1}\mathbf{X}_g \cdot {}^{1}\mathbf{X}_g^{T} - \mathbf{I} + {}^{1}\mathbf{X}_l^{T} + {}^{1}\mathbf{X}_l^{T} + {}^{1}\mathbf{X}_l \cdot {}^{1}\mathbf{X}_l^{T} = {}^{1}\varepsilon_g + {}^{1}\varepsilon_l \qquad (20) $$

Diese Dehnungsgleichung ist eine Überlagerung der "lokalen" und der "globalen" Dehnungen, die jeweils mit den entsprechenden "lokalen" und "globalen" Verschiebungen assoziiert sind. Die hier beschriebene Formulierung ist den bekannten "corotational-" ("rigid-convected"-) Formulierungen [6], [7] ähnlich. Der wesentliche Unterschied zum hier beschriebenen Vorgehen ist, daß das konvektive ("globale") Koordinatensystem der "corotational-" Formulierungen immer vollständig starr bleibt.

## 10 Dehnungen und Spannungen

Ähnlich wie in der Biegebalkentheorie werden die Dehnungen und Spannungen zweckmäßigerweise im "Material"-Koordinatensystem angeschrieben. Liegen keine "lokalen" Plattenbeulfreiwerte vor, so werden nur drei Dehnungs- und Spannungskomponenten zusammen mit einer 3*3-Materialmatrix in der Rechnung mitgeführt, nämlich

$$\mathbf{e} = \begin{bmatrix} e_{\xi\xi} \\ e_{\xi\eta} \\ e_{\xi\zeta} \end{bmatrix} \quad \text{und} \quad \sigma = \begin{bmatrix} \sigma_{\xi\xi} \\ \sigma_{\xi\eta} \\ \sigma_{\xi\zeta} \end{bmatrix} \quad \text{sowie} \quad \mathbf{C} = \begin{bmatrix} E & 0 & 0 \\ 0 & G & 0 \\ 0 & 0 & G \end{bmatrix} \qquad (21)$$

Mit dieser Vorgehensweise erreicht man, daß man keine Spannungskomponenten, die senkrecht zur Balkenlängsachse wirken, erhält, obwohl die in dieser Arbeit verwendeten "globalen" Verschiebungsansätze erzwingen, daß die Maße des Balkenquerschnittes während der Verformung unveränderlich bleiben. Der Fehler, der durch die Formfunktionen in die Formulierung eingeführt wird, wird also durch das verwendete Materialgesetz korrigiert.

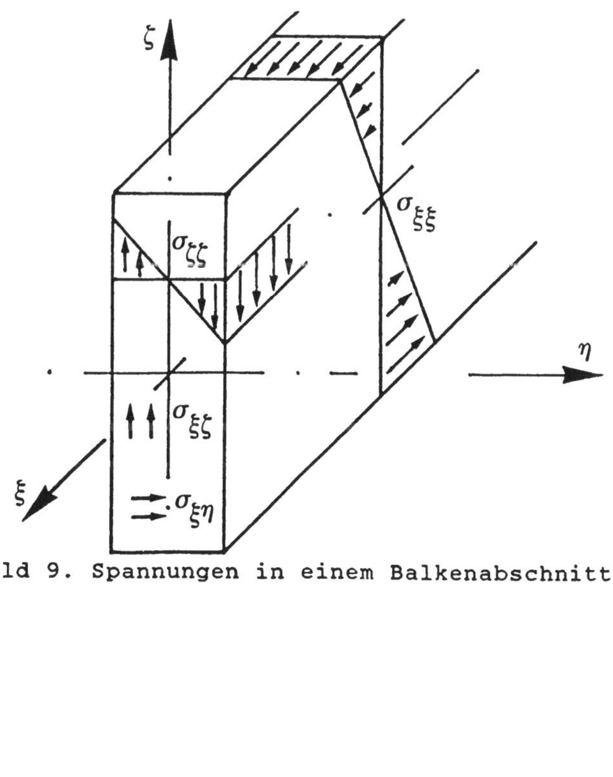


Bild 9. Spannungen in einem Balkenabschnitt.

Für die Integration der Steifigkeitsterme, die zu den "lokalen" Plattenbiegemodi gehören, werden noch die entsprechenden Biegespannungen und -Dehnungen in der Rechnung mitgeführt, wobei hier die Querkontraktion aus der "lokalen" Plattenbiegung vernachlässigt wird:

$$\mathbf{e} = \begin{bmatrix} e_{\xi\xi} \\ e_{\xi\eta} \\ e_{\xi\zeta} \\ e_{\zeta\zeta} \end{bmatrix} \quad \text{und} \quad \boldsymbol{\sigma} = \begin{bmatrix} \sigma_{\xi\xi} \\ \sigma_{\xi\eta} \\ \sigma_{\xi\zeta} \\ \sigma_{\zeta\zeta} \end{bmatrix} \quad \text{sowie} \quad \mathbf{C} = \begin{bmatrix} E & 0 & 0 & 0 \\ 0 & G & 0 & 0 \\ 0 & 0 & G & 0 \\ 0 & 0 & 0 & E \end{bmatrix} \tag{22}$$

## 11 Rotatorische Freiwerte

Zur Darstellung von Rotationen von Vektoren im Raum bieten sich verschiedene Möglichkeiten an; dies sind z.B. EULER'sche Winkel oder die RODRIGUEZ'schen Formeln; vergl. HAMEL [13] und ARGYRIS [1] und auch [16]. Im Schalenelement [14] ist die Bewegung der Schalennormale durch polare Koordinaten dargestellt. Um eine einwandfreie Ankoppelung des Balkenelementes an das Schalenelement zu ermöglichen, soll diese Darstellung, wie bei der Formulierung der Balkenelemente in der Arbeit von DIACK [10] und auch in der Arbeit von EPSTEIN und MURRAY [11], hier ebenfalls verwendet werden.

In der bisher dargestellten Formulierung werden die "globalen" Balkenbewegungen durch neun Freiwerte an jedem Knoten dargestellt; dies sind drei Verschiebungskomponenten ($u_x$, $u_y$, $u_z$) sowie sechs Komponenten der beiden Normalenvektoren, nämlich ($v_{sx}$, $v_{sy}$, $v_{sz}$) und ($v_{tx}$, $v_{ty}$, $v_{tz}$).

Die Beschreibung der Rotationen in Polaroordinaten zeigt Bild 10, in dem vereinfachend ein zentrischer Balkenabschnitt derartig dargestellt wird, daß ein Knoten im Koordinatenursprung liegt. Die beiden Vektoren $\mathbf{v}_s$ und $\mathbf{v}_t$ sind fest an den Balkenquerschnitt angeheftet; liegt, wie im

Bild 10, ein zentrisches Balkenelement vor, so liegen die beiden Normalenvektoren auf den Symmetrielinien des Balkenquerschnittes.

Die Winkel $\varphi$ und $\psi$ beschreiben die Bewegung der t-Normalen; $\psi$ ist der Winkel zwischen der globalen x-Achse und dem Vektor $\mathbf{v}_t$ und $\varphi$ ist der Winkel zwischen der Projektion von $\mathbf{v}_t$ auf die (y,z)-Ebene und der y-Achse. Die Bewegung der s-Normalen wird entsprechend durch die Winkel $\chi$ und $\varphi_2$ beschrieben; $\chi$ ist der Winkel zwischen der globalen x-Achse und dem Vektor $\mathbf{v}_s$ und $\varphi_2$ ist der Winkel zwischen der Projektion von $\mathbf{v}_s$ auf die (y,z)-Ebene und der y-Achse. Man bekommt für die beiden Normalen die Gleichungen:

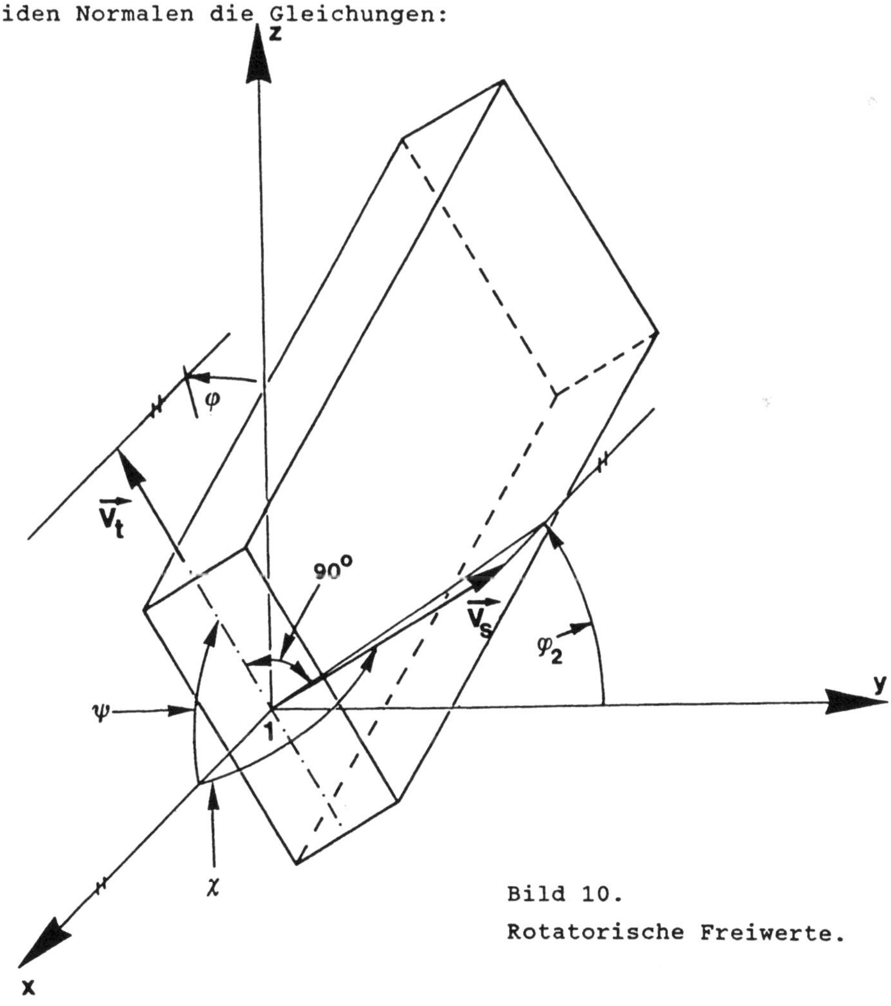


Bild 10.
Rotatorische Freiwerte.

$$
\begin{aligned}
{}^m v_{tx} &= \cos {}^m\psi & \qquad {}^m v_{tx} &= \cos {}^m\chi \\
{}^m v_{ty} &= \sin {}^m\psi \cos {}^m\varphi & \text{und} \qquad {}^m v_{ty} &= \sin {}^m\chi \cos {}^m\varphi_2 \\
{}^m v_{tz} &= \sin {}^m\psi \sin {}^m\varphi & \qquad {}^m v_{tz} &= \sin {}^m\chi \sin {}^m\varphi_2
\end{aligned}
\tag{23}
$$

Mit dieser Darstellung wurden die sechs Rotationsfreiwerte zunächst auf 4 Winkelwerte reduziert. Weiterhin wird $\varphi_2$ eliminiert, indem gefordert wird, daß die beiden Normalen immer senkrecht aufeinander stehen sollen; d.h., es muß gelten:

$$\mathbf{v}_t \cdot \mathbf{v}_s = 0. \tag{24}$$

Durch die Gleichungen 23 und 24 werden die Bewegungen der Normalen durch drei voneinander unabhängige Winkel ausgedrückt. Die erhaltenen Gleichungen, die den Zusammenhang zwischen den Komponenten der Normalenvektoren mit den Winkelfreiwerten angeben, sind wegen der trigonometrischen Funktionen nichtlinear. Zur Berechnung der inneren Kräfte des Elementes als Funktion einer beliebigen verformten Geometrie können und müssen diese exakten nichtlinearen Gleichungen verwendet werden. Um aber für die Anwendung inkrementell-iterativer Methoden die Linearität des Gleichungssystems für einen inkrementellen Schritt u zu erhalten, müssen die Gleichungen 23 und 24 für den aktuellen Zustand bezüglich der Verschiebungsinkremente linearisiert werden [8].

## 12 Ein Beispiel mit lokalem Plattenbeulen

In [8] ist eine Reihe von Beispielen angegeben, die das Verhalten des Elementes beim Vorhandensein großer Rotationen, im Falle des Balkenkippens und Stabknickens sowie im Falle der Anwendung zur Modellierung als exzentrische Versteifung demonstrieren. Hier sei lediglich ein Beispiel angegeben, welches die Wirkungsweise der "lokalen" Plattenbeulmodi erläutert, indem das Beulverhalten eines einseitig eingespannten Plattenstreifens unter Längsdruck untersucht wird. Hierbei ist ein Längsrand bis auf die Bewegung in der x - Richtung fest eingespannt; die beiden Stirnseiten sind gelenkig gelagert und die zweite Längsseite ist frei.

Die eigentlichen Balkenbewegungen werden nahezu gänzlich ausgeschaltet, was durch Fixierung der globalen Knotenbewegungen (bis auf die x - Verschiebungen) geschieht. Die Einspannung der Längskante wird durch eine geeignete Wahl von T erreicht, sodaß dort die "lokalen" Verschiebungen verschwinden. Die Randbedingungen an den Balkenenden werden durch Festsetzen der Freiwerte $\alpha_3$ und $\alpha_4$ und die ggf. vorhandenen Symmetriebedingungen durch Festsetzen der Freiwerte $\alpha_5$ und $\alpha_6$ erreicht.

Ein Stabknicken (EULER) ist durch die Randbedingungen ausgeschlossen und es werden Beulformen wie in Bild 11 erwartet. Die Abmessungen des Beispieles wurden derartig gewählt, daß die kritischen Lasten der ersten beiden Eigenformen etwa gleich sind.

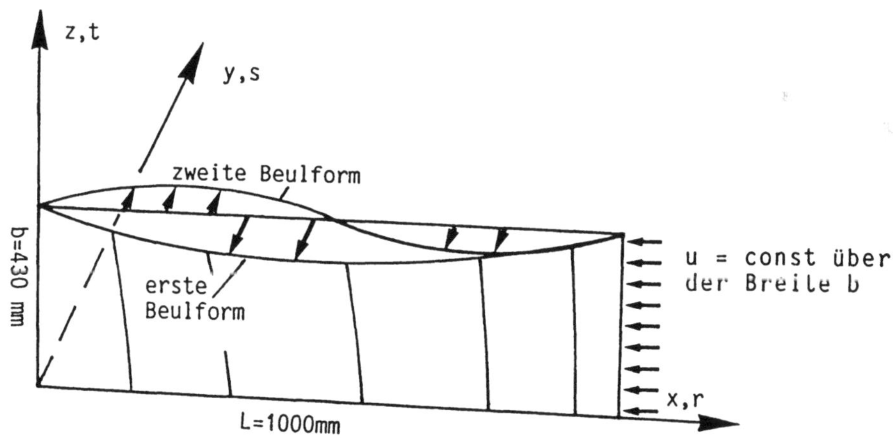


Bild 11. Einseitig eingespannter Plattensteifen.

Das theoretische Resultat nach TIMOSHENKO [15] wird mit den Ergebnissen aus mehreren Idealisierungen verglichen, die sich voneinander in der Zahl der Elemente, in der Zahl der lokalen Plattenbeulmodi sowie in der Ausnutzung der Symmetrie unterscheiden. Die Ergebnisse in der Tabelle 1 zeigen, daß die Verwendung nur des quadratischen Beulmodus' nicht ausreicht; mit beiden lokalen Beulmodi erreicht man allerdings eine recht gute Annäherung an das theoretische Ergebnis. Abgesehen von den Fehlern aus den Verschiebungsansätzen kann als Fehlerquelle noch die Tatsache genannt werden, daß Effekte aus der Querkontraktion aufgrund der Plattenbiegung in der Formulierung des Elementes vernachlässigt worden sind.

Tabelle 1. Beulpannungen des Plattenstreifens in $N/mm^2$.

| theoret. kritische Spannung | Anzahl der lokalen Modi | Zahl der Halbwellen | 1 Elem. für die ganze Struktur | 1 Elem. für die halbe Struktur | 2 Elem. für die ganze Struktur | 5 Elem. ganze Struktur |
|---|---|---|---|---|---|---|
| 37.192 | 1 lokaler quadrat. | 1 | 54.82 | 54.26 | 54.26 | 54.248 |
| 37.0762 | Modus mit 2 lokalen | 2 | 56.30 | - | 51.37 | 47.825 |
| 57.119 | Freiwerten | 3 | - | 82.74 | - | 66.202 |
| 37.1923 | quadrat.+ kubisch | 1 | 37.80 | 37.11 | 37.107 | 36.556 |
| 37.0762 | 2 lokale Modi mit | 2 | 45.10 | - | 40.118 | 37.090 |
| 57.119 | 4 lokalen Freiwerten | 3 | - | 71.57 | - | 55.079 |

Für ein "Versteifungselement" ist dieses Beispiel insofern als "Extremfall" anzusehen, als die "globalen" Balkenbewegungen im Gegensatz zu praktischen Anwendungsfällen vollständig unterdrückt sind. Da deshalb das Verschiebungsfeld nur durch die Formfunktionen für das Plattenbeulen beschrieben wird, kann das Beispiel als ein gutes Kriterium für deren Genauigkeit angesehen werden.

## 13 Einige abschließende Bemerkungen

Die Genauigkeit des Balkenelementes kann natürlich durch die Einführung weiterer "lokaler" Verformungsmodi, z.B. für die Schubverformung, weiter gesteigert werden. Andererseits erscheint eine Einführung weiterer Polynomglieder zur verbesserten Approximation des lokalen Plattenbeulens nicht sinnvoll; die Beispiele in [8] haben gezeigt, daß das Element in der vorliegenden Form für die Untersuchung versteifter Strukturen effizient und ausreichend genau arbeitet.

Die "Entkoppelung" der "lokalen" Dehnungen des Stegbeulens von denjenigen der Balkenbewegungen erscheint insbesondere für den vorgesehenen Einsatz des Elementes in Stabilitätsanalysen versteifter Schalen gerechtfertigt. Als eine weitere Verbesserung des Elementes ist allerdings die Einführung einer vollständig verkoppelten Formulierung, beispielsweise auf der Grundlage der Gleichung 13, denkbar[8]. Will man mit dem Element Stabilitätsprobleme berechnen, bei denen im Vorbeulzustand sehr große Rotationen auftreten, so sollte eine zur virtuellen Arbeitsgleichung "konsistente" Linearisierung der rotatorischen Freiwerte in die Formulierung eingeführt werden.

Der vorstehende Beitrag ist Teil des am Lehrstuhl für Schiffbau, Konstruktion und Statik der RWTH Aachen in den Jahren 1982-1985 durchgeführten Forschungsvorhabens zur nichtlinearen Stabilitätsanalyse schiffbaulicher Konstruktionen. Der zweitgenannte Verfasser hat das Forschungsvorhaben seinerzeit bearbeitet und auch den vorstehenden Beitrag zusammengestellt.

Die Autoren danken der Deutschen Forschungsgemeinschaft für die finanzielle Förderung.

## 14 Literatur


1 ARGYRIS,J.H.: "An Excursion into Large Rotations". Comp. Meth. Appl. Mech. Engg. 32(1982), pp.85-155.

2 BATHE,K.J.; ALMEIDA,C.A.: "A Simple and Effective Pipe Elbow Element - Linear Analysis". Journal of Applied Mechanics, March 1980, Vol.47, pp.93-100.

3 BATHE,K.J.; ALMEIDA,C.A.; HO,L.W.: "A Simple and Effective Pipe Elbow Element - Some Nonlinear Capabilities". Comp. Struct., Vol.17,No.5-6,pp.659-667.

4 BATHE,K.J.; BOLOURCHI,S.: "A Geometric and Material Nonlinear Plate and Shell Element". Comp. Struct., Vol.11, 1980, pp.23-48.

5 BATHE,K.J.; CHAUDHARY,A.: "On the Displacement Formulation of Torsion of Shafts with Rectangular Cross-Sections". Int. J. Num. Meth. Engg., Vol.18, 1982, pp.1565-1568.

6 BELYTSCHKO,T.; GLAUM,L.W.: "Applications of Higher Order Corotational Stretch Theories to Nonlinear Finite Element Analysis". Comp. Struct., Vol.10, 1979, pp.175-182.

7 BELYTSCHKO,T.; HSIEH,B.J.: "Non-Linear Transient Finite Element Analysis with Convected Co-Ordinates". Int. J. Num. Meth. Engg., 7, 1973, pp.255-271.

8 BERNHARDI,O.: "Eine geometrisch nichtlineare Formulierung für die Idealisierung exzentrischer Aussteifungen". Dissertation, Aachen 1986.

9 BRADFORD,M.A.; TRAHAIR,N.S.: "Distorsional Buckling of Thin-Web Beam-Columns". Engg.Struct., Vol.4, Jan.1982.

10 DIACK,A.: "Beitrag zur Stabilität diskret versteifter längsversteifter Kreiszylinderschalen unter Axialdruck". Dissertation Stuttgart 1983.

11 EPSTEIN,M.; MURRAY,D.W.: "Three - Dimensional Large Deformation Analysis of Thin Walled Beams". Int. J. of Solids and Struct., Vol.12, 1976, pp.867-876.

12 FERGUSON,G.H.; CLARK,R.D.: "A Variable Thickness, Curved Beam and Shell Stiffening Element with Shear Deformations". Int.J.Num.Meth.Engg., Vol.14, 581-592, 1979.

13 HAMEL,G.: "Theoretische Mechanik. Eine einheitliche Einführung in die gesamte Mechanik". Springer, Berlin 1949.

14 RAMM,E.: "A Plate/Shell Element for Large Deflections and Rotations". In: ODEN,J.T.; BATHE,K.J.; WUNDERLICH,E.: "Formulations and Computational Algorithms in Finite Element Analysis". MIT Press, Cambridge, Mass., 1977.

15 TIMOSHENKO,S.P.: "Theory of Elastic Stability". Second Edition, McGraw-Hill, 1961.

16 "ABAQUS - Theory Manual". Hibbit, Karlsson & Sorensen Inc., Providence, Rhode Island, USA, Jan. 1981.

17 "Program Description NISA 80". Institut für Baustatik der Universität Stuttgart, Stuttgart 1981.

# Zur Bemessung von Verbundstützen mit einfachsymmetrischen Querschnitten

K. Roik, R. Bergmann

## 1. Einleitung

Verbundstützen haben sich in den letzten Jahren in der Praxis als Konstruktionselement durchgesetzt. Die Bemessung und Ausführung der Verbundstützen erfolgt nach den Regeln, die in DIN 18806 Teil 1 /1/ festgelegt sind. Im Kapitel 5 der Norm wird ein vereinfachtes Verfahren zur Bemessung von Verbundstützen angegeben. Dieses ist jedoch nur für doppelt-symmetrische Querschnitte anwendbar. Es basiert auf der Auswertung von europäischen Knickspannungskurven und Querschnittsinteraktionskurven und wurde auch in den Eurocode 4, Verbundkonstruktionen /2/, aufgenommen.

Der zunehmende Einsatz von Verbundstützen ließ die Frage nach vereinfachten Bemessungsverfahren für unsymmetrische Verbundstützenquerschnitte aufkommen. Solche Querschnitte entstehen (Bild 1):

a) bei eindeutiger Belastungsrichtung für die Stütze, verbunden mit der Absicht, die Querschnittskomponenten optimal einzusetzen. Hier sollte das Stahlprofil möglichst weit auf der Zugspannungsseite des Querschnittes liegen.

b) bei Verstärkung bestehender Stahlstützen durch nachträgliches Einbetonieren, wenn nicht alle 4 Seiten der bestehenden Stütze frei zugänglich sind.

c) bei Anordnung von Versorgungskanälen innerhalb des Verbundquerschnittes.

Das zu entwickelnde Konzept der vereinfachten Bemessung sollte sich möglichst eng an das Verfahren der DIN 18806 Teil 1, bzw. des Eurocode 4 anlehnen, um die Anwendung der Methode zu erleichtern.

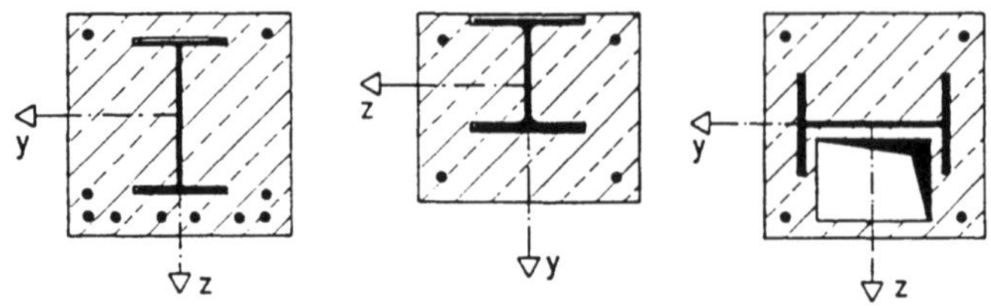


Bild 1: Beispiele für zur Biegeachse y unsymmetrische Querschnitte

## 2. Berechnung der Traglast mittels FEM-Programm

Für die Entwicklung einer vereinfachten Methode mußte zunächst die Möglichkeit geschaffen werden, die Traglasten von Stützen mit unsymmetrischen Querschnitten möglichst genau zu berechnen. Hierzu wurde im Rahmen des Schwerpunktprogrammes ein EDV-Programm entwickelt. Das Programm arbeitet mit einer Fasereinteilung des Querschnittes und einer beliebigen Bezugsachse innerhalb des Querschnittes. Im einzelnen ist diese Methode in /3/ und /4/ ausführlich beschrieben.

## 3. Versuche

Zur Kontrolle der "genauen" Berechnungsmethode und auch des vereinfachten Bemessungsverfahrens ist eine Bestätigung durch Versuche unabdingbar. Da national und international keine Versuche an Verbundstützen mit unsymmetrischen Querschnitten bekannt waren, wurden im Rahmen des Schwerpuktprogramms 12 Versuche durchgeführt. Dabei wurden 2 Stützenlängen, 2 Querschnittstypen und unterschiedliche Exzentrizitäten der Belastung gewählt.

Die gewählten Querschnitte zeigt Bild 2. Beim Querschnitt Q1 und Q3 wurde ein Stahlprofil HE200B so einbetoniert, daß ein Flansch außen sichtbar war. Bei den Querschnitten Q2 und Q4 wurde auf die gleiche Art ein T-förmiger Stahlquerschnitt einbetoniert. Dieser wurde bei Querschnitt Q2 aus zusammengeschweißten Blechen hergestellt, während bei Q4 der untere Flansch eines Profiles HE200B abgetrennt wurde.

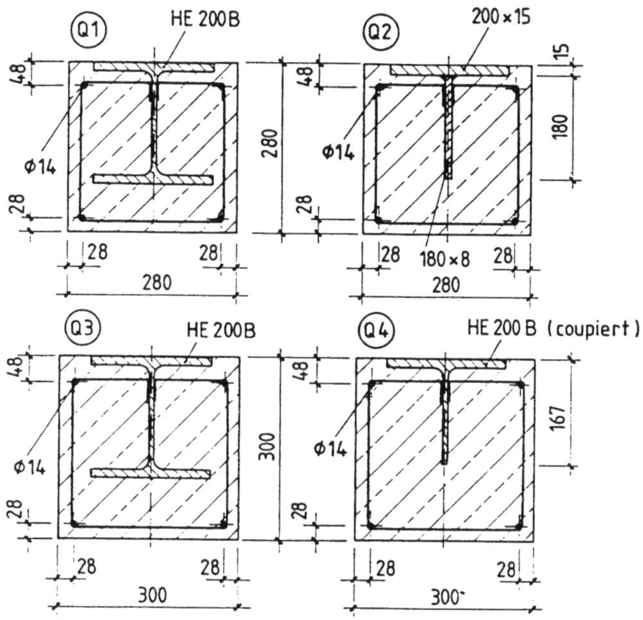


Bild 2: Querschnitte der Versuchskörper

Die Längsbewehrung wurde durch Bügel gehalten (Bild 3). Da die Bügel im Bereich der Stege nicht geschlossen werden konnten, wurden sie konstruktiv an die Stege angeheftet. Die Längsbewehrung war an die Kopfplatten der Stützen angeschweißt.

Die Länge $l_0$ in Bild 3 betrug 3,0 m bei jeweils 3 Versuchen mit den Querschnitten Q1 und Q2. Die restlichen Versuche hatten eine Länge $l_0$ von 5,0 m.

Mit der Lasteinleitungskonstruktion, die in Bild 4 zu erkennen ist, ergeben sich damit die Systemlängen der Tabelle 1.

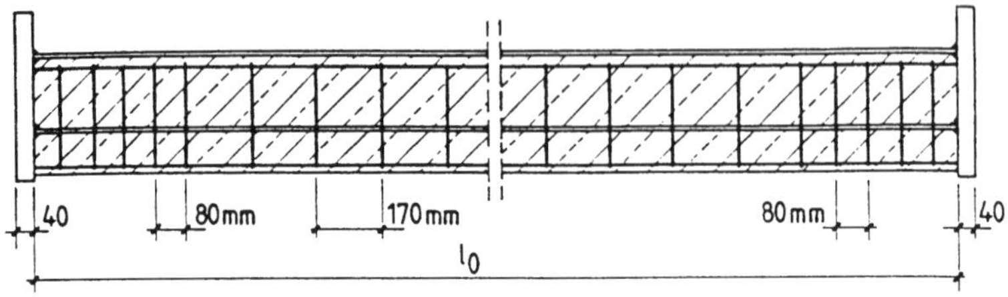


Bild 3: Längsschnitt durch einen Versuchskörper

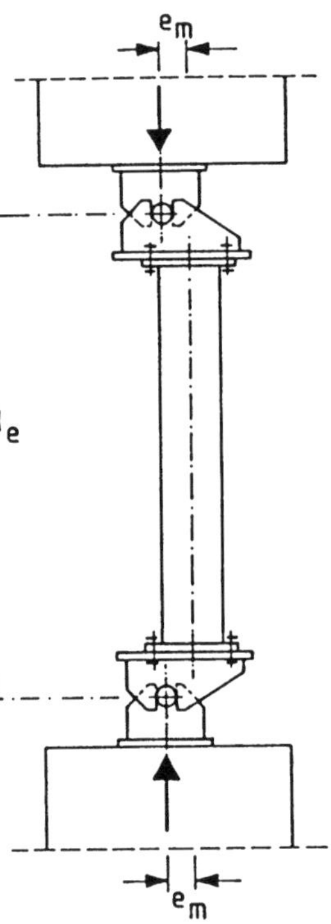


Bild 4: Versuchsaufbau

Tabelle 1 gibt gleichzeitig die gemessenen Materialfestigkeiten an. Die Betonfestigkeit wurde zum Zeitpunkt der Stützenversuche am 20 cm Würfel ermittelt. Der Mittelwert aus jeweils 6 Würfelproben wurde zur Bestimmung der Zylinderfestigkeit $\beta_c$ mit dem Faktor 0,85 multipliziert.

| Versuch | Querschnitt (Bild 2) | $l_e$ [cm] | $\beta_c$ [kN/cm²] | $\beta_{s,a\,Flansch}$ [kN/cm²] | $\beta_{s.a\,Steg}$ [kN/cm²] |
|---|---|---|---|---|---|
| V1 - V3 | Q1 | 346 | 3,74 | 20,6 | 22,0 |
| V4 - V6 | Q2 | 346 | 3,74 | 25,5 | 23,9 |
| V7 - V9 | Q3 | 546 | 3,16 | 28,5 | 30,5 |
| V10-V12 | Q4 | 546 | 3,16 | 28,5 | 30,5 |

Tabelle 1: Systemlängen und Materialfestigkeiten

Die Streckgrenzen des Profilstahles wurden im Norm-Zugversuch bestimmt. Hierbei wurde zwischen der Streckgrenze im Flansch und der Streckgrenze im Steg unterschieden.

Bei den theoretischen Berechnungen wurde i. allg. die Streckgrenze der Flansche für den ganzen Stahlquerschnitt angesetzt und die Stegdicke nach dem Streckgrenzenverhältnis rechnerisch verändert.

$$t^*_{steg} = t_{steg} \cdot \beta_{s.asteg}/\beta_{s.aFlansch}$$

Die Bilder 5 bis 8 zeigen die Last-Verformungskurven der durchgeführten Versuche. Tabelle 2 gibt die erreichten Traglasten $P_{Test}$ mit den zugehörigen gewählten Exzentrizitäten an. Diese Werte werden den Rechenergebnissen mit dem "genauen" Programm $P_{FEM}$ gegenübergestellt.

| Versuch | $l_e$ [cm] | $e_m$ [mm] | $P_{Test}$ [kN] | $P_{FEM}$ [kN] | $P_{Test}/P_{FEM}$ |
|---|---|---|---|---|---|
| V1 | 346 | 0 | 3617 | 3519 | 1,028 |
| V2 | 346 | 40 | 2825 | 2564 | 1,102 |
| V3 | 346 | -100 | 1800 | 1734 | 1,038 |
| V4 | 346 | 0 | 2654 | 2828 | 0,938 |
| V5 | 346 | 40 | 1998 | 2067 | 0,967 |
| V6 | 346 | -100 | 1706 | 1659 | 1,028 |
| V7 | 546 | - 10 | 3938 | 3688 | 1,068 |
| V8 | 546 | 30 | 2640 | 2585 | 1,021 |
| V9 | 546 | -110 | 1608 | 1634 | 0,984 |
| V10 | 546 | - 10 | 2538 | 2591 | 0,980 |
| V11 | 546 | 30 | 1664 | 1884 | 0,883 |
| V12 | 546 | -110 | 1328 | 1345 | 0,987 |

Tabelle 2: Versuchsergebnisse und Vergleich mit FEM-Programm

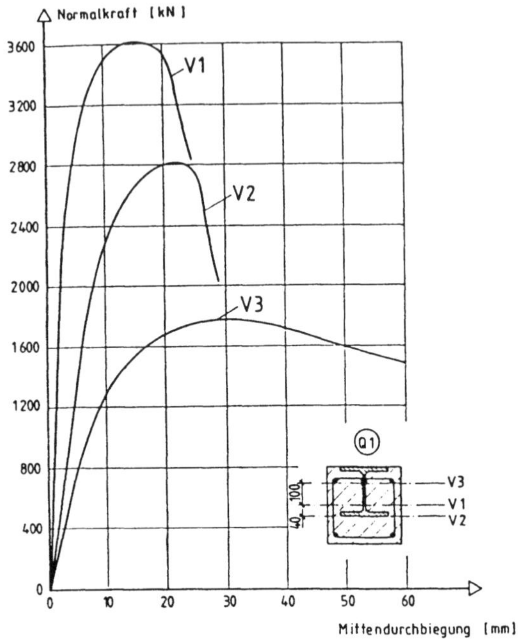


Bild 5: Versuche an einfach symmetrischen Verbundstützen, Last-Verformungskurven, Versuche V1 bis V3

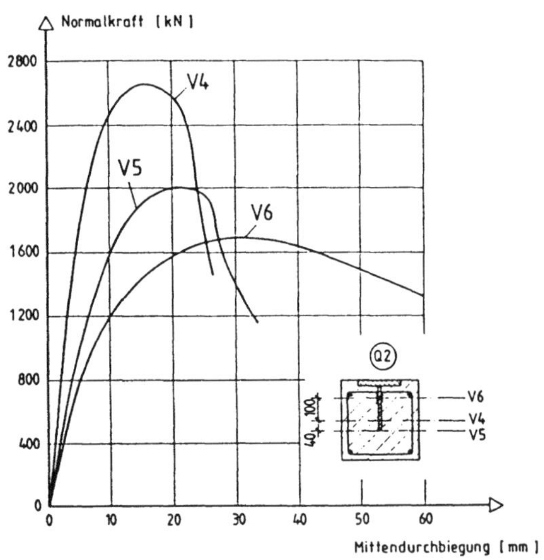


Bild 6: Versuche an einfach symmetrischen Verbundstützen, Last-Verformungskurven, Versuche V4 bis V6

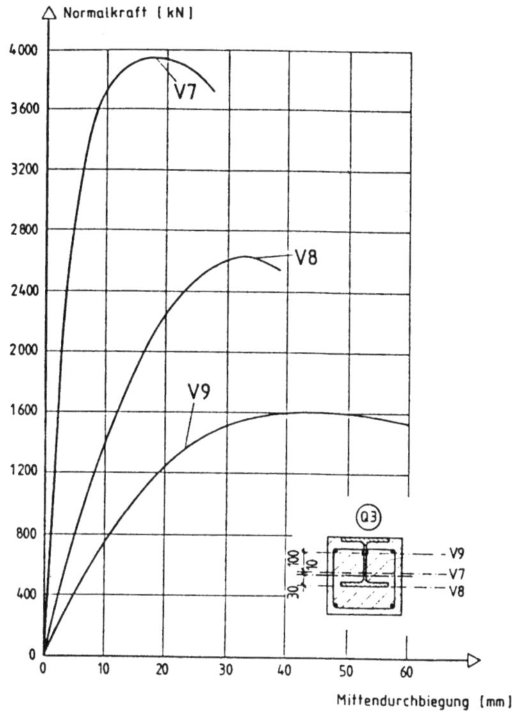


Bild 7: Versuche an einfach symmetrischen Verbundstützen, Last-Verformungskurven, Versuche V7 bis V9

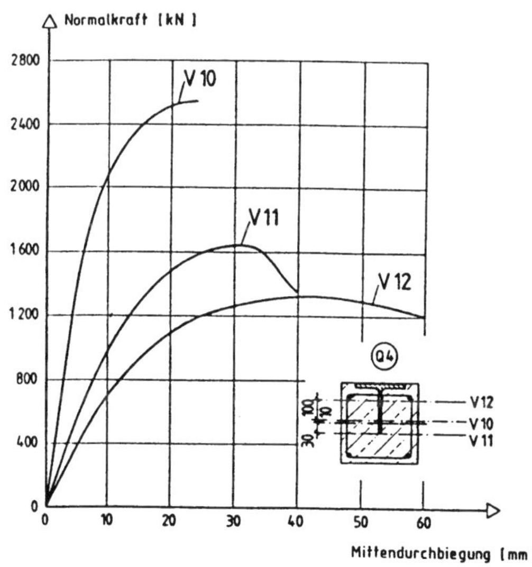


Bild 8: Versuche an einfach symmetrischen Verbundstützen, Last-Verformungskurven, Versuche V10 bis V12

Die in Spalte 3 der Tabelle angegebenen Lastexzentrizitäten beziehen sich auf die Mittellinie der Querschnitte.

Die Übereinstimmung Versuch-Rechnung ist zufriedenstellend. Für das Verhältnis $P_{Test}/P_{FEM}$ ergibt sich ein Mittelwert von 1,002 mit einer Standardabweichung von 0,057.

## 4. Näherungsverfahren zur Bemessung von Verbundstützen mit unsymmetrischen Querschnitten

### 4.1 Spezielle Probleme unsymmetrischer Querschnitte

Bei unsymmetrischen Verbundquerschnitten ist die Querschnittsmittellinie nicht mehr zugleich auch die Schwerachse des Querschnitts. Bei "elastischer" Berechnung eines Systems mit der Annahme ungerissenen Betons ist die "elastische" Schwerachse des Querschnitts die Bezugsachse für die Ermittlung der Schnittgrößen. Die Koordinate der "elastischen " Schwerachse $z_{el}$ ergibt sich für einen allgemeinen Verbundstützenquerschnitt nach Gleichung 1:

$$z_{el} = \frac{A_a \cdot E_a \cdot z_a + A_b \cdot E_b \cdot z_b + A_s \cdot E_a \cdot z_s}{A_a \cdot E_a + A_b \cdot E_b + A_s \cdot E_a} \qquad (1)$$

mit $A_a$, $A_b$ und $A_s$ = Flächen der Querschnittsteile Profilstahl, Beton und Bewehrung

$E_a$, $E_b$ = E-Modul des Profilstahls und der Bewehrung bzw. des Betons

$z_a$, $z_b$, $z_s$ = Abstände der Teilschwerachse von der gewählten Bezugsachse

Für $E_b$ kann der E-Modul nach DIN 1045 bzw. Verbundträgerrichtlinie /5/ oder nach DIN 18806 Teil 1 eingesetzt werden.

Für diese Bezugsachse werden die "elastischen" Querschnittswerte bestimmt.

Der Nachweis der Querschnittstragfähigkeit erfolgt unter der Annahme des Plastizierens des Querschnittes. Auch die Querschnittsgrenztragfähigkeit (M-N-Interaktion) müßte für die "elastische" Schwerachse berechnet werden.

Bild 9a zeigt qualitativ den Verlauf der Interaktionskurve für die "elastische" Schwerachse.

Bei Erreichen von $N_{pl}$, d.h. Aufbringen der Grenzspannungen auf die Querschnittsteile, wirkt die Resultierende dieser Spannungen an der "plastischen" Schwerachse. An die Stelle der Steifigkeitswerte in Gl. 1 treten die Festigkeitswerte der Querschnittsteile (Gl. 2).

$$z_{pl} = \frac{A_a \cdot \beta_{s,a} \cdot z_a + A_b \cdot \beta_R \cdot z_b + A_s \cdot \beta_{s,s} \cdot z_s}{A_a \cdot \beta_{s,a} + A_b \cdot \beta_R + A_s \cdot \beta_{s,s}} \qquad (2)$$

mit $\beta_{s,a}$, $\beta_{s,s}$, $\beta_R$ = Streckgrenze des Profilstahles, der Bewehrung und Rechenfestigkeit des Betons.

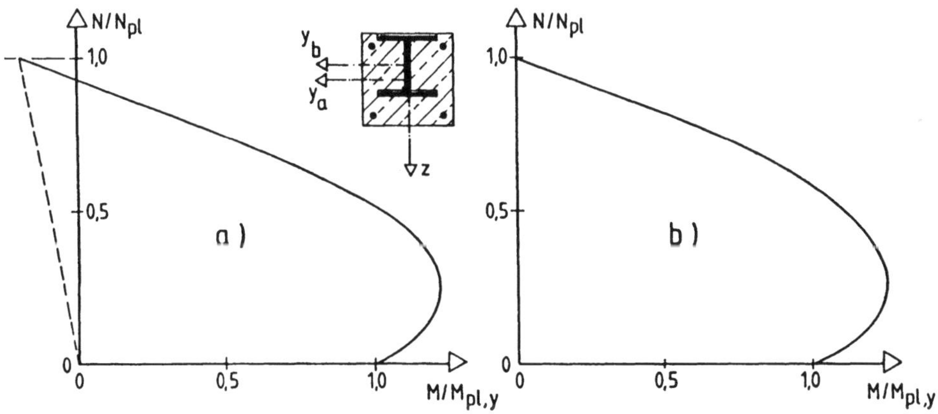


Bild 9: Beispiel für Querschnittsinteraktionskurven
a) mit elastischer Schwerachse als Bezugsachse
b) mit plastischer Schwerachse als Bezugsachse

Bei Berechnung der Querschnittsinteraktion mit der "plastischen" Schwerachse ergibt sich der bereits für symmetrische

Querschnitte typische Verlauf mit Schnittpunkten der Koordinatenachsen bei $N_{pl}$ und $M_{pl}$ (Bild 9b).

Weiterhin ist zu beachten, daß die Grenzmomente $M_{pl}$ je nach Lage der Druckzone unterschiedlich sind (Bild 10). Auch die Querschnittsinteraktionskurven zeigen unterschiedliche Verläufe (Bild 13).

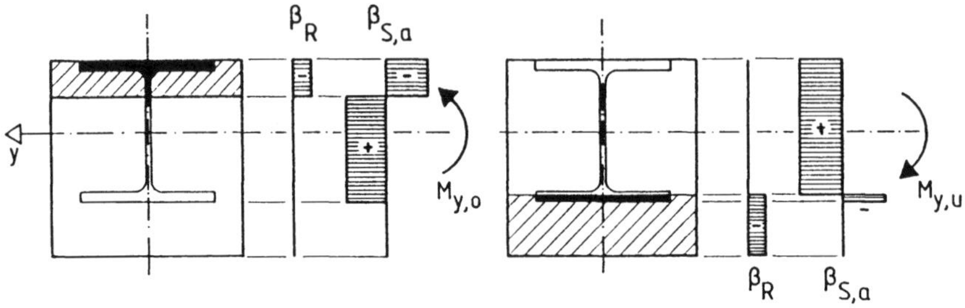


Bild 10: Beispiel für vollplastische Momente $M_y$ eines unsymmetrischen Querschnitts

Mit diesen Besonderheiten soll im folgenden ein Näherungsverfahren in enger Anlehnung an das Bemessungsverfahren für symmetrische Querschnitte angegeben werden.

## 4.2 Nachweis für planmäßig zentrischen Druck

Der Nachweis für planmäßig zentrischen Druck erfolgt ebenso wie für die symmetrischen Querschnitte mit Hilfe der Europäischen Knickspannungskurven. Als "zentrisch" wird dabei eine Normalkraft betrachtet, die an der elastischen Schwerachse nach Gl. 1 wirkt.

Für unsymmetrische Verbundquerschnitte ergibt sich dabei das Problem der Zuordnung des Querschnittes zu einer Knickspannungskurve.

Bild 11 und 12 zeigen die Gegenüberstellung einer Berechnung mit dem "genauen" Programm nach Abschn. 2 mit den Querschnittstypen Q1 und Q2 nach Bild 2. Als Materialgüten wurden die in den Bildern angegebenen Werte angesetzt.

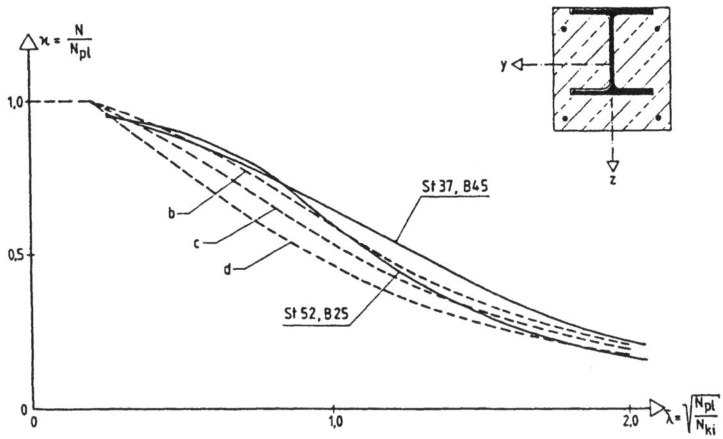


Bild 11: Gegenüberstellung berechneter Werte mit den Knickspannungskurven für Querschnittstyp Q1

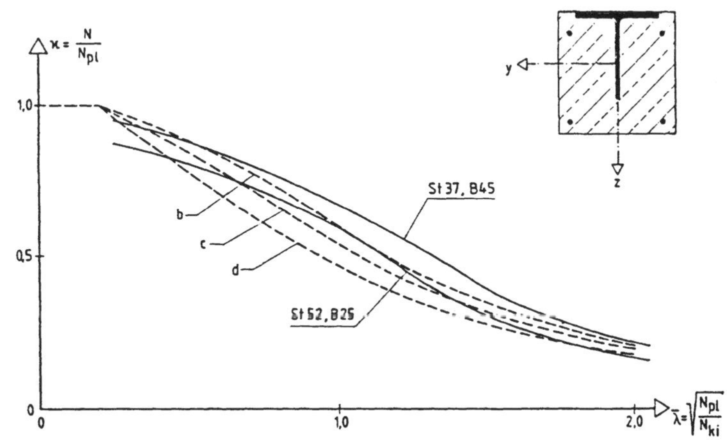


Bild 12: Gegenüberstellung berechneter Werte mit den Knickspannungskurven für Querschnittstyp Q2

Die Berechnung mit dem FEM-Programm erfolgte dabei mit einer Systemimperfektion von 1/1000 sowie Eigenspannungen im HEB-Profil. Die Vorverformung wurde jeweils in der ungünstigst wirkenden Richtung angesetzt.

Das einbetonierte HEB-Profil kann nach Bild 11 der Knickspannungskurve "c" zugeordnet werden. Bei der Materialkombination St37 und B45 ist die Exzentrizität bezüglich der Querschnittsmittellinie kleiner als bei der Kombination St52 und B25, da der Beton-Modul größer ist. Hier liegt die Annahme der Knickspannungskurve "c" auf der sicheren Seite.

Für das einbetonierte T-Profil wird entsprechend der Form des Stahlprofiles die Knickspannungskurve "d" zugrunde gelegt.

Die Zuordnung zu einer Knickspannungskurve kann für unsymmetrische Querschnitte nur zum Teil nach dem verwendeten Stahlprofil bzw. der Querschnittsform erfolgen. Die Größe der Exzentrizität des Querschnittes, die aus der Querschnittsform und der Materialkombination resultiert, ist dabei ein wesentliches Kriterium.

Für die genauere Abgrenzung des Anwendungsbereiches der Bemessungsverfahren und für die Zuordnung unsymmetrischer Querschnitte zu Knickspannungskurven sind daher weitere Untersuchungen erforderlich. Hierzu gehören auch weitere Versuche.

Bis zum Vorliegen weiterer Versuchsergebnisse kann man sich an den hier beschriebenen Versuchen orientieren.

## 4.3 Nachweis für Druck und einachsige Biegung

Der Nachweis für Druck und einachsige Biegung wird ebenfalls in enger Anlehnung an das Verfahren in Kap. 5 der DIN 18806 Teil 1 geführt (Bild 14).

Zunächst ist die "zentrische Tragfähigkeit" nach Abschn. 4.2 zu berechnen. Der Wert $\varkappa$ ist in die Querschnittsinteraktionskurve für die zutreffende Biegerichtung einzutragen (Bild 14). Sollte das Biegemoment im Bereich der Stützenlänge das Vorzeichen wechseln, sind beide Interaktionskurven -für positive und negative Momente- sowie die zugehörigen $M_{pl}$ zu berechnen, da die vom Querschnitt aufnehmbaren Schnittgrößen je nach Lage der Druckzone für unsymmetrische Verbundquerschnitte sehr unterschiedlich sein können.

Bild 13 zeigt eine solche "vollständige" Querschnittsinteraktionskurve. Der Nachweis ist sowohl für das maximal positive als auch das maximal negative Moment zu führen. Bei symmetrischen Verbundquerschnitten wäre der Verlauf der "vollständigen" Interaktionskurve für positive und negative Momente identisch.

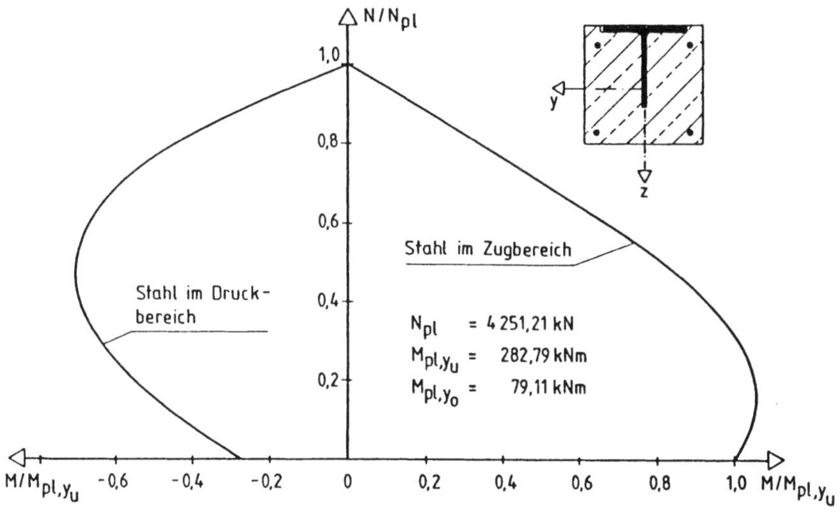


Bild 13: Vollständige Interaktionskurve für einen unsymmetrischen Verbundquerschnitt für die plastische Schwerachse

Die Interaktionskurve des Querschnittes ist für die "plastische" Schwerachse zu bestimmen. Sie wird als "Nachweisachse" gewählt, ähnlich wie im Massivbau die Schwerachse der Bewehrung die "Nachweisachse" ist.

Die Schnittgrößen sind daher ebenfalls auf die "plastische" Schwerachse zu beziehen. Der Nachweis der Momententragfähigkeit, der analog zum Nachweis für symmetrische Stützen durchgeführt wird (Bild 14), erfolgt mit Gleichung 3.

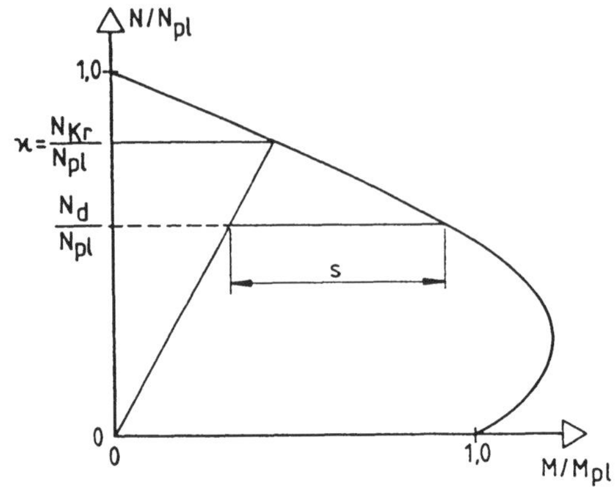


Bild 14: Nachweis für Druck und einachsige Biegung

$$M + N \cdot e_{pl} \leq 0{,}9 \cdot s \cdot M_{pl} \qquad (3)$$

mit

$M$ = Momentenschnittgröße nach Spannungstheorie 2.Ordnung bezüglich der elastischen Schwerachse

$e_{pl}$ = Abstand der "plastischen" von der elastischen Schwerachse

$s$ = Dimensionslose Strecke nach Bild 14

$M_{pl}$ = Zur Biegerichtung gehöriges $M_{pl}$

Der Summand $N \cdot e_{pl}$ in Gl. 3 ist immer so einzusetzen, daß der Betrag von M vergrößert wird. Dies liegt auf der sicheren Seite.

## 4.4 Vergleich mit den Versuchsergebnissen

Die oben beschriebenen Versuche wurden mit diesem Näherungsverfahren gegengerechnet. Den Vergleich mit den Versuchsergebnissen zeigt Tabelle 4. Bei der Anwendung des Näherungsverfahrens nach Abschnitt 4.3 wurde dabei als Rechenfestigkeit des Betons die Zylinderfestigkeit $\beta_c$ und für den Stahl die Streckgrenze nach Tabelle 1 eingesetzt. Für die Bewehrung wurde die Nennstreckgrenze von 420 N/mm² angenommen. Damit ergeben sich die Querschnittsgrößen nach Tabelle 3.

| Querschnitt | $A_a$* [cm²] | $A_b$ [cm²] | $A_s$ [cm²] | $e_{pl}$ [cm] | $N_{pl}$ [kN] | δ | $M_{pl,o}$ [kNm] | $M_{pl,u}$ [kNm] |
|---|---|---|---|---|---|---|---|---|
| Q1 | 79,14 | 698,7 | 6,16 | 0,620 | 4503 | 0,352 | 172,6 | 218,6 |
| Q2 | 43,48 | 734,4 | 6,16 | 0,790 | 4113 | 0,269 | 74,3 | 233,9 |
| Q3 | 79,15 | 814,7 | 6,16 | 0,332 | 5091 | 0,443 | 227,9 | 293,9 |
| Q4 | 46,03 | 847,8 | 6,16 | 0,638 | 4251 | 0,309 | 79,1 | 282,8 |

Tabelle 3: Plastische Grundgrößen der Versuchsquerschnitte

mit $A_a$* = modifizierter Stahlquerschnitt (Stegdicke)

δ = Stahlprofilanteil ($\delta = N_{pl,a}/N_{pl}$)

$M_{pl,o}$ = $M_{pl}$ mit Druckspannung im Stahlprofilaußenflansch (Bild 10)

$M_{pl,u}$ = $M_{pl}$ mit Zugspannungen im Stahlprofilaußenflansch (Bild 10)

| Versuch | Querschnitt | $l_e$ [cm] | $P_{Test}$ [kN] | e [mm] | $\bar{\lambda}$ | Kurve | $\varkappa$ | $P_{cal}$ [kN] | $P_{Test}/P_{cal}$ |
|---|---|---|---|---|---|---|---|---|---|
| V1 | Q1 | 346 | 3617 | 17,5 | 0,471 | c | 0,859 | 3161 | 1,144 |
| V2 | | | 2825 | 57,5 | | | | 2323 | 1,216 |
| V3 | | | 1800 | -82,5 | | | | 1720 | 1,047 |
| V4 | Q2 | 346 | 2654 | 30,3 | 0,489 | d | 0,787 | 2372 | 1,119 |
| V5 | | | 1998 | 70,3 | | | | 1797 | 1,112 |
| V6 | | | 1706 | -69,7 | | | | 1336 | 1,277 |
| V7 | Q3 | 546 | 3938 | 12,6 | 0,753 | c | 0,694 | 3039 | 1,296 |
| V8 | | | 2640 | 52,6 | | | | 2231 | 1,183 |
| V9 | | | 1608 | -87,4 | | | | 1582 | 1,016 |
| V10 | Q4 | 546 | 2538 | 26,9 | 0,621 | d | 0,621 | 2024 | 1,254 |
| V11 | | | 1664 | 66,9 | | | | 1568 | 1,061 |
| V12 | | | 1328 | -73,1 | | | | 938 | 1,416 |

Tabelle 4: Vergleich der Versuchsergebnisse mit dem Bemessungsvorschlag nach Abschn. 4.3

Die in Spalte 5 der Tabelle 4 angegebenen Exzentrizitäten beziehen sich auf die elastische Schwerachse ermittelt mit dem $E_{bi}$-Modul nach DIN 18806 Teil 1.

Der Vergleich Versuch - Bemessungsvorschlag liefert einen Mittelwert von 1,178 mit einer Standardabweichung von 0,118. Die Ergebnisse liegen auf der sicheren Seite.

## 4.5 Lösung über einen "symmetrischen Hilfsquerschnitt"

Als eine sehr einfache Lösung bietet sich an, unsymmetrische Querschnitte durch "Wegschneiden" bzw. "Vernachlässigen" von Querschnittsteilen symmetrisch zu machen (Bild 15).

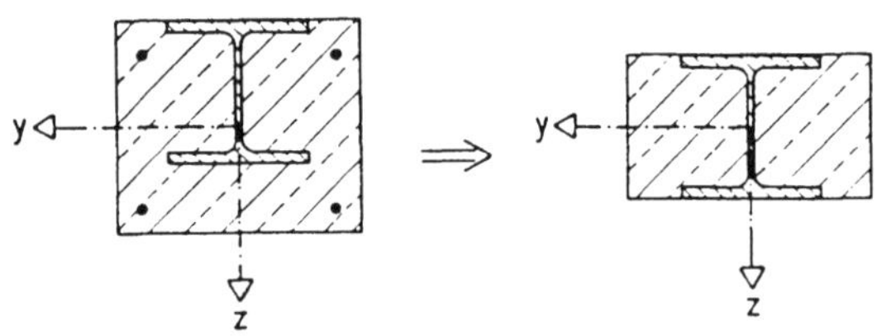


Bild 15: Übergang von unsymmetrischen zum symmetrischen Querschnitt

Diese Methode hat den Vorteil, daß man sich die doch etwas aufwendigeren zusätzlichen Berechnungen für die unsymmetrischen Querschnitte erspart. Sie wird sicherlich immer dort angewendet werden, wo die Unsymmetrie aus konstruktiven und nicht aus statischen Gründen entstand.

Der Nachweis über das "Symmetrisch-Schneiden" liegt auf der sicheren Seite, wenn man die mit dem unsymmetrischen Querschnitten ermittelten Schnittgrößen M und N auf den symmetrischen Hilfsquerschnitt aufbringt.

Der Querschnitt wird nur für den Nachweis gedanklich symmetrisch gemacht, nicht für die Schnittgrößenermittlung an einem System. Hier ist die elastische Biegesteifigkeit und die Schwerachse des unsymmetrischen Querschnittes zugrunde zu legen.

## 5. Schluß

Die Gegenüberstellung mit Versuchsergebnissen (Tabelle 2) hat gezeigt, daß die Berechnung mit dem FEM-Programm zur Simulation von Versuchen gut geeignet ist.

Aufgrund der Versuchsergebnisse und zahlreicher Programmberechnungen konnte im Abschnitt 4. ein Näherungsverfahren entwickelt werden, das sich eng an das Verfahren für Stützen mit symmetrischen Querschnitten nach DIN 18806 Teil 1, Kap. 5 anlehnt. So können wahrscheinlich auch alle Nachweise für Schub und Lasteinleitung der DIN 18806 Teil 1 auf Stützen mit unsymmetrischen Querschnitten übertragen werden.

Offene Fragen betreffen Beschränkungen der Betondeckungen und das zulässige "Maß der Unsymmetrie". Dies sind Größen, die durch weitere Untersuchungen abgegrenzt werden sollten.

Aus den hier beschriebenen Versuchen lassen sich folgende Grenzwerte vorschlagen:

Für die Überdeckung des Stahlprofiles sollte die Summe aus oberer und unterer Profilüberdeckung nicht die doppelten Werte der DIN 18806 Teil 1 überschreiten

$$c_{z,o} + c_{z,u} \leq 2 \cdot \text{zul } c_z$$

mit $c_{z,o}$ und $c_{z,u}$ = obere bzw. untere Profilüberdeckung

Die "Unsymmetrie" kann über den Abstand der elastischen Schwerachse von der Mittellinie $\Delta e_{el}$ beschränkt werden z.B.:

$$\frac{\Delta e_{el}}{d} \leq 0{,}1$$

mit d = Außenabmessung des Querschnitts in Richtung von $\Delta e_{el}$

Dieser Maximalwert wird ebenfalls durch die Versuche abgedeckt.

Trotz der engen Anlehnung an das bestehende Verfahren für Stützen mit symmetrischem Querschnitt ist der Aufwand für die Bemessung einer Stütze mit unsymmetrischem Querschnitt größer. Dies gilt insbesondere für die Berechnung der Querschnittsinteraktionskurven und das vollplastische Moment $M_{pl}$. Man muß analog zu der in /8/ angegebenen Berechnungsmethode vorgehen und für jede mögliche Lage der Spannungsnullinie im Querschnitt die zugehörigen Größen M und N berechnen. Dies läßt sich jedoch auch einfach programmieren und mit Mikrocomputern auswerten. Es ist hier noch nicht gelungen, eine weitere Vereinfachung anzugeben, wie es für die symmetrischen Querschnitte möglich war /6//7/.

Zukünftige Untersuchungen werden sich mit vereinfachten Methoden zur Ermittlung der Querschnittsinteraktionskurve sowie des vollplastischen Momentes beschäftigen. Auch für die Bestimmung der Grenzen des Anwendungsbereiches sind weitere theoretische und versuchstechnische Untersuchungen erforderlich.

## 6. Danksagung

Die Verfasser danken der Deutschen Forschungsgemeinschaft, die durch die finanzielle Förderung die theoretischen und experimentellen Untersuchungen ermöglicht hat.

## 7. Literatur

/1/ DIN 18806 Teil 1: Verbundstützen, Beuth Verlag, Berlin, März 1984.

/2/ Eurocode 4: Composite Steel and Concrete Structures, first draft, October 1984.

/3/ Bergmann, R.: Traglastberechnung von Verbundstützen. Technisch-wissenschaftliche Mitteilungen, Institut für Konstruktiven Ingenieurbau, Ruhr-Universität Bochum, Mitteilung Nr. 81-2, Februar 1981.

/4/ Roik, K.; Bergmann, R.: Zur Traglastberechnung von Verbundstützen, DER STAHLBAU, Verlag Wilhelm Ernst & Sohn, Heft 1, Berlin, 1982, S. 8 - 16.

/5/ Richtlinien für die Bemessung und Ausführung von Verbundträger, Beuth Verlag, Berlin, März 1981

/6/ Roik, K.; Bergmann, R.: Composite Columns - Design and Examples for Construction, Composite and Mixed Constructions, Proceedings of the U.S./Japan Joint Seminar, ASCE, University of Washington, Seattle, Washington, 1984, S. 267 - 278.

/7/ Bergmann, R.: Vereinfachte Berechnung der Querschnittsinteraktionskurven für symmetrische Verbundquerschnitte, Festschrift Roik, Technisch-wissenschaftliche Mitteilungen, Institut für Konstruktiven Ingenieurbau, Ruhr-Universität Bochum, Mitteilung Nr. 84-3, Sept. 1984, S. 387 - 398.

/8/ Roik, K.: Verbundkonstruktionen, Stahlbau Handbuch, Kap. 11, Stahlbau-Verlags-GmbH, Köln, 1982.

# Rißbreitenbeschränkungen bei Verbundträgern – Theorie und Versuche

K. Roik, G. Hanswille, J. Uhlendahl

## 1.0 Einleitung und Problemstellung

Für die Dauerhaftigkeit und Gebrauchsfähigkeit durchlaufender Verbundträger ist für die Bereiche mit gerissenen Betongurten neben der Wahl einer ausreichenden Betondeckung eine gezielte Beschränkung der Rißbreite erforderlich. In [1] und [2] wurde ein auf analytischem Wege hergeleitetes Berechnungsverfahren vorgestellt, mit dem eine direkte Berechnung von Rißbreiten und eine wirklichkeitsnahe Beschreibung von Momenten-Krümmungsbeziehungen im Zustand II unter Berücksichtigung der Mitwirkung es Betons zwischen den Rissen möglich ist. Zur Kontrolle der Rechenannahmen lagen seinerzeit nur wenige ausreichend dokumentierte Trägerversuche [3] - [6] vor. Zwischenzeitlich wurden an der Universität Kaiserslautern [7] und [8] sowie an der Ruhr-Universität Bochum weitere Trägerversuche durchgeführt. Über die zuletzt genannten soll im folgenden berichtet werden. Die Ergebnisse werden mit den theoretischen Werten verglichen, und auf der Grundlage von insgesamt 24 Trägerversuchen werden statistisch abgesicherte Grundlagen zur Ermittlung von charakteristischen Werten der Rißbreite angegeben.

## 2.0 Theoretische Grundlagen

### 2.1 Verhalten von Verbundträgern bei Rißbildung

In Bild 1a ist das Momenten-Krümmungsverhalten für einen Querschnitt nach Bild 2 qualitativ dargestellt. Erreicht die Gurtnormalkraft $N_s$ das Rißniveau $N_{s,r}$ (Rißmoment $M_R$), so bilden sich zunächst einige Risse mit relativ großen Rißabständen. Die Rißbildung verursacht eine Abnahme der Dehnsteifigkeit des Stahlbetongurtes und eine entsprechende Zunahme der mittleren Dehnung $\varepsilon_{s,m}$ und der Krümmung æ. Es stellt sich ein neuer Gleichgewichtszustand ein, der gegenüber dem ungerissenen Zustand durch ein vergrößertes Biegemoment $M_a$ und kleinere Normalkräfte $N_s$ und $N_a$ gekennzeichnet ist (Bild 1b). Weitere Risse können erst wieder entstehen, wenn das Biegemoment so weit gesteigert wird, daß im Stahlbetongurt wiederum die Rißnormalkraft $N_{s,r}$ erreicht wird. Es wiederholen sich dann die zuvor beschriebenen Umlagerungen, wobei der Abfall der Gurtnormalkraft $N_s$ jedoch weniger ausgeprägt ist.

Infolge der Rißbildung kommt es in der unmittelbaren Umgebung des Risses zu einer Umlagerung der Kräfte vom Beton auf den Bewehrungsstahl (Bild 3a). Die daraus resultierenden Verbundspannungen $\tau_v$ führen zu Relativverschiebungen zwischen den beiden Baustoffen und zur Öffnung des Risses. Zwischen den einzelnen Rissen sind noch Bereiche, in denen keine Relativverschiebungen auftreten ($\tau_v = 0$). Erreicht die Gurtnormalkraft $N_s$ bei Momentensteigerung jeweils das Niveau $N_{s,r}$, so wächst die Betonspannung zwischen den Rissen in diesen Bereichen bis auf den Wert der Zugfestigkeit des Betons (Bild 3a) an, und es kommt zu erneuter Rißbildung. Da in diesem Zustand das Beanspruchungsniveau durch $N_{s,r}$ begrenzt ist, öffnen sich die Risse maximal bis auf den Wert bei Entstehen des ersten Risses (Erstrißbreite $w_R$).

Mit zunehmender Momentensteigerung bis auf den Wert $M_{ER}$ stellt sich im Gurt ein Rißabstand ein, bei dem über die gesamte Länge zwischen Bewehrungsstahl und Beton Relativverschiebungen auftreten. Unter der Gurtkraft $N_s = N_{s,r}$ ist dann die Betonspannung $\sigma_b$ zwischen den Rissen stets kleiner als die Betonzugfestigkeit (Bild 3b). Der Zustand wird als abgeschlossene Erstrißbildung bezeichnet.

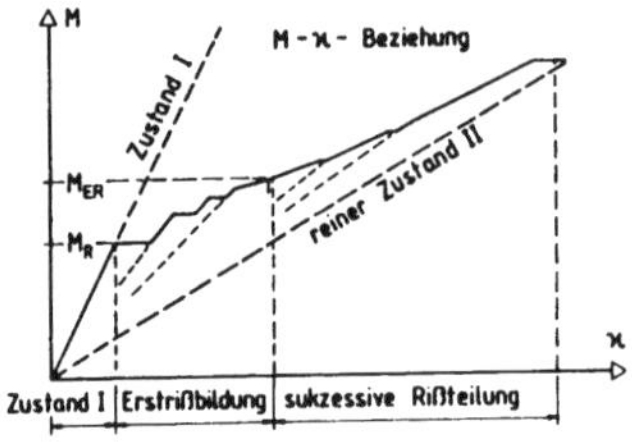


Bild 1a: M-æ-Beziehung

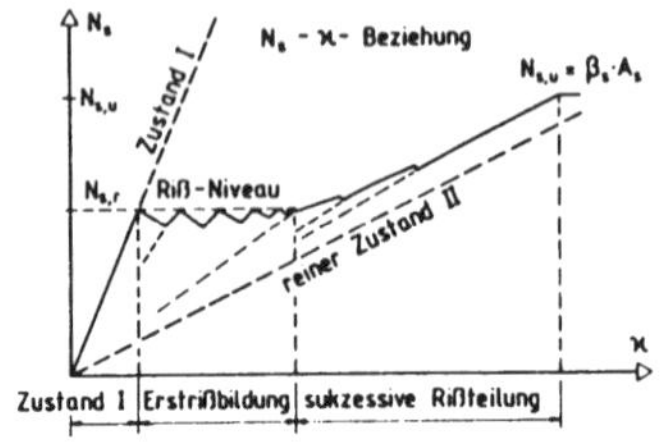


Bild 1b: $N_s$-æ-Beziehung

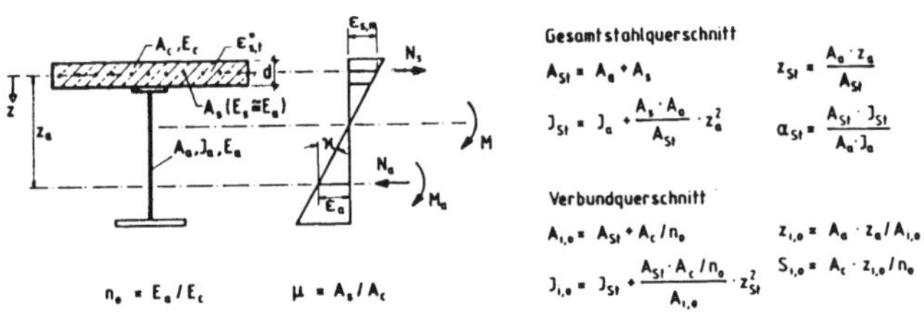


Bild 2: Verbundquerschnitt, Dehnungen, Teilschnittgrößen, Querschnittskenngrößen

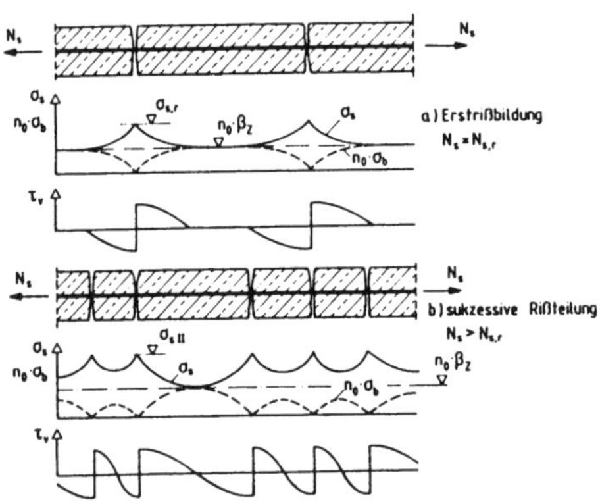


Bild 3: Verbund-, Beton- und Betonstahlspannungen

Eine weitere Steigerung des Biegemomentes führt zu einem Anwachsen der Gurtnormalkraft $N_s$ über das Niveau $N_{s,r}$ hinaus. Die Rißbreiten wachsen dabei an. Da die Verbundwirkung zwischen Bewehrung und Beton noch nicht erschöpft ist, werden zwischen den Rissen weiterhin Kräfte in den Beton eingeleitet. Dies kann wiederum zum Erreichen der Betonzugfestigkeit zwischen den Rissen und weiterer, sukzessiver Rißteilung führen (Bild 3b). Wie Bild 1b verdeutlicht, bleibt auch in den höheren Beanspruchungsbereichen eine erhebliche versteifende Wirkung des Betons zwischen den Rissen (tension stiffening) erhalten, was sich im Vergleich zur Tragwirkung des "reinen Zustand II-Querschnittes", d.h. ohne Berücksichtigung des Betons, durch vergrößerte Gurtnormalkräfte $N_B$ und kleinere Krümmungen des Gesamtquerschnittes äußert.

Verformungen des Betons, z.B. aus Schwinden, haben auf das Riß- und Verformungsverhalten von Verbundträgern einen nennenswerten Einfluß. Die Behinderung der Schwinddeformationen durch die Bewehrung und den Stahlträger erzeugt im Betongurt Zugbeanspruchungen (primärer Eigenspannungszustand aus Schwinden). Bei gleichzeitiger Momentenbeanspruchung beginnt die Rißbildung dann unter einem niedrigeren Lastniveau. Nach Rißbildung sind die im Querschnitt verbleibenden Beanspruchungen aus dem Eigenspannungszustand vom Rißabstand und somit von der gleichzeitig wirkenden Momentenbeanspruchung abhängig. Mit steigender Beanspruchung und damit verbundener zusätzlicher Rißbildung wird dabei der Eigenspannungszustand aus Schwinden fast völlig abgebaut [1].

## 2.2 Betonzugfestigkeit, Verbundverhalten von Bewehrungsstahl und Beton

Der Betongurt eines Verbundquerschnittes nach Bild 2 kann im Zustand I als Betonstab unter exzentrischer Normalkraftbeanspruchung idealisiert werden. Aus bruchmechanischen Untersuchungen [9] - [10] ergibt sich für die Zugfestigkeit $\beta_{Z,B}$ in der Randfaser des Gurtes der Zusammenhang nach Bild 4.

Rißbreite und Mitwirkung des Betons zwischen den Rissen hängen von den Verbundeigenschaften des Bewehrungsstahles ab. Der Zusammenhang zwischen Relativverschiebung v und Verbundspannung $\tau_v$ läßt sich durch ein Verbundgesetz nach Bild 5 beschreiben. Durch die Verbundparameter A und δ werden dabei die Profilierung des Bewehrungsstahles (bezogene Rippenfläche $f_R$), die Lage der Bewehrung, Betondeckung und Betonkonsistenz erfaßt. Wie die Versuchsauswertungen (siehe Abs. 3 und 4) zeigen, können bei Verbundträgern im allgemeinen gute Verbundeigenschaften angenommen werden.

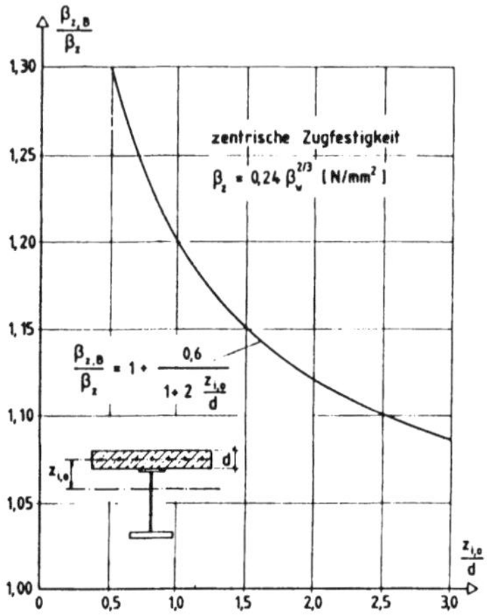


Bild 4: Betonzugfestigkeit $\beta_{z.B}$

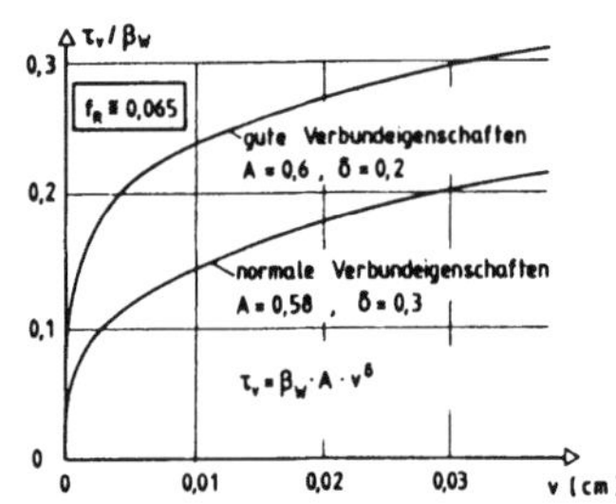


Bild 5: Verbundgesetz

## 2.3 Momenten-Krümmungsbeziehung

Die M-æ-Beziehung wird mit guter Näherung durch den in Bild 6 dargestellten Polygonzug beschrieben.

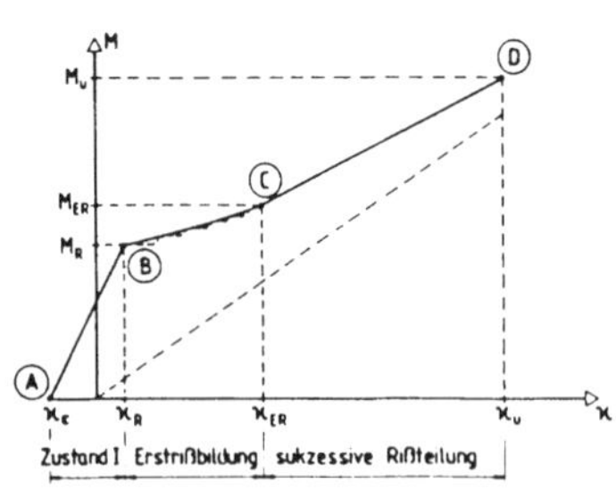


Bild 6: Momenten-Krümmungsbeziehung

Punkt A: Krümmung $\varkappa_\varepsilon$ aus dem primären Eigenspannungszustand infolge Schwinden

Punkt B: Krümmung unter dem Rißmoment $M_R$ (Querschnittskenngrößen siehe Bild 2)

$$M_R = \frac{J_{i,0}}{S_{i,0}} A_c \cdot \left[ \frac{\beta_{z,B} - \sigma_{c,\varepsilon}}{1 + \frac{d}{2 \cdot z_{i,0}}} \right] \tag{1}$$

$$\varkappa_R = \frac{M_R}{E_a \cdot J_{i,0}} + \varkappa_\varepsilon \tag{2}$$

$\sigma_{c,\varepsilon}$ ist hierbei die Betonrandspannung aus dem primären Eigenspannungszustand infolge Schwinden.

Punkt C: Beanspruchungszustand der abgeschlossenen Erstrißbildung

$$M_{ER} = \left[ \sigma_{s,r} \cdot \alpha_{s,t} - \frac{0{,}45 \cdot \Delta\sigma_{s,r}}{1 - \delta} \right] \cdot \frac{J_a}{z_a} \tag{3}$$

$$\varkappa_{ER} = \frac{M_{ER} - \sigma_{s,r} \cdot A_s \cdot z_a}{E_a \cdot J_a} \tag{4}$$

$\sigma_{s,r}$ ist die Betonstahlspannung im Rißquerschnitt nach Entstehen des ersten Risses und $\Delta\sigma_{s,r}$ die zugehörige Änderung der Betonstahlspannung zwischen dem Zustand vor und nach Erstrißbildung. Beide Größen werden aus den nach Zustand I berechneten Teilschnittgrößen des Stahlbetongurtes unter Rißlastniveau (Punkt B) ermittelt, wobei näherungsweise nur die Normalkraft $N_{s,r}$ berücksichtigt wird.

$Z_a$ ist der Abstand zwischen der Schwerachse des Baustahlquerschnittes und der Schwerachse des Stahlbetongurtes. Der Querschnittsparameter $\alpha_{st}$ ist in Bild 2 angegeben.

Punkt D: Biegemoment bei Erreichen der Streckgrenze $\beta_{s,s}$ im Betonstahl

$$M_u = [\beta_{s,s} \cdot \alpha_{s,t} - 0{,}45 \cdot \Delta\sigma_{s,r}] \cdot \frac{J_a}{z_a} \tag{5}$$

$$\varkappa_u = \frac{M_u - \beta_{s,s} \cdot A_s \cdot z_a}{E_a \cdot J_a} \tag{6}$$

## 2.4 Rißbreiten bei Erstrißbildung und bei sukzessiver Rißteilung

Für die mittlere Erstrißbreite unter dem Moment $M_R$ nach Gl. 1 erhält man mit dem Verbundgesetz nach Bild 5:

$$w_R = 2 \left[ \frac{1+\delta}{A \cdot \beta_w} \cdot \frac{d_s}{8} \cdot \frac{\sigma_{s,r} - \varepsilon_{s,t} \cdot E_s}{E_s} \cdot \Delta\sigma_{s,r} \right]^{\frac{1}{1+\delta}} \tag{7}$$

| | |
|---|---|
| A, $\delta$ | - Verbundparameter nach Bild 5 |
| $d_s$ | - Stabdurchmesser |
| $\sigma_{s,r}$, $\Delta\sigma_{s,r}$ | - Betonstahlspannungen bei Erstrißbildung in den einzelnen Bewehrungslagen |
| $\beta_w$ | - mittlere Würfeldruckfestigkeit |
| $E_s$ | - Elastizitätsmodul des Betonstahls |
| $\varepsilon_{s,t}$ | - Schwindmaß |

Eine Auswertung der Gl. 7 ist in Bild 7 für $\beta_w$ = 30 N/mm² und $\varepsilon_{s,t}$ = 0 exemplarisch dargestellt. In Abhängigkeit vom Bewehrungsgrad $\mu_1$ bzw. $\mu_2$, dem Stabdurchmesser $d_s$ und dem Querschnittsparameter $z_{1,o}/d$ kann $w_R$ direkt abgelesen werden. Das Diagramm kann näherungsweise auch bei Beanspruchungen infolge von $M_R$ und Schwinden verwendet werden.

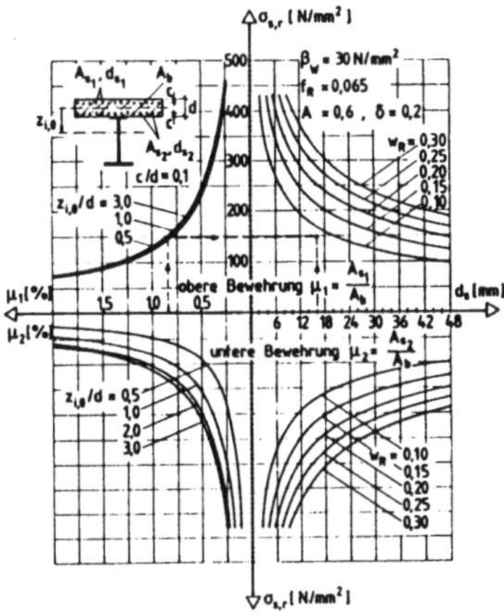

Bild 7: Diagramm zur Ermittlung der mittleren Erstrißbreite ($\beta_w$ = 30 N/mm²)

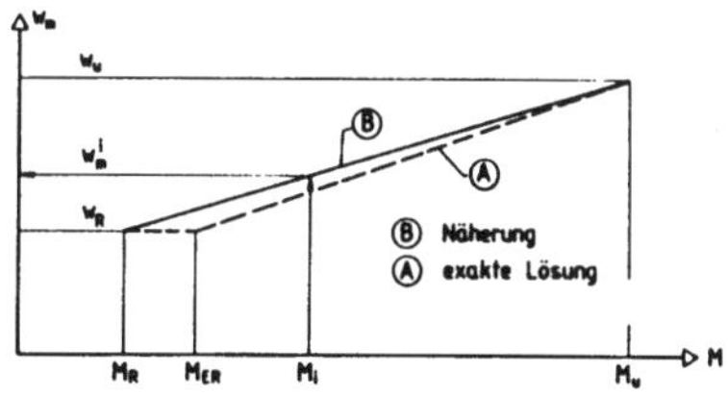


Bild 8: Zusammenhang zwischen Rißbreite und Moment

Im Bereich der sukzessiven Rißteilung ergibt sich ein nahezu linearer Zusammenhang zwischen w und M (Bild 8, Kurve A). Dieser Sachverhalt erlaubt die in Bild 8 (Kurve B) dargestellte Näherung. Hierzu wird die zu $M_R$ zugehörige Erstrißbreite $w_R$ aus dem Diagramm nach Bild 7 abgelesen. Die Rißbreite $w_u$ unter dem Biegemoment $M_u$ nach Gl. 6 berechnet sich aus Gl. 8.

$$w_u = w_R \left[ 2 \left( \frac{\beta_{s,s} - \varepsilon_{s,t} \cdot E_s}{\sigma_{s,r} - \varepsilon_{s,t} \cdot E_s} \right)^{\frac{1-\delta}{1+\delta}} - 1 \right] \approx w_R \cdot \frac{\beta_{s,s}}{\sigma_{s,r}} \tag{8}$$

Für beliebige Biegemomente $M_i$ erhält man die zugehörige mittlere Rißbreite $w_{m,i}$ durch lineare Interpolation zwischen $w_R$ und $w_u$. Die charakteristische Rißbreite $w_k$ (oberer Fraktilwert) ergibt sich aus der mittleren Rißbreite $w_{m,i}$ und $\beta$ = 1,5 zu:

$$w_k = \beta \cdot w_{m,i} \tag{9}$$

## 3.0 Experimentelle Untersuchungen

### 3.1 Versuchsprogramm, Ausbildung der Versuchsträger

Es wurden 4 Verbundträger (2 x Typ (a) und 2 x Typ (b)) nach Bild 9 untersucht. Die Betonrezepturen können Tabelle 1 entnommen werden. Tabelle 2 enthält die Materialkennwerte für Beton, Betonstahl und Baustahl, die nach DIN 1048 bzw. DIN 50145 ermittelt wurden.

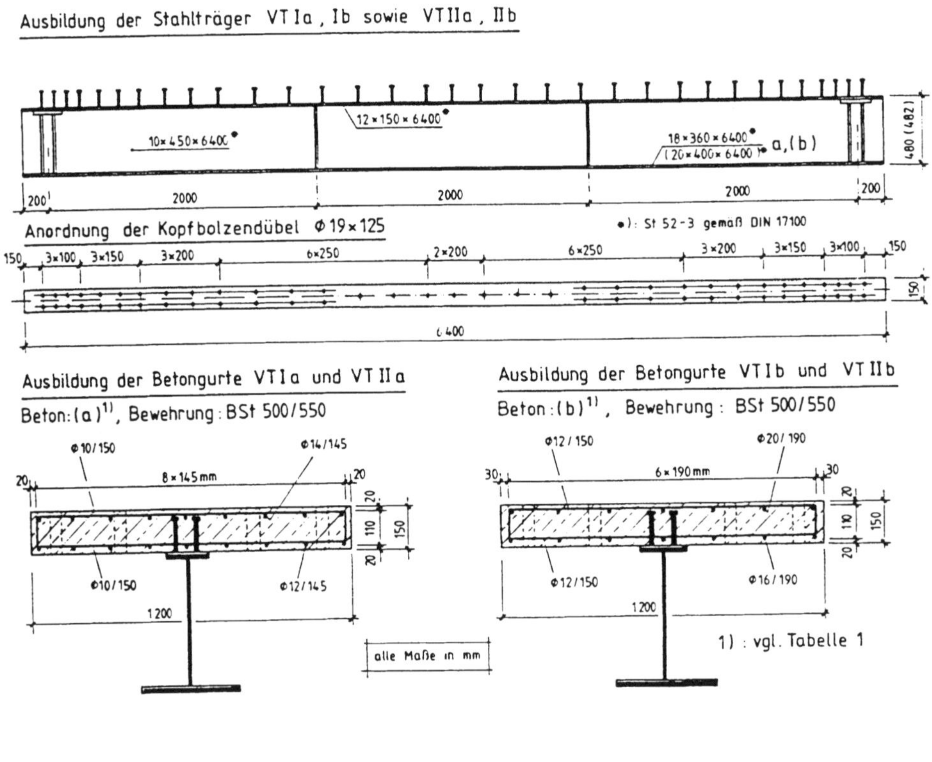


Bild 9: Ausbildung der Versuchsträger

## Tabelle 1: Betonrezepturen

| Trägertyp | | (a) | (b) |
|---|---|---|---|
| Konsistenz | | K 2 | K 3 [1]) |
| Zement | Gehalt (kg)<br>Festigkeitsklasse | 280<br>HOZ 35 L | 390<br>HOZ 45 L |
| Wasser | Gehalt (kg) | 168 | 180 |
| W/Z | | 0.60 | 0.46 |
| Zusammensetzung für 1 $m^3$ | | | |
| Zuschlag | Korngruppen 0/ 2<br>2/ 8<br>8/16<br>16/32<br>Gehalt (kg) | 689<br>352<br>821<br><br>1862 | 644<br>339<br>805<br><br>1788 |
| | Sieblinienbereich | AB 16 | AB 16 |
| Zusatzstoff | Körnungsziffer<br>Art<br>Gehalt (kg) | <br>F.Asche<br>40 | <br>F.Asche<br>40 |
| Zusatzmittel | Art<br>Gehalt ($dm^3$/kg) | BV<br>0.56 | BV<br>1.17 |

[1]): Ausbreitmaß 42/42

## Tabelle 2: Werkstoffkenngrößen

| | Untergurte | | Stege | Obergurte |
|---|---|---|---|---|
| | (a) | (b) | | |
| Blechdicke (mm) | 19.1 | 20.0 | 10.5 | 12.5 |
| Streckgrenze ($N/mm^2$) | 366 | 360 | 435 | 402 |
| Zugfestigkeit ($N/mm^2$) | 516 | 513 | 560 | 531 |
| Bruchdehnung (%) | 27 | 28 | 26 | 28 |

Zugversuche Baustahl

| | ø 10 | ø 12 | ø 14 | ø 16 | ø 20 |
|---|---|---|---|---|---|
| 0.2-Grenze ($N/mm^2$) | 525 | 523 | 490 | 546 | 533 |
| Zugfestigkeit ($N/mm^2$) | 616 | 623 | 597 | 653 | 627 |
| Bruchdehnung (%) | 11 | 11 | 14 | 12 | 13 |

Zugversuche Bewehrungsstahl

| | | 28 Tage | 5 Monate |
|---|---|---|---|
| (a) | $\beta_{ws}$ ($N/mm^2$) | 43.4 | 56.7 |
| (b) | $\beta_{ws}$ ($N/mm^2$) | 42.4 | 51.6 |

Lagerung bis zum 7. Tag unter Wasser
Würfeldruckfestigkeiten des Betons

Den kompletten Versuchsaufbau mit zugehöriger Belastungsanordnung zeigt Bild 10. Bei allen Versuchsträgern wurde zunächst das Riß- und Verformungsverhalten unter Kurzzeitbelastung untersucht. Im Anschluß an die Kurzzeitversuche wird bei den Trägern Ia und Ib das Langzeitverhalten unter konstanter Dauerlast und an den Trägern IIa und IIb der Einfluß dynamischer Beanspruchung untersucht. Die zuletzt genannten Untersuchungen sind zur Zeit noch nicht abgeschlossen. Hierüber wird an anderer Stelle berichtet.

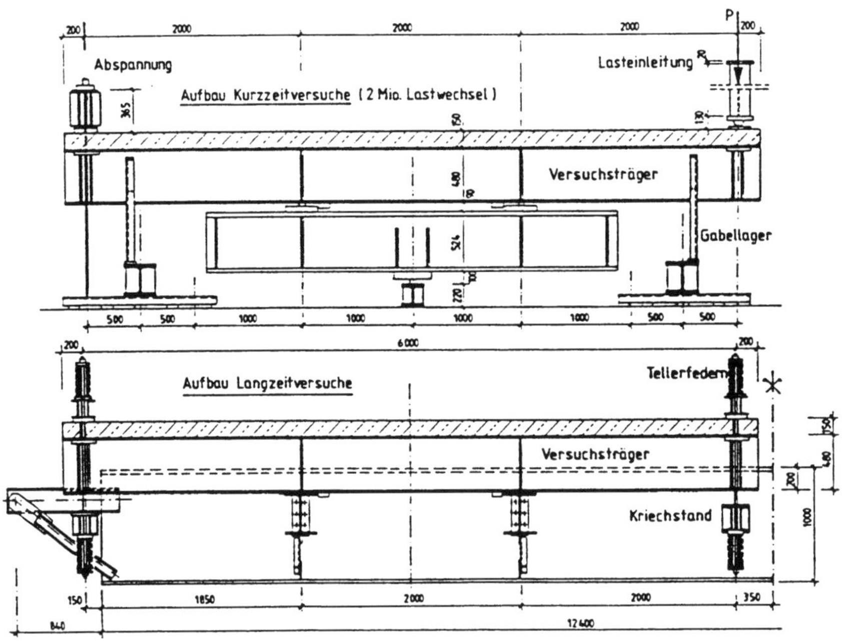


Bild 10: Versuchsaufbau

### 3.2 Meßprogramm

Neben der direkten Messung der Rißbreiten mittels Rißlupe wurden die Dehnungen im Beton- und Baustahl mit Hilfe von DMS gemessen. Zur Erfassung der mittleren Dehnung im Betongurt, des Schlupfes in der Verbundfuge und der Trägerdurchbiegungen wurden induktive Wegaufnehmer entsprechend Bild 11 angeordnet.

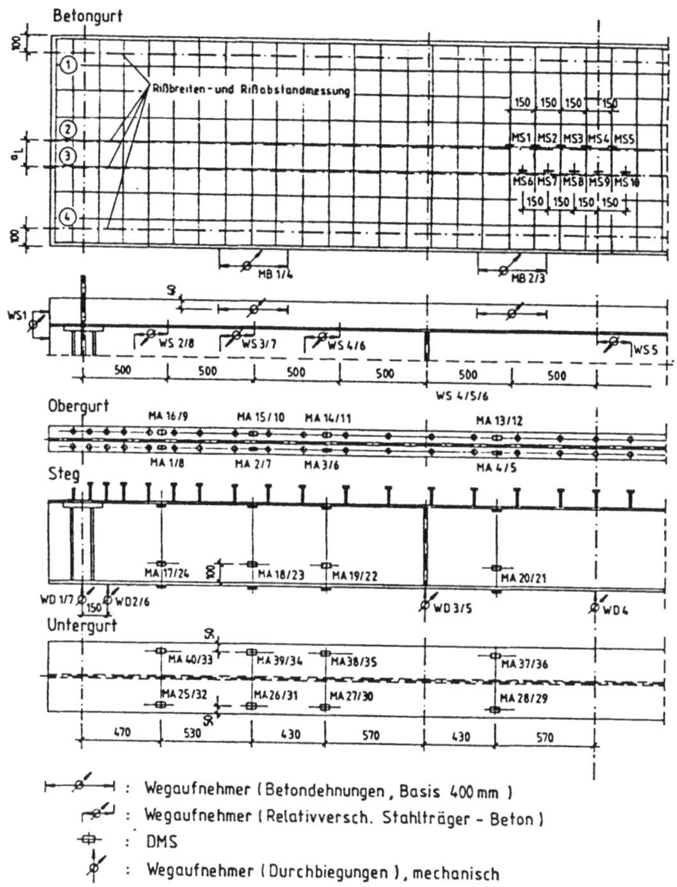


Bild 11: Meßeinrichtung

Zusätzlich zu den Trägerversuchen wurden Referenzversuche mit Betonprobekörpern zur Ermittlung der Kriech- und Schwindmaße durchgeführt. Bild 12 zeigt die gemessenen Schwindverkürzungen der Referenzkörper sowie einen Vergleich mit den Schwindmaßen nach DIN 4227. Die Referenzkörper wurden wie die Versuchsträger in der Versuchshalle der Ruhr-Universität Bochum bei einer mittleren Raumtemperatur von ca. 20° und einer mittleren Luftfeuchtigkeit von ca. 50% gelagert.

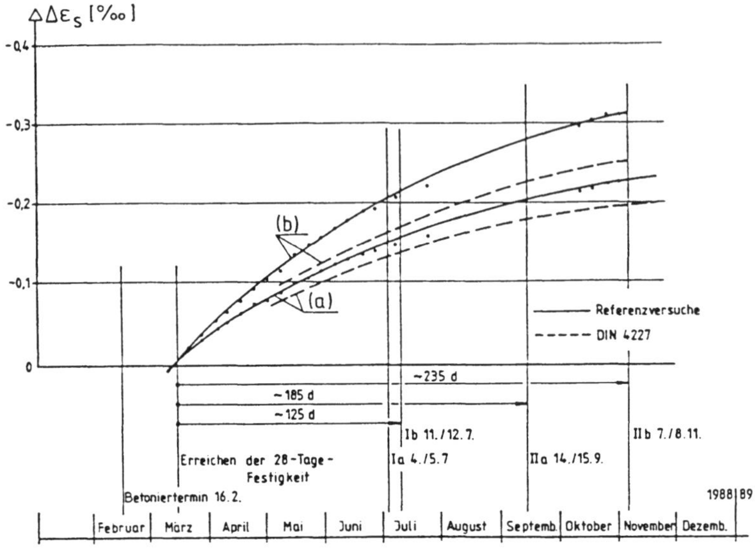


Bild 12: Schwindverkürzungen der Referenzkörper

### 3.3 Ergebnisse der Kurzzeitversuche

Bild 13 zeigt am Beispiel des Trägers Ia die Rißbildentwicklung. Bei allen vier Trägern bildeten sich regelmäßige, parallele Risse etwa im Raster der Querbewehrung aus. Insbesondere bei den Versuchsträgern vom Typ (b) waren diese regelmäßigen Rißbilder durch frühe Schwindrisse an den Gurtkanten vorgeprägt. Für den Bereich M = const. werden gemessene Rißbreiten und Rißabstände sowie auch Krümmungen der Verbundträger und Spannungen in der oberen Bwehrungslage in bzw. dicht neben den Rißquerschnitten den nach [1] rechnerisch ermittelten Werten gegenübergestellt. Die Verbundeigenschaften der Bewehrung werden durch den Ansatz der Parameterkombination A = 0,6 und $\delta$ = 0,2 im Verbundgesetz gemäß Abschnitt 2.2, Bild 5, beschrieben.

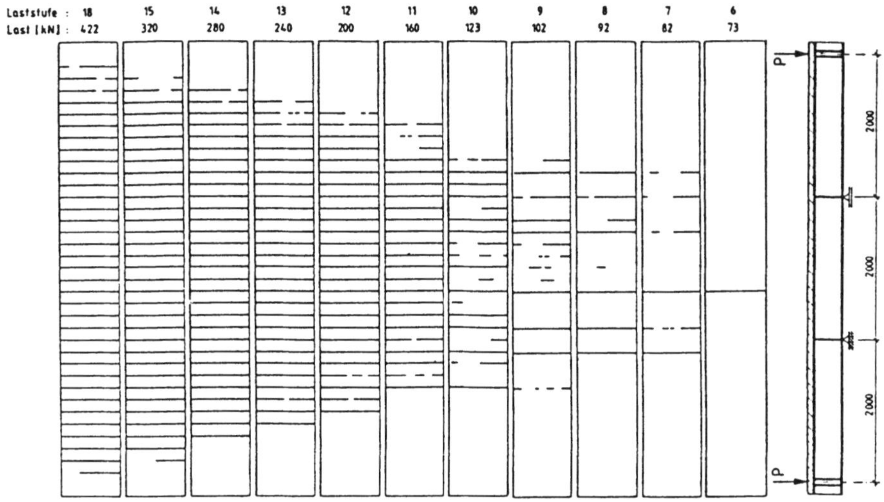


Bild 13: Rißbildentwicklung - Beispiel Träger Ia

Die Bilder 14.1 und 14.2 zeigen die Entwicklung der mittleren Rißbreite w im Versuch sowie die zugehörigen theoretischen Werte. In engem Zusammenhang mit den Rißbreiten stehen die Rißabstände. In den Bildern 15.1 und 15.2 sind gemessene Rißabstände $a_e$ den rechnerischen Werten $a_t$ gegenübergestellt. Die Werte $a_e$ ergeben sich durch Mittelwertbildung aus Abstandsmessungen in Trägerachse und an den Rändern. Bei einem Rißabstand von 15 cm entsprechend dem Abstand der Querbewehrung bildeten sich keine weiteren Zwischenrisse aus. Dieser Wert liegt in der Größenordnung der rechnerischen Einleitungslänge.

Bei der Herleitung der M - æ - Beziehung nach Abschnitt 2.3 wurde vorausgesetzt, daß in der Verbundfuge kein Schlupf auftritt (starre Verdübelung). Der Vergleich mit den Versuchswerten zeigt jedoch, daß bei den Versuchsträgern der relativ geringe Schlupf (max. v = 0.1 mm) insbesondere bei höheren Laststufen eine Reduktion der Mitwirkung des Betongurtes hervorruft (Bilder 16.1 und 16.2). Die Theorie setzt linear elastisches Materialverhalten voraus; daher bleiben rechnerische und experimentell ermittelte Kurven nur so lange miteinander vergleichbar, wie die Betonstahldehnungen im Riß noch innerhalb des elastischen Bereiches der Arbeitslinien für die Bewehrung bleiben. Die Entwicklung der Betonstahlspannungen im Riß ist für die obere Bewehrungslage in den Bildern 17.1 und 17.2 beispielhaft für den Trägertyp (a) dem rechnerischen Verlauf der Spannungen im Riß sowie den mittleren Spannungen $\sigma_{s,m} = \varepsilon_{s,m} * E_s$ gegenübergestellt.

Die Versuchsergebnisse zeigen, daß mit dem beschriebenen Rechenmodell das Riß- und Verformungsverhalten von Verbundträgern mit gezogenen Betongurten zutreffend beschrieben werden kann.

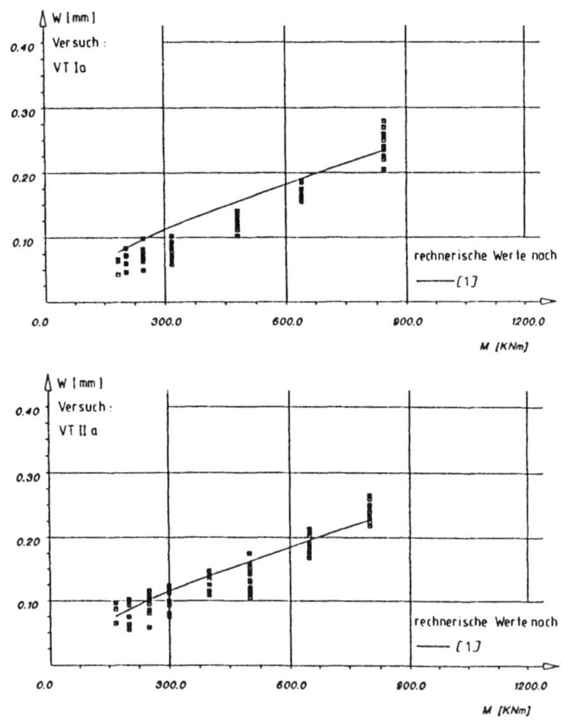


Bild 14.1: Rißbreite - Moment, Trägertyp (a)

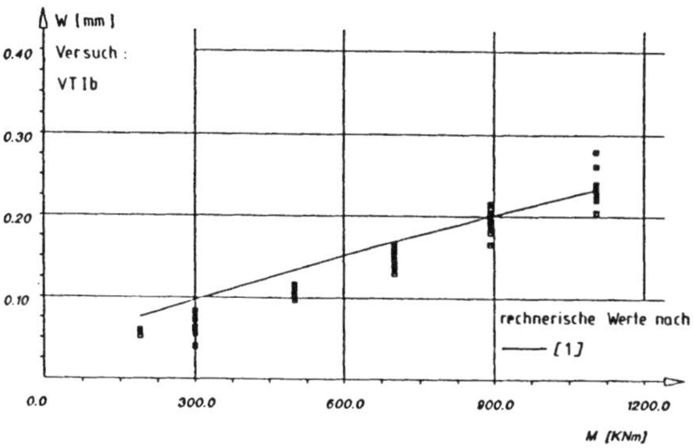


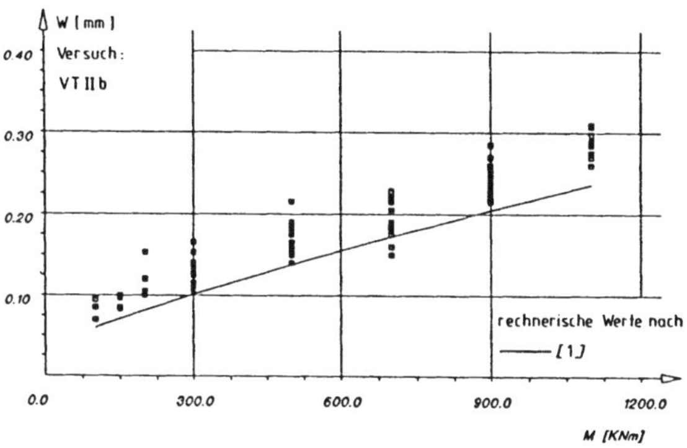


Bild 14.2: Rißbreite - Moment, Trägertyp (b)

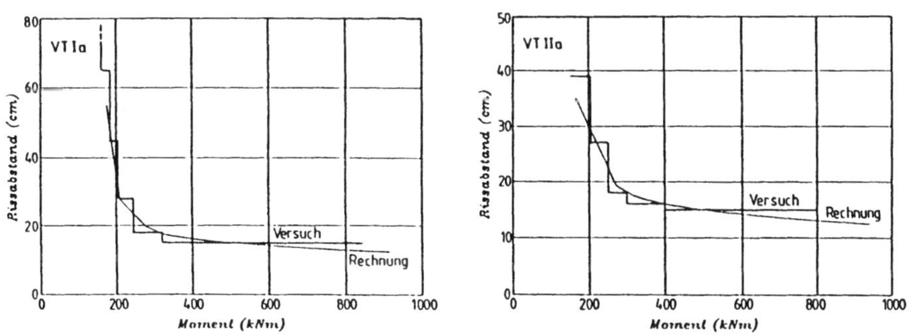


Bild 15.1: Rißabstand - Moment, Trägertyp (a)

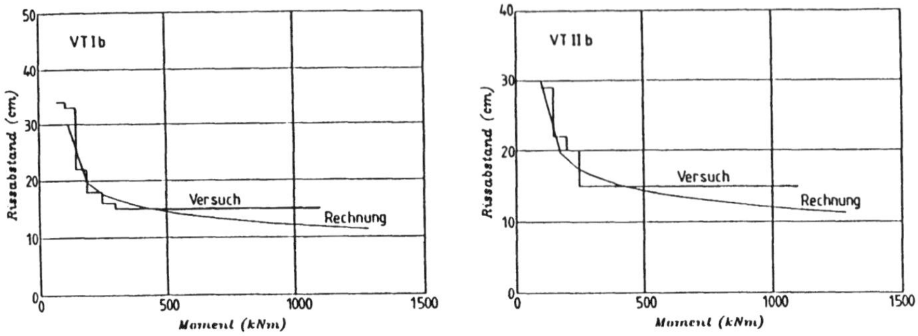


Bild 15.2: Rißabstand - Moment, Trägertyp (b)

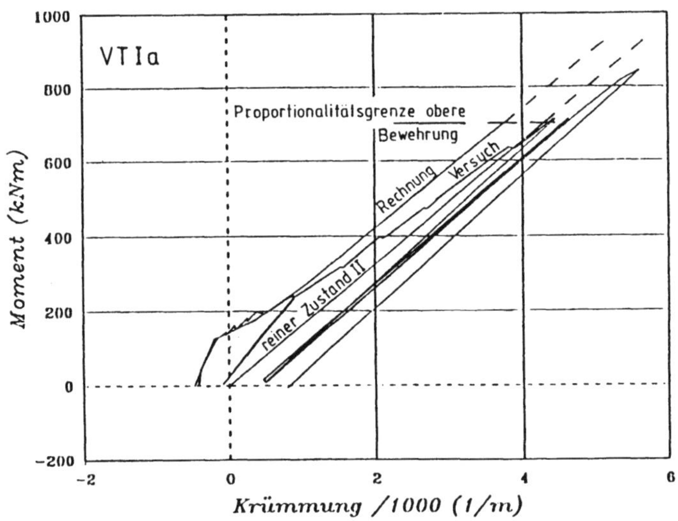


Bild 16.1: Moment - Krümmung, Versuchsträger Ia

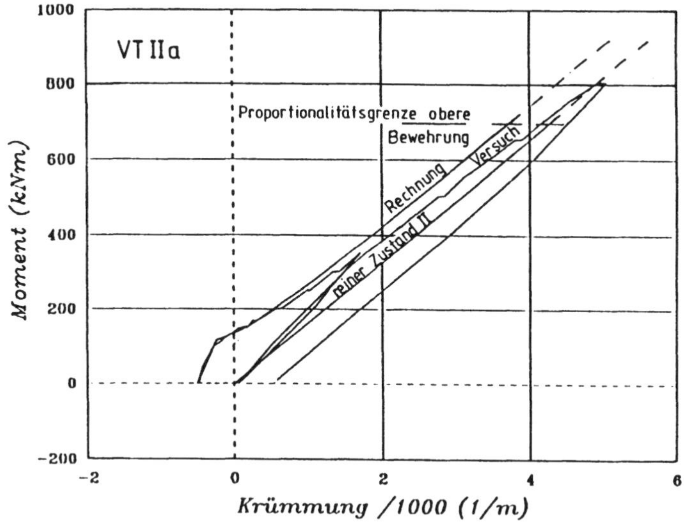


Bild 16.2: Moment - Krümmung, Versuchsträger IIa

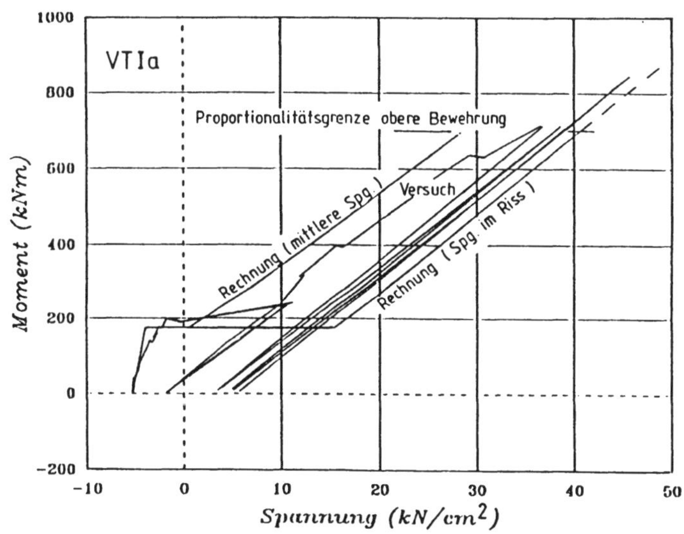


Bild 17.1: Moment - Betonstahlspannung im Riß, Versuchsträger Ia, obere Bewehrung

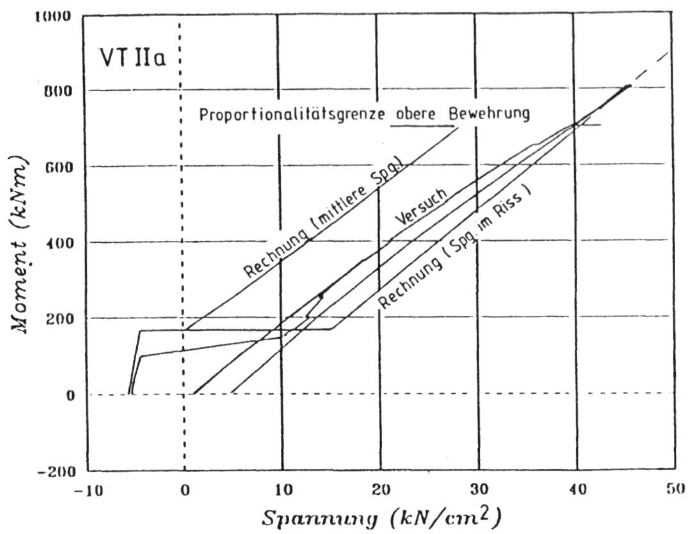


Bild 17.2: Moment - Betonstahlspannung im Riß, Versuchsträger IIa, obere Bewehrung

## 4.0 Statistische Auswertung der Versuchsergebnisse

### 4.1 Allgemeines

An theoretische Modelle sollte stets die Forderung gestellt werden, daß sie mittelwerttreu sind. Dies bedeutet, daß rechnerische Vorhersagen die Wirklichkeit, d.h. den Versuch im Mittel, richtig beschreiben. Sie sollen daher nicht planmäßig "auf der sicheren Seite" liegen. Für die Bemessung von Bauwerken müssen ferner Informationen über das Streuungsverhalten vorliegen, um abgesicherte Aussagen über Fraktilwerte (Bemessungswerte) machen zu können. Zur Beurteilung der Mittelwerttreue sowie zur Berechnung von Bemessungswerten wird seit einiger Zeit das in [10] veröffentlichte Verfahren benutzt. Die im folgenden vorgestellten Ergebnisse wurden auf dieser Grundlage ermittelt. Genauere Hintergrundinformationen können [11] entnommen werden.

## 4.2 Vergleich von experimentellen und theoretischen Werten der Rißbreite

Bild 18 zeigt einen Vergleich der Versuchsergebnisse $w_e$ nach [3] bis [7] und der hier vorgestellten Untersuchungen mit den zugehörigen theoretischen Werten $w_t$ nach Abschnitt 2. Die statistische Auswertung ergab einen Mittelwert $\bar{b} = 1/n\ \Sigma\ w_{e\,i}/w_{t\,i} = 0{,}99$ sowie einen Korrelationskoeffizienten von 0,95. Die beiden Werte verdeutlichen, daß mit dem theoretischen Modell eine mittelwerttreue Vorhersage der Rißbreite ermöglicht wird.

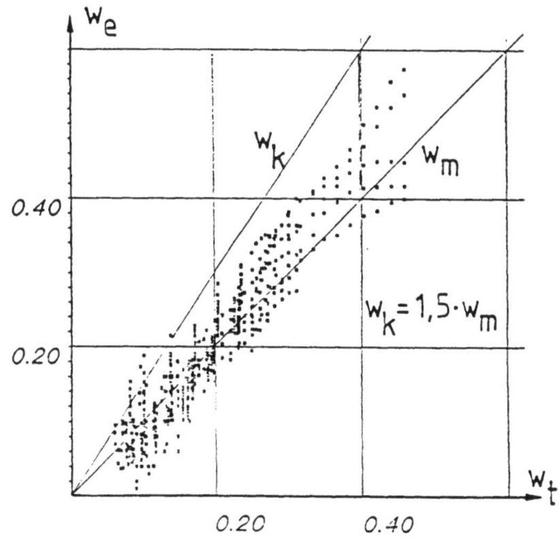


Bild 18: Vergleich von theoretischen $w_t$ und experimentellen Rißbreiten $w_e$ [mm]

In Bild 18 ist ferner der Zusammenhang zwischen mittlerer Rißbreite $w_m$ und charakteristischer Rißbreite $w_k$ angegeben. Dabei wurde nach [11] für die Ermittlung von $w_k$ eine logarithmische Normalverteilung und eine 90 % Fraktile zugrunde gelegt.

## 5.0. Zusammenfassung und Ausblick

Es wurde über neue experimentelle Untersuchungen zur Frage der Rißbreitenbeschränkung bei Verbundträgern berichtet. Die Ergebnisse dieser und weiterer Untersuchungen wurden mit theoretischen Berechnungen nach [1] und [2] verglichen und statistisch abgesicherte Zusammenhänge zwischen mittlerer und charakteristischer Rißbreite hergeleitet. Auf diese Weise wird für die Praxis eine zielsichere Rißbreitenbeschränkung bei Verbundträgern möglich.

## Danksagung

Die vorgestellten Arbeiten wurden im Rahmen des Forschungsprogramms "Nichtlineare Berechnungen im Konstruktiven Ingenieurbau" durchgeführt. Die Verfasser danken der Deutschen Forschungsgemeinschaft für die finanzielle Unterstützung der Forschungsarbeiten.

## Literaturverzeichnis

1) Hanswille, G.: Zur Rißbreitenbeschränkung bei Verbundträgern. TWM 86-1, Institut für Konstruktiven Inge- Ingenieurbau, Ruhr-Universität Bochum, 1986

2) Roik, K., Hanswille, G.: Zur Frage der Rißbreitenbeschränkung bei Verbundträgern". DER BAUINGENIEUR (61) 1986, 535 - 543

3) Johnson, R.P., Allison, R.W.: Shrinkage and Tension Stiffening in Negative Moment Regions of Composite Beams. Struct. Eng. 61 B (1983) 9 - 16

4) Johnson, R.P., Randel, E.: Width of Initial Cracks in Concrete Tension Flanges of Composite Beams. IABSE Proc. P 54/82 (1982) 63 - 80

5) Ehlert, W.: Grenzzustände schlanker Verbundträger. TWM 81-7, Juni 1981, Institut für Konstruktiven Ingenieurbau, Ruhr-Universität Bochum, 1981

6) Leonhardt, F., Andrä, H.P., Saul, W., Harre, W.: Zur Bemessung durchlaufender Verbundträger bei dynamischer Belastung. DER BAUINGENIEUR 62 (1987)

7) Bode, H., Fichter, W., Uth, H.-J., Schanzenbach, J.: Traglast von Verbund-Durchlaufträgern für den Hoch- und Industriebau unter besonderer Berücksichtigung einer nachgiebigen Verdübelung. Bericht zum Forschungsauftrag Projekt 124 der Studiengesellschaft zur Anwendung von Eisen und Stahl e.V., Universität Kaiserslautern, Juni 1987

8) König, G., Jahn, M.: Über die verschiedenen Erscheinungsformen der Betonzugfestigkeit und ihre Bedeutung für das Tragverhalten von Massivbauten. Beton- und Stahlbeton 9 (1983) 243 - 247n. (1983) 281 - 286

9) Heilmann, G.: Beziehung zwischen Zug- und Druckfestigkeit des Betons. Beton 2 (1969) 68 - 70

10) Background Document for Chapter 2 of EUROCODE 3, Procedure for the Determination of the Design Resistance from Tests, RWTH Aachen, Lehrstuhl für Stahlbau, September 1987

11) Roik, K., Cunze O. Lanna, A., Hanswille, G.: Hintergrundbericht zu EUROCODE 4, Nachweis der Rißbreitenbeschränkung bei Verbundträgern, Ruhr-Universität, Institut für Konstr. Ingenieurbau, Bochum, Dez. 1988

# Der Einfluß der Schubnachgiebigkeit auf das kinetische Verhalten von Tragwerken des Konstruktiven Ingenieurbaus, die unter stoßartiger Belastung stehen

R. UHRIG

## 1. Einführung

Das oben bezeichnete Forschungsvorhaben wurde im Rahmen des Forschungsschwerpunktes "Nichtlineare Berechnung im konstruktiven Ingenieurbau" mit Mitteln der Deutschen Forschungsgemeinschaft in der Zeit vom 15.5.1982 bis zum 31.12.1984 gefördert. Wesentlichen Anteil an der Durchführung der Arbeiten hatte der in dieser Zeit von der DFG finanzierte Forschungsingenieur Dipl.-Ing. G. Dähler. Weitere Mitarbeiter, Herr Dipl.-Ing.(FH) K.-H. Raabe, Herr T.Ang. H. Sigl und die Sekretärin Frau Ch. Meier, waren in dieses Forschungsvorhaben eingebunden.

## 2. Übersicht

Im Bauwesen sind heute Tragwerke zu entwerfen und auszuführen, die unter der Einwirkung stoßartiger Belastung standsicher bleiben oder in einer zuvor festgelegten Weise versagen sollen. Zu diesen Tragwerken zählen Schutzbauwerke, die zum Schutz von Menschen oder empfindlichen Einrichtungen vor stoßartigen Wirkungen dienen.
Für den Entwurf eines derartigen Sonderbauwerkes benötigt man eine möglichst genaue Kenntnis der Größe und der Einwirkungsdauer stoßartiger Kräfte.

Wir unterteilen die möglichen Stoßbelastungen in:

- Aufprall eines Straßenfahrzeuges auf ein Hindernis,
- Anlege- oder Havariestoß eines Wasserfahrzeuges auf Ufereinfassungen,
- Stoßbelastung der Sicherheitshülle eines Kernkraftwerkes durch Flugzeugabsturz oder Gaswolkenzündung, aber auch durch den inneren Druckstoß bei einem Kraftwerksunfall,
- Stoßbelastung infolge eines Luft- oder Erdstoßes, die sich als Folge einer gewollten oder ungewollten Zündung eines Sprengstoffgemisches in der Atmosphäre oder im Baugrund einstellt.

Wegen Einzelheiten der hier aufgeführten möglichen Stoßbelastungen verweisen wir auf [1], [6], [10] und [11].

## 3. Entwurf eines Tragwerkes auf der Basis eines Ersatzmodells mit einem Verschiebungsfreiheitsgrad

Nach einer möglichst wirklichkeitsnahen Abschätzung der auf das zu errichtende Bauwerk auftreffenden Stoßbelastung wird man einen Vorentwurf anfertigen, der das Werkstoffverhalten bei kinetischer Beanspruchung berücksichtigt. Als Ersatzmodell wählt man ein einfaches, leicht zu überschauendes Ersatzmodell: den Schwinger mit einem Verschiebungsfreiheitsgrad.
Dieses Ersatzmodell findet man mit Hilfe des Verfahrens von Rayleigh. Es geht von dem Energiesatz aus: Die Summe aus kinetischer Energie T und der im Tragwerk gespeicherten Verformungsenergie U ist zu jedem Zeitpunkt konstant:

$$T + U = \text{const.} \quad \text{oder} \quad \frac{d}{dt}\,(\,T + U\,) = 0 \tag{3.1}$$

Bei zeitlich und örtlich veränderlichen Verschiebungskomponenten u,v,w setzt man die Verschiebungskomponenten in der Form eines Produktes

$$\left.\begin{aligned} u(x,y,z,t) &= u(x,y,z)\;U(t),\\ v(x,y,z,t) &= v(x,y,z)\;V(t),\\ w(x,y,z,t) &= w(x,y,z)\;W(t) \end{aligned}\right\} \tag{3.2}$$

mit zeit- und ortskoordinatenabhängigen Funktionen an. Für die ortskoordinatenabhängigen Verschiebungsfunktionen wählt man nach Rayleigh einen Näherungsansatz, für den man die Verschiebungsfunktion des statisch mit der Gewichtskraft belasteten Tragwerkes einführt.
Wir zeigen dieses Verfahren anhand des in der Abb. 3.1 skizzierten ebenen Rahmentragwerkes, das aus drei Rahmenstäben aufgebaut ist. Die kontinuierlich verteilte Masse ist $\mu$. Das Tragwerk stehe unter der kontinuierlich verteilten Belastung $p_1(x_1,t)$.

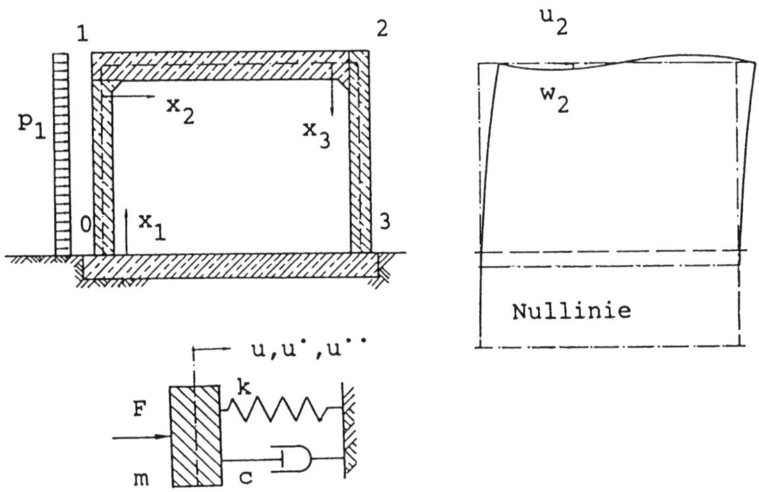


Abb. 3.1 Ebenes Rahmentragwerk und berechenbares Ersatzmodell

In vorliegendem Beispiel wählt man die Verschiebungsansätze:

$$u_j(x_j,t) = W(t)\, u_j(x_j), \quad w_j(x_j,t) = W(t)\, w_j(x_j), \quad (j = 1,2,3) \tag{3.3}$$

Es bedeuten:

$x_j$ Richtung der Bauteilachse (s. Abb. 3.1),

$u_j(x_j), w_j(x_j)$ ortskoordinatenabhängige Verschiebungskomponenten in Achsenrichtung und senkrecht dazu,

$W(t)$ ist die zeitabhängige Funktion.

Die Energieausdrücke für die einzelnen Bauteile haben folgendes Aussehen:

$$T_j = \frac{1}{2} \int \mu_j(x_j)\ u_j(x_j,t)^{\cdot 2} dx_j + \frac{1}{2} \int \mu_j(x_j)\ w_j(x_j,t)^{\cdot 2}\ dx_j ,$$

$$= \frac{1}{2}\ W(t)^{\cdot 2}\ \{ \int \mu_j(x)\ u_j(x_j)^2\ dx_j + \int \mu_j(x_j)\ w_j(x_j)^2\ dx_j\ \} .$$

$$U_j = \frac{1}{2} \int EA_j(x_j)\ u_j(x_j,t)'^2\ dx_j + \frac{1}{2} \int EI_j(x_j)\, \psi_j(x_j,t)'^2\ dx_j +$$

$$+ \frac{1}{2} \int GA_{Sj}(x_j)\ [\ w_j(x_j,t)' + \psi(x_j,t)\ ]^2\ dx_j\ ,$$

$$= \frac{1}{2}\ W(t)^2\ \{ \int EA_j(x_j)\ u_j(x_j)'^2 dx_j + \int EI_j(x_j)\ \psi_j(x_j)'^2\ dx_j +$$

$$+ \int GA_{Sj}(x_j)\ [\ w_j(x_j)' + \psi_j(x_j)\ ]^2\ dx_j\ \} . \tag{3.4}$$

Es bedeuten:

$' \hat{=} d(...)/dx$ , $\cdot \hat{=} d(...)/dt$

$EA_j$, $EI_j$, $GA_{Sj}$ die Dehn-, Biege- und Schubsteifigkeit des j-ten Rahmenstabes,

$\psi_j$ ist die Querschnittsdrehung, die sich als $\psi_j = - w_j' + \gamma_j$ ergibt. Beim schubstarren Rahmenstab ist die Gleitung $\gamma_j = 0$, und es ist

$$\psi_j = - w_j' .$$

Für den Fall, daß äußere oder innere Federelemente vorhanden sind, müssen deren Anteile an der Formänderungsenergie mitgenommen werden. Das gleiche gilt für die kinetische Energie beim Vorhandensein von kontinuierlich verteilter Drehmasse $\hat{\mu}_j$ und von Punktkörpern mit konzentrierter Masse m und Drehmasse $\hat{m}$ (s. z.B. [1] bis [4] ).

Summation der Energieausdrücke $T_j$ und $U_j$ und Einsetzen in den Energiesatz (3.1) liefert aus dem Vergleich der Energien des tatsächlichen Tragwerkes mit denjenigen des Ersatzmodells die Federsteifigkeit k und die mitschwingende Masse m. Die Dämpfungskonstante c des Ersatzmodells wird meist aus Erfahrungswerten für vergleichbare Bauwerke unabhängig eingeführt.

Die kontinuierlich verteilte äußere Belastung $p_1(x_1,t)$ wird mit Hilfe der zuvor eingeführten Näherungsansätze in eine konzentrierte Kraft

$$F(t) = P(t) \int p_1(x_1)\, w_1(x_1)\, dx_1 \tag{3.5}$$

umgewandelt. $P(t)$ gibt den zeitlichen, $p_1(x_1)$ den ortskoordinatenabhängigen Verlauf der äußeren Belastung an.
Man findet als Ergebnis der Ersatzmodellbildung die Bewegungsgleichung des Schwingers mit einem Freiheitsgrad:

$$m\, \ddot{u} + c\, \dot{u} + k\, u = F\ . \tag{3.6}$$

Unter Einführung der Abkürzungen

$\kappa = c/(2\sqrt{m\,k})$ dem Lehrschen Dämpfungsmaß,

$\omega^2 = k/m$ dem Quadrat der Eigenfrequenz des ungedämpften Schwingers

wird daraus:

$$\ddot{u} + 2\,\kappa\,\omega\,\dot{u} + \omega^2\,u = F/m \tag{3.6'}$$

Die Lösung dieser Bewegungsgleichung läßt sich für das Zeitintervall $\Delta t$ in der Form einer Übertragungsmatrizenbeziehung angeben:

$$\begin{bmatrix} u \\ \dot{u} \\ 1 \end{bmatrix}_{t+\Delta t} = \begin{bmatrix} (A + \kappa\,\omega\,B) & B & \hat{t}_{13} \\ -\,\omega^2\,B & (A - \kappa\,\omega\,B) & \hat{t}_{23} \\ 0 & 0 & 1 \end{bmatrix} \begin{bmatrix} u \\ \dot{u} \\ 1 \end{bmatrix}_{t} \tag{3.7}$$

Es bedeuten:

$$A = e^{-\kappa\,\omega\,\Delta t} \cos \omega_d\,\Delta t\ , \quad B = e^{-\kappa\,\omega\,\Delta t}\,\frac{1}{\omega_d}\,\sin \omega_d\,\Delta t\ ,$$

worin $\omega_d = \omega\sqrt{1-\kappa^2}$ die Eigenkreisfrequenz des gedämpften Schwingers ist.
Die Elemente der Übertragungsmatrix $\hat{t}_{13}$ und $\hat{t}_{23}$ geben den Einfluß der äußeren Belastung auf die Gesamtlösung wieder.

Sie lassen sich für einen im Zeitintervall $\Delta t$ linear veränderlichen Verlauf der Kraftfunktion

$$F(t) = F_o + F_1\, t\ , \qquad 0 \leq t \leq \Delta t$$

explizit angeben:

$$\tilde{t}_{13} = \frac{F_o}{k} \{ 1 - (A + \kappa\, \omega\, B) \} + \frac{F_1}{k} \{ \Delta t + 2 \frac{\kappa}{\omega} (A-1) - (1-2\,\kappa^2)\, B \}\ ,$$

$$\tilde{t}_{23} = \frac{F_o}{k}\, \omega^2\, B \qquad + \frac{F_1}{k} \{ 1 - (A + \kappa\, \omega\, B) \}\ . \qquad (3.8)$$

Die Übertragungsmatrix in (3.7) wird mit $\bar{T}$ , die Vektoren der Zustandsgrößen werden mit $\bar{u}_t$ und $\bar{u}_{t+\Delta t}$ abgekürzt. Damit können wir für (3.7) kürzer

$$\bar{u}_{t+\Delta t} = \bar{T}\ \bar{u}_t \qquad (3.9)$$

schreiben. Durch Aneinanderfügen der Übertragungsmatrizenbeziehung der einzelnen Zeitintervalle läßt sich die Lösung zum Zeitpunkt $t_n$ aus den Zustandsgrößen des Zeitpunktes $t = 0$ finden:

$$\bar{u}_{t_n} = \bar{T}_n\ \bar{T}_{n-1}\ \bar{T}_{n-2} \cdots \bar{T}_2\ \bar{T}_1\ \bar{u}_o \qquad (3.10)$$

Die hier vorgenommene Elimination der Zustandsgrößen zwischen den Zeitpunkten $t = 0$ und $t_n$ heißt Übertragungsverfahren, da das Produkt der Übertragungsmatrizen der einzelnen Zeitintervalle wieder eine Übertragungsmatrix ergibt. (Wegen Einzelheiten hierzu s. z.B. [5] ).
Mit Hilfe der Beziehungen (3.7) und (3.10) lassen sich für die verschiedensten Formen der Kraftfunktion $F(t)$ die Zustandsgrößen des Schwingers mit einem Freiheitsgrad berechnen. Es lassen sich auch die für die Dimensionierung eines Tragwerkes maßgebenden Schnittkraftmaxima bestimmen. Diese Maxima werden meist in Form eines Schockdiagrammes dargestellt. Eines dieser Schockdiagramme übernehmen wir aus

[10] (s. auch [2], wo für eine Vielzahl von Kraftfunktionsverläufen ähnliche Diagramme angegeben sind).

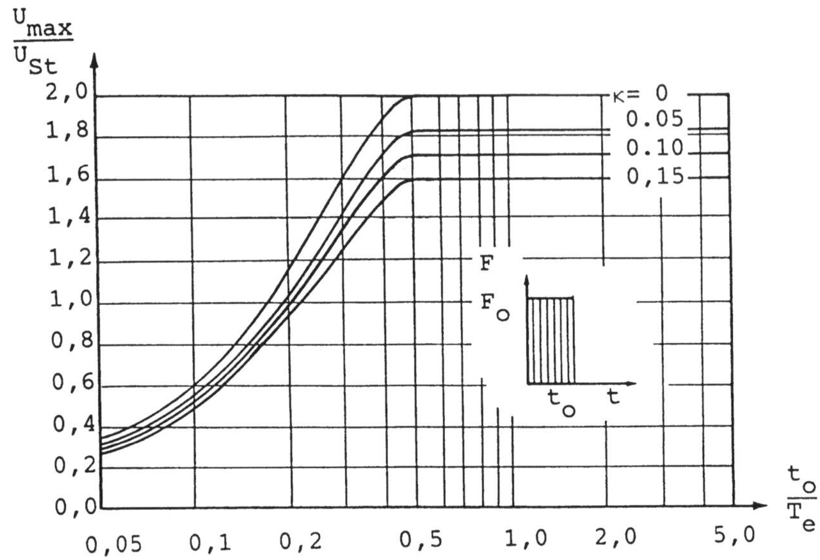


Abb. 3.2 Schockdiagramm für einen zeitlich konstanten Kraftverlauf

In der Abb. 3.2 bedeuten:

$t_o$ Wirkungsdauer der Kraft,

$T_e$ Eigenschwingungszeit = 2 $\pi/\omega$ des ungedämpften Schwingers mit einem Freiheitsgrad,

$U_{St} = F_o/k$ ist die Auslenkung infolge der statischen Kraft.

Bei der Berechnung von Schockdiagrammen muß man stets prüfen, ob die erreichten Schnittkraftmaxima von dem Tragwerk überhaupt aufgenommen werden können. Zeigt sich dabei, daß die Elastizitätsgrenze des Werkstoffes überschritten ist, so muß man den Rechenablauf modifizieren.
In diesem Falle muß man für das nichtlineare Werkstoffverhalten einen Näherungsansatz wählen. In der Praxis führt man einen bilinearen Ansatz entsprechend der Abb. 3.3 ein.

Für die Berechnung der Zustandsgrößen bedeutet die Einführung eines bilinearen Ansatzes für das Werkstoffgesetz eine bereichsweise unterschiedliche Rückstellkraft R:

$$\left.\begin{aligned} R_1 &= k_1\,u\,, && \text{für } u \leq u_1\,, \quad \dot{u} \geq 0\,,\\ R_2 &= F_2 + k_2\,u\,, && \text{für } u \geq u_1\,, \quad \dot{u} \geq 0\,. \end{aligned}\right\} \qquad (3.11)$$

Bei der Entlastung folgt die Federsteifigkeit der Entlastungsgeraden:

$$R_3 = -F_3 + k_1\,u\,, \quad \text{für } u \geq 0\,, \quad \dot{u} \leq 0\,. \qquad (3.11')$$

Die Konstanten $F_1, F_2, F_3$ sind Größen, die sich aus dem

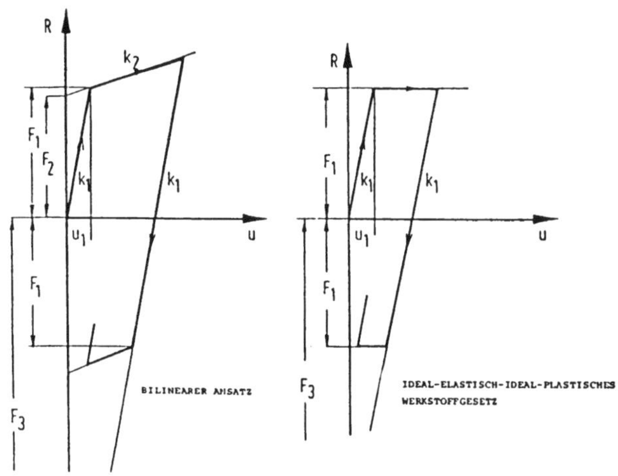


Abb. 3.3 Approximation des nichtlinearen Werkstoffverhaltens

Diagramm Abb. 3.3 ablesen lassen. Sie müssen experimentell bestimmt werden.
In vielen Fällen genügt es, ein ideal-elastisch-ideal-plastisches Stoffgesetz (s. Abb. 3.3) zu verwenden. In diesem Fall erhält die Rückstellkraft die Form:

$$\left.\begin{aligned} R_1 &= k_1\,u\,, && \text{für } u \leq u_1\,, \quad \dot{u} \geq 0\,,\\ R_2 &= F_1\,, && \text{für } u \geq u_1\,, \quad \dot{u} \geq 0\,,\\ R_3 &= -F_3 + k_1\,u\,, && \text{für } u \geq 0\,, \quad \dot{u} \leq 0\,. \end{aligned}\right\} \qquad (3.12)$$

$u_1$ gibt die Elastizitätsgrenze an (s. Abb. 3.3).

Für das Werkstoffgesetz (3.12) lassen sich unter Zugrundelegung eines dämpfungsfreien Schwingers, d.h. $c = 0$, und unter der Annahme einer konstanten äußeren Kraft $F_o$ die Zustandsgrößen für den Bereich

$$u \leq u_1 \,, \qquad u^{\cdot} \geq 0$$

berechnen. Die Übertragungsmatrizenbeziehung, die diesen Bereich erfaßt, läßt sich aus (3.7) durch Nullsetzen von $\kappa$ und $F_1$ gewinnen:

$$\begin{bmatrix} u \\ u^{\cdot} \\ 1 \end{bmatrix}_{t+\Delta t} = \begin{bmatrix} \cos\omega\,\Delta t & \frac{1}{\omega}\sin\omega\,\Delta t & U_{St}(1-\cos\omega\,\Delta t) \\ -\omega\sin\omega\,\Delta t & \cos\omega\,\Delta t & U_{St}\,\omega\sin\omega\,\Delta t \\ 0 & 0 & 1 \end{bmatrix} \begin{bmatrix} u \\ u^{\cdot} \\ 1 \end{bmatrix}_{t} \tag{3.13}$$

Für den Bereich

$$u \geq u_1 \,, \qquad u^{\cdot} \geq 0$$

gilt die Übertragungsmatrizenbeziehung:

$$\begin{bmatrix} u \\ u^{\cdot} \\ 1 \end{bmatrix}_{t_2+\Delta t} = \begin{bmatrix} 1 & \Delta t_2 & (F_o-F_1)\,\Delta t_2^2/(2\,m) \\ 0 & 1 & (F_o-F_1)\,\Delta t_2/m \\ 0 & 0 & 1 \end{bmatrix} \begin{bmatrix} u \\ u^{\cdot} \\ 1 \end{bmatrix}_{t_2} \tag{3.14}$$

Es bedeuten:

- $t_2$ die vom Beginn des plastischen Zustandes der Feder zu zählende Zeit.
- $\Delta t$ ist das Zeitintervall.

Mit Hilfe der Übertragungsmatrizenbeziehungen (3.13) und (3.14) läßt sich ein Schockdiagramm entwickeln, welches das Verhältnis der maximalen Auslenkung im plastischen Bereich $U_{2m}$ zur elastischen Auslenkung $U_{el}$ in Abhängigkeit von der

Wirkungsdauer $t_o$ der konstanten Kraft $F_o$ und der Größe der Federkraft $F_1$ angibt (s. Abb. 3.4). Weitere Diagramme s. [1].

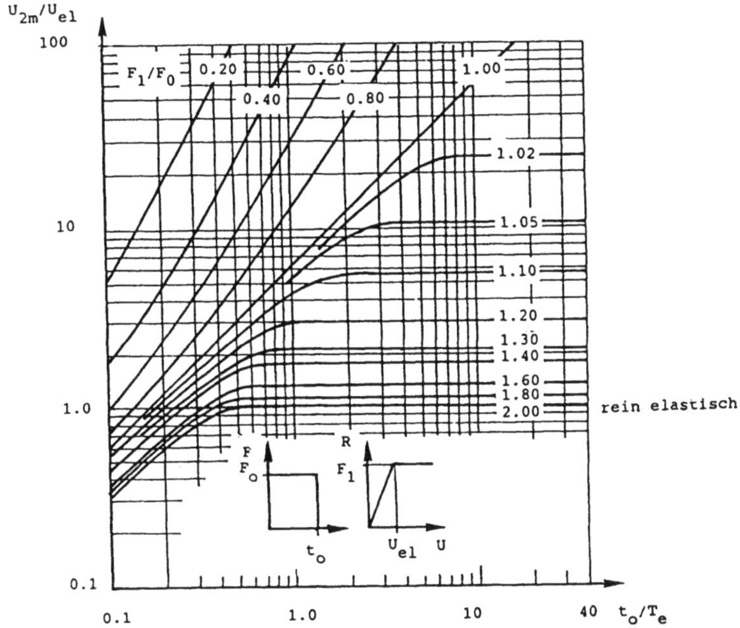


Abb. 3.4 $U_{2m}/U_{el}$ des Schwingers mit einem Freiheitsgrad, dessen Federkennlinie einem ideal-elastisch-ideal-plastischen Stoffgesetz folgt

## 4. Entwurf eines Tragwerkes auf der Basis eines verfeinerten Ersatzmodells: des Schwingungssystems mit n Freiheitsgraden

Je nach Bedeutung des zu errichtenden Tragwerkes wird man für die endgültige Dimensionierung der Bauteile eine Berechnung der Zustandsgrößen unter Zugrundelegung eines verfeinerten Ersatzmodells: des Schwingungssystems mit n Freiheitsgraden, vornehmen.

Ein Weg zur Bestimmung eines vielgliedrigen Ersatzmodells wählt das Rayleigh-Ritz-sche Verfahren. Dieses Verfahren hat mit der Entwicklung automatischer Datenverarbeitungsanlagen

eine durchgreifende Schematisierung erfahren. Die Energieausdrücke der Bauteile werden matriziell formuliert. Auch die Summierung der Energieanteile zu dem System der Bewegungsgleichungen wird schematisiert (s. z.B. [3] und [4] ). Wir schildern das Vorgehen für den dehn-, biege- und schubnachgiebigen j-ten Rahmenstab:
Seine Verschiebungskomponenten u(x), w(x) werden zu dem matriziellen Vektor

$$\mathbf{u}_j(x) = \begin{bmatrix} u_j(x) \\ w_j(x) \end{bmatrix} \tag{4.1}$$

zusammengefaßt. Der Verschiebungszustand wird in der Regel ausgedrückt durch die Verschiebungsgrößen der beiden Ränder des Rahmenstabes, die wir mit i und k bezeichnen, die mit Einheitsverschiebungsfunktionen $f_\rho(x_j)$ multipliziert sind. Unter Einführung der Matrix der Einheitsverschiebungsfunktionen

$$\mathbf{A}_j(x) = \begin{bmatrix} f_1(x) & 0 & 0 & f_4(x) & 0 & \\ 0 & f_2(x) & f_3(x) & 0 & f_5(x) & f_6(x) \end{bmatrix} \tag{4.2}$$

und dem Vektor der Bauteilverschiebungen $U, W, \psi$ an den Rändern i und k

$$\mathbf{v}_j^T = \{ U_i \quad W_i \quad \psi_i \quad U_k \quad W_k \quad \psi_k \} \tag{4.3}$$

($^T$ bedeutet Transposition des Vektors) läßt sich der Vektor der Verschiebungskomponenten durch ein Matrizenprodukt darstellen:

$$\mathbf{u}_j(x) = \mathbf{A}_j(x) \quad \mathbf{v}_j \tag{4.4}$$

Aus den Verschiebungskomponenten folgen die Verzerrungen mit Hilfe der Verzerrungs-Verschiebungsbeziehungen. Beim Rahmenstab sind die Verzerrungen durch die Dehnung $\varepsilon_{xx}$, die

Verkrümmung $\kappa_{xx}$ und die Gleitung $\gamma_{xz}$ repräsentiert. Sie werden zu dem Vektor der Verzerrungen zusammengefaßt. Mit Hilfe der kinematischen Beziehungen werden sie durch die Verschiebungsableitungen ausgedrückt:

$$\boldsymbol{\varepsilon} = \begin{bmatrix} \varepsilon_{xx} \\ \kappa_{xx} \\ \gamma_{xz} \end{bmatrix} = \begin{bmatrix} d\ u/dx \\ d\ \psi/dx \\ d\ w/dx + \psi \end{bmatrix} \tag{4.5}$$

Unter Einführung der Matrix der Verzerrungen $\mathbf{B}_j(x)$ läßt sich der Vektor der Verzerrungen kürzer

$$\boldsymbol{\varepsilon}_j = \mathbf{B}_j(x)\ \mathbf{v}_j \tag{4.6}$$

schreiben.

Die Verzerrungen sind über das Stoffgesetz mit den Beanspruchungen verknüpft. Führt man in die Rechnung die Spannungsresultierenden, die Längskraft N, das Biegemoment M und die Querkraft Q ein, so läßt sich der Vektor der Beanspruchungen in der Form

$$\begin{bmatrix} N \\ M \\ Q \end{bmatrix}_j = \begin{bmatrix} EA & 0 & 0 \\ 0 & EI & 0 \\ 0 & 0 & GA_S \end{bmatrix}_j \begin{bmatrix} \varepsilon_{xx} \\ \kappa_{xx} \\ \gamma_{xz} \end{bmatrix}_j \tag{4.7}$$

darstellen. Die Matrix der Werkstoffbeziehungen bezeichnen wir mit $\mathbf{G}$ . Wir erhalten die allgemeine Formulierung der kinetischen und potentiellen Energie des Rahmenstabes:

$$\left.\begin{aligned} T_j &= \frac{1}{2}\ \dot{\mathbf{v}}_j^{T}\ \{ \int \mathbf{A}_j^T(x)\ \mu_j(x)\ \mathbf{A}_j(x)\ dx_j \}\ \dot{\mathbf{v}}_j\ , \\ U_{ij} &= \frac{1}{2}\ \mathbf{v}_j^T\ \{ \int \mathbf{B}_j^T(x)\ \mathbf{G}_j\ \mathbf{B}_j(x)\ dx_j \}\ \mathbf{v}_j\ . \end{aligned}\right\} \tag{4.8}$$

Die Ausdrücke in den geschweiften Klammern sind die Massenmatrix $\mathbf{M}_j$ und die Steifigkeitsmatrix $\mathbf{S}_j$ des j-ten Bauteiles:

$$T_j = \frac{1}{2}\, \mathbf{v}_j^{T\cdot}\, \mathbf{M}_j\, \dot{\mathbf{v}}_j \;; \qquad U_i = \frac{1}{2}\, \mathbf{v}_j^T\, \mathbf{S}_j\, \mathbf{v}_j \tag{4.8'}$$

Entscheidend für die Güte der Matrizen $\mathbf{M}_j$ und $\mathbf{S}_j$ ist die Wahl der in die Matrix $\mathbf{A}_j(x)$ einzuführenden Ansatzfunktionen $f_\rho(x_j)$. Beim schubstarren Rahmenstab wählt man Einheitsverschiebungsfunktionen, die die geometrischen Randbedingungen erfüllen. Sie sind in der Mathematik auch unter dem Namen Hermitesche Interpolationspolynome bekannt.
Für den Fall des schubnachgiebigen Rahmenstabes ist die physikalische Bedeutung der Ansatzfunktionen zu beachten: Es sind die Verschiebungsfunktionen zu wählen, die sich bei einer Einheitsverschiebung oder -Verdrehung eines Randpunktes ergeben.
Stützt man sich dagegen auf eine rein mathematische Behandlung der Aufgabe, so kommt man zu einer Steifigkeitsmatrix $\mathbf{S}_j$, die durch den "häßlichen" Effekt des "Shear Locking" in der Anwendung beeinträchtigt ist (s. auch [4] und [13]).
Ansatzfunktionen, die sich auf das physikalische Verhalten des dehn-, biege- und schubnachgiebigen Rahmenstabes stützen, sind bereits in [12] bis [14] verwendet worden:

$$\left.\begin{aligned}
f_1(x) &= 1 - x/l,\\
f_2(x) &= 1 - f_5(x),\\
f_3(x) &= -\,l\,[\,(x/l) - (x/l)^2\,] + f_6(x),\\
f_4(x) &= x/l,\\
f_5(x) &= \{3(x/l)^2 - 2(x/l)^3 + 4\lambda(x/l)\}/(1+4\lambda),\\
f_6(x) &= l\,\{(1-2\lambda)(x/l)^2 - (x/l)^3 + 2\lambda(x/l)\}/(1+4\lambda).
\end{aligned}\right\}\tag{4.9}$$

Darin bezeichnet $\lambda = 3\,EI/(l^2 GA_S)$ den Schubfaktor.
Die statischen Einheitsverschiebungsfunktionen halten die Querkraft im Rahmenstab, und damit die Gleitung konstant. Die Ableitung der Gleitung verschwindet also.
Es ist daher $\psi' = -\,w''$, und es wird

$$\gamma = \frac{EI}{GA_S}\,\psi'' = -\,l^2\,\frac{\lambda}{3}\,w'''. \tag{4.10}$$

Die Ansatzfunktionen (4.9) führen nach Anwendung der Operationen (4.5) unter Beachtung von (4.10) zu der Matrix der Verzerrungen:

$$\mathbf{B}_j^T = \left[\begin{array}{c|c|c} -1/l & 0 & 0 \\ \hline 0 & 6(1-2x/l)/l^2(1+4\lambda) & -4\lambda/l(1+4\lambda) \\ 0 & -2[2(1+\lambda)-3x/l]/l(1+4\lambda) & 2\lambda/(1+4\lambda) \\ \hline 1/l & 0 & 0 \\ \hline 0 & -6(1-2x/l)/l^2(1+4\lambda) & 4\lambda/l(1+4\lambda) \\ 0 & -2[(1-2\lambda)-3x/l]/l(1+4\lambda) & 2\lambda/(1+4\lambda) \end{array}\right] \qquad 4.11)$$

Die Massenmatrix $\mathbf{M}_j$ und die Steifigkeitsmatrix $\mathbf{S}_j$, die sich mit Hilfe von (4.9) und (4.11) unter Beachtung von (4.8) bzw. (4.8') ergeben, werden hier nicht wiedergegeben. Sie sind in [8] zusammengestellt. Dort wird auch der Anteil der Drehmasse $\hat{\mu}$ an der kinetischen Energie durch eine spezielle Massenmatrix erfaßt.

Für die näherungsweise Berücksichtigung des Einflusses grosser Längskräfte N auf die Schnittkräfte im Rahmenstab - Theorie II. Ordnung - ist es üblich, eine geometrische Matrix $\mathbf{S}_{Gj}$ in die Rechnung einzuführen.

Ihre Herleitung für den schubnachgiebigen Rahmenstab ist in [8] ausführlich geschildert. Die geometrische Matrix $\mathbf{S}_{Gj}$, die sich bei der Verwendung der Ansatzfunktionen (4.9) ergibt, ist dort angegeben (s. auch [7]).

Sind für die einzelnen Bauteile die Matrizen $\mathbf{M}_j$, $\mathbf{S}_j$ und $\mathbf{S}_{Gj}$ bestimmt, so läßt sich das System der Bewegungsgleichungen nach den Regeln des Matrizenverschiebungsverfahrens aufstellen. Das Ergebnis ist die Matrizendifferentialgleichung:

$$\mathbf{A}\,\mathbf{u}^{\cdot\cdot} + \mathbf{B}\,\mathbf{u}^{\cdot} + \mathbf{C}\,\mathbf{u} = \mathbf{p} \qquad (4.12)$$

Darin bedeuten:

**A** die Trägheitsmatix, die sich aus den Massenmatrizen der einzelnen Bauteile und aus den Trägheiten der konzentrierten Massen zusammensetzt.

**B** ist die Dämpfungseinflußmatrix, die sich aus den Dämpfungsmatrizen der Bauteile zusammensetzt.

**C** ist die Krafteinflußmatrix.

**p** ist der Vektor der zeitlich veränderlichen Belastung.

**u**,**u**˙,**u**˙˙ sind die Vektoren der Verschiebungsgrößen, der Geschwindigkeits-, der Beschleunigungskomponenten der Knotenpunkte des Ersatzmodells.

Zur Lösung der Bewegungsgleichungen (4.12) haben sich bei der Beobachtung von Stoßvorgängen die direkten Integrationsverfahren in den Vordergrund gestellt. Denn in den meisten Fällen muß bei Stoßvorgängen von einem elasto-plastischen Werkstoffverhalten ausgegangen werden. Die klassisch gewordene Umwandlung des gekoppelten Systems von Bewegungsgleichungen in Einzeldifferentialgleichungen mit Hilfe der Modal-Analyse scheidet in diesem Falle aus.

## 5. Vorstellung von Berechnungsergebnissen

Aus der Vielzahl von Berechnungsergebnissen, die in [6] angegeben sind, sollen hier nur für das Beispiel des Kernkraftwerksanbaus (Abb.5.1), der unter einer nach der KTA-Richtlinie möglichen Kraftfunktion steht, einige Zustandsgrößen angegeben werden.
Das vielgliedrige Ersatzmodell des Kraftwerksanbaus besteht aus einem Stabsystem mit masselosen Stäben und punktförmigen Massen. Die Lagerung wird durch die skizzierten Federelemente näherungsweise erfaßt. Wegen Einzelheiten s. [6]. Für die Punkte 9 und 16 des Ersatzmodells ergeben sich aus einer numerischen Untersuchung die in den Abbn. 5.2 und 5.3 angegebenen Verläufe der Horizontalverschiebung $U_9$ und $U_{16}$. Man erkennt die zunächst überraschende, aber

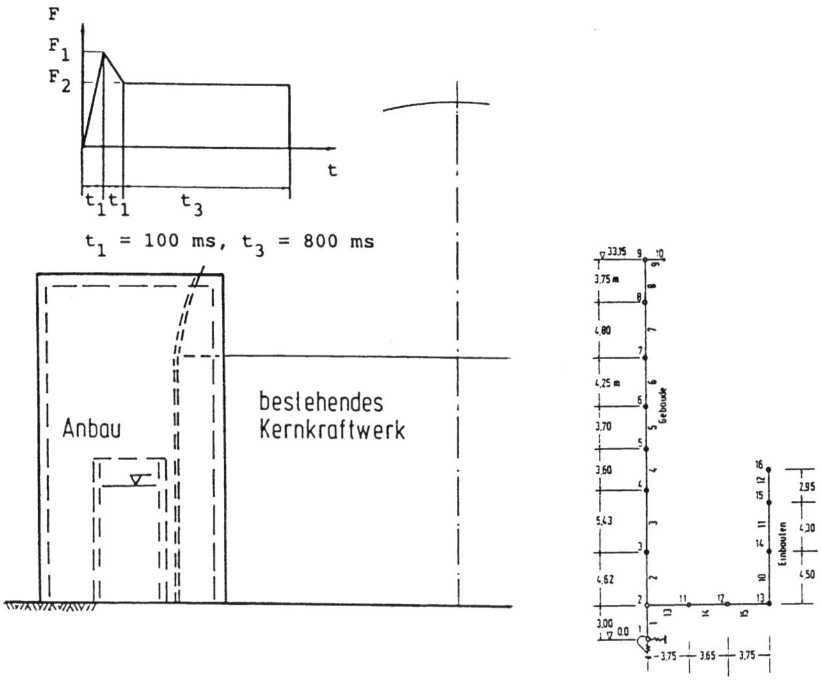


Abb. 5.1 Anbau an ein bestehendes Kernkraftwerk und Kraft-Zeitverlauf für den untersuchten Lastfall sowie Ersatzmodell

physikalisch erklärbare Maximalauslenkung nach Abschluß der stoßartigen Belastung. Die Mitnahme der Schubnachgiebigkeit

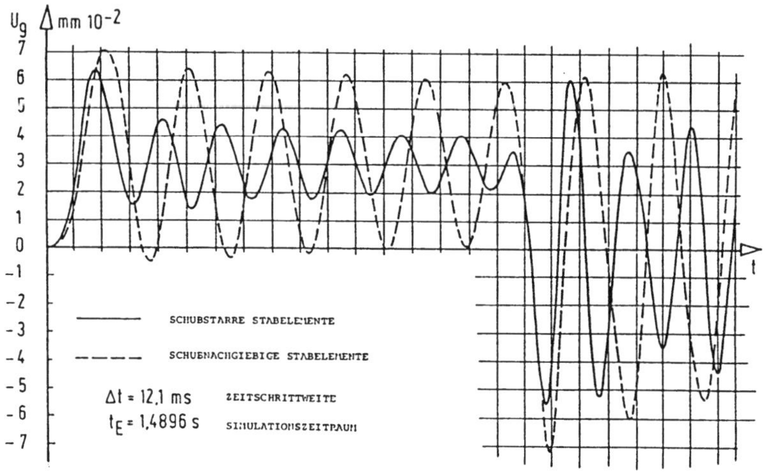


Abb. 5.2 Horizontalverschiebung des Ersatzmodells $U_9$

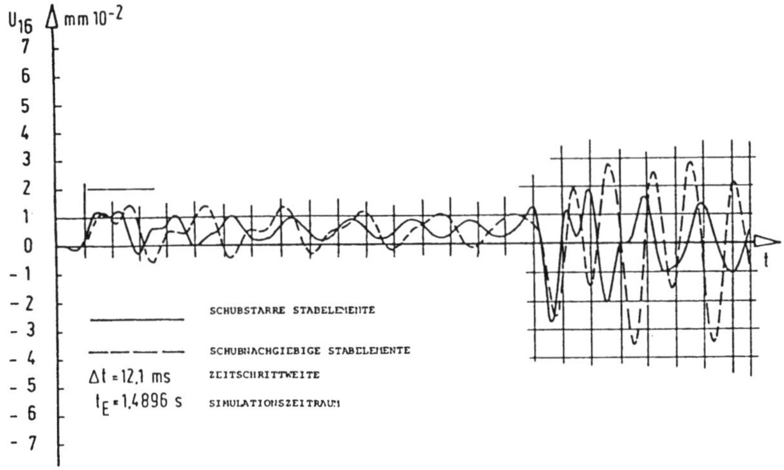


Abb. 5.3 Horizontalverschiebung des Ersatzmodells $U_{16}$

vergrößert die Verschiebungsamplituden. Für die Schnittkräfte N,M,Q konnte keine einheitliche Tendenz durch die Mitnahme der Schubdeformation festgestellt werden.

## 6. Zur konstruktiven Ausbildung

Nach der möglichst wirklichkeitsnahen Bestimmung der Schnittkraft- und Verschiebungsmaxima lassen sich die Bauteile des Sonderbauwerkes unter Beachtung der Dimensionierungsrichtlinien (Werkstoff- und Baunormen) entwerfen. Für Tragwerke unter Stoßbelastung gilt die allgemeine Empfehlung, Kraftein- und Kraftüberleitungsstellen konstruktiv besonders aufmerksam durchzubilden. Weitere allgemeine Konstruktionsempfehlungen lassen sich im Rahmen dieses Beitrages nicht geben.

## 7. Zusammenfassung

Das von der DFG geförderte Forschungsvorhaben hat zu folgenden Ergebnissen geführt:

- Für das Ersatzmodell des Schwingers mit einem Freiheitsgrad werden unter der Annahme eines ideal-elastischen und eines ideal-elastischen - ideal-plastischen Werkstoffgesetzes Übertragungsmatrizenbeziehungen angegeben. Mit ihnen kann man bei gegebenem Zeitverlauf der Stoßbelastung die Verschiebungsmaxima und damit die Schnittkraftmaxima berechnen.

- Für das Ersatzmodell des Schwingers mit n Freiheitsgraden wurde unter Verwendung eines geeigneten Verschiebungsansatzes eine geometrische Matrix $S_G$ entwickelt. Mit bereits früher angegebenen Matrizen $\mathbf{M}$ und $S_E$ wurde ein Rechenprogramm neu entwickelt. Es basiert auf dem Matrizenverschiebungsverfahren und erlaubt, die Zustandsgrößen eines Stabtragwerkes zu berechnen.
- Es sollte hervorgehoben werden, daß die Programmierrichtlinien, die für die Teilnehmer des Forschungsprogrammes verbindlich vorgeschrieben waren, die hochschulübergreifende Programmiertätigkeit außerordentlich gefördert haben. Programmbausteine, die an verschiedenen Schulen entwickelt wurden, ließen sich so leicht in andere Rechenprogramme einbauen. Die Portabilität einzelner Programmbausteine wurde dadurch erheblich gefördert.

## 8. Literatur zum Problemkreis

1) Biggs,J.M.: Introduction to Structural Dynamics, New York, ...,London:McGraw-Hill 1964.
2) Harris,C.M.;Crede,Ch.E.: Shock and Vibration Handbook, 2-nd Ed.,New York,...,London:McCraw-Hill 1961.
3) Clough,R.W.;Penzien,J: Dynamics of Structures, Int.Student Ed.,Tokyo,...,Sydney:McGraw-Hill-Kogakusha,Ltd. 1975.
4) Bathe,K.-J.: Finite Element Procedures in Engineering Analysis,Englewood Cliffs:Prentice Hall 1982.
5) Uhrig,R.: Elastostatik und Elastokinetik in Matrizenschreibweise,Berlin,Heidelberg,...:Springer 1973.
6) Dähler,G.;Raabe,K.-H.;Sigl,H.;Uhrig,R.: Der Einfluß der Schubdeformation auf das kinetische Verhalten von Stabtragwerken unter stoßartiger Belastung, im Rahmen des Schwerpunktprogrammes Nichtlineare Berechnung im

konstruktiven Ingenieurbau von der DFG gefördertes Forschungsvorhaben. Ber. des Lehrstuhles für Baustatik, Hochschule der Bundeswehr München, 83-4(1983).

7) Uhrig,R.: Zur Berechnung des elastostatischen Verhaltens von Tragwerken, die aus geraden Stäben mit Dehn-, Biege- und Schubnachgiebigkeit aufgebaut sind und unter statischer Belastung stehen. Der Stahlbau 52(1983)358-362.

8) Sigl,H.;Uhrig,R.: Kurzbeschreibung der Rechenprogrammbausteine SADY 22, BBEL 22 und SAGAM. Ber. des Lehrstuhles für Baustatik, Wissenschaftliche Einrichtung für Mechanik und Statik, FB Bauingenieur- und Vermessungswesen, Hochschule der Bundeswehr München, 83/2(1983).

9) Raabe, K.-H.: SWING, Berechnung des kinetischen Verhaltens des linearen Schwingers mit einem Freiheitsgrad unter beliebiger, linear veränderlicher Kraft. Ber. des Lehrstuhles für Baustatik, Wissenschaftliche Einrichtung für Mechanik und Statik, FB Bauingenieur- und Vermessungswesen, Hochschule der Bundeswehr München, 83-5(1983).

10) Uhrig,R.: Lastannahmen und Berechnungsmethoden für den Nachweis der Standsicherheit von Schutzbauten in Baustatik und Baupraxis 2, Bochum 15.,16.3.1984. Tagungsheft BB2(1984)16.1-16.24.

11) Uhrig,R.: Tragwerke unter stoßartiger Belastung, in VBI-Fortbildungsseminar Bayern, Grundzüge der Baudynamik Bd.3(1984)84-110.

12) Uhrig,R.: Finite Berechnung von Schwingern mit kontinuierlich verteilter Masse und Nachgiebigkeit. Ing.-Archiv 34(1965)95-108.

13) Uhrig,R.: Zur Berechnung der Steifigkeitsmatrizen des Balkens. Der Stahlbau 34(1965)123-125.

14) Uhrig,R.: On a Finite Approach of Kinetic Beam and Plate Problems. Paper presented at the IUTAM-Symposium on the Mechanics of Linear Vibration, Paris 13.-15.4.1965. Revue Française de Mécanique 15(1965)87-95.

# Weitere Tragwerke

# Nichtlineare Berechnung von Staumauern

Rudolf Damrath

Wilhelm Cattes

## 1. EINFÜHRUNG

Talsperren werden in zunehmendem Maße in der Nähe dicht besiedelter Gebiete gebaut. Der Schutz der Bevölkerung in der Umgebung von Talsperren erfordert eine besonders zuverlässige Untersuchung der Standsicherheit von Staudämmen und Staumauern. Ein zuverlässiger Standsicherheitsnachweis kann unter Einsatz nichtlinearer Berechnungsverfahren geführt werden.

Das Tragverhalten von Staumauern auf geschichtetem Untergrund hängt maßgebend von dem primären Spannungszustand im Untergrund vor dem Bau der Staumauer, von der Wechselwirkung zwischen der Staumauer und dem Untergrund für verschiedenartige Belastungen sowie von dem nichtlinearen Materialverhalten ab. Mit elastoplastischen Materialgesetzen wird das nichtlineare Materialverhalten ausreichend genau erfaßt. Dabei wird das Fließen im Felsgestein und im Beton der Staumauer durch Fließgesetze für isotrope Materialien beschrieben. Das Fließen in den Schicht- und Kluftscharflächen sowie in der Fläche des Maueraufstandes und den Mauerblockfugen ist von wesentlicher Bedeutung und wird durch Fließgesetze für geschichtete Materialien berücksichtigt.

Im Rahmen dieses Beitrags wird ein an den besonderen Merkmalen von Staumauern ausgerichtetes zuverlässiges Berechnungsverfahren auf der Grundlage einer dreidimensionalen Analyse nach der Methode der Finiten Elemente vorgestellt. Die Anwendung dieses Verfahrens wird exemplarisch für den geschichteten Halbraum, für eine Gewichtsmauer und eine Bogenstaumauer auf geschichtetem Untergrund gezeigt.

# 2. MATERIALEIGENSCHAFTEN

Das elastoplastische Verhalten geschichteter Materialien wird beschrieben durch die elastischen Eigenschaften und die Fließeigenschaften. Die mathematische Formulierung für diese Materialeigenschaften sind in den nachfolgenden Abschnitten zusammengestellt.

## 2.1 Elastisches Materialverhalten

Bild 2.1 zeigt ein geschichtetes Materialelement im lokalen und globalen Koordinatensystem. Die Schichtung wird festgelegt durch den Normalenvektor $\mathbf{n}$ der Schichtfläche. Der Spannungszustand $\boldsymbol{\sigma}$ an einem Punkt im globalen Koordinatensystem ist abhängig von dem zugehörigen Dehnungszustand $\boldsymbol{\epsilon}$. Für linear elastisches Materialverhalten gilt folgende Beziehung zwischen den Spannungen und Dehnungen.

$$\boldsymbol{\sigma} = \mathbf{E}\,\boldsymbol{\epsilon} \tag{2.1}$$

E Globale Elastizitätsmatrix

Die globale Elastizitätsmatrix wird aus den im Bild 2.1 zusammengestellten Materialkonstanten im lokalen Koordinatensystem und dem Normalenvektor $\mathbf{n}$ der Schichtfläche berechnet. Die Berechnungsformeln werden im Rahmen dieses Beitrags nicht behandelt und sind der Literatur [1,2] zu entnehmen.

## 2.2 Hauptspannungen und Schichtspannungen

An einem betrachteten Punkt des Materials sei der globale Spannungszustand $\boldsymbol{\sigma}$ gegeben. Die Hauptspannungen $p_n$ und die zugehörigen Hauptspannungsrichtungen $\mathbf{n}_n$ des gegebenen Spannungszustandes werden bestimmt, indem die Eigenwerte und Eigenvektoren der Spannungsmatrix berechnet werden. Für eine gegebene Schichtfläche werden die Spannung p normal zur Schichtfläche sowie die resultierende Schubspannung $\tau$ und deren Richtung in der Schichtfläche berechnet. Die Berechnungsformeln sind in Bild 2.2 zusammengestellt. Die Hauptspannungen $p_n$ und die Schichtspannungen p, $\tau$ sind invariante Spannungsgrößen.

Ändert sich der Spannungszustand $\boldsymbol{\sigma}$ um ein Inkrement $d\boldsymbol{\sigma}$, so ändern sich die Hauptspannungen $p_n$ um Inkremente $dp_n$, die Schichtspannung p um das Inkrement dp und die resultierende Schubspannung $\tau$ in der Schicht um das Inkrement $d\tau$.

$$dp_n = \mathbf{g}_n^T\, d\boldsymbol{\sigma} \tag{2.2}$$

$$dp = \mathbf{g}_p^T\, d\boldsymbol{\sigma}$$

$$d\tau = \mathbf{g}_\tau^T\, d\boldsymbol{\sigma}$$

$\mathbf{g}_i$ Gradientenvektoren

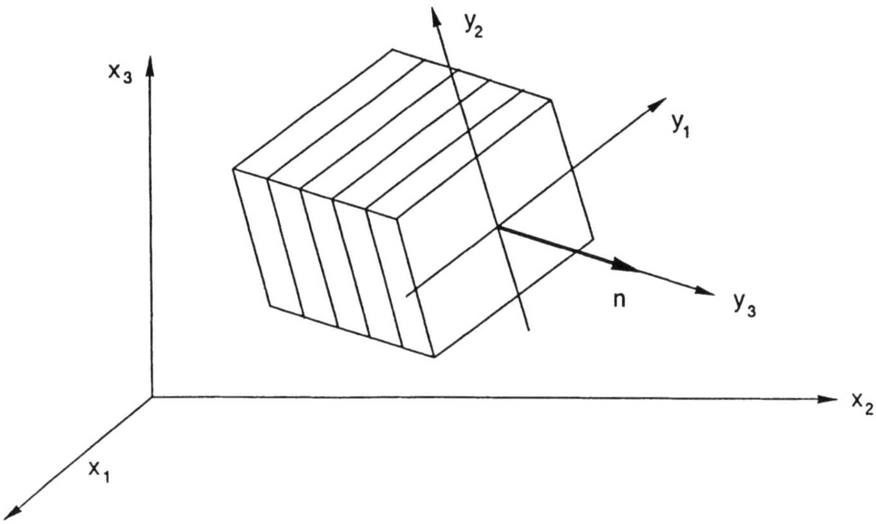


| | | | |
|---|---|---|---|
| Globale Koordinaten | $\mathbf{x}^T$ | = | $[x_1 \quad x_2 \quad x_3]$ |
| Lokale Koordinaten | $\mathbf{y}^T$ | = | $[y_1 \quad y_2 \quad y_3]$ |
| Schichtnormale | $\mathbf{n}^T$ | = | $[n_1 \quad n_2 \quad n_3]$ |
| Globale Spannungen | $\boldsymbol{\sigma}^T$ | = | $[\sigma_{11} \quad \sigma_{22} \quad \sigma_{33} \quad \sigma_{12} \quad \sigma_{23} \quad \sigma_{31}]$ |
| Globale Dehnungen | $\boldsymbol{\epsilon}^T$ | = | $[\epsilon_{11} \quad \epsilon_{22} \quad \epsilon_{33} \quad \epsilon_{12} \quad \epsilon_{23} \quad \epsilon_{31}]$ |
| Elastizitätsgesetz | $\boldsymbol{\sigma}$ | = | $\mathbf{E}\,\boldsymbol{\epsilon}$ |
| | $\mathbf{E}$ | | Globale Elastizitätsmatrix |

**Materialkonstanten**

| | | |
|---|---|---|
| $E_1$ | Elastizitätsmodul in Ebene | $(y_1, y_2)$ |
| $E_3$ | Elastizitätsmodul in Richtung | $y_3$ |
| $G_3$ | Schubmodul in den Ebenen | $(y_1, y_3)$ und $(y_2, y_3)$ |
| $\nu_1$ | Querkontraktionszahl in Ebene | $(y_1, y_2)$ |
| $\nu_3$ | Querkontraktionszahl in den Ebenen | $(y_1, y_3)$ und $(y_2, y_3)$ |

BILD 2.1: Lineares Elastizitätsgesetz für geschichtetes Material

**Globale Spannungen**

Spannungsvektor $\boldsymbol{\sigma}^T = \left[\sigma_{11} \quad \sigma_{22} \quad \sigma_{33} \quad \sigma_{12} \quad \sigma_{23} \quad \sigma_{31}\right]$

Spannungsmatrix $\mathbf{S} = \begin{bmatrix} \sigma_{11} & \sigma_{12} & \sigma_{13} \\ \sigma_{21} & \sigma_{22} & \sigma_{23} \\ \sigma_{31} & \sigma_{32} & \sigma_{33} \end{bmatrix}$ $\quad \sigma_{21} = \sigma_{12}, \quad \sigma_{32} = \sigma_{23}, \quad \sigma_{13} = \sigma_{31}$

Inkrement $d\boldsymbol{\sigma}^T = \left[d\sigma_{11} \quad d\sigma_{22} \quad d\sigma_{33} \quad d\sigma_{12} \quad d\sigma_{23} \quad d\sigma_{31}\right]$

**Hauptspannungen**

Eigenwertaufgabe $\mathbf{S}\,\mathbf{n}_n = p_n\,\mathbf{n}_n \qquad n = 1, 2, 3$

Hauptspannungen $p_n = \mathbf{n}_n^T\,\mathbf{S}\,\mathbf{n}_n$

Hauptspannungsrichtungen $\mathbf{n}_n^T = \left[n_1 \quad n_2 \quad n_3\right]_n \qquad \mathbf{n}_n^T\,\mathbf{n}_n = 1$

Inkrement $dp_n = \mathbf{g}_n^T\,d\boldsymbol{\sigma}$

Gradientenvektor $\mathbf{g}_n^T = \left[n_1^2 \quad n_2^2 \quad n_3^2 \quad 2n_1n_2 \quad 2n_2n_3 \quad 2n_3n_1\right]_n$

**Spannungen auf einer Schichtfläche**

Normalspannung $p = \mathbf{n}^T\,\mathbf{S}\,\mathbf{n}$

Schichtnormale $\mathbf{n}^T = \left[n_1 \quad n_2 \quad n_3\right]$

Schubspannung $\tau = \sqrt{\mathbf{t}^T\mathbf{t}} \qquad \mathbf{t} = \mathbf{S}\,\mathbf{n} - p\,\mathbf{n}$

Schubspannungsrichtung $\mathbf{r}^T = \left[r_1 \quad r_2 \quad r_3\right] = \mathbf{t} / \tau$

Inkremente $dp = \mathbf{g}_p^T\,d\boldsymbol{\sigma} \qquad d\tau = \mathbf{g}_\tau^T\,d\boldsymbol{\sigma}$

Gradientenvektoren $\mathbf{g}_p^T = \left[n_1^2 \quad n_2^2 \quad n_3^2 \quad 2n_1n_2 \quad 2n_2n_3 \quad 2n_3n_1\right]$

$$\mathbf{g}_\tau^T = \left[n_1r_1 \quad n_2r_2 \quad n_3r_3 \quad n_1r_2 + n_2r_1 \quad n_2r_3 + n_3r_2 \quad n_3r_1 + n_1r_3\right]$$

BILD 2.2: Spannungen und Spannungsinkremente

Die Gradientenvektoren für die Hauptspannungen und die Schichtspannungen sind abhängig von ihren Richtungen. Sie sind in Bild 2.2 zusammengestellt.

## 2.3 Fließgesetze

Die Spannungszustände im Material werden durch Fließbedingungen beschränkt. Der Zustand des Materials ist für einen gegebenen Spannungszustand $\boldsymbol{\sigma}$ über das Fließpotential $F(\boldsymbol{\sigma})$ festgelegt:

$$\begin{aligned} &\text{Elastischer Zustand}: \quad F(\boldsymbol{\sigma}) < 0 \\ &\text{Fließzustand}: \quad F(\boldsymbol{\sigma}) \geq 0 \end{aligned} \qquad (2.3)$$

Die Fließpotentiale werden häufig nicht in Abhängigkeit von den globalen Spannungskomponenten sondern in Abhängigkeit von invarianten Spannungsgrößen mathematisch formuliert. Für die Berechnung von Talsperren werden in der Praxis Fließbedingungen nach Mohr-Coulomb und Fließbedingungen zur Beschränkungen von Zug-, Druck- oder Schubspannungen verwendet. In diesen Fällen sind die Fließbedingungen lineare Funktionen der invarianten Spannungen. Im Rahmen dieser Arbeit werden daher ausschließlich lineare Fließbedingungen verwendet. Nichtlineare Fließbedingungen können durch mehrere lineare Fließbedingungen näherungsweise erfaßt werden.

Die Fließbedingungen für isotropes Material werden als Funktion der Hauptspannungen $p_n$ und die Bedingungen für das Fließen in einer Schichtfläche als Funktion der Schichtspannungen p, $\tau$ formuliert.

$$\begin{aligned} &F = a_1 p_1 + a_2 p_2 + a_3 p_3 - a_0 \quad \text{isotropes Material} \\ &F = a_1 p + a_2 \tau - a_0 \quad \text{geschichtetes Material} \end{aligned} \qquad (2.4)$$

Mehrere Fließbedingungen $F = 0$ beschreiben die Oberfläche eines offenen oder geschlossenen konvexen Fließpolyeders. In den Bildern 2.3 und 2.4 sind beispielhaft Fließpolyeder im Hauptspannungsraum und Schichtspannungsraum gezeigt.

## 2.4 Fließpotential und Fließgradient

In die nichtlineare Analyse des Tragverhaltens gehen das Fließpotential und der zugehörige Fließgradient ein. Ist für einen gegebenen Spannungszustand nur eine Fließbedingung kritisch, so kann das Fließpotential und der Fließgradient nach den Formeln (2.4) eindeutig bestimmt werden. Sind jedoch mehrere Fließbedingungen gleichzeitig kritisch, so sind das Fließpotential und der Fließgradient nicht eindeutig.

Um für einen gegebenen Spannungszustand das Fließpotential und den Fließgradienten eindeutig bestimmen zu können, ist ein spezielles Verfahren für konvexe Fließpolyeder entwickelt worden. Die Grundlage dieses Verfahrens bildet die Definition des Fließpotentials als der kürzeste Abstand des gegebenen Spannungszustandes zur Oberfläche des Fließpolyeders. Diese Definition führt zu einer Optimierungsaufgabe mit quadratischer Zielfunktion und linearen Restriktionen, die eine eindeutige Lösung besitzt. Die mathematische Formulierung der Optimierungsaufgabe und ein leistungsfähiges Verfahren nach der 'Branch and Bound' Methode ist in [3] detailliert beschrieben.

Bild 2.4 zeigt die Isolinien des Fließpotentials für geschichtetes Material im zweidimensionalen Schichtspannungsraum, die sich auf der Grundlage der obigen Definition für das Fließpotential ergeben. Die Isolinien im Fließbereich $F > 0$ sind für den Fall geradlinig, daß nur eine Fließbedingung kritisch ist. In den Bereichen, in denen zwei Fließbedingungen kritisch werden, sind die Isolinien kreisförmig ausgerundet. Das Fließpotential und der Fließgradient sind für Spannungszustände im Fließbereich eindeutig. Der Fließgradient ist orthogonal zu den Isolinien des Fließpotentials.

Bei gegebenem Spannungszustand wird für isotropes oder geschichtetes Material das Fließpotential F und der Fließgradient $\mathbf{f}_0$ im Hauptspannungsraum oder im Schichtspannungsraum nach dem in [3] beschriebenen Verfahren berechnet. Der Fließgradient $\mathbf{f}_0$ enthält die partiellen Ableitungen des Fließpotentials nach den Hauptspannungen $p_n$ oder den Schichtspannungen $p$, $\tau$.

$$\mathbf{f}_0^T = \left[ \frac{\partial F}{\partial p_1} \quad \frac{\partial F}{\partial p_2} \quad \frac{\partial F}{\partial p_3} \right] \qquad \text{isotropes Material}$$

$$\mathbf{f}_0^T = \left[ \frac{\partial F}{\partial p} \quad \frac{\partial F}{\partial \tau} \right] \qquad \text{geschichtetes Material} \tag{2.5}$$

Der Fließgradient $\mathbf{f}$ enthält die partiellen Ableitungen des Fließpotentials nach den globalen Spannungen. Er wird nach der Kettenregel aus dem Fließgradienten $\mathbf{f}_0$ über die Gradientenvektoren der Spannungen (2.2) berechnet

$$\mathbf{f} = \left[ \frac{\partial F}{\partial \sigma_{11}} \quad \frac{\partial F}{\partial \sigma_{22}} \quad \frac{\partial F}{\partial \sigma_{33}} \quad \frac{\partial F}{\partial \sigma_{12}} \quad \frac{\partial F}{\partial \sigma_{23}} \quad \frac{\partial F}{\partial \sigma_{31}} \right]^T = \mathbf{G}\,\mathbf{f}_0 \tag{2.6}$$

$$\mathbf{G} = \left[ \mathbf{g}_1 \quad \mathbf{g}_2 \quad \mathbf{g}_3 \right] \qquad \text{isotropes Material}$$

$$\mathbf{G} = \left[ \mathbf{g}_p \quad \mathbf{g}_\tau \right] \qquad \text{geschichtetes Material}$$

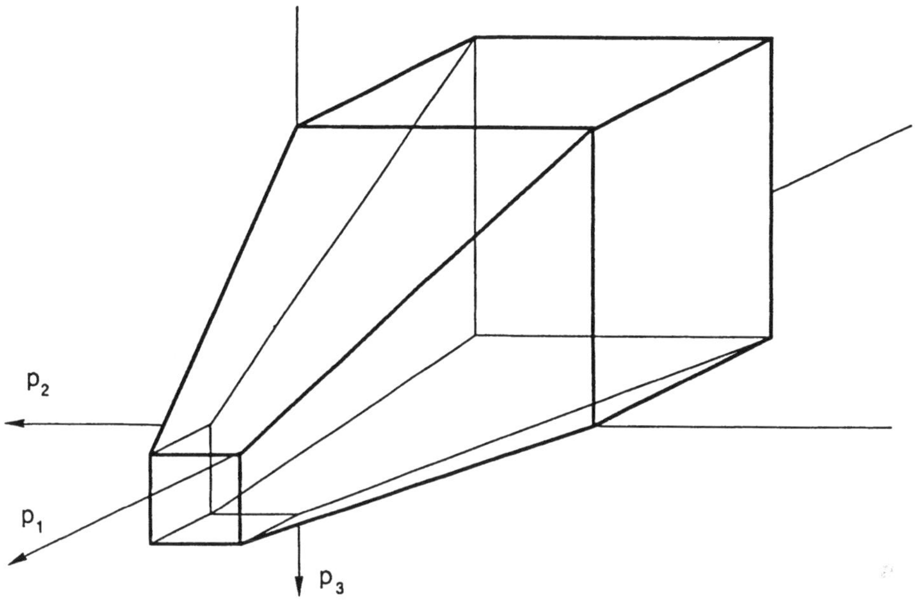


BILD 2.4: Fließpolyeder im Hauptspannungsraum

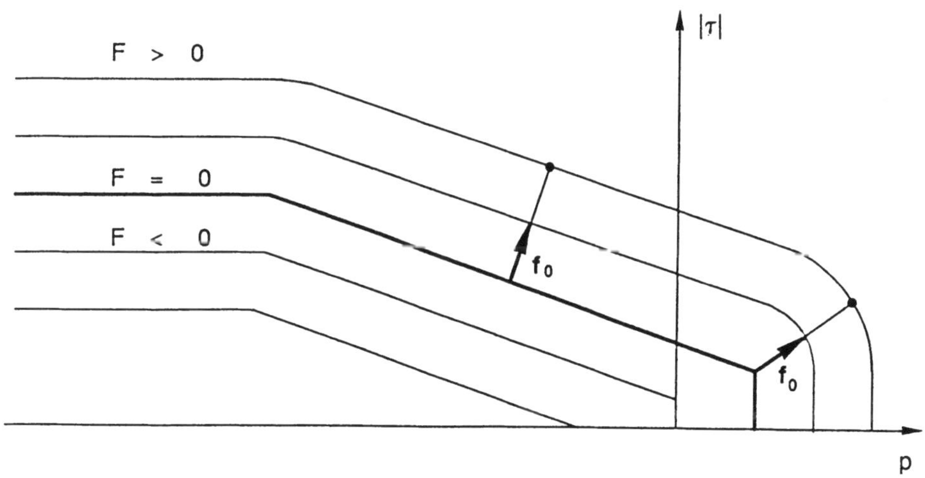


BILD 2.5: Fließpolyeder im Schichtspannungsraum

# 3. NICHTLINEARE FINITE ELEMENTE ANALYSE

Das nichtlineare Tragverhalten der Staumauer auf felsigem Untergrund wird für vorgegebene Lasten nach der Methode der finiten Elemente berechnet. Die Lasten werden inkrementell aufgebracht. Ein Lastinkrement verursacht inkrementelle Veränderungen in den Verschiebungen, den elastischen Dehnungen, den plastischen Dehnungen und den Spannungen. Die plastischen Dehnungen werden iterativ so bestimmt, daß die veränderten Spannungen die Fließgrenze nicht überschreiten.

Auf der Grundlage des elastoviskoplastischen oder elastoplastischen Materialverhaltens können unterschiedliche Iterationsstrategien entwickelt werden [1, 2, 4, 5, 6]. Die Anwendung der Iterationsstrategien für die Berechnung von Staumauern hat gezeigt, daß das Iterationsverfahren auf der Grundlage des elastoplastischen Materialverhaltens einen wesentlich geringeren Rechenaufwand erfordert. Im Rahmen dieses Beitrags wird daher dieses Iterationsverfahren in den folgenden Abschnitten beschrieben.

## 3.1 Inkrementelles Materialgesetz

Gegeben ist ein Element, das sich unter den Spannungen $\boldsymbol{\sigma}$ im Fließzustand befindet. Das Material besitze die Eigenschaft, daß die Fließgrenze im Sinne eines viskoplastischen Materialverhaltens geringfügig überschritten werden kann.

$$F_0 = F(\sigma) \geqq 0 \qquad (3.1)$$

Der Spannungszustand wird um ein Inkrement $\Delta\boldsymbol{\sigma}$ verändert. Die Spannungsänderung führt zu einer Änderung des Fließpotentials um das Inkrement $\Delta F$, das vom Fließgradienten abhängt.

$$F = F_0 + \Delta F = F_0 + \mathbf{f}^T \Delta\boldsymbol{\sigma} \qquad (3.2)$$

Ist das Inkrement $\Delta F$ nicht negativ, so verbleibt das Material im Fließzustand. Das Material wird elastisch und plastisch gedehnt. Das totale Dehnungsinkrement $\Delta\boldsymbol{\epsilon}$ setzt sich daher aus einem elastischen Anteil $\Delta\boldsymbol{\epsilon}_E$ und einem plastischen Anteil $\Delta\boldsymbol{\epsilon}_P$ zusammen. Das plastische Dehnungsinkrement wird nach der assoziierten Fließregel proportional zum Fließgradienten $\mathbf{f}$ angennommen. Das Spannungsinkrement hängt vom elastischen Dehnungsinkrement $\Delta\boldsymbol{\epsilon}_E$ und der globalen Elastizitätsmatrix $\mathbf{E}$ ab.

$$\Delta\boldsymbol{\epsilon} = \Delta\boldsymbol{\epsilon}_E + \Delta\boldsymbol{\epsilon}_P = \Delta\boldsymbol{\epsilon}_E + \lambda\mathbf{f} \qquad (3.3)$$

$$\Delta\boldsymbol{\sigma} = \mathbf{E}\,\Delta\boldsymbol{\epsilon}_E = \mathbf{E}\,(\Delta\boldsymbol{\epsilon} - \lambda\mathbf{f}) \qquad (3.4)$$

Der Proportionalitätsfaktor $\lambda$ wird so bestimmt, daß das Fließpotential nach der Spannungsänderung Null ist.

$$\lambda = (\mathbf{f}^T \mathbf{E}\,\Delta\boldsymbol{\epsilon} + F_0) \,/\, \mathbf{f}^T \mathbf{E}\,\mathbf{f} \qquad (3.5)$$

Die Substitution der Gleichung (3.5) in die Gleichung (3.4) liefert das inkrementelle Materialgesetz:

$$\Delta\sigma = E_{EP}\,\Delta\epsilon - \Delta\sigma_0 \qquad (3.6)$$

$$E_{EP} = E - \mathbf{E\,f\,f^T E\,/\,f^T E\,f}$$

$$\Delta\sigma_0 = F_0\,\mathbf{E\;f\,/\,f^T E\,f}$$

Die Matrix $E_{EP}$ ist die elastoplastische Materialmatrix. Die Spannungen $\Delta\sigma_0$ sind die Anfangspannungen infolge der Fließgrenzüberschreitung vor der Änderung der Spannungen.

## 3.2 Iterationsverfahren

Die Belastungen eines Bauwerkes werden inkrementell aufgebracht. Unter den vorhandenen Lasten $\mathbf{q}$ sind die Verschiebungen $\mathbf{u}$ und die Spannungen $\boldsymbol{\sigma}$ des Bauwerkes berechnet. Die Lasten werden um ein vorgegebenes Inkrement $\Delta\mathbf{q}$ verändert. Das Lastinkrement verursacht Änderungen der Verschiebungen und Spannungen. Der veränderte Verschiebungs- und Spannungszustand im Bauwerk wird nach einem speziellen Prediktor-Korrektor-Verfahren iterativ berechnet. Die Rechenvorschriften sind nachfolgend zusammengestellt.

### Prediktor-Schritt

In dem Prediktor-Schritt wird das Lastinkrement $\Delta\mathbf{q}$ aufgebracht. Die veränderten Verschiebungen und Spannungen werden für linear elastisches Material berechnet. Die daraus resultierenden Fließpotentiale und Fließgradienten werden ermittelt.

Verschiebungs- und Spannungsinkremente

$$K_E\,\Delta\mathbf{u} = \Delta\mathbf{q} \qquad (3.7)$$

$$\Delta\sigma = \mathbf{E\,B\,\Delta u}$$

$K_E$ Elastische Steifigkeitsmatrix

B Matrix der Dehnungs-Verschiebungs-Beziehungen

Totale Verschiebungen und Spannungen

$$u \leftarrow u + \Delta u \qquad (3.8)$$

$$\sigma \leftarrow \sigma + \Delta\sigma$$

Fließpotential und Fließgradienten

$$F = F(\sigma) \qquad (3.9)$$

$$\mathbf{f} = \mathbf{f}(\sigma)$$

**Korrektor-Schritt**

Auf der Grundlage der aktuellen Fließpotentiale wird der Fließbereich P und der elastische Bereich E des Bauwerkes ermittelt. Im plastischen Bereich P können Fließgrenzüberschreitungen auftreten, die auf der Grundlage des Materialgesetzes in Abschnitt 3.1 korrigiert werden.

Fließbereich P und elastischer Bereich E

$$F \geqq 0 \qquad \text{in P}$$

$$F < 0 \qquad \text{in E}$$

Steifigkeitsmatrix und Korrekturvektor

$$K_{EP} = K_E - K_P \tag{3.10}$$

$$K_P = \int_P B^T \frac{E\ f\ f^T E}{f^T E\ f} B\, dV$$

$$q_P = \int_P B^T \frac{F E f}{f^T E\ f}\, dV$$

Verschiebungs- und Spannungsinkremente

$$K_{EP}\, \Delta u = q_P \tag{3.11}$$

$$\Delta\sigma = E_{EP}\, B\, \Delta u - F E\ f / f^T E \qquad \text{in P}$$

$$\Delta\sigma = E\, B\, \Delta u \qquad \text{in E}$$

Totale Verschiebungen und Spannungen

$$u \leftarrow u + \Delta u \tag{3.12}$$

$$\sigma \leftarrow \sigma + \Delta\sigma$$

Fließpotential und Fließgradienten

$$F = F(\sigma) \tag{3.13}$$

$$f = f(\sigma)$$

Die ermittelten Fließpotentiale werden überprüft. Überschreiten die Fließpotentiale eine vorgegebene Toleranzschranke $\epsilon$, so ist ein weiterer Korrektor-Schritt durchzuführen.

## 3.3 Lastinkrementierung

Die Aufbringung der Lasten $\mathbf{q}_0$ für einen Lastfall wird häufig vereinfachend über einen Lastfaktor $\mu$ gesteuert.

$$q(\mu) = \mu \, \mathbf{q}_0 \qquad (3.14)$$

Der Prediktor-Schritt in dem Iterationsverfahren erfordert die elastische Analyse für die Lastinkremente. Bei der nach (3.14) gesteuerten Lastaufbringung braucht die elastische Analyse nur einmal durchgeführt zu werden. Sie liefert für die Vollast $\mathbf{q}_0$ an den Kontrollpunkten i (Gaußpunkte, Elementmittelpunkte) die Spannungen $\boldsymbol{\sigma}_{0i}$ . Im Zuge der Lastaufbringung variieren die Spannungen linear mit dem Lastfaktor $\mu$.

Eine automatische Lastinkrementierung kann über das Fließpotential an den Kontrollpunkten gesteuert werden. Für den Lastfaktor $\mu$ seien die Fließpotentiale $F_i$ und die Fließgradienten $\mathbf{f}_i$ an den Kontrollpunkten bekannt. Das Inkrement $\Delta\mu$ des Lastfaktors wird so bestimmt, daß ein vorgegebenes Fließpotential $F_0$ an keinem Kontrollpunkt überschritten wird.

$$F_i(\mu + \Delta\mu) = F_i + \Delta\mu \, \mathbf{f}_i^T \boldsymbol{\sigma}_{0i} \leqq F_0 \qquad (3.15)$$

$$\Delta\mu = \operatorname*{Min}_{i} \frac{F_0 - F_i}{\mathbf{f}^T \sigma_{0i}} \qquad F_0 > F_i \qquad \mathbf{f}_i^T \boldsymbol{\sigma}_{0i} > 0$$

Das Fließpotential $F_0$ und die Kontrollpunkte sind nach ingenieurmäßigen Gesichtspunkten sinnvoll festzulegen.

## 3.4 Eigenwertanalyse

Bei den iterativen Verfahren zur Berechnung des nichtlinearen Tragverhaltens ist es zweckmäßig, eine begleitende Eigenwertanalyse durchzuführen. Ein Grad für die Systemsteifigkeit des Bauwerks kann definiert werden als das Verhältnis des kleinsten Eigenwertes $\lambda_{EP}$ der elastoplastischen Steifigkeitsmatrix $K_{EP}$ und des kleinsten Eigenwertes der elastischen Steifigkeitsmatrix $K_E$

$$s = \lambda_{EP} / \lambda_E \qquad (3.16)$$

Der Systemsteifigkeitsgrad s variiert zwischen den Werten Null und Eins. Beim Wert Eins tritt keine Plastizierung auf. Strebt der Systemsteifigkeitsgrad gegen Null, so wird die elastoplastische Streifigkeitsmatrix singulär und es tritt eine Plastizierung ein, die zum Versagen des Bauwerks führt.

Die Eigenwerte können nach der Methode der Vektoriteration berechnet werden. Der Eigenwert $\lambda_E$ wird vorab bestimmt. Der Eigenwert $\lambda_{EP}$ wird für jedes Lastinkrement im Zuge der Lastaufbringung ermittelt. Die Berechnung kann näherungsweise über den Rayleigh-Quotienten mit den in den Korrektkurschritten ermittelten Verschiebungsinkrementen $\Delta\mathbf{u}$ erfolgen.

$$\lambda_E = \Delta\mathbf{u}^T \mathbf{K}_{EP} \Delta\mathbf{u} \,/\, \Delta\mathbf{u}^T \Delta\mathbf{u} = \Delta\mathbf{u}^T \mathbf{q}_P \,/\, \Delta\mathbf{u}^T \Delta\mathbf{u} \qquad (3.17)$$

Nimmt der Systemsteifigkeitsgrad im Zuge der Lastaufbringung stark ab, so deutet dieses in der Regel das Versagen des Bauwerks unter der aufgebrachten Belastung an [7].

## 4. ANWENDUNGEN

Die Anwendung des entwickelten Verfahrens zur Berechnung des elastoplastischen Tragverhaltens wird an folgenden Beispielen gezeigt:

- Geschichteter Halbraum
- Gewichtsmauer auf geschichtetem Untergrund
- Bogenstaumauer auf geschichtetem Untergrund

In allen Beispielen wird davon ausgegangen, daß das geschichtete Material im elastischen Bereich durch ein ausgeprägtes transvers isotropes Verhalten gekennzeichnet ist. Entsprechend den Bezeichnungen in Bild 2.1 werden für die Beispiele folgende Materialkennwerte angenommen:

| | | |
|---|---|---|
| $E_1 = 10000$ N/mm$^2$ | $E_3 = 2000$ N/mm$^2$ | $G_3 = 1300$ N/mm$^2$ |
| $\nu_1 = 0.25$ | $\nu_3 = 0.02$ | $\nu_3 = 0.10$ (Halbraum) |

Die Schichtspannungen werden durch das Fließgesetz nach Mohr-Coulomb ohne Kohäsion beschränkt. Der Reibungswinkel beträgt $\theta = 25^\circ$. Die Spannungen normal zur Schicht sind auf den Druckbereich beschränkt.

### 4.1 Geschichteter Halbraum

Bild 4.1 zeigt einen geschichteten Halbraum mit der Schichtneigung $\alpha$. Der Halbraum wird durch Eigenlasten, vertikale Auflasten auf der Oberfläche und horizontale eingeprägte tektonische Spannungen belastet. Für diesen Fall existieren analytische Lösungen, die in [8] zusammengestellt sind.

Die Hauptspannungen im Halbraum sind horizontal und vertikal gerichtet. Die Vertikalspannung ergibt sich aus der Gleichgewichtsbedingung in vertikaler Richtung. Die Horizontalspannungen werden auf die Vertikalspannungen bezogen. Sie sind durch die Fließbedingungen nach Mohr-Coulomb begrenzt.

$$\frac{\tan(\alpha - \theta)}{\tan\alpha} \leq \frac{\sigma_{11}}{\sigma_{33}} \leq \frac{\tan(\alpha + \theta)}{\tan\alpha} \qquad (1.4)$$

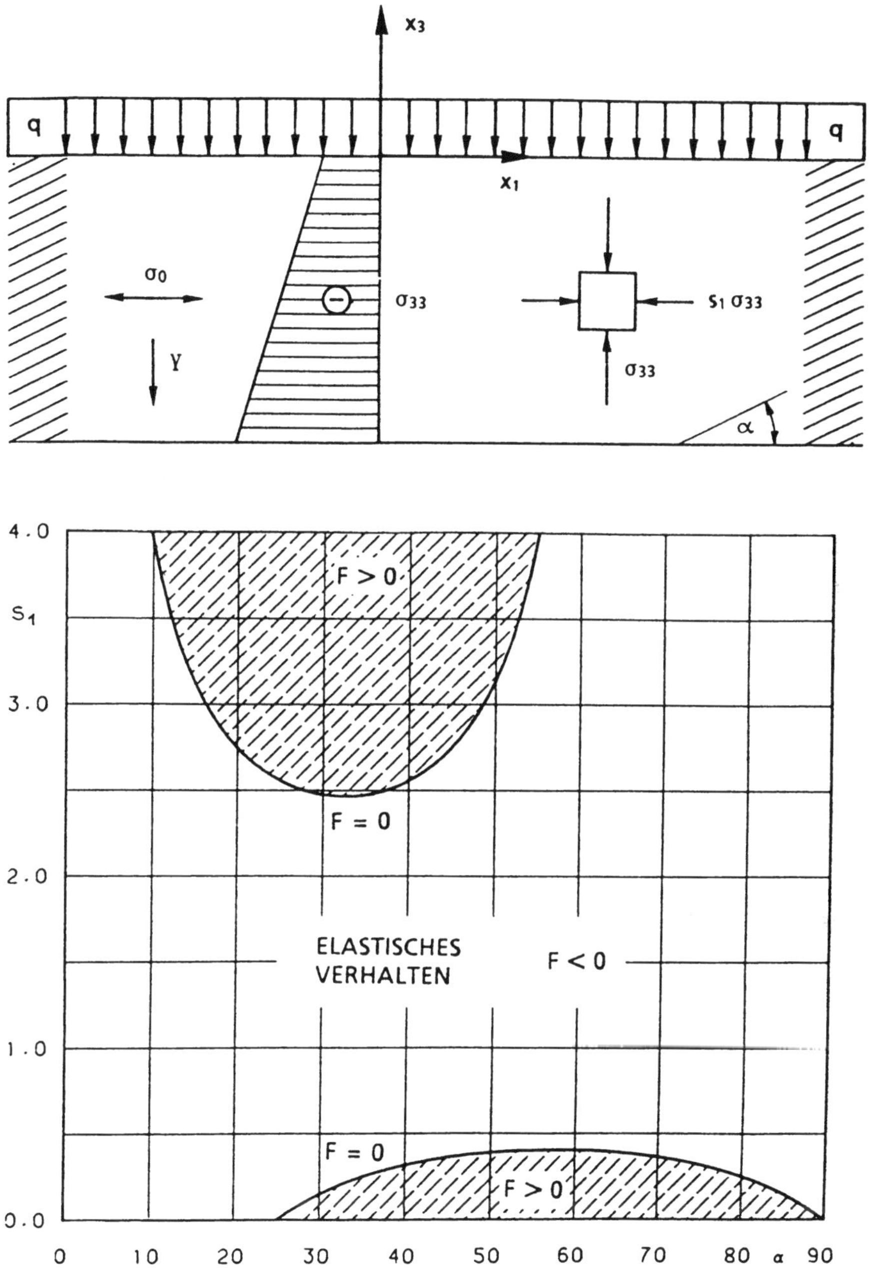


BILD 4.1: Geschichteter Halbraum

Die Fließgrenzen für das Spannungsverhältnis $\sigma_{11}$ / $\sigma_{33}$ sind in Bild 4.1 als Funktion der Schichtneigung $\alpha$ für einen Reibungswinkel von 25° gezeigt. Befindet sich das Material im elastischen Zustand, so ist das Spannungsverhältnis $\sigma_{11}$ / $\sigma_{33}$ abhängig von den Materialkonstanten und der Schichtneigung. Die Formeln hierfür sind in [1,8] angegeben.

Betrachtet wird ein Halbraum mit der Schichtneigung $\alpha$ = 45° unter Eigenlasten betrachtet. Der gesamte Halbraum befindet sich im Fließzustand. Die Schubspannungen auf den Schichtflächen sind abwärts gerichtet. Das Spannungsverhältnis $\sigma_{11}$ / $\sigma_{33}$ nimmt nach Gleichung (4.1) den unteren Grenzwert an.

Beim Aufbringen einer Auflast verbleibt der Halbraum im Fließzustand. Wird die aufgebrachte Last zurückgenommen, so wird der Halbraum bis auf eine Deckschicht an der Oberfläche elastisch. Die Deckschicht befindet sich im Fließzustand mit auf der Schichtfläche aufwärts gerichteten Schubspannungen. Die Dicke der elastoplastischen Deckschicht ist proportional zur Auflast. Das Spannungsverhältnis $\sigma_{11}$ / $\sigma_{33}$ nimmt nach Gleichung (4.1) den oberen Grenzwert an. Die Spannungsverläufe $\sigma_{11}$, $\sigma_{22}$, $\sigma_{33}$ sind in Abhängigkeit von der Tiefe in Bild 4.2 gezeigt.

Ausgehend von dem Fließzustand des Halbraumes unter Eigenlasten wird eine konstante horizontale Spannung eingeprägt. Der Halbraum wird im unteren Teil elastisch. Im oberen Teil wird die eingeprägte Spannung durch Fließen abgebaut und ist daher nicht voll wirksam. Das Spannungsverhältnis $\sigma_{11}$ / $\sigma_{33}$ nimmt nach Gleichung (4.1) den oberen Grenzwert an. Die Spannungsverläufe $\sigma_{11}$, $\sigma_{22}$, $\sigma_{33}$ sind in Abhängigkeit von der Tiefe in Bild 4.2 gezeigt.

Für die analytischen Lösungen sind Vergleichsrechnungen mit finiten Elementen durchgeführt worden. Bei ausreichend feiner Elementierung liefert die numerische Berechnung die richtigen Ergebnisse. Die Berechnung hat insbesondere gezeigt, daß die im Predikator-Schritt des Iterationsverfahrens durchzuführende elastische Analyse von grundlegender Bedeutung ist. Würde im Prediktor-Schritt anstelle der elastischen Steifigkeitsmatrix die aktuelle elastoplastische Steifigkeitsmatrix im Sinne einer tangentialen Steifigkeitsmatrix angenommen werden, so würde die Berechnung den Wechsel vom Fließzustand in den elastischen Zustand nicht liefern. Ein elastoplastisches Tragverhalten würde damit nicht zuverlässig berechnet werden können.

## 4.2 Gewichtsmauer auf geschichtetem Untergrund

Mit dem entwickelten Berechnungsverfahren ist das Tragverhalten von Gewichtsmauern auf geschichtetem Untergrund untersucht worden [9]. Im Rahmen dieses Beitrags wird eine Gewichtsmauer auf geschichtetem Untergrund mit einer Schichtneigung $\alpha$ = 45° betrachtet.

Vor dem Bau der Mauer befindet sich der Untergrund in einem primären Spannungszustand. Es wird davon ausgegangen, daß diese primären Spannungen ausschließlich

SPANNUNGEN AUS EIGENGEWICHT UND VORBELASTUNG

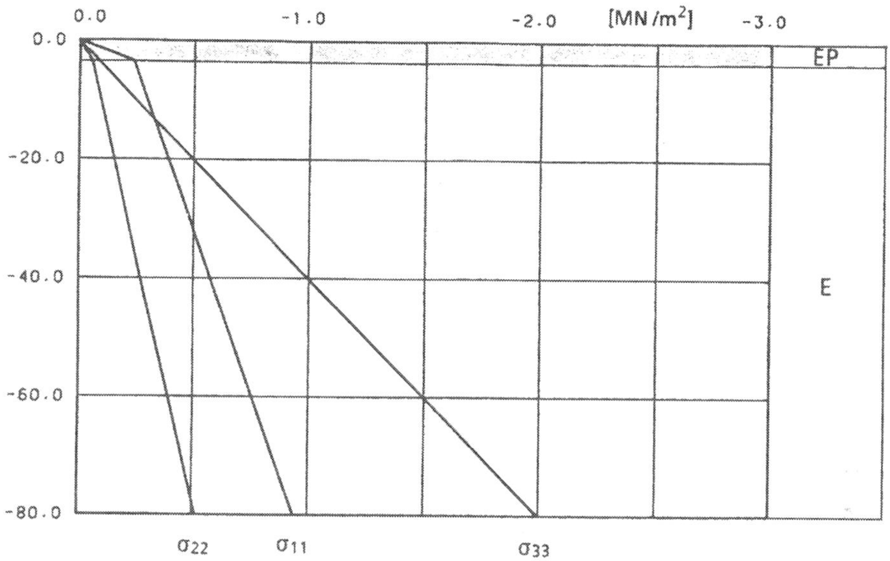


SPANNUNGEN AUS EIGENGEWICHT UND TEKTONIK

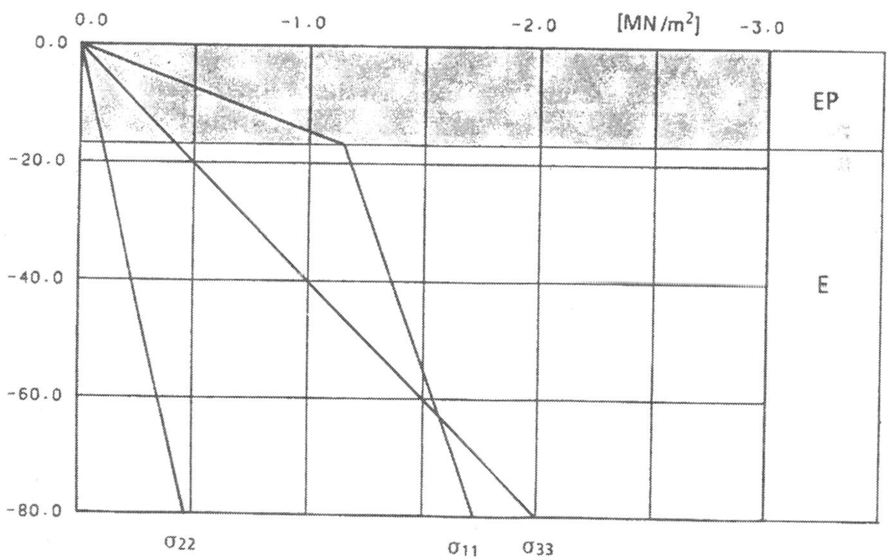


BILD 4.2: Normalspannungen im geschichteter Halbraum

durch die Eigenlasten des Untergrundes verursacht werden. Mit den gewählten Materialkenndaten ergibt die Berechnung, daß sich der Untergrund vollständig im Fließzustand befindet.

Nach dem Bau der Mauer wird der Untergrund zusätzlich durch das Mauergewicht beansprucht. In Bild 4.3 sind die zusätzlichen Spannungen im Untergrund gezeigt. Der Lastabtrag erfolgt über zwei Streben, die sich ausgehend vom Maueraufstand im Untergrund ausbilden. Die eine Strebe ist parallel zur Schichtung. Die andere Strebe ist um den Reibungswinkel $\theta$ gegenüber der Schichtnormalen geneigt.

Nach dem Einstau der Talsperre wird der Staudruck über den Maueraufstand im Untergrund abgetragen. Wie aus Bild 4.3 ersichtlich ist, erfolgt der Lastabtrag aus Eigengewicht und Staudruck gleichfalls über die zwei sich im Untergrund ausbildenden Streben.

Die Wechselwirkung zwischen dem Untergrund und der Staumauer ist auf die Umgebung des Maueraufstandes beschränkt. Insbesondere ergeben sich im Maueraufstand infolge des beschriebenen Lastabtrages horizontale Zugspannungen.

## 4.3 Bogenstaumauern auf geschichtetem Untergrund

Die dreidimensionale elastoplastische Analyse von Bogenstaumauern auf geschichtetem Untergrund ist außerordentlich umfangreich und rechenintensiv. Im Bericht [10] ist die Berechnung des elastischen und elastoplastischen Tragverhaltens einer Bogenstaumauer detailliert dokumentiert. Im Rahmen dieses Beitrags werden die wesentlichen Merkmale kurz beschrieben.

Bild 4.4 zeigt das Finite Elemente Modell, das aus der Bogenstaumauer und einem ausreichend großen Talausschnitt besteht. Die Elementierung des Tales ist auf die Geometrie des Schleiers, des Vorbodens und des Maueraufstandes ausgerichtet und wird auch oberhalb des Niveaus der Mauerkrone wirklichkeitsnah modelliert. Im Talausschnitt werden quaderförmige Elemente mit kompatiblen Verschiebungsansätzen verwendet. Für die Mauer werden quaderförmige Elemente mit inkompatiblen Verschiebungsansätzen [11] eingesetzt, die auch Biegezustände gut erfassen.

Vor dem Bau der Mauer befindet sich das Tal in einem primären Spannungszustand, der durch Eigenlasten, tektonische Spannungen und Strömungskräfte aus der natürlichen Sickerströmung verursacht wird. Für die tektonischen Spannungen werden eingeprägte horizontale Spannungen angenommen, die über den Talquerschnitt konstant sind. Die sich im Talquerschnitt einstellenden Spannungen sind in Bild 4.5 für das elastische und elastoplastische Tragverhalten gezeigt. Das Fließen im elastoplastischen Zustand ist durch voll ausgefüllte Kreise markiert. Beim elastoplastischen Tragverhalten befindet sich die obere Schicht vollständig im Fließbereich. Zusätzlich bildet sich in der Hangmitte ein tief reichender Fließbereich aus. Die hangparallelen Druckspannungen sind im elastoplastischen Fall wesentlich geringer als im elastischen Fall.

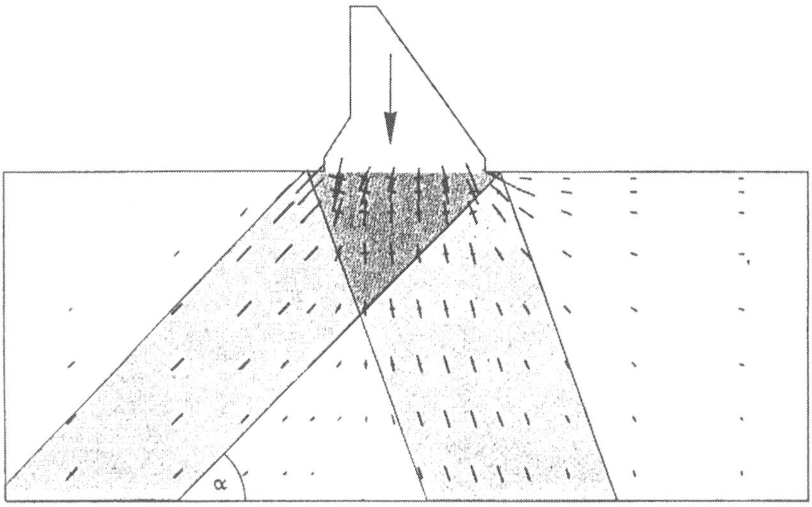


EIGENGEWICHT DER MAUER

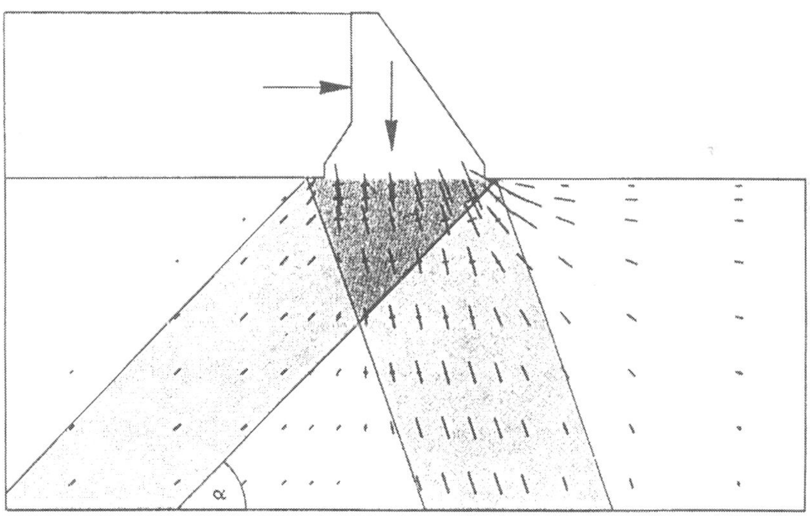


EIGENGEWICHT DER MAUER UND WASSERDRUCK

BILD 4.3: Zusätzliche Spannungen im geschichteten Untergrund

Im Zuge des Baus der Mauer, dem Einstau der Talsperre und den Strömungskräften aus der Sickerströmung unter Vollstau ist das Tragverhalten des Untergrundes weitestgehend elastisch. Lediglich auf der Luftseite verbleibt die Deckschicht an der Taloberfläche im Fließzustand. Auch die Spannungen in der Mauer und die Kräfte im Maueraufstand entsprechen mit unbedeutenden Abweichungen dem elastischen Lastabtrag. Das elastische Tragverhalten ist im wesentlichen auf die Annahme der horizontalen tektonischen Spannungen zurückzuführen.

Um den Einfluß eines Sicherheitserdbebens auf das Tragverhalten der Mauer und des Maueraufstandes abzuschätzen, sind die Erdbebenlasten für die erste Eigenschwingung vereinfachend als horizontale statische Ersatzlasten angesetzt worden. Die Verformungen des Mauerquerschnittes und die Spannungen auf der Wasserseite sind für das elastische und elastoplastische Tragverhalten in Bild 4.6 gezeigt. Beim elastischen Tragverhalten treten in der Talmitte an der Wasserseite im Maueraufstand Zugspannungen auf. Bei der elastoplastischen Analyse sind die Spannungen normal zur Aufstandsfläche auf den Druckbereich beschränkt. In der Talmitte entsteht daher eine klaffende Fuge, die etwa bis zur Mitte des Querschnittes reicht. Durch die klaffende Fuge werden die im elastischen Zustand auftretenden Zugspannungen auf der Wasserseite in der Nähe des Maueraufstandes abgebaut.

## ZUSAMMENFASSUNG

Im vorliegenden Beitrag ist ein inkrementelles Verfahren zur elastoplastischen Analyse von Staumauern auf geschichtetem felsigen Untergrund beschrieben. Dieses Verfahren umfaßt eine standardisierte Formulierung von Fließgesetzen für isotrope und geschichtete Materialien sowie ein Prediktor-Korrektor Verfahren zur Berechnung des elastoplastischen Tragverhaltens.

Die Fließgesetze sind für isotrope und geschichtete Materialien in Abhängigkeit von Hauptspannungen und Schichtspannungen formuliert und setzen sich aus linearen Fließbedingungen zusammen. Die Fließgrenzfläche stellt somit die Oberfläche eines konvexen Fließpolyeders dar. Das Fließpotential wird definiert als der kürzeste Abstand von einem gegebenen Spannungspunkt zur Oberfläche des Fließpolyeders. Entsprechend dieser Definition werden das Fließpotential und der Fließgradienten für einen gegebenen Spannungszustand nach einem speziellen Algorithmus berechnet.

Beim inkrementellen Verfahren zur elastoplastischen Analyse werden die Lasten im Sinne einer Lastgeschichte inkrementell aufgebracht. Für jedes Inkrement wird im Prediktor-Schritt eine elastische Berechnung durchgeführt. In den nachfolgenden Korrektorschritten werden die Fließgrenzüberschreitungen durch elastoplastische Berechnungen korrigiert. Für die Zuverlässigkeit der Berechnung ist die elastische Berechnung im Prediktor-Schritt von entscheidender Bedeutung.

Die durchgeführten Berechnungen für Staumauern auf geschichtetem Untergrund zeigen, daß das Verfahren auf Grund seiner Leistungsfähigkeit eine zuverlässige Standsicherheitsuntersuchung von Talsperren ermöglicht.

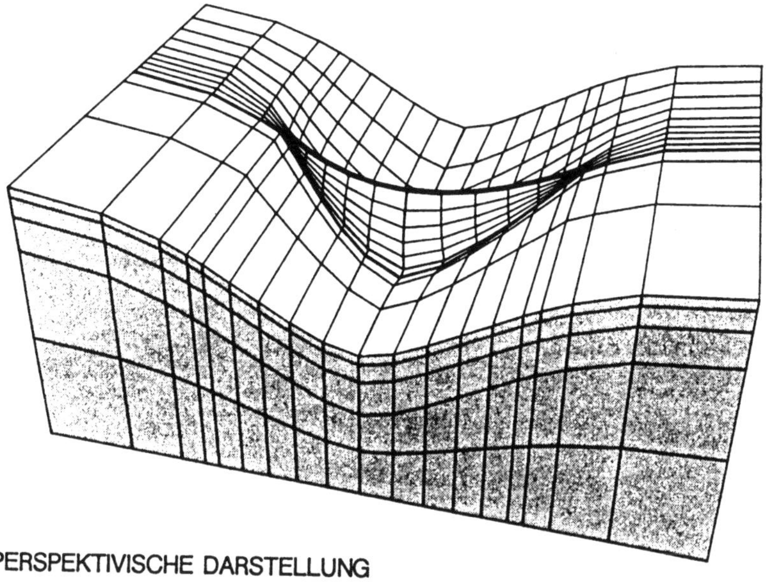

PERSPEKTIVISCHE DARSTELLUNG

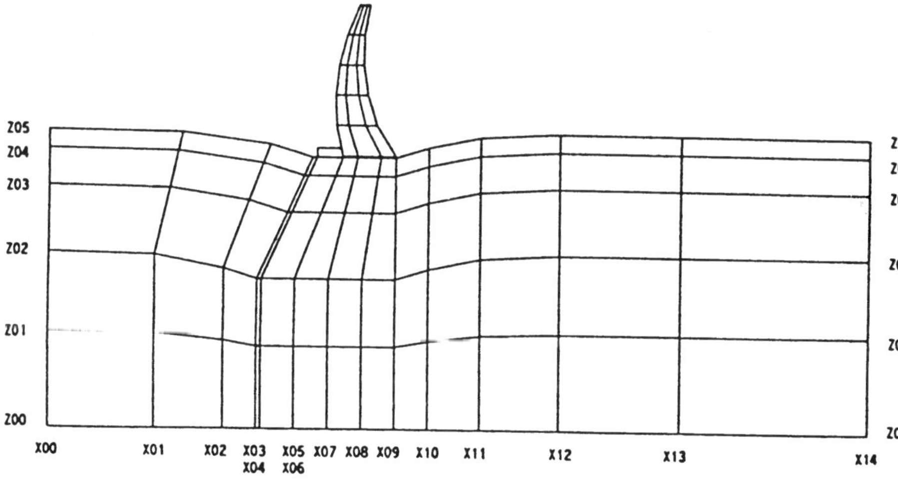


LÄNGSSCHNITT IN TALMITTE

BILD 4.4: Finite Elemente Netz der Bogenstaumauer und des Talausschnittes

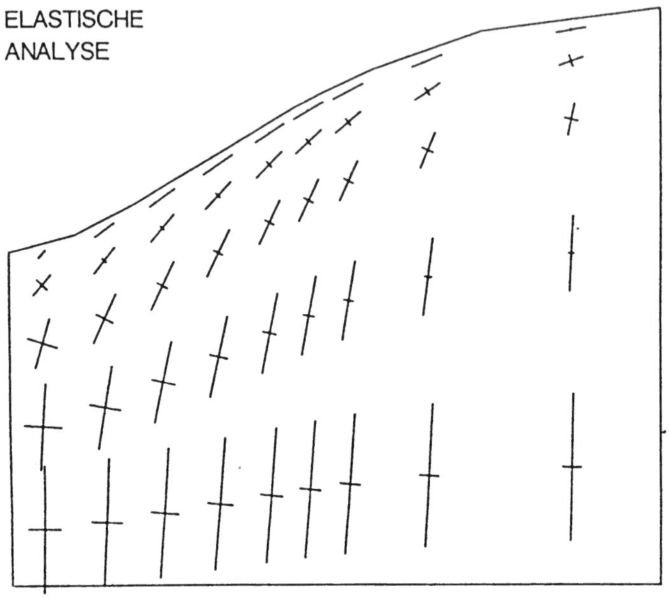


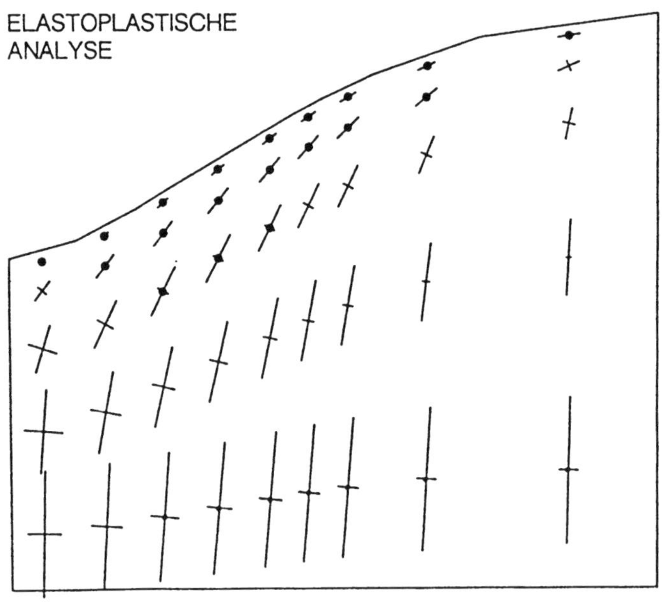


BILD 4.5 : Primäre Spannungen im Talquerschnitt

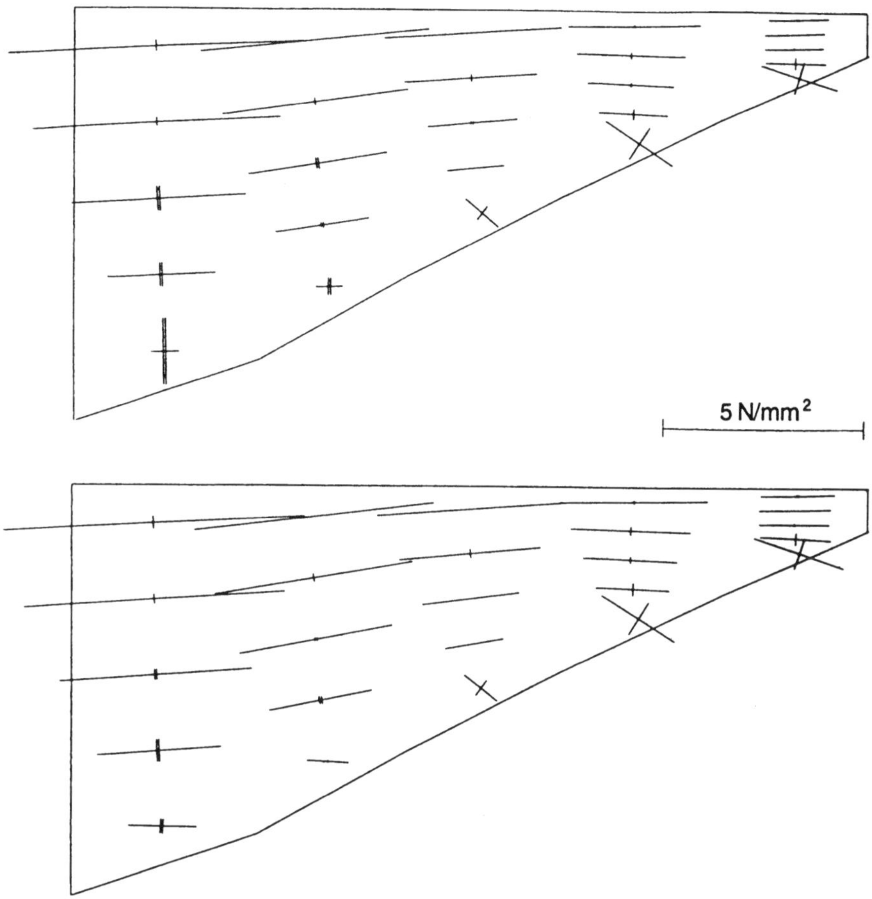


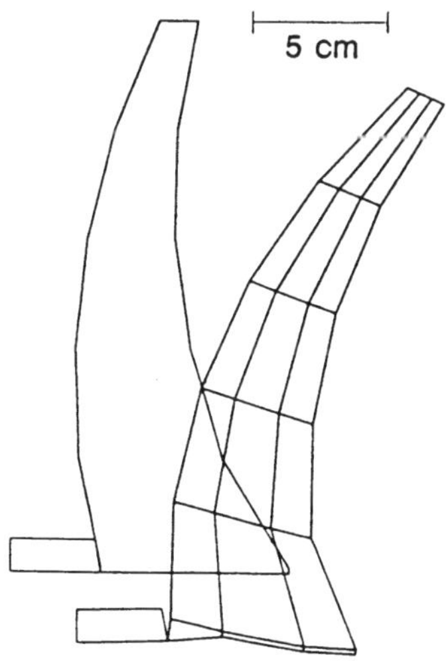


BILD 4.6:

Lasten aus Eigengewicht,
Vollstau, Sicherheitserdbeben

Spannungen Wasserseite (E)
Spannungen Wasserseite (EP)
Verformungen Mauerquerschnitt (EP)

E Elastische Analyse
EP Elastoplastische Analyse

## LITERATUR

[1] Pahl, P.J. : Large Concrete Dams on Stratified Foundations
Modeling and Simulation of Large Scale Structural Systems
European Simulation Meeting,
Capri, Italy, September 1981

[2] Wittke, W. : Felsmechanik
Springer Verlag Berlin Heidelberg 1984

[3] Cattes, W.; Damrath, R. : Konvexe Fließpolyeder
DFG - Bericht, Berlin 1986

[4] Klee, K.-D.; Paulun, J.; Stein, E. :
Entwicklung inelastischer Stoffgesetze durch Äquivalenz- und Grenzwertbetrachtung und ihre numerische Behandlung Ingenieur-Archiv 50 (1981),
S. 353-364, Springer-Verlag

[5] Simon, J.C.; Taylor, R.L. :
Consistent Tangent Operators for Rate-Independent Elastoplasticity
Computer Methodes in Applied Mechanics and Engineering 48 (1985)
S. 101-118

[6] Damrath, R.; Pahl, P.J. :
Berechnungsverfahren für die elastoplastische und elastoviskoplastische Festkörperanalyse
DFG Bericht, Berlin 1987

[7] Alvarado Bejarano, A. : Finite-Elemente-Verfahren zur Standsicherheitsberechnung von Staudämmen bei Erdbebenbeanspruchung,
Dissertation TU Berlin 1988

[8] Cattes, W.; Damrath, R. :
Elastische und Elastoplastische Analyse des geschichteten Halbraumes
DFG-Bericht, Berlin 1986

[9] Damrath, R.; Pahl, P.J. :
Elastische und Elastoplastische Analyse von Gewichtsmauern auf geschichtetem Untergrund
DFG-Bericht, Berlin 1987

[10] Damrath, R.; Cattes, W. :
Lineare und nichtlineare Berechnung von Bogenstaumauern auf geschichtetem Untergrund
DFG-Bericht, Berlin 1987

[11] Bathe, K.-J. :
Finite Elemente procedures in Engineering Analysis
Prentice Hall Inc., Englewood Cliffs, 1982

# Praktische Berechnungen mit KEM

Peter Gußmann, Universität Stuttgart

## 1. DIE METHODE DER KINEMATISCHEN ELEMENTE

Das im folgenden dargestellte, vom Verfasser entwickelte Verfahren zur Berechnung von Bruchzuständen wird, in Anlehnung an die Finite Elemente-Methode, als Kinematische Elemente-Methode (KEM) bezeichnet.

Das Kontinuum wird dabei diskretisiert durch endliche, aber kinematisch verschiebliche Bruchkörper: die Elemente. Die Unterteilung kann prinzipiell beliebig fein durchgeführt werden. Die Elemente selbst werden als starr betrachtet.

In den Begrenzungen der Elemente gegeneinander bzw. nach außen soll die Coulombsche Bruchbedingung [1]

$$\tau = (\sigma - u) \tan \phi + c \qquad (1.1)$$

mit den Stoffparametern Reibungswinkel $\phi$ und Kohäsion c gelten.

Die Gesamtheit der kinematischen Elemente eines Problems wird als Bruchmechanismus bezeichnet; er muß die jeweiligen geometrischen Randbedingungen befriedigen.

Als Elementformen werden ausschließlich durch Geraden (bzw. bei räumlichen Problemen durch ebene Flächen) begrenzte Elemente betrachtet.

Im Zusammenhang mit der für eine Bruchfuge angenommenen Fließregel - im allgemeinen Fall beliebige, aber konstante Dilatanz oder Kontraktanz - folgt daraus, daß die Elemente nur translatorische Bewegungen durchführen können: also keine Rotationen.

Sowohl die ebene Begrenzung als auch der jeweils konstante Dilatanzwinkel einer Fuge sind nicht zwingend. Das Verfahren wird jedoch durch diese Voraussetzungen wesentlich vereinfacht und erfordert keine weiteren Annahmen; z.B. wäre bei einer gekrümmten Bruchfuge eine Annahme hinsichtlich der Spannungsverteilung erforderlich.

Vom numerischen Standpunkt können diese Vereinfachungen mit den einfachsten Finiten Elementen mit linearem Verschiebungsansatz verglichen werden.

Auf die Elemente wirken eingeprägte Kräfte (wie Eigengewicht und quasi-statische Erdbebenkräfte) und äußere Kräfte einschließlich Wasserdruck.

Die Berechnung folgt dem Rechenschema:

- Entwicklung bzw. Wahl eines geeigneten Bruchmechanismus
- Beschreibung der Geometrie einschließlich geometrischer und bodenmechanischer Zuordnung (Topologie)
- Ermittlung der Kinematik für vorgegebene virtuelle Randverschiebungen durch Lösen eines linearen Gleichungssystems
- Definition und Ermittlung einer geeigneten Zielfunktion (mehrere Alternativen)
- Optimierung der Ausgangsgeometrie im Hinblick auf die Zielfunktion.

Als Zielfunktion wird die virtuelle Arbeit der äußeren Kräfte am sogenannten "beweglichen Rand" (für den die Bewegung auslösenden virtuellen Verschiebungen vorgegeben sind) definiert. Daraus abgeleitet können alternativ die Traglast (z.B. Grundbruchlast oder Erddruck) bzw. die Sicherheit (bei Standsicherheitsproblemen) als Zielfunktion gewählt werden. Die abgeleiteten Zielfunktionen sind teilweise an gewisse einschränkende Voraussetzungen gebunden. Die maßgebende Zielfunktion ergibt sich durch Variation der Geometrie des betrachteten Bruchmechanismus bzw. übergeordnet aus dem ungünstigsten aller denkbaren und zulässigen Bruchmechanismen.

Während die Variation der geometrischen Parameter eines Bruchmechanismus durch Optimierungsprogramme gelöst werden kann, ist für die Variation der möglichen Bruchmechanismen nur eine Strategie anzugeben.

Da die KEM gemäß den Grenzwertsätzen der Plastizitätstheorie zu den Kinematischen Verfahren (oberes Schrankentheorem) gehört, ist einer "ausreichenden" Variation besondere Beachtung zu schenken.

Die Ableitung des Verfahrens erfolgt auf der physikalischen Ebene an einem Bruchmechanismus mit endlichen Elementen und nicht mathematisch aus der Diskretisierung der Kontinuums-Differentialgleichungen.

Die KEM eignet sich sowohl zur Lösung von Problemen mit diskreten Scherfugen als auch zur Modellierung von Problemen mit Zonenbrüchen. Sie kann somit entweder als direktes physikalisches Modell oder auch als mathematisches Modell interpretiert werden.

Die Methode ist allgemein anwendbar auf Bruchprobleme der Boden- und Felsmechanik bzw. des Grundbaus und des Felsbaus, teilweise anwendbar auf Probleme der Schnee- und Eismechanik und teilweise auch auf bestimmte Traglastprobleme des Massivbaus.

Auf den vorteilhaften Einsatz der KEM im Zusammenhang mit der statistischen Sicherheitstheorie sei hingewiesen.

Die KEM kann verstanden werden als eine Erweiterung des allgemeinen Lamellenverfahrens von Gußmann [2] bzw. als eine analytische Weiterentwicklung der von Gudehus [3], Goldscheider [4] u.a. entwickelten Kinematischen Verfahren, die ihren gemeinsamen Ursprung in der Extremalmethode von Coulomb [1] haben. Methodisch ist die KEM nach Gußmann [5], [6] jedoch eine eigenständige Entwicklung auf breiter Grundlage. Die Grenzen der zukünftigen Entwicklungsmöglichkeiten sind noch nicht abzuschätzen.

## 2. DAS EBENE PROBLEM

### 2.1 Geometrie

Die Geometrie eines beliebigen, durch Geraden begrenzten, ebenen Elements kann nach Einführung einer Zuordnungsvorschrift durch die Koordinaten seiner Eckpunkte beschrieben werden.

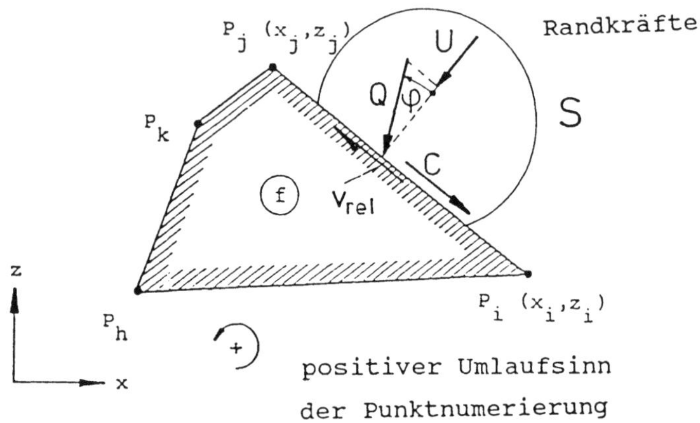


Bild 2.1. Kinematisches Element

Als Grundlage der Eigengewichtsermittlung kann die Fläche A des Elements f nach Bild 2.1 gemäß

$$A = \frac{1}{2} \cdot \sum^{i} (x_i \; z_{i+1} - x_{i+1} z_i) \quad ; \; P_{m+1} = P_1 \tag{2.1}$$

angegeben werden.

Der Elementrand s, welcher entweder

- zwei benachbarte Elemente c und f
- die unverschiebliche, starre Umgebung (Element 0) und Element f
- das bewegliche Randelement $\hat{f}$ (Stützwand oder Fundament) und Element f
- die "leere" Umgebung (Luft) und Oberflächenelement f

voneinander trennt, wird durch seine äußere Normale nach Bild 2.2 in seiner Ausrichtung definiert.

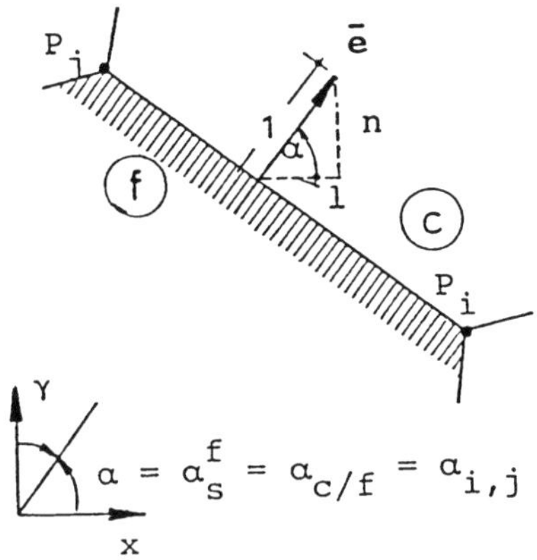


Bild 2.2. Elementrand und Normale

Zusammen mit den Abkürzungen

$$\alpha_{c/f} = \alpha_s^f = \alpha_{i,j} \;;\; \gamma_{c/f} = \gamma_s^f = \gamma_{i,j}$$
$$x_{i,j} = x_j - x_i = -x_{j,i} \;;\; z_{i,j} = z_j - z_i = -z_{j,i} \tag{2.2}$$
$$d_{i,j} = (x_{i,j}^2 + z_{i,j}^2)^{0.5} = d_{j,i}$$

kann der Vektor der Normalen als Einheitsvektor durch seine Richtungskosinus zu den Koordinatenachsen mit

$$e_x = l_{c/f} = \cos\alpha_{c/f} = z_{i,j}/d_{i,j} = -l_{f/c}$$
$$e_z = n_{c/f} = \cos\gamma_{c/f} = -x_{i,j}/d_{i,j} = -n_{f/c} \tag{2.3}$$
$$l^2 + n^2 = 1$$
$$e_{c/f} = \{l_{c/f};\; n_{c/f}\} = -e_{f/c}$$

angegeben werden.

## 2.2 Bruchmechanismus und Kinematik

Üblicherweise wird ein Bruchmechanismus im Boden oder Fels durch

- Bruchlinien
- starre Bereiche
- elastische Bereiche
- plastische Bereiche
- elastoplastische Bereiche

beschrieben. Die KEM reduziert diese Idealisierungen auf starre Bereiche - die Elemente -, die durch Bruchgeraden voneinander getrennt sind.

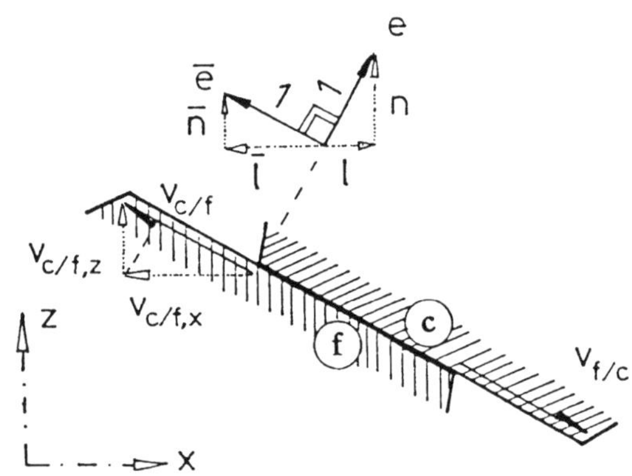


**Bild 2.3.** Relativverschiebung zweier Elemente (Gleiten)

Als Kinematik wird in dieser Abhandlung angenommen, daß sich die Elemente nur durch Gleiten in den geraden Bruchrändern nach Bild 2.3 verschieben können.

Diese Vereinfachungen erscheinen auf den ersten Blick als fast zu grob. Trotzdem gestatten sie die Nachbildung von ziemlich komplizierten Bruchmechanismen, die näherungsweise Nachbildung von plastischen Zonen, gekrümmten Bruchlinien und auch von Stützwanddurchbiegungen, wie im 5. Kapitel anschaulich nachgewiesen wird.

Die kinematische Verträglichkeitsbedingung für eine zulässige Bewegung von zwei benachbarten Elementen c und f wird abgeleitet aus der Bedingung, daß die Normalkomponente des Vektors der Relativverschiebung verschwinden muß.

Mit den Abkürzungen

$$\mathbf{v}_{c/f} = \mathbf{v}^f - \mathbf{v}^c \; ; \; v_{c/f,x} = v_x^f - v_x^c \; ; \; v_{c/f,z} = v_z^f - v_z^c \qquad (2.4)$$

erhält man mit Bild 2.3 zunächst

$$v_{c/f,x} \cdot \cos \alpha_{c/f} + v_{c/f,z} \cdot \cos \gamma_{c/f} = 0 \qquad *(2.5)$$

und nach Aufspaltung in die Absolutverschiebungskomponenten die erste Verträglichkeitsbedingung

$$l_{c/f} \cdot v_x^f + n_{c/f} \cdot v_z^f + l_{f/c} \cdot v_x^c + n_{f/c} \cdot v_z^c = 0 \qquad (2.5)$$

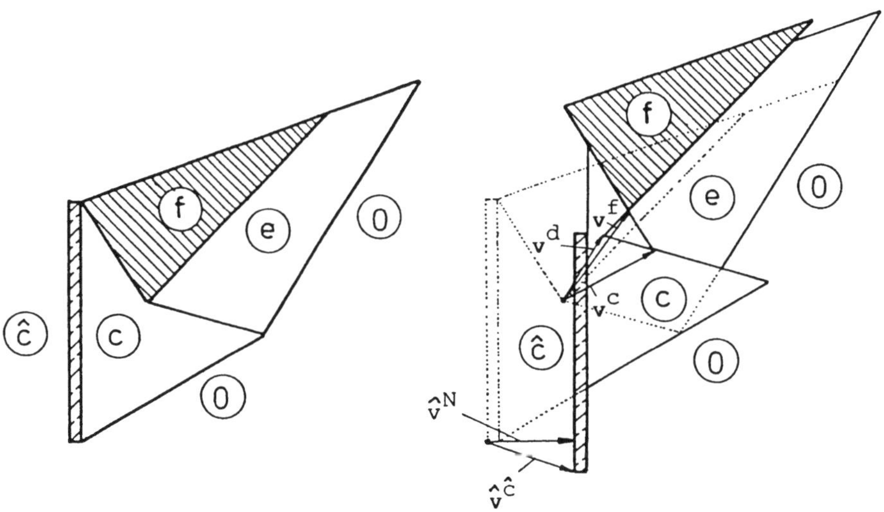


**Bild 2.4.** Kinematik

Die Lage eines beliebigen 2D-KEM-Elements ist genau durch die Angabe der Lage von zwei nichtparallelen Rändern c/f und c/f eindeutig fixiert. Damit kann die noch fehlende zweite Verträglichkeitsbedingung aus der Relativverschiebung im Rand c/f nach Bild 2.4 analog zu

$$l_{e/f} \cdot v_x^f + n_{e/f} \cdot v_z^f + l_{f/e} \cdot v_x^e + n_{f/e} \cdot v_z^e = 0 \qquad (2.6)$$

angeschrieben werden.

Werden Klaffungen generell ausgeschlossen, so erhält man für einen aus m (Boden) Elementen bestehenden Bruchmechanismus genau 2m Verträglichkeitsbedingungen für die 2m unbekannten Absolutverschiebungskomponenten dieser Elemente.

Die Kinematik kann somit durch Lösen des linearen Gleichungssystems

$$\mathbf{K} \cdot \mathbf{v} + \hat{\mathbf{v}}_N = 0 \tag{2.7}$$

gefunden werden, wenn die bruchauslösenden Verschiebungen $\hat{\mathbf{v}}$ der beweglichen Randelemente $\hat{f}$ als bekannt vorausgesetzt werden.

In Glg. (2.7) bedeuten

K die unsymmetrische "Kinematikmatrix", welche die Richtungskosinus der Normalen der Elementränder enthält,

v den Vektor der unbekannten Absolutverschiebungskomponenten der m Bodenelemente,

$\hat{\mathbf{v}}_N$ die Normalkomponenten der umgebenden Elemente, die für die beweglichen Elemente $\hat{f}$ vorzugeben sind, während sie sich für das unbewegliche Umgebungselement (Element 0) zu $\hat{\mathbf{v}}_N^\circ = 0$ ergeben.

Die Absolutverschiebungskomponenten $v_x$ und $v_z$ können entweder durch Lösen des unsymmetrischen Gleichungssystems (2.7) gefunden werden oder vorteilhafter, durch elementweises Lösen der jeweiligen Verträglichkeitsbedingungen (2.5, 2.6), sofern eine geeignete Numerierung eingehalten wird (vgl. hierzu Abschnitt 2.4).

Aus den anschließend bekannten Absolutverschiebungen ergeben sich die Relativverschiebungen nach Glg. (2.4), wobei man für den Einheitsvektor der Relativverschiebungen die Komponenten

$$\bar{e}_x = \bar{l}_{c/f} = \cos\alpha_{c/f} = v_{c/f,x}/|v_{c/f}|$$
$$\bar{e}_z = \bar{n}_{c/f} = \cos\gamma_{c/f} = v_{c/f,x}/|v_{c/f}| \qquad (2.8)$$
$$|v_{c/f}| = (v^2_{c/f,x} + v^2_{c/f,z})^{0.5}$$

erhält.

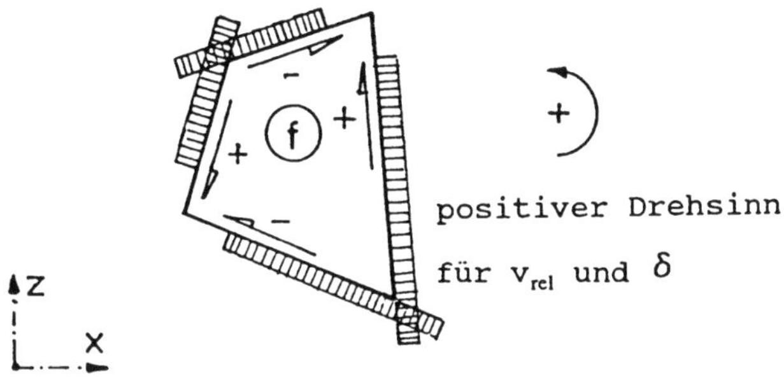


**Bild 2.5.** Vorzeichendefinition

Da die Einheitsvektoren e und $\bar{e}$ gemäß Bild 2.3 senkrecht aufeinander stehen, erweist sich die Einführung eines Vorzeichens $\delta$ im Zusammenhang mit der Vorzeichenregel

$$\delta_{c/f} = \text{sign}(v_{c/f}) = v_{c/f}/|v_{c/f}|$$
$$\bar{l}_{c/f} = -\delta_{c/f}\cdot n_{c/f} \quad ; \quad \bar{n}_{c/f} = \delta_{c/f}\cdot l_{c/f} \qquad (2.9)$$

nach Bild 2.5 als zweckmäßig. Daraus folgt bei Beachtung der Beziehungen nach Glg. (2.8) zunächst

$$\delta_{c/f} = -\frac{v_{c/f,x}}{|v_{c/f}|\cdot n_{c/f}} = +\frac{v_{c/f,z}}{|v_{c/f}|\cdot l_{c/f}} \qquad (2.10)$$

Glg. (2.10) führt wegen der Division zu numerischen Schwierigkeiten, die durch die folgende Formulierung

$$\delta_{c/f} = \text{sign}(-n_{c/f}\cdot v_{c/f,x} + l_{c,f}\cdot v_{c/f,z}) \qquad (2.11)$$

vermieden werden können.

## 2.3 Statik

Zur Lösung der Statik wird zunächst die auf einen Elementrand wirkende Einzelkraft **S** in ihre Normal- und Tangentialkomponenten zerlegt. Da die Normalkräfte **N** als Druckkräfte dem Normalenvektor **e** entgegengesetzt gerichtet sind, die Tangentialkräfte **T** als Scherkräfte dem Einheitsvektor $\bar{e}$ der Relativverschiebungen entgegenwirken, können ihre kartesichen Komponenten sofort zu

$$N_x = -l \cdot N \;;\; T_x = -\bar{l} \cdot T \;;\; S_x = N_x + T_x \qquad (2.12)$$

$$N_z = -n \cdot N \;;\; T_z = -\bar{n} \cdot T \;;\; S_z = N_z + T_z$$

angegeben werden.

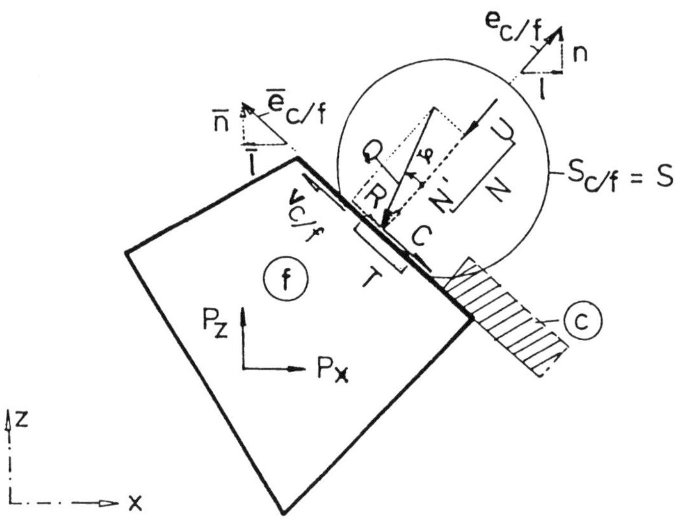


**Bild 2.6.** Statik

Nach Trennung dieser Komponenten in ihre physikalisch unterschiedlichen Anteile kann die Normalkraft in eine effektive Normalkraft N′ und eine Porenwasserdruckkraft U, die Tangentialkraft in Reibung R und Kohäsion C aufgespalten werden, wobei man nach Übertragung der Coulomb schen Bruchbedingung (1.1) auf Kräfte

$$N = N' + U \quad ; \quad T = R + C$$

$$N' = Q\cdot\cos\phi \quad ; \quad R = Q\cdot\sin\phi \qquad (2.13)$$

$$C = c\cdot d \quad ; \quad U = u\cdot d$$

erhält. Unter Q wird die Resultierende aus N' und R gemäß Bild 2.6 verstanden. Für $\phi$, c und u sind hierbei konstante, ggfs. über die jeweilige Elementrandlänge d gemittelte Werte für den Reibungswinkel, die Kohäsion und den Porenwasserdruck einzusetzen.

Damit folgt aus den Gln. (2.12) und (2.13) für die kartesichen Komponenten der Randkraft S

$$S_{c/f,x} = -\{(l_{c/f}\cdot\cos\phi_{c/f} + \bar{l}_{c/f}\cdot\sin\phi_{c/f})\cdot Q_{c/f} + \bar{l}_{c/f}\cdot C_{c/f} + l_{c/f}\cdot U_{c/f}\}$$

$$S_{c/f,x} = -\{(n_{c/f}\cdot\cos\phi_{c/f} + \bar{n}_{c/f}\cdot\sin\phi_{c/f})\cdot Q_{c/f} + \bar{n}_{c/f}\cdot C_{c/f} + l_{c/f}\cdot U_{c/f}\}$$

(2.14)

bzw. alternativ unter Berücksichtigung des Vorzeichens $\delta$

$$S_{c/f,x} = -\{(l_{c/f}\cdot\cos\phi_{c/f}-\delta_{c/f}\cdot n_{c/f}\cdot\sin\phi_{c/f})\cdot Q_{c/f}-\delta_{c/f}\cdot n_{c/f}\cdot C_{c/f}+l_{c/f}\cdot U_{c/f}\}$$

$$S_{c/f,z} = -\{(n_{c/f}\cdot\cos\phi_{c/f}-\delta_{c/f}\cdot l_{c/f}\cdot\sin\phi_{c/f})\cdot Q_{c/f}+\delta_{c/f}\cdot l_{c/f}\cdot C_{c/f}+n_{c/f}\cdot U_{c/f}\}$$

*(2.14)

Glg. (2.14) hat den Vorteil, daß sie sich direkt auf 3D-Probleme erweitern läßt. Bei 2D- Problemen ist jedoch Glg. *(2.14) vorzuziehen.

Nach Einführung der Abkürzungen

$$\tilde{k}_{s,x}^{f} = -(l_s^f\cos\phi_s-\delta_s\cdot n_s^f\cdot\sin\phi_s) \equiv -\bar{l}_s^f$$

$$\tilde{k}_{s,z}^{f} = -(n_s^f\cdot\cos\phi_s+\delta_s\cdot l_s^f\cdot\sin\phi_s) \equiv -\bar{n}_s^f \qquad (2.15)$$

$$F_{s,x}^{f} = \delta_s\cdot n_s^f\cdot C_s^f - l_s^f\cdot U_s^f = C_x + U_x$$

$$F_{s,z}^{f} = -\delta_s\cdot l_s^f\cdot C_s^f - n_s^f\cdot U_s^f = C_z + U_z$$

erhält man die prägnantere Formulierung

$$S_{s,x}^{f} = \tilde{k}_{s,x}^{f} \cdot Q_s + F_{s,x}^{f}$$
$$S_{s,z}^{f} = \tilde{k}_{s,z}^{f} \cdot Q_s + F_{s,z}^{f} \qquad **(2.14)$$

in der

Q die noch unbekannte Kraft,

F die bekannte Resultierende aus Kohäsion und Wasserdruck,

$\tilde{k}$ den Richtungsterm der Kraft Q

darstellen.

Unter Einbeziehung der als bekannt vorausgesetzten, äußeren Kräfte P, die an einem Element angreifen und sich aus Eigengewicht, Oberflächenlast, Ankerkraft bzw. auch aus quasistationären Erdbebenkräften zusammensetzen, liefert die Gleichgewichtsbedingung pro Element genau zwei Gleichungen

$$P_x^f + \sum^i S_{s,x}^f = 0$$
$$P_z^f + \sum^i S_{s,z}^f = 0 \qquad (2.16)$$

wobei die Summierung über die Elementränder geht.

Berücksichtigt man (2.14) in (2.16) und summiert über alle m Elemente, so ergibt sich für die Statik das unsymmetrische, lineare Gleichungssystem

$$\tilde{K} \cdot Q + \tilde{F} = 0 \qquad (2.17)$$

das analog zur Kinematik gelöst werden kann, wobei

$\tilde{K}$ die "Reibungsmatrix",

Q den Vektor der unbekannten Kräfte,

$\tilde{F}$ den Lastvektor aus F (Kohäsion und Wasserdruck) und P (äußere Kräfte)

bezeichnen.

# a. Problem

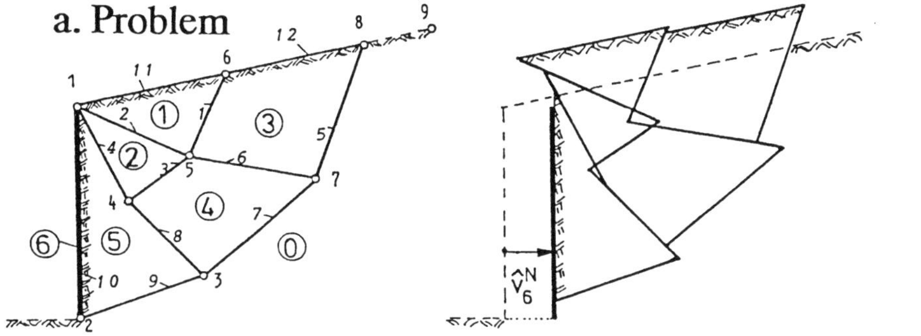


Elemente

| Ränder | 1 x | 1 z | 2 x | 2 z | 3 x | 3 z | 4 x | 4 z | 5 x | 5 z |
|---|---|---|---|---|---|---|---|---|---|---|
| 1 | $l_{3/1}$ | $n_{3/1}$ | | | $-l_{3/1}$ | $n_{3/1}$ | | | | |
| 2 | $l_{2/1}$ | $n_{2/1}$ | $-l_{2/1}$ | $-n_{2/1}$ | | | | | | |
| 3 | | | $l_{4/2}$ | $n_{4/2}$ | | | $-l_{4/2}$ | $-n_{4/2}$ | | |
| 4 | | | $l_{5/2}$ | $n_{5/2}$ | | | | | $-l_{5/2}$ | $-n_{5/2}$ |
| 5 | | | | | $l_{0/3}$ | $n_{0/3}$ | | | | |
| 6 | | | | | $l_{4/3}$ | $n_{4/3}$ | $-l_{4/3}$ | $-n_{4/3}$ | | |
| 7 | | | | | | | $l_{0/4}$ | $n_{0/4}$ | | |
| 8 | | | | | | | $l_{5/4}$ | $n_{5/4}$ | $-l_{5/4}$ | $-n_{5/4}$ |
| 9 | | | | | | | | | $l_{0/5}$ | $n_{0/5}$ |
| 10 | | | | | | | | | $l_{6/5}$ | $n_{6/5}$ |

$$\hat{v}^6_N = l_{5/6}\,\hat{v}^6_x + n_{5/6}\,\hat{v}^6_z$$

$$* \begin{bmatrix} v^1_x \\ v^1_z \\ v^2_x \\ v^2_z \\ v^3_x \\ v^3_z \\ v^4_x \\ v^4_z \\ v^5_x \\ v^5_z \end{bmatrix} + \begin{bmatrix} \\ \\ \\ \\ 0 \\ \\ 0 \\ \\ 0 \\ \hat{v}^6_N \end{bmatrix} = \begin{bmatrix} 0 \\ 0 \\ 0 \\ 0 \\ 0 \\ 0 \\ 0 \\ 0 \\ 0 \\ 0 \end{bmatrix}$$

# b. Kinematik

$l_{i/j} = \cos \alpha_{i/j}$

$n_{i/j} = \cos \gamma_{i/j}$

$$K \quad * \quad v + \hat{v}_N = 0$$

Ränder

| Elemente | | 1 | 2 | 3 | 4 | 5 | 6 | 7 | 8 | 9 | 10 |
|---|---|---|---|---|---|---|---|---|---|---|---|
| 1 | x | $-\tilde{l}_{3/1}$ | $-\tilde{l}_{2/1}$ | | | | | | | | |
| | z | $-\tilde{n}_{3/1}$ | $-\tilde{n}_{2/1}$ | | | | | | | | |
| 2 | x | | $\tilde{l}_{2/1}$ | $-\tilde{l}_{4/2}$ | $-\tilde{l}_{5/2}$ | | | | | | |
| | z | | $\tilde{n}_{2/1}$ | $-\tilde{n}_{4/2}$ | $-\tilde{n}_{5/2}$ | | | | | | |
| 3 | x | $\tilde{l}_{3/1}$ | | | | $-\tilde{l}_{0/3}$ | $-\tilde{l}_{4/3}$ | | | | |
| | z | $\tilde{n}_{3/1}$ | | | | $-\tilde{n}_{0/3}$ | $-\tilde{n}_{4/3}$ | | | | |
| 4 | x | | | $\tilde{l}_{4/2}$ | | | $\tilde{l}_{4/3}$ | $-\tilde{l}_{0/4}$ | $-\tilde{l}_{5/4}$ | | |
| | z | | | $\tilde{n}_{4/2}$ | | | $\tilde{n}_{4/3}$ | $-\tilde{n}_{0/4}$ | $-\tilde{n}_{5/4}$ | | |
| 5 | x | | | | $\tilde{l}_{5/2}$ | | | | $\tilde{l}_{5/4}$ | $-\tilde{l}_{0/5}$ | $-\tilde{l}_{6/5}$ |
| | z | | | | $\tilde{n}_{5/2}$ | | | | $\tilde{n}_{5/4}$ | $-\tilde{n}_{0/5}$ | $-\tilde{n}_{6/5}$ |

$$* \begin{bmatrix} Q_1 \\ Q_2 \\ Q_3 \\ Q_4 \\ Q_5 \\ Q_6 \\ Q_7 \\ Q_8 \\ Q_9 \\ Q_{10} \end{bmatrix} + \begin{bmatrix} F^1_x \\ F^1_z \\ F^2_x \\ F^2_z \\ F^3_x \\ F^3_z \\ F^4_x \\ F^4_z \\ F^5_x \\ F^5_z \end{bmatrix} = \begin{bmatrix} 0 \\ 0 \\ 0 \\ 0 \\ 0 \\ 0 \\ 0 \\ 0 \\ 0 \\ 0 \end{bmatrix}$$

# c. Statik

$\tilde{l}_{i/j} = l_{i/j} \cos\phi - \delta_{i/j}\, n_{i/j} \sin\phi$

$\tilde{n}_{i/j} = n_{i/j} \cos\phi + \delta_{i/j}\, l_{i/j} \sin\phi$

$$\tilde{K} \quad * \quad Q + \tilde{F} = 0$$

Bild 2.7. Globales System, a. Erdwiderstandsproblem, b. Kinematik, c. Statik

## 2.4 Globale Struktur

Prinzipiell können Punkte, Ränder und Elemente beliebig und unabhängig voneinander numeriert werden. Ein entscheidender Rechenzeitvorteil, verbunden mit einer numerischen Genauigkeitssteigerung der Ergebnisse, ergibt sich jedoch durch eine spezielle Numerierung. Kann eine Elementnumerierung derart gefunden werden, daß pro Elemen f genau zwei neue unbekannte Kräfte erscheinen, die an den zweckmäßig mit (2f-1) und (2f) numerierten Rändern angreifen, so wird das lineare Gleichungssystem (2.17) für die einzelnen Elemente entkoppelt.

Im Beispiel nach Bild 2.7 ist diese Numerierungstechnik derart eingeführt, daß sich das Gleichungssystem der Kinematik gemäß der Elementfolge (5,4,3,2,1), das entsprechende der Statik nach der Folge (1,2,3,4,5) entkoppeln läßt. Pro Element reduziert sich die Aufgabe auf das effiziente Lösen von jeweils nur zwei Gleichungen mit zwei Unbekannten.

Bei "mehrreihigen" Bruchmechanismen gibt es stets mehrere "optimale" Elementfolgen, die aber unter sich stets gleiche Eigenschaften aufweisen.

Auf die formale Verwandtschaft der Matrizen K und $\tilde{K}^t$ (t steht für transponiert) gemäß Bild 7.b und 7.c sei hingewiesen.

# 3. DAS RÄUMLICHE PROBLEM

Das räumliche Problem ist zunächst nicht wesentlich schwieriger als das ebene. Als Elementformen kommen konvexe Polyeder in Betracht. Die Orientierung der Elementflächen erfolgt wieder über die Richtungskosinus der äußeren Flächennormalen, die Volumenermittlung durch Aufspalten und Berechnung der entstehenden Teiltetraeder.

Die Ableitung der entsprechenden Formeln kann durch formale Erweiterung um die Terme in y- Richtung hinsichtlich der Kinematik und der Statik erreicht werden, wobei allerdings die Vorzeichenformulierung gemäß (2.9 - 2.11) entfällt.

Da die Kinematik eines 3D- Elements nur dann eindeutig ist, wenn die Lage von drei Nachbarelementen bekannt ist und weiter die Statik auch Gleichgewicht in y-Richtung erfordert, können pro Element drei Verträglichkeitsbedingungen und drei Gleichgewichtsbedingungen formuliert werden, die auf Elementebene zu je drei Gleichungen mit drei Unbekannten führt, siehe Gußmann [6].

Wesentlich schwieriger ist jedoch der Entwurf eines Bruchmechanismus' für ein vorgegebenes Randwertproblem, der kinematisch verschieblich und statisch eindeutig sein muß. Im Zusammenhang mit der statischen Zulässigkeit (keine Zugkräfte), bereitet auch die Optimierung mehr Schwierigkeiten. Wenn man aber andererseits bedenkt, daß es für 3D- Probleme praktisch keine Alternative zur KEM- Lösung gibt, kann dieser Mehraufwand in Kauf genommen werden.

## 4. ZIELFUNKTION UND OPTIMIERUNG

Die äußere Arbeit

$$\hat{E} = \hat{v}_s^t \cdot S \tag{4.1}$$

der Randelemente $\hat{f}$ kann bei vielen Problemen als geeignete Zielfunktion f (zu unterscheiden von der bisher für ein beliebiges Element benutzten Nummernbezeichnung) angesehen werden, die minimiert werden muß durch Variation der Bruchmechanismen und der Bruchgeometrie.

Eine äquivalente Formulierung ergibt sich nach Aufspaltung der inneren Arbeiten in Dissipation und kinetische Arbeit zu

$$\hat{E} = D - E = v_s^t \cdot T_s - v_f^t \cdot P_f \tag{4.2}$$

Bezeichnet man für einen bestimmten Bruchmechanismus mit X den Vektor der die Geometrie beschreibenden, variablen Größen (dies können entweder bestimmte Eckpunktskoordinaten oder aber auch sogenannte "Entwurfsvariablen" im Zusammenhang mit Netzgenerierungsfunktionen) sein, so lautet das zugehörige Optimierungsproblem

$$f = \hat{E} \; ; \; f_{min} = \hat{E}_{min}(X^*) \tag{4.3}$$

zusammen mit den Restriktionen

$$L_i \geqslant 0$$

$$A_j > 0 \; ; \; j = 1 \; (1) \; m \qquad (4.4)$$

$$Q_j \geqslant 0 \; ; \; j = 1 \; (1) \; 2m$$

$X^*$ enthält die Optimierungsvariablen beim gesuchten Minimum,
$L_i$ steht für lineare Geometrie-Restriktionen, z.B. starre Betongrenzen,
$A_j$ bedeutet die Fläche eines Elements, die positiv sein muß und deren Ränder sich nicht "überschlagen" dürfen,
$Q_j$ bedeutet die resultierende Randkraft, die als Druckkraft positiv sein muß.

Im Falle von freien Problemen, z.B. bei Böschungen ohne Fundamentauflasten, ist die gewählte Zielfunktion teilweise ungeeignet. An ihre Stelle tritt dann z.B. die Sicherheit nach Fellenius. Da diese nicht explizit angegeben werden kann, ist eine i.a. schnell konvergierende Iterationrechnung erforderlich.

Das Optimierungsproblem (4.3) unter Beachtung der Nebenbedingungen (4.4) kann mit unterschiedlichen Optimierungsprogrammen gelöst werden, wobei sich eine interaktive, dialogunterstützte Optimierung und wahlweiser Einsatz von

- totaler Enumeration (Rastertechnik),
- direktem Suchverfahren mit Simplex, z.B. nach Nelder/Mead [7], oder Complex nach Box [8],
- mausgesteuerter und bildschirmorientierter direkter Koordinatenänderung,
- Evolutionstheorie nach Rechenberg [9] in der Formulierung von Schwefel [10],
- unterschiedlichen Quasi-Newtonverfahren, z.B. nach Davidon [11] in der Programmierung gemäß Davidon/Nazareth [12]

als effizient erwiesen hat. Die Berücksichtigung der Nebenbedingungen über Straffunktionen wurde bisher gegenüber der Einführung von Langrange-Multiplikatoren bevorzugt.

Die Optimierung der Bruchmechanismen selbst wurde bisher nach der Strategie "vom einfachen System zum komplizierteren" durchgeführt, wobei sich der an einem schon optimierten einfacheren System angelehnte Entwurf für einen Bruchmechanismus mit mehr Elementen vorteilhaft auswirkte.

## 5. ANWENDUNG UND BEISPIELE

Im ersten Beispiel wird ein klassisches Grundbruchproblem nach Bild 5.1 für einen reibungsfreien Boden untersucht, für das die Traglast bekannt ist.

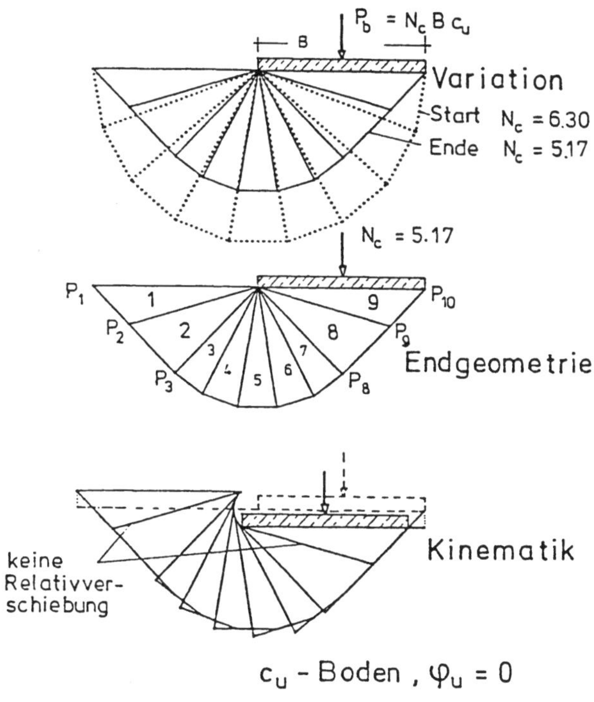


Bild 5.1. Grundbruch für einen reibungsfreien Boden

Die Startgeometrie wurde dabei bewußt ungünstig (halbkreisförmig) angenommen. Nach der Optimierung ergab sich sowohl für die Bruchgeometrie als auch für die Traglast die richtige Lösung. Dies kann als Nachweis für die Qualität der Optimierung und der KEM gewertet werden.

Bild 5.2 zeigt für einen kohäsionslosen Boden zwei unterschiedliche Grundbruchmechanismen.

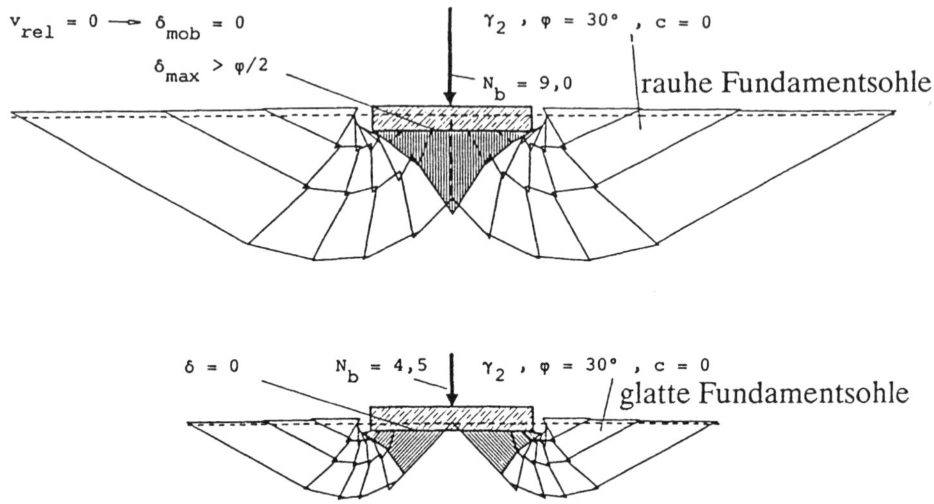


**Bild 5.2.** Fundament mit rauher und glatter Sohle

Die Traglast des Fundaments mit rauher Sohle ist doppelt so groß wie die entsprechene des Fundaments mit glatter Sohle. Ebenso unterscheiden sich die entsprechenden Bruchfiguren. Diese Ergebnisse konnten durch eigene Versuche eindeutig bestätigt werden.

Bild 5.3 zeigt die dimensionslosen Tragfähigkeitsbeiwerte des Grundbruchproblems im Vergleich zu den Normwerten der DIN 4017. Die Werte gemäß KEM wurden für Bruchmechanismen mit sechs Elementen berechnet.

Bild 5.4 zeigt die Untersuchung eines Erdruckproblems. Man erkennt die relativ schwache Steigerung des Erddrucks mit steigender Elementzahl. Daraus kann geschlossen werden, daß beim sogenannten "aktiven" Erdruckproblem Bruchmechanismen mit nur wenig Elementen als ausreichend angesehen werden können. Dies gilt allerdings nur unter der Voraussetzung, daß Schichtung oder Inhomogenitäten keine größere Elementanzahl erfordern.

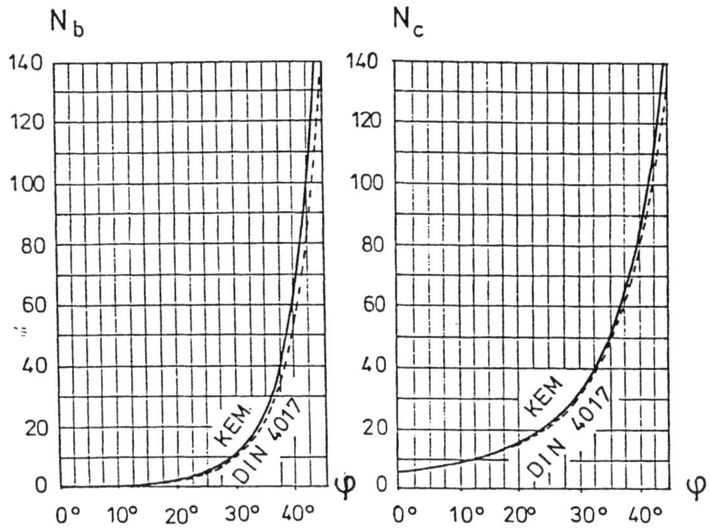


Bild 5.3. Tragfähigkeitsbeiwerte im Vergleich KEM/ DIN 4017

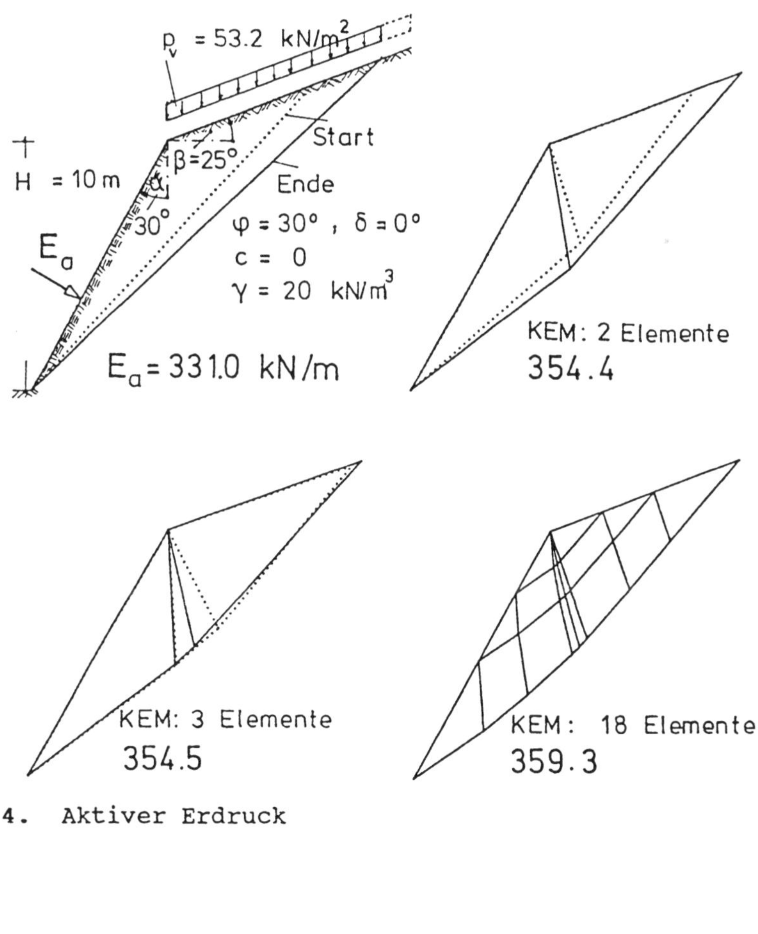


Bild 5.4. Aktiver Erdruck

Aus Bild 5.5 ist erkennbar, daß für das "passive" Erddruckproblem, bei dem die Stützwand gegen das Erdreich gedrückt wird, mehr Elemente erforderlich sind.

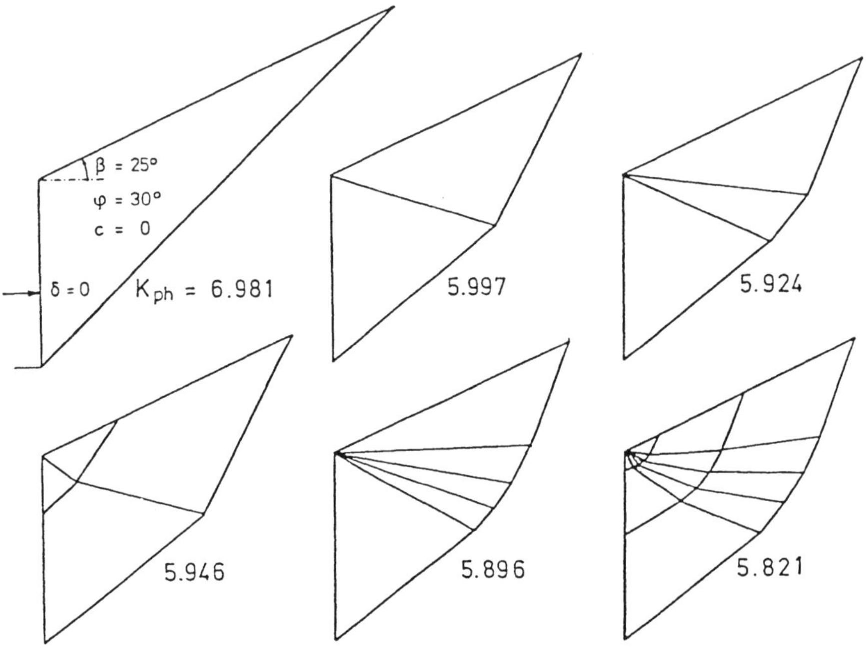


Bild 5.5. Passiver Erddruck

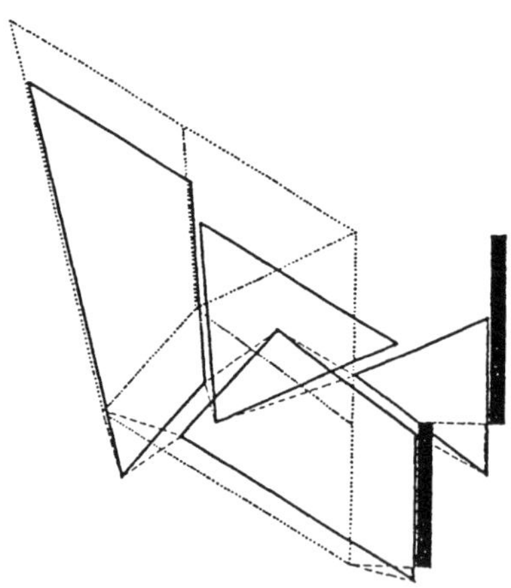

Bild 5.6. Kinematik mit Dilatanz und Wanddurchbiegung

Im Bild 5.6 wird ein "passives" Erddruckproblem mit Dilatanz in den Bruchfugen untersucht; dies bedeutet, daß hier die Annahme getroffen wurde, daß die Relativverschiebungen auch normal zur Scherfläche Komponenten aufweisen. Weiter ist eine Wanddurchbiegung dadurch simuliert worden, daß die Wandelemente unterschiedlich stark horizontal verschoben wurden.

In Bild 5.7 ist die Kinematik eines 3D- Problems dargestellt.

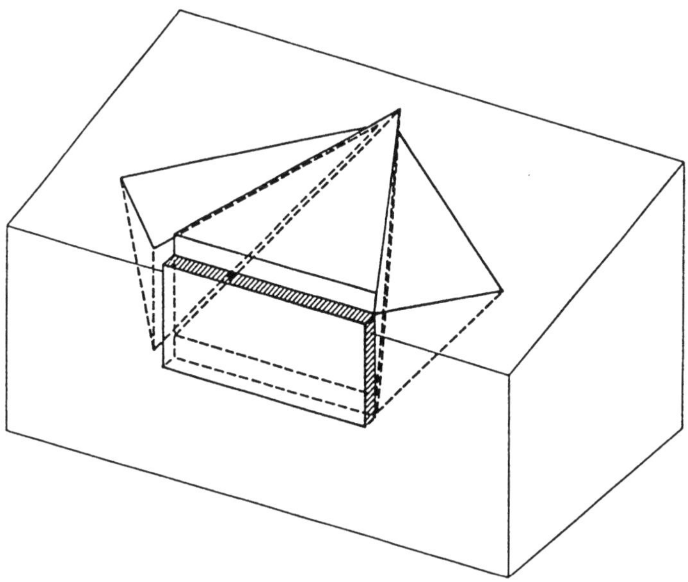

Bild 5.7. Einfache Kinematik eines 3D- Problems

## LITERATURNACHWEIS

[1] Coulomb, C.A.: Essai sur une application des règles des maximis et minimis à quelques problèmes de statique relatifs à l'architecture, Mém. acad. royal des siences, Vol. 7, Paris 1776

[2] Gußmann, P.: Das allgemeine Lamellenverfahren unter besonderer Berücksichtigung von äußeren Kräften, Geotechnik Heft 1, S. 68-74, 1978

[3] Gudehus, G.: Lower and upper bounds for earth retaining structures, Proc. 5, ECSMFE Madrid, Vol. 1, p. 21-28, 1972

[4] Goldscheider, M.: Standsicherheitsnachweise mit zusammengesetzten Starrkörper-Bruchmechanismen, Geotechnik 2, Heft 3, S. 130-139, 1979

[5] Gußmann, P.: Kinematical elements for soils and rocks, Proc. 4. Int. Conf. on Num. Meth. in Geomech.,p. 47-52, Edmonton 1982

[6] Gußmann, P.: Die Methode der Kinematischen Elemente, Mitteilungsheft Nr. 25 des Baugrundinstituts Stuttgart, 1986

[7] Nelder, J.A./Mead, R.: A simplex method for function minimization, The Computer Journal 7, p 308-313, 1965

[8] Box, M.J.: A new method of constraint optimization and a comparison with other methods, Computer Journal 8, p. 42-52, 1965

[9] Rechenberg, I.: Optimierung technischer Systeme nach Prinzipien der biologischen Evolution, Frommann- Holzboog- Verlag, Stuttgart, 1973

[10] Schwefel, H.P.: Numerische Optimierung von Computer-Modellen mittels der Evolutionsstrategie, Verlag Birkhäuser, 1977

[11] Davidon, W.C.: Optimally conditioned optimization algorithms without line searches, Math. Programming 9, p. 1-30, 1975

[12] Davidon, W.C./Nazareth, L.: OCOPTR, A derivative free implementation of Davidon's optimally conditioned method, Argonne National Lab., 1977

# Nichtlineare Berechnung von Stahlblechauskleidungen (Liner)

Wieland Ramm und Boon Tou Tan

## 1. Einführung

Hohlraumumschließende Bauten aus Stahl- oder Spannbeton bedürfen häufig einer innenseitigen Auskleidung, die als Liner bezeichnet wird. Bei hohen Beanspruchungen oder Anforderungen werden Liner gewöhnlich aus Stahlblech hergestellt. Derartige Stahlliner, deren Wanddicke von wenigen Millimetern bis herauf zu etwa 20 mm reicht, werden zum Beispiel als Stollenpanzerungen, als Auskleidungen beim Schachtausbau oder bei Großbehältern eingesetzt. Insbesondere letztere lassen sich in vielen Fällen günstig aus vorgespanntem Beton erstellen, auch wenn hohe Drücke zu beherrschen sind. Hierzu zählen Containments, Reaktordruckbehälter, Flüssiggasbehälter, Bioreaktoren und Lagerbehälter für toxische oder aggressive Abfälle.

Die primäre Aufgabe des Liners besteht immer in einer Schutzfunktion, die aber dem Einsatzfall entsprechend unterschiedlich sein kann. So kann die Aufgabe darin liegen, die Betonoberfläche vor mechanischen oder vor chemischen Angriffen zu schützen. Umgekehrt kann es aber auch notwendig sein, das gespeicherte Medium vor Verunreinigungen aus dem Beton zu bewahren. Da der Nachweis einer im technischen Sinne vollkommenen Dichtheit für eine Stahlbeton- oder Spannbetonwandung schwierig zu führen ist, fällt dem innenseitig angeordneten Liner in vielen Fällen die Aufgabe zu, die Dichtfunktion im System zu übernehmen. Allen aufgezählten Funktionen kommt in der Regel eine hohe sicherheitstechnische Bedeutung zu.

Den prinzipiellen Aufbau einer derartigen Wandung mit auf der Oberfläche liegendem Liner zeigt Bild 1.1. Solche stählernen Liner werden in der Regel nach Art einer verlorenen Schalung vor dem Betonieren hergestellt. Sie müssen, um im fertigen Bauwerk standsicher zu sein, mit dem Beton durch

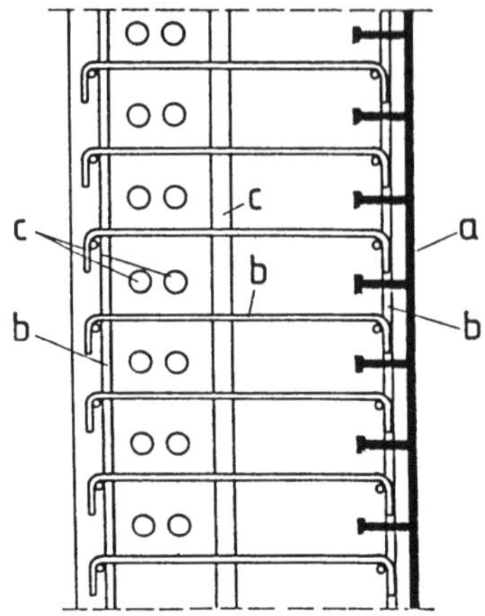


Bild 1.1: Wandquerschnitt
a: Liner mit Verankerungsmitteln
b: schlaffe Bewehrung
c: Spannbewehrung

Verankerungselemente verbunden werden. Hierzu eignen sich ganz besonders Kopfbolzendübel. In Sonderfällen werden aber auch rippenartige Profile oder Leisten zur Verankerung verwendet.

In vielen Fällen werden Liner sehr hoch auf Druck beansprucht. Im Schachtausbau, wo schon frühzeitig derartige Stahlausskleidungen zum Einsatz kamen, nahm man daher zunächst an, daß derartige Blechkonstruktionen durch einen möglichen Stabilitätsverlust gefährdet seien. Daß dies nicht den bei Linern wesentlichen Versagensfall darstellt, ist aus weiterführenden Untersuchungen seit längerem bekannt. Das System aus Liner, Verankerungselementen und Betonwand weist ein relativ komplexes, nichtlineares Verhalten auf. Dieses muß bei der Auslegung in geeigneter Weise erfaßt und berücksichtigt werden. Der vorliegende Beitrag beschäftigt sich einerseits mit der Berechnungsmethodik und andrerseits mit den Ergebnissen systematisch durchgeführter Parameterstudien für die zweckmäßige Konstruktion und Auslegung, und zwar bei vorwiegend druckbeanspruchten, stählernen Liner-Anker-Systemen.

## 2. Beanspruchung des Liner-Anker-Systems

Liner und Betonwand bilden ein Verbundsystem besonderer Art: Üblicherweise weist man dem Liner ausschließlich die ihm zugedachte Dicht- oder Schutzfunktion zu und zieht ihn im übrigen rechnerisch nicht zur Lastabtragung heran. Die letztere Aufgabe, z. B. die Aufnahme eines Innendrucks, wird vollständig der Stahl- oder Spannbetonwandung zugeordnet. Dennoch bleibt der Liner nicht beanspruchungslos: Da er mit der lastabtragenden Betonwand über seine Verankerungsmittel verbunden ist, muß er zum einen die Dehnungen der linerseitigen Wandoberfläche mitmachen. Zum anderen ist der Liner, wenn er gegenüber der Betonwand erwärmt oder abgekühlt wird, in seinen Temperaturdehnungen stark behindert. Aus beiden Wirkungen entstehen im Liner hohe Normalkräfte in beiden Flächenrichtungen, die häufig den Stahl bis zur Streckgrenze beanspruchen.

Die Beanspruchungen des Liners und seiner Verankerungsmittel sind entsprechend dieser sogenannten "Linerphilosophie" zur Aufrechterhaltung des Gesamtgleichgewichts nicht notwendig und haben daher Zwangscharakter: Sie sind formänderungsschlüssig, während die der Behälterwand zugewiesene lastabtragende Funktion kraftschlüssiger Natur ist.

Die Beanspruchung des Linerblechs selbst besteht also in gleichmäßig ausgeführten Normalbereichen, die von Endverankerungen weit genug entfernt sind, im wesentlichen aus einem aufgezwungenen Dehnungszustand. Die obere Grenze dieser Dehnungen läßt sich wie folgt abschätzen: Ein Anteil entsteht aus den Dehnungen auf der linerseitigen Betonoberfläche, die indirekt über die Verankerungsmittel auf den Liner wirken. Geht man im Gebrauchszustand von einer Druckbeanspruchung des vorgespannten Betons bis zur zulässigen Grenze aus und nimmt man die maßgebende Kriechzahl mit $\varphi_\infty \approx 3{,}0$ an, so ergibt sich eine Kriechdehnung des Betons von $\varepsilon_{k,\infty} \approx -1{,}5$ ‰ . Hinzu kommt ein Schwindmaß von maximal $\varepsilon_{s,\infty} = -0{,}5$ ‰. Im rechnerischen Grenzzustand ist von einer größten Betonstauchung aus Lasteinwirkung von $\varepsilon_b = -3{,}5$ ‰ auszugehen. Insgesamt ergibt sich also unter Grenzlastbedingungen ein Höchstwert von $\varepsilon \approx -5{,}5$ ‰. (In zugbeanspruchten Bereichen lägen die dann positiven Oberflächendehnungen in der gleichen Größenordnung.)

In bestimmten Fällen muß berücksichtigt werden, daß sich die Linertemperatur gegenüber der Betonwand, die bei Temperaturwechseln träge reagiert, schnell ändert. Die entsprechende Temperaturverformung des Linerblechs muß dann in Normalbereichen vollständig in entsprechende Materialdehnungen umgesetzt werden, was als eine unmittelbar wirkende Beanspruchung für den Liner angesehen werden kann. Nimmt man die Grenze solcher Temperaturänderungen mit $\Delta T \approx 300$ °C an, so entsteht hieraus eine Linerdehnung von $\varepsilon \approx -3{,}5$ ‰.
Die größte als Beanspruchung zu erwartende Membrandehnung des Liners kann also mit $\varepsilon \approx -9{,}0$ ‰ abgeschätzt werden.

Anschaulich ist diese Dehnung auch als aus einer fiktiven Temperaturdifferenz von $\Delta T \approx 750\ °C$ entstanden vorstellbar. Einerseits ist dabei aber zu bedenken, daß nur der wirkliche Temperaturanteil immer in allen Richtungen gleiche Beanspruchungen hervorruft, während die indirekt einwirkenden Betondehnungen in den Hauptbeanspruchungsrichtungen von unterschiedlicher Größe sein können. Andrerseits ist es durchaus sinnvoll, bei systematischen Untersuchungen bis zu höheren fiktiven Temperaturdifferenzen zu rechnen, um möglicherweise vorhandene Tragreserven auszuloten.

Die Verankerungsmittel werden im wesentlichen nur - aber dann auch sehr hoch - beansprucht, wenn sich die Kräfte im Liner örtlich ändern. Dies ist in Endbereichen der Fall, wo die Linerkräfte ein- oder ausgeleitet werden, weiterhin in Bereichen, wo die Oberflächendehnungen des Betons Gradienten aufweisen, und schließlich in der Umgebung von Stellen, an denen der Liner, wie noch zu erörtern ist, nur eine verminderte Steifigkeit aufweist.

## 3. Zur Berechnung des Liner-Anker-Systems

Die Steifigkeit der gewöhnlich sehr dicken Betonwandungen ist so groß, daß man Wand und Liner in voneinander getrennten Nachweisschritten betrachten kann und folgende Verfahrensweise ingenieurmäßig gerechtfertigt ist: Zuerst wird die Betonwandung ohne Ansatz des Liners für die Aufnahme der anstehenden Belastungen dimensioniert. Den zweiten Schritt bildet die Berechnung des Liners. Dabei wird die Betonwand als starre Bettung der verformbaren Verankerungsmittel betrachtet. Als Belastung sind Fußpunktverschiebungen der Verankerungsmittel entsprechend den zuvor ermittelten Verzerrungen der Betonoberfläche und Temperaturänderungen des Liners gegenüber dem Beton anzusetzen. Schließlich ist in einem dritten Schritt die Aufnahme der Verankerungskräfte durch den Beton zu untersuchen.

Aufgrund der Nachweisphilosophie und des daraus resultierenden formänderungsschlüssigen Charakters der Linerbeanspruchung ist es ohne weiteres zulässig, daß das Liner-Anker-System örtlich oder großflächig seine Steifigkeit infolge nichtlinearer Effekte verliert und sich einer weiteren Belastung entzieht. Im Hinblick auf das beabsichtigte Schutzziel ist lediglich die Integrität des Systems zu gewährleisten. Infolgedessen brauchen für den Liner und seine Verankerungen keine zulässigen Spannungen bzw. Kräfte vorgeschrieben zu werden, sondern es sind zulässige Dehnungen bzw. Verschiebungen einzuhalten, die einen ausreichenden Sicherheitsabstand gegenüber den Bruchverformungen aufweisen (Bild 3.1). Solche zulässigen Verformungswerte sind in [1] und [2] festgelegt.

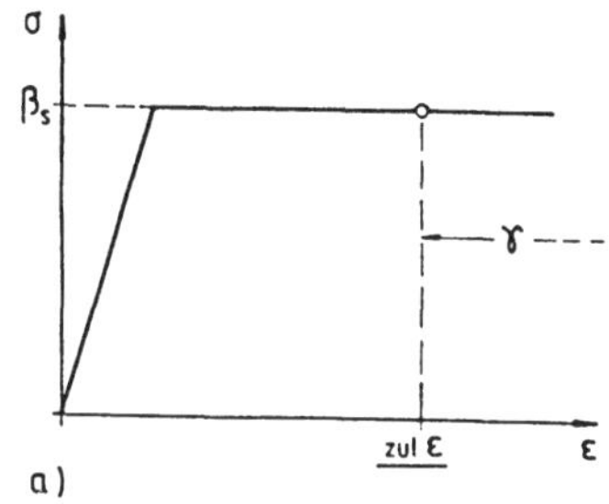


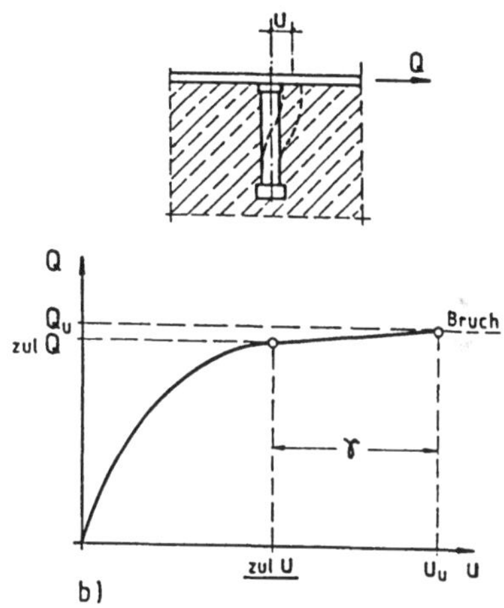


Bild: 3.1: Definition der zul. Grenzverformungen
a: zul. Dehnung des Linerstahls
b: zul. Verschiebung des Verankerungsmittels

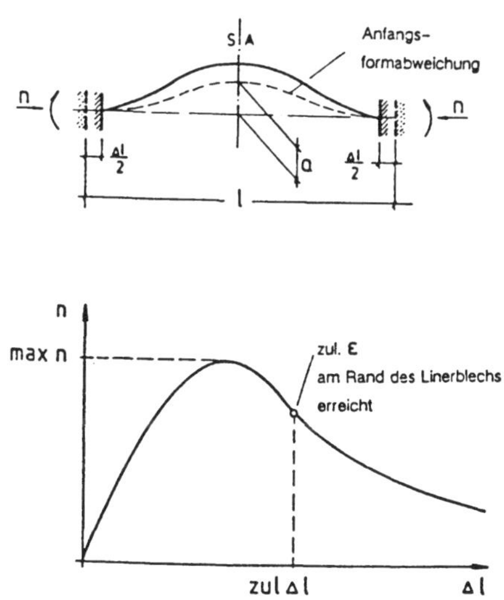


Bild 3.2: Formänderungs-schlüssiges Beulen eines Linerfeldes

Werden Liner sehr hoch auf Druck beansprucht, was häufig der Fall ist, so hat das Blech u. U. die Tendenz, zwischen den Verankerungsstellen seitlich auszuweichen. Dies ist wie bereits erwähnt kein Stabilitätsverlust mit anschließendem völligen Versagen; vielmehr handelt es sich um ein formänderungsschlüssiges Beulen, das lediglich eine starke Abnahme der örtlichen Linersteifigkeit zur Folge hat, da der Liner hier zusätzlich zu den Normalkräften Biegemomente erhält. Den entsprechenden Zusammenhang veranschaulicht Bild 3.2.

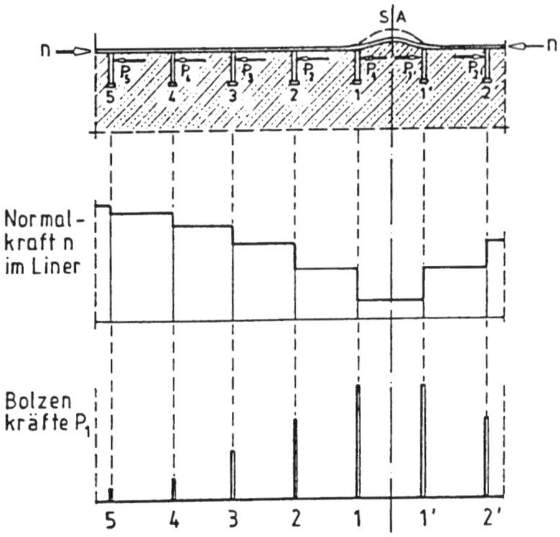


Bild 3.3: Liner mit örtlicher Vorbeule

Jeder Liner weist herstellungsbedingte Formabweichungen auf, die als Vorbeulen örtlich in in Erscheinung treten. Bei der in Bild 3.3 dargestellten Situation, bei der der im übrigen ebene Liner in einem Feld zwischen den Verankerungsstellen eine Vorbeule aufweist, treten in der Umgebung sehr hohe Beanspruchungen auf. Diese Situation wird daher bei der sogenannten Beul- und Verankerungsanalyse zugrundegelegt. Infolge der verminderten Reststeifigkeit im Beulfeld entlastet sich hier der Liner weitgehend von seiner Normalkraft (Bild 3.3). Aus Gleichgewichtsgründen treten in der Nachbarschaft große Verankerungskräfte in den Bolzen auf. Ziel des Nachweises ist, daß die Linerdehnungen und die Bolzenverschiebungen unter den zulässigen Grenzen bleiben. Bei einer solchen Analyse sind physikalische Nichtlinearitäten infolge der Werkstoffplastizität und die geometrische Nichtlinearität im Bereich der Vorbeule zu berücksichtigen. Für das vorgebeulte Feld läßt sich vorab eine Normalkraft-Verschiebungskurve entsprechend Bild 3.2 in einer physikalisch und geometrisch nichtlinearen Berechnung unter Annahme einer sinnvollen Vorbeultiefe a ermitteln. Die zulässige Längenänderung zul $\Delta l$ ist dann erreicht, wenn im Liner die Randdehnung auf den zulässigen Grenzwert zul $\varepsilon$ anwächst. Wie von Oberpichler [3] und Buchardt und Brandl [4] beschrieben, kann man bei der Beul- und Verankerungsanalyse von dem vereinfachten Berechnungsmodell gemäß Bild 3.4 ausgehen. Hierbei wird im Beulfeld die vorab ermittelte Beziehung als fiktives Werkstoffgesetz eingeführt, während im übrigen Linerbereich das normale $\sigma$ -$\varepsilon$-Diagramm des Linerstahls gilt und die Verankerungsmittel ihrem Kraft-Verschiebungsgesetz folgen, das experimentell als sogenannte Ankerkennlinie zu bestimmen ist.

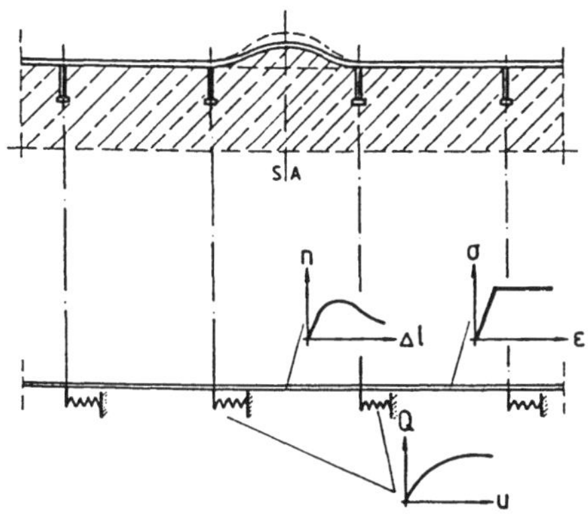


Bild 3.4: Berechnungsmodell für die Beul- u. Verankerungsanalyse

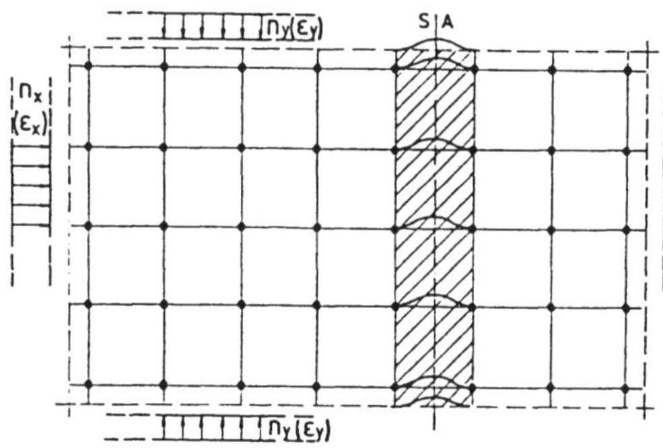


Bild 3.5: Quadratisches Bolzenraster mit Beulwelle

Das Ergebnis einer mit einem solchen Modell ausgeführten Berechnung sei am Beispiel eines Liners mit quadratischem Bolzenraster gezeigt, wie er in Bild 3.5 dargestellt ist. Hierbei kann sich eine sogenannte Beulwelle als Ausweichform ausbilden, und dementsprechend ist auch die Vorverformung anzunehmen. Eine derartige Vorverformung kann zum Beispiel verursacht durch eine Winkelschrumpfung an einer ner Schweißnaht tatsächlich auftreten. Bild 3.6 zeigt die errechneten Bolzenverschiebungen in der Nachbarschaft der Beulwelle, aufgetragen im Zusammenhang mit der wachsenden Temperaturdifferenz zwischen Liner und Beton, die in diesem Beispiel als Belastung angesetzt wurde. Die Nichtlinearität des Verhaltens ist deutlich: Zwischen 40 °C und 80 °C wachsen die Bolzenkräfte sämtlich überproportional an. Dies liegt an dem zunehmend weicheren Verhalten des Beulfeldes, so daß von den Bolzen eine größere Differenzkraft zu verankern ist. Aber nicht in allen Bolzen wachsen die Beanspruchungen monoton: Sobald der Liner außerhalb des Bereiches, der durch das Beulfeld beeinflußt wird, die Streckgrenze erreicht, müssen in den entfernter sitzenden Bolzen die Verankerungskräfte wieder abnehmen.

Bei der Ermittlung der in diesem Beitrag mitgeteilten Ergebnisse wurde der Liner im Bereich der Beulfelder direkt mit finiten Elementen abgebildet. Damit konnten die Berechnungen in einem Durchgang unter Berücksichtigung der physikalischen und geometrischen Nichtlinearität durchgeführt werden. Dabei kam das Programmsystem ADINA zum Einsatz.

## 4. Ergebnisse zur optimalen Bolzenanordnung

Da im Liner in der Regel die Streckgrenze erreicht wird und damit im Blech eine erhebliche Normalkraft entsteht, ist zur zuverlässigen Verankerung ein relativ dichtes Bolzennetz erforderlich. Andrerseits bedeutet jedes Mehr an Bolzen einen spürbaren wirtschaftlichen Aufwand, so daß der Frage nach der günstigsten Bolzendichte und Bolzenanordnung eine große Bedeutung beizumessen ist.

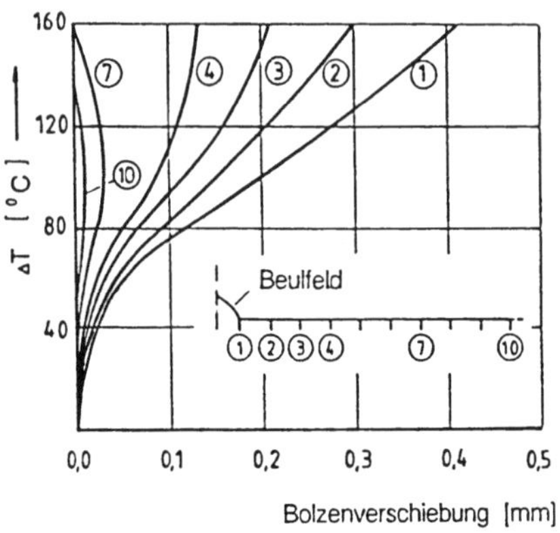


Bild 3.6:
Anstieg der Bolzenverschiebungen in der Umgebung der Beulwelle mit wachsender Temperaturdifferenz zwischen Liner und Beton

In [3] wird es als besonders wirksam beschrieben, ein Liner-Anker-System mit quadratischem Raster durch gezieltes Hinzufügen von Bolzen so zu verstärken, daß letzteres in ein "Karoraster" gemäß Bild 4.1 übergeht. Damit soll das Entstehen der relativ weichen Beulwelle verhindert und stattdessen eine steifere Beulkette als ungünstigste Ausweichform erzwungen werden (Bild 4.1 a). Der positive Effekt einer solchen Vorgehensweise wurde in [3] mit dem bereits beschriebenen, im wesentlichen einachsialen

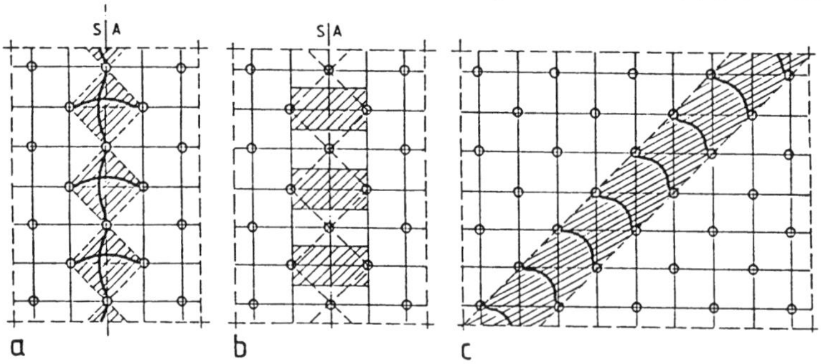


Bild 4.1: Karoförmiges Bolzenraster
a: Beulkette
b: zur Abbildung der Beulkette beim Näherungsverfahren
c: schräge Beulwelle

Berechnungsmodell nachgewiesen. Dabei wurde aber wegen der jetzt unterschiedlichen Steifigkeiten im Bereich der Beulkette folgende Näherung eingeführt: Jeweils ein Streifen von der halben Beulfeldbreite wurde mit der gesondert ermittelten, einer Beulwelle entsprechenden Normalkraft-Verschiebungskurve und die andere mit der vollen, der $\sigma$-$\varepsilon$-Linie des Linerstahls entsprechenden Steifigkeit gerechnet (Bild 4.1 b).

Um die Güte dieser Näherung zu überprüfen, wurden die Beulfelder der Beulkette in einer genaueren Parallelberechnung durch Schalenelemente diskretisiert, und es wurde eine entsprechende Vorverformung angesetzt (Bild 4.2). Das Ergebnis zeigt Bild 4.3: Die Näherungsmethode bleibt zwar auf der sicheren Seite, überschätzt die Bolzenkräfte aber recht erheblich.

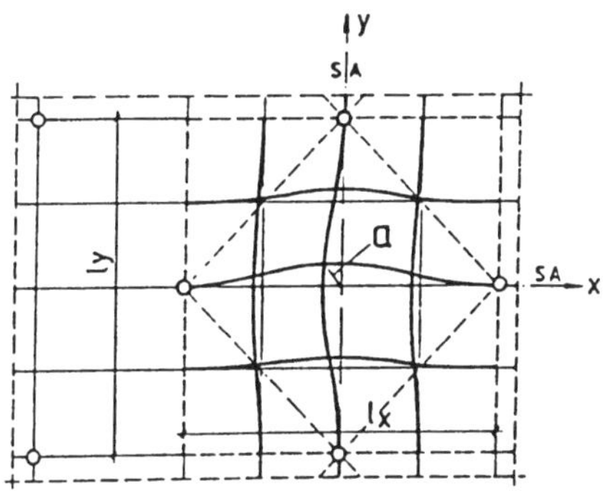


Bild 4.2:
Genauere Abbildung der Beulfelder beim Karoraster mit Schalenelementen unter Ansatz einer entsprechenden Vorverformung

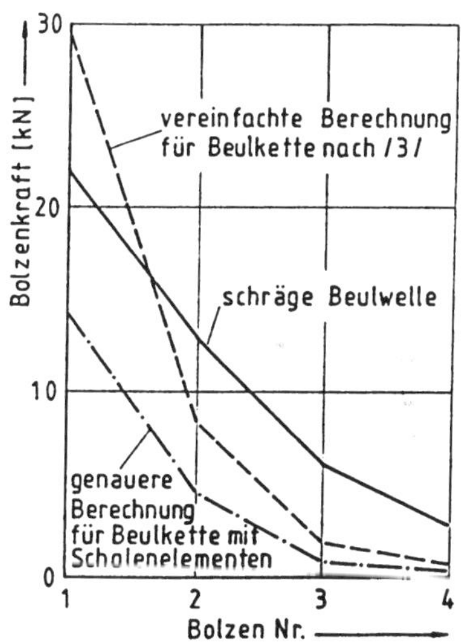


Bild 4.3: Ergebnisse für karoförmiges Bolzenraster

Da das Karoraster de facto ein übereck gestelltes Quadratraster ist, besteht hierbei neben der diskutierten Beulkette zusätzlich die Ausweichmöglichkeit in Form einer Beulwelle, die schräg verläuft und eine kürzere Wellenlänge besitzt (Bild 4.1 c). Eine Berechnung für diese Ausweichform ergab durchweg höhere Bolzenkräfte als die genauere Berechnung für die Beulkette (Bild 4.3), so daß letztlich für das Karoraster die Betrachtung als schräggestelltes Quadratraster mit entsprechender Beulwelle maßgebend ist.

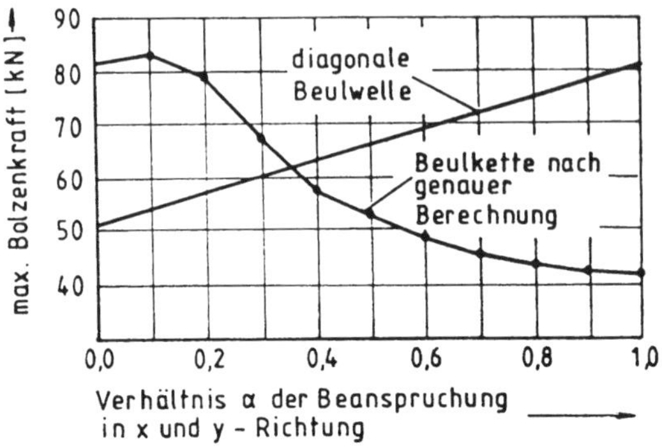


Bild 4.4:
Vergleich von Beulkette und diagonaler Beulwelle für verschiedene Beanspruchungsfälle. Parameter:
Bolzenabstand: l = 200 mm
Linerdicke: t = 10 mm
Anfangformabweichung: a/l = 1/100
Streckgrenze des Linerstahls: $\sigma_F$ = 360 N/mm²
Bolzenkennlinie: gemäß [3]
Belastungen: $\Delta T_x$ = 500 °C

Das vorstehende Ergebnis wurde für einen Fall ermittelt, bei dem in beiden Achsenrichtungen nahezu gleich große Beanspruchungen vorlagen. Ob die gleiche Aussage auch unter anderen Beanspruchungsverhältnissen gültig ist, wurde mit zusätzlichen Berechnungen überprüft. Dabei wurde von einer Zwangstemperatur von 500 °C in der x-Richtung ausgegangen und das Verhältnis $\alpha$ zwischen den Beanspruchungen in x- und y-Richtung variiert. Wie Bild 4.4 zeigt, ist die Ausweichform der diagonalen Beulwelle bis herunter zu einem Beanspruchungsverhältnis $\alpha$ = 0,36 maßgebend. Die praktisch auftretenden und für die Auslegung bestimmenden Verhältniswerte liegen durchweg oberhalb dieses $\alpha$-Wertes und häufig nahe bei 1, so daß die diagonale Beulwelle die zu betrachtende Aus-

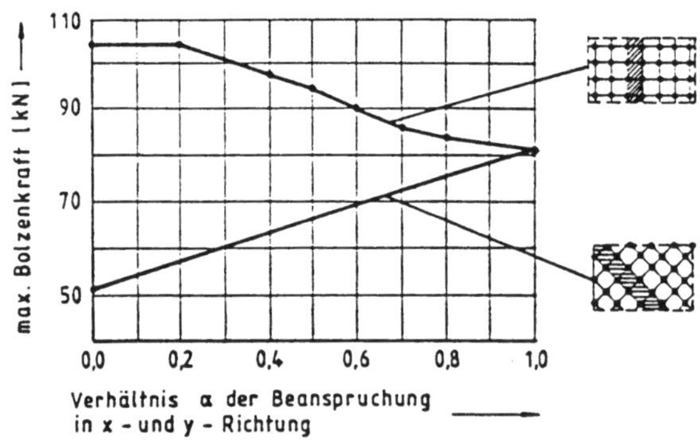


Bild 4.5: Vergleich der parallelen und diagonalen Orientierung des quadratischen Bolzenrasters zur Hauptbeanspruchungsrichtung x bei verschiedenen Beanspruchungsverhältnissen. Parameter: wie bei Bild 4.4.

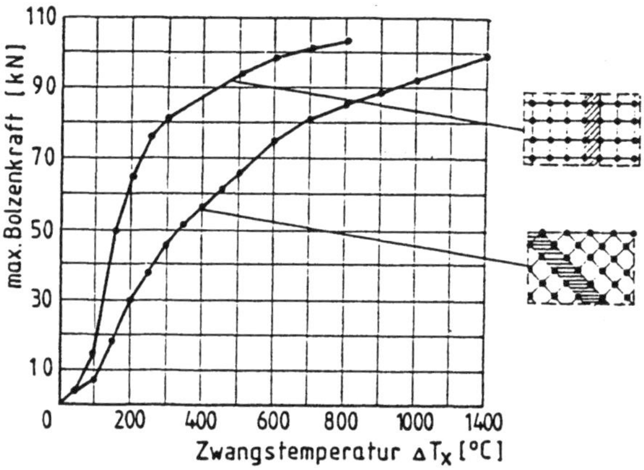


Bild 4.6: Vergleich der parallelen und diagonalen Orientierung des quadratischen Bolzenrasters zur Hauptbeanspruchungsrichtung x bei einem Beanspruchungsverhältnis $\alpha = 0,5$. Parameter: wie Bild 4.4, aber mit veränderlichen Belastung.

Ausweichform darstellt.

Im Bezug auf das quadratische Bolzenraster ergibt sich die weitere Frage, ob eine Anordnung parallel oder diagonal zur Hauptbeanspruchungsrichtung günstiger ist. Die entsprechenden Untersuchungs ergebnisse zeigt Bild 4.5: Die diagonale Anordnung ist durchweg vorteilhafter; lediglich bei gleichgroßer Beanspruchung in beiden Richtungen ist die Orientierungsrichtung natürlich gleichgültig. Zur weiteren Untermauerung wurden Berechnungen für ein Beanspruchungsverhältnis $\alpha = 0,5$ bei wachsender Zwangstemperatur $\Delta T_x$ durchgeführt. Die Ergebnisse gemäß Bild 4.6 bestätigen das günstige Verhalten der diagonalen Anordnung.

Neben dem karoförmigen und quadratischen Bolzenraster sind noch zahlreiche andere Anordnungen denkbar. In [3] wurde auch ein sogenanntes rautenförmiges Raster (Bild 4.7 a) als besonders vorteilhaft herausgestellt. Deshalb wurden hierzu in analoger Weise genauere Vergleichsuntersuchungen durchgeführt. Bild 4.7 b zeigt die in [3] benutzte Streifen-Näherung für diese Anordnung. Bild 4.7 c demonstriert, daß auch bei diesem Raster eine schräge Beulwelle möglich ist, wobei diese hierbei offensichtlich noch nicht die weichste Ausweichform darstellt.

Dennoch wäre diese, wie die Ergebnisse gemäß Bild 4.8 ausweisen, bereits die gegenüber der Beulkette maßgebende Ausweichform.

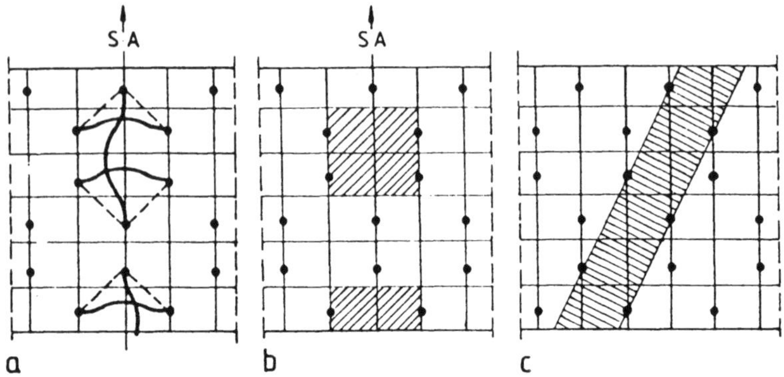


Bild 4.7: Rautenförmiges Bolzenraster
a) Beulkette
b) Abbildung der Beulkette beim Näherungsverfahren
c) Schräge Beulwelle

Interessant ist es, ein quadratisches Bolzenraster mit gleicher Bolzenanzahl pro m² zum Vergleich heranzuziehen. Wie die zugehörige, ebenfalls in Bild 4.8 eingetra-

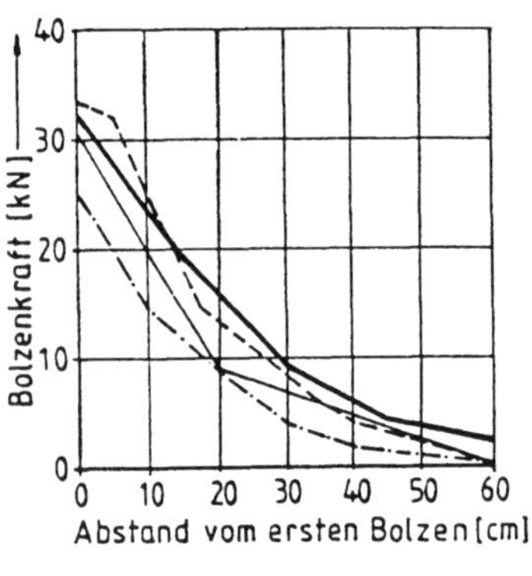


——— Näherungsberechnung für Beulkette

—·—·— genauere Berechnung für Beulkette

- - - - schräge Beulwelle

**———** quadratisches Bolzenraster mit gleicher Bolzenzahl pro m²

Bild 4.8: Ergebnisse zum rautenförmigen Bolzenraster
Parameter: wie Bild 4.3

gene Kurve erkennen läßt, ist hierbei die Beanspruchung des meist belasteten ersten Bolzens kleiner. Somit erweist sich die quadratische Anordnung bei gleicher Bolzendichte auch dem rautenförmigen Raster gegenüber als überlegen.

## 5. Untersuchungen zur optimalen Linerdicke

In [3] findet sich die Aussage, daß dickere und damit steifere Liner für das Tragverhalten des Liner-Anker-Systems günstiger sind. Eine solche Relation ist erstaunlich, denn die Linernormalkraft wächst in ungestörten Bereichen als Zwangsschnittgröße proportional zur Linerdicke an. Ebensolches gilt aber nicht unbedingt für die Bolzenkräfte in der Nachbarschaft einer Beulwelle, die ja die Differenzkräfte gemäß Bild 3.3 auszugleichen haben. Letztere hängen in ihrer Größe auch von der Reststeifigkeit des ausgelenkten Liners im Beulbereich ab, und diese wächst bei festgehaltener Vorverformungsamplitude und bei einem bestimmten Bolzenabstand überproportional mit der Linerdicke. Insofern ist es plausibel, daß ein gegebenes Verankerungssystem mit wachsender Linerdicke geringer beansprucht wird.

Andrerseits geht umgekehrt die Reststeifigkeit des Beulfeldes mit abnehmender Linerdicke überproportional zurück, und das Verhalten des Beulfeldes nähert sich einem sogenannten "Nullfeld", also einem Feld, in dem der ausweichende Liner keine Reststeifigkeit mehr besitzt. Dann muß aber die gesamte Linerzwangskraft von den Bolzen in der Nachbarschaft des "Nullfeldes" verankert werden, und die entstehenden Bolzenkräfte müssen mit der Linerdicke zunehmen.

Es gibt also zwei gegenläufige Tendenzen, und es stand zu vermuten, daß sich beide Tendenzen in einem Übergangsbereich ablösen. Ein solcher Übergang wurde bei entsprechenden Parameterberechnungen in der Tat gefunden. In Bild 5.1 a ist die maximale Bolzenkraft über der Linerdicke aufgetragen, die bei im übrigen konstant gehaltener Parameterkonstellation variiert wurde. Das Ergebnis hängt, wie der Vergleich der einzelnen Kurven zeigt, stark von der Tiefe a der Anfangsformabweichung ab. Für ein kleines Verhältnis a/l erhält man ein Maximum der Bolzenbelastung bei einem etwa 5 mm dicken Liner. Bei dünneren Linern ist die Bolzenbeanspru-

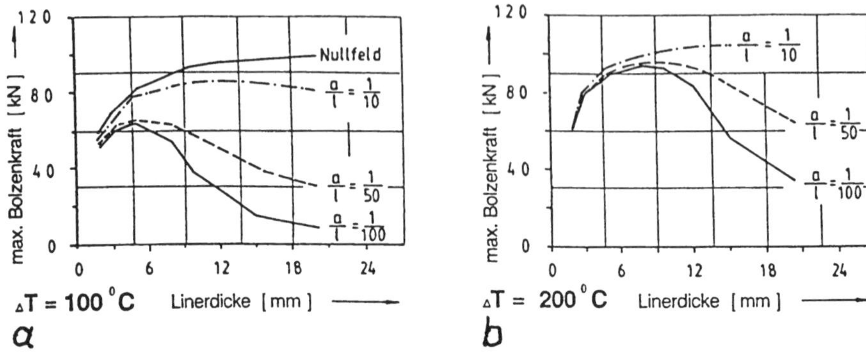


Bild 5.1: Abhängigkeit der maximalen Bolzenkraft von der Linerdicke (Bolzenabstand l = 200 mm, Linerstreckgrenze $\sigma_F$ = 360 N/mm²)

chung kleiner wegen der geringeren Zwangsschnittgrößen im ebenen Linerblech, und auf der anderen Seite des Maximums nimmt die Bolzenbelastung mit wachsender Linerdicke wegen der größeren Reststeifigkeit im ausweichenden Feld ab. Bei Vergrößerung der Anfangsformabweichung verschiebt sich das Maximum der Bolzenbeanspruchung in Richtung größerer Linerdicke, weil hierdurch die verbleibende Reststeifigkeit im ausweichenden Feld vermindert wird. Grenzfall ist der Liner mit einem "Nullfeld", das keinerlei Steifigkeit besitzt. Die entsprechende Kurve kann kein Maximum mehr aufweisen und steigt daher fortlaufend mit zunehmender Linerdicke an.

Wenn man die in Bild 5.1 a dargestellten Zusammenhänge für ein höheres Belastungsniveau ermittelt, zeigt sich interessanterweise, daß die Maxima zu dickeren Linern hin verschoben sind (Bild 5.1 b), also in ihrer Lage von der Belastungshöhe nicht unabhängig sind.

Der Einfluß der Linerdicke wird noch deutlicher, wenn man die bei gegebenen Grenzbedingungen zulässige Temperaturdifferenz des Liners gegenüber dem Beton ermittelt, und zwar in Abhängigkeit von der Linerdicke bei einer bestimmten Anfangsformabweichung. Wie Bild 5.2 erkennen läßt, hat dieser Zusammenhang ein ausgesprochenes Minimum, so daß Linerdicken in diesem Bereich als ungünstig einzustufen sind. Nicht nur dickere, sondern auch dünnere Liner sind also im Hinblick auf das statische Kräftespiel vorzuziehen, wobei geringere

Linerdicken aus einem weiteren Grund günstiger sind, der bei einer Variation der Anfangsformabweichung deutlich wird.

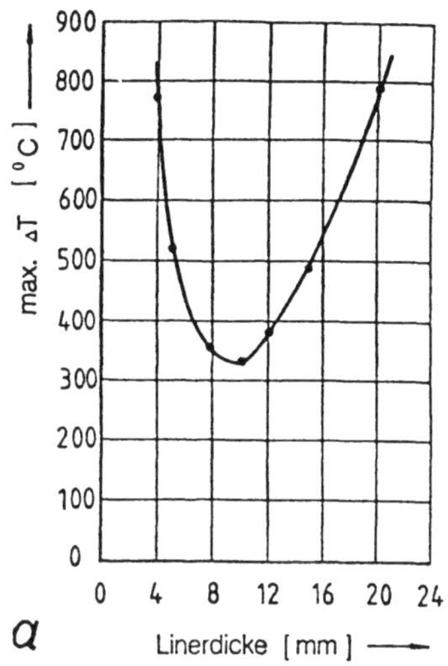


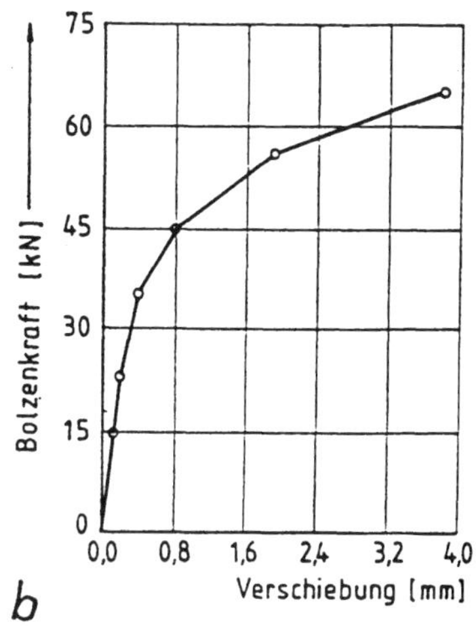


Bild 5.2: a) maximal aufnehmbare Temperaturdifferenz in Abhängigkeit von der Linerdicke im Grenzzustand (Bruchverschiebung des meist beanspruchten Bolzens). Parameter: Quadratisches Bolzenraster mit Beulwelle, Bolzenabstand l = 200 mm, Linerstreckgrenze $\sigma_F$ = 360 N/mm², Anfangsformabweichung a/l = 1/100

b) zugehörige Bolzenkennlinie

## 6. Einfluß der Anfangsformabweichung

Die Amplitude der Anfangsformabweichung des verformten Linerfeldes ist ein wesentlicher Einflußparameter für die Bemessung der Verankerung. Die Festlegung dieses wichtigen Maßes muß daher zweckmäßig erfolgen. Dabei wird man sich einerseits an der Größe der erfahrungsgemäß auftretenden Formabweichungen orientieren. Andrerseits kommt der Wahl dieses Wertes aber auch eine hohe sicherheitstechnische Bedeutung zu.

Die Vorbeultiefe a beeinflußt in starkem Maße die Reststeifigkeit im ausweichenden Feld. Bei kleinen a-Werten wirkt das Beulfeld noch sehr stützend, und eine Änderung von a beeinflußt die entstehenden Bolzenkräfte erheblich (Bild 6.1).

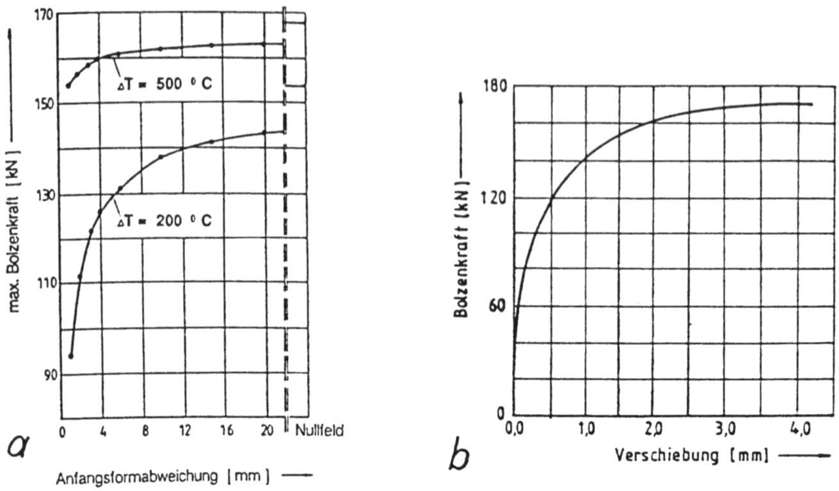


Bild 6.1: a) maximale Bolzenkraft in Abhängigkeit von der Anfangsformabweichung. Parameter: Quadratisches Bolzenraster mit Beulwelle, Bolzenabstand: l = 200 mm, Linerdicke: t = 10 mm, Linerstreckgrenze: $_F$ = 290 $N/mm^2$

b) zugehörige Kennlinie für Kopfbolzendübel 7/8"

Mit wachsender Vorbeultiefe geht die verbleibende Reststeifigkeit und damit auch der Einfluß auf die maximale Verankerungskraft zurück. Das System nähert sich allmählich dem Verhalten des "Nullfeldes".

Die Sensibilität, mit der ein Liner-Anker-System auf unterschiedliche Annahmen der Vorbeultiefe reagiert, hängt in starkem Maße von der Linerdicke ab. Wie aus den Diagrammen des Bildes 5.1 zu entnehmen ist, ändert sich bei Linern kleinerer Dicke die Verankerungsbelastung bei unterschiedlicher Wahl der Vorbeulamplitude a nur wenig. Bei dicken Linern ist das Gegenteil der Fall, und eine zu kleine Annahme der Vorbeultiefe würde hier zu einer gefährlichen Unterschätzung der Bolzenbelastung führen. Die Wahl einer kleinen Linerdicke bietet also den zusätzlichen Vorteil einer größeren Unempfindlichkeit gegenüber einer Überschreitung der dem Nachweis zugrundegelegten Vorbeulamplitude, was als sicherheitstechnischer Gewinn anzusehen ist.

## 7. Überlegungen und Vorschläge zum Nachweisverfahren

Bei der üblichen Beul- und Verankerungsanalyse wird der verbleibende Widerstand, den der Liner im ausweichenden Feld bietet, berücksichtigt, was entsprechend geringere Beanspruchungen in den Verankerungsmitteln bedeutet, die in der Nachbarschaft des Beulfeldes sitzen. Damit sind die auf diese Weise durchgeführten Dimensionierungen mit dem bereits geschilderten Risiko behaftet, das in einer Überschätzung der Reststeifigkeit des ausweichenden Feldes liegt. Die Reststeifigkeit hängt wesentlich von der Vorbeultiefe ab, und deshalb ist eine realistische, aber keinesfalls zu geringe Annahme der Vorbeultiefe von großer Wichtigkeit. Dickere Liner sind in dieser Hinsicht ganz besonders empfindlich.

Diese Problematik könnte man umgehen, indem man näherungsweise und auf der sicheren Seite bleibend auf den Ansatz der Reststeifigkeit im ausweichenden Feld ganz verzichtet, dort also ein "Nullfeld" einschaltet. Damit erübrigt sich die Annahme der Vorbeultiefe, und die Berechnung wird sogar wesentlich einfacher. Leider vergrößern sich aber durch den Wegfall der Reststeifigkeit die Beanspruchungen der Verankerung teilweise ganz erheblich, so

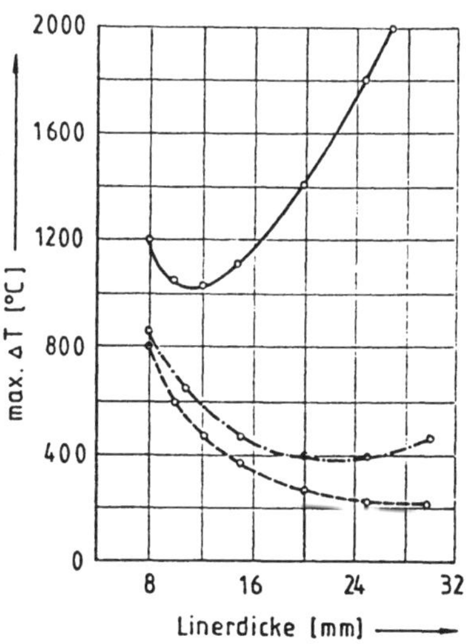


Bild 7.1: maximal aufnehmbare Temperaturdifferenz in Abhängigkeit von der Linerdicke im Grenzzustand (Bruchverschiebung des meist beanspruchten Bolzens) Parameter: Anfangsformabweichung a/l = 1/100, im übrigen wie bei Bild 6.1

daß z. B. die Temperaturdifferenzen, die bei vorgegebener Grenzverschiebung der Kopfbolzendübel rechnerisch aufnehmbar sind, weit absinken (Bild 7.1). Naturgemäß verhalten sich dicke Liner in dieser Hinsicht wiederum wesentlich ungünstiger als solche mit dünneren Wanddicken. Ein derartiger ver-

einfachter Nullfeld-Nachweis erscheint also besonders für Liner mit mittlerer und großer Dicke als völlig unwirtwirtschaftlich.
Denkbar wäre es, der Unwirtschaftlichkeit des Nullfeld-Nachweises dadurch zu begegnen, daß eine Berechnung bis zur Tragfähigkeitsgrenze, also eine Ausnutzung der entsprechenden Grenzverformungen von Linerblech und Verankerungsmitteln zugelassen würde. Die Sicherheit läge dann in der nicht angesetzten, in Wirklichkeit aber vorhandenen Reststeifigkeit des ausweichenden Feldes. Eine solche Nachweisführung bleibt aber ebenfalls unbefriedigend, weil man auf diese Weise keine Kenntnis über die tatsächlich vorhandene Sicherheit erhält.

Im Zusammenhang mit der Nachweisführung muß erörtert werden, was passiert, wenn am Rand des ausweichenden Feldes ein oder mehrere Bolzen ausfallen. Hierdurch würde sich lokal die Beulfeldweite vergrößern und die dortige Reststeifigkeit schlagartig weit vermindern. Die nächste Bolzenreihe träte damit an die Stelle der ersten, allerdings bei deutlich ungünstigeren Randbedingungen und dementsprechend mit wesentlich höheren Beanspruchungen. Auf diese Weise entsteht die Möglichkeit eines progressiven Bruches der Linerverankerung in der Art eines Reißverschlußeffektes. Man kann versuchen, durch sorgfältige Qualitätssicherungsmaßnahmen bei der Herstellung, z. B. durch sorgfältige Ultraschallprüfung jeder einzelnen Bolzenschweißung, ein vorzeitiges Ankerversagen zu vermeiden. Bei einer Bolzenanzahl, die in praktischen Ausführungsfällen ohne weiteres eine Größenordnung von 100 000 erreicht, lassen sich Ausreißer dennoch nicht ausschließen. Dies haben inzwischen sogar Laborerfahrungen bei wesentlich geringeren Zahlen von Bolzenschweißungen bestätigt. Aus Sicherheitsgründen ist es deswegen notwendig, ein örtliches Ankerversagen bei der Auslegung des Systems zu unterstellen. Dies läuft darauf hinaus, bei der Beul- und Verankerungsanalyse von einer Beulwelle mit einer Länge von entsprechend vergrößertem Ankerabstand auszugehen. Die dort verbleibende Reststeifigkeit ist dann gering, und man nähert sich auf diese Weise den "Nullfeld-System". Dies verdeutlicht die entsprechende Kurve in Bild 7.1. Allerdings sollte beim Nachweis, daß bei örtlich unterstelltem Ankerversagen ein Reißverschlußeffekt nicht zu befürchten ist, nur ein verminderter Sicherheitsbeiwert nahe bei 1 gefordert werden.

Bei der bisherigen Weise der Linerauslegung wird nachgewiesen, daß zulässige Verformungsgrenzwerte im Liner und in der Verankerung nicht überschritten werden. Die Sicherheit bei dieser Vorgehensweise liegt darin, daß die zulässigen Grenzwerte einen entsprechenden Sicherheitsabstand gegenüber den zuverlässig erreichbaren Bruchverformungen aufweisen. In [1] sind entsprechende Festlegungen enthalten, die allerdings zu sehr konservativen Ergebnissen führen. Fortschrittlicher wäre eine Nachweisführung, die auf die vorhandene Tragfähigkeitsgrenze Bezug nähme. Dabei wären die zuverlässig erreichbaren Bruchverformungen von Linerblech und Verankerungsmitteln unmittelbar als Grenzbedingungen in die Berechnung einzuführen, und zwar in der Form von Fraktilwerten. Die zulässige Belastung müßte dann gegenüber der nachgewiesenen Tragfähigkeit einen vorgeschriebenen Sicherheitsabstand einhalten. Bild 7.2 zeigt die Gegenüberstellung der zulässigen Zwangstemperaturen, wie sie sich unter Berücksichtigung der Grenzbedingungen nach [1], aus einem Tragfähigkeitsnachweis mit dem Sicherheitsbeiwert $\gamma$ = 2,0 und aus einem Tragfähigkeitsnachweis nach Ausfall einer Bolzenreihe mit einem Sicherheitsbeiwert $\gamma$ = 1,0 ergeben. Das vorgeschlagene Nachweiskonzept wäre besonders bei dem formänderungsschlüssigen Charakter der Linerbeanspruchungen eine sachgerechte Verbesserung.

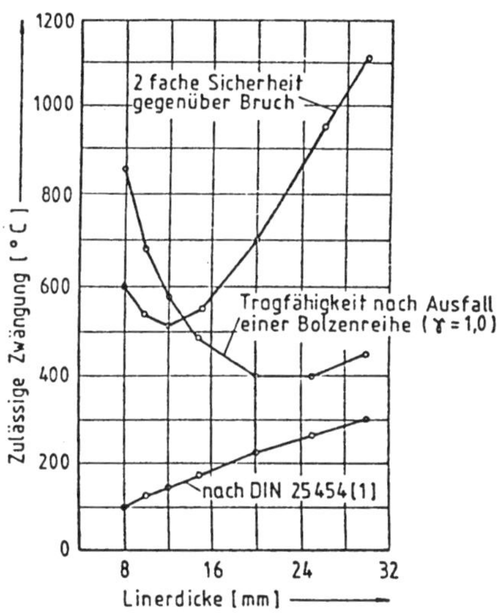


Bild 7.2:
Vergleich der Ergebnisse nach verschiedenen Nachweiskonzepten. Parameter: wie Bild 6.1

Schrifttum:

[1] DIN 25 459: Sicherheitsumschließungen aus Stahlbeton und Spannbeton für Kernkraftwerke. Vornorm 3.85.

[2] ASME Boiler und Pressure Vessel Code, Section III, Rules for Constrution of Nuclear Power Plant Components, Division 2, Code for Concrete Reactor Vessels and Containments, 1980.

[3] Oberpichler, R.: Berechnungen von verankerten Stahlauskleidungen (Linern) für Betonbehälter. Berichte aus dem Institut für Konstruktiven Ingenieurbau der Ruhr-Universität Bochum, Heft 33, Vulkan-Verlag, Essen, April 1980.

[4] Buchardt, F. und Brandl, P.: Untersuchungen zur Integrität des Liners von Reaktorsicherheitshüllen (Containments) in Stahlbeton- und Spannbetonbauweise. Forschungsbericht 69 der Bundesanstalt für Materialprüfung Berlin, Juni 1980.

[5] Tan, B. T.: Beitrag zur optimalen Auslegung von Linerverankerungen. Dissertation D 386, Universität Kaiserslautern 1986.

DFGBIB

# Die DFGBIB des Schwerpunktes »Nichtlineare Berechnungen im KIB« – eine Sammlung kompatibler Programmbausteine für die Forschung

E. Stein W. Wunderlich
K.H. Lambertz H. Cramer
L. Plank W. Redanz

## 1. Einleitung und Konzept

Eine wesentliches Anliegen des Schwerpunktes war neben der Erfassung geeigneter nichtlinearer Algorithmen für verschiedene Objektbereiche die Entwicklung einer

> gemeinsamen Programmbibliothek für numerische Forschungs-
> vorhaben im konstruktiven Ingenieurbau (DFGBIB)

als Sammlung von Programmbausteinen (Unterprogrammen) in FORTRAN. Mit der Zielsetzung

- Vermeiden von Redundanzen und Mehrfach-Entwicklungen,
- Einsatz bei unterschiedlichen Problemstellungen,
- Rechnerunabhängigkeit,

sollte versucht werden, den großen Programmieraufwand bei der Durchführung der Forschungsvorhaben zu koordinieren, ihre Ergebnisse allgemein nutzbar zu machen und auch Überprüfungen auf Richtigkeit und Effizienz zu ermöglichen. Insgesamt soll die DFGBIB die Erstellung von Programmen für nichtlineare Berechnungen wirkungsvoll unterstützen. Unseres Wissens ist dies der erste Versuch in der BR Deutschland im Rahmen öffentlicher Förderungsmittel, die oft dominanten Aufwendungen für Codierungen schon im Ansatz zu beschränken und eine bundesweite, offene Nutzung im Rumpf einer Testbank zu sichern. Der Grundstock der DFGBIB wurde in den Jahren 1980–82 von den Koordinatoren des Schwerpunktes (Prof. Stein, Universität Hannover und Prof. Wunderlich, Universität Bochum) bereitgestellt. Der weitere Ausbau erfolgte dann durch Beiträge aus den Einzelprojekten des Schwerpunkts, die an die Koordinatoren gesandt und dort zentral für alle Mitglieder des Schwerpunkts bearbeitet und verteilt wurden.

### Planung

Schon in der Beantragungsphase 1978–1980 fanden fünf Sitzungen mit verschiedenen Gruppierungen statt, um das Konzept der DFGBIB zu erarbeiten. Hier waren uns insbesondere Ratgeber aus der angewandten Informatik hilfreich, wie Prof. Pralle, Dr. Luttermann und Dipl. Math. Heerhorst vom RRZN Hannover, weiterhin Prof. Anderheggen, Zürich, Prof. Meissner, Hannover, Dr. Schrem, Stuttgart u.a..

Ein kritischer Punkt war die Frage nach einer gemeinsamen Datenverwaltung und damit verbunden eines nötigen mehrjährigen Vorlaufs vor Beginn der eigentlichen Forschungsvorhaben. Diese Option wurde sowohl von der DFG als auch von vielen späteren Mitgliedern des Schwerpunktes verworfen – wie wir heute glauben zu recht. Hierfür sind die in einer Dekade erfolgten Generationswechsel und Weiterentwicklungen von Rechnern, Betriebssystemen und Programmiersprachen maßgebend. Außerdem ist jedes Institut in eine eigene Software-Umgebung eingebettet, die in der Regel Datenstrukturen und Datenschnittstellen vorhält. So wurde bewußt ein mehr pragmatisches Konzept gewählt, indem man eine Sammlung von Unterprogrammen und Teilprogrammen der verschiedenen Forschungsprojekte anstrebte, die jeweils klar definierte Schnittstellen besitzen und sich nicht auf übergeordnete Datenbanken abstützen. Zusätzlich wurde später als Ergänzungsangebot in Hannover (Prof. Stein) das Speicherverwaltungssystem DVSHA entwickelt und in das Programmsystem INA-SP, das lauter DFGBIB Routinen enthält, eingebracht. Ein alternatives Speicherverwaltungssystem, das auch zur Implementierung in bereits vorhandene Programmsystme geeignet ist, wurde in Bochum (Prof. Wunderlich) erarbeitet. Der Inhalt der DFGBIB läßt sich in Bild 1 erkennen.

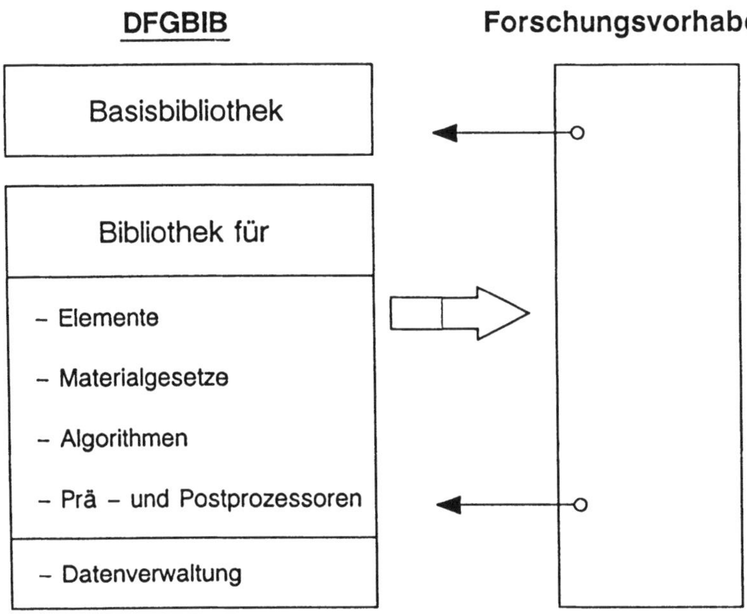


Bild 1 Struktur der gemeinsamen Bibliothek DFGBIB

Ihre Struktur, die Gliederung in Teilbibliotheken und die Aufgabenspezifikation sind im folgenden Schema zusammengefaßt.

Für den Aufbau einer Programmbibliothek ist die Vorgabe von Richtlinien unumgänglich. Als Programmiersprache wurde zunächst FORTRAN IV und dann FORTRAN 77 festgelegt. (FORTRAN war bei Beginn des Schwerpunktprogramms die einzige für alle Mitglieder verfügbare Sprache.) Für die DFGBIB wurden neben der strikten Einhaltung des jeweiligen Sprachstandards weitere Regeln bzw. Empfehlungen formuliert, die die Übertragbarkeit der Programme gewährleisten sollte. Diese Regeln betreffen Restriktionen bei der Verwendung von FORTRAN-Sprachelementen und allgemeine Regeln für Programmierstil und Dokumentation der Programme.

- **Struktur**
  - **Standardbibliothek**
  - **Basisbibliothek**
  - **Teilbibliotheken für**
    - Elemente
    - Algorithmen
    - Materialgesetze
    - Prä- und Postprozessoren
    - Datenverwaltung
- **Gliederung in Teilbibliotheken**
  - **Standardbibliothek**
    - Zugriff auf Plattendateien/Externspeicherdaten
    - Funktionsunterprogramme
  - **Basisbibliothek**
    - Matrizenoperationen, Numerische Grundprogramme
    - Topologische und metrische Grundprogramme
    - Grundprogramme für die Ein- und Ausgabe
    - (Interpreter, Druckprogramme)

- **Aufgabenspezifische Teilbibliotheken**
  - **Elementbibliothek**
    - Balkenelemente
    - Platten- und Faltwerkelemente
    - Schalenelemente
  - **Algorithmenbibliothek**
    - Aufbau und Lösung von linearen Gleichungssystemen in unterschiedlichen Speichertechniken
    - Bandbreiten- und Profiloptimierung
    - Lösung von Eigenwertaufgaben
    - Lösung nichtlinearer Gleichungssysteme
    - Programmpaket zur Dynamik: Direkte Integrationsverfahren, Methode der modalen Analyse
  - **Prä- und Postprozessoren**
    - Eingabe und Aufbau von Randbedingungen, Lasten etc.
    - Netzgenerator
  - **Materialgesetze**
    - Projektionsverfahren mit konsistenter Tangente für ein elasto-plastisches Materialgesetz

Zum Beispiel wurde für die Sprachelemente vereinbart:

- Real- und Integer-Variable müssen einheitliche Wortlänge besitzen
- Namensgebung und Typvereinbarung sollte den impliziten FORTRAN-Konventionen entsprechen
- EQUIVALENCE-Anweisungen sind nach Möglichkeit zu vermeiden
- STOP-Anweisungen in Unterprogrammen sind zu vermeiden und Fehler statt dessen durch Fehlerparameter abzufangen
- es wurden nur zwei Standard-COMMON definiert:
  COMMON /LXINST/ (Installations-COMMON für rechnerspezifische Daten)
  COMMON /LXCONS/ (für rechnerabhängige Konstanten)

Weitere Regeln sollten sicherstellen, daß die Programme der DFGBIB lesbar und weiterverwendbar sind:

- Unterprogramme dürfen nicht zu lang sein (Als Richtwert wurden 100 ausführbare Anweisungen angegeben.)
- Unterprogramme müssen blockweise gegliedert und kommentiert werden
- außer den oben genannten COMMON-Blöcken dürfen keine weiteren COMMON verwendet werden

Jedes Programmpaket soll ausführlich dokumentiert werden:

- Darstellung der globalen Zusammenhänge, der theoretischen Grundlagen und des Algorithmus
- Überblick über die Funktionen der einzelnen Unterprogramme
- Einzeldokumentation der Unterprogramme, insbesondere Beschreibung der Parameter, sowohl im Quelltext als auch auf getrennten Dokumentationsblättern

## 2. Aufbau der DFGBIB

Den ersten Teil der DFGBIB stellte ursprünglich die sogenannte Standardbibliothek dar. Sie enthält beispielsweise Routinen für E/A-Operationen und Funktionen mit wählbarer Genauigkeit. Wegen der Umstellung auf FORTRAN 77 sind diese Routinen jetzt nicht mehr notwendig. Die Basisbibliothek ist eine Sammlung von allgemeinen Hilfsroutinen für Matrizenoperationen, die nicht auf den Einsatz bei Finiten Elementen beschränkt sind. Als Operationen werden Addition, Subtraktion, Multiplikation, Vorbelegung, Kopieren (auch unter Formatwechsel) und Druckausgabe unterstützt. Die Matrizen sind in diesen Routinen entweder als zweidimensionale Felder oder – im symmetrischen Fall – gepackt als eindimensionale Felder angelegt.

Die weiteren Teile der DFGBIB sind speziell auf die Anwendung in FE-Programmen ausgerichtet. Die eigentliche Elementbibliothek ist die größte Teilbibliothek der DFGBIB: sie enthält vier Unterprogrammpakete für Balkenelemente, zehn für Platten-, Scheiben- und Faltwerkselemente, neun für Schalenelemente und ein Spezialelement für Stahlbeton. In der Algorithmenbibliothek findet man Verfahren zur Lösung von linearen und nichtlinearen Gleichungssystemen, zur Eigenwertberechnung, zur Bandbreitenoptimierung und zur Zeitintegration bei dynamischen Problemen. Die restlichen Unterbibliotheken der DFGBIB enthalten: Unterprogramme für elasto-plastische Materialgesetze, E/A-Routinen, einen Netzgenerator und zwei Datenverwaltungssysteme.

## 3. Beschreibung

### 3.1 Basisbibliothek

Die Basisbibliothek beinhaltet Routinen für Matrizenoperationen, numerische Grundprogramme für ebene Dreieckselemente in natürlichen Koordinaten, einen Interpreter für formatfreie Eingabe und ein Paket von Unterprogrammen für Eingaben, Ausgaben und topologische Beschreibungen im Rahmen der Finite-Element-Methode.

**BA.TRI:** Numerische Grundprogramme für ebene Dreieckselemente in natürlichen Koordinaten

Zur Verfügung gestellt werden hier Routinen zur Geometriebeschreibung, zur Ermittlung geometrischer Matrizen höherer Ordnung, Integration und Ableitung von in Dreieckskoordinaten gegebenen Polynomen und Programme zur Auswertung. Hiermit können Polynome beliebiger Ordnung behandelt und für lineare Problemstellungen Integralausdrücke zur Berechnung von Elementsteifigkeitsmatrizen etc. exakt berechnet werden.

**BA.MAT:** Matrizenoperationen

Dies sind maschinenunabhängige Bausteine zur Verarbeitung von Rechteckmatrizen, symmetrischen Matrizen in gepackter Form und Diagonalmatrizen. Es stehen Matrix- und Submatrixoperationen zur Verfügung. Die Programmnamen setzen sich aus drei Buchstaben und drei Ziffern zusammen, wobei die Buchstaben die jeweilige Operation kennzeichnen, z.B. ADDition, SUBtraktion, MULtiplikation, DRUcken, INVersion oder COPy-Routinen zum Kopieren und Einfügen. Nachstehend sind exemplarisch die Möglichkeiten der Verknüpfung verschiedener Matrizenformate am Beispiel der Multiplikation zweier Matrizen dargestellt.

R = A * B; Form von R = Rechteck–Matrix
Form von R = [symmetrische, gepackte Matrix]

| Multiplikation | Form der Matrix B | | | | |
|---|---|---|---|---|---|
| Form von A | Rechteck-matrix | symmetrisch und gepackt | Diagonal-matrix | konstanter Faktor | Rechteck, transponiert |
| Rechteck-matrix | MUL001 | MUL005 | MUL003 | MUL201 | MUL102 |
| symmetrisch und gepackt | MUL006 | MUL002 | | [MUL202] | |
| Diagonal-matrix | MUL004 | | | | |
| Rechteck, transponiert | MUL101 [MUL304] | | | | |

**BA.EA**: Interpreter für formatfreie Eingabe

Dieser Teil enthält Unterprogramme, die beliebige Zeichenfolgen in Integer, Real und Characterstrings aufspalten. Sie ermöglichen z.B. eine Interpretation formatfreier Eingabedateien. Die zur Verfügung stehenden Algorithmen basieren auf FORTRAN 77 und sind dadurch vollständig maschinenunabhängig.

**BA.TOP**: Topologische und metrische Unterprogramme

Bereitgestellt wird hier ein Paket mit Routinen zur Verwaltung der Topologie eines Berechnungsmodells im Rahmen der Finite-Element-Methode. Vorhanden sind Unterprogramme zur Ein- und Ausgabe von Knotenkoordinaten, Definition von Systemfreiheitsgraden und Randbedingungen, zum Erstellen der Verknüpfungsmatrizen, zur Addition von Knoten- und Elementlasten zur Systemlastmatrix und zur Ausgabe von korrespondierenden Größen, wie z.B. Auflagerreaktionen.

### 3.2 Elemente

Die Elementbibliothek enthält Unterprogrammpakete zur Berechnung linearer, geometrischer und tangentialer Steifigkeitsmatrizen sowie zur Berechnung von Last-, Fehlerkraftvektoren und Vektoren der inneren Elementkräfte. Bei einigen dieser Pakete sind außerdem bereits Unterprogramme für spezielle nichtlineare Stoffgesetze implementiert. Für bestimmte Schalenelemente sind Unterprogramme zur Dickenintegration der Stoffmatrizen und der Spannungen vorhanden. Zu den Balkenelementen mit nichtlinearen Stoffgesetzen existieren Unterprogramme zur Integration der Querschnittswerte und zur Spannungsintegration am Querschnitt. Im folgenden sind die vorhandenen Programmpakete kurz beschrieben.

### 3.2.1 Stab- und Balkenelemente

**ELBA.ST1:** Fachwerkstab, geometrisch nichtlinear

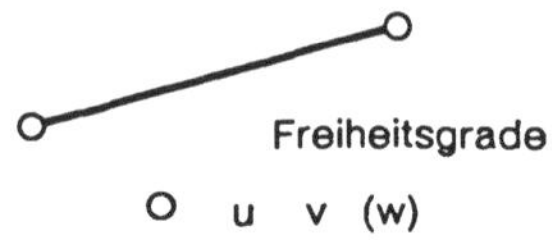


Das zwei- oder dreidimensionale Fachwerkelement mit zwei Knoten basiert auf einem linearen Verschiebungsansatz. Zur geometrisch nichtlinearen Berechnung wird eine Updated Lagrange-Formulierung für kleine Dehnungen verwendet. Das Paket enthält Unterprogramme zur Berechnung der linearen, tangentialen und geometrischen Steifigkeitsmatrizen und zur Berechnung der inneren Kräfte.

**ELBA.ST2:** Ebenes Balkenelement nach Theorie II. Ordnung

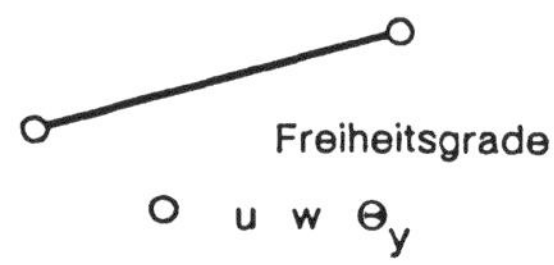


Dieser Teil dient zur Berechnung der Elementmatrizen für ein ebenes gerades Balkenelement (ebener Rahmen) nach Theorie II. Ordnung unter Berücksichtigung der Schubverformungen. Für statische Berechnungen werden Übertragungsmatrizen mit Hilfe der Integration des zugehörigen Differentialgleichungssystems erster Ordnung gewonnen. Hieraus folgen mit Hilfe einfacher Matrizenoperationen die entsprechenden Steifigkeitsmatrizen und Lastvektoren. Für dynamische Berechnungen werden Elementmassen- und Elementsteifigkeitsmatrizen auf der Grundlage des Prinzips der virtuellen Verschiebungen berechnet.

**ELBA.ST3:** Räumliches Balkenelement mit zweiachsiger Biegung nach Theorie II. Ordnung

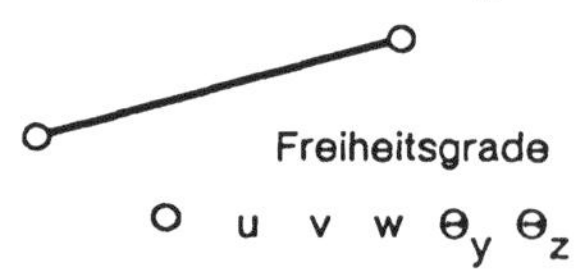


Dieses Element ist zur Berechnung von Stahl-Beton-Verbundquerschnitten unter zweiachsiger Biegung mit Normalkraft (ohne Torsion) nach Theorie II. Ordnung konzipiert. Die Steifigkeitsmatrizen werden mit Hilfe Hermite'scher Interpolationspolynome 2. Ordnung für die Längsverschiebung und 4. Ordnung für die Normalverschiebungen ermittelt. Die tangentialen Querschnittssteifigkeiten sind wie die Normalkraft innerhalb eines Stabes als konstant angenommen.

Das Programmpaket enthält Unterprogramme zur Anpassung des Dehnungszustandes an die aus den mit Hilfe der Steifigkeitsmatrizen berechneten Schnittgrößen und zur Ermittlung der tangentialen Querschnittssteifigkeiten. Die Berechnung am Querschnitt erfolgt iterativ mit Hilfe des Newton-Verfahrens. Die Integration wird numerisch mit Hilfe einer Diskretisierung des Querschnitts durch Fasern getrennt für den Beton, das Stahlprofil und die Bewehrung durchgeführt.

**ELBA.ST4:** Räumliches Balkenelement mit Berücksichtigung der Wölbkrafttorsion

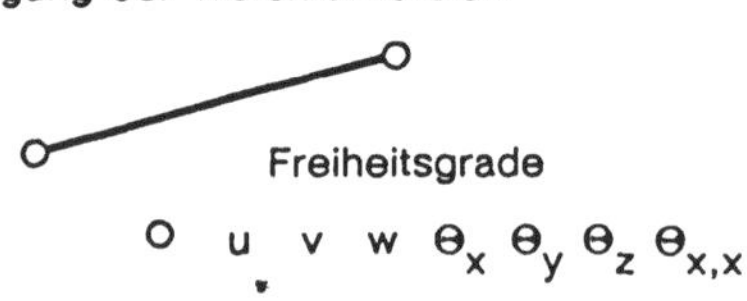


Dieses Programmpaket dient zur räumlichen Rahmenberechnung mit Wölbkrafttorsion nach Theorie II. Ordnung. Für doppeltsymmetrische Querschnitte wird die lineare Steifigkeitsmatrix basierend auf den exakten Lösungen für die Verschiebungen und Verdrehungen berechnet. Zur Berechnung nach Theorie II. Ordnung und zur Berücksichtigung des Plastizierens dünnwandiger offener Stahlquerschnitte liegen Unterprogramme vor, mit denen innere Elementkräfte bzw. Fehlerkräfte berechnet werden können. Damit ist eine iterative Berechnung mit konstanter linker Seite im Gleichungssystem (Steifigkeitsmatrix des Ausgangszustands) möglich.

Zur Behandlung der Plastizität wird ein elastisch–idealplastisches einaxiales Gesetz verwendet, d.h. Einflüsse aus Schubspannungen werden nicht berücksichtigt. Die Integration der Schnittgrößen über den Querschnitt erfolgt numerisch. Der Querschnitt wird hierzu durch mehrere Streifen diskretisiert, die durch die Angabe der Anfangs- und Endkoordinaten, der Wölbordinaten und durch die Dicke definiert werden.

### 3.2.2 Scheibenelemente und axialsymmetrische Elemente

ELSE.IS2: Isoparametrische Scheibenelemente mit 3 bis 9 Knoten

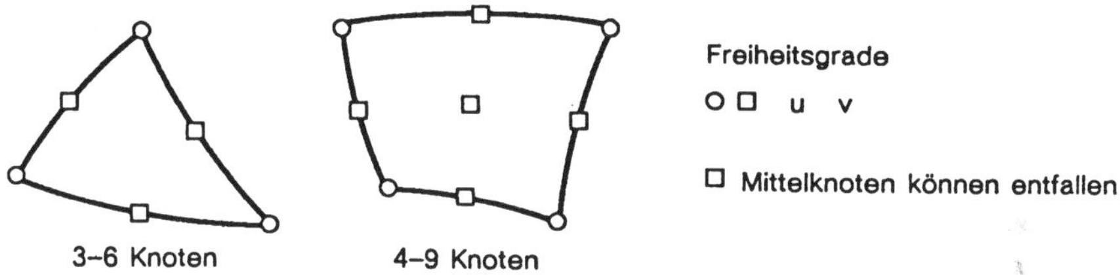


Isoparametrische Elemente haben sich insbesondere bei zweidimensionalen Berechnungen bewährt. Mit Hilfe der vorliegenden Unterprogramme können der ebene Spannungs- und Dehnungszustand und axialsymmetrische Probleme mit linearen und quadratischen Dreieckselementen sowie mit bilinearen und biquadratischen Viereckselementen behandelt werden. Es wird eine lineare Dehnungs-/Verschiebungs-Beziehung (geometrische Linearität) vorausgesetzt. Mit Hilfe der Unterprogramme können lineare und tangentiale Steifigkeitsmatrizen und der Vektor der inneren Kräfte bei nichtlinearem Stoffverhalten durch numerische Integration berechnet werden. Zur Behandlung elastisch–plastischen Materialverhaltens dienen Unterprogramme für die Fließbedingungen nach von Mises, Tresca, Mohr–Coulomb und Drucker–Prager, wobei ein isotropes Verfestigungsgesetz unter Annahme einer affinen Vergrößerung der Fließfläche zugrundegelegt ist.

### 3.2.3 Plattenelemente

ELPL.ACM: Rechteckige Plattenelemente mit 12 bzw. 16 Freiheitsgraden

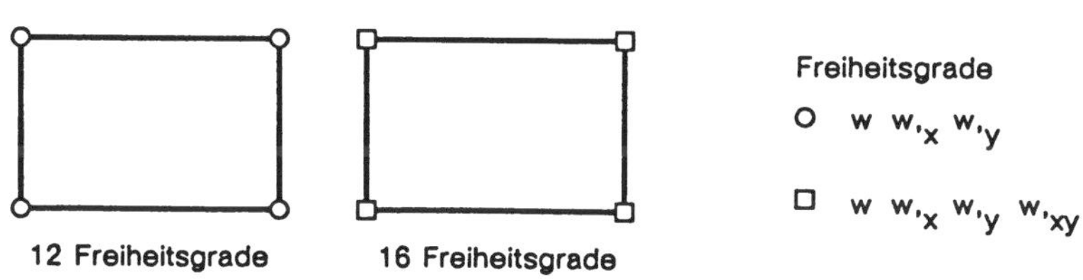


Die Elemente beruhen auf Ansätzen für die Durchbiegungen, die aus Produkten von Hermite–Polynomen in den beiden Koordinatenrichtungen gebildet werden. Beim Element mit 12 Freiheitsgraden [1, 2] werden Produktansätze aus linearen und kubischen Hermite–Polynomen gebildet (linear–kubische Durchbiegung). Dieses Element ist unverträglich, wird aber dennoch wegen der Verwendung primärer Knotenfreiheitsgrade (Verschiebungen, Verdrehungen) in FE-Programmen benutzt. Beim verträglichen Element mit 16 Freiheitsgraden [3] werden die Verschiebungsansätze aus Produkten kubischer Hermite-Polynome in beiden Richtungen gebildet (bikubischer Ansatz). Beide Elemente können für lineare Berechnungen verwendet werden. Die Integration der Steifigkeitsmatrizen erfolgt numerisch mit Hilfe der Gauß-Integration.

### 3.2.4 Ebene Platten-Scheibenelemente

Mit den folgenden Elementen ist man in der Lage, ebene Platten-Scheibensysteme unter Berücksichtigung von Membran- und Biegeeinflüssen zu behandeln. Aufgrund der verwendeten Knotenkinematen ist es jedoch in der Regel nicht möglich, sie zur Berechnung von Faltwerken oder als Facettenelemente für Schalen zu verwenden (siehe 3.2.5).

**ELPS.GD**: Geschichtete dreieckige Platten-Scheibenelemente

In dem hier behandelten Programmpaket werden lineare bzw. quadratische Ansätze für die Tangentialverschiebungen und quadratische bis quintische Ansätze für die Normalverschiebungen verwendet. Die linearen kinematischen Beziehungen folgen der Kirchhoff-Theorie. Die verwendeten Knotenkinematen sind in den folgenden Abbildungen dargestellt.

Tangentialverschiebungen:

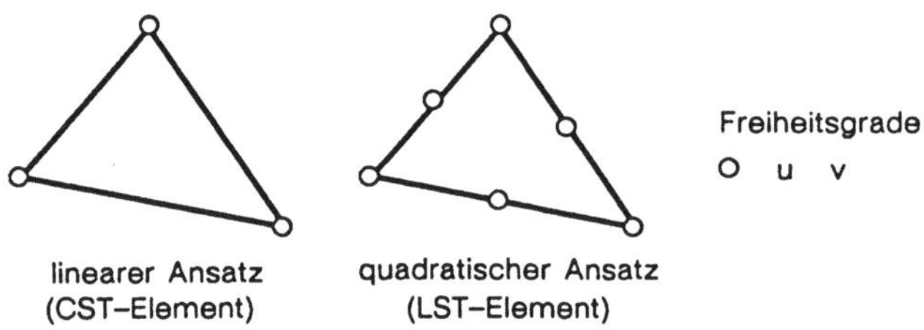


Normalverschiebungen:

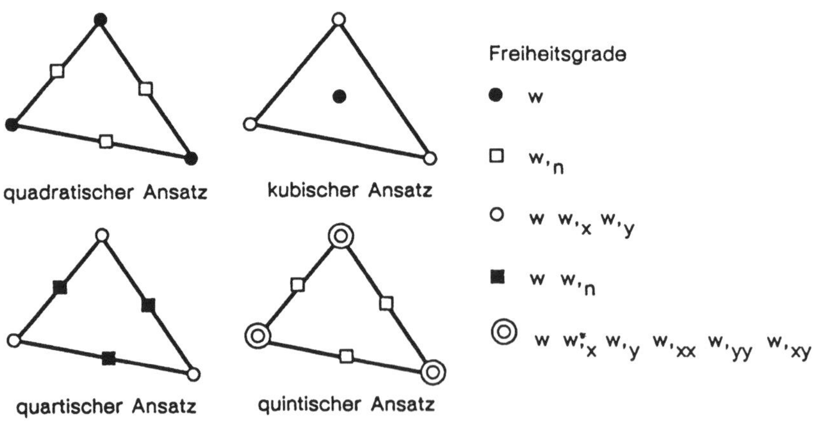

Hinsichtlich der Formulierung des Biegeanteils ist lediglich das quintische Element verträglich [4]. Für das Element mit quadratischem Ansatz [5] ist die Erfüllung des Patch-Tests und die Konvergenz nachgewiesen. Das kubische Element ist hier nur der Vollständigkeit halber erwähnt. Es hat sich als zu weich erwiesen und sollte in der vorliegenden Form nicht benutzt werden.

**ELPS.GR**: Geschichtete rechteckige Platten–Scheibenelemente

Für geschichtete rechteckige Platten–Scheibenelemente liegt ein ähnliches Unterprogrammpaket vor. Hier werden bilineare bzw. linear–quadratische Ansätze für die Tangentialverschiebungen verwendet. Die Ansätze für die Normalverschiebungen entsprechen denen des Unterprogrammpakets ELPL.ACM.

Tangentialverschiebungen:

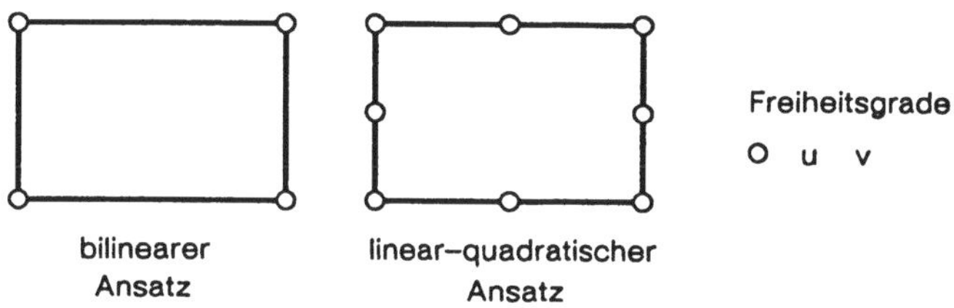


Normalverschiebungen:

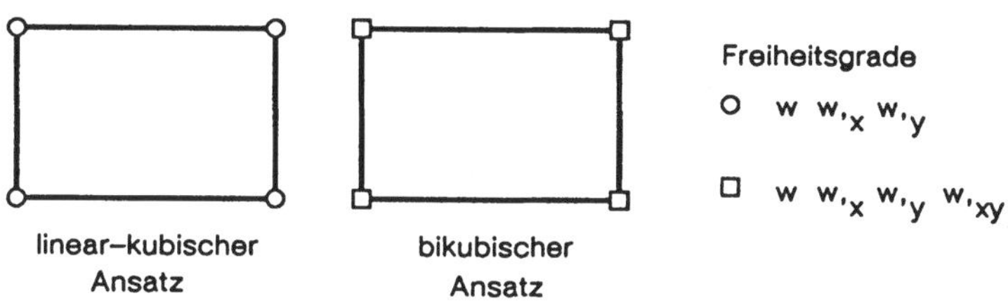


In beiden Elementpaketen für geschichtete Platten–Scheibenelemente können die Ansätze für die Tangential– und Normalverschiebungen beliebig miteinander kombiniert werden. In Dickenrichtung wird eine numerische Integration (Schichtpunkte, Rechteckregel) durchgeführt. Dadurch sind die Elemente zur Behandlung von nichtlinearen Stoffgesetzen und zum Teil auch zur Behandlung von Platten mit geschichtetem Aufbau oder struktureller Anisotropie geeignet. Je Schicht erfolgt die Integration der Beiträge zur Steifigkeitsmatrix analytisch, d.h. es wird pro Schicht einen konstante Stoffmatrix angenommen.

### 3.2.5 Faltwerkselemente, Facettenelemente

In diesem Abschnitt sind alle ebenen Elemente zusammengefaßt, die sowohl Membrankräfte als auch Biegemomente aufnehmen können und aufgrund der Verwendung primärer Knotenkinematen (Verschiebungen, Verdrehungen) räumlich transformiert werden können. Dadurch lassen sich auch Faltwerke und Schalen mit einer Facettendiskretisierung berechnen.

**ELFW.ZIT:** Drei–Knoten–Faltwerkselement mit einem Verschiebungsansatz nach Zienkiewicz

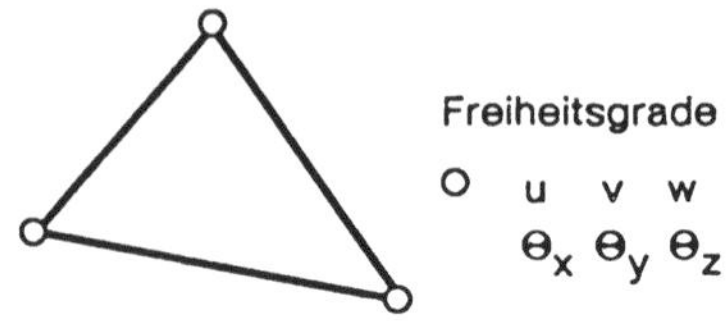


Dieses Element basiert auf einem linearen Verschiebungsansatz für die Tangentialverschiebungen (CST-Scheibenelement) kombiniert mit einem unvollständigen kubischen Verschiebungsansatz für die Normalverschiebung nach [6]. Die kinematischen Beziehungen folgen der Kirchhoff-Theorie. Das Element ist unverträglich und erfüllt nicht den Patch–Test. Konvergenz kann in der Regel nur für Dreirichtungsgitter erwartet werden. Das Paket enthält Unterprogramme zur Berechnung linearer Steifigkeitsmatrizen und zur Schnittgrößenauswertung für linear elastisches Verhalten.

**ELFW.TRU:** Drei–Knoten–Element basierend auf der Konzentration der physikalischen Eigenschaften

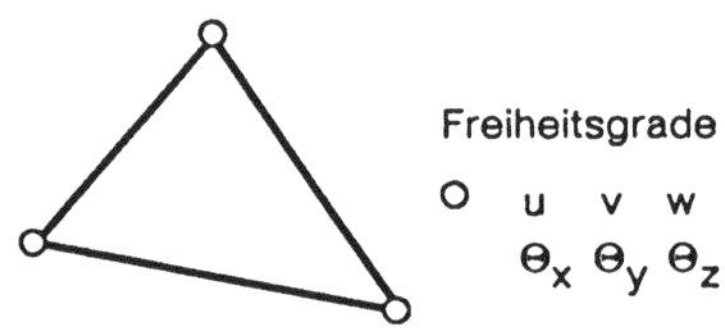


Das Element dieses Pakets folgt dem etwas unkonventionellen Konzept der Konzentration (lumping) der physikalischen Eigenschaften in einem äquivalenten Modell [7]. Ausgehend von konstanten Dehnungs- und Krümmungszuständen wird ein Ersatzmodell aus drei Randbalken und drei Knotenfedern gebildet, in denen die Steifigkeiten des Elements konzentriert sind. Der Membrananteil entspricht einem Element mit konstantem Dehnungszustand.

Auf der Grundlage einer "mitrotierenden Betrachtungsweise" (co–rotational formulation) lassen sich mit diesem Element geometrisch nichtlineare Berechnungen durchführen. Neben elastischem Stoffverhalten kann mit Hilfe eines biaxialen elasto–plastischen Stoffgesetzes das Verhalten von Stahlbeton behandelt werden.

Das Paket enthält Unterprogramme zur Berechnung der linearen, tangentialen elasto–plastischen und geometrischen Steifigkeitsmatrizen, der Last– und Kraftvektoren sowie zur Ermittlung der Schnittgrößen und Spannungen.

**ELFW.DKT:** Drei–Knoten–Dreieckselement basierend auf der diskreten Kirchhoff–Theorie

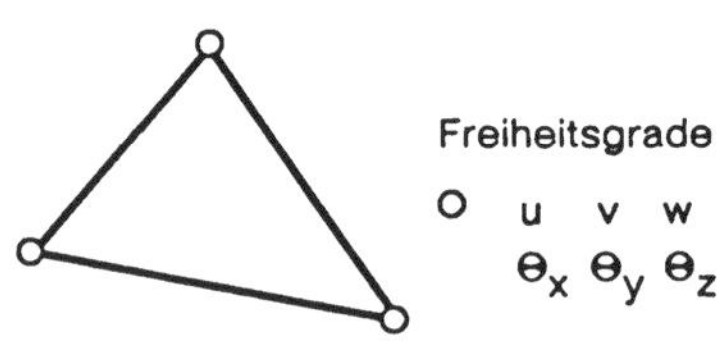


Die diskrete Kirchhoff–Theorie hat sich bei der Behandlung von ebenen Biegeelementen ohne Schubverformungen sehr bewährt. Das hier behandelte Element basiert auf einem quadratischen Ansatz für die Verdrehungen im Element, der über eine diskrete Kirchhoff–Bedingung mit einem kubischen Ansatz für die Normalverschiebungen entlang der Ränder gekoppelt wird [8]. Für die Verschiebungen in tangentialer Richtung wird ein linearer Verschiebungsansatz verwendet (CST–Element).

Das Element kann zur inkrementellen Berechnung geometrisch nichtlinearer Probleme verwendet werden, wobei sowohl große Verschiebungen als auch große Rotationen behandelt werden können. Die kinematischen Beziehungen folgen einer updated Lagrange–Formulierung. Innerhalb der Inkremente werden mäßige Rotationen vorausgesetzt. Neben elastisch isotropem Materialverhalten können elastisch–plastische Stoffgesetze nach Prandtl–Reuß mit isotroper und kinematischer Verfestigung berücksichtigt werden, wobei eine numerische Integration über die Dicke für jeden Gaußpunkt getrennt erfolgt.

Das Programmpaket enthält Unterprogramme zur Berechnung der linearen und tangentialen Steifigkeitsmatrix, zur Berechnung der Lastvektoren und Fehlerkräfte und zur Spannungsauswertung.

ELFW.DKQ: Vier–Knoten–Viereckselement basierend auf der diskreten Kirchhoff–Theorie

Das Vier–Knoten–DKQ–Element (Discrete Kirchhoff Quadrilateral) basiert auf der gleichen Theorie wie das zuletzt behandelte Dreieckselement [9]. Für die Verdrehungen wird ein quadratischer Ansatz gewählt, der vom isoparametrischen 8-Knoten–Serendipity–Element her bekannt ist. Er wird über die Erfüllung der Kirchhoff–Hypothese entlang der Ränder mit dem kubischen Ansatz der Normalverschiebungen gekoppelt. In weiteren kinematischen Gleichungen wird ein linearer Verlauf der Verdrehung parallel zum Rand vorausgesetzt. Um singuläre Steifigkeitsmatrizen zu vermeiden, wird eine fiktive geringe Steifigkeit für die Rotation um die Normale eingeführt (dummy–Steifigkeit).

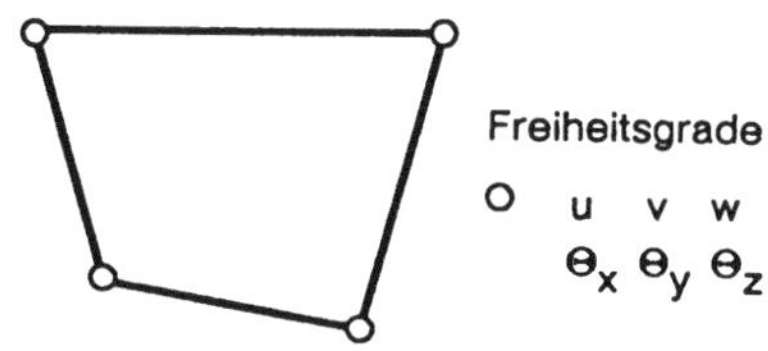


Für die Behandlung linearer Probleme liegen Unterprogramme zur Berechnung linearer Steifigkeitsmatrizen, konsistenter Lastvektoren, Steifigkeitsmatrizen für elastische Bettung und zur Spannungsauswertung vor.

ELFW.DS4: Degeneriertes ebenes isoparametrisches Vier–Knoten–Element mit einem speziellen Schubdehnungsansatz

Dieses Unterprogrammpaket enthält Routinen zur Berechnung linearer Steifigkeitsmatrizen und Lastvektoren sowie zur Spannungsauswertung für ein ebenes Vier–Knoten–Faltwerkselement unter Berücksichtigung der Schubverformungen (Reißner–Mindlin–Theorie).

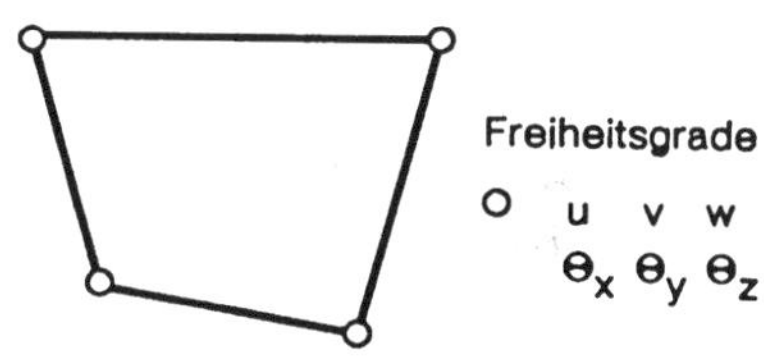


Für die Beschreibung der Geometrie, der Verschiebungen und der Verdrehungen wird ein isoparametrischer bilinearer Ansatz verwendet. Zur Elimination des "shear–locking"–Effekts werden die kovarianten Schubdehnungskomponenten durch spezielle lineare Funktionen nach [10] approximiert. Die Parameter für diese Funktionen werden durch Kollakation in den Kantenmitten bestimmt. Das Programmpaket enthält Unterprogramme zur Berechnung linearer Steifigkeitsmatrizen, konsistenter Lastvektoren, Steifigkeitsmatrizen für elastische Bettung und zur Spannungsauswertung.

### 3.2.6 Schalenelemente

Die in der DFGBIB vorhandenen Schalenelemente unterscheiden sich durch zwei konzeptionell unterschiedliche Vorgehensweisen. Die zuerst beschriebene Gruppe basiert auf dem klassischen Konzept einer zweidimensionalen Theorie in krummlinigen Koordinaten, wobei die speziellen Annahmen der Schalentheorie direkt berücksichtigt sind. Die diskretisierten Komponenten der Verschiebungs- und Schnittgrößen–Felder beziehen sich auf die kovariante oder kontravariante Basis der krummlinigen Flächenkoordinaten. Hierauf beruhen drei Unterprogrammpakete der DFGBIB.

**ELSA.GMR**: Gemischtes rechteckiges Schalenelement, geometrisch nichtlinear

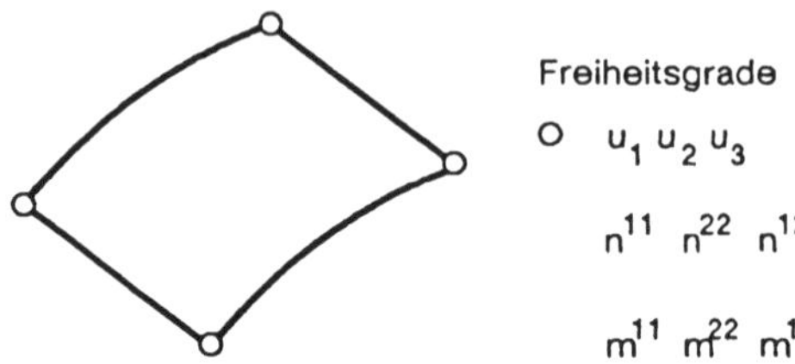


Diskretisierungsgrundlage des rechteckigen Schalenelements ist ein gemischtes Arbeitsprinzip, das einem modifizierten Hellinger–Reißner–Funktional entspricht [11]. Durch die Elimination der Verdrehungen und Querkräfte bzw. die Anwendung des Gauß'schen Integralsatzes wird die Biegeenergie über ein Differentialgleichungssystem zweiter Ordnung angenähert. Dadurch erfordert die verwendete gemischte Arbeitsaussage, auch wenn man die Kirchhoff–Love–Hypothese zugrundelegt, lediglich die Erfüllung der $C^0$–Kontinuität der Verschiebungen und der Biegemomente. Zur Approximation werden bilineare Ansätze sowohl für die Verschiebungskomponenten bezogen auf die kontravariante Basis als auch für die Membrankräfte und Biegemomente bezogen auf die kovariante Basis des krummlinigen Koordinatensystems verwendet.

Das Unterprogrammpaket kann zur Berechnung von Scheiben– oder Plattensystemen und von Zylinderschalen verwendet werden. Die kinematischen Beziehungen der Zylinderschale basieren auf den Donnell–Marguerre–Näherungen für steile oder für flache Schalen.

Das Paket enthält Unterprogramme zur Berechnung der linearen elastischen und der geometrischen Elementmatrizen sowie zur Ermittlung der inneren Elementreaktionen. Zusätzlich liegen Unterprogramme vor, die über quasi–viskose Dämpfungen nichtlineare Vorgänge mit einem Relaxationsverfahren behandeln. Die nichtlineare Änderung der Zustandsgrößen wird dabei wie in einem Kriechprozess interpretiert, wobei das Verfahren gegen die gesuchte statische Lösung konvergiert. Hiermit ist z.B. die Behandlung von Durchschlagsproblemen möglich.

**ELSA.GEM**: Gemischtes viereckiges Schalenelement

Das gemischte viereckige Schalenelement basiert auf der gleichen Arbeitsaussage wie das oben behandelte rechteckige Element [11]. Es ist jedoch als allgemeines Viereck im krummlinigen Koordinatensystem der Schalenmittelfläche formuliert. Die kinematischen Beziehungen enthalten eine erste Approximation für mäßige Rotationen, wobei nichtlineare Terme der Verkrümmungen und Schubverzerrungen vernachlässigt sind. Das Element kann zur Berechnung von Scheiben– und Plattensystemen, von Zylinder–, Kugel–, Kegel–, Torusschalen, Rotationsellipsoiden und Rotationshyperboloiden herangezogen werden. Zur Behandlung plastischer Einflüsse beinhaltet es entweder integrale plastische Gesetze formuliert in Schnittgrößen oder ein Schichtenmodell. Die Diskretisierung beruht auf bilinearen Ansätzen für die Verschiebungskomponenten, für die Membrankräfte und die Biegemomente und für plastische Vergleichsdehnungen bei physikalisch nichtlinearen Berechnungen.

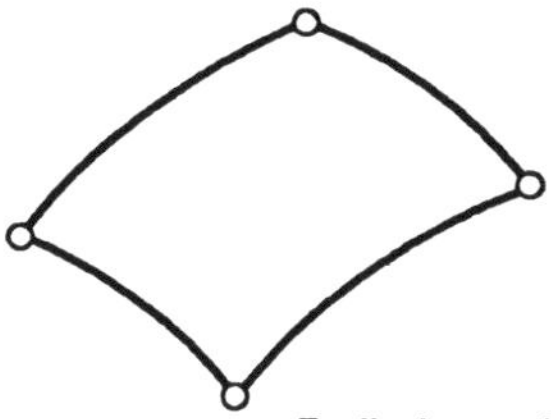

Freiheitsgrade

○ $u_1\ u_2\ u_3$

$n^{11}\ n^{22}\ n^{12}$

$m^{11}\ m^{22}\ m^{12}$

$\epsilon p^0$

integrales Plastizierungsmodell

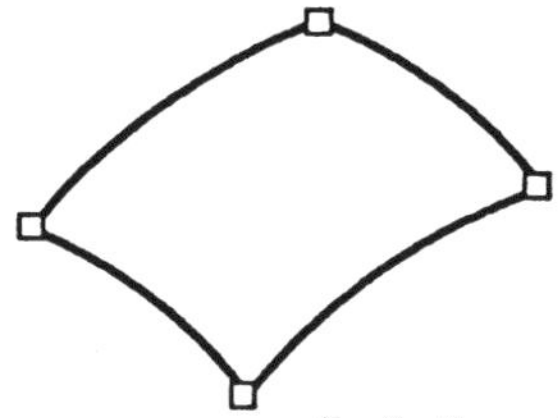

Freiheitsgrade

□ $u_1\ u_2\ u_3$

$n^{11}\ n^{22}\ n^{12}$

$m^{11}\ m^{22}\ m^{12}$

$\epsilon p^1\ \epsilon p^2 \ldots \epsilon p^n$

Schichtenmodell

Zu den Knotenfreiheitsgraden für Verschiebungen und Schnittgrößen kommen dann im Fall des integralen Plastizierungsmodells eine integrale plastische Vergleichsdehnung und bei der Verwendung des Schichtenmodells eine plastische Vergleichsdehnung pro Schichtpunkt hinzu. Dies erfordert ein übergeordnetes Programm, in dem während der Berechnung eine veränderliche Zahl von Knotenfreiheitsgraden verarbeitet werden kann. Alle Matrizen und Vektoren werden mit Hilfe einer 2 x 2 Gauß–Integration numerisch berechnet. Das Paket enthält Unterprogramme zur Ermittlung der linearen Elementmatrix, der Lastvektoren (rechte Seite), der geometrisch und physikalisch nichtlinearen Elementmatrizen und der Fehlervektoren.

**ELSA.NAC**: Dreieckiges Schalenelement mit kubischen Verschiebungsansätzen

Ein weiteres in krummlinigen Schalenkoordinaten formuliertes Schalenelement ist ein dreieckiges Element mit 27 Freiheitsgraden. Das Element kann zur geometrisch nichtlinearen Berechnung von beliebig gekrümmten Schalen verwendet werden. Die kinematischen Beziehungen folgen der Donnell–Marguerre–Theorie für steile Schalen. Für Kreiszylinder, Kugel– und Kegelschalen liegen Unterprogramme zur Ermittlung der hierzu benötigten Metrik–, Krümmungstensoren und Christoffelsymbole vor. Eine Erweiterung auf andere Geometrien kann durch den Benutzer erfolgen. Als Verschiebungsansätze werden sowohl für die Normalverschiebungen als auch für die tangentialen Verschiebungskomponenten kubische Ansätze nach Zienkiewicz [6] verwendet. Als Knotenfreiheitsgrade dienen die physikalischen Verschiebungskomponenten und deren erste Ableitungen nach den Parameterlinien der Schalenfläche.

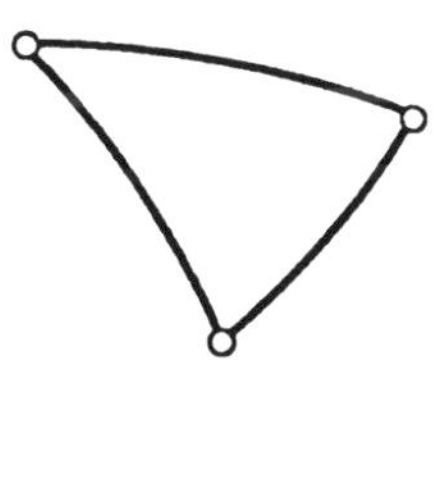

Freiheitsgrade

○ $u_1\ \ u_{1,1}\ \ u_{1,2}$

$u_2\ \ u_{2,1}\ \ u_{2,2}$

$u_3\ \ u_{3,1}\ \ u_{3,2}$

Das Element erfüllt nicht die aufgrund der Kirchhoff–Love–Hypothese erforderlichen $C^1$–Stetigkeitsforderungen. Die Konvergenz zur richtigen Lösung ist daher nicht in jedem Fall gesichert (in der Regel nur für Dreirichtungsgitter).

Das Paket enthält Unterprogramme zur Ermittlung der linearen, geometrischen und tangentialen Steifigkeitsmatrix, für konsistente und "lumped" Massenmatrizen sowie zur Berechnung von Lastvektoren und inneren Knotenkräften.

Die zweite Gruppe von gekrümmten Schalenelementen geht von einer direkten Diskretisierung der dreidimensionalen Gleichungen aus. Die Annahmen der Schalentheorie werden an diskreten Punkten (Knotenpunkten und Integrationspunkten) erfüllt. Dadurch werden die Verschiebungen des dreidimensionalen Schalenkontinuums in den Knoten durch die Verschiebungen und Rotationen der Schalenmittelfläche als unabhängige Variable ausgedrückt, so daß nur die $C^0$–Stetigkeit erfüllt sein muß und Schubverformungen berücksichtigt werden. Die auf diesem Konzept beruhenden Elemente werden üblicherweise als "degenerierte" Schalenelemente bezeichnet. Es ist bekannt, daß diese Elemente vor allem bei niedriger Ansatzordnung unerwünschte Versteifungseffekte (shear–, membrane–locking) aufweisen. Um diese zumindest teilweise zu vermeiden, werden häufig spezielle Verfahren wie reduzierte Integration, Dehnungsinterpolation oder Spannungsansätze im Rahmen einer gemischten Methode angewandt.

**ELSA.D16:** Degenerierte isoparametrische dreieckige und viereckige Schalenelemente mit 3 bis 16 Knoten

Die Elemente dieses Unterprogramm–Pakets können zur geometrisch nichtlinearen Berechnung von Schalentragwerken verwendet werden. Die geometrisch nichtlinearen Beziehungen basieren wahlweise auf einer totalen oder einer updated Lagrange–Formulierung [12]. Die Schalengeometrie ist durch die Knotenkoordinaten mit Hilfe der isoparametrischen Gestaltfunktionen und durch die Schalennormalen an den Knoten mit Hilfe von zwei Winkeln definiert. Zur Beschreibung der Verschiebungsfelder werden isoparametrische Ansatzfunktionen für Dreieckselemente mit 3, 6 und 10 Knoten bzw. für Viereckselemente mit 4, 8, 9 oder 16 Knoten verwendet.

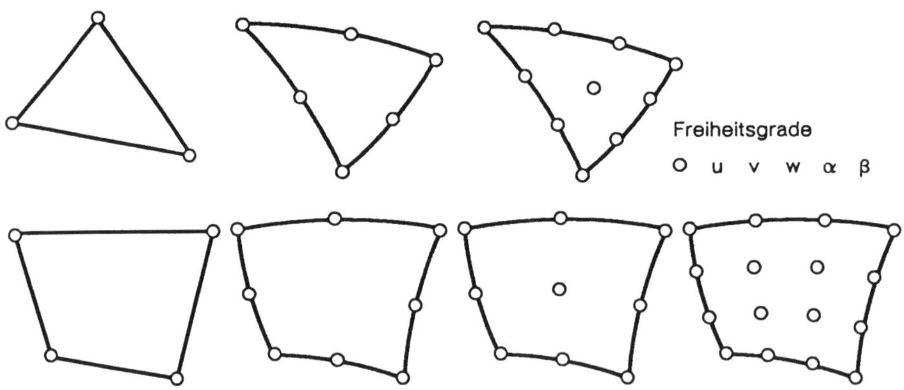


Als Knotenfreiheitsgrade dienen drei Verschiebungen in Richtung des globalen kartesischen Koordinatensystems und zwei Winkel, die die Lageänderung der Normalen beschreiben. Die verwendeten kinematischen Beziehungen erlauben große Rotationen auch innerhalb eines Inkrements. Alle Matrizen und Vektoren werden mit Hilfe der Gauß–Integration numerisch integriert, wobei die Zahl der Gauß–Punkte frei wählbar ist. Dadurch kann man sowohl eine vollständige wie auch eine reduzierte Integration verwenden. Die Integration in Dickenrichtung wird zur Rechenzeitersparnis getrennt von der Integration über die Schalenfläche durchgeführt.

Das Paket enthält Unterprogramme zur Ermittlung der linearen und tangentialen Steifigkeitsmatrizen und der inneren Knotenkräfte sowie zur Schnittgrößenauswertung.

ELSA.DVK: Degeneriertes isoparametrisches viereckiges Schalenelement mit variabler Knotenzahl

Dieses Elementpaket kann zur physikalisch nichtlinearen Berechnung von Schalen herangezogen werden. Die Geometrie der Schalenmittelfläche und die Verschiebungen bzw. Verschiebungsgradienten in Dickenrichtung werden durch isoparametrische Funktionen für Viereckselemente mit variabler Knotenzahl von 4 bis 9 interpoliert.

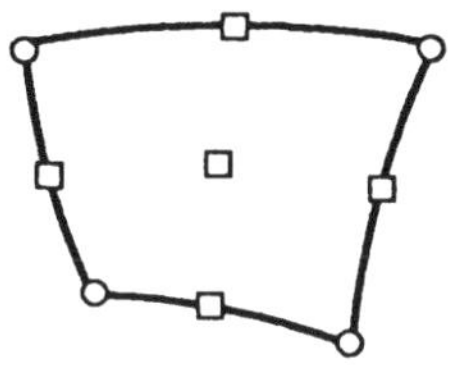

Freiheitsgrade

○ □ $u_x$ $u_y$ $u_z$ $w_1$ $w_2$

bzw. $u_1$ $u_2$ $u_3$ $w_1$ $w_2$

□ Mittelknoten können entfallen

Die Dickenrichtung wird durch ein begleitendes Dreibein festgelegt, das außerdem das lokale Koordinatensystem an den Knoten definiert. Die Freiheitsgrade der Knoten können in diesem lokalen oder im globalen kartesischen Koordinatensystem definiert werden. Die Lageänderungen der Schalennormalen werden durch die Rotationen um die Tangentialrichtungen beschrieben. Es werden lineare kinematische Beziehungen vorausgesetzt. Zur automatischen Ermittlung des lokalen Dreibeins steht ein Unterprogramm für verschiedene Schalentypen zur Verfügung.

Zur Behandlung nichtlinearen Materialverhaltens sind Unterprogramme für elasto–plastische Stoffgesetze vorhanden, welche bereits im Elementpaket ELSE.IS2 angesprochen wurden. Die Integration der Stoffmatrix und der Schnittgrößen erfolgt getrennt von der Integration über die Elementfläche mit Hilfe der Simpson–Regel. Für die Flächenintegration werden die Gauß–Quadratur–Formeln benutzt.

Es stehen Unterprogramme zur Berechnung der tangentialen Steifigkeitsmatrizen, der Spannungen und Schnittgrößen sowie zur Dickenintegration der elasto–plastischen Stoffgesetze zur Verfügung.

ELSA.DSA: Degenerierte isoparametrische Viereckselemente mit einem speziellen Querkraftansatz

Wie bereits erwähnt führt die Verwendung degenerierter isoparametrischer Schalenelemente niedriger Ansatzordnung zu unerwünschten Locking–Effekten. Eine Möglichkeit, diese vollständig oder zumindest teilweise zu eliminieren, besteht in der Verwendung gemischter Elemente. In dem hier beschriebenen Elementpaket wird der Membran– und Biegeanteil nach der üblichen Verschiebungsmethode behandelt, während zur Berechnung der Steifigkeiten aus Schubverformungen spezielle Querkraftansätze im Rahmen eines Hellinger-Reißner-Funktionals verwendet werden [13]. Die zugehörigen Spannungsparameter werden auf Elementebene eliminiert, so daß man endgültig nur Verschiebungsfreiheitsgrade als Unbekannte in den Systemgleichungen erhält. Die Elementgeometrie wird isoparametrisch für 4-, 8- und 9-Knoten-Elemente definiert. Der Normalenvektor ist durch seine drei Komponenten festgelegt. Als Knotenfreiheitsgrade treten die Verschiebungen bezogen auf das globale kartesische Koordinatensytem und zwei Winkel [14] zur Beschreibung der Rotationen des Normalenvektors auf.

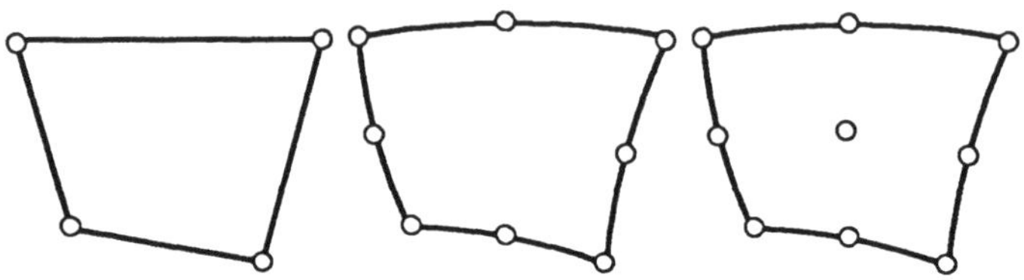


Die geometrisch nichtlineare Formulierung basiert wahlweise auf einer totalen oder einer updated Lagrange-Formulierung, wobei die Rotationen innerhalb eines Inkrements als mäßig vorausgesetzt werden. Als Materialverhalten ist elastisch isotropes oder in einem Schichtenmodell orthotropes Verhalten vorgesehen. Die Integration erfolgt in Dickenrichtung mit Hilfe der Newton-Cotes-Formeln zusammen mit einer Gaußintegration über die Fläche.

Das Paket enthält Unterprogramme zur Berechnung der tangentialen Steifigkeitsmatrizen und der inneren Knotenkräfte.

### 3.2.7 Schalenringelemente

Zur Behandlung von Rotationsschalen unter überwiegend axialsymmetrischer Belastung, die z.B. im Behälterbau auftreten, sind Schalenringelemente wegen des gegenüber Flächenelementen geringeren Rechen- und Diskretisierungsaufwandes vorteilhaft. Nichtaxialsymmetrische Zustände und Belastungen können mit Fourier-Reihen approximiert werden, wobei die Reihenglieder sich bei linearen Berechnungen aufgrund ihrer Orthogonalität entkoppeln. Die Berechnung kann dadurch getrennt für jede Fourier-Harmonische erfolgen. Die Anwendung von Ringelementen und der Fourierreihenentwicklung bei nichtlinearen Problemen erfordert jedoch die Berücksichtigung der Kopplung der Harmonischen. Die im folgenden beschriebenen Pakete zur Behandlung von Schalen mit Hilfe von Ringelementen sind Bestandteil der DFGBIB.

**ELRI.KEG**: Kegelelement mit kubischen Verschiebungsansätzen

Die kinematischen Beziehungen des Kegelelements basieren auf der ersten Approximation der Schalentheorie unter Voraussetzung der Kirchhoff-Love-Hypothese. Es werden kubische Ansätze sowohl für die Normalverschiebungen wie auch für die Tangentialverschiebungen verwendet. Dadurch erhält man ein Element mit 12 Freiheitsgraden, die durch statische Kondensation auf Elementebene auf 8 Freiheitsgrade reduziert werden. Zur Berechnung der Elementmatrizen wird eine 3-Punkt-Gaußintegration verwendet.

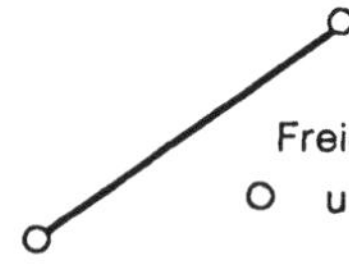


Das Paket enthält Unterprogramme zur Berechnung linearer Steifigkeitsmatrizen, geometrischer Steifigkeitsmatrizen für axialsymmetrische Grundzustände und zur Schnittgrößenauswertung, die getrennt für jedes Fourierglied aufgerufen werden können. Damit ist man in der Lage, lineare Berechnungen für allgemeine Belastungen und Beuluntersuchungen auf der Basis eines linearisierten Stabilitätskriteriums für rotationssymmetrische Belastungen durchzuführen.

ELRI.DEG: Degenerierte zweidimensionale Ringelemente mit zwei bis fünf Knoten

Die Ringelemente dieses Pakets basieren auf dem schon bei Flächenelementen angesprochenen Konzept der Degenerierung. Die Schalenmittelfläche kann abhängig von der Knotenanzahl durch lineare bis quartische isoparametrische Polynomansätze approximiert werden. Die Richtung der Schalennormalen wird durch einen Winkel festgelegt.

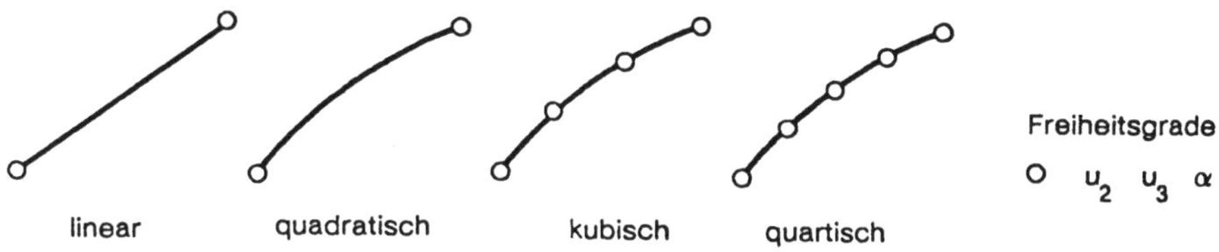


Als Knotenfreiheitsgrade treten die Änderung dieses Winkels und zwei Verschiebungsfreiheitsgrade auf. Es werden nur axialsymmetrische Zustände behandelt. Die Elemente können zur geometrisch nichtlinearen Berechnung basierend auf einer totalen oder einer updated Lagrange-Beschreibung verwendet werden, wobei große Rotationen auch innerhalb eines Inkrements berücksichtigt werden können.

Es sind Unterprogramme zur Berechnung der linearen bzw. tangentialen Steifigkeitsmatrizen, der inneren Knotenkräfte und zur Spannungsauswertung vorhanden. Alle Elementmatrizen und -vektoren werden numerisch integriert, wobei die Art der Integration vom Benutzer festgelegt wird.

ELRI.DGL: Gekrümmtes Ringelement mit Integration der Differentialgleichungen erster Ordnung

Das gekrümmte Ringelement kann zur geometrisch nichtlinearen Berechnung von Rotationsschalen unter allgemeiner Belastung verwendet werden. Es ist für eine inkrementell-iterative Berechnung mit konstanter Ausgangssteifigkeit konzipiert, wobei nichtlineare Einflüsse in Form von Fehlerkräften im Lastvektor berücksichtigt werden. Die kinematischen Beziehungen folgen einer ersten Approximation der Schalentheorie, wobei nichtlineare Terme nur im ersten Verzerrungstensor, d.h. im Membrananteil, berücksichtigt werden. Die Rotationen werden als mäßig vorausgesetzt.

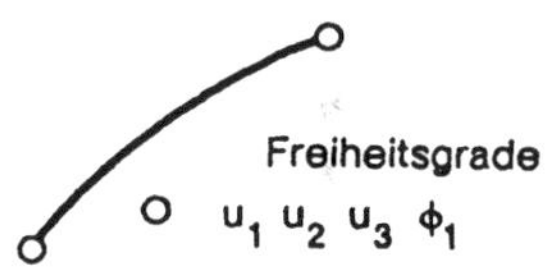


Die Berechnung der Elementsteifigkeitsmatrizen und der Last- bzw. Fehlerkraftvektoren basiert auf einer Formulierung der Schalengleichung als Differentialgleichungssystem erster Ordnung, das getrennt für jede Fourier-Harmonische aufgestellt werden kann [15, 16]. Über die Entwicklung der Zustandsgrößen in eine Potenzreihe bezüglich der Meridiankoordinate wird eine numerische Integration der Differentialgleichungen durchgeführt. Hierdurch erhält man für jedes Element Übertragungsmatrizen und Partikularlösungen, die zu den im Rahmen des Weggrößenverfahrens benötigten Steifigkeitsmatrizen und Lastvektoren umgeformt werden. Als Knotenfreiheitsgrade treten drei Verschiebungen und eine Rotation auf.

Das Paket enthält Unterprogramme zur Berechnung von linearen Steifigkeitsmatrizen, geometrischen Steifigkeitsmatrizen für axialsymmetrische Grundzustände, und Lastvektoren, die getrennt für jedes Fourierreihenglied berechnet werden. Hiermit sind lineare Berechnungen unter allgemeinen Belastungen und Verzweigungsberechnungen für axialsymmetrische Belastungen möglich. Für die iterative geometrisch nichtlineare Berechnung unter beliebigen Lasten sind Unterprogramme zur Schnittgrößenermittlung und zur Berechnung der nichtlinearen Knotenkräfte (Ungleichgewichtslasten) enthalten.

### 3.2.8 Sonderelemente

**ELSO.VBS:** Verbund-Schlupf-Elemente

Mit Hilfe dieser Elemente kann das Verbund-Schlupfverhalten zwischen Beton und Bewehrung simuliert werden. Die Diskretisierung erfolgt mit isoparametrischen linearen bis kubischen Linienelementen, wobei Relativverschiebungen zwischen Beton und Bewehrung mit Hilfe von Doppelknoten diskretisiert werden.

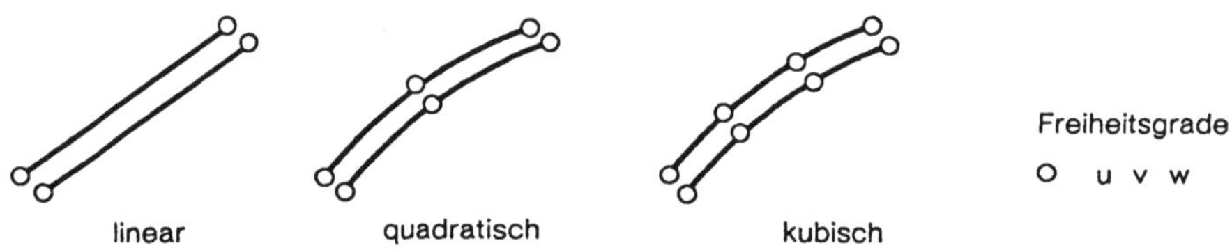


Als Knotenfreiheitsgrade dienen die Verschiebungen in Richtung des globalen kartesischen Koordinatensystems. Die Beziehungen zwischen Spannungs- und Relativverschiebungen werden wahlweise linear, bilinear, multilinear oder in Polynomform angesetzt. Das lokale Element-Koordinatensystem wird knotenweise diskret mit Hilfe eines Richtungsknotens beschrieben.

Das Paket enthält Unterpogramme zur Ermittlung der tangentialen Steifigkeitsmatrizen und der inneren Knotenkräfte sowie zur Berechnung der Verbundspannungen.

## 3.3 Algorithmen

Dieser Teil der DFGBIB enthält Verfahren zur Lösung der bei der FE-Analyse auftretenden Gleichungen und Eigenwertprobleme, die speziell auf Rechenzeit- und Speicherplatzeffizienz hin optimiert sind.

Die Verfahren für lineare Gleichungs- und Eigenwertprobleme machen von der Symmetrie und gegebenenfalls von der positiven Definitheit der Matrizen Gebrauch. Weiterhin liegen diese Matrizen als Bandmatrizen oder – noch günstiger – als Profilmatrizen vor. (Bei der Profilspeicherung wird die Spaltenhöhe jeder Spalte getrennt gespeichert. Die Bandbreite ist die maximal vorkommende Spaltenhöhe.) Im einzelnen sind folgende Programmpakete vorhanden:

**GE.SC:** In-core Gleichungslöser nach Cholesky unter Verwendung der Profil-Speichertechnik

Bei der Zerlegungsmethode handelt es sich um das Cholesky-Verfahren für symmetrische positiv-definite Matrizen. Das Programmpaket kann damit für eine lineare FE-Analyse mit Verschiebungsansätzen verwendet werden. Bei nichtlinearen Rechnungen ist man auf den Bereich unterhalb des ersten kritischen Punktes (an dem die Matrix singulär wird) beschränkt. Das Programmpaket enthält alle in einem FE-Programm benötigten Routinen: Einbau der Elementsteifigkeitsmatrizen in die Gesamtsteifigkeitsmatrix, Zerlegung der Matrix und Rücksubstitution.

**GE.OOC**: Out–of–core Gleichungslöser nach Gauß Speicherung als geblockte Bandmatrix.

Das vorliegende Paket ist besonders geeignet, wenn große lineare Gleichungssysteme auf Rechnern, die weder über ausreichenden Kernspeicher noch über virtuelle Speichertechnik verfügen, gelöst werden sollen. Die Systemmatrix wird als Bandmatrix gespeichert und zusätzlich in Blöcke unterteilt. Es werden immer nur die aktuell benötigten Blöcke der Matrix im Rechner gehalten, die anderen werden auf eine Direktzugriffsdatei ausgelagert. Zusätzlich werden Informationen über das Profil der Matrix für den Zerlegungsprozeß verwendet, womit der Rechenaufwand reduziert wird. Das Paket enthält Routinen für den Aufbau der Systemmatrix aus den Elementmatrizen, die Zerlegung der Systemmatrix und die Rücksubstitution (siehe [17]).

**GE.SP**: In–core Gleichungslöser nach Cholesky,

Eigenwertlöser für das spezielle und allgemeine Eigenwertproblem nach dem Verfahren der simultanen Iteration (subspace iteration ), Verwendung der Profil–Technik. Zerlegungsverfahren und Speichertechnik sind ähnlich wie in GE.SC. Das Eigenwertproblem wird mit dem Verfahren der Subspace–Iteration gelöst. Es können folgende Aufgaben behandelt werden: lineares Gleichungssystem: $\mathbf{A}\,\mathbf{x} = \mathbf{r}$ (**A** positiv definit), spezielles EW–Problem: $(\mathbf{A} - \lambda\, \mathbf{I})\, \mathbf{x} = 0$ (**A** symmetrisch), allgemeines EW–Problem: $(\mathbf{A} - \lambda\, \mathbf{B})\, \mathbf{x} = 0$ (**A**, **B** symm., **B** pos. def.). Bei den Eigenwertproblemen werden jeweils die größten Eigenwerte bestimmt; die Anzahl der zu bestimmenden Eigenwerte kann vorgegeben werden [18].

**GE.BO1**: Minimierung von Bandbreite, Profil oder Frontbreite der Systemmatrix.

Die Effizienz der oben beschriebenen Lösungsverfahren wird entscheidend durch die Bandbreite oder die Größe des Profils des Gleichungssystems und damit wiederum durch die Knotennumerierung bestimmt. Der vorliegende Algorithmus zeichnet sich dadurch aus, daß er mit sehr geringem Rechenaufwand in der Regel zu fast optimalen Ergebnissen gelangt. Diese Aussage stützt sich auf Vergleichsrechnungen mit anderen, teilweise wesentlich aufwendigeren Verfahren. Die programmtechnische Anwendung ist einfach: als Eingabe wird ein Inzidenzfeld Elemente–Knoten und Informationen über die Anzahl der Unbekannten an den Knoten verlangt und daraus ein Numerierungsfeld erzeugt.

Für die Lösung nichtlinearer Gleichungssysteme wird bei FE–Analysen oft das Newton–Verfahren verwendet. Man hat damit – unter bestimmten Voraussetzungen – lokal quadratische Konvergenz, muß dafür aber in jedem Iterationsschritt die Steifigkeitsmatrix neu aufbauen und zerlegen. Für großdimensionale Systeme ist das so aufwendig, daß Varianten des Newton–Verfahrens untersucht wurden. Die DFGBIB enthält zwei Unterprogrammpakete für nichtlineare Gleichungssysteme:

**GE.NO**: Kombinierter Quasi–Newton– und cg–Algorithmus

Diese Programme dienen zur Lösung eines nichtlinearen Gleichungssystems ohne Nebenbedingungen. Alle gebräuchlichen Lösungsverfahren für die betrachtete Problemklasse funktionieren wie folgt: An einem gegebenen Iterationspunkt wird das Residuum (Fehlkraft) berechnet. Daraus bestimmt man eine Suchrichtung und eine Schrittweite in Suchrichtung. Standardverfahren für die Bestimmung der Suchrichtung sind das Newton–Verfahren, das Neuaufbau und Zerlegung der tangentialen Steifigkeitsmatrix in jedem Iterationsschritt erfordert, und das modifizierte Newton–Verfahren, das mit der tangentialen Steifigkeitsmatrix aus dem ersten Iterationsschritt auskommt. Im ersten Fall benötigt man meist relativ wenige, aber aufwendige Iterationsschritte, im zweiten Fall hat man nur lineare (und damit langsame) Konvergenz. Für das Newton-Verfahren ist eine Schrittweitenbestimmung nicht erforderlich, da die tangentiale Steifigkeitsmatrix bereits die optimale Skalierung liefert. Quasi-Newton-Verfahren liegen zwischen diesen beiden Extremen: die Steifigkeitsmatrix wird nicht in jedem Schritt neu aufgebaut, sondern nur durch Aufdatierung modifiziert, wobei keine weitere rechenintensive Faktorenzerlegung erforderlich ist. Es werden symmetrische Aufdatierungsformeln vom Rang 2 (z. B. BFGS-Formel) verwendet. Unter geeigneten Voraussetzungen konvergiert das Verfahren überlinear, aber wesentlich langsamer als das Newton-Verfahren. Als Startmatrix (initiale Skalierung) kann sogar die Einheitsmatrix gewählt werden. Es empfiehlt sich jedoch, mit einer brauchbaren Approximation an die tangentiale Steifigkeitsmatrix - z. B. der Steifigkeitsmatrix aus der linearen Analyse - zu starten. Je nach Wahl der Anfangsskalierung ist eine Schrittweitenbestimmung erforderlich, für die in dem Programmpaket ebenfalls Routinen bereitgestellt werden.

**GE.NIT**: Verformungsgesteuerte Berechnung mit Gleichgewichtsiteration

Das Programmpaket dient zur Steuerung inkrementeller Berechnungsverfahren. Da eine Verschiebungssteuerung gewählt wurde (es wird ein fester Wert für die Norm des Verschiebungszuwachses vorgegeben), können auch überkritische Pfade berechnet werden. Für die Iteration wird eine Anfangssteifigkeitsmatrix verwendet, z. B. die Steifigkeitsmatrix des unverformten elastischen Systems. Die Iteration wird durch Verwendung orthogonalisierter Last-Verschiebungszustände beschleunigt.

Das folgende Paket ist speziell auf die Behandlung dynamischer Probleme zugeschnitten:

**GE.DYN**: Algorithmen für zeitabhängige Probleme

Das Paket besteht aus vier Teilen:

A) Lösung des Eigenwertproblems $(\mathbf{A} - \lambda\, \mathbf{B})\, \mathbf{x} = 0$

B) Modales Zeitverlaufsverfahren

C) Modales Responsespektrum-Verfahren

D) Direkte Iteration

Teil A: Es wird ein allgemeines symmetrisches Eigenwertproblem gelöst, wobei B positiv definit sein muß. Weiterhin müssen A und B als geblockte Bandmatrizen (in der für das Paket GE.OOC erforderlichen Form) vorliegen. Es wird eine Subspace-Iteration (wahlweise in beschleunigter Form) verwendet [19, 20].

Teil B: Es werden Routinen zur Eingabe der Zeitfunktionen für Lasten, Auflagerbeschleunigungen etc., Aufbau der Lastvektoren, Zeitintegration (Wilson-Theta-Verfahren) [21] und Ausgabe von Zeitverläufen bereitgestellt.

Teil C: Dieser Teil enthält Routinen zur Überlagerung der verschiedenen Eigenformen sowie Ein- und Ausgaberoutinen.

Teil D: Diese Programme dienen zur Bestimmung der Integrationskonstanten, der effektiven Massematrix, des effektiven Lastvektors und von Geschwindigkeiten und Beschleunigungen. Sie enthalten das zentrale Differenzenverfahren, das Wilson-Theta-Verfahren, das Newmark-Verfahren und das Houbolt-Verfahren [21].

### 3.4 Unterprogramme für verschiedene Materialgesetze

**MA.SP**: Materialroutinen für Faltwerke

Die in diesem Paket zusammengefaßten Programme dienen der Behandlung verschiedener Materialgesetze und die Integration der Spannungen und Dehnungen über die Plattendicke. Die Routinen können unabhängig von einem bestimmten Elementansatz verwendet werden. Es wird vorausgesetzt, daß der Plattenquerschnitt während der Verformung eben bleibt (wahlweise unter Annahme der Kirchhoff-Love-Hypothese oder unter Zulassung von Querdehnungen) und daß ein ebener Spannungszustand vorliegt.

Als Materialgesetze sind das linear-elastische isotrope Materialgesetz oder ein elasto-plastisches Gesetz mit v.Mises-Fließbedingung und isotroper und/oder kinematischer Verfestigung vorgesehen. Für inelastisches Material werden entweder gleichmäßig über die Plattendicke verteilte Schichtpunkte oder ein vereinfachtes Modell mit vier Schichtpunkten, von denen zwei beweglich sind, verwendet. Die Routinen umfassen die Projektion der Spannungen auf die Fließfläche, Aufbau der tangentialen Steifigkeitsmatrix, Integration der Schichtpunktgrößen zu Schnittgrößen und Ausgabe der Werte.

### 3.5 Prä- und Postprozessoren

**PP.FEEA**: FE-orientierter Prä- und Postprozessor

Es werden Routinen zur Durchführung von typischen Eingabeoperationen, zur Bearbeitung der eingegebenen Größen und zur (Druck-) Ausgabe der Werte bereitgestellt. Dies betrifft z.B.:

- Systemfreiheitsgrade und Randbedingungen
- Eingabe von Knoten- und Elementlasten und Einbau in die Lastmatrix
- Ermittlung und Ausgabe von Auflagerreaktione
- Ein- und Ausgabe von Knotenkoordinaten

**PP.NGEN**: Netzgenerator für Finite-Elemente

Das vorliegende Programmsystem ist sehr umfangreich und leistungsfähig. Die Netzgenerierung geht von einer Beschreibung der zu berechnenden Struktur mittels Superelementen aus (siehe [25]), wobei die Superelemente durch Geraden oder durch Kreisbögen berandet sein können. Es kann ein gleichmäßiges oder (nur für Dreiecke) ein zu einer Seite hin verdichtetes Netz generiert werden. Falls krummlinig berandete Superelemente vorkommen, werden wahlweise Elemente mit geraden oder gekümmten Seiten generiert. Weiterhin besteht die Möglichkeit, das Netz mittels Laplace-Interpolation zu glätten und die Element- bzw. Knotennumerierung im Hinblick auf die Lösung der Systemgleichungen zu optimieren. (Der Bandbreiten- und Profiloptimierer ist auch einzeln in der DFGBIB verfügbar (GE.BO1).)

Die Ausgabemöglichkeiten umfassen Druckausgabe, graphische Ausgabe unter Verwendung einer TEKTRONIX 4014 Schnittstelle (eine Version mit GKS-Schnittstelle ist in Arbeit) und eine für das FE-Programm FEAP geeignete Dateiausgabe.

### 3.6 Datenverwaltung

Die Programmiersprache FORTRAN kennt nur statische Felder und stellt dem Anwender keine effizienten Hilfsmittel zur Verwaltung des (real oder virtuell) vorhandenen Speichers zur Verfügung. Andererseits fallen gerade bei FE-Programmen große Mengen unterschiedlicher Daten an. So hat man knoten- oder elementbezogene Größen, die entweder ständig im wahlfreien Zugriff verfügbar sein müßen oder nur streng sequentiell verarbeitet werden, und – in der Regel sehr große – Systemmatrizen (z.B. Gesamtsteifigkeitsmatrix); der Speicherbedarf für letztere wächst – je nach verwendeter Speichertechnik – nichtlinear mit der Zahl der Unbekannten. Es ist sinnvoll, die Verwaltung dieser Daten in einem Unterprogrammpaket zusammenzufassen. Aus der Sicht des Anwenders haben diese Routinen die Aufgabe, auf Anforderung für die gewünschten Daten Anfangsadressen bereitzustellen, ohne den Anwender mit Routineaufgaben (z.B. Adressrechnung, Datenaustausch mit Hintergrundspeicher) zu belasten. Die DFGBIB enthält zwei Programmpakete zur Datenverwaltung, deren Anwenderschnittstelle vereinheitlicht wurde. Die Datenstruktur wurde möglichst einfach gehalten: es gibt nur die Datentypen Block (ein Feld beliebigen Inhalts) und Datengruppe (bestehend aus einem oder mehreren Blöcken).

#### 3.6.1 DV.ST1

Das erste Programmpaket erlaubt eine automatische Verwaltung von Datengruppen auf Teilbereichen des Blank-COMMON. Der einer Datengruppe zugeordnete Kernspeicherbereich wird hierzu vom Benutzer festgelegt, so daß bereits auf andere Weise verwaltete Teile des Blank-COMMON hierdurch nicht berührt werden. Dadurch kann ein bereits in einem Programm implementiertes System zur Kernspeicherverwaltung auch weiterhin benutzt werden. Zusätzlich wird jeder Datengruppe eine Datei mit Direktzugriff zugeordnet, auf die die Blöcke der Gruppe bei Bedarf ausgelagert werden können. Diese Datei wird zum Paging auf dem zur Verfügung stehenden Kernspeicherbereich verwendet und erlaubt außerdem eine längerfristige Datensicherung z.B. für einen Restart. Es ist möglich, mehrere Datengruppen auf einer Plattendatei abzulegen.

#### 3.6.2 DV.ST2

Dieses Paket wurde als vollständige Verwaltung des Blank COMMON konzipiert; ein nachträglicher Einbau ist nur schwer möglich. In der aktuellen Version ist kein Paging vorgesehen. Der aktuelle Zustand der Datenverwaltung kann auf eine Datei für einen Restart der Berechnung geschrieben werden.

Weiterhin können einzelne Datengruppen selektiv auf eine Datei geschrieben werden, um mit geringem Aufwand bestimmte Berechnungszustände wiederherstellen zu können.

### 4. Benchmarks

Zum Vergleich verschiedener Elemente untereinander und mit Versuchsergebnissen wurde eine Reihe von Testproblemen (Benchmarks) formuliert. In den Elementbenchmarks wird die Qualität von Elementen für die Lösung linearer Aufgaben ermittelt. Die FE-Lösungen wurden mit Ergebnissen aus Reihenansätzen verglichen. In den nichtlinearen Benchmarks werden nicht nur die Elementansätze, sondern auch die nichtlinearen Formulierungen für Kinematik und Materialgesetze und die Lösungsalgorithmen überprüft. Hier konnten auch Versuchsergebnisse zum Vergleich herangezogen werden.

### 4.1 Elementbenchmarks

#### 4.1.1 Rhombusplatte

Es wurde eine allseitig gelenkig gelagerte Rhombus-Platte unter konstanter Flächenlast untersucht (siehe Bild 4.1).

Element-Benchmark für Platten-Flächenelemente

Testproblem: 6o°-Rhombus-Platte unter Flächenlast mit Navierlagerung

1.) Aufgabenstellung

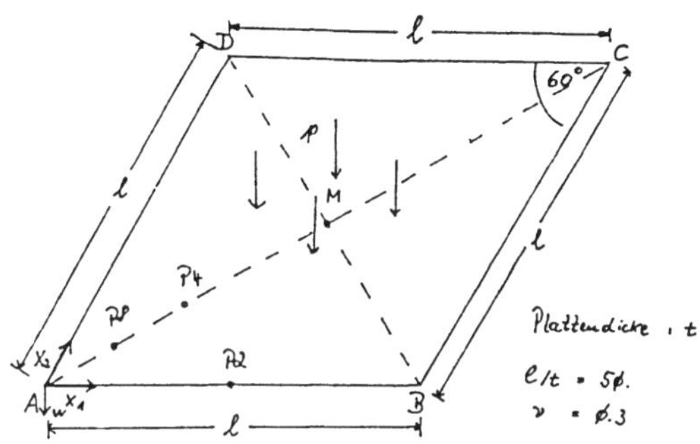


Bild 4.1 Systemskizze Rhombusplatte

Ziel dieses Benchmarks war die Untersuchung des Verhaltens verschiedener Plattenelemente in den spitzen und stumpfen Ecken, auch im Hinblick auf die zugrundegelegte Kinematik (Kirchhoff oder Reissner/Mindlin). Um einen direkten Vergleich zu ermöglichen, sollten nur gleichmäßige n x n – Raster verwendet werden. Bei Dreieckselelementen wurden verschiedene gleichmäßige Diskretisierungsmuster untersucht. Für die Auswertung wurden folgende Größen herangezogen:

- Durchbiegung w
  - Verlauf über die Diagonalen AC und BD
  - Konvergenzverhalten im Mittelpunkt M und im Viertelspunkt P4
- Biegemomente m11 und m22
  - Verlauf über die Diagonalen
  - Konvergenzverhalten in M, P4 und P8
- Querkräfte q1 und q2
  - Verlauf über die Diagonalen und über das Randstück AB
  - Konvergenzverhalten in P2, P4 und P8.

Einige Ergebnisse des Benchmarks sollen hier vorgestellt werden – die vollständige Auswertung ist in [20, 21] enthalten.

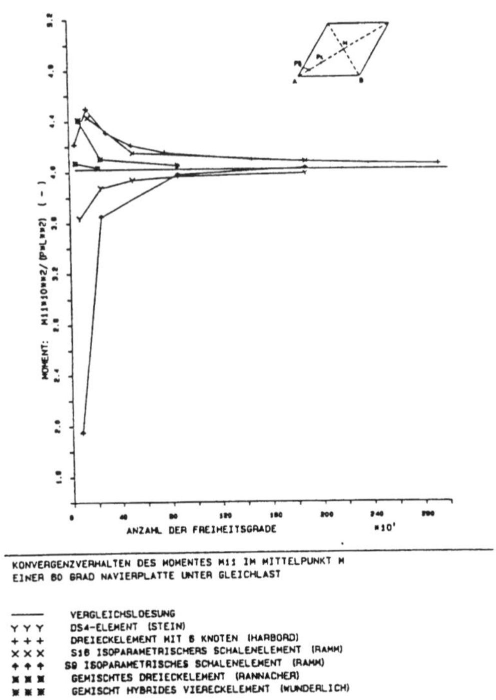


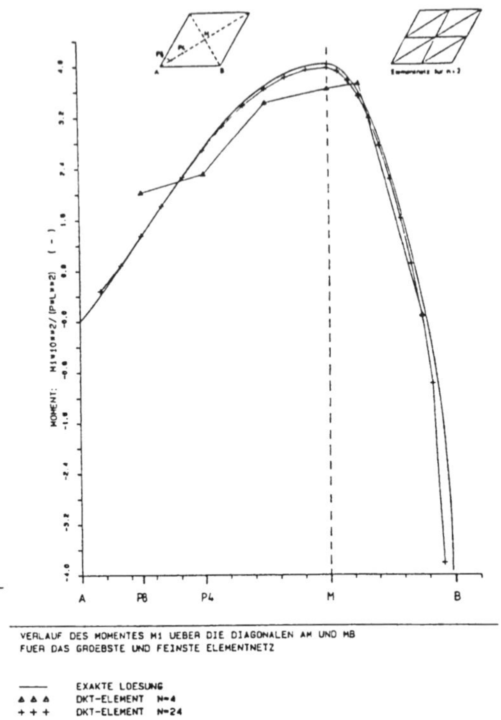


Bild 4.2 und 4.3 Ergebnisse des Benchmarks "Rhombusplatte"

### 4.1.2 Elementbenchmarks für Schalenelemente

Zum Test und Vergleich von Schalenelementen wurden weitere Elementbenchmarks sowohl für zweidimensionale Flächenelemente als auch für Ringelemente definiert.

#### 4.1.2.1 Auf Binderscheiben gelagertes zylindrisches Rohr unter diametralen Einzellasten

Das in Bild 4.4 dargestellte System eines durch Einzellasten beanspruchten zylindrischen Rohres stellt einen Standard-Benchmark für Schalenelemente dar. Wegen der starken Kopplung zwischen Membran- und Biegewirkung ist dieses Problem gut geeignet, Defekte von Elementen wie z.B. "membrane-locking" oder "shear-locking" aufzudecken.

Zum Vergleich der Elemente sollte das Konvergenzverhalten von Verschiebungs- und Schnittgrößen für gleichmäßige n x n-Raster untersucht werden. Durch die Darstellung des Verlaufs der Biegemomente $m^{11}$ und der Membrankräfte $n^{11}$ und $n^{22}$ entlang des Schnittes B–D sollte das Verhalten der Elemente bei hohen Spannungsgradienten und evtl. "Locking"-Effekte als Ursache von Oszillationen verdeutlicht werden. Exemplarisch sei hier in Bild 4.5 das Konvergenzverhalten der Normalverschiebung für einige Elemente der DFGBIB dargestellt. Eine umfassende Auswertung der Ergebnisse findet man in [24].

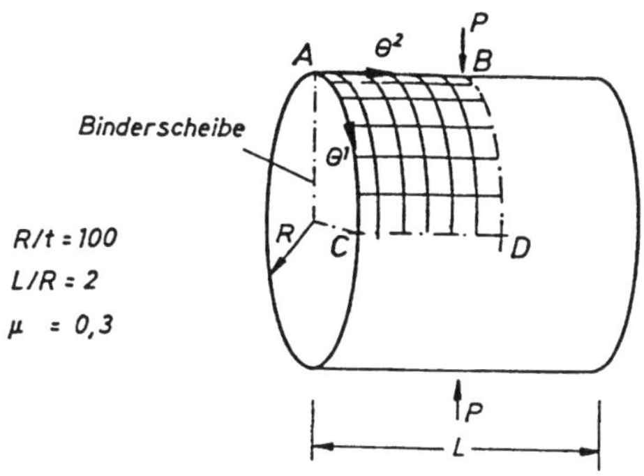


Bild 4.4 Statisches System und Belastung

#### 4.1.2.2 Zusammengesetzte Zylinder-Kegelschale unter konstantem Innendruck

Zur Untersuchung des Verhaltens von Schalenringelementen unter rotationssymmetrischer Belastung diente das in Bild 4.6 dargestellte System einer zusammengesetzten Zylinder-Kegelschale unter Innendruck.

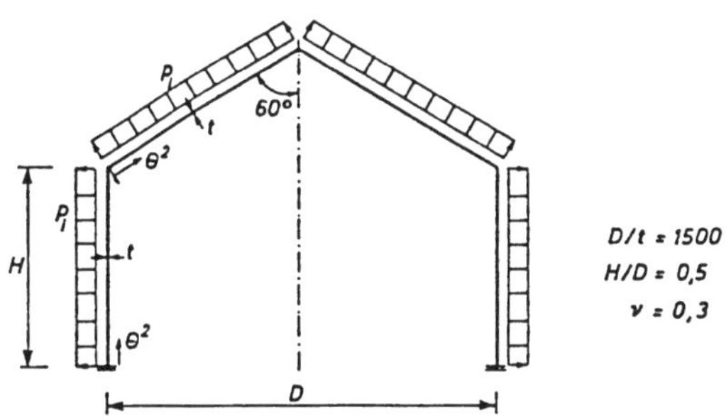


Bild 4.6 Statisches System der Zylinder-Kegelschale

Zum Vergleich der Elemente vor allem im Randbereich wurde das Konvergenzverhalten der Membrankräfte und der Biegemomente am Übergang Zylinder-Kegel untersucht. Eine Zusammenstellung der Ergebnisse ist in [24] enthalten.

#### 4.1.2.3 Langes zylindrisches Rohr unter Querkraftbeanspruchung

Das System des in Bild 4.7 dargestellten zylindrischen Rohres diente zur Untersuchung der Invarianz von Schalenringelementen gegenüber Starrkörperbewegungen. Berechnet wurde das System mit Ringelementen unter einer cosinusförmig verteilten Belastung, d.h. dem ersten Reihenglied der Fourierreihe.

Das Konvergenzverhalten der Elemente wurde anhand der Ergebnisse der resultierenden Schnittgrößen M und Q an der Einspannung untersucht. Die vergleichende Auswertung der Ergebnisse ist wiederum in [24] enthalten.

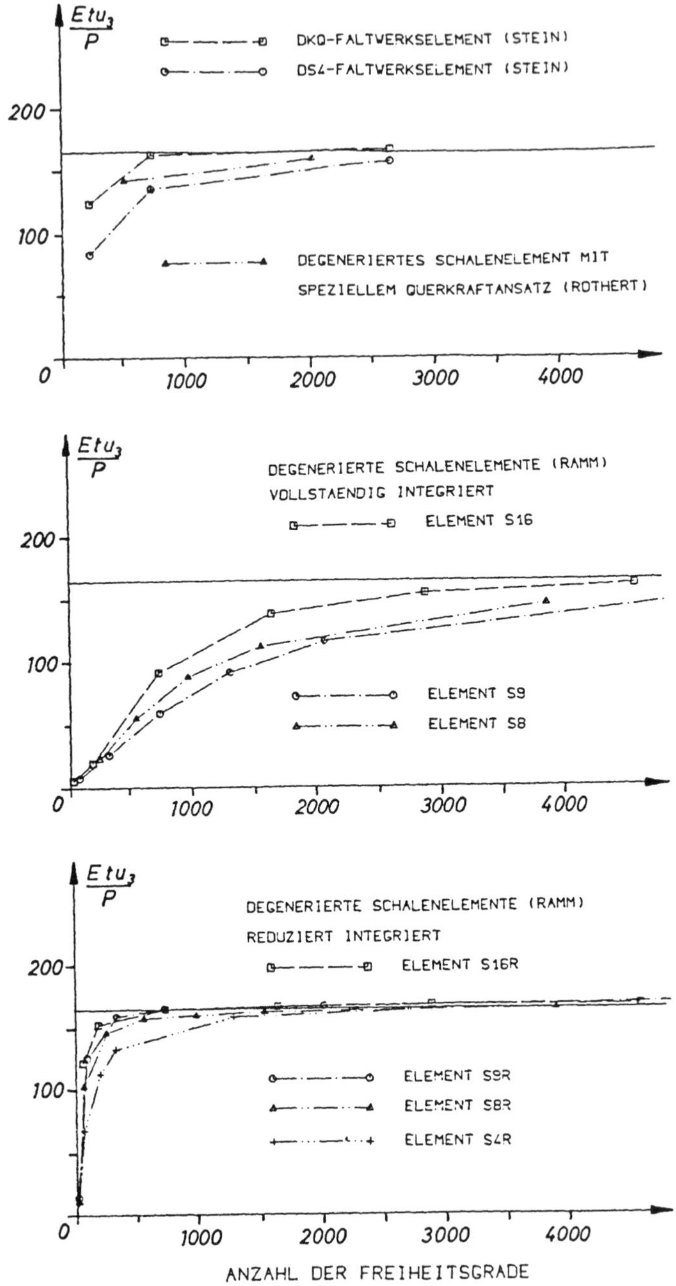


Bild 4.5 Konvergenzverhalten der Normalverschiebung in Punkt B

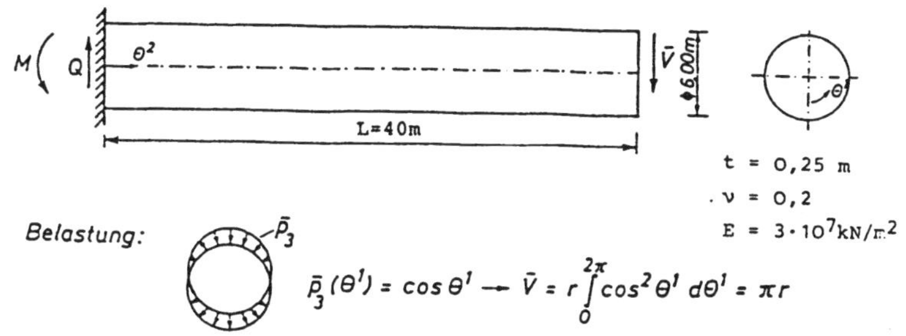


Bild 4.7 Geometrie und Belastung

## 4.2 Nichtlineare Benchmarks

### 4.2.1 Braunschweiger Traglastversuch

Zum Vergleich von unterschiedlichen Konzepten bei der Behandlung von gekoppelten geometrisch und physikalisch nichtlinearen Problemen wurde auf Ergebnisse der am Institut für Stahlbau der Technischen Universität Braunschweig durchgeführten Traglastversuche an schlanken Blechträgern zurückgegriffen. Diese Blechträger wurden bis in den überkritischen Bereich hinein beansprucht und dabei elastisch–plastisch verformt. Ziel der Versuche war die Untersuchung der Interaktion von lokaler, konzentrierter Querlast, Biegemoment und Querkraft auf das Tragverhalten und die Traglast von Blechträgern mit Lasteinleitungen ohne Steifen.

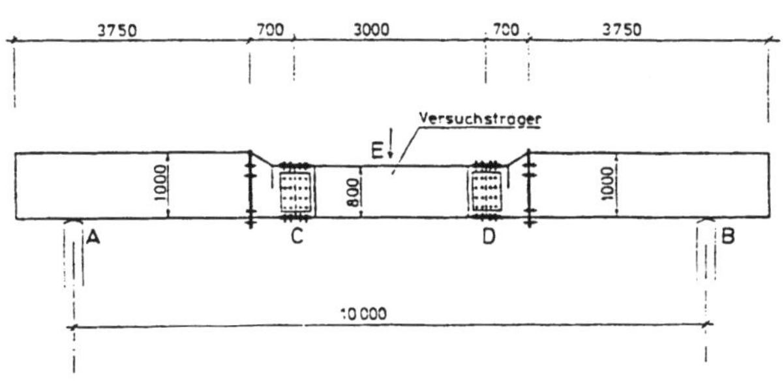


Bild 4.8 Systemskizze

Eine schematische Darstellung des Versuchsaufbaus (Bild 4.8) zeigt den eigentlichen Versuchsträger, der durch eine gleitfeste Schraubenverbindung in eine Auflagerbank eingespannt wurde und durch Gerüststangen gegen Kippen des Obergurtes gehalten war.

Aus der Versuchsreihe wurden für Vergleichsrechnungen die Träger C–11 und A–27 herangezogen. Die Abmessungen und Fließgrenzen sind in Tabelle 4.1 angegeben.

| | | C-11 | A-27 |
|---|---|---|---|
| Obergurt | t | 20,3 | 30,1 |
| | b | 201 | 300 |
| | $\sigma_F$ | 363,3 | 300 |
| Untergurt | t | 20,3 | 30,1 |
| | b | 201 | 300 |
| | $\sigma_F$ | 363,3 | 320 |
| Steg | t | 7,35 | 4,14 |
| | h | 800 | 800 |
| | $\sigma_F$ | 378,4 | 352 |
| Lasteinleitungsbreite | | 280 | 140 |
| Traglast | | 533860 | 248000 |

Einheiten: N und mm

Tabelle 4.1

Zur Auswertung des Benchmarks lagen Ergebnisse von zwei Instituten vor (Institut für Baustatik, Prof. Ramm, Stuttgart sowie Institut für Baumechanik und Numerische Mechanik, Prof. Stein, Hannover).

Für die Finite-Element Berechnung wurden nur die Bereiche zwischen den Aussteifungen bzw. zwischen den Schraubenverbindungen diskretisiert. In Stuttgart wurde mit degenerierten Schalenelementen mit 9 Knoten und quadratischem Verschiebungsansatz bzw. 16 Knoten und kubischem Verschiebungsansatz gearbeitet [12]. Die Ergebnisse in Hannover wurden mit einem Faltwerkselement erzielt, das für die Biegung auf der "Dicrete-Kirchhoff-Theory" [8] aufbaut und im Membranteil konstante Dehnungen enthält [26]. Ein Beispiel für die jeweils gewählten Netze ist in den Bildern 4.9 und 4.10 zu sehen, in welchen die Verschiebungsfiguren im berechneten Traglastzustand dargestellt sind.

| | C11 | | A-27 | |
|---|---|---|---|---|
| | Anz. Unb. | Traglast | Anz. Unb. | Traglast |
| Stuttgart/Ramm | 855 | 573 | 1219<br>1645<br>2197 | 291<br>280<br>278 |
| Hannover/Stein | 500 | 520<br>490 | 1000 | 219<br>211 |
| Versuch | - | 535 | - | 218 |

Tabelle 4.2

Ein Vergleich der im Versuch ermittelten Traglast mit den numerischen Ergebnissen ist in Tabelle 4.2 angegeben. Es ergab sich jeweils ein sehr gute numerische Abschätzung der Traglast der Versuchträger bei vergleichbarem Aufwand.

Ebenfalls sehr aufschlußreich sind die Deformationen des Stegblechs unter der Lasteinleitung im Traglastzustand im Vergleich zu den Versuchsergebnissen in den Bildern 4.11 und 4.12. Dabei zeigte sich, daß die FE-Berechnungen in beiden Fällen die Lage und Größe der maximalen Stegverschiebungen nicht ganz erreichten.

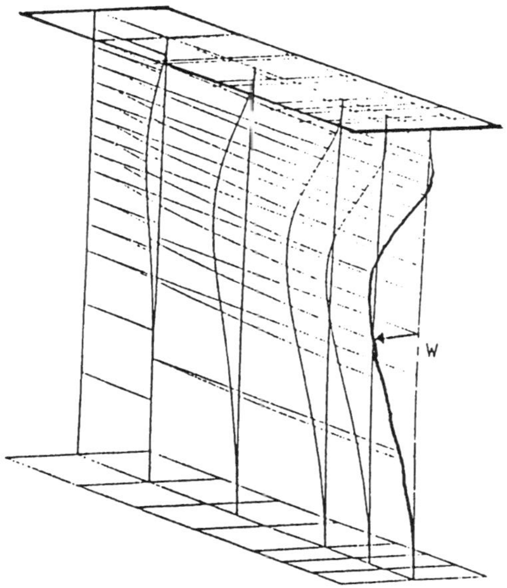


Ergebnisse Ramm (Stuttgart)

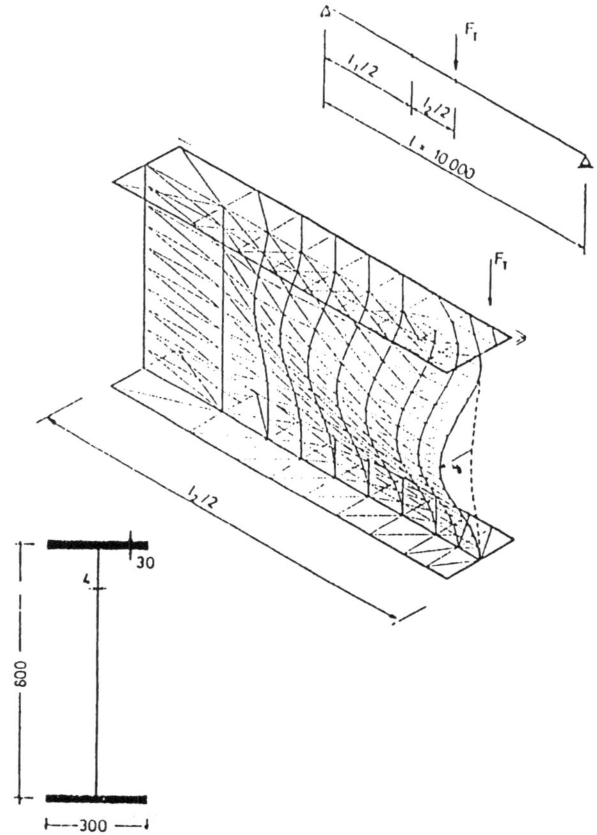


Ergebnisse Stein (Hannover)

Bilder 4.9 und 4.10 Deformierte Struktur im Traglastzustand

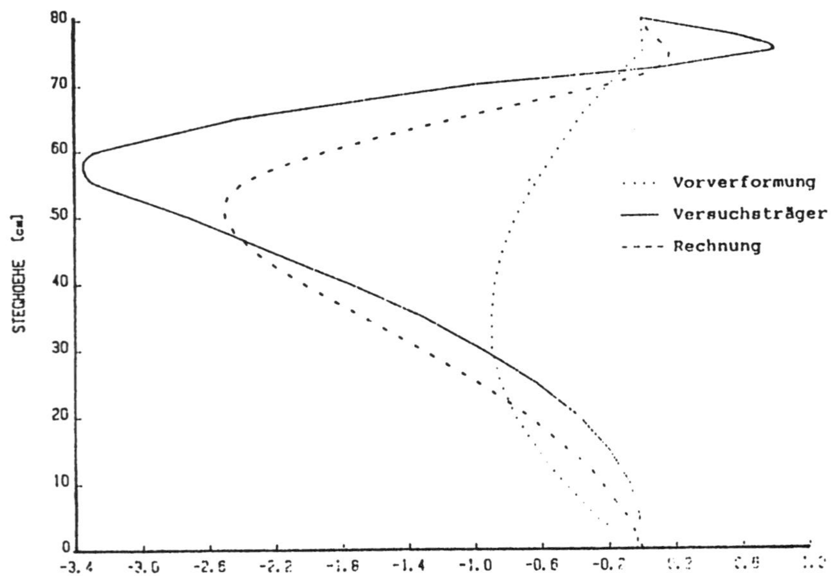


Ergebnisse Ramm (Stuttgart)

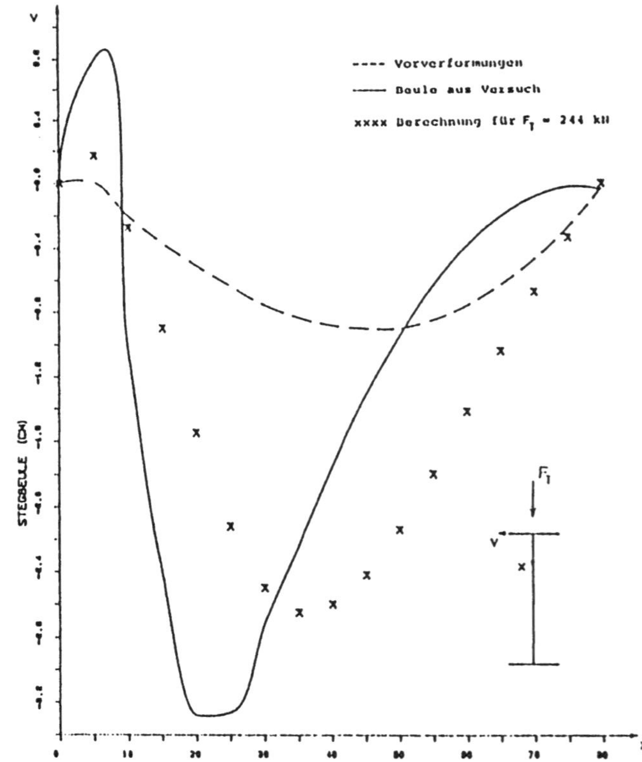


Ergebnisse Stein (Hannover)

Bilder 4.11 und 4.12 Horizontalverschiebung des Steges im Traglastzustand

**4.2.2 Isotroper Kreiszylinder unter Axiallast**

Zur Untersuchung der Leistungsfähigkeit unterschiedlicher Schalenelemente und Finite-Element-Programme im Hinblick auf nichtlineare Schalenberechnungen, insbesondere bei Beuluntersuchungen, wurden im Rahmen verschiedener Forschungsprojekte Beulberechnungen eines isotropen Kreiszylinders unter Axiallast durchgeführt.

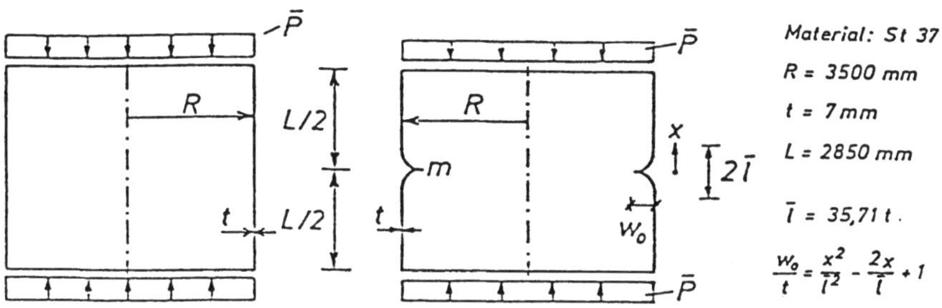


Bild 4.13 Axial gedrückter Zylinder mit perfekter und imperfekter Geometrie

In Bild 4.13 sind die untersuchten Systeme dargestellt. Neben dem Zylinder mit perfekter Geometrie wurde ein weiterer unter Berücksichtigung einer Schweißnahtimperfektion behandelt. Es wurden axialsymmetrische und nichtaxialsymmetrische Beulberechnungen mit verschiedenen Ringelementen, mit gemischten zweidimensionalen und mit dreidimensionalen degenerierten Elementen durchgeführt.

| perfekte Geometrie | | imperfekte Geometrie | | Projekt |
|---|---|---|---|---|
| lin./elast. | nichtl./elast. | nichtl./elast. | nichtl./plast. | |
| - | 1.0 | 0.98 | 0.354 | Harbord |
| 1.005 | 1.002 | - | - | Wunderlich |
| - | - | ca. 0.97 | 0.420 | Kröplin/ Duddeck |
| 0.988 | 0.991 | - | 0.416 | Ramm |

Tabelle 4.3: Ergebnisse der axialsymmetrischen Beulberechnungen, $p_{kl}$ als Bezugswert

| perfekte Geometrie | | imperfekte Geometrie | | Projekt |
|---|---|---|---|---|
| lin./elast. | nichtl./elast. | nichtl./elast. | nichtl./plast. | |
| - | 0.867 | 0.348 | 0.277 | Harbord |
| - | 0.876 | 0.330 | 0.321 | Wunderlich |
| - | - | 0.405 | 0.365 | Kröplin/ Duddeck |
| 0.984 | 0.859 | 0.339 | ca. 0.33 | Ramm |

Tabelle 4.4: Ergebnisse der nichtaxialsymmetrischen Beulberechnungen

Die Ergebnisse der Berechnungen sind in den Tabellen 4.3 und 4.4 zusammengefaßt. Dabei ist jeweils das Verhältnis zur idealen Beullast nach DAST-Richtlinie 013 von $p_{kl}$ = 1695 N/mm angegeben. Die Berechnungen wurden mit und ohne Berücksichtigung von Plastizierungen durchgeführt. Die Vorbeulzustände wurden sowohl linear als auch unter Berücksichtigung geometrischer Nichtlinearitäten berechnet.

Die Ergebnisse zeigen, daß sowohl das axialsymmetrische als auch das nichtaxialsymmetrische Beulverhalten im elastischen und plastischen Bereich von allen verwendeten Rechenmodellen gut erfaßt wird. Man kann daraus schließen, daß hiermit kritische Lasten axialbelasteter Kreiszylinder auch unter Berücksichtigung realistischer Imperfektionen mit guter Genauigkeit ermittelt werden können.

### 4.2.3 Klöpperboden unter Innen- und Außendruck

In einem weiteren nichtlinearen Benchmark sollte die Leistungsfähigkeit verschiedener Schalenelemente anhand der Beulberechnung eines Klöpperbodens beurteilt werden. Für das in Bild 4.15 dargestellte System wurden die kritischen Lasten unter Außen- und Innendruck mit verschiedenen Rechenmodellen untersucht.

Hierzu wurden nichtaxialsymmetrische Beulberechnungen unter Zugrundelegung axialsymmetrischer Vorbeulzustände mit verschiedenen Ringelementen für rein elastisches Verhalten durchgeführt. Der Vorbeulbereich wurde linear und teilweise auch nichtlinear berechnet. Die Ergebnisse sind in den Tabellen 4.5 und 4.6 zusammengefaßt.

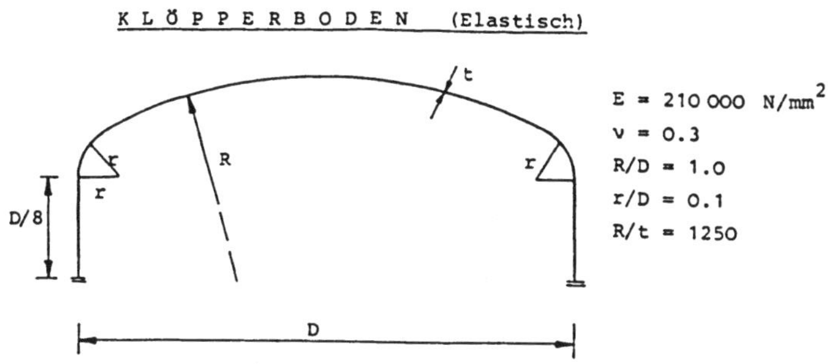


Bild 4.15: Geometrie und Materialkennwerte des untersuchten Klöpperbodens

| perfekt | | imperfekt | Projekt |
|---|---|---|---|
| linear | nichtlinear | linear | |
| 92,6 | – | 93,1 (Innenbeule) | Harbord |
| 96,3 | – | 74,0 (Außenbeule) | Wittek |
| 91,0 | 84,0 | – | Wunderlich |

Tabelle 4.5: Kritische Lasten unter Außendruck [kN/m²]

| perfekt | | imperfekt | Projekt |
|---|---|---|---|
| linear | nichtlinear | linear | |
| 526,0 | – | 533,0 | Harbord |
| 482,6 | – | 462,8 | Wittek |
| – | 560,0 | – | Wunderlich |

Tabelle 4.6: Kritische Lasten unter Innendruck [kN/m²]

Für die Berechnung des imperfekten Systems wurden axialsymmetrische Imperfektionen angesetzt, die in Meridianrichtung affin zur nichtaxialsymmetrischen Beulform des perfekten Klöpperbodens verliefen. Es zeigte sich, daß die Ergebnisse der unterschiedlichen Modelle gut übereinstimmten. Lediglich die Ergebnisse für den imperfekten Boden unter Außendruck wichen stärker voneinander ab. Dies ist jedoch dadurch zu erklären, daß die Imperfektionen im Zylinderbereich in unterschiedlicher Richtung (Innenbeule bzw. Außenbeule) angenommen wurden, wobei eine Ausbeulung nach innen stabilisierend wirkt.

**5 Zugänglichkeit**

Die Unterprogrammpakete der DFGBIB sind für den Einsatz in Forschung und Lehre frei verfügbar. Die entsprechenden Unterlagen können über das

| | | |
|---|---|---|
| Institut für Baumechanik und | oder | Lehrstuhl für Statik |
| Numerische Mechanik | | Technische Universität München |
| Universität Hannove | | Arcisstr. 21 |
| Appelstraße 9A | | 8000 München 2 |
| 3000 Hannover 1 | | |

gegen Unkostenerstattung angefordert werden.

Die Dokumentation der DFGBIB kann auch über das Deutsche Forschungsnetz (DFN) eingesehen und abgerufen werden.

Einige Mitglieder des DFG-Schwerpunkts haben auch vollständige Programme eingebracht. An diesen Programmen Interessierte sollten sich direkt an die Autoren wenden.

**6 Literaturverzeichnis**


[1] Adini, A., Clough, R.W.: Analysis of plate bending by the finite element method. Report submitted to the National Science Foundation (Grant G7337), Washington, D.C. (1960).

[2] Melosh, R.J.: A stiffness matrix for the analysis of thin plates in bending. J. Aeronaut. Sci. 28 (1), (1961), 34–42.

[3] Bogner, F.K., Fox, R.L., Schmit, Jr., L.A.: The generation of inter-element compatible stiffness and mass matrices by use of interpolation formulas. Proc 1st Conf. on Matrix Methods in Structural Mech., Ohio (Oct. 1965), 397–443.

[4] Bell, K.: Analysis of thin plates in bending using triangular finite elements. Division of Structural Mechanics Engineering Report, The Technical University of Norway, Trondheim (1968).

[5] Morley, L.S.D.: The constant moment plate bending element. J. Strain Anal. 6 (1), (1971), 20–24.

[6] Bazeley, G.P., Cheung, Y.K., Irons, B.M., Zienkiewicz, O.C.: Triangular elements in plate bending – conforming and non-conforming solutions. Proc. 1st Conf. on Matrix Meth. in Structural Mech., Ohio (Oct.1965), 547–576.

[7] Argyris, J.F.R.S., Mlejnek, H.-P.: Die Methode der Finiten Elemente. Vieweg & Sohn, Braunschweig (1986).

[8] Batoz, J.L., Bathe, K.J., Ho, L.W.: A study of three node triangular plate bending elements. Int. J. Num. Meth. Eng. 15 (1980), 1771–1812.

[9] Batoz, J.L., Tahar, M.B.: Evalutation of a new quadrilateral thin plate bending element. Int. J. Num. Meth. Eng. 18 (1982), 1655–1677.

[10] Bathe, K.J., Dvorkin, E.N.: A continuum mechanics based four-node shell element for general nonlinear analysis. Engineering Computations 1 (1984), 77–88.

[11] Harbord, R., Kröplin, B.–H.: Finite–Element–Methode zur nichtlinearen Beulberechnung von Schalentragwerken. Der Stahlbau (1988), 314–320 und 383–388.

[12] Ramm, E.: Geometrisch nichtlineare Elastostatik und finite Elemente; Habilitationsschrift. Bericht Nr. 76–2 aus dem Institut für Baustatik der Universität Stuttgart (1976).

[13] Dehmel, W.: Zur nichtlinearen statischen Berechnung isotroper, orthotroper und geschichteter Flächentragwerke nach der Methode der finiten Elemente. Dissertation, Universität Hannover (1986).

[14] Bathe, K.J.: Finite Element Procedures in Engineering Analysis. Prentice Hall, Inc., Englewood Cliffs, New Jersey (1982).

[15] Wunderlich, W., Rensch, H.J., Obrecht, H.: Analysis of elastic–plastic buckling and imperfection–sensitivity of shells of revolution. In: Buckling of Shells, Ramm, E. (ed.), Springer Verlag, Berlin (1982), 137–174.

[16] Wunderlich, W., Cramer, H., Obrecht, H.: Application of ring–elements in the nonlinear analysis of shells of revolution under nonaxisymmetric loading. Proc. FENOMECH 84, Third Int. Conf. on 'Finite Elements in Nonlinear Mechanics', Universität Stuttgart, Sept. (1984), Comp. Meth. Appl. Mech. Eng., vol. 51 (1985), 259–275.

[17] Wilson, E.L., Bathe, K.J., Doherty, W.P.: Direct solution of large systems of linear equations. Computers & Structures 4 (1974), 363–372.

[18] Corr, R.B., Jennings, A.: A simultaneous iteration algorithm for symmetric eigenvalue problems. Int. J. Num. Meth. Eng. 10(1976), 647–663.

[19] Bathe, K.J., Wilson, E.L.: Large Eigenvalue Problems in Dynamic Analysis. Journal of the Engineering Mechanics Division Proceedings of the American Society of Civil Engineering (1972).

[20] Bathe K.J., Ramaswamy, S.: An Accelerated Subspace Iteration Method. Computer Methods in Applied Mechanics and Engineering, 23 (1980).

[21] Bathe K.J., Wilson, E.L.: Numerical Methods in Finite Element Analysis. Prentice Hall (1976).

[22] Stein, E., Lambertz, K.–H., Plank, L., Reisch, A.: Element–Benchmark Rhombusplatte: Ergebnisse für DKT–Dreieckselement, DKT–Viereckselement und Mindlin–Element mit reduziertem Schubansatz. IBNM–Bericht 87/12.

[23] Stein, E., Lambertz, K.-H., Plank, L., Reisch, A.: Element-Benchmark Rhombusplatte: Vergleich verschiedener Elemente der DFGBIB. IBNM-Bericht 87/11.

[24] Wunderlich, W., Cramer, H.: Element-Benchmarks für Schalenelemente – Vergleich der Ergebnisse. Bericht DFG-Schwerpunkt "Nichtlineare Berechnungen im Konstruktiven Ingenieurbau" (1987).

[25] Bremer, C.: Algorithmen zum effizienteren Einsatz der Finite-Element-Methode, Bericht Nr. 86-48 aus dem Institut für Statik der TU Braunschweig (1986).

[26] Stein, E., Wagner, W., Lambertz, K.-H.: Geometrically Nonlinear Theory and Incremental Analysis of Thin Shells, Theory and Applications. Flexible Shells, Springer-Verlag (1984), Hrsg.: Axelrad, E.., Emmerling, F.A..

# Zusätzliche Beiträge aus der Baupraxis

# SNAP - Ein nichtlineares Finite Element Programm

Gert König, Detlef Rothe, Thomas Schmidt [1]

## Zusammenfassung

In diesem Beitrag wird das nichtlineare Finite Element Programm SNAP beschrieben. Das Program wurde am Institut für Massivbau entwickelt, um Beton- und Stahlbetonstrukturen, die in laufenden Forschungsprojekten bearbeitet werden, analytisch zu untersuchen. Zwei typische Anwendungsfälle werden gezeigt, die mit Hilfe des Programms analysiert wurden.

## Einführung

Während der letzten 3 Jahre wurde am Institut für Massivbau das 3-dimensionale Finite Element Programm SNAP entwickelt, um lineare und nichtlineare Berechnungen von Strukturen durchführen zu können.

Dieses Projekt wurde begonnen, weil es sich in der Vergangenheit gezeigt hatte, daß kommerziell erhältliche Programme nur äußerst mühsam und fehleranfällig mit neuen Materialmodellen ergänzt werden können. Dies lag zum Teil daran, daß der innere Datentransfer nur unzureichend oder gar nicht dokumentiert oder aber überhaupt nicht erhältlich ist. Bisherige Erfahrungen mit *hausgemachten* Programmen haben allerdings gezeigt, daß schon in einem frühen Entwicklungsstadium eine größere Benutzergruppe Zugang zu dem Programm haben muß, damit sie mit der inneren Struktur und dem Datenfluß vertraut wird. Dies ist sehr wichtig in einem Forschungsinstitut, in dem Mitarbeiter nur für eine begrenzte Zeit an einem Projekt arbeiten können. Deshalb wurde besonders darauf Wert gelegt, daß eine einfache und saubere Schnittstelle zwischen einzelnen Programmebenen vorhanden ist.

Das Programm erlaubt die Analyse von Strukturen, die sich durch Scheiben–, Stab- und Balkenelemente beschreiben lassen. Außerdem wurde ein Übergangs- (Kontakt-) element implementiert, um Verbund- und Rißmechanismen zu simulieren. Diese Elemente können mit den Scheiben- und Stabelementen kombiniert werden. Der Programmbenutzer hat die Wahl zwischen statischer und dynamischer Analyse. In beiden Fällen können mehrere Belastungsgeschichten vorgegeben werden.

[1] Institut für Massivbau, Technische Hochschule Darmstadt

Besonderer Wert wurde auf die Implementierung von Materialmodellen zur Beschreibung des nichtlinearen Verhaltens von Beton und Bewehrung gelegt. So sind Modelle für Beton, Stahl, Verbund und Rißöffnung entwickelt worden und werden laufend weiterentwickelt.

Das Programm besteht aus einem *Kern*, der wiederum aus einzelnen Modulen aufgebaut ist. Der Kern korrespondiert mit der allgemeinen Datenbasis (Datenbank) und der Elementbibliothek von SNAP.

Das Design des Programmes bedingt es, daß die Struktur in einzelne Elementgruppen zusammengefaßt wird. Eine Elementgruppe kann beispielsweise durch Scheibenelemente mit Betonwerkstoffgesetz gebildet werden. Es müssen jedoch nicht alle Scheibenelemente in einer Gruppe sein, sondern können entsprechend dem speziellen Problem frei definiert werden. Verschiedene Elementtypen wie Scheiben und Stäbe können nicht eine Gruppe bilden.

Das Programm wird in FORTRAN 77 geschrieben und ist lauffähig unter MS-DOS, Definicon-SVS und VAX-VMS.

Für die Auswertung der von SNAP berechneten Daten wurden einige zusätzliche Programme entwickelt. Zum Beispiel kann die Netzgenerierung durch das Programm GENFEM wesentlich vereinfacht und beschleunigt werden. GENFEM enthält auch einen Bandbreitenoptimierer nach Cuthill-McKee [4]. Mit dem Programm AUSWERT können vor einem Rechenlauf unter anderem die Systemlinien und Lasten und danach die berechneten Spannungen und Verformungen auf einem Bildschirm und/oder einem Plotter dargestellt werden.

## Programmstruktur

Abbildung 1 stellt die Struktur des Programms SNAP dar. SNAP ist aus verschiedenen unabhängigen Modulen aufgebaut, die miteinander über speziell entwickelte I/O-Routinen korrespondieren. Die Struktur des Programms erlaubt es weitere Module wie zum Beispiel neue Werkstoffgesetze mit geringem Aufwand in SNAP einzubinden.

Die verschiedenen Programmblöcke in Abbildung 1 werden im folgenden detaillierter beschrieben.

### Eingabe

Die vom INPUT-Modul einzulesenden Eingabedateien können mit einem normalen Editor erstellt werden. Um die Eingabe weitestgehend zu vereinfachen, wurde ein *file reader* programmiert, der es erlaubt Text und Kommentare in die Eingabedatei einzufügen. Die Eingabe ist vollkommen formatfrei. Lediglich die im Handbuch vorgegebene Reihenfolge muß eingehalten werden. Obwohl dies als Nachteil empfunden werden mag, haben unsere Erfahrungen gezeigt, daß mit dieser Einschränkung weniger Fehler bei der Eingabe durch die Programmanwender auftreten. Die untenstehenden Zeilen zeigen ein Beispiel für die Eingabe in SNAP . Der *file reader* unterbricht den Einlesevorgang wenn irgendwelche Diskrepanzen auftreten. Die Zeilennummer, in welcher der Fehler auftritt, wird auf dem Bildschirm angezeigt sowie die beanstandete Eingabe. Die Zeilennummer stimmt mit der Zeilennummer im Edi-

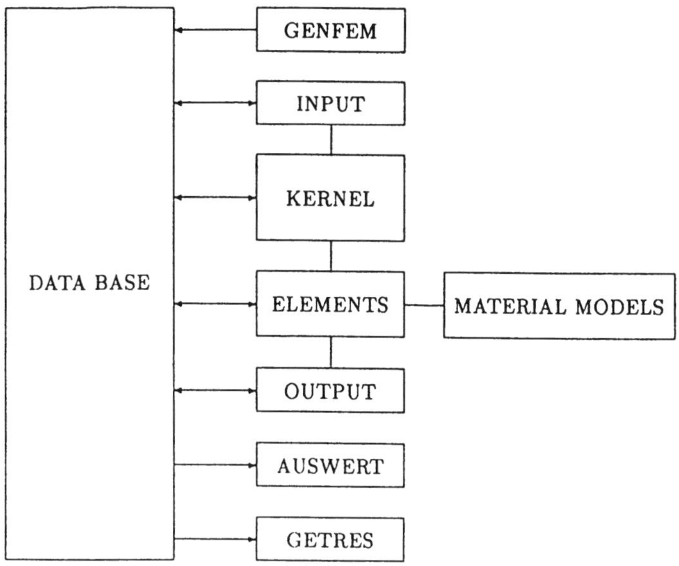


Abbildung 1: Programm Schema für **SNAP**

tor überein, so daß der Ort des Fehlers bereits eingegrenzt ist. Wenn kein Fehler auftritt, wird die Eingabe in der Datenbank gespeichert.

```
;---------------------------------------------------------------
;  Datum 21-Okt-1988
;---------------------------------------------------------------
;
;      Bewehrter Stahlbetonstab unter Zug und Druck
;
;---------------------------------------------------------------
;  ISTADY       1 = static  2 = dynamic  analysis :  1
;  ITERATION    0 = no    1 = yes                 :  0
;  NONLIN_K     0 = lin stiffness  1 = nonlinear  :  0
;---------------------------------------------------------------
```

Die "Restart"-Option mag hier noch erwähnt werden. Speziell in nichtlinearen Berechnungen, wo die Spannungen und Verformungen vom Lastpfad abhängig sind, ist diese Option sehr hilfreich. Die "Restart"-Option erlaubt es dem Benutzer, Eingabedaten zu ändern und/oder zu erweitern, wie zum Beispiel das Hinzufügen von weiteren Lastschritten. Nachdem SNAP eine Struktur entlang eines vorgegbenen Lastpfades analysiert hat, werden alle Daten in der Datenbank gespeichert. Nun können weitere Last- oder Zeitschritte in der Eingabedatei hinzugefügt werden. Die Berechnung kann dann von dem zuletzt berechneten Last- oder Zeitschritt weitergeführt werden.

## Kern

Innerhalb des *Kerns* des Programmes werden die Strukturmatrizen aufgestellt und die entsprechenden Lösungsprozeduren für statische oder dynamische, lineare oder nichtlineare Berechnungen durchgeführt.

Statisch-lineare Berechnung

Die statisch-lineare Analyse von Strukturen mit der FE-Methode ist bestimmt von der Lösung der Gleichgewichtsgleichungen :

$$^{t+\Delta t}\mathbf{R} - {}^{t+\Delta t}\mathbf{F} = 0 \tag{1}$$

$$^{t+\Delta t}\mathbf{F} = {}^{t+\Delta t}\mathbf{K}\, {}^{t+\Delta t}\mathbf{U}. \tag{2}$$

$t + \Delta t$ - Momentaner Lastschritt
$^{t+\Delta t}\mathbf{R}$ - Globaler Lastvektor
$^{t+\Delta t}\mathbf{F}$ - Globaler interner Kraftvektor
$^{t+\Delta t}\mathbf{K}$ - Globale Steifigkeitsmatrix
$^{t+\Delta t}\mathbf{U}$ - Globaler Verschiebungsvektor

Die Gleichungen werden inkrementell für alle Lastschrittinkremente gelöst. Die Steifigkeitsmatrix und ihre Dreieckszerlegung wird nur einmal am Beginn der Berechnung berechnet.

Belastung

Der Benutzer hat die Wahl, die Berechnungen last- und/oder verformungsgesteuert durchzuführen. Lasten und Verformungen sind in den Knoten vorzugeben. Jede Last und/oder Verformung kann einer Lastgeschichte zugeordnet werden.

Statisch nichtlineare Berechnung - Iterationsmethoden

In nichtlinearen Berechnungen ist die Steifigkeitsmatrix vom augenblicklichen Verformungszustand einer Struktur abhängig ( $\mathbf{K} = f(\mathbf{U})$ ). Um die Gleichgewichtsbedingungen, Gleichnung 1, zu erfüllen, muß eine Gleichgewichtsiteration durchgeführt werden. In SNAP stehen dem Anwender verschiedene Methoden zur Verfügung. Die Methoden können in "Newton" und "quasi-Newton" Methoden unterteilt werden.

- Newton Methoden
  - Volle Newton Methode. Die Steifigkeitsmatrix wird zu Beginn jedes Iterationsschrittes berechnet.

- Modifizierte Newton Methode. Die Steifigkeitsmatrix wird nur am Anfang jedes Lastschrittes aufgestellt. Um die Konvergenz des Verfahrens zu verbessern, kann jedoch angegeben werden, nach wieviel Iterationsschritten innerhalb eines Lastschrittes die Steifigkeitsmatrix neu berechnet werden soll.
- Beschleunigte modifizierte Newton Methode. Mit diesem von Crisfield [3] vorgeschlagenen Algorithmus kann die Konvergenz der modifizierten Newton Methode beschleunigt werden.

- Quasi Newton Methoden
  - BFGS Methode [7]. Die Steifigkeitsmatrix wird zu Beginn jedes Lastschrittes neu aufgestellt und anschließend während einer vorgebbaren Anzahl von Iterationsschritten aufdatiert. Nach n-Iterationsschritten wird **K** erneut berechnet und anschließend wieder aufdatiert. Der BFGS-Algorithmus hat sich bei vielen nichtlinearen Problemen als sehr effektiv erwiesen. Er ist bei symmetrischen Steifigkeitsmatrizen anwendbar.
  - Broydn Methode. Das Verfahren ist dem BFGS-Verfahren ähnlich. Der wesentliche Unterschied liegt in dem Aufdatierungsalgorithmus. Die Methode ist nicht so effektiv wie die zuvor beschriebene. Sie wurde in SNAP implementiert, weil sie auch bei nichtsymmetrischen Matrizen anwendbar ist.

- Line Search. Dieser optionale Algorithmus kann für alle Iterationsmethoden aktiviert werden. Der Algorithmus skaliert die Inkremente des globalen Verschiebungsvektors $\Delta\mathbf{U}$ so, daß die Restenergie ($\Delta E = \Delta\mathbf{R}^T * \Delta\mathbf{U}$ , $\Delta\mathbf{R} = \mathbf{R} - \mathbf{F}$) minimiert wird Dieser Algorithmus ist besonders für zyklische Belastungen hilfreich.

Die Konvergenz der Iteration wird mit Hilfe der Restenergien, Restkräfte und Restverschiebungen überprüft.

Dynamische Berechnung

Die Bewegungsgleichungen

$$\mathbf{M}\,{}^{t+\Delta t}\ddot{\mathbf{U}} + \mathbf{D}\,{}^{t+\Delta t}\dot{\mathbf{U}} + \mathbf{K}\,{}^{t+\Delta t}\mathbf{U} = {}^{t+\Delta t}\mathbf{R} \qquad (3)$$

in dynamischen Berechnungen werden vom Programm SNAP mit Hilfe impliziter Integrationsverfahren numerisch gelöst. Die gesamte zu berechnende Zeitperiode wird in $n$ Zeitschritte $\Delta t$ aufgeteilt und die Bewegungsgleichungen (3) in jedem Zeitschritt gelöst.

Es stehen zwei Methoden zur Auswahl.

1. Newmark - Verfahren [8]. Die Parameter $\alpha$ und $\delta$ dieses Verfahrens sind frei wählbar. Durch entsprechende Wahl der Parameter erhält man bekannte Integrationsverfahren wie zum Beispiel die Trapezregel oder das Wilson-Verfahren.

2. Park-Verfahren [9]. Das Park-Verfahren ist ein Mehrschritt-Verfahren, d.h. es benötigt Informationen aus vorangegangen Zeitschritten. Deshalb wird die Newmark-Integration als Startverfahren zur Bereitstellung der Startinformation verwendet.

Die globale Massenmatrix eines Systems kann auf verschiedene Weisen aufgestellt werden.

- Diagonale Massenmatrix. Der Anwender kann wahlweise sowohl Knotenmassen vorgeben als auch Knotenmassen vom Programm berechnen lassen.
- Konsistente Massenmatrix. Das Programm berechnet verteilte Elementmassen und addiert diese analog der Aufstellung der Steifigkeitsmatrix zur globalen Massenmatrix auf.

Folgende Optionen zur Aufstellung der globalen Dämpfungsmatrix stehen zur Verfügung.

- Rayleigh-Dämpfung. Die Dämpfungsmatrix wird aus der Massen- und Steifigkeitsmatrix des Systems mit

$$\mathbf{D} = \alpha\mathbf{M} + \beta\mathbf{K}$$

  berechnet. Die Parameter $\alpha$ und $\beta$ folgen aus einer Modalanalyse.
- Lineare (viskose) Dämpfung.
  - Diagonale Dämpfungsmatrix. Die Matrix kann formal wie die diagonale Massenmatrix aufgestellt werden.
  - Konsistente Dämpfungsmatrix. Die globale Matrix wird aus den Elementbeiträgen aufsummiert.
- Nichtlineare Dämpfung. Analog zu den nichtlinearen Materialgesetzen für die Spannungs-, Dehnungs- und Steifigkeitsberechnung können nichtlineare Gesetze für die Dämpfung zur Berechnung der nichtlinearen Dämpfungsmatrix in das Programm eingebaut werden. Die Gesetze müssen als eindeutige Funktionen der Geschwindigkeit $\mathbf{D} = f(\dot{\mathbf{U}})$ oder der Geschwindigkeit und Verschiebungen $\mathbf{D} = f(\mathbf{U}, \dot{\mathbf{U}})$ fomuliert sein. Die globale Matrix wird dann wie die globale Steifigkeitsmatrix aus den Elementmatrizen zur gesamten Strukturdämpfungsmatrix aufsummiert. Das Program bietet damit die Möglichkeit, nichtlinear gedämpfte Strukturen wie zum Beispiel Maschinenfundamente zu analysieren.

Dynamische Belastung

Als dynamische Belastungen können zeitabhängige Knotenkräfte und/oder Knotenbeschleunigungen vorgegeben werden. Die Kräfte/Verschiebungen können einem oder mehreren Zeitverläufen zugeordnet werden. Außerdem können Anfangswerte für einzelne Verschiebungen, Geschwindigkeiten und/oder Beschleunigungen vom Anwender vorgegeben werden.

Nichtlineare dynamische Berechnungen

In nichtlinearen Berechnungen ist **K** und möglicherweise auch **D** aus Gleichung (3) von dem momentanen Verformungszustand abhängig. Um hinreichend genaue Ergebnisse zu garantieren, können die oben beschriebenen Iterationsmethoden zur Erfüllung des momentanen dynamischen Gleichgewichts aktiviert werden.

Die Konvergenz der Iteration wird wie bei statisch nichtlinearen Problemen überprüft.

## Elemente und Materialmodelle

Die Elementbibliothek umfaßt zur Zeit Scheiben-, Stab-, Kontakt- und Balkenelemente, die alle auf einem Verschiebungsansatz basieren. Die 4 bis 12 knotigen isoparametrischen Scheibenelemente und die 4, 6 und 8 knotigen isoparametrischen Kontaktelemente haben konstitutive Gesetze für ebene Spannungen, ebene Verzerrungen und Achsensymmetrie. Isoparametrische Kontaktelemente wurden erstmals von M. Keuser [5] beschrieben und zur Untersuchung von Verbundproblemen angewendet.

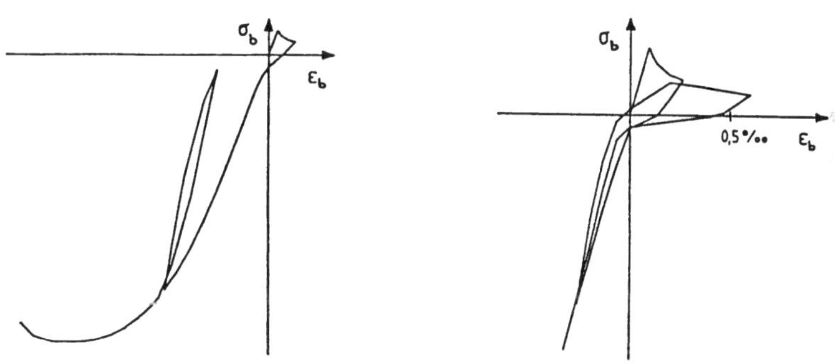


Abbildung 2: Betonmodell

Die 2 oder 3 knotigen Balkenelemente beinhalten keine Schubverformungen. Das erste Element (BEAM) ist ein Fasermodell, mit dem das globale Verhalten von Stahlbetonstrukturen untersucht werden kann. Die Querschnittssteifigkeit des zweiten Elementes (VIGA) wird vom Benutzer durch eine trilineare Momenten- Krümmungsbeziehung, die für positive und negative Vorzeichen unterschiedliche Werte haben kann, bestimmt. Die Integration über die Balkenlänge wird in beiden Fällen mit der Simpson Integration durchgeführt.

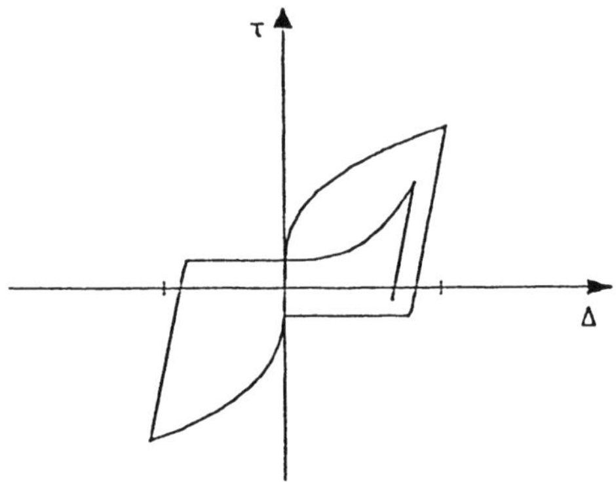


Abbildung 3: Verbundmodell für einen Bewehrungsstab

Drei der am häufigsten verwendeten Materialmodelle, die alle zyklische Belastungen erlauben, sollen hier kurz vorgestellt werden.

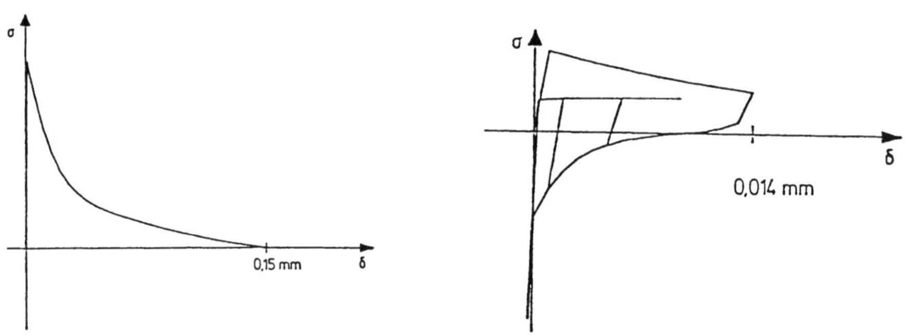


Abbildung 4: Rißöffnungmodell für diskrete Risse

Für Untersuchungen des globalen Verhaltens von 2-dimensionalen Strukturen aus Stahlbeton wurde ein einfaches orthotropes Betonmodell entwickelt, wobei der Schwerpunkt auf die Modellierung des gerissenen Betons gelegt wurde. Da das Betonmodell in Verbindung mit den Scheibenelementen zur Anwendung kommt, wird angenommen, daß der Riß oder die Risse, die im Einzugsbereich eines Integrationspunktes liegen, über diesen verteilt werden können. Dafür wird eine Ersatzsteifigkeit definiert, die im Mittel der Steifigkeit des gerissenen und ungerissenen Betons entspricht. Man bezeichnet diese Modellvorstellung auch mit verschmierter Rißmodellierung. Der

Hauptvorteil dieser Vorgehensweise liegt darin, daß die Lage und Richtung der Riße nicht vorab bekannt sein muß, wie es bei der diskreten Rißbildung mit den Kontaktelementen nötig ist. Der Riß wird rechtwinklig zur Hauptzugspannung angenommen, wenn die Hauptzugspannung die Zugfestigkeit des Betons überschreitet. Die Rißrichtung wird immer rechtwinklig zur Hauptzugdehnung angenommen, so daß sie sich in folgenden Lastschritten ändern kann. Durch diese Annahme wird zumeist eine bessere Übereinstimmung mit Versuchsergebnissen erzielt als mit einer starren Rißrichtung. Allerdings führt diese Vorgehensweise bei zyklischer und nichtproportionaler Belastung zu der Schwierigkeit, daß eine eindeutige Zuordnung der alten zu der neuen Rißrichtung nicht in allen Fällen möglich ist.

Ein Beispiel für das hysteretische Verhalten ist in Bild 2 dargestellt. In der momentanen Version werden die Be- und Entlastungskurven im Zugbereich noch durch einfache geometrische Regeln bestimmt. Aufgrund der begrenzten Versuchsergebnisse über das zyklische Verhalten von bewehrtem Beton können noch keine zuverlässigen Funktionen angegeben werden. Zur Zeit werden verschiedene Kurvenverläufe auf ihren Einfluß auf das globale Verhalten und die Energiedissipation untersucht.

Für die Bestimmung eines verfeinerten Modells werden die diskreten Modelle für Verbund und Rißöffnung verwendet, die in die Kontaktelemente implementiert sind.

Das hysteretische Spannungs-Verschiebungsdiagramm für Verbund eines Bewehrungsstabes ist in Bild 3 gezeigt. Der Verlauf von Ent- und Wiederbelastung basiert auf Vorschlägen von Ciampi und Eligehausen [2].

Die Modellierung des Verhaltens eines diskreten Risses folgt einem Modell von Reinhardt [10], siehe Bild 4.

## Ausgabe und Datenauswertung

Nachdem die Gleichgewichtsgleichungen gelöst sind, werden die Verzerrungen und Spannungen (Kräfte) der einzelnen Elemente berechnet und in der Datenbank gespeichert. Außerdem können auch alle berechneten Daten in einer formatierten Ausgabedatei gespeichert werden. Diese kann dann direkt mit einem Editor bearbeitet und ausgedruckt werden.

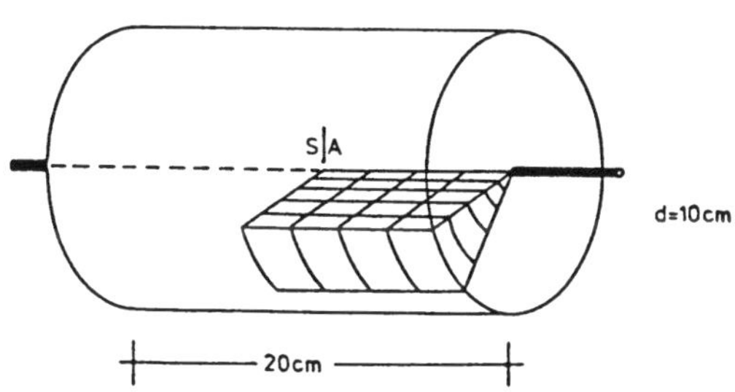


Abbildung 5: Bewehrter Betonkörper

Für die grafische Darstellung der Daten auf dem Bildschirm und dem Plotter wurde das Programm AUSWERT entwickelt. Folgende Aktivitäten können zur Zeit ausgeführt werden:

- Darstellung der Systemlinien, Knotenlasten, Randbedingungen
- Verformtes System
- Scheibenspannungen, Kontaktspannungen
- Rißverläufe bei verschmiertem Rißmodell für Beton
- Element- und Knotennumerierung

Die folgenden Beispiele wurden mit dem Programm AUSWERT gezeichnet. Für die optische Darstellung am Bildschirm von Schwingungen ganzer Strukturen wurde das Programm SWING entwickelt.

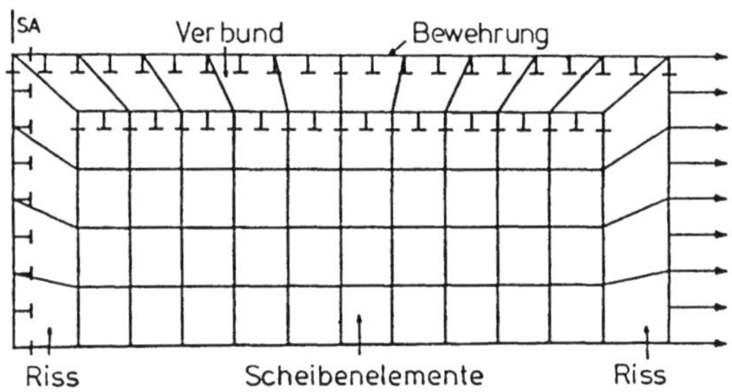


Abbildung 6: FE-Modell

Ein weiteres Programm mit dem Namen GETRES wurde entwickelt, um selektiv auf Daten in der Datenbank zugreifen zu können. Dieses ist sehr wichtig, weil in vielen Fällen nur ein begrenzter Umfang der anfallenden Daten für die Auswertung benötigt wird. Da aber oft die benötigten Daten (z.B. Spannungen) erst bei der späteren Auswertung bekannt sind, werden in jedem Fall alle berechneten Verformungen, Spannungen, Dehnungen und weitere wichtige Daten der Elemente in der Datenbank gespeichert. Dadurch kann der Benutzer später auf alle Ergebnissee zugreifen ohne das teure und zeitaufwendige Wiederholungsrechnungen erforderlich sind.

## Beispiele

Das erste Beispiel zeigt die Anwendung von achsensymmetrischen Kontakt- und Scheibenelementen zur Untersuchung des lokalen Verhaltens eines bewehrten Betonstabes unter Zug- und Druckbelastungen, siehe Bild 5. Es wurde angenommen, daß die Erstrisse in einem Abstand von 20 cm liegen und daß Folgerisse sich in der Mitte zwischen zwei benachbarten Erstrissen bilden. Unter Ausnutzung aller Symmetrien wurde der in Bild 6 gezeigte Bereich modelliert. Die äußere Kraft wurde durch die Vorgabe der Verformungen auf dem rechten Rand simuliert, welches in Bild 6 von dem Programm AUSWERT durch die Pfeile dargestellt wurde. Die Gruppe der Scheibenelemente wurde für die Zeichnung mit dem Faktor von 0.8 skaliert, um die Kontaktelemente sichtbar zu machen. Diese Skalierungsoption des Programms AUSWERT dient dazu, um die richtige Lage der Kontaktelemente zu überprüfen, da die Höhe dieser Elemente im unverformten Zustand gleich null ist.

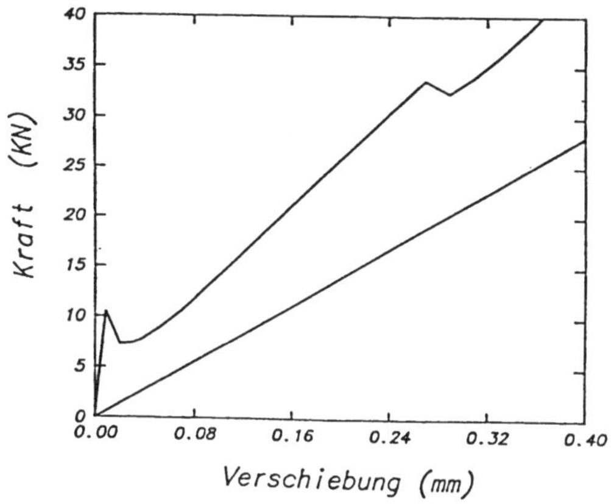


Abbildung 7: Kraft-Verschiebungsdiagramm

Das Kraft- Verschiebungsdiagramm ist in Bild 7 gezeigt. Die zwei Spitzen in dem Verlauf geben das Öffnen des ersten und zweiten Risses an. Bild 8 zeigt das zyklische Verhalten desselben Modells, wenn es erst gezogen, dann gedrückt und darauf wieder gezogen wird.

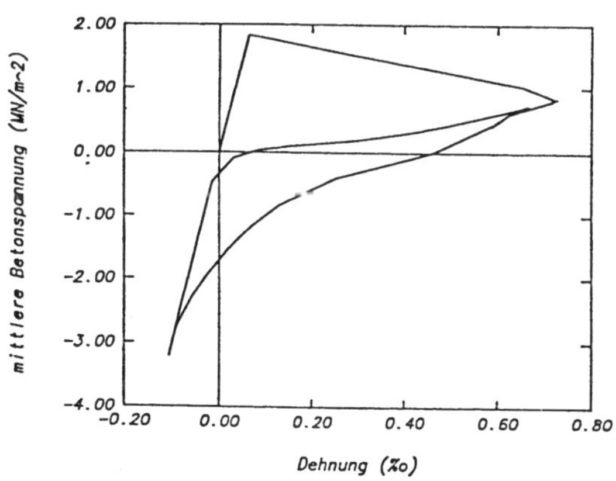


Abbildung 8: Kraft-Verschiebungsdiagramm unter zyklischer Belastung

Als zweites Beispiel wurden Ausziehversuche an Kopfbolzen modelliert. Obschon bei diesen Versuchen im Regelfall nur die Traglast des Kopfbolzens von In-

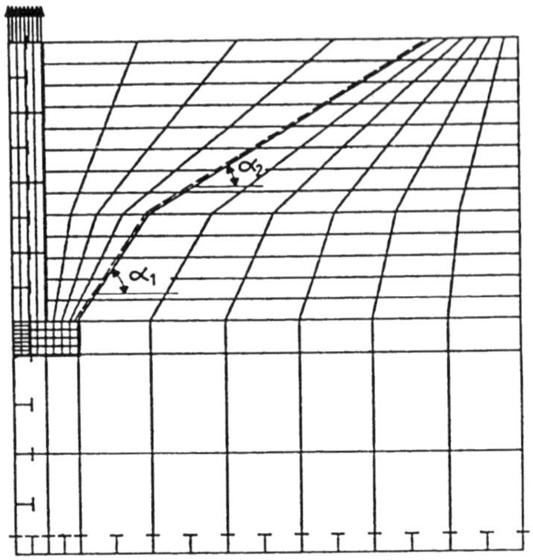


Abbildung 9: FE-Modell für den Auszugsversuch

teresse ist, so sind solche Versuche geeignet, Einblick in das Tragverhalten von Beton (Rißbildung, Rißwachstum, Lastabtragung im gerissenen Bereich) zu geben.

Unter diesem Gesichtspunkt wurde am Institut für Massivbau eine Versuchsreihe durchgeführt, deren Ergebnisse zum Vergleich mit den Ergebnissen von FE-Berechnungen herangezogen werden konnten. Bild 9 zeigt die Netzeinteilung der analytischen Berechnung, bei der rotationssymmetrische Elemente verwandt wurden. Der Rißverlauf wurde als bilineare Funktion abgebildet, wobei die Winkel $\alpha_1$, $\alpha_2$ und die Lage des Knickpunktes variiert wurden. Die Tragfähigkeit des gerissenen Betons wurde auf der Grundlage der Versuchsergebnisse von W. Keuser [6] beschrieben. Zusätzlich wurde die $\tau - \Delta$ Beziehung von Bazant, Gambarova [1] verwendet. Die Darstellung des verformten Netzes zeigt, daß sich die Rißoberflächen normal und tangential gegeneinander verformen, Bild 10. Bild 11 zeigt das Ergebnis einer Variationsrechnung im Vergleich mit den entsprechenden Versuchsergebnissen.

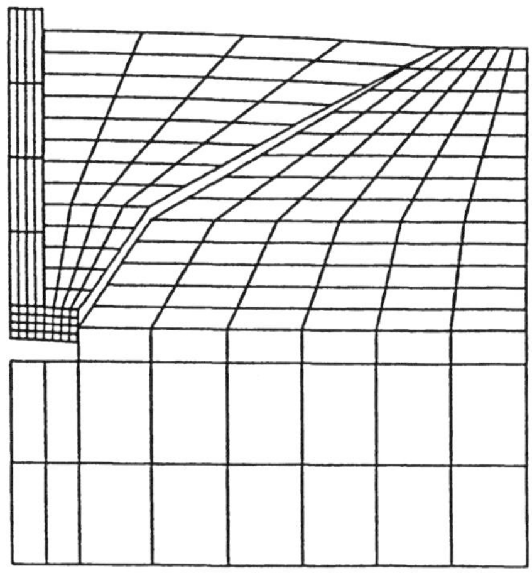

Abbildung 10: Verformtes System

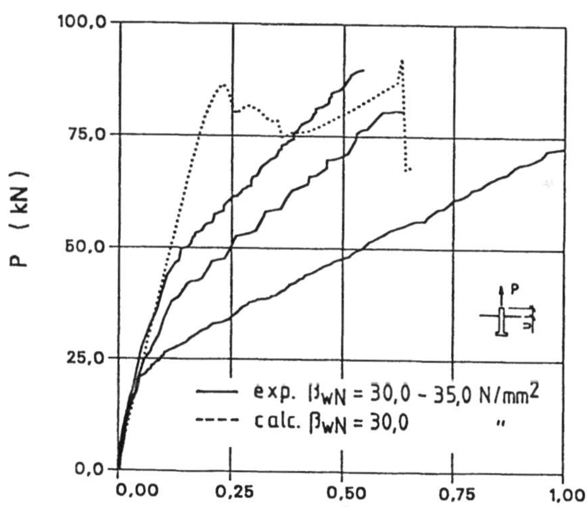


Abbildung 11: Last- Verschiebungsdiagramm

# Literatur


[1] *Bazant, Z.,P., Gambarova, P.:* Rough Cracks in Reinforced Concrete, Journal of the Structural Division, 106(ST4):819-842, April 1980.

[2] *Ciampi, V., Eligehausen, R., Bertero, V.V., Popov, E.:* Analytical Model for Deformed Bar Bond under Generalized Excitations, IABSE Colloquium on Advanced Mechanics of Reinforced Concrete, Delft, 1981.

[3] *Crisfield, M.A.:* A Faster Modified Newton-Raphson Iteration, Computer Methods in Applied Mechanics and Engineering, Vol. 20, 1979, 267-278.

[4] *Cuthill, E., McKee, J.:* Reducing the bandwidth of sparse symmetric matrices, In: Proc. ACM Nat.Conf., New York 1969, 157-172.

[5] *Keuser, M.:* Verbundmodelle für nichtlineare Finite-Element-Berechnungen von Stahlbetonkonstruktionen, Fortschritt-Berichte VDI, Reihe 4: Bauingenieurwesen Nr. 71, Düsseldorf 1985.

[6] *Keuser, W., Walraven, J.C., König, G.:* Gerissener Beton unter Zug- und Schubbeanspruchung, in: Stoffgesetze im konstruktiven Ingenieurbau, Abschlußkolloquium zum Schwerpunktprogramm der Deutschen Forschungsgemeinschaft, Braunschweig, Mai 1988

[7] *Matthes and Strange:* The Solution of Nonlinear Finite Element Equations, International Journal of Numerical Methods in Engineering, Vol. 14, 1979, 1613-1626.

[8] *Newmark, N.,M.:* A Method of Computation for Structural Dynamics, A.S.C.E., Journal of Engineering Mechanics Division, Vol.85,1959, 67-94.

[9] *Park, K.C.:* An Improved Stiffly Stable Method for Direct Integration of Nonlinear Structural Dynamic Equations, Journal of Applied Mechanics, June 1975, 464-470.

[10] *Reinhardt, H.W., Cornelissen, H.A.W., Hordijk, D.A.:* Tensile Tests and Failure Analysis of Concrete, Journal of Structural Engineering, Vol.112, No.11, November, 1986, 2462-2477.

# Aktuelle nichtlineare Probleme des Stahlbaus aus der Sicht der Ingenieurpraxis

- Kurzfassung -

Jörg Schlaich, Stuttgart

Die Mühe einer das geometrisch und/oder physikalisch nichtlineare Verhalten seines Tragwerks und/oder Werkstoffes erfassenden Berechnung nimmt der Ingenieur in der Praxis nur dann klaglos auf sich, wenn es um die Sicherheit geht. Häufigstes Beispiel dafür und typisch für den Stahlbau sind die Stabilitätsprobleme. Begrenzt oder umgeht er sie mit konstruktiven Mitteln, mit etwas vergrößerten Abmessungen oder geschickt plazierten Steifen, dann drückt er sich nicht um die Problemlösung, sondern er handelt ingenieurmäßig. In diesem Sinne ist auch zu hoffen, daß sich die neue DIN 18800 gegenüber den Atlas-Rezepten durchsetzt und so der Phantasie wieder mehr Spielraum gegeben wird.

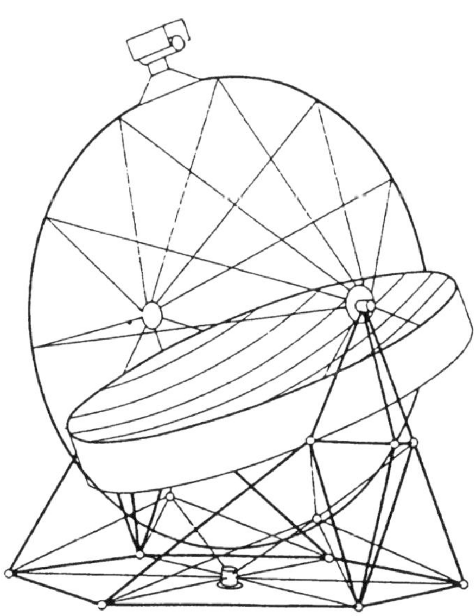

Sonnenkonzentrator aus plastisch verformtem Feinblech

Wenn die nichtlineare Berechnung nur zu Ersparnissen führt, sei es dadurch, daß die Verformungen die wirksamen Abmessungen vergrößern, wie bei Seiltragwerken, oder daß die wahre Querschnittstragfähigkeit gegenüber einer linear-elastischen Berechnung genutzt wird, wie beim Traglastverfahren im Stahlbau, dann drückt er sich allerdings so lange er kann. Das Traglastverfahren ist dafür tatsächlich das beste Beispiel. Obwohl bei uns seit mehr als 35 Jahren gebräuchlich, blieb es bisher fast auf Durchlaufträger begrenzt, weil die DIN 1050 nur dafür Bemessungsformeln angab und für andere Fälle die Stabilität "besonders zu beachten war". Das wird sich mit der neuen DIN 18800 und deren "plastisch-plastischem Verfahren" hoffentlich ändern, zeigt aber auch, daß sich neue Entwicklungen erst durchsetzen, wenn sie auf anschauliche und gebrauchsfertige Anwendungsregeln zurückgeführt werden (wie das beispielsweise U. Vogel für Rahmen vorgeführt hat), eine vornehme Aufgabe des Ingenieur-Wissenschaftlers.

Am interessantesten und reizvollsten sind aber die Fälle, bei denen die Nichtlinearität nicht nur mit einem dankbaren Stoßseufzer als Ursache dafür entgegengenommen wird, daß unsere Tragwerke trotz der fertigungsbedingten inneren und der unvermeidlichen und rechnerisch gar nicht erfaßbaren äußeren Zwänge erstaunlich zählebig sind, sondern wo diese "Schlauheit des Materials" gezielt eingesetzt und ausgenutzt wird, um verbesserte Lösungen zu finden oder gar neue Möglichkeiten im konstruktiven Ingenieurbau zu erschließen. Dafür sollen im Vortrag einige Beispiele aus der eigenen Praxis - also eher subjektive als exemplarische Fälle - beschrieben werden:

Die v o r g e s p a n n t e n S e i l - u n d M e m - b r a n t r a g w e r k e verdanken ihre heute sichere und kalkulierbare Existenz zu einem erheblichen Teil dem nichtlinearen Berechnungsverfahren. Sie sind nämlich fertigungs- und montagetechnisch nur über einen Zuschnitt realisierbar, aus dem aber die Schwierigkeit resultiert, daß fertigungsbedingte Maßfehler gleichzusetzen sind mit Dehnungsfehlern. Dies wäre bei einem spröden Werkstoff fatal. Die Folge dieser Fehler kann nur mit einer nichtlinearen Berechnung richtig eingeschätzt werden, hier sogar ausnehmend gut, weil die finiten Elemente von Seiltragwerken die realen sind. Der Einfluß der Vorspannung bzw. der Starrkörperverformungen unter Lasten wird durch die geometrische Steifigkeitsmatrix erfaßt. Die Möglichkeiten dieser Tragwerke, auch die der sog. hybriden, bei denen Zug- und Biegeelemente geschickt kombiniert werden, sind noch lange nicht ergründet. Die innerlich kinematischen, nichtlinearen Systeme, insbesondere Netze, haben gegenüber den starren Systemen eklatante Vorzüge. Beispielsweise entziehen sich ihre Elemente einer Wechselbeanspruchung und dämpfen sich ihre Schwingungen und reduzieren sich ihre Spannungsamplituden. Damit eröffnen sich dem Bauen ganz neue Möglichkeiten.

Auch die Verankerungen von Zuggliedern, Reib-, Klemm-, Vergußverbindungen lassen sich nur mit nichtlinearen Betrachtungen und Berechnungen verstehen und dimensionieren. Wenn diese für die Sicherheit und Gebrauchstauglichkeit der Seiltragwerke, besonders der Brücken, entscheidenden Elemente einschließlich der Seile selbst nicht wie bisher nach alchemistischen Methoden, sondern zukünftig gezielt entworfen und bemessen werden sollen, müssen beispielsweise die nichtlinearen Weg-Kraft-Beziehungen bei Gleitungen, die Querkontraktion der Drähte im nachdrückenden Vergußwerkstoff, der Kontakt in der Grenzschicht zwischen Hülse und Konus oder der Querdruck zwischen den Drähten im Spiralseil erfaßt und gezielt variiert werden. Das wäre experimentell ein bodenloses Unterfangen und geht nur rechnerisch, und es geht tatsächlich.

Der moderne Stahlguß hat mit dem alten und spröden Grauguß nichts mehr gemeinsam. Sowohl der Stahlguß (GS mit $C < 2\ \%$) als auch das Gußeisen mit Kugelgraphit (GGG mit $C \sim 2\text{-}4\ \%$) sind duktile Werkstoffe mit Eigenschaften, die denen der üblichen Baustähle entsprechen, der GS auch hinsichtlich der Schweißbarkeit. Dadurch wurden dem Stahlbau nicht nur geometrisch komplizierte Körper erschlossen, sondern es lassen sich auch seine Duktilität und seine plastischen Tragreserven gezielt einsetzen. Beim Olympiadach in München, das zu einem Comeback des Gußeisens im Bauwesen führte, ging es zwar zunächst um die günstige Herstellung unzähliger geometrisch unterschiedlicher Sättel und Knoten, heute werden aus dem duktilen Stahlguß aber auch extrem strapazier- sprich umlagerungsfähige Bauteile wie Augenstäbe, Vergußhülsen, Seilklemmen, Umlenktrompeten, Fittinge usw. entwickelt, deren sichere Bemessung und einfache Herstellung mit einem anderen Werkstoff undenkbar wäre. Dasselbe gilt für gegossene Knoten von Rohrkonstruktionen und Raumfachwerken, wodurch letztere einen starken Auftrieb erwarten können. Da die Qualität eines Rohrknotens fast identisch ist mit seiner Rotationsfähigkeit, und diese nur durch Duktilität und Schlankheit erreicht werden kann, müssen hier buchstäblich dreidimensionale Knetvorgänge berechnet werden.

Das große F o r m ä n d e r u n g s v e r m ö g e n v o n n i c h t r o s t e n d e m F e i n b l e c h kann zur Formgebung von rotationssymmetrischen Membranschalen genützt werden. Sie eignen sich mit pneumatischer Stützung zur Überdachung von Silos, Rundsporthallen oder für Antennen oder Solarkonzentratoren (Bild auf Titelseite). Bei letzteren handelt es sich um optische Präzisionsinstrumente. Das aus Streifen verschweißte Blech (Chromnickelstahl, Werkstoffnr. 4301) wird gereckt und gleichzeitig quer durch Luftdruck und Wasserauflast plastisch verformt. Die rechnerische Simulation dieses Vorgangs muß mit der Ausgabe von Strahlengangbildern zur Beurteilung der optischen Qualität enden. Sie erfaßt zwei zahlenmäßig sehr unterschiedliche Bereiche, bei der Formgebung die Fließkurve des Blechs einschließlich seiner Kaltverfestigung, im Betrieb die sehr kleinen elastischen Deformationen unter veränderlichen Aufhängebedingungen. Bedenkt man, daß solche Solaranlagen einmal die Stückzahlen der Windmühlen und Dieselgeneratoren früherer Zeiten erreichen können, so erkennt man das Optimierungsziel und die wirtschaftlichen Konsequenzen derartiger nichtlinearer Berechnungen.

SPRINGER NATURE

# GPSR Compliance

*The European Union's (EU) General Product Safety Regulation (GPSR) is a set of rules that requires consumer products to be safe and our obligations to ensure this.*

*If you have any concerns about our products, you can contact us on ProductSafety@springernature.com*

In case Publisher is established outside the EU, the EU authorized representative is:

Springer Nature Customer Service Center GmbH
Europaplatz 3
69115 Heidelberg, Germany

FSC
www.fsc.org
MIX
Papier | Fördert gute Waldnutzung
FSC® C083411

Kolibri 360 GmbH
Ferdinand-Jühlke-Straße 7
99095 Erfurt, Deutschland
produktsicherheit@kolibri360.de